NATURA

Biologie für berufliche Gymnasien

bearbeitet von

Claus Reinhardt

Berufliche Oberstufe

Ernst Klett Verlag
Stuttgart • Leipzig

Online-Link
045306-0002

Gefahren und Experimente im Unterricht

Eine Naturwissenschaft wie Biologie ist ohne Experimente nicht denkbar. Auch in Natura Berufliches Gymnasium findet sich eine Reihe von Versuchen.

Experimentieren mit Chemikalien ist jedoch nie völlig gefahrlos. Deswegen ist es wichtig, vor jedem Versuch mit dem Lehrer die möglichen Gefahrenquellen zu besprechen. Insbesondere müssen immer wieder die im Labor selbstverständlichen Verhaltensregeln beachtet werden. Die Vorsichtsmaßnahmen richten sich nach der Gefahr durch die jeweils verwendeten Stoffe.

Die geltenden Richtlinien zur Vermeidung von Unfällen beim Experimentieren sind zu beachten.

Da Experimentieren grundsätzlich umsichtig erfolgen muss, wird auf die üblichen Verhaltensregeln und die Regeln für die Sicherheit und den Gesundheitsschutz beim Umgang mit Gefahrstoffen im Unterricht nicht bei jedem Versuch gesondert hingewiesen.

Beim Experimentieren muss immer eine Schutzbrille getragen werden.

Zu gefährlichen Stoffen und Gefahrensymbolen erhalten Sie Informationen mit dem oben genannten Online-Link.

1. Auflage 1 5 4 3 | 15 14

Alle Drucke dieser Auflage sind unverändert und können im Unterricht nebeneinander verwendet werden.
Die letzte Zahl bezeichnet das Jahr des Druckes.

Autor: Dr. Claus Reinhardt, Ludwig-Erhard-Berufskolleg Bonn, Studienseminar Köln
Redaktion: Rolf Strecker
Mediengestaltung: Marlene Klenk-Boock

Gestaltung: Prof. Jürgen Wirth; Visuelle Kommunikation, Dreieich
unter Mitarbeit von Matthias Balonier, Evelyn Junqueira, Nora Wirth
Umschlaggestaltung: normaldesign GbR, Schwäbisch Gmünd
Illustrationen: Prof. Jürgen Wirth; Visuelle Kommunikation, Dreieich unter Mitarbeit von Matthias Balonier, Evelyn Junqueira, Nora Wirth; Wolfgang Herzig, grafik-design · illustration, Essen;
Reproduktion: Meyle + Müller, Medien-Management, Pforzheim
Druck: Firmengruppe APPL, aprinta druck, Wemding

Printed in Germany
ISBN 978-3-12-045306-2

9 783120 453062

Was steht in diesem Buch?

NATURA ist ein Lern- und Arbeitsbuch. Das Buch enthält viele Seiten, die nicht nur der Vermittlung von Wissen dienen, sondern zur vielfältigen Auseinandersetzung mit den biologischen Themen anregen.

Informationsseiten
Hier wird die grundlegende Information zu einem Thema geliefert. Durch zahlreiche Abbildungen werden schwierige Sachverhalte durchschaubar. Mit kurzen Aufgaben zum Text können Sie Ihr Wissen und Ihr Verständnis überprüfen.

Basiskonzeptseiten: Biologie ist eine komplexe Wissenschaft, bei der zwischen den verschiedenen Teildisziplinen viele – teils abstrakte – Beziehungen bestehen. Basiskonzeptseiten zeigen Verbindungen zwischen unterschiedlichsten Themen auf. Sie stellen biologische Prinzipien dar und ermöglichen es, Faktenwissen zu ordnen, zu strukturieren und sich so gezielt die Basiskonzepte der Biologie zu erschließen. Die Aufgaben auf den Basiskonzeptseiten fordern zur Auseinandersetzung mit den Beispielen auf, zur Suche nach weiteren Parallelen und Bezügen aus dem Alltag. Auf den Basiskonzeptseiten wird die Bedeutung des Prinzips erläutert. Auf den Informationsseiten finden Sie einen Verweis ▶ zu den einzelnen Basiskonzeptseiten.

Die Basiskonzepte sind:
Struktur und Funktion
Reproduktion
Kompartimentierung
Steuerung und Regelung
Stoff- und Energieumwandlung
Information und Kommunikation
Variabilität und Angepasstheit
Geschichte und Verwandtschaft

Zettelkasten
Zettelkästen enthalten interessante Beispiele, Methoden, Ausnahmen etc.

Praktikumsseiten
Sie finden hier Anleitungen zu Versuchen, die Sie selbst durchführen können. Für gute Auswertungen sind sauberes Arbeiten und sorgfältig erstellte Protokolle unerlässlich.

Materialseiten
Auf ihnen befinden sich umfangreiche Informationen zu einem Thema und dazugehörige Aufgaben. Sie sind an den Anforderungen der gymnasialen Oberstufe orientiert und deshalb umfangreicher als die Aufgaben der Informationsseiten. Weiterhin erfordern sie eine intensive Auseinandersetzung mit dem dargebotenen Material und den dazugehörigen Informationsseiten.

Lexikonseiten
Diese Seiten bieten eine Fülle zusätzlicher Informationen, die das bisher Gelernte in einen größeren Zusammenhang stellen und damit überschaubarer machen.
Es werden Bereiche angeschnitten, die nicht direkt im Lehrplan vorgesehen sind. Diese Seiten regen zum Weiterlesen an.

Impulseseiten
Biologische Fragestellungen gehen häufig über das Fach Biologie hinaus. Auf diesen Seiten finden Sie fächerübergreifende Materialien und Impulse zur selbstständigen Bearbeitung. Auch Bezüge zur Alltagswelt sind Thema dieser Seiten.

Lernsituationen
Biologie lernen zu müssen, nur weil es im Lehrplan steht – das war uns zu wenig. Daher haben wir für Sie Lernsituationen geschaffen, die Ihnen zeigen, dass Biologie für Ihr persönliches Leben von Bedeutung ist. So hoffen wir, dass der Biologieunterricht für Sie sinnvoller wird, mehr Spaß macht und Sie zu persönlichen biologischen Entscheidungen befähigt.

Leitfragen
Die Lernsituation ist konzipiert, um Sie zur Erarbeitung eines gesamten Kapitels zu motivieren. Damit dies nicht zu lang wird, sind die Kapitel weiter in Unterkapitel gegliedert. Fast jedes Unterkapitel beginnt mit einer eigenen Leitfrage; so soll immer klar sein, was das konkrete Unterkapitel zur Erschließung der Lernsituation beiträgt und was für Sie persönlich wichtig ist.

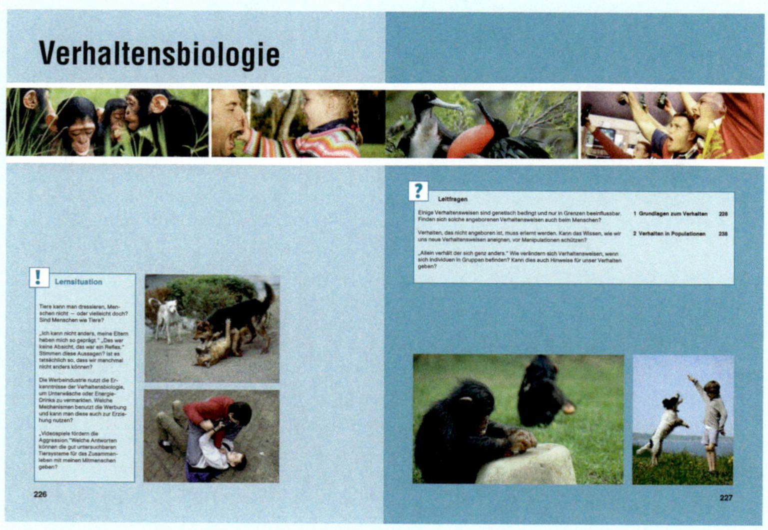

Inhaltsverzeichnis

Cytologie

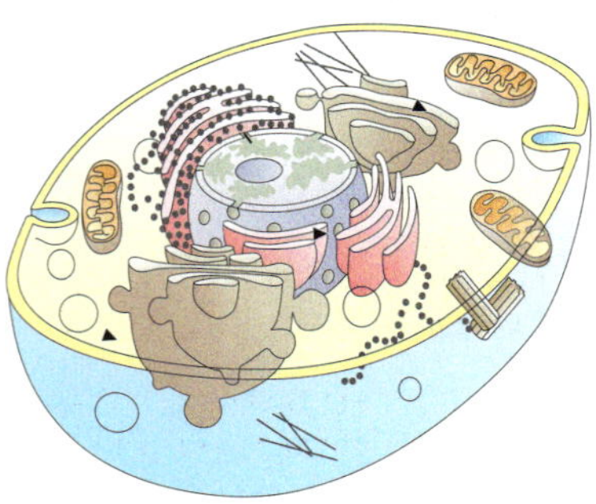

Transportprozesse

Enzyme

Ernährung der Pflanzen

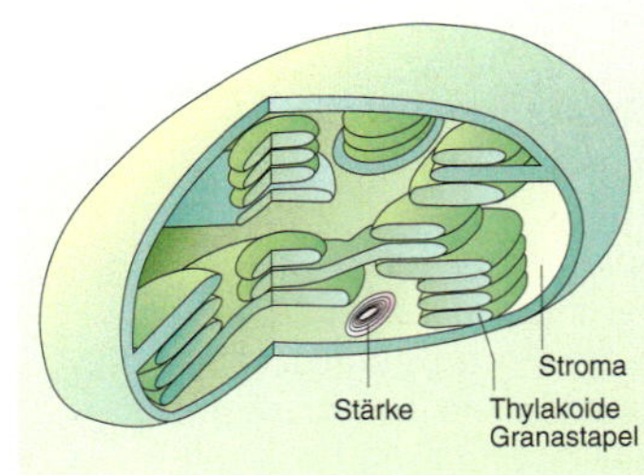

Energieversorgung beim Menschen

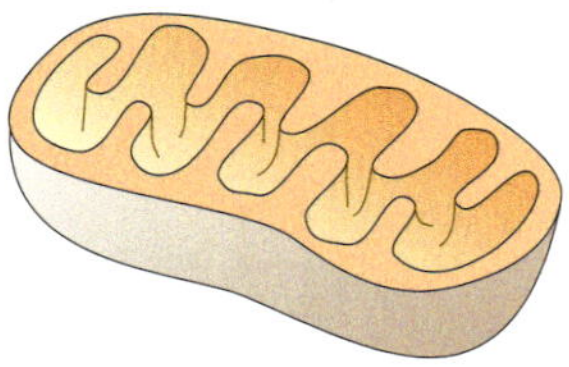

Stoffwechsel und Verdauung

Genetik

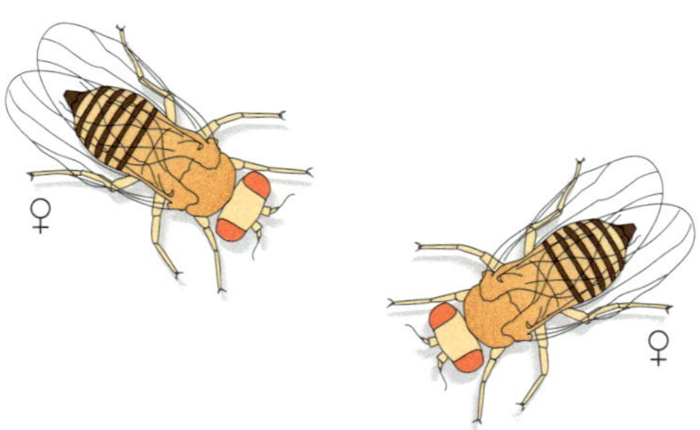

Molekulargenetik

Inhaltsverzeichnis

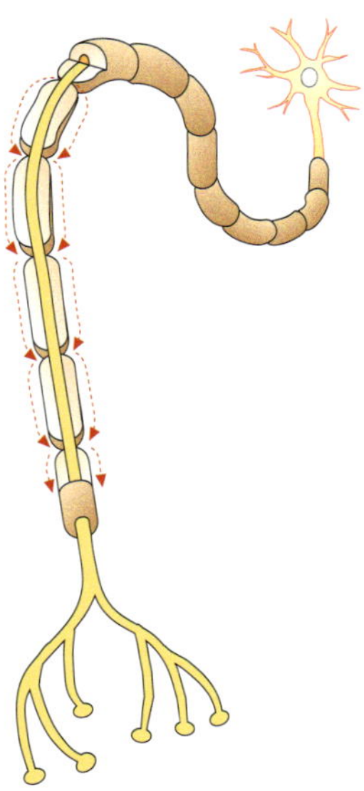

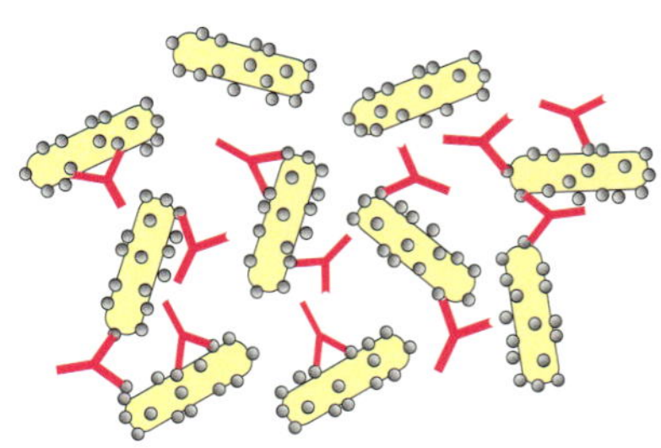

Ökologie

Evolution

Basiskonzeptseiten

Cytologie

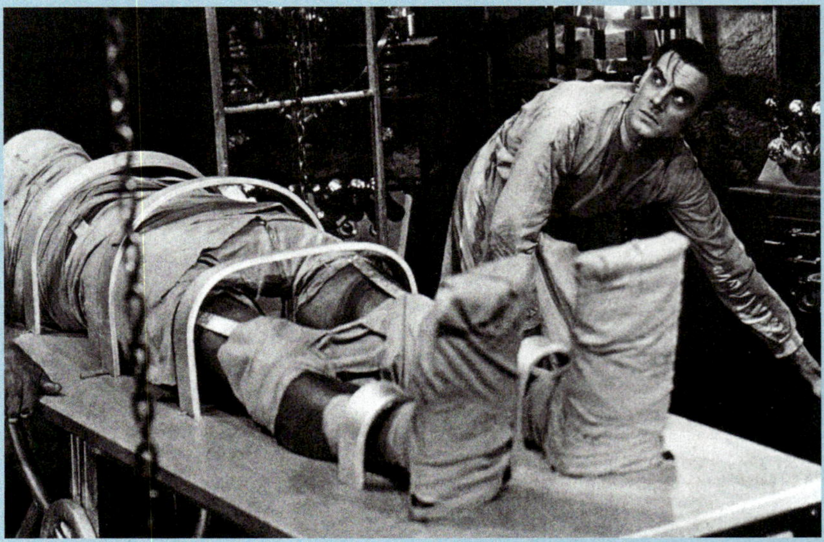

Lernsituation

In Zukunft soll es möglich sein, aus einer Hautzelle von mir eine identische Kopie herstellen zu können. Dann müsste ja der ganze Mensch irgendwie in jeder Zelle drin sein.

Früher sagte man: „Zum Kinderkriegen braucht man zwei." Was ist eigentlich der Unterschied, wenn Kinder auf natürlichem Weg gezeugt oder im Reagenzglas hergestellt bzw. geklont werden? Bin ich eigentlich ein Klon meiner Eltern?

Wenn eine identische Kopie von mir hergestellt werden kann, dann könnte ich meine Zellen nutzen, um „Ersatzorgane" für Erkrankte herzustellen. Aber wie soll das funktionieren? Meine Schleimhautzelle aus dem Mund ist doch keine Leberzelle und eine Gehirnzelle ist ja noch einmal etwas anderes.

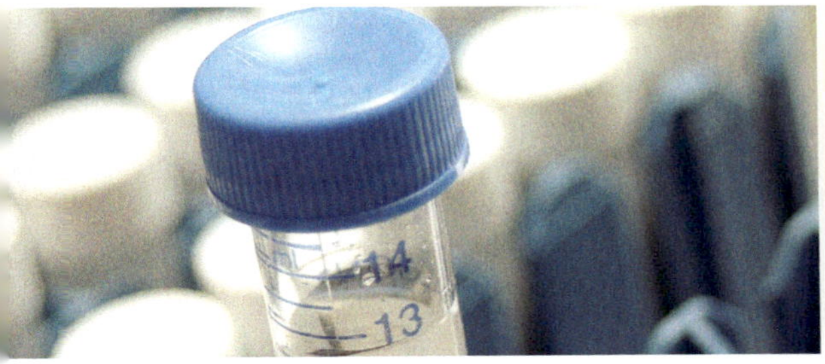

Leitfragen

Wenn eine Zelle ausreichen soll, um mich zu klonen, wie sieht denn dann so eine Zelle aus?

Einzeller bestehen, wie der Name sagt, aus einer Zelle. Heißt das, dass die Punkte, Striche und andere Strukturen, die im Mikroskop sichtbar sind, so etwas wie (Mini-) Organe sind?

Es gibt auch ein „natürliches“ Klonen, wenn ein Gewebedefekt nach einer Abschürfung durch identische Zellteilung heilt.
Auf natürlichem Wege entstandene Keimzellen können künstlich befruchtet werden, dies ist noch kein Klonen. Was ist denn dann Klonen?

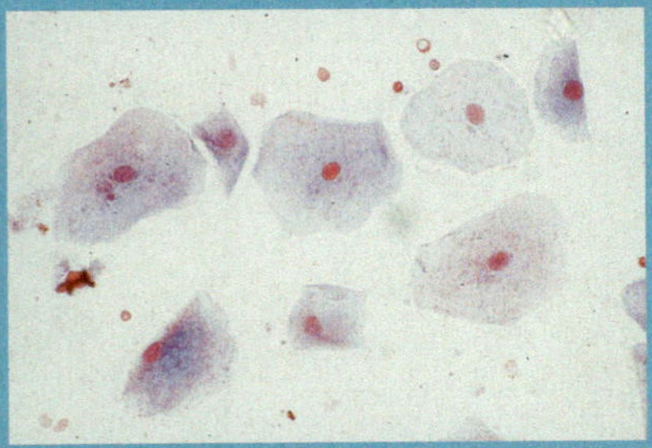

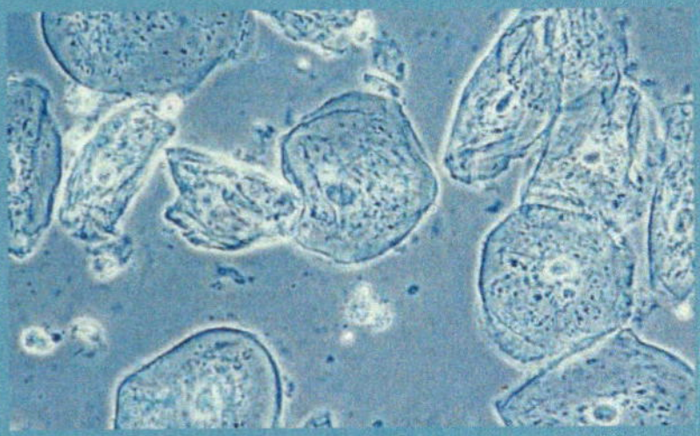

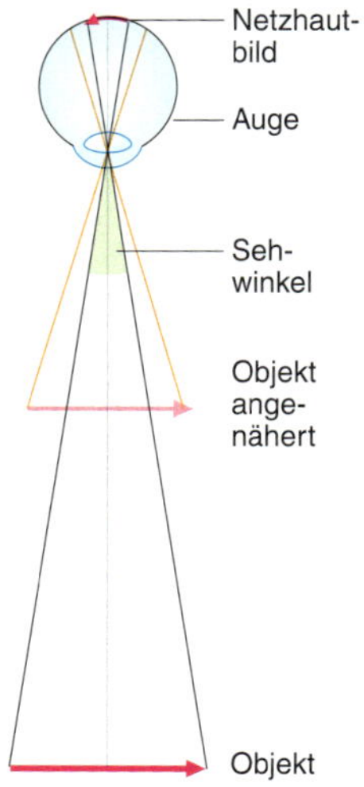

1 Moospolster — Auge

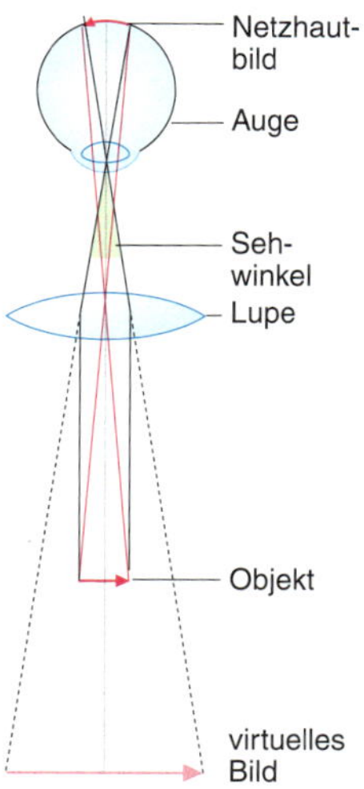

2 Moosblättchen — Lupe

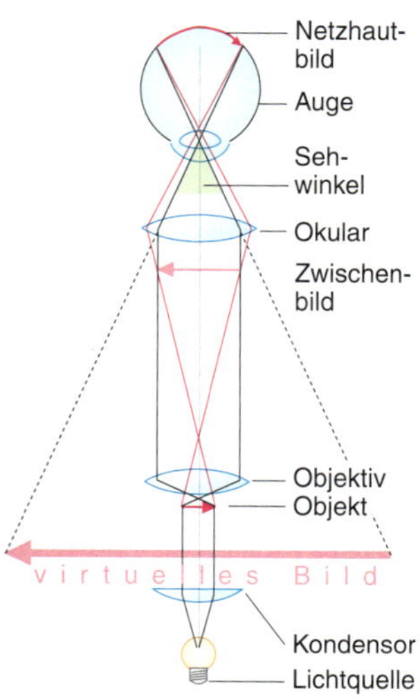

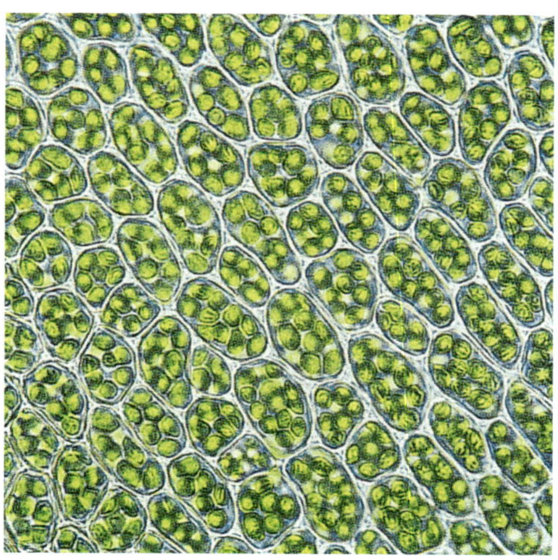

3 Moosblattzellen — Mikroskop

Vergrößerungstechniken

Die meisten Zellen sind kleiner als 0,1 mm. Bei diesem Wert liegt das *Auflösungsvermögen* des menschlichen Auges. Darunter versteht man die Mindestentfernung, die zwei Bildpunkte haben müssen, damit sie noch getrennt voneinander wahrgenommen werden. Ist der Abstand kleiner, verschmelzen sie zu einem Punkt.

Lupe

Mithilfe der Sammellinse einer Lupe wird der Sehwinkel vergrößert, der Gegenstand wird auf der Netzhaut größer dargestellt, als er in Wirklichkeit ist. Das *virtuelle Bild* ist größer als das *reelle Bild*. Die beiden Bildpunkte mit 0,1 mm Abstand liegen nun scheinbar weiter auseinander und sind als zwei einzelne Punkte wahrnehmbar. Je kleiner die Brennweite der Linse ist, umso näher kann man den Gegenstand betrachten und umso größer ist der Sehwinkel, also auch das virtuelle Bild.

Mikroskop

Will man noch kleinere Strukturen, z. B. Zellen, scharf sehen, ist ein Mikroskop notwendig. Dieses besteht aus mindestens zwei Linsen, einer im Objektiv und einer im Okular. Die Linse im Objektiv hat eine geringe Brennweite, damit man das zu beobachtende Objekt sehr nahe an das Objektiv heranbringen kann. Diese Linse erzeugt ein Zwischenbild, das durch die zweite Linse im Okular wie mit einer Lupe vergrößert wird. Okular und Objektiv bestehen heute aus Linsensystemen. Bedingt durch die physikalischen Eigenschaften der Linsen und des Lichtes liegt die Auflösungsgrenze bei 0,2 µm. Bei noch stärkeren Vergrößerungen erkennt man jedoch nicht mehr Einzelheiten (*leere Vergrößerung*). Viele kennen diesen Effekt vom Vergrößern digitaler Bilder auf dem Bildschirm. Ab einer bestimmten Vergrößerung sieht man nur unscharfe Pixel.

Das Auflösungsvermögen ist auch von der Wellenlänge des Lichts abhängig. Je kürzer die Wellenlänge, desto geringer kann die Mindestentfernung zweier Bildpunkte sein, die noch getrennt erkannt werden. Daher verwendet man beim Mikroskopieren häufig das kurzwelligere blaue Licht und erreicht so bis zu 2000-fache Vergrößerungen.

Neue Techniken

Bei der *Fluoreszenzmikroskopie* wird das Präparat mit kurzwelligem grünem, blauem oder UV-Licht beleuchtet. Die kurzwellige Strahlung führt zu einem Aufleuchten bestimmter Moleküle. So können Stoffe, wie z. B. Chlorophyll, Antikörper, die zusätzlich mit fluoreszierenden Farbstoffen verbunden sind, oder DNA-Abschnitte mit fluoreszierenden Farbstoffen *(Markern)* zum Fluoreszieren angeregt und so sichtbar gemacht werden (Abb. 4).

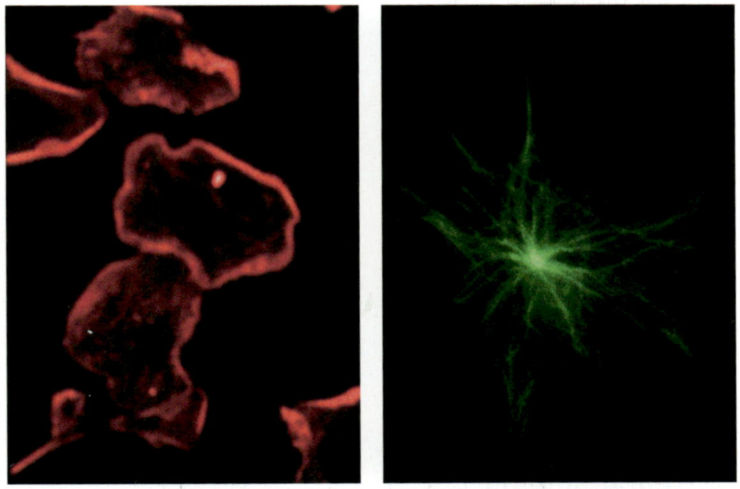

4 Fluoreszenzaufnahmen vom Cytoskelett (links Aktin, rechts Mikrotubuli)

Durchlicht-Hellfeldmikroskopie

Das allgemein übliche Verfahren, bei dem das Objekt von sichtbarem Licht durchstrahlt wird *(Durchlicht-Hellfeldmikroskopie,* Abb. 5), hat ebenfalls zahlreiche Ergänzungen und Abwandlungen erfahren, die das Anfärben von Präparaten in ihrer Wirkung übertreffen können. Mit den modifizierten Verfahren und oftmals nur einfachen Zusatzeinrichtungen zum routinemäßig genutzten Lichtmikroskop gelingt es, homogene Objekte konstrastreich zu machen oder farbig darzustellen.

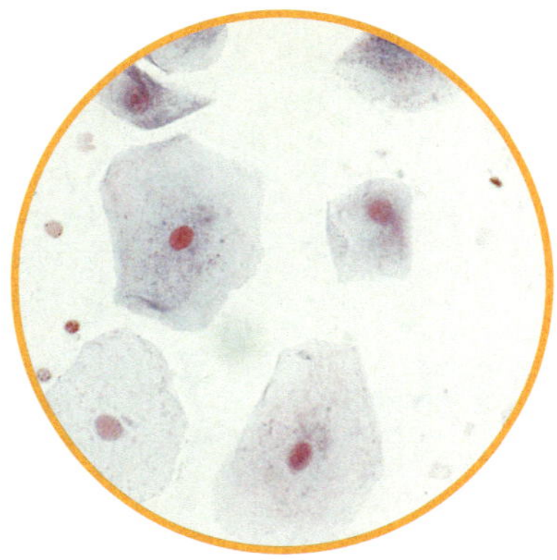

5 Mundschleimhautzellen (Hellfeld, gefärbt)

Durchlicht-Dunkelfeld

Im *Durchlicht-Dunkelfeld* erscheint das Sehfeld zunächst dunkel, da durch den Dunkelfeldkondensor das Licht an den Linsensystemen des Mikroskops vorbeigeführt wird. Auf diesem dunklen Hintergrund leuchten die Strukturen von Objekten hell auf, da nur das an ihnen gebrochene, gebeugte oder reflektierte Licht in das Objektiv tritt (Abb. 6). Feine Strukturen ohne Eigenfärbung und geringer Dichte werden damit erst sichtbar.

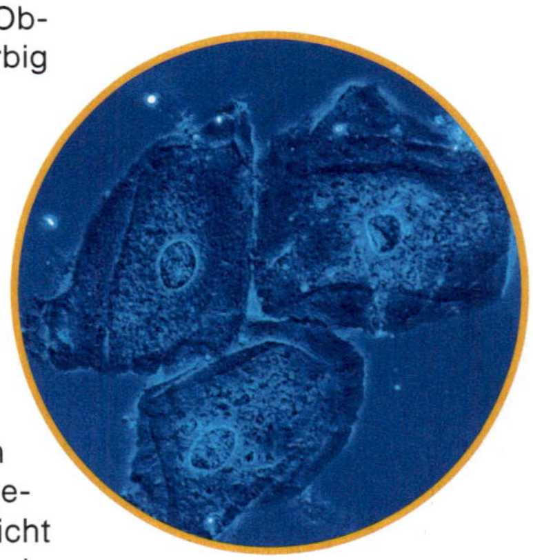

6 Mundschleimhautzellen (Dunkelfeld)

Phasenkontrastverfahren

Beim *Phasenkontrastverfahren* werden durch Interferenz zwischen direktem und gebeugtem Licht Phasenunterschiede in für das Auge wahrnehmbare Helligkeitsunterschiede umgewandelt. Dadurch treten ansonsten verborgene Konturen im Objekt plastisch hervor (Abb. 7).

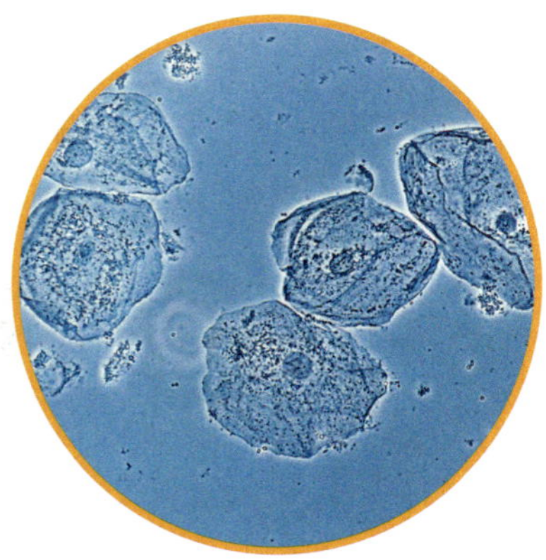

7 Mundschleimhautzellen (Phasenkontrast)

Im *Polarisationsmikroskop* wird das Präparat mit linear-polarisiertem Licht, also Lichtwellen einer ganz bestimmten Schwingungsrichtung, beleuchtet (Abb. 8). Strukturdetails können in verschiedenen Farben mit dieser Methode differenziert dargestellt werden.

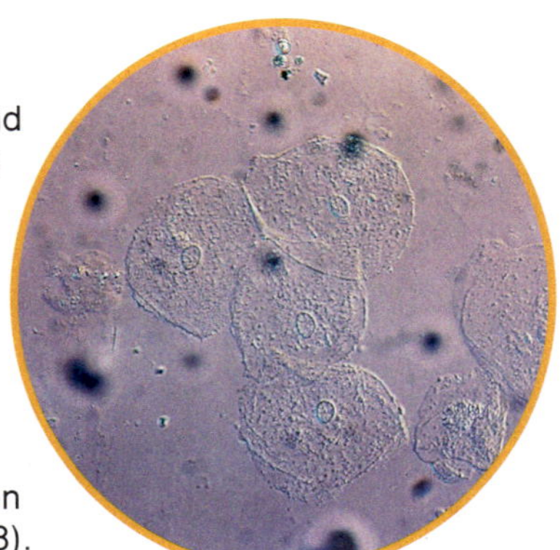

8 Mundschleimhautzellen (Polarisation)

Herstellung von mikroskopischen Präparaten

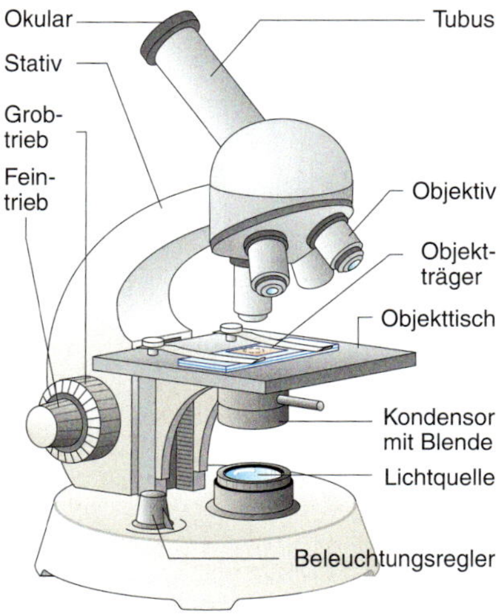

Die innere Zwiebelschuppenepidermis (Zwiebelschuppenhaut) soll mikroskopisch untersucht werden.

Benötigte Materialien und Geräte: Küchenzwiebel, Messer, Objektträger, Deckgläschen, Pipette mit Gummihütchen, Präpariernadel, Rasierklinge, Pinzette, Glasgefäß mit Wasser

Herstellen des Präparates

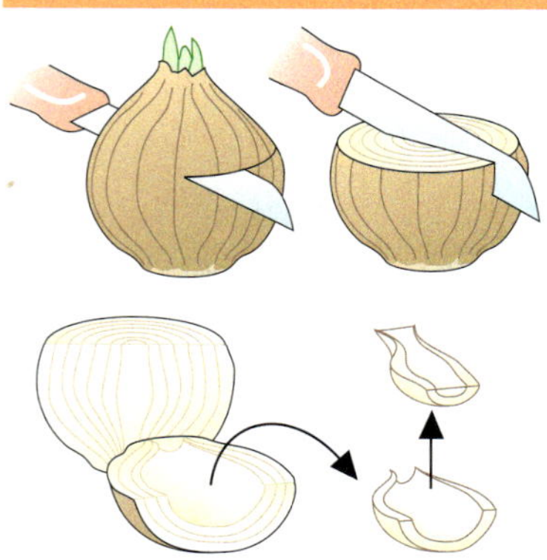

① Mit einer Rasierklinge wird ein kleines Quadrat in die Innenseite der Zwiebelschuppe geritzt, anschließend mit der Pinzette das Zwiebelhäutchen vorsichtig abgezogen und in einen Wassertropfen auf einen Objektträger gelegt.

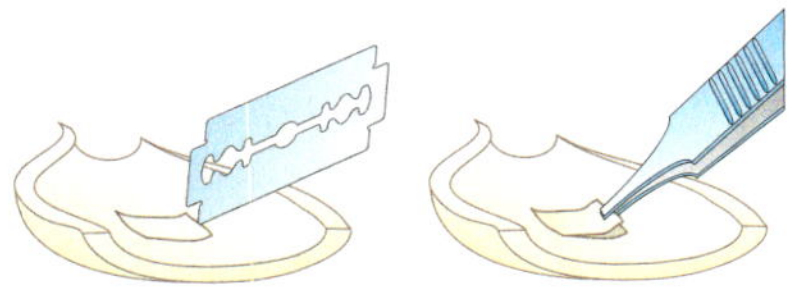

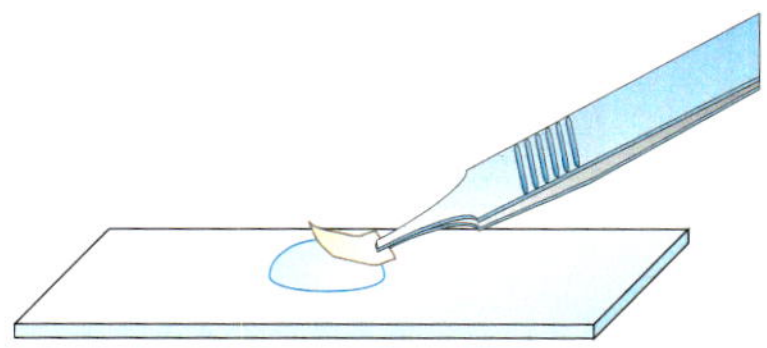

② Das Deckgläschen wird nun langsam mithilfe der Präpariernadel auf das Objekt abgesenkt. Dabei sollten keine Luftblasen mit eingeschlossen werden. Ist die Fläche unter dem Deckglas nicht vollständig benetzt, so gibt man mit einer Pipette noch etwas Wasser an der Seite des Deckglases zu. War der Wassertropfen zu groß, schwimmt das Deckglas. Mit der Pipette oder mit Filterpapier wird etwas Wasser abgesogen. Auf dem Deckglas darf sich kein Wasser befinden!

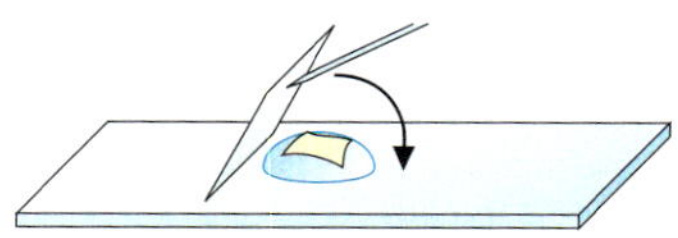

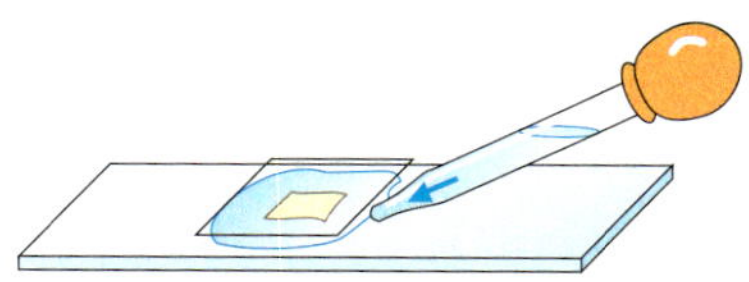

③ Das Zwiebelhautpräparat wird auf den Objekttisch gebracht und wenn möglich mit den Klammern über der Kondensormitte fixiert.

Der Weg zu einem guten Bild

④ Zunächst wird das kleinste Objektiv (Maßstabszahl) in den Strahlengang geschwenkt, das Bild der Zwiebelhaut mit dem Grobtrieb scharf gestellt und in die Mitte des Gesichtsfeldes gebracht. Der Feintrieb, mit dem von nun an alle weiteren Einstellungen erfolgen, ermöglicht das genaue Scharfstellen.

⑤ Nun wird das jeweils nächstgrößere Objektiv (z. B. 10 x) über das Präparat geschwenkt, ohne an der Scharfeinstellung etwas zu ändern. Die Schärfe wird in der Regel nur noch mit dem Feintrieb geringfügig nachgestellt. Durch vorsichtiges Verschieben des Objektträgers wird dabei jeweils die Zellgruppe bzw. die Zelle in die Bildmitte gebracht, die man genauer untersuchen möchte.

⑥ Überprüfen Sie, welche Auswirkung das Öffnen und Schließen der Kondensorblende bei den einzelnen Objektiven hat und stellen Sie jeweils ein kontrastreiches und scharfes Bild ein. Die Kondensorblende dient der Regelung des Bildkontrastes. Die Bildhelligkeit sollte über den Beleuchtungsregler eingestellt werden.

⑦ Um das Objekt vertikal zu durchmustern, dreht man den Objekttisch mit dem Feintrieb langsam nach oben und unten. Dies ist aufgrund der geringen Schärfentiefe notwendig. Sie ist umso kleiner, je größer die Objektivvergrößerung ist.

Weitere geeignete Objekte für mikroskopische Untersuchungen sind: Blattzellen der Wasserpest *(Elodea)*, von Laubmoosen bzw. Epidermiszellen der Dreimasterblume *(Tradescantia pallida)*.

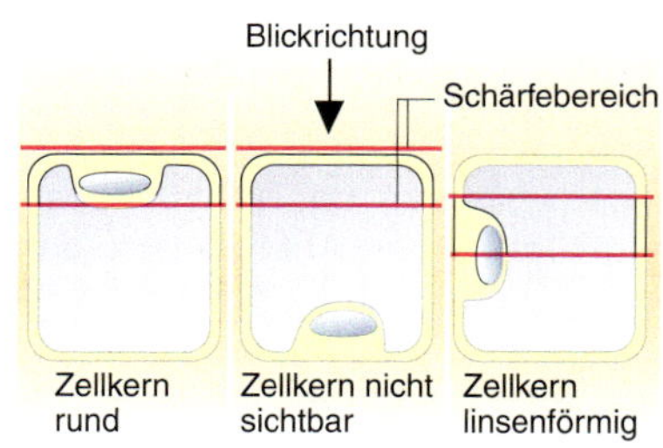

Protokollieren der Beobachtungen

⑧ Mikroskopieren Sie bei mittlerer Vergrößerung das Zwiebelhäutchen. Verschaffen Sie sich einen Überblick über die Gestalt und die Lage der Zellen. Fertigen Sie eine Umrissskizze von 4 bis 5 aneinanderliegenden Zellen an.

⑨ Bringen Sie eine in Details gut erkennbare Zelle in die Gesichtsfeldmitte und untersuchen Sie diese mit dem nächstgrößeren Objektiv (40 x). Welche Einzelheiten sind zu erkennen? Fertigen Sie von dieser Zelle eine möglichst genaue Skizze an (Größe auf dem Papier mindestens 10 cm). Achten Sie auf die richtigen Größenverhältnisse von Zelle und Zellbestandteilen.

Fehler beim Mikroskopieren

Das Bild ist kontrastarm bzw. unklar:
Die Blende ist zu weit offen, die Linse ist verschmutzt (mit Linsenpapier reinigen) oder es befindet sich Wasser auf dem Deckgläschen.

Linien im Objekt erscheinen doppelt bei meist dunklem Bild.
Die Blende ist zu weit geschlossen.

Kreisförmige, schwarze und in der Mitte etwas hellere Flecken verdecken das Objekt.
Das Objekt enthält eingeschlossene Luftblasen.

Anfärben kontrastarmer Präparate

⑩ Mit einem Holzspatel oder einem Teelöffel schabt man vorsichtig aus der Mundhöhle etwas Schleim ab, der Mundschleimhautzellen enthält, und bringt diesen in einen Wassertropfen auf den Objektträger. Bei der mikroskopischen Untersuchung werden die einzelnen Zellen nur schwer zu erkennen sein. Das liegt an der Kontrastarmut des Objekts, d. h. es ist überall fast gleich hell. In solchen Fällen färbt man das Präparat an, um es besser sichtbar zu machen. Dazu wird entsprechend der Abbildung eine Methylenblaulösung unter dem Deckgläschen hindurchgesaugt.

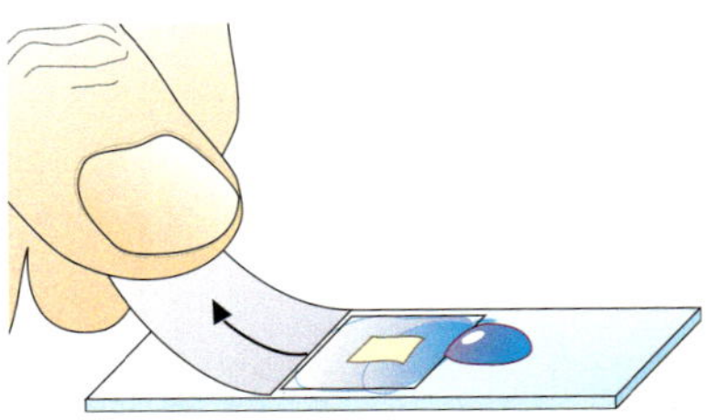

Mikroskopieren Sie das ungefärbte und das gefärbte Präparat und vergleichen Sie. Fertigen Sie anschließend vom gefärbten Präparat eine Skizze an. Welche Details sind besonders gut angefärbt? Warum zeigen die Schleimhautzellen eine Art Faltenbildung? Welche Unterschiede bestehen im Vergleich zur Zwiebelzelle?

Die Farbstoffe Eosin und Neutralrot färben in wässriger Lösung verschiedene Zellstrukturen an. Mit Eosin färben sich das Cytoplasma und der Zellkern gut an, während Neutralrot sich vorzugsweise in der Vakuole (Zellsaftraum) ansammelt.

Schneiden von Objekten

Von dicken Objekten müssen Dünnschnitte hergestellt werden. Das betrifft z. B. Wurzeln, Stängel und Blätter von Pflanzen.

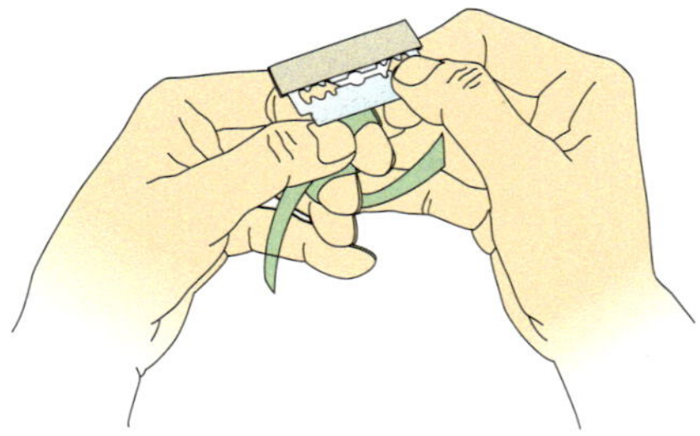

Flächenschnitt
Diese Technik wird angewandt, wenn man einzelne Zellen eines dickeren Blattes, z. B. Zellen von der Sumpfschraube *(Vallisneria)*, einer Wasserpflanze, untersuchen will. Die Abbildung zeigt die Schneidetechnik. (Vorsicht: Klinge ganz flach halten!)

Querschnitt
Häufiger jedoch werden Querschnitte benötigt. Viele Objekte sind relativ weich und lassen sich ohne Hilfsmittel nur schlecht schneiden. Deshalb klemmt man das Objekt wie in der Abbildung zwischen zwei Hälften aus Holundermark oder Styropor und schneidet entsprechend der Abbildung ein dünnes Scheibchen ab, indem man eine scharfe Rasierklinge bei nur leichtem Druck durch das Objekt zieht. Der erste Schnitt wird verworfen, da bei diesem die Zellen meist stark beschädigt sind. Die folgenden, möglichst dünnen Schnitte werden mikroskopiert.

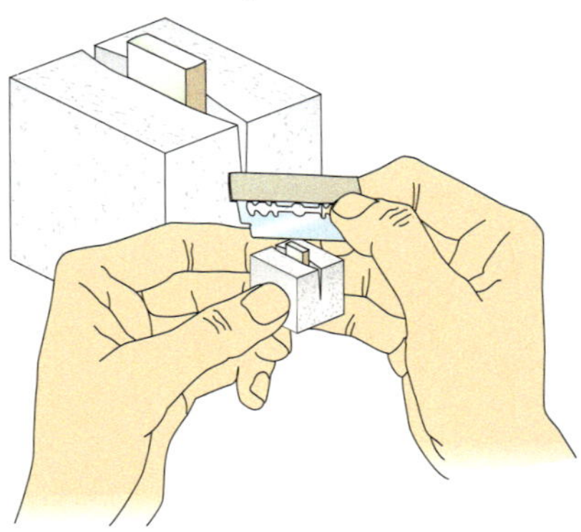

Messen und Zählen

Will man die tatsächliche Größe eines mikroskopischen Objektes oder seiner Teile ermitteln, benötigt man als Hilfsmittel ein Okularmikrometer. Dieses ist für jede gewählte Vergrößerung mit dem Objektmikrometer zu eichen.

⑪ Bestimmen Sie den Mikrometerwert, d. h. die tatsächliche Länge eines Skalenteils des Okularmikrometers, indem Sie die Skala des Okularmikrometers mit der des Objektmikrometers zur Deckung bringen (s. Abb.) und die sich entsprechenden Skalenteile ins Verhältnis setzen:
Mikrometerwert (m_w) = Skalenteile des Objektmikrometers / Skalenteile des Okularmikrometers

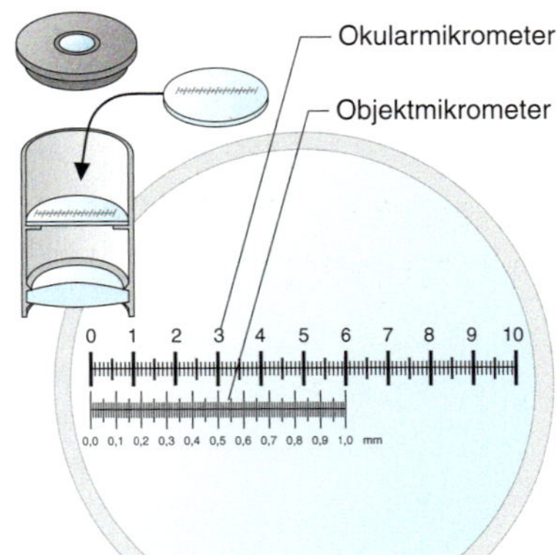

Für die Abbildung ergibt sich:
$m_w = 1{,}0\ \text{mm} / 60 = 0{,}016\ \text{mm} = 16\ \mu\text{m}$

Ein Skalenteil des Okularmikrometers besitzt bei der gewählten Vergrößerung eine tatsächliche Länge von 16 µm, folglich hat eine Zelle, die sich über fünf Skalenteile erstreckt, eine Länge von 80 µm. Stehen kein Okular- und Objektmikrometer zur Verfügung, kann man transparentes Millimeterpapier oder eine entsprechende Folienkopie davon zur Größenbestimmung verwenden.

Soll der Durchmesser des Gesichtsfeldes bestimmt werden, legt man das Millimeterpapier anstelle des Objektes auf den Objektträger. Nun bestimmt man für jede Vergrößerungsstufe den Durchmesser in Millimetern:
Vergr. Objektiv x Vergr. Okular = Gesamtvergrößerung;
dazu bestimmt man durch Auszählen den Sehfelddurchmesser in mm.

Zum Auszählen von Zellen in einem bestimmten Flüssigkeitsvolumen benutzt man eine Zählkammer. In die Vertiefung dieser Glasplatte ist ein Zählnetz eingeätzt. Die Quadrate des Netzes haben definierte, auf der Zählkammer angegebene Abmessungen, die die Berechnung des Volumens erlauben. Routinemäßig werden solche Zählkammern in medizinischen Laboratorien zur Ermittlung der Anzahl von Blutzellen verwendet. In der Schule empfiehlt es sich, Zellen der Backhefe *(Saccharomyces cerevisiae)* in einer Suspension auszuzählen.

Online-Link
045306-0014

Das lichtmikroskopische Bild der Zelle

Eucyte (auch *Eucyt*)
Zelle eukaryotischer Organismen (Pflanzen, Tiere, Protisten, Pilze)

Zellen begegnen uns in einer beachtlichen Vielfalt. Das betrifft ihre Größe und Gestalt ebenso wie die verschiedenen Funktionen. Eine Zelle des Assimilationsgewebes in einem Laubblatt, eine Nerven- und eine Epithelzelle scheinen bei oberflächlicher Betrachtung kaum Gemeinsamkeiten aufzuweisen. Der Schein trügt: Welchem Typ eine Zelle auch zuzurechnen ist, sie ist und bleibt die kleinste funktionelle Einheit eines Lebewesens. Mehr noch: Bei allen Unterschieden in Gestalt und Funktion zeigen Zellen eine grundsätzlich gleichartige Ausstattung.
Bereits das Lichtmikroskop gewährt einen detaillierten Einblick in das Zellinnere. Je besser das Auflösungsvermögen und je stärker die Vergrößerung, desto mehr Einzelheiten werden sichtbar. Was wir im Mikroskop als flächige Bilder sehen, sind in Wirklichkeit räumliche Gebilde (▶ Kompartimentierung S. 352).

Protoplast

Alle Merkmale des Lebens spiegeln sich auch in einer lebenden Zelle wider. Der eigentliche Träger aller Lebensfunktionen ist der Zellleib *(Protoplast)*. Er besteht aus dem Zellplasma *(Cytoplasma)* mit den darin eingeschlossenen Zellstrukturen. Sie werden als *Organellen* (gr. *organon* = Werkzeug) bezeichnet, weil sie in der Zelle – wie ein Organ in einem Organismus – bestimmte Funktionen erfüllen. Das Cytoplasma ist nicht strukturlos. Es enthält Wasser mit darin gelösten Substanzen und Proteine.

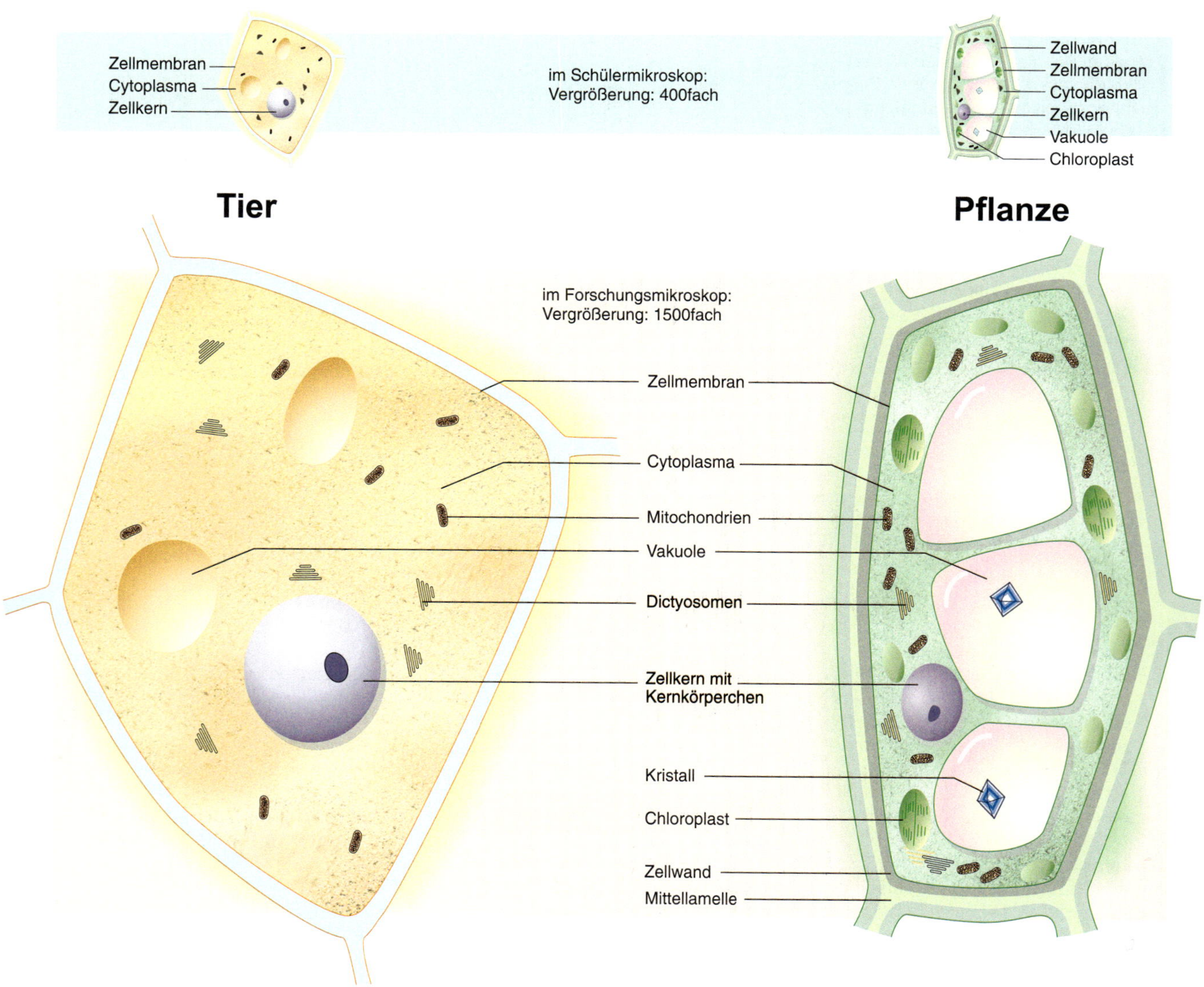

Zettelkasten

Räumliche Bilder mit dem konfokalen Laser-Scanning-Mikroskop

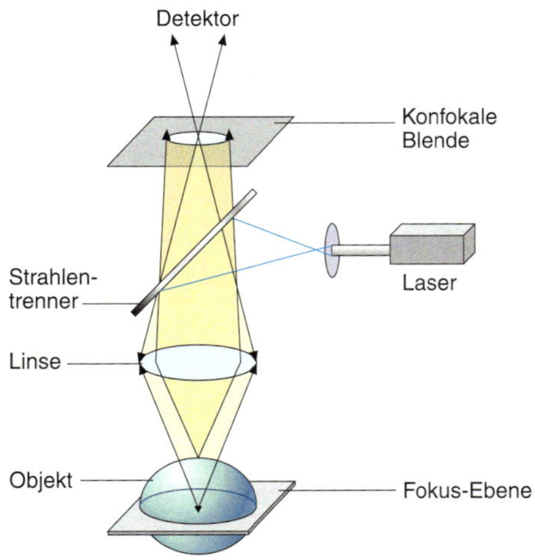

Das allgemein übliche Verfahren der *Durchlicht-Hellfeldmikroskopie* hat zahlreiche Ergänzungen und Abwandlungen erfahren. Mit den modifizierten Verfahren und neuesten technischen Entwicklungen gelingt es, homogene Objekte kontrastreich zu machen, sie farbig darzustellen und räumlich wirkende Bilder zu erlangen.

Dreidimensional wirkende Bilder erhält man durch die *konfokale Laser-Scanning-Mikroskopie*, eine Weiterentwicklung der *Fluoreszenzmikroskopie*. Das Scanning-Mikroskop arbeitet auf der Grundlage eines Abtastverfahrens. Eine dünne Schicht des Präparates wird mit einem Laserstrahl abgetastet und das Fluoreszenzlicht aufgefangen. So erhält man die Bildinformation aus dieser Schicht. Nacheinander werden verschiedene Schichten des manchmal dicken Präparates abgetastet: Es wird „optisch geschnitten". Aus der Bildinformation mehrerer Schnittebenen errechnet der Computer ein räumlich wirkendes Bild.

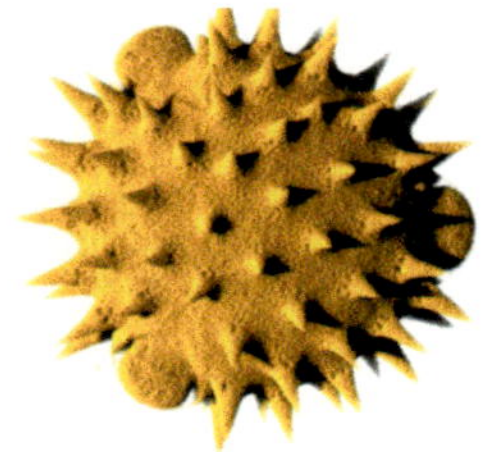

Zellkern

Der Zellkern *(Nucleus)* mit einem Durchmesser von durchschnittlich 3 – 10 µm ist gewöhnlich das größte Organell. In seinem Inneren befinden sich ein oder mehrere *Kernkörperchen*, die *Nucleoli*. Das Plasma des Kerns, das *Karyoplasma*, wird durch die Kernhülle gegen das übrige Cytoplasma abgegrenzt. Es enthält vor allem Nucleinsäure, die *Desoxyribonucleinsäure (DNA)*. Der Zellkern steuert die Stoffwechselprozesse innerhalb der Zelle und enthält die Erbinformation.

Mitochondrien

Gerade noch sichtbar im Lichtmikroskop sind die 2 – 8 µm langen *Mitochondrien*. Sie sind von einer Doppelmembran umgeben und in ihrem Inneren reich gegliedert.

Endoplasmatisches Retikulum

Das lichtmikroskopisch kaum in Erscheinung tretende *Endoplasmatische Retikulum* (ER) gliedert das Zellplasma gleichsam in Reaktionsräume, die *Kompartimente*. Nach außen wird das Plasma durch die äußere Zellmembran abgegrenzt.

Golgi-Apparat

Flache Stapel von Membranen, an deren Ende sich Vesikel abschnüren, nennt man *Dictyosomen*. Alle Dictyosomen einer Zelle fasst man als *Golgi-Apparat* zusammen.

Plastiden

Typische pflanzliche Zellbestandteile sind die *Plastiden*. Plastiden treten in drei verschiedenen Typen auf: als fotosynthetisch aktive *Chloroplasten*, als *Chromoplasten* mit roten und gelben Farbstoffen und als farblose *Leukoplasten*. Während Leukoplasten als Speicherorganellen dienen und Chromoplasten Blüten und Früchten lebhafte Farben verleihen, sind die chlorophyllhaltigen Chloroplasten die Orte der Fotosynthese.

Zellwand

Ein typisch pflanzliches Merkmal ist auch die Ausbildung einer zellulosehaltigen Zellwand. Nach der Zellteilung bildet sich die *Mittellamelle* aus. Ihr lagern sich Zellulosefasern ein und auf. So entsteht eine zum Teil mächtige und starre Wand mit Aussparungen, den *Tüpfeln*. Durch feine Plasmaverbindungen *(Plasmodesmen)* in den Tüpfeln stehen die Zellen untereinander in Verbindung.

Vakuolen

Vakuolen als bläschenförmige, von einer Membran *(Tonoplast)* umgebene Flüssigkeitsräume kommen in Zellen sehr verschiedener Lebewesen vor. Als Nahrungs- und pulsierende Vakuolen sind sie bei Einzellern, als Fett- und Eiweißvakuolen bei Tier- und Pflanzenzellen sowie Pilzen zu finden. Vakuolen, die mit Zellsaft, Kristallen und Farbstoffen gefüllt sind, sind charakteristisch für Pflanzenzellen.

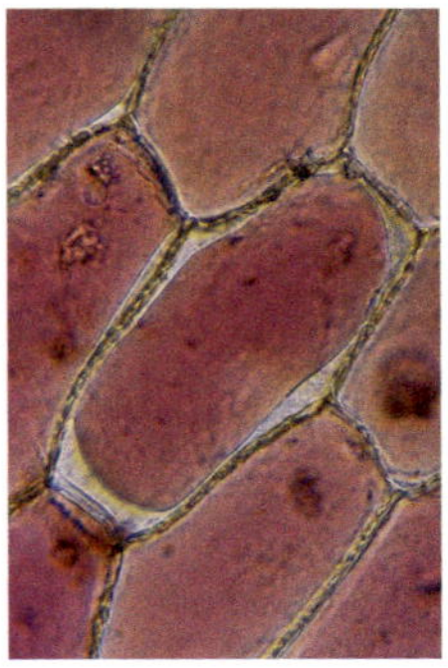

Zelle mit Vakuole (Zwiebelhäutchen)

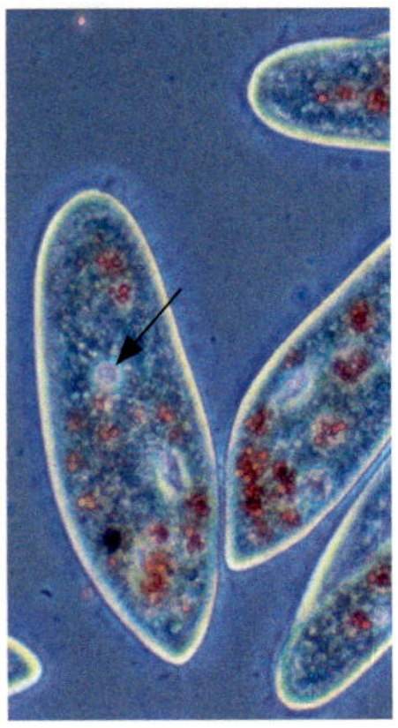

Pantoffeltierchen (Einzeller) mit pulsierender Vakuole (→)

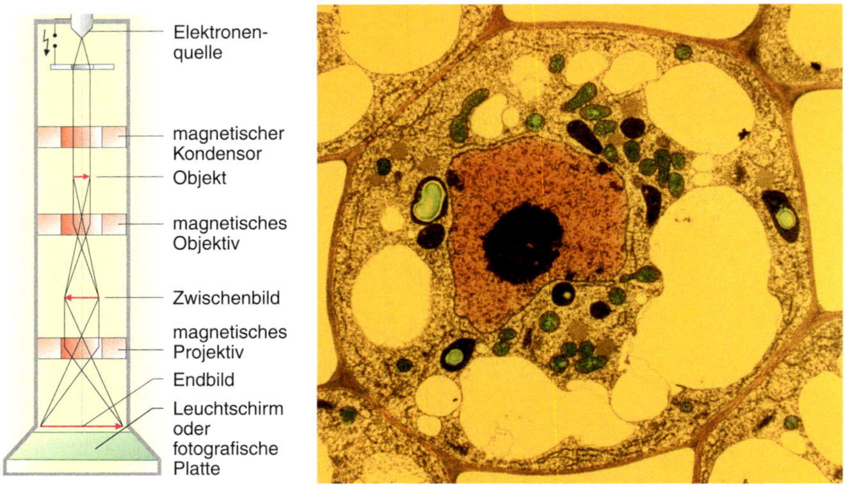

1 Elektronenmikroskop (TEM), Schema und koloriertes Bild einer Pflanzenzelle

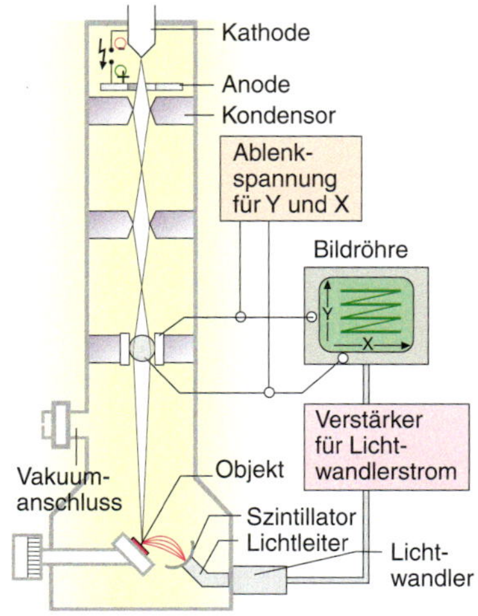

2 Rasterelektronenmikroskop, Schema

Die Zelle im Elektronenmikroskop

Sind die Grenzen des Auflösungsvermögens des Lichtmikroskops erreicht, können bei der weiteren Untersuchung und Strukturaufklärung der Zelle und ihrer Organellen nur Elektronenmikroskope weiterhelfen. Mit dem *Transmissionselektronenmikroskop* (TEM), das gegenüber einem guten Lichtmikroskop die nahezu 1000fache Leistung erbringt, gelingt es, ausreichend dünne Präparate der Zelle zu durchdringen und Strukturen bis zu 0,1 nm Abstand aufzulösen. In der zellbiologischen Forschung findet das Transmissionselektronenmikroskop weitreichend Einsatz. Das *Rasterelektronenmikroskop* (REM) ermöglicht das Abtasten von Oberflächen und liefert so räumlich erscheinende Bilder (Abb. 3).

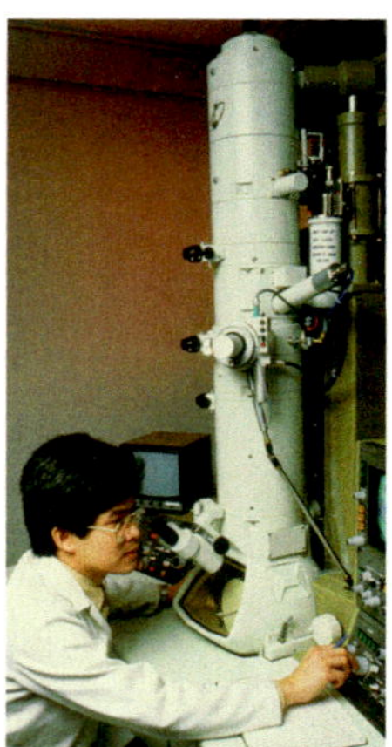

Transmissionselektronenmikroskop

Beide Typen des Elektronenmikroskops nutzen zur optischen Darstellung der Objekte Elektronen. Da die Elektronen von Luftteilchen abgebremst werden und auch Glas nicht durchdringen können, muss das Elektronenmikroskop luftleer gepumpt werden. In dem entstehenden Vakuum lassen sich die Elektronenstrahlen mithilfe elektromagnetischer Felder, deren Wirkung den Linsen im Lichtmikroskop entsprechen, ablenken und bündeln. Das Bild kann dann auf einem Bildschirm betrachtet werden.

Bei einem Rasterelektronenmikroskop trifft ein eng gebündelter Elektronenstrahl *(Primärelektronen)* auf die zu untersuchende Oberfläche. Die reflektierten oder aus der Oberfläche herausgeschleuderten Elektronen *(Sekundärelektronen)* werden gemessen und von einem Rechner in Helligkeitswerte umgesetzt. Rastert dieser Elektronenstrahl das Objekt zeilenweise ab, so erhält man ein Bild, das einen guten räumlichen Eindruck vermittelt.

Elektronenmikroskopische Präparationsverfahren

Für den Einsatz im Elektronenmikroskop müssen die Objekte in besonderer Weise vorbereitet werden. Lebendbeobachtungen sind nicht möglich, da die Zellen fixiert werden müssen. Das kann mittels chemischer Agenzien (Osmiumtetroxid, Formaldehyd) oder durch Gefrieren geschehen. Wichtig

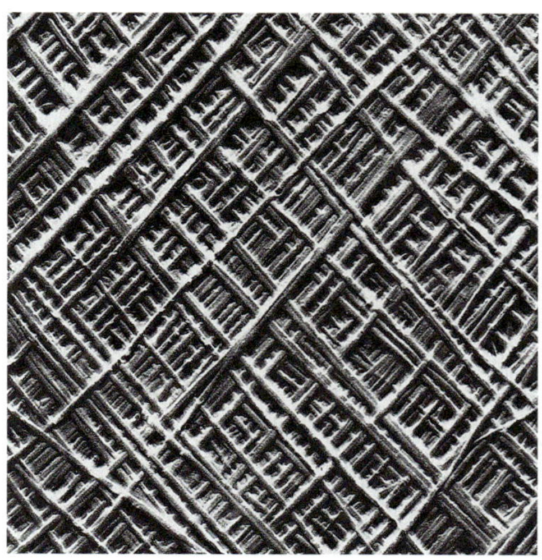

3 REM-Aufnahme der pflanzlichen Zellwand

Artefakt
künstlich hervorgerufene Veränderung oder künstlich erzeugte Struktur

ist, dass die Zellstrukturen nicht zerstört werden dürfen. Trotzdem kommt es häufiger zu *Artefakten*. Anstelle des in der Lichtmikroskopie üblichen Objektträgers benutzt man im Elektronenmikroskop kleinmaschige Metallnetze zur Aufnahme der Objekte.

Ultradünnschnitttechnik

Bei der *Ultradünnsschnitttechnik* wird das Präparat nach dem Fixieren und Entwässern in Kunstharz eingebettet und dann mit einem Ultramikrotom geschnitten. Dieses Gerät ermöglicht es, Schichten in einer Dicke von 50 nm abzuschaben, d. h. eine Zelle von 0,1 mm Durchmesser wird in 2000 Scheiben geschnitten. Eine Seite dieses Buches ist 1000-mal dicker als ein solches Präparat.

4 Ultramikrotom

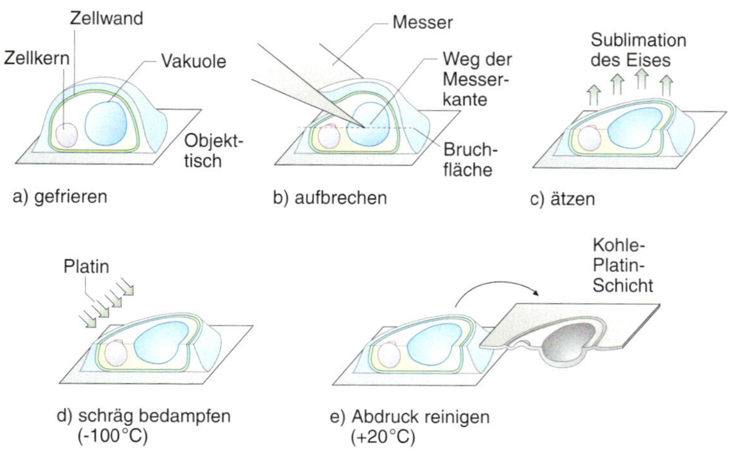

5 Schritte bei der Gefrierbruch- und Gefrierätztechnik

6 EM-Bild einer Hefezelle nach Gefrierbruch und Gefrierätzung

Beim Schneiden wird das Präparat auf einem Wassertropfen aufgefangen und von dort mit einem feinen Metallnetz, einem sogenannten *Trägernetz*, abgefischt.

Zum Teil sind biologische Strukturen schon im Lichtmikroskop sehr kontrastarm. Dies gilt noch mehr für das Elektronenmikroskop. Deshalb muss das Präparat *kontrastiert* werden. Das geschieht z. B. durch Osmiumtetraoxid oder andere Schwermetallionen. Auf dem Bildschirm des Elektronenmikroskops sieht man vor allem dieses elektronendichte Kontrastmittel, das sich selektiv an die biologischen Strukturen anlagert.

Gefrierätztechnik

Eine andere Methode, Präparate für das Elektronenmikroskop herzustellen, ist die *Gefrierätztechnik* (Abb. 5). Bei diesem Verfahren fixiert man die Zellen physikalisch, indem sie auf − 150 °C abgekühlt und dadurch eingefroren werden. Bei dieser sogenannten *Kryofixierung* bleiben die Zellstrukturen weitgehend erhalten.

Aufgaben

① Deuten Sie die elektronenmikroskopischen Bilder der Pflanzen- (Abb. 1) und der Hefezelle (Abb. 6).
② Stellen Sie Vor- und Nachteile der Elektronenmikroskopie im Vergleich zur Lichtmikroskopie dar.
③ Bei der Elektronenmikroskopie untersucht man das gleiche biologische Objekt meist mit verschiedenartigen Verfahren. Begründen Sie dieses Vorgehen.

Der Zellkern

Das elektronenmikroskopische Bild eines Zellkerns (Nucleus), das durch Schneiden von kontrastierten Zellen gewonnen wurde (Abb. 1 oben), lässt eine zweischichtige Kernhülle erkennen. Zwei *Membranen* verlaufen dicht nebeneinander und schließen einen *Membranzwischenraum* ein. Diese Hülle ist an einigen Stellen durchbrochen; hier stehen Cytoplasma und Kernplasma miteinander in Verbindung. Ob es sich dabei um Poren, Schlitze oder aufgrund der Fixierung und Kontrastierung entstandene künstliche Veränderungen *(Artefakte)* handelt, lässt sich anhand eines solchen Bildes nicht entscheiden. Erst durch Anwendung anderer Präparationstechniken kann eine Artefaktbildung ausgeschlossen werden.

Durch Herstellung eines Präparates mit Gefrierätztechnik (Abb. 1 unten) sind räumliche Strukturen am Kern zu erkennen. Es wird durch diese Präparationstechnik deutlich, dass er durch eine aus zwei Membranen bestehende Hülle begrenzt wird und diese durch *Kernporen* durchbrochen ist.

Besonders auffällige Einschlüsse im Inneren des Zellkerns sind die Kernkörperchen: (*Nucleoli,* Einzahl *Nucleolus*). Sie treten in Ein- oder Mehrzahl auf und beteiligen sich an der Bildung von Ribosomen, den Orten der Proteinsynthese. Im Kernplasma befindet sich eine gut anfärbbare Struktur, das *Chromatin.* In ihm liegt mit Proteinen vergesellschaftet die DNA. Bei einer jeden Zellteilung bilden sich aus dem Chromatin die *Chromosomen* heraus (s. Seite 29).

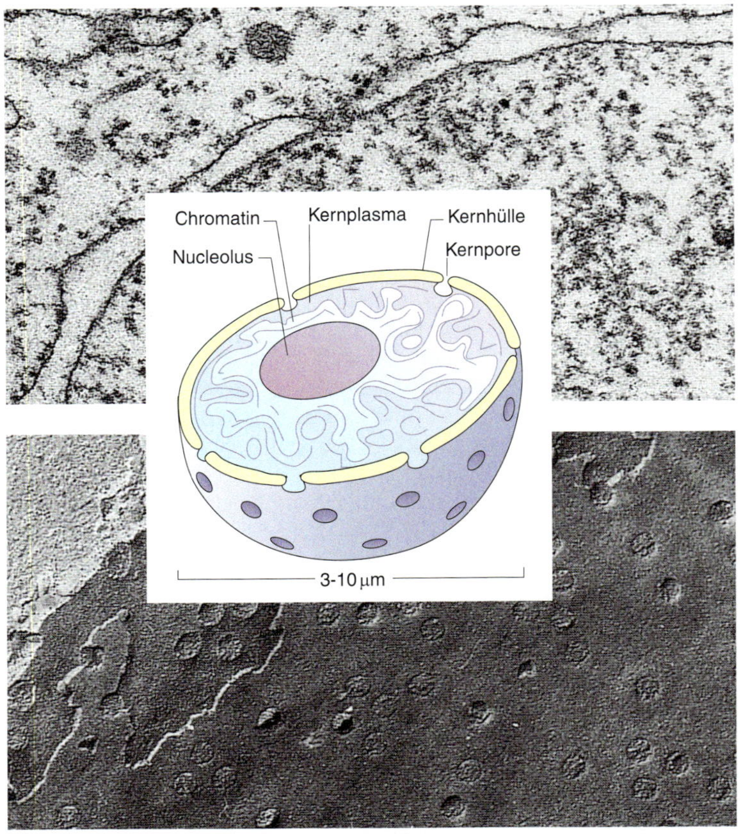

1 Darstellung des Zellkerns mit elektronenmikroskopischen Verfahren

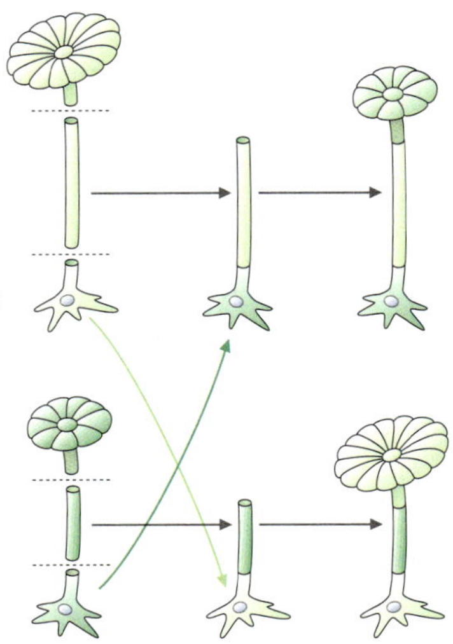

2 Stückaustausch bei Acetabularia

Pfropfungsexperimente mit Algen

Der Kern ist die wichtigste Kommandozentrale der Zelle und gleichzeitig das funktionelle Zentrum in ihr. Welche Bedeutung der Kern für die Entwicklung einer Zelle und des gesamten Lebewesens hat, zeigen Experimente zur Kerntransplantation der jüngsten Zeit ebenso wie die klassischen Pfropfungsversuche von Joachim Hämmerling mit der Meeresalge *Acetabularia.* Die Algen dieser Gattung bestehen aus einer riesigen Zelle, die sich in ein wurzelähnliches *Rhizoid,* ein Stielchen und einen Hut an dessen oberem Ende gliedert. Im Rhizoid liegt der Zellkern. Schneidet man das Rhizoid von *Acetabularia acetabulum* ab und pfropft darauf ein Stielstück von *A. wettsteinii,* so bildet sich der für A. acetabulum typische Hut aus. Ein A. wettsteinii-Hut entsteht, wenn das kernhaltige Rhizoid von A. wettsteinii und der Stiel von A. acetabulum stammen. Diese Experimente zeigen, dass die Hutform vom Zellkern bestimmt wird. Da aber auch ein abgeschnittener kernloser Stiel einen Hut ausbilden kann, müssen zusätzlich Faktoren im Cytoplasma vorhanden sein, die die Gestaltbildung beeinflussen können.

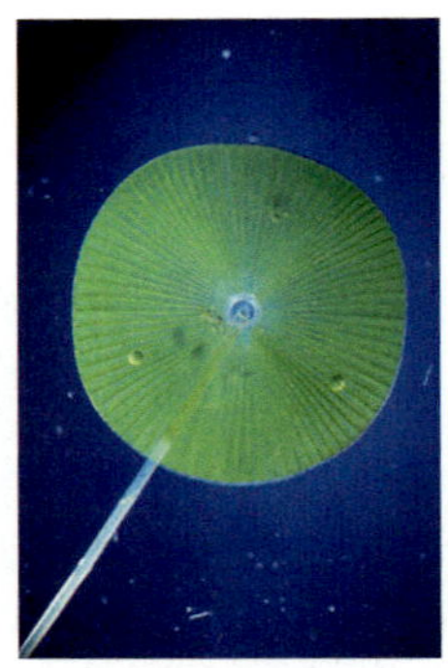

Acetabularia

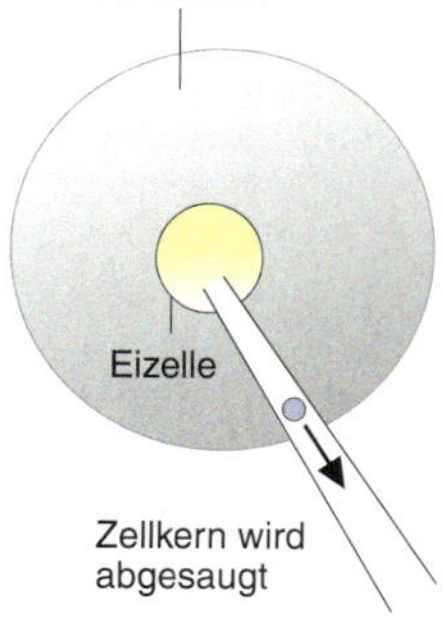

Zellkern wird abgesaugt

kernlose Eizelle

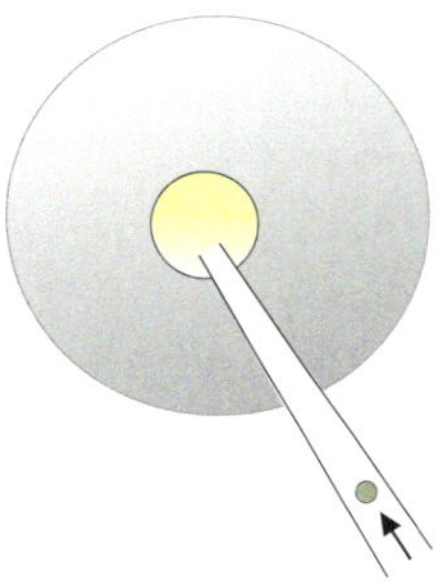
Zellkern einer Albinokaulquappe wird transplantiert

Transplantation von Zellkernen

Die Bedeutung des Zellkerns verdeutlichen auch Experimente, bei denen Kerne transplantiert werden. Im Jahr 1961 gelang dem britischen Biologen JOHN GURDON ein Aufsehen erregendes Experiment mit dem afrikanischen *Krallenfrosch (Xenopus laevis)*. Er saugte mit einer feinen Glaspipette den Zellkern aus einer unbefruchteten Eizelle eines normal gefärbten Frosches. In die kernlose Eizelle brachte er anschließend einen Zellkern aus der Darmzelle einer *Albinokaulquappe* (s. Randspalte). Einige der manipulierten Eizellen entwickeln sich zu einem *Albinofrosch.* Dieser Versuch zeigt, dass die *Erbinformationen* des Frosches im Zellkern der Zelle enthalten sind und bestätigt Beobachtungen, die seit Beginn des 20. Jahrhunderts bei anderen Lebewesen gemacht werden.

Das erste geklonte Säugetier, das legendäre Schaf *Dolly*, wurde am 5. Juli 1996 geboren. Schottische Forscher hatten den Kern aus Euterzellen des einen Elterntieres in die entkernte, unbefruchtete Eizelle eines anderen Tieres eingebracht. Der sich daraus entwickelnde Embryo war von einem dritten Tier ausgetragen worden. Dolly war mit der Kernspenderin genetisch identisch. Für die Erzeugung des Klonschafes hatten die Wissenschaftler in Edinburgh in 277 Eizellen Kerne transplantiert. Nur 29 von ihnen entwickelten sich so, dass sie einem Mutterschaf eingepflanzt werden konnten. Ein einziger Embryo überstand die Schwangerschaft bis zur Geburtsreife. Das war Dolly. Im Alter von sechs Jahren wurde das Klonschlaf eingeschläfert. Es litt an Symptomen vorzeitigen Alterns. Im Durchschnitt erreichen Schafe ein Alter von 12 Jahren.

3 Krallenfrosch (Albino)

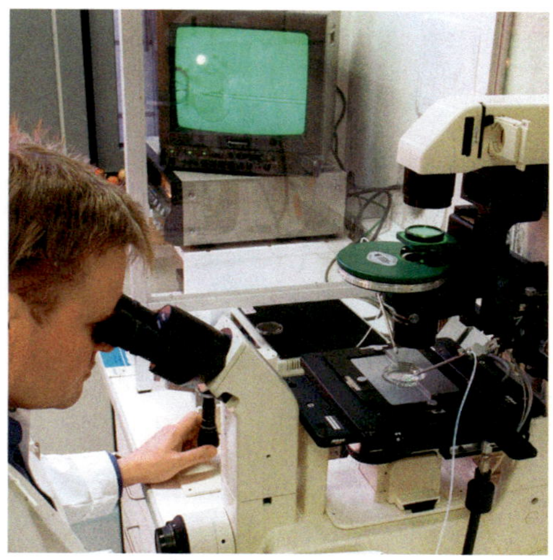
4 Entkernung einer Zelle

Dolly

Aufgaben

① Erläutern Sie die elektronenmikroskopischen Verfahren, mit denen die beiden Bilder in Abbildung 1 gewonnen worden sind.

② Berechnen Sie unter Zugrundelegen der Tatsache, dass ein Zellkern in einer Säugetierzelle etwa einen Durchmesser von 5^{-6}m hat, die etwaige Vergrößerung des schematisch dargestellten Kerns in Abbildung1 und in den elektronenmikroskopischen Bildern.

③ Erklären Sie, welche grundsätzlichen biologischen Erkenntnisse mit den beiden zur Kerntransplantation beschriebenen Experimenten (Randspalte und Abbildung 5) gewonnen werden konnten.

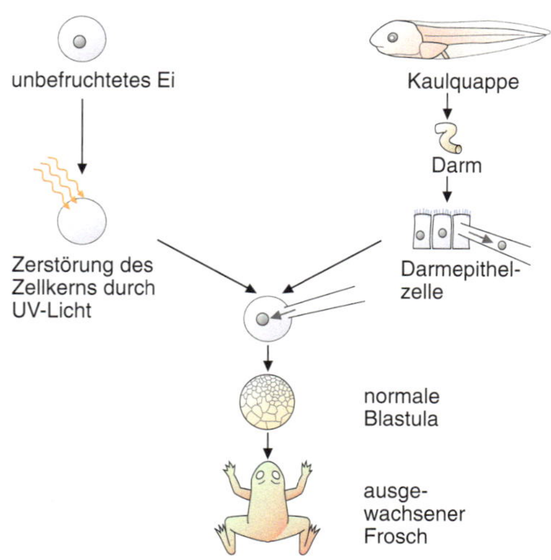

5 Kerntransplantation

Bau und Funktion von Zellorganellen

Jahrzehntelange Forschungsarbeit hat neben einer genauen Vorstellung über die Struktur der Zellorganellen auch zur vertieften Kenntnis über die Funktion der Zellorganellen geführt. In der Zelle tritt als wiederkehrendes Bauelement die Membran auf. Das Zellinnere wird durch Membranen in eine Vielzahl abgegrenzter Räume, sogenannte *Kompartimente*, unterteilt. Oft bewirken Membranen durch Faltung oder Stapelung eine starke Vergrößerung der inneren Oberflächen, an denen membrangebundene biochemische Prozesse ablaufen. Immer trennen sie eine plasmatische von einer nicht plasmatischen Phase *(Kompartimentierungsregel)* (▶ Kompartimentierung S. 352).

Mikrotubuli sind röhrenförmige Strukturen mit einem Durchmesser von 25 nm. Ihre Länge ist sehr unterschiedlich und kann zum Teil über einen Millimeter hinausgehen. Sie sind aus kugeligen Proteinbausteinen (*Tubulin*) zusammengesetzt. Wie die Ribosomen besitzen sie keine Membran und entstehen durch Selbstaufbau.

Den Mikrotubuli werden verschiedene Aufgaben zugeschrieben. So sind sie zum Beispiel Bestandteil des intrazellulären Stützsystems, des *Cytoskeletts*. In großer Zahl treten Mikrotubuli bei der Zellteilung auf. Sie sind an den Bewegungen der Chromosomen bei der Kernteilung beteiligt.

Centriolen kommen fast nur in tierischen Zellen vor. Ihr wichtigstes Bauelement sind Mikrotubuli. In jeder Zelle ist ein Paar von Centriolen zu finden, und zwar in einem Bereich, der Centrosom genannt wird. Die beiden Centriolen sind am Aufbau des Spindelapparates beteiligt. Sie verdoppeln sich vor der Zellteilung.

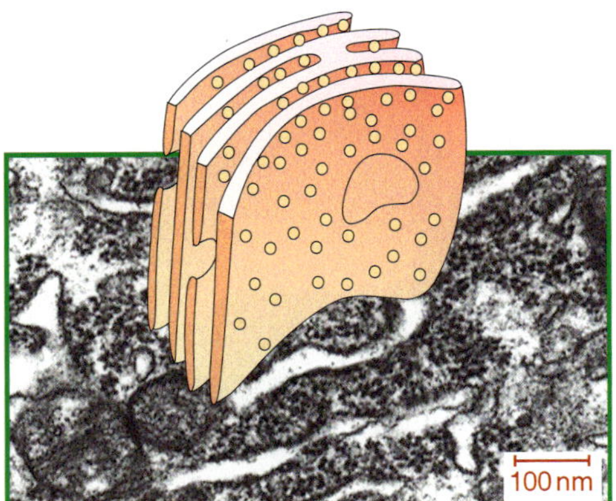

Endoplasmatisches Retikulum

Das **Endoplasmatische Retikulum** (ER) ist ein Membransystem. Es durchzieht als flächiges Netzwerk das gesamte Cytoplasma. Die Membranen umschließen lamellen- oder röhrenförmige Innenräume, die *Zisternen*. Das ER kann mit anderen Membranen in Verbindung stehen, z. B. mit der Kernhülle. Es ist der Syntheseort von Membran- und Reservelipiden. An den Membranflächen befinden sich zum Teil dicht nebeneinander *Ribosomen*, wodurch das ER ein raues Aussehen erhält. Andere Bereiche sind frei von Ribosomen. Deshalb unterscheidet man zwischen *rauem* und *glattem ER*. Weitere Funktionen des ER sind die membrangebundene Proteinsynthese und der Stofftransport innerhalb der Zelle. Manchmal schnüren sich von den Membranen Bläschen *(Vesikel)* ab, in denen Stoffe transportiert werden. Drüsenzellen sind besonders stark vom ER durchzogen. In den Zisternen werden viele Stoffe gebildet, umgewandelt oder gespeichert.

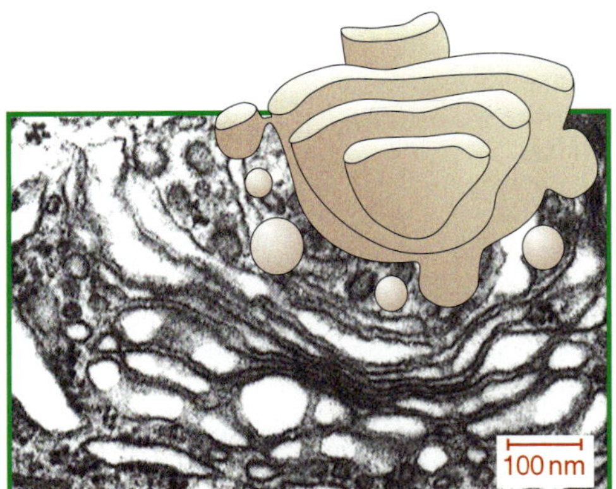

Dictyosomen (Golgi-Apparat)

Dictyosomen sind flache Membranzisternen, die in Drüsenzellen in großer Zahl vorkommen. Nach ihrem Entdecker wird die Gesamtheit der Dictyosomen in einer Zelle auch *Golgi-Apparat* genannt. Im Inneren der Membranzisternen befinden sich vor allem Proteine, bei pflanzlichen Zellen auch Baustoffe für die Zellwand. Sie werden zwar im ER gebildet, aber hier konzentriert und gelagert oder weitertransportiert. Am Rande der Membranstapel können sich – ähnlich dem ER – Bläschen *(Golgi-Vesikel)* abschnüren.

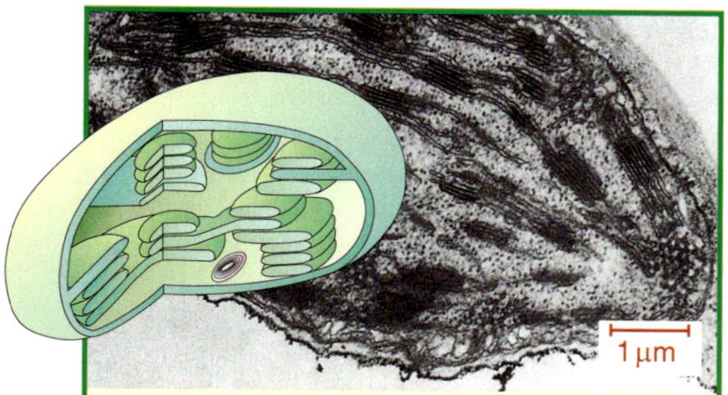

Chloroplast

Chloroplasten sind von zwei Membranen umhüllt und besitzen so zwei Kompartimente. Die innere Membran umschließt einen Matrixraum, das *Stroma*. Darin befinden sich flächige, lamellenförmige Einstülpungen der inneren Membran, die *Thylakoide*. Diese sind zum Teil wie Geldrollen sehr dicht gestapelt. Ein Stapel heißt *Granum* (Mehrzahl: *Grana*). Wie die Mitochondrien besitzen die Chloroplasten eine eigene DNA sowie 70-S-Ribosomen. Die Thylakoidmembran enthält u.a. Chlorophylle und Carotinoide. Die Chloroplasten sind die Organellen der Fotosynthese. Sie entstehen nur durch Teilung vorhandener Chloroplasten.

Mikrofilamente kommen als fadenförmige Strukturen in Zellen vor. Sie bestehen vorwiegend oder ausschließlich aus Proteinen. In Eucyten sind Aktin- und Myosinfilamente allgemein verbreitet. In Muskelzellen wirken diese Filamente bei der Kontraktion zusammen.

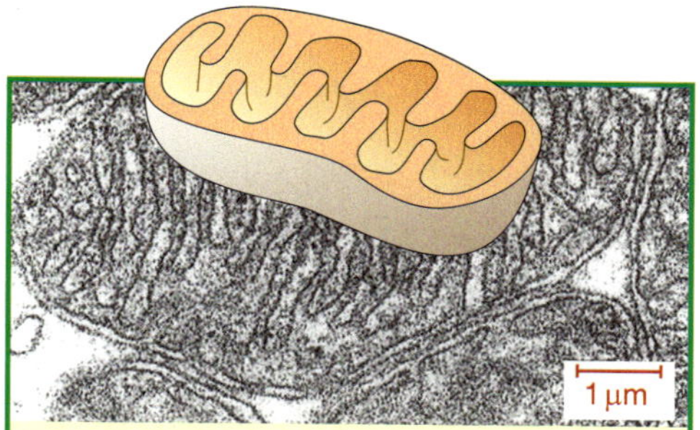

Mitochondrium, Cristae-Typ

Mitochondrien sind von einer Hülle aus zwei Membranen umgeben. Sie bilden zwei Kompartimente: Eines liegt zwischen der äußeren und der inneren Hüllmembran, das andere, die plasmatische Matrix, wird von der inneren, stark gefalteten Membran umgeben. Durch die lamellenförmigen Einstülpungen, die *Cristae*, entstehen große Oberflächen. In der Matrix befinden sich u.a. eine eigene DNA sowie 70-S-Ribosomen. Neben dem *Cristae-Typ* gibt es den *Tubuli-Typ* mit röhrenförmiger und den *sacculären Typ* mit säckchenförmiger Innenstruktur.

Mitochondrien kommen gehäuft in Zellen mit hohem Energiebedarf vor, z.B. in Muskelzellen. Die Mitochondrien sind die Orte der Zellatmung. Bei Oxidationsprozessen wird Energie aus Nährstoffen zum ATP-Aufbau eingesetzt. Mitochondrien kann man als „Kraftwerke" der Zelle bezeichnen. Mitochondrien vermehren sich durch Teilung.

Lysosomen besitzen, wie der Golgi-Apparat und das ER, eine einfache Membran. Die bläschenförmigen Lysosomen haben unterschiedliche Größe, häufig werden sie mitochondriengroß. Sie enthalten vor allem Verdauungsenzyme, die überflüssiges Zellmaterial abbauen.

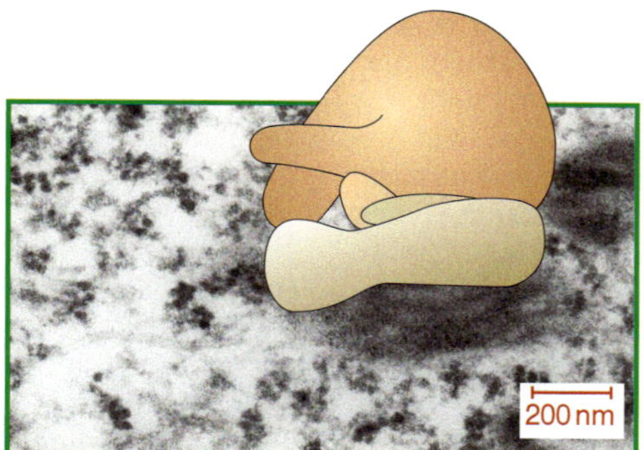

Ribosomen

Ribosomen besitzen keine Membran. Diese kleinen Organellen (Größe 15 – 30 nm) werden aus zwei Untereinheiten gebildet, die zu 40 % aus Nucleinsäuren *(Ribonucleinsäuren, r-RNA)* und zu 60 % aus Proteinen bestehen. Ribosomen sind die Bildungsstätten der Proteine. Sie können zu mehreren perlschnurartig im Cytoplasma liegen *(Polysomen)* oder auch an Membranen angelagert sein.

Es gibt zwei Typen von Ribosomen, die sich in ihrer Größe und im Sedimentationsverhalten unterscheiden. Für große Ribosomen, die nur im Cytoplasma und am rauen ER von Eucyten auftreten, ist der Sedimentationskoeffizient 80 *Svedberg* (S), für kleine, in Bakterien vorkommende 70 S.

Die **Zellwand** aus Zellulose ist eine typische Struktur der Pflanzenzelle. Ihr Aussehen ändert sich mit dem Differenzierungsgrad der Zelle. Nach einer Zellteilung entsteht zunächst zwischen den Zellmembranen der Tochterzellen eine *Mittellamelle* aus vorwiegend pektinhaltigem Material. *Pektin* ist eine gelartige Substanz von kohlenhydratähnlichem Bau. Darauf bildet sich beim Wachstum eine *Primärwand*, die zusätzlich etwa 10 % Zellulosemikrofibrillen enthält. Diese sind unregelmäßig angeordnet *(Streutextur)*. Stellt die Zelle ihr Wachstum ein, so wird eine *Sekundärwand* aufgelagert, die zu mehr als 90 % aus Zellulose besteht. Die Mikrofibrillen liegen dabei parallel in mehreren Schichten übereinander *(Paralleltextur)*. Aussparungen in der Zellwand *(Tüpfel)* ermöglichen die Verbindung des Plasmas von Zelle zu Zelle.

Formgebende Zellwände umhüllen auch Pilz- und Bakterienzellen. Bei Pilzen bestehen sie vorwiegend aus Chitin, bei Bakterien aus einem Netzwerk von Peptidoglykan (Polymer aus Zuckerabkömmlingen und Peptiden).

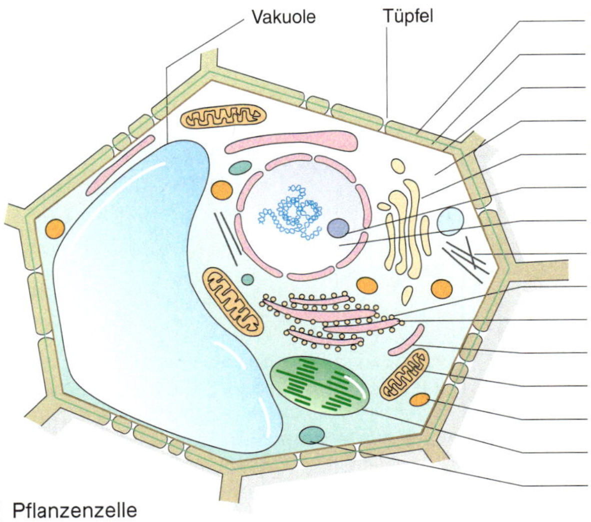

1 Pflanzenzelle

Zellen

Differenzierung
Auseinanderentwicklung und Spezialisierung

Determination
Festlegung der Entwicklungsrichtung

totipotent
zur allseitigen Entwicklung befähigt

Alle Lebewesen bestehen aus Zellen, deren Gestalt zwar sehr unterschiedlich sein kann, deren grundsätzlicher Aufbau dennoch immer gleich ist.

Pflanzenzellen

Betrachtet man lichtmikroskopisch den Querschnitt eines Laubblattes, so sieht man verschiedene Gewebe. Jedes besteht aus einem Verband gleichartiger Zellen. Auf diese Gewebe sind die komplexen Aufgaben des Blattes, Fotosynthese zu betreiben und den Gasaustausch mit der Atmosphäre zu regeln, verteilt. Entsprechend ihrer Aufgabe zeigen die Zelltypen Spezialisierungen. Die Zellen der oberen *Epidermis* verhindern unkontrollierte Transpiration, schützen das Blatt vor Austrocknung und mechanischen Beschädigungen. Man erkennt sie an ihren dicken Zellwänden, die an der Oberseite von einer wasserundurchlässigen Schicht *(Kutikula)* bedeckt sind. Die darunter liegenden *Palisadenzellen* erhalten viel Licht. Sie erbringen die größte Fotosyntheseleistung und enthalten besonders viele Chloroplasten. So kann man bei Zellen häufig schon anhand ihrer Struktur auf ihre Funktion schließen. (▶ Struktur und Funktion S. 348). Zellen, die in einem mehrzelligen Organismus eine bestimmte Funktion haben, bezeichnet man als *differenziert*. Sie sind in der Regel nicht mehr teilungsfähig. Dagegen sind *undifferenzierte* Zellen teilungsfähig und zeigen keine besonderen strukturellen Ausprägungen.

Schon in einem sehr frühen Stadium werden neu gebildete Zellen auf ihre zukünftige Aufgabe festgelegt. Die fortschreitende Einengung der Entwicklungsmöglichkeiten *totipotenter* Zellen bezeichnet man als *Determination*. Sie wird bestimmt durch cytoplasmatische Faktoren, die Lage der Zellen im Organismus und ihre physiologischen Beziehungen zueinander.

Der Determination folgt die *Zelldifferenzierung*. Während der Differenzierungsphase wird die Zelle durch strukturelle und funktionelle Spezialisierung auf ihre zukünftigen Aufgaben vorbereitet und mit den dafür erforderlichen Strukturen ausgestattet. Der Grundbauplan der eukaryotischen Zelle bleibt dabei natürlich erhalten.

Tierzellen

Bei Geweben von Tieren ist es häufig nicht einfach, einzelne Zellen zu erkennen, da tierische Zellen keine gut sichtbare Zellwand haben. Form und Größe der Zellen sind deshalb häufig erst nach Anfärben zu erkennen. Bei Tieren fällt auf, dass sie, entsprechend

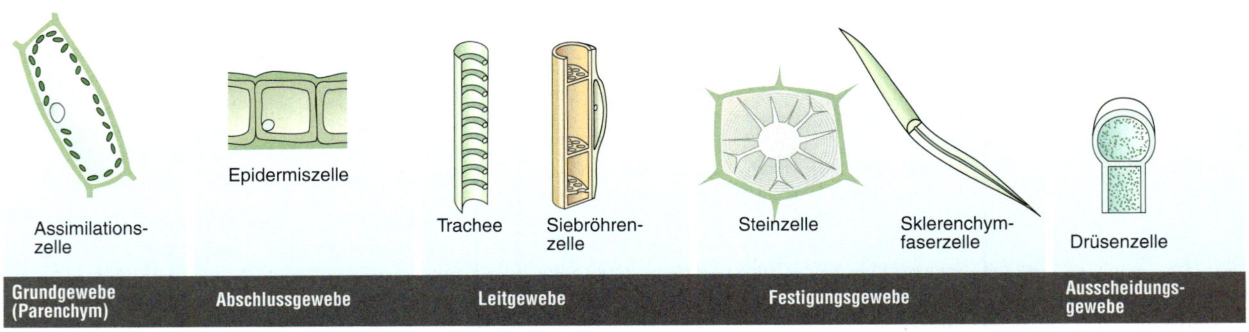

2 Beispiele für die Differenzierung pflanzlicher Zellen

den vielfältigen Leistungen ihrer Organe, eine größere Anzahl von unterschiedlich differenzierten Zelltypen besitzen als Pflanzen. Aber auch in diesen differenzierten Zellen ist der Grundbauplan der Eucyte erkennbar (siehe Abb. 3). Im menschlichen Körper gibt es mehr als 100 Zelltypen. Beispielsweise besitzen Nervenzellen viele Fortsätze, die der Informationsübertragung dienen, Knorpel- und Knochenzellen scheiden Substanzen zur Festigung ab, Deckzellen der Haut, die *Epithelzellen*, haben eine unterschiedliche Form (z. B. Epithelzellen der äußeren Haut oder Flimmerepithel der Luftröhre).

Einige hoch differenzierte Zellen verlieren ihre Teilungsfähigkeit, wie z. B. die Nervenzellen, d. h. untergegangenes, differenziertes Gewebe kann nicht mehr ersetzt werden. Andere Gewebe bleiben zeitlebens teilungsfähig. Sterben differenzierte Zellen ab, so entstehen in diesen Bildungsgeweben durch Teilung neue Zellen. Diese Zellen differenzieren sich und ersetzen die abgestorbenen Zellen. Aus Stammzellen des roten Knochenmarks können sich z. B. zeitlebens alle Blutzelltypen differenzieren. Auf diese Weise kann die Vielzahl an kurzlebigen Blutzellen auch ständig nachgeliefert werden.

Bakterienzellen

Die Bakterien haben eine andere Grundstruktur als die Eucyte (siehe Abb. 4). Den Zelltyp der Bakterien nennt man *Protocyte* oder *Procyte* (s. Seite 248). Bei der Procyte liegt die DNA frei im Cytoplasma, d. h. sie hat keinen Zellkern, sondern nur ein Kernäquivalent und teilweise ringförmige DNA-Ringe, die Plasmide. Die Procyte hat ausschließlich 70-S-Ribosomen und enthält weniger Zellorganellen. So fehlen die Mitochondrien, die Plastiden und die Dictyosomen.

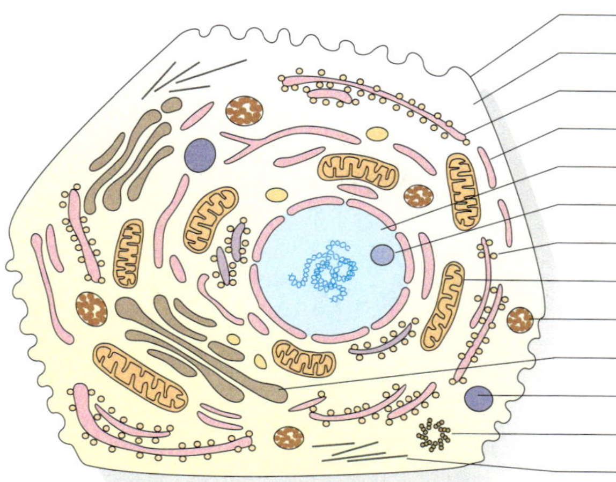

3 Tierzelle

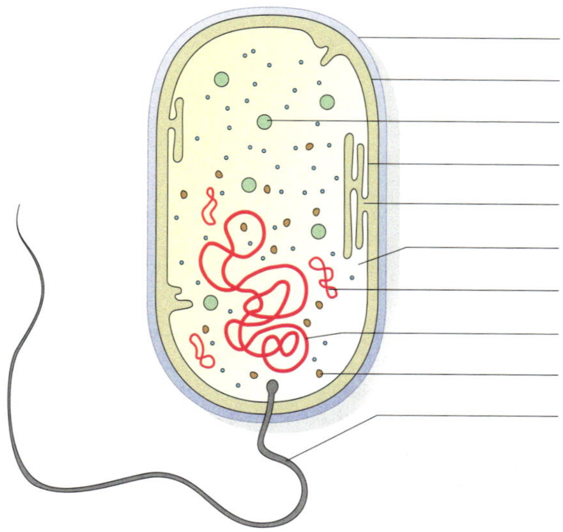

4 Bakterienzelle

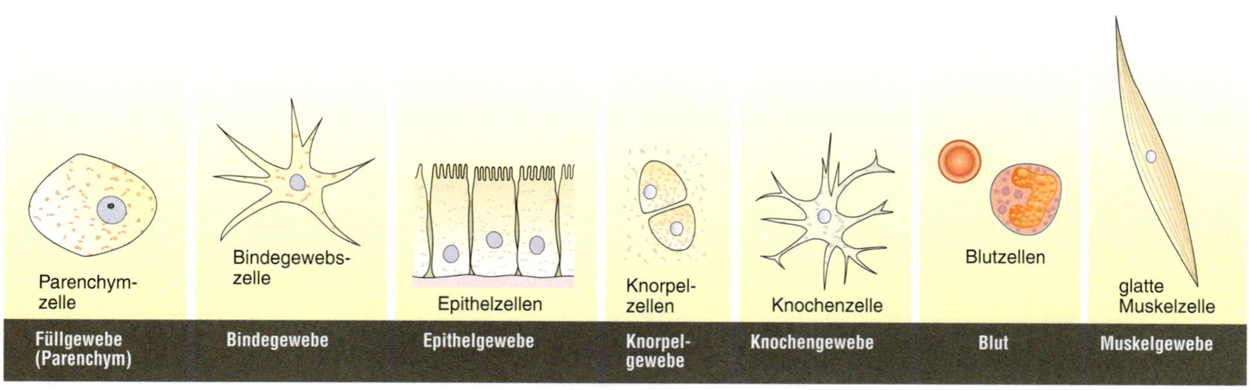

5 Beispiele für die Differenzierung tierischer Zellen

Forschungsmethoden der Zellbiologie

Neben der Mikroskopie sind in der cytologischen Forschung weitere Untersuchungsverfahren bedeutsam. Sie dienen der Isolation von Zellorganellen, der Funktionsuntersuchung der Zellbestandteile und der Analyse chemisch-physikalischer Eigenschaften von Molekülen.

Das Prinzip der Zentrifugation

Verteilt man verschieden große Zellen, z. B. ein Gemisch aus Blutzellen und Bakterien, gleichmäßig in einer wässrigen Lösung, werden die Zellen durch die Schwerkraft im Laufe der Zeit zum Gefäßboden gezogen. Je größer und schwerer die Zellen sind, desto schneller verläuft das Absinken, die Sedimentation. Das Verfahren eignet sich zum Trennen von Objekten unterschiedlicher Schwere und Größe. Je größer die Kraft ist, die auf ein Objekt einwirkt, desto schneller sedimentiert es. Bei kleinen Objekten dauert der Vorgang meistens lange, die Erdanziehungskraft lässt sich aber nicht erhöhen.

Unterwirft man aber die zu trennenden Objekte einer hohen Beschleunigung, so erfahren sie entsprechend große Beschleunigungskräfte. In Zentrifugen werden Zellen und Zellbestandteile Beschleunigungen ausgesetzt, die um ein Vielfaches größer sind als die im Vergleich dazu relativ kleine Erdbeschleunigung (g).

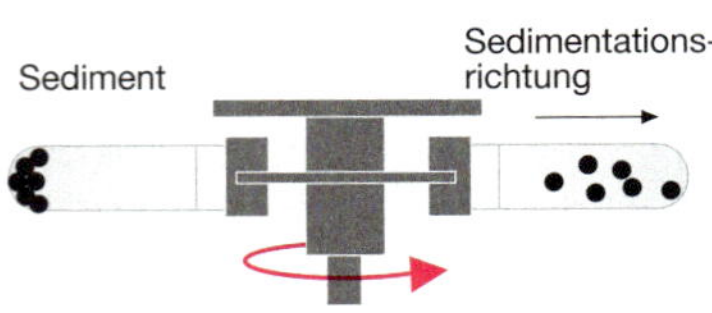

Die Trennung von Zellbestandteilen duch Zentrifugation

Mithilfe der Zentrifugation werden einzelne Zellorganelltypen gezielt angereichert. Man erhält sogenannte Fraktionen, z. B. von Zellkernen oder Chloroplasten. Dazu werden die Zellen zunächst mechanisch mit einem Homogenisator oder durch Zerreiben mit feinem Quarzsand „aufgebrochen".

Das entstandene Zellhomogenat wird zentrifugiert. Die schweren Zellkerne setzen sich schneller als Sediment am Grund des Zentrifugenröhrchens ab als leichtere Organellen. Gießt man den Überstand ab (*Dekantieren)*, so bleibt eine fast reine Zellkernfraktion zurück.

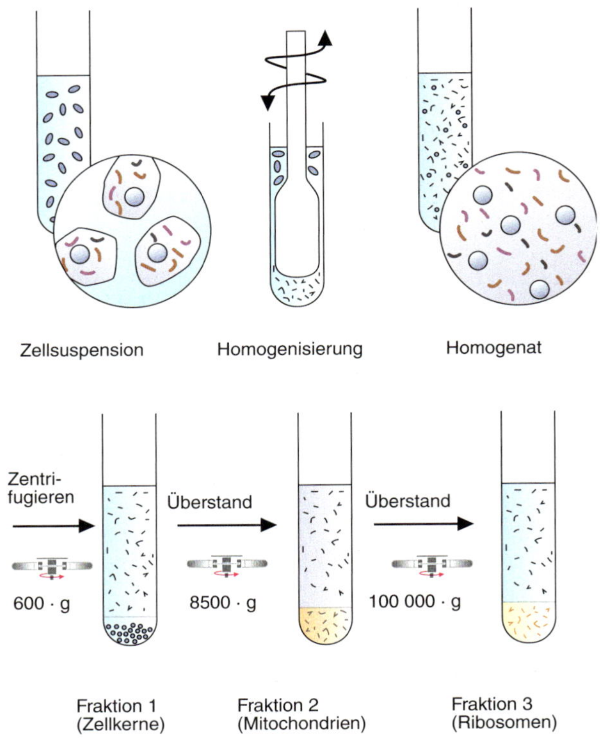

1 Trennung von Zellbestandteilen

Bei der *Differentialzentrifugation* wird der dekantierte Rest des Homogenats nacheinander bei verschiedenen Drehzahlen zentrifugiert und so weiter fraktioniert. Das geschieht in Ultrazentrifugen, die Drehzahlen von mehr als 1000 Umdrehungen pro Sekunde erreichen. Dabei treten Beschleunigungen auf, die bis zu einige Hunderttausend Mal größer sind als die Erdbeschleunigung. So lässt sich am Grund des Zentrifugenröhrchens auch die Konzentration kleiner Partikel vergrößern.

Mithilfe der Ultrazentrifugation lässt sich der *Sedimentationskoeffizient* von Zellorganellen bestimmen. Dieser „S-Wert", benannt nach dem Schweden SVEDBERG, ist abhängig von der Größe und der Masse der Partikel. Er ist ein Maß für die Geschwindigkeit, mit der Teilchen bei einer bestimmten Beschleunigung sedimentieren. Im Prinzip gilt: Je kleiner die Teilchen, desto langsamer sedimentieren sie, desto kleiner ist ihr S-Wert. So hat man beispielsweise zwei verschiedene Ribosomentypen entdeckt: größere mit 80 S und kleinere mit 70 S. 80-S-Ribosomen kommen im Zellplasma eukaryoter Zellen vor, 70-S-Ribosomen in Bakterien, Mitochondrien und Chloroplasten (vgl. Seite 21).

Elektrophorese

Um die in einem Proteingemisch enthaltenen Proteine zu analysieren, müssen sie zunächst getrennt werden. Hierbei bedient man sich der Eigenschaft, dass Proteine geladen sind. Die Reste der Aminosäuren, aus denen sie aufgebaut sind, tragen teilweise Überschussladungen. Daher

tragen Proteinmoleküle auch als Ganzes Überschussladungen.
Beim Trennungsverfahren der Elektrophorese wird das Proteingemisch auf einen elektrisch leitenden Träger, meist ein Gel, gebracht. Träger und Proteine werden einem elektrischen Feld ausgesetzt, indem zwischen den Enden des Trägers eine Gleichspannung von ca. 120 V angelegt wird.
Die einzelnen Proteine wandern nun mehr oder weniger schnell zum Plus- oder Minuspol: Proteine, die positive Ladungen tragen, zum Minuspol, Proteine mit negativer Überschussladung dagegen zum Pluspol. Da die einzelnen Proteine je nach Ladungsstärke und Molekülgröße unterschiedlich schnell wandern, werden sie voneinander getrennt. Zur Identifizierung schneidet man die einzelnen Proteinbanden auf dem Träger aus und kann das darin enthaltene Protein weiter untersuchen.

Dieses Verfahren zur Auftrennung von Gemischen aus Makromolekülen lässt sich auch zur Untersuchung von DNA anwenden. DNA ist aufgrund der Phosphatgruppen negativ geladen und wandert im elektrischen Feld vom Minus- zum Pluspol.

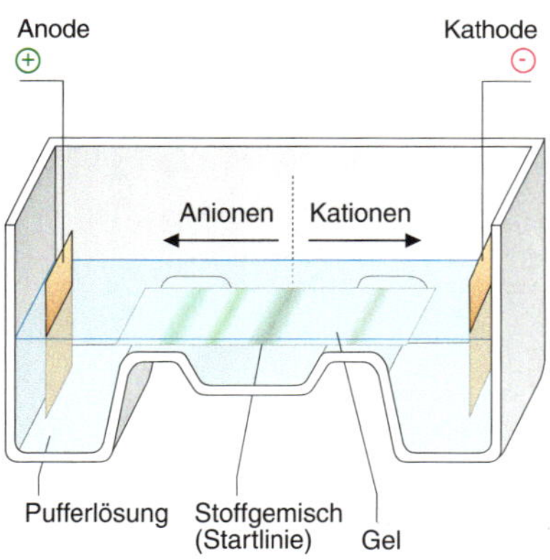

Autoradiographie

Mit der Autoradiographie ist es möglich, Stoffe in der Zelle zu lokalisieren. Damit lassen sich Reaktionsorte für Stoffwechselreaktionen erkennen oder auch die Funktionen von Zellorganellen aufdecken.

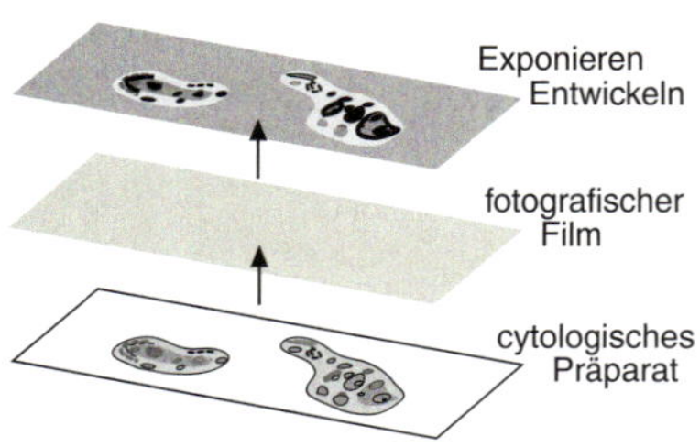

Das Prinzip beruht darauf, dass der Zelle mit radioaktiven Isotopen markierte Grundbausteine angeboten werden, die dann in zelleigene Stoffe überführt werden. Fixiert man die Zelle, so ist der Stoff mit dem radioaktiven Grundbaustein am Reaktionsort gebunden. Zum Aufspüren werden die Präparate mit einem Film bedeckt. Austretende radioaktive Strahlung „belichtet" die fotografische Schicht. Das Präparat mit der entwickelten Fotoschicht wird anschließend mikroskopisch untersucht. Schwärzungen sind an den Stellen zu finden, wo das Isotop gestrahlt hat. Damit ist der Ort der markierten Substanz bestimmt.

Mit dem Elektronenmikroskop lässt sich sogar die Gestalt von Makromolekülen, zum Beispiel Proteine oder DNA, erkennen.

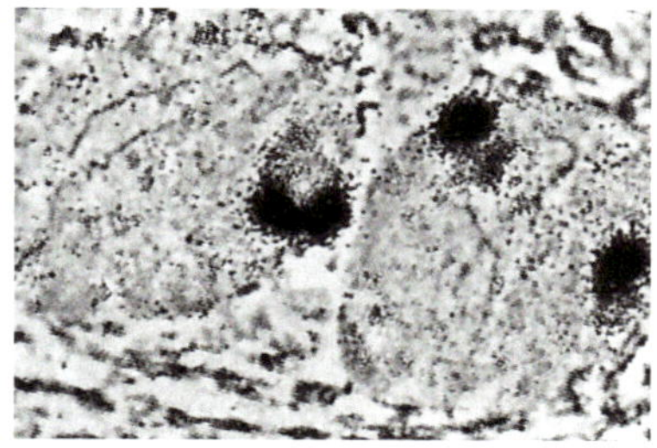

Schwarze Punkte zeigen neu gebildetes Insulin.

Fluoreszenzmikroskopie

Fluoreszenzfarbstoffe nehmen Licht einer bestimmter Wellenlänge auf und senden daraufhin Licht mit größerer Wellenlänge aus. Zum Beispiel regt UV-Licht den Farbstoff DAPI an, blau zu leuchten. Diesen Vorgang nennt man Fluoreszenz. Fluoreszenzfarbstoffe heftet man an Antikörper, die wiederum an bestimmte Strukturen von Zellen spezifisch binden. Mithilfe der Fluoreszenz kann man die gesuchten Strukturen im Mikroskop lokalisieren. Dazu benötigt man ein Fluoreszenzmikroskop mit zwei Sperrfiltern und einem Durchlichtspiegel. Der erste Sperrfilter lässt das Licht mit anregender Wellenlänge hindurch, der zweite Sperrfilter nur das gewünschte Fluoreszenzlicht. Verschiedene Farbstoffe können in einer Zelle nach Filterwechsel lokalisiert werden. Auch lebende Zellen können mit Farbstoffen markiert werden, sodass man Bewegungen von Strukturen in Zellen verfolgen kann.

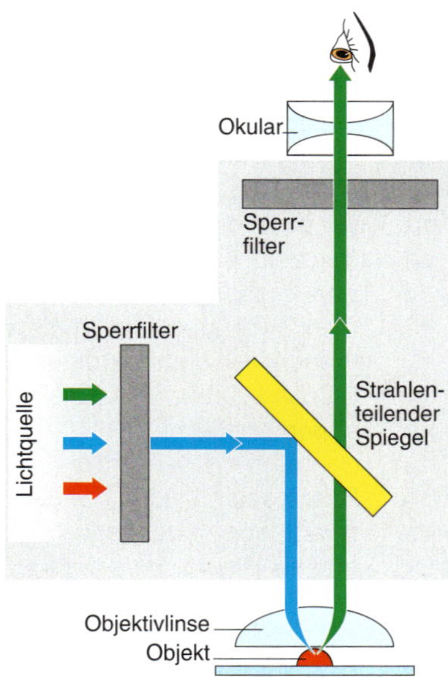

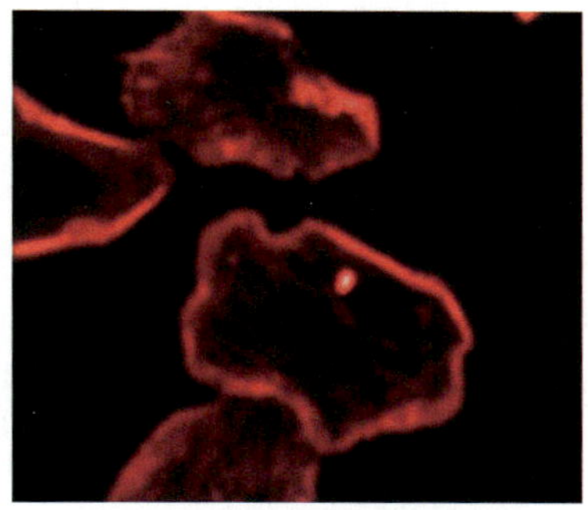

Das grün fluoreszierende Protein (GFP) wurde 1961 aus einer Qualle isoliert. Mithilfe von gentechnischen Methoden wird das GFP-Gen mit dem Gen eines gesuchten Proteins verbunden. Wenn nun grüne Fluoreszenz auftritt, heißt das, dass das gesuchte Protein zu diesem Zeitpunkt von der Zelle hergestellt und an bestimmten Orten eingesetzt wird. Die GFP-Markierung erlaubt also räumliche und zeitliche Lokalisation. Für die Untersuchungen mit GFP werden Laser als Strahlungsquelle in Fluoreszenzmikroskopen eingesetzt.

Lebewesen aus einer Zelle

Im Gegensatz zu den vielzelligen Organismen besitzen die Einzeller alle zum Leben notwendigen Funktionen in einer einzigen Zelle. Dies wird ermöglicht durch die Aufteilung *(Kompartimentierung)* in verschiedene Funktionsräume innerhalb der Zelle. Stoffwechsel, Fortpflanzung, Wachstum, Reizbarkeit und Bewegung leistet eine einzige Zelle (▶ Kompartimentierung S. 352).

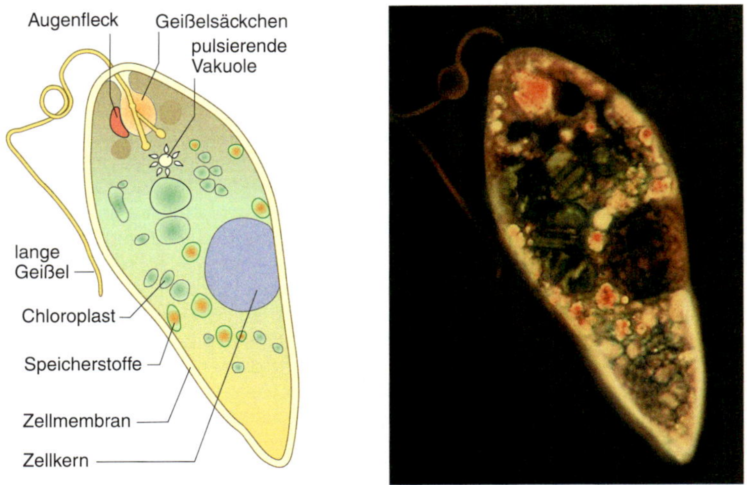

1 Euglena schematisch und Foto

Ein Beispiel ist **Euglena**, ein Einzeller (Abb. 1), der nicht in die klassische Aufteilung Tier- oder Pflanzenreich eingeordnet werden kann. Euglena gehört zum Reich der *Protisten*. Im Licht bildet sich eine autotrophe, grüne Form aus, die Fotosynthese betreibt, im Dunkeln hingegen eine farblose heterotrophe Form ohne Chloroplasten. Euglena hat eine lange und eine kurze Geißel, die miteinander verschmelzen. Sie bestehen aus *Mikrotubuli*. Beide Geißeln sind in einem Basalkorn im Cytoplasma verankert. Daneben findet man einen lichtempfindlichen Fleck, den *Fotorezeptor*. Darüber liegt ein rot gefärbter *„Augenfleck“*, der bei bestimmten Stellungen das einfallende Licht abschirmt. Auf diese Weise kann Euglena durch ständiges Rotieren die Richtung der einfallenden Lichtstrahlen orten.

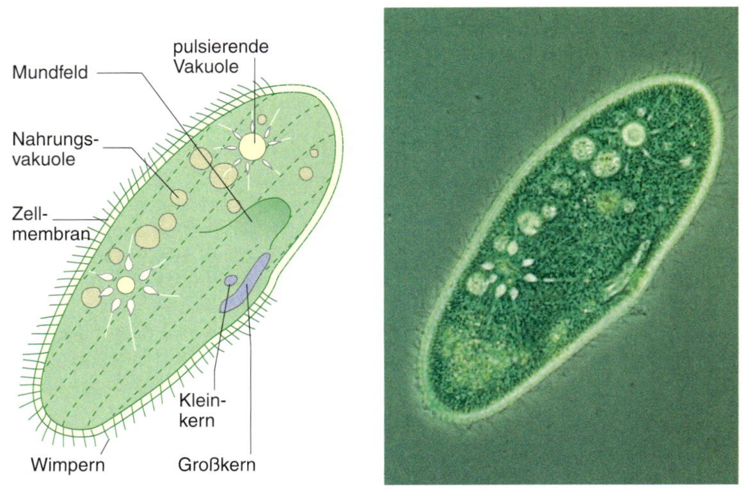

2 Paramecium schematisch und Foto

Die Vermehrung findet ungeschlechtlich durch eine Längsteilung statt. Zuerst teilt sich der Zellkern, danach verdoppeln sich die Organellen. Finden bei höheren Temperaturen viele Längsteilungen nacheinander statt, erhalten nicht alle neu gebildeten Zellen auch Chloroplasten. Diese sind dann nicht mehr in der Lage, sich autotroph mithilfe der Fotosynthese zu ernähren.

Pantoffeltierchen *(Paramecien)* leben in Tümpelwasser oder an teilweise zersetzten Pflanzenteilen im Heu oder Laub. Sie sind etwa 0,3 mm lang. Die Oberfläche, eine elastische Zellhaut, ist mit mehr als 10 000 Wimpern bestückt. Diese Wimpern schlagen rhythmisch und treiben die Einzeller durch das Wasser. Dabei drehen sie sich um die eigene Längsachse.

Dieser Einzeller besitzt zwei ungleich große Kerne *(Mikro-* und *Makronucleus)*. Im Bereich des Mundfeldes strudelt er mithilfe von Wimpern Nahrungspartikel zum *Zellmund*. Sie werden dort in Nahrungsvakuolen aufgenommen, die auf festgelegten Bahnen durch das Cytoplasma wandern. Dabei wird die Nahrung innerhalb dieser Vakuolen verdaut. Die Nährstoffe werden in das Cytoplasma abgegeben. Die Ausscheidung von unverdaulichen Nahrungsbestandteilen erfolgt über einen *Zellafter*. Sowohl Euglena als auch das Pantoffeltierchen besitzen außerdem *pulsierende Vakuolen*, die ebenfalls der Ausscheidung dienen. Um diese Vakuolen sind sternförmig Kanäle gelagert, die Wasser mit darin gelösten Abfallstoffen oder Salzen aufnehmen und sich rhythmisch nach außen entleeren.

Paramecien sind in der Lage, Temperaturunterschiede, chemische Reize und mechanische Hindernisse wahrzunehmen und auf solche Reize zu reagieren, indem sie sich durch Veränderung des Wimpernschlages in eine andere Richtung fortbewegen.

autotrophe Organismen
müssen keine energiereichen Substanzen zum Leben aufnehmen; haben eine anorganische Kohlenstoffquelle, z. B. CO_2

heterotrophe Organismen
müssen energiereiche organische Substanzen (Nahrung) zum Leben aufnehmen

Vom Einzeller zum Vielzeller – ein Denkmodell

Einzeller besitzen alle zum Leben notwendigen Fähigkeiten. Dagegen kommt es bei *vielzelligen Organismen* im Laufe ihrer Individualentwicklung zu einer Differenzierung der Zellen und zur *Arbeitsteilung* (▶ Struktur und Funktion S. 348). Die einzelne Zelle hat dann die Fähigkeit verloren, allein zu existieren. Da Einzeller erdgeschichtlich älter sind, geht man davon aus, dass eine Entwicklung vom Einzeller zum Vielzeller hin stattgefunden hat. Die Betrachtung heute lebender Organismen lässt modellhaft diesen Vorgang erkennen.

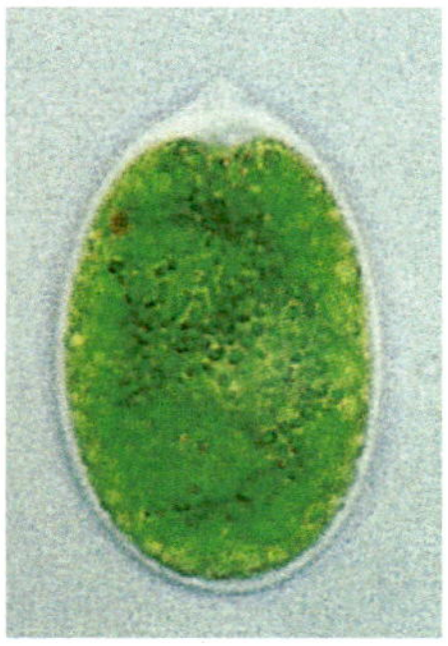

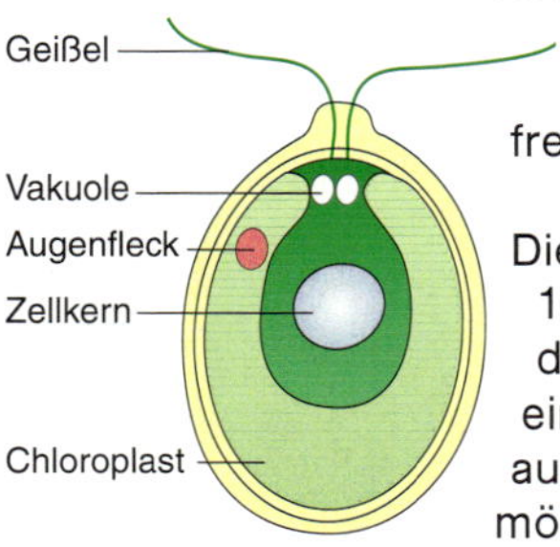

Chlamydomonas

Die Grünalge *Chlamydomonas* besitzt ähnliche Organellen wie Euglena. Zusätzlich ist ihre Zellwand von einer Gallertschicht umgeben. Bei der ungeschlechtlichen Vermehrung entstehen in zwei Teilungsschritten vier Tochterzellen, die noch kurzfristig beieinander bleiben, bevor die Gallerte sie freigibt und sie sich trennen.

Die *Mosaikgrünalge (Gonium)* besteht aus 16 Zellen, von denen jede wie eine Chlamydomonaszelle aussieht. Die Zellen liegen in einer Gallertplatte zusammen, ein Stoffaustausch zwischen ihnen ist dadurch möglich. Die einzelnen Zellen zeigen keine Differenzierung, sie sind jedoch zu gemeinsamen Leistungen fähig, z.B. zum Schwimmen in eine Richtung. Einen derartigen Zusammenschluss gleich gestalteter Zellen bezeichnet man als *Zellkolonie*. Werden diese Zellen voneinander getrennt, so ist jede Einzelzelle für sich lebensfähig. Sie kann sich teilen und wieder eine neue Kolonie bilden.

Bei der Zellkolonie *Eudorina* ist die Gallerthülle kugelförmig und enthält 32 Zellen. Geringfügige Unterschiede in der Größe des Augenflecks innerhalb der Einzelzellen deuten auf eine erste Spezialisierung der Zellen in der Zellkolonie hin.

Eine weitere Stufe der Entwicklung stellt die Kugelalge *Volvox* dar. Mehrere tausend chlamydomonasähnliche Zellen bilden eine Hohlkugel, bei der die Einzelzellen durch Plasmabrücken miteinander verbunden sind.

Zwischen den Zellen kommt es zu einer Arbeitsteilung. Die meisten Zellen dienen der Fortbewegung und der Ernährung; sie sind nicht teilungsfähig. Eine zweite Zellsorte ist deutlich größer und auf die Fortpflanzung spezialisiert. Sie allein können sich teilen und auf *ungeschlechtlichem* Weg im Inneren der Mutterkugel kleinere Tochterkugeln bilden. Diese wachsen heran und gelangen erst dann ins freie Wasser, wenn die Mutterkugel aufplatzt. Letztere geht dabei zugrunde. Der Tod der Mutterkugel ist die konsequente Folge dieser Arbeitsteilung. Volvox ist auch zur *geschlechtlichen Fortpflanzung* fähig, da sich aus den Fortpflanzungszellen auch *Eizellen* und *Spermien* entwickeln können. Aus der befruchteten Eizelle, der Zygote, entsteht eine neue Volvoxkugel.

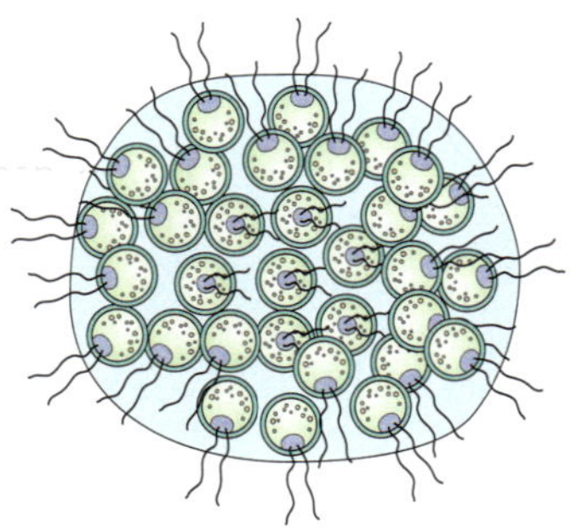
Eudorina

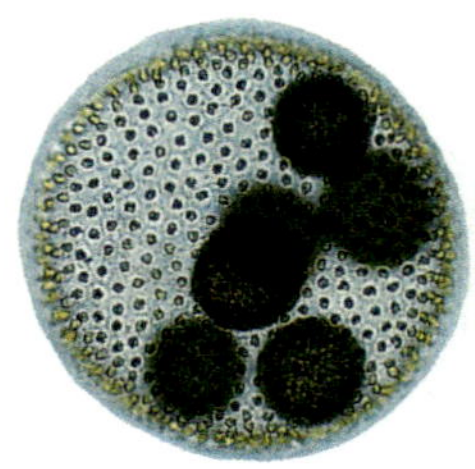

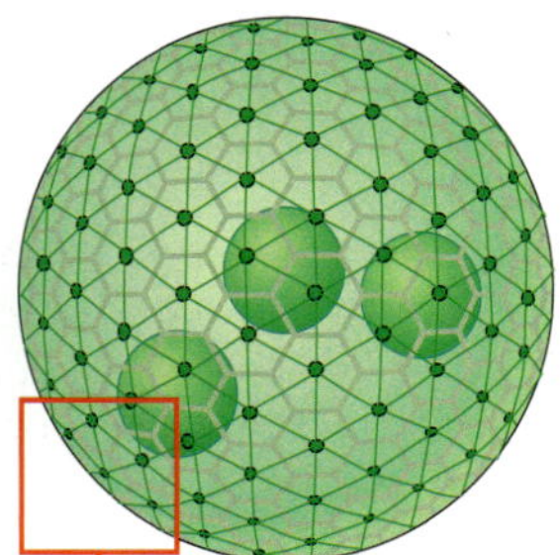
Volvox

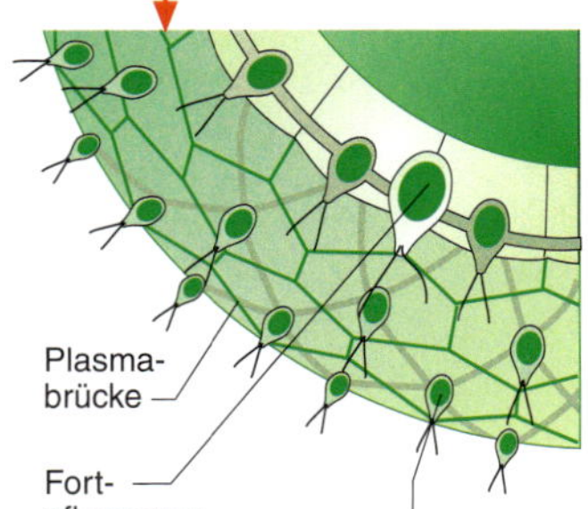

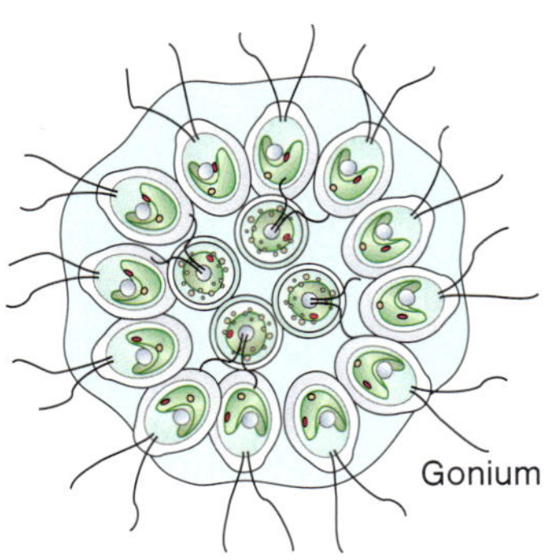
Gonium

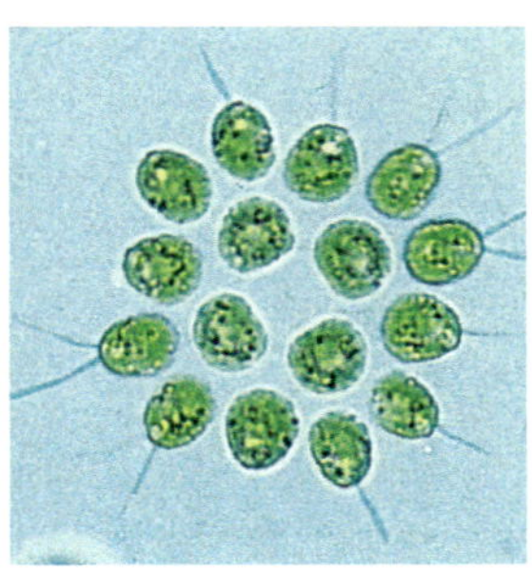

2 Zellvermehrung

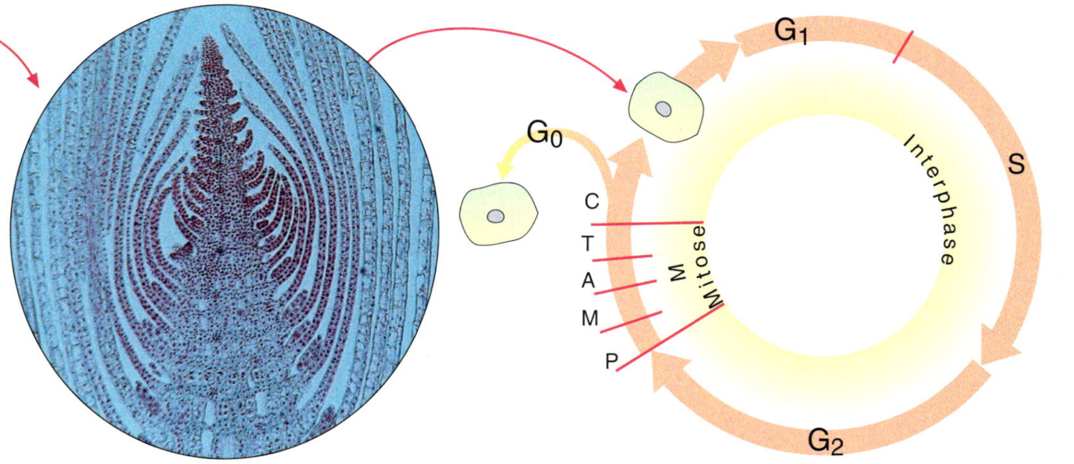

G_1 – Zellwachstum mit intensivem Stoffwechsel und Organellenvermehrung

G_2 – weiteres Wachstum und Vorbereitung auf die Mitose

M – Mitose mit den Abschnitten Pro- (P), Meta- (M), Ana- (A), Telophase (T)
C – Cytokinese
S – Synthese neuer DNA (Replikation)
G_0 – Weg der Differenzierung zu einer Dauerzelle

1 Vermehrungszyklus bei Zellen

Zellzyklus und Mitose

Solange ein Organismus wächst oder zumindest einen Teil seiner Zellen erneuert, findet Zellvermehrung statt. Aus einer Ausgangszelle gehen durch Teilung zwei Tochterzellen hervor. Teilungs- und damit vermehrungsfähige Zellen finden sich massenhaft in pflanzlichen Bildungsgeweben (Abb. 1), Embryonen, der Haut, Darmepithelien und dem Knochenmark. Beim erwachsenen Menschen teilen sich schätzungsweise 100 Millionen Zellen pro Minute (► Reproduktion S. 350).

Nach einer Teilung entsprechen die entstandenen Zellen in ihrer Ausstattung den Ausgangszellen. Zellkern und Organellen müssen also gleichmäßig auf die Tochterzellen verteilt worden sein. Eine Zellvermehrung erfordert sowohl die Teilung des Kernes *(Mitose)* als auch die des Cytoplasmas mit seinen Organellen *(Cytokinese)*. Dies wird im Rahmen der *Interphase* sorgfältig vorbereitet. In der Interphase werden Proteine für die Teilung gebildet (G-Phasen) und außerdem wird die Chromatinmenge verdoppelt (S-Phase). In einem immer wiederkehrenden Kreislauf, dem *Zellzyklus*, wechseln Interphase und Zellteilung miteinander ab, bis die Differenzierung beginnt.

Die Vorgänge während der Interphase lassen sich nur mit molekulargenetischen Methoden erfassen und werden daher erst in der Genetik behandelt (s. Seite 118). Die Zellteilung ist dagegen bei geeigneten Objekten unter dem Lichtmikroskop gut zu beobachten (Abb. 2).

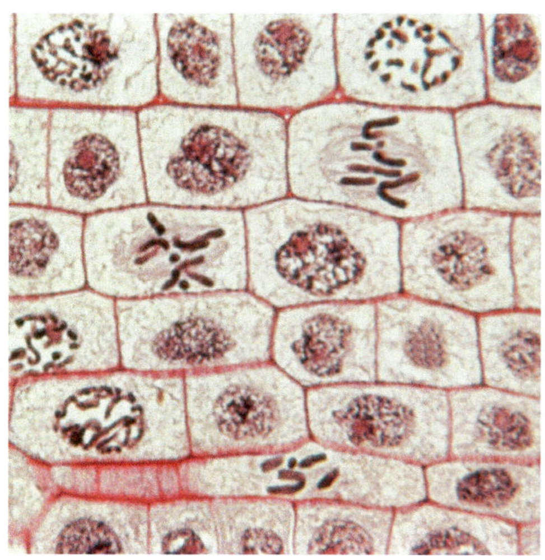

2 Mitosestadien

Die Mitose läuft kontinuierlich ab, aus Gründen der Übersicht unterteilt man sie aber in aufeinander folgende Phasen, die unterschiedlich schnell ablaufen:

Prophase

Während der Prophase wird das Chromatin zur Transportform verdichtet. Dadurch werden die Chromosomen allmählich sichtbar. Ein Spindelapparat aus zahlreichen tubulären Eiweißmolekülen bildet sich zwischen den Polen. Am Ende der Prophase zerfällt die Kernhülle und die Chromosomen wandern in einer *Prometaphase* in die Äquatorialebene.

Metaphase

Der Spindelapparat ist voll ausgeprägt. Die Chromosomen ordnen sich in der Äquatorialebene an und lassen sich jetzt gut unterscheiden. Da jede Zelle Erbmaterial von Vater und Mutter übernommen hat, gibt es zwei äußerlich übereinstimmende Sätze an Chromosomen (2n). Jedes dieser Chromosomen besteht aus zwei identischen Spalthälften (*Chromatiden* = 2C), da es bereits in der Interphase verdoppelt wurde. Am Centromer hängen die beiden Chromatiden eines Chromosoms noch zusammen.

Anaphase

Die Chromatiden eines jeden Chromosoms werden am Centromer voneinander getrennt und bewegen sich mithilfe der Spindelfasern zu den entgegengesetzten Polen. Am Ende der Anaphase befindet sich an jedem Pol eine Spalthälfte eines jeden Chromosoms.

Telophase

Der Spindelapparat löst sich auf, die Chromosomen lockern sich wieder auf, bis sie nur noch als Chromatin zu sehen sind. Kernkörperchen und Kernhülle bilden sich neu.

Auf die Mitose folgt die *Cytokinese*. Tierische Zellen schnüren sich ein (Furchung), pflanzliche Zellen bilden eine mittlere Zellplatte aus, die sich nach außen vergrößert.

Nach der Zellteilung entscheidet sich das weitere Schicksal der Zelle: Verliert sie ihre Teilungsfähigkeit, tritt sie in die G_0-Phase ein und differenziert sich zu einer Zelle des Dauergewebes, anderenfalls tritt sie in eine weitere G_1-Phase ein und durchläuft den Zellzyklus bis zur nächsten Zellteilung.

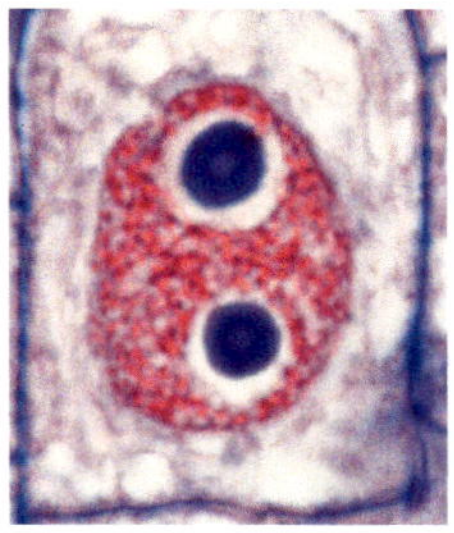
Interphase

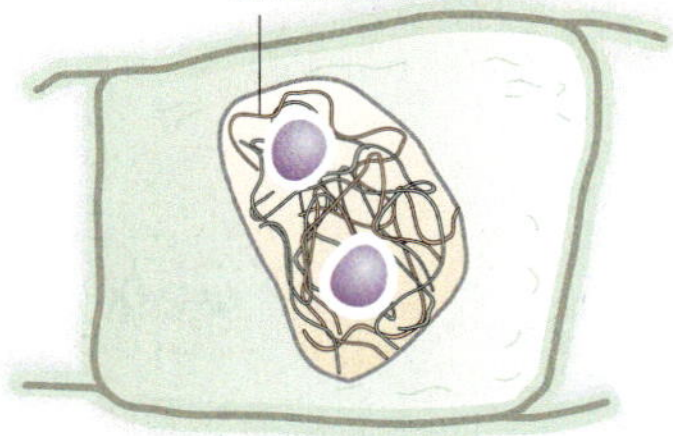

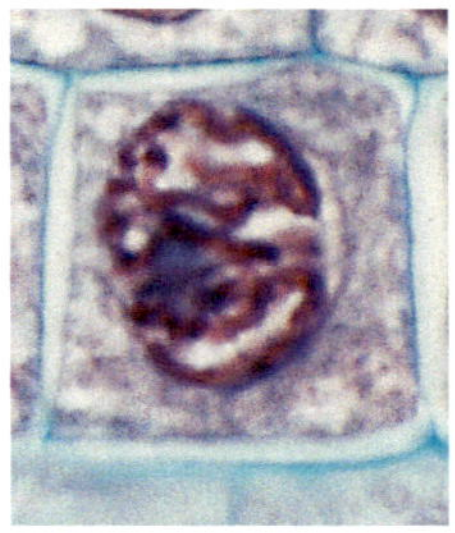
Prophase

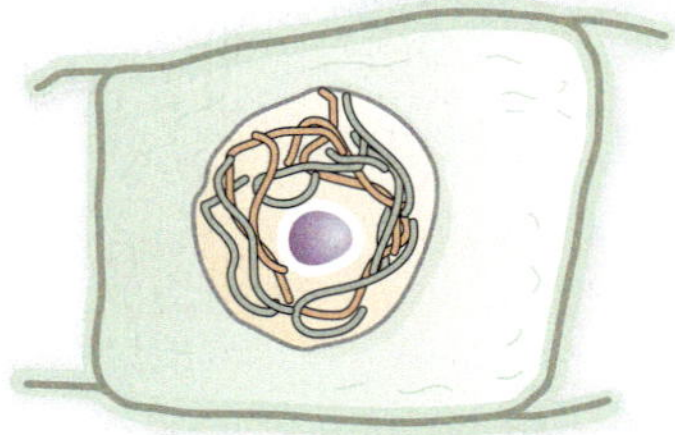

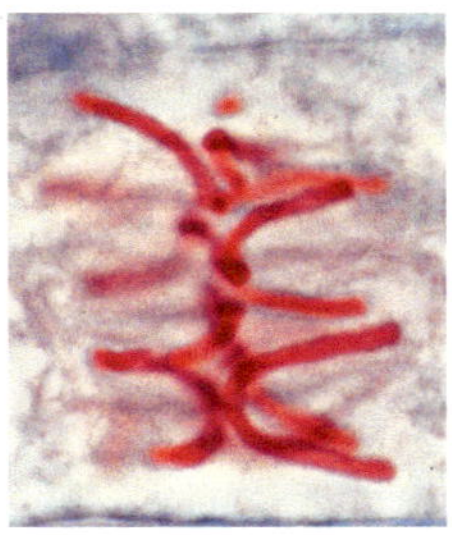
Metaphase

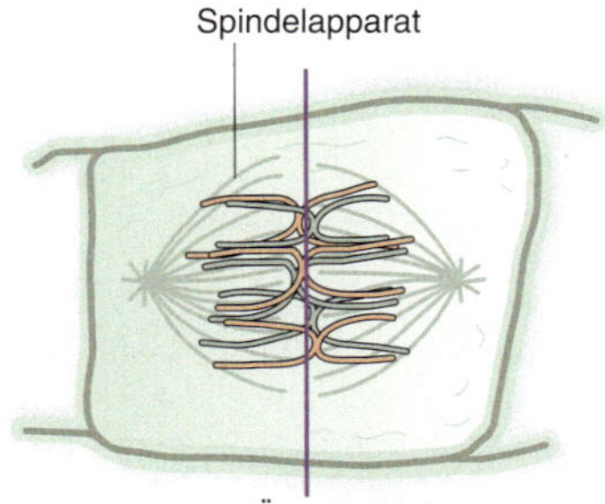

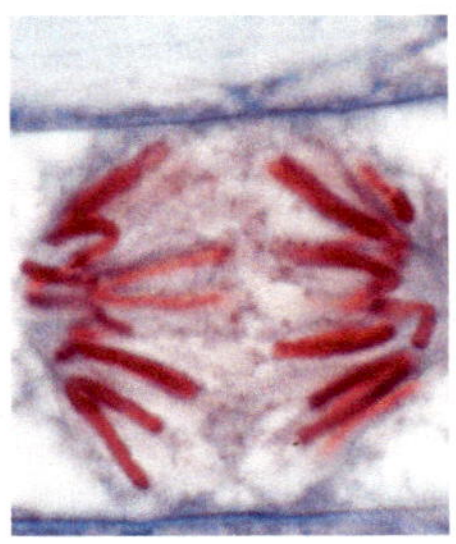
Anaphase

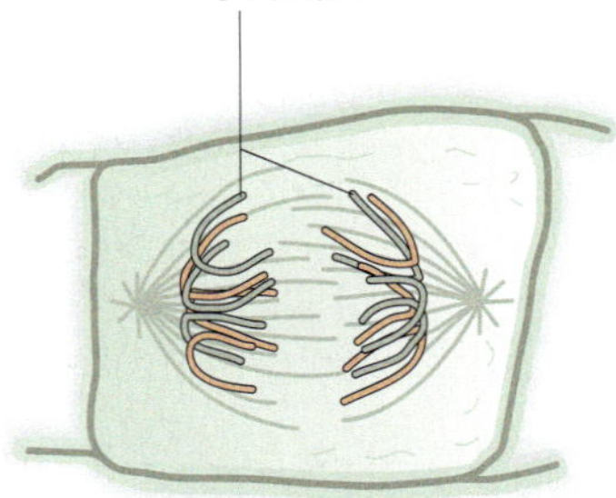

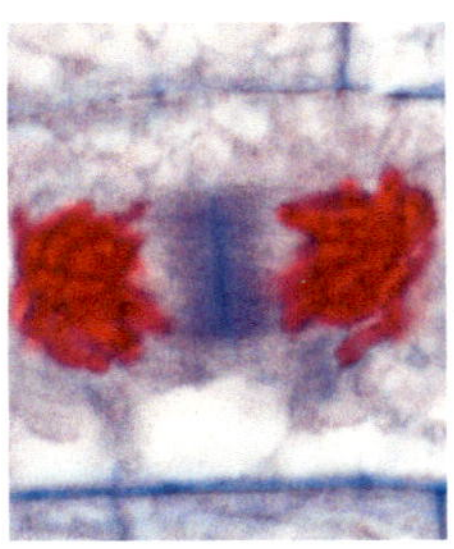
Telophase

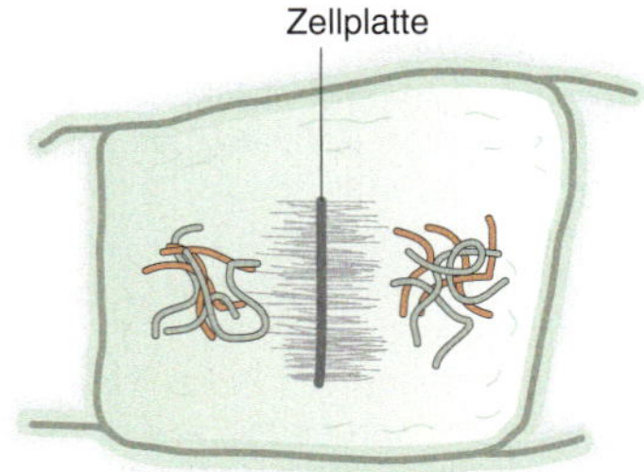

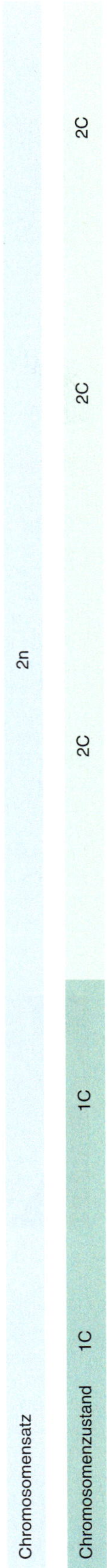

Praktikum

Kern- und Zellteilung

Vermehrung von Hefezellen

Material:
Backhefe *(Saccharomyces cerevisiae)*, Saccharose-Lösung (10%ig), Hefesuspension in Saccharose-Lösung etwa 2 Std. nach dem Ansatz, Erlenmeyerkolben, Saugpipette, evtl. Blutzählkammer, Objektträger, Deckgläser

Durchführung:
Suspendieren Sie ein erbsengroßes Stück Backhefe in 10 ml Saccharose-Lösung. Mikroskopieren Sie bei möglichst starker Vergrößerung unmittelbar nach dem Ansatz und nach etwa 30 min. Wählen Sie die Verdünnung der Suspension so, dass Sie die Anzahl der Zellen im Sehfeld ermitteln können. Beziehen Sie in die Untersuchungen auch die 2 Stunden alte Hefesuspension ein.

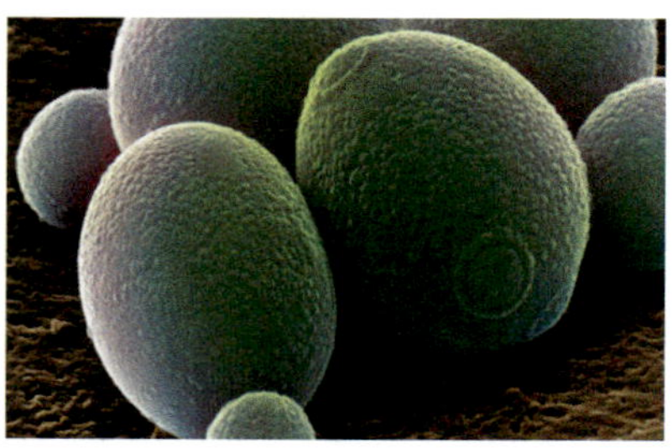

Auswertung:
Suchen Sie nach Sprossungsstadien in den Präparaten. Ermitteln Sie den prozentualen Anteil sprossender Hefezellen pro Sehfeld oder mit einer Zählkammer in Abhängigkeit von der Kulturdauer. Stellen Sie den Zusammenhang zwischen Kulturdauer und Prozentsatz sprossender Hefezellen grafisch dar. Dokumentieren Sie anhand von Zeichnungen den Ablauf der Sprossung von der beginnenden Zellausbuchtung bis hin zur fertigen Tochterzelle. Beschreiben Sie die Vorgänge in der Zelle.

Kern- und Zellteilung

Material:
Blütenknospen von Tradescantia-Arten, Pinzette, Rasierklinge oder Skalpell, 3%ige Saccharose-Lösung, Objektträger, Deckgläser

Durchführung:
Öffnen Sie die Blütenknospen und zupfen Sie mit der Pinzette die Staubbeutel von den Filamenten ab. Schneiden Sie die Filamente am Grund mit der Rasierklinge oder einem Skalpell ab und legen Sie sie in einen Tropfen Saccharose-Lösung. Suchen Sie mikroskopisch im Präparat nach den feinen Härchen an den Filamenten und beobachten Sie die Vorgänge in den Zellen über längere Zeit.

Auswertung:
Wenn Sie teilungsaktive Zellen gefunden haben, verfolgen Sie den Vorgang der Kernteilung. Vergessen Sie nicht, das Präparat vor dem Austrocknen zu bewahren. Halten Sie die Kernteilungsvorgänge und deren Zeitdauer in einem Protokoll fest.

Kernfärbung

Material:
Küchenzwiebel *(Allium cepa)*, Karmin-Essigsäure, Rasierklinge, Objektträger, Deckgläser, Gasbrenner

Durchführung:
Stellen Sie ein Abzugspräparat der Epidermis von Zwiebelschuppen (s. Seite 12) her. Geben Sie die Gewebestückchen in Karmin-Essigsäure auf einen Objektträger und erhitzen Sie über einer Brennerflamme kurzzeitig (Vorsicht: Schutzbrille tragen!). Legen Sie ein Deckglas auf und saugen Sie mehrfach Wasser durch das Präparat, um den überschüssigen Farbstoff zu entfernen. Suchen Sie nach Zellen mit deutlich angefärbten Kernen.

Auswertung:
Fertigen Sie eine mikroskopische Zeichnung an. Achten Sie besonders auf die Lage der Kerne in den Zellen und die Größenverhältnisse.

Kern-Plasma-Relation

Material:
Präparate von Zwiebelschuppenepidermen (frisch oder gefärbt), Präparierbesteck, Okularmikrometer

Durchführung:
Mikroskopieren Sie Epidermiszellen der Küchenzwiebel, die Sie (a) als Abzugspräparat und (b) als Querschnitte gewonnen haben. Erfassen Sie unter Zuhilfenahme eines Okularmikrometers von jeweils 5 ausgewählten Zellen mit gut sichtbaren Kernen die Breite, Länge und Tiefe einer jeden Zelle und des dazugehörigen Kernes in Skalenteilen.

Auswertung:
Berechnen Sie von jeder Zelle und deren Kern das Volumen und bestimmen Sie die Kern-Plasma-Relation als Verhältnis 1 : X. Legen Sie der Volumenberechnung eine jeweils geeignete geometrische Figur zugrunde.
Bestimmen Sie die durchschnittliche Kern-Plasma-Relation aus den Messungen an den 5 Zellen. Nehmen Sie unter Berücksichtigung Ihrer Ergebnisse Stellung zu den folgenden Aussagen:
- Bei jungen Zellen besteht eine enge, bei ausgewachsenen Zellen eine weite Kern-Plasma-Relation.
- Bei der ermittelten Relation wird das Plasma mit dem Zelllumen gleichgesetzt.
- Die Kern-Plasma-Relation ist artspezifisch.

Mitosedauer

Material:
Dauerpräparate von Wurzelspitzen der Küchenzwiebel oder eines anderen Objektes mit einer größeren Anzahl von Mitosestadien.

Durchführung:
Mikroskopieren Sie das Präparat und ordnen Sie 100 beliebig ausgewählte Zellen jenen Phasen des Zellzyklus zu, in denen sie sich gerade befinden.

Auswertung:
Gestalten Sie eine Tabelle wie folgt:

	Anzahl	Anteil %
Interphase		
Mitose (gesamt)		
Prophase		
Metaphase		
Anaphase		
Telophase		

Welche Rückschlüsse auf die zeitlichen Abläufe während der Mitose lassen sich aufgrund der Häufigkeit der einzelnen Phasen ziehen, wenn keine Synchronisation zwischen den Zellen vorliegt?

Stammzellen: Alleskönner und Vielkönner

Wie einem Bauplan folgend, entstehen aus den zunächst gleichartigen Zellen eines Mehrzellerkeims spezialisierte Zellen, z. B. Muskel-, Nerven- oder Darmzellen. *Entwicklung* bedeutet die zeit- und ortsgerechte *Differenzierung* von Zellen. Die Entwicklungsmöglichkeiten der Zelle werden dabei schrittweise eingeschränkt *(Determination)* (▶ Reproduktion S. 350).

Aus der befruchteten Eizelle eines Mehrzellers kann ein vollständiger Organismus hervorgehen, die Zygote ist eine *omnipotente Stammzelle*. Zu den omnipotenten Stammzellen des Menschen zählen auch die Zellen der ersten Zellteilungen, denn aus ihnen können noch eineiige Zwillinge entstehen. Bei den ersten Zellteilungen erhalten die Tochterzellen zwar die gleiche genetische Information, übernehmen aber unterschiedliche Bereiche des mütterlichen Zellplasmas. Konzentrationsunterschiede an m-RNA und Proteinen führen zu einer spezifischen Genexpression in den einzelnen Zellen, auch Nachbarzellen beeinflussen die weitere Entwicklung (s. Seite 156).

Beim Menschen können Zellen aus dem Inneren der *frühen Gastrula* alle Zelltypen, aber keinen kompletten Organismus bilden. Diese *embryonalen Stammzellen* sind *pluripotent* und bringen vermutlich auch die *adulten Stammzellen* hervor. Das sind teilungsfähige Zellen, die im ausgewachsenen Organismus für die Gewebeerneuerung sorgen. Adulte Stammzellen sind *multipotent*, bei ihnen legt die zelluläre Umgebung fest, welche Zelltypen erzeugt werden: Adulte Stammzellen der Haut bilden nur Hautzellen, solche aus dem roten Knochenmark nur Blutzellen usw. Werden adulte Stammzellen aber aus dem Gewebeverband herausgelöst, können sie im Reagenzglas mithilfe verschiedener Wachstumshormone umprogrammiert werden. Stammzellen aus dem Nervensystem entwickeln sich dann z. B. zu Muskelzellen. Bei der Determinierung geht die genetische Gesamtinformation der Zelle also nicht verloren, sie wird nur nicht mehr abgerufen.

Einen Sonderweg schlagen die Keimzellen ein. Sie entstehen meiotisch aus Urkeimzellen und bilden nach einer Befruchtung ein neues Individuum, in dem wiederum auf gleiche Weise Keimzellen entstehen. Zellen dieser *Keimbahn* werden von den Körperzellen *(somatischen Zellen)* unterschieden (Abb. 1).

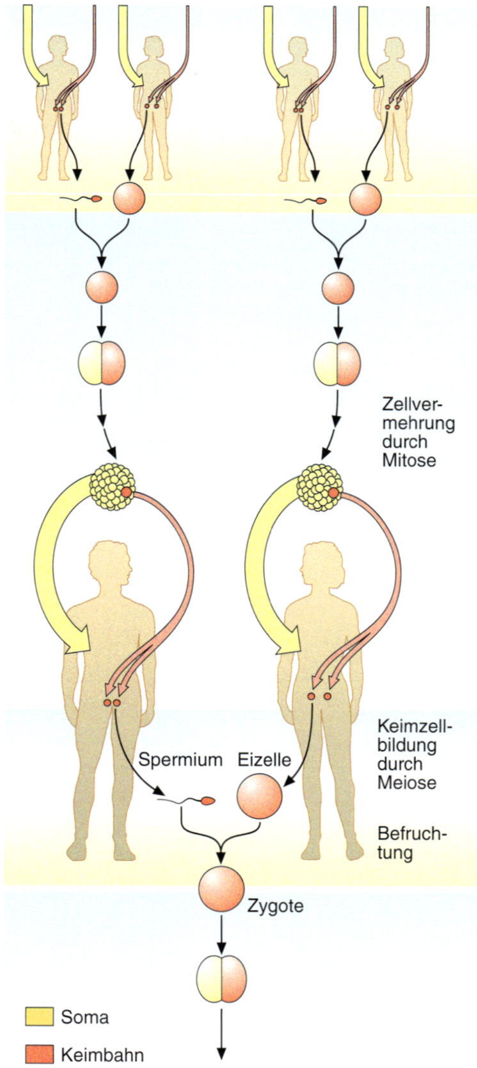

1 Keimbahn

Aufgabe

① Das *Embryonenschutzgesetz* (ESchG) vom 13.12.1990 verbietet künstliche Veränderungen der Keimbahnzellen, § 8 lautet: „Keimbahnzellen im Sinne dieses Gesetzes sind alle Zellen, die in einer Zell-Linie von der befruchteten Eizelle bis zu den Ei- und Samenzellen des aus ihr hervorgegangenen Menschen führen, ferner die Eizelle vom Einbringen oder Eindringen der Samenzelle an bis zu der mit der Kernverschmelzung abgeschlossenen Befruchtung."
Bezieht sich dieses Gesetz auch auf Stammzellen und wenn ja, auf welche Sorte?

Determinierung
Einschränkung der Entwicklungsmöglichkeiten einer Zelle

Differenzierung
Erreichen der endgültigen Gestalt und Funktion

omnipotente Stammzellen
(„zu allem fähig")
können einen vollständigen Organismus hervorbringen

pluripotente Stammzellen
können alle Zelltypen, aber keinen vollständigen Organismus hervorbringen

multipotente Stammzellen
können den Zelltyp des umgebenden Gewebes hervorbringen

Stammzelltypen des Menschen
embryonale Stammzellen: pluripotent,
adulte Stammzellen: multipotent

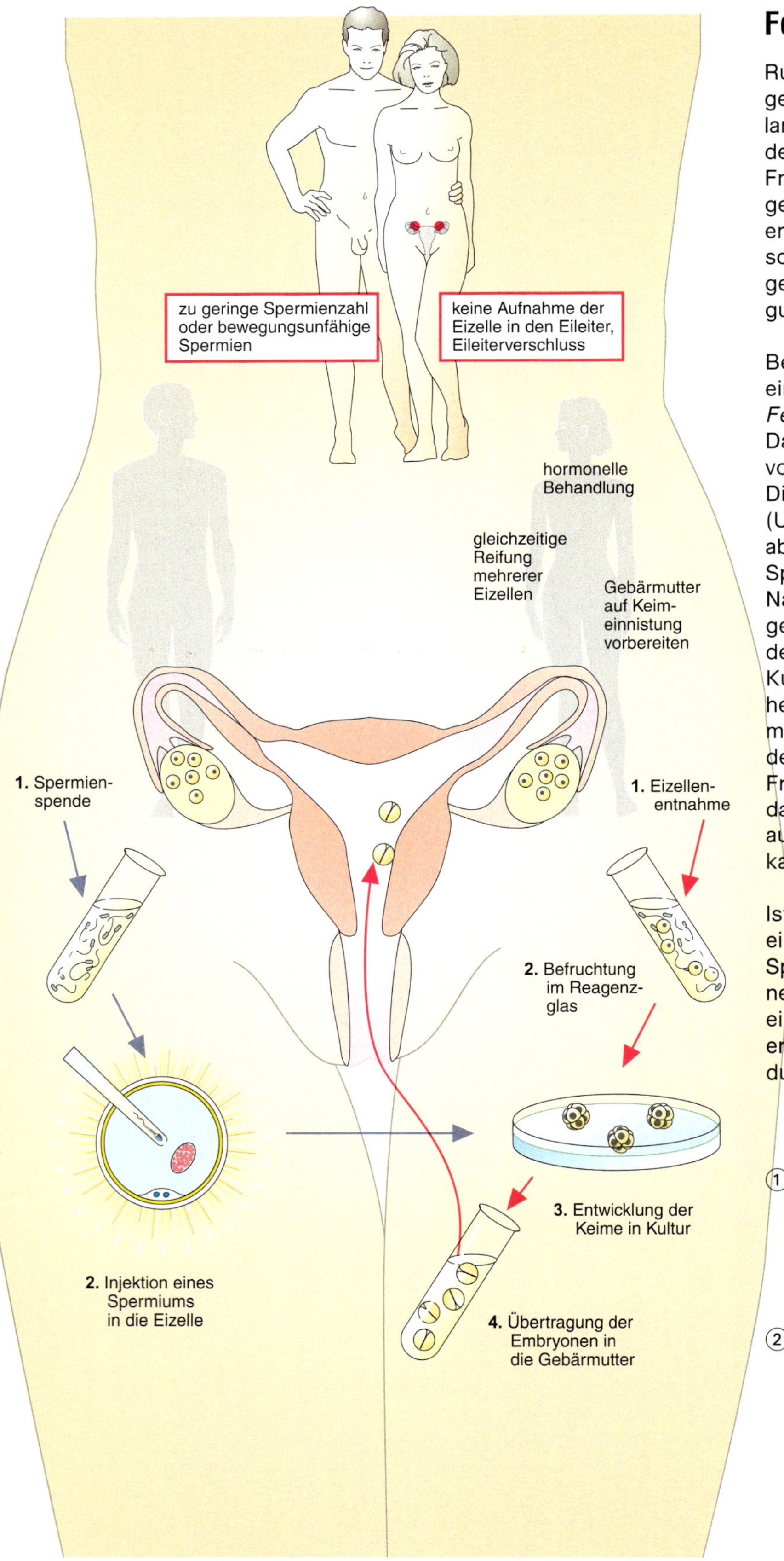

1 Methoden der In-vitro-Fertilisation

Fortpflanzung im Reagenzglas

Rund 700 000 Paare, die ungewollt kinderlos geblieben sind, suchen jährlich in Deutschland ärztlichen Rat. Man kennt verschiedene Ursachen für Unfruchtbarkeit. Bei der Frau gehören dazu: Hormonstörungen, die gestörte Aufnahme der Eizelle aus dem Eierstock in den Eileiter oder ein Eileiterverschluss; beim Mann gibt es z.B. eine zu geringe Spermienkonzentration oder bewegungsunfähige Spermien.

Bei beidseitigem Eileiterverschluss kann eine Befruchtung im Reagenzglas *(In-vitro-Fertilisation, IVF)* vorgenommen werden. Dazu wird bei der Frau die Heranreifung von mehreren Eizellen hormonell ausgelöst. Die Eizellen werden kurz vor dem Eisprung (Ultraschall-Kontrolle) aus den Eierstöcken abgesaugt und im Reagenzglas mit den Spermien des Partners zusammengebracht. Nach rund 18 Stunden wird mikroskopisch geprüft, ob eine Befruchtung stattgefunden hat. Die befruchteten Eizellen werden in Kultur gehalten, bis mehrzellige Embryonen herangewachsen sind. Diese können dann mithilfe eines Katheters in die Gebärmutter der Frau eingespült werden. Zuvor muss die Frau mit Hormonen behandelt worden sein, damit sich die Gebärmutterschleimhaut so aufbaut, dass sich der Embryo einnisten kann (▶ Reproduktion S. 350).

Ist die Spermienkonzentration im Ejakulat eines Mannes zu gering, können einzelne Spermien unter dem Mikroskop mithilfe einer feinen Glaskapillare direkt in das Plasma einer Eizelle injiziert werden. Die künstlich erzeugte Zygote entwickelt sich wie eine durch IVF befruchtete Eizelle.

Aufgaben

① Recherchieren Sie z.B. im Internet, wie die In-vitro-Fertilisation in Deutschland rechtlich geregelt ist (mögliche Suchbegriffe: Embryonenschutzgesetz, Fremdsamenspende, Eizellspende, Leihmutterschaft, überzählige Embryonen).

② Bei einer In-vitro-Fertilisation ist es möglich, verschiedene genetische Merkmale festzustellen (z.B. das Geschlecht oder die Veranlagung zu bestimmten Krankheiten). Man spricht von *Präimplantationsdiagnostik (PID)*. Welche Regelungen hat der Gesetzgeber erlassen, um eine Auswahl von Embryonen nach bestimmten Merkmalen *(Embryonenselektion)* zu verhindern (s. Seite 137)?

Material

Reproduktionstechnik, Klonen

Ein *Klon* ist ein genetischer Doppelgänger eines Lebewesens. In der Natur gibt es Klone z. B. bei Ablegern von Pflanzen, die sich vegetativ vermehren, aber auch in Form von eineiigen Zwillingen. In reproduktionsbiologischen Labors versucht man seit Jahren Klone von Nutztieren (z. B. Schaf, Schwein, Rind) zu erzeugen, um damit die „störende“ Neukombination des genetischen Materials bei der sexuellen Fortpflanzung auszuschalten und Individuen mit genau definierten Eigenschaften zu erzeugen. Die Erfolgsaussichten beim Klonen sind allerdings gering, d. h. oftmals müssen hunderte von Versuchen durchgeführt werden. Zudem leiden Klontiere häufiger an Krankheiten. Klonforscher untersuchen, warum es zu Organschäden, Immunschwäche und frühzeitigem Altern kommt.

Methode Dolly – Kerntransplantation

1996 gelang es erstmals nach mehreren Hundert erfolglosen Versuchen, ein erwachsenes Säugetier zu klonen (s. Seite 19). Eizellen eines Schafs wurden entkernt, um ihnen den Zellkern von Euterzellen eines anderen Schafs einzusetzen. Nachdem man das Produkt zur Teilung gebracht hatte, wurde es in die Gebärmutter eines dritten Schafs verbracht, das als Leihmutter fungierte. Die Tragzeit verlief erfolgreich. Das *Klonschaf Dolly* allerdings zeigte frühzeitige Alterserscheinungen (z. B. Arthritis*)*. Am 14.02.2003 musste Dolly wegen einer Lungenentzündung eingeschläfert werden. Schafe werden ca. 12 Jahre alt. Auffällig ist, dass das Kernspender-Schaf 6 Jahre alt war und Dolly ebenfalls 6 Jahre alt wurde. Ob die Erkrankungen mit dem Klonen zusammenhängen, ist nicht klar. Genetiker haben jedoch schon frühzeitig Dollys beschleunigtes Altern vorausgesagt. Die Telomere von Chromosomen gelten als zelluläre Lebensuhren, mit jedem Teilungsschritt werden sie etwas kürzer. Dollys Chromosomen stammten von einem älteren Spenderschaf, sie waren bereits verkürzt.

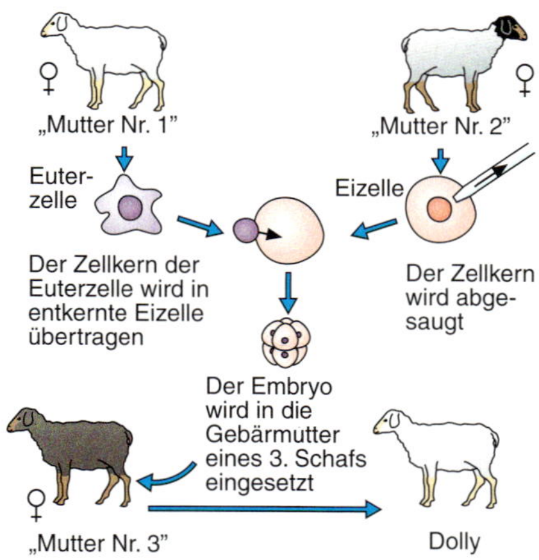

Aufgaben

① „Klonen“ bedeutet die Anfertigung genetischer Doppelgänger, „Klonieren“ die Vervielfältigung eines Gens. Reproduktionsbiologie und Gentechnik werden oft nicht auseinandergehalten. Warum war das Klonen des Schafes Dolly kein gentechnisches Experiment?

② IAN WILMUT, der wissenschaftliche „Vater“ des Klonschafs Dolly, warnt vor Klonversuchen am Menschen, es gäbe „reichlich Beweise, dass dies völlig unverantwortlich“ wäre. Begründen Sie.

③ In den meisten Ländern ist das Klonen von Menschen verboten. Welche Gründe sprechen dafür?

Reproduktionsgeschichten

Dem amerikanischen Forscher JERRY HALL gelang es erstmalig, menschliche Embryonen zu klonen. Um ethische Probleme zu vermeiden, verwandte er abnorme Embryonen, die nicht lebensfähig gewesen wären. Insgesamt 17 Embryonen aus 2 bis 8 Zellen teilte er in 48 einzelne Zellen und umgab sie mit einer schützenden Hülle. Die so geschaffenen neuen Einzelzellen teilten sich im Durchschnitt dreimal. Kein Klonembryo lebte nach seinen Angaben länger als 6 Tage.

Streit um eingefrorene Embryonen

(AP-Meldung)
In den USA muss ein Gericht bei einem Scheidungsprozess klären, was mit eingefrorenen Embryonen geschehen soll. Das Ehepaar hatte sich nach langjähriger Kinderlosigkeit aus medizinischen Gründen zu einer In-vitro-Fertilisation entschlossen. Von den zehn Embryonen, die auf diese Weise entstanden waren, wurden der Frau drei eingespült und sieben eingefroren. Die Frau wurde nicht schwanger. Das Paar war den psychischen Belastungen dieser Zeit nicht gewachsen und ließ sich scheiden. Die Frau möchte sich auch nach der Scheidung ihren Kinderwunsch erfüllen. Sie möchte sich die eingefrorenen Embryonen einpflanzen lassen. Der Mann möchte die Übertragung gerichtlich verhindern.

Typen der Mutterschaft

Nach geltendem Recht ist Mutter, wer ein Kind geboren hat. Seit es In-vitro-Fertilisation und Embryonentransfer gibt, kann man drei Typen der Mutterschaft unterscheiden: die genetische, die physiologische (Leihmutter) und die soziale.

Aufgaben

④ Die Manipulation an menschlichen Keimen ist in Deutschland zwar grundsätzlich verboten, Grundlagenforschung an importierten menschlichen embryonalen Stammzellen wird auf Antrag aber genehmigt. Informieren Sie sich über die rechtliche Auffassung in anderen Ländern.

⑤ Spielen Sie eine Gerichtsverhandlung mit verteilten Rollen durch, in der die geschiedenen Eheleute sich um das Schicksal ihrer eingefrorenen Embryonen streiten.

⑥ Mithilfe der Reproduktionsmedizin kann das Alter, in dem eine Schwangerschaft möglich ist, beträchtlich erhöht werden. In Österreich ging z. B. der Kinderwunsch einer 61-jährigen Frau in Erfüllung. Dazu wurden einer jungen Spenderin Eizellen entnommen und in vitro mit Spermien des Partners der älteren Frau befruchtet. Die Embryonen wurden in die Gebärmutter der 61-Jährigen eingesetzt. Welche sozialen Folgen können derartige Praktiken für die Eltern, die erzeugten Kinder und für die Gesellschaft haben?

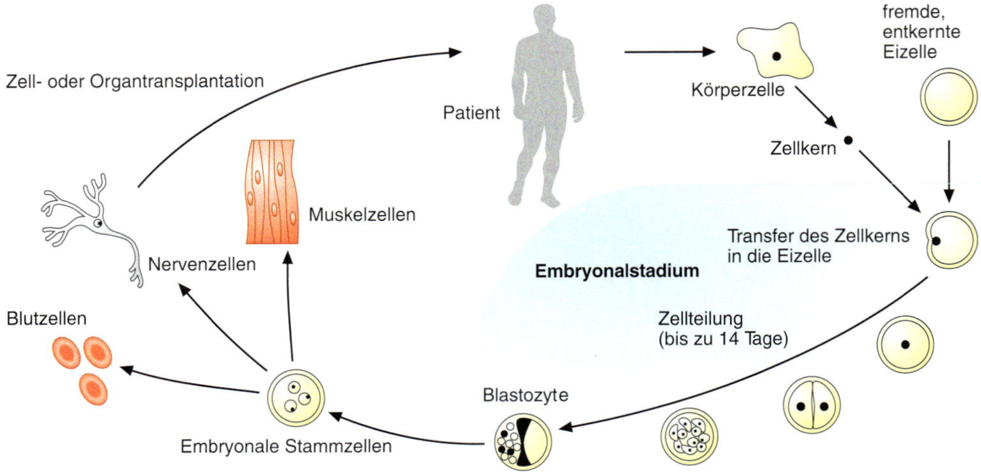

1 Prinzip des therapeutischen Klonens

Klonierungstechniken – Segen oder Fluch?

Bis auf Bakterien findet sich bei allen Lebewesen die Möglichkeit, sich geschlechtlich *(sexuell)* fortzupflanzen. Säugetiere nutzen, abgesehen von eineiiger Zwillingsbildung, nur diese Art der Fortpflanzung. Bei den meisten Pflanzen und niederen Tieren ist eine Fortpflanzung auch ohne Geschlechtspartner, also *asexuell,* möglich. Man kennt dies z. B. von der Stecklingsvermehrung von Zierpflanzen. Durch Sprossung können sich auch Tiere, wie z. B. der Regenwurm, vermehren.

Seit einiger Zeit gibt es Verfahren, die die gezielte asexuelle Vermehrung von Säugetieren und damit auch dem Menschen erlauben. Im Unterschied zur sexuellen Vermehrung entstehen bei der asexuellen identische Kopien eines Lebewesens (▶ Reproduktion S. 350).

Klonen durch Embryosplitting

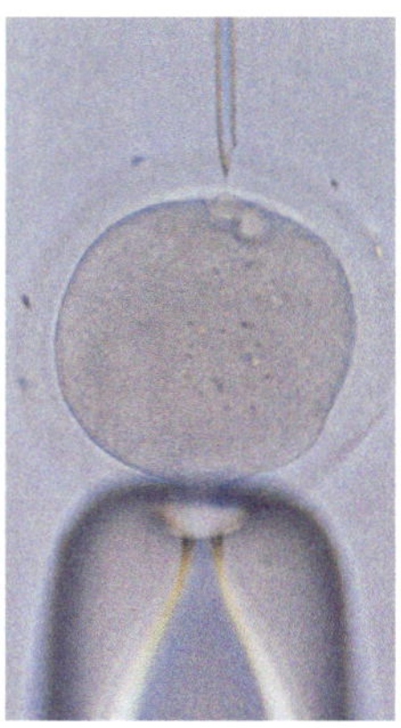

2 Austausch des Zellkerns

Dieses Verfahren imitiert die eineiige Zwillingsbildung. Dafür wird eine befruchtete Eizelle in einem sehr frühen Teilungsstadium im Labor durch einen mikrochirurgischen Eingriff getrennt. Dieses Verfahren ist bereits medizinische Routine und findet in der *Präimplantationsdiagnostik* (s. Seite 137) seine Anwendung. Einer der so erzeugten Klone kann anschließend auf bekannte Erbkrankheiten untersucht werden. Wurden keine Erbkrankheiten gefunden, wird der Embryo in die Gebärmutter der Frau eingesetzt. Weitere Klone können tiefgefroren gelagert werden, falls sich der in die Gebärmutter eingesetzte Embryo nicht einnistet. Die rechtliche Beurteilung dieses Verfahrens ist europaweit unterschiedlich. In Deutschland ist die Präimplantationsdiagnostik verboten, in einigen europäischen Nachbarstaaten jedoch erlaubt, was zu erheblichen ethischen Problemen führt (s. Seite 137).

Klonen durch Zellkerntransfer

Bei diesem Verfahren wird einer Spendereizelle der Zellkern entfernt und mikrochirurgisch der Zellkern des zu klonenden Organismus eingesetzt (siehe Randspalte). Die so erzeugten Klone sind zu etwa 99 % mit dem zu klonenden Organismus identisch. Das eine Prozent Unterschied ergibt sich dadurch, dass die entkernte Spendereizelle im Plasma noch Mitochondrien-DNA enthält.

Eines der großen Probleme dieses Verfahrens ist, dass eine große Anzahl Eizellen notwendig ist, um einen lebensfähigen Klon erzeugen zu können. Um das berühmt gewordene „Klon-Schaf" Dolly (siehe Seite 33) zu erzeugen, wurden 1997 277 Eizellen verbraucht. In der Zwischenzeit konnte die Anzahl der verbrauchten Eizellen zwar reduziert werden, liegt aber je nach Art immer noch bei über 100. Die Gewinnung der Spendereizellen ist für den weiblichen Organismus sehr belastend, da diese mit einer starken Hormonbehandlung verbunden ist. Diese Hormonbehandlung ist notwendig, um gleichzeitig mehrere Eizellen heranreifen zu lassen. Vom Zweck der Anwendung her unterscheidet man zwei Verfahren, die in der Durchführung über weite Strecken allerdings identisch sind.

Eizellenverbrauch bei Klonversuchen

Reproduktives Klonen

Reproduktives Klonen zielt auf die identische Kopie eines gesamten Organismus ab. Das „Klon-Schaf" Dolly (s. Seite 33) war ein Beispiel für dieses Verfahren.

In der Versuchs- und Nutztierzucht wird dieses Verfahren bereits im Anwendungsmaßstab verwendet. Geklonte Versuchstiere haben ein annähernd identisches Genom, das über Generationen weitgehend erhalten werden kann. Dadurch ergibt sich die Möglichkeit, schneller und sicherer zu Erkenntnissen zu gelangen, da eine individuelle Unterschiedlichkeit der Versuchstiere weitgehend ausgeschlossen werden kann.

In der Nutztierzucht werden besonders ertragsstarke Tiere geklont. Dadurch erreicht man, dass die vorteilhaften Merkmale des Zuchttiers identisch reproduziert werden können, und außerdem eine Beschleunigung des Zuchtverfahrens. In den USA gibt es Firmen, die nun auch das Klonen von Haustieren anbieten.

In Zoologischen Gärten sind erste erfolgreiche Versuche durchgeführt worden, vom Aussterben bedrohte Arten durch reproduktives Klonen zu erhalten. Das reproduktive Klonen von Menschen ist weltweit geächtet. Trotzdem wird die grundsätzliche Frage diskutiert, ob man diese Möglichkeit der Fortpflanzung für ungewollt kinderlose Paare eröffnen sollte. Bis jetzt ist noch kein „gelungener" reproduktiver Klonversuch von Menschen bekannt geworden.

Therapeutisches Klonen

Das Verfahren für das *therapeutische Klonen* ist bis zum Blastozystenstadium identisch mit dem des reproduktiven Klonens. Ziel des therapeutischen Klonens ist aber nicht die identische Kopie eines ganzen Organismus, sondern die Herstellung eines kompatiblen Gewebes oder Organs eines Patienten (Abb. 3). Die Entwicklung des Embryos wird nach einem definierten Zeitpunkt nach dem Blastozystenstadium abgebrochen, um *embryonale Stammzellen* zu gewinnen. Diese Stammzellen werden mit entsprechenden *Zytokinen* behandelt, so wird Gewebe für therapeutische Zwecke gewonnen. Daher erfolgt die Namensgebung „therapeutisches Klonen". Dieser Begriff ist allerdings nicht unumstritten, da für diese zurzeit noch nicht durchführbare Therapie Embryonen zerstört und potenzielles Leben vernichtet wird.

Befürworter des therapeutischen Klonens erhoffen sich, dass durch dieses Verfahren Organabstoßungen, wie man sie von *Organtransplantationen* kennt, zukünftig vermieden werden können. Durch das therapeutische Klonen ergeben sich auch grundsätzlich Möglichkeiten, bis jetzt unzureichend behandelbare Krankheiten wie Querschnittslähmung und Parkinson heilen zu können. Der Einsatz des therapeutischen Klonens ist aufgrund des Embryonenverbrauchs umstritten und in Deutschland verboten. Die „Maximalvariante", einen Menschen reproduktiv zu klonen und die Klone als Organersatzteillager zu nutzen, ist zurzeit weder möglich noch finden sich Befürworter dafür.

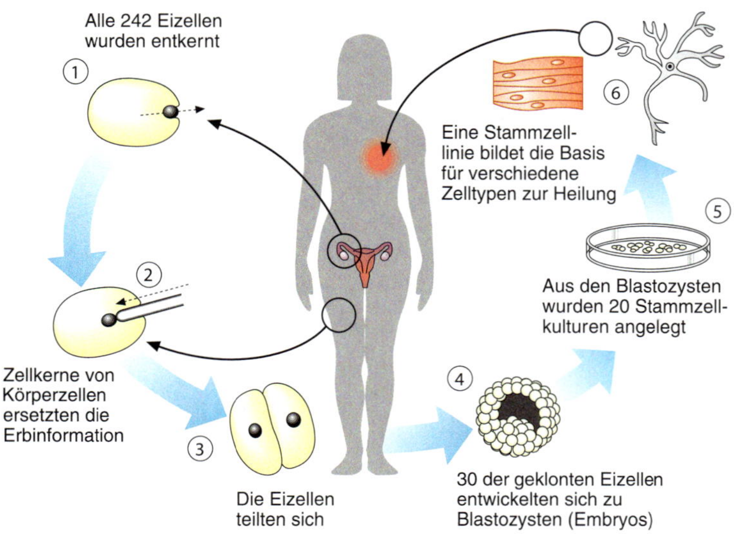

3 Eizellenverbrauch beim Klonen

Aufgaben

① Gegner des therapeutischen Klonens wenden neben den oben genannten ethischen Problemen auch ein, dass die Weiterentwicklung des therapeutischen Klonens letztlich auch das reproduktive Klonen fördert. Erklären Sie diesen Einwand.

② Führen Sie eine Pro-Contra-Diskussion. Was spricht für die oben genannten Verfahren, was dagegen? Beachten Sie für Ihre ethische Diskussion auch das zurzeit gültige Abtreibungsrecht und das Selbstbestimmungsrecht der Frauen, die die Eizellen spenden.

③ Informieren Sie sich über alternative Möglichkeiten zur Stammzellerzeugung (s. auch Seite 31).

④ Welche Vor- und Nachteile hat PID und welche ethischen Probleme können sich ergeben?

Transportprozesse

Lernsituation

Arsen — geruchs- und geschmacklos, hochgiftig schon im Milligrammbereich. Daher ist Arsen für Mörder interessant.

Leider kann im Zusammenhang mit Arsen auch Unwissen tödlich sein. In der Absicht, ihnen zu helfen, wurden für die Menschen in Bangladesh neue, tiefe Brunnen gebohrt. Dadurch verwendeten die Menschen keimfreies, aber arsenhaltiges Grundwasser.

Arsen wird auch bei uns häufig verwandt: in der Gewinnung von Metallen, in der Glasverhüttung, in der Halbleiterindustrie. Unwissen, darüber, was dieses Gift bewirkt, könnte auch für uns gefährlich sein.

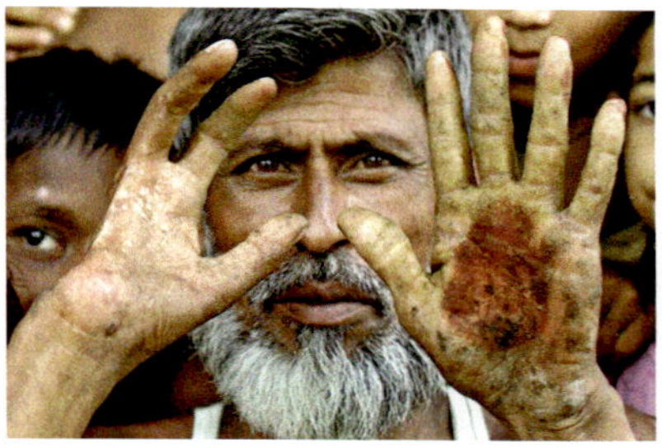

Leitfragen

Ein Giftstoff kann sich auch bei Windstille und im stehenden Wasser verteilen. Wie ist das möglich und kann man diese Verteilung auf irgendeine Art beeinflussen?

Nicht alles kann ungehindert in die Zelle hinein, nicht alles kann ungehindert hinaus. Wie beeinflusst z. B. der Giftstoff Arsen die Transportmechanismen in der Zelle?

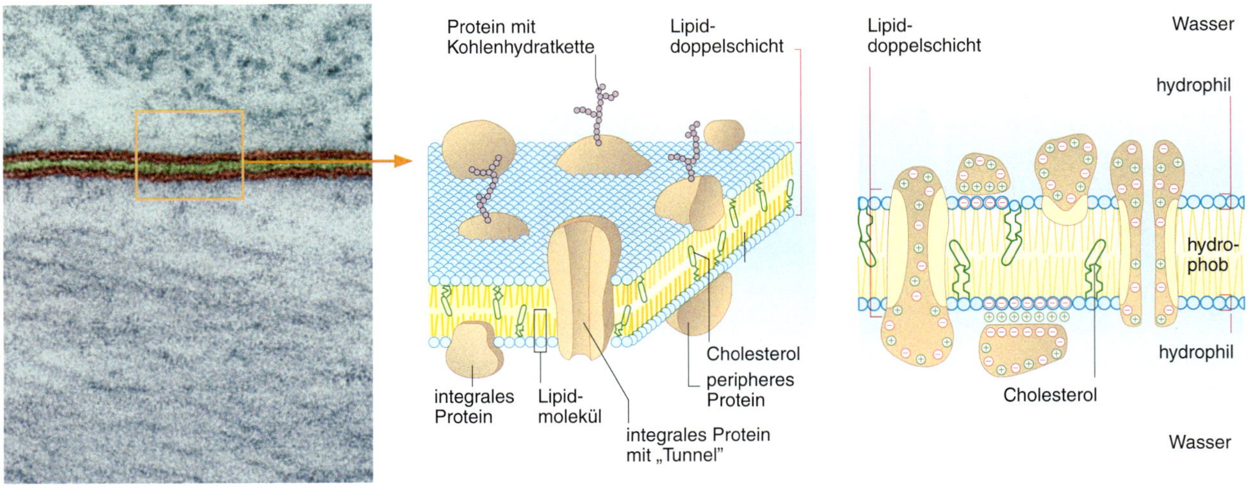

1 Elektronenmikroskopisches Bild und Schema der Biomembran (koloriert)

Aufbau der Biomembranen

Biomembran
Grundtyp der biologischen Membran (= Elementarmembran)

Zellmembran
Biomembran, die das Zellplasma gegen die Umgebung abgrenzt

Das Elektronenmikroskop gibt einen ersten Eindruck vom Aufbau der Biomembran. Bei starker Vergrößerung sind drei Schichten sichtbar: Eine mittlere helle Schicht (ca. 3 nm) wird von zwei dunkleren Schichten (jeweils 2,5 nm) umgeben. Alle Membranen besitzen diese Grundstruktur. Deshalb spricht man auch von der *Elementarmembran*.

Membranen bestehen zu einem großen Teil aus Lipidmolekülen, vor allem *Phospholipiden,* wie z.B. *Lecithin.* Diese Moleküle haben sowohl einen hydrophoben Bereich, verursacht durch die beiden Fettsäuren, als auch einen hydrophilen Bereich, bedingt durch die Phosphatgruppe (s. Seite 40). *Glykolipide*, in denen statt der Phosphatgruppe Zuckermoleküle gebunden sind, und Cholesterol sind weitere Bestandteile. Die hydrophoben Enden der Lipide befinden sich im mittleren Teil, der im Bild hell erscheint. Die Lipidmoleküle sind in zwei Lagen parallel angeordnet. In dieser *Lipiddoppelschicht* zeigen die hydrophilen Anteile zur wässrigen Phase, also zum Cytoplasma und zur Zellumgebung. Unter dem Mikroskop erscheinen sie aufgrund des hydrophilen Kontrastmittels dunkel (s. Seite 17). Die hydrophoben Anteile sind zur Membranmitte gerichtet. Die Lipiddoppelschicht bildet die Grundstruktur der Membran und bestimmt Eigenschaften wie Stabilität, Flexibilität und Undurchlässigkeit für große hydrophile Teilchen.

Neben Lipiden sind globuläre Proteinmoleküle mit hydrophoben und hydrophilen Abschnitten am Membranaufbau beteiligt. Sie sind unregelmäßig verteilt, lagern der Lipidschicht auf oder durchdringen sie teilweise oder ganz. Mit ihren hydrophoben Abschnitten sind sie in der Lipidschicht verankert.

Die Membran befindet sich in ständigem Auf- und Umbau. So sind Wachstum und Formänderungen der Zelle möglich. Die Lipidmoleküle tauschen ständig infolge der Wärmebewegung ihre Plätze mit Nachbarmolekülen. Dieses dynamische Modell der Membran wird als *„fluid-mosaic-Modell"* bezeichnet. Die Proteine verhalten sich in der Lipidschicht wie schwimmende Eisberge. Die integralen Membranproteine ermöglichen einen kontrollierten Stoffaustausch.

Die intrazellulären Membranen der Zellorganellen dienen der Abgrenzung verschiedener Reaktionsräume *(Kompartimente)* mit unterschiedlichen Reaktionsbedingungen. (▶ Kompartimentierung S. 352). Nur so ist ein geordneter Ablauf unterschiedlicher Stoffwechselvorgänge zur gleichen Zeit in einer Zelle möglich. Je nach Aufgabe zeigen Membranen charakteristische Eigenschaften. Entsprechend findet man bei verschiedenen Membrantypen erhebliche Unterschiede im Anteil und der Zusammensetzung der Membranproteine und anderer Makromoleküle.

Ein Modell entwickelt sich

Die Anordnung der verschiedenen Membrankomponenten wurde zu unterschiedlichen Zeiten erforscht und führte zu immer genaueren Modellvorstellungen.

1917: LANGMUIR
LANGMUIR vermutete aufgrund von Experimenten, dass die Lipide als Einzelschicht auf der Wasseroberfläche schwimmen, wobei sie sich so anordnen, dass sich die polaren Lipidenden in der wässrigen Phase befinden und die unpolaren Kohlenwasserstoffketten, die Fettsäuren, vertikal aus dem Wasser herausragen.

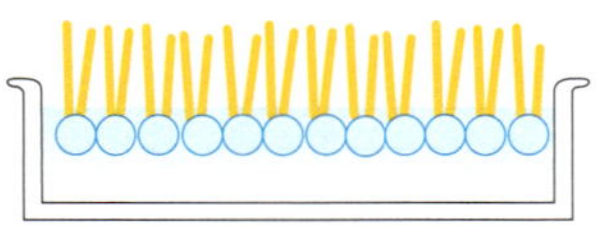

1 Lipideinzelschicht ohne Proteine

1925: GORTER und GRENDEL
Die beiden extrahierten mit unpolaren Lösungsmitteln die Lipide aus der Zellmembran von Erythrocyten und brachten diese auf eine Wasseroberfläche auf. Sie wiesen nach, dass diese Lipidfläche doppelt so groß war wie die errechnete Oberfläche aller Erythrocytenmembranen. Messwert: 0,92 μm^2, berechneter Wert: 0,47 μm^2. Daraus folgerten sie, dass es sich nicht um eine Einzelschicht, sondern um eine *Lipiddoppelschicht* handeln muss. Spätere Untersuchungen am Elektronenmikroskop bestätigten diese Vermutung: zwei dunkle, elektronendichte Linien, die einen hellen Zwischenraum einschließen.

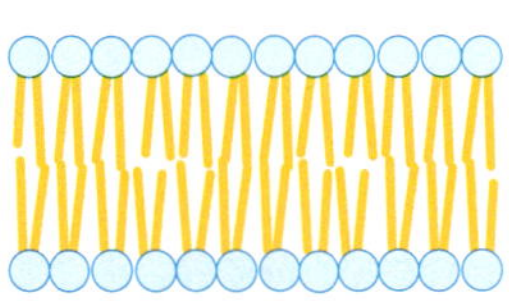

2 Lipiddoppelschicht

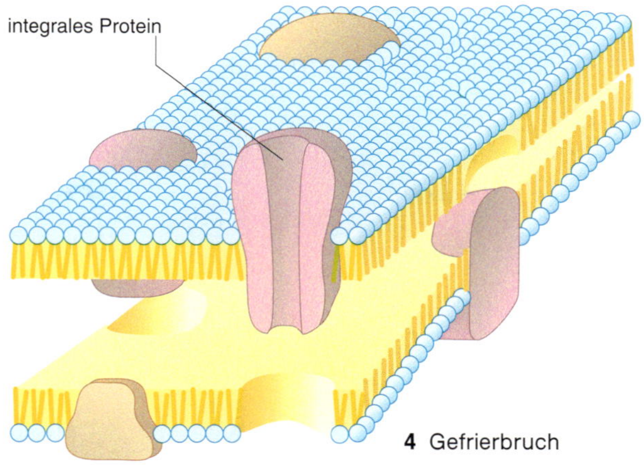

4 Gefrierbruch

1935: DANIELLI und DAVSON
Sie veröffentlichten das erste allgemein anerkannte Membranmodell. Sie fanden heraus, dass aus Membranen isolierte Lipide Proteine adsorbieren können. Daraus folgerten sie, dass die Lipiddoppelschicht beidseitig mit Proteinen bedeckt ist.

1972: SINGER und NICOLSON
Aufgrund verfeinerter elektronenmikroskopischer Methoden (z. B. Gefrierätztechnik) konnte ein in Grundzügen heute noch gültiges Membranmodell entworfen werden. Tiefgefrorene Biomembranen trennen sich entlang den Lipidschichten besonders leicht voneinander. Die beiden komplementären Lipidschichten waren jedoch nicht glatt, sondern strukturiert. Auf der einen Hälfte waren Erhebungen zu erkennen, auf der komplementären Hälfte Vertiefungen. Diese Abbildungen wurden so gedeutet, dass der Bruch um ein Proteinmolekül herumläuft. Dies bedeutet aber, dass die Proteinmoleküle durch die Membran hindurchgehen *(integrale Proteine)*. Zusätzliche chemische Untersuchungen zeigten, dass 20 % der Proteine sich leicht von der Membran ablösen lassen, die restlichen fest in der Membran verankert sind. Hieraus folgerte man, dass die leicht ablösbaren Proteine auf der Membran liegen, die anderen durch sie hindurchgehen.

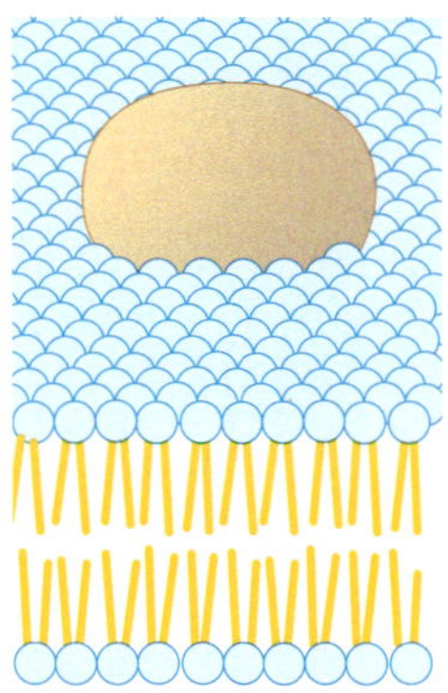

3 Doppelmembran mit Proteinen darauf

1972: FRYE und EDIDIN
Zur gleichen Zeit wurden Versuche mit Proteinen durchgeführt, die mit Farbstoffen markiert waren. Auf zwei Zellen wurden mit farbigen Antikörpern jeweils bestimmte Membranproteine markiert. Die beiden verschiedenfarbig markierten Zellen wurden vereinigt. Die zunächst getrennt vorliegenden Farbbereiche vermischten sich. Hieraus folgerten FRYE und EDIDIN, dass die Membran nicht statisch sein kann, sondern ständig in Bewegung ist. Die Proteine schwimmen „wie Eisberge in der See" *(fluid-mosaic-Modell)*.

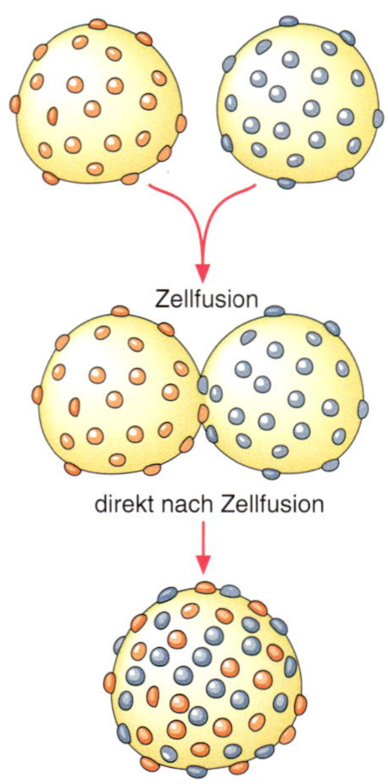

5 Zellfusion

Bildung eines Fettmoleküls aus einem Glycerinmolekül und drei Fettsäuremolekülen unter Abspaltung von drei Wassermolekülen

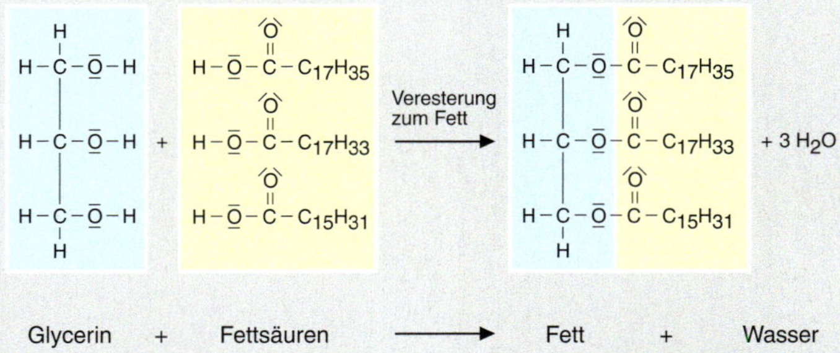

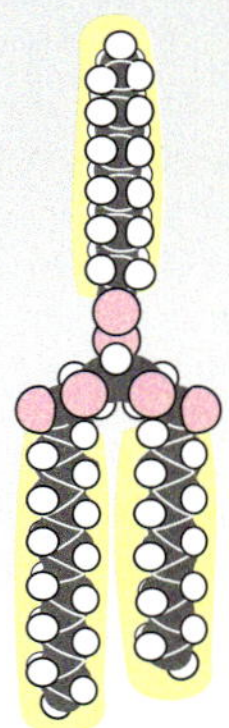

Kalottenmodell eines Fettmoleküls

Gesättigte Fettsäuren		
Name	**Summenformel**	**Schmelztemp.**
Palmitinsäure	$C_{15}H_{31}COOH$	+ 63 °C
Stearinsäure	$C_{17}H_{35}COOH$	+ 71 °C
Ungesättigte Fettsäuren		
Ölsäure	$C_{17}H_{33}COOH$	+ 16 °C
Linolsäure	$C_{17}H_{31}COOH$	– 05 °C
Linolensäure	$C_{17}H_{29}COOH$	– 11 °C

Struktur des Phospholipids Lecithin

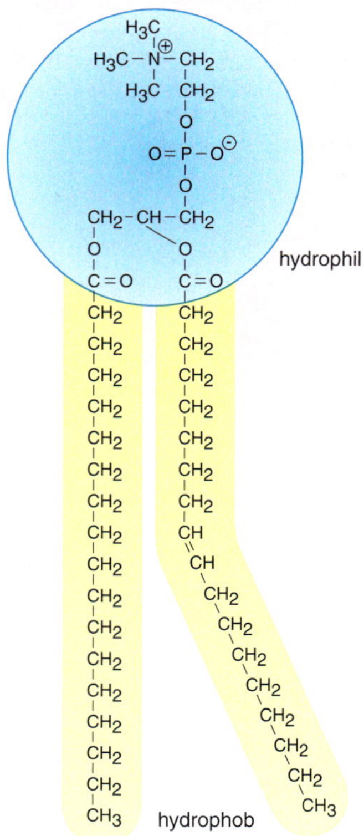

Orientierung von Phospholipiden an Grenzflächen und im Wasser

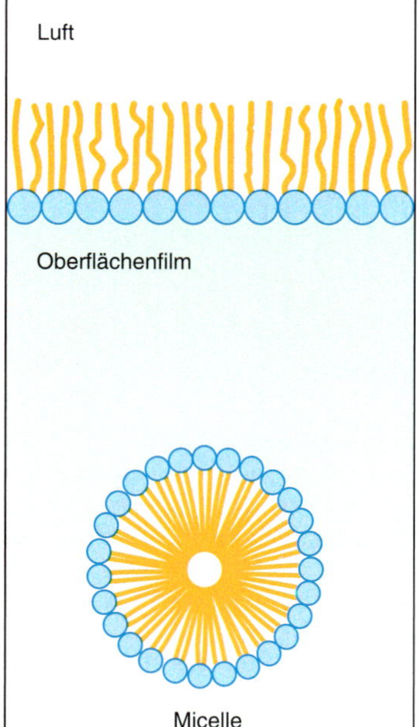

Lipide

Lipide gehören zu einer Stoffgruppe unterschiedlicher Substanzen, die in unpolaren Lösungsmitteln löslich sind. Sie sind als Fette bei Pflanzen und Tieren die Hauptenergiereserve. Ein Baustein ist der dreiwertige Alkohol *Glycerin*. Dazu kommen bestimmte, langkettige Carbonsäuren, die man wegen ihres Vorkommens in Fetten auch *Fettsäuren* nennt. Mit ihrer Carboxylgruppe können sie unter Abspaltung von Wasser jeweils mit einer OH-Gruppe des Glycerins eine Esterbindung bilden. Dabei können drei verschiedene Fettsäuren an der Bildung eines Fettes beteiligt sein. Unter Wasseraufnahme sind die Esterbindungen wieder spaltbar.

Häufig vorkommende Fettsäuren sind z. B. Stearin- und Palmitinsäure. Sie besitzen, wie andere in Organismen vorkommende Fettsäuren auch, eine gerade Anzahl von Kohlenstoffatomen. Stearin- und Palmitinsäure gehören zu den *gesättigten Fettsäuren*, da sie keine C-C-Doppelbindungen besitzen. *Ungesättigte Fettsäuren*, z. B. Ölsäure und Linolsäure, zeichnen sich durch das Vorhandensein einer oder mehrerer C-C-Doppelbindungen aus. Mehrfach ungesättigte Fettsäuren sind für den Menschen meist *essenziell*, sie müssen mit der Nahrung aufgenommen werden. Gesättigte und ungesättigte Fettsäuren unterscheiden sich in ihrem Schmelzpunkt. Fette mit einem hohen Anteil an mehrfach ungesättigten Fettsäuren sind flüssig, wie z. B. Sonnenblumenöl. Fette, die fast nur gesättigte Fettsäuren enthalten, sind dagegen fest, wie z. B. Butter.

Fette sind unpolare Moleküle. Lediglich im Bereich der Esterbindungen sind sie sehr schwach hydrophil, während sich die langen Kohlenwasserstoffketten hydrophob verhalten. Die in den Zellmembranen enthaltenen *Phospholipide* weisen ein polares und ein unpolares Ende auf. Eine der drei Fettsäuren ist in diesen fettähnlichen Lipiden (z. B. *Lecithin)* durch eine polare Phosphatgruppe mit daran gebundenem Rest ersetzt. Die hydrophilen Eigenschaften werden dadurch verstärkt. Solche Moleküle richten sich gegenüber Wassermolekülen aus. Ihr polarer Teil orientiert sich zum Wasser hin, sodass sich die unpolaren, langen Kohlenwasserstoffketten nebeneinander anordnen. Deshalb kann sich auf einer Wasseroberfläche ein dünner Phospholipidfilm ausbilden. Durch Schütteln entstehen in Wasser fein verteilte Phospholipidtröpfchen (*Micellen*). Es bildet sich eine *Emulsion*.

Lipide

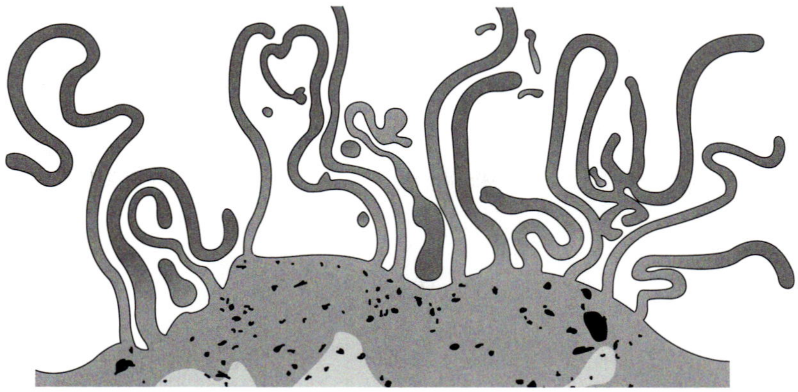

1 Myelinfiguren

Eigenschaften von Lipiden

Diese Versuche zeigen im Haushalt beobachtbare Eigenschaften von Fetten.

Material:
3 Reagenzgläser, Wasser, Speiseöl, Eigelb, Spülmittellösung

Durchführung:
Geben Sie in 3 Reagenzgläser jeweils einige Tropfen Speiseöl.

Füllen Sie die 3 Reagenzgläser zur Hälfte mit Wasser.

a) Füllen Sie das Reagenzglas Nr. 1 zur Hälfte mit Wasser auf.
b) Füllen Sie das Reagenzglas Nr. 2 zur Hälfte mit einem Gemisch aus Wasser und etwas Eigelb auf.
c) Füllen Sie das Reagenzglas Nr. 3 zur Hälfte mit der Spülmittellösung auf.

Schütteln Sie die Proben kräftig und lassen Sie sie anschließend eine Minute stehen. Notieren Sie die Beobachtungen und versuchen Sie anschließend die Beobachtungen zu erklären.

Material:
Glasplatte, Butter

Durchführung:
Bestreichen Sie die Glasplatte mit Butter und legen diese an einen warmen Ort. Prüfen Sie am nächsten Tag den Geruch der Butter. Halten Sie Ihre Beobachtungen fest und erstellen Sie die entsprechende Folgerung.

Hinweis zur Lösung:
Bei dem Experiment tritt ein typischer Geruch auf. Er stammt von der frei gewordenen Buttersäure.

Lipidversuch

Material:
2 Reagenzgläser, Bunsenbrenner, Reagenzglasklammer, Schutzbrille, Wasser, KOH-Plätzchen [C], etwa 5 g Butter

Durchführung:
Geben Sie 5 g Butter und zwei KOH-Plätzchen in ein Reagenzglas und erhitzen Sie es etwa 3 Minuten über dem Bunsenbrenner, bis die Butter und die KOH-Plätzchen vollständig geschmolzen sind und das Gemisch eine bräunliche Farbe hat. Nach dem Abkühlen gibt man etwa einen Milliliter des Reaktionsgemisches in ein neues Reagenzglas und füllt dieses mit etwa 5 Milliliter Wasser auf. Anschließend schüttelt man das Gemisch.

Hinweis:
Den oben genannten Versuch nennt man „Verseifung". Seifen sind Natrium- oder Kaliumsalze höherer Fettsäuren (s. Abb. 2). Durch die „Verseifung" entsteht ein hydrophiler und ein lipophiler Rest an der Fettsäure.

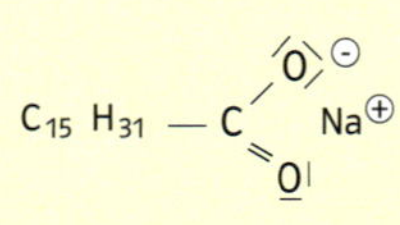

2 Chemische Formel der Kernseife

Aufgaben

① Erklären Sie die veränderten Eigenschaften der „verseiften" Fettsäuren im Vergleich zu Fettsäuren.
② Machen Sie mithilfe von Seite 40 Vorhersagen, wie sich die „verseiften" Fettsäuren anordnen.

Grenzflächeneffekte bei Lipiden

Untersucht man fettähnliche Substanzen wie das Phospholipid Lecithin unter dem Mikroskop, kann man mit Wasser (falls keine verseifenden Reagenzien vorliegen) sogenannte *Myelinfiguren* beobachten. Myelinfiguren sind fettähnliche Lamellensysteme, die sich selbst organisieren und eine sehr regelhafte Ausrichtung der Moleküle aufweisen (Abb. 1). Dies bedingt den doppelbrechenden Charakter und die Darstellungsmöglichkeit im polarisierten Licht.

Material:
Mikroskop, Deckgläser, Objektträger, Reagenzgläser, Tropfpipette, Präpariernadel, evtl. Polarisationsfilter, Lecithinkapsel, Ätznatron [C]

Hinweis:
Vorsicht: Ätznatron nicht in die Augen bringen und auf den Arbeitsabstand des Mikroskopierobjektivs achten!

Durchführung:
Ein Tropfen eines lecithinhaltigen Präparates wird auf einen Objektträger gegeben. Entnimmt man das Lecithin aus Kapseln, kann man diese anstechen und den Inhalt so tropfenweise aufbringen. Mittels eines Plätzchens Ätznatron und 10 ml destilliertem Wasser wird eine Natronlauge hergestellt. Ein Tropfen der Natronlauge wird neben den Tropfen Lecithin aufgebracht. Sofort danach ist bereits mit bloßem Auge eine starke Reaktion an der Grenzschicht zu beobachten. Die mikroskopische Untersuchung erfolgt mit geringer Vergrößerung ohne Deckglas und wenn möglich mit einem Polarisationsfilter.

Aufgabe

③ Interpretieren Sie die Ergebnisse mithilfe der Seite 40.

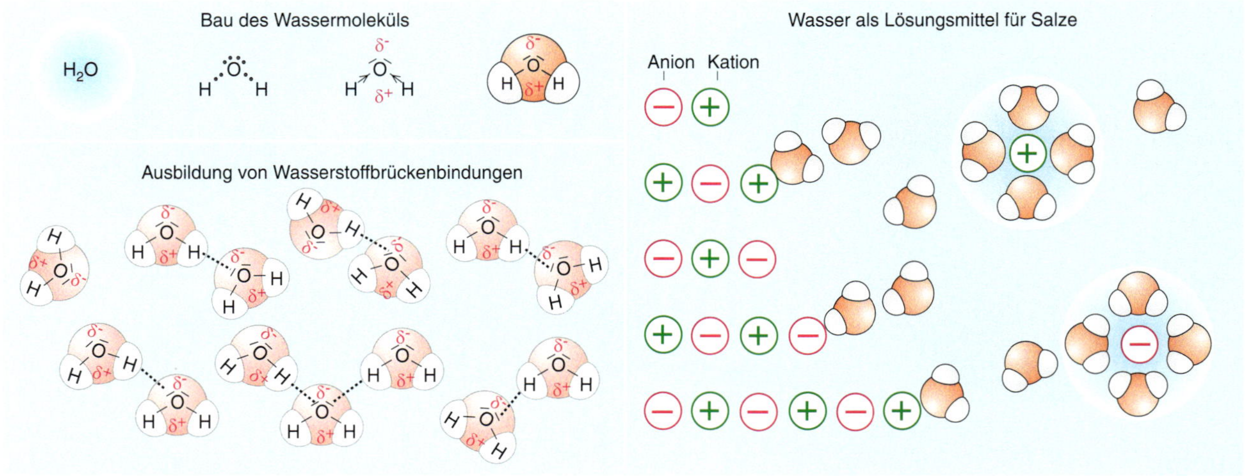

1 Wassermoleküle und ihre Eigenschaften

Chemische Eigenschaften der Zellinhaltsstoffe

Bei der chemischen Untersuchung von Zellen findet man als Bestandteile Wasser, organische Verbindungen und Salze. Zu den organischen Stoffen gehören Proteine (Eiweiße), Kohlenhydrate, Lipide (Fette und fettähnliche Substanzen) sowie die Nucleinsäuren (Kernsäuren).

Wasser

Wassergehalt in % der lebenden Organismen

Mensch	60
Schaf	57
Frosch	77
Käfer	65
Ohrenqualle	98
Gras	67
Holz	50
Gurke	95
Apfel	83

Der größte Teil der lebenden Zellen besteht aus Wasser. Wasser ist ein wichtiges Transportmedium und Lösungsmittel für Salze und andere wasserlösliche Moleküle, die im Stoffwechsel anfallen. Wassermoleküle haben besondere chemische und physikalische Eigenschaften, deren Kenntnis Voraussetzung für ein Verständnis vieler Stoffwechselvorgänge ist.

Die Eigenschaften des Wassers beruhen auf dem Aufbau und der Ladungsverteilung des Wassermoleküls (H_2O). Die bindenden Elektronenpaare bilden zwischen dem Sauerstoffatom und den beiden Wasserstoffatomen einen Winkel von 105°, das Wassermolekül hat eine gewinkelte Struktur (Abb. 1). Die Ladungen sind im Wassermolekül ungleichmäßig verteilt. Der Sauerstoff zieht aufgrund seiner höheren Elektronegativität die bindenden Elektronenpaare stärker zu sich hin, als es die beiden Wasserstoffatome vermögen.

Hierdurch ergibt sich eine ungleiche Ladungsverteilung und damit ein polares Molekül: Der Sauerstoff ist leicht negativ geladen, der Wasserstoff leicht positiv. Der Sauerstoff trägt eine negative Teilladung (δ^-), der Wasserstoff eine positive ($\delta+$). Das Wassermolekül hat zwei Pole, es ist ein *Dipol.* Verstärkt wird die negative Teilladung des Sauerstoffes durch seine beiden freien Elektronenpaare.

Zwischen den Wassermolekülen gibt es elektrostatische Wechselwirkungen. Der Sauerstoff des einen Wassermoleküls übt eine anziehende Wirkung auf den Wasserstoff eines benachbarten Wassermoleküls aus. Diese im Vergleich zur Elektronenpaarbindung schwächere Bindung nennt man *Wasserstoffbrückenbindung.* Dadurch entstehen größere H_2O-Molekülverbände, sogenannte *Cluster* (Abb. 1). Das Aufbrechen dieser Bindungen erfordert den Einsatz einer beträchtlichen Energiemenge, weshalb Wasser erst bei 100 °C siedet, Methan (CH_4) (kein Dipol) dagegen schon bei −161 °C. Wasserstoffbrückenbindungen findet man auch bei anderen polaren Verbindungen, wie Alkoholen oder Säuren.

Die Dipoleigenschaft macht das Wasser zu einem sehr guten *Lösungsmittel* für polare Verbindungen und Salze. Salze bestehen aus positiv und negativ geladenen Ionen. Die Wassermoleküle gehen aufgrund elektrostatischer Kräfte Wechselbeziehungen mit den geladenen Ionen ein, sodass sie von den Wassermolekülen gelöst und von einer Hydrathülle umgeben werden (Abb. 1). Dabei werden die Anziehungskräfte zwischen den Ionen *(Ionenbindung)* überwunden.

Organische Verbindungen

Organische Verbindungen enthalten hauptsächlich Kohlenstoff und Wasserstoff *(Kohlenwasserstoffverbindungen)*. Sie können jedoch auch Sauerstoff, Stickstoff, Schwefel oder Phosphor enthalten. Jedes Kohlenstoffatom geht dabei vier Bindungen ein. Weist es nur Einfachbindungen zu Kohlenstoff auf, so spricht man von *gesättigten Kohlenstoffverbindungen.* Kohlenstoffatome können jedoch auch Doppel- oder Dreifachbindungen untereinander eingehen. Diese Verbindungen nennt man *ungesättigt.* Solche ungesättigten Verbindungen sind sehr reaktionsfreudig.

Im Gegensatz zum Wasser sind Kohlenwasserstoffe unpolar, da die Ladungsverteilung im Molekül ausgeglichen ist. Sie lösen sich daher gut in unpolaren Substanzen. Mit dem polaren Wasser können jedoch keine Wechselwirkungen entstehen, Kohlenwasserstoffverbindungen sind in Wasser nicht löslich. Stoffe, die sich in unpolaren Stoffen wie Fetten lösen, nennt man *lipophil*, jene Stoffe, die wasserlöslich sind, *hydrophil.*

Auch in organischen Molekülen gibt es hydrophile Gruppen. Diese enthalten neben der Kohlenwasserstoffkette zusätzlich Sauerstoff- oder Stickstoffatome. Sie sind in charakteristischen Atomgruppen zu finden, welche die Eigenschaft oder die Funktion des Moleküls beeinflussen. Man nennt sie deshalb *funktionelle Gruppen.*

Alkohole (Alkanole)
Die funktionelle Gruppe der Alkohole ist die *Hydroxylgruppe* (Abb. 2). Beispiele sind Ethanol oder Glycerin. Durch das Sauerstoffatom sind diese Gruppen polarisiert, also hydrophil, der Rest jedoch bleibt unpolar *(lipophil)*. Je länger die unpolare Kette ist, desto mehr tritt der lipophile Charakter beim Gesamtmolekül in Erscheinung.

Carbonylverbindungen
Zu ihnen zählen die Aldehyde *(Alkanale)* und *Ketone* (Abb. 2). Die Carbonylgruppe ist polar und reaktiv.

Carbonsäuren
Die funktionelle Gruppe der Carbonsäuren ist die Carboxylgruppe. Zu diesen relativ schwachen Säuren gehören z. B. Essigsäure, Buttersäure und Citronensäure. Carbonsäuren mit langen Kohlenwasserstoffketten (z. B. Palmitinsäure) sind als Fettsäuren Bestandteile der Fette. Die Carboxylgruppe ist polar, daher sind kurzkettige Carbonsäuren hydrophil. Mit zunehmender Länge der Kohlenwasserstoffkette sind sie jedoch immer lipophiler.

Amine

Auch die Aminogruppe (-NH_2) ist polar. Im Gegensatz zu den Carbonsäuren kann sie als Base reagieren. Sie ist Bestandteil aller Aminosäuren.

Aminosäuren

Verbindungen mit einer Amino- und einer Carboxylgruppe (am ersten C-Atom) heißen *Aminosäuren*. Sie sind die Bausteine der Proteine.

hydro
gr. = das Wasser

philo
gr. = liebend

phobos
gr. = die Furcht

lipos
gr. = das Fett

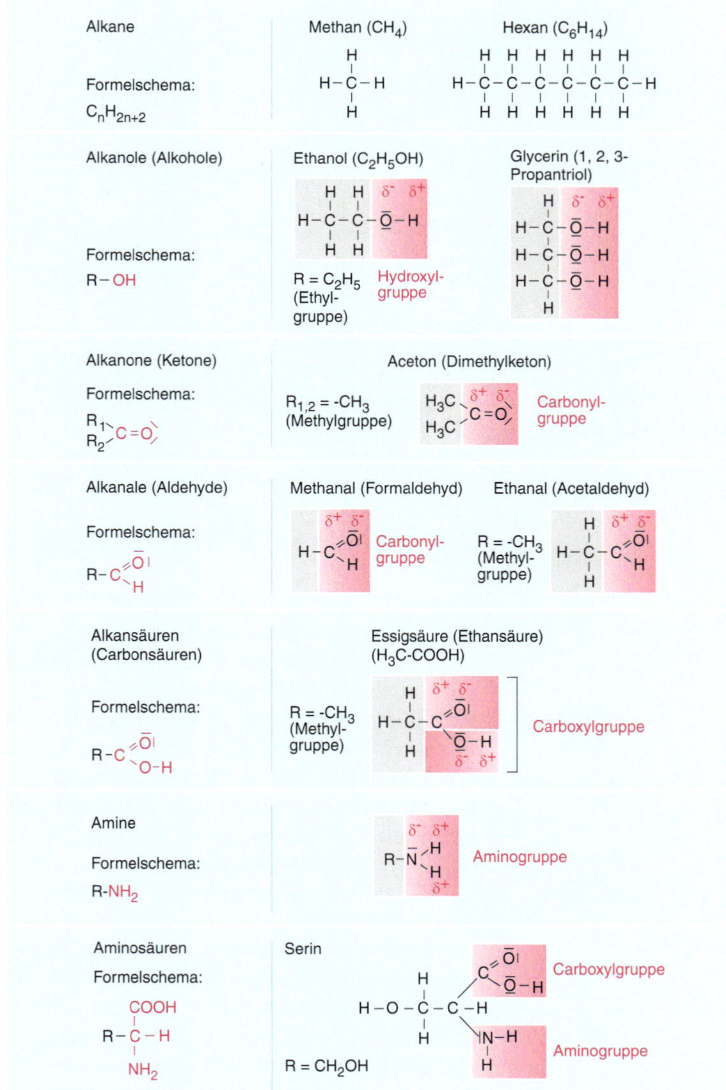

2 Organische Verbindungen

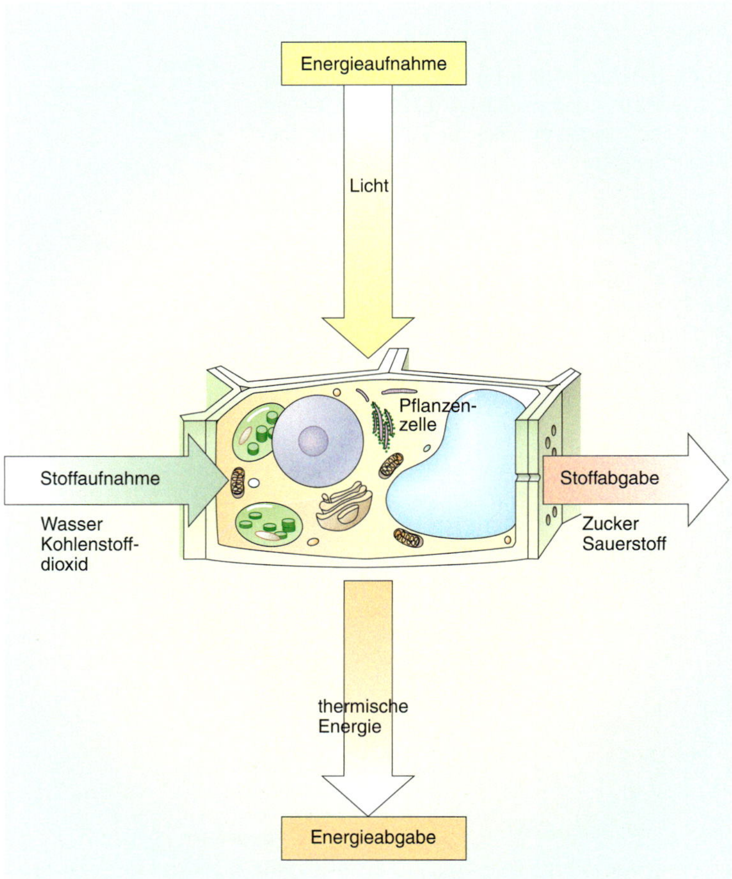

1 Dynamisches Gleichgewicht

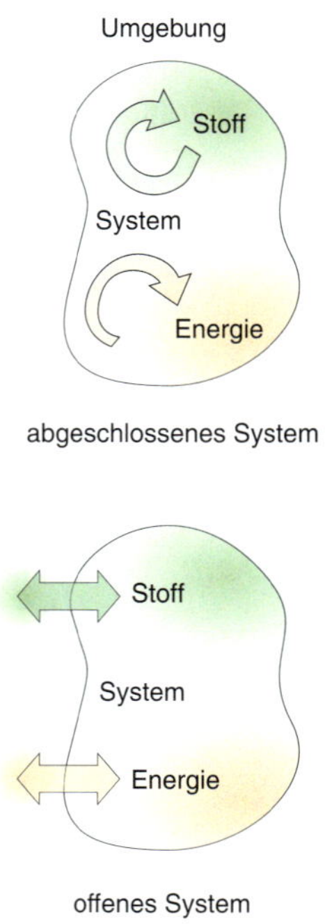

Die Zelle – ein offenes System

Lebende Zellen nehmen ständig Stoffe und Energie auf und geben zugleich auch Stoffe und Energie wieder ab. Dies soll an zwei Beispielen verdeutlicht werden. Die Zellen des Palisadenparenchyms in den Blättern von Pflanzen bilden mithilfe der Fotosynthese energiehaltige Zucker, die zum Teil über Leitungsbahnen zu nichtgrünen Pflanzenteilen gelangen. Die fotosynthetisch aktiven Zellen nehmen die energiearmen Stoffe Kohlenstoffdioxid und Wasser auf und benötigen die Energie des Lichts für den Stoffwechselprozess. Körperzellen von Wirbeltieren nehmen energiehaltige Glucose und Sauerstoff aus dem Blut auf. Energiearme Abbauprodukte, Kohlenstoffdioxid und Wasser, verlassen die Zellen. Außerdem geben die Zellen thermische Energie ab, denn wie viele Stoffwechselprozesse, verläuft auch die Zellatmung unter Freisetzung von thermischer Energie. Diese Auswahl an Beispielen zeigt deutlich: Eine lebende Zelle ist kein abgeschlossenes System. Sie ist weder stofflich noch energetisch von ihrer Umgebung isoliert, sondern es besteht ein ständiger Stoff- und Energiefluss zwischen einer Zelle und ihrer Umgebung. Die Zelle ist ein *offenes System*. Allerdings ist der Stoffaustausch selektiv, d. h. die Zelle nimmt nicht alle verfügbaren Stoffe auf, sondern nur diejenigen, die für ihren Stoffwechsel von Bedeutung sind. Diese Selektion ermöglicht die *Zellmembran*. Sie ist eine lebenswichtige Barriere, die den Stoffaustausch kontrolliert (▶ Kompartimentierung S. 352).

Auch wenn an dieser Barriere ein reger Stoff- und Energiefluss stattfindet, ändert sich in einer ausdifferenzierten Zelle über längere Zeit wenig. Weder wächst sie, noch wird sie kleiner und auch die Zahl ihrer Zellorganellen oder ihrer Energievorräte nimmt nicht wesentlich zu oder ab. Je Zeiteinheit verlassen die Zelle etwa gleiche Stoffmengen wie aufgenommen werden. Der Zufluss an chemischer Energie in Form energiereicher organischer Verbindungen oder Licht entspricht der Abgabe an Energie in Form von Wärme und chemischer Energie. Die Zelle befindet sich in einem *Fließgleichgewicht*. Ihre komplexen und hochgeordneten Strukturen erscheinen im Wesentlichen unverändert. Dies ist nur scheinbar so. Tatsächlich zerfallen Makromoleküle immer wieder spontan. So wird ein Teil der zufließenden Energie immer wieder dazu benötigt, diese Moleküle neu zu bilden. Die Zelle befindet sich im ständigen Umbau. Erst mit dem Absterben wird das Fließgleichgewicht gestört, die Strukturen verändern sich; sie zerfallen und werden auch durch zelleigene Enzyme zersetzt.

Aufgaben

① Nennen Sie Beispiele, bei denen der Energiezufluss und Energieabfluss bei Zellen stoffgebunden und nichtstofflich erfolgt.

② Leben ist nur bei ständiger Energiezufuhr möglich. Erläutern Sie.

③ Beschreiben Sie das Fließgleichgewicht am Beispiel arbeitender Muskelzellen. Zeichnen Sie dazu ein Schema ähnlich wie in Abb. 1.

Stofftransport

Membranen haben in lebenden Systemen zwei scheinbar widersprüchliche Aufgaben: einerseits grenzen sie die Zelle gegen die Umgebung ab und schaffen innerhalb der Zelle getrennte Reaktionsräume. Dadurch können alle wichtigen Lebensvorgänge räumlich und zeitlich geordnet ablaufen. Anderseits dürfen Zellen und Organellen nicht völlig von ihrer Umgebung abgetrennt werden, da sie ständig bestimmte Stoffe selektiv mit ihr austauschen müssen.

Teilchenbewegung

Material:
Objektträger, Deckgläser, Milch oder Tusche, destilliertes Wasser, Tropfpipette, Mikroskop

Durchführung:
Geben Sie auf einen Objektträger einen Tropfen mit Wasser verdünnter Milch oder schwarzer Tusche (50 Teile Wasser und 1 Teil Milch oder Tusche), legen Sie ein Deckglas auf und beobachten Sie mit mindestens 400facher Vergrößerung.

Aufgabe

① Erläutern Sie Ihre Beobachtungen. Gehen Sie insbesondere auf den Zusammenhang zwischen Temperatur und Teilchenbewegung ein.

Osmose

Material:
Rohrzucker, Kochsalz, Stärke, Kartoffel, Messer, Spatel

Durchführung:
— Schneiden Sie von der Kartoffel drei ca. 1 cm dicke Scheiben ab und kratzen Sie in der Mitte der Scheibe jeweils eine Vertiefung aus. In diese Vertiefung wird jeweils etwas Kochsalz, Rohrzucker oder Stärke gegeben.

Aufgaben

② Notieren Sie nach etwa 10 Minuten Ihre Beobachtung. Erläutern Sie diese. Begründen Sie, warum eine Kartoffel Stärke und nicht Zucker speichert.

③ Die Abbildung zeigt einen Versuch mit einem Filmdosen-Osmometer zu Beginn, nach 30 und nach 60 min Versuchsdauer. Erläutern Sie den Versuch. Gehen Sie dabei insbesondere auf die Versuchsbedingungen ein.

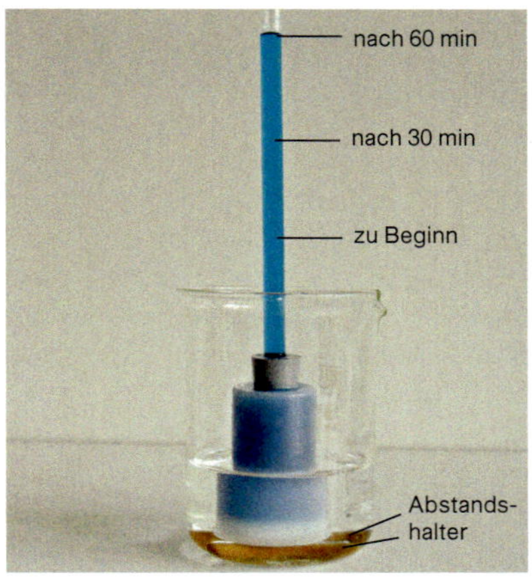

Plasmolyse und Deplasmolyse

Material:
Rote Küchenzwiebel (auch geeignet sind: Spirogyra, Fruchtfleisch von Ligusterbeeren), Objektträger, Deckgläser, Tropfpipetten, destilliertes Wasser, konzentrierte Kaliumnitratlösung (oder Rohrzuckerlösung), Fließpapier, evtl. Pinzette und Skalpell, Mikroskop

Durchführung:
Stellen Sie ein Zwiebelschuppenpräparat von der rot gefärbten, äußeren Zwiebelschuppenepidermis her. Bei mittlerer Vergrößerung werden gut überschaubare Zellen in die Bildmitte gebracht. Ein Tropfen konzentrierte Salzlösung wird an die eine Deckglaskante gegeben und auf der anderen Seite mit Fließpapier das Wasser abgesaugt, sodass dieses durch die Salzlösung ersetzt wird. Dieser Vorgang wird optisch kontrolliert. Werden keine Veränderungen sichtbar, ist das Durchsaugen von Salzlösung zu wiederholen. Anschließend wird eine Zelle mit gut sichtbaren Veränderungen in die Gesichtsfeldmitte gebracht und im Detail genau beobachtet.

Aufgabe

④ Vergleichen Sie diese mit weiteren Zellen. Zeichnen Sie anschließend eine Zelle im Ausgangszustand und in verschiedenen Phasen der Veränderung. Nach Anfertigung der Skizzen wird die Salzlösung durch destilliertes Wasser ersetzt. Notieren Sie Ihre Beobachtung. Erläutern Sie die Vorgänge der Plasmolyse und Deplasmolyse.

Bestandteile der Zellmembran

Zellen von Rotkohlblättern enthalten in ihrer Vakuole einen Farbstoff. Werden die Zellmembranen beschädigt, läuft der gefärbte Zellsaft aus.

Material:
Frische Rotkohlblätter, Wasser, Spülmittel, Ethansäure (Essigsäure) (w = 10 %), Speiseöl, Eiklar, 9 Reagenzgläser mit Reagenzglashalter oder 9 kleine Bechergläser, Schneidebrett, Glasschale, Messer

Durchführung:
Rotkohlblätter werden in etwa 5 mm breite Streifen geschnitten. Diese Streifen werden ca. 3 min in Wasser gelegt, bis kein Farbstoff mehr austritt. Gegebenenfalls muss das Wasser gewechselt werden. In die Reagenzgläser bzw. die Bechergläser gibt man

1. Rotkohlstreifen und Wasser
2. Öl und Wasser
3. Öl und Spülmittellösung
4. Rotkohlstreifen und Spülmittellösung
5. Eiklar und Ethansäurelösung
6. Eiklar und Spülmittellösung
7. Öl und Ethansäurelösung
8. Rotkohlstreifen und Ethansäurelösung
9. Eiklar und Wasser

Aufgaben

⑤ Beschreiben Sie die Beobachtungen, die Sie nach ca. 10 min. in den verschiedenen Gefäßen machen können.

⑥ Entwickeln Sie eine begründete Hypothese für die unterschiedliche Farbe des austretenden Farbstoffs in den verschiedenen Versuchsansätzen.

⑦ Inwiefern handelt es sich bei diesen Versuchen um indirekte Nachweise von Lipiden und Proteinen?

1 Kaliumpermanganat verteilt sich in Wasser

Diffusion und Osmose

Thomas hat heute ein intensiv riechendes Duschgel verwendet. Zuerst riecht es sein Nachbar, dann die Mitschüler in der Reihe davor und schließlich sogar die Mitschülerin in der ersten Reihe. Wie kommt der Duft des Duschgels in die erste Reihe, denn Thomas ist die ganze Stunde über auf seinem Platz sitzen geblieben?

Diffusion

Alle Teilchen (auch die Parfümteilchen aus dem oben genannten Beispiel) sind ständig in Bewegung; man spricht von der *Brown'schen Molekularbewegung*. Diese leichte Zitterbewegung der Moleküle kann sichtbar gemacht werden, wenn man Tusche unter dem Mikroskop betrachtet. Die Wassermoleküle in der Tusche stoßen ständig an die Tuscheteilchen und verursachen so die beobachtbare Zitterbewegung der Tuscheteilchen.

Zu dieser ständigen Bewegung der Moleküle kommt ein zweites Phänomen, nämlich, dass sich Moleküle statistisch gesehen häufiger vom Ort der höheren Konzentration zum Ort der niedrigeren Konzentration bewegen als umgekehrt. Anders ausgedrückt, die Moleküle bewegen sich entlang dem Konzentrationsgefälle, bis es zu einem *Konzentrationsausgleich* gekommen ist.

Im oben genannten Fall mit Thomas bedeutet dies, dass sich die Parfümmoleküle vom Ort der hohen Konzentration (Thomas) auf einer zufälligen Zickzack-Bahn in Richtung der niedrigen Konzentration bewegen (erste Reihe). Diesen Vorgang des selbstständigen (passiven) Ausgleichs eines Konzentrationsgefälles nennt man *Diffusion*. Diffusion kann in Gasen und in Lösungen stattfinden. Das Phänomen der Diffusion kann man sichtbar machen, wenn man Kaliumpermanganat in Wasser auflöst (Abb. 1). Die Geschwindigkeit der Diffusion hängt von der Art des Stoffes, der Temperatur und vom Konzentrationsgefälle ab.

Osmose

Osmose ist ein Sonderfall der Diffusion, bei der die Diffusion durch eine selektiv durchlässige Membran, eine sogenannte *semipermeable Membran* abläuft. Diese semipermeable Membran verhält sich wie ein Sieb: Kleine Moleküle, wie z. B. Wassermoleküle, können passieren, größere Moleküle, wie Zuckermoleküle, können nicht passieren.

Hinsichtlich der Osmose kann man ein interessantes Phänomen beobachten. Gibt man in ein U-Rohr, dessen zwei Hälften durch eine semipermeable Membran getrennt sind, auf die eine Seite eine Zuckerlösung und auf die andere Seite reines Wasser, steigt der Flüssigkeitsspiegel auf der Zuckerlösungsseite an, während der auf der Wasserseite entsprechend sinkt (Abb. 2). Dieses Phänomen erklärt sich, wenn man bedenkt, dass auf der Wasserseite des U-Rohres eine höhere Wasserkonzentration, in der anderen Hälfte eine höhere Zuckermolekülkonzentration herrscht. Bei der Osmose können sich nun aufgrund der semipermeablen Membran nur die kleineren Wasserteilchen auf die andere Seite bewegen. Den größeren Zuckerteilchen versperrt die semipermeable Membran den Weg. Entsprechend der verschiedenen Wahrscheinlichkeit des Auftreffens auf eine Membranpore gelangen mehr Wasserteilchen auf die Seite der semipermeablen Membran mit der Lösung. Dies führt so lange zum Ansteigen des Flüssigkeitsspiegels, bis der Druck der Flüssigkeitssäule bewirkt, dass gleich viele Wassermoleküle ein- wie ausströmen. Der hydrostatische Druck der Flüssigkeitssäule entspricht dem *osmotischen Druck* der Zuckerlösung.

Plasmolyse – Deplasmolyse

Die Vorgänge der Osmose findet man auch in Lebewesen. Die Zellmembran stellt hierbei die semipermeable Membran dar. Jeder kennt das Phänomen bei frisch zubereitetem Salat. Nach kurzer Zeit sehen die Blätter

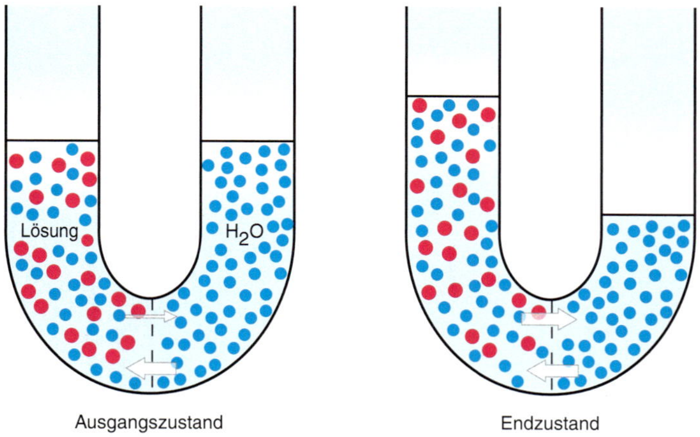

2 Osmose: Ausgangszustand und Endzustand

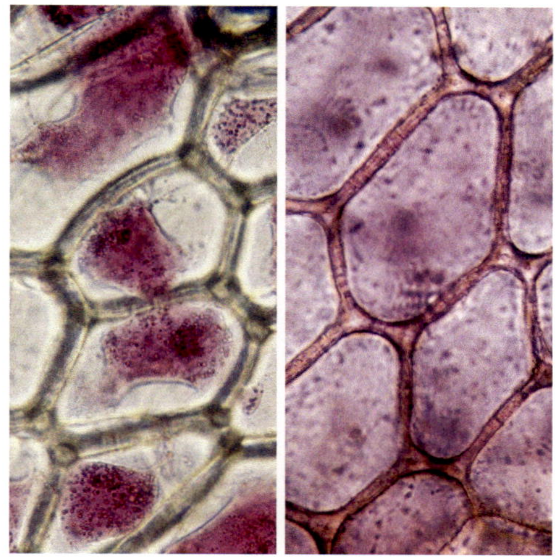

3 Plasmolyse, Deplasmolyse bei Rotkohlzellen

welk und zusammengefallen aus, während die nicht verwendeten Blätter sich nicht verändert haben. Ursache sind Zucker und Salz in der Salatsoße. Außerhalb der Zellen der Salatblätter ist die Zuckerkonzentration höher als in den Blattzellen. Die Lösung ist *hypertonisch* gegenüber dem Zellsaft. Da die Salz- und Zuckerteilchen zwar die Zellwand, aber nicht die semipermeable Zellmembran passieren können, findet ein Wasserausstrom aus den Zellen statt. Untersucht man unter dem Mikroskop Zellen des Rotkohls, bei dem die Vakuolen intensiv rot gefärbt sind, kann man den Vorgang des Wasserverlustes beobachten (Abb. 3).

Umgibt die Zellen eine konzentrierte Zucker- oder Salzlösung, schrumpft die Vakuole und die Zellmembran löst sich leicht von der Zellwand. Die Vakuole wird immer kleiner, die Zellmembran löst sich schließlich vollständig von der Zellwand. Diesen Vorgang nennt man *Plasmolyse*. Der Wasserverlust führt beim Rotkohl zur Intensivierung der Rotfärbung des Zellsaftes. Ersetzt man die Zuckerlösung ausschließlich durch destilliertes Wasser, läuft der Vorgang bei intakten Zellen wieder in die andere Richtung. Das Außenmedium ist jetzt *hypotonisch*. Wasser diffundiert in die Zelle, der Protoplast vergrößert sich und legt sich wieder an die Zellwand an *(Deplasmolyse)*. Auch die Vakuole schwillt an. Lösungen mit gleicher osmotisch wirksamer Konzentration nennt man *isotonisch*.

Aufgabe

① Erläutern Sie, ob es in dem U-Rohr (Abb. 2) zu einem Konzentrationsausgleich zwischen den Lösungen in den Schenkeln kommen kann.

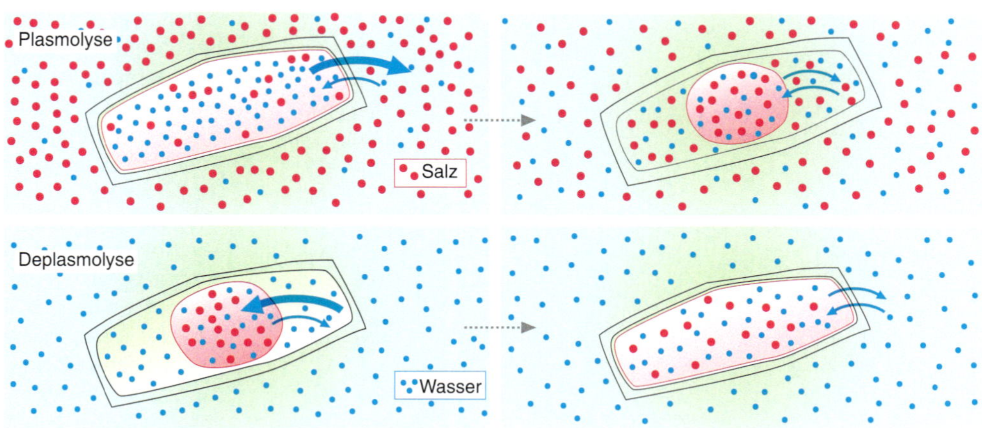

4 Plasmolyse und Deplasmolyse (Schema)

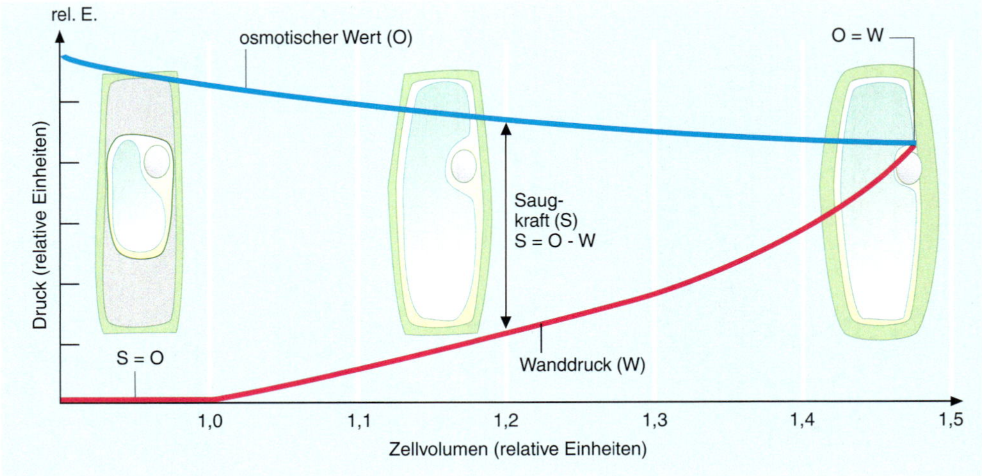

1 Osmotisches Zustandsdiagramm der Pflanzenzelle

Die osmotische Zustandsgleichung

Eine Zelle ist darauf angewiesen, sich ständig mit Wasser zu versorgen und ihren Wassergehalt trotz aller Verluste einigermaßen konstant zu halten. Wasseraufnahmevermögen und Druckverhältnisse in der Zelle stehen bei dem osmotischen Aufnahmevorgang in engem Zusammenhang und lassen sich an Pflanzenzellen besonders gut verdeutlichen (▶ Steuerung und Regelung S. 354).

Als Modell für diese osmotischen Vorgänge dient das *Osmometer* (Abb. 2). Durch den Konzentrationsunterschied bezüglich der gelösten Zuckerteilchen auf beiden Seiten der semipermeablen Membran entsteht ein osmotischer Druck. In einem offenen System wie dem Osmometer strömt Wasser in den Tonzylinder. Durch die Höhe der Wassersäule entsteht ein Gegendruck, der *hydrostatische Druck*.

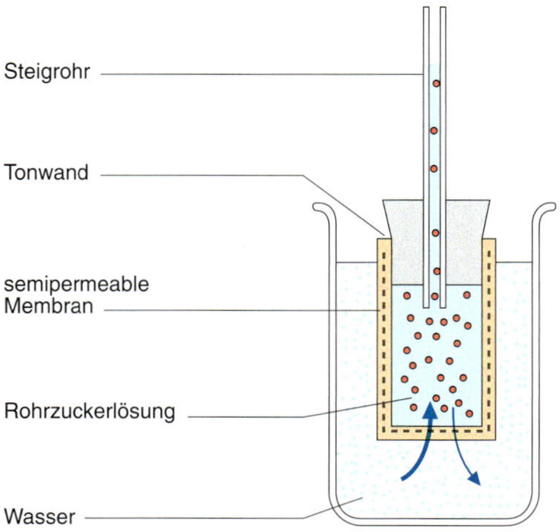

2 Osmometer

Die Wasseraufnahme und damit das Steigen der Wassersäule kommen zum Stillstand, wenn der hydrostatische Druck gleich dem Druck des Wassereinstroms ist. Dieser hydrostatische Druck entspricht dann dem osmotischen Wert der Lösung.

In einer lebenden Zelle wird durch das einströmende Wasser die Zellmembran gegen die Zellwand gepresst. Den entstehenden Innendruck bezeichnet man als *Turgor*. Er nimmt so lange zu, bis der Gegendruck der gedehnten Zellwand ebenso groß ist (Abb. 1); die Pflanze ist *turgeszent*. Weiteres Wasser kann sie nicht aufnehmen, ihre Saugkraft ist null.

Stellt man sich demgegenüber eine vollkommen entspannte Zelle vor, deren Wanddruck vernachlässigbar ist, dann wird die Saugkraft ausschließlich durch den osmotischen Druck bestimmt. Eine zunehmende Wasseraufnahme führt zu einer Volumenzunahme der Zelle und lässt dadurch einerseits den *Wanddruck* (W) steigen und andererseits aufgrund einer leichten Verdünnung des Cytoplasmas den *osmotischen Wert* (O) etwas abfallen. Von diesen beiden Größen hängt die *Saugkraft* (S) der Zelle ab. Diese lässt sich durch die osmotische Zustandsgleichung beschreiben: $S = O - W$. In einem Zellverband muss zudem der Einfluss der Nachbarzellen berücksichtigt werden.

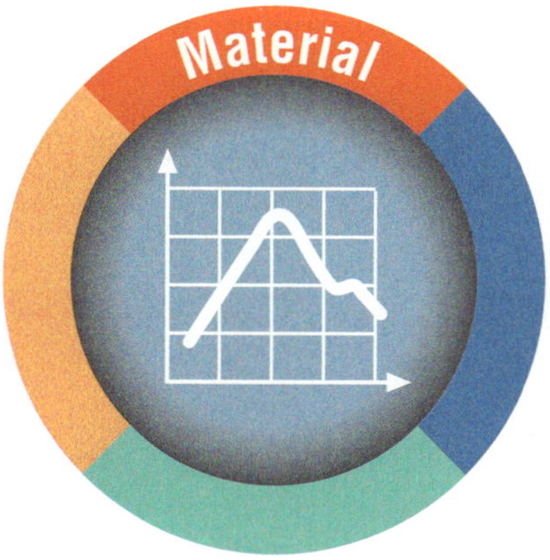

Osmoregulation

Erythrocyten im Blut

Die Salzkonzentration unseres Blutes wird durch die Funktion der Niere auf einem gleichbleibenden Niveau gehalten. Eine Erhöhung oder Senkung der Salzkonzentration würde zu Formveränderungen der roten Blutzellen *(Erythrocyten)* führen. Diese könnten dann nicht ungehindert durch die Kapillaren transportiert werden. Als Folge würden Durchblutungsstörungen und Fehlfunktionen einzelner Organe auftreten.

Bei Blutverlusten ist es daher wichtig, eine sogenannte physiologische Lösung zuzuführen, deren osmotischer Wert dem des Blutes entspricht.

Aufgabe

① Ordnen Sie die Erythrocyten in Abb. 2 (a, b, c) den verschiedenen Salzkonzentrationen zu und begründen Sie Ihre Entscheidung unter Verwendung der Fachbegriffe hypotonisch, hypertonisch und isotonisch.

Salzwiesen

Salzwiesen sind die Grünlandflächen am Meer vor dem Deich, die von Salzwasser überspült werden. Die Pflanzen auf diesen Flächen besitzen Schutzmechanismen, die verhindern, dass sie vertrocknen und absterben.

1 Salzwiese

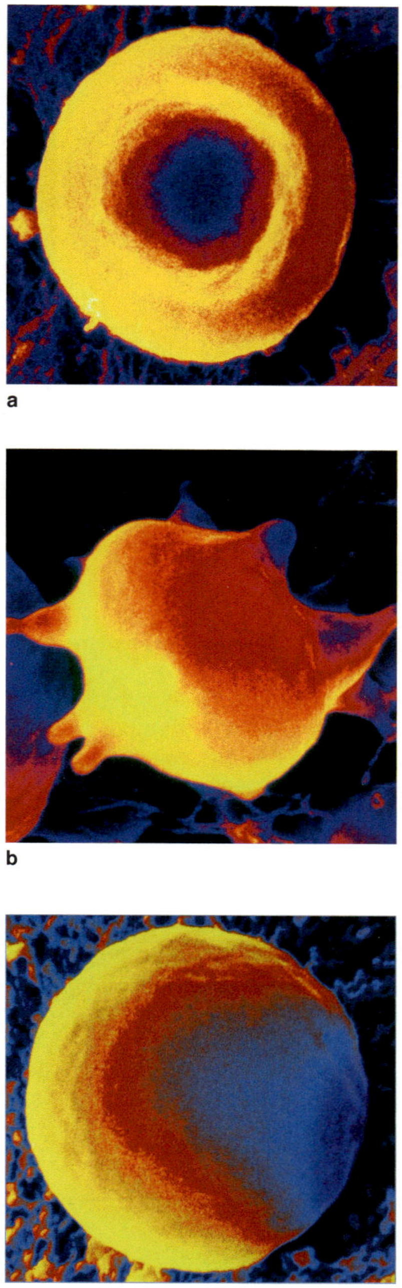

a

b

2c Erythrocyten in unterschiedlichen Lösungen

3 Salzmelde

Auf der Blattoberfläche der *Salzmelde*, einer charakteristischen Salzwiesenpflanze, befinden sich kleine gestielte Blasenhaare, in die Pflanzen aktiv Salz aus ihren Zellen ausscheiden. Die Blasenhaare sterben bei hoher Salzkonzentration ab und werden vom Regen oder Wind abgetragen.

Aufgabe

② Beschreiben Sie die Funktion der Blasenhaare und erläutern Sie, inwiefern es sich hierbei um Osmoregulation handelt.

Pantoffeltierchen (Paramecium)

Ist die *pulsierende Vakuole* der Einzeller ein *osmoregulatorisches Organ*? Um diese Frage zu klären, wurden Pantoffeltierchen bei verschiedenen Salzkonzentrationen gehalten. Die Förderleistung der Vakuole hat man in µl pro Minute gemessen. Bei einer Salzkonzentration von 20 mOsm betrug die Fördermenge 2,2 µl; bei 40 mOsm 1,8 µl; bei 50 mOsm 1,0 µl; bei 100 mOsm 0,8 µl. (Osm = Osmolarität: Je niedriger der Wert, desto geringer die Salzkonzentration). Die abgegebene Flüssigkeit besteht fast nur aus Wasser, das kaum gelöste Ionen enthält.

Aufgaben

③ Beschreiben Sie die Funktion der pulsierenden Vakuole (Abb. 4).
④ Übertragen Sie die Messwerte (s. o.) in ein Koordinatensystem.
⑤ Erläutern Sie das Ergebnis und begründen Sie, warum die pulsierende Vakuole eine osmoregulatorische Funktion hat.

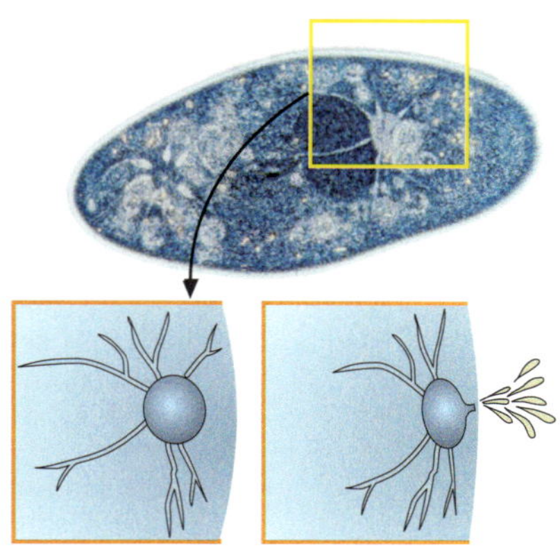

4 pulsierende Vakuole

Online-Link
045306-0050

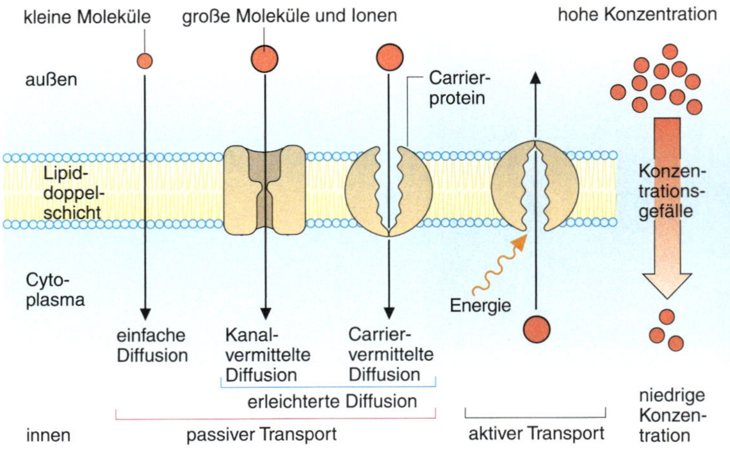

1 Schematische Darstellung der Transportmechanismen

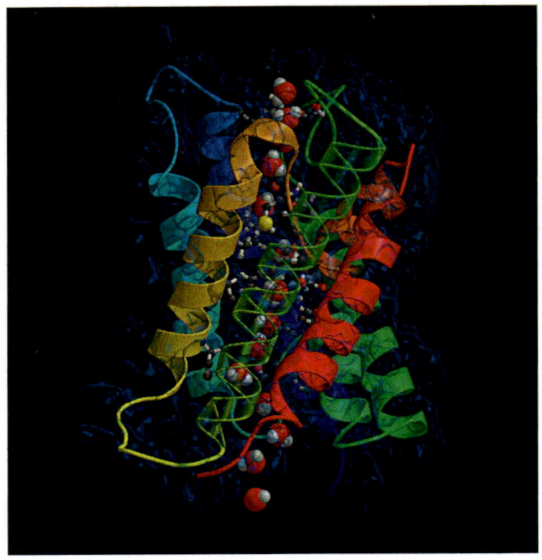

2 Aquaporin

Stofftransport durch Biomembranen

Biomembranen sind immer in sich geschlossen und begrenzen einen Raum (▶ Kompartimentierung S. 352). Stoffe, die zwischen Zellen oder Organellen ausgetauscht werden, müssen daher die Membran überwinden. Biomembranen sind jedoch selektiv permeabel, d.h. nicht alle Stoffe können passieren.

Der Durchtritt durch Biomembranen erfolgt durch passive oder aktive Transportmechanismen. Unpolare Moleküle wie Sauerstoff können sie leicht durchdringen. Auch kleine polare Wassermoleküle gelangen hindurch. Der Austausch von größeren Molekülen oder von Ionen, die von einer Hydrathülle umgeben sind, setzt jedoch integrale Membranproteine voraus, die als Kanäle, Translokatoren *(Carrier)* oder Pumpen fungieren.

Passiver Transport

Kanäle sind integrale Tunnelproteine, sie können ständig geöffnet sein oder sie werden durch elektrische oder chemische Signale geöffnet bzw. geschlossen. Durch elektrische Felder, spezielle Überträgerstoffe und auch Hormone kann das Öffnen von Ionenkanälen ausgelöst werden.

Zettelkasten

Endo- und Exocytose

Größere Bestandteile können nicht durch die Zellmembran aufgenommen werden. Die Zellmembran umfließt die festen oder flüssigen Partikel, sodass schließlich membranumschlossene Vesikel mit den aufgenommenen Substanzen nach innen in das Cytoplasma abgeschnürt werden. Man spricht von *Endocytose*. Man nennt die Aufnahme von Flüssigkeiten *Pinocytose*, die von festen Partikeln *Phagocytose*. Beide spielen z.B. bei der Nahrungsaufnahme durch Amöben eine wichtige Rolle. Bakterien werden von den Fresszellen des Immunsystems, den *Phagocyten*, aufgenommen.

Bei der *Exocytose* werden Flüssigkeitstropfen oder feste Partikel aus dem Cytoplasma nach außen geschleust. Bestimmte Drüsenzellen erfüllen ihre Funktion auf diese Weise. Die Hauptzellen der Magenschleimhaut sondern z.B. auf diese Weise das Enzym Pepsinogen ab.

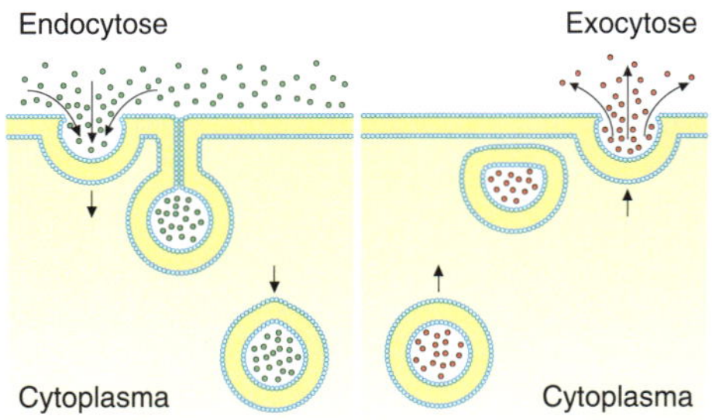

Ein Beispiel für passiven Transport über *Carrier* ist die Glucoseaufnahme aus dem Blutplasma in die Erythrocyten. Im Blutplasma ist die Glucosekonzentration höher als in den Erythrocyten. Glucosemoleküle werden an die Carriermoleküle in der Erythrocytenmembran gebunden und in Richtung des Konzentrationsgradienten ins Zellinnere transportiert. Man spricht hier von einer *erleichterten Diffusion* durch die Biomembran. Der Glucoseeinstrom erfolgt nur solange, bis die Glucosekonzentrationen angeglichen sind. Am Ort des Verbrauchs erfolgt der Transport aufgrund der geringen Umgebungskonzentration in umgekehrter Richtung.

Aquaporine sind integrale Proteinkanäle, die selektiv für Wassermoleküle durchlässig sind (Abb. 2). Sie ermöglichen einen schnellen Wassertransport in Richtung des Konzentrationsgefälles. Beim Menschen regulieren sie den Wasserhaushalt in der Niere, der Augenlinse und im Gehirn. Bei Pflanzen sind sie wichtig bei der hohen Wasseraufnahme während der Keimung und dem Wassertransport im Gewebe außerhalb der Leitungsbahnen.

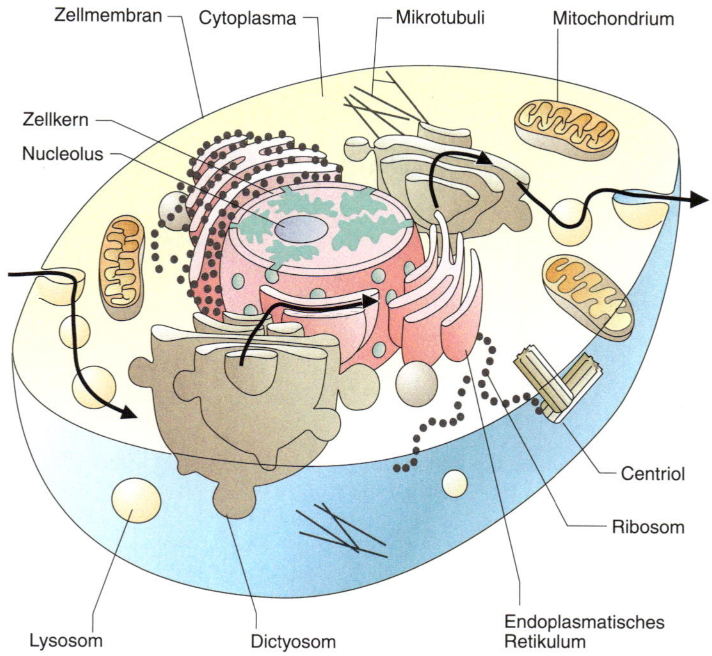

3 Membranfluss

Aktiver Transport

Der Transport in Richtung des Konzentrationsgefälles ist energieunabhängig, während beim Transport gegen das Konzentrationsgefälle Energie aufgewendet werden muss. Beim aktiven Transport gibt es zwei Varianten: primär aktiv und sekundär aktiv. Der *primär aktive Transport* ist direkt verbunden mit energetischen Vorgängen. Die benötigte Energie stammt entweder aus dem energiereichen ATP-Molekül, aus Redoxreaktionen oder aus der Lichtenergie (▶ Stoff- und Energieumwandlung S. 356).

Beim *sekundär aktiven Transport* wird das zu transportierende Molekül zusammen mit einem anderen Molekül in die gleiche Richtung *(Symport)* oder in die entgegengesetzte Richtung transportiert *(Antiport)*. Das zu transportierende Molekül wird gegen das Konzentrationsgefälle transportiert, der zweite Stoff jedoch immer in die Richtung des Konzentrationsgefälles. Hierzu wird das Molekül an eine spezifische Stelle des Carriers gebunden. Durch diese Bindung ändert sich die Konformation des Proteins. Hierdurch gelangt das gebundene Molekül auf die andere Seite der Membran.

Ein Beispiel für einen Symport finden wir bei der Aufnahme von Nährstoffen im Darm: Die Konzentration der bei der Verdauung angefallenen Glucose ist im Darminhalt niedriger als in den Darmzellen. Ein Transport kann über die Carrier nur erfolgen, weil Natriumionen im Darminhalt in sehr viel höherer Konzentration als in den Darmzellen vorkommen. Bei dem „freiwilligen" Konzentrationsausgleich der Natriumionen werden die Glucosemoleküle „huckepack" mittransportiert. Um den Konzentrationsgradienten für die Natriumionen aufrechtzuerhalten, sind jedoch ATP-abhängige Natriumpumpen in den Darmzellen notwendig. Von *Antiport* spricht man z. B. bei der Natrium-Kaliumpumpe in Nervenzellen (s. Seite 201), die unter ständigem Verbrauch von ATP Na^{+}- und K^{+}-Ionen gekoppelt in entgegengesetzter Richtung transportiert. Durch diesen Mechanismus wird eine ungleiche Verteilung von Ionen aufrechterhalten, die zur Funktion der Nervenzelle notwendig ist.

Größere Partikel werden in membranumschlossene Bläschen *(Vesikel)* durch Endocytose aufgenommen, durch Exocytose abgegeben oder durch Zellen hindurch transportiert. Vesikel können mit Dictyosomen und Endoplasmatischem Retikulum verschmelzen oder von ihnen abgeschnürt werden *(Membranfluss*, Abb. 3). Die Struktur wird jeweils der neuen Umgebung angepasst (▶ Struktur und Funktion S. 348).

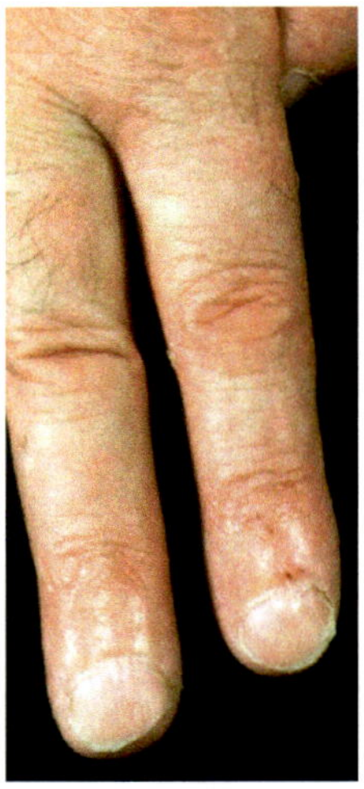

Längsstreifung an allen Nägeln (Mees-Streifen)

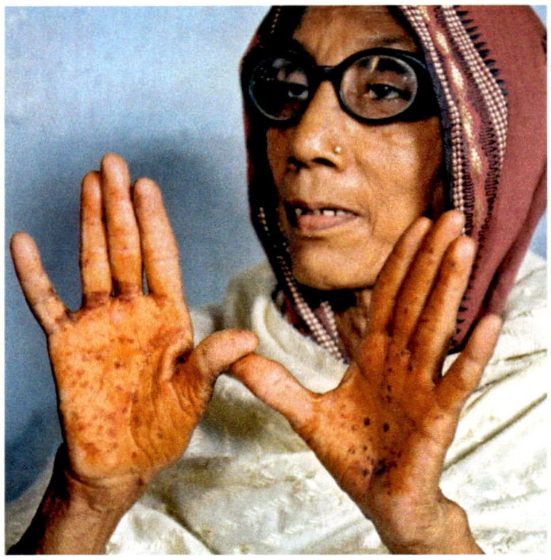

1 Anzeichen einer Arsenvergiftung

2 Gifteinsatz im Ersten Weltkrieg

Aktiver Transport, passiver Transport – der Fall Arsen

Arsenvorkommen

Arsen ist ein chemisches Element und wird zu den Halbmetallen gezählt. Arsen wird in großen Mengen im Rahmen der Förderung von anderen Metallerzen, wie Zink, Kupfer, Blei, Cobalt und Gold, gewonnen. Weltweit fallen so etwa 50 000 Tonnen Arsen in Form des giftigen Arsenoxids an. In elementarer Form ist Arsen bei uns in größeren Mengen im Harz und im Erzgebirge zu finden.

Arsenverwendung

Hochreines Arsen wird in der Computerchipherstellung verwandt. Weiterhin werden Arsenverbindungen u. a. in der Bleiverarbeitung und als Schädlingsbekämpfungsmittel eingesetzt.

Arsen war von der Antike bis ins 19. Jahrhundert als Grundstoff vieler Wundermittel zur allgemeinen Stärkung bekannt. Für viele Tiere stellt Arsen ein essenzielles Spurenelement dar, für den Menschen sind Mangelerscheinungen bis jetzt nie nachgewiesen worden.

Das Halbmetall Arsen selbst ist ungiftig, geht aber leicht in das hoch giftige Arsenoxid über. Besonders giftig ist der *Arsenwasserstoff*, eine gasförmige Verbindung, die u. a. beim Löten freigesetzt wird. *Arsenoxid* war aufgrund seiner physikalischen Eigenschaften Jahrhunderte lang das „perfekte" Mordgift. Arsenoxid ist geruch- und geschmacklos und hat ein zuckerähnliches Aussehen. Typische Symptome nach akuter Arsenoxidaufnahme sind Erbrechen, schwere Bauchschmerzen und Durchfälle. Da die damals sehr häufige Cholera gleiche Symptome hervorruft, wurden Vergiftungsfälle häufig fälschlicherweise als Cholera diagnostiziert. Erst Mitte des 19. Jahrhunderts wurde von MARSH eine geeignete Nachweismethode für Arsenvergiftungen erfunden, die auch heute noch als Screeningmethode in der Gerichtsmedizin verwendet wird.

Arsenverbindungen wurden anschließend im Ersten Weltkrieg als chemische Kampfstoffe verwendet, Beispiele sind Blaukreuz und Lewisit. Opfer eines Angriffs mit diesen Stoffen trugen insbesondere nach Einatmen aber auch nur durch bloßen Hautkontakt schwerste körperliche Schädigungen davon.

Arsen lagert sich vor allem in der Haut, den Haaren und den Finger- sowie Fußnägeln ab und ist dort viele Jahre beständig. Entsprechend kann Arsen heutzutage in Leichen nachgewiesen werden, selbst wenn diese bereits bestattet gewesen waren.

Symptome der Arsenvergiftung

Die Symptome einer akuten und einer chronischen Arsenvergiftung über lange Zeit unterscheiden sich deutlich. Eine akute, lebensbedrohliche Symptomatik ist ab einer aufgenommen Arsenoxidmenge von 100 mg zu erwarten. Typisch finden sich die oben

3 Trinkwasseruntersuchung in Asien

genannten choleraähnlichen Symptome mit schwersten, schmerzhaften Krämpfen in der Bauchregion, gefolgt von einem Herz-Kreislauf- und schließlich einem Multiorganversagen. Wird die akute Vergiftung überlebt, bleiben meist erhebliche lebenslange Schäden an den betroffenen Organen.

Die Symptome der chronischen Vergiftung sind weniger eindeutig. Man findet allgemeine Schwäche und Müdigkeit. Nach einigen Tagen treten zusätzlich Verwirrtheit und sensible Störungen auf. Neben Durchfall im Wechsel mit Verstopfung kann es zu einer Lebervergrößerung, Haut- und Nagelveränderungen (s. Abb. Randspalte) sowie gehäuft zu Formen des Hautkrebses kommen.

Molekularer Mechanismus der Arsenvergiftung

Die Aufnahme von Arsen in die Zelle erfolgt über einen *Carrier*, einen sogenannten *Anionentransporter*, dessen Aufgabe eigentlich der Transport von Anionen wie Phosphationen und Hydrogencarbonat ist. Arsen hemmt auf verschiedenen Wegen die ATP-Produktion der Zelle, u. a. wird dadurch der aktive Transport der Zellen gestört.

Therapiemaßnahmen

Aufgrund der jahrelangen Nachweisbarkeit von Arsen im Körper, wird Arsen nur noch sehr selten als Mordgift eingesetzt. Die Hauptzahl der Vergiftungen entstehen durch versehentliches Einnehmen und Exposition am Arbeitsplatz. Wenige Stunden nach der Einnahme treten die o. g. schwersten Krämpfe auf, die die Opfer ärztliche Hilfe suchen lassen. Eine intensive Magenspülung kann selbst nach massiven Brechattacken noch relevante Mengen Arsendioxid entfernen. Außerdem können Aktivkohle sowie das Gegenmittel BAL *(British Anti Lewisite) verabreicht werden.* Die extremen Flüssikeits-, Elektrolyt- und Proteinverluste werden mit einer intensiven Infusionstherapie behandelt.

Je früher die Therapie einsetzt, desto größer sind die Chancen auf Heilung. Je länger Arsenoxid auf die Gewebe eingewirkt hat, sind Maßnahmen mehr und mehr wirkungslos, da das zerstörte Organgewebe dadurch nicht mehr geheilt werden kann. Leider gilt dies insbesondere auch für chronische Belastungen (s. u.).

Arsendesaster in Bangladesch

In vielen ärmeren Regionen Asiens ist das Oberflächenwasser mit Krankheitskeimen verunreinigt. Deshalb wurden u. a. mithilfe der UNICEF in diesen Regionen einfache Brunnen gebohrt, um der Bevölkerung keimärmeres Wasser anbieten zu können. Das Wasser stammte aus flachen Grundwasserleitern, die sich in den letzten 10 000 Jahren gebildet hatten. In diesen Gebieten finden sich erzhaltige Tonschichten. Die folgende starke Nutzung der Brunnen führte zu einem Absinken der Grundwasserspiegel. Das eigentliche Desaster wurde allerdings erst in den 80er-Jahren des letzten Jahrhunderts erkannt: Das Wasser der Brunnen war in hohem Maße mit Arsen belastet. Millionen von Menschen waren durch vergiftetes Trinkwasser bedroht.

Aufgaben

① Nach einer Vergiftung mit Arsendioxid nimmt die Konzentration im Blut rasch ab, während die Konzentration in Geweben, wie z. B. der Leber und der Niere, rasch zunimmt. Erklären Sie diesen Zusammenhang durch die Aufnahme von Arsendioxid in die Zelle.

② Erklären Sie die typischen sehr starken Durchfälle, die nach einer akuten Arsenvergiftung zu beobachten sind. Gehen Sie davon aus, dass der Darminhalt hypertonisch ist.

③ Wie konnte sich in dem beschriebenen Fall das Arsendioxid im Grundwasser so verteilen, dass etwa 30 % aller gebohrten Brunnen in Bangladesch als stark belastet gelten müssen?

Enzyme

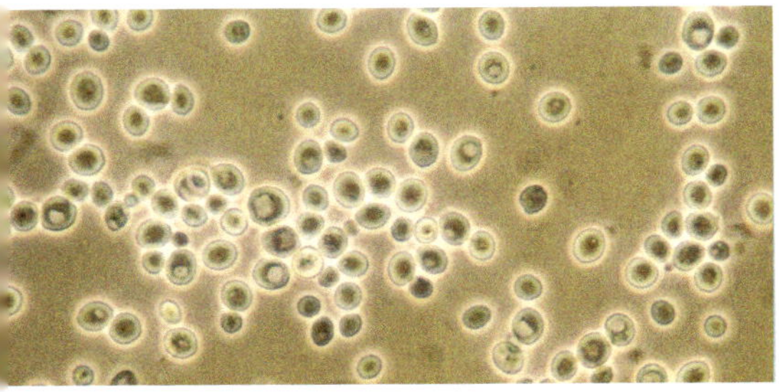

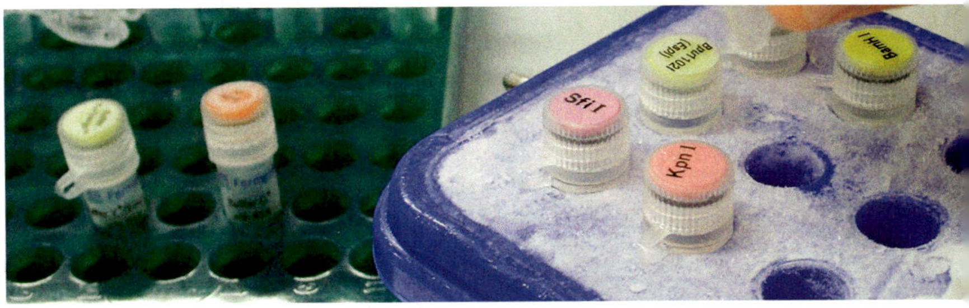

Lernsituation

Wie kommt es, dass manche Menschen viel Alkohol „vertragen“ und andere, z. B. viele Menschen asiatischer Abstammung, nach geringem Alkoholkonsum häufig starke Kopfschmerzen und Übelkeit verspüren?

Alkohol und auch viele andere Stoffe im Körper werden mithilfe bestimmter Eiweiße, sogenannter *Enzyme,* schneller abgebaut. Gibt es Möglichkeiten die Geschwindigkeit dieser Enzyme im Körper zu erhöhen, z. B. um nach stärkerem Alkoholkonsum wieder Autofahren zu dürfen oder um Alkoholkranken zu helfen?

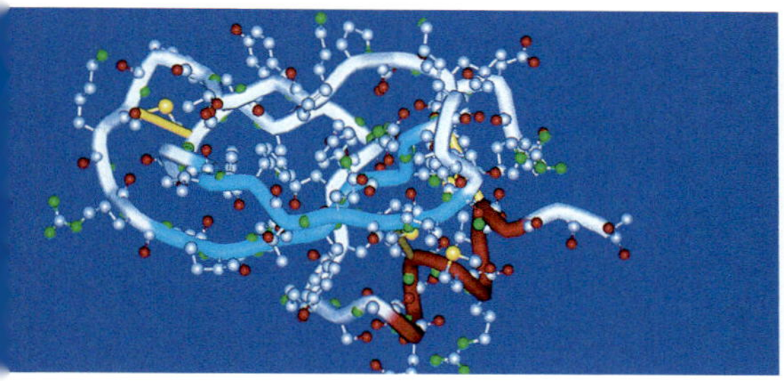

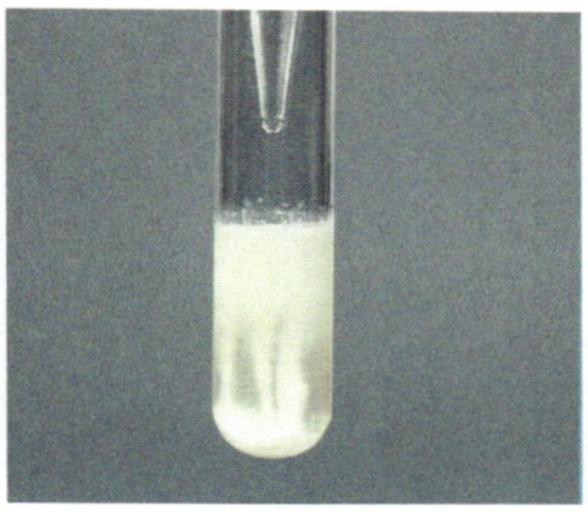

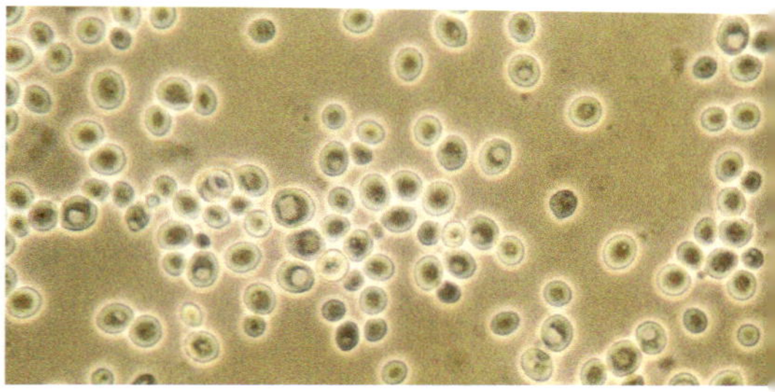

? Leitfragen

Enzyme können Reaktionen (nicht nur) im Körper beschleunigen. Wie funktioniert so etwas?

Kann man die Geschwindigkeit enzymatischer Reaktionen (z. B. den Abbau von Alkohol) beeinflussen?

Enzyme bauen nicht nur Alkohol ab, sie wirken an vielen ganz unterschiedlichen Stellen. Was haben Enzyme z. B. im Waschmittel zu suchen?

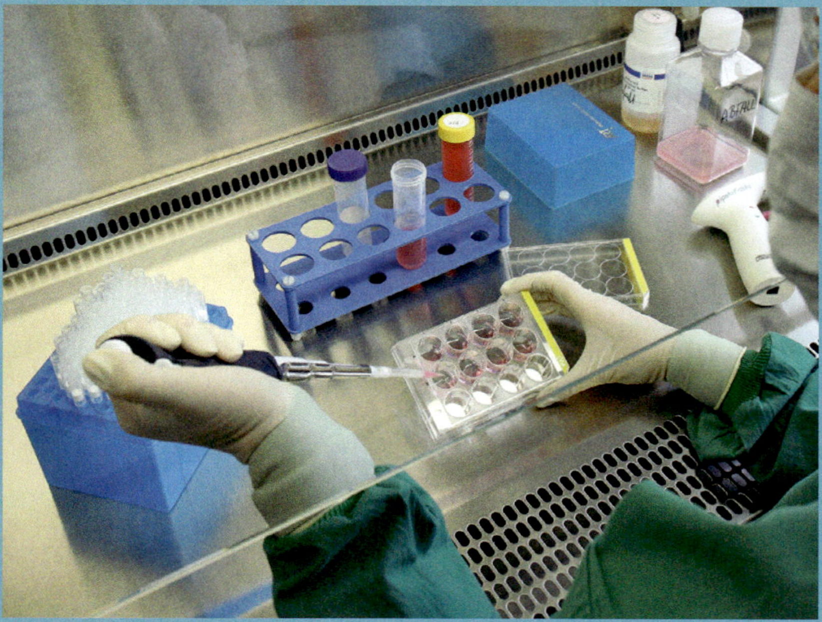

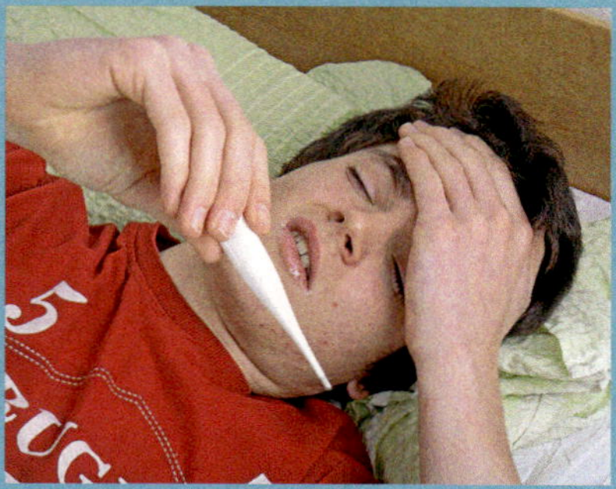

Enzyme sind Biokatalysatoren

Stärke ist ein wichtiger Bestandteil unserer Nahrung. Dieses schwer lösliche Polysaccharid kann von unserem Körper nur dann genutzt werden, wenn es durch Spaltung in leicht lösliche Di- und Monosaccharide zerlegt wurde. Denn der Dünndarm kann in der Regel nur gelöste Stoffe in die Blutbahn abgeben (▶ Stoff- und Energieumwandlung S. 356).

Obwohl Stärke eine energiereiche Verbindung ist, zerfällt sie von alleine nur sehr langsam in ihre Bausteine. Stärke wäre deshalb also kaum verwertbar, wenn in den Verdauungssäften nicht Substanzen enthalten wären, welche die Spaltung von energiereichen Verbindungen unterstützen. Gibt man zu einer mit Iod-Kaliumiodid blau angefärbten Stärkeaufschwemmung etwas Speichel, so entfärbt sich das Gemisch schon nach kurzer Zeit. Das lässt die Schlussfolgerung zu, dass der Speichel einen Stoff enthält, der die Stärkespaltung fördert.

Die Wirkung von Biokatalysatoren

Durch die Analyse von Speichel, z. B. mithilfe der *Elektrophorese,* kann man ein Protein identifizieren, das für die enorme Reaktionsbeschleunigung verantwortlich ist: die *Amylase.* Proteine, die im Organismus wie die Amylase als Reaktionsbeschleuniger fungieren, nennt man allgemein *Enzyme.* Sie wirken als *Biokatalysatoren.* Zur Aktivierung

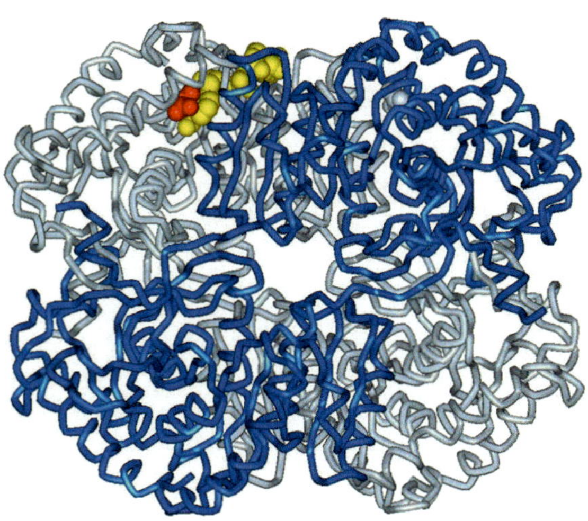

1 Strukturmodell eines Enzyms

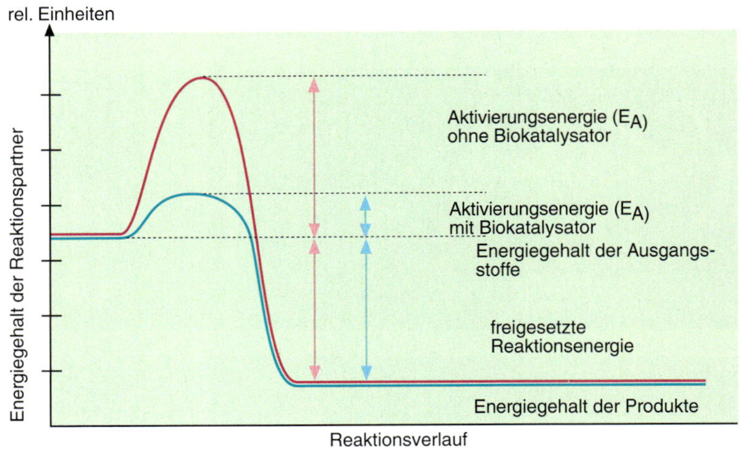

2 Ablauf einer enzymkatalysierten Reaktion

der Stärkespaltung – ohne Katalysator – muss zunächst ein bestimmter Energiebetrag aufgewendet werden (Abb. 2), die *Aktivierungsenergie* (E_A). Erst dann kann die Reaktion ablaufen, die bei der Stärkespaltung die Reaktionsenergie freisetzt. Das hängt damit zusammen, dass zunächst einmal unter Energiezufuhr Bindungen aufgebrochen werden müssen, bevor an den entstehenden Enden neue Bindungen unter Freisetzung von Energie gebildet werden. Die Freisetzung von Reaktionsenergie wird in einem Energiediagramm (Abb. 2) ,dadurch veranschaulicht, dass der Ausgangsstoff Stärke einen größeren Energiegehalt zugeordnet bekommt als die Spaltprodukte *(Ordinate).* Die Verbindung zwischen dem Energiegehalt von *Edukten* (Ausgangsstoffen) und *Produkten* (Endstoffen) stellt den Reaktionsverlauf dar *(Abszisse).*

Enzyme wie die Amylase sind in der Lage, die Aktivierungsenergie so weit zu senken, dass oft schon bei Körperwärme genügend Teilchen darüber verfügen und dann die Reaktion schnell genug abläuft. Die Herabsetzung der Aktivierungsenergie ist auf eine Wechselwirkung zwischen dem Enzym und dem umzusetzenden Stoff *(Substrat)* zurückzuführen. Dadurch kommt es zu einer Lockerung der zu spaltenden Bindungen.

Substrat- und Wirkungsspezifität

Der Bau des Enzymmoleküls ist Voraussetzung für die Wechselwirkung zwischen Enzym und Substrat. Am Beispiel des *Chymotrypsins,* eines proteinspaltenden Enzyms

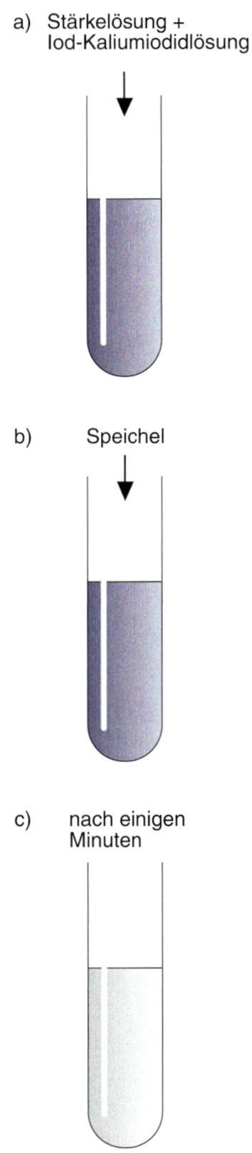

des Bauchspeichelsaftes, soll dies erläutert werden. Chymotrypsin besteht, wie alle Enzyme, aus einem Proteinmolekül und besitzt aufgrund seiner Eiweißnatur eine ganz bestimmte räumliche Gestalt *(Tertiärstruktur).* Die Moleküloberfläche besitzt in einem Bereich eine Oberflächenstruktur, in die das Substrat ganz genau wie ein Schlüssel ins Schloss hineinpasst *(Schlüssel-Schloss-Prinzip).* Enzymmoleküle sind meist viel größer als die der Substrate. Das Substrat besteht in diesem Fall aus einem Eiweißbruchstück. Die wie eine Passform konstruierte Bindungsstelle im Enzymmolekül *(Bindungszentrum)* enthält das *aktive* oder *katalytische Zentrum.* Das ist der Ort für die katalysierte Reaktion. Andere Moleküle können in der Regel nicht gebunden und in der entsprechenden Weise umgesetzt werden. Aus der Umsetzung geht das Enzym **unverändert** hervor und steht erneut für eine Reaktion zur Verfügung (▶ Struktur und Funktion S. 348).

Enzyme für die Umsetzung anderer Stoffe reagieren in gleicher Weise wie das Chymotrypsin. Enzyme sind also spezifisch für ein ganz bestimmtes Substrat *(Substratspezifität).* Aufgrund der Eigenschaften des aktiven Zentrums, katalysiert ein Enzym zudem nur eine von mehreren möglichen Reaktionen des Substrats, d. h. es entstehen nur ganz bestimmte Produkte. Enzyme besitzen also außerdem die Eigenschaft der *Wirkungsspezifität.* Eine Enzymreaktion kann mit folgendem Schema beschrieben werden:

$$E + S \rightarrow [ES] \rightarrow E + P$$

E = Enzym, S = Substrat
[ES] = Enzym-Substrat-Komplex
P = Produkt(e)

Von der Art der chemischen Reaktion hängt es unter anderem ab, mit welcher Geschwindigkeit Enzyme ihre Substrate umsetzen. Die *Wechselzahl* ist ein Maß dafür. Mit der Wechselzahl gibt man die Anzahl an Substratmolekülen an, die pro Sekunde von einem Enzymmolekül umgesetzt werden. Sie liegt etwa zwischen 1000 und 1000000 pro Sekunde. Ein besonders schnell arbeitendes Enzym ist z. B. die *Peroxidase* (Wechselzahl ca. 10^6/s), welche die Spaltung von Wasserstoffperoxid in Sauerstoff und Wasser katalysiert. Das bei bestimmten Stoffwechselprozessen entstehende, für die Zelle aber giftige Wasserstoffperoxid wird auf diese Weise unschädlich gemacht.

Systematik von Enzymen

Die meisten Enzyme sind reine Proteine, andere bestehen aus einem Komplex von Protein und einer besonderen Wirkgruppe. Das Protein wird dann als *Apoenzym* bezeichnet. Zusammen bilden Apoenzym und Wirkgruppe das *Holoenzym.* Man unterscheidet zwei Typen von Holoenzymen. Ist die Wirkgruppe fest mit dem Apoenzym verbunden, so wird die Wirkgruppe als *prosthetische Gruppe* bezeichnet. Kann sich die Wirkgruppe vom Apoenzym lösen und in einer weiteren Reaktion mit einem anderen Apoenzym binden, nennt man die Wirkgruppe *Coenzym* oder besser *Cosubstrat*, da es durch die Enzymreaktion selbst verändert wird.

Die Benennung von Enzymen erfolgt in der Regel so, dass der erste Teil des Namens aus dem jeweils umgesetzten Substrat besteht. Der zweite Teil des Namens gibt über die Wirkung des Enzyms Auskunft. Die Bezeichnung kann sich auf eine Enzymgruppe oder auch ein bestimmtes Enzym beziehen. Vielfach sind auch noch Trivialnamen in Gebrauch. So bezeichnet *Ptyalin* die Mundspeichelamylase und *Chymotrypsin* eine Proteinhydrolase des Bauchspeichels. Der Name Proteinhydrolase bedeutet, dass erstens ein Protein umgesetzt wird und zweitens das Protein unter Wasseranlagerung gespalten wird *(Hydrolyse).* Bezieht man sich nur auf das Substrat, so nennt man es *Protease.* Außer den Hydrolasen gibt es u. a. *Oxidoreduktasen,* die Redoxreaktionen katalysieren. Die Katalyse der Spaltung von Wasserstoffperoxid durch Katalase (H_2O_2-Oxidoreduktase) ist eine solche Reaktion.

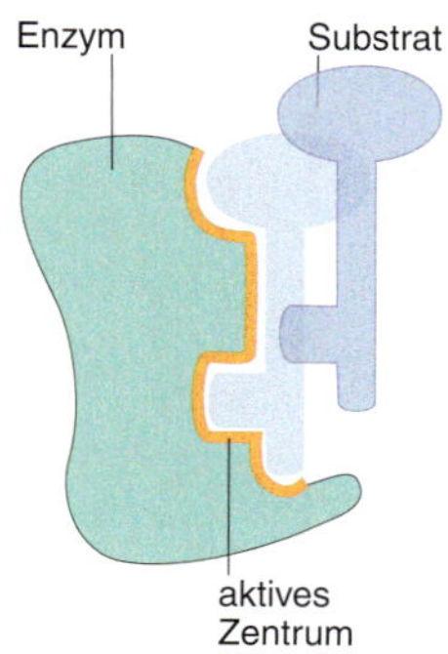

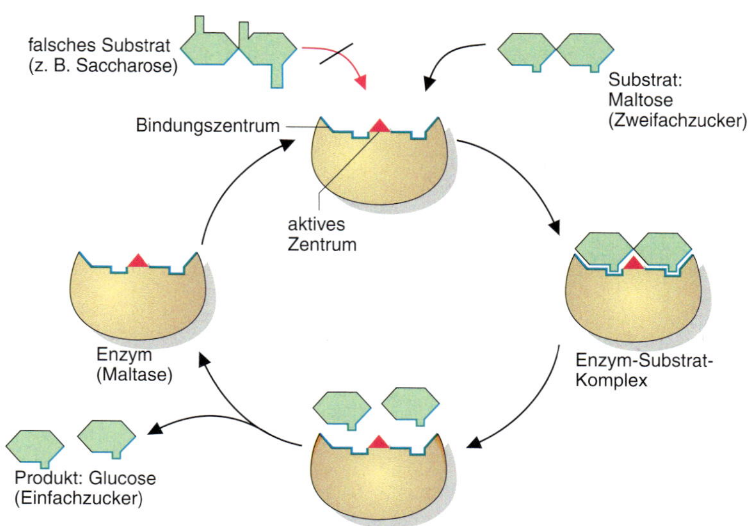

3 Schema zur Substrat- und Wirkungsspezifität

Die Reaktionsbedingungen bestimmen die Enzymaktivität

Substratkonzentration

Bei niedrigen Substratkonzentrationen ist die Geschwindigkeit der Substratumsetzung gering. Diese lässt sich durch Erhöhung der Konzentration steigern, bis schließlich weitere Erhöhungen der Substratkonzentration zu keiner weiteren Steigerung der Geschwindigkeit mehr führen (Abb. 1). Enzyme unterscheiden sich in der Maximalgeschwindigkeit (V_{max}) der Substratumsetzung. Da sich die Sättigungskonzentration des Substrates zur Maximalgeschwindigkeit aus der Kurve schlecht ablesen lässt, ermittelt man, bei welcher Substratkonzentration die halbmaximale Geschwindigkeit ($^1/_2 v_{max}$) erreicht wird. Die Substratkonzentration bei halbmaximaler Reaktionsgeschwindigkeit bezeichnet man als *Michaelis-Menten-Konstante* (K_m).

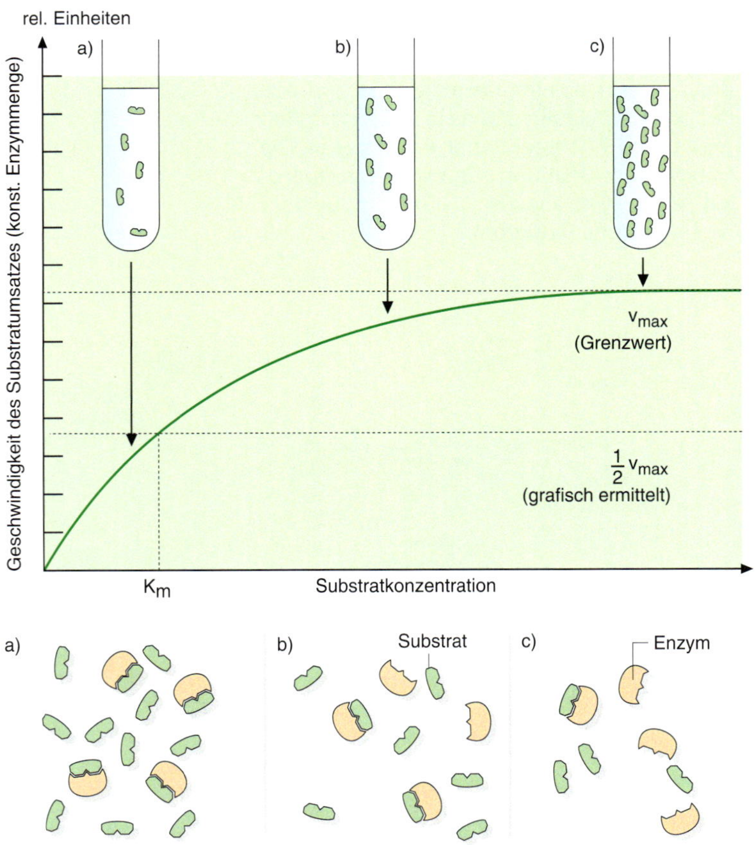

1 Reaktionsgeschwindigkeit und Substratkonzentration

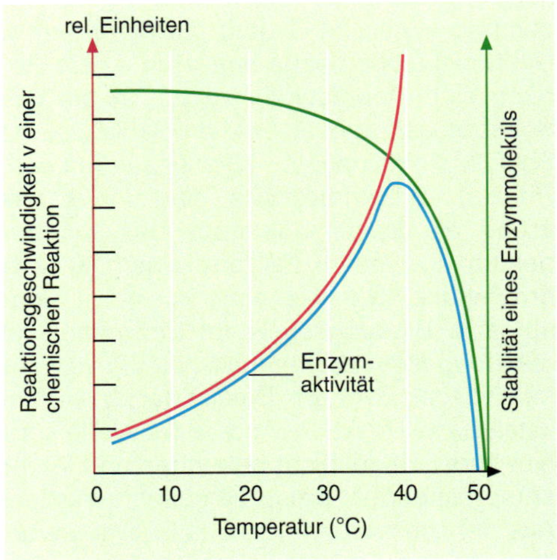

2 RGT-Regel und Enzymaktivität

Bei niedrigen Substratkonzentrationen sind nicht alle Enzyme mit einem Substrat beladen, weil die Wahrscheinlichkeit, dass Enzym und Substrat sich treffen, gering ist. Mit zunehmender Anzahl der Substratteilchen steigt die Wahrscheinlichkeit, auf das Enzym zu treffen; daher steigt die Reaktionsgeschwindigkeit. Bei hohen Konzentrationen ist die Wahrscheinlichkeit des Zusammentreffens zwar sehr hoch, jedoch können die Substratmoleküle das aktive Zentrum nicht besetzen, da sich dort das Produkt der vorigen Reaktion erst langsam vom Enzym trennt. In lebenden Zellen wird der Maximalwert nie erreicht, da andere Stoffe die Reaktion behindern (▶ Stoff- und Energieumwandlung S. 356).

Der Einfluss der Temperatur

Gleichwarme Tierarten haben eine konstante Körpertemperatur, egal ob sie in der Wüste oder der Antarktis leben. Wechselwarme Tiere, wie Amphibien oder Insekten, bewegen sich bei tiefen Temperaturen in der Regel träge bzw. fallen in eine Kältestarre. Erst bei höheren Temperaturen werden sie wieder aktiv. Die chemischen Reaktionen des Stoffwechsels in einem Organismus sind temperaturabhängig.

Untersucht man die Aktivität eines Enzyms experimentell, so stellt man zunächst bei steigenden Temperaturen eine starke Erhöhung der Reaktionsgeschwindigkeit fest (Abb. 2). Bei einer bestimmten Temperatur

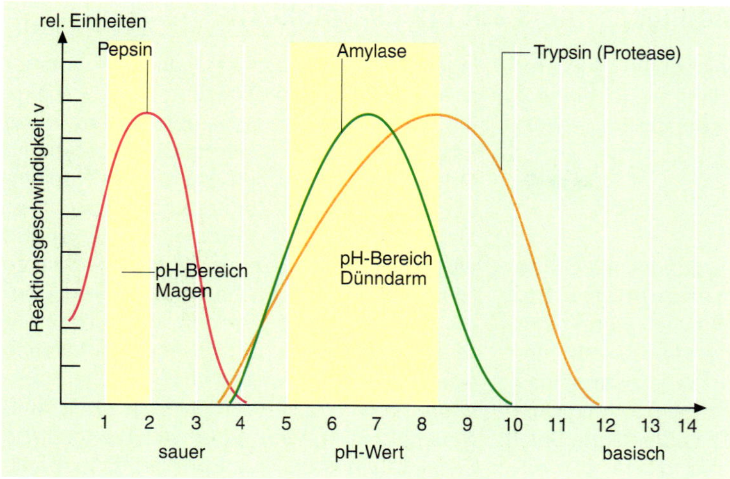

3 Abhängigkeit der Enzymaktivität vom pH-Wert

wird schließlich ein Maximum erreicht. Dieses liegt bei vielen Enzymen zwischen 30 °C und 50 °C. Danach nimmt die Geschwindigkeit der enzymkatalysierten Reaktion sehr schnell ab, bis schließlich überhaupt keine Wirkung des Enzyms mehr erkennbar ist. Höhere Temperaturen bewirken eine stärkere Teilchenbewegung, sodass Enzym und Substrat mit einer größeren Wahrscheinlichkeit aufeinander treffen. Zudem werden die Bindungen zwischen Atomen reaktiver. Die Folge ist ein höherer Stoffumsatz. Bei enzymkatalysierten Reaktionen erhöht sich die Reaktionsgeschwindigkeit bei einer Temperaturerhöhung um 10 °C exponentiell um das 2- bis 4fache. Dieser Zusammenhang wird als ***R**eaktions**g**eschwindigkeits-**T**emperatur-Regel,* kurz *RGT-Regel,* bezeichnet.

Bei Eiweißen, und damit auch bei Enzymen, haben hohe Temperaturen noch eine andere Wirkung: Sie verändern und zerstören schließlich die *Tertiärstruktur,* d. h. die räumliche Anordnung der Aminosäurekette wird irreversibel verändert. Diesen Vorgang bezeichnet man als *Denaturierung.* Da die Funktion des Enzyms von der Tertiärstruktur abhängt – sie ist verantwortlich für die Passform – wird die Abnahme der Enzymaktivität ab einer bestimmten Temperatur verständlich. Enzyme sind meist nur bis zu Temperaturen zwischen 50 °C und 60 °C stabil (Abb. 2). Höhere Temperaturen liefern so viel Energie, dass die meist geringen Bindungskräfte, welche die räumliche Faltung des Proteinmoleküls aufrechterhalten, überwunden werden. Die Passform des Enzymmoleküls für das Substrat geht verloren, das Enzym ist inaktiv. Nur wenige Enzyme werden erst bei höheren Temperaturen denaturiert. Zu diesen gehören die Enzyme von Bakterien, die in heißen Quellen mit Temperaturen um 90 °C und mehr leben. Deren Enzyme sind an diese extremen Lebensbedingungen angepasst, indem bei ihnen die Passform im Wesentlichen durch Disulfidbrücken aufrechterhalten wird, die stabiler sind als Wasserstoffbrückenbindungen und ionische Anziehungskräfte.

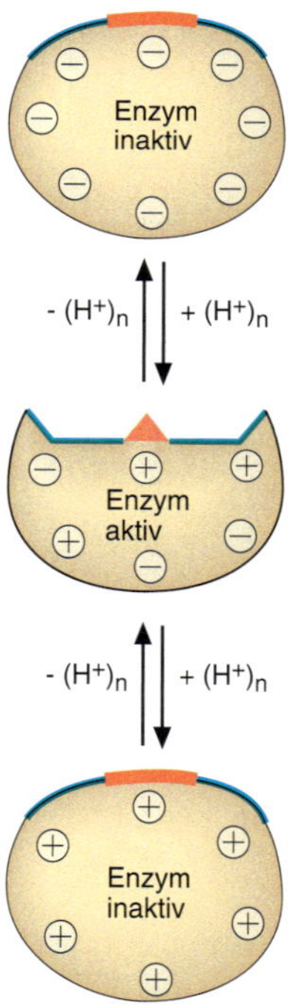

Einfluss des pH-Wertes auf die Enzymaktivität

Der Einfluss des pH-Wertes

Der pH-Wert ist ein Maß für die Konzentration von H^+-Ionen. Bei den Verdauungsenzymen ist der Einfluss des pH-Wertes auf die Enzymaktivität sichtbar. Der Mundspeichel hat einen fast neutralen pH-Wert. Die in ihm enthaltene Amylase spaltet Stärke und entfaltet unter diesen Bedingungen ihre größte Aktivität. Gelangt der eingespeichelte Nahrungsbrocken mit dem Schluckvorgang in den Magen, wird die Stärkespaltung infolge Inaktivierung der Speichelamylase eingestellt. Ursache hierfür ist der saure Magensaft, dessen pH-Wert aufgrund der Salzsäure zwischen 1,5 und 2,5 liegt. In diesem sauren Milieu ist statt dessen ein anderes Enzym, das *Pepsin,* aktiv. Es katalysiert die Spaltung von Proteinen in größere Peptidabschnitte. Gelangt der Speisebrei weiter in den Zwölffinger- und dann in den Dünndarm, dessen Verdauungssaft leicht alkalisch ist, stellt das Pepsin seine Funktion ein und andere Enzyme sorgen dann für die weitere und vollständige Verdauung.

Untersucht man die Enzymaktivität in Abhängigkeit vom pH-Wert experimentell, so ergibt sich eine Optimumkurve (Abb. 3). Jedes Enzym hat sein spezifisches pH-Optimum. Bei vielen Enzymen liegt es im mittleren pH-Bereich. Bei deutlich höheren oder niedrigeren Werten sinkt die Aktivität stark ab, bis schließlich der Nullwert erreicht wird. Ursache ist, wie bei hohen Temperaturen, eine Denaturierung des Enzyms, da durch Säuren bzw. Basen an bestimmte Reste der einzelnen Aminosäurebausteine H^+-Ionen angelagert oder von ihnen abgespalten werden können. So wird die für die Passform wichtige Ladungsverteilung im Enzymmolekül verändert, sodass die spezifische Molekülfaltung verloren geht (Abb. Mittelspalte).

Aufgabe

① Erklären Sie anhand der Eigenschaften der Enzyme, warum Fieber von 42 °C lebensgefährlich ist.

Der Einfluss des Bindungspartners auf die Enzymaktivität

Wenn außer dem eigentlichen Substrat andere Stoffe an das Enzymmolekül binden, kann die Enzymaktivität beeinträchtigt werden.

Kompetitive Hemmung

Konkurrieren zwei chemisch ähnliche Stoffe um das Bindungszentrum eines Enzyms, beeinflusst dies die Enzymaktivität, wenn einer das Substrat ist und der andere als Hemmstoff wirkt. Der Hemmstoff kann zwar an das Enzym gebunden, aber nicht umgesetzt werden. Er verdrängt somit das eigentliche Substrat *(Verdrängungshemmung* oder *kompetitive Hemmung,* Abb. 1). Die Wirkung solcher Hemmstoffe ist umso größer, je höher die Konzentration im Vergleich zum eigentlichen Substrat ist.

Ein Beispiel dafür ist die Anwendung des Medikaments *Allopurinol* gegen *Gicht*. Diese Krankheit äußert sich – infolge der Einlagerung von Harnsäurekristallen – in einer schmerzhaften Veränderung der Gelenke, die unbehandelt bis zu deren Zerstörung fortschreiten kann. Harnsäure entsteht im Organismus z. B. beim Abbau von Nucleinsäuren, wobei die Verbindung *Hypoxanthin* als Zwischenprodukt entsteht. Hypoxanthin wird mithilfe des Enzyms *Xanthinoxidase* zu Harnsäure abgebaut, die bei Gesunden über die Nieren ausgeschieden wird. Entsteht aber infolge einer Stoffwechselschwäche oder infolge von Fehlernährung zu viel Harnsäure, so wird sie nicht mehr vollständig ausgeschieden, sondern lagert sich bevorzugt in Gelenken in kristalliner Form ab. Eine mögliche medikamentöse Behandlung ist die Verabreichung von Allopurinol, das dem Hypoxanthin chemisch sehr ähnlich ist, aber von der Xanthinoxidase nicht umgesetzt werden kann. Die dadurch bedingte Hemmung des Enzyms, die zur Verminderung der Harnsäureeinlagerung in die Gelenke führt, ist abhängig von der Menge des eingenommenen Medikaments. Diese Hemmung endet nach dem Absetzen des Medikaments. Sie ist reversibel (▶ Steuerung und Regelung S. 354).

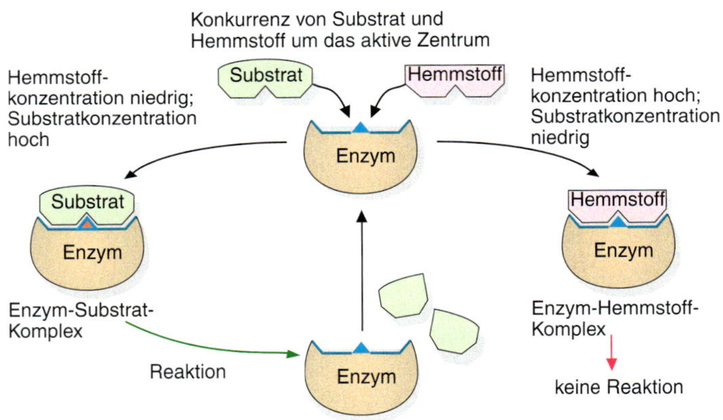

Prinzip der kompetitiven Hemmung

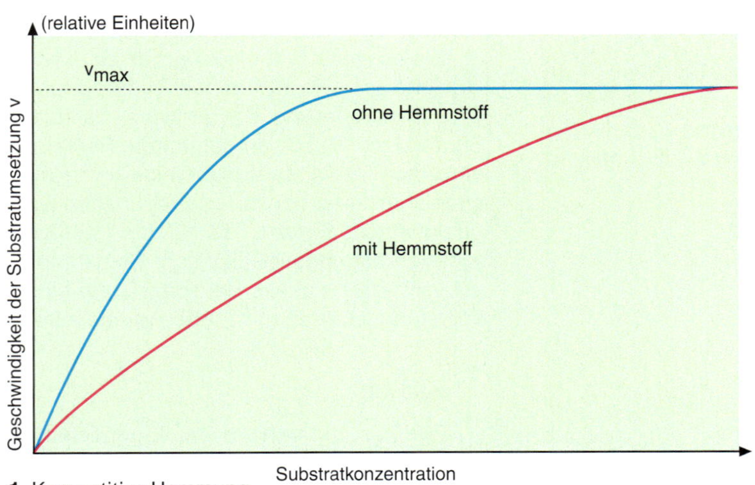

1 Kompetitive Hemmung

Allosterische Effekte

Bestimmte Enzyme haben nicht nur eine Bindungsstelle für das umzusetzende Substrat, sondern eine weitere Bindungsstelle, an der ein ganz anders aufgebautes Molekül binden kann. Die Passform eines solchen Enzyms hängt davon ab, ob an dieser Stelle ein Hemmstoff gebunden ist oder nicht. Dadurch kann das Enzym zwei verschiedene räumliche Strukturen annehmen. In der einen Form kann es das Substrat binden und umsetzen. In der anderen Form, also mit Hemmstoff, ist das Bindungszentrum für das Substrat so verändert, dass es nicht mehr gebunden werden kann. Diese durch die Veränderung der räumlichen Struktur bedingte Hemmung nennt man *allosterische Hemmung* (nichtkompetitive Hemmung, Abb. 2). Sie spielt bei der Regulation vieler Stoffwechselprozesse eine wichtige Rolle.

Allosterische Effekte sind aber nicht in jedem Fall hemmend. Manche Enzyme erreichen erst durch allosterische Veränderungen ihre volle katalytische Wirkung, sie werden *allosterisch aktiviert*. Bei zu hohem Blutzuckerspiegel z. B. wird durch aktivierte Glucose ein Enzym allosterisch aktiviert, das den Aufbau des Speicherstoffs Glykogen aus Glucose bewirkt.

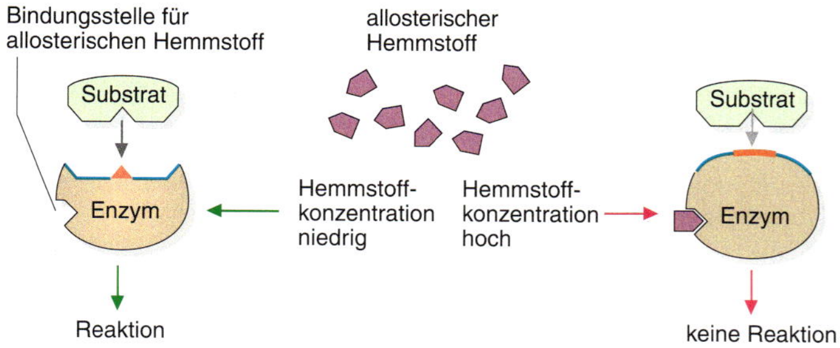

Prinzip der allosterischen Hemmung

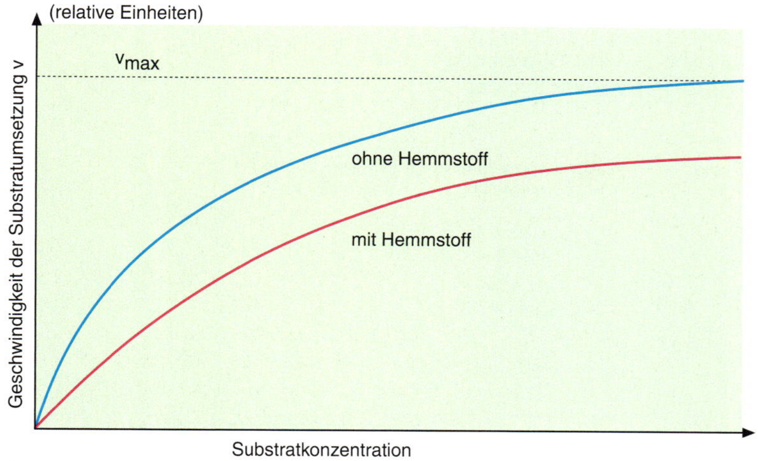

1 Allosterische Hemmung (nichtkompetitive Hemmung)

Irreversible Hemmung

Die Giftigkeit bestimmter Metalle beruht darauf, dass sie bei Enzymen Veränderungen ihrer Passform bewirken, die nicht rückgängig zu machen sind. Die Hemmung ist irreversibel. Besonders giftig für den Menschen sind die *Schwermetalle* Quecksilber und Blei. Sie zerstören die Disulfidbrücken von Enzymen, da sie mit Schwefel eine äußerst stabile Verbindung bilden (s. Seite 155).

Einige Organismen lassen sich als Bioindikatoren einsetzen, da sie Enzyme besitzen, die auf Schwermetalle sehr empfindlich reagieren. So wird die Gäraktivität von Hefezellen bereits von geringen Schwermetallmengen deutlich gehemmt. Hefezellen vergären Zucker u.a. zu Kohlenstoffdioxid. Bringt man in eine Versuchsapparatur eine bestimmte Menge der Probe, z.B. von belastetem Boden zusammen mit Zucker und Hefeaufschwemmung, so kann die Kohlenstoffdioxidentwicklung im Vergleich zu einer Kontrollprobe ohne Schwermetalle bestimmt werden. Je geringer die Gasentwicklung, desto belasteter ist die Probe. Nach einem solchen Vortest gibt eine chemische Analyse genauen Aufschluss über Art und Menge der Schwermetalle.

Zettelkasten

Vitamine: Cofaktoren von Enzymen

Zahlreiche Enzyme bestehen aus einem Proteinanteil und aus einem *Cofaktor*. Dabei handelt es sich um ein Hilfsmolekül, das für sich alleine keine Katalysatorfunktion hat. Der Cofaktor kann aus bestimmten Metallionen, wie Fe^{2+}, Mn^{2+} oder aus größeren Molekülen bestehen. Die Cofaktoren verleihen den Enzymen besondere katalytische Fähigkeiten und können leicht von ihnen getrennt werden. Ein besonders wichtiger Cofaktor ist das NAD^{+} *(Nicotinamid-Adenin-Dinucleotid)*, das bei der enzymatischen Elektronenübertragung von einer Substanz auf eine andere eine entscheidende Rolle spielt. Viele Cofaktoren können vom Körper des Menschen nicht selbst synthetisiert werden: Sie sind essenziell und müssen vollständig oder als halbfertige Vorstufe mit der Nahrung aufgenommen werden. Daher sind Vitamine von großer Bedeutung.

Thiamin (Vitamin B_1)
Thiamin ist eine Vorstufe von Thiaminpyrophosphat, das für den Körper als Cofaktor wichtig ist. Es bindet und aktiviert kleine Molekülbausteine, sodass diese von Enzymen übertragen oder verändert werden können (Abb. 1).

Pantothensäure
Pantothensäure ist Bestandteil und damit gleichzeitig Vorstufe von Coenzym A. Dieses wiederum besitzt eine wichtige Funktion bei der Zellatmung und den Reaktionen des Fettstoffwechsels (Abb. 2).

Pyridoxin (Vitamin B_6)
Pyridoxin bindet und aktiviert Aminosäuren. Es ist ein wichtiger Cofaktor von Enzymen des Aminosäurestoffwechsels und an vielen biochemischen Reaktionen beteiligt (Abb. 3).

Biotin (Vitamin H)
Biotin dient in vielen Enzymen als Überträger von Carboxylgruppen. Es ist über eine Atombindung fest mit dem Enzym verbunden (Abb. 4).

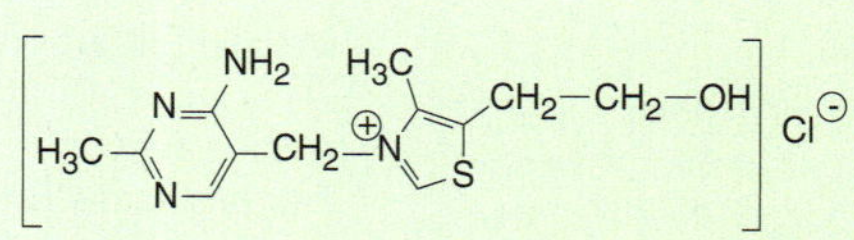

1 Thiamin

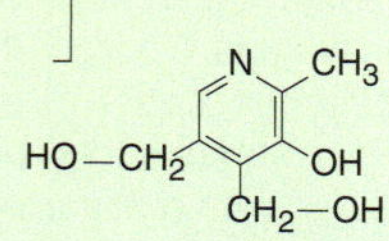

3 Pyridoxin

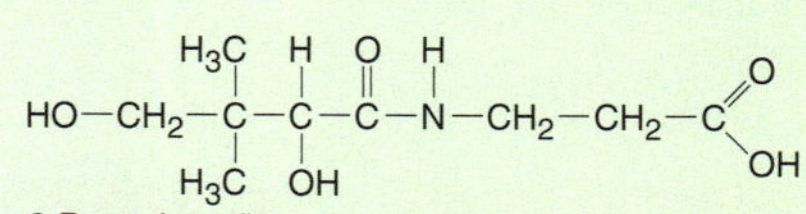

2 Pantothensäure

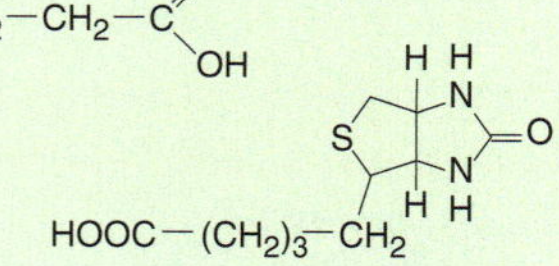

4 Biotin

Enzyme

Eigenschaften von Enzymen

Benötigte Materialien:
Reagenzgläser mit Ständer, Sand, Reibschale mit Pistill, Kartoffel oder Leber, H_2O_2-Lösung (3 %), [C], Braunsteinpulver (MnO_2) [Xn], verd. Salzsäure [C], verd. Natronlauge [Xi], Bleinitratlösung [Xn], Holzspan, Schutzbrille

Zu Beginn wird die Kartoffel bzw. die Leber in der Reibschale mit etwas Sand zerrieben. Das Homogenat stellt das Katalasepräparat für die Versuche dar.

1. Versuch
In drei Reagenzgläser werden je 2 ml H_2O_2-Lösung gegeben. Geben Sie dann in das erste etwas Sand, in das zweite etwas Braunstein und in das dritte etwas Katalasepräparat. Halten Sie einen glimmenden Holzspan in die Reagenzgläser.

2. Versuch
In zwei Reagenzgläser wird etwas Katalasepräparat gegeben. In das erste wird anschließend 1 ml Salzsäure gegeben, in das zweite 1 ml Natronlauge. Lassen Sie die Lösungen 5 min einwirken und geben Sie dann je 2 ml H_2O_2-Lösung hinzu.

3. Versuch
In ein Reagenzglas wird etwas Katalasepräparat gegeben. Anschließend werden wenige Tropfen Bleinitratlösung hinzugegeben. Lassen Sie das Reagenzglas 5 min stehen und geben Sie dann 2 ml H_2O_2-Lösung dazu. Deuten Sie die Ergebnisse der Versuche.

Versuche mit Amylase

Benötigte Materialien:
Reagenzgläser, Ständer, Wasserbäder, Reibschale, Gerstenkörner, Stärkelösung, Iod-Kaliumiodidlösung.

Die benötigte Amylaselösung stellt man sich auf folgende Weise her: Etwa 100 Gerstenkörner werden zwei Tage vor dem Versuchstag in einer Petrischale auf einem feuchten Filterpapier ausgebreitet. Am Tag des Versuchs werden die Gerstenkörner in der Reibschale mit etwas Sand und 50 ml Wasser zerrieben. Der erhaltene Extrakt wird 10 min zentrifugiert. Der Überstand wird 1 : 20 verdünnt und stellt die Amylaselösung dar (kühl aufbewahren!).

Die Stärkelösung wird vorsichtig mit so vielen Tropfen Iod-Kaliumiodidlösung versetzt, bis eine deutliche Blaufärbung zu sehen ist. Zu viel Iod behindert den Versuch!

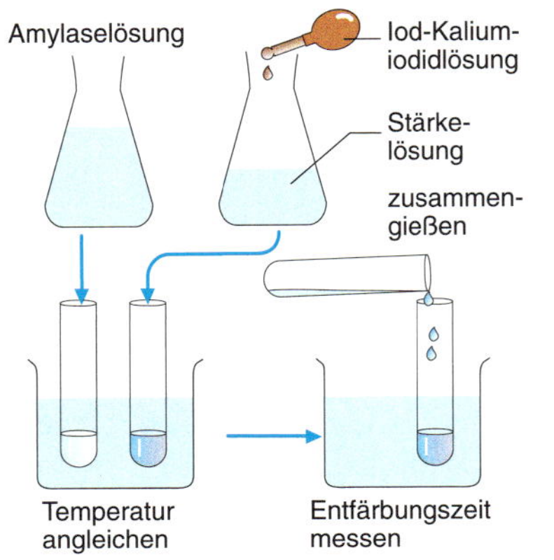

Versuchsablauf:
In den Versuchen wird die Zeit (t) bis zur Entfärbung bei verschiedenen Temperaturen (T) bestimmt.
Die vorhandenen Wasserbäder werden auf verschiedene Temperaturen im Bereich von 10 °C bis 60 °C eingestellt. In jedes Wasserbad werden zur Temperaturangleichung zwei Reagenzgläser mit folgendem Inhalt gestellt:
1) 2 ml (blaue) Stärkelösung
2) 1 ml Amylaselösung
Nach Angleichung der Temperaturen (ca. 5 min) wird der Versuch gestartet und die Entfärbungszeit ermittelt.

Auswertung:
Tragen Sie die Entfärbungszeit (t) gegen die Temperatur (T) auf. Erklären Sie, wie man aus der Entfärbungszeit (t) auf die Reaktionsgeschwindigkeit (v) schließen könnte.

Versuche mit Urease

Benötigte Materialien:
Reagenzgläser mit Ständer, Tropfpipetten, Ureaselösung (10 mg in 10 ml Wasser), Harnstofflösung (20 mg in 100 ml Wasser), Thioharnstofflösung (1 mg in 10 ml Wasser) [Xn], Indikatorlösung Bromthymolblau, Messpipetten und Pipettierhilfe.

Achtung: Nie mit dem Mund pipettieren! Stets mit einer Pipettierhilfe arbeiten. Ohne Pipettierhilfe besteht Verätzungs- und Vergiftungsgefahr!

1. Versuch

Zu 5 ml Harnstofflösung wird 1 Tropfen Indikator gegeben. Dann wird 1 ml Urease hinzugegeben.

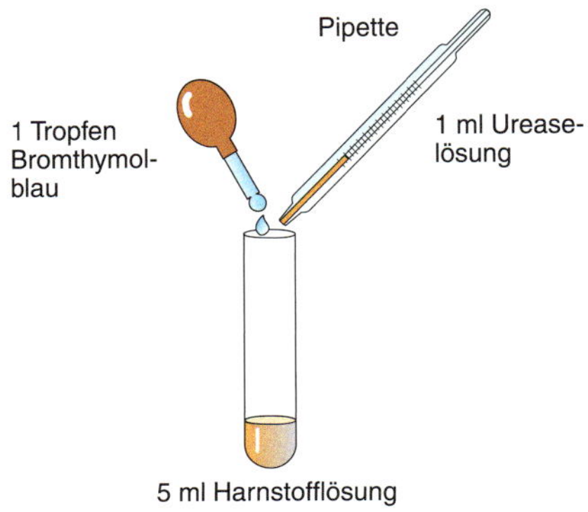

2. Versuch

Vier Reagenzgläser werden wie folgt gefüllt:

Stoff (ml)	Reagenzglas Nr.			
	1	2	3	4
Harnstoff	5,0	1,0	0,5	0,1
Wasser	0,0	4,0	4,5	4,9

Anschließend werden die vier Versuchsansätze möglichst gleichzeitig durch Hinzugabe von je 1 ml Ureaselösung gestartet.

3. Versuch

Drei Reagenzgläser werden wie folgt gefüllt:

Stoff (ml)	Reagenzglas-Nr.		
	1	2	3
Harnstoff	4,0	4,0	4,0
Thioharnstoff	0,0	0,1	1,0
Wasser	1,0	0,9	0,0

Nach Zugabe von 2 Tropfen Indikatorlösung und Schütteln werden die Versuchsansätze möglichst gleichzeitig mit je 1 ml Ureaselösung gestartet. Protokollieren Sie die Ergebnisse und deuten Sie sie.

Material

Aufbau von Enzymen

Enzyme sind unabhängig von der Zelle funktionsfähig: Bereits 1892 hatten Experimente ergeben, dass Hefeextrakte Glucose zu Kohlenstoffdioxid und Ethanol umwandeln. Auf dieser Grundlage führten HARDEN und YOUNG im Jahre 1905 folgende Experimente durch:

a) Hefezellen wurden zermörsert und
b) die größeren Zellbestandteile vom Zellsaft durch Filtration getrennt (Filtrat 0).
c) Ein Teil des so gewonnenen Filtrates wurde 24 Stunden dialysiert, d. h. es wurde in einen Schlauch mit einer Membran gegeben, die für kleinere Moleküle durchlässig ist, aber nicht für größere.
d) Danach wurden aus dem Außenmedium (1) und dem Dialyseschlauch (2) Proben entnommen. Diese wurden wie das Filtrat (0) nach Zugabe von Glucoselösung auf Kohlenstoffdioxidentwicklung untersucht (Versuchsreihe 1) oder wie in Versuchsreihe 2 weiterbehandelt.

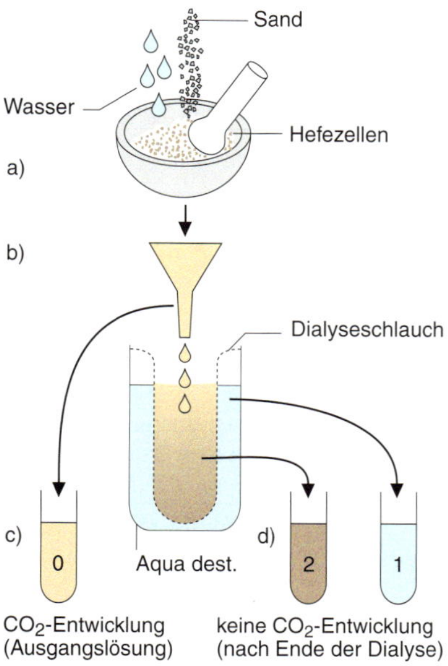

Versuchsreihe 1

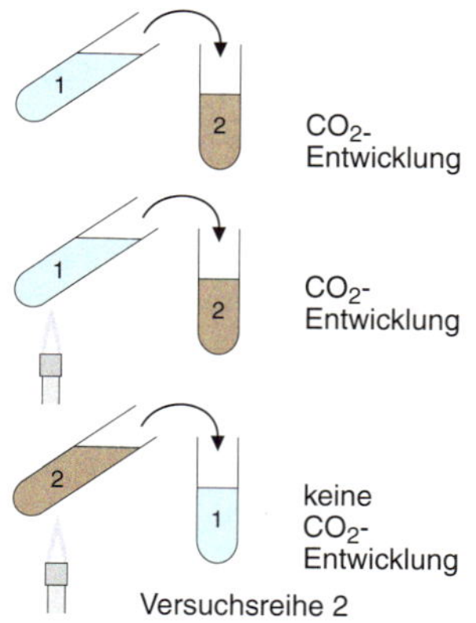

Versuchsreihe 2

Aufgabe

① Welche Rückschlüsse sind auf den Aufbau und die Wirkung des hier eine Rolle spielenden Enzyms möglich? Begründen Sie Ihre Schlussfolgerungen konkret anhand der einzelnen Experimente.

Die Wirkung der Katalase

Katalase ist ein Enzym, welches Wasserstoffperoxid (H_2O_2) zu O_2 und H_2O zersetzt. Man hat die Aktivität der Katalase in Abhängigkeit von der H_2O_2-Konzentration untersucht und dabei die nachfolgenden Ergebnisse erhalten:

g H_2O_2 pro 100 ml Reaktionslsg.	ml O_2-Entwicklung in 5 min
1	3,1
2	4,9
3	6,0
4	6,8
5	7,3
6	7,8
7	8,1
8	8,2
9	8,2

Aufgaben

② Setzen Sie die Werte der Tabelle in eine Grafik um. Achten Sie dabei auf eine sinnvolle Achsenwahl und die Beschriftung.

③ Erläutern Sie den Kurvenverlauf. Welche verallgemeinerbaren Rückschlüsse sind auf die Wirkungsweise von Enzymen möglich? Gehen Sie dabei auch auf die einzuhaltenden Versuchsbedingungen ein.

Temperatur und Ureasewirkung

Urease spaltet Harnstoff hydrolytisch in Kohlenstoffdioxid und Ammoniak. CO_2 und NH_3 reagieren mit Wasser in einer Säure-Base-Reaktion, bei der Ionen entstehen. In einer wässrigen Lösung leiten sie im Gegensatz zum ungeladenen Harnstoff den elektrischen Strom. Setzt man Harnstofflösung mit Urease um, so kann man die Änderung der Leitfähigkeit pro Zeiteinheit als relatives Maß für die Aktivität der Urease benutzen. Für eine solche Messung benutzt man die in der Abbildung dargestellte Apparatur. Nacheinander werden bei verschiedenen Temperaturen (5°, 15°, 35°, 50° und 75 °C) jeweils 40 ml Harnstofflösung und 10 ml Enzymlösung zusammengegeben und die Änderung der Leitfähigkeit über einen Zeitraum von 10 Minuten gemessen. Dabei werden in Abständen von 20 Sekunden die Leitfähigkeitswerte abgelesen. Das Ergebnis dieses Versuchs zeigt die untere Grafik.

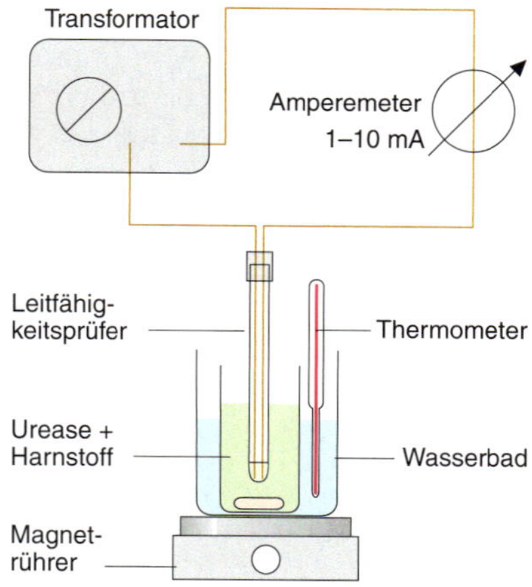

Abhängigkeit der Enzymaktivität von der Temperatur

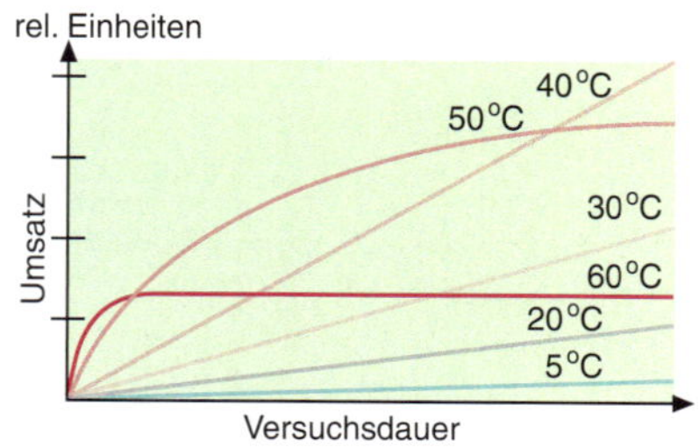

Aufgaben

④ Begründen Sie, weshalb bei allen Versuchen mit jeweils derselben Menge Harnstoff- und Ureaselösung gearbeitet wird.

⑤ Erläutern Sie anhand der Grafik die Ergebnisse der Versuche einzeln und im Vergleich.

„Kater" und Enzyme – Einfluss von Enzymen auf den Alkoholabbau

Alkohol ist eine der am häufigsten eingenommenen Drogen in Deutschland. Durchschnittlich nimmt jeder Bundesbürger über 15 Jahre im Jahr etwa 10 l reinen Alkohol (entspricht etwa 25 l Wodka) zu sich. Alkohol wird hier vereinfachend mit Ethanol gleichgesetzt, da dieser für die Rauschwirkung der alkoholischen Getränke verantwortlich ist.

Wirkung des Alkohols

Etwa 1 Stunde nach dem Alkoholkonsum findet sich Alkohol in fast allen Geweben des Körpers. Wirkungen und Nebenwirkungen des Alkohols sind daher nicht auf das Gehirn oder die Leber beschränkt, sondern betreffen so unterschiedliche Organe wie den Herzmuskel oder das Knochenmark.

Man unterscheidet die akute und die chronische Wirkung des Alkohols. Die akute Wirkung des Alkohols ist dosisabhängig. Das Auftreten von Rauschsymptomen (s. u.) kann variieren. Die Tabelle kann einen Überblick geben.

Besonders das schnelle Trinken hochprozentigen Alkohols ist gefährlich, da so sehr schnell sehr hohe Alkoholkonzentrationen im Blut entstehen und Atemstillstand vor den typischen Symptomen des schweren Rausches, wie Übelkeit und Erbrechen, auftreten kann.

Chronischer Alkoholkonsum über 40 g bei Männern (etwa 0,5 Liter Bier am Tag) bzw. wegen der geringeren Abbaurate etwa 20 g bei Frauen, führt zu körperlichen Schäden. Besonders betroffen ist das Hauptabbauorgan des Alkohols, die Leber, sowie das Gehirn. Chronische Alkoholzufuhr führt zum irreparablen Leberumbau sowie Abbau der weißen und der grauen Hirnsubstanz. Zusätzlich steigt in fast allen Geweben des Körpers, vor allem jedoch in der Leber, das Krebsrisiko.

Das Aufhören oder Vermindern des Alkoholkonsums gestaltet sich nach chronischer Einnahme besonders schwierig, da Alkohol sowohl zu körperlicher als auch geistiger Abhängigkeit führt.

Aufnahme des Alkohols

Die Aufnahme des Alkohols geschieht über den gesamten Verdauungstrakt. Alkohol wird über den gesamten Verdauungstrakt durch Diffusion aufgenommen.

Ein wesentlicher Aufnahmefaktor ist die Durchblutung der Schleimhaut des Verdauungstrakts. Wird die Durchblutung durch Wärme (z. B. Grog), Zucker (z. B. Likör) oder Kohlensäure (z. B. in Sekt) erhöht, bedingt dies ein schnelleres Ansteigen der Blutalkoholkonzentration, ein gefüllter Magen ein langsameres.

Alkoholkonzentration	Wirkung
< 0,2 ‰ (entspricht etwa einem Glas Bier, 0,3 Liter)	Gefühl der Entspanntheit, vermehrte Redseligkeit und Geselligkeit, enthemmende Wirkung
0,5 ‰ (etwa 1 Liter Bier)	Zunahme der Risikobereitschaft und des Geschlechtstriebes, Abnahme der Reaktionsbereitschaft, Orgasmusminderung, beim Mann zusätzlich eine verminderte Erektionsfähigkeit
1,5 ‰ (2,5 Liter Bier bzw. 1,5 Liter Wein)	verstärkte Zunahme der Risikobereitschaft, weitere Abnahme der Reaktionsbereitschaft und der Bewegungskoordination, häufige Abnahme der Orgasmusfähigkeit, beim Mann zusätzlich häufig eine Erektionsunfähigkeit
2,5 ‰ (ca. 5 Liter Bier)	erhebliche Beeinträchtigung des Herzkreislaufsystems, Herz- und vor allem Atemstillstände sowie Bewusstseinsverluste häufen sich
ab 3 ‰ bis 5 ‰ (ab 1 Liter Wodka)	akute Todesfälle

1 Auswirkungen von unterschiedlichen Alkoholkonzentrationen

2 Alkohol-Polizeikontrolle

3 Manchmal in Diskotheken: „Koma-Saufen“

Die aufgenommene Alkoholmenge geht nicht vollständig ins Blut über. Man sprich daher von einem *Resorptionsdefizit*, das individuell zwischen 10 % und 30 % der aufgenommen Alkoholmenge liegt. Die Entstehung dieses individuellen Resorptionsdefizits ist noch nicht vollständig geklärt.

Abbau des Alkohols im Körper

Etwa 10 % des aufgenommenen Alkohols werden unverändert über die Nieren, die Haut und die Lungen ausgeschieden und können im Fall der Lunge z. B. durch einen Atemtest nachgewiesen werden. Der überwiegende Teil wird in der Leber abgebaut. Alkohol wird durch die Alkoholdehydrogenase (bei Alkoholikern zusätzlich zum Teil über das mikrosomale Ethanol oxidierende System (MEOS) zu dem giftigen Stoff *Acetaldehyd* umgebaut. Acetaldehyd verursacht die hauptsächlichen Schäden im Körper und auch den „Kater“ am Tag danach. Die Geschwindigkeit des Abbaus von Acetaldehyd kann nicht beeinflusst werden, da diese durch hohe $NADH + H^+$-Mengen begrenzt wird (▶ Stoff- und Energieumwandlung S. 356).

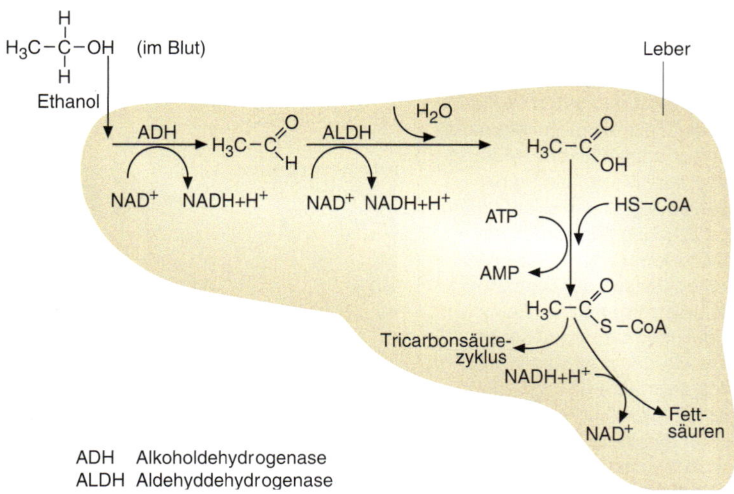

4 Alkoholstoffwechsel in der Leber

Unterschiedliche „Verträglichkeit“

Teile der ostasiatischen Bevölkerung besitzen eine genetisch bedingte Variante der Acetaldehyddehydrogenase, die das giftige Acetaldehyd langsamer abbaut. Daher verspüren sie eine intensive „Katersymptomatik“. „Trinkfeste“ Menschen können durch den Einsatz des MEOS zum Teil Alkohol schneller zu Acetaldehyd abbauen, vor allem aber verspüren diese trotz hohen Alkoholspiegels weniger Symptome des Rausches.

Aufgaben

① Erklären Sie, warum hochprozentige alkoholische Getränke besonders schnell ins Blut übergehen.

② Erklären Sie, warum Trinker, die zusätzlich das MEOS rekrutieren können, schneller unter katerähnlichen Symptomen wie Müdigkeit und Gereiztheit leiden.

③ Erklären Sie, warum „trinkfeste“ Menschen besonders häufig ihren Führerschein verlieren und warum bei diesen in vielen Fällen besonders starke Schädigungen der Leber und des Gehirns beobachtet werden.

Enzyme in der Medizin

Biochemical-Pathways

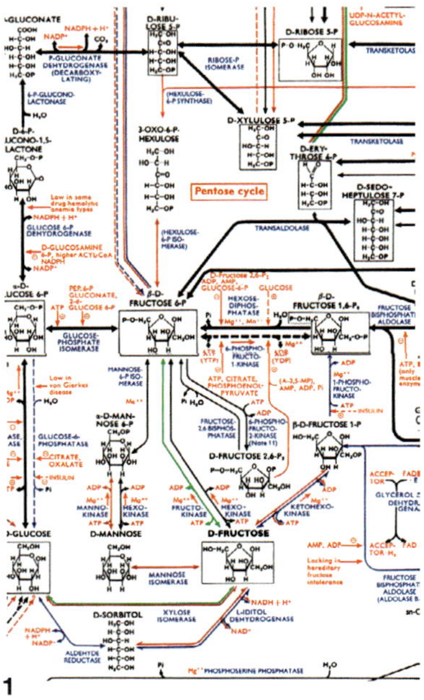

1

Inweltweit über einer Million Labor- oder Unterrichtsräumen hängt als Poster ein Überblick über die biochemischen Reaktionswege der Zellen. Dargestellt wird die Vielfalt der chemischen Stoffwechsel-Reaktionen und ihre Vernetzung. Die obige Abbildung zeigt einen Ausschnitt aus diesem Poster. Jeder Strich symbolisiert eine enzymatisch katalysierte Reaktion der beteiligten Verbindungen.

Enzyme katalysieren aber nicht nur unmittelbar den zentralen Energie- und den Baustoffwechsel (vgl. dazu DNA- Replikation und Proteinbiosynthese im Kapitel Genetik). Enzyme arbeiten auch bei der Signalübertragung durch intrazelluläre Botenstoffe oder extrazelluläre Hormone oder Transmitter mit (vgl. Kapitel Neurobiologie).

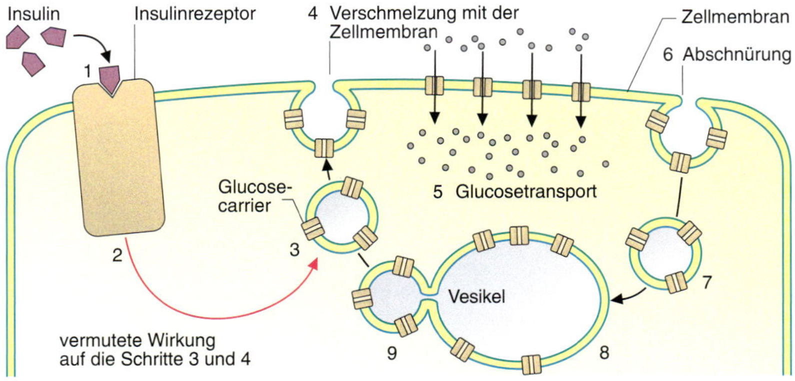

2

Auch bei der Körperabwehr oder dem Wundverschluss sind Enzyme aktiv (vgl. dazu Kapitel Immunbiologie).

Signalübertragung

Bei Zuckerkranken (Diabetikern) ist die Regulation der Blutzuckerkonzentration gestört. Das in der Bauchspeicheldrüse gebildete Hormon Insulin spielt dabei eine wichtige Rolle. Ein zu hoher Blutzuckerspiegel infolge zu geringer Insulinausschüttung führt zu osmotisch bedingtem Wasserverlust der Gewebe. Das Wasser wird dann mit übermäßig viel Salzen über die Niere ausgeschieden. Ein zu hoher Insulinspiegel senkt den Blutzuckergehalt. Eine länger andauernde Unterzuckerung kann z. B. zu einer Schädigung von Gehirnzellen führen. Diese haben einen überdurchschnittlich hohen Energiebedarf und sind auf eine ständige Zufuhr von Glucose angewiesen.

Insulinmoleküle entfalten ihre Wirkung dadurch, dass sie von Insulinrezeptoren der Zellmembran gebunden werden (Abb 2). Der Rezeptor besteht aus mehreren Untereinheiten. Auf der Innenseite der Zellmembran haben die Untereinheiten enzymatische Wirkung. Diese Enzyme aktivieren ein Signalprotein. Dieses Signal veranlasst den Einbau von Glucose-Carriern in die Zellmembran, sodass in der Folge vermehrt Glucose aus der Blutbahn in die Zelle einströmen kann. Beim Absinken des Insulinspiegels werden die Glucose-Carrier weiterhin kontinuierlich ins Zellinnere geschleust, sodass die Fähigkeit zur Glucoseaufnahme vermindert wird. Einen solchen Carriertransport von Glucose hat man bei roten Blutzellen und auch bei Gehirnzellen nachgewiesen.

Eine Signaltransduktion unter Beteiligung von enzymatisch aktiven Proteinkomplexen wird auch bei den Sinneszellen der Augennetzhaut beschrieben (s. Seite 214).

Multienzymkomplexe

Fettsäuren werden in einem Stoffwechselweg mit sieben Enzymen synthetisiert, wobei die Produkte jeweils die Substrate des benachbarten Enzyms darstellen. Während des Prozesses verlässt die entstehende Fettsäure nicht den Komplex. Ein Multienzymkomplex ist auch beim Komplementsystem der körpereigenen Abwehr aktiv (vgl. Kapitel Immunbiologie).

Enzyme als Medikamente

Bestimmte Magen-Darm-Erkrankungen oder eine verminderte Ausschüttung von Enzymen durch die Bauchspeicheldrüse führen zu einer mangelhaften Verdauung der Nahrung. Sie können mit darmwirksamen Enzympräparaten behandelt werden (s. Abbildung 3).

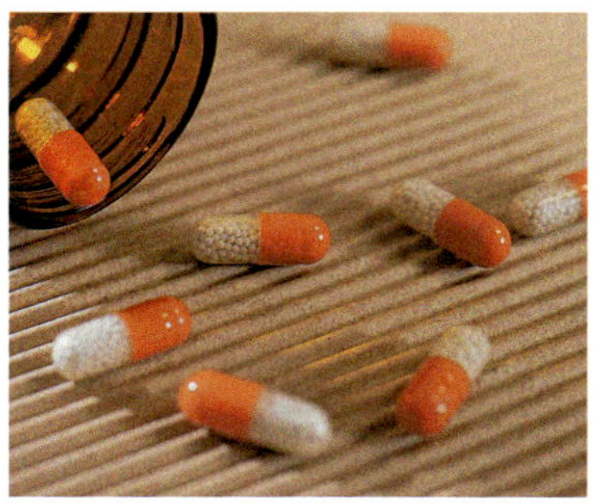

3 Kapseln mit magenresistentem Überzug

Der Wundverschluss durch *Blutgerinnung* ist lebenswichtig. Entsteht ein Blutgerinnsel jedoch in einem Blutgefäß und verschließt dieses, kann das lebensbedrohend sein (Abb. 3). Ist ein Herzkranzgefäß davon betroffen, kommt es zum Herzinfarkt, bei dem ein mehr oder weniger großer Teil des Herzmuskels abstirbt. Vorangegangen ist immer eine sich langsam entwickelnde Verengung eines Kranzgefäßes, in dem sich dann bevorzugt ein solches Gerinnsel bildet. Durch den Einsatz bestimmter Enzyme kann man heute das Infarktrisiko senken. Die Enzyme sind in der Lage, das aus Eiweißen bestehende Fibringerüst des Blutgerinnsels aufzulösen, sodass der Weg wieder frei wird.

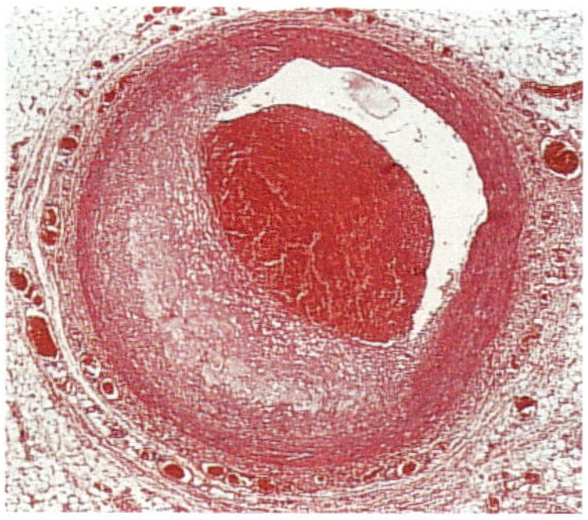

4

Hemmstoffe als Medikamente

Acetylsalicylsäure, kurz *ASS,* ist ein weit verbreiteter schmerzstillender, blutgerinnungs- und entzündungshemmender sowie fiebersenkender Wirkstoff. Das seit 100 Jahren hergestellte Medikament hemmt irreversibel die Cyclooxygenase, welche an der Bildung der entzündungsverstärkenden Gewebshormone beteiligt ist. Die gehemmten Enzyme werden abgebaut. Gleichzeitig werden neue Enzyme von den Zellen gebildet, wenn ASS abgesetzt wird.

Antibiotika, die bei bakteriellen Infektionen eingesetzt werden, zielen häufig auf die Enzyme der DNA-Replikation und Proteinbiosynthese der prokaryotischen Krankheitserreger, da hier andere Enzyme als bei den Erkrankten vorkommen. Zum Beispiel katalysiert die Gyrase eine Entwindung der bakteriellen DNA.

Daher sind zunächst nur geringe Nebenwirkungen der Medikamente zu erwarten. In der Praxis werden aber auch die symbiontisch lebenden Bakterien der Erkrankten oder eukaryotische Stoffwechselprozesse in Mitleidenschaft gezogen.

Enzyme in der med. Diagnosik

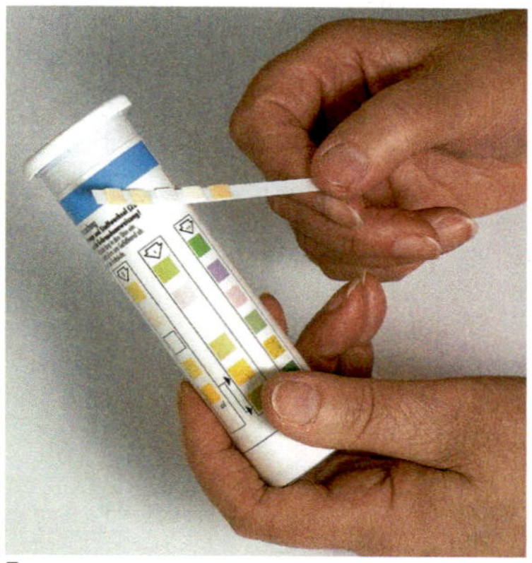

5

Wurde früher mithilfe der relativ unspezifischen Fehlingprobe der Harn auf Glucosegehalt überprüft, so wird heute eine schnelle und zuverlässige Teststäbchenmethode angewandt.

Das Teststäbchen enthält das Enzym Glucoseoxidase, welches Glucose zu Gluconolakton oxidiert. Der große Vorteil liegt in der Substratspezifität des Enzyms. Als weiteres Produkt entsteht Wasserstoffperoxid, welches durch die ebenfalls auf den Teststreifen aufgebrachte Peroxidase zu Wasser und Sauerstoff umgesetzt wird. Der Sauerstoff wiederum oxidiert einen Farbstoff, der dadurch blau wird. Die angezeigte Farbe ist somit ein Maß für den Glucosegehalt des Harns. Unterschiedlich empfindliche Testflächen, zeigen je nach Glucosegehalt eine Farbabstufung (s. Abb. 5).

Blutzuckermessgerät

Ebenfalls auf dem Prinzip der Oxidation von Glucose durch das Enzym Glucoseoxidase beruht die mehrmalige tägliche Kontrolle des Blutzuckers durch die Zuckerkranken selbst. Der dem Körper entnommene Tropfen Blut wird mit einem kleinen Messgerät, auf den Glucosegehalt hin genau analysiert. In dem Messgerät ist Glucoseoxidase zwischen zwei Membranen in einem gelartigen Material eingeschlossen. Aus dem Bluttropfen können Sauerstoff und Glucose von der einen Seite in den Zwischenraum hineindiffundieren. Dort wird oxidiert. Das dabei entstehende H_2O_2 gibt auf der anderen Seite Elektronen an eine Elektrode ab, sodass ein elektrisches Signal entsteht. Dieses wird in eine direkte Anzeige des Glucosegehaltes umgesetzt. Der Zuckerkranke kann anhand der selbst ermittelten Daten die zu spritzende Insulinmenge bestimmen.

Inzwischen kann man eine Reihe weiterer Substanzen, z. B. Ethanol, mit einer Messsonde in ähnlicher Weise mengenmäßig genau bestimmen. Messsonden, deren Funktion auf Biomolekülen beruht, werden als Biosensoren bezeichnet.

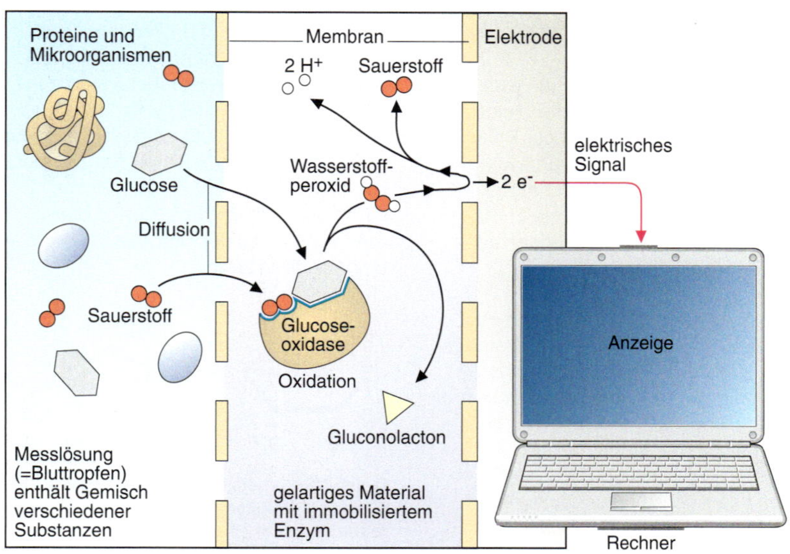

6 Prinzip der elektronischen Blutzuckermessung

Enzyme in Haushalt, Industrie und Medizin

Man kennt heute über 2000 verschiedene Enzyme. Ein Teil von ihnen wird großtechnisch hergestellt und findet im Haushalt, in Industrie und Medizin Verwendung. In den letzten Jahrzehnten hat sich die Enzymproduktion zu einem wichtigen Zweig der Biotechnologie entwickelt.

Saubere Wäsche

Die Qualität von Waschmitteln wird am schonenden Umgang mit den Textilien, dem Reinigungseffekt und der Belastung des Wassers gemessen. Heute sind nur noch wenige Waschmittel auf dem Markt, die keine Enzyme enthalten. Enzymhaltige Waschmittel lösen auch hartnäckigen Schmutz.

Möglich wurde die Herstellung dieser Waschmittel erst, als es gelang, ausreichende Mengen Proteasen großtechnisch zu gewinnen. Im Forschungslabor der dänischen Carlsberg-Brauerei fanden Wissenschaftler heraus, dass Bakterien der Gattung *Bacillus* Proteasen in das Kulturmedium ausscheiden. Heute werden pro Jahr ca. 500 Tonnen dieser Proteasen für die Waschmittelherstellung benötigt.

Unter welchen Reaktionsbedingungen müssen die Waschmittel-Proteasen wirksam sein?
Mit welchem Experiment könnte man die Reinigungswirkung eines Waschmittels mit Protease gegenüber einem enzymfreien Mittel überprüfen?

Von der Stärke zum Flüssigzucker

Wohl in keinem Haushalt darf Zucker fehlen. Als weißer oder brauner Kristallzucker, als Würfel- oder Kandiszucker gehört er einfach zu unserem Alltag. Der im Haushalt verwendete Zucker, die *Saccharose*, ist ein Disaccharid. Sie wird aus Zuckerrüben oder Zuckerrohr gewonnen. Verglichen mit anderen Zuckern hat Saccharose eine starke Süßkraft.

Saccharose	100
Fructose	173
Glucose	74
Invertzucker	130
Maltose (Malzzucker)	32
Lactose (Milchzucker)	16

Relative Süßkraft verschiedener Zucker

Dennoch übertrifft die *Fructose* die Saccharose an Süßkraft deutlich. Verschiedene Zweige der Lebensmittelindustrie, vor allem Getränke-, Back- und Süßwarenherstellung, benötigen große Mengen an Zucker. In flüssiger Form lässt er sich dabei in der Regel besser verarbeiten als in kristalliner und süßer ist Flüssigzucker auch.

Flüssigzucker erhält man durch Stärkeverzuckerung unter Verwendung der Enzyme *Amylase* und *Glucoamylase*. Durch Amylase wird das Polysaccharid Stärke zunächst in Bruchstücke, nachfolgend durch Glucoamylase in das Monosaccharid Glucose zerlegt. Um die Süßkraft des so erhaltenen Sirups noch zu steigern, kann durch den Einsatz eines weiteren Enzyms, der *Glucoisomerase*, ein Teil der Glucose in Fructose umgewandelt werden.

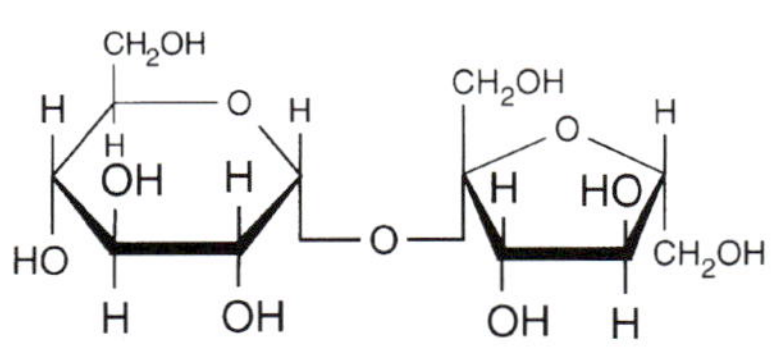

In den USA ist die Verwendung von Flüssigzucker weit verbreitet. In der Bundesrepublik macht er nur einen sehr kleinen Anteil am Zuckerverbrauch aus. Welche Gründe könnten dafür verantwortlich sein?

Zuckerrübenernte

Mais ist der Hauptlieferant für Stärke zur Verzuckerung.

Biosensoren

Messgeräte sind oftmals mit Fühlern ausgestattet. Sie nehmen Signale auf und leiten sie an den *Transduktor* weiter. Dieser wandelt das Signal in eine messbare, physikalische Größe wie Strom, Wärme oder Licht um. Techniker konstruieren Messfühler mit Enzymen als biologische Komponente. Man bezeichnet sie als *Biosensoren* bzw. *Enzymelektroden*. Derart ausgestattete Messgeräte werden zur Kontrolle biotechnologischer Verfahrensabläufe eingesetzt. So kann der pH-Wert in einem Kulturmedium mithilfe des Enzyms Penicillin-Acylclase im Biosensor bestimmt werden.

Welche Vorteile besitzen Biosensoren gegenüber traditionellen Messfühlern?

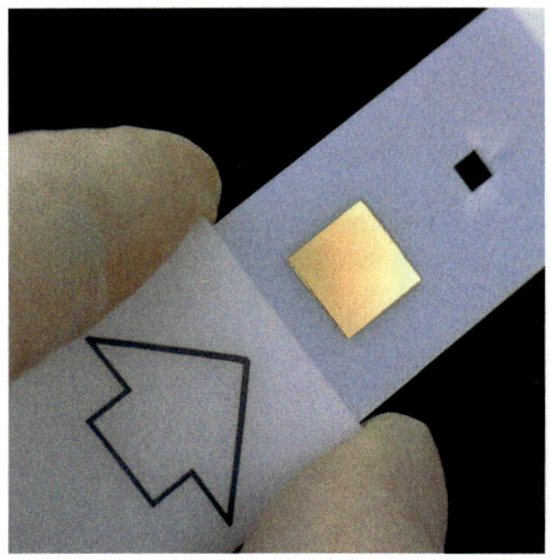

Damit der Käse gelingt

Ein Blick in die Käsetheke einer Verkaufsstelle offenbart die Produktvielfalt. Was der Käufer meist nicht weiß: Bei der Käseherstellung ist der Einsatz von Enzymen zur Gerinnung der Milch unverzichtbar. Traditionell wird dazu das *Labferment* aus Kälbermägen als Schlachtnebenprodukt genutzt. Hinzugekommen sind in den letzten Jahrzehnten biotechnologisch erzeugte Enzyme aus Mikroorganismen. Nur mit deren Hilfe kann der gestiegene Bedarf gedeckt werden.

Welche Zusammensetzung hat Milch? Erklären Sie die Wirkungsweise der zur Milchgerinnung eingesetzten Enzyme und die Ursache der Gerinnung.

Wenn der Magen drückt

Bei Stoffwechselstörungen können Enzyme als Medikamente eingesetzt werden. Bestimmte Magen-Darm-Erkrankungen oder eine Leistungsschwäche des *Pankreas* (Bauchspeicheldrüse) führen zu einer mangelhaften Verdauung der Nahrung. Sie können mit darmwirksamen Enzympräparaten behandelt werden (siehe nebenstehenden Auszug aus einem Beipackzettel). Manche enthalten ein Pulver aus Schweinepankreas und damit Lipasen, Proteasen und Amylasen.

Die Enzyme sind in eine magensaftresistente Hülle eingeschlossen. Warum?

Recherchieren Sie, wie viel Bauchspeichel das Pankreas eines Erwachsenen pro Tag produziert.

Welche Funktionen erfüllen die zwei wichtigsten Proteasen Trypsinogen und Chymotrypsinogen, die Amylase und die Lipase im Bauchspeichel? In welchem Teil des Verdauungstraktes wirken die Enzyme?

Pankra 25 000 Kapseln
Wirkstoff: Pankreatin

Der arzneilich wirksame Bestandteil ist Pankreatin. 1 Kapsel mit magensaftresistenten Mikropellets enthält 300 mg Pankreatin aus Schweinepankreas, entsprechend 25 000 Lipase-, 18 000 Amylase- und 1 000 Protease-Einheiten nach PH.Eur.

Die sonstigen Bestandteile sind:
Dibutylphthalat, Dimeticon 1000, Gelatine, Macrogol 4 000, Methylhydroxypropylcellulosephthalat, dünnflüssiges Paraffin, Farbstoffe E 171, E 172.

Stoffgruppe:
Verdauungsenzyme der Bauchspeicheldrüse (Pankreasenzyme)

Darreichungsform und Inhalt:
Pankra 25 000 Kapseln sind in folgenden Originalverpackungen erhältlich:
- 50 Kapseln (N1)
- 100 Kapseln (N2)
- 200 Kapseln (N3)

Was ist Pankra 25 000 und wofür wird es angewendet?
Pankra 25 000 ist ein Arzneimittel zum Ersatz von Verdauungsenzymen.

Der Diabetes-Teststreifen

Mit einem einfachen Test kann jedermann abschätzen, ob sein *Blutzuckerspiegel* stimmt oder ob ein Verdacht auf Zuckerkrankheit *(Diabetes mellitus)* besteht. Dabei nutzt man aus, dass Personen mit zu hohem Blutzuckerspiegel Zucker mit dem Urin ausscheiden. Teststreifen, die Enzyme enthalten, machen es möglich.
Die käuflichen Streifen enthalten *Glucoseoxidase* und *Peroxidase*, dazu einen Stoff, der durch Wasserstoffperoxid von einer farblosen in die Farbform umgewandelt wird. Wird ein solcher Teststreifen in glucosehaltigen Urin der Testperson gehalten, so oxidieren die Enzyme den Zucker und bilden gleichzeitig Wasserstoffperoxid. Letzterer führt zur Färbung des Teststreifens.

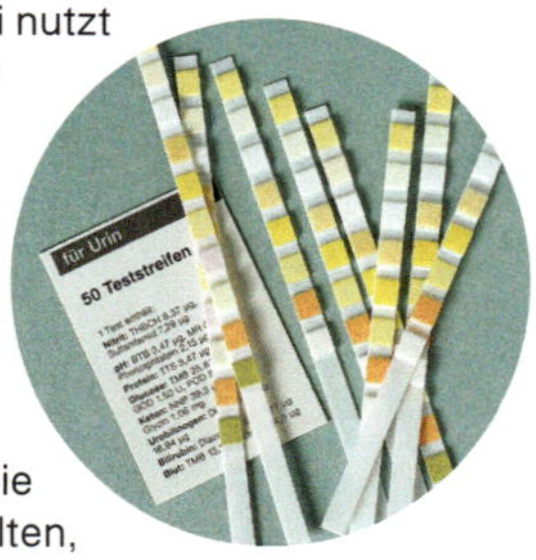

Diabetes tritt nicht nur im Alter auf. Was wissen Sie über den Typ-I-Diabetes bei Kindern und Jugendlichen? Welche organischen Ursachen hat die Krankheit? Überprüfen Sie doch einmal Ihren Urin. Sicherheit beruhigt. Teststreifen gibt es in jeder Apotheke.

Von der Tierhaut zum Schuh

Seit alters nutzt der Mensch Felle und Tierhäute als Kleidung und zur Herstellung von Gebrauchsgegenständen.
Mit der Behandlung und Zubereitung des Rohmaterials entwickelte sich die Gerberei als Industriezweig. Beim Gerben kommt es darauf an, die weichen Eiweißschichten der Häute zu entfernen. Bei der Ledergerberei sollen auch die Haare verschwinden. Von Bakterien *(Bacillus-Arten)* und mikroskopischen Pilzen *(Aspergillus-Arten)* in Fermentoren produzierte Proteasen ermöglichen oder beschleunigen diese Prozesse. Inzwischen haben die biotechnologisch erzeugten Enzyme die meisten der alten Gerbzusätze, wie Extrakte aus Schlachtabfällen oder Kot, abgelöst.

Warum eignen sich Mikroorganismen besonders gut zur großtechnischen Enzymproduktion?

Ernährung der Pflanzen

Lernsituation

Luft und Liebe reicht beim Menschen nicht zum Leben. Bei der Pflanze soll aber Licht, Luft und Wasser ausreichen?

Pflanzen sorgen im Zimmer und auf der Erde für ein angenehmes Raumklima. Sie produzieren Sauerstoff und befeuchten die Raumluft. Man sagt, Pflanzen seien Selbstversorger und benötigten nur Erde, Wasser, Luft und Licht.

Trotzdem können Pflanzen auf dem Fensterbrett eingehen. Braucht also eine Pflanze auch Dünger oder sollte man die Blätter mit Wasser besprühen, damit sie das Gießwasser besser aufnimmt? Und wenn ich das Gießen mal vergessen habe und die Blätter schlaff herunterhängen, hilft Gießen dann noch?

?

Leitfragen

Wer freut sich nicht über schöne Pflanzen? Braucht man für die Pflege der Pflanzen wirklich ein besonderes Gespür, einen „grünen Daumen"? Was ist wirklich notwendig, damit Pflanzen gedeihen?

Wie ist es den Pflanzen durch die Fotosynthese möglich, mit Licht, Luft, Mineralsalzen und Wasser Bau- und Betriebsstoffe wie Glucose herzustellen?

Pflanzen leben autotroph

So wie die Tiere nehmen auch Pflanzen aus ihrer Umgebung Stoffe auf und wandeln diese durch ihren *Stoffwechsel* zu körpereigenen Verbindungen um. Benötigt werden diese zur Erhaltung der Organismen, für Wachstum und Entwicklung. Genau wie Tiere geben auch Pflanzen Stoffe wieder ab.

Der *Energiehaushalt* der Pflanzen entspricht in den Grundprinzipien denen anderer Lebewesen. Aus der Umwelt wird Energie aufgenommen. Mit ihr werden die Lebensvorgänge aufrechterhalten, die körpereigenen Stoffe produziert und im Organismus transportiert. Im Gegensatz zu den Tieren sind grüne Pflanzen in der Lage, für die zur Synthese organischer Stoffe notwendige Energie das Sonnenlicht als Energiequelle zu nutzen. Grüne Pflanzen leben fotoautotroph. (▶ Stoff- und Energieumwandlung S. 356).

Pflanzen nehmen keine energiereichen organischen Nährstoffe, sondern einfache anorganische chemische Verbindungen auf. Sie sind auf mineralische Verbindungen aus dem Boden, Kohlenstoffdioxid aus der Luft und auf Wasser angewiesen.

Auf die von den autotrophen Pflanzen hergestellten organischen Stoffe und auf den von ihnen produzierten Sauerstoff sind fast alle anderen Lebewesen angewiesen. Ohne Übertreibung kann man behaupten, dass alles Leben auf der Erde von den grünen Pflanzen abhängt.

Die grünen Pflanzen produzieren im Rahmen der Fotosynthese mithilfe des Sonnenlichtes aus den chemischen Verbindungen Kohlenstoffdioxid und Wasser zunächst Einfachzucker und Sauerstoff. Die Zucker sind die Ausgangsstoffe für viele weitere körpereigene organische Verbindungen und Ausgangsstoffe für ihren Energiestoffwechsel. Werden Pflanzen und Tiere gefressen oder von Mikroorganismen zerstört, gehen die energiereichen Verbindungen auf diese Organismen über. Durch deren Stoffwechsel werden körpereigene Verbindungen hergestellt. Bei der Atmung werden die energiereichen Verbindungen verbraucht und Kohlenstoffdioxid sowie Wasser freigesetzt. Auch anaerobe Mikroorganismen nutzen die von Pflanzen produzierten Stoffe zur Energiefreisetzung beim Prozess der Gärung.

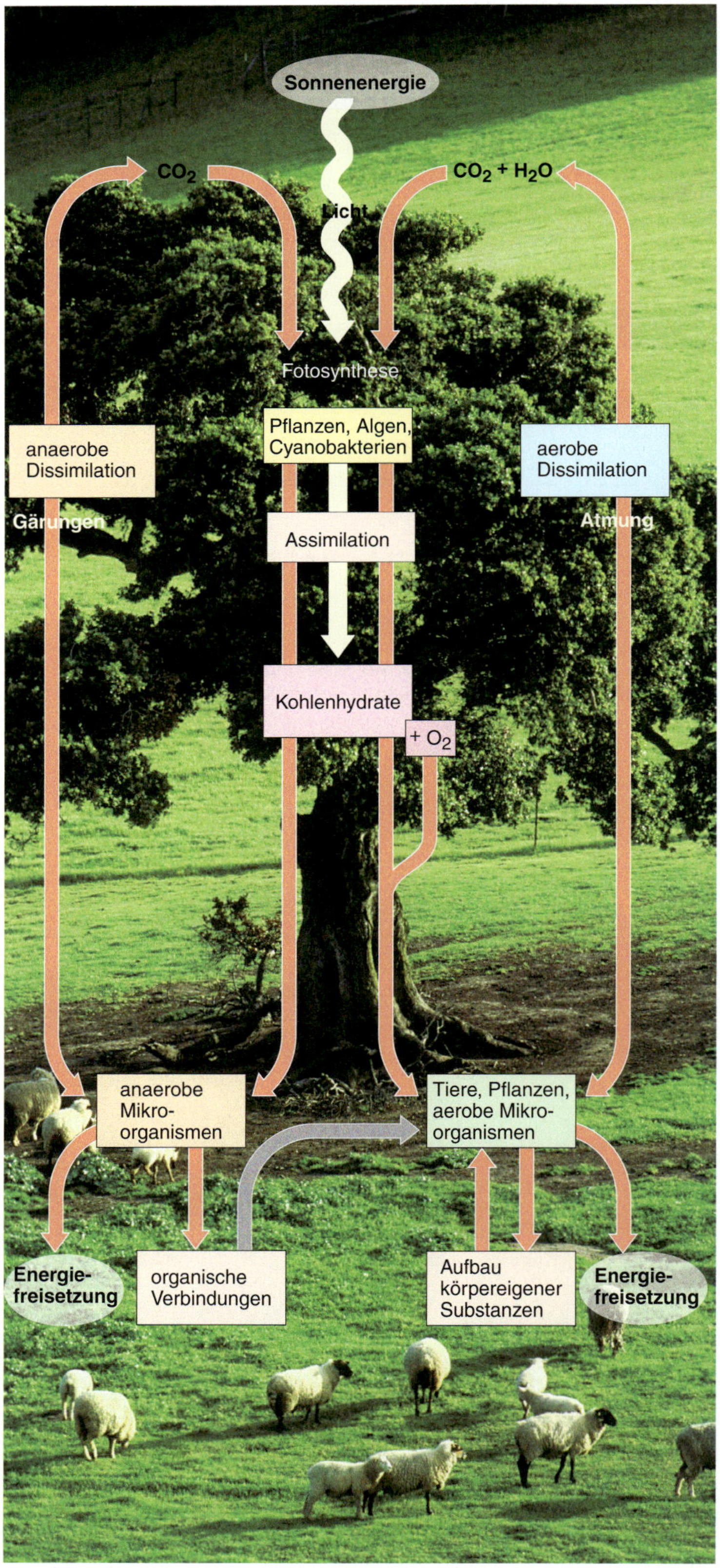

1 Energie bereitstellende Stoffwechselprozesse

Mineralstoffhaushalt der Pflanze

Den größten Teil des *Frischgewichtes* lebender Pflanzen macht das Wasser aus. Der Wasserhaushalt ist ein zentrales Problem der Stoffwechselvorgänge in der Pflanze.

Den Wassergehalt ermittelt man, indem die Pflanzen oder Pflanzenteile so lange bei 105 °C getrocknet werden, bis die Masse konstant bleibt. Erhitzt man diese Trockensubstanz unter Luftzufuhr auf hohe Temperaturen, so entweicht ein Teil der Elemente als Verbrennungsgas (CO_2, H_2O oder SO_2), während zahlreiche andere Elemente in der Asche zurückbleiben. Aus den *Ascheanalysen* allein kann jedoch nicht geklärt werden, ob diese Elemente für die Pflanze lebensnotwendig, d. h. *essenziell* sind, oder ob sie aus dem Boden nur zufällig aufgenommen und in der Pflanze abgelagert werden.

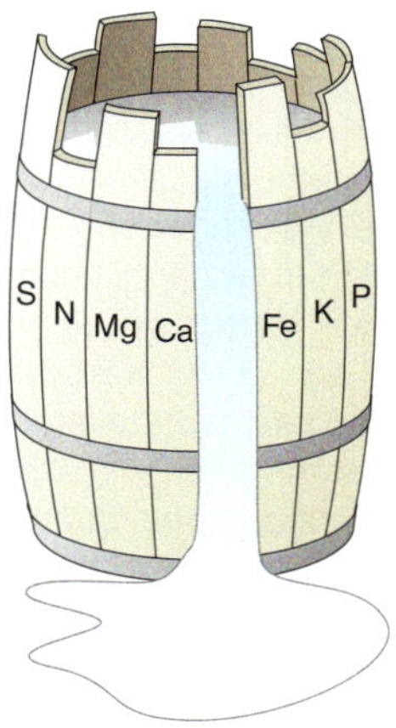

Gesetz des Minimums von Justus von Liebig

Genaue Aufschlüsse darüber, welche Elemente essenziell sind, erhält man durch Wasserkulturen. Dazu kultiviert man Pflanzen in Nährlösungen mit genau festgelegten Konzentrationen der einzelnen Elemente und deren Verbindungen. Fehlt ein Element, kann man mehr oder weniger starke *Mangelerscheinungen* beobachten. Diese zeigen sich z. B. im Vergilben der Blätter, am kümmerlichen Wachstum oder am Absterben von Pflanzenteilen.

Aus solchen und ähnlichen Experimenten konnte man eine Liste der essenziellen Elemente ermitteln. *Makroelemente* sind solche, die in größeren Mengen benötigt werden. Hierzu gehören: C, H, O, N, S, P, K, Ca, Mg, Fe. Die *Mikro-* oder *Spurenelemente* sind nur in kleinsten Mengen erforderlich, aber dennoch unentbehrlich: Mn, Cu, Zn, Mo, Cl, Na. Von den meisten dieser Elemente kennt man auch ihre Funktion im Bau- und Betriebsstoffwechsel.

Pflanzen nehmen die meisten der genannten Elemente in Form von in Wasser gelösten Ionen über die Wurzel auf. Ionen, die in höherer Konzentration im Boden vorliegen als in der Wurzel, gelangen passiv durch Diffusion in das Wurzelgewebe. Bestimmte Ionen werden jedoch aktiv in die Wurzel aufgenommen. Dieser Vorgang benötigt Energie in Form von ATP (s. Seite 95).

Nach dem Absterben der Pflanze oder als Ausscheidungen von Pflanzenfressern kehren die von der Pflanze aufgenommenen Elemente wieder in den Boden zurück. Der Stoffkreislauf ist geschlossen (▶ Stoff- und Energieumwandlung S. 356). Durch das Ernten der Pflanzen werden dem Boden viele Mineralstoffe entzogen. In der modernen Landwirtschaft nutzt man ihn über viele Jahre intensiv, dadurch verarmt er an bestimmten Ionen. Diese werden zum begrenzenden Faktor für das Pflanzenwachstum. Das von Justus von Liebig aufgestellte „Gesetz des Minimums" sagt dazu aus: Der in der relativ geringsten Menge vorliegende Faktor begrenzt das Wachstum (s. Randspalte). Mangel besteht häufig an Stickstoff, Phosphor und Kalium. Der Landwirt muss dem Boden durch Düngung die fehlenden Elemente wieder zuführen, um weiter hohe Erträge zu erzielen. Wichtig ist immer die ausreichende Versorgung mit Wasser, damit die Ionen aufgenommen werden können.

Der *biologisch-ökologische Landbau* versucht, einen geschlossenen Stoffkreislauf zwischen Boden, Pflanze, Tier und Mensch zu erhalten. Kennzeichnend hierfür ist die Pflege der im Boden lebenden Organismen durch eine umsichtige Bearbeitung und Düngung. Als Dünger werden hauptsächlich organische Materialien, wie aufgearbeiteter Mist oder Kompost, verwendet.

1 Pflanzen auf Versuchsfeldern in Mineralstoffmangelversuchen

Im Gewebe des Blattes verlaufen Leitbündel. Äußerlich sind sie als Blattadern erkennbar. Sie dienen der Festigkeit und Stabilität der Blätter und ihrer Versorgung mit Wasser und Mineralien. Die Wassermoleküle haben nur noch eine geringe Diffusionsstrecke zu den fotosynthetisch aktiven Zellen zurückzulegen. Außerdem gelangt der Wasserdampf auch leicht zu den Spaltöffnungen und kann dort verdunsten.

1 Blatt mit Leitbündeln

Im Spross der Pflanze befinden sich die Leitgefäße. Sie bestehen aus zwei Teilen. Im *Xylem* strömt das Wasser von der Wurzel in die Sprossachse und die Blätter. Das *Phloem* transportiert die Fotosyntheseprodukte aus den Blättern und verteilt sie in der Pflanze. Die Röhrensysteme des Xylems sind aus Zellen entstanden, die abgestorben und deren Querwände aufgelöst sind. Die Röhren erreichen eine Länge bis zu 10 m.

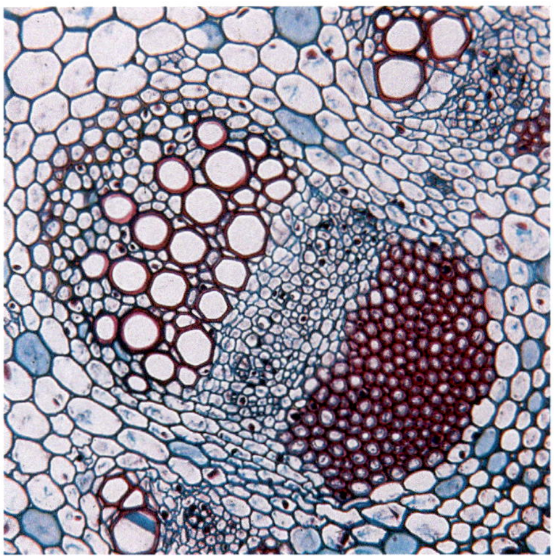

2 Leitgewebe

Die Wurzeln dringen mit ihren Wurzelhaaren in die mit Wasser gefüllten Hohlräume des Bodens. Wasser wird auf osmotischem Wege direkt in das Cytoplasma der Zellen aufgenommen oder es diffundiert in die Zellwände der Wurzelhaare. Auf dem Weg des Wassers von der Rinde in den Zentralzylinder liegt der *Caspary'sche Streifen*, eine wasserundurchlässige Einlagerung in den Zellwänden. Hier gelangt das Wasser aktiv aus den Zellwänden ins Cytoplasma.

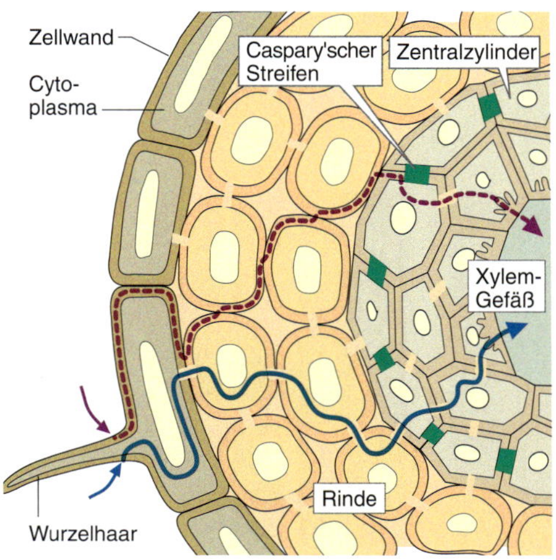

3 Weg des Wassers in der Wurzel

Wasserhaushalt der Pflanze

Mammutbäume haben Stammhöhen von 100 m oder mehr. Das Wasser muss aus dem Boden in die Blätter in 100m Höhe gelangen. Haupttriebkraft der enormen Transportleistung ist die Verdunstung der Wassermoleküle an der Blattoberfläche, die *Transpiration*. Die Wärmestrahlung der Sonne senkt die relative Luftfeuchte und vergrößert so das Konzentrationsgefälle des Wassers zwischen der Luft und dem Blattinnern, die Transpiration nimmt zu. In den Blättern entsteht ein Wasserdefizit, das durch Wasser aus den Blattzellen und den feinen Blattadern ausgeglichen wird. Dies bewirkt einen *Transpirationssog.*

Aufgrund der Dipoleigenschaften des Wassers halten Wasserfäden von den Blattadern über die Blattstiele und die *Leitungsbahnen* bis in die Wurzelspitzen fest zusammen. In den Leitungsbahnen der Laubbäume strömt das Wasser mit Geschwindigkeiten von 4 bis 44 m/h, in Lianen sogar mit 150 m/h. Misst man bei großen Bäumen die Wasserbewegung, so ist sie nachts nicht nachweisbar. Am Morgen beginnt die Wasserbewegung in der Krone und setzt sich über den Stamm bis zur Wurzel fort. In der Mittagszeit kann der Transpirationssog so groß werden, dass nicht genügend Wasser nachgeliefert werden kann und im Baumstamm ein Unterdruck entsteht. Daher sind einige Baumstämme zur Mittagszeit messbar schlanker als nachts. Durch spiralige Leisten sind die Zellwände der Leitungsbahnen ähnlich wie bei einem Staubsaugerschlauch versteift, sodass diese nicht durch den Unterdruck kollabieren können.

An Wurzelstümpfen frisch gefällter Bäume oder verletzten Baumstämmen tritt Flüssigkeit aus. Dies ist eine Folge des *Wurzeldruckes.* Er ist mit 5 000 hPa im Vergleich zum Transpirationssog von 930 000 hPa minimal und würde nicht für die Baumhöhe reichen. Er scheint dadurch zustande zu kommen, dass aus dem Cytoplasma stoffwechselaktiver Zellen osmotisch wirksame Substanzen ausgeschieden werden, denen das Wasser folgen muss. Das herausdiffundierende Wasser erzeugt den Wurzeldruck. Dieser erfordert den Aufwand von Stoffwechselenergie. Die biologische Bedeutung des Wurzeldrucks liegt darin, dass er selbst bei einer Luftfeuchtigkeit von fast 100 % einen Wassertransport gewährleisten kann. Im tropischen Regenwald ist er besonders entscheidend (▶ Variabilität und Angepasstheit S. 360).

Praktikum

Transpiration

Blätter verdunsten Wasser

Material: Beblätterte Zweige von Flieder, Bohnenpflanzen o. Ä., 6 Messzylinder (100ml), Vaseline und Paraffinöl

Durchführung: Schneiden Sie 5 gleich große Zweige mit jeweils derselben Anzahl von etwa gleich großen Blättern ab. Stellen Sie die Zweige in die mit Wasser gleich hoch gefüllten Gefäße:

Gefäß-Nr.
1 Kontrollprobe ohne Zweig
2 Zweig, von dem die Blätter abgetrennt wurden
3 Zweig mit Blättern (unbehandelt)
4 Zweig mit Blättern, deren Unterseiten dünn mit Vaseline bestrichen wurden
5 Zweig mit Blättern, deren Oberseiten dünn mit Vaseline bestrichen wurden
6 Zweig mit Blättern, deren Ober- und Unterseiten dünn mit Vaseline bestrichen wurden.

Gießen Sie zum Schluss auf die Wasseroberfläche eine dünne Schicht Paraffinöl (Abb. unten). Messen Sie alle 24 Stunden die Wasserstandshöhe in den Gefäßen. Bilden Sie die Differenzen zum jeweiligen Ausgangswert.

Aufgaben

① Stellen Sie diese Ergebnisse grafisch dar und deuten Sie die Befunde.

Blattoberseite und -unterseite

Material: Blätter einer Tulpe oder von Tradescantia, Mikroskop, Objektträger, Deckgläschen, Wasser, Pipette, Pinzette, Rasierklinge, 10%ige Natriumchloridlösung

Durchführung: Legen Sie ein Blatt mit der Unter- bzw. Oberseite nach oben über einen Bleistift und ritzen Sie es mit der Rasierklinge etwas ein (s. Abb.). Erfassen Sie mit der Pinzette die Schnittkante und ziehen Sie ein Stück der äußeren Gewebeschicht (Epidermis) vorsichtig ab.

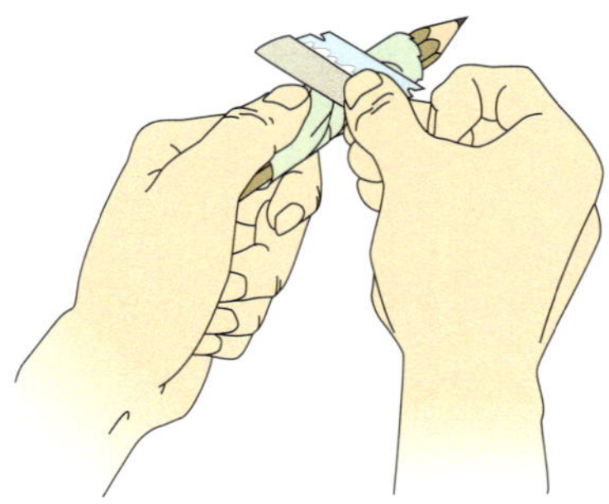

② Mikroskopieren Sie je ein kleines Gewebestück der Ober- und Unterseite des Blattes. Fertigen Sie Ausschnittsskizzen an. Zeichnen Sie insbesondere die Strukturen genau, über die eine Wasserabgabe erfolgen könnte.
Ermitteln Sie die Anzahl der Epidermiszellen im Sehfeld. Wie groß ist der prozentuale Anteil der Zellen, die die Spaltöffnungen umschließen?

③ Geben Sie anschließend zu dem Gewebestück der Blattunterseite einige Tropfen Natriumchloridlösung. Beobachten Sie unter dem Mikroskop und deuten Sie.

Anfärben einer Schließzelle

Material: Tradescantia-Blatt, dickwandiges Glas mit durchbohrtem Stopfen und Schlauchanschluss, wässrige Neutralrotlösung 1 : 10 000, Wasserstrahlpumpe

Durchführung: Legen Sie das Blatt in die Neutralrotlösung und infiltrieren Sie die Farblösung einige Minuten im Vakuum. Ziehen Sie Stückchen der oberen und der unteren Epidermis ab und vergleichen Sie.

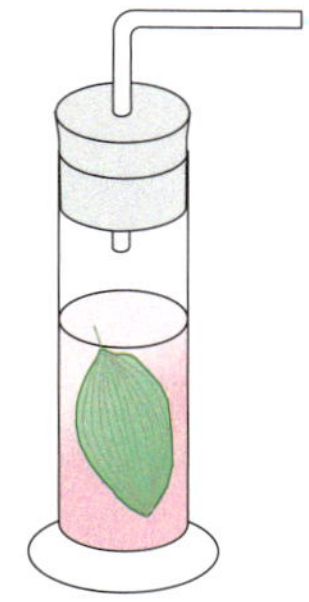

Porusgröße und Blattfläche

Material: Blätter einer Tulpe, Iris oder Tradescantia, Mikroskop, Objektträger, Deckgläschen, Wasser, Pipette, Pinzette, Rasierklinge, Okularmikrometer und Objektmikrometer

Durchführung: Präparieren Sie wie oben angegeben ein Gewebestück der Blattunterseite. Eichen Sie das Okularmikrometer (s. Seite 13).

④ Zählen Sie die Spaltöffnungen auf 1 mm². Messen Sie mithilfe des Okularmikrometers die Länge und Breite von 10 Spaltöffnungen und bestimmen Sie die Mittelwerte. Nehmen Sie stark vereinfacht an, dass Spaltöffnungen rechteckig seien. Berechnen Sie die Fläche eines Porus, die Fläche aller Pori pro mm² Blattfläche und ihren prozentualen Anteil.

Der Randeffekt

Material: 5 Petrischalen, Filterpapier, Korkbohrer (siehe Tab.), Stecknadel, Wasser, Pipette, Waage (10-mg-Skala).

Durchführung: Legen Sie die Böden der Petrischalen mit zwei Lagen Filterpapier aus. Pipettieren Sie 6 ml Wasser darauf. Stanzen Sie, den Angaben in der Tabelle entsprechend, Löcher in die Alufolie, mit der Sie die Petrischalen abdecken.

Petrischale	Durchmesser	Anzahl
1	ganz geschlossen	
2	14 mm	1
3	7 mm	4
4	5 mm	8
5	0,5 mm	784

Wiegen Sie die Petrischalen sofort und nach jeweils 30 min.

⑤ Berechnen Sie jeweils die Gesamtfläche und den Umfang der Löcher sowie die Gewichtsdifferenzen. Deuten Sie das Ergebnis und beziehen Sie Ihre Ergebnisse auf die Transpiration bei Pflanzen.

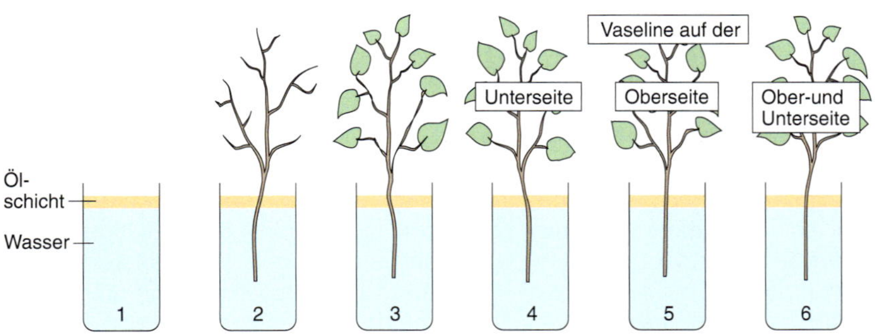

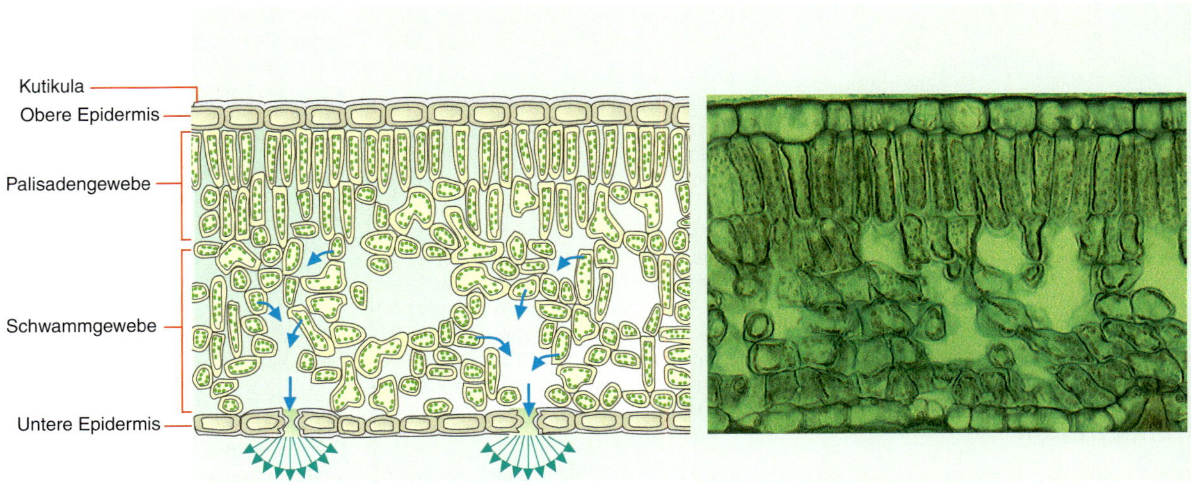

1 Zeichnung und mikroskopische Aufnahme eines Blattquerschnittes

Bau und Funktion des Blattes

Die Form der Blätter variiert von kleinen Schuppen bis zu meterlangen Wedeln, vom Laubblatt bis zur Nadel. Meist sind die Blätter grün, haben eine große Oberfläche, ihre Lage ist exponiert und sie stehen senkrecht zum Lichteinfall. Die Blätter haben vor allem zwei Funktionen zu erfüllen: *Transpiration* und *Fotosynthese*. Für den Vorgang der *Fotosynthese* sind Kohlenstoffdioxid, Wasser und Licht notwendig.

Die Blätter werden von einer einlagigen Zellschicht, der *Epidermis*, nach außen abgegrenzt. Sie ist frei von *Chloroplasten* und enthält somit auch kein *Chlorophyll*. Die äußeren Zellwände der Epidermis sind verdickt und schließen lückenlos aneinander. Auf die Zellen aufgelagert ist die *Kutikula*, eine für Wasser und Gase schwer durchlässige Wachsschicht. In der Regel erkennt man auf der Blattunterseite die *Spaltöffnungen (Stomata)*. Sind sie geöffnet, so können Gase wie Sauerstoff, Kohlenstoffdioxid und Wasserdampf durch sie diffundieren.

Im mikroskopischen Bild eines Blattquerschnittes fallen besonders große, senkrecht zur Blattoberseite stehende, zylindrische Zellen auf. Sie stehen dicht gedrängt. Lediglich feine Spalten durchziehen dieses Gewebe. Diese Zellschicht heißt *Palisadengewebe*, da die Zellen im Schnitt wie Pfähle einer *Palisadenwand* aufgereiht sind. Das Palisadengewebe kann ein- oder mehrschichtig sein, es enthält etwa 80 % der Chloroplasten eines Blattes und erscheint im mikroskopischen Querschnittsbild daher meist intensiv grün gefärbt. Die Palisadenzellen sind der Hauptort der Fotosynthese (▶ Stoff- und Energieumwandlung S. 356).

Unter der Palisadenschicht liegt ein lockerer Gewebebereich, dessen Zellen sehr unterschiedliche und unregelmäßige Formen besitzen. Man erkennt zahlreiche Zwischenräume, die sogenannten *Interzellularen*, die untereinander in Verbindung stehen und mit den in der unteren Epidermis liegenden Spaltöffnungen und den feinen Spalten zwischen manchen Palisadenzellen Kontakt haben. Die Zellen dieser Gewebeschicht, die man als *Schwammgewebe* bezeichnet, besitzen deutlich weniger Chloroplasten als die Zellen des Palisadengewebes.

Eingebettet in Palisaden- und Schwammgewebe liegen die *Blattleitbündel*, die wie Adern das Blatt durchziehen. Über sie werden alle Teile des Blattes mit Wasser und Nährsalzen versorgt. Fotosyntheseprodukte, die nicht im Blatt gespeichert werden, gelangen über die Blattleitbündel in Stamm und Wurzel.

Aufgrund des weit verzweigten Interzellularsystems ist die innere Zelloberfläche 100-mal so groß wie die Blattoberfläche. Dadurch wird ein intensiver Stoffaustausch zwischen den Fotosynthese treibenden Zellen, den Leitbündeln und den Spaltöffnungen ermöglicht. Kohlenstoffdioxid kann ungehindert zu den Zellen diffundieren, sowie Sauerstoff und Wasserdampf in umgekehrter Richtung zu den Spaltöffnungen.

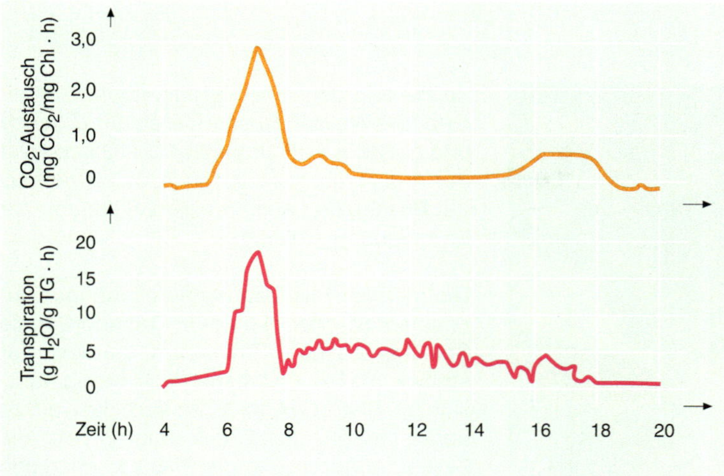

1 Transpirationsrate und Gasaustausch im Tagesverlauf

Pflanzen machen Mittagspause

Pflanzen können die Öffnungsweite ihrer *Spaltöffnungen (Stomata)* verändern. Mit zunehmender Lichtintensität im Laufe des Vormittags vergrößert sie sich, dagegen schließen sich in trockenen Lebensräumen die Spaltöffnungen zur Mittagszeit. Erst am späten Nachmittag öffnen sie sich erneut.

Parallel zu diesen Bewegungsvorgängen verändert sich die *Transpirationsrate*, was vermuten lässt, dass der Wasserdampf fast ausschließlich über die Spaltöffnungen *(stomatäre Transpiration)* entweicht. Messungen bei geschlossenen Stomata belegen, dass die Transpiration durch die Kutikula *(kutikuläre Transpiration)* sehr gering ist.

Die meisten Blätter besitzen zahlreiche Stomata. Die Summe aller Öffnungen beträgt jedoch nur 0,5 bis 2% der Blattfläche. Trotzdem verdunstet ein Blatt mittels stomatärer Transpiration bis zu 60% der Wasserdampfmenge, die eine gleich große, unbedeckte Wasseroberfläche abgibt.

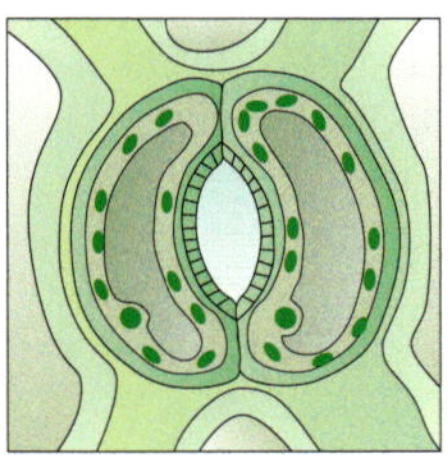

offen

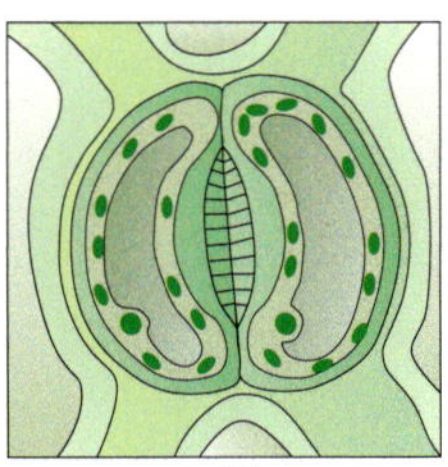

geschlossen

Spaltöffnung

Die von der offenen Fläche verdunstenden Moleküle diffundieren in die gleiche Richtung und behindern sich gegenseitig. Demgegenüber können über eine Vielzahl kleiner Poren, die zusammen die gleiche Fläche ergeben, in der gleichen Zeit wesentlich mehr Wassermoleküle austreten. Dies liegt daran, dass sich über jeder Pore eine halbkugelförmige Wasserdampfkuppe bildet und die Wassermoleküle ohne gegenseitige Störungen auch nach den Seiten diffundieren können *(Randeffekt)*.

Alle Poren sind umgeben von zwei meist bohnenförmigen *Schließzellen*, die in ihrer Mitte einen Spalt freilassen und sich an ihren Enden berühren. Ihre unmittelbaren Nachbarzellen werden als *Nebenzellen* bezeichnet. Sie gehören ebenfalls zum Spaltöffnungsapparat. Die Schließzellen enthalten als einzige Zellen der Epidermis Chloroplasten, sie können also Fotosynthese betreiben. Eine weitere Besonderheit ist die unterschiedliche Verdickung der Zellwände. Die Außen- und Innenwände sind besonders massiv gebaut, also relativ starr und formstabil. Die an die Nebenzellen grenzenden Zellwände sind unverdickt und folglich elastisch. Auch die dem Spalt zugewandte Seite der Schließzellen besitzt einen dünnen, elastischen Bereich. Erhöht sich der Innendruck *(Turgor)* der Schließzellen, so dehnen sich die elastischen Rückenwände. Die Zellen wölben sich in die Nebenzellen hinein. Da die Außen- und Innenwände relativ starr sind, wird die etwas elastische Bauchseite durch die Bewegung der Rückenseite nachgezogen. Die Schließzellen werden stärker bohnenförmig, der Spalt öffnet sich (s. Randspalte).

Die Öffnungsweite des Spaltes hängt ausschließlich vom Turgor der Schließzellen ab. Da bei Wassermangel auch in diesen Zellen der Turgor abnimmt, wird verständlich, dass sich die Stomata unter diesen Bedingungen schließen. Der Spaltenschluss schränkt die Transpiration ein.

Abbildung 1 zeigt, dass die Öffnungsweite der Schließzellen indirekt von der Lichtintensität beeinflusst wird. Begast man das Interzellularsystem mit kohlenstoffdioxidfreier Luft, so öffnen sich die Spaltöffnungen auch im Dunkeln. Daraus folgt, dass die Lichtintensität die Öffnungsweite der Stomata nur indirekt über die Konzentration des Gases CO_2 steuert.

Aufgrund der unterschiedlichen wissenschaftlichen Befunde versteht man heute die Bewegung der Spaltöffnungen als ein kompliziertes physiologisches Geschehen. Die unmittelbare Ursache der Spaltöffnungsbewegung ist die Differenz zwischen dem Turgor in den Schließzellen und dem in den angrenzenden Nebenzellen. Die Turgorschwankungen aber werden von mehreren miteinander in Wechselwirkung stehenden Regelkreisen kontrolliert, bei denen Lichtintensität, Kohlenstoffdioxidkonzentration und die Umverteilung von Kaliumionen zwischen den Zellen wichtige Größen sind (▶ Steuerung und Regelung S. 354).

1 Lichtdurchflutete Blätter

2 Solarmobil

Die Sonne spendet Leben: Die Fotosynthese

Tiere, Pilze und die meisten Bakterien benötigen energiereiche Substanzen, aus denen in Abbauprozessen Energie freigesetzt wird, mit deren Hilfe sie energiereiches ATP synthetisieren. Auch die im *Baustoffwechsel* entstehenden körpereigenen Substanzen sind energiereich.

Dies trifft nicht für grüne Pflanzen zu. Sie nehmen in der Regel keine organischen oder anderen energiereichen Substanzen auf. Und dennoch zeigen sie die für alle Lebewesen typischen, Energie benötigenden Merkmale wie Fortpflanzung und Bewegung.

Grüne Pflanzen nutzen das riesige Energiereservoir der Sonne aus. Mithilfe der Lichtenergie werden im Prozess der *Fotosynthese* die anorganischen Stoffe Kohlenstoffdioxid und Wasser zu energiereicher Glucose und zu Sauerstoff umgebaut. Die Glucose ist der Ausgangsstoff für den Baustoffwechsel der Pflanze und auch für die Zellatmung zur Energiebereitstellung.

Die meisten Pflanzen bauen allerdings Glucose sofort oder nach dem Transport in die Speicherorgane in Stärke um, da diese nur schwer löslich und osmotisch wenig wirksam ist. Dadurch wird verhindert, dass ein zu hoher osmotischer Druck entsteht, der die Zellen zerstören und die Pflanze schädigen könnte. Vor allem nachts, wenn die Energie des Sonnenlichts fehlt, wird ein Teil der Stärke über Glykolyse, Tricarbonsäurezyklus und die Atmungskette unter Aufnahme von Sauerstoff wieder abgebaut.

Das Reaktionsschema der Fotosynthese entspricht formal der Umkehrung des Reaktionsschemas der Zellatmung:

$$6\,CO_2 + 12\,H_2O \rightarrow C_6H_{12}O_6 + 6\,O_2 + 6H_2O$$

Daher wird auch genau dieselbe Energiemenge in der Glucose gespeichert (2836 kJ/mol), die bei ihrem Abbau in der Zellatmung frei wird.

Die Nutzung energiereicher organischer Substanz, wie bei der Zellatmung oder der Gärung, stellt einen Abbauprozess *(Dissimilation)* dar. Die Fotosynthese dagegen, bei der mithilfe der Lichtenergie Glucose entsteht, ist ein Aufbauprozess *(Assimilation):* Unter Energiezufuhr wird aus energiearmen anorganischen Stoffen energiereiche organische Substanz aufgebaut (▶ Stoff- und Energieumwandlung S. 356).

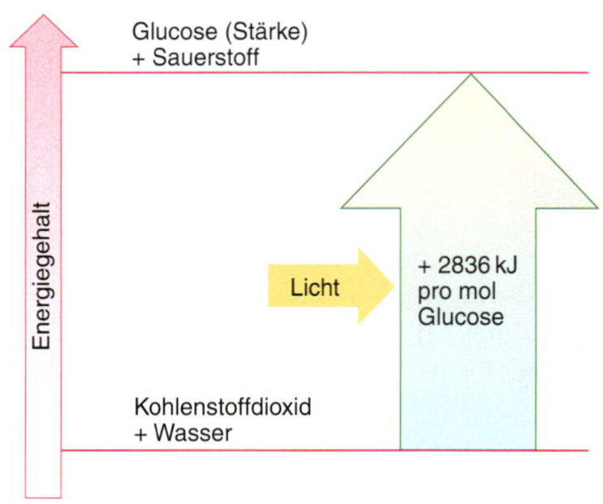

3 Die Fotosynthese – ein Assimilationsprozess

Versuche zur Fotosynthese

Bedeutung der Außenfaktoren

Geräte: großes Becherglas, Diaprojektor, verschiedene Farbfilter: violett, blau, grün, rot
Material: frische Sprosse der Wasserpest (Elodea)

Durchführung:

a) Füllen Sie das Becherglas zur Hälfte mit abgekochtem, abgekühltem Leitungswasser. Geben Sie einen Spross der Wasserpest hinein und schneiden Sie ihn unter Wasser am unteren Ende schräg an. Belichten Sie mit dem Projektor aus ca. 20 cm Abstand und bestimmen Sie über 5 Minuten die Anzahl der Gasblasen, die an der Schnittstelle austreten.
b) Füllen Sie das Becherglas mit CO_2-haltigem Mineralwasser auf (ungefähr gleiche Temperatur wie das Leitungswasser). Bestimmen Sie erneut über 5 Minuten die Zahl der Gasblasen pro Minute.
c) Schalten Sie den Diaprojektor ab und ermitteln Sie wieder über 5 Minuten die Anzahl der Gasblasen pro Minute.
d) Schalten Sie den Diaprojektor wieder an. Schieben Sie anschließend einen Farbfilter in den Diaprojektor. Messen Sie nun über 10 Minuten die Anzahl der Gasblasen. Verwenden Sie gruppenteilig verschiedene Farbfilter.

Aufgaben

① Stellen Sie zur Auswertung die Versuchsergebnisse grafisch dar (Blasenanzahl pro Minute gegen die Wellenlänge des Farbfilters). Welche Schlüsse lassen sich aus den Versuchen ziehen?
② Deuten Sie die Ergebnisse aller Versuche.

Dünnschichtchromatographie

Die Chromatographie ist eine Methode zur Trennung von gelösten Stoffgemischen. Sie wird heutzutage in fast allen Bereichen der biologischen Forschung eingesetzt. Hierzu trägt man das Gemisch auf ein Trägermaterial (z. B. Papier oder Kieselgel) auf. Anschließend lässt man ein Laufmittel durch das Trägermaterial fließen. Die einzelnen Bestandteile des Gemisches haften wegen ihrer verschiedenen Eigenschaften einerseits unterschiedlich fest am Trägermaterial und werden andererseits unterschiedlich gut mit dem Laufmittel transportiert. Dadurch legen sie unterschiedliche Strecken zurück (Laufstrecken), anhand derer sie identifiziert werden können. Als Maßzahl dient dabei der sogenannte R_f-Wert. Darunter versteht man den Quotienten aus der Laufstrecke und der Frontstrecke (Startlinie bis zur Lösungsmittelfront).

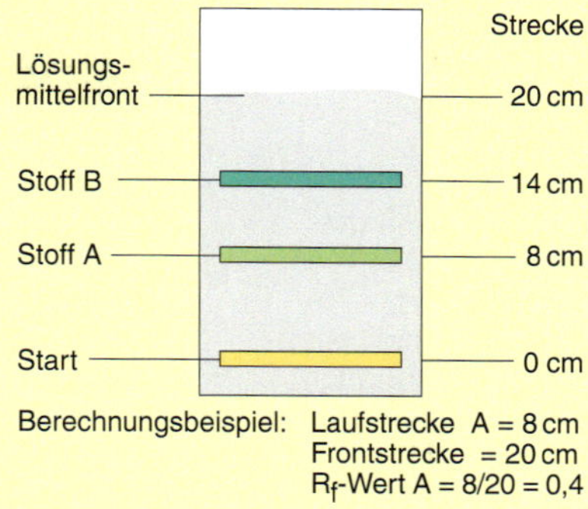

Isolierung der Blattfarbstoffe

Geräte: Schere, Mörser mit Pistill, Becherglas, Chromatographiekammer, DC-Platten (am besten mit Kieselgel beschichtet), Pipette
Material: Petersilie, Schnittlauch, Brennnessel o. Ä., Quarzsand, $CaCO_3$, Propanon (Aceton) [F]
Laufmittel: 100 ml Petrolbenzin (Siedebereich 100 °C – 140 °C), 10 ml 2-Propanol (Isopropanol) [F], 0,25 ml dest. Wasser

a) Das Pflanzenmaterial mit der Schere zerkleinern.
b) Im Mörser mit Quarzsand, einer Spatelspitze $CaCO_3$ und ca. 10 ml Propanon zerreiben (Abzug oder offenes Fenster!).
c) Die tiefgrüne Lösung in das Becherglas abgießen.
d) Mit der Pipette in ca. 2 cm Höhe auf die DC-Platte auftragen (Punktlinie bilden, trocknen lassen, neue Punkte auf dieselbe Linie).
e) Die DC-Platte nun in die Chromatographiekammer stellen, in der sich ca. 1 cm hoch Laufmittel befindet. Die Kammer abdecken und erschütterungsfrei stehen lassen, bis das Laufmittel fast den oberen Rand erreicht hat.

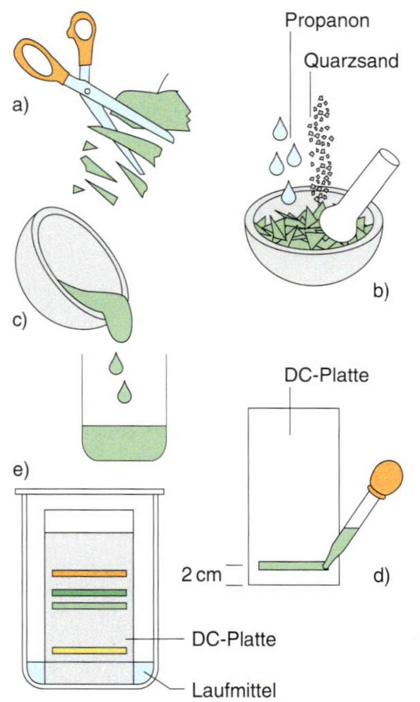

Aufgaben

③ Markieren Sie die Laufmittelfront auf der Platte und messen Sie ihre Entfernung von der Startlinie. Verfahren Sie auf gleiche Weise mit den einzelnen Farbstoffbanden und ermitteln Sie deren R_f-Werte. Bestimmen Sie die Farbstoffe (s. Tabelle).
④ Bestrahlen Sie die Blattfarbstoffe auf der entwickelten DC-Platte mit UV-Licht (360 nm). Augen schützen!

R_f-Werte für Kieselgelplatten und das angegebene Laufmittel:

Stoff	R_f-Wert
β-Carotin	0,95
Chlorophyll a	0,74
Chlorophyll b	0,64
Lutein	0,48
Violaxanthin	0,35
Neoxanthin	0,20

Die Werte können bei Schulversuchen variieren, die Reihenfolge bleibt erhalten.

Äußere Einflüsse auf die Fotosynthese

Am **Kompensationspunkt** ist die O_2-Produktion durch die Fotosynthese gleich groß wie der O_2-Verbrauch bei der Atmung.

Gemüse und andere Pflanzen werden heute vielfach in Gewächshäusern angebaut. Es ist wichtig, den Pflanzen Bedingungen zu bieten, unter denen sie optimal wachsen und Fotosynthese betreiben können. Dazu misst man unter anderem die *Fotosyntheserate* einer Pflanze, indem man die Sauerstoffabgabe oder -aufnahme pro Zeit ermittelt (als Messgrößen sind auch die Aufnahme und Abgabe von Kohlenstoffdioxid möglich). Man unterscheidet dabei die durch die Fotosynthese verursachte Sauerstoffproduktion *(reelle Fotosynthese)* und die nach außen hin messbare Sauerstoffbilanz *(apparente Fotosynthese)*, die von anderen Prozessen wie der Zellatmung mitbestimmt wird.

die Atmung größer als die Produktion durch die Fotosynthese, die Pflanze nimmt daher Sauerstoff auf. Bei höherer Beleuchtungsstärke, am *Kompensationspunkt*, gleichen sich diese beiden Prozesse genau aus. Bei noch höherer Beleuchtungsstärke gibt die Pflanze Sauerstoff ab, da die Produktion durch die Fotosynthese den Verbrauch durch die Atmung übersteigt. Im zweiten Bereich erreicht die Sauerstoffabgabe bei einer bestimmten Beleuchtungsstärke einen Höchstwert. Dieser wird auch bei höheren Beleuchtungsstärken beibehalten. Das Aufnahmevermögen der Pflanze für Licht ist gesättigt, andere Faktoren begrenzen die Stoffproduktion, z. B. die *Temperatur*. Bei

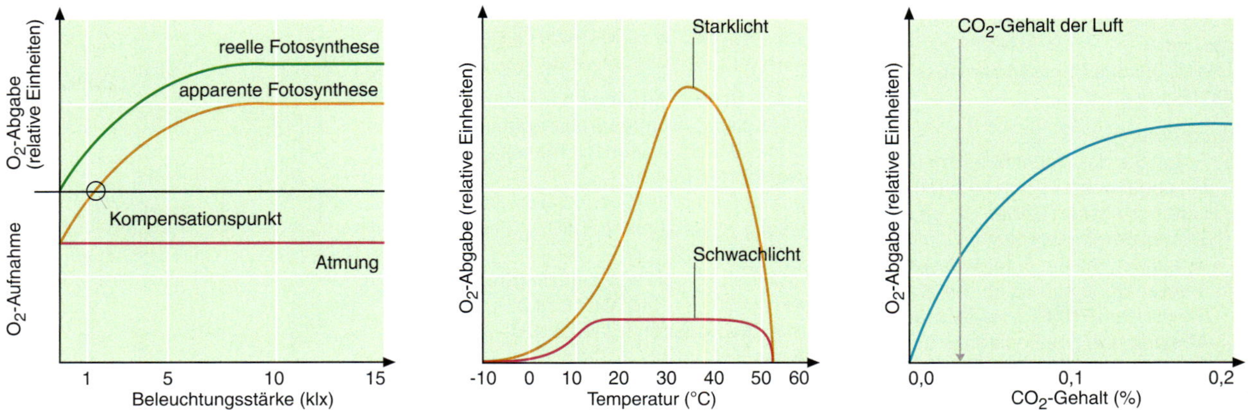

Abhängigkeit von der Beleuchtungsstärke

Abhängigkeit von der Temperatur

Abhängigkeit vom CO_2-Gehalt

Einer der Faktoren, die die *Fotosyntheserate* beeinflussen, ist die *Beleuchtungsstärke*. Bei der erhaltenen Kurve lassen sich zwei Phasen unterscheiden: Im Bereich niedriger Beleuchtungsstärken nimmt die Fotosyntheserate mit der Stärke der Beleuchtung zu. Sie bestimmt hier die Intensität der Fotosynthese. Bei sehr geringen Beleuchtungsstärken ist der Sauerstoffverbrauch durch

Lichtsättigung zeigt sich eine Temperaturabhängigkeit, die für enzymatische Reaktionen typisch ist. Die Geschwindigkeit der Synthesereaktionen bestimmt dann die Geschwindigkeit der Fotosynthese. Dagegen wirkt bei Schwachlicht die Beleuchtungsstärke begrenzend. Ein weiterer Faktor ist die Menge des vorhandenen Kohlenstoffdioxids (▶ Steuerung und Regelung S. 354).

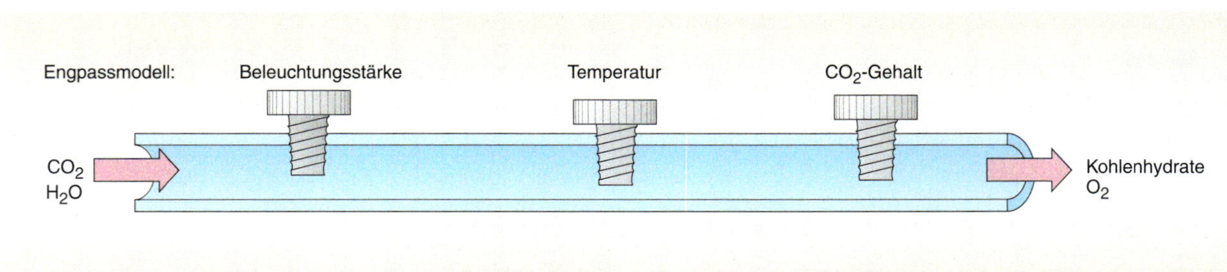

Sonnenblätter – Schattenblätter

Die Rotbuche besitzt *Sonnenblätter* und *Schattenblätter*. Diese unterscheiden sich in Fläche, Dicke und Fotosyntheserate sowie in ihrer Position in der Baumkrone. Der Kompensationspunkt der Schattenblätter liegt bei sehr geringen Beleuchtungsstärken; deshalb erbringen sie auch bei geringem Licht eine positive Stoffbilanz für die Pflanze. Sonnenblätter dagegen können höhere Beleuchtungsstärken besser ausnutzen und sind in diesem Bereich leistungsstärker.

Die unterschiedliche Anzahl von Zellschichten im Palisadengewebe lässt sich anhand eines einfachen Prinzips (▶ Struktur und Funktion S. 348) folgendermaßen erklären:

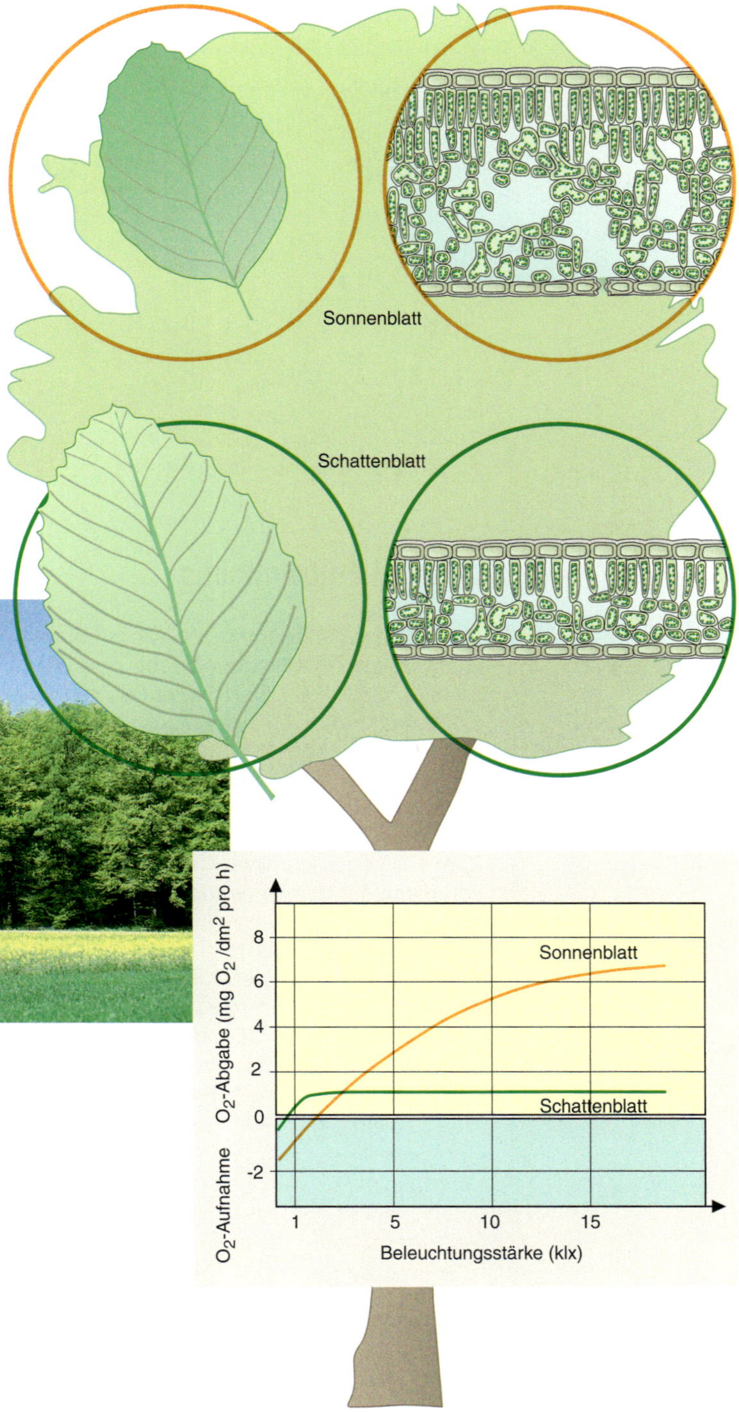

Das Licht trifft auf die Blattoberseite und wird von jeder Zellschicht teilweise absorbiert. Die tiefer liegenden Zellschichten erhalten daher weniger Licht und arbeiten auch bei starker Beleuchtung näher an ihrem Kompensationspunkt. Bei schwacher Beleuchtung wird dieser eventuell von den tiefsten Schichten nicht mehr erreicht. Die Zellen verbrauchen mehr Fotosyntheseprodukte als sie produzieren. Jede Zellschicht ist aber für die Pflanze nur dann vorteilhaft, wenn sie eine positive Stoffbilanz erzielt.

Was für das einzelne Blatt gilt, trifft auch auf die gesamte Pflanze zu. Die vom Einzelblatt oder auch dem gesamten bis zu 500 Quadratmeter großen Blätterdach einer ausgewachsenen Rotbuche produzierte Biomasse in einer bestimmten Zeit bezeichnet man als *Bruttoprimärproduktion*. Vom Bruttoprimärprodukt benötigt der Baum einen Teil zur Aufrechterhaltung seiner Lebensvorgänge. Übrig bleibt die *Nettoprimärproduktion* als echter Zugewinn in Form von Blättern, Holz und Wurzeln.

Aufgabe

① Erläutern Sie, wie im Interesse der Ertragssteigerung begrenzenden Faktoren der Fotosynthese entgegengewirkt wird.

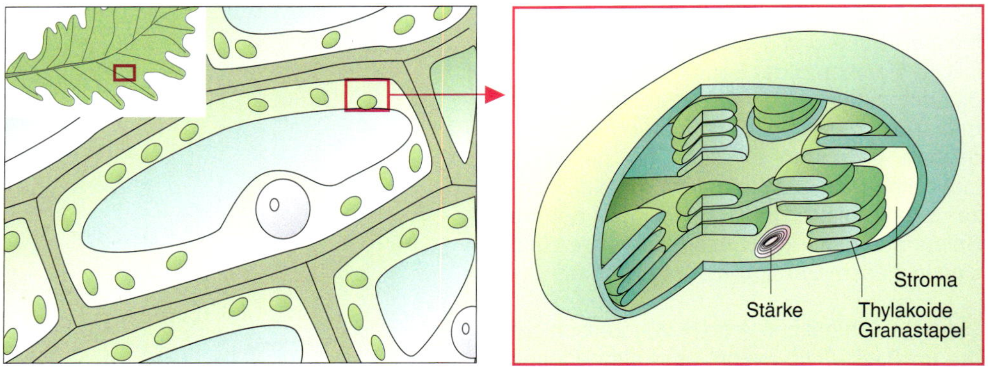

1 Lage und Aufbau von Chloroplasten

Orte der Fotosynthese

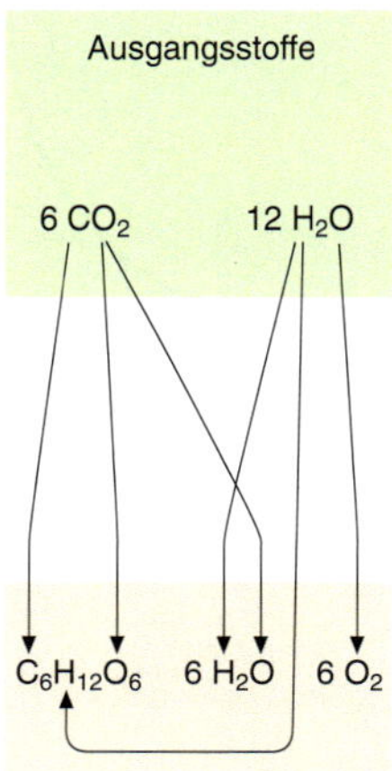

Atomzuordnung in Fotosyntheseprodukten

Die Fotosynthese findet vor allem im chlorophyllreichen Palisadengewebe des Blatts statt (s. Seite 76). Dort liegen die meisten Chloroplasten. Diese besitzen zwei Hüllmembranen (Abb. 1). Im Inneren befindet sich das Plasma, *Stroma* genannt. Im Stroma liegen Einfaltungen der inneren Hüllmembran, die *Thylakoide,* mit dem Chlorophyll. Zum Teil liegen die Thylakoide in Stapelform vor, diese nennt man *Granastapel.*

Belichtet man isolierte Thylakoidsysteme, entwickeln diese Sauerstoff und können Eisen-III-Verbindungen reduzieren. Für diese Reaktion wird kein CO_2 benötigt und kein Kohlenhydrat gebildet. Das bedeutet, dass die Fotosynthese zweigeteilt sein muss.

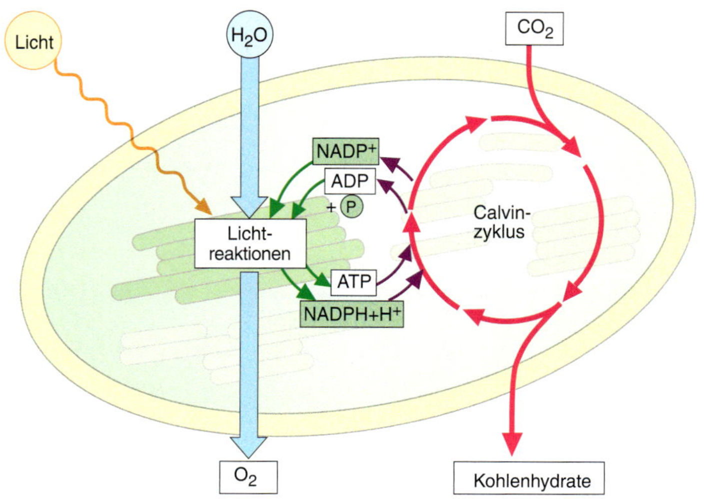

2 Übersichtsschema der lichtabhängigen und lichtunabhängigen Reaktion

Lichtabhängige Reaktion

HILLS Versuch zeigte, dass für den ersten Teil der Fotosynthese Licht notwendig ist und dabei Elektronen frei werden, die in seinem Versuch von künstlichen Elektronenakzeptoren, den Eisen-III-Verbindungen, aufgenommen wurden. Der Elektronenakzeptor in der Pflanze ist $NADP^+$. Später fand man heraus, dass in der lichtabhängigen Reaktion neben NADPH + H auch ATP gebildet wird. Weiterhin konnte HILL damit zeigen, dass der bei der Fotosynthese frei werdende Sauerstoff aus dem Wasser stammt und nicht aus dem CO_2 kommen kann.

Spätere Versuche mithilfe von Wasser, das das Sauerstoffisotop (^{18}O) enthielt, konnten dies bestätigen, denn der frei werdende Sauerstoff der Fotosynthesereaktion bestand ausschließlich aus (^{18}O) Atomen. Damit ergibt sich folgendes Reaktionsschema der Fotosynthese:

$$12\,H_2{}^{18}O + 6\,CO_2 \rightarrow C_6H_{12}O_6 + 6\,{}^{18}O_2 + 6\,H_2O$$

Der Ort der lichtabhängigen Fotosynthese in der Pflanze ist die Thylakoidmembran (Abb. 2).

Lichtunabhängige Reaktion

Im zweiten Teil der Fotosynthese werden mithilfe aufgenommener Kohlenstoffdioxid-Moleküle Kohlenhydrate gebildet. Für diese Reaktion ist kein Licht notwendig, man nennt diese daher *lichtunabhängige Reaktion.* Die lichtunabhängige Reaktion findet im Stroma der Chloroplasten statt (Abb. 2).

Die lichtabhängige Reaktion

Belichtet man eine Chlorophylllösung beobachtet man eine Fluoreszenz. In einem intakten Blatt wird die Lichtenergie nicht abgestrahlt, sondern kann in Form von chemischer Energie mittels ATP und NADPH + H^+ gespeichert werden (s. Seite 95). Diese chemische Energie wird dann in der lichtunabhängigen Reaktion gebraucht, um aus CO_2 Kohlenhydrate herzustellen.

Ablauf der lichtabhängigen Reaktion

Wird ein Blatt belichtet, wird die Lichtenergie über die Lichtsammelkomplexe aufgenommen und an das Chlorophyll-Dimer des Reaktionszentrums übertragen (s. Seite 84). An der lichtabhängigen Reaktion sind zwei Reaktionszentren beteiligt, die man in der Reihenfolge ihrer Entdeckung als *Fotosystem I* und *II* bezeichnet.

Das Reaktionszentrum des Fotosystems II hat die höchste Absorption bei 680 nm, daher wird sein Pigment P680 genannt. Absorbiert das P680 Licht, wird im Reaktionszentrum für jedes Chlorophyllmolekül des Dimers je ein Elektron an den primären Elektronenakzeptor abgeben. Die so oxidierten Chlorophyllmoleküle werden zu einem starken Oxidationsmittel, das mithilfe eines Enzymkomplexes, dem wasserspaltenden Komplex, einem Wassermolekül zwei Elektronen entzieht.

Bei dieser Reaktion wird ein Wassermolekül (rechnerisch) in 2 H^+ und $^1/_2$ O_2 verlegt (Abb. 1). Diesen Vorgang der lichtinduzierten Wasserspaltung nennt man *Fotolyse*. Die beiden Elektronen des primären Akzeptors werden an eine Elektronentransportkette (s. Seite 97) abgegeben. Die frei werdende Energie wird genutzt, um 2 H^+-Ionen gegen das Konzentrationsgefälle aus dem Stroma in den Thylakoidinnenraum zu pumpen. Zusammen mit den 2 H^+-Ionen aus der Fotolyse bildet sich so ein elektrochemischer Gradient (s. Seite 97). Die so gespeicherte Energie wird genutzt, um mittels der ATPase ADP zu ATP zu phosphorylieren (Abb. 2).

Am Ende der Elektronentransportkette werden die beiden Elektronen auf das Pigment P700 des Fotosystems I übertragen, das zuvor ebenfalls durch Lichtenergie angeregt worden war. P700 wird damit zu einem starken Oxidationsmittel, das durch die beiden Elektronen am Ende der Elektronentransportkette wieder reduziert wird.

Die beiden energiereichen Elektronen, die vom primären Akzeptor des Fotosystems I aufgenommen worden sind, werden schließlich genutzt, um NAD$^+$ zum energiereichen NADPH + H^+ zu reduzieren (Abb. 1). So wird in der lichtabhängigen Reaktion ATP und NADPH + H^+ für die lichtunabhängige Reaktion zur Verfügung gestellt.

Aufgabe

① Finden Sie zwei grundlegende Übereinstimmungen der ATP-Gewinnung in den Chloroplasten und der in den Mitochondrien. Vergleichen Sie dazu die Abbildungen auf dieser Seite und auf Seite 97.

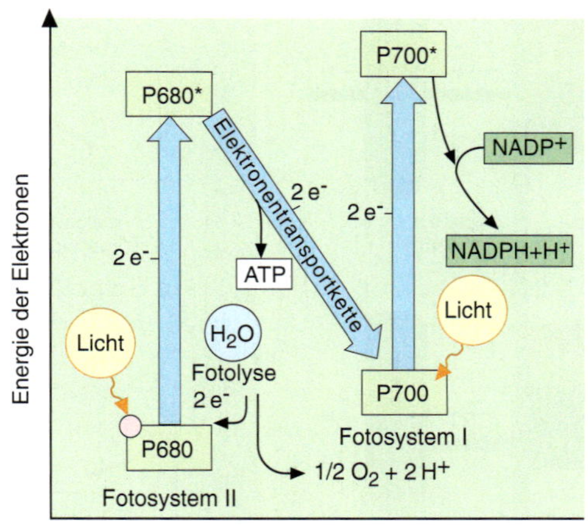

1 Übersicht der lichtabhängigen Reaktion

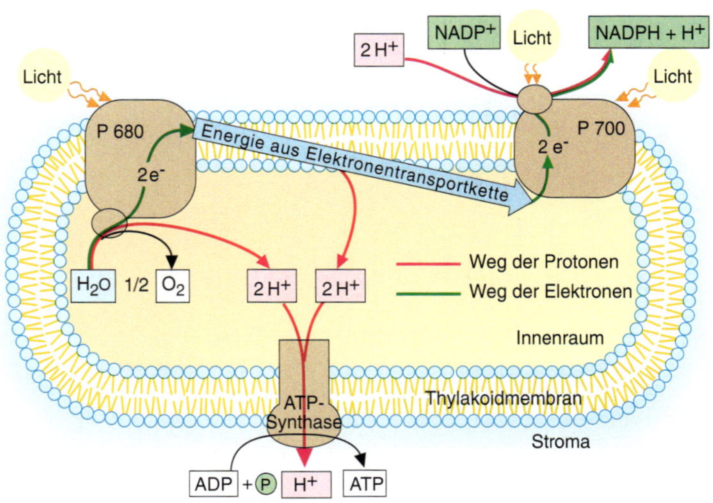

2 ATP-Gewinnung im Chloroplasten

Online-Link
045306-0084

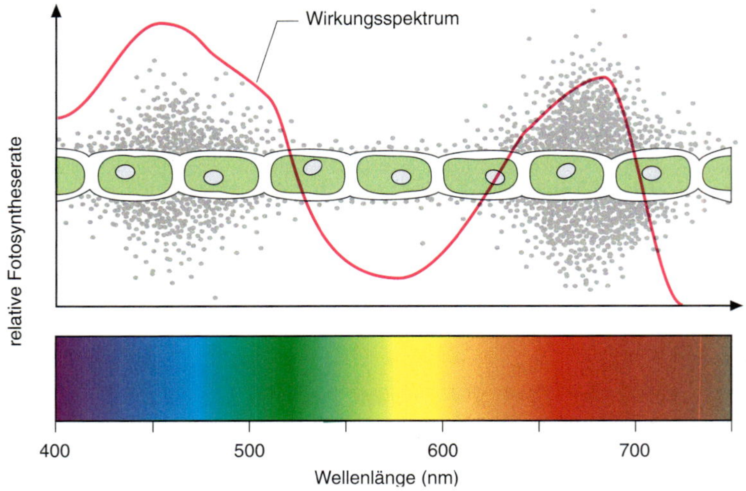

1 Fotosyntheserate bei verschiedenen Wellenlängen

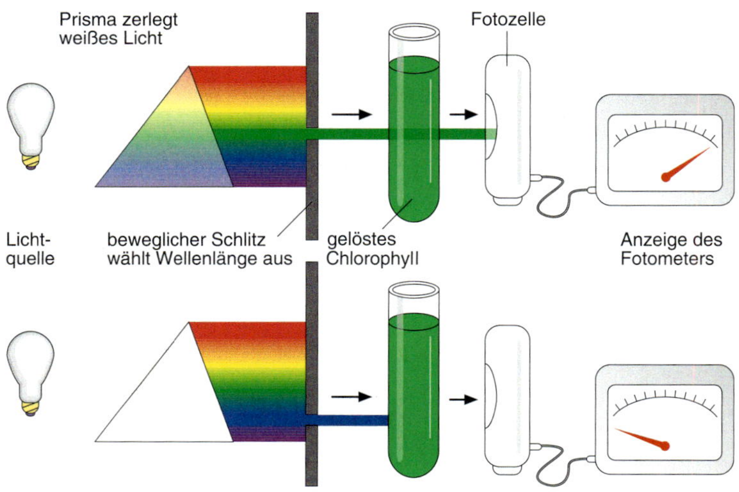

2 Lichtabsorption von Chlorophyll

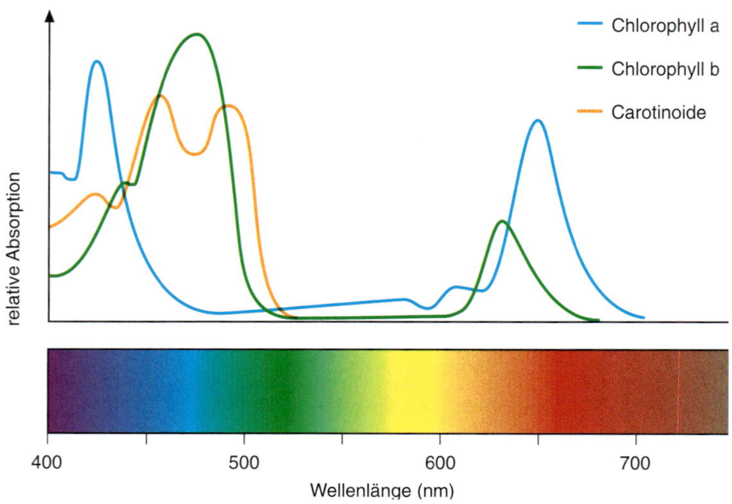

3 Absorptionsspektren der Blattfarbstoffe

Licht und Fotosynthese

THEODOR WILHELM ENGELMANN untersuchte 1882, welche Wellenlängen des Lichtspektrums für die Fotosynthese notwendig sind. Er bestrahlte dazu einen Algenfaden mit Licht, das durch ein Prisma in seine Spektralfarben aufgefächert worden war. Dazu gab er Sauerstoff liebende Bakterien (Abb. 1). ENGELMANN stellt fest, dass sich die Bakterien überwiegend an den Stellen des Algenfadens ansammelten, die mit rotem oder blauem Licht bestrahlt wurden. Daraus schloss er, dass an diesen Stellen besonders viel Sauerstoff produziert wird und daher dort auch in verstärktem Maße Fotosynthese stattfinden muss.

Spätere Untersuchungen bestätigten ENGELMANNS Vermutung, dass eine hohe Fotosyntheserate durch die Bestrahlung mit den Spektralfarben Rot und Blau bewirkt wird, mit Grün eine geringe. Dieses Lichtspektrum nennt man *Wirkspektrum der Fotosynthese*. Spätere fotometrische Versuche zeigten, dass Chlorophyll rotes und blaues Licht absorbiert (Abb. 2). Da das Licht absorbiert ist, findet man auf dem Fotometer keinen Ausschlag. Grünes Licht wird nicht absorbiert, entsprechend kann von dem Fotometer Licht detektiert werden; man findet daher einen hohen Ausschlag. Unsere Wahrnehmung, dass Pflanzenblätter grün erscheinen, beruht genau darauf, dass das grüne Licht nicht absorbiert wird.

Je mehr Licht absorbiert werden kann, desto größer ist das Wirkspektrum der Pflanze, d. h. um so besser kann die Lichtenergie zur Fotosynthese genutzt werden. Dies wird in der Pflanze durch mehrere Mechanismen erreicht. Zum einen, indem mehrere Licht absorbierende Farbstoffe mit unterschiedlichen Wirkspektren in den Chloroplasten vorliegen, nämlich die beiden ähnlich aufgebauten *Chlorophylle* a und b sowie *Carotinoide* (Abb. 3). Zum anderen durch sogenannte *Lichtsammelkomplexe*. Diese bestehen aus einer Vielfalt von Pigmentmolekülen, die eine große Oberfläche bilden und Licht eines breiten Wellenlängenbereiches einfangen können. Lichtsammelkomplexe wirken wie Trichter, die die Lichtenergie auf zwei zentrale Chlorophyll-a-Moleküle, das *Reaktionszentrum*, weiterleiten. Im Reaktionszentrum wird rotes Licht absorbiert. Das energiereiche blaue Licht kann aber ebenfalls genutzt werden, denn dieses wird vom Trichterrand absorbiert und dessen Energie zum Reaktionszentrum überführt.

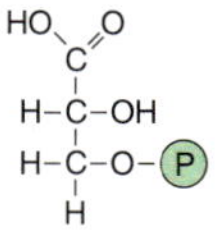

Phospho-
glycerin-
säure (PGS)

Ribulose-
bisphosphat
(RubP)

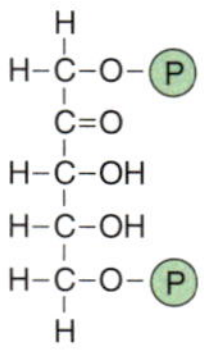

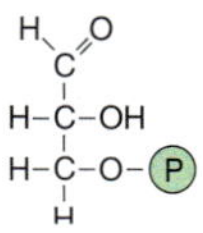

Phospho-
glycerin-
aldehyd (PGA)

Die lichtunabhängige Reaktion

In der Lichtreaktion wird Sonnenlicht in den Thylakoiden in chemische Energie umgewandelt. Die chemischen Energieträger sind $NADPH + H^+$ und ATP. In der lichtunabhängigen Reaktion wird die in der Lichtreaktion gespeicherte chemische Energie zur Synthese von Zuckern genutzt. Dies geschieht im Stroma der Pflanze durch Fixierung von CO_2 aus der Atmosphäre an organische Moleküle der Pflanze. Die Synthesereaktionen erfolgen in einem Kreislauf, dem sogenannten *Calvinzyklus*. Dieser ist nach dem Biochemiker MELVIN CALVIN benannt, der für seine Entdeckung 1961 den Nobelpreis für Chemie erhielt. Der Calvinzyklus lässt sich in drei Schritte gliedern.

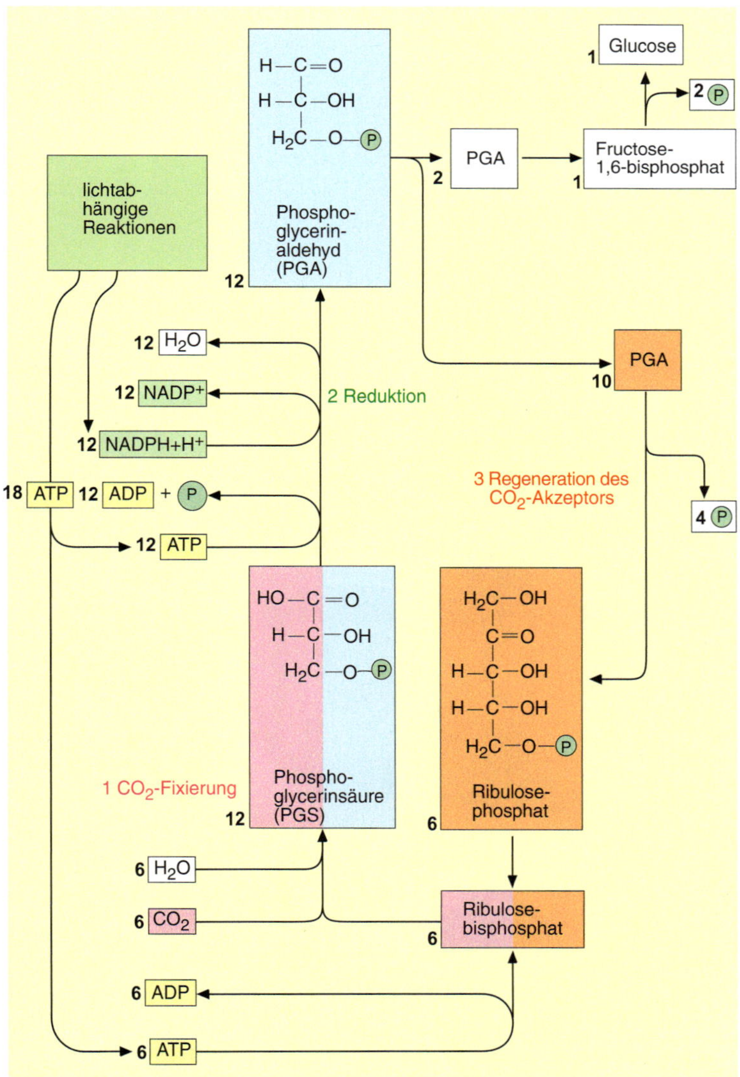

1 Lichtunabhängige Reaktionen

1. Schritt: CO_2-Fixierung

CO_2 aus der Atmosphäre wird mittels des Enzyms *Ribulosebisphospatcarboxylase (Rubisco)* an *Ribulosebisphosphat* gebunden; es entsteht *Phosphoglycerinsäure (PGS)*. Rubisco ist das häufigste Protein in den Chloroplasten. Man vermutet, dass es das global in der größten Menge vorhandene Protein überhaupt ist.

2. Schritt: Reduktion

Nach Fixierung des CO_2 und Bildung der Phosphoglycerinsäure (PGS) wird diese unter Energieverbrauch reduziert, es entsteht *Phosphoglycerinaldehyd (PGA)*. Die dafür notwendige Energie wird in Form von in der Lichtreaktion gewonnenem $NADH + H^+$ und ATP zur Verfügung gestellt. Zwei Moleküle Phosphoglycerinaldehyd (PGA) verlassen als Ertrag in Form von Glucose den Zyklus.

3. Schritt: Regeneration

Die verbliebenen Phosphoglycerinaldehydmoleküle (PGA) werden nun über mehrere Zwischenschritte und ATP-Verbrauch wieder zu Ribulosephosphat (RubP) regeneriert, das dann im nächsten Zyklus wieder CO_2 fixieren kann.

Aufgaben

① Mitgebrachte Pflanzen werden immer noch häufig vor allem nachts aus den Patientenzimmern entfernt. Die Begründung ist, dass Pflanzen nachts O_2 verbrauchen und CO_2 produzieren und der so erniedrigte O_2-Spiegel bzw. erhöhte CO_2-Spiegel die Patienten gefährden könne.
Erklären Sie mittels der Vorgänge in der lichtabhängigen Reaktion sowie den Informationen bezüglich der äußeren Einflüsse auf die Fotosynthese (s. Seite 80), ob die Begründung grundsätzlich sinnvoll ist. Schätzen Sie anschließend den nächtlichen Sauerstoffverbrauch eines Menschen und den einer mitgebrachten Pflanze im Patientenzimmer ab.

② Die lichtunabhängige Reaktion wird auch *Dunkelreaktion* genannt. Erklären Sie, warum die Syntheseleistungen der lichtunabhängigen Reaktionen trotzdem meistens bei Tageslicht ablaufen müssen und in Dunkelheit rasch zum Erliegen kommen.

Energieversorgung beim

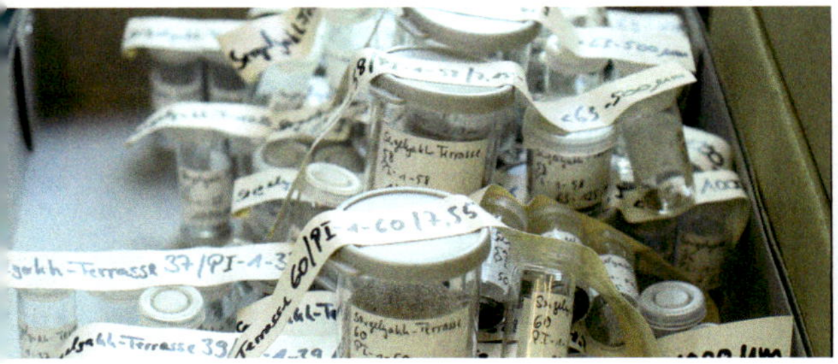

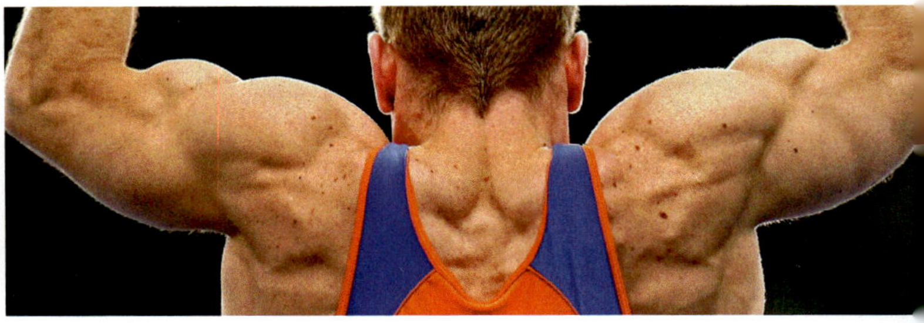

Lernsituation

Sportlich fit sein möchten viele, und man hört die unterschiedlichsten Ratschläge: Ausdauer oder nur den entsprechenden Muskel an Geräten trainieren. Man soll langfristiges oder kurzfristiges intensives Training, mit hohen oder geringen Laktatspiegeln haben, Kohlenhydrate und Proteine essen, vor oder nach dem Training bzw. vielleicht auch mit einem (Doping-) „Mittelchen“ nachhelfen.

Einmal wirklich wissen was Sache ist, einmal von Grund auf verstehen, was für (sportliche) Leistung notwendig ist, sodass man selbst entscheiden kann – willkommen beim Expertenwissen.

Expertenwissen, das nicht aus der „Muckibude“ kommt. Was muss ich essen, wie kommt die Energie in meinen Körper? Trainiere ich besser länger im Dauerlauf oder kurzfristig mit Sprinten?

Menschen

Leitfragen

Die Grundlage sportlicher Fitness bildet das Atem- und Herz-Kreislauf-System sowie das Blut als Sauerstofftransporter. Verstehen kann man Training erst, wenn man das wichtigste dieser Organe kennt.

Was haben Vorgänge in den Mitochondrien mit Sport zu tun? Sehr viel, denn jedes (wissenschaftlich fundierte) Training zielt auf Optimierung genau dieser Vorgänge, jede sportliche Betätigung im Rahmen einer Diät übrigens auch.

Von Grundlagenwissen zum Training. Was macht der Muskel mit der bereitgestellten Energie und welche Erkenntnisse liefert dies für meinen persönlichen Trainingsplan?

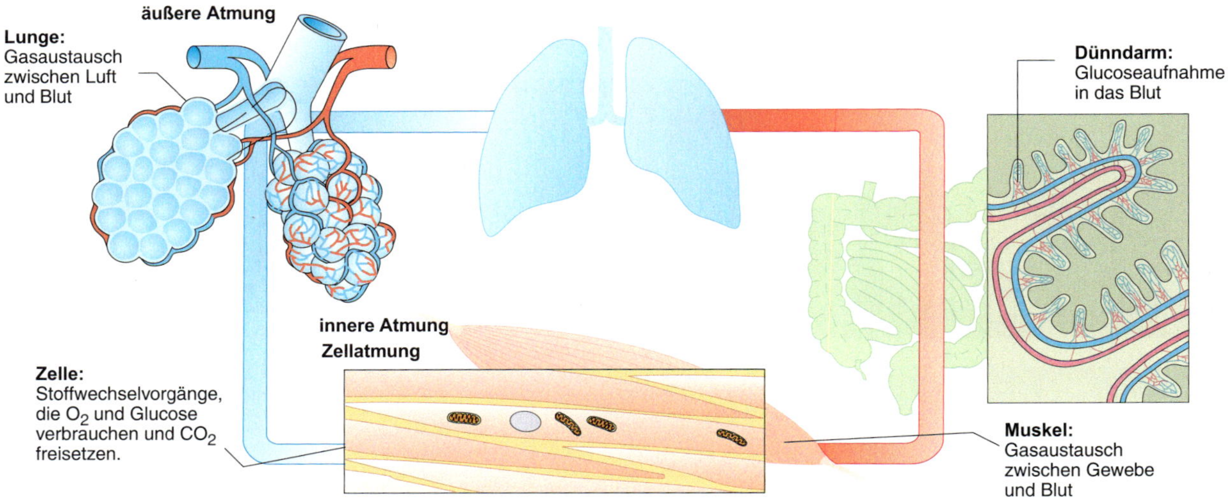

1 Der Weg der Atemgase und Nährstoffe

Atmung – eine Übersicht

Man unterscheidet die *äußere Atmung,* die der O_2-Aufnahme dient, und die *innere Atmung (Zellatmung)*, bei der unter Sauerstoffverbrauch organische Verbindungen unter Energiefreisetzung abgebaut (▶ Stoff- und Energieumwandlung S. 356).

Prinzip der äußeren Atmung

Resorption
Transport von Substanzen durch eine Zellschicht

Während die innere Atmung im Prinzip immer gleich abläuft, kann die äußere Atmung ganz unterschiedliche Formen annehmen, je nach Größe der Organismen und nach dem Außenmedium, in dem sie leben. Allerdings lassen sich zwei Gemeinsamkeiten finden: Der Gasaustausch geschieht immer mittels der Diffusion und die Zellen des Atemtrakts *(respiratorische Zellen)* müssen wie alle lebenden Zellen zum Erhalt ihrer Plasmamembran von Wasser umgeben sein. Die respiratorische Oberfläche aller Lebewesen muss daher feucht sein.

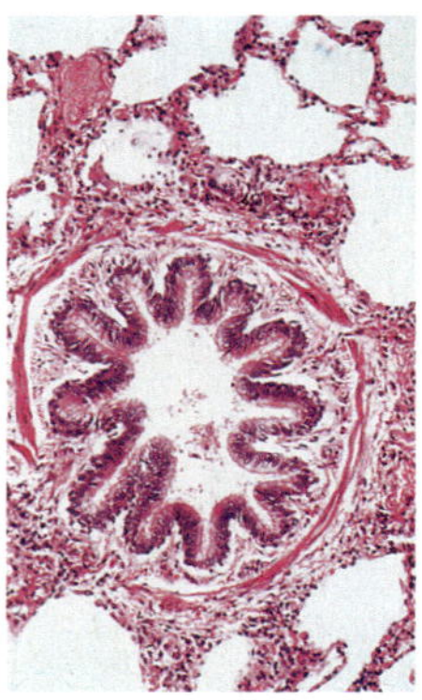

Lungengewebe mit Bronchiole

Zelloberflächen- und Hautatmung

Bei sehr einfachen Organismen, wie Einzellern und Protozoen, findet die Atmung *(Respiration)* über die gesamte Zelloberfläche bzw. bei den Würmern und vielen Amphibien über die Haut statt. Diese Organismen sind auf feuchte Lebensräume angewiesen und sind aufgrund der relativ geringen respiratorischen Oberfläche in der Regel klein.

Tracheenatmung

Bei Insekten findet sich ein nach innen gestülptes Luftröhrensystem *(Tracheen)*. Praktisch alle Körperzellen haben Kontakt zu den Tracheen, sodass die Atemgase direkt in die Zellen diffundieren können und kein Transport über das Blut notwendig ist. Diese Form des Atemgastransportes begrenzt die Körpergröße der Insekten, auch wenn durch Muskeltätigkeit bei den Tracheen passive Pumpbewegungen ausgelöst werden können.

Kiemenatmung

Fische können mittels der Kiemen den im Wasser gelösten Sauerstoff (maximal 10 ml O_2 pro Liter Wasser) aufnehmen. Vorteil des Wassers ist, dass so das respiratorische Organ stets feucht gehalten wird. Nachteilig ist der geringe O_2-Gehalt und die relativ hohe Dichte des Wassers.

Lungenatmung

Die respiratorische Oberfläche liegt dabei vielfach gefaltet und durch die Bildung von Bläschen vergrößert (beim Menschen zusammen etwa 200 m^2) in einem speziellen Organ, der *Lunge*, vor. Von der Lunge wird der Sauerstoffe mithilfe des Blutes zu den Zellen transportiert.

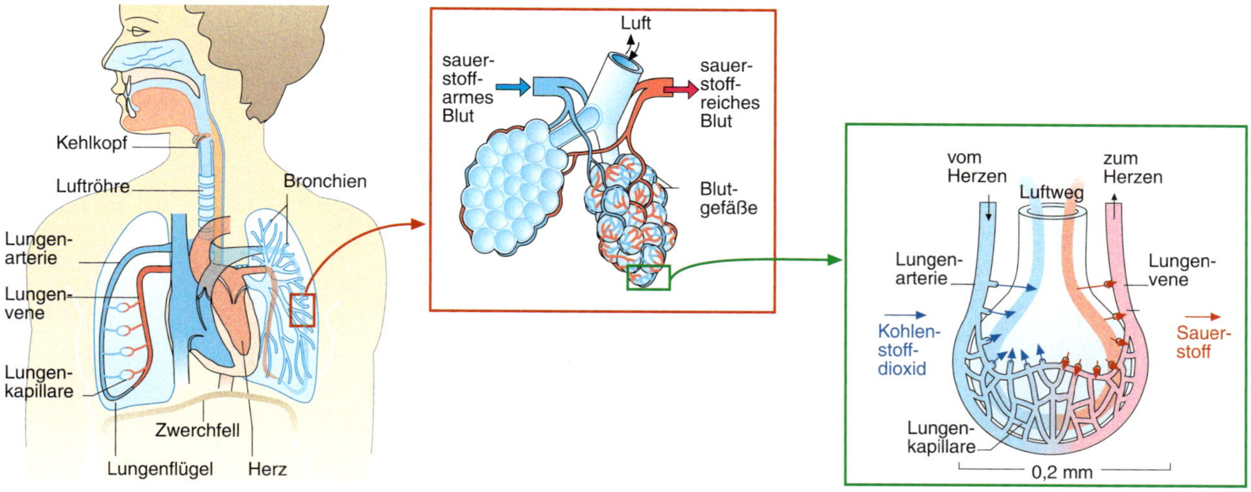

1 Schematischer Aufbau der Atmungsorgane

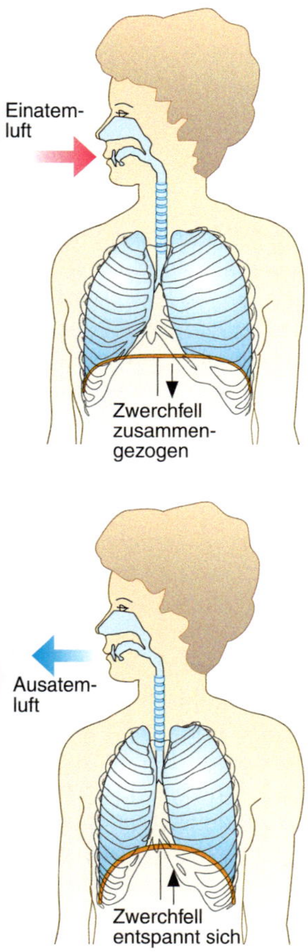

Zwerchfellatmung

Äußere Atmung

Bau und Funktion der Lunge

Zum Überleben brauchen wir Sauerstoff. Dieser wird durch die Atmung aufgenommen. Beim Einatmen wird Luft mit Nase und Mund aufgenommen, passiert den *Kehlkopf* und gelangt von dort in die *Luftröhre*. Damit die Luftröhre nicht beim Einatmen kollabiert, ist sie durch Knorpelspangen stabilisiert (▶ Struktur und Funktion S. 348).

Die Luftröhre teilt sich in ihrem Verlauf in die zwei Hauptbronchien. Luftröhre und *Bronchien* sind mit einer besonderen Deckschicht, dem *Flimmerepithel,* ausgekleidet. Dieses trägt feine *Flimmerhärchen*, die durch ihre Bewegung Fremdkörper aus den Atemwegen in Richtung Rachen bewegen können.

Die Bronchien verästeln sich immer mehr bis zu ganz feinen Bronchien, an deren Ende die *Lungenbläschen* stehen. Diese haben extrem dünne Wände, durch die Atemgase hindurchdiffundieren können. Aus den Lungenbläschen diffundiert O_2 in die Kapillaren der Lungenvene, CO_2 aus den Kapillaren der Lungenarterie in das Lungenbläschen.

Entsprechend den Vorgängen in den Lungenbläschen verändert sich der O_2- und CO_2-Gehalt in der Ein- und Ausatemluft. Einatemluft enthält etwa 21 % O_2 und 0,03 % CO_2, Ausatemluft 17 % O_2 und 4 % CO_2. Die übrigen Bestandteile der Luft, wie Stickstoff (78 %) und Edelgase (1 %), bleiben in ihrer Konzentration in der Ein- und Ausatemluft gleich.

Atemvorgang

Einatmen entsteht durch den Unterdruck beim Vergrößern des Brustraums, Ausatmen durch den Druck beim Verkleinern. Die beiden *Lungenflügel* selbst haben keine Muskeln, d. h. die Lungenflügel müssen indirekt bewegt werden. Dies geschieht aufgrund von folgendem Mechanismus. Die Lungen sind von einer Haut, dem *Lungenfell,* umgeben und der Brustraum ist innen von einer Haut, dem *Brustfell*, ausgekleidet. Zwischen dem Brust- und Lungenfell herrscht ein Unterdruck. Daher folgt die Lunge den Bewegungen des Brust- und Bauchraums.

Der Brustraum vergrößert sich durch Kontraktion der Zwischenrippenmuskeln, die den Brustkorb heben. Das Zwerchfell senkt sich bei Kontraktion und dehnt so die Lunge in Richtung Bauchraum.

Die Ausatmung erfolgt passiv. Dafür sind zwei Mechanismen verantwortlich: Erschlafft die Zwischenrippenmuskulatur, senkt sich der Brustkorb mit der Schwerkraft. Erschlafft das Zwerchfell, zieht sich das bei der Einatmung gedehnte elastische Lungengewebe wieder zusammen.

Durch diese beiden Mechanismen verkleinert sich das Lungenvolumen, wodurch die Atemluft aus den Lungen herausgepresst wird. Das Atemzugvolumen beträgt in Ruhe etwa 500 ml und kann bei Belastung um das 4- bis 5fache gesteigert werden.

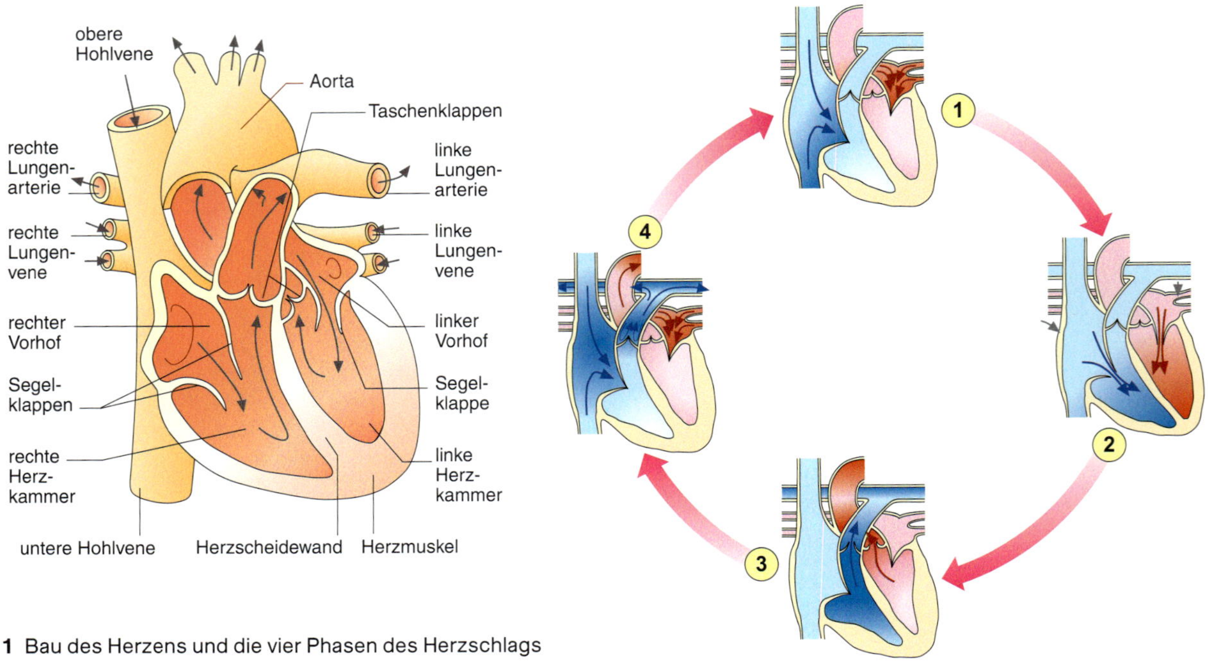

1 Bau des Herzens und die vier Phasen des Herzschlags

Das Herz

Leistung des Herzens:
70 Schläge/min = ca. 100 000 Schläge/Tag
Schlagvolumen 70 - 100 ml/Schlag
Tagesleistung ca. 10 000 bis 14 000 l

Für die körperliche Leistungsfähigkeit ist das Herz wichtig, denn durch seine Pumpleistung werden der Sauerstoff und die Nährstoffe zu den Verbrauchern, z. B. den Muskelzellen, transportiert und Abfallstoffe zu den verschiedenen Ausscheidungsorganen (▶ Struktur und Funktion S. 348).

Das Herz eines Erwachsenen ist ein ca. 300 g schwerer faustgroßer Hohlmuskel, der direkt unter dem Brustbein liegt. Das Herz ist mittig durch die *Herzscheidewand* in eine rechte und eine linke Herzhälfte unterteilt. Jede Herzhälfte ist durch eine *Segelklappe* noch einmal in einen *Vorhof* und eine *Kammer* unterteilt. Die Vorhöfe sind dünnwandig und dienen als Sammelkammern für das zum Herzen zurückkehrende Blut. Die Segelklappe wirkt als Ventil und lässt einen Blutstrom nur in Richtung Kammer zu.

Die Kammern sind von einer dicken Muskelschicht umgeben. Diese ist notwendig, da die Kammern das Blut in den Kreislauf austreiben, die linke besonders dickwandige Kammer in den Körperkreislauf, die rechte in den Lungenkreislauf. Die Kammern werden jeweils durch eine *Taschenklappe* begrenzt. Die Taschenklappen wirken wie die Segelklappen als Ventile und bewirken, dass Blut nur aus der Kammer heraus in die Arterie fließen kann.

Die Arbeit des Herzens erfolgt zyklisch und wird in zwei sich immer wiederholende Phasen eingeteilt, die Füllungsphase *(Diastole)* und die Kontraktionsphase *(Systole)*. In der Diastole fließt das Blut aus den beiden Hohlvenen zu dem rechten und aus der Lungenvene zu dem linken Vorhof *(Erschlaffungsphase)*. Segel- und Taschenklappen sind jeweils geschlossen (Abb. 1, Phase 1). Die Vorhöfe kontrahieren dann und treiben das Blut in die Kammern *(Füllungsphase)*. Dabei sind die Segelklappen offen, die Taschenklappen bleiben geschlossen (Abb. 1, Phase 2).

In der anschließenden Systole kontrahiert die Muskulatur in den Kammern. Dadurch schließen sich die Segelklappen *(Anspannungsphase)*, die Taschenklappen werden aufgedrückt und das Blut wird ausgeworfen *(Austreibungsphase)*; auf der linken Seite in den Körperkreislauf, der mit der *Aorta* beginnt, auf der rechten Seite in den Lungenkreislauf, der mit der *Lungenarterie* beginnt (Abb. 1, Phase 3). Wenn die Kontraktion der Kammermuskulatur abgeschlossen ist, schließen sich die Taschenklappen, die Segelklappen bleiben geschlossen (Abb. 1, Phase 4) und die Diastole beginnt. Auf die Diastole folgt wieder eine Systole; man spricht deshalb von einem *Herzzyklus*. Die Sauerstoff- und Nährstoffversorgung des Herzmuskels erfolgt durch eigene Arterien (*Herzkranzgefäße)*.

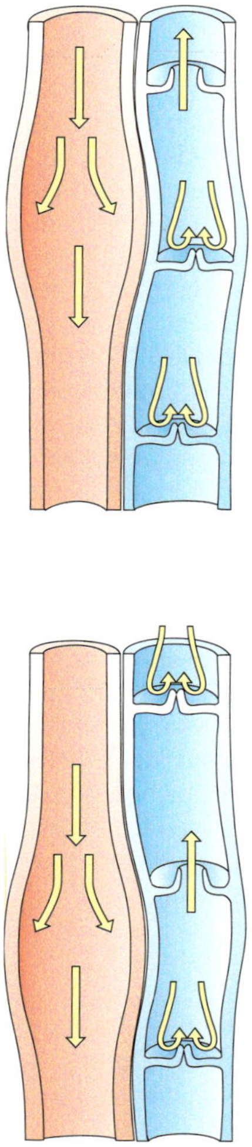

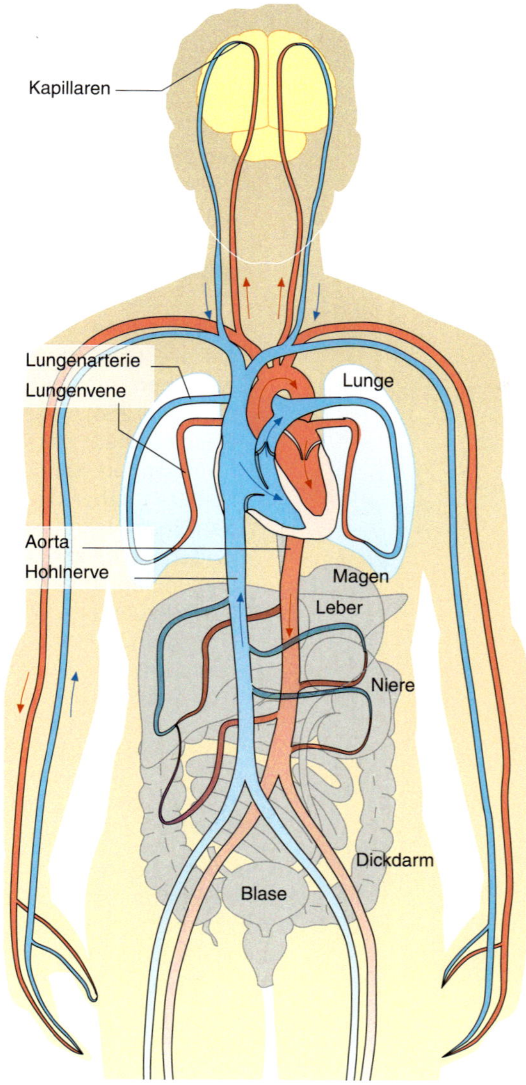

1 Schema des Blutkreislaufs

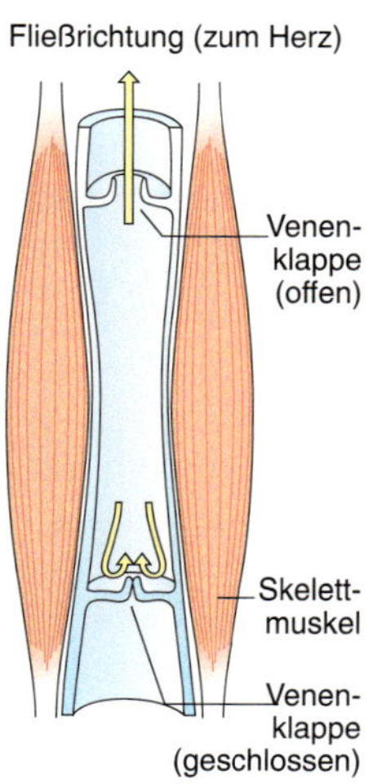

2 Venenmuskelpumpe

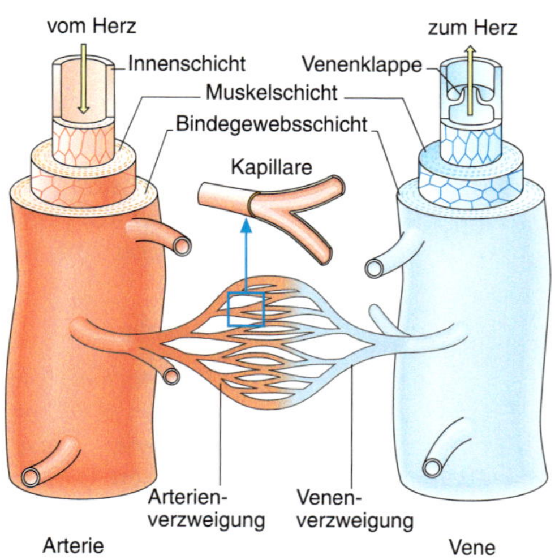

3 Aufbau des Gefäßsystems

Das Blutgefäßsystem

Das *Blutgefäßsystem* ist ein geschlossenes röhrenförmiges System von Gefäßen. Man unterscheidet den *Lungenkreislauf*, der von der rechten Herzhälfte, und den *Körperkreislauf*, der von der linken Herzhälfte ausgeht (Abb. 1).

Arterien

Die vom Herzen wegführenden Gefäße nennt man *Arterien*. Diese verzweigen sich in zunehmender Entfernung vom Herzen, werden kleiner und dünner. Schließlich teilen sich die Arterien in feinste Haargefäße auf, die *Kapillaren*, in denen der Stoffaustausch stattfindet. Die Kapillaren gehen dann über in Gefäße *(Venen)*, die zum Herzen zurückführen (Abb. 3).

Der Aufbau der Arterien und Venen ist im Prinzip sehr ähnlich. Sie bestehen aus einer dünnen inneren Zellschicht, einer Muskelschicht und einer umgebenden Bindegewebeschicht (Abbildung. 3). Da die Arterien als vom Herzen wegführende Gefäße hohen Drücken ausgesetzt sind, ist bei diesen die Muskelschicht dicker. Diese starke Muskelschicht kann den Gefäßdurchmesser komprimieren und damit den Blutdruck erhöhen. Weiterhin verleiht dieser Aufbau den Arterien eine Elastizität. Dadurch wird erreicht, dass der stoßweise Blutauswurf aus dem Herzen in einen stärker kontinuierlichen Blutstrom verwandelt wird (Abbildung. 1). Die beteiligten Strukturen sind an die Funktion angepasst (▶ Struktur und Funktion S. 348).

Venen

Die Venen als zum Herzen hinführende Gefäße sind nur geringen Drücken ausgesetzt, entsprechend ist die Muskelschicht geringer. Um den Blutrückstrom zum Herzen gewährleisten zu können, sind die Venen mit einer weiteren Besonderheit ausgestattet, den ventilartigen Venenklappen. Diese Klappen ermöglichen einen gerichteten Blutstrom ausschließlich in Richtung zum Herzen. Das Herz hat eine starke Pump- aber nur eine geringe Saugkraft. Daher erfolgt der Rückfluss des venösen Blutes zum Herzen vor allem mittels der sogenannten *Venenmuskelpumpe*. Kontrahieren Skelettmuskeln, die Venen umgeben, drücken sie dieses zusammen. Da die Venenklappen nur einen Blutstrom in eine Richtung ermöglichen, wird so das Blut Stück für Stück in Richtung Herzen getrieben (Abbildung 2).

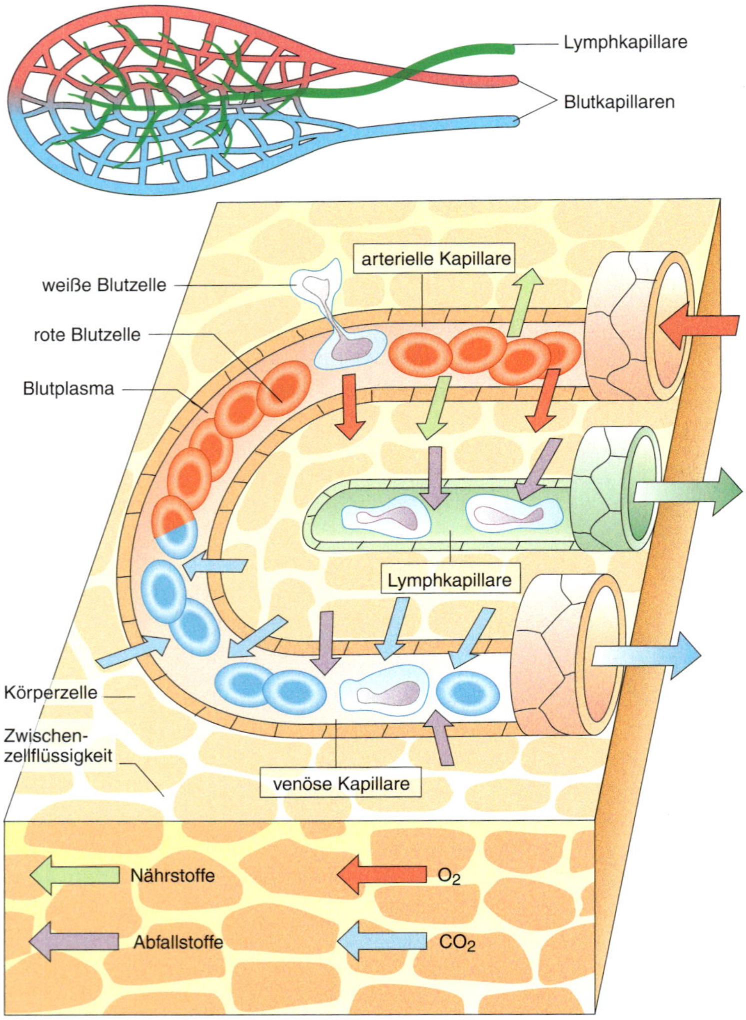

1 Stofftransport im Kapillarbereich

Blut

Blut ist das Haupttransportorgan des Körpers. Insgesamt hat ein Erwachsener zwischen 5 und 7 Litern Blut. Lässt man ungerinnbar gemachtes Blut stehen, bilden sich zwei Phasen: Unten setzen sich die festen Blutbestandteile, die *Blutzellen*, ab, darüber die flüssigen, das *Blutplasma*.

Blutzellen

Man unterscheidet 3 unterschiedliche Blutzellen im Blut:

1. Rote Blutkörperchen *(Erythrocyten)*, die mit 4,5 bis 5 Millionen Erythrocyten pro mm^3 die Mehrzahl der Blutzellen ausmachen und die rote Farbe des Blutes bedingen. Die Erythrocyten sind für den Sauerstofftransport zuständig.
2. Blutplättchen *(Thrombocyten)*, bei denen es sich um Bruchstücke ihrer Stammzellen im Knochenmark handelt. Man findet etwa 200 000 bis 300 000 pro mm^3 Blut. Die Thrombocyten sorgen bei einer blutenden Verletzung für einen vorläufigen Verschluss der Verletzung, die Blutstillung. Dazu verkleben die Thrombocyten und bilden einen weißen Blutpfropf, der allerdings noch nicht stabil ist.
3. Weiße Blutzellen *(Leukocyten)*: Es gibt verschiedene Arten von Leukocyten, die alle eine gemeinsame Grundaufgabe haben, die *immunologische Abwehr* (s. Seite 254). Weiterhin haben sie die Besonderheit, dass sich diese amöboid fortbewegen können. Leukocyten können sich daher durch feinste Spalten in den Blutgefäßen aus diesen herausbewegen. So gelangen sie zu dem Ort eines immunologischen Geschehens, z. B. einer Entzündung. Von dort wandern sie in ein eigenes Drainagesystem, die Gefäße des Lymphsystems. Die Lymphgefäße passieren regelmäßig Knotenstationen, die *Lymphknoten*, und enden letztlich herznah in großen Venen.

Blutplasma

Das *Blutplasma* enthält etwa 90 % Wasser, 7 % Proteine und 3 % gelöste Stoffe wie Nährstoffe, Mineralsalze, Vitamine und Abfallstoffe. Das Blutplasma dient dem Transport und der Verteilung von Nutz- und Abfallstoffen im Körper. Durch das Plasma wird Wärme im Körper ausgetauscht und bestimmte Inhaltsstoffe sind an der (unspezifischen) Infektabwehr beteiligt (s. S. 252).

Weiterhin ist ein Plasmaeiweiß *(Fibrin)* am Gerinnungsvorgang beteiligt. Die Vorstufe des Fibrins wird durch aktivierende Substanzen aus den Blutplättchen und dem verletzten Gewebe aktiviert und bildet dann klebrige Fäden. Diese vernetzen sich und stabilisieren den weißen Blutpfropf. In diesem Netz verfangen sich nun weitere Blutzellen, vor allem Erythrocyten, sodass der feste Blutpfropf dann rot erscheint.

Aufgabe

① Das Hormon (und Dopingmittel) *Erythropoietin (EPO)* erhöht die Anzahl der Erythrocyten, ohne das Plasmavolumen zu erhöhen. Dies verschlechtert die Fließeigenschaften des Blutes und kann die Gerinnung aktivieren. Leiten Sie daraus die Vorteile und Gefahren von EPO ab.

Online-Link
045306-0093

Erythrocyten transportieren den Sauerstoff

Erythrocyten, die roten Blutzellen, sind runde scheibenförmige Zellen mit 7,5 µm Durchmesser. Pro Sekunde werden etwa 2,5 Millionen von ihnen im roten Knochenmark gebildet, sie leben ca. 3 Monate und werden dann in Milz und Leber abgebaut. Ein Liter Blutserum löst maximal etwa 3 ml Sauerstoff. Ein Liter Blut mit Erythrocyten bindet das Siebzigfache.

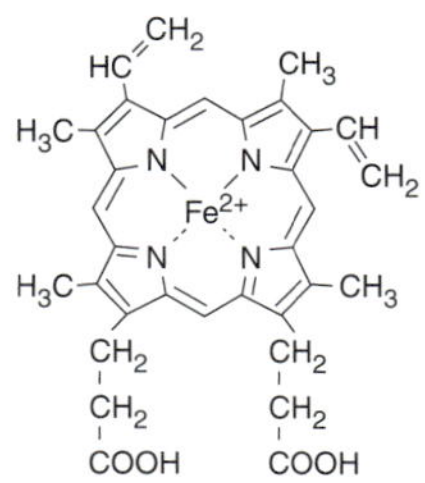

Häm

Menschliche Erythrocyten enthalten keinen Zellkern, daführ besteht ihre Masse bis zu 1/3 aus *Hämoglobin*. Hämoglobin ist das Trägermolekül für den Sauerstofftransport und besteht aus 4 *Globinmolekülen* (Eiweiß), in die je ein *Häm* eingebunden ist. Zentrum des Häm ist ein Eisen(II)-Ion, das über 4 Bindungsstellen in ein Porphyrin-Ringsystem eingebunden ist. Die 5. Bindungsstelle hält das Häm am Globin fest, die 6. Bindungsstelle bleibt frei und kann ein Sauerstoffmolekül locker (reversibel) binden. Dabei entsteht aus dem dunkelroten Hämoglobin das hellrote Oxi-Hämoglobin.

Die Sauerstoffbindungskurve (Abb. 1) zeigt die Abhängigkeit der Sauerstoffsättigung des Hämoglobins vom Sauerstoff-Partialdruck der Umgebung. Im Bereich der Lunge ist der Sauerstoff-Partialdruck mit ca. 130 hPa hoch, hier wird das Hämoglobin fast vollständig mit Sauerstoff beladen. In den Geweben herrscht aber wegen des Sauerstoffverbrauchs ein niedriger Partialdruck. Je weiter das Blut durch die großen Arterien und die Kapillaren ins Gewebe transportiert wird, desto mehr gibt es daher Sauerstoff ab. Bei einem Partialdruck von ca. 60 hPa, wie er oft in den Muskeln herrscht, werden bereits ca. 30 % des Sauerstoffs an die Zellen abgegeben. Da die Bindungskurve in diesem Partialdruckbereich recht steil verläuft, wird schon bei einem geringen weiteren Abfall des Partialdrucks relativ viel Sauerstoff freigesetzt. So ist die Versorgung der Gewebe auch bei hohem Sauerstoffverbrauch gesichert.

Empfänger des Sauerstoffs ist in den Muskeln zunächst das Myoglobin. Es ist ähnlich aufgebaut wie das Hämoglobin, besteht aber nur aus einer statt 4 Untereinheiten. Es kann den vom Hämoglobin freigesetzten und in die Zelle diffundierenden Sauerstoff fester binden (s. Abb. 1).

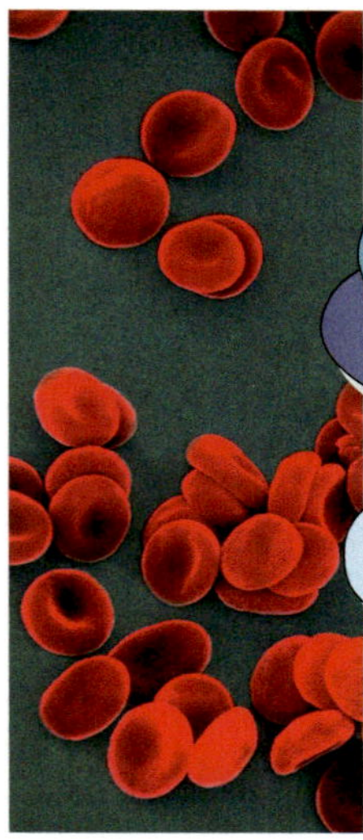

REM-Aufnahme von Erythrocyten

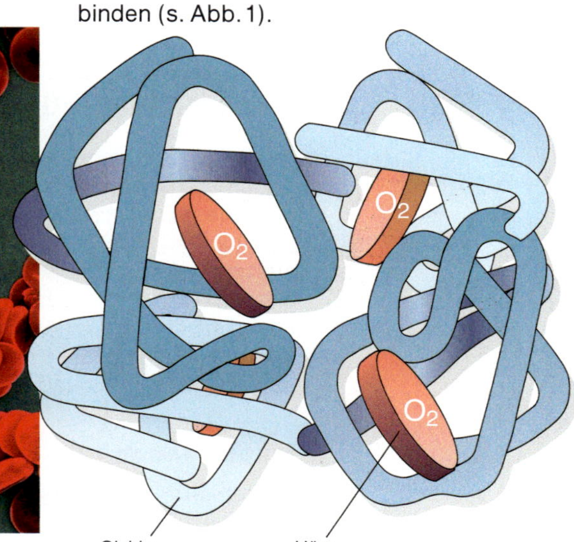

2 Hämoglobinmolekül

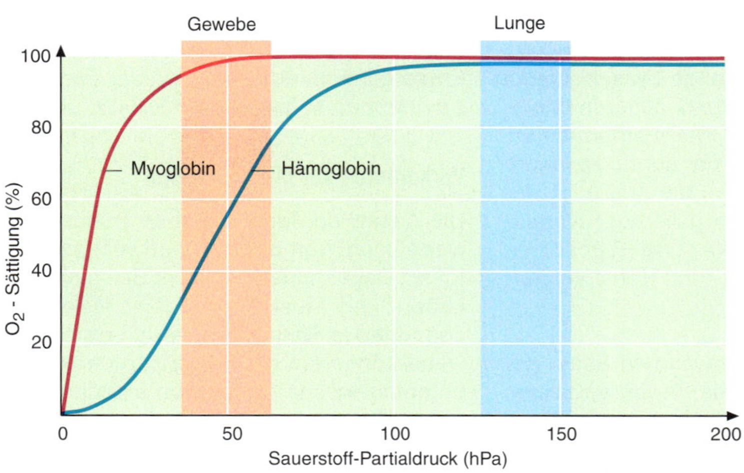

1 Sauerstoffbindungskurve des Hämoglobins und des Myoglobins

Es stellt eine Sauerstoffreserve für den Fall eines hohen Verbrauchs dar. Muskeln, die große Ausdauerleistungen erbringen, wie z. B. der Herzmuskel, haben auch einen besonders hohen Myoglobingehalt. Auch Training kann den Myoglobingehalt erhöhen.

Aufgaben

① Kohlenstoffmonooxid entsteht bei unvollständigen Verbrennungsvorgängen wie beim Zigarettenrauchen und bindet ca. 200-mal fester an Hämoglobin als Sauerstoff. Warum sind Raucher dadurch körperlich weniger leistungsfähig?

② Erklären Sie mithilfe von Abbildung 1, warum die Gabe von 100%igem Sauerstoff bei Gesunden wenig sinnvoll ist.

Angegeben ist das Mitochondrienvolumen in % am Zellvolumen bei verschiedenen Zellen einer Maus:

Leber	16,9
Hypophyse	7,5
Herzmuskel (Kammer)	47,7
Herzmuskel (Vorhof)	34,9
Blutzellen (weiß)	3,6

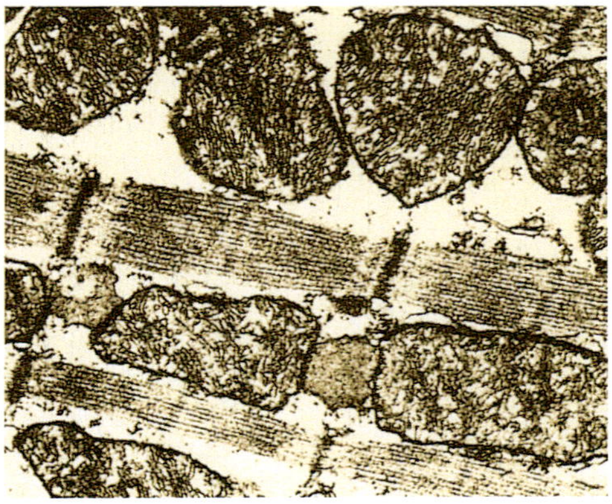

1 Gewebe vom Herzmuskel einer Ratte

2 Gewebe vom Zwerchfell einer Ratte

Mitochondrien – Orte der Zellatmung

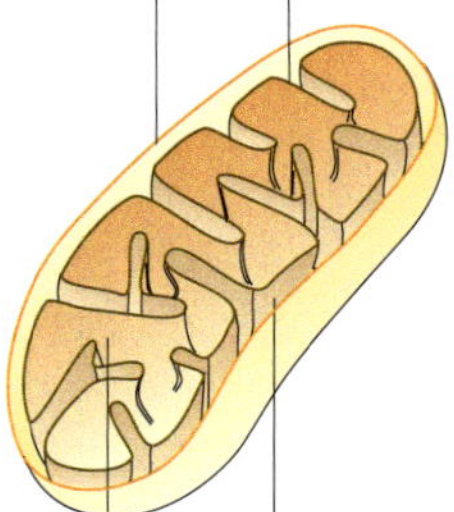

In den *Mitochondrien* wird aus Zuckern, Fetten und anderen Nährstoffen Energie für die Zelle freigesetzt. Man nennt sie auch die „Kraftwerke" der Zelle. Die Energiebereitstellung erfordert Sauerstoff, daher der etwas missverständliche Begriff innere Atmung oder *Zellatmung*. Der Aufbau der Mitochondrien ist in hohem Maße an die Aufgaben angepasst (▶ Struktur und Funktion S. 348).

Bau und Funktion

Die Mitochondrien sind von zwei Phospholipiddoppelmembranen eingehüllt. Die äußere ist glatt, die innere hat vielfältige Einfaltungen, die den Mitochondrien ihr typisches Aussehen auf elektronenmikroskopischen Aufnahmen geben (Abb. 1, 2).

Die zwei Membranen gliedern das Innere des Mitochondriums in zwei Kompartimente. Zum einen ist das der enge Zwischenraum zwischen der inneren und äußeren Membran, der sogenannte *Intermembranraum*, zum zweiten der Raum, der durch die innere Membran umgrenzt wird, die *Matrix*. In der Matrix befindet sich ein gallertiger Körper, der mitochondriale DNA und Ribosomen sowie Enzyme des Fett- und Kohlenhydratstoffwechsels enthält.

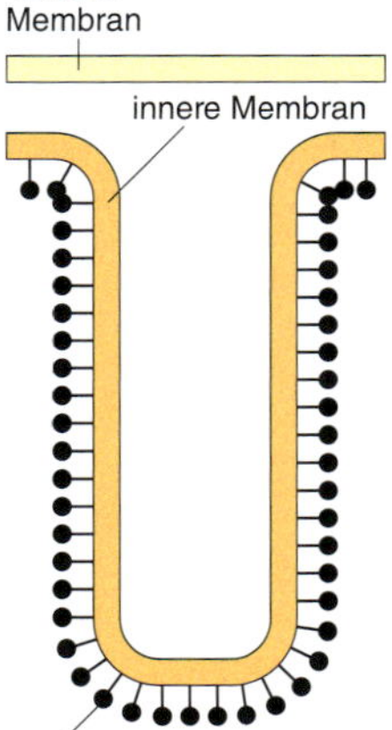

Auf der der Matrix zugewandten Seite, der gefalteten Innenmembran, liegen auf feinen Stielchen kugelige Partikel (Abb. 3). Diese sogenannten *Elementarpartikel* enthalten Enzyme zur Herstellung von ATP, dem Energiespeicher der Zelle (s. Seite 95).

Die Leistungsfähigkeit eines Mitochondriums hängt entscheidend davon ab, wie viele Elementarpartikel auf der Oberfläche der Innenmembran Platz finden. Aus diesem Grund liegt die Innenmembran des Mitochondriums gefaltet vor, da so die Oberfläche auf kleinem Raum um ein Vielfaches vergrößert werden kann (▶ Struktur und Funktion S. 348).

Herkunft der Mitochondrien

Der Aufbau der Mitochondrien hat Besonderheiten. Die Zusammensetzung der inneren Membran entspricht in großen Teil der der Bakterien, ebenso die mitochondriale DNA, die ringförmig vorliegt. Bakterien und mitochondriale RNA haben in großen Abschnitten Übereinstimmungen. Man vermutet daher, dass im Laufe der Evolution eukaryotische Zellen prokaryotische aufgenommen haben und sich eine Symbiose ergab. Entsprechend redet man von der *Endosymbiontentheorie* (siehe auch S. 342).

Vorkommen der Mitochondrien

Die Anzahl der Mitochondrien in einem Gewebe hängt von dessen Stoffwechselaktivität ab. Daher finden sich zum Beispiel in den Leber- und Muskelzellen sehr viele Mitochondrien (s. Randspalte). Auch gleiche Gewebe können je nach Beanspruchung eine unterschiedliche Anzahl von Mitochondrien haben. Der Herzmuskel muss pro Minute erheblich mehr Kontraktionen leisten als das Zwerchfell, entsprechend finden sich dort mehr Mitochondrien (Abb. 1, 2).

Lexikon

Leben braucht Energie

Für alle Arten von Arbeit, die eine Zelle verrichtet, ist *Energie* notwendig. Wir nehmen diese Energie in Form von Nahrung auf. Wie kommt aber die Energie aus der Nahrung zur rechten Zeit an den rechten Ort?

Energiespeicher ATP

Für alle oben genannten Arbeiten der Zelle gibt es einen universellen Energieüberträger, das ATP *(Adenosintriphosphat)*. ATP kann Energie reversibel speichern und bei Bedarf wieder abgeben. Anschließend kann ATP durch die *oxidative Phosphorylierung* von ADP *(Adenosindiphosphat)* wieder regeneriert werden. ATP ist damit vergleichbar einem wiederaufladbaren Akku.

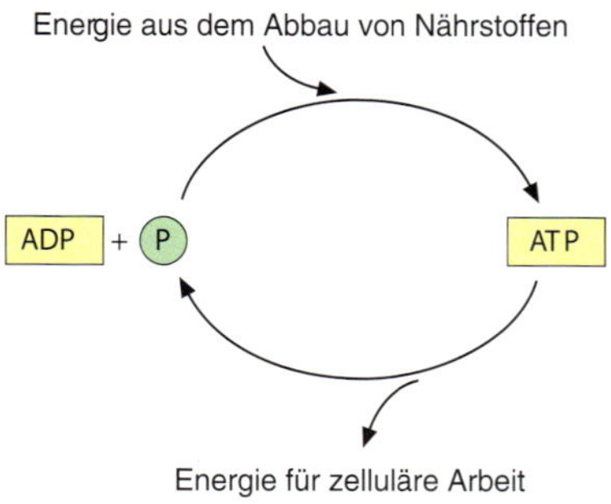

Die Möglichkeit, Energie übertragen zu können, ergibt sich aus dem besonderen Aufbau des ATP, genauer des Triphosphatschwanzes. Die drei dicht gedrängten negativ geladenen Phosphatgruppen im Triphosphatschwanz stoßen sich gegenseitig ab. Dadurch steht der Triphosphatschwanz sozusagen unter Spannung wie eine gespannte Feder. Durch diese Spannung wird die Bindung des dritten Phosphatrestes instabil, sodass diese leicht getrennt werden kann.

Energieträger Elektron

Verschiedene chemische Reaktionen können nur ablaufen, wenn Elektronen übertragen werden. Gibt ein Molekül Elektronen ab, spricht man von einer *Oxidation*, nimmt es Elektronen auf, von einer *Reduktion*. Das Maß, mit dem ein Molekül Elektronen zu sich ziehen kann, wird als *Elektronegativität* bezeichnet. Wird ein Elektron von einem Molekül mit geringerer Elektronegativität auf eines mit höherer übertragen, wird dabei Energie frei. Ein bekanntes Beispiel dafür ist die *Knallgasreaktion*, bei der 241 kJ/mol freigesetzt werden.

$$O_2 + 2H_2 \rightarrow 2H_2O$$

Im Alltag wird die Knallgasreaktion zunehmend für den Antrieb von Motoren genutzt. Aber auch im Körper spielt diese Reaktion eine wichtige Rolle, denn die Regeneration von ATP geschieht über eine schrittweise Knallgasreaktion.

Elektronenüberträger

In lebenden Systemen laufen viele Oxidationen und Reduktionen nebeneinander ab. So wie das ATP-ADP-System ihr universelles Energieübertragungssystem darstellt, haben Zellen auch chemische Systeme zur Übertragung von Elektronen zur Verfügung. Die wichtigsten beruhen auf den Stoffen NAD^+, $NADP^+$ und FAD. Sie können Elektronen aufnehmen und später wieder abgeben.

oxidierte Form	reduzierte Form
$NAD^+ + 2H^+ + 2e^-$	$NADH + H^+$
$NADP^+ + 2H^+ + 2e^-$	$NADPH + H^+$
$FAD + 2H^+ + 2e^-$	$FADH_2$

Energiespeicher/Kohlenhydrate

Kohlenhydrate *(Saccharide)* kennen wir als Bestandteile der Nahrung, z. B. Stärke, Rohrzucker und Traubenzucker. Es sind wichtige Energielieferanten für den Organismus. Am Beispiel des Traubenzuckers *(Glucose)* soll der Aufbau eines Kohlenhydrates verdeutlicht werden. Seine chemische Zusammensetzung wird durch die Summenformel $C_6H_{12}O_6$ angegeben.

Die *Strukturformel* gibt die Verknüpfung der einzelnen Atome an. Damit kann man darstellen, dass Glucose in zwei Formen existiert. Man unterscheidet α-Glucose und β-Glucose. Von anderen Zuckern unterscheidet sich Glucose vor allem durch die Anordnung der OH-Gruppen.

Glucose ist ein Einfachzucker *(Monosaccharid)*, sie besteht aus einem einzigen Zuckerbaustein. Durch Verknüpfung zweier Monosaccharide entstehen *Disaccharide* (Zweifachzucker). Dabei wird ein Molekül Wasser abgespalten. Wichtige Disaccharide sind *Maltose* (Malzzucker), *Saccharose* (Rohrzucker) und *Lactose* (Milchzucker). Durch OH-Gruppen und die geringe Molekülgröße sind Mono- und Disaccharide in Wasser gut löslich.

Stärke, Glykogen und Zellulose sind wichtige *Polysaccharide* oder *Vielfachzucker*. In ihnen sind jeweils viele Glucosemoleküle zu einem Makromolekül verbunden. Bei dem pflanzlichen Reservestoff Stärke sind es α-Glucosemoleküle, beim pflanzlichen Gerüststoff *Zellulose* hingegen sind es β-Glucosebausteine.

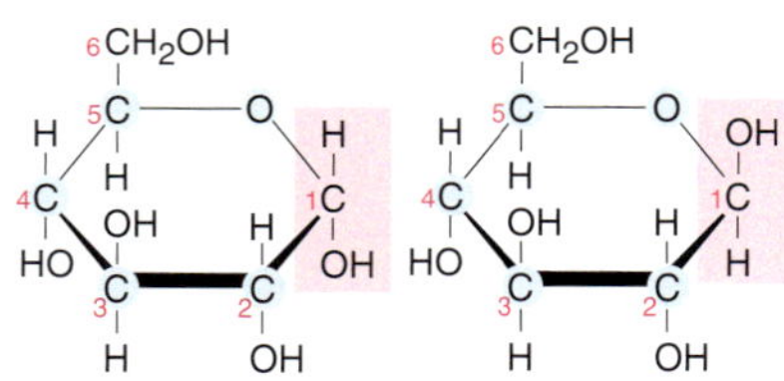

α-Glucose β-Glucose

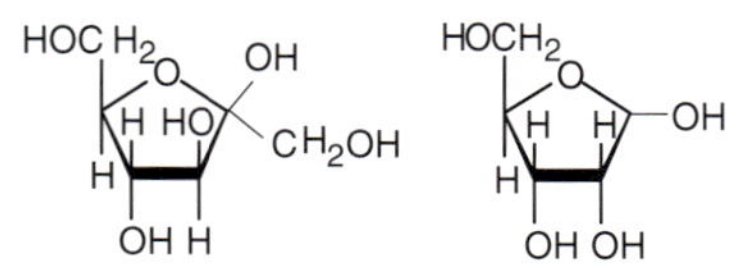

Fructose Ribose

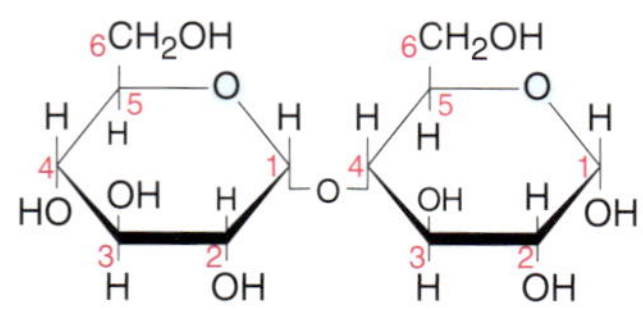

Maltose (= Malzzucker)
1-4-glykosidische Bindung

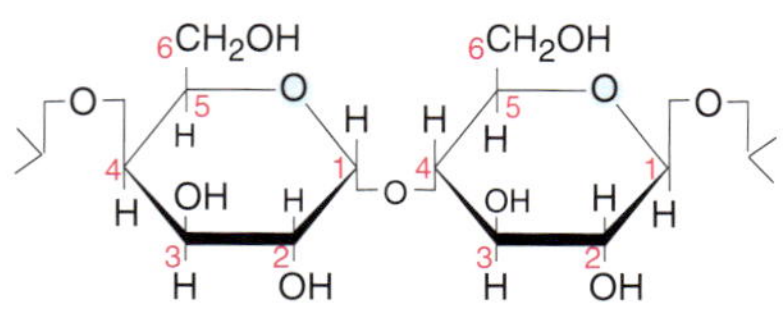

Zellobiose (Grundbaustein der Zellulose)

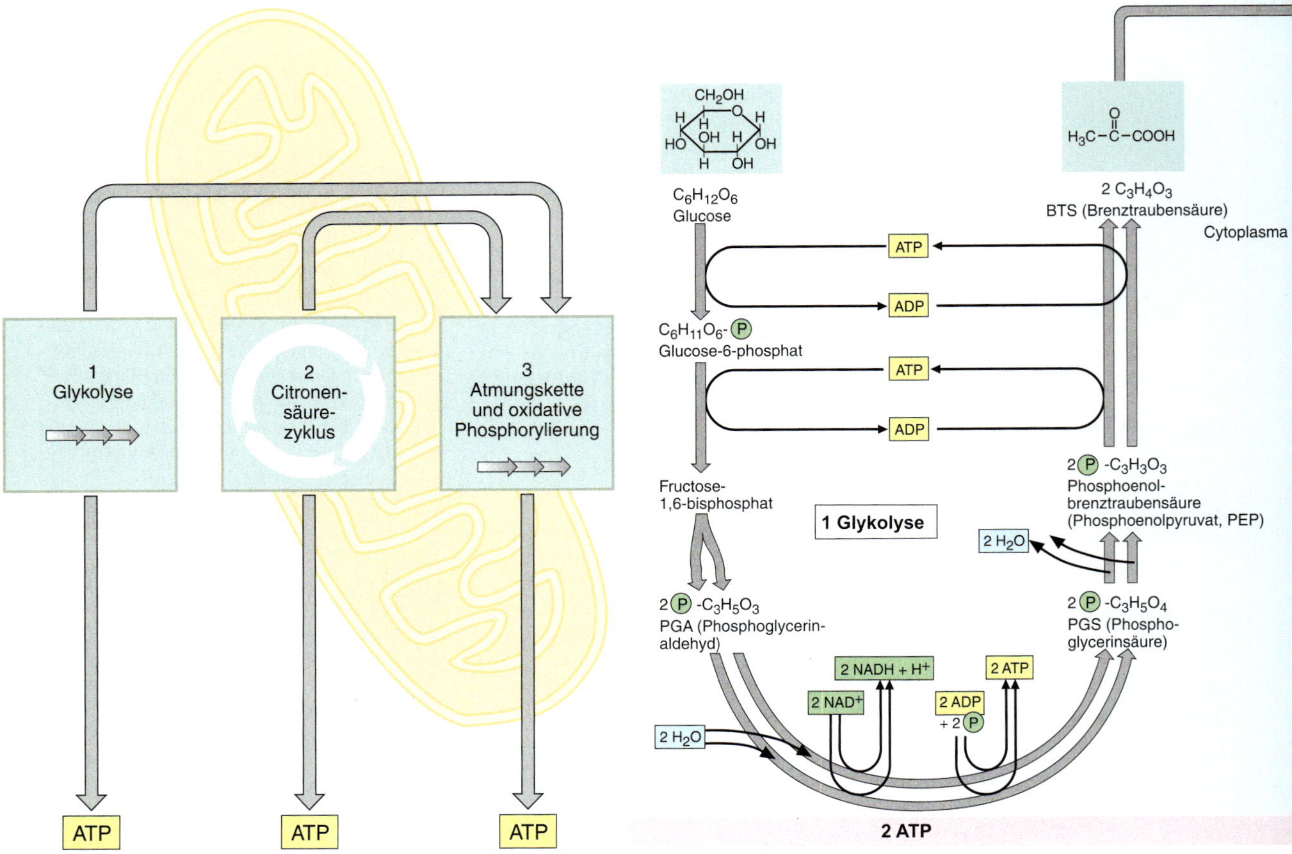

1 Übersicht Zellatmung

Von der Glykolyse bis zur Endoxidation

Die Zellatmung vollzieht sich in 3 Schritten:

1. Glykolyse

Die Glucose, ein C_6-Körper, wird im Cytoplasma der Zelle in 2 C_3-Körper, namens *Brenztraubensäure*, gespalten. Dabei werden als Nettogewinn 2 Moleküle ATP und 2 Moleküle $NADH + H^+$ gebildet.

2. Citronensäurezyklus

Die beiden aus Glucose gebildeten Moleküle Brenztraubensäure werden in die Matrix des Mitochondriums aufgenommen und reagieren jeweils unter Abspaltung von CO_2 mit dem *Coenzym A*. Das Endprodukt dieser Reaktion ist das *Acetyl-Coenzym A* (abgekürzt Acetyl-CoA), ein gebundener C_2-Körper. Dabei wird pro Molekül Brenztraubensäure ein $NADH + H^+$-Molekül gewonnen.

Die Reaktion der Brenztraubensäure zu Acetyl-CoA wird von einem Multienzymkomplex in 3 Einzelschritten vollzogen:

1. Aus Brenztraubensäure (C_3-Körper) wird CO_2 abgespalten *(Decarboxylierung)*.
2. Der so entstandene C_2-Körper *(Acetylgruppe)* wird oxidiert und mit der so entstandenen Energie ein Molekül $NADH + H^+$ gewonnen.
3. Dann wird das *Coenzym A* angelagert, die Acetylgruppe wird reaktionsfreudig.

Die Bindung der Acetylgruppe mit dem Coenzym A ist reaktionsfreudig und stellt die Verbindung zwischen der Glykolyse und dem eigentlichen Citronensäurezyklus dar. Im Zyklus verbindet sich das Acetyl-CoA unter Abspaltung des Coenzyms A mit einem C_4-Körper, der *Oxalessigsäure*. Es entsteht ein C_6-Körper, die Citronensäure, die dem Zyklus ihren Namen gegeben hat. Sie reagiert unter mehreren Zwischenschritten und zweifacher Abspaltung von CO_2 wieder zu Oxalessigsäure. Es liegt ebenso eine geschlossene Reaktionsfolge, ein *Zyklus,* vor. Da pro Molekül Glucose 2 Moleküle Brenztraubensäure entstehen, wird der gesamte Citronensäurezyklus pro Molekül Glucose

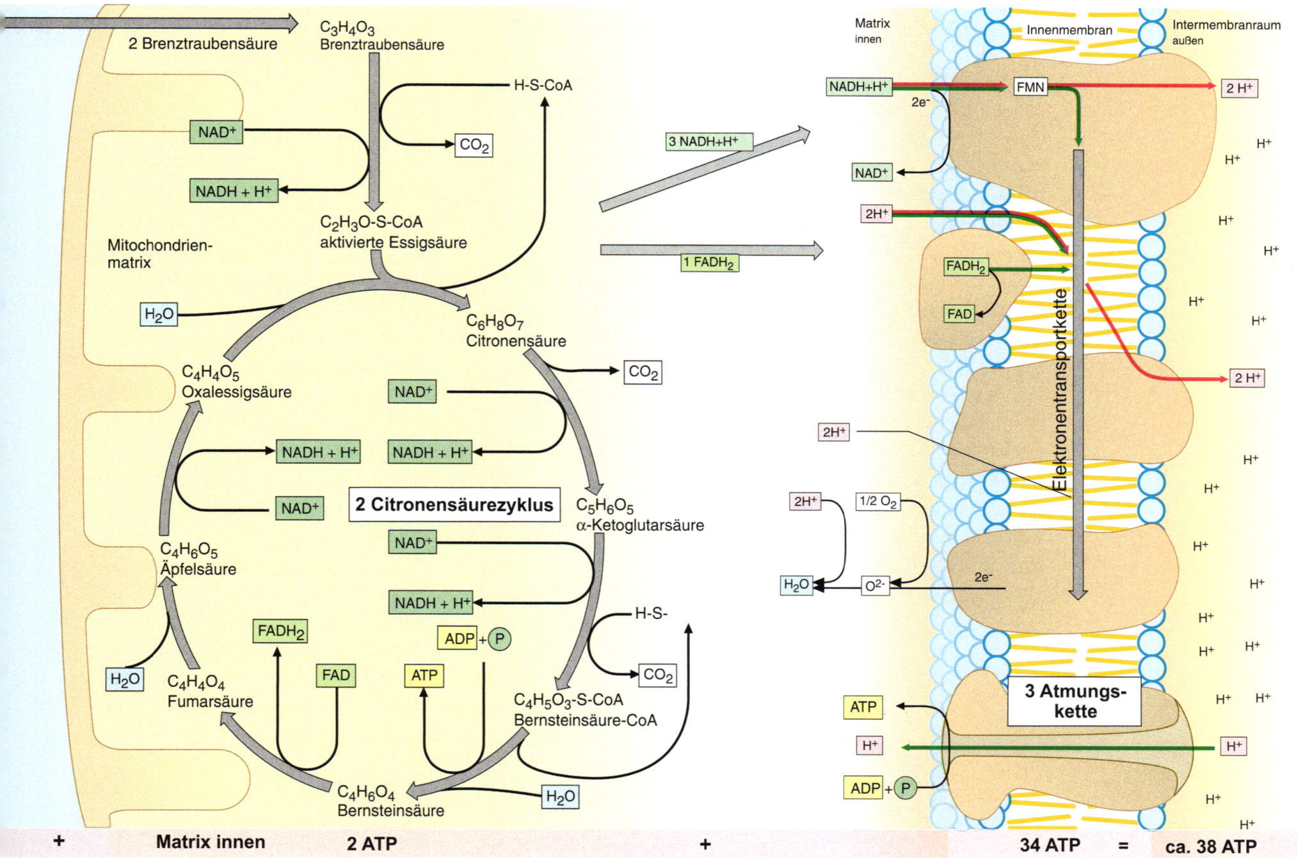

zweimal durchlaufen. Als Gewinn entstehen pro Molekül eingesetzte Glucose insgesamt 2 ATP, 6 NADH + H^+ und 2 $FADH_2$.

Da NAD^+ und FAD in der Zelle nur in geringen Mengen vorliegen, müssen diese regeneriert werden. Dies geschieht bei Vorliegen von Sauerstoff in der Atmungskette. Fehlt Sauerstoff, wird die Brenztraubensäure in Milchsäure umgewandelt, was langfristig zu einer Übersäuerung des Blutes führt.

3. Endoxidation

Die ATP-Ausbeute ist am Ende des Citronensäurezyklus mit 4 ATP gering. Die meiste Energie ist noch in den Elektronenüberträgern NADH + H^+ und $FADH_2$ gespeichert. Diese Energie wird durch die Übertragung der Elektronen auf den stark elektronegativen Sauerstoff freigesetzt:

$NADH + H^+ + 1/_2\, O_2 \rightarrow NAD^+ + H_2O$
(Energiegewinn 218 kJ pro mol).

Würde diese enorme Energie der Knallgasreaktion in den Mitochondrien auf einmal freigesetzt, könnte sie nicht ausreichend genutzt werden. Die Elektronen werden daher nicht direkt auf den stark elektronegativen Sauerstoff übertragen, sondern zunächst nur zu einem etwas stärker elektronegativen Reaktionspartner. Im Falle des NADH + H^+ werden vier, im Falle des $FADH_2$ drei Reaktionspartner zwischengeschaltet, bis die Elektronen auf den Sauerstoff übertragen werden. Man spricht daher von einer *Elektronentransportkette*. An jedem Glied der Elektronentransportkette wird ein Teil der Energie der *Knallgasreaktion* freigesetzt. Die so gewonnene Energie wir allerdings nicht direkt zur ATP-Bildung genutzt, sondern die Elektronentransportkette ist mit einem Protonentransport gekoppelt. Dieser verschiebt H^+-Ionen gegen das Konzentrations- und Ladungsgefälle aus der Matrix des Mitochondriums heraus in den Intermembranraum. Die Energie wird in diesem elektrochemischen Gradienten zwischengespeichert. Entlang dem Gradienten kehren die H^+-Ionen in die Matrix zurück, und zwar durch den Kanal des Enzymkomplexes der ATP-Synthase. Die Energie aus dem Rückfluss der H^+-Ionen wird hier zur ATP-Synthese genutzt (s. Seite 95).

Gärung – es geht auch ohne Sauerstoff

Um aus Milch Jogurt zu bereiten, wird sie mit einer Jogurtbakterienkultur geimpft und dann luftdicht verschlossen. Ein Hundertmeterläufer atmet auf der gesamten Strecke höchstens ein- bis zweimal. Milchsäurebakterien und der Kurzstreckenläufer haben eines gemeinsam: Der Sauerstoffvorrat ist für ihre Stoffwechselaktivität viel zu gering. Die Bakterien haben in der Milch nur eine kleine Sauerstoffmenge zur Verfügung. Der Läufer hat wegen seiner hohen Leistung einen extrem hohen Sauerstoffverbrauch, den er nicht durch Atmung decken kann. Beide überleben dennoch, da sie in der Lage sind, auch ohne Sauerstoff ATP zu gewinnen. Diese *anaerobe* Art der Dissimilation nennt man *Gärung*. Viele Organismen können bei Bedarf (fakultativ) Gärung betreiben, für andere ist es der einzige obligate Stoffwechselweg.

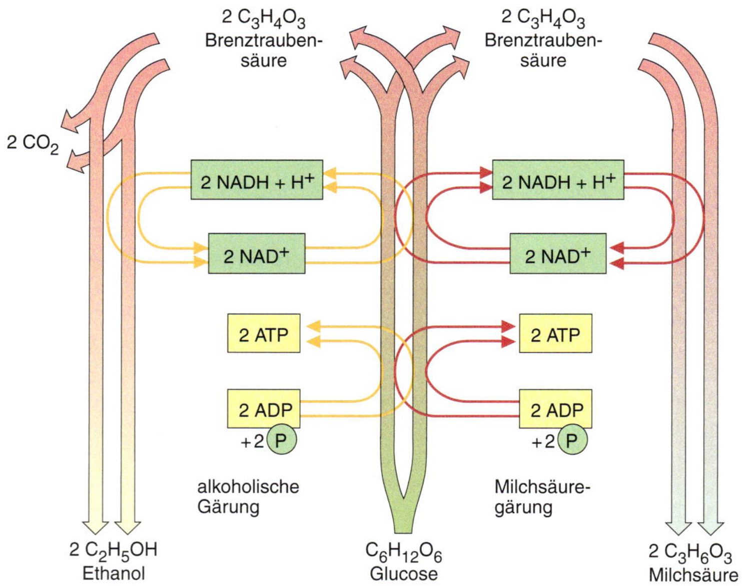

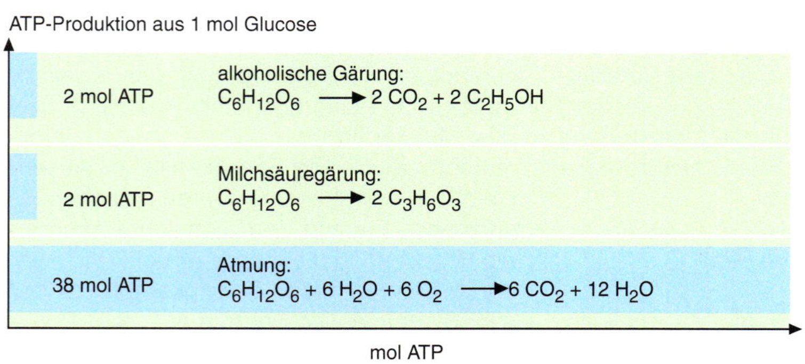

1 Schematische Darstellung der Gärung

Ist der Sauerstoffvorrat aufgebraucht, so können NADH + H^+ und $FADH_2$ nicht zurück zu NAD^+ und FAD oxidiert werden. Diese Cosubstrate stehen dann in der Glykolyse und den Folgeprozessen nicht mehr zur Verfügung, die Reaktionen kommen deshalb zum Erliegen. Nun ist aber NADH + H^+ aufgrund seines niedrigen Redoxpotentials in der Lage, Elektronen (und Protonen) direkt auf Brenztraubensäure zu übertragen. Viele Organismen haben Enzyme, um diese Reaktion zu katalysieren. Dann steht NAD^+ wieder bereit. Es kann zumindest in der Glykolyse wieder ATP erzeugt werden, wenn auch erheblich weniger pro mol Glucose als in der Atmung. Daneben wird die giftige Brenztraubensäure in die ungefährlichere Milchsäure umgewandelt. Daher heißt der Vorgang auch *Milchsäuregärung*. So entsteht durch Milchsäurebakterien aus Milch Jogurt bzw. aus Weißkohl Sauerkraut. In Mikroorganismen arbeitet ein anderes Enzym als in Wirbeltiermuskeln, daher produzieren sie $D^{(+)}$-Milchsäure statt der $L^{(-)}$-Form.

Nach dem gleichen Prinzip arbeiten Hefepilze der Gattung *Saccharomyces* bei der *alkoholischen Gärung*. Sie spalten zunächst enzymatisch CO_2 aus der Brenztraubensäure ab und reduzieren den entstehenden C_2-Körper Ethanal mithilfe von NADH + H^+ zu Ethanol. Auf diese Weise wird NAD^+ regeneriert. Hefen werden zur Erzeugung von Ethanol in der Getränkezubereitung (Bier, Wein) eingesetzt. Beim Backen lassen die CO_2-Gasbläschen den Teig aufgehen.

Backhefen können in Gegenwart von Sauerstoff auch atmen und schalten nur unter sauerstoffarmen Bedingungen auf Gärung um. Sie sind *fakultative Anaerobier*. Andere Mikroorganismen und Wirbellose, wie Wattwürmer oder Tubifex-Larven, leiden als Schlammbewohner häufig unter Sauerstoffmangel und gewinnen dann durch andere Gärungsformen Energie (▶ Stoff- und Energieumwandlung S. 356).

Aufgaben

① Hefe wird in gut belüfteten Behältern vermehrt, arbeitet aber im Teig oder beim Bierbrauen unter Luftabschluss. Begründen Sie.

② Gefäße zur Bereitung von Sauerkraut müssen völlig sauber und luftdicht abgeschlossen sein. Was würde sonst geschehen?

Versuche zur Gärung

Untersuchung von Sauerteig

Material:
300 g Roggenmehl oder käufliche Backmischung Roggenbrot, dest. Wasser, pH-Teststreifen, Glaswolle

Geräte:
Backschüssel, Becherglas (1 Liter), kleiner Teller zum Abdecken, kl. Löffel, 3 kl. Reagenzgläser, 1 gr. Reagenzglas, Becherglas 500 ml (hoch), Drahtnetz, Dreifuß, Brenner

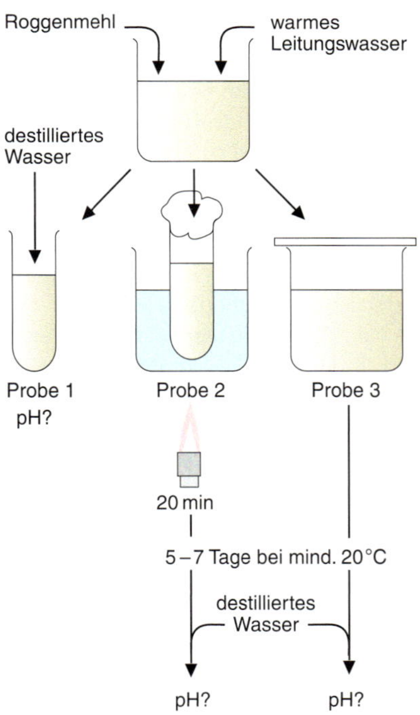

Durchführung:
300 g Roggenmehl (möglichst frisch und nicht zu fein gemahlen) werden in der Backschüssel mit so viel Leitungswasser (ca. 300 ml) bei ca. 30 °C gründlich vermischt, dass der Teig gerade noch fließfähig ist.

Zwei kleine Proben von ca. 10 g werden abgenommen. Probe 1 wird mit ca. 10 ml Wasser aufgeschwemmt. Man lässt den Teig sich absetzen und misst den pH-Wert.

Probe 2 wird im großen, mit Glaswolle verschlossenen Reagenzglas ca. 20 min im kochenden Wasserbad erhitzt.

Der restliche Teig wird in ein hohes Becherglas gefüllt, mit einem Teller abgedeckt und etwa eine Woche lang an einem dunklen warmen Ort (nicht unter 20 °C) zusammen mit Probe 2 stehen gelassen.

Aufgabe

① Nach Ablauf der Zeit wird in beiden Proben wie bei Probe 1 der pH-Wert ermittelt. Deuten Sie das Ergebnis.

Backen eines Sauerteigbrotes

Material:
Versuchsansatz aus Versuch 1, 300 g Roggenmehl, 12 g Speisesalz

Geräte:
Backschüssel, Rührlöffel, Kastenbackform, sauberes Handtuch, Backofen oder Trockenschrank

Durchführung:
Dem Teig aus Versuch 1 werden das Roggenmehl, Salz und Wasser zugegeben. Unter Rühren wird so viel Wasser dazugegeben, dass der Teig klebrig, aber nicht fließfähig ist. Er wird in der mit einem Tuch abgedeckten Backschüssel ca. einen Tag an einem warmen Ort aufbewahrt.

Danach wird der Teig in die Backform gefüllt und nochmals mit einem Tuch abgedeckt ca. eine Stunde gehen gelassen. Dann wird der Teig bei ca. 180 °C ca. eine Stunde lang gebacken.

Alkoholische Gärung

Material:
Backhefe, Glucose, Calciumhydroxidlösung, Spülmittel

Geräte:
2 Wasserbäder (40 °C), 2 große Reagenzgläser, 3 Gaswaschflaschen, Sprudelsteine, Gummischläuche, Aquarienpumpen, Destillierapparatur oder doppelt durchbohrter Gummistopfen mit breitem Steigrohr (ca. 60 cm hoch), Thermometer

Durchführung:
Für einen Hefeansatz werden 40 g Glucose in 200 ml Wasser gelöst. Dazu kommen 20 g Bäckerhefe oder ein Beutel Trockenhefe. Der Ansatz wird im Wasserbad vorgewärmt, gut geschüttelt und gleichmäßig auf 2 Reagenzgläser verteilt. Die beiden Versuchsansätze werden gemäß der Abbildung aufgebaut. Nur einer wird mittels Aquarienpumpe belüftet.

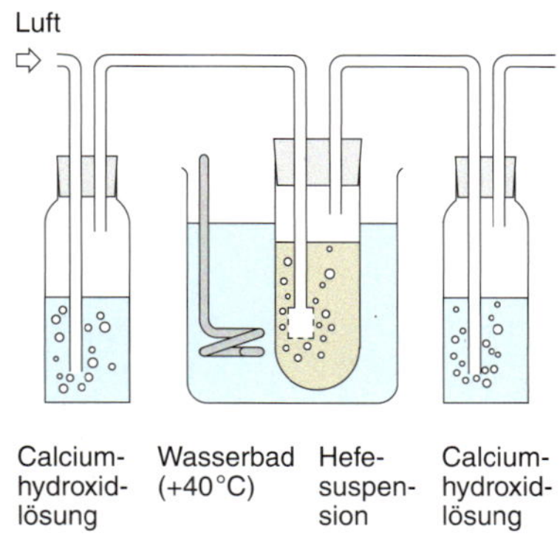

Aufgaben

② Beobachten Sie die Lösungen in den Waschflaschen und deuten Sie Ihre Beobachtungen.

③ Lassen Sie die Ansätze (ohne weitere Heizung) einen weiteren Tag stehen. Destillieren Sie dann (getrennt) den Inhalt der beiden Reagenzgläser. Vergleichen Sie dabei die Siedetemperaturen. Begründen Sie den Unterschied.

④ Versuchen Sie, die ersten 10 Tropfen des Destillats zu entzünden. Begründen Sie Unterschiede zwischen den beiden Ansätzen.

Alternative (einfachere) Durchführung:
– Geben Sie in jedes Reagenzglas je einen Tropfen Spülmittel, um zu starkes Schäumen zu verhindern.
– Verschließen Sie jedes Reagenzglas nach Befüllen wie oben mit einem doppelt durchbohrten Stopfen.
– Setzen Sie in die eine Öffnung des Stopfens ein Thermometer, in die andere ein ca. 50 cm langes Steigrohr (ca. 1 cm Ø).

Aufgaben

⑤ Erhitzen Sie und vergleichen Sie die Siedetemperaturen.

⑥ Wenn Dampf aus dem Steigrohr strömt, versuchen Sie (mehrmals), ihn zu entzünden. Welchen Stoff weisen Sie damit nach?

⑦ Vergleichen Sie beide Ansätze in Bezug auf Siedetemperatur und Brennbarkeit. Begründen Sie.

Online-Link
045306-0100

Die Muskelkontraktion

ATP spielt eine wichtige Rolle bei der Bewegung von Geißeln bei Einzellern, aber auch bei Bewegungen unseres Körpers. Bei all diesen Prozessen wird chemische Energie in mechanische Arbeit umgewandelt (▶ Stoff- und Energieumwandlung S. 356).

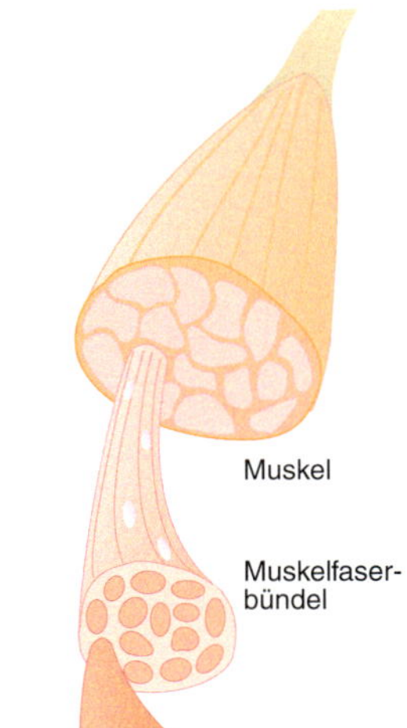

Bau des Muskels

Muskeln sind deutlich sichtbar in einzelne *Muskelbündel* gegliedert. Sie wiederum sind aus vielen bindegewebsumhüllten *Muskelfaserbündeln* aufgebaut, die auch Nerven und Blutgefäße enthalten. Jedes dieser Bündel enthält auch eine größere Zahl von ca. 50 µm dicken parallel angeordneten *Muskelfasern*. Es sind ungewöhnlich große Zellgebilde aus vielen miteinander verschmolzenen Einzelzellen. Jede Muskelfaser enthält mehrere Zellkerne und zahlreiche Mitochondrien am Rand, wo sie Bewegungen nicht behindern. Die Fasern der Skelettmuskeln erscheinen im Mikroskop quergestreift. Im Inneren jeder Muskelfaser sind nämlich viele 1 bis 2 µm dicke *Myofibrillen* exakt parallel gelagert. Jede besteht aus einer Vielzahl von hintereinander liegenden *Sarkomeren* von gleichartigem Aufbau: Jedes Sarkomer wird von 2 quer gelagerten Z-Scheiben begrenzt. Darin fest verankert ist eine große Zahl paralleler *Aktinfilamente*. Zwischen sie sind regelmäßig die dickeren *Myosinfilamente* (ca. 0,01 µm Durchmesser) eingelagert.

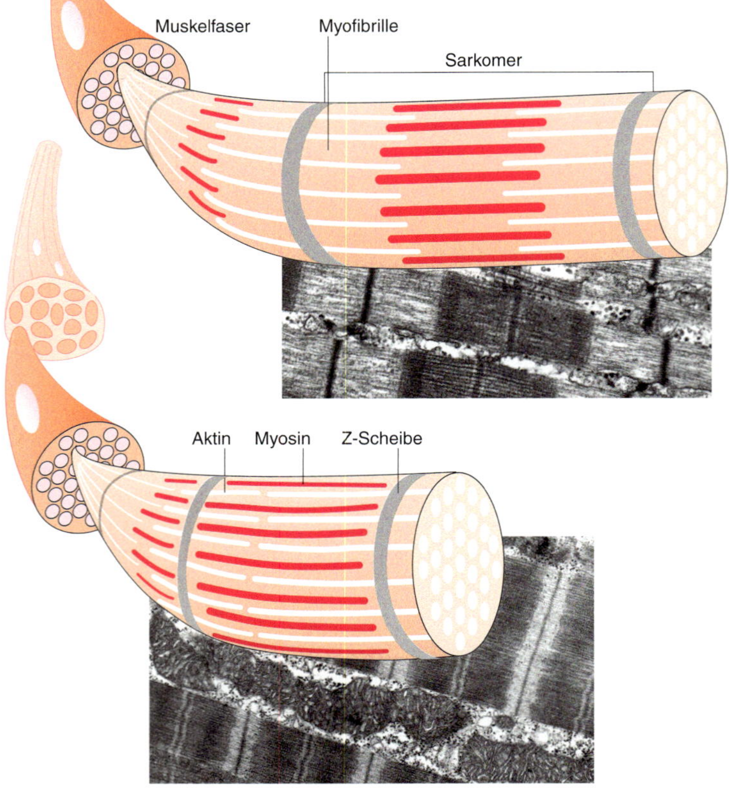

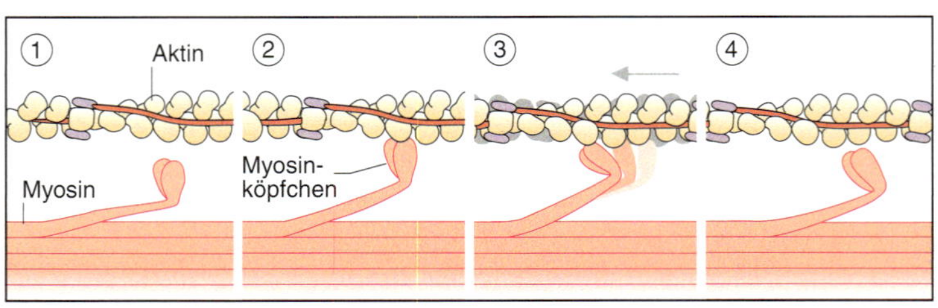

1 Ablauf der Muskelkontraktion

Gleitfilamenttheorie der Kontraktion

Muskeln verkürzen und verdicken sich bei der Kontraktion. Das Gleiche gilt für jedes einzelne Sarkomer. Aktin- und Myosinfilamente schieben sich ineinander und ziehen so die Z-Scheiben aufeinander zu. Jedes Myosinfilament trägt an seiner Seite etwa 500 bewegliche Köpfchen. Lagert sich ATP an sie an, liegen sie vom Aktin losgelöst vor. Unter ATP-Spaltung strecken sie sich. In diesem Zustand sind sie energiereich und wie eine Feder gespannt (*Phase 1,* Abb. 1 unten). Auf einen Nervenimpuls hin werden Bindungsstellen auf dem Aktin für die Köpfchen frei, daraufhin verbinden sie sich mit dem Aktin (*Phase 2*). Sie klappen automatisch in einen Winkel von 45° um und ziehen dadurch die Aktinfilamente um eine kleine Strecke weiter zwischen das Myosin (*Phase 3*). Dieser Vorgang (Lösen der Köpfchen vom Aktin – Geraderichten – erneutes Anlagern – Umklappen) kann immer von Neuem erfolgen, solange der Muskel durch Nervenimpulse aktiviert ist. Entsprechend werden die Sarkomere und damit die Muskelfaser immer stärker verkürzt, bis im Extremfall das Myosin an die Z-Scheiben stößt.

Aufgabe

① Bei zu starker, ungewohnter Dauerbelastung eines Muskels verkrampft er: Er wird steif und hart. Welche Ursachen könnte das haben?

Material

Die Rolle des ATP bei der Muskelkontraktion

Eine Vielzahl von Einzelbefunden ermöglichte es, eine Theorie zu den molekularen Mechanismen bei der Muskelkontraktion aufzustellen:

1) In Muskelzellen findet man eine besondere Form des Endoplasmatischen Retikulums (ER), die als Ca^{2+}-Speicher dient. In der Membran dieses ER befinden sich spezielle Ionenpumpen, die Ca^{2+} in das ER transportieren.

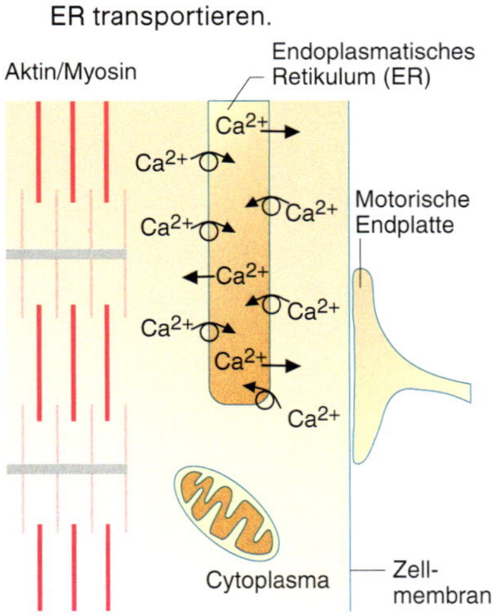

2) Gelangen Nervenimpulse an die *Motorische Endplatte* (die Nervenendigung an der Membran), erhöht sich schlagartig die Permeabilität der Membran des Muskelzellen-ERs für Calciumionen. Darauf erhöht sich die Ca^{2+}-Konzentration im Cytoplasma der Muskelzelle um ca. das 1000fache.
3) Das Myosinmolekül weist flexible Teile auf, die Änderungen seiner räumlichen Struktur ermöglichen. Nur in einer dieser räumlichen Strukturen hat der Myosinkopf Kontakt mit Aktin.
4) ENGELHARDT und seine Mitarbeiter stellten schon 1939 fest, dass der Myosinkopf ATP-Bindungsstellen aufweist. ADP und Phosphat dagegen werden vom Myosinkopf nicht gebunden.
5) Der Myosinkopf kann bei Anwesenheit von Aktin ATP schnell zu ADP und Phosphat spalten. Der Myosinkopf wirkt also wie eine ATPase.

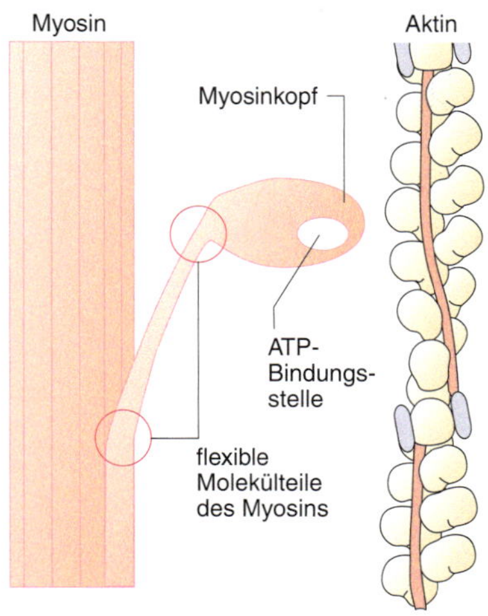

6) Eine Änderung der räumlichen Struktur von Myosin erfolgt unter verschiedenen Bedingungen:
   a) Hohe Ca^{2+}-Konzentrationen verändern die Struktur von Myosin und Aktin so, dass das Myosin in Kontakt mit Aktin tritt.
   b) Die Anlagerung von ATP an die ATP-Bindungsstelle des Myosinkopfes führt zu einer 90°-Einstellung des Myosinkopfes zum Myosinstiel. Diese räumliche Struktur des Myosins bleibt nur bestehen, so lange ATP gebunden ist.
   c) Bei niedriger Ca^{2+}-Konzentration binden zwei weitere Proteine so an Aktin, dass sie den Zugang für das Myosinköpfchen blockieren. Bei höheren Ca^{2+}-Konzentrationen verändern diese beiden Proteine ihre Lage geringfügig, sodass Myosin an Aktin binden kann und die Kontraktion erfolgt.

Aufgaben

① Ermitteln Sie mithilfe der obigen Versuchsergebnisse die richtige Reihenfolge der Schemata in der nebenstehenden Abbildung.

② Stirbt ein Wirbeltier, so tritt nach einigen Stunden Totenstarre ein: Alle Muskeln werden starr und hart. Gehetztes Wild zeigt nach dem Tode eine extrem kurze Zeit bis zum Einsetzen der Totenstarre. Erklären Sie diese Phänomene; überlegen Sie, in welcher Phase der unten stehenden Abbildung sich ein Muskel in Totenstarre befindet.

③ Die Zugabe von ATP auf einen frisch isolierten Muskel führt nicht, wie man zuerst vermuten könnte, zu einer Kontraktion. Überlegen Sie, wie man tatsächlich eine Kontraktion auslösen könnte.

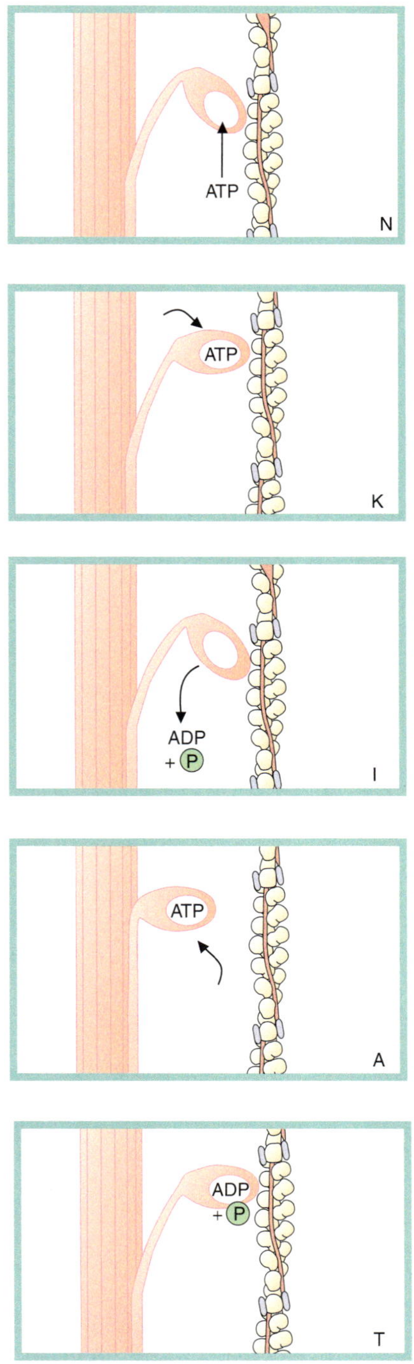

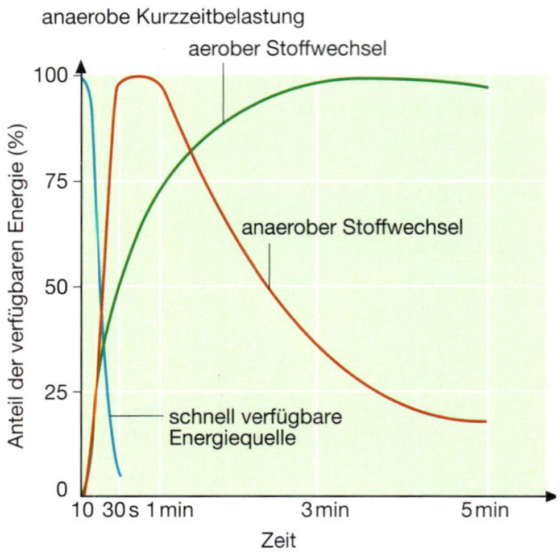

1 Energiebereitstellung bei Belastung

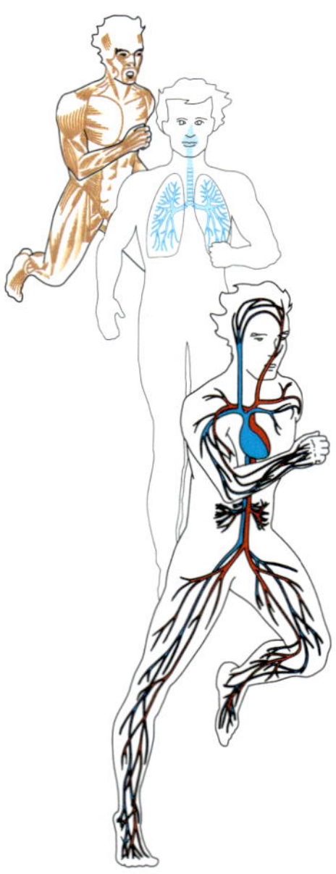

Wissenschaft für das Training

Körperliche Leistungsfähigkeit setzt sich aus den Komponenten zusammen, die Sie in diesem Kapitel kennengelernt haben. Nur wenn *äußere* und *innere Atmung* sowie das Herz-Kreislauf-System und die Muskeln zu einem Gesamtsystem koordiniert werden, entsteht körperliche Leistungsfähigkeit. Wie funktioniert also dieses Gesamtsystem und wie kann ich es beeinflussen, um meine persönliche Leistungsfähigkeit zu verbessern?

Leistungsfähigkeit und ATP

Leistungsfähigkeit ohne das Vorhandensein von ATP ist unmöglich und bedeutet daher, dass ATP in allen Phasen einer Leistungsanforderung bereitgestellt werden muss.

Anaerobe Energiebereitstellung

Zu Beginn einer Leistung geschieht die Energiebereitstellung ohne Nutzung von Sauerstoff *(anaerob).* Zunächst werden dafür die Energiereserven in Form des gespeicherten ATPs eingesetzt. Mit diesen Reserven kann etwa für 2 bis 4 Sekunden Energie bereitgestellt werden.

Für die folgenden etwa 20 Sekunden steht Kreatinphosphat als schnell verfügbare Energiequelle zur Verfügung. Kreatinphosphat kann ATP schnell regenerieren, indem es seine energiereiche Phosphatgruppe auf ADP überträgt. Für weitere etwa 30 Sekunden kann die Leistung durch den (geringen) Energiegewinn aus anaerobem Stoffwechsel, der Glykolyse, aufrechterhalten werden.

Je nach Anforderungsart müssen spätestens nach einer Minute (bei Kurzzeit-Hochleistungen wie Sprintsport schon nach wenigen Sekunden) die Sauerstoff bereitstellenden und verarbeitenden Systeme von Ruhe auf Leistung umgestellt werden.

Warum können Untrainierte dann nicht mehr und warum machen auch Bodybuilder schnell schlapp? Die Lösung liegt in der Zellatmung: Wird die Glykolyse anaerob weiter betrieben, wird das gesamte $NADP^+$ in $NADPH + H^+$ reduziert. Fehlt Sauerstoff, kann $NADP^+$ nicht in der Atmungskette regeneriert werden. Die einzige Möglichkeit der Regeneration von $NADP^+$ ist dann die Reduktion von Brenztraubensäure in *Milchsäure,* wobei $NADPH + H^+$ verbraucht wird. Dadurch häuft sich Lactat im Muskel und anschließend im Blut an und führt zur Übersäuerung. Diese hemmt die Energiebereitstellungssysteme und führt schließlich zum Leistungsabbruch.

Aerobe Energiebereitstellung

Ein Hauptpfeiler jedes vernünftigen Trainings ist die Optimierung der aeroben Energiebereitstellung. Obwohl es viele Möglichkeiten gibt zu trainieren, laufen allen Maßnahmen des aeroben Trainings auf zwei Prinzipien hinaus:

Prinzip 1: Wenig Milchsäure bilden

Dafür muss ausreichend Sauerstoff zu den Muskeln geschafft werden. Folgende Systeme sollten also trainiert werden:

Atmung
Das Atemzeitvolumen (das Produkt aus Atemfrequenz und Atemvolumen) kann durch Ausdauertraining von 85 Liter/min auf bis zu 170 Liter/min vergrößert werden. Dadurch wird mehr Sauerstoff bereitgestellt und der Stoffwechsel kann aerob erfolgen. Das Atemzeitvolumen kann gut mit Ausdauersport, vor allem Schwimmen, gesteigert werden.

Herz
Ebenso wie bei der Atmung kann der Trainierte sein *Herzzeitvolumen* (Produkt aus Herzfrequenz und Herzvolumen) steigern. Wichtigster Parameter ist die Steigerung des *Herzvolumens* und damit der Auswurfleistung des Herzens (*Schlagvolumen*). Untrainierte haben ein Schlagvolumen von etwa 65 ml, Trainierte können dies auf bis zu 150 ml steigern. Da Trainierte aufgrund ihres hohen Schlagvolumens ihr Herzzeitvolumen

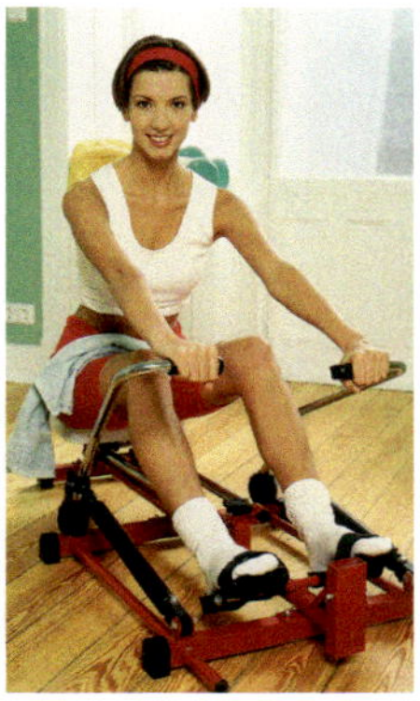

mit weniger Herzschlägen erbringen können, findet sich bei diesen in Ruhe eine langsame Pulsfrequenz, der „Sportlerpuls".

Muskulatur
Die trainierte Muskulatur passt sich auf mehrfache Weise an die Belastung an. Trainierte Muskeln sind stärker mit Kapillaren durchzogen und werden so besser mit Sauerstoff versorgt. Durch das Training nimmt der Faserdurchschnitt zu, so wird mehr Aktin, Myosin, ATP und Kreatinphosphat in die Muskelzelle eingelagert. Durch Training nimmt der Anteil an ST-Fasern zu, die Energie aus der Zellatmung gewinnen, zusätzlich erhöht sich die Mitochondriendichte im Muskel um bis zu 40 %

Das erste Trainingsprinzip, weniger Milchsäure zu bilden, steht damit auf zwei Füßen:
- mehr Sauerstoff und Nährstoffe durch ein trainiertes Atmungs- und Herz-Kreislauf-System bereitzustellen,
- bessere Nutzung des Sauerstoffs und der Nährstoffe durch erhöhte Mitochondriendichte.

Prinzip 2: Milchsäureabbau

Trainierte bilden nicht nur weniger Milchsäure, sie sind gleichzeitig auch in der Lage, Milchsäure in höherem Maße abzubauen. Training bewirkt eine höhere Enzymkonzentration desjenigen Enzyms, das die (Rück-) Reaktion von Milchsäure zu Brenztraubensäure katalysiert. Dies geschieht in den Muskeln und in der Leber. Auf diese Weise wird nicht nur die Übersäuerung verhindert, sondern gleichzeitig vermehrt Brenztraubensäure als Energieträger für den Citronensäurezyklus zu Verfügung gestellt.

Wissenschaftliches Training

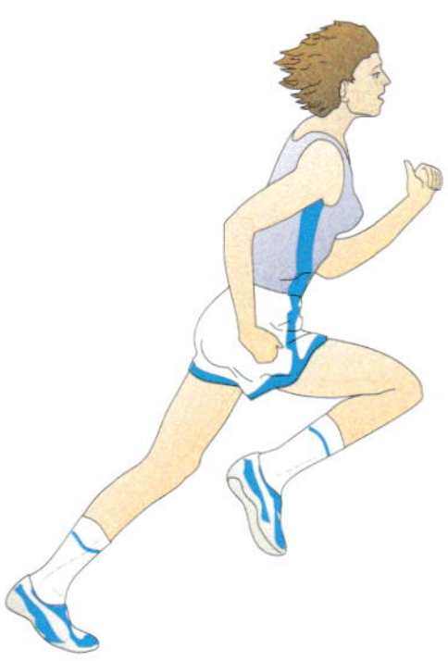

Die Gesamtheit der positiven oben beschriebenen Effekte können nur durch ein kombiniertes Training der betreffenden Muskeln und ein Ausdauertraining erzielt werden. Um Ausdauer zu trainieren, sind 2 bis 3 Trainingseinheiten à 30 Minuten pro Woche notwendig. Wichtig ist dabei, aerob zu trainieren. Ein wichtiger Parameter, um festzustellen, ob man noch aerob trainiert, ist die Pulsfrequenz. Diese sollte etwas unter 130 Schlägen pro Minute liegen. Bezogen auf das Laufen bedeutet dies für die meisten „Trimmtrab", also eine Geschwindigkeit von 7 bis 10 km/h. Die Atemfrequenz soll dabei gleich bleiben. Muss die Atemfrequenz erhöht werden, lässt dies auf eine Übersäuerung schließen. Im Ausdauertraining soll dann nicht schneller geatmet, sondern langsamer gelaufen werden.

Nahrung und Sport

Sport ist Teil jedes Diätprogramms. Wie bekannt, hemmen hohe Milchsäurespiegel die Enzyme der Fettverwertung. Soll also durch Sport die Verminderung der Fettmenge unterstützt werden, muss aerob gearbeitet werden, sprich *Ausdauertraining* betrieben werden.

Richtige Nahrung kann die sportliche Leistungsfähigkeit unterstützen. Hohe Glykogenspeicher sind nützlich für Höchstleistungen, z. B. den Endspurt. Mit Glykogen kann im Vergleich zu Fett doppelt so viel ATP resynthetisiert werden. Hohe Glykogenspeicher sind deshalb von Vorteil. Die Glykogenspeicher können besonders gut gefüllt werden, wenn diese vorher durch ein 30-minütiges Ausdauertraining weitgehend entleert wurden, d. h. die Kohlenhydrate, z. B. in Form von Nudeln, müssen nach dem Training aufgenommen werden. Da für den Glykogenaufbau viel Wasser verbraucht wird, ist auch auf eine hohe Flüssigkeitszufuhr zu achten.

Beim Krafttraining wird zum Muskelaufbau mehr als 2- bis 3-mal so viel Protein benötigt als normal, d. h. 2 bis 3 g/kg Körpergewicht im Vergleich zu 1 g/kg Körpergewicht bei nicht Trainierenden. Die Proteinzufuhr sollte vor dem Training erfolgen, da so die vermehrte Muskeldurchblutung für die Heranschaffung der Proteine zum Muskel optimal genutzt wird.

Training und Doping

Wer träumt nicht davon, ein sportlich gestählter Körper ohne schweißtreibendes Training? In der Tat kann z. B. der Muskelaufbau durch Doping (sogenannte *Anabolika)* verstärkt werden, allerdings nicht ohne Nebenwirkungen. Viele *Anabolika* sind den männlichen Geschlechtshormonen *(Steroide)* verwandt, sie führen zu einem stärkeren Muskelaufbau, greifen aber gleichzeitig erheblich in den Hormonhaushalt ein. Nachdem es für die Steroide Nachweisverfahren gibt, ist das Wachstumshormon *Somatotropin* in die Schlagzeilen gekommen. Es fördert vor allem das Längenwachstum, aber auch den Muskelaufbau. Nebenwirkungen sind z. B. Herzversagen und nach Schluss der Wachstumsfugen abnormes Wachstum der Hände, Füße und der Nase.

Stoffwechsel und Verdauung

Lernsituation

Krank durch Essen? Klar kann man dick werden, aber kann man tatsächlich krank werden?

„Die Deutschen sind zu dick“, „Krankenkassen können Kostenlawine aufgrund von Dickleibigkeit künftig nicht mehr verkraften“, „Mädchen mit Bulimie musste per Gerichtsbeschluss zwangsernährt werden“...

Unsere Ernährung scheint aus den Fugen geraten zu sein, anscheinend werden alle kränker, die einen durch zu viel essen und die anderen durch zu wenig.

Wie viel Joule sind eigentlich zu viel oder zu wenig? Wann ist man zu dick, gibt es dafür objektive Daten? Kann man tatsächlich durch falsche Ernährung Diabetes mellitus bekommen?

Leitfragen

Gibt es objektive Werte, wann ich zu viel esse oder zu wenig? Warum nehme ich nicht ab, obwohl ich so wenig esse? Wie erklärt man sich, dass man durch zu viel Essen Stoffwechselerkrankungen wie Diabetes mellitus bekommen kann?

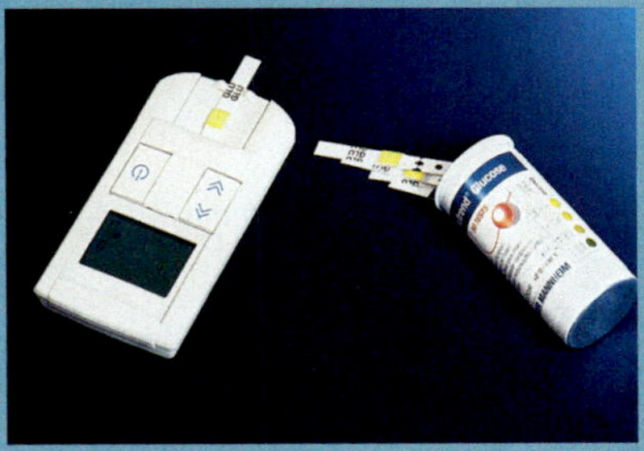

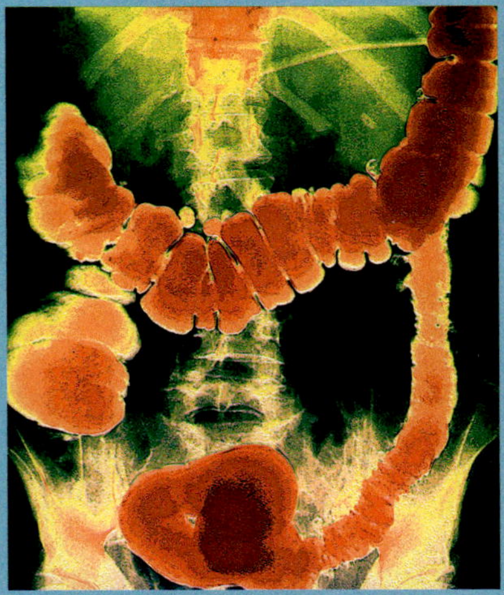

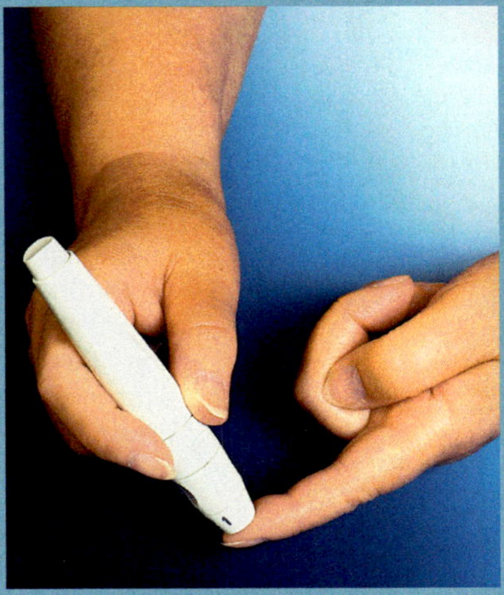

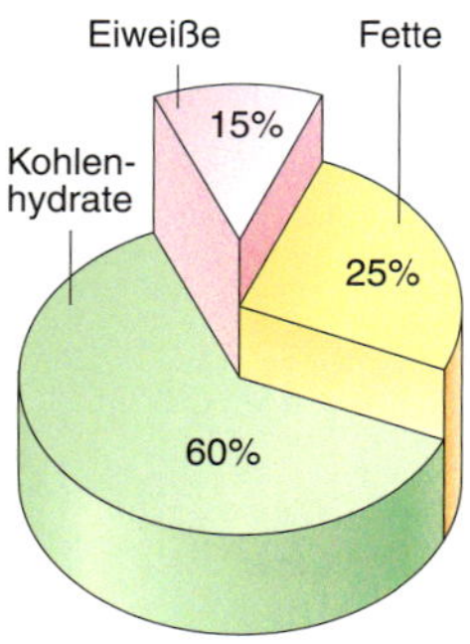

Empfohlene Anteile der Nährstoffe in der Nahrung

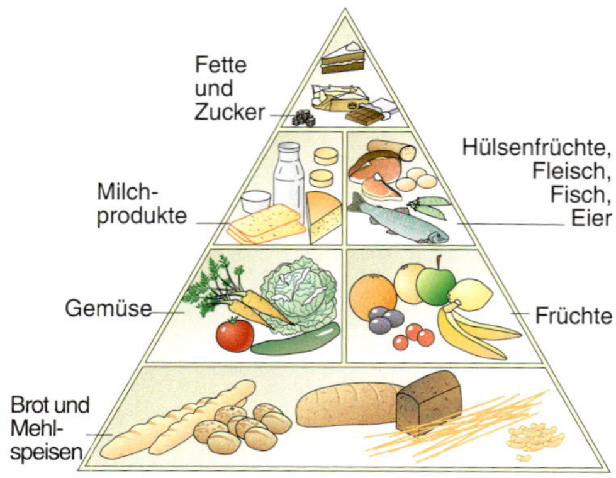

1 Ernährungspyramide

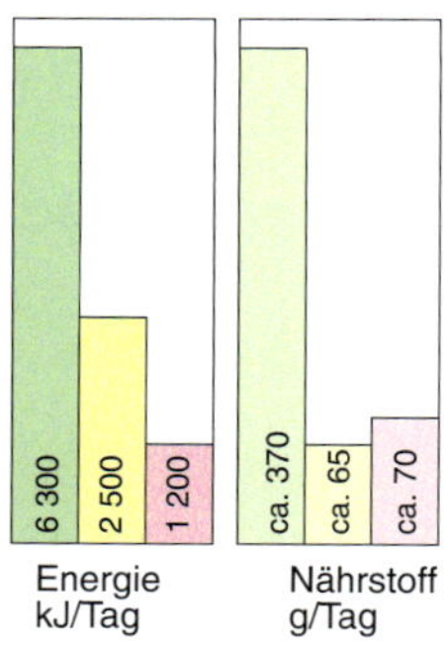

Bedarf an Nährstoffen pro Tag

Nahrungsmittel je Einwohner (g/Tag)	Kamerun	Peru
Getreide	155	415
stärkehaltige Nahrungsmittel	1115	350
Gemüse	60	65
Fisch	30	40
Milchprodukte	65	55
Fette, Öle	5	15
Energie (kJ)	8790	8200

Ernährung – eine Übersicht

Das Gewicht kommt bei immer mehr Jugendlichen aus dem Gleichgewicht. Man geht davon aus, dass 20 bis 30 % der Jugendlichen übergewichtig sind, auf der anderen Seite sind etwa 20 % der 11 bis 17-Jährigen untergewichtig. Dabei ist die *Energiebilanzformel* eigentlich ganz einfach: Energieaufnahme = Energieverbrauch + Energiespeicherung. Ist die Energiebilanz positiv, nimmt man zu, ist sie negativ, nimmt man ab. Pauschalformeln sind aber für den Einzelnen wenig hilfreich, die folgenden Parameter sind für eine individuell richtige Ernährung wichtig.

Energieumsatz pro Tag

Der *Gesamtenergieumsatz* pro Tag setzt sich zusammen aus dem Energieumsatz bei völliger Ruhe und Zimmertemperatur, *(Grundumsatz)* und dem zusätzlichen Energieumsatz für verrichtete Arbeit *(Arbeitsumsatz)* (▶ Stoff- und Energieumwandlung S. 356).

Der Grundumsatz beträgt etwa 7000 kJ, der Arbeitsumsatz 2500 bis 13 000 kJ, je nach Schwere der Arbeit. Ein jugendlicher Schüler, der keinen besonderen sportlichen Freizeitbeschäftigungen nachgeht, hat einen Gesamtumsatz von etwa 10 000 kJ pro Tag. 10 000 kJ entspricht einer Verzehrmenge von 400 g Erdnüssen, d. h. der Jugendliche würde mit diesen 400 g Erdnüssen seinen gesamten Energiebedarf decken; alles, was er zusätzlich essen würde, würde zu einer positiven Energiebilanz und damit zur Gewichtszunahme führen. Den gleichen Energiegehalt weisen ca. 3 kg Kartoffeln auf.

Inhaltsstoffe von Lebensmitteln

Aus dem oben genannten Beispiel wird ersichtlich, dass einige Lebensmittel einen besonders hohen Energiegehalt haben müssen. In Lebensmitteln findet man 3 *Hauptnährstoffe*: Kohlenhydrate, Proteine und Fette. Die verwertbare Energie pro Gramm Lebensmittel, die sogenannte *Energiedichte*, ist bei Fetten mit 39 kJ/g mehr als doppelt so hoch wie die der Kohlenhydrate und Proteine mit jeweils etwa 17 kJ/g.

Lebensmittel mit einem hohen Fettgehalt führen damit schneller zu Übergewicht, dies ist schon fast eine Binsenweisheit. Allerdings kann man nicht allen Lebensmitteln ansehen, dass sie einen hohen Fettgehalt haben, man spricht daher von *versteckten Fetten*. Verstecke Fette finden sich z. B. in Wurst: Eine Bratwurst besteht zu über 50 % aus Fett.

Entsprechend haben Fette in Ernährungsempfehlungen nur einen geringen Anteil: Bezüglich der zugeführten Energie pro Tag sollten Fette nur etwa 25 % ausmachen, Proteine 15 bis 20 % und der Hauptanteil sollte durch Kohlenhydrate mit 50 bis 60 % gedeckt werden. Anschaulich wird dies häufig in Nahrungspyramiden dargestellt (Abb. 1).

Bei Fetten sind mehrfach *ungesättigte Fettsäuren* (s. Seite 40) zu bevorzugen. Diese finden sich vor allem in Pflanzenölen und Seefischen. Neben den Nährstoffen gehören zur gesunden Ernährung noch die Ballast- und Vitalstoffe sowie eine ausreichende Flüssigkeitszufuhr.

In neueren Empfehlungen wird noch weiter differenziert, welche Hauptnährstoffe genau in welchen Mengen gegessen werden sollten, neuere Ernährungspyramiden sind daher dreidimensional. Folgende Grundsätze liegen zugrunde: Allgemein sind Lebensmittel, die nicht weiterverarbeitet worden sind *(unprocessed food)*, zu bevorzugen. So ist ungeschälter Reis besser als weißer, frisches Obst besser als Kompott.

Bei Kohlenhydraten sind langkettige, wie sie z. B. in Vollkornbrot enthalten sind, gesünder als kurzkettige, z. B. im Haushaltszucker. Bei Proteinen ist zu beachten, dass 8 der 20 Aminosäuren des Menschen nicht selbst hergestellt werden *(essenzielle Aminosäuren)*.

Ballaststoffe bestehen überwiegend aus langkettigen Kohlenhydraten wie Zellulose, die im menschlichen Verdauungstrakt nur zu einem sehr geringen Teil aufgeschlossen werden können. Durch Ballaststoffe wird so gut wie keine Energie zugeführt, ihre Energiedichte ist nahe 0 kJ/g. Ballaststoffe haben wichtige Aufgaben im Körper, sie verkürzen die Passagezeit der Lebensmittel im Dickdarm und erniedrigen so das Risiko für Dickdarmkrebs. Außerdem vermitteln sie durch ihr hohes Füllvolumen und die langsame Passagezeit im Magen ein Gefühl von Sattheit. Pro Tag sollten etwa 30 g Ballaststoffe mit ausreichend Flüssigkeit eingenommen werden.

Vitamine übernehmen bei einer Reihe von Stoffwechselprozessen die Rolle von *Coenzymen* (s. Seite 61). Man unterscheidet die *fettlöslichen Vitamine* E, D, K und A, die natürlich nur in fetthaltigen Lebensmitteln, wie beispielsweise Seefisch, vorkommen und die *wasserlöslichen Vitamine*, wozu z. B. das Vitamin C und die Vitamine der B-Gruppe gehören.

Mineralstoffe sind wie Vitamine keine Energieträger aber für viele Körperfunktionen notwendig. Man denke an Na^+ und K^+ für die Homöostase von Zellen, Calcium und Phosphat für den Knochenstoffwechsel und das Eisen im Hämoglobin. Elemente, die nur in sehr geringen Mengen im Organismus vorkommen, nennt man *Spurenelemente* Beispiele sind Iodid, Fluorid und einige Metalle wie Kupfer, Mangan und Zink.

Vitamine und Mineralstoffe sind lebensnotwendig und müssen von außen zugeführt werden. Viele einseitige Diäten sind nicht hinsichtlich der Vitamine und Mineralstoffe bilanziert und daher gesundheitlich problematisch. Menschen in Drittweltstaaten stehen viele Lebensmittel nicht zur Verfügung, daher leiden sie häufig unter Vitamin- und Mineralstoffmangel.

Außerdem ist für eine gesunde Ernährung eine ausreichende Flüssigkeitszufuhr von mindestens 1,5 bis 2 Litern pro Tag notwendig. Die Flüssigkeit sollte vor allem in Form von Wasser oder ungesüßten Tees zu sich genommen werden. Softdrinks und alkoholische Getränke haben eine hohe Energiedichte (1 g Alkohol hat mit 30 kJ fast so eine hohe Energiedichte wie Fett) und sollten daher nur einen geringen oder besser gar keinen Anteil an der Gesamtflüssigkeitsmenge ausmachen.

Eine gesunde Ernährung (oder Diät) sollte eine ausgewogene Mischkost sein, da so sichergestellt ist, dass alle notwendigen Nahrungsbestandteile zur Verfügung stehen.

Nahrungszusammenstellung weltweit

Was wir als normale Nahrungszusammenstellung empfinden, ist für die meisten Menschen nicht Standard. Das hängt zum einen damit zusammen, dass Gewohnheiten unterschiedlich sind. So findet sich unser eher süßes Frühstuck nur in westlichen Ländern; vor allem hängt es aber damit zusammen, dass für die meisten Menschen nicht alle Nährstoffe zur Verfügung stehen. Insbesondere tierische Proteine wie Milchprodukte oder Fleisch können sich die meisten Menschen nicht leisten (s. Randspalte, Seite 106).

Body-Mass-Index

Gibt es tatsächlich ein Idealgewicht? Medizinisch gesehen schon, nämlich das Gewicht, das statistisch gesehen mit der größten Lebenserwartung verknüpft ist. Amerikanische Lebensversicherungen arbeiteten zunächst mit der *Broca-Formel*, die das Idealgewicht in Bezug auf die Körpergröße definierte. Große Studien zeigten jedoch, dass der Quotient aus Masse durch Körpergröße im Quadrat (BMI) die beste Relation mit einer hohen Lebenserwartung hat (s. Seite 112). Untergewicht ist dabei mindestens genauso gefährlich wie Übergewicht. Jeder 10. Betroffene mit krankhaftem Untergewicht, der *Anorexia nervosa*, bzw. der *Bulimia nervosa* (s. Seite 113), stirbt in den westlichen Ländern an dieser Krankheit.

Body-Mass-Index
BMI = Körpermasse/Körpergröße^2 (kg/m^2).

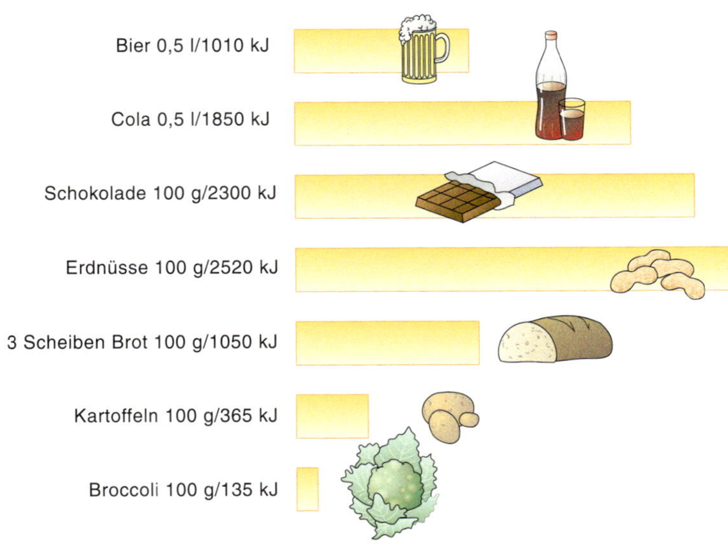

2 Relativer Energiegehalt von Lebensmitteln

Regulation des Körpergewichts

Heutzutage weiß man, dass die Regulation des Körpergewichts nicht allein dem Willen unterliegt. Das Körpergewicht ist durch ein fein abgestimmtes System reguliert, das teilweise genetisch und teilweise durch Umweltfaktoren bestimmt ist (▶ Steuerung und Regelung S. 354). Folgende Faktoren spielen eine wichtige Rolle:

mögliche Folgen des Übergewichts:
- Rückgratbelastung
- Leberverfettung
- Herz-, Kreislauferkrankungen
- Hormonstörungen

Kurzfristige Regulation

Im Hypothalamus, im Hirnstamm und in der Leber finden sich Glucoserezeptoren (Abb. 1). Sinkt die gemessene Glucosekonzentration im Blut, führt dies zu Hunger. Besonders starker Hunger entsteht, wenn die Glucosekonzentration sehr schnell sinkt. Dies ist der Fall nach dem Verzehr von kurzkettigen Kohlenhydraten, wie sie z. B. in Süßwaren vorkommen. Da diese Zucker schnell aufgenommen werden, führen sie zu einem steilen Anstieg der Glucosekonzentration im Blut, woraufhin das Blutzucker senkende Hormon *Insulin* (s. Seite 114/115) in hohen Dosen ausgeschüttet wird. Dies führt zum oben genannten starken Abfall der Glucosekonzentration und Heißhunger. Langkettige Kohlenhydrate müssen im Dünndarm erst enzymatisch gespalten werden, ehe die Spaltprodukte resorbiert werden können.

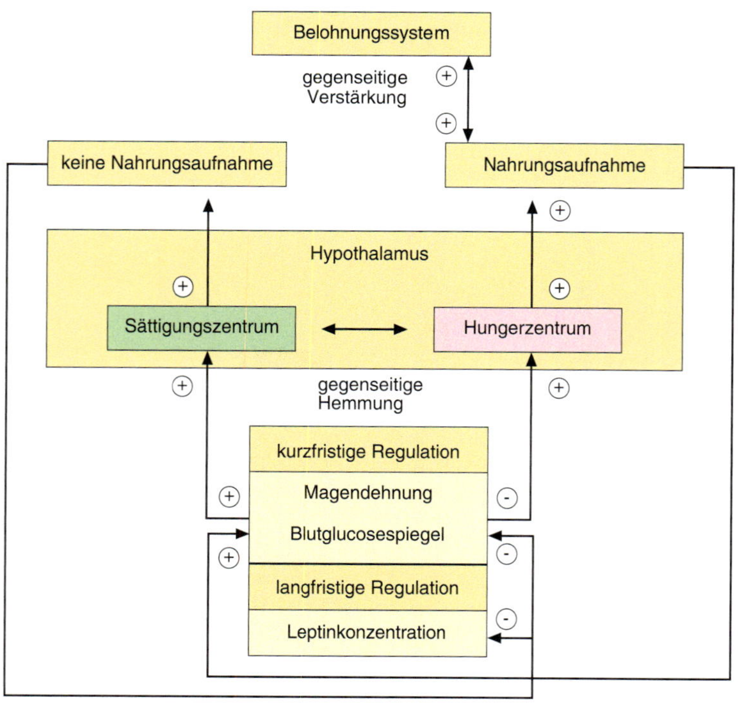

1 Regulation der Nahrungsaufnahme

Der Vorgang ist genau umgekehrt und ein langanhaltendes Sattheitsgefühl entsteht. Ein weiterer kurzfristiger Regulationsmechanismus ist die Dehnung der Magenschleimhaut durch die aufgenommenen Lebensmittel.

Langfristige Regulation

Ähnlich wie für die kurzfristige Regulation mittels des Glucosespiegels besteht ein System für die langfristige Regulation (Abb. 1). In Abhängigkeit von der Menge des Speicherfetts in den Fettzellen bilden diese das Hormon *Leptin*. Bei intaktem Regelkreis liegt bei hohem Leptinspiegel Sättigung vor. Weiterhin wird bei hohem Nahrungsangebot die Aktivität des Sympathicus (s. Seite 221) erhöht, was zu einem erhöhten Energieumsatz führt.

Vergleichbar dem Diabetes mellitus Typ II (s. Seite 116) wird angenommen, dass bei übergewichtigen Personen dauerhaft überhöhte Leptinspiegel dazu führen, dass die Leptinrezeptoren weniger sensibel für Leptin reagieren. Wenn kein Hungergefühl vorliegt, aber bevorzugte Speisen angeboten werden, werden diese häufig gegessen. Außerdem regt die Aufnahme dieser Lieblingsspeisen eine besondere Region im limbischen System (s. Seite 219), das sogenannte Belohnungszentrum, zur Ausschüttung von (Glücks-) Hormonen wie *Dopamin* an.

Für Ernährungswissenschaftler liegt in diesem Belohnungszentrum der Schlüssel dafür, dass Menschen in der westlichen Welt in den letzten Jahrzehnten in einem solchen Maße an Gewicht zugenommen haben. Dabei scheint ein wesentlicher Faktor die intensive Werbung für hochkalorische Produkte zu sein.

Aufgaben

① Ein Grundsatz der Ernährungspyramide ist, dass unbehandelte langkettige Kohlenhydrate die Grundlage der Ernährung bilden sollten (s. Seite 106). Erklären Sie unter Zuhilfenahme des Schemas zur Gewichtsregulation am Beispiel des Verzehrs eines Vollkornprodukts, warum dieser Grundsatz sinnvoll ist.

② Rezeptorveränderungen sind ein Grund für genetisch verursachte Fettleibigkeit. Welche Rezeptorveränderungen kämen nach dem oben genannten Schema infrage?

Beispiel einer Messung:

eingeatmetes Atemvolumen: 12 l/min

eingeatmete Sauerstoffkonzentration: 21 %

ausgeatmete Sauerstoffkonzentration: 17 %

Die Differenz von 4 % ergibt einen Sauerstoffverbrauch von: 12 x 4 : 100 = 0,48 l/min

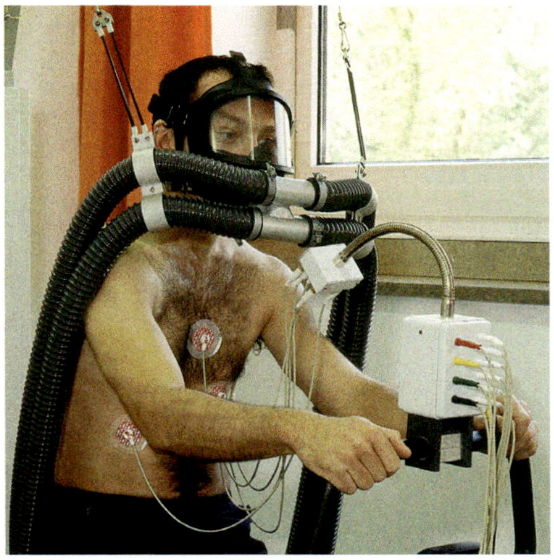

1 Messung des Sauerstoffverbrauches

RQ	kal. Äquivalent (kJ pro Liter O_2)
0,71	19,62
0,80	20,10
0,84	20,30
0,90	20,61
1,00	21,13

Beziehung zwischen RQ und kalorischem Äquivalent bei Mischkost

Energieumsatz		
Alter (a)	Mann	Frau
5	4950	4870
20	3910	3570
70	3400	3190

Grundumsatz in kJ pro m^2 Körperoberfläche und 24 h im Vergleich

Liegen	1,0
Gehen	5,1
Schwimmen	8,1
Bäume fällen	14,5

Leistungsstoffwechsel; angegeben als das x-fache gegenüber dem Grundumsatz

Messen des Energieumsatzes

Der individuelle Energieumsatz ist messbar. Dafür stehen 2 Methoden zur Verfügung, die *direkte* und die *indirekte Kalorimetrie.* Bei der direkten Kalorimetrie wird durch aufwändige Verfahren der Energieumsatz über die abgegebene Wärmemenge ermittelt. Bei der indirekten Kalorimetrie wird der Energieumsatz über den Umweg des Sauerstoffverbrauchs ermittelt.

Direkte Kalorimetrie

Die direkte Kalorimetrie dient der Bestimmung des Grundumsatzes, entsprechend wird diese bei entspannt liegenden, nüchternen, bekleideten Probanden bei 20°C Umgebungstemperatur durchgeführt. Unter diesen Bedingungen wird die Energie nahezu vollständig in Wärme umgewandelt. Daher kann man den Grundumsatz durch die abgegebene Wärmemenge direkt bestimmen. Für diese Messung ist ein enormer apparativer Aufwand notwendig, weshalb die direkte Kalorimetrie nur noch für besondere Forschungszwecke durchgeführt wird.

Indirekte Kalorimetrie

Über den Sauerstoffverbrauch kann man indirekt auf die verbrauchte Energie schließen. Dabei bedient man sich der folgenden Gleichung des Abbaus von Glucose

$C_6H_{12}O_6 + 6O_2 \rightarrow 6\,CO_2 + 6H_2O$

Um die verbrauchte Energie pro Liter Sauerstoff angeben zu können, teilt man den Brennwert eines mols Glucose (2836 kJ) durch das Volumen von 6 mol Sauerstoff (134,4 Liter) = 21,1 kJ/Liter, d.h. pro Liter verbrauchten Sauerstoff werden im Körper 21,1 kJ umgesetzt. Diesen Wert nennt man das *kalorische Äquivalent* bei der Oxidation von Glucose. Das kalorische Äquivalent gilt allerdings nur bei einer Ernährung, die rein auf Kohlenhydraten basiert. Bei Mischkost muss zunächst der Anteil der jeweiligen Nährstoffgruppen, Kohlenhydrate, Fette und Proteine, bestimmt werden. Dieses geschieht durch die Bestimmung des Verhältnisses von abgegebener CO_2- und aufgenommener O_2-Menge, dem sogenannten *respiratorischen Quotienten (RQ-Wert).*

$$RQ = \frac{V(CO_2\ \text{abgegeben})}{V(O_2\ \text{aufgenommen})}$$

Der RQ-Wert für Kohlenhydrate beträgt, wie aus der oben dargestellten Gleichung ersichtlich, 1, der für Fette ca. 0,7 und der für Proteine 0,8. Grasfresser haben RQ-Werte um 1, Fleischfresser um 0,75. Bei Mischkost finden sich beim Menschen Werte um 0,9, in Hungerphasen kann der Wert bis auf 0,7 zurückgehen. Dann werden nur noch Reservefette veratmet. Aufgrund des RQ-Wertes kann man also Rückschlüsse auf die Zusammensetzung der Nahrung treffen. Dann wird mithilfe des entsprechenden kalorischen Äquivalents die umgesetzte Energie berechnet.

Nährstoff	Brennwert (kJ/g)	kalor. Äquivalent (kJ/l O_2)
Kohlenhydrate	17,2	21,15
Fette	38,9	19,60
Proteine	17,2	18,75

Heutzutage wird fast ausschließlich die indirekte Kalorimetrie verwandt, da diese einfacher durchzuführen ist und da so auch eine Messung des Arbeitsumsatzes möglich wird.

Aufgaben

① Berechnen Sie den Energieumsatz des Sportlers in der Abbildung bei normaler Mischkost; nutzen Sie dafür auch die Tabelle in der Randspalte. Rechnen Sie die gegebenen Werte auf den ganzen Tag hoch. Welcher Energieumsatz ergäbe sich in einer Hungerphase?

② Der RQ-Wert von Mittelamerikanern liegt deutlich über dem von Europäern. Begründen Sie.

Verdauungsprozesse

Ein Bissen Pizza beginnt seine Reise durch den menschlichen Körper. Am Ende dieser Reise werden alle Nährstoffe – Kohlenhydrate, Proteine und Fette – im Blut dem Stoffwechsel zur Verfügung stehen. Nur die wenigen unverdaulichen Reste werden zusammen mit Darmbakterien ausgeschieden.

Die Verdauung beginnt beim Menschen bereits im Mund. Dafür sorgen Enzyme im Speichel, die die nötigen biochemischen Reaktionen ermöglichen (s. Seite 56). Speichel aus den Ohrspeichel- und Unterzungendrüsen macht durch den Schleimstoff *Mucin* die Nahrung auch kau- und schluckfähig. Die Zähne zerkleinern die Nahrung und sorgen so für eine große Angriffsfläche der Verdauungsenzyme. Das Enzym *Amylase* z. B. spaltet die Vielfachzuckermoleküle der Stärke im Pizzateig in kleinere Einheiten auf.

Durch die peristaltischen Bewegungen der Speiseröhre wird der Nahrungsbrocken in den Magen befördert. Bereits der Anblick und Geruch der Pizza hat die Magensekretion in Gang gesetzt. Die *Belegzellen* geben Salzsäure ins Mageninnere ab und senken den pH-Wert auf ca. 1 bis 2. Dadurch werden die meisten Bakterien abgetötet. Eiweiße *(Proteine)* werden denaturiert und dadurch leichter verdaulich. Die saure Umgebung wandelt die von den Hauptzellen produzierte Enzymvorstufe *Pepsinogen* in das wirksame *Pepsin* um, das die Nahrungsproteine in kleinere Bruchstücke *(Polypeptide)* spaltet.

Natürlich werden auch körpereigene Proteine von Pepsin angegriffen. Die Abgabe als Vorstufe schützt die Hauptzellen vor Selbstverdauung. Sie wird zusätzlich dadurch vermindert, dass die Außenseite der Magenzellen mehr Fett und weniger Proteine enthält als die anderer Zellen. Zusätzlich bilden die Schleimzellen der Magenwand das Polysaccharid *Mucin*, das gegen den Mageninhalt eine Barriere bildet. Wird nach dem Tod kein Magenschleim mehr erzeugt, setzt die Selbstverdauung ein. Daher kann in der Kriminalistik der Todeszeitpunkt aufgrund des Magenzustandes bestimmt werden.

Salzsäure wird nur nach Bedarf erzeugt. Der Anblick und der Geruch der Speisen fördert die Bildung von Botenstoffen, die Haupt- und Belegzellen anregen. Dehnungsrezeptoren der Magenwand sorgen für den gleichen Effekt. Erst wenn Nahrung durch den Pförtner in den Dünndarm übertritt, wird durch das Hormon *Sekretin* die Salzsäure- und Pepsinogenproduktion wieder gehemmt.

Durch Hormone der Magenwand sind inzwischen auch die Wand des Dünndarms und die Bauchspeicheldrüse *(Pankreas)* zur Enzymproduktion angeregt worden. Durch den *Pförtner* wird die Nahrung portionsweise in den ersten Dünndarmabschnitt, den Zwölffingerdarm, weitergegeben. Die Bauchspeicheldrüse setzt auch Hydrogencarbonat frei, das den sauren Speisebrei auf pH 7 bis 8 neutralisiert. In diesem Bereich sind die Pankreasenzyme der Drüsenzellen wirksam. Sie geben Enzyme zur Spaltung aller Nährstoffe ins Darmlumen ab. Amylase verdaut Stärke zu Maltose. Die Doppelzucker Maltose, Saccharose und Lactose werden durch weitere Enzyme in Monosaccharide zerlegt.

Die Eiweiß spaltenden Proteasen *Trypsin* und *Chymotrypsin* zerlegen die im Magen denaturierten und vorverdauten Proteine in noch kleinere Bausteine. *Exopeptidasen* bauen diese von den Enden her zu einzelnen Aminosäuren ab. Damit sind Proteine und Kohlenhydrate in membrangängige Einheiten zerlegt.

Fette lösen sich nicht in Wasser und liegen so zunächst als kleine abgegrenzte Fetttröpfchen vor. Gallensäuren aus der Leber bzw. der Gallenblase spalten die Fetttröpfchen auf, sodass eine größere Angriffsfläche entsteht. Dann können die *Lipasen* (Enzyme der Bauchspeicheldrüse) die Fette in ihre Bestandteile Fettsäuren und Glycerin spalten.

Danach ist die Verdauung und Resorption der Nährstoffe praktisch abgeschlossen. Der Dickdarm entzieht dem Nahrungsbrei Wasser und Mineralstoffe, die zum großen Teil aus den in die Nahrung abgegebenen Verdauungssäften stammen. Darmbakterien verdauen Zellulose und bilden einige Vitamine (B 12, K), die der Dickdarm aufnimmt. Der Wurmfortsatz des Blinddarms ist eines der Lymphorgane, die die Bakterien überwachen. Der Kot enthält Ballaststoffe *(Zellulose)* und überschüssige Darmbakterien.

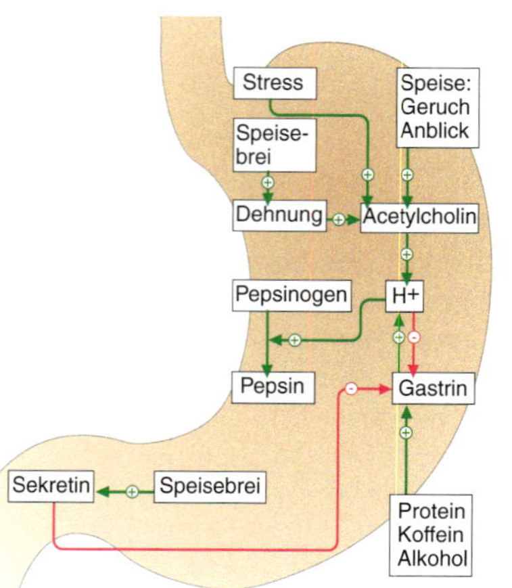

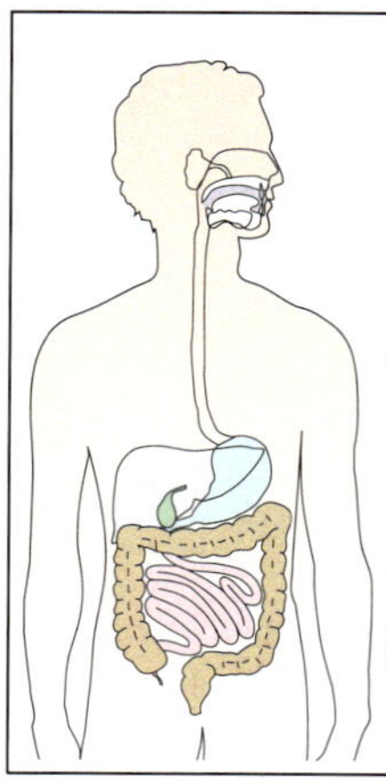

pH-Wert	Ort	Drüse	Enzym	enzymatischer Prozess
6,8	Mund	Speicheldrüse	Amylase (1,5 l/Tag)	Stärke → Maltose
2	Magen	Haupt-, Belegzellen	Pepsin Kathepsin (1,5 – 2 l/Tag)	Proteine → Polypeptide
8,5	Zwölffingerdarm	Bauchspeicheldrüse	Trypsin Erepsin Amylase Maltase (1 l/Tag)	Proteine → Polypeptide Polypeptide → Aminosäuren Stärke → Maltose Maltose → Glucose
		Bauchspeicheldrüse	Lipase	Fett → Glycerin + Fettsäuren
8,3	Dünndarm	Dünndarmsekret	Erepsin Maltase Laktase (3 l/Tag)	Polypeptide → Aminosäuren Maltose → Glucose Laktose → Glucose + Galaktose
	Dickdarm			Wasserrückresorption (ca. 5 – 6 l/Tag)

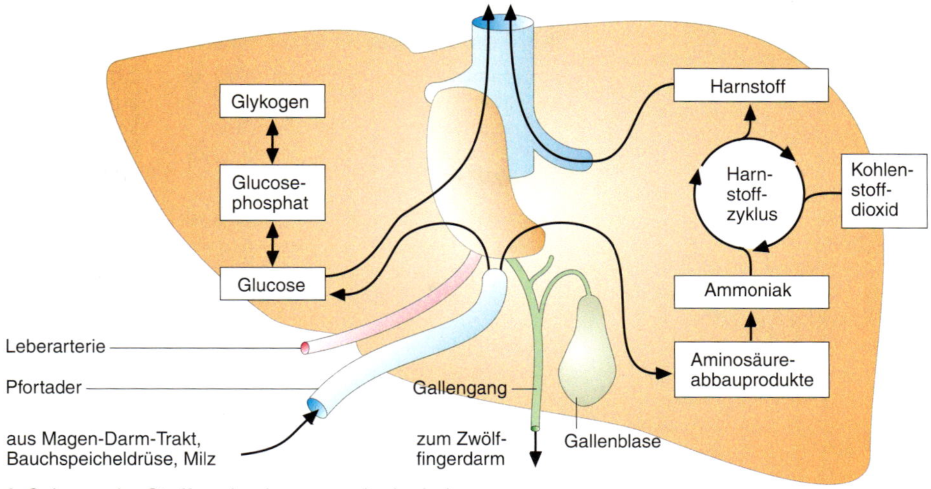

1 Schema der Stoffwechselprozesse in der Leber

Die Leber

Unter Normalbedingungen, d. h. ohne Fieber, zeigt die Leber eine Temperatur von 41,3 °C. Ursache dafür ist neben der zentralen Lage im Körper ihre enorm hohe Stoffwechselaktivität. Mit 1700 g Gewicht ist sie unser schwerstes Organ. Ihre Aufgaben sind ausgesprochen vielfältig: u. a. *Entgiftung, Stoffumbau,* und *Speicherung* von Zuckern und Fetten. (▶ Stoff- und Energieumwandlung S. 356).

Die lebensnotwendigen Nährstoffe werden in der Leber zu einem großen Teil umgebaut: Aus vielen wasserlöslichen Glucosemolekülen wird das große Polysaccharid *Glykogen* (tierische Stärke) aufgebaut und gespeichert (bis zu 18 % der Lebermasse). Aminosäuren und Fettbestandteile werden hier für den Baustoffwechsel umgebaut. Im stark lipophilen Milieu der Leber werden auch fettlösliche Vitamine (z. B. Vitamin A, D) gespeichert. Alle diese Stoffe werden vom Dünndarm in das Blut resorbiert und über die *Pfortader* direkt zur Leber geleitet.

Auch der *Abbau körpereigener Stoffe* und deren Entgiftung erfolgt in der Leber. Der Blutfarbstoff *Hämoglobin* wird in der Leber in *Bilirubin* umgebaut. Über die Gallengänge gelangt dieser Stoff in den Dünndarm und wird ausgeschieden. Manchmal ist dieser Prozess gestört: Vor allem bei einer infektiösen Leberentzündung *(Hepatitis)* oder bei einem Verschluss der Gallenwege *(Gallensteine)* tritt Bilinsäure ins Blut und lagert sich in der Haut und im Augenbindegewebe ab. Eine typische Gelbfärbung dieser Bereiche ist die Folge *(Gelbsucht)*.

Cholesterin
wichtigste, in allen tierischen Geweben vorkommende Kohlenstoffverbindung vom Typ der Sterine

Pfortader
Vene, die nicht direkt zum Herzen führt, sondern in einem Organ aufkapillarisiert (Leber aller Wirbeltiere, Niere einiger Wirbeltiergruppen)

Die Abbauprodukte der Leber werden in den Gallengängen gesammelt und täglich in einer Menge von ca. 0,5 Liter als *Gallenflüssigkeit* über die Gallenblase in den Dünndarm abgegeben. Vor allem die darin enthaltenen *Gallensäuren* sind für die Emulgierung des Nahrungsfettes unerlässlich: Das Fett wird ähnlich wie durch moderne Waschmittel in mikroskopisch kleine Fetttröpfchen verteilt. Die enorme Oberflächenvergrößerung ermöglicht den Fett abbauenden Enzymen *(Lipasen)* erst eine effektive Tätigkeit. Darüber hinaus aktiviert die Gallenflüssigkeit die Lipasen. Kristallisieren durch Stoffwechselstörungen Stoffe (z. B. *Cholesterin* oder Salze des Bilirubins) in der Gallenblase aus, entstehen Gallensteine, die in den Gallengängen stecken bleiben können und dann zu äußerst schmerzhaften Krämpfen *(Gallenkolik)* führen.

Die über die Nahrung aufgenommenen *Giftstoffe* (z. B. Alkohol) werden hier, soweit das physiologisch möglich ist, abgebaut. *Schwermetalle* sind nicht abbaubar, werden aber hier gespeichert. Eine Überbelastung mit solchen Stoffen kann zur lebensbedrohlichen Zerstörung der Leberzellen führen *(Leberzirrhose)*. Chronischer Alkoholmissbrauch ist die häufigste Ursache dieser gefährlichen Degeneration.

Beim Abbau körpereigenen Proteins entsteht Ammoniak. Dieses Gift wird in den Leberzellen zu ungiftigem *Harnstoff* umgebaut, der über die Nieren aus dem Körper geschleust wird.

Impulse

Essstörungen

Übergewicht und Adipositas

Die Fettleibigkeit grassiert unter deutschen Kindern. Studien belegen für Deutschland einen drastischen Anstieg des Körpergewichts in den vergangenen zwei Jahrzehnten. Seit 20 Jahren hat sich der Anteil an übergewichtigen Jungen mehr als verdoppelt – auf knapp 26 Prozent. Jedes dritte Mädchen ist zu schwer.

Ende des 20. Jahrhunderts war es kaum jedes neunte. Außerdem nehmen die Extremformen zu: Hatten früher Jugendliche schlimmstenfalls ein Gewicht von 160 kg, so zeigt die Waage heute bis zu 180 kg und darüber an.

„Fastfood", „Junkfood" – welche Essgewohnheiten könnten verantwortlich sein?

Übergewicht und Fettleibigkeit gelten als gesundheitlicher Risikofaktor Nr. 2 nach dem Rauchen. Informieren Sie sich über die gesundheitlichen Folgen.

Informieren Sie sich über das weltweite Auftreten von Übergewicht. Vergleichen Sie Häufigkeit und Zuwachsraten und finden Sie Gründe dafür.

Der Body-Mass-Index

Das Normalgewicht (in kg) wurde früher sehr einfach berechnet durch die Formel Körpergröße (in cm) – 100. Aussagekräftiger ist der Body-Mass-Index (BMI) nach der Formel:

Körpergewicht in kg / (Körpergröße in m)^2

Body-Mass-Index

	Untergewicht	Normalgewicht	Übergewicht	Fettleibig
Frauen	19	24	30	
Männer	20	25	30	

Oft hört man den Begriff „Fettsucht" im Zusammenhang mit Adipositas. Handelt es sich um eine Sucht? Begründen Sie.

Der Mediziner spricht ab einem BMI von 25 von *Übergewicht*, ab einem BMI von 30 von *Adipositas*. Adipositas oder Fettleibigkeit (engl. obesity) ist eine chronische Krankheit. Dabei handelt es sich um eine übermäßige Vermehrung oder Bildung von Fettgewebe.

Den BMI bei Kindern und Jugendlichen vergleicht man mit der Gewichtsverteilung bei Kindern gleichen Alters. Liegt der eigene BMI über 95 der Perzentile (95 % der vergleichbaren Kinder oder Jugendlichen sind leichter), liegt Adipositas vor, bei einer Perzentile von unter 5 Untergewicht.

Wieso ist ein Festwert bei Kindern und Jugendlichen nicht geeignet als Vergleichswert?

Wo sehen Sie auch Probleme im Perzentilen-Vergleich ?

Was sagt ein Betroffener?

„Ich kenne viele Meinungen dazu, dass auch zu dicke Menschen glücklich sein können. Auch ich mag erfolgreiche Dicke, hasse es aber, selber fett zu sein. Wie ein Schwein auszusehen und wie ein Schwein beschrieben zu werden. Das Gelächter der Leute, die Angafferei, das Zeigen der Finger und das Kopfschütteln."

„Ich hasse das Fettgefängnis seit Anbeginn an. Fett sein ist beschissen! Es ist entstellend, eine Form von Behinderung. Fettsein und die eigene Ohnmacht im Kampf dagegen sind für mich gute Gründe, mich selbst zu verachten."

„Wenn Du mit Deinem Gewicht nicht zufrieden bist, dann nimm doch einfach ab", sagen mir Leute oft ... Leute, die keine Ahnung davon haben, wie man gerade das seit Jahrzehnten verzweifelt versucht."

„Lieber würde ich tauschen – selbst wenn es bodenlos unverschämt und Kranke verhöhnend klingt: Lieber an Krebs früh sterben, und einige wenige Jahre schlank verbracht zu haben, um einmal erfahren zu haben, was Spaß beim Surfen ist, oder einen 5-km-Waldlauf durchzuhalten."

„Wenn ich könnte, würde ich gern anderen dabei helfen, dieser Art eng begrenztem Schicksal zu entrinnen. Und wenn es nur so viel wäre, dass man die Lebensmittel-Industrie dazu bringen kann, 80 % weniger Zucker und Fett in ihre Produkte zu stecken."

Eine extreme Meinung zum Thema? Diskutieren Sie. Versuchen Sie, sich in die Lage des Betroffenen zu versetzen.
Zucker, Fleisch und Fett – sind diese Vorlieben womöglich angeboren? Informieren Sie sich über Essgewohnheiten, Kochrezepte (beachten Sie auch die angegebenen Mengen) und körperliche Arbeit eines Stadtbewohners vor 200 Jahren und auf einem Bauernhof und vergleichen Sie sie mit heutigen Verhältnissen.

Anorexia nervosa

Anorexia nervosa bezeichnet einen selbst verursachten bedeutsamen Gewichtsverlust oder eine unzureichende altersgemäße Gewichtszunahme, die mit der tief verwurzelten Überzeugung einhergeht, trotz Untergewicht zu dick zu sein. Kernsymptom der Magersucht ist die sogenannte *Körperschemastörung*: Magersüchtige Patienten überschätzen ihren Körperumfang und halten sich trotz Untergewicht für zu dick. 95 % der Erkrankten sind weiblich, die meisten ca. 14 Jahre alt. Untersuchungen nach 10 Jahren ergaben: 70 % sind geheilt oder wesentlich gebessert, 20 % behielten die Krankheit chronisch, 10 % starben.

Definition der Anorexie:
- Körpergewicht mindestens 15 % unterhalb der Norm oder BMI < 17.5 kg/m^2.
- Der Gewichtsverlust ist selbst verursacht.
- Körperschemastörung und Überzeugung, zu dick zu sein.

Essen und Erbrechen — Bulimie

Bulimie äußert sich durch häufig auftretende Essattacken, denen der Versuch folgt, dem „dick machenden" Effekt der Nahrung durch unterschiedliche Verhaltensweisen, z. B. selbst herbeigeführtes Erbrechen, Abführmittelmissbrauch oder Fasten, entgegenzuwirken. Diesen Versuchen liegt die krankhafte Furcht zugrunde, zu dick zu werden. Auch bei der Bulimie liegt in der Regel eine Körperschemastörung vor wie bei der Magersucht, die häufig in der Vorgeschichte auftritt. Der Häufigkeitsgipfel dieser Essstörung liegt bei Personen von 18 bis 20 Jahren. Bulimische Menschen können unter-, normal- oder auch übergewichtig sein, sie haben meist ein sehr schlankes Körperideal.

Ein tiefgehendes Schamgefühl führt dazu, dass die Betroffenen ihre Krankheit lange Zeit verheimlichen und sich sozial isolieren. Häufig treten auch Depressionen unterschiedlichen Schweregrades und selbstverletzendes Verhalten (SVV), also das absichtliche Zufügen von Schnitten, Wunden oder sonstigen Verletzungen, z. B. aufgrund von Gefühlen des Selbsthasses, auf.

Essstörungen und Psyche

„Die Patienten sprechen meist leise, klagend, mit monotoner Stimme. Sehr angepasst wird vielleicht gelächelt, Humor wird kaum verstanden. Die Kinder können oft außerordentlich gut argumentieren, sehen ihre eigene Situation jedoch wie unbeteiligt, distanziert und verharmlosend."

Man beobachtet Anorexie oder Bulimie in bestimmten Familien gehäuft, eher unter guten wirtschaftlichen Bedingungen, nie vor, sondern erst beim Beginn der Pubertät. Bei eineiigen Zwillingspaaren waren 50 %, bei zweieiigen Zwillingen nur bei 10 % beide erkrankt.

Diskutieren Sie Möglichkeiten der Entstehung der Anorexie. Beziehen Sie dazu auch die Bilder dieser Seiten mit ein.

Essstörungen — lebensgefährlich?

Essstörungen sind ernst zu nehmende Krankheiten, deren Risiken vor allem bei längerem Krankheitsverlauf beträchtlich sind. Bleibende körperliche Schäden sind keine Seltenheit. Ein nicht zu vernachlässigender Prozentsatz der Erkrankten stirbt an den Folgen seiner Essstörung.

Essstörungen gehen einher mit Zwangserkrankungen, verlorenem Selbstbewusstsein und Depressionen bis hin zum Selbstmord. Der permanente Stress, unter den sich die Betroffenen selbst setzen und die Angst vor Entdeckung des essgestörten Verhaltens führt zu Vereinsamung bis evtl. zum Abbruch aller sozialen Kontakte.

Es ist wichtig, dass man sich klarmacht, dass mit einer Essstörung der Körper, die Zukunft und das eigene Leben aufs Spiel gesetzt werden. Und es ist wichtig, dass man sich bewusst wird, dass einem geholfen werden kann. Essstörungen können behandelt werden. Je früher man einsieht, dass die Essstörung nicht die Lösung der Probleme ist, sondern dass die Probleme anders angegangen werden müssen, umso besser sind die Chancen, die Essstörung zu überwinden und die oben genannten Risiken zu vermeiden. (nach: Bulimie-online)

Bin ich gefährdet?

Wenn man Mahlzeiten häufig überspringt, nur kleine und kleinste Portionen zu sich nimmt, oder gar nicht in der Gesellschaft anderer Leute essen will, wenn man aus dem Essen ein Ritual macht, dann deutet das schon auf ein gestörtes Essverhalten hin.

Können Sie sich nicht mehr vorstellen, wie Sie früher bestimmte Dinge gerne essen konnten?

Suchen Sie Ihr Essen nach ganz bestimmten Gesichtspunkten, wie geringer Fett- oder Kaloriengehalt, aus und finden Sie andere Lebensmittel „eklig"?

Benutzen Sie Abführmittel, Diät- und Entwässerungsmittel, um Gewicht zu verlieren? Rauchen Sie oder treiben Sie übermäßig Sport, um sich vom Hungergefühl abzulenken? Verbringen Sie viel Zeit damit, Ihre „Problemzonen" im Spiegel zu betrachten? Glauben Sie, fett zu sein, obwohl Sie immer wieder Leute darauf ansprechen, wie dünn Sie geworden sind? Tragen Sie weite Kleidung, um Ihre wahre Figur zu verbergen? Sind Sie der Meinung, Sie würden sich besser fühlen und würden mehr Anerkennung finden, wenn Sie abnehmen würden? Ziehen Sie sich von Leuten zurück, die Sie auf Ihr Verhalten ansprechen?

Im Durchschnitt leidet eines von 100 Mädchen unter Anorexie. Wie akut ist das Problem an Ihrer Schule?

Wie würden Sie mit Ihrer Freundin sprechen, wenn Sie bei ihr ein solches Problem vermuten? Informieren Sie sich über den Umgang mit Betroffenen.

Magersucht und Ess-Brech-Sucht — kann man hier von Sucht sprechen?

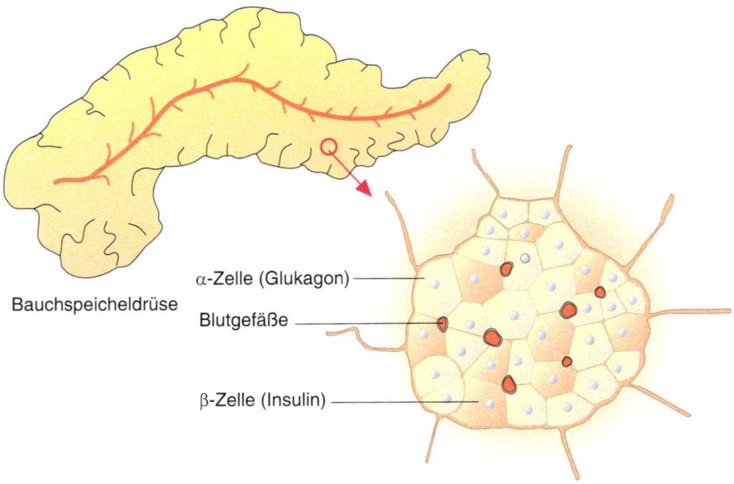

1 Bauchspeicheldrüse und Langerhans'sche Inseln

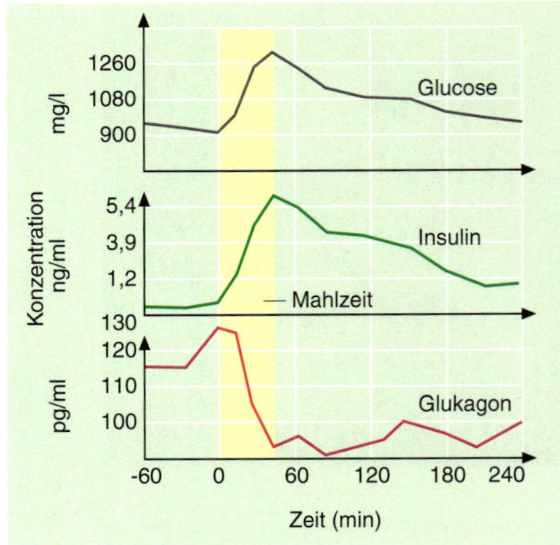

2 Konzentrationsverläufe nach einer Mahlzeit

Regulation des Blutzuckerspiegels

Blutzuckergehalt
Ein Blutzuckerwert von 90 entspricht 90 mg/dl = 900 mg/l Blut.

Überschlagsrechnung:
In rund 6 Litern Blut eines Erwachsenen sind 6 · 900 mg = 5,4 g Glucose enthalten.
180 g Glucose =
1 mol ≙ 2836 kJ
5,4 g Glucose ≙ 85 kJ

Energiebedarf beim Radfahren: 40 kJ/min. Der Energiegehalt des Blutzuckers reicht für ca. 2 min.

Nervenzellen decken ihren Energiebedarf fast ausschließlich durch Glucose. Eine Unterversorgung kann eine Verminderung der Konzentrationsfähigkeit, in extremen Fällen einen Verlust des Bewusstseins zur Folge haben. Nervenzellen können selbst nur wenig Glucose speichern. Das Blut liefert ständig Glucose nach. Die Glucosemenge im Blut eines Erwachsenen beträgt ca. 5,4 g. Eine Überschlagsrechnung zeigt, dass diese Menge reicht, um 12 min ruhig zu sitzen oder 2 min Fahrrad zu fahren. Danach müsste erneut Nahrung aufgenommen werden.

Trotz periodischer Nahrungsaufnahme und unterschiedlichem Energiebedarf, je nach körperlicher Belastung, schwankt im Blut eines gesunden Menschen die Glucosekonzentration nur minimal. Daraus muss man folgern: Im menschlichen Körper gibt es ein Regulationssystem, das die Blutzuckerkonzentration konstant hält (▶ Steuerung und Regelung S. 354).

Die Funkitonsfähigkeit des Regulationssystems wird mit einem *Blutzuckerbelastungstest* überprüft. Verabreicht man einer Testperson 75 g in 1/4 l Wasser gelöste Glucose, steigt der Blutzuckerspiegel bei einem gesunden Menschen auf maximal 140 mg/dl an. Bei einer krankhaften Insulinproduktion steigt der Wert auf mindestens 200 mg/dl.

Durch Nahrungsaufnahme kommt es zu einem Anstieg der Zuckerkonzentration im Blut. Dies löst die Ausschüttung eines Hormons aus, das ein Absinken des Zuckergehalts bewirkt (Abb. 2). Dabei handelt es sich um *Insulin*. Dieses wird von inselartigen Zellgruppen der Bauchspeicheldrüse, den *Langerhans'schen Inseln* gebildet. Jede Erhöhung des Glucosespiegels über den Sollwert (ca. 900 mg/l Blut) wird in speziellen Zellen der Bauchspeicheldrüse, den β-Zellen, registriert. Sie geben dann Insulin ins Blut ab.

Die Wirkungsweise des Insulins ist vielfältig. Es fördert die Glucoseaufnahme durch Zellen, insbesondere in die Muskel- und Fettzellen. In den Leber- und Muskelzellen stimuliert es die Glykogensynthese und die Energieumwandlung durch den Glucoseabbau. Gleichzeitig hemmt es den Abbau von Glykogen. Die Synthese von Fetten und Eiweißen aus Glucose wird angeregt. Insulin senkt damit den Blutzuckerspiegel auf zweierlei Weise: Einerseits bewirkt es die Speicherung *(Speicherhormon)* von Glucose, andererseits fördert es deren Verbrauch (Transport durch die Zellmembran und Steigerung des Glucosestoffwechsels).

Der Energiebedarf bei körperlichen Leistungen, selbst der Grundumsatz, wird vom Organismus überwiegend durch die beim Glucoseabbau frei werdende Energie gedeckt. In den Zellen tritt ein Glucosemangel auf, der über das Blut sofort ausgeglichen wird. Als Folge sinkt der Glucosespiegel im Blut. Die Insulinabgabe aus den β-Zellen wird reduziert, und da Insulin in kurzer Zeit im Körper abgebaut wird, sinkt die Insulinkonzentration. Dadurch verringert sich auch seine

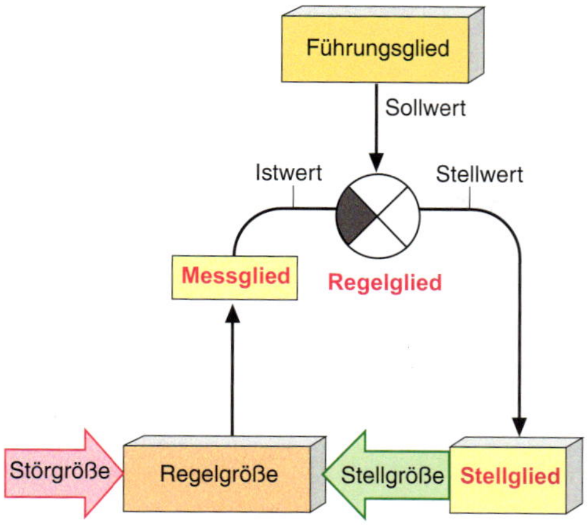

3 Allgemeines Regelkreisschema

Hemmwirkung auf die Freisetzung eines zweiten Hormons, des *Glukagons*, das in den α-Zellen der Langerhans'schen Inseln gebildet wird (Abb. 1).

Glukagon fördert in der Leber den Glykogenabbau und damit die Glucosebildung. Auch Proteine und Fette werden für die Glucosesynthese abgebaut. Diese Prozesse führen zu einem Ansteigen der Glucosekonzentration im Blut. Häufig werden Insulin und Glukagon als Gegenspieler bezeichnet, weil sie ihre Freisetzung wechselseitig hemmen und entgegengesetzte Prozesse stimulieren. Bei genauerer Betrachtung fällt jedoch auf, dass sie sich ergänzen: Glukagon sorgt nämlich für die Freisetzung der gespeicherten Glucose aus der Leber und Insulin für die Verringerung der Glucosekonzentration im Blut.
Werden Größen in einem System so eingestellt, dass sie ungefähr auf dem gleichen Wert bleiben, spricht man von einer *Regelung* (Abb. 4). Die geregelte Größe ist die *Regelgröße*, in diesem Fall die Blutzuckerkonzentration. Die Änderung des Blutzuckergehaltes durch körperliche Tätigkeit oder Nahrungsaufnahme ist die *Störgröße*. In den β-Zellen befinden sich Messstellen, die sogenannten *Fühler*, die eine exakte Messung der Glucosekonzentration im Blut ermöglichen. Die aktuelle Messgröße bezeichnet man als *Istwert*. Im Regler, hier dem Zwischenhirn sowie den α- oder β-Zellen, werden Sollwert und Istwert verglichen. Bei einer Differenz der beiden Werte wird der Blutzuckergehalt über die *Stellglieder* reguliert. Diese Stellglieder sind die Muskel- oder Leberzellen, die Glucose aufnehmen oder abgeben. Diese Abgabe oder Aufnahme wird im Regelkreisschema als *Stellgröße* bezeichnet.

In außergewöhnlichen Belastungssituationen, wie Kampf, Flucht, aber auch in Stresssituationen, greift ein drittes Hormon, das im Nebennierenmark gebildete *Adrenalin*, ein. Es fördert über das sympathische Nervensystem im Gegensatz zum Glukagon den Glykogenabbau in der Leber und in den Muskeln. Es bewirkt auf diese Weise eine rasche Energiebereitstellung aus den Depots des Körpers.

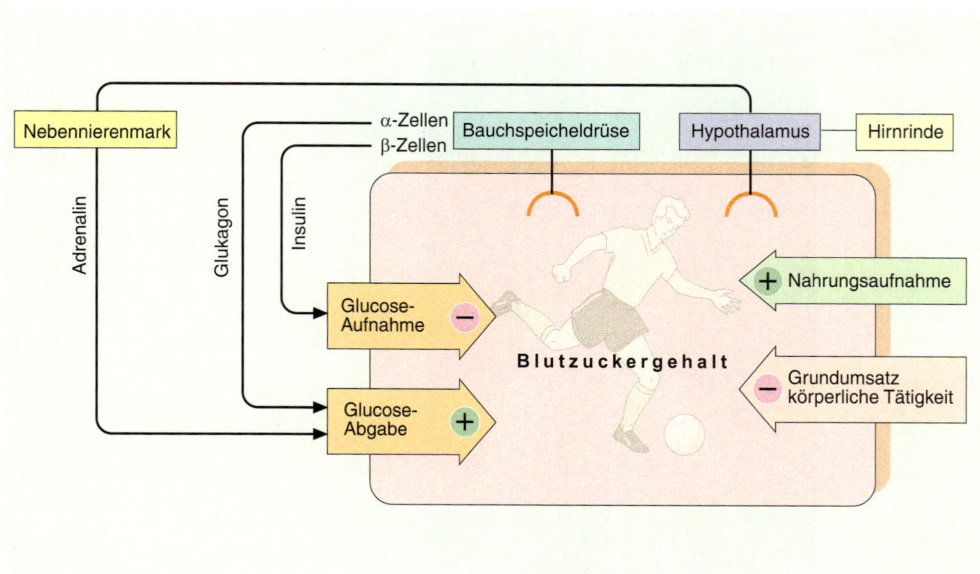

4 Vereinfachtes Regelkreisschema der Blutzuckerregulation

Impulse

Diabetes mellitus

Der englische Arzt THOMAS WILLIS (1621 – 1675) berichtete als Erster über den honigartigen Geschmack des Urins von Diabetikern. Daher stammt auch der Name: *Diabetes* bedeutet „hindurchlaufen“, *mellitus* „honigsüß“. 1835 isolierte der italienische Arzt AMBROSIANI sowohl aus dem Urin als auch dem Blut von Diabetikern Zuckerkristalle. Zu jener Zeit kannte man allerdings die chemische Struktur von Glucose nicht. Zucker waren „süß schmeckende Stoffe.“

Pioniere in der Erforschung der Blutzuckerregulierung waren J. MERING, O. MINKOWSKI, F. GRANT BANTING und CH. BEST, die Versuche an der Bauchspeicheldrüse von Hunden durchführten. Sie wiesen nach, dass dieses Organ entscheidend an der Regulierung des Blutzuckerspiegels beteiligt ist.

Suchen Sie in der Literatur die Ergebnisse dieser Forscher. Eine Zeitleiste als Poster macht die Entwicklung deutlich.

Erklären Sie den Begriff Broteinheit (BE) und dessen Bedeutung für Diabetiker. BE-Listen gibt es in Apotheken, beim Arzt oder im Internet. Rechnen Sie für einen Tag die aufgenommenen BE-Einheiten aus.

Süße Proteine

Thaumatococcus spec. ist eine Pflanze im tropischen Regenwald Westafrikas. Ihre Früchte werden zum Süßen von Brot, Tee und Palmwein genutzt. Der süße Geschmack geht jedoch nicht auf Zucker, sondern auf ein Protein, das *Thaumatin*, zurück.
Es gelang nun mithilfe von Bakterien, das Gen für die Thaumatinsynthese in Kartoffeln zu übertragen, um es großtechnisch besser nutzen zu können. Man versucht dieses Gen auch in Früchte tragende Pflanzen, wie Erdbeeren, Melonen oder Äpfel, zu übertragen.

Auch die Zähne profitieren davon! Erläutern Sie die Vorteile dieses Süßstoffes im Gegensatz zu den herkömmlichen Produkten.

Im Internet findet man zu den Begriffen Thaumatin und Thaumatococcus weitere Informationen. Stellen Sie die wichtigsten Fakten zusammen.

Karlsbad galt im 19. Jahrhundert als ein bedeutendes Heilbad für Diabetiker

Der Glucosewert

Der Glucosewert im Blut muss stimmen. Daher ist es für den Diabetiker sehr wichtig, schnell und unkompliziert die Blutwerte messen zu können. Modernere Messgeräte haben einen Einsatz aus Mikrokanülen, die sich mit Blut füllen. Hierzu sind nur noch 3 µl Blut notwendig.

Stellen Sie Fakten über die heutigen Messmethoden zusammen. Unterlagen zu diesem Thema erhalten Sie bei Ärzten, Apotheken oder im Internet.
Die kontinuierliche Glucosemessung ist das zukünftige Ziel der Diabetes-Forschung. Es soll möglich werden, normale Blutzuckerwerte durch eine Kopplung des Glucosesensors mit einer Insulinpumpe automatisch zu regulieren.
Stellen Sie die Vorteile zusammen und erklären Sie diese mithilfe des Regelkreisschemas (s. Seite 115).

Der Blutzuckerspiegel

Sport, Nahrung, Arbeit und Insulin wirken auf die Blutzuckerkonzentration, jedoch auch Stress und andere Emotionen. Diabetiker leiden sehr häufig darunter, dass sie abhängig sind vom Insulin und ständig ihre Energiewerte berechnen müssen. Der Körper reguliert nicht mehr automatisch die Werte, sondern der Diabetiker muss sie eigenständig je nach Bedarf einstellen. Er muss lernen, zuverlässige und unzuverlässige Symptome zu unterscheiden, um rechtzeitig die richtige Insulinmenge spritzen zu können. Beachtet ein Diabetiker die Symptome nicht oder misst er ungenau, kann es zu einer Hypoglykämie oder Hyperglykämie kommen.

Erarbeiten Sie die biologischen Zusammenhänge. Ein Bericht über einen Betroffenen kann hierbei hilfreich sein.

Die Bewohner der Südseeinsel Nauru haben sich Jahrhunderte lang durch Fischen und einfachen Ackerbau nur mühselig ernähren können. Seit jedoch auf der Insel riesige Phosphatmengen entdeckt worden waren, brach für die Inselbewohner der Wohlstand aus. Doch der Sprung vom Sammler- und Jägerdasein in die moderne Zivilisation hatte seinen Preis. Mangelnde Bewegung und reichlich Nahrung führten zu Fettleibigkeit bei dem größten Teil der Bevölkerung. Die Zahl der Zuckerkranken schnellte nach oben. Jeder dritte Inselbewohner hat heute Diabetes Typ II.

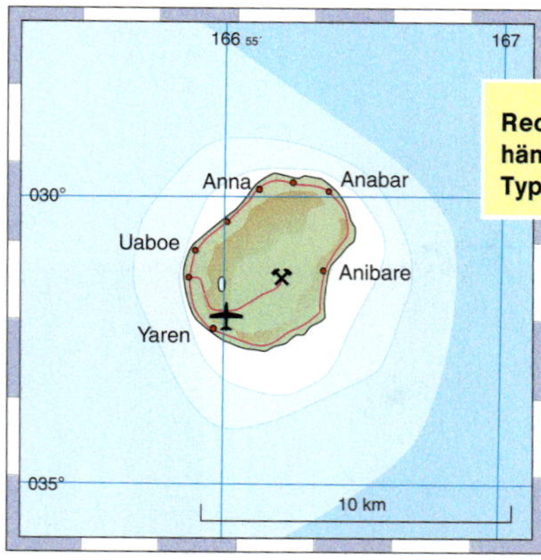

Recherchieren Sie die Zusammenhänge zwischen Umwelt und Diabetes Typ I und II.

Ist Diabetes erblich bedingt oder führt eine ungesunde Lebensweise zu der Krankheit?

Stellen Sie Ihre Ergebnisse als wissenschaftlichen Bericht dar.

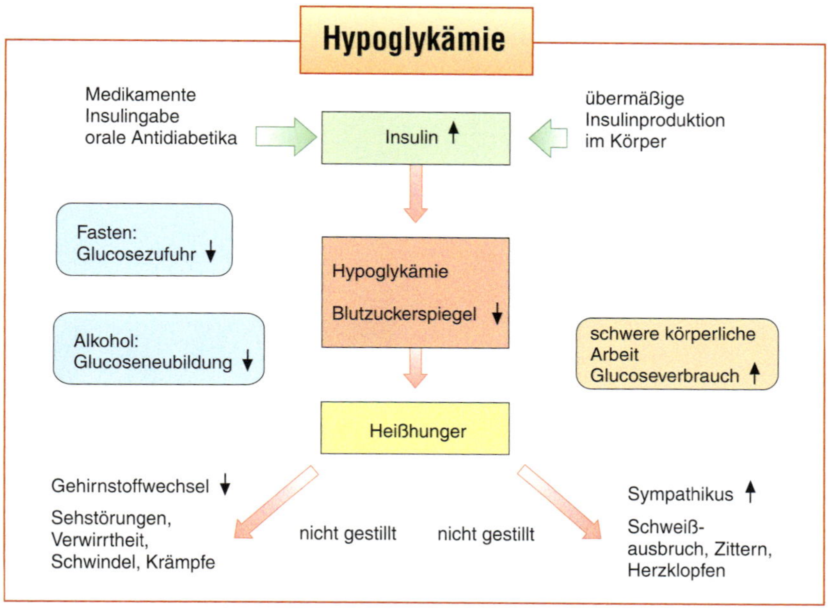

Der Blutzuckerspiegel

Sinkt der Blutzuckerspiegel unter 0,45 g/l *(Hypoglykämie)* führt dies zu Funktionsstörungen des Gehirns, zur Hilflosigkeit und schließlich zur Bewusstlosigkeit und Krampfanfällen. Folgeschäden entstehen häufig durch Stürze oder im Straßenverkehr. Wichtig für Diabetiker des **Typ I** ist es daher, die Unterzuckerung rechtzeitig zu erkennen.

Stellen Sie die Unterschiede zwischen der Hypoglykämie und der Hyperglykämie heraus.

Wodurch kommt es zu den Folgeerkrankungen?

Erläutern Sie die unterschiedlichen Krankheitssymptome und wie sich Diabetiker davor schützen können.

Gute Stimmung auf der Geburtagsparty. Es wird getanzt, auch alkoholische Getränke sind genügend vorhanden. Martina wird plötzlich schwindelig und sie beginnt zu zittern. Die Freunde sind ratlos. Soviel hatte sie nicht getrunken. Da fällt ihnen ein, dass Martina Diabetikerin ist. Wie soll man helfen? Eine Hyperglykämie ist schwer von der Hypoglykämie zu unterscheiden.

Informieren Sie sich über Merkmale für Hyper- und Hypoglykämie.

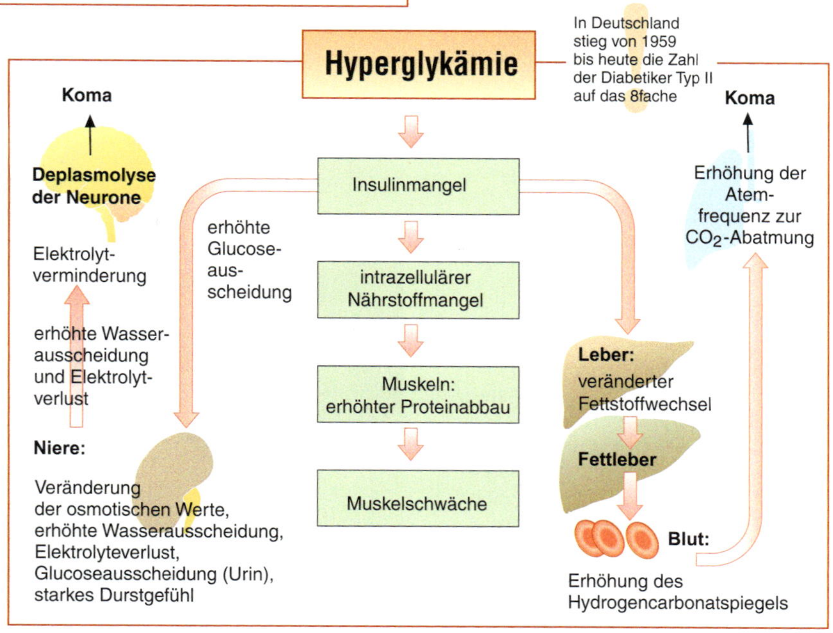

Genetik

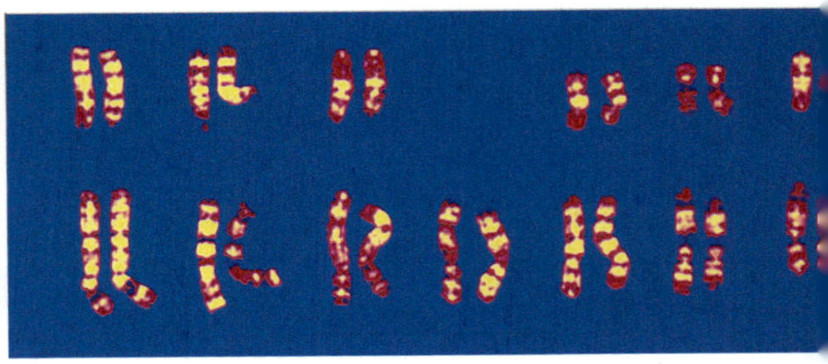

Lernsituation

Meine Geschwister und ich haben dieselben Eltern. Warum sind wir trotzdem alle unterschiedlich und mit Sicherheit nicht je eine Hälfte unserer Eltern?

Mediziner sagen, man sollte früh im Leben Kinder bekommen. Sind diese Ärzte einfach nur konservativ und möchten Frauen an den Herd zwingen oder gibt es tatsächlich für Frauen besondere medizinische Gründe?

Herr MENDEL untersuchte Erbsen, Herr MORGAN Fruchtfliegen. Kann mir dies weitere Erklärungen geben, warum ich mich von meinen Geschwistern unterscheide?

Genetische Beratung scheint eine zwiespältige Sache zu sein. Einerseits hat jeder das Recht zu wissen, ob er eine Erbkrankheit in sich trägt, auf der anderen Seite könnten diese Ergebnisse dazu führen, nicht gewünschte Kinder einfach abtreiben zu lassen. Was genau kann die genetische Beratung leisten und welche Verfahren gibt es?

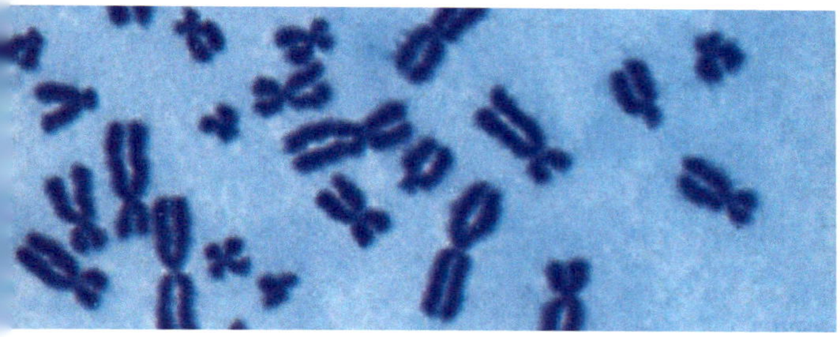

Leitfragen

Warum bin ich anders als meine Geschwister? Erste Erklärungen bietet der Mechanismus, wie Keimzellen bei Mann und Frau entstehen, und auch der ärztliche Rat, eher in jüngeren Jahren Kinder zu bekommen, hat hier seinen Ursprung.

Warum wurden die grundlegenden Untersuchungen an Erbsen und Fruchtfliegen durchgeführt? Können diese Erkenntnisse tatsächlich Hinweise geben, wie Merkmale in einer Familie vererbt werden?

Warum gesunde Eltern manchmal Kinder mit Gendefekten bekommen, kann durch die klassische Genetik nicht ohne weiteres geklärt werden. Was kann in diesem Fall die Humangenetik leisten?

Genetische Beratung baut auf die Erkenntnisse der klassischen Genetik auf, kann aber im Rahmen der Humangenetik klären, warum z. B. manchmal nur Söhne den Gen-Defekt besitzen. Zur genetischen Beratung können vorgeburtliche Untersuchungsmethoden genutzt werden. Wo sollte die Ethik dem Möglichen Grenzen setzen?

Befruchtung und Meiose

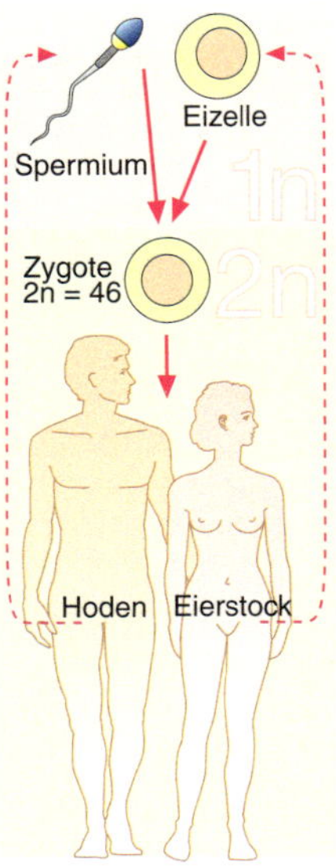

Entwicklungszyklus des Menschen

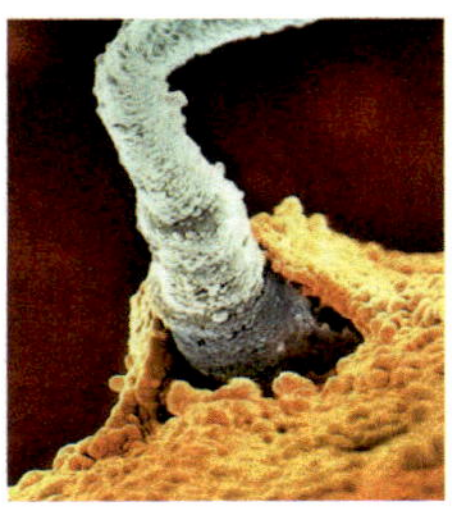

Charakteristisch für die sexuelle Fortpflanzung ist die Vereinigung zweier haploider Keimzellen (n) zu einer diploiden Zygote (2n). Als *Befruchtung* bezeichnet man die Verschmelzung der Zellkerne zweier Keimzellen. Der Befruchtung ($n + n \rightarrow 2n$) geht eine *Besamung* voraus, wobei eine Spermazelle in die Eizelle eindringt. Wie die höheren Pflanzen sind fast alle Tiere Diplonten, nur die Keimzellen sind haploid (s. Randspalte).

Für die sexuelle Fortpflanzung müssen sich die Geschlechtspartner erkennen und in ihrer Paarungsbereitschaft synchronisiert sein. Entsprechend aufwändig sind die sexuellen Verhaltensmuster. Bei im Wasser lebenden Tieren, wie Fischen und Amphibien, geben die Partner Keimzellen in das Wasser ab, die Spermien gelangen durch Eigenbewegung zu den Eizellen. Es handelt sich um eine *äußere Besamung.* Bei den meisten Landtieren hat sich die direkte Übertragung der Spermazellen in den weiblichen Fortpflanzungsapparat *(innere Besamung)* im Rahmen einer *Begattung (Kopulation)* als vorteilhaft erwiesen.

Keimzellen werden in spezialisierten Organen *(Keimdrüsen, Gonaden)* aus diploiden Urkeimzellen gebildet. Zur Entstehung haploider Keimzellen müssen die beiden Chromosomensätze durch eine besondere Zellteilung, die *Meiose* (*meiosis* griechisch: *Minderung),* auf einen einfachen Satz reduziert werden. Wie der Mitose geht auch der Meiose eine Verdopplung der DNA voraus. Jede Urkeimzelle enthält also beim Eintritt in die Meiose zwei Chromosomensätze (2n), wobei die Chromosomen aus jeweils zwei Chromatiden bestehen (4C).

Die Chromatiden werden in zwei Teilungsschritten (Meiose I, Meiose II) zufallsgemäß auf vier Keimzellen (1n, 1C) verteilt:

- **Meiose I:** Die homologen Chromosomen werden auf zwei haploide Tochterzellen verteilt (1n, 2C), die genetische Information wird neu kombiniert.
- **Meiose II:** Die Schwesterchromatiden werden an den Centromeren getrennt und auf bis zu vier haploide Keimzellen (1n, 1C) verteilt.

Männliche und weibliche Keimzellen *(Gameten)* differenzieren sich anschließend unterschiedlich. Dabei bildet die Eizelle mit verschiedenen Hilfszellen und Hüllen das *Ei.* Die Spermazellen reifen zu begeißelten *Spermien* heran (▶ Reproduktion S. 350).

Aufgaben

① Nennen Sie Gemeinsamkeiten und Unterschiede bei der Bildung weiblicher und männlicher Keimzellen (s. Seite 121).

② Stellen Sie die Vorgänge bei Mitose und Meiose in Form einer Tabelle einander gegenüber.

Zettelkasten

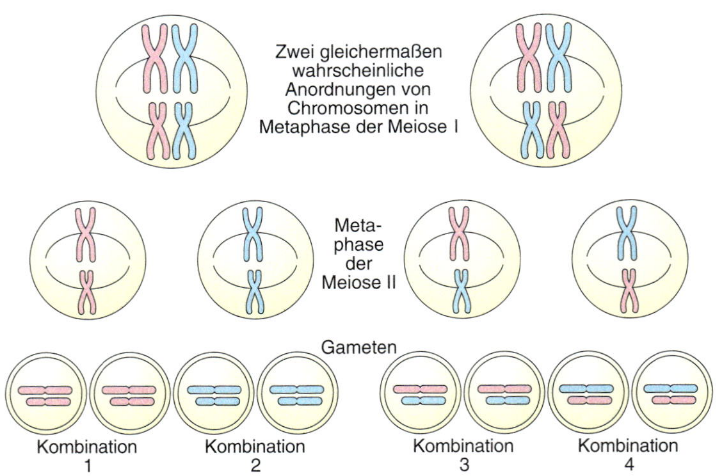

Variabilität durch Rekombination

Bei der dargestellten Neukombination mit 2 homologen Chromosomenpaaren (die farbliche Codierung rot und blau steht für die mütterliche und väterliche Herkunft der Chromosomen) ergeben sich 2^2 Möglichkeiten, beim Menschen mit 23 homologen Chromosomenpaaren ergeben sich so allein durch den Mechanismus der Rekombination bereits 2^{23}, d. h. ca. 8,4 Millionen unterschiedliche Kombinationsmöglichkeiten (▶ Variabilität und Angepasstheit S. 360).

Aufgabe

① „Der Apfel fällt nicht weit vom Stamm!" Wie lässt sich diese Aussage trotz der oben genannten Prozesse erklären?

Meiose: Bildung haploider Zellen

Die Meiose dient der Reduktion des Chromosomensatzes eines Diplonten (2n) auf 1n sowie der Rekombination der Gene. Sie besteht aus den Teilungsschritten Meiose I und II, die sich in weitere Phasen unterteilen lassen.

Das Ergebnis der Meiose sind haploide Keimzellen, aus denen durch Verschmelzung eine Zygote hervorgehen kann, die wiederum diploid ist. Diese wächst durch mitotische Teilungen zum Organismus heran.

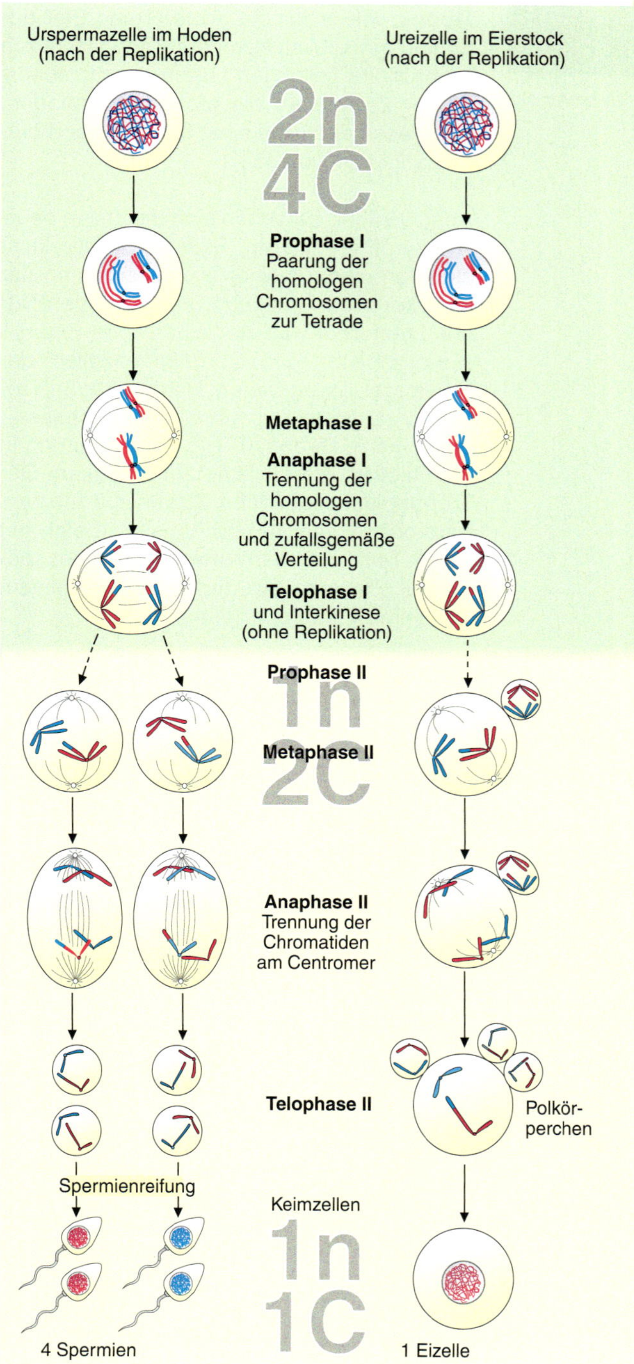

Meiose I

Prophase I: Die Chromosomen beginnen sich zu verdichten. Es kann Wochen dauern, bis sie lichtmikroskopisch zu erkennen sind. Die homologen Zweichromatid-Chromosomen lagern sich dabei exakt aneinander. Bei dieser Homologenpaarung entsteht eine *Tetrade* aus vier Chromatiden; lichtmikroskopisch zählbar sind n Tetraden. Jede Tetrade wird durch einen Proteinfaserkomplex zusammengehalten, der einen DNA-Stückaustausch zwischen homologen Chromatiden ermöglicht. Dieses sog. *Crossingover* (s. Seite 131) trägt zur Rekombination der genetischen Information bei. In der späten Prophase weichen die Homologen auseinander, man erkennt nun die Crossingover-Bereiche als Kreuzungen *(Chiasmata)*, normalerweise mindestens ein Chiasma pro homologem Chromosomenpaar. Der Proteinfaserkomplex wird abgebaut. Die Auflösung von Kernmembran und Kernkörperchen steht am Ende der Prophase I; der *Spindelapparat* bildet sich.

Metaphase I: Die durch Crossingover rekombinierten n Chromosomenpaare ordnen sich unter Vermittlung der Spindelfasern in der Äquatorialebene an.

Anaphase I: Die Chromosomenpaare werden getrennt und vom Spindelapparat jeweils zu den Zellpolen transportiert. Dabei werden die Partner zufällig auf die Pole verteilt. Dadurch wird die genetische Information ein zweites Mal rekombiniert.

Telophase I und Interkinese: An den Zellpolen können Kernhüllen um die Zweichromatid-Chromosomen (1n, 2C) entstehen. Die Chromosomen lockern sich in den Tochterzellkernen nur unwesentlich auf, sie sind also mikroskopisch zu erkennen und replizieren nicht.

Meiose II

Prophase II: Die Zweichromatid-Chromosomen verdichten sich, die Kernhülle zerfällt ggf.

Metaphase II: Die Chromosomen ordnen sich unter Vermittlung des Spindelapparates in der Äquatorialebene an.

Anaphase II: Die Schwesterchromatiden werden am Centromer getrennt und zu den entgegengesetzten Zellpolen transportiert.

Telophase II: Um die Einchromatid-Chromosomen entstehen Kernhüllen; die Zellkerne der Keimzellen (1n, 1C) werden gebildet.

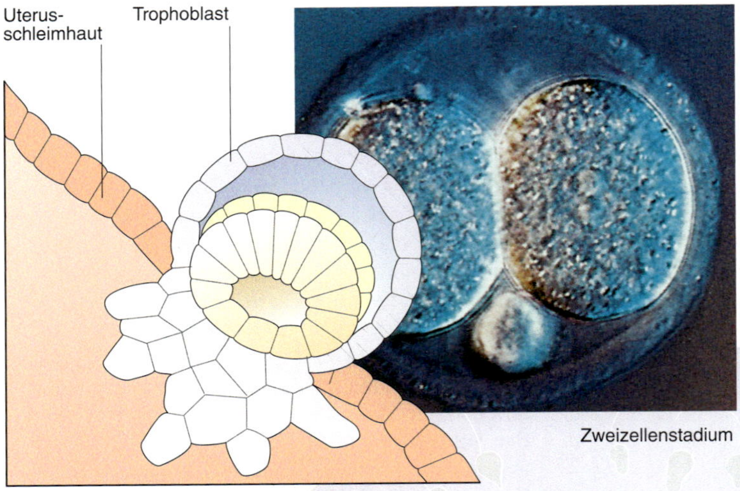

nach ca. 6 Tagen

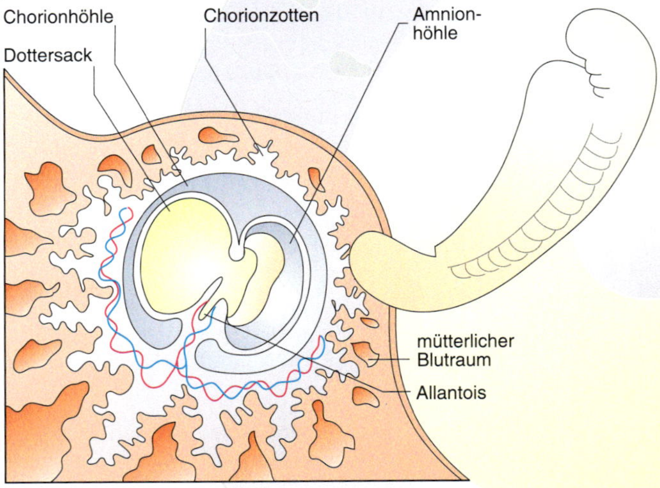

nach ca. 22 Tagen

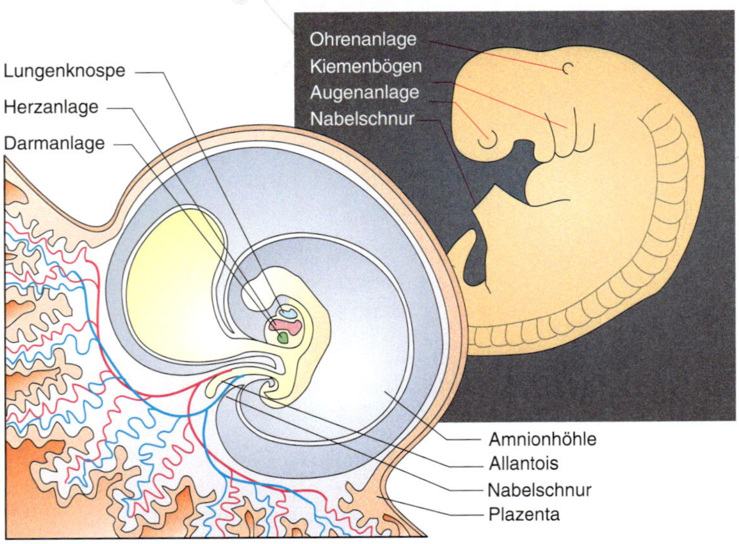

nach ca. 30 Tagen

Keimentwicklung des Menschen

Zwischen Befruchtung und Geburt vergehen beim Menschen ca. 40 Wochen. In dieser Zeit werden aus der Zygote über 100 Billionen differenzierte Zellen.

Bereits auf dem Weg durch den Eileiter zur Gebärmutter vollziehen sich entscheidende Veränderungen: Nach ca. 30 Stunden teilt sich die Zygote zum ersten Mal. Die Furchungen entsprechen dem total-äqualen Modus, wie er für die dotterarmen Eier der Säuger typisch ist. Nach drei Tagen ist durch wiederholte Teilungen bereits ein maulbeerartiger Zellhaufen, die Morula, entstanden. Die Masse des Keims hat sich während dieser Zeit kaum verändert.

Anschließend beginnen sich die Zellen deutlich zu differenzieren: Eine Kugelhülle lässt sich von einem kleinen Kugelhaufen an der Innenwand der Hohlkugel unterscheiden. Nur aus Letzterem wird der eigentliche Embryo (Embryoblast). Die Oberflächenzellen der Hohlkugel übernehmen Nährfunktion *(Trophoblast)*. Mit Erreichen dieses Blastulastadiums kann ab dem 6. Tag die Einnistung in die Gebärmutterschleimhaut beginnen. Der Trophoblast bildet dabei Zotten aus *(Zottenhaut* oder *Chorion)* und entwickelt sich mit einem Teil der Gebärmutterschleimhaut später zur Plazenta (Mutterkuchen) – einem Organ mit Versorgungsfunktion.

Die Anheftung des Keims an die mütterliche Gebärmutterschleimhaut ist ein komplexer Durchdringungsprozess. Mutter und Keim müssen hormonell genau aufeinander eingestellt sein. Sie stehen gleichsam in einer Art hormonellem Dialog. Das erste embryonale Signal ist das vom Trophoblasten gebildete Hormon HCG *(Human Choriogonadotropin)*. HCG stimuliert den Gelbkörper zur Aufrechterhaltung der Östradiol- und der Progesteronproduktion. Sonst würde eine Menstruation eintreten, durch die der Keim mit abgestoßen würde. Auf dem Nachweis von HCG beruhen alle gängigen Schwangerschaftstests.

Da der Embryo durch die väterlichen Erbanlagen für das mütterliche Immunsystem fremde Eiweiße trägt, müsste er eigentlich ebenso abgestoßen werden wie ein transplantiertes Organ. Das Immunsystem der Mutter wird jedoch gegen den Embryo ausgeschaltet. Das geschieht dadurch, dass der Trophoblast und die aus ihm hervorgegangene Plazenta nebst Nabelschnur keine spezifischen Eiweiße besitzen. Sie sind immunologisch „leer“ und können daher vom mütterlichen Abwehrsystem nicht erkannt und attackiert werden. Mit der 3. Lebenswoche beginnen besonders einschneidende Veränderungen in der Entwicklung des Embryos. In der Embryoanlage bilden sich drei Hohlräume: der Dottersack, die *Allantois*, eine Art embryonale Harnblase, und die *Amnionhöhle*, die spätere Fruchtblase. Im Embryo lassen sich außerdem die drei Keimblätter, das Ektoderm, das Mesoderm und das Entoderm, unterscheiden. Die Abkömmlinge der Keimblätter nehmen ganz bestimmte Aufgaben wahr und lassen sich im ausdifferenzierten Körper in ganz bestimmten Organsystemen wiederfinden. Der heranwachsende Embryo liegt zunächst als flacher Schild am Amnion, später löst er sich unter Bildung der Nabelschnur ab und schwimmt stoßsicher im Fruchtwasser der Amnionhöhle.

Bereits eine Woche später beginnt das embryonale Herz zu schlagen. Anlagen von Augen und Ohren sind vorhanden und die Arm- und Beinknospen werden angelegt. Der Embryo ist nun 4 mm lang und wächst bis zur 6. Woche auf die dreifache Länge. In dieser Zeit werden besonders Augen, Nase, Mund sowie die Extremitäten weiter ausdifferenziert. Das Gehirn und alle wichtigen Organe sind bereits angelegt. Nach Ablauf des 2. Monats funktioniert beim Embryo ein Zusammenspiel zwischen Sinneseindrücken aus seiner kleinen Umwelt und Reaktionen. Seine Hände haben sich in nur 14 Tagen als zum „Begreifen“ taugliche Werkzeuge herausgebildet. Der Embryo sammelt Erfahrungen und reagiert entsprechend.

Mit der 9. Woche beginnt die zweite Phase im Leben des jetzt *Fetus* genannten Ungeborenen. Alle wichtigen Organe und Strukturen sind angelegt, sodass die nun folgende Zeit ganz im Zeichen von Wachstum, Reifung und Entwicklung von Wahrnehmungen und Bewegungen steht. Mit dem 4. Monat ist auch die Plazenta fertig ausgebildet. Mütterliches und kindliches Blut fließen getrennt durch Membranen aneinander vorbei, ohne sich zu vermischen. Dabei kommt es zum Austausch von Nährstoffen, Gasen, Stoffwechselabbauprodukten, aber auch Giften. Drogen und Krankheitskeime können auf diesem Weg zum Fetus gelangen. Ab der zweiten Schwangerschaftshälfte nimmt der Fetus monatlich ca. 700 g zu, bis er ein durchschnittliches Gewicht von 3000 g erreicht hat. Dabei verschieben sich seine Körperproportionen beträchtlich.

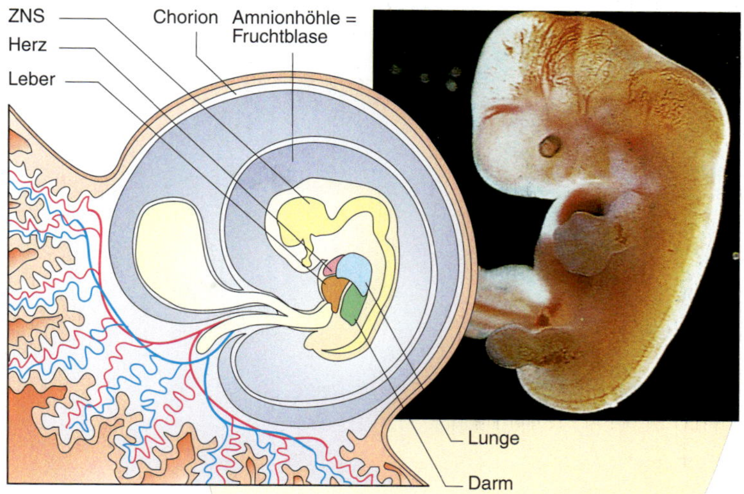

nach ca. 8 Wochen

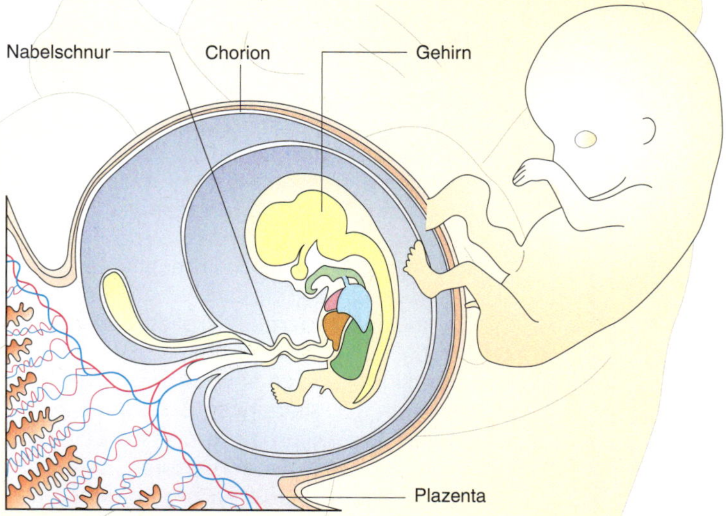

nach ca. 9 Wochen (Fetus)

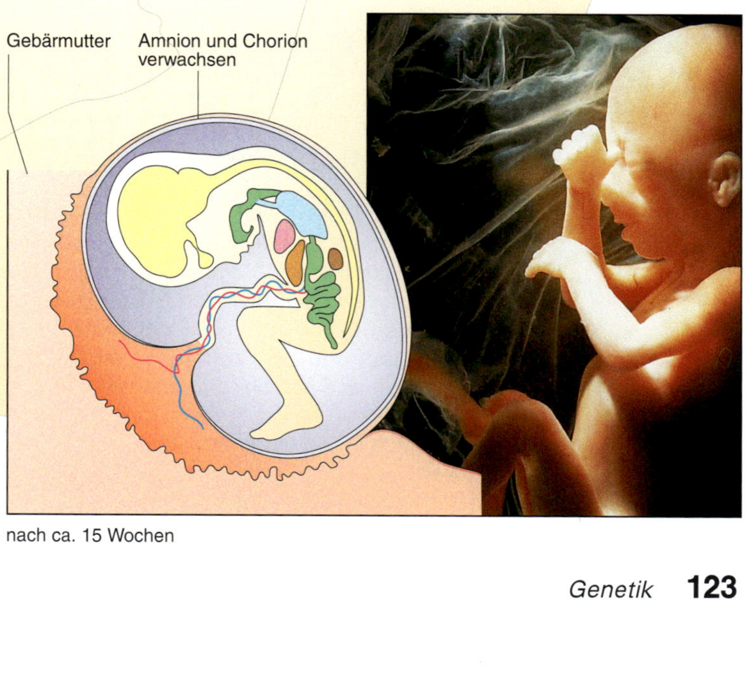

nach ca. 15 Wochen

Online-Link
045306-0124

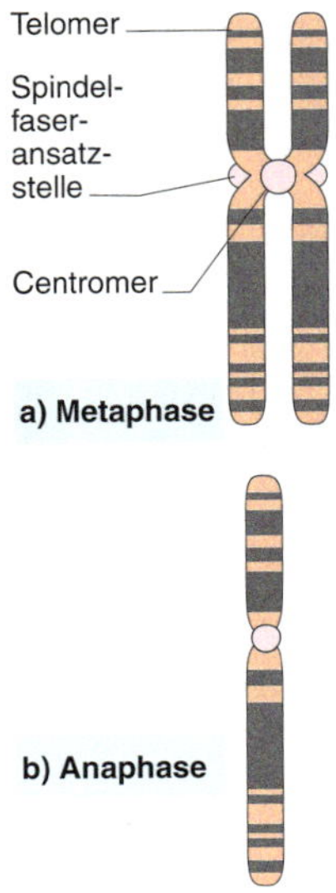

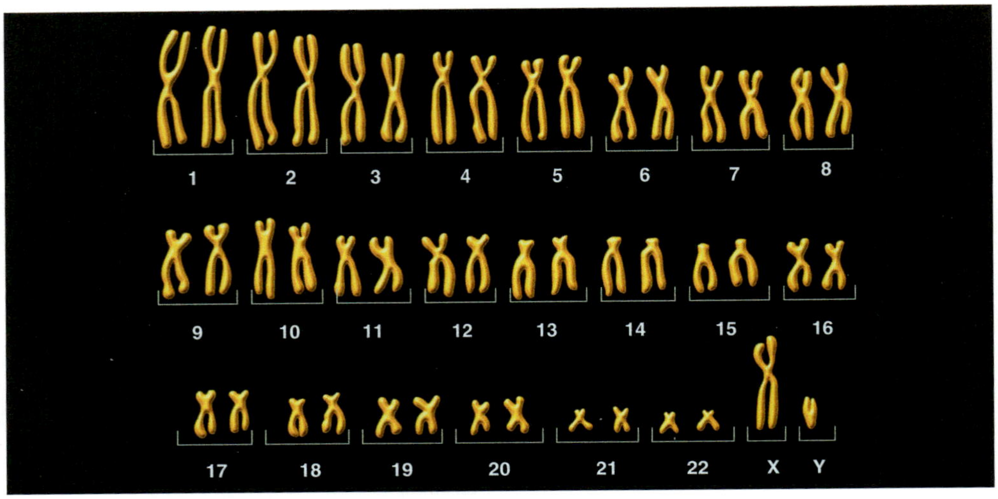

1 Karyogramm: Metaphase-Chromosomen des Menschen

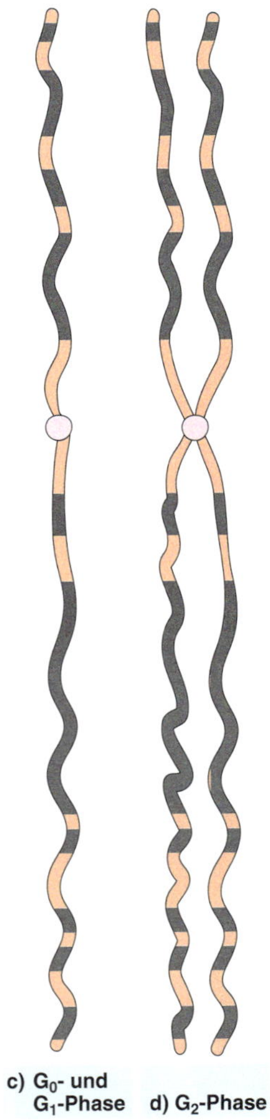

Karyogramme zeigen Metaphase-Chromosomen

Schon in der Mitte des 19. Jahrhunderts wurden in den Kernen von Zellen, die sich teilen, fädige Strukturen entdeckt. Der deutsche Anatomieprofessor WILHELM WALDEYER gab ihnen den Namen *Chromosomen* (griech. *chroma* = Farbe, *soma* = Körper). Chromosomen lassen sich mit bestimmten Farbstoffen anfärben, oft kann eine charakteristische Querbänderung dargestellt werden.

Lichtmikroskopisch sind Chromosomen am besten in der Metaphase der Mitose zu erkennen. Die Zelle hat zu diesem Zeitpunkt bereits die S-Phase durchlaufen, daher bestehen alle *Metaphase-Chromosomen* aus zwei genetisch identischen Chromatiden (2C), die am *Centromer* noch zusammenhängen. Das ergibt eine X- oder V-förmige Gestalt. Das Centromer ist die Bindestelle von Proteinen, an denen die Spindelfasern ansetzen. Die Enden der Chromatiden weisen besondere Abschlussstrukturen auf *(Telomere)*, sie verhindern z.B. das Aneinanderkleben von Chromosomen.

Man ordnet die Metaphase-Chromosomen (Abb. 1) nach Größe, Gestalt und Bandenmuster zum *Karyogramm*. Dazu wird die Zellteilung mit dem auf den Spindelapparat wirkenden Gift *Colchicin* in der Metaphase abgestoppt und die Chromosomen werden angefärbt und durch das Lichtmikroskop fotografiert und dann sortiert. Karyogramme zeigen, dass Chromosomen in Körperzellen jeweils einen gleich gestalteten Partner besitzen. Die Chromosomen eines Paares ähneln sich zwar äußerlich, genetisch sind sie aber meist nicht identisch: In Körperzellen liegen also zwei homologe Chromosomensätze mit jeweils n Chromosomen vor. Solche Zellen bezeichnet man als *diploid* (gr. *diplos* = doppelt). Anzahl und Gestalt der Chromosomen in diploiden Zellen (2n) sind arttypische Merkmale. Zwischen männlichen und weiblichen Zellen der gleichen Art kann es jedoch Unterschiede geben, die sich meist auf ein einzelnes Chromosomenpaar beziehen. Solche Chromosomen bezeichnet man als *Gonosomen (Geschlechtschromosomen)*, die übrigen als *Autosomen*. Der Mensch besitzt 22 Autosomenpaare und die Gonosomen X und Y. Karyogramme können in einer Kurzformel, dem *Karyotyp*, beschrieben werden. Dabei wird zunächst die Anzahl aller Chromosomen genannt und anschließend die Gonosomentypen. Der Karyotyp einer Frau ist 46, XX; der eines Mannes 46, XY (▶ Reproduktion S. 350).

Während der Interphase des Zellzyklus sind die Chromosomen so weit aufgelockert, dass sie sich lichtmikroskopisch nur als Chromatin erfassen lassen. Der Kern enthält aber weiterhin zwei homologe Sätze (2n). *Interphase-Chromosomen* liegen in Form wenig verpackter, aufgelockerter DNA vor. Vor der Replikation in der S-Phase bestehen sie aus einer Chromatide (1C), nach der S-Phase aus zwei Chromatiden (2C).

Der Begriff „Chromosom“ ist heute nicht mehr auf Eukaryoten beschränkt, sondern wird auch für die prokaryotischen, ringförmigen DNA-Einheiten benutzt.

Gonosomale Chromosomenabweichungen

Ein Krankheitsbild, das mit einer Wahrscheinlichkeit von 1 : 2500 bei weiblichen Neugeborenen auftritt, ist das sog. *Turner-Syndrom*. Betroffene Mädchen entwickeln sich geistig normal, fallen aber durch einen kurzen Hals und typischen Minderwuchs auf, der jedoch mit einer Wachstumshormontherapie bei $^2/_3$ der betroffenen Mädchen erfolgreich behandelt werden kann. Fehlbildungen an inneren Organen sind möglich und die geschlechtliche Reifung bleibt fast immer aus. Der Chromosomenbefund zeigt, dass bei diesen Mädchen im Zellkern der Körperzellen nur ein X-Chromosom enthalten ist (45, X0). Sie sind deshalb für das X-Chromosom ebenso hemizygot wie die Männer und besitzen kein Barr-Körperchen. Turner-Mädchen sind die einzigen lebensfähigen Personen mit einer Monosomie in den Zellen.

Viele Fälle des Turner-Syndroms sind nicht auf Fehlverteilung in der Meiose der elterlichen Keimzellen zurückzuführen, sondern auf eine Unregelmäßigkeit bei mitotischen Teilungen des Keimes, die zum Verlust eines X-Chromosoms führten. Es gibt dann im Körper neben den normalen Zellen auch monosome Zellen *(XX/X0-Mosaik)*. Je später die Teilungsstörung auftritt, desto geringer ist der Prozentsatz der Zellen mit Monosomie. Häufig sind dann auch die phänotypischen Merkmale weniger auffällig.

Die Zellkerne der vom *Klinefelter-Syndrom* betroffenen Männer enthalten meist 47 Chromosomen (47, XXY) und besitzen ein Barr-Körperchen. Es sind auch Einzelfälle mit mehreren Barr-Körperchen bekannt (48, XXXY). Auch die Zellkerne der *Triplo-X-Frauen* haben zwei Barr-Körperchen. Die Zellen der *Diplo-Y-Männer* enthalten zwei Y-Chromosomen.

Das *Diplo-Y-Syndrom* ist ein Musterbeispiel für die Fehlinterpretation statistischer Daten. In Kopenhagen wurden alle zwischen 1944 und 1947 geborenen Männer untersucht, die eine Körpergröße von über 1,84 m hatten. Unter 4139 Betroffenen wurden 12 Diplo-Y-Fälle gefunden. Fünf von diesen Männern (41,7 %) hatten eine oder mehrere Gefängnisstrafen verbüßt. Im Gegensatz dazu traten bei der männlichen Durchschnittsbevölkerung der Stadt nur bei 7 % solche Strafen auf. Das Thema „Y: Mörder-Chromosom“ wurde in Zeitungsberichten diskutiert, obwohl die untersuchte Gruppe zu klein für repräsentative Aussagen war. Die Diplo-Y-Männer sind im Durchschnitt nur größer als „normale“ XY-Männer und schneiden bei Intelligenztests etwas schlechter ab. Es gibt keinen haltbaren Beleg für den Zusammenhang zwischen einer Gewalttätigkeit bzw. dem Begehen von Straftaten und dem zusätzlichen Y-Chromosom.

Turner-Syndrom Karyotyp 45, X0; 1 : 2500 (weibliche Neugeborene)	Kleinwuchs (1,5 m), kurzer Hals, Missbildungen an inneren Organen möglich, unfruchtbar; Intelligenz normal
Klinefelter-Syndrom Karyotyp 47, XXY; 1 : 660 (männliche Neugeborene)	sehr großer Körper (über 1,8 m), keine Spermienbildung in den Hoden, Neigung zu Diabetes, Intelligenz nur wenig vermindert
Triplo-X-Syndrom Karyotyp 47, XXX; 1 : 1000 (weibliche Neugeborene)	äußerlich unauffällig, Pubertätsverlauf normal, meist fruchtbar, Intelligenz nur leicht eingeschränkt
Diplo-Y-Syndrom Karyotyp 47, XYY; 1 : 590 (männliche Neugeborene)	überdurchschnittliche Körpergröße, normale Pubertät (fruchtbar), Intelligenz nahezu normal, Verhalten unauffällig

1 Gonosomale Chromosomenzahlabweichungen und deren Symptome

Von den *numerischen Chromosomenaberrationen* (Chromosomenzahlabweichungen) sind gonosomale Abweichungen im Vergleich zu autosomalen (siehe Seite 126) kaum auffällig. Dies liegt zum einen daran, dass überzählige X-Chromosomen als Barr-Körperchen genetisch inaktiviert sind und deshalb die Genbalance kaum stören. Ein zusätzliches Y-Chromosom wirkt sich wegen der geringen Anzahl und Bedeutung seiner Gene ebenfalls nur wenig auf körperliche oder geistige Merkmale aus.

Aufgaben

① In welchem Abschnitt der Meiose muss bei der Entstehung der Spermazellen eine Fehlverteilung stattfinden, damit bei anschließender Befruchtung das Diplo-Y-Syndrom zustande kommen kann?

② Welche möglichen Karyotypen erwarten Sie bei den Kindern eines Mannes mit dem Diplo-Y-Syndrom? Begründen Sie Ihre Antwort.

③ Erklären Sie die beiden Erbgänge in der Randspalte. Geben Sie dabei die Genotypen der beteiligten Personen an und zeigen Sie, welche besonderen Vorgänge bei der Keimzellenbildung stattgefunden haben müssen.

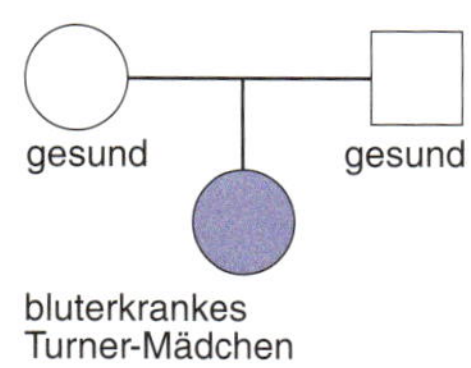

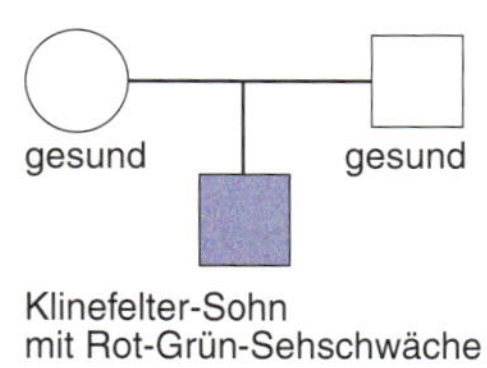

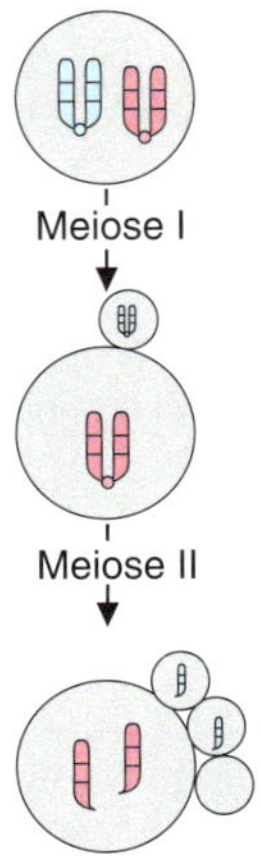

Es entsteht eine Eizelle, die das Chromosom 21 zweimal enthält.

Entstehung der freien Trisomie 21

1 Junge mit Down-Syndrom

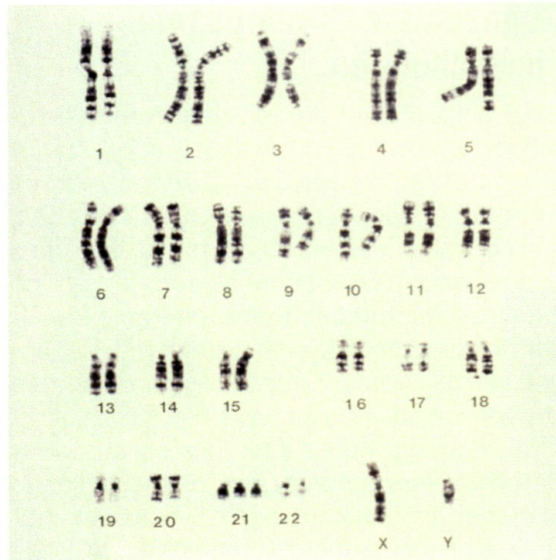

2 Karyogramm, freie Trisomie 21 (47, XY, +21)

Das Down-Syndrom

Syndrom
komplexes Krankheitsbild mit bestimmter Symptomkombination

Der englische Kinderarzt JOHN LANGDON-DOWN beschrieb 1886 erstmals die Symptome des nach ihm benannten *Down-Syndroms*: unterdurchschnittliche Körpergröße, kürzere Finger und Zehen, rundlicher Kopf, Augen mit schräg gestellter Lidfalte. Zu diesen äußerlich erkennbaren Merkmalen treten u. a. Herzfehler, Infektionsanfälligkeit, geistige Behinderungen und verkürzte Lebenserwartung. Down-Patienten erkranken häufiger an Leukämie und der Alzheimer-Krankheit.

1959 wurde die Ursache des Down-Syndroms aufgeklärt. Im Karyogramm von Down-Patienten sind 47 Chromosomen zu finden, Chromosom 21 liegt in dreifacher Ausfertigung vor *(Trisomie 21)*. Die Ursache liegt meist in einer Fehlverteilung der Chromosomen bei der Keimzellbildung (autosomale Chromosomenaberraton): Wird z. B. bei einem Elternteil das homologe Chromosomenpaar 21 in der Meiose I nicht getrennt *(Nondisjunction)*, gelangt Chromosom 21 zweifach in eine Keimzelle und bei der Verschmelzung mit einer regulären Keimzelle entsteht eine Zygote, die Chromosom 21 dreimal enthält (47, XX oder XY, +21). Obwohl Chromosom 21 das kleinste menschliche Chromosom ist, beeinträchtigt seine Trisomie den Phänotyp schwer. Die Genbalance ist gestört.

Unter 700 Neugeborenen befindet sich durchschnittlich ein Kind mit Down-Syndrom. Das Risiko steigt aber mit dem Alter der Mutter an (1 : 1 500 bei einer 20-Jährigen, 1 : 30 bei einer 45-Jährigen). Die Eizellen verharren beim Menschen ab der Geburt in der Meiose I, die Meiose II (s. Seite 115) wird erst zum Zeitpunkt des Eisprungs begonnen. Wahrscheinlich sind Eizellen deswegen störanfälliger. In 97 % der Trisomie-Fälle handelt es sich um eine Fehlverteilung bei der Meiose, das Karyogramm der Eltern ist unauffällig. Diese „freie" Trisomie 21 (Abb. 2) kann anhand von Zellmaterial des Keimes aus dem Fruchtwasser pränatal diagnostiziert werden (s. Seite 137).

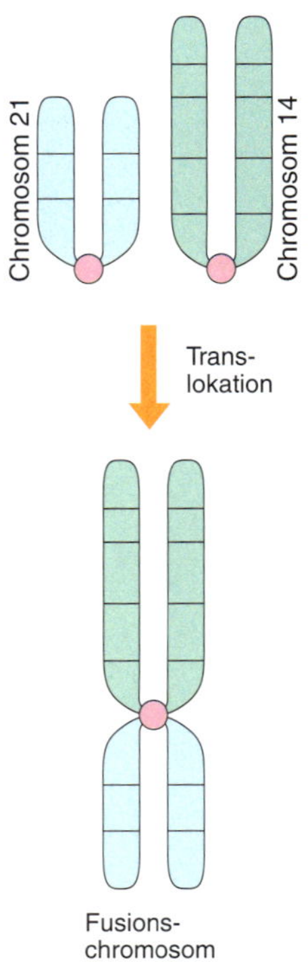

Entstehung der Translokations-Trisomie 21

3 bis 4 % der Karyogramme von Down-Patienten besitzen ein zusätzliches Chromosom 21, das mit Chromosom 14 verschmolzen ist (s. Randspalte). Diese sogenannte *Translokations-Trisomie 21* kann entstehen, wenn ein Elternteil dieses Fusionsprodukt trägt. Bei der Meiose kann ein Chromosom 21 sozusagen huckepack mit Chromosom 14 in die Keimzelle gelangen. Anstelle von Chromosom 14 und 21 enthält die Keimzelle dann 14 + 21 und 21. Nach der Befruchtung enthält die Zygote ein überzähliges Chromosom 21. Die Translokation kann – im Gegensatz zur freien Trisomie 21 – im Karyogramm der Eltern erkannt werden, das Risiko ist altersunabhängig (▶ Reproduktion S. 350).

Aufgaben

① Informieren Sie sich, wie Karyogramme angefertigt werden (s. Seite 124).

② Eine freie Trisomie 21 kann auch auf eine fehlende Chromosomentrennung (Nondisjunction) in der Meiose I zurückgehen. Entwerfen Sie ein Schema analog zur Randspaltenabbildung.

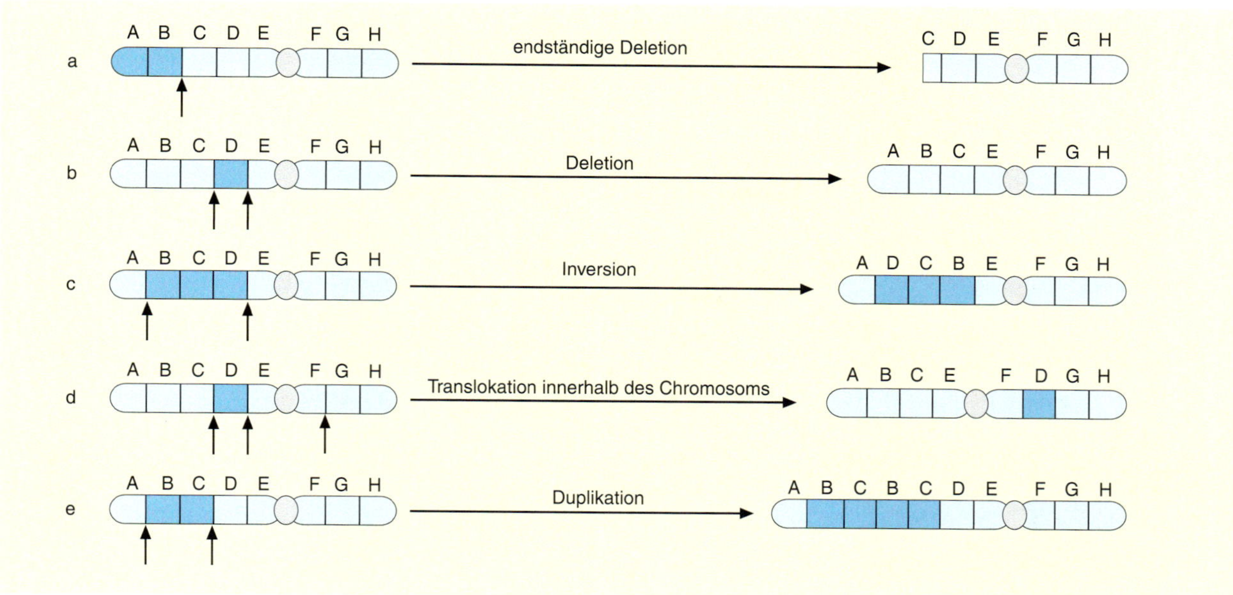

1 Chromosomenmutationen schematisch

Chromosomenmutation: Umbau durch Bruch und Fusion

Riesenchromosom mit Chromosomenmutation (Inversion)

DNA-Moleküle können brechen und werden dann von der Zelle wieder verknüpft. Gelegentlich gehen dabei größere DNA-Abschnitte verloren oder werden neu, aber falsch kombiniert. Bei *unbalancierten* Chromosomenmutationen ist die Genmenge verändert, bei *balancierten* bleibt die Genmenge gleich. Die veränderte Position von Genen kann ihre Wirkung aber stark beeinflussen bzw. sie völlig unwirksam werden lassen.

Ein Einzelbruch zerlegt ein Chromosom in zwei Teile, nur eines davon trägt das Centromer, also die Ansatzstelle des Spindelapparates *(endständige Deletion)*. Das centromerfreie Fragment geht bei der nächsten Zellteilung verloren. Das Bruchstück mit dem Centromer kann zwar in eine Tochterzelle gelangen und repliziert werden. Ihm fehlt aber ein endständiges Telomer, daher „verklebt" das offene Chromosomenende mit dem offenen Ende des Schwesterchromatides. Das langgestreckte Verschmelzungsprodukt enthält nun zwei Centromere und wird bei der nächsten Mitose leicht zerrissen.

Bricht ein Chromosom zweimal, kann ein mittlerer Chromosomenabschnitt verloren gehen *(Deletion)*. Die freien Enden verbinden sich dann. Eine schwere Erbkrankheit des Menschen, das *Katzenschreisyndrom*, geht auf eine Deletion im Chromosom 5 zurück.

Wird ein durch zwei Brüche entstandenes Fragment um 180° gedreht und wieder in das gleiche Chromosom eingebaut, liegt eine *Inversion* vor. Die Genmenge bleibt dabei unverändert, nicht aber die Reihenfolge der Gene. Während der Meiose ist die Rekombination in diesem umgedrehten Abschnitt erschwert, er wird deswegen meist unverändert als Einheit *(„Supergen")* vererbt. Chromosomenmutationen lassen sich lichtmikroskopisch am Bandenmuster von Riesenchromosomen gut erkennen, bei denen veränderte und nicht veränderte homologe Chromosomen gepaart sind (s. Randspalte).

Chromosomenfragmente können auch an anderer Stelle desselben oder eines anderen Chromosoms eingebaut werden *(Translokation)*. Im Extremfall verschmelzen zwei ganze Chromosomen miteinander wie bei der *Translokations-Trisomie* (s. Seite 126).

Ein Sonderfall ist die *Duplikation*, bei der ein zuvor verdoppelter Chromosomenabschnitt wieder eingebaut wird. Die Vervielfachung einer Nucleotidsequenz verursacht z. B. die Erbkrankheit *Chorea Huntington (Veitstanz*, s. Seite 180). Eine Duplikation kann aber auch zur Bildung neuer Gene führen, wenn Gen und Duplikat durch Mutationen verändert werden. Es bilden sich *Genfamilien*, wie z. B. die Globin-Genfamilie, die für die Bestandteile des Säuger-Hämoglobins codiert.

Johann Gregor Mendel

Merkmal	Gegensätzliche Eigenschaften
Stiellänge	lang : kurz
Blütenlage	axial : terminal
Hülsengestalt	voll : eingeschnürt
Hülsenfarbe	gelb : grün
Blütenfarbe	violett : weiß

1 Untersuchte Merkmalspaare an der Gartenerbse

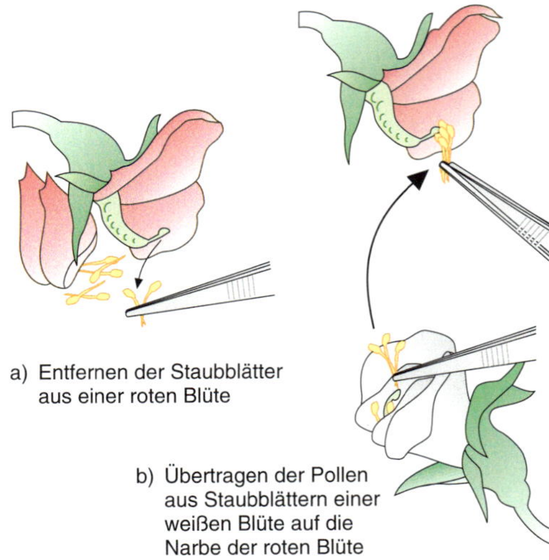

2 Mendels Methode der Fremdbestäubung

Vererbungslehre von Mendel und Chromosomentheorie

Der Augustinermönch Johann Gregor Mendel (1822 – 1884) im Kloster zu Brünn wollte wissen, nach welchen Gesetzmäßigkeiten Eigenschaften in Eltern- und Nachkommengenerationen auftreten. Mendel führte seine Versuche mit der Gartenerbse durch. Er wählte Merkmale aus, die in zwei deutlich unterscheidbaren Varianten auftreten, z. B. runde und kantige Erbsensamen, aber keine Mischformen *(intermediäre Form)*. Da Mendel mit hunderten Pflanzennachkommen rechnete, wählte er zudem Merkmale aus, die ohne großen Aufwand auszuwerten waren. Die in Abbildung 1 aufgeführten Merkmale waren zudem stabil, d. h. wenn bei den Pflanzen eine Selbstbefruchtung vorgenommen wurde, sahen alle Nachkommen wie die Eltern aus. Sie waren durch Inzucht reinerbig *(homozygot)* (▶ Reproduktion S. 350).

kantige und runde Erbsen

Allel
alternative Form eines Gens

Monohybridkreuzungen

Mithilfe der Kreuzbefruchtung erforschte Mendel den Erbgang der Merkmalspaare, indem er z. B. Pollen von Pflanzen aus runden Erbsensamen auf die Fruchtblätter von Pflanzen aus kantigen übertrug *(Monohybridkreuzung)*. Die sieben von Mendel durchgeführten monohybriden Kreuzungen ergaben ein klares Bild. Die erste Pflanzengeneration (F_1) besaß nur eine elterliche Eigenschaft, z. B. runde Erbsensamen. Sie waren uniform **(1. Mendel'sche Regel,** *Uniformitätsregel)*.

Führte Mendel jedoch bei den Pflanzen der F_1-Generation Kreuzbestäubungen durch, tauchten in der nächsten Generation (F_2) die Merkmale, die in der F_1-Generation nicht erschienen, wieder auf. Aus der uniformen F_1 erhielt er z. B. 5474 runde und 850 kantige Samen. Dieses Muster beobachtete Mendel bei allen sieben Merkmalspaaren. Er verglich die Ergebnisse und kam zu dem Schluss, dass bei Berücksichtigung der Streuung das wirkliche Verhältnis 3 : 1 sei **(2. Mendel'sche Regel,** *Spaltungsregel)*. Mendel schloss aus dem übereinstimmenden Vererbungsmuster, dass jedes Merkmal von einem unteilbaren (Erb-)Faktor kontrolliert wird und dass dieser in unterschiedlicher Form vorliegen kann (z. B. R für runde Erbsen, r für kantige). Da ein elterliches Merkmal im Erscheinungsbild der F_1 verschwand und dann in der F_2 wieder auftauchte, schloss Mendel, dass die F_1 zwei Formen besitzen müssen (R, r).

Die Mendel'schen Faktoren lassen sich molekularbiologisch als *Gene* verstehen. Die meisten eukaryotischen Zellen sind *diploid*, sie besitzen zwei homologe Ausgaben jedes Chromosoms. Gene eukaryotischer Organismen können in einer Zelle in zwei verschiedenen Varianten vorliegen, die *Allele* genannt werden. Den Genotyp (Rr) bezeichnen wir als *heterozygot*, (RR) und (rr) als *homozygot*. Der Genotyp (Rr) weist das beobachtbare Merkmal (Phänotyp) „runde

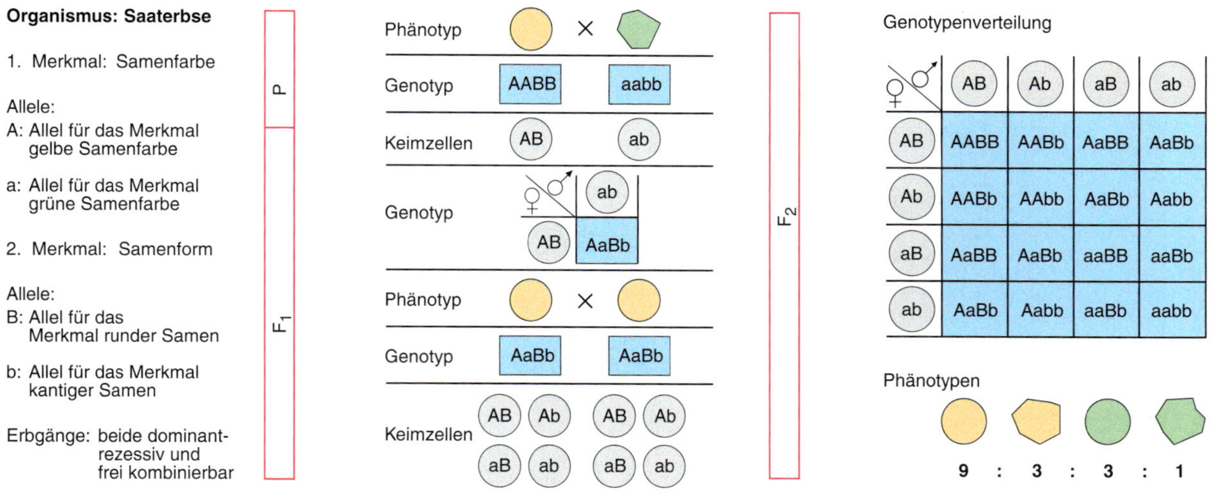

3 Kreuzungsschema zur 3. Mendel'schen Regel

Erbsen" auf. Das Allel (R) dominiert das Allel (r): Allele können dominant oder rezessiv sein. Treten phänotypische Mischformen auf, sind Allele intermediär.

Mendel suchte nach einer Erklärung für das Verhältnis von 3 : 1 in der F_2-Generation. Die Pflanzen der F_1-Generation besitzen den Genotyp (Rr), daher kann die F_1-Kreuzung wie folgt beschrieben werden: (Rr) x (Rr). Aus dieser Kreuzung können kantige Samen entstehen, die den Genotyp (rr) besitzen. Sie haben ein rezessives Allel von jedem Elternteil geerbt. Wir wissen heute, dass sich die Allele der Eltern während der Keimzellbildung *(Meiose)* trennen. Bei der Befruchtung verschmelzen weibliche und männliche Keimzellen zur Zygote.

Aufgaben

① Mendel experimentierte auch mit Erbsenpflanzen, die sich in zwei Merkmalen unterschieden *(Dihybride)*. Leiten Sie aus Abbildung 3 die **3. Mendel'sche Regel** *(Unabhängigkeitsregel)* ab: Merkmalspaare können beim dihybriden Erbgang in neuen Kombinationen auftreten.

② „Verschwindet das Blondinengen?" fragte eine Zeitung kürzlich. Gehen Sie als Vereinfachung davon aus, dass das Allel für blonde Haare rezessiv und das für dunkle Haare dominant ist. Erstellen Sie ein Kreuzungsschema (P, F_1, F_2) und prüfen Sie die Hypothese. Bei welchen Konstellationen wird das Gen für blonde Haare stark abnehmen?

Zettelkasten

Mendel'sche Regeln und Statistik

Wie ist es möglich, dass es in einer vierköpfigen Familie nur Mädchen gibt? Laut der Mendel'schen Regeln hätte das Verhältnis Junge zu Mädchen 1:1 sein sollen. Die Mendel'schen Regeln sind statistischer Natur. Nicht umsonst hat Mendel selbst nicht mit wenigen, sondern mit vielen Hundert Erbsen experimentiert, um seine Ergebnisse zu erhalten. Wie die nebenstehende Abbildung zeigt, wird das vorhergesagte Verhältnis von 3:1 für einen Erbgang nach der 1. Mendel'schen Regel mit glatten und kantigen Maissamen erst ab mehreren Hundert Kreuzungen mit zunehmender Näherung erreicht.

Für jede Keimzellenbildung wird die Wahrscheinlichkeit von 1:1 erneut zugrunde gelegt, d.h. für jedes einzelne Kind ist die Wahrscheinlichkeit für das Geschlecht gleich. Je größer die Familie wird, umso mehr wird sich das Verhältnis 1:1 einstellen, wobei allerdings zu beachten ist, dass es sich selbst bei Großfamilien statistisch um kleine Zahlen handelt.

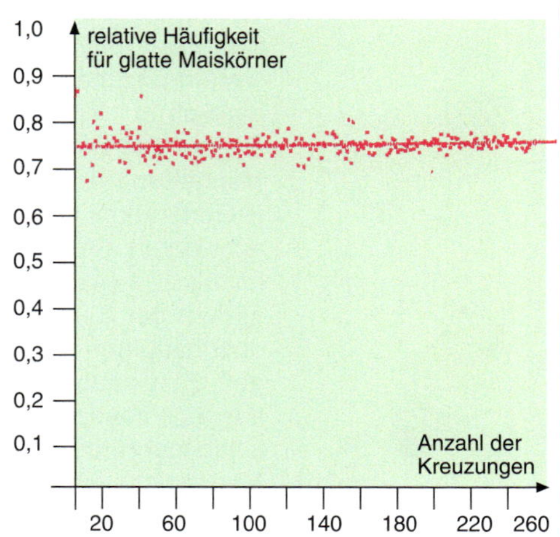

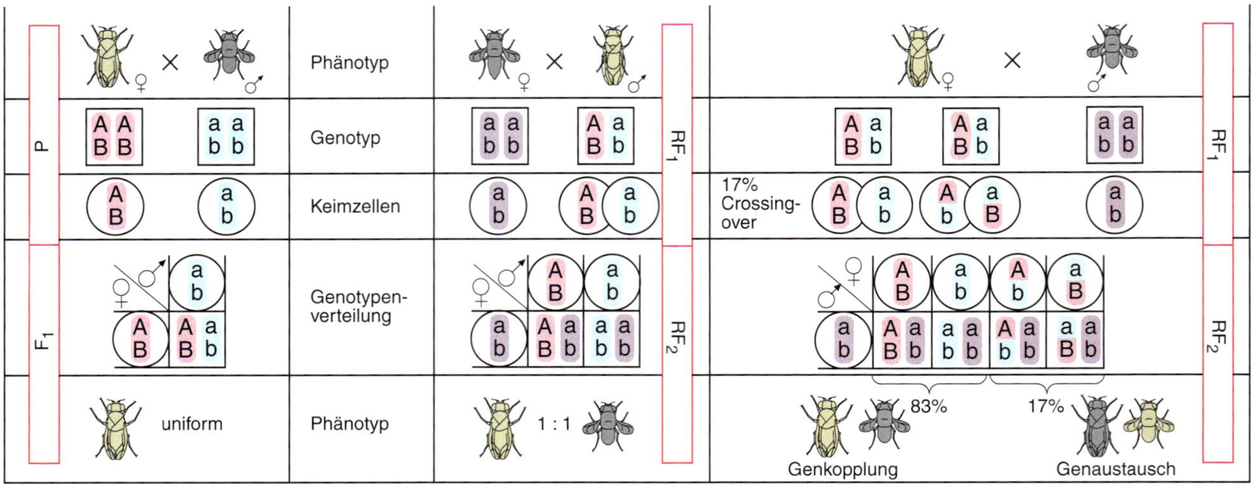

1 Kopplung von Genen bei Drosophila

Gekoppelte Vererbung und Austausch von Genen

1. Merkmal: Flügelform

Allele:
A: Allel für das Merkmal normalflügelig
a: Allel für das Merkmal stummelflügelig

2. Merkmal: Körperfarbe

Allele:
B: Allel für das Merkmal braune Farbe
b: Allel für das Merkmal schwarze Farbe

Beide Erbgänge dominant-rezessiv und gekoppelt

A/B bzw. a/b Symbole für gekoppelte Gene

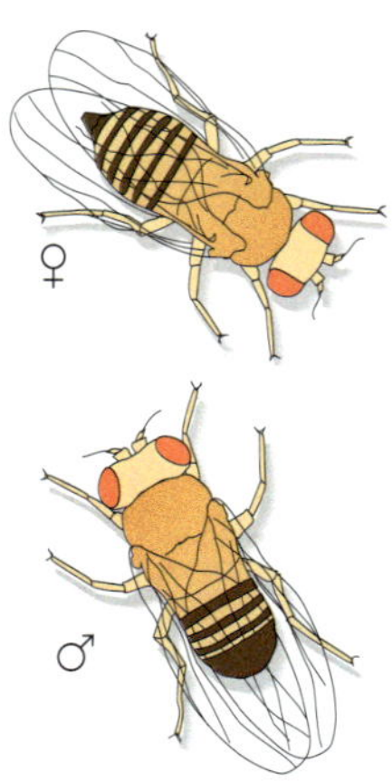

Drosophila (Wildtyp)

Die Taufliege *Drosophila melanogaster* ist ein Modellorganismus in der Genetik. An ihr wurden Mechanismen der Vererbung zuerst untersucht. Diese nur wenige Millimeter großen Tiere finden sich auf reifem Obst ein und können leicht gezüchtet werden. Die Anzahl der Nachkommen ist groß (500 Eier pro Weibchen), die Generationsdauer beträgt nur 12 Tage. Neben dem *Wildtyp* der Fliege gibt es viele gut unterscheidbare *Mutanten*. Drosophila hat außerdem nur acht Chromosomen (2n = 8) im diploiden Satz, die sich leicht präparieren und untersuchen lassen (▶ Variabilität und Angepasstheit S. 360).

Der amerikanische Biologe Thomas Hunt Morgan führte tausende von Versuchen mit Drosophila durch. Als er bei einer Zweimerkmalskreuzung schwarze, stummelflügelige Männchen mit reinerbigen Wildtypweibchen (normale Körperfarbe, normale Flügel) kreuzte, erhielt er in der F$_1$-Generation erwartungsgemäß einheitliche Nachkommen, nämlich nur Wildtypfliegen (1. Mendel'sche Regel). Die Rückkreuzung zwischen einem Männchen der F$_1$- und einem Weibchen der P-Generation führte zu Wildtypfliegen und schwarzen Stummelflüglern im Zahlenverhältnis 1 : 1 (Abb. 1). Dieses Ergebnis widerspricht der 3. Mendel'schen Regel von der unabhängigen Neukombination der Erbanlagen. Es wird aber erklärbar, wenn man davon ausgeht, dass mit einem Chromosom gleichzeitig mehrere Gene weitergegeben werden. Man spricht von einer *Kopplungsgruppe* und schreibt im Kreuzungsschema gekoppelte Gene untereinander (Abb. 1).

In vielen Kreuzungsexperimenten stellte Morgan fest, dass Drosophila vier Gruppen gekoppelter Gene besitzt. Dies stimmt mit der Anzahl der Chromosomen im einfachen Chromosomensatz überein und bestätigt die Chromosomentheorie der Vererbung.

Weitere Kreuzungsversuche Morgans mit schwarzen, stummelflügeligen Mutanten von Drosophila erbrachten ein überraschendes Ergebnis. Bei der umgekehrten Rückkreuzung eines heterozygoten Weibchens der F$_1$- mit einer männlichen Drosophilamutante der homozygoten P-Generation traten doch alle vier möglichen Merkmalskombinationen auf. Das Zahlenverhältnis entsprach jedoch nicht der Theorie Mendels (1 : 1 : 1 : 1), sondern die meisten Fliegen glichen phänotypisch den Eltern. Nur 17 % der Nachkommen waren Einfachmutanten (s. Abb. 1 rechts). Morgan glaubte zunächst an einen Fehler in der Versuchsdurchführung, erhielt aber immer das gleiche Ergebnis. Es musste demnach zur Trennung gekoppelter Gene gekommen sein *(Kopplungsbruch)*.

Die Chromosomentheorie liefert auch für diese Beobachtungen eine plausible Erklärung: Während der Prophase I der Meiose paaren sich die homologen Zweichromatid-Chromosomen, sodass sie untereinander DNA-Abschnitte austauschen können. Dieser als *Crossingover* bezeichnete Stückaustausch lässt sich in der Metaphase I als Überkreuzung (*Chiasma*) erkennen, wenn sich die Homologen wieder trennen. Ehemals auf demselben Chromosom liegende Allele werden durch Crossingover auf verschiedene Homologe verteilt. Dies geschieht in einem geordneten Prozess, bei dem Enzyme dafür sorgen, dass einander entsprechende Bereiche der Chromosomenarme getrennt und neu verknüpft werden (Abb. 2). So kann es zu einer Neukombination zuvor gekoppelt Allele kommen (▶ Reproduktion S. 350).

Dies wurde bestätigt, als man bei den Zweiflüglern, zu denen Drosophila gehört, eine Besonderheit der Meiose feststellte: Chiasmata sind nur bei der Eizellbildung, nicht aber bei der Spermienbildung zu beobachten. Dies deckt sich exakt mit den Ergebnissen der Versuche. Es tritt nur dann eine Entkopplung auf, wenn bei der Rückkreuzung heterozygote Weibchen verwendet werden.

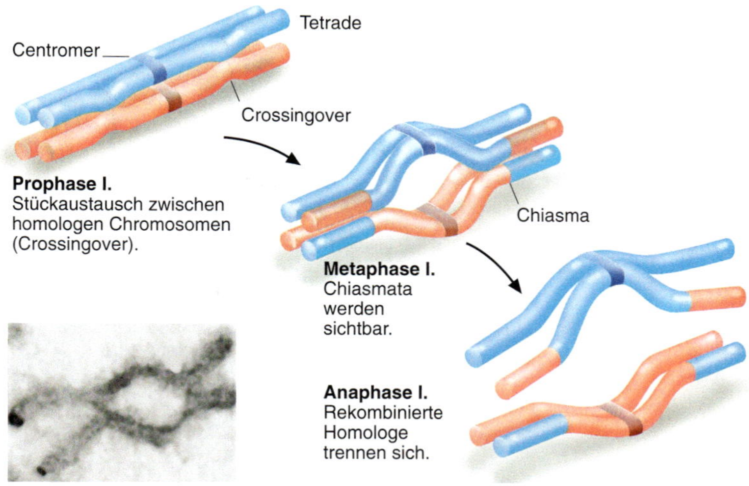

2 Crossingover und nachfolgende Chiasmabildung

Zettelkasten

Die Genkarte – ein Lageplan für Gene

Morgan fand durch Auszählen der Phänotypen bei jedem gekoppelten Genpaar einen anderen Prozentsatz von Kopplungsbrüchen. Diesen charakteristischen Wert nannte er *Austauschwert.* Zum Beispiel ist das Gen für hellrote Augen (cinnabar: cn) mit schwarz (black: b) und stummelflügelig (vestigial: vg) gekoppelt. Für die Gene b und cn beträgt der Austauschwert 9 %, bei cn und vg ist er 9,5 %.

Zur Erklärung der unterschiedlichen Werte entwickelte Thomas Hunt Morgan eine Theorie. Er setzte voraus, dass die Gene auf dem Chromosom *linear hintereinander* liegen und dass ein Crossingover an allen Stellen des Chromosoms gleich wahrscheinlich ist. Dann steigt mit dem Abstand der Genorte auch der Austauschwert. Er kann also als relatives Maß für die Entfernung zweier Gene auf dem Chromosom angesehen werden.

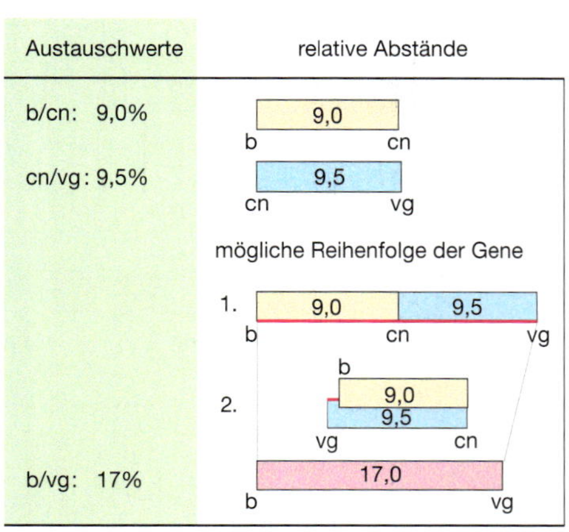

→ Die Reihenfolge der Gene ist b-cn-vg

Mit zwei Austauschwerten lässt sich die Reihenfolge von drei Genen allerdings nicht festlegen. Erst ein drittes Kreuzungsexperiment, bei dem im genannten Beispiel der Austauschwert von vg und b ermittelt wird, bringt Klärung *(Dreipunktanalyse).* Das Ergebnis von 17 % ist mit der Reihenfolge vg-b-cn nicht vereinbar, passt aber recht gut zur Anordnung b-cn-vg (s. Abbildung).

Der Austauschwert b/vg (17 %) ist allerdings kleiner als die Summe der Austauschwerte b/cn und cn/vg (18,5 %). Dieser Wert wäre bei Addition der relativen Abstände zu erwarten gewesen. Zur Erklärung nahm Morgan an, dass gleichzeitig mehrere Crossingover-Ereignisse bei einer Kopplungsgruppe möglich sind. Auch das wird durch die mikroskopische Beobachtung der Chiasmabildung am Chromosom bestätigt. Wenn sowohl zwischen b und cn als auch zwischen cn und vg je ein Crossingover stattfindet *(Doppel-Crossingover),* werden die Gene b und cn bzw. cn und vg entkoppelt. Die Gene b und vg bleiben allerdings weiterhin in Kopplung, weil sie wieder auf dem gleichen Chromosom liegen. Deshalb liegt der experimentell gefundene Wert unter dem errechneten. Wenn zwei Genorte sehr weit voneinander entfernt liegen, so ist die Entkopplung genauso wahrscheinlich wie die Kopplung. Solche Gene erscheinen deshalb ungekoppelt.

Morgan und sein Team bestimmten durch Dreipunktanalysen die relativen Abstände vieler Genorte und erhielten so *Genkarten* für die vier Chromosomen von Drosophila. In den Karten wird der prozentuale Austauschwert benachbarter Gene als dimensionslose *Morgan-Einheit* angegeben (1 cM = 1 centi-Morgan).

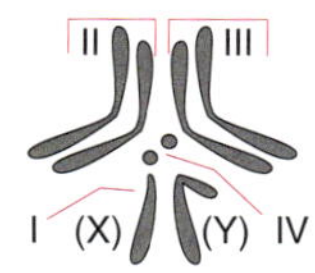

Chromosomen von Drosophila (♂)

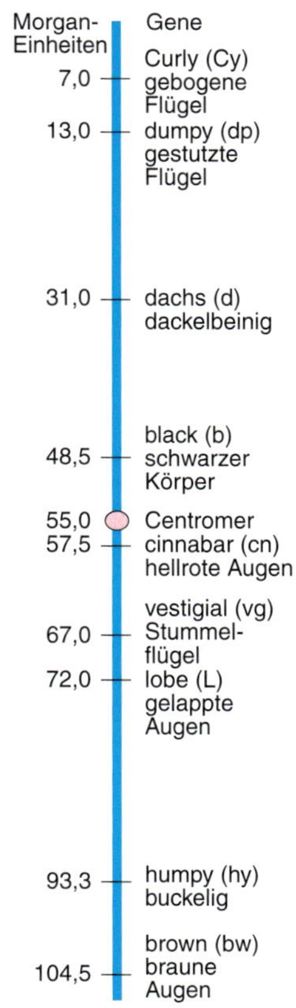

Genkarte für Chromosom II

Verfahren der Humangenetik

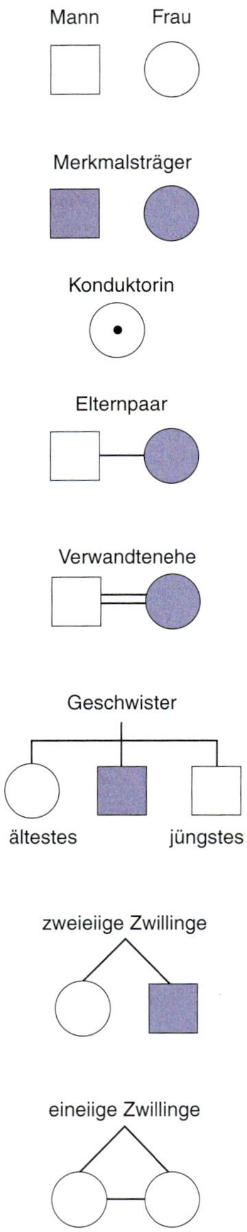

Stammbaumsymbole

Die Vererbung beim Menschen folgt denselben Gesetzmäßigkeiten, denen auch alle anderen Lebewesen unterliegen. Die *Humangenetik* untersucht Ergänge beim Menschen. Dazu gehört der Erbgang von Blutgruppen, von genetisch bedingten Erkrankungen und Behinderungen. Außerdem befasst sie sich mit den Möglichkeiten ihrer Diagnose. Klassische genetische Verfahren wie die Analyse von Familienstammbäumen spielen nach wie vor eine Rolle und sind oftmals Ausgangspunkt weiterführender Untersuchungen. Erst zusammengenommen liefern die Ergebnisse der verschiedenen Verfahren ein genaues Bild (Abb. 133.1).

Analyse von Erbgängen

Bei der Analyse von Familienstammbäumen wird vom Phänotyp auf den Genotyp geschlossen, um den Erbgang eines Merkmals aufzuklären. Zur Erstellung eines Stammbaums verwenden Humangenetiker bestimmte Symbole (Zeichenerklärung s. Randspalte).

Zunächst wird geklärt, ob dominante oder rezessive Vererbung vorliegt. Bei dominanter Vererbung reicht die Anwesenheit eines Allels *(Heterozygotie)* aus, um das Merkmal zur Ausprägung zu bringen. Ein rezessiv vererbtes Merkmal tritt nur bei *Homozygotie* in Erscheinung. Die Kinder merkmalsfreier heterozygoter Eltern können das Merkmal ausprägen, wenn sie von beiden Elternteilen ein entsprechendes Allel bekommen.

Allele, die auf den 22 Autosomen des Menschen liegen, werden *autosomal* vererbt. Im Unterschied dazu werden Allele, die auf den Gonosomen (X-, Y-Chromosomen) liegen, *gonosomal* vererbt, treten also in Abhängigkeit vom Geschlecht auf. Gonosomale Vererbung zeigt im Stammbaumschema einige Besonderheiten: Erben Männer ein rezessives Allel mit dem X-Chromosom der Mutter, tritt das Merkmal in Erscheinung, da das zweite homologe X-Chromosom fehlt *(Hemizygotie)*. X-chromosomal-rezessive Vererbung erkennt man im Stammbaumschema an der Häufung von männlichen Merkmalsträgern. Da Frauen zwei X-Chromosomen besitzen, tritt das Merkmal im weiblichen Geschlecht nur auf, wenn beide rezessiven Allele zusammenkommen. Heterozygote, merkmalsfreie Frauen, die das rezessive Allel an ihre Söhne vererben, werden *Konduktorinnen* (Überträgerinnen) genannt. Bei X-chromosomal-dominanter Vererbung sind Frauen doppelt so häufig Merkmalsträger wie Männer. Männliche Merkmalsträger vererben das Allel immer an ihre Töchter und erben das Allel immer von ihrer Mutter.

Modellsystem Hämophilie A

Die heute als *Hämophilie A* beschriebene Blutgerinnungsstörung wurde aufgrund ihres mehrfachen Auftretens in europäischen Herrscherhäusern bekannt (Abb. 1). Insbesondere männliche Nachkommen von Queen Victoria und Prinz Albert (Kinder, Enkel, Urenkel) waren betroffen.

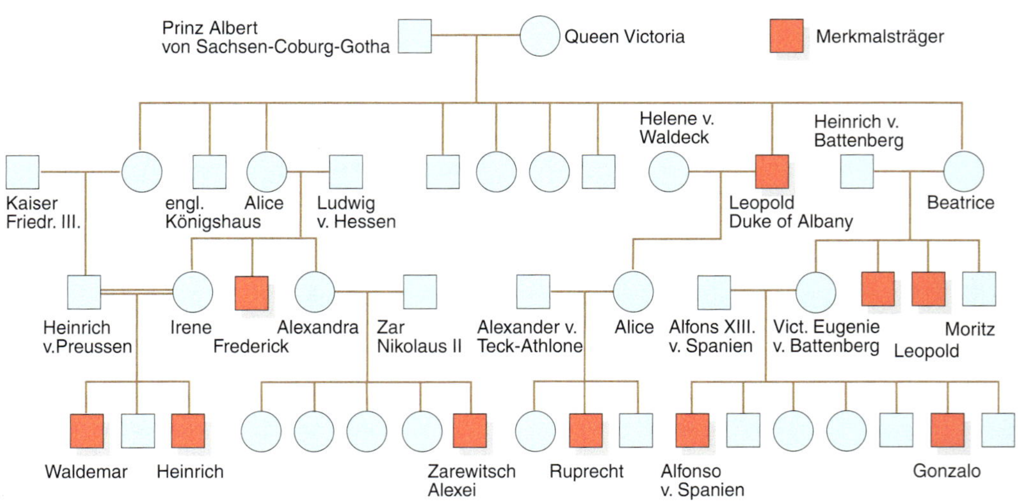

1 Stammbaum der Bluterkrankheit (Hämophilie A) in europäischen Fürstenhäusern

Online-Link
045306-0133

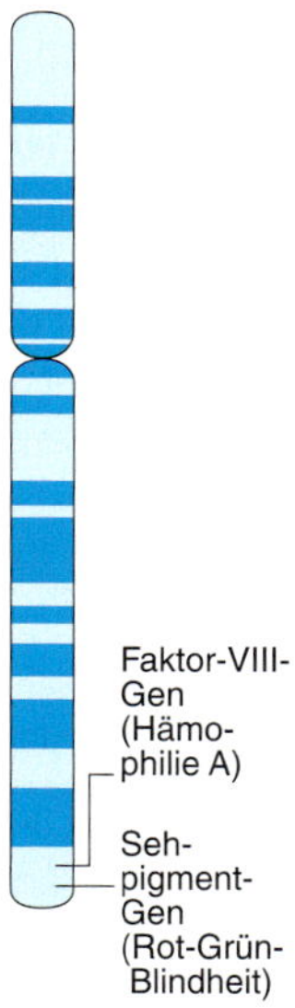

Genorte auf dem X-Chromosom

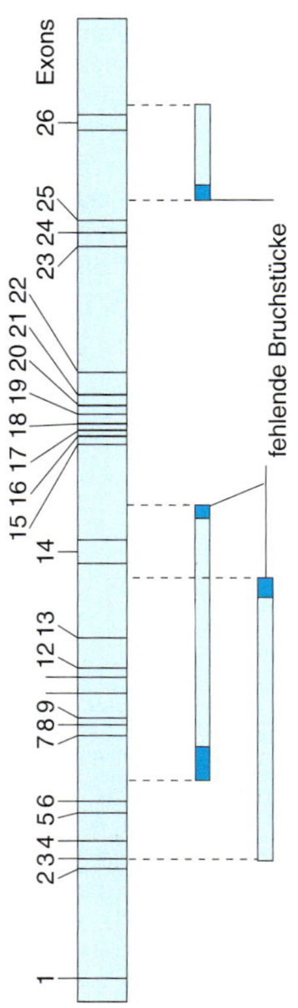

Bei Hämophilie-A-Patienten beobachtete Deletionen im Faktor-VIII-Gen

Die Anlage für die Krankheit wird von gesunden Frauen übertragen, und zwar nur auf ihre Söhne, wobei deren Väter gesund sind. Hämophilie A tritt mit einer Häufigkeit von 1 : 10 000 auf, d. h. auf 10 000 männliche Neugeborene kommt ein Erkrankter, unabhängig von der ethnischen Herkunft.

Biochemische Erklärung: Hämophilie-A-Patienten fehlt ein Protein der Blutgerinnungskaskade *(Faktor VIII)*. Das Glukoprotein besitzt 1997 Aminosäuren. In den Körperflüssigkeiten Gesunder liegt es in einer Konzentration von 0,5 bis 1,0 mg/100 ml vor. Rund die Hälfte aller Hämophilie-A-Patienten weisen weniger als 1 % dieser Konzentration auf. Einige der Patienten weisen zwar 30 % der Normalkonzentration auf, aufgrund von Aminosäuresequenzunterschieden ist das Genprodukt allerdings funktionsunfähig, es bewirkt keine Blutgerinnung. Heterozygote Träger des Hämophilie-A-Gens haben zwar eine geringere Faktor-VIII-Konzentration als Gesunde, die Konzentration reicht aber noch aus, um eine Blutgerinnung zu gewährleisten. Früher wurde Hämophilie-A-Patienten Plasma von Blutspendern verabreicht. Das hatte den Nachteil, dass es häufiger zur Übertragung von Krankheitserregern (z. B. Hepatitis-Viren) kam. Seit der Faktor VIII gentechnisch erzeugt werden kann, stehen keimfreie Präparate in ausreichender Menge zur Verfügung.

Cytogenetische Erklärung: Das in der menschlichen Population seltene rezessive Allel für Hämophilie A ist auf dem X-Chromosom lokalisiert (s. Randspalte). Frauen fungieren als Konduktorinnen, sie geben das Allel an ihre Kinder weiter. Sie erkranken selbst nicht, da sie zwei X-Chromosomen besitzen und eines der beiden Chromosomen das dominante Allel trägt (Gleiches gilt für ihre Töchter). Im männlichen Genotyp gibt es nur ein von der Mutter übernommenes X-Chromosom. Vom Vater erben Söhne das Y-Chromosom, das keine Allele des Hämophilie-Systems trägt. Erbt ein Mann das Hämophilie-Allel von der Mutter, erkrankt er, weil ihm das dominante Allel fehlt.

Molekularbiologische Erklärung: Das Faktor-VIII-Gen besteht aus 2351 Codons, verteilt über 26 Exons (s. Randspalte). Den schweren familiären Ausprägungsformen liegen in 50 % der Fälle Deletionen oder Inversionen größerer Genabschnitte zugrunde.

Aufgaben

① Analysieren Sie die Familienstammbäume für Albinismus, erbliche Kurzfingrigkeit und Rot-Grün-Blindheit. Um welche Erbgänge handelt es sich jeweils? Bestimmen Sie den Genotyp möglichst vieler Individuen.

② Warum tritt Hämophilie A bei Frauen wesentlich seltener auf als bei Männern?

③ Welche Personen fungieren bei der Hämophilie A (Abb. 1) als Konduktorinnen? Begründen Sie.

④ Genetisch bedingte Erkrankungen werden mit verschiedenen Verfahren wissenschaftlich untersucht. Stellen Sie eine Tabelle zur Hämophilie A zusammen, in der die Erkenntnisse aus Klassischer Genetik, Cytogenetik, Molekularbiologie und Biochemie aufgelistet sind.

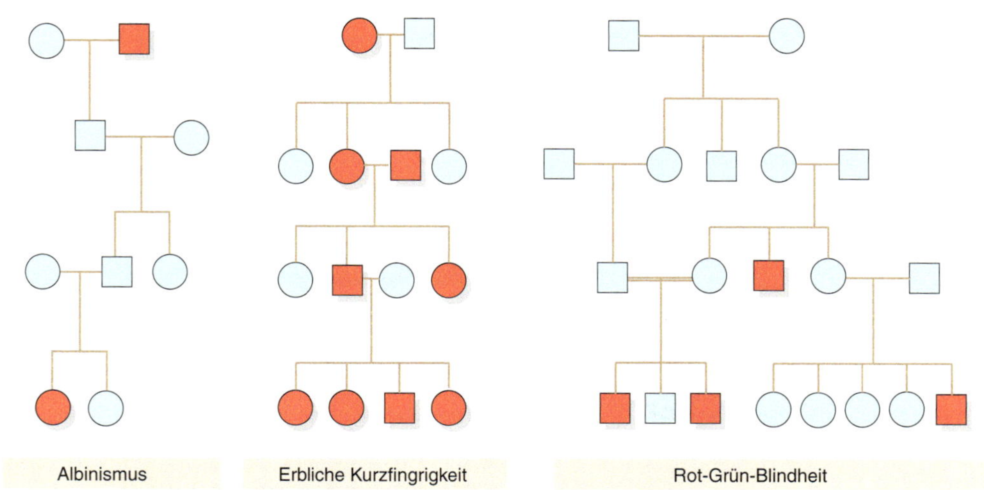

2 Stammbäume zu erblich bedingten Leiden

Erbgänge

Häufig ist der Zusammenhang zwischen Genotyp und Phänotyp erst zu erkennen, wenn durch die Mutation eines Gens das Genprodukt verändert wurde und in seiner Funktion gestört ist. Für die genetische Grundlagenforschung und die Medizin sind solche genetisch bedingten Erkrankungen besonders aufschlussreich, die sich auf die Veränderung eines einzelnen Gens zurückführen lassen, also *monogenen* Ursprungs sind.

Autosomal-dominanter Erbgang

Beim sog. *Marfan-Syndrom* beobachtet man Defekte am Skelett (Spinnenfingrigkeit, Brustkorbdeformationen), am Auge (Linsenschädigungen) und am Herzen. Die Häufigkeit der Krankheit ist 1 : 10 000, d. h. von 10 000 Neugeborenen ist eines erkrankt, unabhängig vom Geschlecht. Das verantwortliche Gen *(FBN1)* liegt auf Chromosom 15. Es codiert für ein Calcium bindendes Protein, das Bestandteil elastischer Fasern des Bindegewebes ist. Das erklärt auch die weitgestreuten Schäden, die Mutationen im *FBN1*-Gen verursachen können. Beim *FBN1*-Genprodukt handelt es sich um ein nicht sehr großes Protein. Die meisten Organschäden werden durch Mutationen in den Calcium bindenden Domänen des Proteins verursacht. Die Calcium bindende Aminosäure Cystein fehlt dann in der Schlüsselposition, das Bindegewebe kann nicht mehr regulär aufgebaut werden. Die Anwesenheit eines defekten Allels verursacht die Produktion defekter Proteine. Diese werden zusammen mit anderen intakten Proteinen in das Bindegewebe eingebaut, das nun ebenfalls einen Defekt aufweist. Das Allel tritt deswegen dominant in Erscheinung.

Autosomal-rezessiver Erbgang

Bei der *Phenylketonurie* (PKU) handelt es sich um die häufigste Aminosäurestoffwechselstörung des Menschen (regionale Häufigkeit bis 1 : 2500). Die mit der Nahrung aufgenommene Aminosäure *Phenylalanin* (Phe) kann aufgrund eines enzymatischen Defekts nicht in die Aminosäure *Tyrosin* (Tyr) umgewandelt werden (s. Abb). Phe reichert sich bis auf das 30fache der normalen Konzentration an und wird in giftige Stoffwechselprodukte *(Phenylketone)* umgewandelt. Diese beeinträchtigen u. a. die Bildung der Myelinscheiden von Nervenzellen.

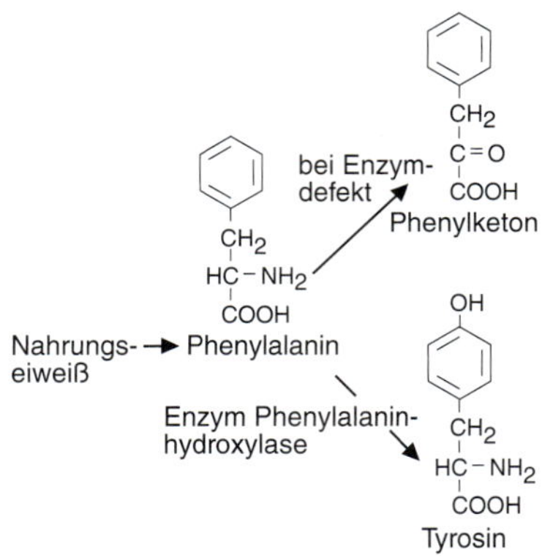

Schwere geistige Schäden, Lähmungen und Krämpfe sind die Folge. Neugeborene werden routinemäßig mithilfe eines massenspektroskopischen Tests auf erhöhte Phe-Konzentrationen im Blut hin untersucht. Bei positivem Ergebnis wird eine Phe-arme und Tyr-reiche Diät verabreicht, das Gehirn entwickelt sich dann normal. PKU folgt einem autosomal-rezessiven Erbgang, d. h. liegt ein nicht mutiertes Allel neben einem mutierten vor, wird noch genügend Enzym produziert, um Phenylalanin abzubauen. Das Gen, das für das Enzym Phenylalaninhydroxylase codiert, liegt auf dem kurzen Arm von Chromosom 12. Es sind über 70 verschiedene Mutationen dieses Gens bekannt, die PKU verursachen können.

Gonosomaler Erbgang

X-chromosomal-dominante Erbgänge sind selten, ein Sonderfall der *Rachitis* zählt dazu. Bei der Vitamin-D-resistenten Rachitis härten die Knochen aufgrund von Calcium-Mangel nicht richtig aus, es resultieren Skelettdeformationen. Aufgrund eines enzymatischen Defekts bleibt die Synthese des Hormons Calcitriol aus der Vorstufe Vitamin D3 aus. Deswegen sind Vitamin-D3-Präparate unwirksam. Calcitriol kann jedoch künstlich erzeugt und verabreicht werden und stellt den regulären Phänotyp wieder her. Calcitriol bewirkt die Aufnahme von Calcium im Dünndarm sowie dessen Ablagerung im Knochen. Das codierende Gen befindet sich auf dem kurzen Arm des X-Chromosoms.

Komplexe Erbgänge

Bei monogenen Erbgängen kommen in der Bevölkerung drei Phänotypen vor: Personen, die ein bestimmtes Merkmal tragen, nicht tragen oder schwach ausgeprägt tragen. Es gibt aber auch Erbgänge, die eine solche Dreiteilung nicht zeigen. Das Merkmal tritt in feinen Unterschieden auf, man spricht von *kontinuierlicher Variabilität.* Diese beruht meist auf dem Zusammenspiel vieler Gene *(Polygenie)*, deren Allele einzeln keine so starke Wirkung besitzen wie bei monogenen Erbgängen. Jedes einzelne Gen unterliegt aber auch bei polygener Vererbung den Mendel'schen Regeln, sie können also dominant, rezessiv, autosomal oder gonosomal vererbt werden. Die Variabilität der meisten kontinuierlichen Merkmale hängt dabei nicht allein vom genetischen Hintergrund ab, sondern von einer Gen-Umwelt-Interaktion, man spricht deswegen von *multifaktorieller Vererbung.* Beispiel dafür sind Hautfarbe, Körpergröße, Körpermasse oder die Zuckerkrankheit *(Diabetes mellitus)*.

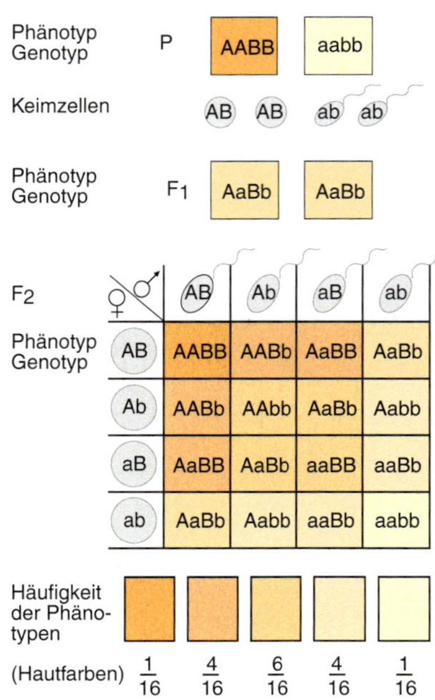

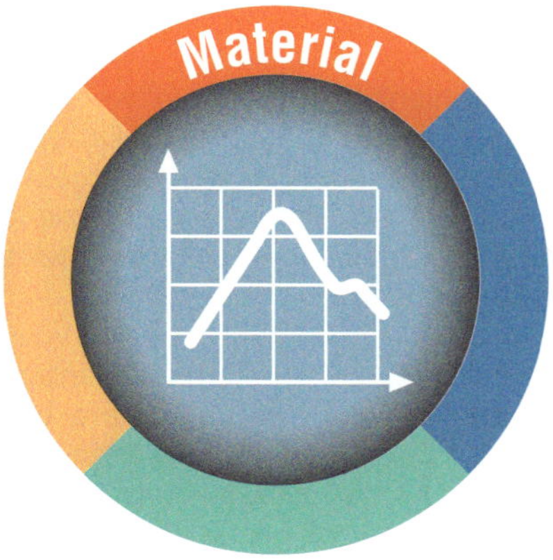

Klassische Humangenetik

Statistik und Blutgruppensystem

Beim Menschen sind mehr als 100 verschiedene Blutgruppensysteme bekannt. Im AB0-System, das im Jahre 1901 von KARL LANDSTEINER entdeckt wurde, kommen vier verschiedene Phänotypen vor: A, B, AB, 0. Die Vererbung dieser Blutgruppen wurde zunächst mit einem dihybriden Erbgang erklärt, bei dem die Blutgruppe 0 den Genotyp aabb haben sollte. Der Mathematiker FELIX BERNSTEIN schlug 1925 einen monohybriden Erbgang mit drei verschiedenen Allelen (A, B, 0) vor, von denen jeder Mensch nur zwei in seinem Genotyp aufweist.

Blutgruppe	Genotypenhäufigkeit in Mitteleuropa		mögliche Keimzellen
A	AA	31%	nur (A)
	A0	11%	(A) oder (0)
B	BB	1%	nur (B)
	B0	14%	(B) oder (0)
AB	AB	6%	(A) oder (B)
0	00	37%	nur (0)

Die Allele A und B sind jeweils dominant über das Allel 0. Kommen A und B nebeneinander vor, wirken sich beide auf den Phänotyp (AB) aus *(kodominante Allele)*. Wenn für ein Gen mehr als zwei Allele existieren, spricht man von *multipler Allelie*. Die Hypothese der multiplen Allelie bestätigte BERNSTEIN durch die Auswertung von Familienstammbäumen. Er untersuchte ca. 3000 Kinder, bei denen mindestens ein Elternteil die Blutgruppe AB hatte. Dabei fand er nur 13 Kinder mit der Blutgruppe 0.

Aufgaben

① Entwerfen Sie ein Rekombinationsquadrat zu den Merkmalen des AB0-Blutgruppensystems.

② Ein dihybrider Erbgang mit einem Elternteil der Blutgruppe AB und dem hypothetischen Genotyp AaBb hätte zu einem wesentlich höheren Anteil an Kindern mit der Blutgruppe 0 (Genotyp: aabb) geführt als BERNSTEIN festgestellt hat. Begründen Sie (3. Mendel'sche Regel).

③ BERNSTEIN konnte alle 13 Kinder mit der Blutgruppe 0 auf eine unklare Vaterschaft zurückführen. Ohne diese Kenntnis hätte das Modell der multiplen Allelie nicht widerspruchsfrei auf die Vererbung des AB0-Blutgruppensystems angewandt werden können. Begründen Sie, warum nie Kinder der Blutgruppe 0 geboren werden, wenn ein Elternteil die Blutgruppe AB hat.

Zwillingsforschung

Mit dem Zwillingsvergleich kann festgestellt werden, wie groß der genetische Anteil an der Ausprägung eines Merkmals ist, auch wenn die zugehörigen Erbanlagen nicht bekannt sind. Die Zwillingsmethode hat besondere Bedeutung bei der Aufklärung komplexer, multifaktorieller Merkmale. Eineiige Zwillinge entstehen, wenn sich frühe Embryonen bis zum 4-Zellstadium in zwei Tochterindividuen teilen. *Eineiige Zwillinge* sind genetisch vollständig identisch.

Zweieiige (dizygote) Zwillinge weisen dagegen nicht mehr genetische Ähnlichkeiten auf als andere Geschwister.

Stimmen eineiige Zwillinge im Vergleich zu zweieiigen Zwillingen in einem Merkmal stärker überein, wird für dieses Merkmal von genetischer Verursachung ausgegangen. Ist dagegen die Verschiedenheit bei beiden Zwillingsgruppen gleich groß, ist die Merkmalsausbildung überwiegend umweltbedingt. Vergleicht man eineiige Zwillingspaare miteinander, die getrennt aufgewachsen sind, können Merkmale identifiziert werden, die schwach oder stark von Umweltfaktoren beeinflusst werden.

Aufgabe

④ Interpretieren Sie die in den Tabellen aufgeführten Angaben. Welche der genannten Krankheiten bzw. Merkmale halten Sie für genetisch bedingt?

Krankheit	Übereinstimmung in %	
	eineiige Zwillinge	zweieiige Zwillinge (gleiches Geschlecht)
Keuchhusten	96	94
Blinddarmentzündung	29	16
Tuberkulose	69	25
Zuckerkrankheit	84	37
Bronchialasthma	63	38
gleicher Typ von Tumoren	59	24
Schlaganfall	36	19

Untersuchte Zwillingsgruppe	Durchschnittlicher Unterschied in		
	Körpergröße (cm)	Körpergewicht (kg)	IQ-Punkte
zweieiige Zwillinge	4,4	4,4	8,5
eineiige Zwillinge (getrennt aufgewachsen)	1,8	4,5	6,0
eineiige Zwillinge (gemeinsam aufgewachsen)	1,7	1,9	3,1

Genetische Beratung

Menschliche Keime mit größeren genetischen Defekten werden zu 80 % bereits im Alter von einigen Tagen abgestoßen. Derartige Kurzschwangerschaften werden von den betroffenen Frauen oft gar nicht bemerkt. Bei den lebendgeborenen Kindern weisen etwa 1 bis 2 % eine genetisch bedingte Erkrankung oder Behinderung auf. Daher haben werdende Eltern zunehmend den Wunsch, über genetische Risiken für ihren Nachwuchs aufgeklärt zu werden. Diese Aufgabe übernehmen *genetische Beratungsstellen*. Sie informieren außerdem über die Methoden vorgeburtlicher Diagnostik und über mögliche Therapien. Beratungsgespräche werden ergebnisoffen geführt, es geht also nicht darum, die Entscheidung für oder gegen die Austragung des Kindes zu beeinflussen.

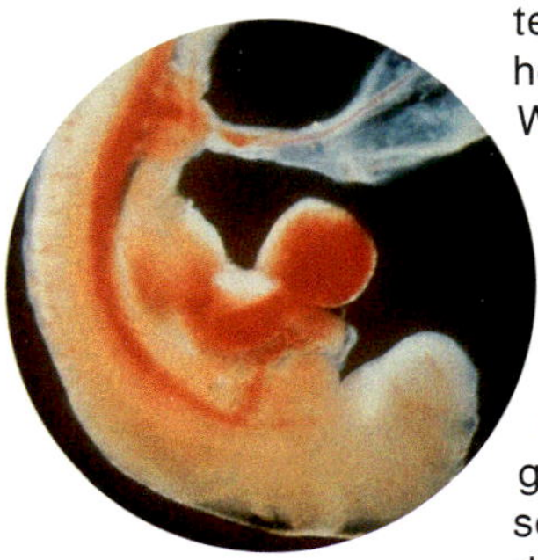
Embryo 4 Wochen

Schon vor dem Eintritt einer Schwangerschaft lässt sich am Familienstammbaum eine Risikoabschätzung vornehmen. Tauchten in der Familie bereits erblich bedingte Krankheiten auf, gibt deren Erbgang Auskunft über die Risiken. Im Falle der Dominanz haben gesunde Eltern auch gesunde Kinder. Ist hingegen ein Elternteil erkrankt und heterozygot betroffen, werden statistisch 50 % der Kinder erkranken. Sind beide Eltern heterozygot, erhöht sich der Anteil entsprechend der 2. Mendel'schen Regel auf 75 %. Liegt ein rezessiver Erbgang vor, ist die Analyse schwieriger, da heterozygote Eltern gesund erscheinen, das Allel für die Krankheit aber auf ihre Kinder übertragen können. Bei vielen erblich bedingten Krankheiten lassen sich Überträger durch einen Heterozygotentest identifizieren: Überträger der Sichelzellanämie haben veränderte Blutzellen, Mukoviszidose-Überträger einen erhöhten Chloridionengehalt im Schweiß.

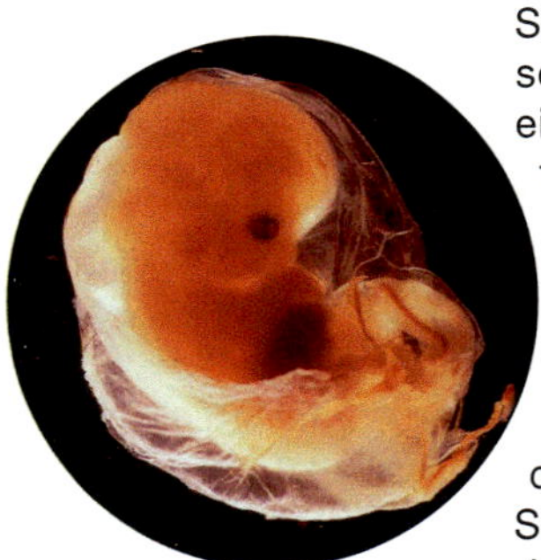
Embryo 8 Wochen

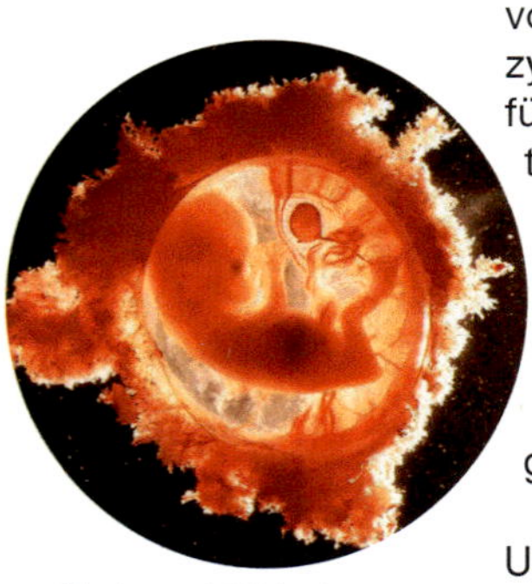
Embryo 14 Wochen

Unter *Pränataldiagnostik* versteht man medizinische Untersuchungen, mit denen man während der Schwangerschaft mögliche Erkrankungen des ungeborenen Kindes erkennen kann. Dazu gehören bildgebende Verfahren wie *Ultraschalluntersuchungen*, mit denen man die Größe und auch Fehlbildungen des Embryos feststellen kann. Auf diese Weise lassen sich nicht nur genetisch bedingte Erkrankungen des Ungeborenen diagnostizieren, sondern auch solche, die auf *Umweltschädigungen* zurückzuführen sind. Denn nicht jede angeborene Erkrankung ist genetisch bedingt: Viruserkrankungen, Strahlenbelastung, Stoffwechselerkrankungen, Medikamenten- und Drogenmissbrauch der Mutter können das ungeborene Kind schädigen. Hier kann eine gezielte Beratung die Chancen auf ein gesundes Kind deutlich erhöhen.

Zur Pränataldiagnostik gehören außerdem medizinische Eingriffe, um für weitere Untersuchungen Zellen des ungeborenen Kindes aus dem Mutterkuchen, dem Fruchtwasser oder dem Nabelschnurblut zu gewinnen *(Chorionzottenbiopsie, Amniozentese, Nabelschnurvenen-Punktion,* s. Seite 137). Chromosomenschäden entdeckt man an entsprechend präparierten Zellen mit dem Mikroskop, Stoffwechselstörungen mithilfe biochemischer Tests. Jeder Mensch weist in seinem Genom einige defekte Allele auf, sie sind in ihrer Bedeutung für den Träger und seine Angehörigen aber sehr unterschiedlich zu bewerten. Das Risiko im Alter an Diabetes zu erkranken ist sicher nicht mit dem Risiko für das *Marfan-Syndrom* (s. Seite 134) gleichzusetzen. Oft ist werdenden Eltern nicht klar, dass bestimmte genetische Erkrankungen durchaus therapierbar sind. So können die Folgen der *Phenylketonurie* durch eine spezielle Diät vermieden werden (s. Seite 134), Lippen-, Kiefer-, Gaumenspalten lassen sich operativ korrigieren, gonosomale Abweichungen wie z. B. das *Turner-Syndrom* lassen sich durch eine Hormontherapie im Phänotyp mildern.

Die genetische Beratung soll den Eltern helfen, zu einer mit ihren ethischen und religiösen Wertevorstellungen zu vereinbarenden Entscheidung in der Familienplanung zu kommen. Entscheiden sich die Eltern für das Kind, kann zur Vorbereitung auf ein Leben mit einem möglicherweise behinderten Menschen Hilfe angeboten werden.

Vor 1995 galt eine zu befürchtende Schädigung des Kindes vor dem Gesetz als hinreichender Grund für einen straffreien Schwangerschaftsabbruch *(Indikationsregelung)*. In der Neufassung des § 218 StGb von 1995 bleibt der von einem Arzt vorgenommene Schwangerschaftsabbruch in den ersten 12 Schwangerschaftswochen straffrei, wenn die Schwangere eine Schwangerschaftskonfliktberatung nachweisen kann *(Fristenregelung)*. Werden nach Ablauf dieser Frist medizinische Gründe bekannt, die für einen Abbruch sprechen, verlängert sich diese Frist auf 22 Wochen.

Pränatale Diagnostik

Krankheits- und Familiengeschichte

Anhand der Krankheits- und Familiengeschichte der zukünftigen Eltern lässt sich oft schon das Risiko für ein Kind mit einer erblich bedingten Krankheit erkennen.

Aufgaben

① Zeichnen Sie den Stammbaum folgender Familie und berechnen Sie folgende Wahrscheinlichkeiten.

a) Das erste Kind eines phänotypisch gesunden Elternpaares leidet an einer autosomal-rezessiv vererbten Krankheit. Wie groß ist die Erkrankungswahrscheinlichkeit für das nächste Kind?

b) Ein Elternteil ist Überträger einer autosomal-rezessiv vererbten Krankheit, das andere homozygot gesund. Wie groß ist die Wahrscheinlichkeit, dass ihr Kind erkrankt? Wie groß ist die Wahrscheinlichkeit, dass ihr Kind Überträger ist?

Methoden der Pränataldiagnostik

Bei einer Fruchtwasseruntersuchung wird eine Kanüle durch Bauchdecke und Gebärmutter der werdenden Mutter in die Fruchtblase gestochen. Unter Ultraschallkontrolle entnimmt der Arzt Frucht(blasen)wasser mit Zellen des Fetus. Durch biochemische Untersuchungen des Fruchtwassers lassen sich Stoffwechselstörungen des Fetus nachweisen.

Fetale Zellen gewinnt man durch Zentrifugieren von Fruchtwasser und regt sie in einer Nährlösung zur Teilung an. Das Pflanzengift *Colchicin* unterbricht die Mitose, sodass sich gut erkennbare Metaphase-Chromosomen ansammeln. Diese werden fixiert, gefärbt und lichtmikroskopisch untersucht.

Die durch Chorionzottenbiopsie bzw. Nabelschnurvenenpunktion gewonnenen Zellen werden entsprechend behandelt.

Aufgaben

② Vergleichen Sie die Methoden hinsichtlich des Risikos für das Kind und der Zeit, die den Eltern für eine Entscheidung bleibt.

③ Welchen Eltern würden Sie zu einer pränatalen Diagnostik raten?

④ Der *Triple-Test* misst die Konzentration von drei Hormonen im Blut der Mutter (ab der 15. Schwangerschaftswoche). Bei genauer Kenntnis des Schwangerschaftsalters kann aus den Messwerten errechnet werden, ob ein erhöhtes Risiko besteht, dass das ungeborene Kind am Down-Syndrom oder an einer gestörten Entwicklung des Neuralrohres *(„offener Rücken", Spina bifida)* leidet. Es gibt jedoch viele falsch-positive und einige falsch-negative Ergebnisse. Diskutieren Sie Vor- und Nachteile des Tests.

Präimplantationsdiagnostik (PID)

Die *Präimplantationsdiagnostik* (PID) ist ein Spezialfall der pränatalen Diagnostik, sie kommt in der Reproduktionsmedizin infrage. Nach einer In-vitro-Fertilisation (s. Seite 32) wird dem Embryo im Achtzellstadium eine Zelle entnommen, auf genetische Schäden untersucht und entschieden, ob dann der Embryo in die Gebärmutter der Frau eingepflanzt wird.

Aufgabe

⑤ PID ist in Deutschland nur sehr eingeschränkt möglich. Stellen Sie Argumente der Befürworter und Gegner gegenüber und bilden Sie sich eine eigene Meinung.

Zellgewinnung	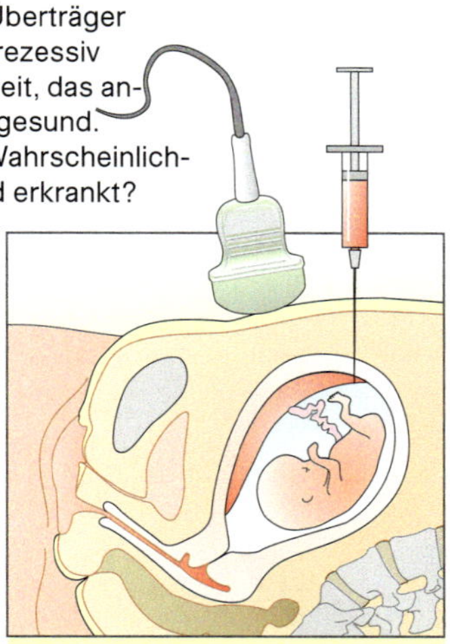	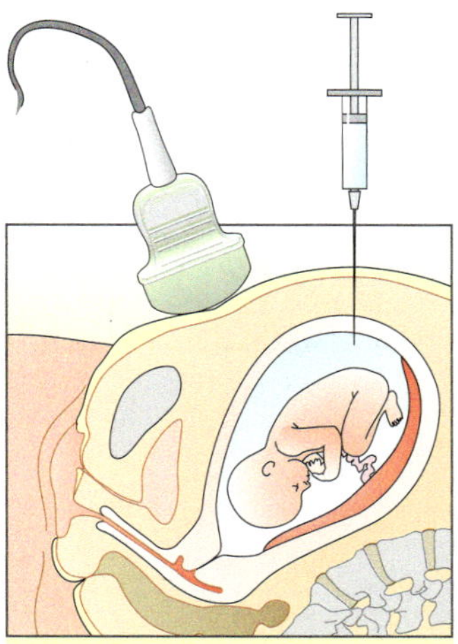	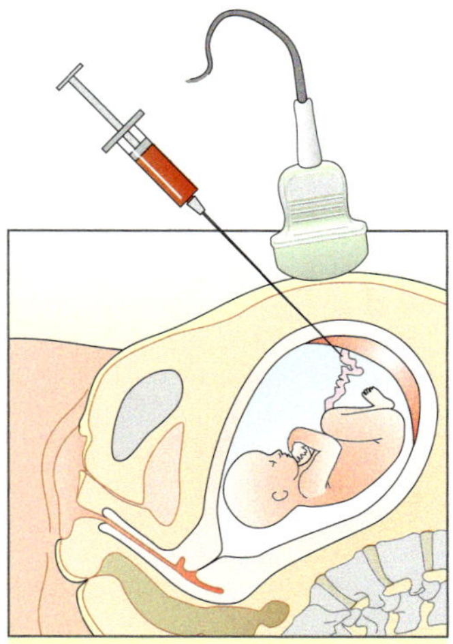
Methode	Mutterkuchen-Untersuchung (Chorionzottenbiopsie)	Fruchtwasser-Untersuchung (Amniozentese)	Nabelschnurvenenpunktion
Zeitpunkt	ab 11. Schwangerschaftswoche	ab 15. Schwangerschaftswoche	ab 20. Schwangerschaftswoche
Analyse-Ergebnis nach	bei Direktpräparation nach 1 – 7 Tagen bei Langzeitkultur nach 14 – 21 Tagen	nach 14 – 21 Tagen	nach 5 – 7 Tagen
Fehlgeburtenrate	0,5% – 1%	0,5%	1 – 2%

Molekulargenetik

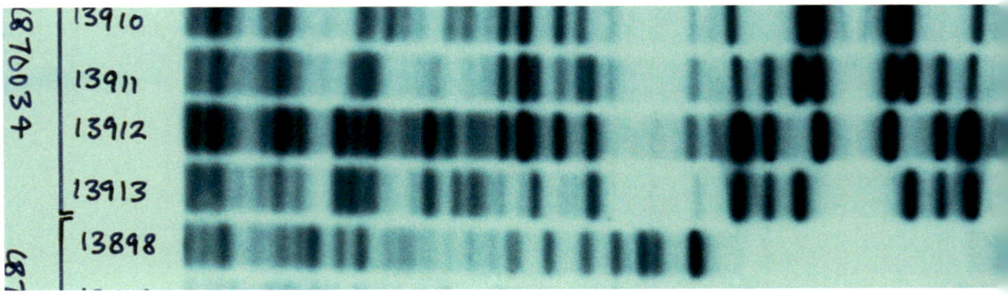

Lernsituation

It's all in the genes — Ist unser Leben etwa wirklich durch unsere Genstruktur vorbestimmt?

Das Ergebnis eines genetischen Fingerabdrucks wird als sicheres Indiz vor Gericht verwandt. Kriminalfälle, die zum Teil schon Jahrzehnte zurückliegen, konnten so aufgeklärt werden. Die Erbsubstanz besteht nur aus vier unterschiedlichen Bausteinen. Kann man da wirklich sicher sein?

Wenn unser Leben durch die Gene auf der DNA vorbestimmt sein soll, müsste diese uns auf irgendeine Weise steuern. Wie soll das gehen? Und was, wenn diese Steuerung durch Gentechnik verändert wird? Was genau macht eigentlich eine Tomate zur „Gen-Tomate"?

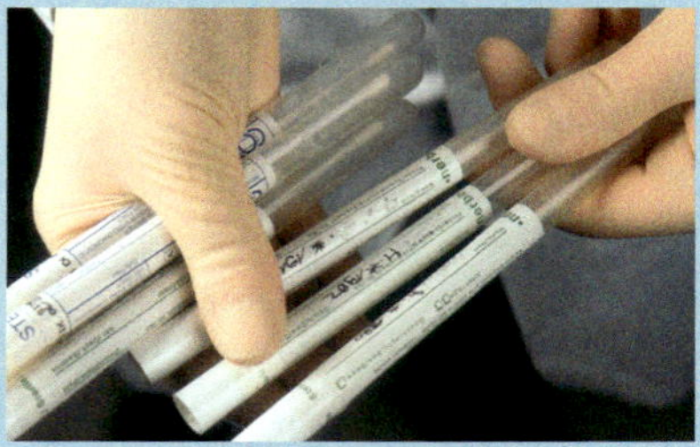

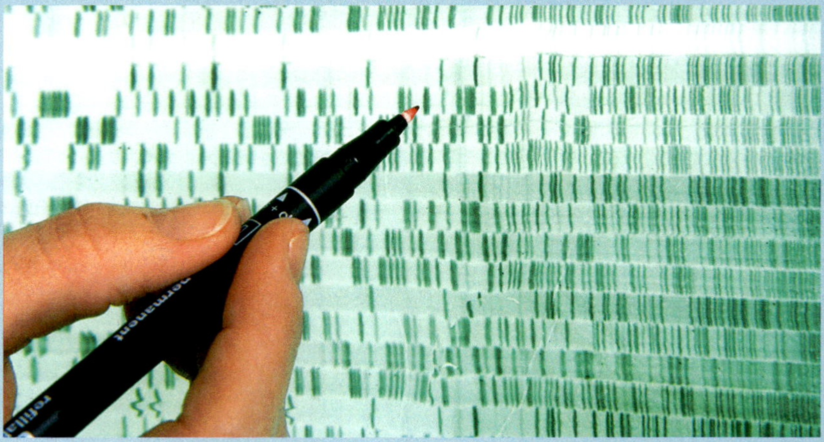

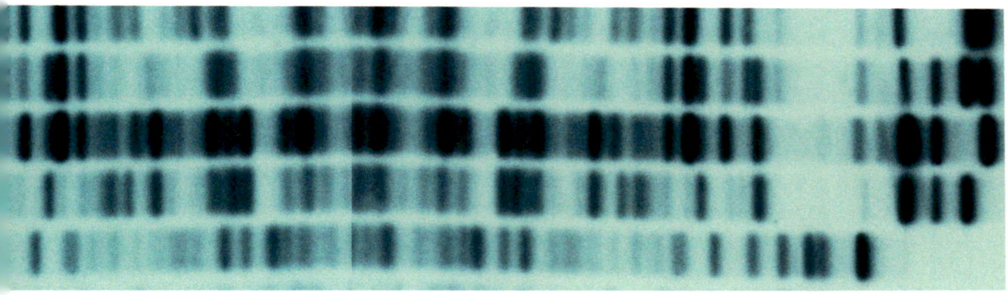

Leitfragen

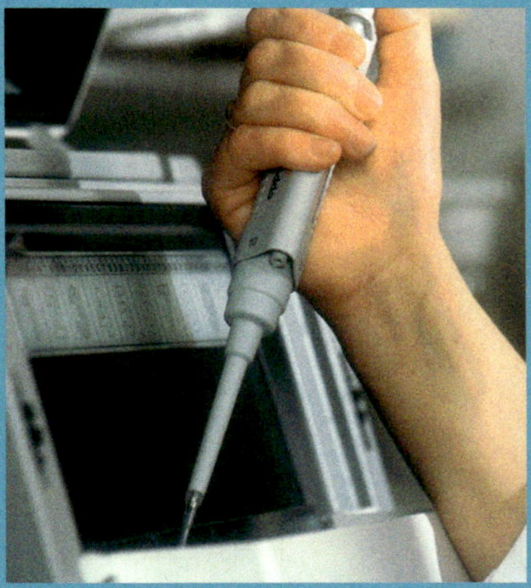

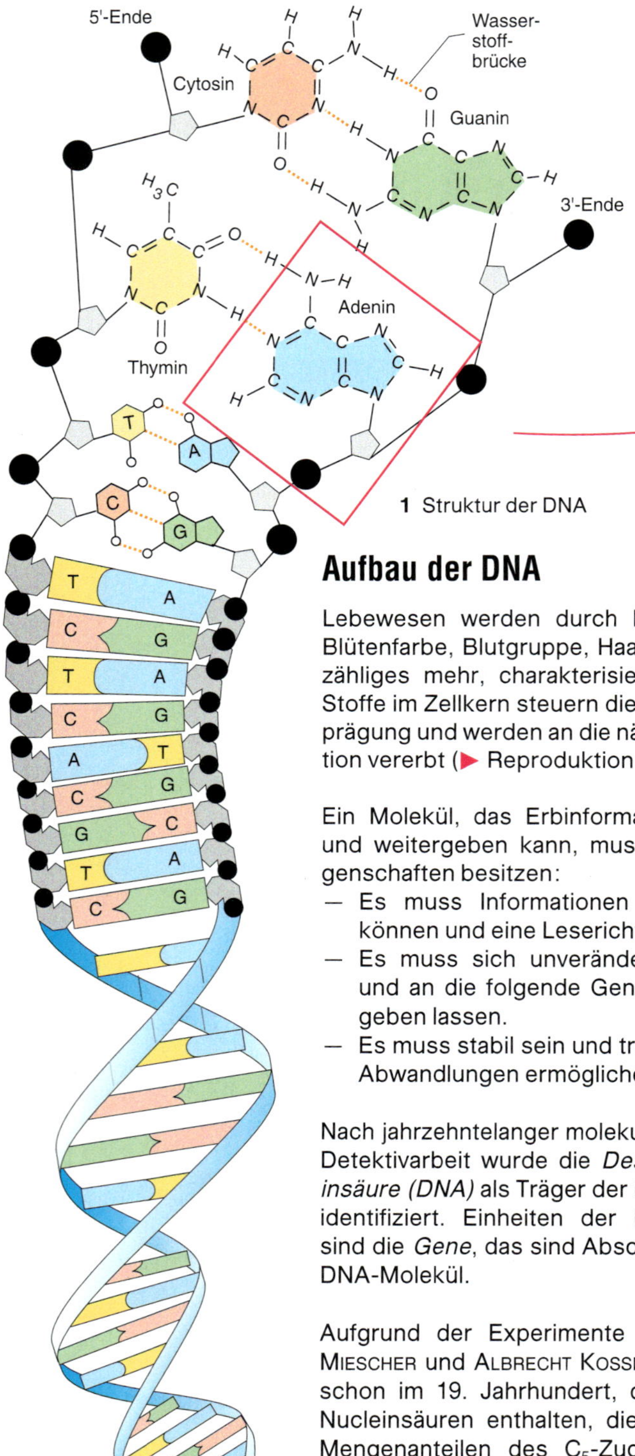

1 Struktur der DNA

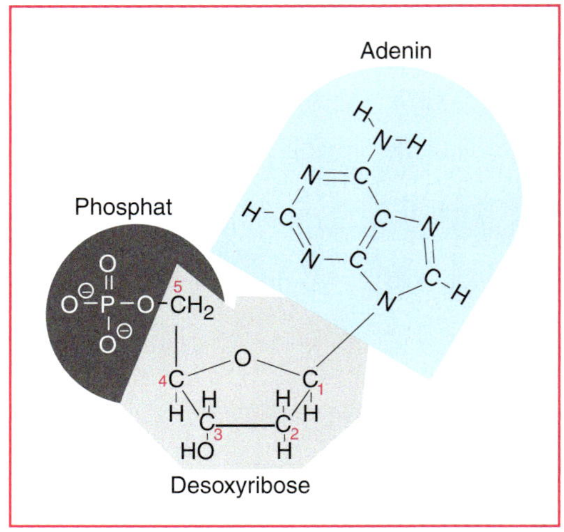

Nucleotid

Aufbau der DNA

Lebewesen werden durch Merkmale, wie Blütenfarbe, Blutgruppe, Haarfarbe und unzähliges mehr, charakterisiert. Chemische Stoffe im Zellkern steuern die Merkmalsausprägung und werden an die nächste Generation vererbt (▶ Reproduktion S. 350).

Ein Molekül, das Erbinformationen tragen und weitergeben kann, muss folgende Eigenschaften besitzen:

- Es muss Informationen verschlüsseln können und eine Leserichtung haben.
- Es muss sich unverändert verdoppeln und an die folgende Generation weitergeben lassen.
- Es muss stabil sein und trotzdem leichte Abwandlungen ermöglichen.

Nach jahrzehntelanger molekulargenetischer Detektivarbeit wurde die *Desoxyribonucleinsäure (DNA)* als Träger der Erbinformation identifiziert. Einheiten der Erbinformation sind die *Gene*, das sind Abschnitte auf dem DNA-Molekül.

Aufgrund der Experimente von FRIEDRICH MIESCHER und ALBRECHT KOSSEL wusste man schon im 19. Jahrhundert, dass Zellkerne Nucleinsäuren enthalten, die aus gleichen Mengenanteilen des C_5-Zuckers Desoxy*ribose*, des Phosphats und der vier Basen *Adenin (A), Thymin (T), Cytosin (C)* und *Guanin (G)* bestehen. A und G sind Purinbasen, T und C Pyrimidinbasen. Beim Vergleich der DNA verschiedenster Lebewesen stellte ERWIN CHARGAFF (1951) zudem fest, dass in jeder DNA gleich viele Moleküle von A und T bzw. von C und G vorliegen *(Chargaff-Regel*, Abb. 2).

Aus Röntgenuntersuchungen an kristalliner DNA schloss ROSALIND FRANKLIN 1953, dass es sich um zwei schraubig gewundene Einzelstränge handelt, bei denen die Phosphatmoleküle nach außen und die Basen nach innen gerichtet sind. JAMES D. WATSON und FRANCIS H. C. CRICK fügten das vorhandene Datenpuzzle genial zusammen und stellten 1953 das *DNA-Doppelhelixmodell* auf. Sie erkannten, dass die beiden Einzelstränge gegenläufig umeinander gewunden sein müssen und durch Wasserstoffbrücken zwischen den Basen der Einzelstränge zusammengehalten werden.

Zum besseren Verständnis sind ein paar chemische Einzelheiten nötig: Jeder DNA-Einzelstrang entsteht durch die Verkettung von DNA-Nucleotiden. Ein DNA-Nucleotid besteht aus Zucker, Phosphat und einer der

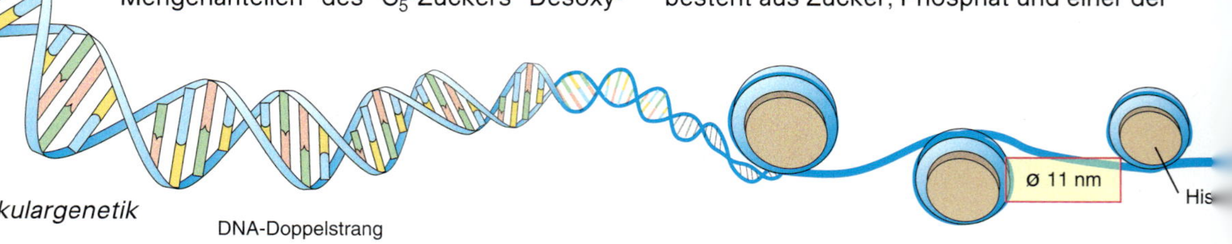

DNA-Doppelstrang

Basen A, T, G oder C. Der C_5-Zucker Desoxyribose kann über die Kohlenstoffatome 1', 3' und 5' Brücken zu anderen Molekülen bilden. Phosphat bindet an das 3'C-Atom sowie an das 5'C-Atom des nachfolgenden Zuckers. So werden die Desoxyribosemoleküle verkettet.

Jeder DNA-Einzelstrang hat daher ein 5'-Ende für Phosphat und ein 3'-Ende mit einer freien OH-Gruppe. Damit hat die DNA eine Leserichtung. Die beiden Einzelstränge sind gegenläufig um eine gemeinsame Achse gewunden, d. h. in einer Doppelhelix liegen sich jeweils 3'- und 5'-Ende der Einzelstränge gegenüber *(Antiparallelität)*. Die Basen binden an das C_1-Atom des Zuckers, sie zeigen im Doppelstrang nach innen und verbinden sich mit den Basen des anderen Einzelstrangs. Es paaren sich immer eine (lange) Purinbase und eine (kurze) Pyrimidinbase, Adenin und Thymin halten über zwei Wasserstoffbrückenbindungen, Guanin und Cytosin über drei Wasserstoffbrücken zusammen. Sie bilden die *komplementären Basenpaare* A—T und G—C. Das erklärt die Zahlenverhältnisse der Chargaff-Regel und die Stabilität doppelsträngiger DNA.

Das DNA-Molekül ähnelt einer Wendel-Strickleiter, deren Sprossen aus Basenpaaren gebildet werden und deren äußere Holme abwechselnd aus Phosphat- und Zuckermolekülen bestehen. Die DNA-Nucleotidsequenz, also die Abfolge der Basen in einem Einzelstrang, verschlüsselt die Erbinformation und lässt sich vereinfacht als Buchstabenfolge, die *Basensequenz* (z. B. AAATTCGAA), wiedergeben. Das DNA-Doppelhelixmodell verhalf der molekularen Genetik zum entscheidenden Durchbruch: Heute sind die Basensequenzen vieler Arten entschlüsselt.

DNA wird verpackt

Die DNA ist bei Prokaryoten zu einem Ring geschlossen, bei Eukaryoten in einzelne lineare Abschnitte, die *Chromosomen*, unterteilt. Die genetische Information in einer Zelle ist sehr umfangreich: Die gesamte Länge der DNA beträgt bei dem Bakterium *Escherichia coli* 1,5 mm (4,7 Millionen Basenpaare), in jeder einzelnen menschlichen Zelle 97 cm (3 Milliarden

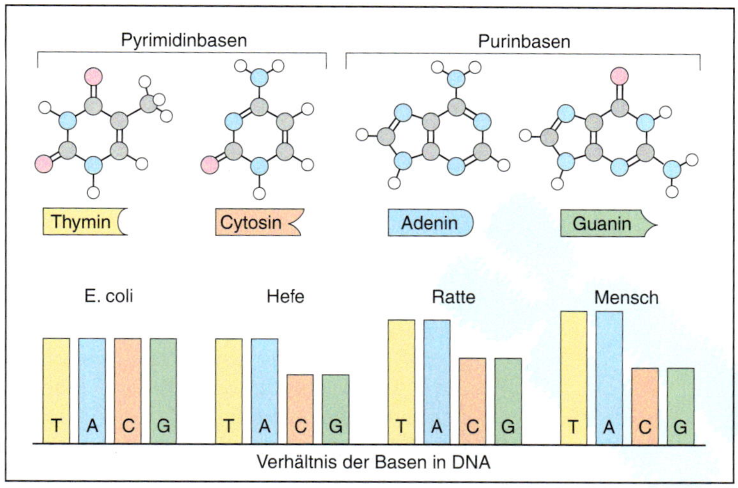

2 Die vier in der DNA vorkommenden Basen

Basenpaare). Es ist erstaunlich, dass derart lange Moleküle in einer Zelle untergebracht werden können. Die DNA wird bei Eukaryoten in einem hoch geordneten Verpackungsprozess verdichtet. Daran sind bestimmte Proteine, die *Histone,* beteiligt. Histonkomplexe wirken wie Lockenwickler, um die das DNA-Molekül gelegt ist. Auf diese Weise entsteht ein *Nucleosom*. Die Nucleosomen sind im elektronenmikroskopischen Bild wie Perlen an einer Schnur erkennbar. Durch die Aufwicklung wird die DNA auf ca. $^1/_6$ verkürzt. Der Nucleosomenstrang wird nochmals regelmäßig zu einer 30 nm dicken Faser aufgewunden, die zu kompakten Schleifen und dann zu Rosetten angeordnet wird.

Die DNA-Histon-Komplexe im Zellkern lassen sich anfärben und sind dann lichtmikroskopisch als *Chromatin* erkennbar. Stark verdichtete Bereiche färben sich intensiver und werden als *Heterochromatin* bezeichnet. Sie gelten als genetisch inaktiv. Im weniger verdichteten und daher weniger stark anfärbbaren *Euchromatin* ist die DNA dagegen aufgelockert und genetisch aktiv.

Neben diesen räumlichen gibt es auch zeitliche Dichteunterschiede. Vor jeder Zellteilung muss die DNA nicht nur verdoppelt, sondern auch so dicht verpackt werden, dass sie verlustfrei auf die Tochterzellen verteilt werden kann. Dazu werden die DNA-Rosetten noch stärker aufgewickelt.

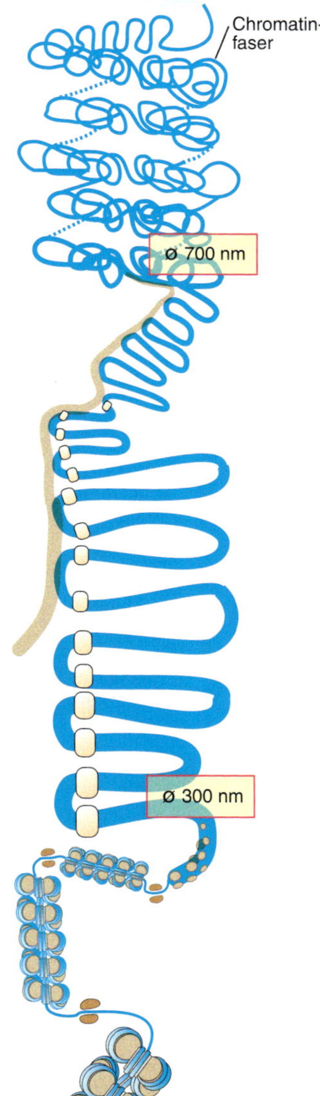

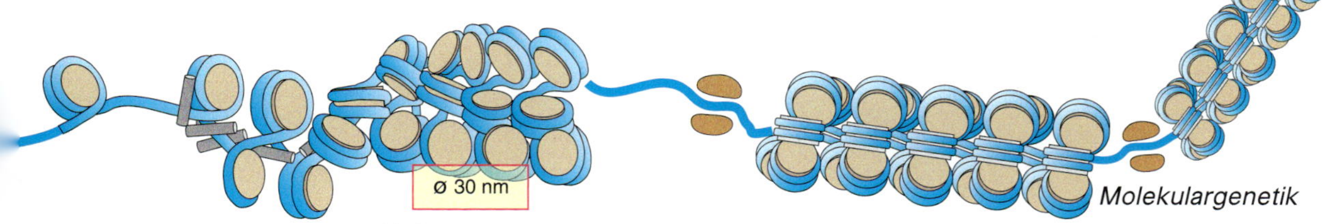

DNA-Replikation – aus eins mach zwei

Werden beim Wachstum neue Zellen gebraucht oder gehen im Laufe der Zellerneuerung oder bei Verletzungen Zellen verloren, müssen vom Körper identische Zellen gebildet werden.

Müssen die Zellen denn wirklich identisch sein? Reicht nicht ähnlich oder fast gleich? Die Antwort ist nein, denn wie von Organtransplantationen bekannt ist, werden fast gleiche Zellen (was eine Übereinstimmung von mehr als 99 % bedeutet) ohne Medikamente, die das Immunsystem unterdrücken, abgestoßen. Selbst bei Zellen des eigenen Körpers, die transplantiert werden, z. B. bei Verbrennungsopfern Haut vom Bauch um eine Verbrennung im Gesicht zu decken, sieht man auch nach Jahren noch den Unterschied. D.h. die Übereinstimmung muss also tatsächlich 100 % betragen und die Differenzierung muss gleich sein.

Ein Modell zur DNA-Verdopplung

Der Mechanismus der identischen Verdopplung hat die Wissenschaft lange beschäftigt. zum einen, um herauszufinden, wie die Erbsubstanz einer Zelle verdoppelt wird, zum anderen wie sichergestellt werden kann, dass die neu gebildete Zelle mit der ursprünglichen identisch ist.

Ruft man sich den Aufbau der DNA noch einmal ins Gedächtnis (s. Seite 140), nämlich, dass die DNA aus zwei antiparallelen komplementären Einzelsträngen aufgebaut ist, drängt sich eine Lösung auf, die im Prinzip von WATSON bereits 1954 formuliert wurde: Die Wasserstoffbrückenbindungen zwischen den beiden komplementären Einzelsträngen des DNA-Doppelstangs werden getrennt. Dann können die beiden Einzelstränge jeweils als Vorlage (*Matrize*) dienen, die dann durch freie komplementäre Nucleotide wieder zum Doppelstrang ergänzt werden. Dieser Vorgang wird im Namen für die DNA-Verdopplung beschrieben: *semikonservative Replikation* (halb erhaltende Verdopplung).So einleuchtend dieser Mechanismus erscheint, bedurfte das Modell WATSONS noch der wissenschaftlichen Bestätigung im Laborversuch, was von MESELSON und STAHL durch Experimente mit schwerem Stickstoff geleistet wurde (siehe Zettelkasten).

2 Stränge – 2 Replikationsmechanismen

Allerdings war auch mit dem Meselson-Stahl-Experiment noch nicht alles getan. Gemäß dem Modell von WATSON werden die Wasserstoffbrückenbindungen des DNA-Doppelstrangs getrennt. Wie man dann aus Abb. 1 ersehen kann, verläuft die Replikati-

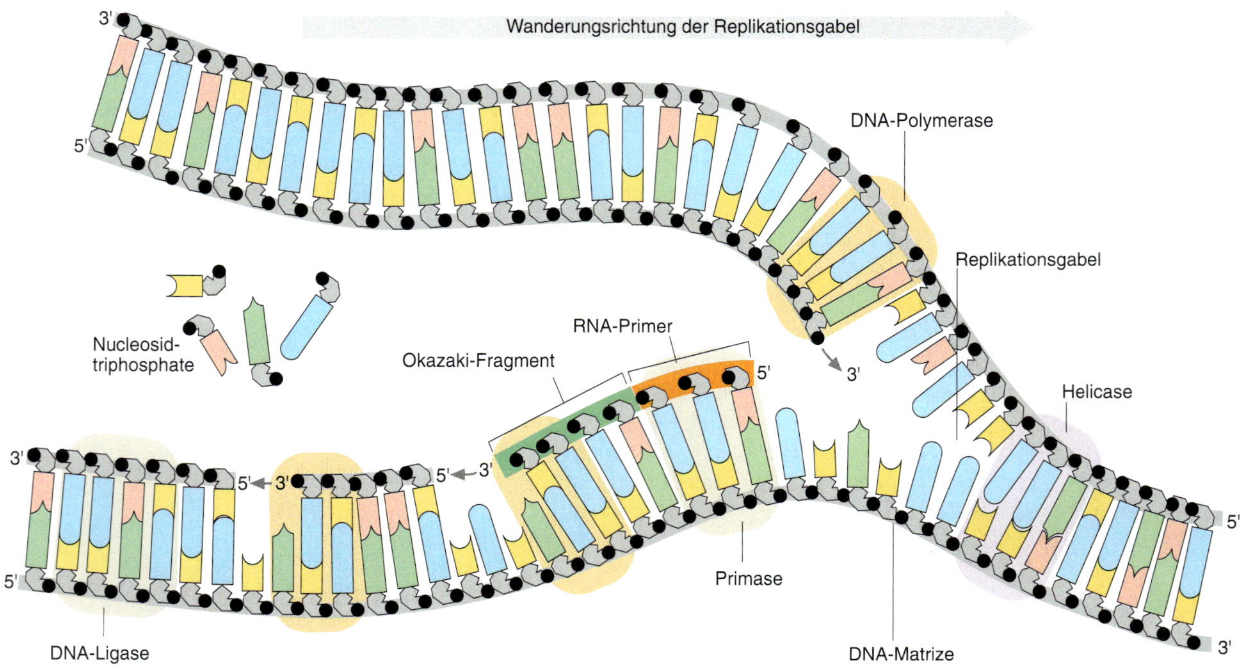

1 Replikation der DNA

Online-Link
045306-0143

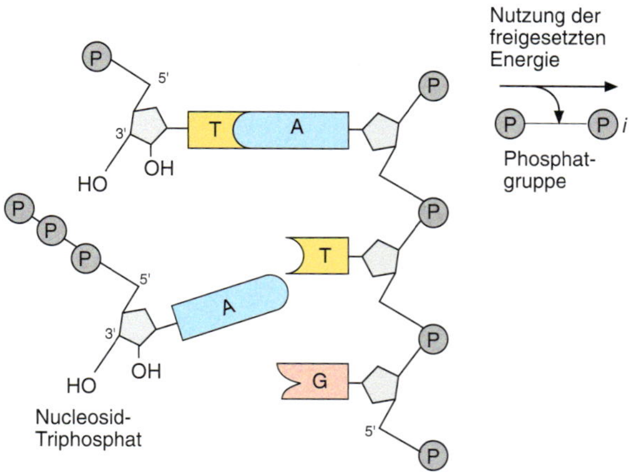

1 Verlängerung eines DNA-Strangs am 3'-Ende

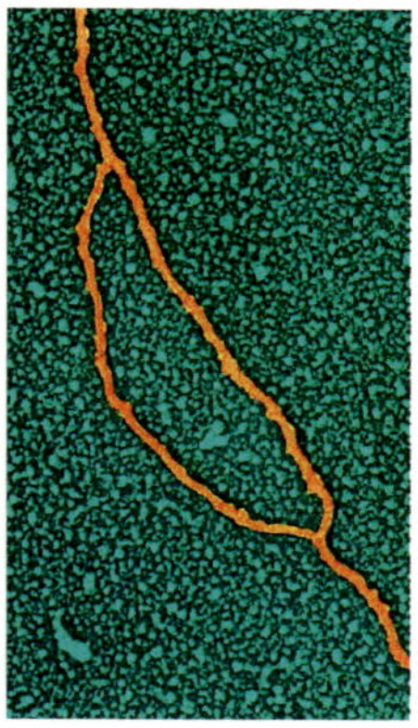

Replikationsgabeln in der DNA von E. coli

on zwar an beiden Einzelsträngen semikonservativ, trotzdem gibt es Unterschiede für den Ablauf an den beiden Strängen. Nur an einem Matrizenstrang, dem sogenannten Vorwärtsstrang, sind die sich antiparallel anlagernden Nucleotide so orientiert, dass das 3'-Ende zum Anlagern neuer Nucleotide mit deren 5'-Ende freiliegt. Beim anderen Matrizenstrang, dem sogenannten Rückwärtsstrang, ist es genau umgekehrt. Daher kann der Strang nicht vom Ende her verlängert werden. Dafür lagern sich mitten im Rückwärtsstrang sogenannte RNA-Primer an, wodurch freie verlängerbare 3'-Enden entstehen (siehe Abb. 1). Das heißt, die neuen Nucleotide werden am Rückwärtsstrang rückwärts (zu sogenannter Okazaki-Fragmenten) verknüpft.

RNA-Primer
kurzer RNA-Abschnitt, der als Startpunkt für die DNA-Polymerase dient

Zettelkasten

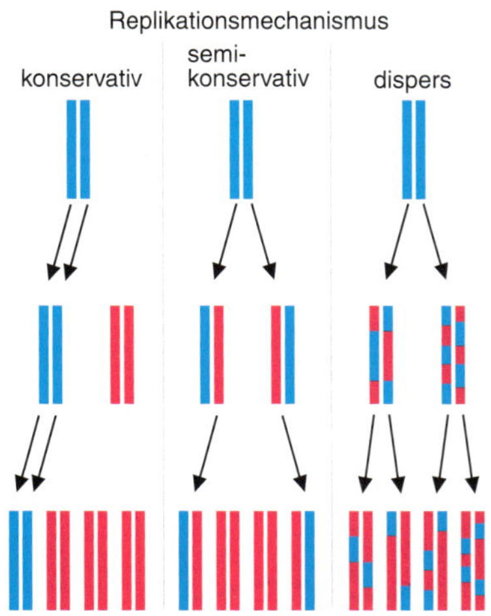

Denkbare Replikationsmechanismen

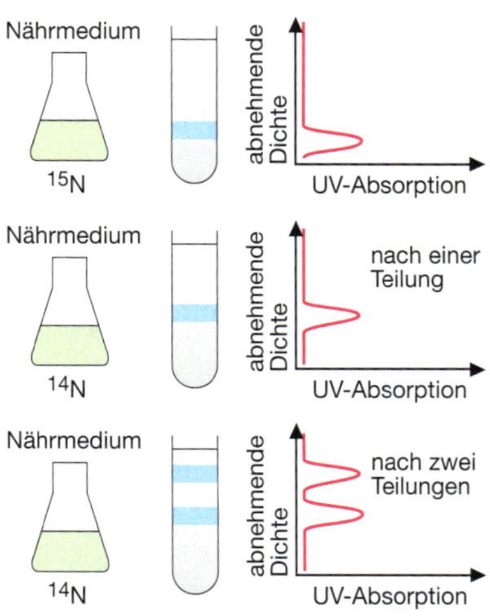

Die Ergebnisse

Der Versuch von Meselson und Stahl

Matthew Meselson und Frank Stahl setzten 1958 Stickstoffisotope ein und klärten damit den Replikationsmechanismus der DNA auf. Sie züchteten Bakterienzellen in einer Kulturflüssigkeit, die anstelle des in der Umwelt vorherrschenden Stickstoffisotops ^{14}N das seltenere schwerere ^{15}N-Isotop enthielt. Bakterien bauen den markierten Stickstoff in ihre Zellbestandteile ein, auch in ihre DNA. DNA mit organischen Basen mit ^{15}N hat eine höhere Dichte.
Die Wissenschaftler ließen eine Kultur von *E. coli* erst in Anwesenheit von ^{15}N wachsen und setzten sie dann ins ^{14}N-Medium um. Die Ergebnisse von Dichtemessungen nach einer und nach zwei Teilungen zeigten, dass die DNA-Verdopplung semikonservativ erfolgen muss.

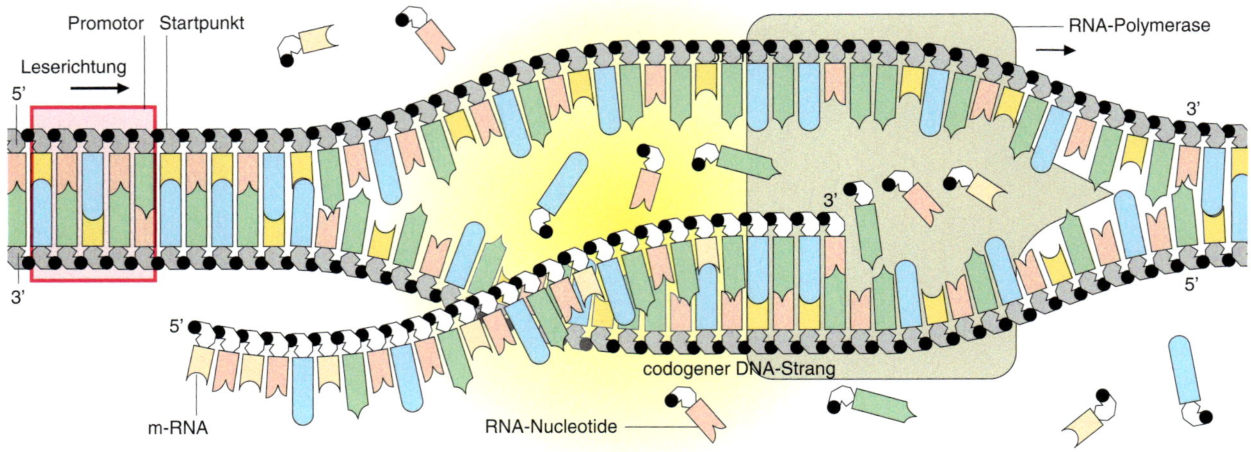

1 Transkription: m-RNA wird von einer DNA-abhängigen RNA-Polymerase aufgebaut

Genexpression: Von der Information zum Produkt

Durch DNA-Verdopplung und Mitose wird sichergestellt, dass alle Zellen in einem Organismus die gleiche Erbinformation erhalten. Dennoch bestehen z. B. Säugetiere aus mehreren Hundert verschiedenen Zelltypen, die sich deutlich voneinander unterscheiden. Da Proteine Träger zellulärer Struktur und Funktion sind, unterscheiden sich diese Zelltypen auch in ihrer Proteinausstattung. So weisen Muskelzellen eine hohe Konzentration der Motorproteine Aktin und Myosin auf. Sie bilden eine hochgradig geordnete Struktur, die der Verkürzung der Zelle dient. Antikörper produzierenden Immunzellen hingegen fehlt diese Struktur. Und auch im Leben einer einzelnen Zelle ändert sich das Proteinmuster z. B. in Abhängigkeit davon, ob sie teilungsinaktiv ist oder nicht (▶ Information und Kommunikation S. 358).

Die *Genexpression*, also der Vorgang, mit dem sich eine Zelle die in ihren Genen enthaltene Information zugänglich macht, gliedert sich in zwei Teilschritte:

1. *Transkription:* Am DNA-Matrizenstrang wird eine RNA-Kopie erzeugt.
2. *Translation:* Nach Vorlage der Kopie wird an den Ribosomen ein Polypeptid synthetisiert.

Dieses Polypeptid bewirkt dann, in vielen Fällen nach der Umgestaltung in eine aktive Form, die Entstehung eines Merkmals in einer Zelle bzw. in einem Lebewesen.

Transkription: genetische Information wird beweglich

Auf dem Weg vom Gen zum Protein wird in einem ersten Schritt ein Gen von der DNA in RNA *(Ribonucleinsäure)* umgeschrieben. Diesen Vorgang nennt man *Transkription* (lat. *transcribere* = umschreiben). Genetische Information wird auf diese Weise beweglich, kann bei eukaryotischen Zellen den Kern verlassen und von der DNA zu den Ribosomen, den Organellen der Proteinbiosynthese, transportiert werden. Es gibt ver-

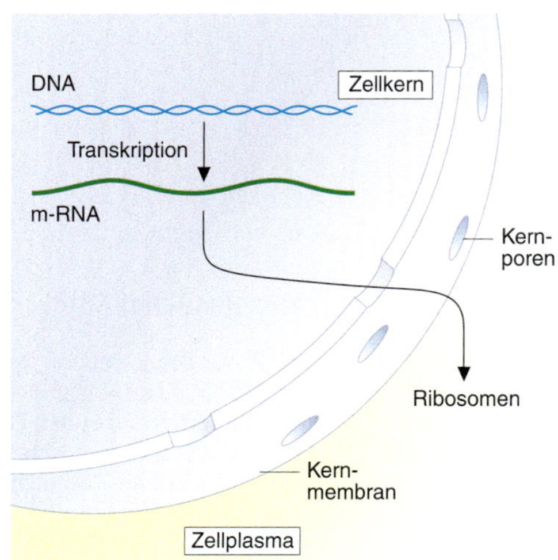

2 Die Information verlässt den Zellkern

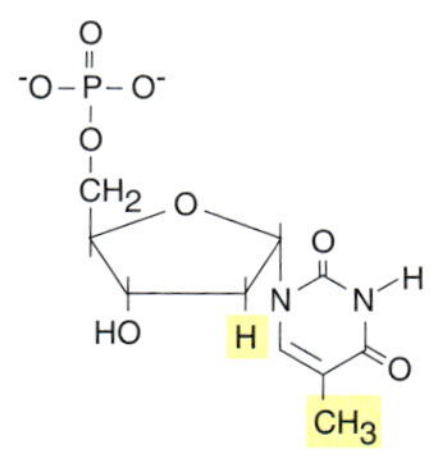

DNA-Nucleotid mit Thymin

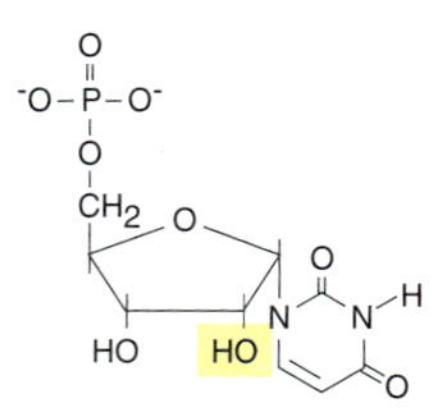

RNA-Nucleotid mit Uracil

Gen
DNA-Abschnitt, der für eine RNA codiert

Transkription
Erzeugung eines komplementären RNA-Moleküls an einem DNA-Matrizenstrang in der G-Phase des Zellzyklus

RNA
Ribonucleinsäure

schiedene Typen von RNA. Die RNA, die die genetische Botschaft (engl. *message*) überträgt, nennt man *messenger-RNA* (m-RNA).

RNA unterscheidet sich in einigen Punkten von DNA:

- Sie besteht nur aus einem Einzelstrang von Nucleotiden, während die DNA aus zwei Nucleotidsträngen besteht.
- Sie ist viel kürzer, da sie nur einen kleinen Ausschnitt der genomischen Information repräsentiert.
- Sie besitzt eine Hydroxygruppe (OH) statt eines Wasserstoffatoms an der 2' Position.
- Anstelle der Base Thymin findet man die ähnlich gebaute, sich ebenfalls mit Adenin paarende Base Uracil.

Die Transkription ähnelt in einigen Punkten der DNA-Replikation. Die DNA wird entwunden und in ihre Einzelstränge aufgetrennt. Komplementäre Nucleotide lagern sich nach der Basenpaarungsregel am Matrizenstrang an und werden durch das Enzym RNA-Polymerase zu einem RNA-Einzelstrang, der m-RNA, verkettet. Die RNA-Polymerase benötigt Informationen darüber, welchen DNA-Abschnitt an welchem der beiden DNA-Einzelstränge sie in welche Richtung transkribieren soll. Dazu dienen spezielle DNA-Steuerungssequenzen vor dem betreffenden DNA-Abschnitt, die *Promotoren.* Sie geben die Startstelle und damit gleichzeitig die Transkriptionsrichtung vor. Da auch RNA-Polymerasen die RNA nur von 5' nach 3' aufbauen können, liegt damit gleichzeitig fest, welcher DNA-Einzelstrang abgelesen wird, nämlich der von 3' nach 5' verlaufende sog. *Vorwärtsstrang.* Man nennt ihn den *codogenen Strang.* Die Transkription endet, sobald die RNA-Polymerase auf eine bestimmte Basenabfolge am DNA-Matrizenstrang, den sog. *Terminator*, stößt. Das Enzym löst sich vom codogenen Strang und setzt die m-RNA frei.

Zettelkasten

Riesenchromosomen: Transkription sichtbar gemacht

1881 fielen E.-G. BALBIANI in den Speicheldrüsenzellen von Zuckmücken „Kernfäden“ auf, die man Jahrzehnte später als *Riesenchromosomen* identifizierte. Riesenchromosomen entstehen in Zellkernen, bei denen sich an die Replikation keine Mitose anschließt. Die DNA wird zwar verdoppelt, aber nicht auf Tochterzellen verteilt. Mit jeder weiteren Replikation verdoppelt sich die Zahl der Chromatiden, nach r Replikationen besteht jedes Chromosom also aus 2^r identischen Chromatiden. Oft sind nicht nur die identischen Chromatiden, sondern auch die homologen Chromosomen gepaart, daher lassen sich lichtmikroskopisch nur n Riesenchromosomen zählen. Riesenchromosomen weisen ein typisches Bandenmuster auf, denn die unterschiedlich stark anfärbbaren DNA-Bereiche der einzelnen Chromatiden liegen exakt nebeneinander. Neben den typisch gebänderten Bereichen gibt es aufgebläht wirkende Abschnitte, die *Puffs.* An diesen aufgelockerten DNA-Abschnitten findet an unzähligen Chromatiden parallel und damit sehr effektiv Transkription statt. Das ließ sich durch radioaktiv markierte RNA-Nucleotide nachweisen, die sich an den Puffs ansammeln. Da in den verschiedenen Geweben und Entwicklungsstadien einer Larve unterschiedliche Proteine benötigt werden, sind auch verschiedene Gene aktiv, entsprechend unterscheidet sich ihr Puffmuster. An Riesenchromosomen findet also Transkription und Replikation statt, es handelt sich damit eindeutig um Interphase-Chromosomen.

Der genetische Code

Kolinearität
Die Basenabfolge einer m-RNA entspricht der Aminosäuresequenz des codierten Proteins.

Struktur und Funktion von Proteinen werden durch die Abfolge ihrer Aminosäuren, die *Aminosäuresequenz* bestimmt. Aus 20 verschiedenen Aminosäuren kann theoretisch eine beinahe unbegrenzte Anzahl verschiedener Aminosäuresequenzen erzeugt werden. In der Basensequenz der m-RNA ist festgelegt, in welcher Reihenfolge Aminosäuren zu langen Ketten verbunden werden müssen, um ein funktionsfähiges Protein zu erhalten.

Wie ein Codebuch die Übersetzung von Zeichen aus einem System in ein anderes erlaubt, z. B. vom Morsealphabet in herkömmliche Buchstaben, liefert der *genetische Code* die Übersetzungsvorschrift, um aus einer m-RNA-Basensequenz die Aminosäuresequenz eines Proteins abzuleiten. In der Abfolge der Nucleotidbasen der m-RNA ist die Aminosäuresequenz codiert.

Die **Codesonne** gibt an, welches Codon der m-RNA in welche Aminosäure übersetzt wird. Das erste Nucleotid eines Codons (5'-Ende) steht innen, die Codons werden von innen nach außen gelesen. GCA steht z. B. für die Aminosäure Alanin.

Da es nur vier verschiedene Basen gibt, aber 20 Protein bildende Aminosäuren, muss eine Gruppe von mehreren Nucleotiden ein Codewort *(Codon)* bilden und für eine Aminosäure codieren. Stünde nur eine Base für eine Aminosäure, könnten nur vier verschiedene Aminosäuren, durch Zweiergruppen nur $4^2 = 16$, und erst durch Dreiergruppen $4^3 = 64$ verschiedene Aminosäuren verschlüsselt werden.

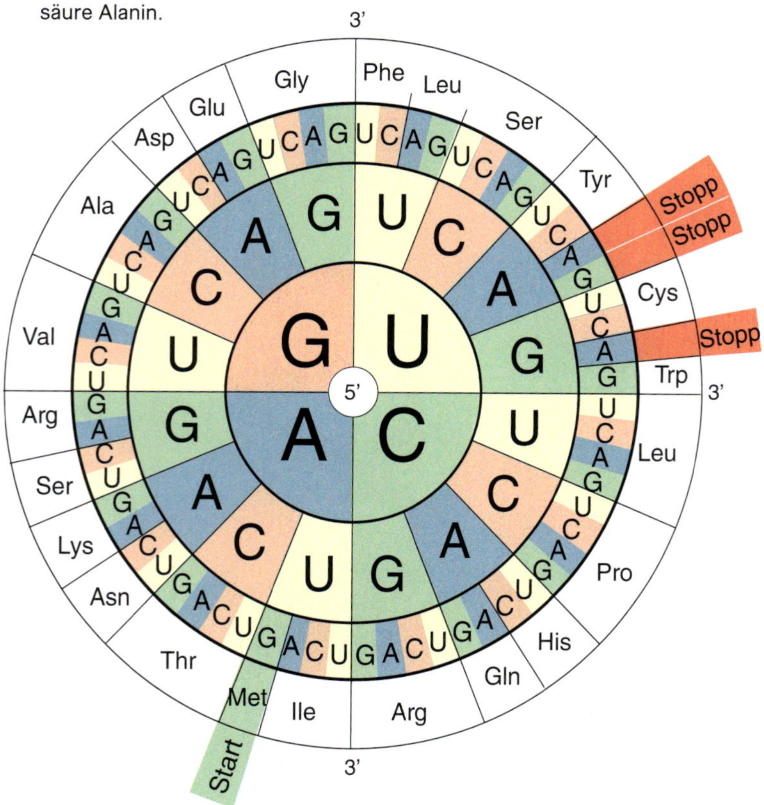

1 Codesonne

Eine Dreiergruppe, ein *Basentriplett*, ist also die theoretische Mindestgröße für ein Codon. Es gibt folglich mehr Tripletts als codierende Aminosäuren, so sind manche Aminosäuren mehrfach codiert. Der genetische Code ist *redundant*.

Mithilfe künstlicher m-RNA-Moleküle bekannter Basensequenz und der Untersuchung der danach synthetisierten Aminosäurestränge konnten Länge und Bedeutung der einzelnen m-RNA-Codons experimentell aufgeklärt werden. Der genetische Code ist tatsächlich ein Triplettcode. Er ist redundant, die meisten Aminosäuren werden von mehreren verschiedenen Codons verschlüsselt, die sich meist in der dritten Base unterscheiden. Den seltenen Aminosäuren Methionin und Tryptophan entspricht nur ein einziges Codon. Andere Codons haben Sonderbedeutungen, ähnlich wie unsere Satzzeichen: Das *Startcodon* AUG passt zur DNA-Startstelle der Transkription, die entsprechende Aminosäure (verändertes Methionin) wird später aber wieder aus dem Protein entfernt. UAG, UAA und UGA entsprechen keiner Aminosäure, sondern markieren den Endpunkt des Übersetzungsvorgangs, es handelt sich um sog. *Stoppcodons*. Die einzelnen Codons haben bei nahezu allen Lebewesen die gleiche Bedeutung. Eine gegebene m-RNA wird also in fast allen Organismenarten in die gleiche Aminosäuresequenz übersetzt. Der genetische Code ist universell.

Aufgaben

① Suchen Sie das Startcodon und translatieren Sie diese m-RNA-Sequenz:
5'UUAGAUGAGCGACGAACCCCU-AAAAUUUACCUAGUAGUAGCCAU3'

② In welche Aminosäuresequenz wird folgender Abschnitt eines codogenen Strangs der DNA übersetzt?
3'CTGGCTACTGACCCGCTTCTTCTATC5'

③ Lassen Sie den ersten Buchstaben im Beispielsatz „VORDERRNAISTDIEDNA" weg und behalten den „Triplettcode" bei, wird der Sinn des Satzes entstellt. Welche Konsequenz hätte es, wenn in der oben gezeigten DNA-Sequenz die erste Base wegfallen würde?

Material

Die Entdeckung des genetischen Codes

Lange Zeit konnte keine eindeutige Aussage darüber getroffen werden, welches Basentriplett für welche Aminosäure codiert. Die beiden Wissenschaftler Marshall Nirenberg und Philip Lederer beschrieben im Jahre 1964 einen experimentellen Ansatz, mit dem der genetische Code in der Folgezeit vollständig aufgeklärt werden konnte.

Der Triplettbindungstest

Nirenberg und Lederer synthetisierten kurze m-RNA-Moleküle mit bekannter Basensequenz. Diese mischten sie mit Ribosomen, die aus Bakterien isoliert worden waren. Die Untersuchungen zeigten zunächst, dass die m-RNA-Moleküle an die Ribosomen binden.
In einem zweiten Schritt gaben sie alle zur Proteinbiosynthese notwendigen Bestandteile in ein Reagenzglas. In diesem zellfreien System befanden sich hauptsächlich:

- gereinigte Ribosomen
- ein Gemisch aller 20 in Lebewesen vorkommenden Aminosäuren (jeweils von Versuch zu Versuch wechselnd war eine der Aminosäuren radioaktiv markiert)
- eine m-RNA aus drei Nucleotiden bekannter Basensequenz

Nachdem die genannten Komponenten zusammengebracht worden waren und aufeinander einwirken konnten, wurde das Gemisch auf einen Filter gegeben. Die Porengröße des Filters wurde so gewählt, dass er Teilchen von der Größe eines Ribosoms zurückhielt, kleinere Teilchen hingegen passieren ließ. Dann wurde untersucht, ob sich das radioaktive Signal auf dem Filter oder im Filtrat befindet.

Vier Schlüsselexperimente

Die beiden Forscher gaben ihrem zellfreien System eine m-RNA der Basensequenz UUU hinzu. Markierten sie die Aminosäure Serin radioaktiv, fand sich das radioaktive Signal im Filtrat, gaben sie hingegen anstelle von Serin die radioaktiv markierte Aminosäure Phenylalanin hinzu, fand sich das Signal auf dem Filter. In einem weiteren Versuchsblock wurde dem System eine m-RNA der Basensequenz UCU zugegeben. Radioaktiv markiertes Serin fand sich auf dem Filter, radioaktiv markiertes Phenylalanin hingegen im Filtrat.

Aufgaben

① Skizzieren Sie den Versuchsaufbau von Nirenberg und Lederer, mit dem der genetische Code entschlüsselt wurde.

② Welche Schlüsse können Sie aufgrund der experimentellen Befunde zur Bedeutung der Tripletts UUU und UCU ziehen?

③ Aus den Ribosomenpräparationen wurden vor den Triplettbindungstests alle m-RNA-Moleküle der Herkunftszellen entfernt. Warum?

Weiterführende Versuche

Gibt man dem zellfreien System längerkettige m-RNA-Moleküle bekannter Basensequenz hinzu, werden nach der Anweisung der künstlichen m-RNA-Moleküle Polypeptide synthetisiert. Die Aminosäuresequenz der isolierten Polypeptide kann ermittelt werden.

Auf diese Weise war es M. Nirenberg und H. G. Khorana möglich, weitere Tripletts zuzuordnen. In der Tabelle finden Sie einige Ergebnisse der Versuche. Links angegeben stehen die eingesetzten synthetischen RNA-Moleküle, rechts die dadurch aufgebauten Peptide. Die RNA ist in Kurzschreibweise angegeben; da es regelmäßige Polynucleotide sind, genügt es, ihre sich ständig wiederholenden Bausteine anzugeben. Poly-U bedeutet also eine RNA nur aus Uracil-Nucleotiden (—UUUUUUUUUUUU—), Poly-A eine nur aus Adenin-Nucleotiden (—AAAAAAAAAAAA—), Poly AC eine, in der sich regelmäßig immer Adenin- und Cytosin-Nucleotide abwechseln (—ACACACACACAC—).

Aufgaben

④ Verwendet man Poly-U, Poly-A, Poly-C bzw. Poly-G, erhält man die unten aufgeführten Peptide mit jeweils nur einer Aminosäureart. Damit ist die Bedeutung von 4 Tripletts geklärt. Geben Sie diese an.

⑤ Verwendet man RNA, in der zwei Nucleotide abwechselnd vorkommen, erhält man Peptide, in denen sich zwei Aminosäuren abwechseln. Erklären Sie dies. Kann man durch diese Versuche die Bedeutung weiterer Tripletts eindeutig klären?

⑥ Verwendet man andere, regelmäßige Polynucleotide aus längeren Untereinheiten, erhält man im Gemisch verschiedene Peptide (s. unten). Warum werden dann jeweils mehrere verschiedene Peptide aufgebaut? Klären Sie mithilfe der Angaben zu Aufgabe 4 und 5 die Bedeutung weiterer Nucleotide auf.

⑦ Auch RNA-Moleküle mit 4 regelmäßig wechselnden Nucleotiden wurden konstruiert. Welche Tripletts lassen sich mithilfe des Produktes (s. Tabelle) klären? Warum tritt eine Wiederholung in der Primärstruktur nach 4 Aminosäuren auf?

RNA	Damit entstehende Peptide
Poly-U	Phe - Phe - Phe - Phe - Phe - . . .
Poly-A	Lys - Lys - Lys - Lys - Lys - Lys - . . .
Poly-C	Pro - Pro - Pro - Pro - Pro - Pro - . . .
Poly-G	Gly - Gly - Gly - Gly - Gly - Gly - . . .
Poly-AC	Thr - His - Thr - His - Thr - His - . . . oder His - Thr - His - Thr - His- Thr - . . .
Poly-AAC	Asn - Asn - Asn - Asn - Asn . . . oder Thr - Thr - Thr - Thr - Thr - Thr . . . oder Gln - Gln - Gln - Gln - Gln - Gln - . . .
Poly-ACC	Thr - Thr - Thr - Thr - Thr - . . . oder Pro - Pro - Pro - Pro - Pro - . . . oder His - His - His - His - . . .
Poly-ACCC	Thr - His - Pro - Pro - Thr - His - Pro - Pro - . . .

Translation — t-RNA als Vermittler

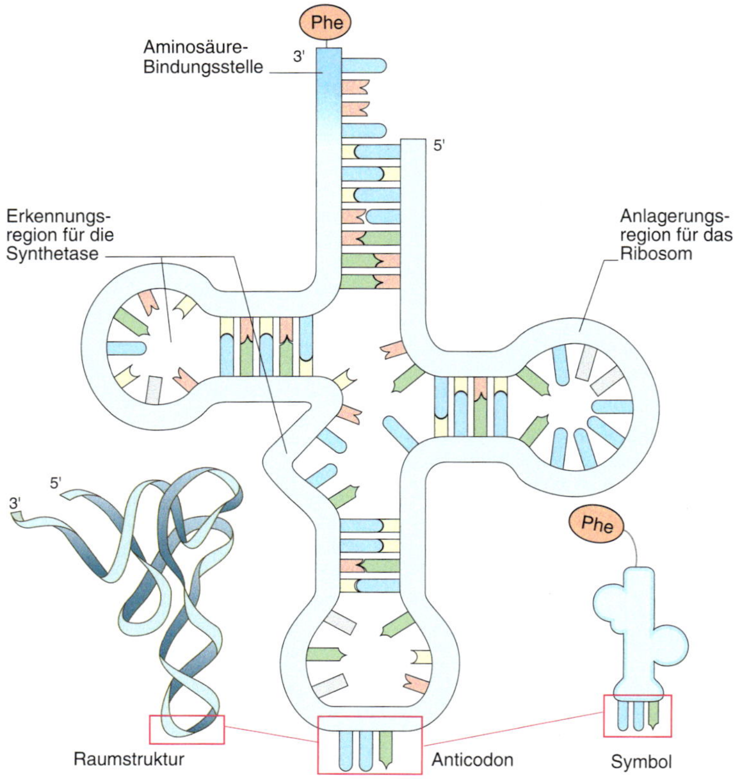

1 Bau der t-RNA

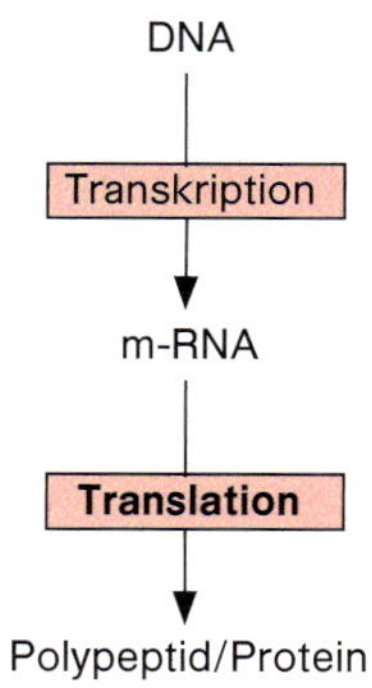

Bei der Translation wird die Basensequenz der m-RNA in eine Aminosäuresequenz übersetzt. Der genetische Code gibt an, welches Basentriplett in welche Aminosäure übersetzt wird (s. Seite 146). Eine besondere Nucleinsäure, die *transfer-RNA* (*t-RNA*), stellt das Bindeglied zwischen Basen- und Aminosäuresequenz dar. Sie transportiert die Aminosäuren aus dem Cytoplasma zu den Ribosomen, wo dann passende Aminosäuren zum Polypeptid verknüpft werden. (▶ Information und Kommunikation S. 358).

Bau der t-RNA

Die t-RNA wird wie die m-RNA durch Transkription aufgebaut. Sie besteht aus ca. 80 Nucleotiden und ist wie die m-RNA einsträngig. Sie enthält aber kurze Nucleotidbereiche, die zu anderen Abschnitten desselben Moleküls komplementär sind und mit diesem Basenpaarungen eingehen können. Dadurch entsteht eine Struktur, die in schematischer Darstellung wie ein Kleeblatt aussieht. Die tatsächliche Raumstruktur ist jedoch L-förmig (s. Abb. 1). Diese Raumstruktur ist von entscheidender Bedeutung für die Funktion der t-RNA bei der Proteinsynthese. Die t-RNA-Moleküle besitzen zwei exponierte ungepaarte Nucleotidbereiche, die als Bindungsstellen dienen:

- Das sogenannte *Anticodon*, eine Folge von drei aufeinanderfolgenden Basen, paart sich mit dem komplementären Codon in einem m-RNA-Molekül.
- An der *Aminosäurebindungsstelle*, einer kurzen einsträngigen Region am 3'-Ende des Moleküls wird die Aminosäure, die zum Codon der m-RNA passt, angelagert.

Der genetische Code ist *redundant*, das heißt, mehrere Codons codieren die selbe Aminosäure. Daher gibt es für einige Aminosäuren mehrere t-RNAs. Manche t-RNAs können sich aber auch mit mehr als einem Codon der m-RNA paaren (s. Zettelkasten). Der genetische Code ist dennoch eindeutig: Jedem Codon ist genau eine Aminosäure zugeordnet.

Eine Zelle stellt demnach viele verschiedene t-RNA-Moleküle her, um den genetischen Code lesen zu können. Wie aber wird jede t-RNA mit genau der richtigen der 20 verschiedenen Aminosäuren gekoppelt?

Beladung der t-RNA

Für jede der 20 Aminosäuren gibt es hochspezifische Enzyme, die *Aminoacyl-t-RNA-Synthetasen*. Diese Enzyme beherrschen wie ein Übersetzer zwei Sprachen. Sie übersetzen die „Nucleotidsprache" in die „Aminosäuresprache". Sie erkennen das Anticodon einer t-RNA und beladen diese mit der dazugehörigen Aminosäure. Dies ist der entscheidende Schritt bei der Umsetzung des genetischen Codes.

In das aktive Zentrum der Synthetase passt nur die richtige Kombination aus Aminosäure und zugehöriger t-RNA. Nach dem Schlüssel-Schloss-Prinzip bindet die Synthetase zunächst die passende Aminosäure. Spezifische Nucleotide sowohl im Anticodon als auch in der Erkennungsregion ermöglichen der Synthetase die Erkennung und Anlagerung der richtigen t-RNA. Aminosäure und t-RNA werden unter ATP-Verbrauch verknüpft und die beladene t-RNA wird freigesetzt (s. Abb. 2).

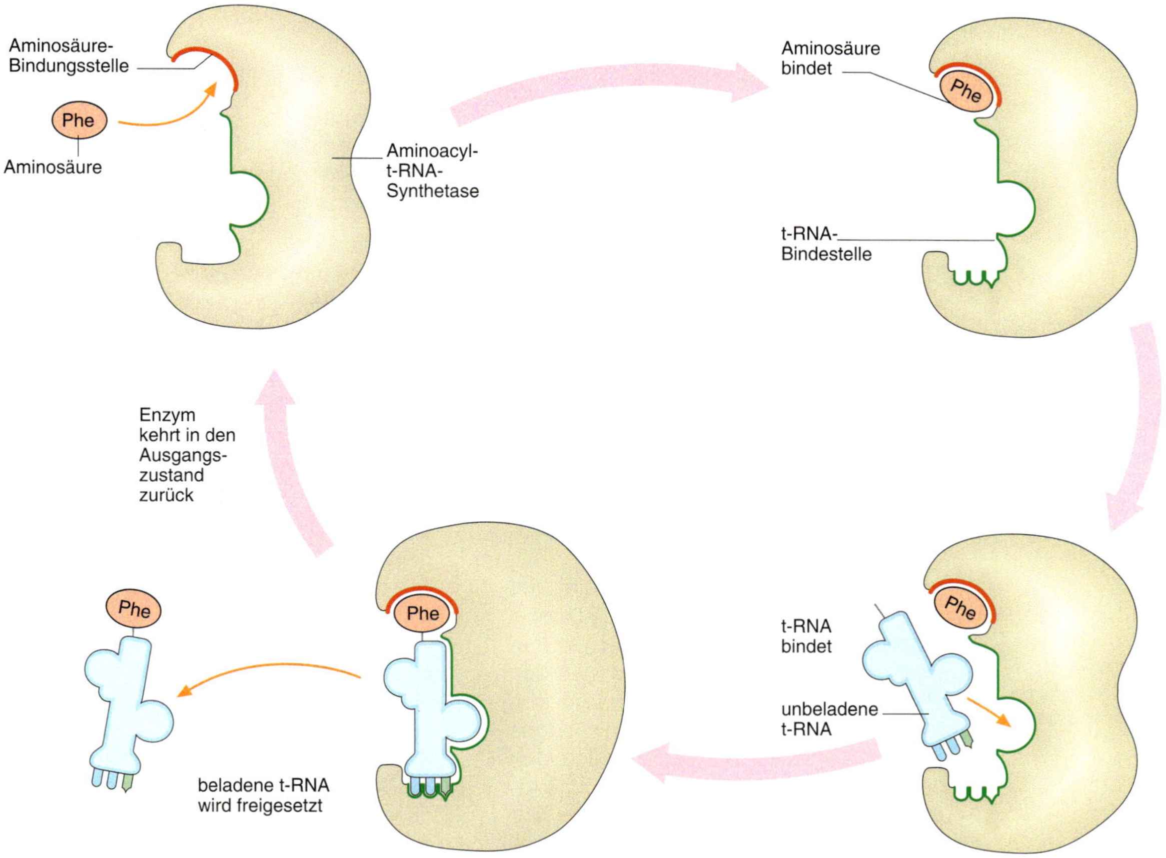

2 Beladung der t-RNA

Zettelkasten

Wobble-Hypothese

Eigentlich müssten in jeder Zelle 61 verschiedene t-RNAs vorkommen, eine für jedes der 61 m-RNA-Codons, die für eine Aminosäure codieren. Man weiß jedoch, dass in einer Zelle je nach Organismus nur bis zu 41 verschiedene t-RNA-Moleküle vorhanden sind. F. CRICK formulierte dazu die *Wobble-Hypothese* (engl. *wobble* = wackeln). Nur die ersten beiden Basen von m-RNA-Codon und Anticodon der t-RNA werden nach den Regeln der komplementären Basenpaarung über Wasserstoffbrücken verbunden. Beim dritten Basenpaar kann es aufgrund der Raumstruktur der t-RNA auch zu unüblichen Basenpaarungen sogenannten „Wobble-Paarungen" kommen, z. B. von G und U. Ein einziges Anticodon kann sich daher mit mehr als einem Codontyp paaren. Sowohl UCC als auch UCU codieren für die Aminosäure Serin.

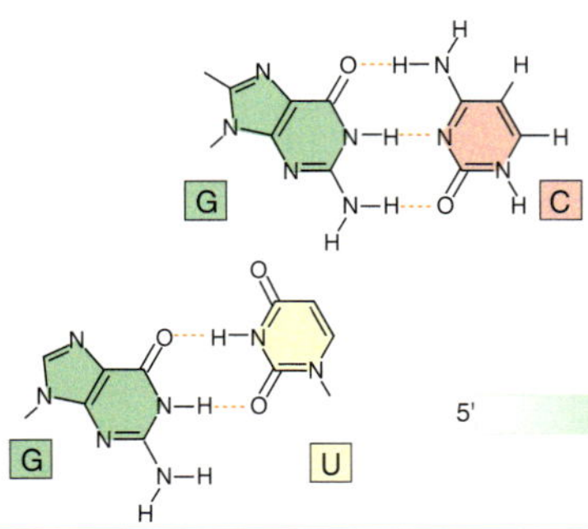

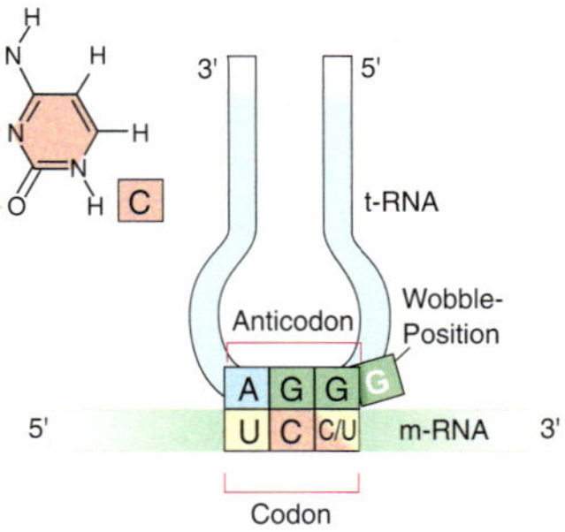

Einige Anticodons tragen am 5'-Ende die Base Inosin (I). Diese kann mit C, U und A Basenpaarungen eingehen. AUC, AUU und AUA codieren für die Aminosäure Isoleucin.

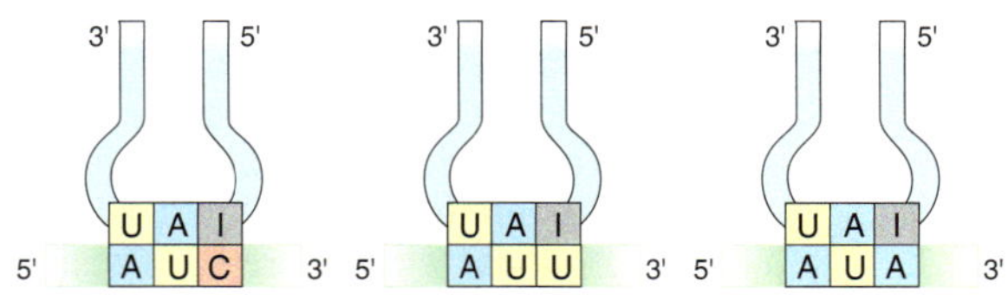

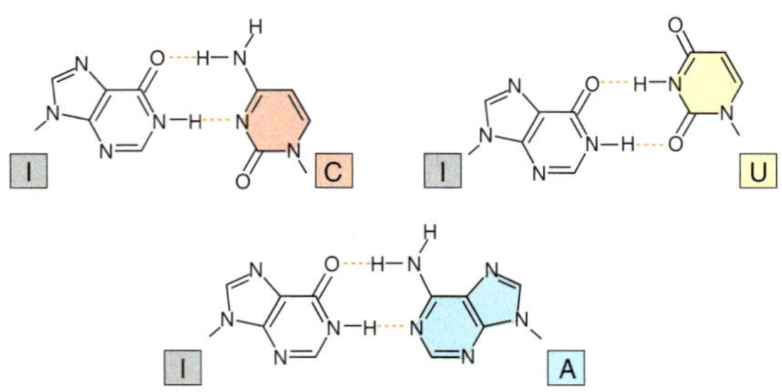

Mit der Wobble-Hypothese lässt sich erklären, warum sich die Codons für eine bestimmte Aminosäure oft nur im dritten Nucleotid unterscheiden. Die dritte Base spielt bei der Erkennungsspezifität oft eine geringere Rolle.

Translation — ein Protein entsteht

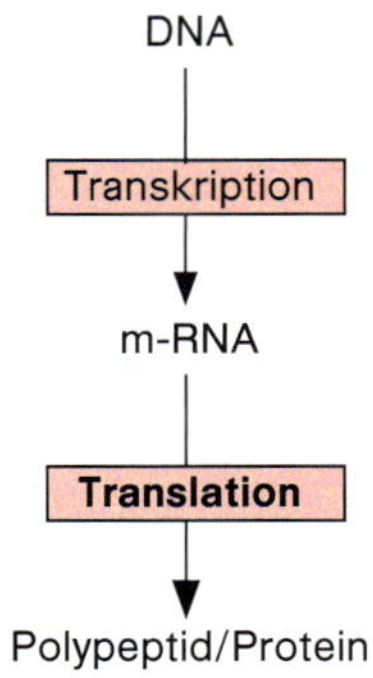

Die *Translation* ist nach der Transkription der zweite Schritt auf dem Weg vom Gen zum Protein. Dabei wird die Basensequenz der m-RNA in die Aminosäuresequenz eines Proteins übersetzt *(translatiert)*. Die Translation erfolgt am Ribosom. Das Ribosom wandert auf der m-RNA entlang und übersetzt dabei Codon für Codon die Nucleotidsequenz der m-RNA in eine Aminosäuresequenz (► Information und Kommunikation S. 358).

Die t-RNA-Moleküle dienen dabei als Adapter, um jede Aminosäure an die richtige Position in der Peptidkette zu bringen. Sie werden im Cytoplasma von spezifischen Enzymen mit Aminosäuren beladen (s. Seite 149) und transportieren sie zu den Ribosomen.

Translation
Übersetzen der Nucleotidsequenz der m-RNA in die Aminosäuresequenz eines Polypeptids oder Proteins

Ribosomen bestehen aus Proteinen und Nucleinsäure, der r-RNA. Sie sind aus zwei unterschiedlich großen Untereinheiten zusammengesetzt. t-RNA-Moleküle werden am Ribosom nur dann gebunden, wenn ihre Anticodons komplementär zu den Codons der m-RNA sind. Ein Ribosom besitzt drei Bindungsstellen für t-RNA-Moleküle: die A-, P- und E-Stelle (Abb. 1). An die *P-Stelle* bindet die t-RNA, die mit der wachsenden **P**eptidkette verbunden ist. An die *A-Stelle* bindet die t-RNA, welche die nächste **A**minosäure der Kette trägt. An der *E-Stelle* verlässt die **e**ntladene t-RNA das Ribosom.

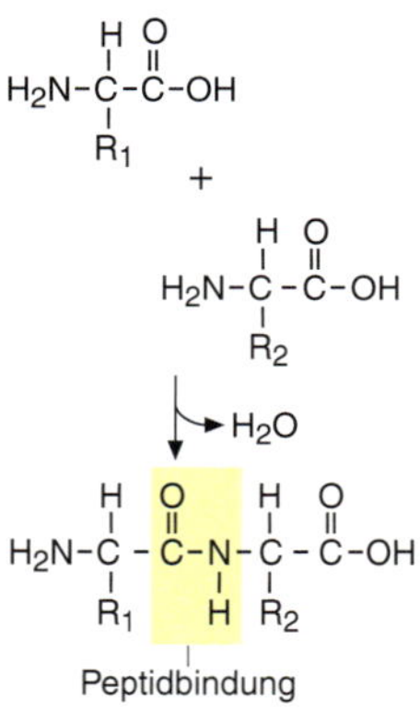

Beginn der Translation

Zunächst binden die mit Methionin beladene Start-t-RNA und die kleine Ribosomenuntereinheit an das 5'-Ende der m-RNA. Dieser Komplex wandert die m-RNA entlang, bis er auf das erste *Startcodon* AUG stößt (Abb. 2a). Dann wird auch die große Ribosomenuntereinheit angelagert. Die Start-t-RNA befindet sich an der P-Stelle, die A-Stelle ist bereit, die nächste t-RNA aufzunehmen (Abb. 2b).

Verlängerung der Peptidkette

Bei der Kettenverlängerung wird eine Aminosäure nach der anderen an die Start-Aminosäure angehängt. Dieser Vorgang erfolgt in drei Schritten:

- *Codonerkennung*: An der P-Stelle ist eine t-RNA mit der wachsenden Peptidkette gebunden. Eine t-RNA mit der nächsten Aminosäure der Kette bindet an die unbesetzte A-Stelle des Ribosoms, indem ihr Anticodon Basenpaarungen mit dem Codon der m-RNA eingeht, die an der A-Stelle exponiert ist (Abb. 3 a).
- *Peptidbindung*: Das Ribosom katalysiert eine Peptidbindung zwischen der wachsenden Peptidkette und der gerade angelieferten Aminosäure auf der t-RNA in der A-Stelle (Abb. 3 b). Dabei trennt sich das Polypeptid von der an der P-Stelle gebunden t-RNA und hängt nun an der t-RNA in der A-Stelle (Abb. 3 c).
- *Verschiebung*: Das Ribosom rückt daraufhin in 5'-3'-Richtung um genau drei Nucleotide, also um ein Codon, auf der m-RNA weiter. Die entladene t-RNA wird dadurch auf die E-Stelle verschoben und löst sich ab. Die t-RNA mit der wachsenden Peptidkette befindet sich an der P-Stelle (Abb. 3 d). An die freie A-Stelle kann die nächste mit einer Aminosäure beladene t-RNA binden.

So wird das Peptid jeweils um eine Aminosäure verlängert und zwar genau so, wie es die Codons der m-RNA vorschreiben.

Ende der Translation

Erreicht die A-Stelle des Ribosoms eines der *Stoppcodons* (UAA, UAG oder UGA), so bindet statt einer beladenen t-RNA ein als *Freisetzungsfaktor* bezeichnetes Protein (Abb. 4 a). Daraufhin löst sich die wachsende Peptidkette ab und nimmt ihre Raumstruktur ein. Der Komplex aus Ribosom und m-RNA zerfällt (Abb. 4 b und c).

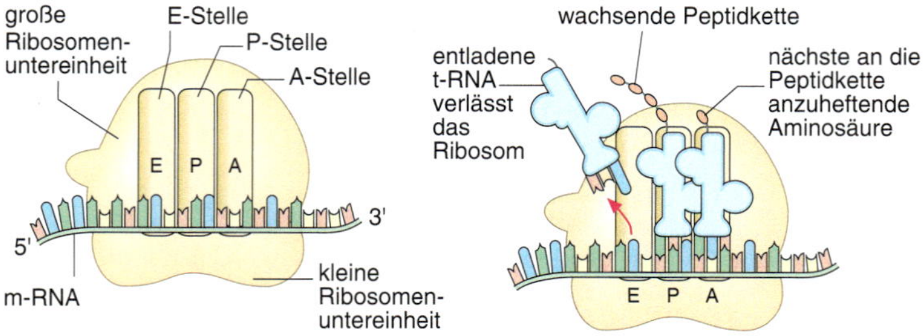

1 Ribosom

Aufgaben

① Das Codon AUG hat zwei verschiedene Bedeutungen, je nachdem, ob es sich am Anfang einer m-RNA befindet oder nicht. Begründen Sie.

② Ein Ausschnitt eines Peptids lautet: ... Ser - Val - Lys - Met - Ala ... Geben Sie eine mögliche Sequenz der m-RNA und der codogenen DNA an.

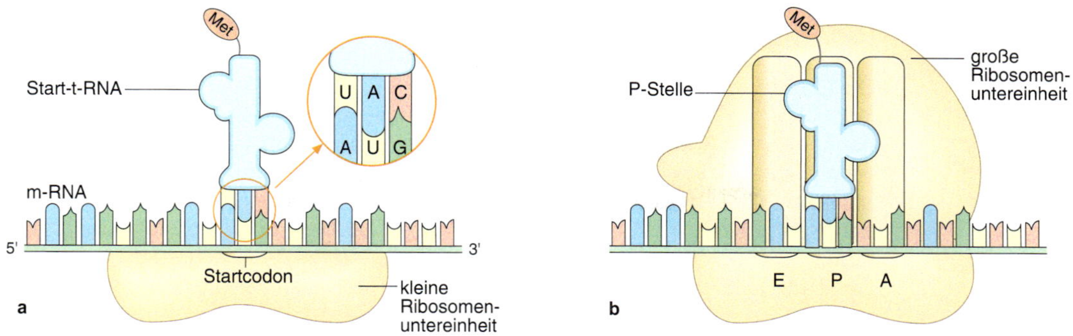

2 Beginn der Translation

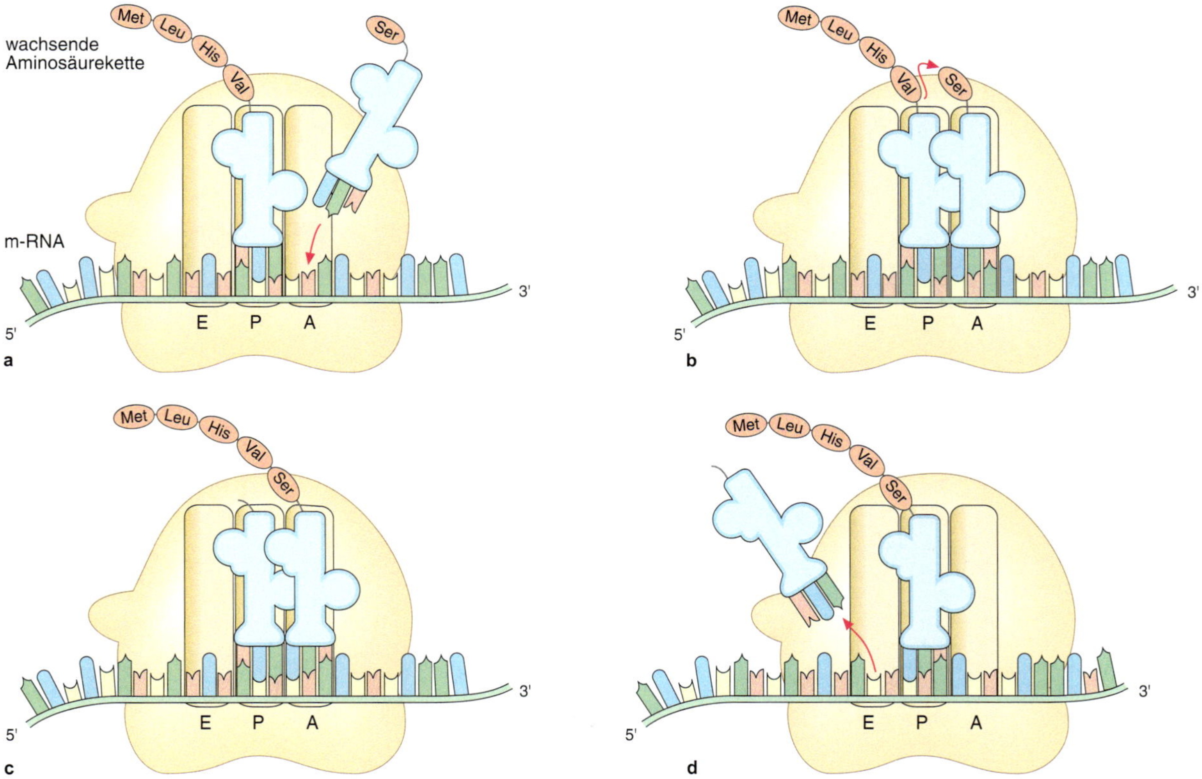

3 Verlängerung der Aminosäurekette

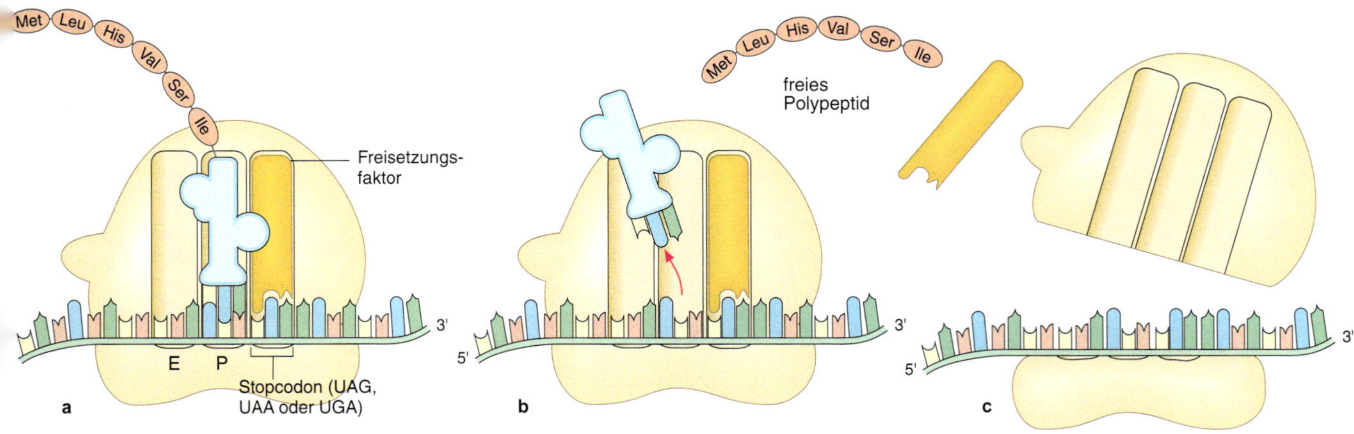

4 Ende der Translation

Proteinbiosynthese bei Prokaryoten

Prokaryoten
Organismen ohne Zellkern, ohne membranumgrenzte Organellen, z. B. Bakterien

Eukaryoten
Organismen mit Zellkern und membranumgrenzten Organellen, z. B. Pflanzen, Tiere

Die Grundzüge von Transkription und Translation wurden zunächst an *Prokaryoten* genauer erforscht. Man erkannte, dass ein *Promotor*, also die Erkennungs- und Bindungsstelle der RNA-Polymerase, die Leserichtung der Polymerase vorgibt. An den DNA-Einzelstrang, der von 3' nach 5' verläuft, werden die RNA-Nucleotide mit einer Geschwindigkeit von ca. 2500 Nucleotiden pro Minute komplementär angelagert. Er stellt den *codogenen Strang* dar und gibt den Sinn der m-RNA, d. h. ihre Basensequenz vor. Die Basenfolge der entstehenden m-RNA kann man aber leicht am gegenüberliegenden DNA-Strang ablesen, indem man nur T durch U ersetzt.

Die m-RNA ist bei *Prokaryoten* schon während ihrer Synthese frei zugänglich. Die Ribosomen können am zuerst entstehenden freien 5'-Ende bereits ansetzen, während die Transkription der folgenden Abschnitte noch erfolgt. Ist das erste Ribosom ein Stück auf der m-RNA vorgerückt, setzt schon ein weiteres an dem wieder frei gewordenen 5'-Ende an. So wird die m-RNA gleichzeitig mehrfach abgelesen, an jeder m-RNA befinden sich mehrere Ribosomen, der Komplex wird *Polysom* genannt.

Neu synthetisierte Proteinmoleküle können bereits eine halbe Minute nach Beginn der Transkription in der Bakterienzelle nachgewiesen werden. Allerdings wird die dabei verwendete m-RNA auch schon nach wenigen Minuten wieder abgebaut. Diese kurze Lebensdauer ist für Bakterien biologisch bedeutsam angesichts der kurzen Generationszeit, die unter günstigen Bedingungen weniger als 30 Minuten betragen kann. Viele verschiedene m-RNA-Moleküle können in kurzer Zeit wirksam werden, die synthetisierten Proteine können sofort die verschiedensten Stoffwechsel- und Entwicklungsschritte steuern. Auch eine schnelle Reaktion auf wechselnde Umweltbedingungen ist möglich, indem die jeweils benötigten Proteine erzeugt werden können, die Synthese aber nicht länger fortdauert als es dem momentanen Bedarf entspricht. Nucleotide abgebauter m-RNA werden wieder verwendet.

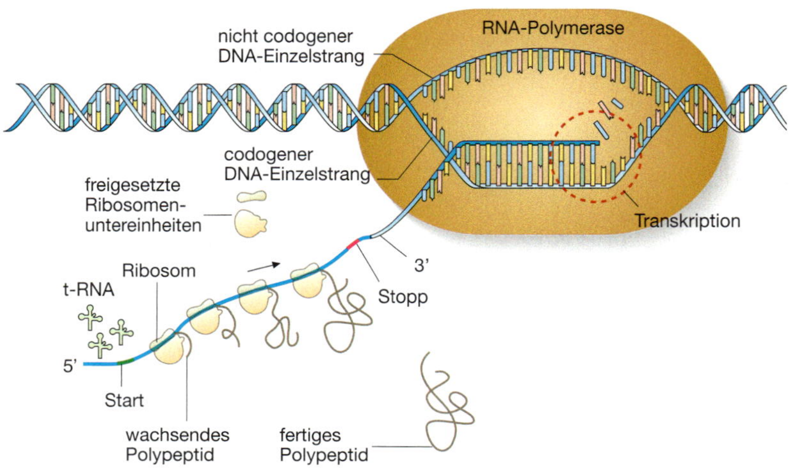

1 Zusammenfassung der Proteinbiosynthese bei Prokaryoten

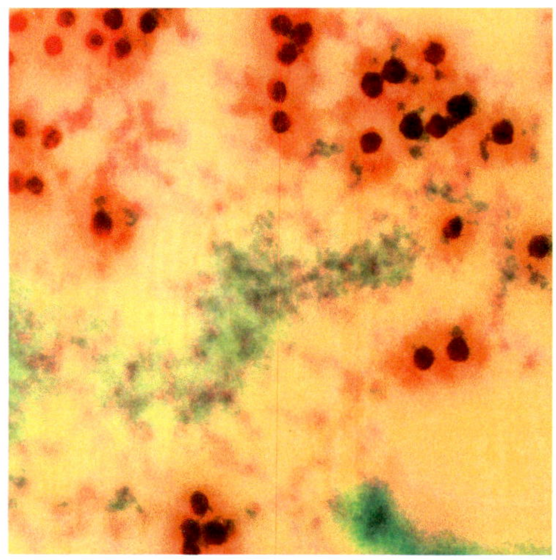

2 Polysomen

Zettelkasten

DNA in Chloroplasten und Mitochondrien

Chloroplasten und Mitochondrien werden von Zellen nicht neu gebildet, sondern vervielfältigen sich durch Teilung. Beide Zellorganellen besitzen eigene DNA, die sich vom Genom des Zellkerns z. B. dadurch unterscheidet, dass sie keine Introns besitzt (s. Seite 153). Die mitochondriale DNA ist haploid (keine Rekombination) und relativ klein. Die DNA liegt wie bei Prokaryoten ringförmig geschlossen vor und ist nicht mit Histonen verbunden. Mitochondriale Gene werden in den Mitochondrien transkribiert und an eigenen Ribosomen, die bakteriellen Ribosomen ähneln, translatiert. Mitochondriale DNA codiert für einige Enzyme des Energiestoffwechsels, für t- und r-RNA-Moleküle.

Das Chloroplasten-Genom ist ebenfalls ringförmig geschlossen und trägt bis zu 120 Gene. Auch die Ribosomen der Chloroplasten ähneln bakteriellen. Aufgrund dieser Ähnlichkeiten vermutet man, dass sich die Chloroplasten und Mitochondrien der Eukaryoten aus aufgenommenen Prokaryoten entwickelt haben *(Endosymbiontentheorie, s.* Seite 342).

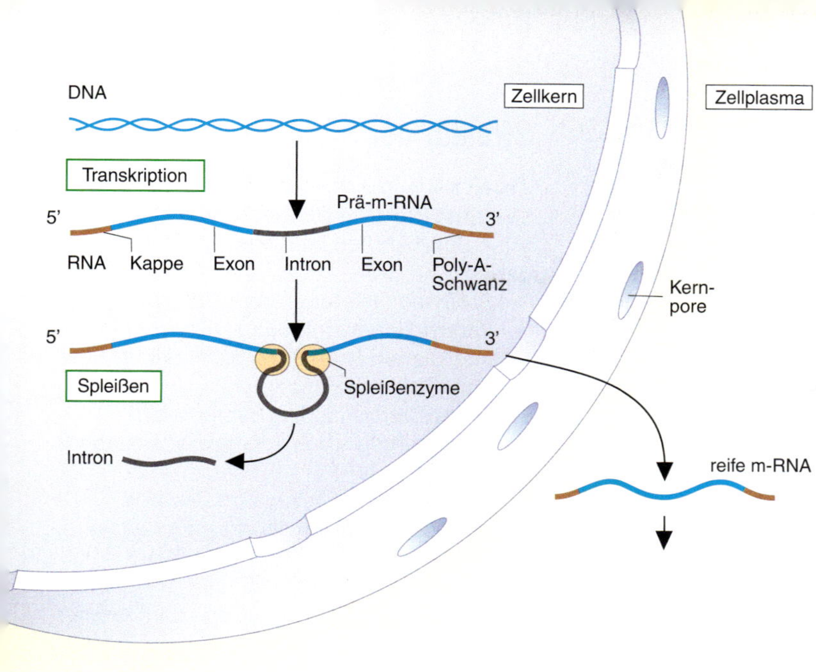

1 Spleißen

Proteinbiosynthese bei Eukaryoten

Bei Eukaryoten verläuft die Proteinbiosynthese prinzipiell in den gleichen Phasen ab wie bei Prokaryoten. Auffällig ist, dass die durch Transkription entstehende RNA bei Eukaryoten zunächst ungleich länger ist als es das codierte Protein erfordern würde. Sie ist ein Vorläufer *(Prä-m-RNA)* und muss vor der Translation in eine funktionsfähige m-RNA umgewandelt werden. Nur einige Abschnitte des RNA-Stranges, die *Exons*, enthalten die Information für das Protein. Dazwischen liegen nicht informationstragende Abschnitte, die *Introns*. Sie können zwischen 50 und 30 000 Nucleotide lang sein. Sie werden an vorbestimmten Stellen durch Schneideenzyme zu einer Schleife zusammengelegt und ausgeschnitten. Die *Exons* werden zur eigentlichen m-RNA verknüpft. Dieser gesamte Vorgang heißt *Spleißen*. Bei Prokaryoten existieren keine Introns und daher gibt es keine Spleiß-Vorgänge.

Eukaryotische m-RNA-Moleküle haben eine wesentlich größere Lebensdauer als prokaryotische. An ihr 3'-Ende wird nämlich nach der Transkription eine Schutzgruppe aus 150 bis 200 Adenin-Nucleotiden *(Poly-A-Schwanz)* angehängt, die den enzymatischen Abbau deutlich verlangsamt. Am 5'-Ende wird eine „Kappe" aus methyliertem Guanin aufgesetzt. Sie ist wichtig für den Kontakt zur kleinen Ribosomen-Untereinheit zu Beginn der Translation. Die reife *m-RNA* wird aus dem Zellkern über die Kernporen zum *rauen Endoplasmatischen* Retikulum transportiert. An dessen Ribosomen findet dann die Translation statt.

Nach ihrer Synthese an den Ribosomen werden viele eukaryotische Proteine noch verändert. Beim unreifen *Insulin* z.B. gibt es zwei Aminosäureabschnitte, die dem Endprodukt Insulin in den Körperflüssigkeiten fehlen. Die *Präsequenz* ermöglicht den Eintritt in das Endoplasmatische Retikulum. Sie wird dort entfernt. Die *Prosequenz* wird ebenfalls im ER abgetrennt. Erst in dieser Form kann das Molekül an den Insulinrezeptor binden. Lysosomale Verdauungsenzyme werden mit einem Mannose-Phosphatrest etikettiert und werden erst aufgrund dessen den Lysosomen zugeführt. Fehlt der Zuckerrest aufgrund genetischer Defekte, gelangen die Enzyme in die Körperflüssigkeiten.

Hemmstoff	**Wirkung auf die Proteinbiosynthese**
Actinomycin D	verbindet sich nur mit Prokaryoten-DNA
Rifampicin	bindet an die RNA-Polymerase von Prokaryoten
Amanitin	bindet an die RNA-Polymerase von Eukaryoten
Streptomycin	bindet an die kleine Ribosomen-Untereinheit bei Prokaryoten
Tetracycline	verhindern die Bindung der t-RNA an das Bakterien-Ribosom
Puromycin	wird anstelle einer beladenen t-RNA fest an das Ribosom gebunden
Chloramphenicol, Erythromycin	binden sich an Bakterien-Ribosomen
Kirromycin	verhindert das Vorrücken der t-RNA von der A- an die P-Stelle bei Prokaryoten
Cycloheximid	verhindert die Verknüpfung der Aminosäure am Eukaryoten-Ribosom

Aufgaben

① Menschliches Insulin kann von „umprogrammierten" Bakterienzellen erzeugt werden. Mit welchen Schwierigkeiten ist aufgrund der unterschiedlichen Genetik von Pro- und Eukaryoten zu rechnen?

② Bei der Erforschung der Proteinbiosynthese haben Hemmstoffe eine wichtige Rolle gespielt, da mit ihnen gezielt bestimmte Schritte blockiert werden können. Welcher Schritt wird von den in der Tabelle genannten Stoffen jeweils blockiert? Welche Hemmstoffe sind theoretisch als Antibiotikum in der Medizin geeignet?

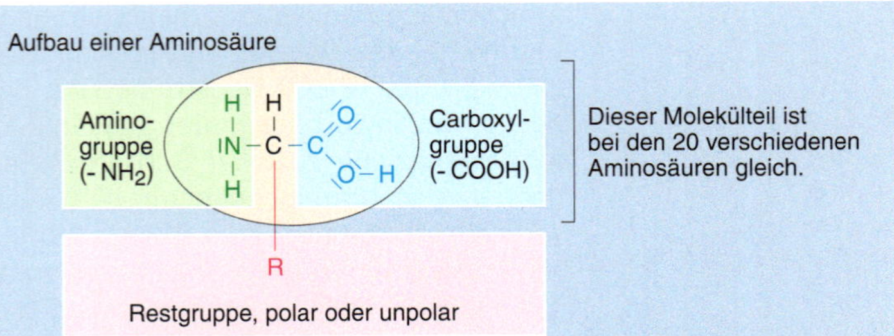

1

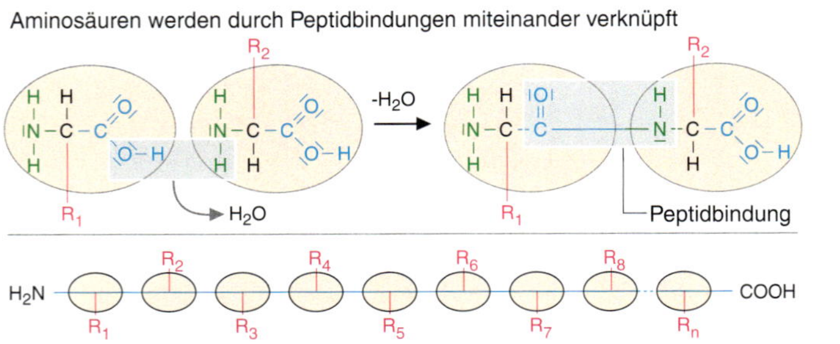

2

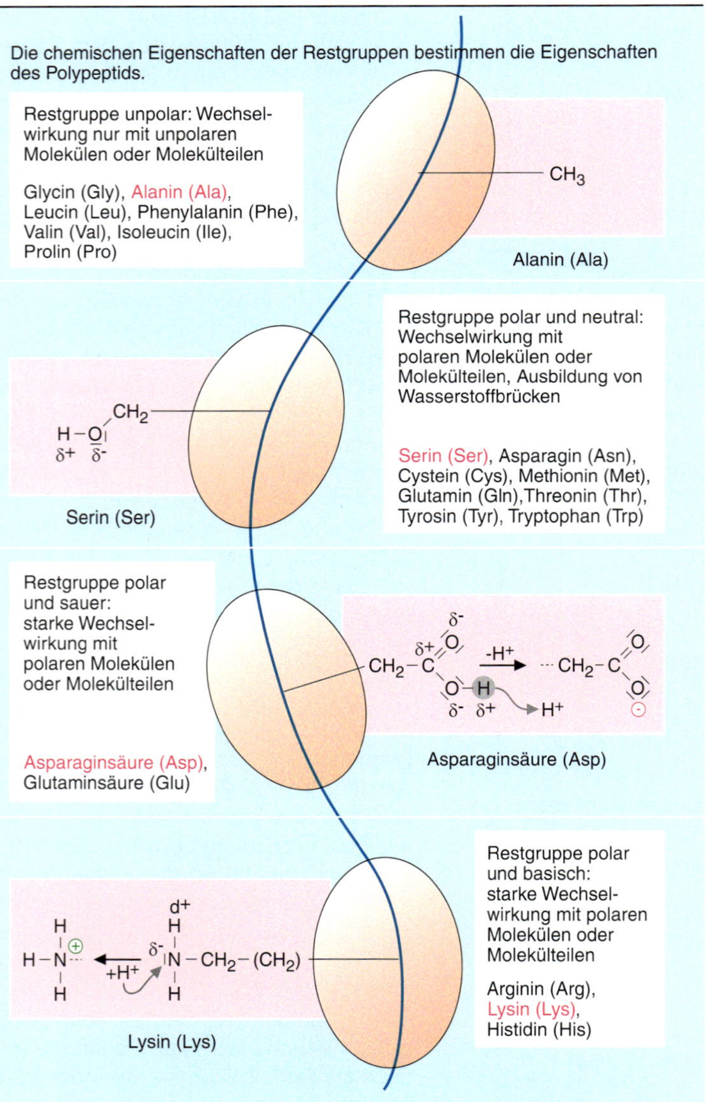

3

Struktur der Proteine

Zellen können mittels der Proteinbiosynthese selbst Proteine synthetisieren. Diese Proteine übernehmen im Körper vielfältige Aufgaben:

- Stoffwechselsteuerung *(Enzyme)*
- Informationsvermittlung *(Hormone)*
- Informationsaufnahme aus der Umgebung (Membranrezeptor)
- Sauerstofftransport *(Hämoglobin)*
- Bekämpfung von Krankheitserregern *(Antikörper)*
- Gerüststoff für Zellen und Gewebe
- Grundlage für Bewegung *(Muskelfasern, Spindelapparat)*

Proteine sind aus Bausteinen, den *Aminosäuren*, aufgebaut. Dabei kommen 20 verschiedene Aminosäuren besonders häufig vor. Kennzeichnende Merkmale sind die saure Carboxylgruppe und die basische Aminogruppe als funktionelle Gruppen. Sie sind immer am endständigen C-Atom des Aminosäuremoleküls, dem α-C-Atom, gebunden. Dieses ist außerdem noch mit einem H-Atom und einem organischen Rest verknüpft. Nur in diesem Rest unterscheiden sich die Aminosäuren. Der Rest kann unpolar, polar, sauer oder basisch sein.

Proteine entstehen durch Verknüpfung vieler Aminosäuren zu einem Makromolekül. Dabei reagiert die Carboxylgruppe der einen Aminosäure unter Wasserabspaltung mit der Aminogruppe einer zweiten Aminosäure (Abb. 2). Die entstehende Bindung nennt man *Peptidbindung.* Aus zwei Aminosäuren entsteht ein *Dipeptid.* Durch Kettenverlängerung entstehen *Oligopeptide*, in denen 2 bis 10 Aminosäuren miteinander verknüpft sind. *Polypeptide* haben mehr als 10 Aminosäuren. Polypeptide mit mehr als 100 Aminosäuren nennt man *Proteine.* Im Prinzip können alle Aminosäuren in beliebiger Reihenfolge verknüpft werden, sodass sehr viele verschiedene Proteinmoleküle möglich sind (▶ Struktur und Funktion S. 348).

Primärstruktur

Die Abfolge oder Sequenz der einzelnen Aminosäuren wird *Primärstruktur* des Proteins genannt (Abb. 4). Sie bestimmt zum Teil die Eigenschaften des Proteinmoleküls.

Die hintereinander folgenden Aminosäuren bilden eine Molekülkette; die einzelnen Reste ragen seitlich aus der Achse heraus.

Ein Ende der Kette trägt eine freie NH_2-Gruppe, das andere eine freie COOH-Gruppe.

Sekundärstruktur

Proteine ordnen sich räumlich in einer Rechtsschraube (α-Helix) oder einem gefalteten Blatt (β-Faltblattstruktur) an (Abb. 5). Wasserstoffbrückenbindungen innerhalb der Peptidkette stabilisieren die spiralartige oder faltblattartige Anordnung. Welche Struktur in einem Proteinmolekülabschnitt ausgebildet wird, hängt von der Primärstruktur ab. Diese räumliche Anordnung eines Proteins nennt man *Sekundärstruktur*.

Tertiärstruktur

Oft wird eine *Tertiärstruktur* ausgebildet, indem sich das ganze Molekül in Sekundärstruktur in charakteristischer Weise faltet (Abb. 6a). Für die Stabilität sind die Anziehungskräfte zwischen den Resten der einzelnen Aminosäuren verantwortlich. Man unterscheidet Wasserstoffbrücken, ionische Wechselbeziehungen, Disulfidbrücken (Verbindungen über zwei Schwefelatome) und Anziehungskräfte zwischen unpolaren Gruppen (Van der Waals-Kräfte). Die Tertiärstruktur bestimmt die Funktion eines Proteins entscheidend. Wenn bei der Faltung viele polare Reste nach außen zeigen, ist das Proteinmolekül meist wasserlöslich. Proteine besitzen häufig taschenförmige Vertiefungen, in die ganz genau die Reaktionspartner hineinpassen. Diese Eigenschaft geht verloren, wenn die Tertiärstruktur zerstört wird *(Denaturierung)*.

Quartärstruktur

In einigen Fällen bilden mehrere in Tertiärstruktur gefaltete Proteinmoleküle eine funktionsfähige Einheit. Diese der Tertiärstruktur übergeordnete Struktur nennt man *Quartärstruktur*. Ein Beispiel dafür ist das Hämoglobin, der rote Blutfarbstoff (Abb. 6c).

Aufgaben

① Bauen Sie mit Perlen und einer Schnur ein Modell für die Proteinstrukturen.

② Welche Auswirkungen auf die Proteinstruktur hat die Veränderung eines Tripletts auf DNA-Ebene (s. Seite 146)?

② Erkären Sie, warum eine erhöhte Körpertemperatur Bakterienwachstum hemmen bzw. Abkochen oder abiotische Desinfektion Bakterien abtöten kann?

Die Primärstruktur eines Proteins ist die Abfolge (Sequenz) der Aminosäuren.

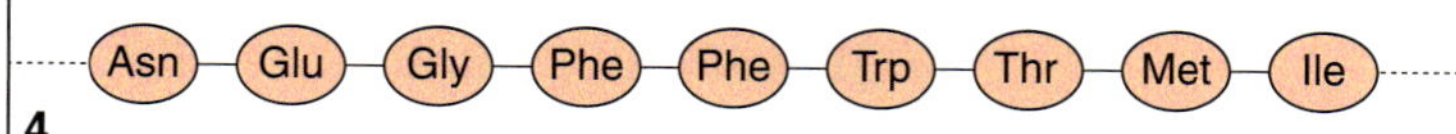

4

Die Aminosäurekette ordnet sich zu einer Sekundärstruktur als

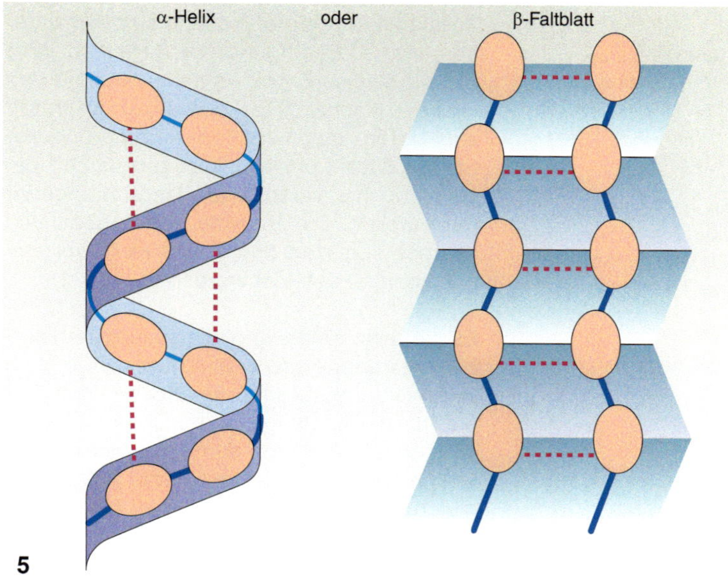

5

Durch Auffaltungen innerhalb des Moleküls entsteht die Tertiärstruktur

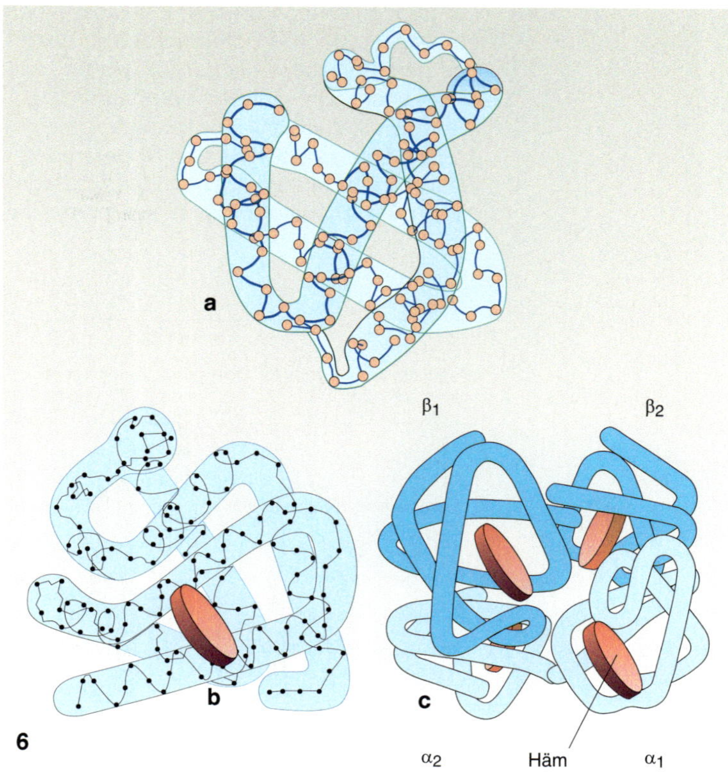

6

6a α-Untereinheit des Hämoglobins 6b Hämoglobin, Quartärstruktur

Online-Link
045306-0156

Regulation der Genexpression

Genexpression
Synthese eines von einem Gen codierten Proteins oder RNA-Moleküls

Die Genexpression besteht aus Transkription und gegebenenfalls Translation.

Viele Proteine werden in Zellen ständig benötigt, z. B. die Enzyme des Glucosestoffwechsels oder die Strukturproteine des Zellskeletts. Andere Proteine sind nur unter besonderen Bedingungen erforderlich. Wird beispielsweise E. coli-Bakterien anstelle von Glucose Milchzucker (Lactose) als Nährstoff angeboten, stagniert ihre Vermehrung zunächst. Offensichtlich benötigen sie Zeit, um sich auf das veränderte Nährstoffangebot umzustellen. Die Enzyme zum Abbau von Lactose liegen in den Zellen nicht vor, sie müssen erst gebildet werden (s. Abb. 1).

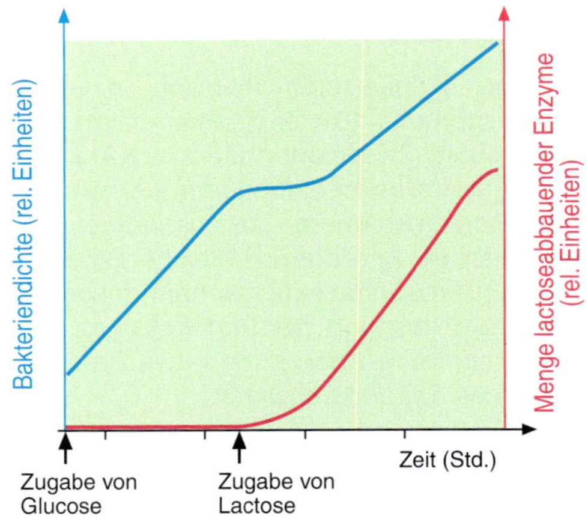

1 Konzentration lactoseabbauender Enzyme

Es gibt also viele Gene, die ständig transkribiert werden. Andere Gene werden je nach Bedarf kurzfristig an- oder abgeschaltet. Dadurch ist Regulation von Stoffwechselvorgängen möglich. Von dem Bakterium E. coli weiß man, dass nur etwa 600 der 3000 Gene gleichzeitig aktiv sind (▶ Steuerung und Regelung S. 354).

Das Operon-Modell

Die französischen Forscher François Jacob und Jacques Monod untersuchten an Bakterien den Mechanismus, der für das An- und Abschalten von Genen verantwortlich ist. Sie entwickelten das sogenannte *Operon-Modell*, für das sie 1965 den Nobelpreis erhielten. Ihr grundlegendes Modell zur Regulation der Genaktivität konnte später mithilfe molekularbiologischer Methoden bestätigt werden. Es gilt auch für die Regulation vieler eukaryotischer Gene.

Substratinduktion

Abbildung 2 veranschaulicht die Vorgänge, die bei Anwesenheit des Substrats Lactose zur Synthese lactoseabbauender Enzyme führen. Von einem *Regulatorgen* wird ein *Repressorprotein* codiert. Ist keine Lactose vorhanden, ist der Repressor an einen bestimmten DNA-Abschnitt, den *Operator*, gebunden und blockiert die Transkription der Gene des Lactosestoffwechsels (Abb. 2a).

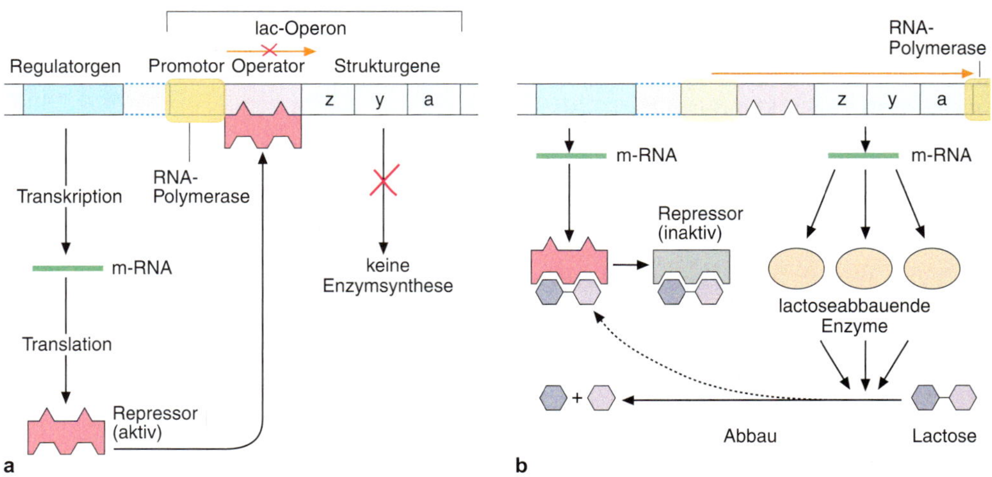

2 Substratinduktion beim Lactose-Operon

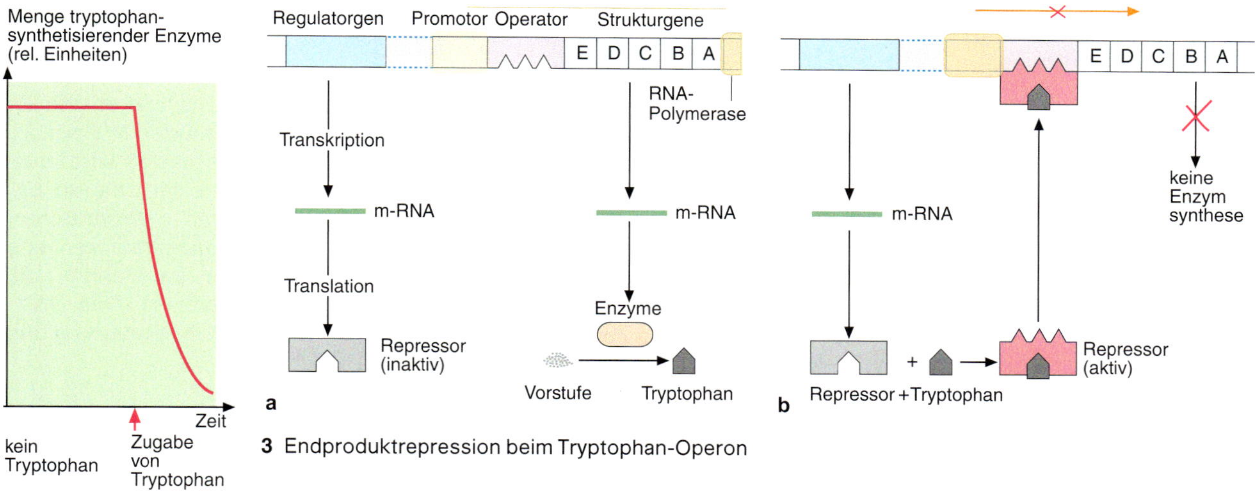

3 Endproduktrepression beim Tryptophan-Operon

Gelangt Lactose in die Zelle, lagert sich Lactose an den Repressor an. Dieser ändert daraufhin seine Raumstruktur, löst sich von der DNA ab und ist inaktiviert. Die RNA-Polymerase hat „freie Bahn" und transkribiert die Gene des Lactosestoffwechsels (Abb. 2b). Die translatierten Enzyme spalten den Zweifachzucker Lactose in Glucose und Galactose, die dann im Stoffwechsel des Bakteriums weiter verwertet werden können.

Der Operator ist mit einem Schalter zu vergleichen, der darüber entscheidet, ob die Gene des Lactosestoffwechsels transkribiert werden oder nicht. Promotor, Operator und die von ihnen kontrollierten Gene bilden eine Funktionseinheit, das *Operon*. Beim lac-Operon schaltet das Substrat Lactose die Synthese an, man spricht von *Substratinduktion*.

Endproduktrepression

Bei der *Endproduktrepression* bewirkt die ausreichende Konzentration des Endprodukts, dass der Syntheseweg abgeschaltet wird. Durch eine solche *negative Rückkopplung* wird verhindert, dass mehr produziert wird als nötig.

Die Synthese der Aminosäure Tryptophan ist ein solcher negativ rückgekoppelter Vorgang (s. Abb. 3). Durch ein Regulatorgen wird ein Repressorprotein erzeugt, das inaktiv ist, es bindet nicht an seinen Operator auf der DNA. Die Gene, die für die Enzyme des Tryptophanstoffwechselwegs codieren, werden ungehindert in m-RNA transkribiert und diese dann translatiert (Abb. 3a).

Die Tryptophankonzentration steigt infolgedessen in der Zelle an, bis es immer wahrscheinlicher wird, dass ein Tryptophanmolekül mit einem Repressorprotein in Kontakt kommt und bindet. Der Repressor ändert daraufhin seine Raumstruktur, wird aktiviert und lagert sich an seinen Operator an. Das Tryptophanoperon wird blockiert, die Transkription der Strukturgene wird gestoppt, die Tryptophansynthese kommt zum Erliegen (Abb. 3b). Bei fallendem Tryptophanspiegel löst sich das Tryptophanmolekül wieder vom Repressorprotein, die Blockade ist reversibel. So wird die Tryptophankonzentration relativ konstant gehalten.

Zettelkasten

DNA-bindende Regulatorproteine

DNA-bindende Regulatorproteine, wie zum Beispiel Repressorproteine, binden an bestimmte DNA-Abschnitte und regulieren so die Transkription eines Gens. Regulatorproteine erkennen dabei spezifisch bestimmte DNA-Sequenzen. Die Proteinoberfläche und die speziellen Oberflächeneigenschaften der DNA-Doppelhelix passen in diesem Bereich genau zusammen (s. Abbildung).

Das Protein bildet Wasserstoffbrücken, Ionenbindungen oder hydrophobe Wechselwirkungen mit den Basen aus, ohne dabei die komplementäre Basenpaarung der DNA zu stören.

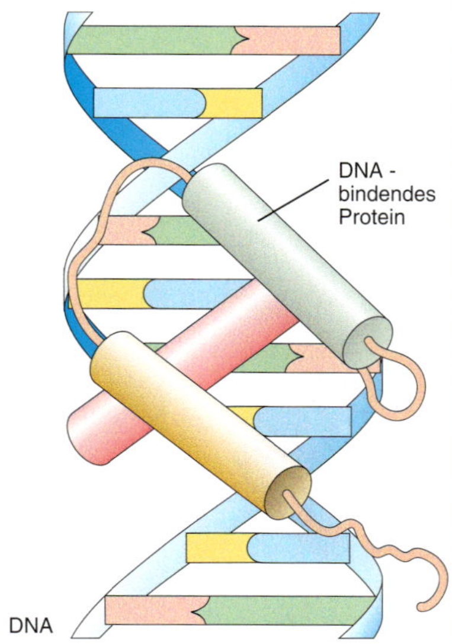

Arabidopsis thaliana (Ackerschmalwand)
2n = 10 Chromosomen
115 500 000 Basenpaare
ca. 29 000 Gene
ca. 1800 Transkriptionsfaktoren

Ackerschmalwand (Wildtyp)

Vom Genotyp zum Phänotyp

Um zu untersuchen, wie die Basensequenz der DNA letztlich zum sichtbaren Merkmal eines Organismus führt, braucht man einen geeigneten Modellorganismus. Die *Ackerschmalwand (Arabidopsis thaliana)* ist ein unscheinbares Wildkraut aus der Familie der Kohlgewächse *(Kreuzblütler)*. Es hat in den letzten Jahren Karriere in den Genlabors gemacht, unter den Pflanzen nimmt es damit in der Genetik eine Rolle ein, die Taufliegen *(Drosophila melanogaster)* bei den Versuchstieren hatten.

Verschiedene Eigenschaften machen Arabidopsis zu einer idealen Pflanze für Kreuzungsexperimente: Im Labor können viele Individuen auf engem Raum (etwa 300 Pflanzen pro Quadratmeter) gezogen werden. Die Pflanze wird etwa 20 cm hoch, ihre behaarten Blätter bilden eine bodennahe Rosette. Die kleinen Blüten bilden Blütenstände und sind leicht künstlich zu bestäuben, auch Selbstbestäubung ist möglich. Bei 25 °C und Dauerlicht erreichen die Pflanzen schon nach 6 Wochen Samenreife und bilden kleine Schoten mit je 30 bis 50 Samen. Eine einzige Pflanze bringt etwa 10 000 Samen hervor, die leicht auf Blumenerde oder Zuchtmedien keimen. Die Ackerschmalwand wird schon seit Jahren in der botanischen Forschung verwendet, daher sind viele phänotypische Varianten bekannt. Zahllose weitere Varianten wurden durch zufällige Änderungen am Genom *(Mutationen)* künstlich erzeugt (Abb. 1).

Im Jahr 2000 war Arabidopsis die erste Pflanzenart, deren DNA vollständig sequenziert werden konnte. Das Genom von Arabidopsis ist sehr übersichtlich, es ist deutlich kleiner als das der Taufliege und enthält etwa 29 000 für Proteine codierende Gene (s. Randspalte). Die Genexpression wird auch hier von Proteinen kontrolliert, die an bestimmte DNA-Sequenzen *(Promotoren)* binden. Solche *Transkriptionsfaktoren* sind gewissermaßen Schalter im Genom, die über Ablesen und Nichtablesen von DNA-Abschnitten entscheiden (▶ Steuerung und Regelung S. 354).

Gene müssen nicht nur im Verlauf der Entwicklung eines Organismus rechtzeitig angeschaltet und abgelesen werden, sondern sie können auch als Antwort auf äußere Reize aktiv werden. Dabei kann es sich um unterschiedlichste Faktoren wie Trockenheit, UV-Bestrahlung, Licht, Hitze, Kälte, Mineralstoffmangel, Giftstoffe im Boden oder um den Angriff eines Pilzes oder Bakteriums handeln.

2 Ackerschmalwand bei Trockenheit

1 a) Varianten der Ackerschmalwand in Blattbehaarung (links Wildtyp)

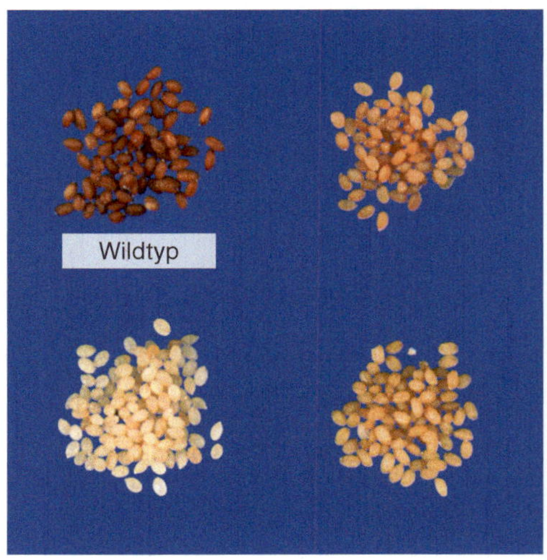

1 b) Samenfarbe

Die Funktion eines Gens lässt sich oft eingrenzen, wenn man es ausschaltet und untersucht, wie sich sein Fehlen auf Aussehen und Entwicklung auswirkt. In der botanischen Genomforschung sucht man dazu aus der Vielzahl vorhandener Varianten diejenige mit dem fehlenden Gen heraus und beobachtet deren Wachstum und Gestalt. Der Bestand an m-RNA in einem Gewebe ist ein Maß für die Gesamtheit der in einem Gewebe aktiven Gene, er lässt sich ebenso wie der Proteinbestand mit automatisierten Verfahren ermitteln. Ein Vergleich mit der unveränderten Pflanze *(Wildtyp)* zeigt, welche Gene z. B. an der Bildung von Haaren oder Farbstoffen beteiligt sind. So erfährt man etwas über die Funktion der Gene und der zugehörigen Proteine.

Auf diese Weise fand man bei Arabidopsis ein Gen, das bei Wassermangel besonders intensiv abgelesen wird. Das Dürre-Gen lässt Pflanzen mit bestimmten Giftstoffen besser fertig werden, die im trockenen Boden vermehrt anfallen. Pflanzenvarianten, bei denen dieses Gen künstlich überaktiviert wird, gedeihen bei Trockenheit besser als der Wildtyp (Abb. 2). Andere Ackerschmalwand-Varianten färben sich bei erhöhten Stickstoffdioxid-Konzentrationen rötlich. Möglicherweise könnte das die Minenräumung in Zukunft effizienter gestalten, denn dieses Gas zeigt Landminen an.

Die Gensequenzen von Arabidopsis sind in Datenbanken weltweit frei zugänglich. Sie tragen auch zum Verständnis von Nutzpflanzen bei, denn verwandte Arten wie Raps oder Kohl besitzen oft vergleichbare Gene: Kennt man die Funktion eines Gens bei Arabidopsis, kann auf die Funktion des Gens der verwandten Art geschlossen werden.

Aufgabe

① Erklären Sie, warum das gezielte An- oder Ausschalten von Genen beim Menschen mittels Substanzen schwierig ist.

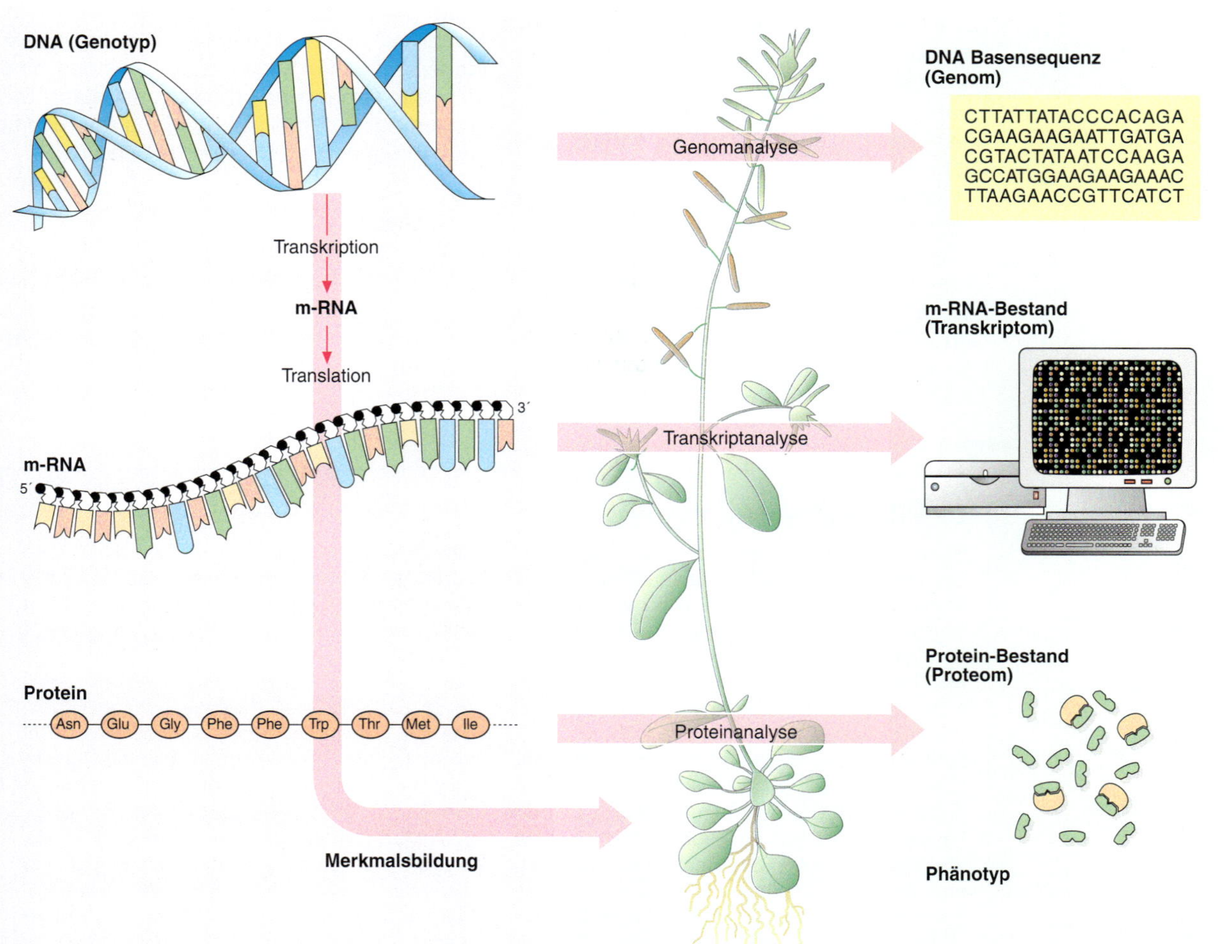

3 Prinzip der Genomforschung

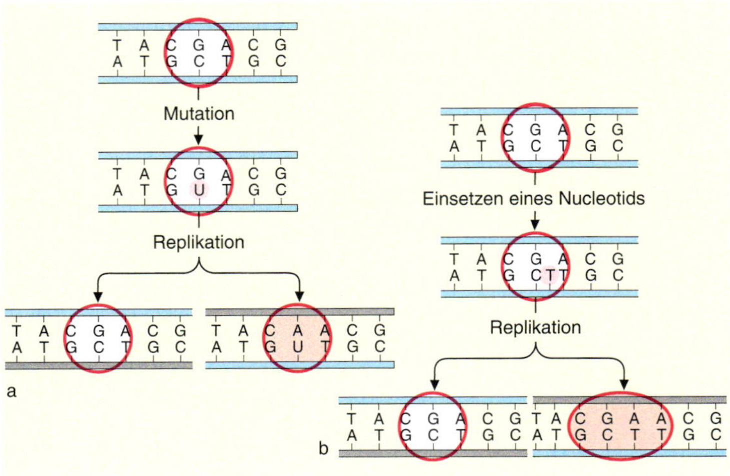

1 Punktmutationen (a) und Leserastermutationen (b)

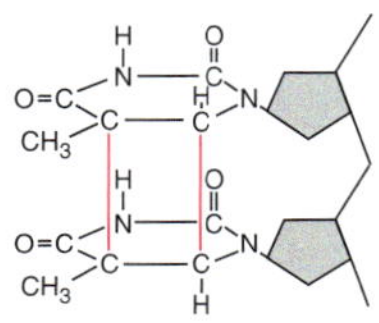

Thymindimere

DNA-Schäden und Reparatur

Mutationen sind Veränderungen der genetischen Information. Sie werden verursacht durch *Mutagene*, wie z. B. UV-Strahlung und Chemikalien, aber sie treten aufgrund der chemischen Labilität der DNA-Bausteine auch spontan auf. Mutationen sind ungerichtet, es ist nicht vorhersagbar, an welcher Stelle des Genoms sie eintreten.

Untersuchungen an Bakterienkulturen haben gezeigt, dass auf 1 000 000 Gene in einer Generation etwa 1 – 10 spontane Mutationen kommen. *Mutationen* können ein einzelnes Gen *(Genmutation)*, die Struktur eines Chromosoms *(Chromosomenmutation)* oder die Chromosomenanzahl *(Genommutation)* betreffen (▶ Struktur und Funktion S. 348).

Genmutationen

Genmutationen sind auf der Ebene eines einzelnen Gens wirksam. Man unterscheidet *Punktmutationen* und *Leserastermutationen*. Bei einer Punktmutation wird eine einzelne Base ausgetauscht. Bei Bakterien sind rund 70 % aller Mutationen Punktmutationen, die meisten Mangelmutanten beruhen darauf. Durch den Austausch einer DNA-Base ist die Aminosäuresequenz des codierten Enzyms verändert, es ist meistens funktionsuntüchtig. Bei einer Leserastermutation werden Basen zusätzlich eingefügt *(Insertion)* oder entfernt *(Deletion)*. In beiden Fällen wird das Leseraster des m-RNA-Triplettcodes verschoben, wenn es sich nicht um drei Basen oder ein Vielfaches davon handelt. Es resultiert ein völlig anderes Protein. Während Genmutationen bei haploiden Bakterien auf den Phänotyp durchschlagen, sind diploide Organismen besser geschützt: Die unveränderte Variante des Gens übernimmt die Aufgabe des mutierten (s. Seite 161).

Aufgabe

① Eine Punktmutation wirkt sich nicht immer aus *(stumme Mutation)*. Zeigen Sie dies an einem Beispiel (siehe auch Seite 146).

Zettelkasten

DNA-Reparaturmechanismen

Spezielle DNA-Polymerasen sind in der Lage, ein fälschlicherweise eingebautes, also nicht komplementäres Nucleotid, vom neu synthetisierten Strang wieder abzuspalten. Diese Reaktion findet während der Replikation statt, wenn die Base keine Wasserstoffbrückenbindungen zum Matrizenstrang ausbilden kann.

UV-Licht wird von den Purin- und Pyrimidinringsystemen der DNA-Basen absorbiert. Benachbarte Thymine verbinden sich dann oft kovalent zu Dimeren (s. Randspalte), die keine Wasserstoffbrücken zu Adenin ausbilden können. Bleibt der Schaden unbemerkt, bricht die nächste Replikation an dieser Stelle ab. Das „Reparaturenzym“ *Photolyase* trennt Thymindimere wieder. Interessant ist, dass das Enzym durch sichtbares Licht aktiviert wird. In der Natur kommt UV-Licht nie ohne sichtbares Licht vor.

Die Base Guanin wird durch *Ethylmethansulfonat* (EMS) in O^6-Methylguanin umgewandelt, das mit Thymin anstatt mit Cytosin paart. Bei nachfolgenden Replikationen wird das Basenpaar G – C in A – T umgewandelt. In dem Bakterium E. coli macht das Enzym O^6-Methylguanin-DNA-Methyltransferase die chemische Veränderung des Guanins wieder rückgängig und verhindert so die Punktmutation. Bei Anwesenheit von EMS wird die Produktion des Entgiftungsenzyms induziert.

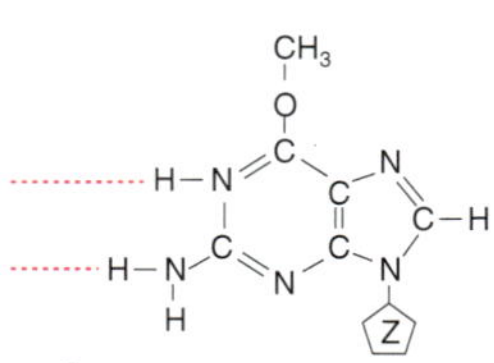

O^6-Methylguanin

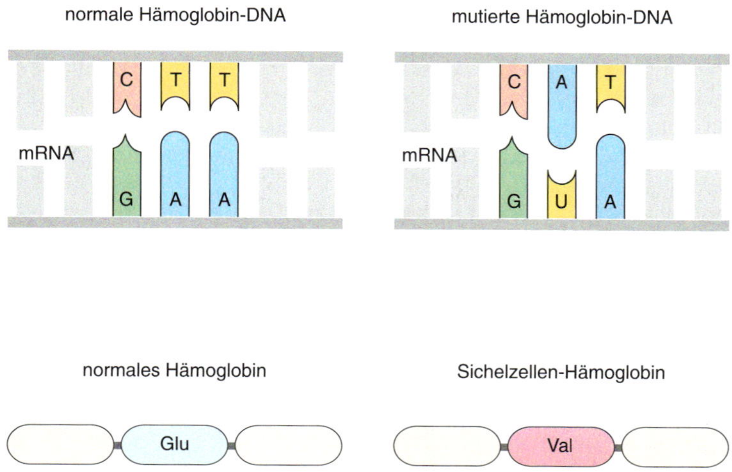

1 Punktmutation bei Sichelzellanämie

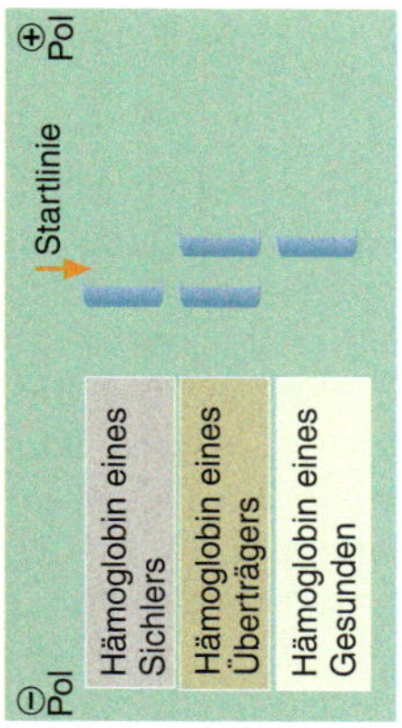

Elektrophorese-
ergebnis

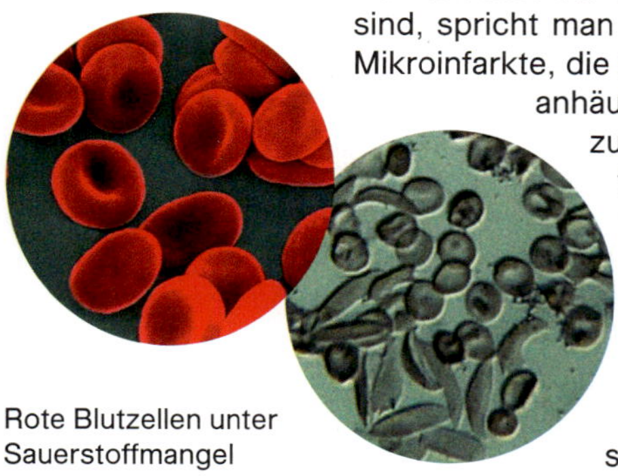

Rote Blutzellen unter
Sauerstoffmangel

Folgen einer Punktmutation

Bei einer *Punktmutation* ist eine der etwa sechs Milliarden Basen des Genoms verändert. Dies ist vergleichbar mit 100 Tonnen Reis, in denen ein einziges schwarzes Reiskorn liegt. Kann das Folgen haben? Wenn die Punktmutation zu einer Fehlsinnmutation führt, trifft dies durchaus zu, wie das Beispiel der Sichelzellkrankheit zeigen soll (▶ Variabilität und Angepasstheit S. 360).

Sichelzellkrankheit

Bei der Sichelzellkrankheit führt eine Fehlsinnmutation zu einer Veränderung der Hämoglobinstruktur (s. Seite 155). Das veränderte Hämoglobin nennt man *Sichelzellhämoglobin (HBS)*. Bei niedrigem Sauerstoffpartialdruck, d.h. im venösen Blut, führt die veränderte Löslichkeit des HBS zur Ausbildung von *Sichelzellerythrocyten* (s. Randspalte). Diese sind weniger verformbar als normale Erythrocyten, was in Kapillaren zu Gefäßverstopfungen führen kann. Da zunächst vor allem Kapillaren betroffen sind, spricht man von *Mikroinfarkten*. Viele Mikroinfarkte, die sich im Laufe des Lebens anhäufen, führen nicht selten zum Untergang der betroffen Organe. Grundsätzlich können alle Organe betroffen sein, häufig sind Nieren-, Milz- und Lungeninfarkte sowie Schlaganfälle, an denen die Patienten im Erwachsenenalter dann meist versterben.

Die Sichelzellform der Erythrocyten führt zu einem verstärkten Abbau der Sichelzellerythrocyten in der Milz, was zu einer Blutarmut führt. Daher nennt man die Sichelzellkrankheit auch *Sichelzellanämie*. Die Anämie kann durch Bluttransfusionen behandelt werden. Gegen die Mikroinfarkte gibt es keine wirkliche Therapie, allerdings wirken Medikamente, die die Blutgerinnung hemmen, lebensverlängernd.

Molekularbiologische Sichelzellanämie

Bei der Sichelzellanämie führt die Punktmutation zum Austausch einer Aminosäure (*Fehlsinnmutation)* auf einer Kette des Hämoglobins (Abb. 1). Die Aminosäure Glutaminsäure wird dabei durch die Aminosäure Valin ersetzt. Bei der Aminosäure Glutaminsäure handelt es sich um eine saure, hydrophile Aminosäure, bei dem Valin um eine unpolare hydrophobe (s. Seite 43). Der Austausch dieser hydrophilen Aminosäure gegen die hydrophobe verändert die Löslichkeit der Kette des Hämoglobins. Bei niedrigem Sauerstoffpartialdruck kristallisiert dieses HBS und führt zur Sichelform der Erythrocyten.

Sichelzellanämie als Vorteil

Homozygot vorliegende Sichelzellanämie ist regelmäßig mit einer verminderten Lebenserwartung verbunden. In Malariagebieten fand man allerdings auffallend häufig Menschen mit heterozygoter Sichelzellanämie. Da es sich um eine autosomal rezessive Krankheit handelt, haben bezüglich der Krankheit Heterozygote Symptome nur bei starkem Sauerstoffmangel. Ihre Lebenserwartung ist normal. Wie sich herausstellte, bietet die Sichelzellanämie einen gewissen Schutz gegen eine Form der Malaria.

Aufgaben

① Die Sichelzellanämie ist eine autosomal rezessiv vererbbare Krankheit. Diagnostisch wird häufig eine Hämoglobinelektrophorese genutzt (s. Randspalte). Erklären Sie das Zustandekommen der einzelnen Banden.

② Finden Sie mithilfe der Codesonne (s. Seite 146) mehrere Möglichkeiten für folgenlose (stille) Punktmutationen.

③ Eine weitere Form der Mutation ist die sogenannte *Rasterschubmutation*, bei der eine einzelne Base insertiert (zusätzlich eingefügt) oder deletiert (aus der DNA entfernt) ist. Diskutieren Sie die Folgen dieser Mutation.

Krebs – eine Folge fehlgesteuerter Gene?

Tumor
Geschwulst

Onkogen
(griech. onkos: Geschwulst)
Krebsgen

Proto-Onkogen
Gen, das für ein Protein codiert, das die Zellteilung fördert. Durch Mutation kann daraus ein Onkogen entstehen.

Tumorsuppressorgen
Gen, das für ein Protein codiert, das die Zellteilung hemmt

Nach Herz-Kreislauf-Erkrankungen ist Krebs in den Industriestaaten eine der häufigsten Todesursachen. Krebs ist eine Sammelbezeichnung für bösartige *Tumoren*, also für bösartige Geschwulste von Körpergewebe, in denen sich Zellen unkontrolliert teilen und ihre normale Funktion verlieren. Tumoren verdrängen durch ihr Wuchern das gesunde Gewebe und entziehen dem Organismus lebensnotwendige Nährstoffe für ihren eigenen übersteigerten Stoffwechsel. Nicht jeder Tumor ist als Krebs anzusehen. *Gutartige Tumoren* wachsen sehr langsam und dringen nicht in das umgebende Gewebe ein. Sie sind daher nicht unbedingt lebensbedrohend und können chirurgisch entfernt werden. *Bösartige Tumoren* dringen dagegen in das umgebende Gewebe ein. Zellen können sich aus der Krebsgeschwulst lösen und über Blut- und Lymphsystem in andere Bereiche des Körpers gelangen. Dort bilden sie dann Tochtergeschwulste, die als *Metastasen* bezeichnet werden.

Bei gesunden Zellen regeln bestimmte Gene Zeitpunkt und Häufigkeit der Zellteilungen. Mutationen, welche die Expression dieser Gene verändern, heben diese Kontrollmechanismen auf. Sie führen dazu, dass Krebszellen sich unablässig teilen, ohne sich zu differenzieren und als Gewebe zu ordnen.

Mutationen in zwei großen Gengruppen können zu Krebs führen:

- *Proto-Onkogene* codieren für Proteine, die normalerweise die Zellteilung fördern. Kommt es zu einer Mutation, so wird das Protein entweder in übermäßig großer Menge gebildet oder es entsteht eine aktivere Form desselben Proteins. Dies hat eine übermäßige Zellteilung zur Folge: ein Krebsgen, ein *Onkogen*, ist entstanden.
- *Tumorsuppressorgene* codieren für Proteine, die die Zellteilung unterdrücken. Ein Wegfall der Hemmung führt ebenfalls zu einer erhöhten Zellteilungsrate. Krebs kann nur entstehen, wenn beide Allele eines Gens mutiert sind.

Krebs entsteht, wenn sich in einer Zelle Mutationen anhäufen, die Proto-Onkogene aktivieren oder Tumorsuppressorgene inaktivieren. Die meisten Mutationen haben ihre Ursache in Umwelteinflüssen, wie der Einwirkung krebserregender Substanzen oder energiereicher Strahlung wie Röntgen-, UV- oder radioaktiver Strahlung (s. S. 165). Auch bestimmte Viren können Krebs auslösen.

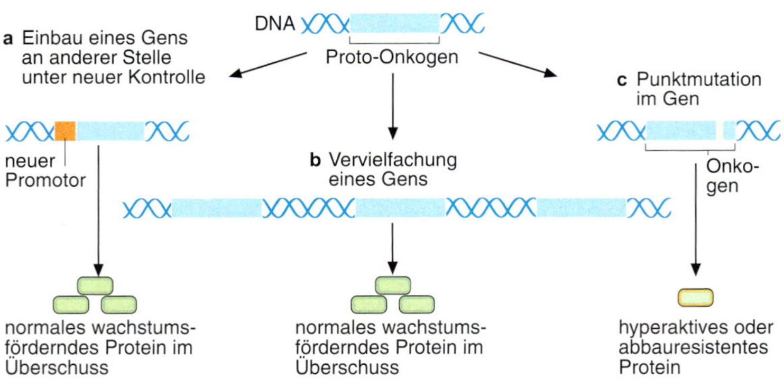

1 Entstehung von Onkogenen

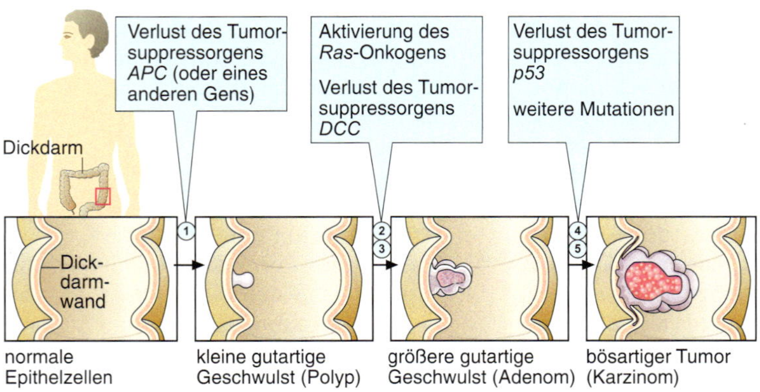

2 Entstehung von Dickdarmkrebs

Verschiedene Mutationsereignisse können ein Proto-Onkogen in ein Onkogen verwandeln (s. Abb. 1). Abgebrochene Chromosomenfragmente können an anderer Stelle eingebaut werden, so kann ein Gen unter den Einfluss eines aktiveren Promotors gelangen (a). Ein Gen kann vervielfacht werden und liegt dann in Form vieler Kopien in der Zelle vor (b). Punktmutationen können zur Synthese aktiverer oder abbauresistenter Proteine führen (c).

Im Allgemeinen wird mehr als eine Mutation benötigt, um alle Veränderungen herbeizuführen, die Krebszellen charakterisieren. Dies erklärt, weshalb die Krebsanfälligkeit mit dem Alter ansteigt. Je älter man wird, desto mehr Mutationen häufen sich an, desto höher wird die Wahrscheinlichkeit, dass einzelne Zellen alle notwendigen Mutationen erfahren.

Inzwischen sind eine Reihe gefährdeter Gene und ihre Aufgaben in der Zelle bekannt. Das *Ras-Onkogen* spielt eine bedeutende

Rolle für die Entstehung von Dickdarmkrebs, der häufigsten Krebsart. Das Proto-Onkogen auf Chromosom 12 codiert für das Protein *Ras*, das Teil einer intrazellulären Signalkette ist, die zum Anschalten bestimmter Gene und letztlich zur Zellteilung führt. Ein membrangebundener Rezeptor bindet normalerweise einen Wachstumsfaktor an der Zellaußenseite und aktiviert daraufhin das Ras-Protein als ersten Schritt der Signalkette (s. Abb. 3a). Durch eine Mutation wird ein verändertes Ras-Protein gebildet. Dieses ist dauernd aktiv und setzt die Signalkette auch ohne äußeres Signal in Gang. Die Zelle teilt sich unkontrolliert und es bilden sich zunächst gutartige Wucherungen. Weitere Mutationen führen dann zu Krebs.

Die kanzerogene Wirkung von Rauchen wird unter anderem auf eine Punktmutation des *Gens p53* auf dem Chromosom 17 zurückgeführt. Es handelt sich um ein Tumorsuppressorgen, das die Entartung von Zellen verhindert. Das codierte Protein *p53* ist ein Transkriptionsfaktor. Ist die DNA einer Zelle geschädigt, wird er aktiviert und bewirkt die Synthese eines Proteins, das die Zellteilung stoppt. So kann der DNA-Schaden entweder repariert oder die Apoptose der betroffenen Zelle eingeleitet werden (s. S.164). Kann das Protein p53 aufgrund einer Mutation nicht oder nicht korrekt gebildet werden, teilen sich auch geschädigte Zellen ungehemmt und bilden Tumoren (s. Abb. 3b). Bei 60 % aller Tumoren ist dieses Gen mutiert.

Wachstumsfaktoren
Proteine, die von Membranrezeptoren gebunden werden und so eine intrazelluläre Signalkette in Gang setzen, an deren Ende das An- oder Abschalten bestimmter Gene steht

Aufgaben

① Begründen Sie, weshalb Mutationen in Proto-Onkogenen dominant vererbt werden, während Mutationen in Tumorsuppressorgenen rezessiv vererbt werden, ein Effekt also nur dann auftritt, wenn beide Allele des Gens verändert sind.

② Erklären Sie, weshalb Krebs in manchen Familien gehäuft auftritt.

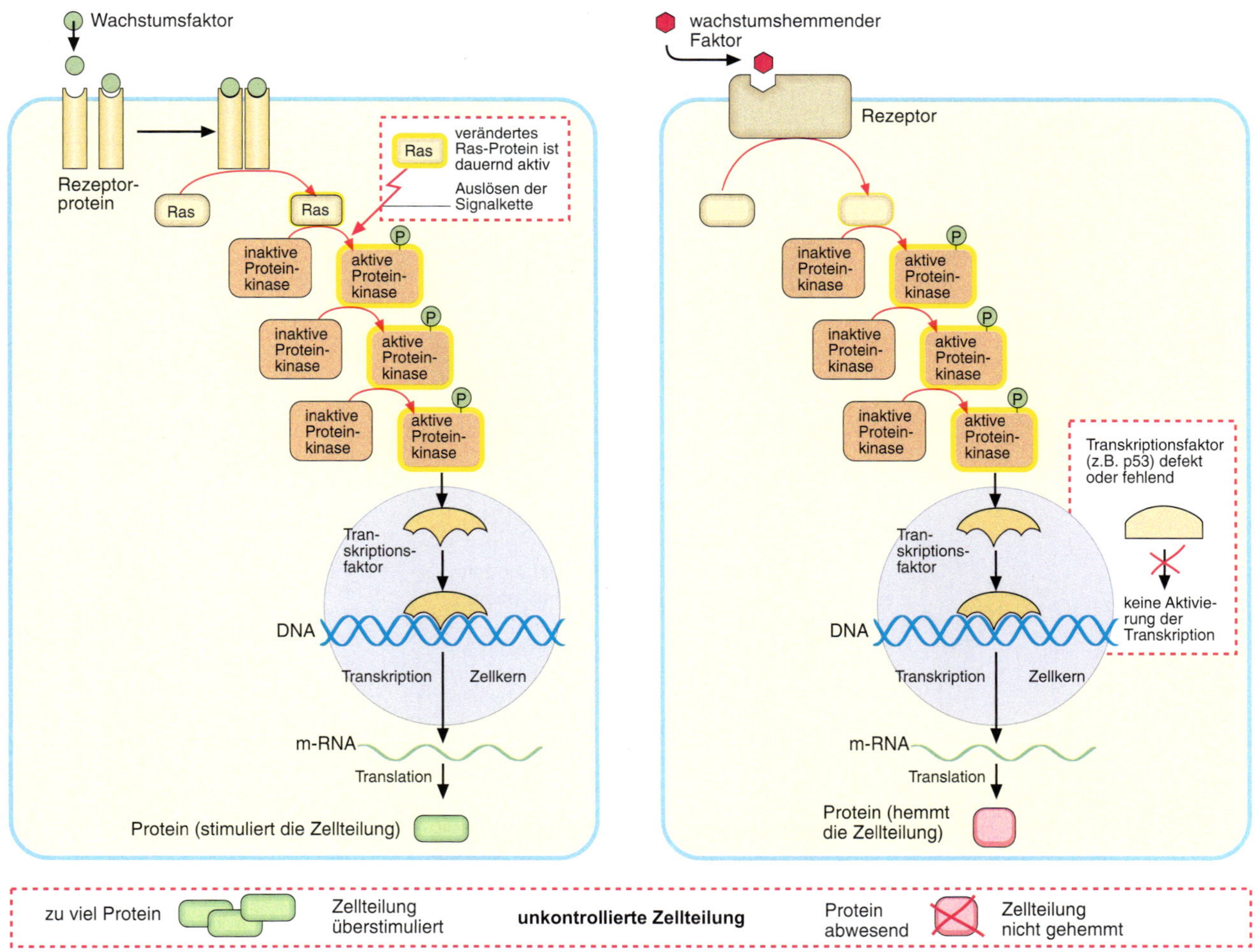

3a) Wachstumsfördender Signalübertragungsweg

b) Wachstumshemmender Signalübertragungsweg

Material

Programmierter Zelltod

Typen des Zelltodes

Einem erwachsenen Frosch fehlt der Schwanz der Kaulquappe. Er wurde nicht etwa abgeworfen, sondern „zurückgebildet“, d. h. die Zellen wurden in einem geordneten Prozess abgebaut und ihre Bestandteile dem Organismus zugeführt. Dieser genetisch gesteuerte (programmierte) Zelltod *(Apoptose)* formt ebenso wie die Zellteilung Gewebe und Organe. Durch Apoptose werden überflüssige, beschädigte, infizierte oder anders veränderte Zellen beseitigt. Weist das genetische Programm für den Zelltod Fehler auf, kann das zu Krankheiten und Fehlentwicklungen führen. Es gilt heute als gesichert, dass zu viele Apoptose-Vorgänge Schlaganfall, Herzinsuffizienz, Alzheimer und Parkinson begünstigen. Zu wenig Apoptose lässt Zellen ungehindert wachsen und fördert die Krebs- und Tumorbildung. Mediziner hoffen auf eine pharmakologische Kontrolle des Zelltodes und der damit verbundenen Krankheiten.

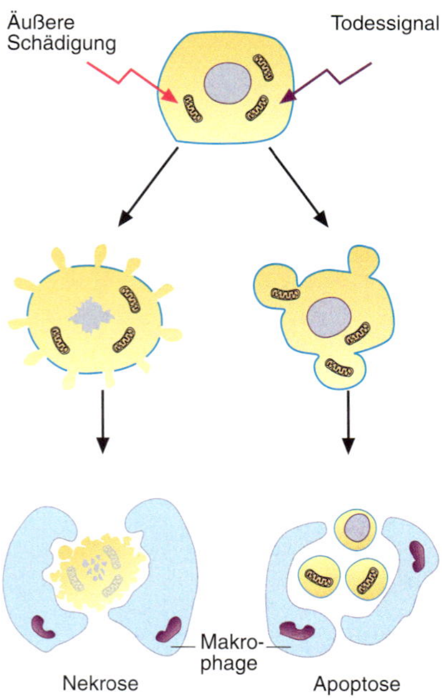

1 Vergleich Nekrose/ Apoptose

Aufgaben

① Zellen sterben auch nach Gewalteinwirkung oder Verbrennung. Erläutern Sie anhand Abb. 1, wie sich dieser als *Nekrose* bezeichnete Zelltod von der Apoptose unterscheidet.

② Die Nekrose wird oft einem „Mord“, die Apoptose einem „Selbstmord“ gleichgesetzt. Erklären Sie.

Formgebung durch Apoptose

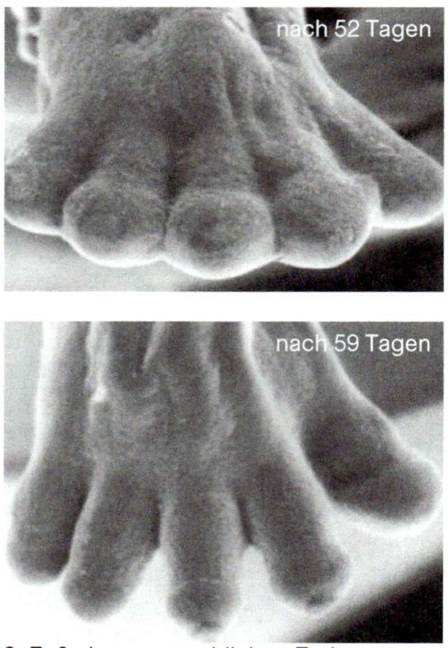

2 Fuß eines menschlichen Embryos

Aufgaben

③ Beschreiben Sie die Entwicklung des menschlichen Fußes und bringen Sie diese Entwicklung mit der Apoptose in Zusammenhang (Abb. 1).

④ Bei vielen Tieren werden in der Entwicklung Zell- und Gewebeteile zurückgebildet. Nennen Sie Beispiele, für die Apoptose verantwortlich sein könnte.

Ablauf der Apoptose

Die Apoptose lässt sich in drei Hauptphasen unterteilen: In der ersten Phase aktiviert ein von außen kommendes Signal (zellschädigende Stoffe, Entzug von Zellkontakten, Wachstumsfaktoren oder Hormonen) oder ein intrazellulärer Prozess (Fehler im Zellzyklus, DNA-Schädigung) das Apoptose-Programm. In der betroffenen Zelle bewirkt das Kontrollprotein p 53 die Synthese von Apoptose fördernden Genprodukten, sodass diese gegenüber den Apoptose hemmenden Stoffen überwiegen. p 53 fällt damit das Todesurteil über die Zelle, indem abbauende Enzyme aktiviert werden. In der zweiten Phase wird die Zelle zerstört: Bestimmte Proteasen zerlegen die Proteine, Nucleasen zerlegen die DNA. In der dritten Phase schnüren sich von der sterbenden Zelle membranumschlossene Vesikel ab, die dann von Makrophagen aufgenommen und verdaut werden.

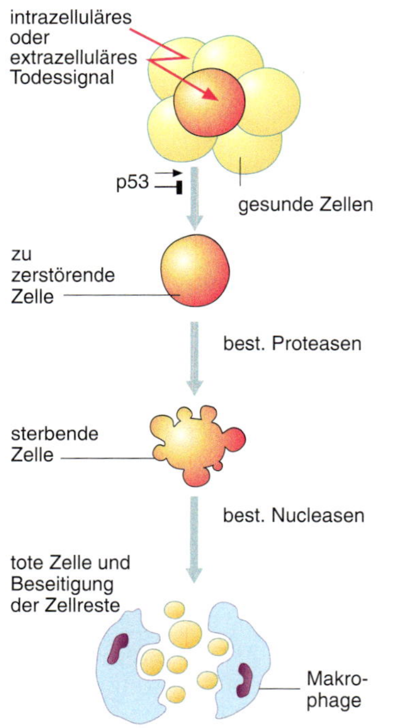

3 Hauptphasen der Apoptose

Aufgaben

⑤ Beim Menschen wird p 53 von einem Gen auf Chromosom 17 codiert. Es wird als Tumorsuppressorgen bezeichnet, verhindert also die Entstehung von Krebs. Erklären Sie diese Wirkung.

⑥ Krebs auslösende Viren bilden ein Protein, das an p 53 bindet und es dadurch inaktiviert. Inwieweit begünstigt das die Vermehrung der Viren?

⑦ Rote Blutzellen besitzen keinen Zellkern und sind sehr kurzlebig. Warum werden gealterte Rote Blutzellen nicht durch Apoptose, sondern in einem speziellen Organ, der Leber, vernichtet?

Lexikon

Mutagene

Mutagene lösen Mutationen bei allen Lebewesen im Prinzip nach dem gleichen Mechanismus aus. Dafür sprechen experimentelle Befunde, aber auch die Tatsache, dass die DNA Träger der Gene ist und als Makromolekül gleichartig reagiert. Mutationen in Körperzellen können Zellen so schwer schädigen, dass sie absterben. Der Zellverlust kann durch Teilung benachbarter Zellen ausgeglichen werden. Sind allerdings Gene betroffen, die das Wachstum der Zelle kontrollieren, können sich Tumoren bilden. Mutationen in Keimzellen hingegen haben für den betroffenen Organismus keine Konsequenzen, aber für seine Nachkommen.

Chemische Mutagene

Basenanaloga sind basenähnliche Stoffe, die bei der Replikation als Platzhalter fungieren. 5-Bromuracil (5BU) leitet sich von Thymin ab, dessen Methylgruppe durch Brom ersetzt wurde. 5BU wird bei der Replikation anstelle des Thymins eingebaut. 5BU kann erwartungsgemäß mit A paaren, nach spontaner chemischer Umlagerung aber auch mit G. Geschieht dies

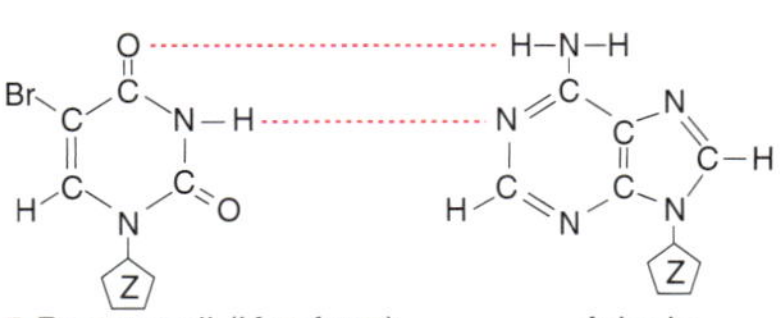

5-Bromuracil (Ketoform) Adenin

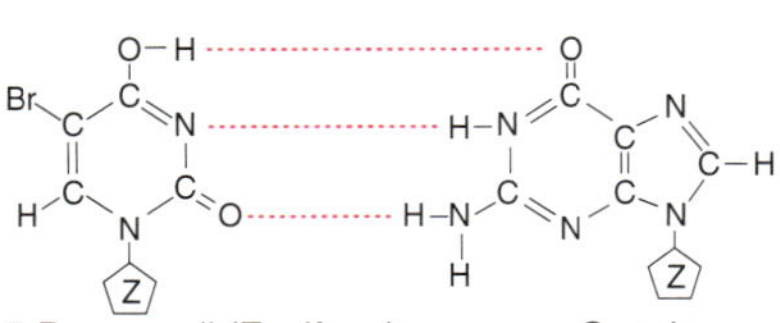

5-Bromuracil (Enolform) Guanin

während der Replikation, weist eines der DNA-Tochtermoleküle ein 5BU – G- anstelle des ursprünglichen A – T-Basenpaares auf. Nach einer weiteren Replikation trägt das Tochtermolekül mit dem G – C-Paar eine Punktmutation, die es bei den folgenden Replikationen weitergibt.

Ethidiumbromid (EB) ist ein Farbstoff zur Sichtbarmachung von DNA-Banden im Elektrophorese-Gel. Das EB-Molekül hat die Abmessungen eines Basenpaares und kann sich zwischen DNA-Basenpaare schieben. Dadurch wird die Doppelhelix gedehnt und entwunden. An den entsprechenden Stellen kommt es oft zum Abbruch der DNA-Replikation; zudem werden häufig Nucleotide zusätzlich eingebaut, es kann eine Leserastermutation resultieren (s. Seite 160). Mit EB gefärbte Elektrophorese-Gele müssen als Sondermüll entsorgt werden. Ganz ähnlich wie EB wirkt auch der im Zigarettenrauch enthaltene Teerstoff *Benzanthracen*.

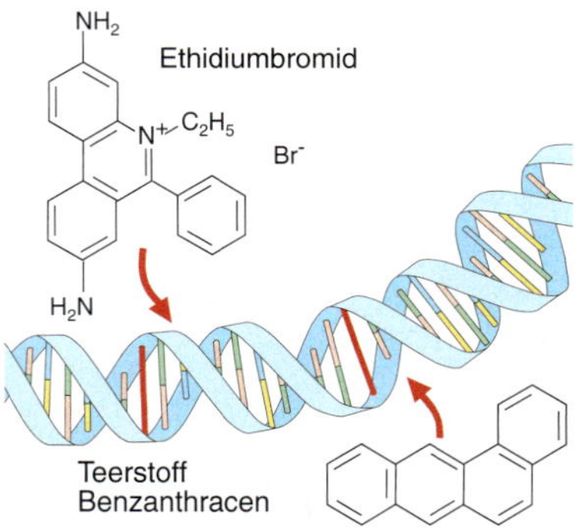

Physikalische Mutagene

Wärme ist eines der wichtigsten Mutagene. Unter Wärmeeinwirkung werden die Bindungen zwischen Purinbasen (A, G) und ihren Zuckern gespalten. Depurinierte DNA-Bereiche, die nicht repariert werden, können bei der Replikation Punktmutationen oder Deletionen verursachen. Man schätzt, dass pro Tag in jeder menschlichen Zelle bis zu 10 000 depurinierte Stellen entstehen können.

Strahlung

Röntgen- und **Gammastrahlung** sowie **korpuskuläre Strahlen** (Alpha-, Betastrahlen) geben beim Eindringen in Zellen Energie ab. Trifft die Strahlung auf ein Makromolekül wie die DNA, können die Folgen drastisch ausfallen. Es werden Strangbrüche, kovalente Verknüpfungen zwischen Nucleotiden und Zerstörung der DNA-Basen beobachtet. Indirekte Schäden entstehen, wenn die Strahlung mit zellulären Wassermolekülen reagiert. Dabei werden Hydroxyl-Radikale (·OH) freigesetzt, die oxidative DNA-Schäden verursachen.

Strahlenforscher haben rund 100 verschiedene durch ionisierende Strahlung gebildete Reaktionsprodukte von DNA-Nucleotiden identifiziert, darunter auch 8-Oxoguanin (8-OxoG). Während der Replikation kann gegenüber einem 8-OxoG am Matrizenstrang sowohl ein Cytosin als auch ein Adenin-Nucleotid eingebaut werden.

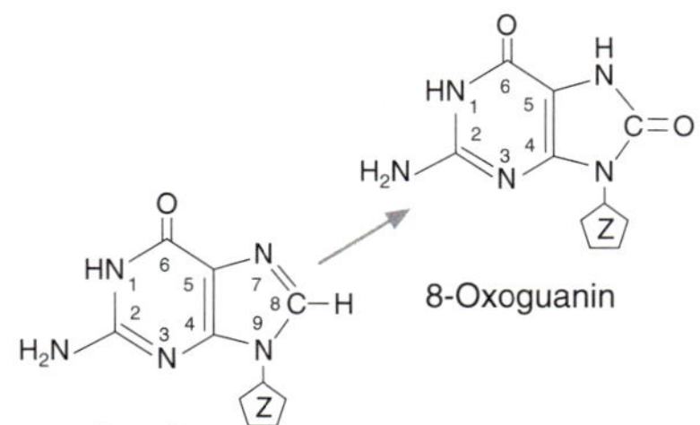

Guanin 8-Oxoguanin

Mutagenitätstest nach Ames

B. N. Ames entwickelte 1970 einen einfachen *Mutagenitätstest* mit einem Stamm des Bakteriums *Salmonella typhimurium*, der aufgrund einer Punktmutation die Aminosäure Histidin nicht bilden kann. Auf Nährböden ohne Histidin kann die Mangelmutante nicht wachsen, also keine Kolonien bilden. Gibt man mutagene Substanzen auf die Nährböden, kommt es vereinzelt zu *Rückmutationen*. Deren Zahl kann an der Kolonienzahl auf der Agarplatte direkt abgelesen werden. Je stärker die Mutagenität einer zu testenden Chemikalie ist, desto größer ist die Zahl der Kolonien nach dem Einwirken. Bei der Beurteilung von Chemikalien muss allerdings bedacht werden, dass viele Ausgangsverbindungen erst durch den Stoffwechsel der Leber in Mutagene verwandelt werden.

Der im Zigarettenrauch enthaltene Teerstoff Benzpyren z. B. wird in der Leber durch Oxidation so abgewandelt, dass er sich zwischen Basenpaare und DNA schieben kann. Deswegen werden zu testende Chemikalien mit einem Leberextrakt vorbehandelt, um deren Mutagenität im menschlichen Körper (in vivo) abschätzen zu können.

DNA-Vervielfältigung und Auftrennung

PCR
(polymerase chain reaction)
Verfahren zur Vervielfältigung von DNA

Taq-Polymerase
Hitzeunempfindliche DNA-Polymerase aus *Thermus aquaticus*

1 Pietrain-Schwein

Bei der Schweinerasse Pietrain (s. Abb. 1) gibt es immer wieder sehr stressanfällige Tiere. Durch eine erhöhte Körpertemperatur und Muskelstarre kann es zum Tod der Tiere kommen. Ursache für dieses *Maligne Hyperthermie-Syndrom (MHS)* ist eine Mutation.

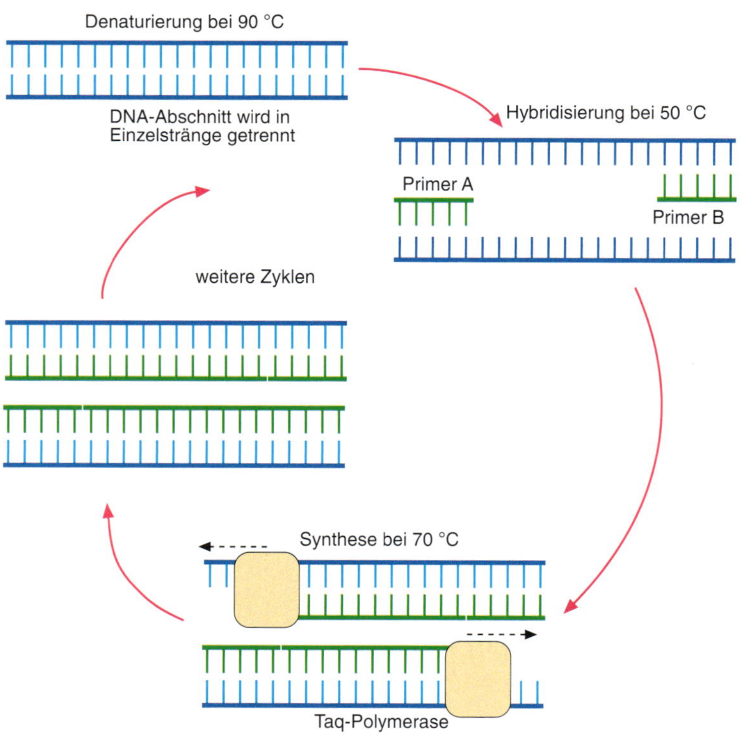

2 Polymerase-Kettenreaktion (PCR)

Nur rezessive Tiere mit zwei veränderten Allelen zeigen das Maligne Hyperthermie-Syndrom. Heterozygote Tiere zeigen keine Symptome, können aber bei der Kreuzung kranke Nachkommen erzeugen. Um heterozygote Tiere von der Zucht auszuschließen, wurde ein Gentest entwickelt. Dabei wird aus einer kleinen Gewebeprobe der Genausschnitt isoliert, vervielfältigt und analysiert.

Polymerasekettenreaktion (PCR)

Mit der von K. Mullis 1983 entwickelten *Polymerasekettenreaktion (PCR)* kann der DNA-Abschnitt mit dem Gen beliebig oft kopiert werden (s. Abb. 2). Eine PCR besteht aus einer mehrfachen Wiederholung von Zyklen. Bei jedem Zyklus wird ein DNA-Abschnitt kopiert und damit verdoppelt. Jeder Zyklus läuft in drei Schritten ab.

- *Denaturierung:* Zunächst wird doppelsträngige DNA bei hoher Temperatur (90° C) denaturiert, d.h. in Einzelstränge aufgetrennt.
- *Hybridisierung:* Nach dem Abkühlen auf etwa 50° C lagern sich Primer an die Einzelstränge an. Bei der PCR sind dies kurze DNA-Stücke, die komplementär auf Anfang und Ende des zu verdoppelnden DNA-Abschnitts passen. Erst die Anlagerung der Primer ermöglicht die DNA-Synthese durch die DNA-Polymerase.
- *Synthese:* Die Synthese der komplementären Stränge erfolgt bei 70° C. Die verwendete *Taq-Polymerase* hat ein Temperaturoptimum von 72° C. Sie wurde aus dem hitzeunempfindlichen Bakterium *Thermus aquaticus* gewonnen, das in heißen Quellen vorkommt.

Nach der Synthese ist die DNA wieder doppelsträngig. Ein neuer Zyklus kann beginnen. Nach n Zyklen liegen 2^n Kopien vor.

Heute wird die PCR automatisch in *Thermocyclern* durchgeführt. Kernstück ist ein Thermoblock, dessen Temperatur veränderbar ist. Temperatur, Dauer und Anzahl der Zyklen lassen sich programmieren und laufen automatisch ab. Nucleotidphosphate und passende Primer müssen zu Beginn in ausreichender Menge mit der DNA-Probe zugeführt werden. Je nach Länge des DNA-Strangs dauert ein Zyklus einige Sekunden bis wenige Minuten. Durch die Wahl der beiden Primer wird bestimmt, welcher DNA-Abschnitt vervielfältigt wird.

Restriktionsverdau

Nachdem der DNA-Abschnitt aus dem RYR1-Gen in ausreichender Menge vorliegt, kann untersucht werden, ob das Allel die für MHS verantwortliche Mutation enthält. Dazu werden die PCR-Produkte mit dem Restriktionsenzym Cfo I verdaut. Die Mutation betrifft die Schnittstelle dieses Restriktionsenzyms. Aufgrund der Mutation kann dieses Enzym das veränderte Allel nicht mehr schneiden. Bruchstücke entstehen also nur, wenn die DNA-Probe das Allel für MHS nicht enthält.

Gelelektrophorese

Mithilfe der *Gelelektrophorese* werden unterschiedlich lange DNA-Moleküle getrennt und nachgewiesen (Abb. 3). Dabei wird die DNA in Vertiefungen (Taschen) eines Gels gebracht und eine Gleichspannung angelegt. Wegen der negativ geladenen Phosphatgruppen wandert die DNA von der Kathode zur Anode. Das Gel enthält lange Molekülketten (z. B. Agarose), die wie ein Molekularsieb wirken. Je länger ein DNA-Molekül ist, desto langsamer kommt es im Gel voran.

Zwar besitzen größere DNA-Moleküle mehr negativ geladene Phosphatgruppen, aber die Bremswirkung des Gels nimmt wesentlich stärker zu. Gleichlange DNA-Fragmente legen in einer bestimmten Zeit gleiche Strecken zurück und bilden Banden. Durch Zugabe von *Ethidiumbromid* wird das Bandenmuster sichtbar. Dieser Farbstoff lagert sich zwischen zwei benachbarte Basenpaare der DNA ein. Diese Einlagerung hat zur Folge, dass der Farbstoff unter UV-Strahlung violett fluoresziert. Eingelagerte Farbstoffmoleküle behindern aber auch die Replikation der DNA und provozieren Rastermutationen.

Aufgaben

① Vergleichen Sie die PCR mit der DNA-Replikation in Zellen.
② Zeigen Sie durch ein Kreuzungsschema, wie oft bei der Zucht mit heterozygoten Schweinen Nachkommen mit MHS auftreten.
③ Bei der Entwicklung der PCR war die Methode noch sehr aufwändig, da MULLIS noch keine hitzeresistente DNA-Polymerase hatte. Erläutern Sie, wie er vorgegangen sein muss.
④ Erklären Sie, welche Eigenschaften die Primer haben müssen, damit die gesamte Schweine-DNA in die PCR gegeben werden kann und dennoch nur ein bestimmter DNA-Abschnitt vervielfältigt wird.
⑤ Erläutern Sie das Testergebnis in Abb.4 und geben Sie an, welche Tiere zur Zucht geeignet sind.
⑥ Erläutern Sie, warum Farbstoffe, die sich an DNA anlagern, oft krebserregend sind.

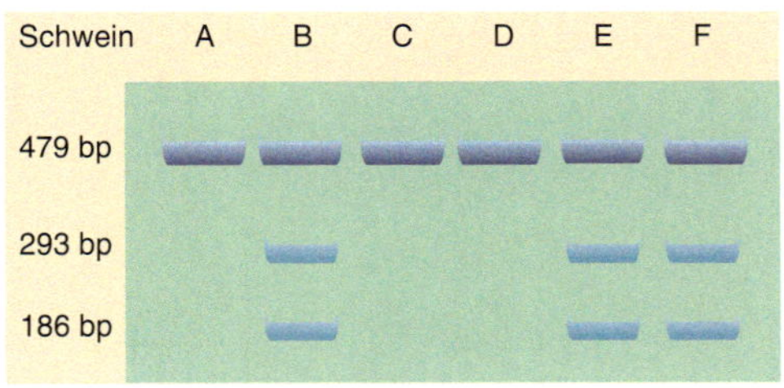

4 Ergebnis eines MHS-Tests

Gelelektrophorese
Verfahren zur Auftrennung von einem Gemisch aus Nucleinsäuren mit einem Gel

Ethidiumbromid
Farbstoff, der an DNA bindet

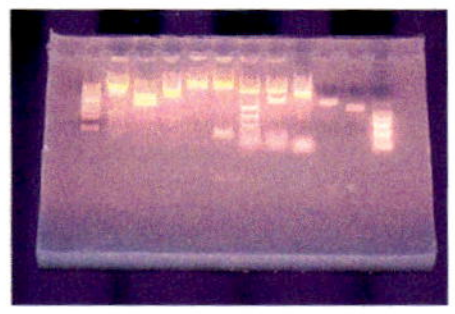

Mit Ethidiumbromid gefärbtes Gel

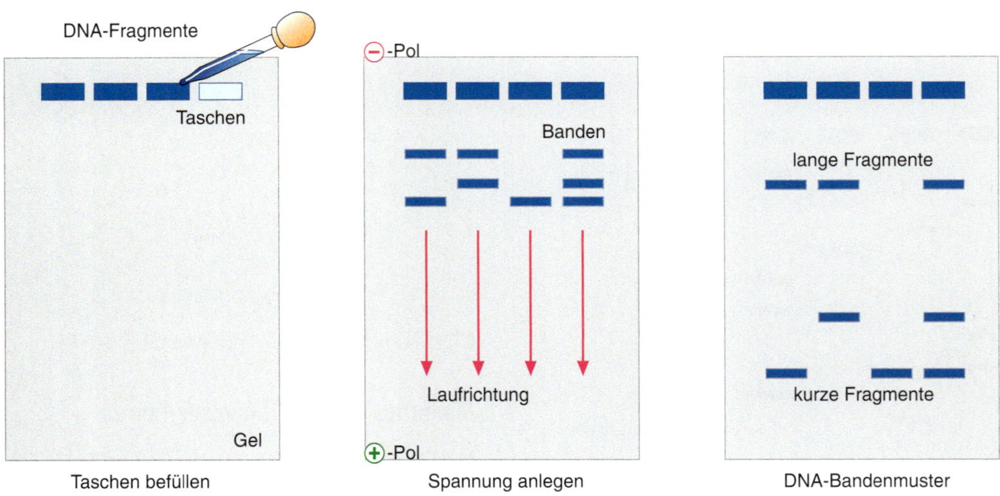

3 Gelelektrophorese

Ermittlung der Basensequenz

DNA-Sequenzierung
Ermittlung der genauen Basenabfolge in einem DNA-Abschnitt

Um für die Polymerasekettenreaktion die richtigen Primer auszuwählen, muss die Sequenz des entsprechenden Gens bekannt sein. Auch für viele andere Fragestellungen aus Forschung und Medizin ist es notwendig die genaue Basenfolge eines DNA-Abschnitts zu kennen. Ist beispielsweise für eine Erbkrankheit die Sequenz des veränderten Allels bekannt, kann durch eine DNA-Sonde der Nachweis erleichtert werden.

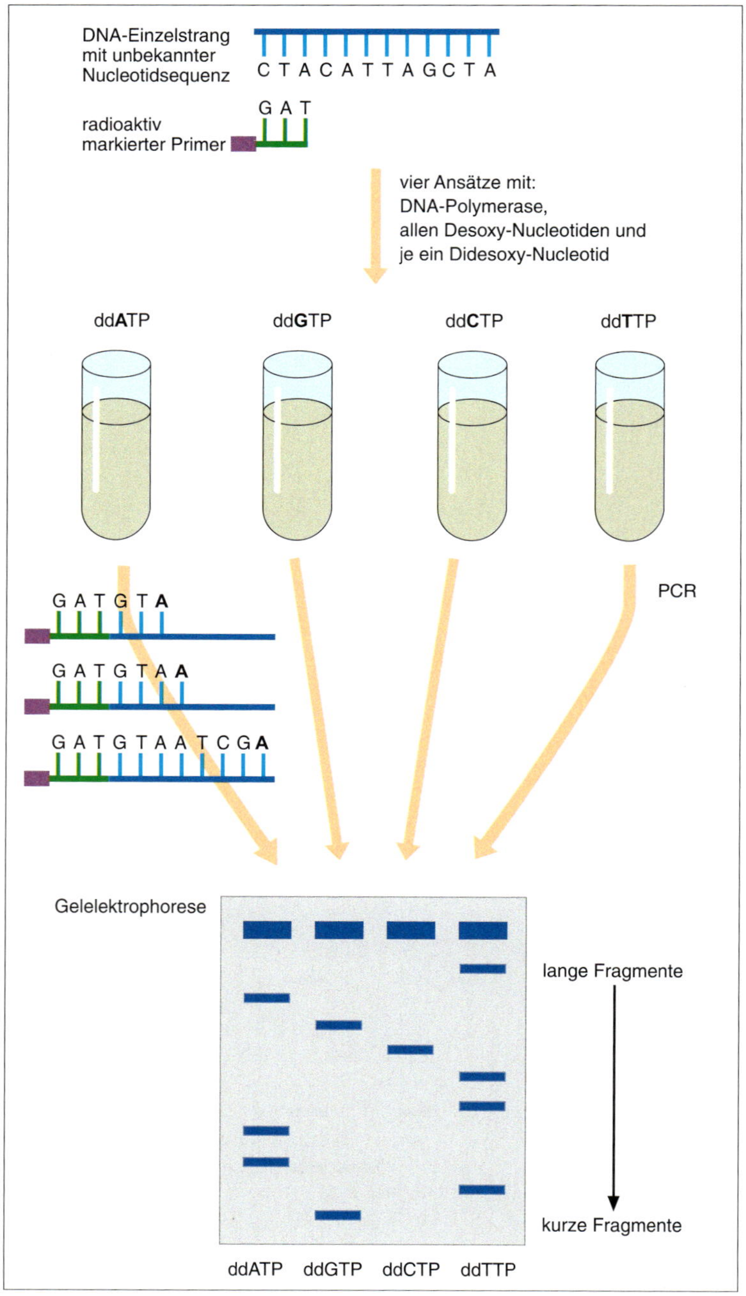

1 Ursprüngliche DNA-Sequenzierung

DNA-Sequenzierung nach Sanger-Coulson

Unter *DNA-Sequenzierung* versteht man die Entschlüsselung der Basenabfolge eines DNA-Abschnitts. Das grundlegende Verfahren wurde von FREDERICK SANGER und ALAN COULSON 1977 beschrieben (s. Abb 1). Dazu wird eine einsträngige DNA-Matrize, deren Basenfolge bestimmt werden soll, zusammen mit Nucleotiden und DNA-Polymerase in vier Sequenzieransätze gegeben. Dort erfolgt die komplementäre Anlagerung von Nucleotiden an den Matrizenstrang. In den Ansätzen befinden sich jedoch neben den normalen Desoxy-Nucleotiden jeweils ein künstliches Didesoxy-Nucleotid (z. B. ddA). Diesem fehlt am dritten C-Atom die OH-Gruppe (Abb. 2). Solange sich normale Nucleotide anlagern, wird die DNA-Synthese fortgesetzt. Nach dem Einbau eines Didesoxy-Nucleotids bricht jedoch die Synthese ab, da am dritten C-Atom kein weiteres Nucleotid binden kann. So entstehen im Sequenzieransatz unterschiedlich lange DNA-Ketten, die mit einem bestimmten Didesoxy-Nucleotid enden. Im ersten Ansatz enden beispielsweise alle DNA-Stränge, deren Synthese frühzeitig beendet wurde, mit ddA. Die vier Sequenzieransätze werden nun durch Gelelektrophorese aufgetrennt. Kürzere Stränge kommen im elektrischen Feld schneller voran. Das Bandenmuster des Gels entspricht daher der Nucleotidsequenz des synthetisierten Strangs. Der unbekannte Matrizenstrang muss die komplementäre Nucleotidsequenz besitzen.

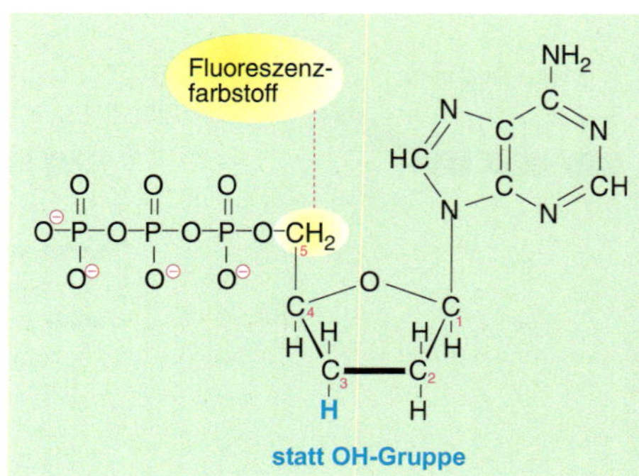

2 Didesoxy-Adenosin-Triphosphat (ddATP)

Modernes Sequenzierungsverfahren

Heute verwendet man zur DNA-Sequenzierung Didesoxy-Nucleotide mit unterschiedlichen Fluoreszenzfarbstoffen (s. Abb. 3).

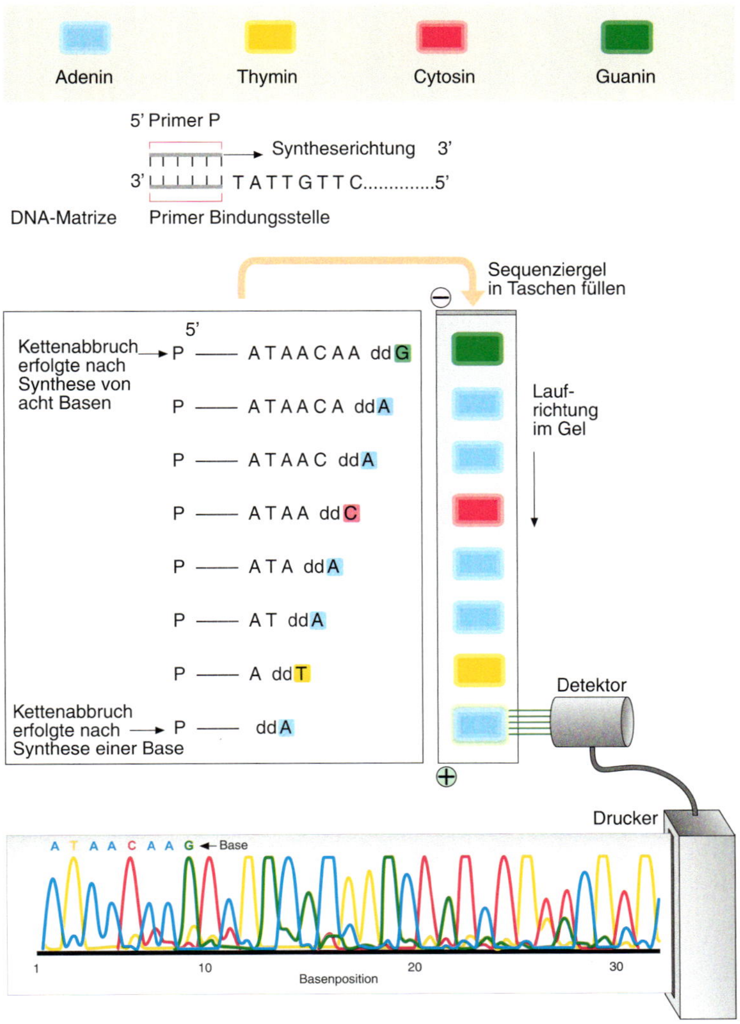

3 Moderne Sequenzierung mit Fluoreszenzmarkierung

Dadurch ist es möglich mit einem Sequenzieransatz zu arbeiten. Darin entstehen durch Kettenabbruch unterschiedlich lange DNA-Stränge, die mit markierten Didesoxy-Nucleotiden enden. Diese werden durch ein Gel geschickt und gelangen so nach ihrer Länge sortiert an einem Detektor vorbei. Dieser erkennt anhand der Fluoreszenzmarkierung, welche Base sich am Ende einer Kette befindet. Die vom Detektor registrierte Basenfolge entspricht der Basenfolge des synthetisierten DNA-Strangs. Die Nucleotidsequenz des Matrizenstrangs ist dazu komplementär.

Die Entschlüsselung des menschlichen Genoms

In den Neunzigerjahren des letzten Jahrhunderts gab es einen spannenden Wettlauf um die Entschlüsselung des menschlichen Genoms. Ein öffentlich finanziertes internationales Wissenschaftlerkonsortium *(Human Genom Organisation, HUGO)* und eine amerikanische Firma (Celera Genomics) verwendeten dabei unterschiedliche Strategien. HUGO ging hierarchisch vor und kartierte erst größere Genabschnitte und dann immer kleinere Abschnitte. Dieses Vorgehen ist zeitaufwändig, aber von jedem Abschnitt ist die Lage auf dem Chromosom bekannt.

Die Firma wendete die sogenannte Schrotschusstechnik an (s. Abb. 4). Dabei wird das Genom gleich in kleine Stücke zerlegt und diese werden sequenziert. Danach suchen spezielle Computerprogramme nach überlappenden Sequenzen und fügen die Abschnitte zur Gesamtsequenz zusammen. Zunächst wurde bezweifelt, dass die Schrotschusstechnik für das große menschliche Genom geeignet ist. Durch moderne Computer und hochentwickelte Software war das Verfahren jedoch erfolgreich und ist heute eine Standardmethode. Im Jahre 2001 wurde die Sequenz des menschlichen Genoms gemeinsam von HUGO und Celera Genomics veröffentlicht. Es umfasst 3,2 Milliarden Basenpaare. Über die Hälfte besteht aus hochrepetitiven Sequenzen und nur etwa 2 % sind codierende Gene.

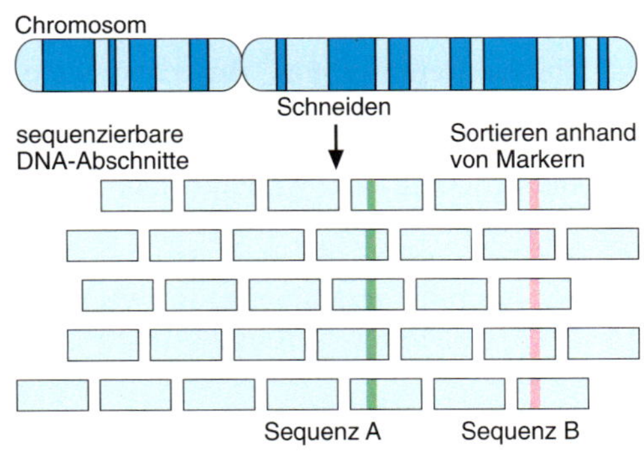

4 Schrotschusstechnik

Aufgaben

① Geben Sie die entstehenden DNA-Fragmente im zweiten Ansatz von Abb. 1 an.

② Erklären Sie, warum beim modernen Sequenzierungsverfahren in Abb. 3 der Detektor nicht am Gel entlanggeführt werden muss.

③ Sowohl das ursprüngliche als auch das moderne Verfahren beruhen auf denselben Prinzipien. Beschreiben Sie die Gemeinsamkeiten der beiden Verfahren.

Genetischer Fingerabdruck

Schlagzeilen wie „Täter aufgrund einer Speichelprobe überführt!" sind keine Seltenheit mehr. In der Kriminalistik spielen Methoden der DNA-Analyse heute oft eine wichtige Rolle. Biologisches Material (Blutreste, Sperma, Haare oder Speichel an einer Zigarette) ist so verlässlich wie ein fälschungssicherer Personalausweis. Man spricht auch vom *genetischen Fingerabdruck*. Wenige Zellen reichen zur Analyse aus, da das Probenmaterial mithilfe der PCR vervielfältigt werden kann (s. Seite 166). Analysiert werden nicht die für Proteine codierenden Bereiche des menschlichen Genoms. Diese DNA-Abschnitte unterscheiden sich von Person zu Person meist nicht besonders. Die zwischen den Genen liegenden Bereiche hingegen, die rund 99,9% des Genoms ausmachen, variieren beträchtlich. Mutationen dort sind nämlich meist selektionsneutral, da sie sich phänotypisch nicht auswirken. Sie haben sich im Laufe der Evolution angehäuft. In der Kriminalistik werden heute meist SNPs und Mikrosatelliten (s. Kasten Seite 171) analysiert.

Fragmentierung von DNA

Bei der Analyse von RFLPs *(Restriktionsfragment-Längen-Polymorphismen)* wird die Proben-DNA mit einem passenden Restriktionsenzym zerschnitten und analysiert. Unterschiedlich große Restriktionsfragmente verschiedener Personen gehen auf Basensequenzunterschiede im Bereich der Schnittstellen zurück, wodurch das Enzym nicht mehr schneiden kann. Der Verlust der Schnittstelle zeigt sich nach elektrophoretischer Auftrennung daran, dass zwei Fragmente miteinander verbunden geblieben sind (Abb. 1).

Die Restriktionsansätze werden mithilfe der Gelelektrophorese aufgetrennt. Für das weitere Vorgehen benötigt man einzelsträngige DNA. Deshalb werden die Elektrophores-Gele mit Alkalien behandelt, die DNA wird denaturiert. Die Restriktionsfragmente werden zur weiteren Analyse auf Nylonmembran übertragen, auf der sie haften bleiben. Dazu gibt man radioaktiv markierte *Gensonden*. Das sind kurze künstlich hergestellte DNA-Einzelstränge, die basenkomplementär zu ausgewählten, nicht variablen Abschnitten der Restriktionsfragmente sind. Das setzt natürlich voraus, dass die entsprechenden Basensequenzinformationen bekannt sind. Die Sondenmoleküle binden *(hybridisieren)*

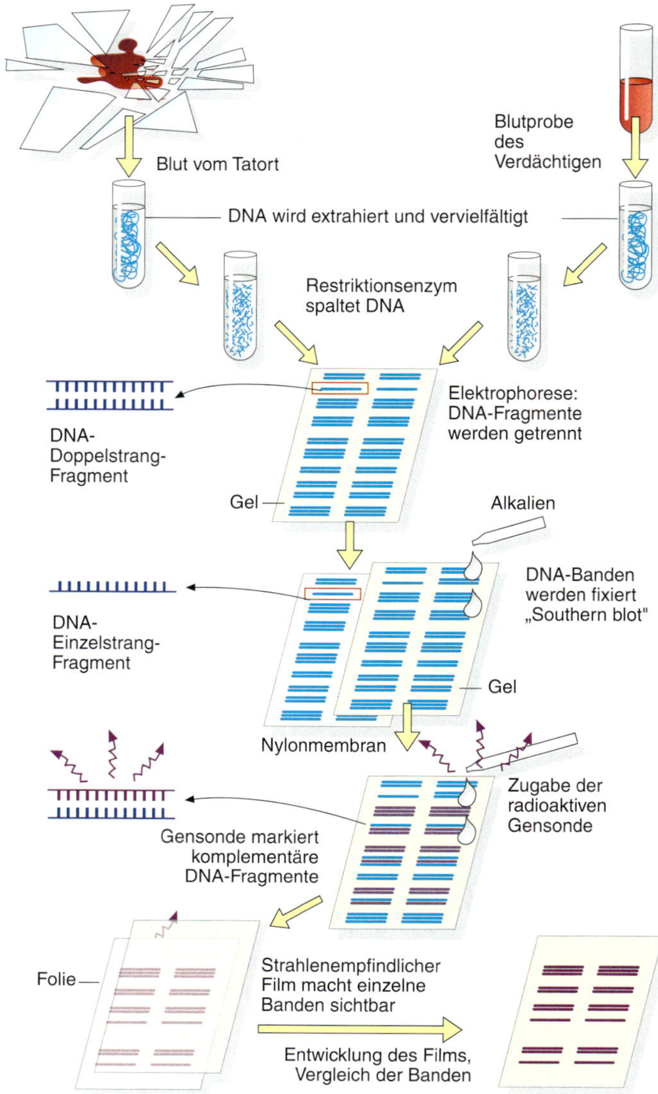

1 Herstellung eines genetischen Fingerabdrucks (RFLP-Analyse)

2 Genetische Fingerabdrücke zu einem Vaterschaftstest

an die basenkomplementären Restriktionsfragmente. Zu ihrer Sichtbarmachung werden die Nylonmembranen auf einen radioaktiv empfindlichen Film gelegt. Das Muster der Restriktionsfragmente (jedes Fragment einer bestimmten Länge erzeugt eine Bande) bildet sich als Schwärzung auf dem Film ab. Abbildung 2 zeigt das Restriktionsfragmentmuster verschiedener Personen. Verwandte Personen weisen in Abhängigkeit ihres Verwandtschaftsgrades mehr oder weniger identische Muster auf. Die Restriktionsfragmente werden nach den Mendel'schen Regeln vererbt.

Das Verfahren wird heute hauptsächlich in der Humangenetik angewandt. Bei zweifelhafter Vaterschaft wird DNA von Mutter, Kind und dem infrage kommenden Mann analysiert. Da das Kind die eine Hälfte seines genetischen Materials von der Mutter, die andere vom Vater erbt, lässt sich durch Vergleich der Restriktionsfragmentmuster sagen, ob der Mann tatsächlich der Vater ist. Treten beim Kind Banden auf, die weder bei der Mutter noch beim untersuchten Mann zu finden sind, scheidet er als leiblicher Vater aus.

Will man Gene auf Chromosomen (s. Kasten) oder m-RNA in Gewebeschnitten nachweisen, setzt man fluoreszenzmarkierte Gensonden ein (s. Foto im Kasten). Die markierten Sonden werden zu präparierten Chromosomen oder auf Gewebeschnitte gegeben. Sie lagern sich an basenkomplementäre DNA-Abschnitte bzw. m-RNA an. Unter dem Fluoreszenzmikroskop kann die Lage der Sonden anhand des Fluoreszenzsignals bestimmt werden.

Aufgaben

① In Abbildung 2 sind vergleichbare Ausschnitte aus dem genetischen Fingerabdruck einer Mutter (M), ihrer Tochter (T) und möglicher Väter (V) wiedergegeben. Welcher Mann kann der leibliche Vater sein? Begründen Sie.

② Bei Brustkrebs-Patientinnen werden regelmäßig in einem bestimmten Gen („Brustkrebsgen") Mutationen gefunden. Ein ursächlicher Zusammenhang ist unsicher, denn es gibt Frauen, die diese Mutation ebenfalls aufweisen, aber nicht erkranken. Stellen Sie sich vor, eine Frau ließe ihre DNA testen, Ergebnis positiv. In welchen Konflikt könnte sie geraten? Bedenken Sie auch, dass es keine wirksame Therapie gibt.

Zettelkasten

Genkartierung

Da beim Menschen keine Kreuzungsexperimente durchgeführt werden können, bedient man sich zur Kartierung von Genen der Stammbaumanalyse. Um herauszufinden, ob das Risiko an Brustkrebs zu erkranken erblich bedingt ist, wurden DNA-Proben von 3 Generationen betroffener Familien gewonnen und einer Restriktionsfragment-Längen-Analyse unterzogen.

Bei allen betroffenen Frauen trat ein bestimmtes DNA-Fragment auf. Dieses Fragment wurde sequenziert und mithilfe genetischer Sonden zeigte man, dass es auf Chromosom 17 liegt. Der für das mögliche Brustkrebsgen infrage kommende Bereich umfasste mit 20 Megabasen Größe allerdings rund 1000 Gene. Die Feinkartierung gelang anhand von kurzen Basenabschnitten (Mikrosatelliten), die aus unterschiedlich oft wiederholenden (repetitiven) Basensequenzen (z. B. CACACA) bestehen. *Mikrosatelliten* sind bis zu 200 Nucleotide lang und wiederholen sich bis zu 20-mal. Das menschliche Genom weist rund 650 000 solcher Mikrosatelliten auf, sie dienen als genetische Marker. Man fand bestimmte Mikrosatelliten, die in der Nähe des möglichen Brustkrebsgens liegen und mit diesem gekoppelt vererbt werden. Dadurch konnte der Bereich, in dem das Gen liegen musste, auf 600 Kilobasen eingeengt werden, Platz genug für rund 60 Gene.

Für die weitere Analyse nutzte man die Tatsache, dass Brustkrebs oft parallel zu Krebs im Bereich der Eierstöcke auftritt. Man präparierte die m-RNA-Moleküle von Patientinnen aus beiden Geweben und übersetzte sie mithilfe der Reversen Transkriptase zurück in DNA. DNA-Fragmente aus beiden Geweben binden nur an dem 600 KB großen DNA-Stück aus dem Genom der Patientinnen. Die Basensequenz stimmt also überein. Man glaubt, damit das für Brustkrebs verantwortliche Gen identifiziert zu haben. Über dessen genaue Funktion ist aber noch nichts bekannt.

Fluoreszenzmarkierte DNA-Sonden binden an komplementäre Chromosomenabschnitte. Ist die Sequenz eines Chromosomenabschnittes bekannt, kann man die DNA-Sonden zur Anlagerung anbieten und durch Mikroskopieren mit Licht der passenden Wellenlänge die eingebauten Sonden zum Leuchten anregen (siehe Abb., gelbe Bereiche). Dieses Verfahren kann auch diagnostisch angewendet werden.

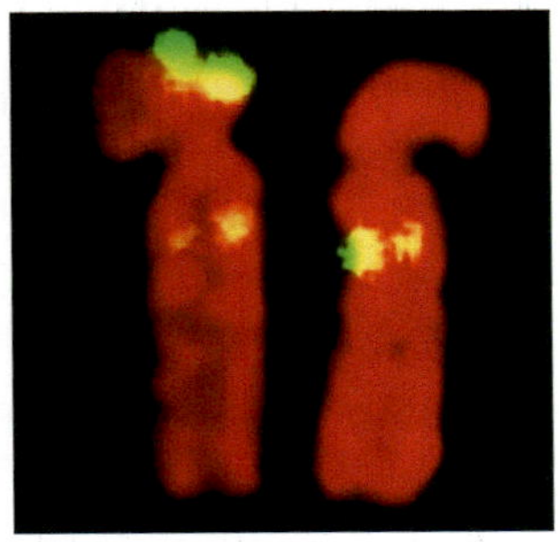

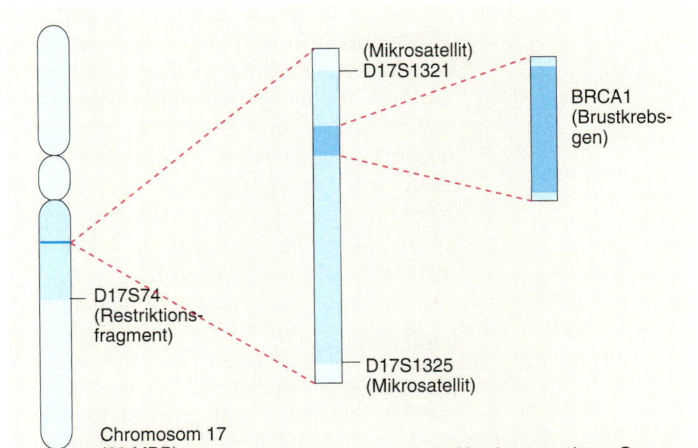

Kartierung eines Gens

Überblick über gentechnische Methoden

Blutzuckermessung

Die Zuckerkrankheit (Diabetes mellitus) ist eine der häufigsten Stoffwechselerkrankungen in Deutschland. 2006 gab es in Deutschland rund 8 Millionen Diabetiker – Tendenz steigend. Die Bauchspeicheldrüse der Betroffenen stellt nicht ausreichend *Insulin* her.

Das Peptidhormon Insulin spielt eine wichtige Rolle bei der Regulation des Blutzuckerspiegels. Ist die Blutzuckerregelung gestört, kommt es zunächst zu Unwohlsein und langfristig zu Organschäden. Ohne Behandlung führt die Krankheit zum Tod.

Früher wurde Insulin aus Bauchspeicheldrüsen von Schweinen oder Rindern gewonnen. Die Gewinnung war jedoch sehr aufwändig und teuer, da das Insulin mühsam isoliert werden musste. Abgesehen von den Kosten, hätte die weltweite Tierproduktion auch nicht ausgereicht, um alle Patienten mit Insulin zu versorgen. Zudem waren die tierischen Insuline bei manchen Patienten nicht wirksam und einige Patienten entwickelten sogar immunologische Abwehrreaktionen. Schweineinsulin unterscheidet sich von Humaninsulin in einer Aminosäure, Rinderinsulin in drei Aminosäuren.

Erste gentechnische Erfolge

transgene Zelle
Zelle, die ein artfremdes Gen enthält

Gentechnik
Molekularbiologische Verfahren zur Herstellung von transgenen Zellen

Der entscheidende Durchbruch gelang 1982 mit der gentechnischen Herstellung von Insulin. Dazu wurde das Gen für Humaninsulin in das Bakterium *Escherichia coli* eingebaut. Die so veränderten Bakterienzellen produzieren dann Insulin. An diesem Beispiel wird das Grundprinzip der Gentechnik deutlich: Ein Gen für ein gewünschtes Protein wird isoliert und in eine Zelle einer anderen Art übertragen. Das Ergebnis ist eine *transgene Zelle*, die das gewünschte Protein produziert. Für eine erfolgreiche Übertragung sind unter anderem folgende molekularbiologische Verfahren notwendig.

Isolierung

Um Insulin produzierende Zellen herzustellen, wird der DNA-Abschnitt benötigt, der für das gewünschte Protein (z. B. Humaninsulin) codiert. Dazu gibt es verschiedene Möglichkeiten:

- Der DNA-Abschnitt für das gewünschte Protein kann aus dem Genom isoliert werden. Allerdings ist bei eukaryotischen Organismen zu erwarten, dass der DNA-Abschnitt dann sowohl Exons als auch Introns enthält.
- Ein DNA-Abschnitt ohne Introns lässt sich ausgehend von der m-RNA gewinnen. Diese wird mit dem Enzym *Reverse Transkriptase* in DNA umgeschrieben.
- Kurze DNA-Abschnitte können heute künstlich im Labor synthetisiert werden. Dazu muss allerdings die Sequenz des Proteins genau bekannt sein.

Schneiden

Ein erster Fortschritt für die Gentechnik war die Entdeckung von Enzymen, welche DNA gezielt an bestimmten Stellen schneiden. Mit solch einer „molekularen Schere" ist es möglich einen DNA-Abschnitt exakt an einer charakteristischen Basensequenz zu schneiden. DNA-Stücke, die mit demselben Enzym geschnitten wurden, lassen sich mit dem Enzym *Ligase* wieder zusammenfügen (s. Seite 174).

Vektoren

Für die Übertragung eines DNA-Abschnittes in einen anderen Organismus ist ein *Vektor* notwendig. Darunter versteht man eine „Genfähre", die den gewünschten DNA-Abschnitt in die Zielzelle bringt. Wichtig ist, dass die Fremd-DNA in der Zielzelle auch tatsächlich abgelesen wird. Für das Einbringen von Fremd-DNA in eine Bakterienzelle werden häufig *Plasmide* verwendet. Das sind ringförmige DNA-Moleküle, die sich zusätzlich zum Bakterienchromosom in der Zelle befinden können und abgelesen werden (s. Seite 175). Wurde artfremde DNA in ein Plasmid eingefügt, spricht man auch von einem *rekombinanten Plasmid*.

Selektion

Die Übertragung von Fremd-DNA in Zielzellen ist nur selten erfolgreich. Im nächsten Schritt müssen die Zellen selektiert werden, bei denen die Fremd-DNA eingebaut wurde und abgelesen wird. Marker-Gene, die zusammen mit dem DNA-Abschnitt übertragen wurden, erleichtern die Suche (s. Seite 176). Ein funktionsfähiges Marker-Gen in einem Vektor zeigt durch sein Genprodukt an, dass der Vektor erfolgreich übertragen wurde. Liegt die Schnittstelle und damit die Einfügestelle für das Fremdgen innerhalb eines anderen Marker-Gens, ist das Fehlen des entsprechenden Genprodukts ein Hinweis für das erfolgreiche Einfügen der Fremd-DNA.

Weitere gentechnische Verfahren

Unter dem Begriff *Gentechnik* fasst man verschiedene molekularbiologische Verfahren zusammen, die dazu dienen, das Genom einer Zelle gezielt zu verändern. Außer den oben genannten Methoden gehören dazu noch weitere Verfahren. Mittels Gelelektrophorese lassen sich DNA-Stücke auftrennen, die PCR dient der Vervielfältigung von DNA-Proben und bei der DNA-Sequenzierung wird die Basensequenz eines DNA-Abschnittes entschlüsselt (s. Seite 166).

Aufgaben

① Erklären Sie, warum Insulin injiziert werden muss und nicht in Form von Tabletten verabreicht werden kann.

② Begründen Sie, unter welchen Voraussetzungen ein Gen nach der Übertragung in eine andere Zelle immer noch für dasselbe Produkt codiert.

③ Ein DNA-Abschnitt für Humaninsulin soll in Bakterienzellen eingebracht werden. Begründen Sie, welche der hier genannten Verfahren zur Isolierung der Fremd-DNA geeignet sind.

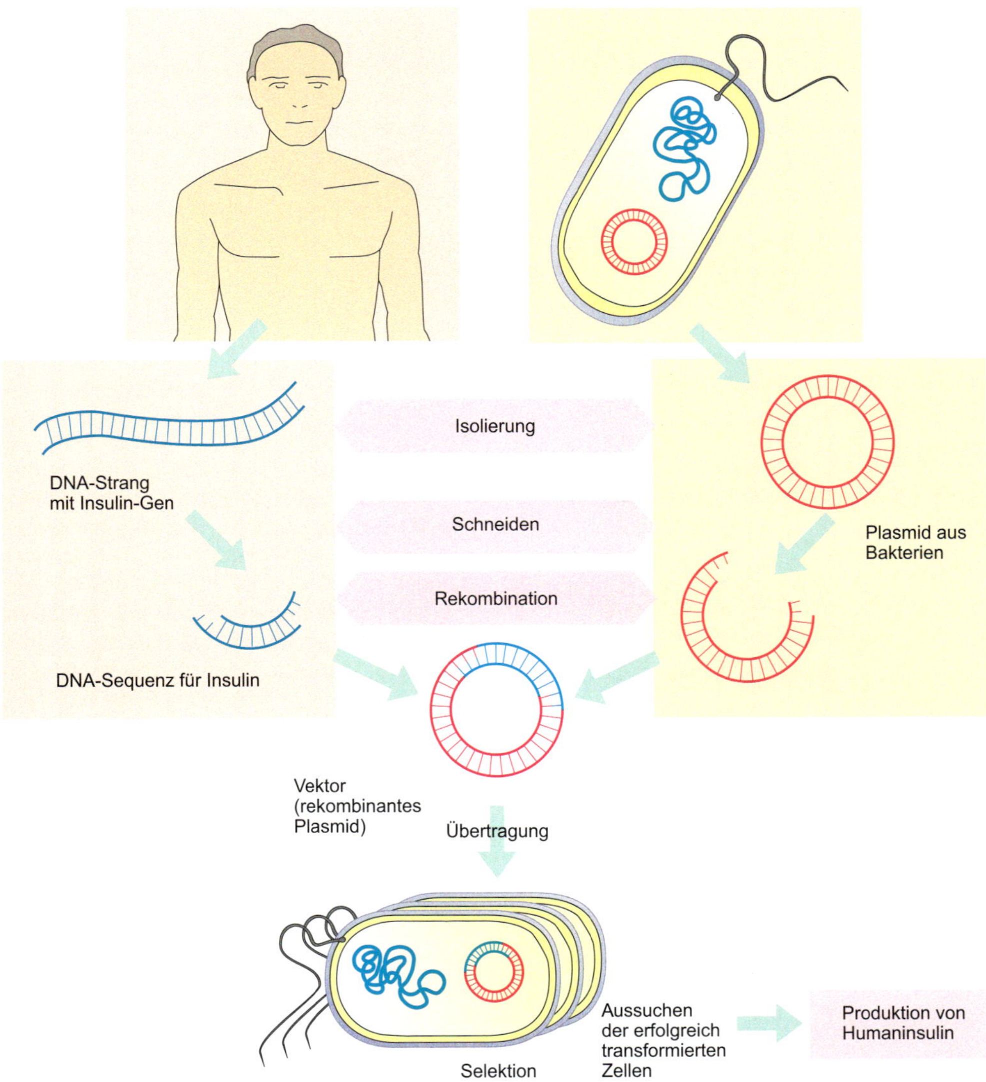

1 Grundprinzip der Gentechnik: Herstellung eines transgenen Organismus

gentechnisch hergestellte Arzneimittel:
1982: Humaninsulin gegen Diabetes
1983: Faktor VIII gegen Bluterkrankheit
1985: Interferone gegen Leukämie
1986: Impfstoff gegen Hepatitis B
1987: Wachstumshormone
1988: Erythropoetin (EPO) gegen Blutarmut

In Deutschland sind bisher über 130 gentechnisch hergestellte Arzneimittel zugelassen.

Online-Link
045306-0174

Restriktionsenzyme und Ligasen

Um das Gen für Humaninsulin in eine Bakterienzelle zu überführen, muss DNA gezielt geschnitten und mit einem geeigneten Vektor in die Zielzelle eingeschleust werden. Hierzu stehen heute geeignete Verfahren zur Verfügung.

Restriktionsenzyme und Ligasen

Restriktionsenzyme
Enzyme, die DNA an spezifischen Basensequenzen schneiden

sticky-ends
Einsträngige DNA-Enden, die sich leicht komplementär zusammenlagern

Ligase
Enzym, das aneinanderliegende DNA-Stücke zu einem durchgehenden Strang verbindet

Vektoren
Strukturen, mit denen Gene in Zellen eingeschleust werden können

rekombinate DNA
DNA-Molekül, das aus artverschiedenen Abschnitten neu kombiniert wurde

WERNER ARBER isolierte 1972 aus Bakterien die ersten *Restriktionsenzyme*, die wie „genetische Scheren" wirken und DNA in kleine Stücke zerteilen. Den Vorgang nennt man *Restriktionsverdau*. Dabei wird die DNA an bestimmten Sequenzen immer auf die gleiche Weise geschnitten (s. Abb. 1). Die Erkennungssequenzen sind meist 4 bis 5 Basen lang und haben oft spiegelsymmetrische Stränge. In solchen Fällen kann das Restriktionsenzym an beide DNA-Stränge gleichermaßen binden. Inzwischen kennt man mehrere Dutzend Restriktionsenzyme.

Die meisten Restriktionsenzyme hinterlassen keinen „glatten" Schnitt, sondern trennen die beiden DNA-Stränge versetzt auf. Dadurch bleiben an der Schnittstelle kurze einsträngige Enden übrig, die komplementär aufeinander passen. Sie werden daher als *„klebrige Enden" (sticky ends)* bezeichnet. Bruchstücke, die mit demselben Restriktionsenzym geschnitten wurden, fügen sich leicht wieder zusammen. Größere DNA-Moleküle werden durch ein Restriktionsenzym normalerweise mehrmals geschnitten, da sie die Erkennungssequenz mehrfach enthalten. So entstehen dann unterschiedlich lange Bruchstücke. Bestimmte Enzyme, sogenannte *Ligasen,* verbinden die Zucker-Phosphat-Stränge der Bruchstücke zu einem Strang und wirken damit wie ein „genetischer Kleber". Wenn zwei DNA-Bruchstücke verschiedener Herkunft neu zusammengefügt werden, spricht man von *rekombinanter DNA.*

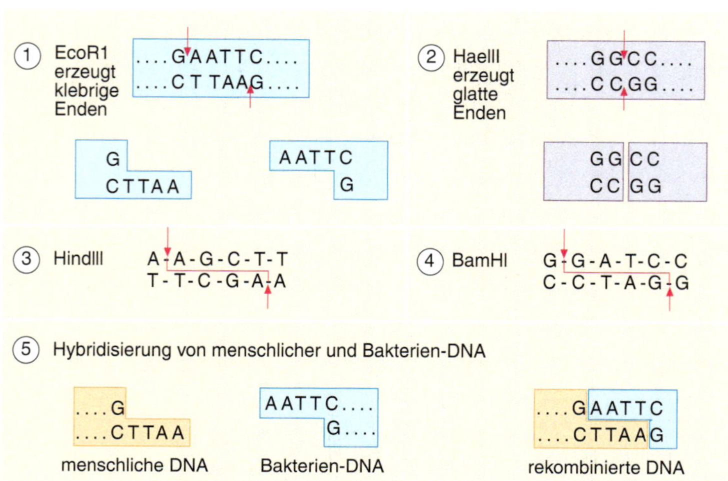

1 Wirkung von Restriktionsenzymen

Vektoren

Für die Übertragung von DNA in Bakterienzellen sind *Plasmide* gut geeignet. Diese ringförmigen DNA-Moleküle kommen im Cytoplasma von Bakterien neben dem Bakterienchromosom vor und können in der Zelle vervielfältigt werden. Insbesondere bei Zellteilungen werden die vorhandenen Plasmide vorher kopiert und auf die Tochterzellen verteilt.

Bakterien können freie Plasmide aufnehmen, ein Vorgang den man *Transformation* nennt. Schneidet man ein bakterielles Plasmid und Fremd-DNA mit demselben Restriktionsenzym, passen die Enden zusammen und können mit Ligase zusammengefügt werden (s. Abb. 2). Das dabei entstandene *rekombinante Plasmid* dient als Vektor, um die eingefügte Fremd-DNA in Bakterien einzuschleusen. Wichtig ist, dass das Plasmid nur an einer Stelle durch das Restriktionsenzym geschnitten wird. Zudem sollte die Schnittstelle innerhalb eines Markergens liegen, damit später geprüft werden kann, ob die Fremd-DNA erfolgreich eingefügt wurde. Oft dienen Resistenzgene gegen Antibiotika als Marker. Darunter versteht man Gene, die eine Resistenz gegen ein Antibiotikum verleihen. Wird jedoch die Fremd-DNA erfolgreich darin eingefügt, geht die Resistenz gegen das betreffende Antibiotikum verloren und die Bakterien können auf einem Nährboden mit diesem Antibiotikum nicht wachsen.

Heute kann man Plasmide auch künstlich herstellen. Beliebt sind Plasmide, die in einem Markergen gleich mehrere alleinige Schnittstellen für verschiedene Restriktionsenzyme bieten. Dieser DNA-Abschnitt heißt *multiple cloning site (MCS).*
Pflanzenzellen nehmen keine freien Plasmide auf. Hier dient oft das Bakterium *Agrobacterium tumefaciens* als Vektor (s. Abb. 3). In der Natur gelangt es über Verletzungen in die Pflanze und schleust dann ein *tumorinduzierendes Plasmid (Ti-Plasmid)* in einzelne Zellen ein. Dort wird ein Teil des Plasmids in

Online-Link
045306-0175

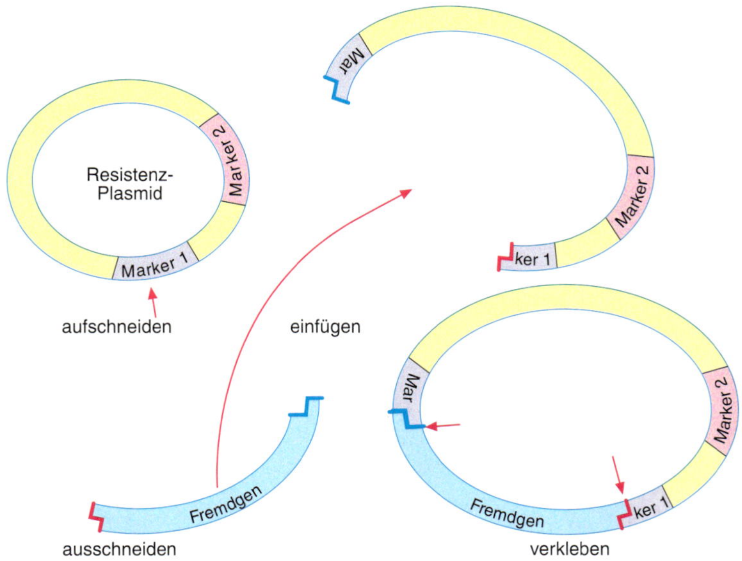

2 Einfügen eines Fremdgens in einen Plasmid-Vektor

das Pflanzengenom integriert und abgelesen. Dadurch werden die Pflanzenzellen zur Teilung angeregt und es entsteht ein Tumor. Die Tumorzellen produzieren einen Stoff (Opin), der für die Pflanze nutzlos ist, aber dem Bakterium Agrobacterium tumefaciens als Nährstoff dient. Dieser Mechanismus kann ausgenutzt werden, um gewünschte Gene in Pflanzenzellen zu integrieren. Dazu werden im Ti-Plasmid die tumorinduzierenden Gene (T-DNA) entfernt und gewünschte Gene eingefügt.

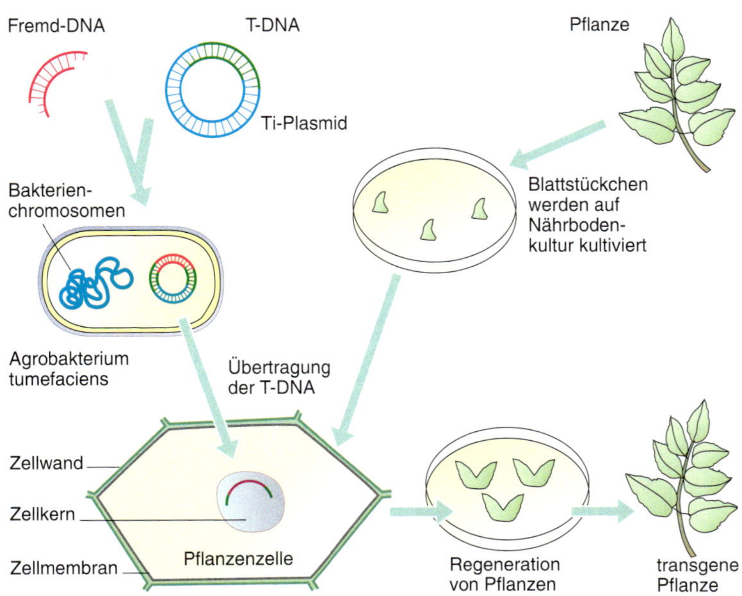

3 Herstellung einer transgenen Pflanze mit *Agrobacterium tumefaciens*

Viren und *Bakteriophagen* sind ebenfalls geeignet, um DNA in Wirtszellen zu schleusen. Bakteriophagen sind Viren, die Bakterien befallen. Um als Vektor dienen zu können, müssen die pathogenen Eigenschaften eliminiert werden und die gewünschte Fremd-DNA in das Genom der Bakteriophagen integriert werden.

Ein weiteres Verfahren ist die Übertragung von DNA mit *Liposomen*. Das sind Partikel aus Lipiden, die mit DNA beladen werden und leicht durch Membranen gelangen. Allerdings erfolgt der Einbau der DNA wenig effektiv. Bei der *Elektroporation* werden mit kurzen elektrischen Impulsen kleine Löcher in der Zellmembran erzeugt und so die Durchlässigkeit für DNA erhöht. Auch mit mikroskopisch feinen Nadeln kann DNA direkt in die Zelle bzw. den Zellkern injiziert werden. Diese *Mikroinjektion* ist vor allem bei großen Zellen wie z. B. Eizellen geeignet. Außerdem kann DNA auf mikroskopisch kleine Metallkügelchen aufgebracht werden und in Zellen geschossen werden. Dieser Partikelbeschuss (*particle gun*) wird vor allem bei Pflanzenzellen verwendet (s. Abb. 4).

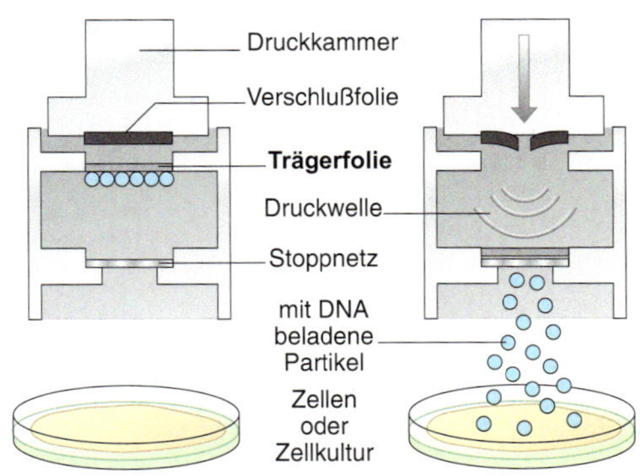

4 Funktionsweise der particle gun

Aufgaben

① Geben Sie an, mit welchem Restriktionsenzym in Abb. 1 bei Beispiel 5 geschnitten wurde.

② Erklären Sie, warum es wichtig ist, dass Plasmid und Fremd-DNA mit dem gleichen Restriktionsenzym geschnitten werden.

③ Erläutern Sie, wie anhand der Produkte der Markergene erkannt werden kann, ob das Fremdgen in das Plasmid in Abb. 2 erfolgreich eingefügt wurde.

④ Stellen Sie in einer Tabelle Zielorganismen und geeignete Vektoren zusammen.

Gentechnische Herstellung von Insulin

Nach einer DNA-Übertragung mit einem Plasmid sind drei Fälle zu unterscheiden. Die meisten Zellen haben kein Plasmid aufgenommen, andere enthalten ein Plasmid ohne Fremd-DNA und nur wenige besitzen ein Plasmid mit Fremd-DNA. Eine schwierige Aufgabe stellt das Auffinden der gewünschten transgenen Zellen dar.

Selektion transgener Zellen

Beim *Blau-Weiß-Verfahren* (s. Abb. 1) bleiben Bakterien mit Fremd-DNA weiß, während alle anderen einen blauen Farbstoff bilden. Das verwendete Plasmid besitzt ein Resistenzgen gegen das Antibiotikum *Ampicillin* und das Gen für β-Galactosidase. Die einzige Schnittstelle für mehrere Restriktionsenzyme liegt im β-Galactosidase-Gen. Bei der Rekombination dieser Plasmide mit dem Insulin-Gen wird bei manchen Plasmiden an der Schnittstelle ein Insulin-Gen eingefügt. Dies macht das Gen für β-Galactosidase unwirksam. Viele Plasmide bleiben jedoch unverändert. Alle Plasmide bringt man mit einem Stamm von E. coli zusammen, der kein Gen für β-Galactosidase besitzt. Durch Transformation nehmen manche Bakterien Plasmide auf. Anschließend werden die Bakterien auf einem Kulturme-

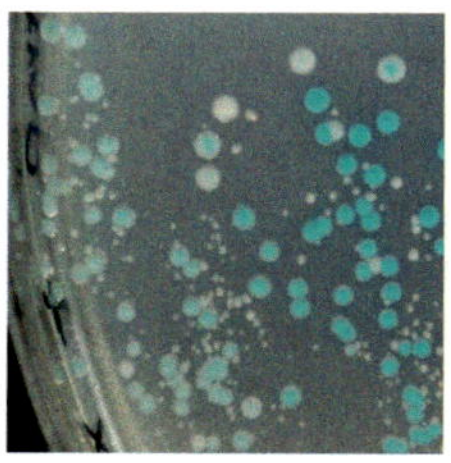

Blau-Weiß-Verfahren

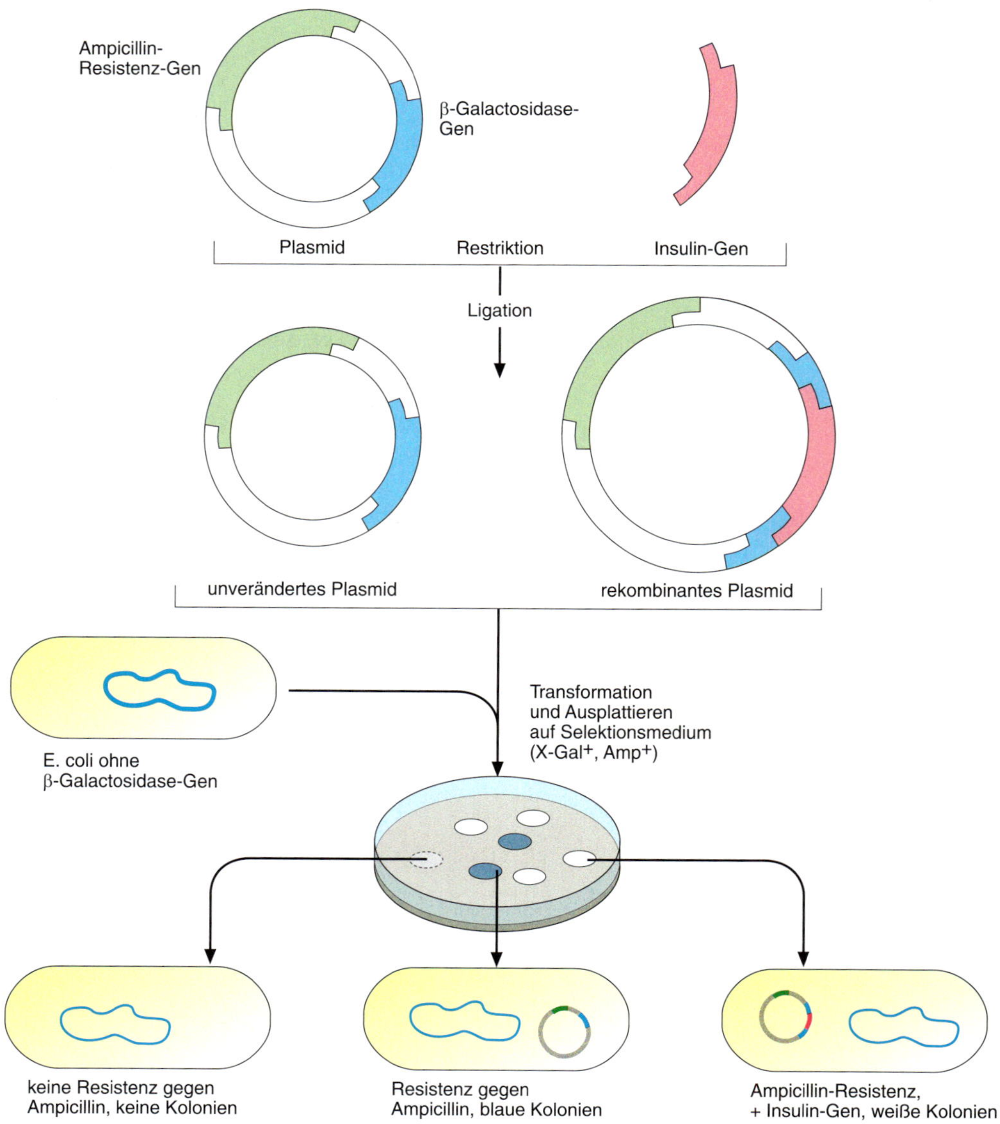

1 Selektion transformierter Bakterienzellen

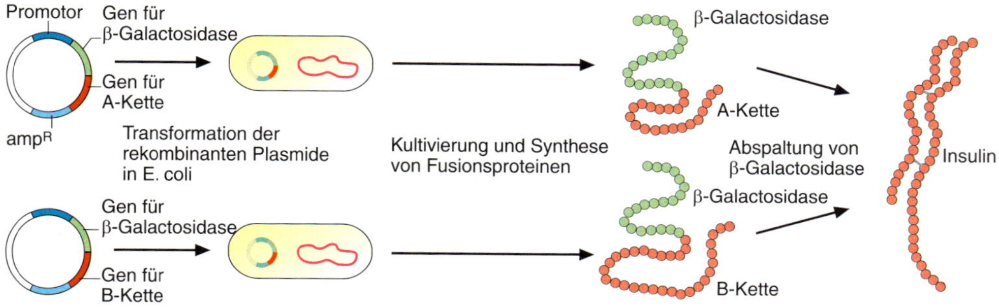

2 Gentechnische Herstellung von Insulin

dium mit Ampicillin und dem Zucker X-Gal ausplattiert. Das Antibiotikum Ampicillin bewirkt, dass nur die Bakterien sichtbare Kolonien bilden können, die ein Plasmid mit einem Ampicillin-Resistenz-Gen besitzen. Der Zucker X-Gal wird von β-Galactosidase in Galactose und einen blauen Farbstoff gespalten. Nur Bakterien, die ein Plasmid ohne Fremd-DNA enthalten, haben ein funktionsfähiges Gen für β-Galactosidase. Diese Bakterienkolonien erscheinen daher blau. Die gesuchten Bakterien haben wegen des eingefügten Insulin-Gens kein wirksames β-Galactosidase-Gen. Deshalb bilden sie weiße Kolonien.

Züchtung transgener Bakterien

Zur Produktion des gewünschten Proteins muss das Insulin-Gen im Plasmid transkribiert werden, d.h. es muss einen aktiven Promotor besitzen. Daher fügt man das Fremdgen in ein *Operon* ein, zum Beispiel in das lac-Operon. Dieses enthält Strukturgene für Enzyme zum Lactoseabbau. Durch Lactose wird der Repressor inaktiviert und die Genaktivität induziert (s. Seite 156). Die Wachstumsphase der Bakterien erfolgt zunächst in einem lactosefreien Medium. Erst nach Zugabe von Lactose wird das lac-Operon aktiviert und neben den Strukturgenen auch das eingefügte Insulin-Gen abgelesen. Die Insulinproduktion beginnt.

Produktion von Humaninsulin

Humaninsulin ist ein relativ kleines Peptid. Die aktive Form besteht aus einer A-Kette mit 21 und einer B-Kette mit 30 Aminosäuren, die über zwei Disulfidbrücken miteinander verknüpft sind. Im Körper sezernieren die β-Zellen der Bauchspeicheldrüse ein durchgehendes Polypeptid (Proinsulin), das anschließend enzymatisch in die beiden Ketten gespalten wird.

Bei der gentechnischen Herstellung von Humaninsulin werden zwei getrennte DNA-Abschnitte für die beiden Unterketten verwendet (s. Abb. 2).

Da diese Abschnitte sehr kurz sind, ist die künstliche Synthese der zugehörigen Gene einfacher. Diese werden nun getrennt in Plasmide neben das Gen für die β-Galactosidase eingefügt und damit einem Promotor unterstellt. Zusätzlich enthalten die Plasmide als Marker das Gen für das Antibiotikum Ampicillin.

Die rekombinanten Plasmide werden nun in Bakterienzellen von Escherichia coli eingeschleust. Erfolgreich transformierte Zellen werden selektiert und vermehrt. Die Bakterien stellen nun Fusionsproteine aus einem β-Galactosidaseabschnitt und einer Insulinkette her. Haben die Zellen genügend Proteine erzeugt, werden sie abgetötet und die Fusionsproteine isoliert. Nach der Trennung beider Ketten vom Galactosidaseabschnitt, entsteht durch die Verknüpfung der Ketten über Disulfidbrücken aktives Humaninsulin.

Aufgaben

① Begründen Sie, warum beim Blau-Weiß-Verfahren die Bakterien in den weißen Kolonien ein Plasmid mit Fremd-DNA enthalten müssen.

② Erklären Sie, warum es für die Vermehrung der transgenen Bakterien vorteilhaft ist, wenn das Medium keine Lactose enthält.

③ Heute wird auch Proinsulin für Diabetiker pharmazeutisch hergestellt und wie aktives Humaninsulin ins Gewebe injiziert.
a) Skizzieren Sie den entsprechenden Plasmidvektor.
b) Geben Sie Vorteile dieser Produktionsweise an.

β-Galactosidase
Enzym, das natürlicherweise das Disaccharid Lactose spaltet.

X-Gal
Künstliches Substrat, das durch β-Galactosidase so gespalten wird, dass ein blauer Farbstoff entsteht.

Operon
Vollständige Transkriptionseinheit aus Strukturgenen, Promotor und Operator

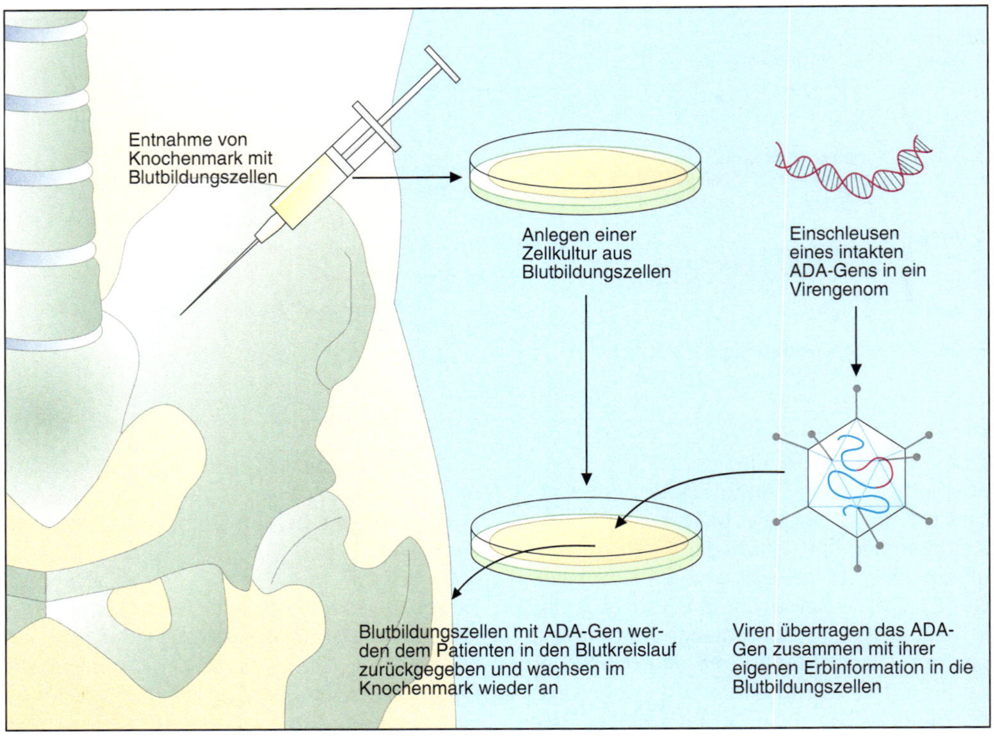

1 Somatische Gentherapie bei ADA-Mangel

Gentherapie
Behandlung einer erblichen Krankheit durch Einschleusen funktionsfähiger Gene in Zellen des Patienten

Somatische Gentherapie
Behandlung einer erblichen Krankheit durch genetische Veränderung adulter Körperzellen

Keimbahntherapie
Behandlung einer erblichen Krankheit durch genetische Veränderung von Keimzellen

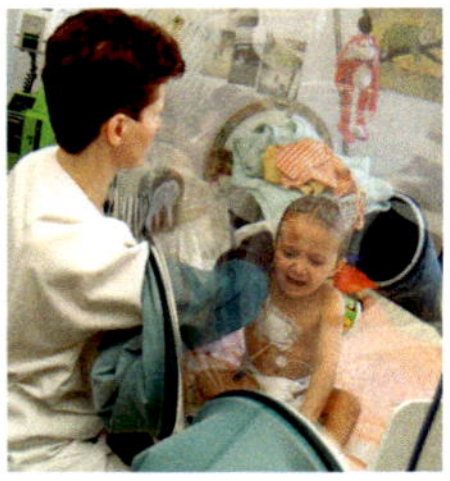

Kind im sterilen Zelt

Gentherapie

Mithilfe der Gentechnik sind Therapien für Krankheiten denkbar, die auf einen Gendefekt zurückzuführen sind. Durch den Austausch des defekten Gens durch ein funktionsfähiges Gen soll die Ursache beseitigt werden. Allerdings gibt es bei einer solchen *Gentherapie* sowohl methodische Probleme als auch ethische Bedenken.

Somatische Gentherapie

Die *somatische Gentherapie* zielt darauf ab, einen genetischen Defekt in den Zellen zu beseitigen, die für die Ausbildung der Krankheit verantwortlich sind. Dabei schleust man intakte Gene an die Stelle im Genom, an der sich das krankmachende Gen befindet.

Der erste Versuch einer Gentherapie wurde 1990 an der vierjährigen ASHANTHI DESILVA unternommen. Sie konnte aufgrund eines sehr seltenen Gendefekts das Enzym ADA (Adenosindesaminase) nicht herstellen. ADA-Mangel führt zu einer schweren Immunschwäche (SCID). Ohne regelmäßige Injektionen des Enzyms können Betroffene nur unter sterilen Bedingungen in einem speziellen Zelt oder Anzug leben. Die Lebenserwartung ist gering. Für die Gentherapie entnahm man Knochenmarkszellen und übertrug in diese mit einem Virus als Vektor das intakte Gen für ADA (s. Abb. 1). Nach anschließender Rückübertragung ins Knochenmark produzierten die gentechnisch veränderten Zellen dort das lebenswichtige Enzym.

Im Jahr 1999 erlitt die Gentherapie einen herben Rückschlag, als der 28-jährige JESSE GELSINGER an den Folgen einer Gentherapie starb. Ihm wurden Viren verabreicht, die als Vektoren intakte Gene in seine Leberzellen bringen sollten. Der Patient entwickelte aber gegen diese Viren eine unerwartet starke Immunreaktion, die zu seinem Tod führte.

Eine große Schwierigkeit der Gentherapie besteht im Auffinden von ungefährlichen Vektoren, die das intakte Gen zuverlässig in die richtigen Zellen im Körper bringen. Ein idealer Vektor ist nicht in Sicht (s. Abb. 2). Zu selten wird das Gen erfolgreich in die richtigen Körperzellen eingebaut. Damit die gewünschte Eigenschaft langfristig erhalten bleibt, müssen aber viele adulte Stammzellen verändert werden. Dies ist schwer zu erreichen. Wiederholte Behandlungen mit denselben Viren sind wegen der verstärkten Abwehr durch das Immunsystem erschwert.

Keimbahntherapie

Bei der *Keimbahntherapie* bringt man ein intaktes Gen durch Mikroinjektion in die befruchtete Eizelle und pflanzt diese anschließend in die Gebärmutter ein. Das Gen ist dann später automatisch in allen Zellen des heranwachsenden Organismus enthalten und wird dort auch exprimiert. So umgeht man die Risiken des nachträglichen Gentransfers mit problematischen Vektoren. Auf diese Weise könnte man theoretisch die Weitergabe genetisch bedingter Krankheiten verhindern. Unbeabsichtigt können aber auch andere genetisch bedingte Merkmale verändert werden. Die Risiken sind nicht kalkulierbar. Die Keimbahntherapie am Menschen ist deshalb in Deutschland und vielen anderen Ländern verboten: Es dürfen keine genetischen Veränderungen an Keimzellen vorgenommen werden.

Genehmigung von Gentherapie

Die somatische Gentherapie ist in vielen Ländern erlaubt. Weil bei der somatischen Gentherapie keine Geschlechtszellen, sondern nur Körperzellen behandelt werden, wird die genetische Veränderung nicht an die Nachkommen weitervererbt. In den USA wird die somatische Gentherapie seit 1990 bei Krebspatienten angewandt und auch in Deutschland werden Experimente genehmigt. Doch trotz vieler Behandlungen und unzähliger Studien haben sich noch keine durchschlagenden Erfolge ergeben.

Aufgaben

① Vergleichen Sie die beiden Gentherapien bezüglich ihrer Wirkung auf den Patienten und dessen Nachkommen.

② Erklären Sie, warum ASHANTI nach der Gentherapie nur zum Teil das von ihr benötigte ADA herstellen konnte und immer noch auf Injektionen angewiesen war.

③ Erläutern Sie, warum die Wirkung der somatischen Gentherapie oft nur kurzfristig ist.

④ Erklären Sie, welche besonderen ethischen Probleme die Keimbahntherapie aufwirft.

Retroviren
Viren mit Hülle und Innenkörper (Capsid); die Erbinformation liegt als RNA vor

Adenoviren
Viren ohne Hülle, nur mit Capsid; Erbinformation aus DNA

Zettelkasten

„Der ideologische Glaube an die Vorhersage-Macht der DNA-Sequenzen hat immer schon eine direkte Korrespondenz zwischen Genen, Strukturen und Funktionen vorausgesetzt: ein genetisches Programm. Die meisten Biologen aber erkennen inzwischen an, dass dieser Zusammenhang sehr plastisch ist, zufällig und kontext-abhängig. Selbst wenn das Genom ein Text wäre, es wäre von allen Vieldeutigkeiten der Sprache betroffen und läse sich eher wie ein Gedicht und nicht wie eine Gebrauchsanweisung. Und so wird es auch eine therapeutische Anwendung so bald nicht geben."

PROF. LILY E. KAY, Harvard University, 2000

„Wenn Menschsein bedeutet, unsere Intelligenz zu gebrauchen, um die Lebensqualität zu verbessern, dann besteht wenig Anlass zu ethischer Ambivalenz oder ethischen Zweifeln daran, ob man genetische Geißeln ausrotten soll – ganz ähnlich wie wir es bereits mit solchen Seuchen wie Pocken und Kinderlähmung getan haben. Wer wollte behaupten, dass eine Befreiung von diesen Krankheiten, die früher ganze Völker heimsuchten, uns weniger menschlich fühlen ließe. Unsere biologischen Bauanweisungen im Hinblick auf ein längeres, gesünderes Leben zu verändern, sollte im Idealfall ebenso wenig als Bedrohung verstanden werden wie das Aufbereiten unseres Trinkwassers zum Schutz unserer Gesundheit."

PROF. ARTHUR CAPLAN, Universität Pennsylvania, 1995

Aufgaben

① Formulieren Sie mit eigenen Worten, auf welche Schwierigkeiten bei der Gentherapie PROF. KAY hinweist.

② Nehmen Sie zu dem Zitat von PROF. CAPLAN Stellung.

Retroviren	Adenoviren	Liposomen	reine DNA
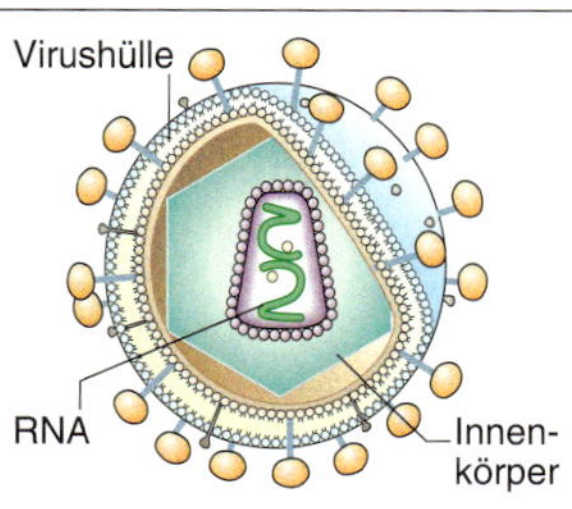	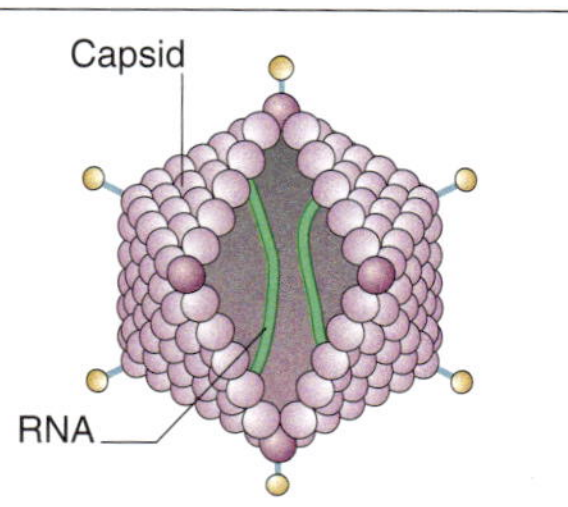	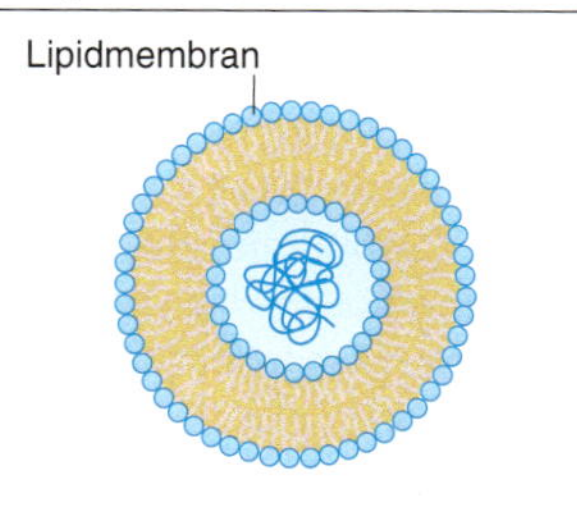	
Vorteil stabiler Einbau ins Genom **Nachteil** nur teilende Zellen infizieren sich zufällig	**Vorteil** Aufnahme großer DNA-Moleküle **Nachteil** kein stabiler Einbau ins Genom	**Vorteil** geringes Erkrankungsrisiko **Nachteil** geringe Effizienz	**Vorteil** geringes Erkrankungsrisiko **Nachteil** geringe Effizienz und unstabil

2 Vektoren für die somatische Gentherapie

Gentechnik in Diagnostik und Therapie

Die Gentechnik hat die diagnostischen und therapeutischen Möglichkeiten in der Medizin tiefgreifend verändert. Sie ermöglicht unter anderem den Nachweis bestimmter erblich bedingter Krankheiten *(genetische Diagnostik)* sowie die Herstellung von Medikamenten.

Genetische Diagnostik

Kennt man die Basensequenz von Genen, die erblich bedingten Krankheiten zugrunde liegen, kann man diese durch komplementäre Gensonden (s. Seite 171) aufspüren. So lässt sich das Gen auch bei Personen erfassen, bei denen die Krankheit noch nicht ausgebrochen ist. Der Träger kann dann z.B. über vorbeugende Maßnahmen aufgeklärt werden, die das Erkrankungsrisiko senken oder die Symptome lindern.

Chorea Huntington ist eine dominant vererbte Krankheit, die sich erst im 25. bis 55. Lebensjahr in Form von Lähmungen, Bewegungsstörungen und dem allmählichen Verlust der Denkleistung äußert. Die Symptome sind die Folge einer Degeneration von Hirngewebe. Ursache ist ein Protein, dessen Gen auf Chromosom 4 liegt. Ein Ausbruch der Krankheit ist umso wahrscheinlicher, je öfter das Triplett CAG in diesem Gen wiederholt vorliegt. Bei gesunden Menschen finden sich 9 bis 35 Wiederholungen, bei Betroffenen bis zu 250. Chorea Huntington ist bisher unheilbar. Die Veranlagung für die Krankheit kann mit einem Gentest bestimmt werden. Ein negatives Testergebnis kann einem familiär Vorbelasteten schwere Sorgen nehmen. Wie reagiert er aber mit einem positiven Ergebnis und der Gewissheit, später zu erkranken?

Gen-Pharming
Produkt eines Genprodukts mit transgenen Tieren (Wortkombination aus „Farming“ und „Pharma“)

Transgenes Tier
Tier mit artfremdem Gen in der Keimbahn

Gentechnisch produzierte Medikamente

Ein Beispiel für ein gentechnisch hergestelltes Medikament ist *Trastuzumab®*, ein Mittel gegen Brustkrebs, das 1998 zugelassen wurde. Damit kann bei etwa einem Drittel der Patientinnen die Überlebensrate um 50 % gesteigert werden. Die Vermehrung der Tumorzellen, wird durch das Zusammenwirken von zwei Wachstumsfaktor-Rezeptoren in der Zellmembran gefördert. Trastuzumab ist ein bestimmter Antikörper, der spezifisch an einem dieser Rezeptoren bindet. Die Bindung blockiert weitere Teilungen und führt zur Zerstörung von Tumorzellen. Die Trastuzumab-Antikörper werden in *CHO-Zellen (Chinese Hamster Ovary-Zellen)* produziert. Das sind eukaryotische Zellkulturen, die häufig für gentechnische Produktionsverfahren verwendet werden. Die CHO-Zelllinie lässt sich leicht auf verschiedenen Medien halten und ist wenig anfällig für Krankheitserreger. Allerdings nimmt nur ein kleiner Teil der behandelten Zellen die Fremd-DNA tatsächlich auf. Unter diesen muss eine Zelle herausgefunden werden, die das eingefügte Gen besonders stark abliest. Da die Produktivität von vielen Faktoren abhängt, wie z.B. von der Stellung im Genom, sind optimale Zellen sehr selten.

Gen-Pharming

Im Jahre 1990 wurde im Roslin-Institut in Schottland das Schaf Tracy geboren. Tracy produzierte später in seiner Milch den Wirkstoff α1-Antitrypsin (AAT), ein lebensnotwendiges Protein für Patienten mit AAT-Mangel.

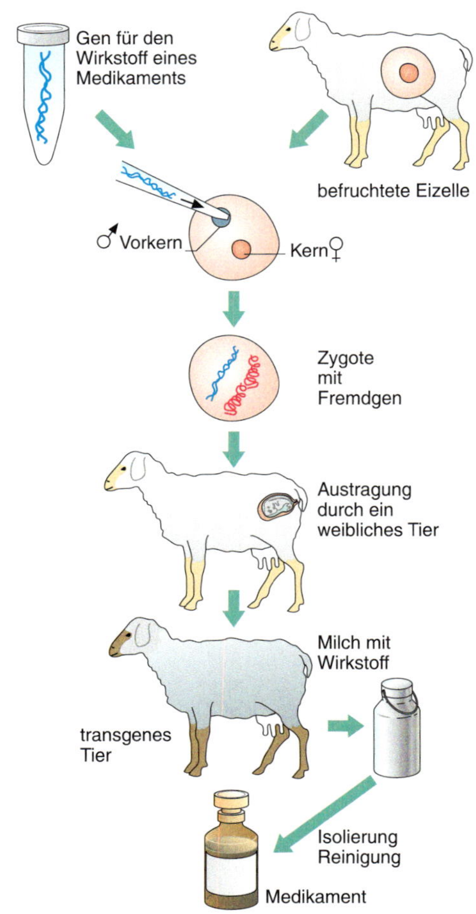

1 Herstellung eines gentechnischen Medikaments mit einem transgenen Tier

Tracy war ein transgenes Tier. Darunter versteht man Tiere, denen ein artfremdes Gen eingeschleust wurde (s. Abb. 1). Die Herstellung eines Medikaments mit transgenen Tieren heißt auch Pharming. Die für ein gewünschtes Protein codierende DNA wird dazu in eine befruchtete Eizelle eines Schafs oder einer Kuh eingeschleust. Aus der Eizelle mit Fremd-Gen entwickelt sich ein transgenes Tier. Sofern das Fremd-Gen im Euter abgelesen wird, enthält die Milch des erwachsenen Tieres das gewünschte Protein. Dies gelingt jedoch selten. Um Tracy zu erzeugen, wurden über 500 Eizellen ohne Erfolg verbraucht.

Aufgaben

① Humangenetiker können das menschliche Genom auf etwa 800 Krankheiten testen. Begründen Sie, in welchen Fällen Sie eine genetische Diagnose von Erbkrankheiten für sinnvoll halten.

② Beschreiben Sie ein Verfahren, mit dem geprüft werden kann, ob die Fremd-DNA erfolgreich in CHO-Zellen integriert worden ist.

③ Geben Sie an, welche Vorteile die Gewinnung eines Wirkstoffs aus der Milch eines Tieres gegenüber der Herstellung mit CHO-Zellen bietet.

Das Schaf Tracy

Zettelkasten

DNA-Chip

Einsträngige DNA-Moleküle lassen sich zu Zehntausenden auf einem Träger-Chip aus Glas oder Silizium unterbringen. Mit solch einem DNA-Chip hofft man, in Zukunft sehr schnell und kostengünstig Genproben auf bestimmte DNA-Sequenzen untersuchen zu können. Alle DNA-Chips funktionieren nach demselben Prinzip: Die Oberfläche ist in ein Raster unterteilt. Auf jedem Feld haften einsträngige DNA-Moleküle einer bestimmten Sequenz, die als Gensonde wirken. Die zu untersuchende DNA-Probe wird in Einzelstränge geteilt, mit einem Fluoreszenz-Farbstoff markiert und auf den Chip aufgebracht. Dort kann sich die zu untersuchende DNA an komplementäre DNA-Sequenzen auf dem Chip anlagern. Anschließend muss gespült werden. Fluoreszenz-Signale zeigen an, wo Hybridisierungen stattgefunden haben. Sie werden mit Scanner und Computer ausgewertet.

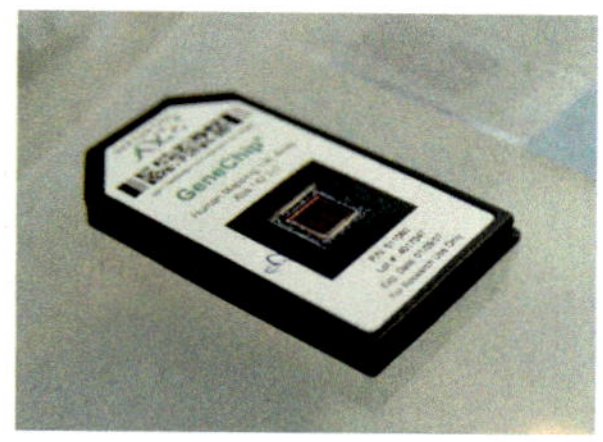

DNA-Chip

Aufgabe

① Erklären Sie, warum nach der Hybridisierung gespült werden muss.

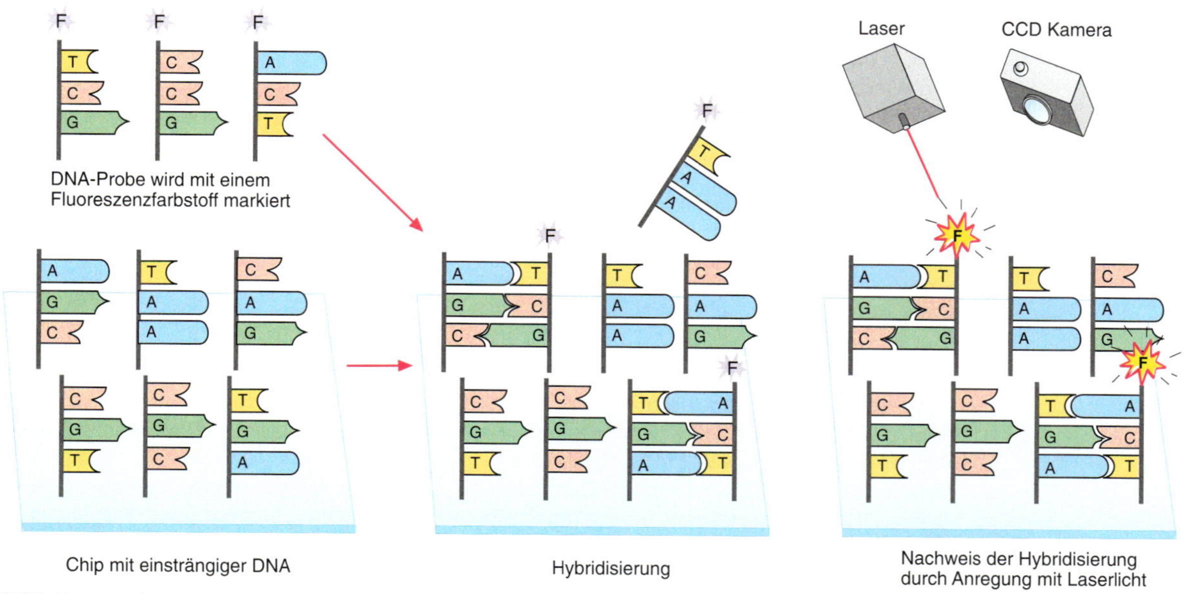

DNA-Untersuchung mit einem DNA-Chip

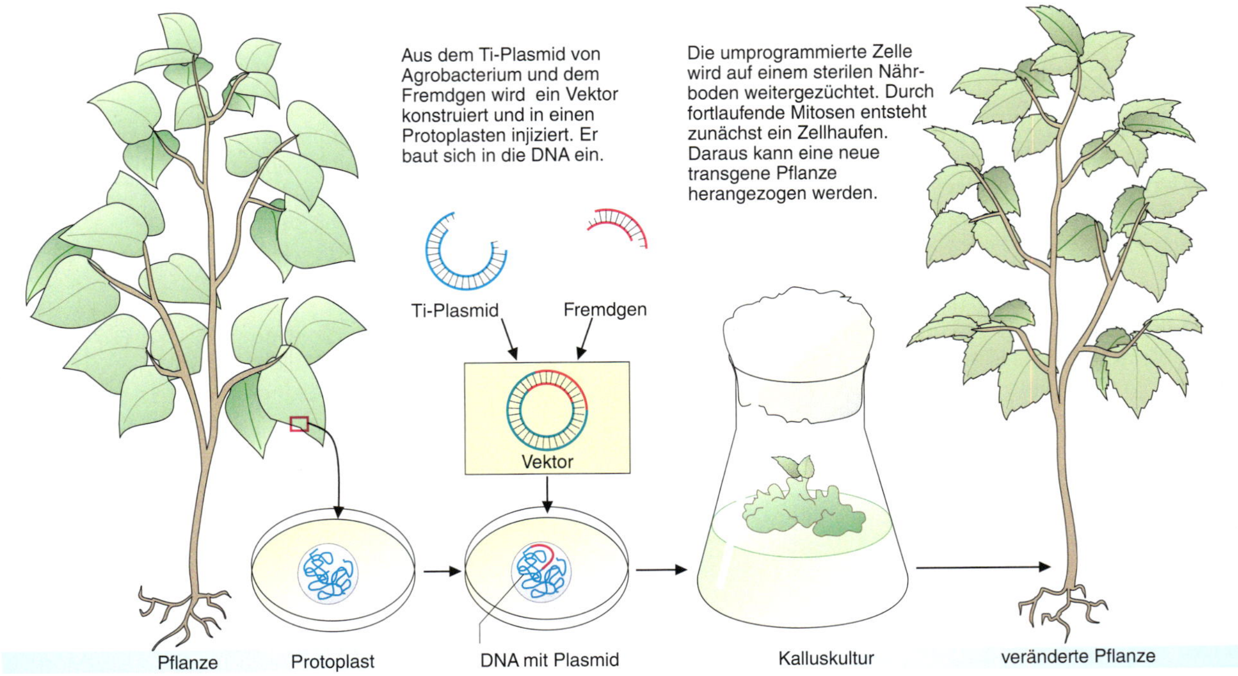

1 Übertragung von Fremdgenen auf eine Pflanze (Ti-Plasmid-Technik)

Gentechnik in der Landwirtschaft

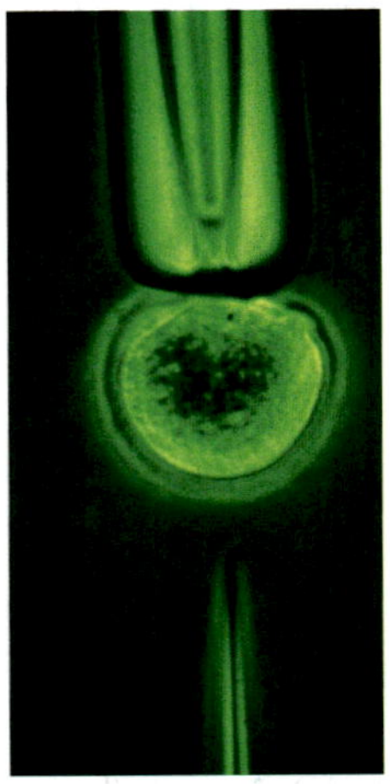

Gene werden „verpflanzt". In eine Pflanzenzelle wird mithilfe einer Mikropipette DNA injiziert.

Bei der Gentechnik in der Landwirtschaft sollen Gene für erwünschte Merkmale gezielt in Nutzpflanzen oder Nutztiere eingeschleust oder unerwünschte Merkmale ausgeschaltet werden. Anders als bei der herkömmlichen Züchtung spielen Artgrenzen dabei keine Rolle mehr: Es lassen sich Gene aus Bakterien, Pilzen, Tieren und Menschen übertragen. *Grüne Gentechnik* beschäftigt sich mit transgenen Pflanzen, *rote Gentechnik* mit transgenen Tieren (z. B. Gen-Pharming, Seite 180).

Zum Einschleusen von Genen hat sich das Bakterium *Agrobacterium tumefaciens* bewährt. Es handelt sich um den Erreger des Wurzelkropfs, eines Pflanzentumors. Durch Verletzungen kann es in die Pflanze gelangen und schleust dann ein tumorinduzierendes Plasmid *(Ti-Plasmid)* in einzelne Zellen ein. Das Plasmid wird in die pflanzliche DNA integriert und veranlasst die Pflanze zu unkontrolliertem Wachstum. Es entsteht ein Pflanzentumor, der Nährstoffe für das Bakterium absondert. Die Fähigkeit des Bakteriums, DNA zu übertragen, macht man sich in der Gentechnik zunutze: Entfernt man die tumorinduzierenden Basensequenzen und baut ein Fremdgen in das Plasmid ein, so lassen sich auf diesem Wege die gewünschten Gene in die Pflanzen-DNA integrieren. Durch gleichzeitige Übertragung eines Markers (z. B. ein Antibiotikumresistenz-Gen) wird der Erfolg der Genübertragung überprüfbar. Die Übertragung gelingt am leichtesten an jungen Pflanzenzellen, deren Zellwand enzymatisch entfernt wurde. Diese Protoplasten kann man unter geeigneten Wachstumsbedingungen zu Zellteilungen anregen und so ganze Pflanzen regenerieren. Bei dieser ungeschlechtlichen Vermehrung findet keine Rekombination der genetischen Information statt, das transgene Merkmal kann also nicht verloren gehen.

Im Jahr 2010 waren weltweit über 200 *transgene Pflanzen* zugelassen. Die größte wirtschaftliche Bedeutung haben bisher Sojabohne, Baumwolle, Mais und Raps. Oft geht es darum, eine erhöhte Resistenz der Pflanze gegenüber Insekten, Pilzen, Bakterien und Viren zu erreichen. Am häufigsten (71 %) werden aber Herbizidresistenz-Gene übertragen. Sie verleihen der Pflanze Eigenschaften, die sie unempfindlich gegenüber bestimmten Unkrautvernichtungsmitteln machen. Gentechnik-Gegner hinterfragen die Motive von Firmen, die sowohl die transgene Pflanze als auch das entsprechende Herbizid an die Landwirte verkaufen.

Tomaten und andere weiche Früchte müssen oft grün geerntet werden, damit sie nicht zerdrückt zu den Großmärkten gelangen. Leider fehlt solchen unreifen Früchten das volle Aroma. Die Expression mehrerer Gene ist für die Reifung einer Tomate verantwortlich, sie machen die Tomate rot, aromatisch, weich und schließlich matschig. Das „Matsch"-Gen trägt zum Abbau der Zellwände bei. Eine nicht matschende Tomate war die erste gentechnisch veränderte Pflanze, die für die Vermarktung zugelassen wurde. Bei ihr wurde das „Matsch"-Gen durch die genetische *Antisense-Technik* ausgeschaltet. Dazu wird das „Matsch"-Gen verkehrt herum hinter demselben Promotor eingebaut. Wird es transkribiert, entsteht eine zum Original komplementäre m-RNA. Normale *(sense)* und *Antisense-m-RNA* lagern sich zusammen, dadurch unterbleibt die Translation (Abb. 2). Das Zellwände abbauende Enzym wird nicht mehr gebildet. Die transgenen „Anti-Matsch-Tomaten" reifen langsamer und die roten Früchte bleiben 14 Tage länger fest. Sie können daher im reifen, aromatischen Zustand geerntet und versandt werden. Unsichtbar altert die Tomate trotzdem, ihr Vitamingehalt nimmt wie bei den herkömmlichen Tomaten ab. In den USA sind diese Tomaten seit 1994 zugelassen, seit 1996 darf Tomatenpüree aus solchen Tomaten auch auf dem EU-Markt verkauft werden (s. Kasten).

Im Jahre 1999 wurde von Schweizer Forschern „Vitamin A-Reis" vorgestellt. Seine gelbe Farbe *(„Golden Rice")* verdankt er dem Gehalt an Beta-Carotin, der Vorstufe von Vitamin A. Golden Rice entstand in zwei Schritten durch die Übertragung von sieben verschiedenen Genen auf das Reis-Genom. Er enthält neben dem Beta-Carotin auch Stoffe, welche die Verfügbarkeit von Eisen für den menschlichen Organismus verbessern. Dieser Reis soll dazu beitragen, die Ernährungsbedingungen in Entwicklungsländern zu verbessern. Allerdings hat sich herausgestellt, dass ein Mensch ca. 7 kg dieses Reises verzehren müsste, um den Tagesbedarf an Vitamin A bilden zu können.

Zettelkasten

Die Novel-Food-Verordnung der EU von 1997

Verordnung über neuartige Lebensmittel und neuartige Lebensmittelzutaten „Novel Food" nennt man gentechnisch modifizierte bzw. mithilfe gentechnisch modifizierter Organismen (GMO) hergestellte Lebensmittel:
Kategorie 1: GMO oder Lebensmittel, die GMO enthalten. Die gentechnische Veränderung kann nachgewiesen werden. Sie sind als *„gentechnisch modifiziert"* zu kennzeichnen (z. B. herbizidtolerante Sojapflanzen).
Kategorie 2: Folgeprodukte, die direkt aus den Lebensmitteln der Kategorie 1 entstehen und in denen die gentechnische Veränderung (DNA oder entsprechendes Eiweiß) nachweisbar ist, sind ebenfalls *kennzeichnungspflichtig* (z. B. Sojaeiweiß).
Kategorie 3: Nährstoffe, die von GMO oder Enzymen, die aus GMO stammen, hergestellt wurden und von herkömmlichen Lebensmitteln biologisch nicht zu unterscheiden sind (keine Kennzeichnungspflicht), z. B. Sojaöl.
Kategorie 4: Produkte, die gesundheits- oder umweltgefährdend sind, erhalten keine Marktzulassung (z. B. Allergie auslösende Nahrungsmittel).

Aufgabe

① Informieren Sie sich über die Argumente für und gegen die Gentechnik am Beispiel von Herbizidresistenz, Insektenresistenz und „Anti-Matsch-Tomate".

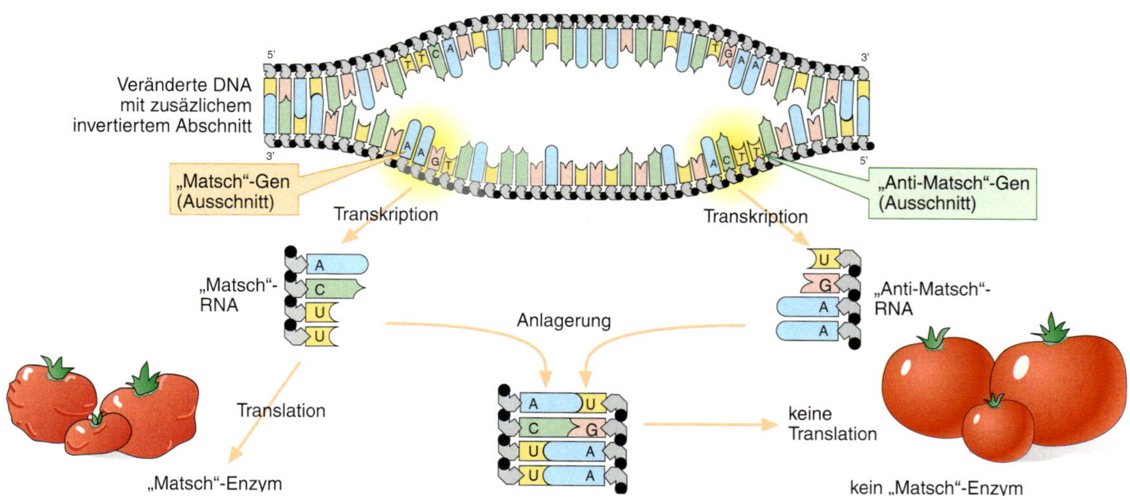

2 Anwendung der Antisense-Technik bei der „Anti-Matsch-Tomate"

Gen-Ethik

Die Gentechnik eröffnet nicht nur ungeahnte Möglichkeiten für Grundlagenforschung, Medizin und Biotechnologie, sondern stellt auch neuartige Anforderungen an die Ethik in Wissenschaft und Politik. Nicht alles, was machbar ist, erscheint auch legitim.

Medien und Gentechnik

Der Molekularbiologe Jens Reich beschreibt in seinem Buch „Es wird ein Mensch gemacht" verschiedene Problemfelder der Gentechnik. Der folgende Ausschnitt aus einem fiktiven Dialog zwischen O. und N. beleuchtet die Rolle der Medien.

„O: Da gibt es merkwürdige Zusammenhänge. Die Philosophen und Soziologen, die am vernehmlichsten vor den Gefahren der Gentechnik für das Menschenbild und die Menschenrechte warnen, scheinen am festesten daran zu glauben, dass die Gene unser Schicksal sind und man deshalb vor ihrer Manipulation durch finstere politische Mächte warnen muss. Und die Genforscher, die genau wissen, dass man komplexe Merkmale nicht durch genetische Konstruktion optimieren kann, sind die ersten, die mit ihren Ergebnissen an der Wall Street die Glocke läuten, anstatt sie solide zu veröffentlichen und der Kritik der Fachleute auszusetzen. Ihre Schlagzeilen lauten »Wir haben das Gen für Schizophrenie« oder »das Gen für Zuckerkrankheit«, obwohl sie genau wissen, dass sie das für die schnelle Nachricht vereinfachen und es bei genauerem Hinsehen viel bescheidener klingen müsste.
N: Wie denn?
O: Na zum Beispiel: Wir haben einen Genfaktor gefunden, der bei Zuckerkranken aus dieser oder jener Gegend in Mittelamerika einige Prozent häufiger auftritt als bei Gesunden. Es könnte sein, dass der Faktor mit ein paar Prozent am Risiko beteiligt ist, zuckerkrank zu werden. Das müsste aber zunächst durch andere Studien belegt werden.
N: Na, da wirst Du kaum eine Schlagzeile zustande bringen.
O: Ja, und die Schlagzeile ist wichtig, damit man Geld für weitere Forschung erhält. Also muss man übertreiben. So schaukelt sich das Gedröhn auf."

Aufgabe

① In dem Gespräch wird den Kritikern und den Befürwortern der Gentechnik vorgeworfen zu übertreiben. Erläutern Sie jeweils die Argumentation dafür.

Keimbahntherapie

„Ethisch unerträglich wäre es jedoch, wenn in der unvermeidlichen Experimentalphase genetischer Veränderungen beim Menschen Ergebnisse zustande kämen, die die menschliche Identität und Lebensfähigkeit beeinträchtigen.
Von meinem Verständnis her (...) kann es keine sozusagen fehlgeschlagenen Menschen geben. Sie experimentell in Kauf zu nehmen, gewissermaßen menschlichen »Ausschuss« zu produzieren, ist ein monströser Gedanke."

Hermann Barth, ehemaliger Präsident des Kirchenamtes der Evangelischen Kirche, 2003.

„Es muss eine medizinische Indikation gegeben sein, ebenso die Rechtssicherheit auf ein unmanipuliertes Erbgut. Sicher, es gibt Bösewichter, die Banken ausrauben oder Immobilienpleiten verursachen. Dennoch verzichten wir weder auf Banken noch auf Häuser. Wir haben uns leider angewöhnt, vom worst-case-szenario her neue Technologien zu diskutieren."
Hans-Martin Sass, Begründer des Zentrums für medizinische Ethik, 1995.

Aufgabe

② Beschreiben Sie Fälle, in denen Sie eine Keimbahntherapie erlauben bzw. verbieten würden.

Lebensrecht

„Lässt sich somit die differenzielle Praxis und moralische Rechtfertigung des Schwangerschaftsabbruchs nur konsistent erklären, wenn man die Prinzipien eines abgestuften Lebensschutzes akzeptiert, dann muss es auch bei Embryonen in vitro möglich sein, ebenso wie bei Embryonen in vivo das moralische wie rechtliche Gebot des Lebensschutzes mit konkurrierenden Pflichten und Gütern abzuwägen."

Nationaler Ethikrat: Stellungnahme zum Import menschlicher embryonaler Stammzellen, 2001

Aufgaben

③ Beschreiben Sie, welcher mögliche Widerspruch in der Rechtsprechung hier angesprochen wird.

④ Belegen Sie, wie der Import von embryonalen Stammzellen verteidigt wird.

Züchtungsziele

Mit gentechnischen Methoden können viele Eigenschaften von Pflanzen verändert werden (s. Seite 183). Dabei stehen oft einzelne Interessen im Vordergrund.

Aufgabe

⑤ Erläutern Sie die Kritik, die der Cartoon ausdrückt.

Genfood und Verbraucherschutz

Im Gesetz zur Neuordnung des Gentechnikrechts vom 12. Dezember 2004 hat die Bundesregierung Vorschriften zum Anbau und Umgang mit gentechnisch veränderten Pflanzen und Lebensmitteln erlassen.

Sie beruhen auf drei Prinzipien:
Transparenz: Kennzeichnung auf allen Stufen der Herstellung
Koexistenz: Friedliches Nebeneinander aller Wirtschaftsformen
Haftung: Ausgleich von Einnahmeverlusten nach Pollenflug
Für die Kennzeichnung gilt ein Schwellenwert von 0,9 Prozent. Enthält ein

Produkt zu einem Prozent gentechnisch veränderte Pflanzen, muss es gekennzeichnet werden. Das gilt auch für Produkte wie Sojaöl, die kein gentechnisch ver-ändertes Erbgut enthalten, aber aus gentechnisch veränderten Pflanzen hergestellt wurden.

Beim Anbau von gentechnisch veränderten Pflanzen lässt sich eine Auskreuzung durch Pollenflug nicht mit Sicherheit verhindern. Insbesondere Biobauern fürchten, dass ihre Produkte durch Einkreuzung von veränderten Genen unverkäuflich werden. Dazu wurde gesetzlich festgelegt, dass der Verursacher für den Schaden haftet. Dies gilt auch dann, wenn der „Gentechnik-Landwirt“ alle Vorgaben wie Mindestabstände und Heckenpflanzungen eingehalten hat.

Aufgaben

⑥ Begründen Sie, warum für die Kennzeichnungspflicht ein Schwellenwert erforderlich ist.

⑦ Erläutern Sie, inwiefern die Regelungen die drei genannten Prinzipien erfüllen.

⑧ Das erwähnte Gesetz wurde als „Gentechnikverhinderungsgesetz“ kritisiert. Nehmen Sie dazu Stellung.

Podiumsdiskussion

Eine Podiumsdiskussion dient dazu, unterschiedliche Sichtweisen und Argumente zu einem Thema zu erörtern. Dazu schlüpfen einzelne Schülerinnen und Schüler in vorgegebene Rollen und diskutieren miteinander. Wichtig ist eine intensive inhaltliche Vorbereitung, da sonst die Diskussion schnell oberflächlich wird.

Die Situation:
In einer kleinen Gemeinde plant Landwirt A ein Versuchsfeld für Roundup-Weizen. Bio-Bauer B ist strikt dagegen. Inzwischen hat sich eine Bürgerinitiative gegen den geplanten Anbau gegründet. Eine vom Bürgermeister einberufene Podiumsdiskussion soll zur Klärung beitragen. Die Teilnehmer vertreten die nachfolgend beschriebenen Positionen.

Aufgaben

⑨ Teilen Sie die Rollen einzelnen Gruppen zu. Sammeln Sie in jeder Gruppe für Ihre Rolle Argumente und Gegenargumente.

⑩ Notieren Sie weitere Argumente, die in der Podiumsdiskussion vorgebracht werden könnten.

⑪ Bestimmen Sie in jeder Gruppe einen Sprecher und führen Sie die Podiumsdiskussion durch.

Landwirt A

Er möchte ein Versuchsfeld einrichten und braucht dringend das Geld, das ihm die Fima GenTechno für die Durchführung des Freilandexperiments auszahlen wird. Da die Preise für Schweinefleisch stark gesunken sind, ist sein Betrieb finanziell in Schwierigkeiten. Er versteht sich als Unternehmer, der hart kalkulieren muss. Er will selbst entscheiden, was er auf seinen eigenen Feldern anbaut und verweist darauf, dass Roundup-Weizen für den Versuchsanbau freigegeben ist.

Bio-Bauer B

Er befürchtet, dass seine Felder mit Gen-Weizen verunreinigt werden. Insbesondere befürchtet er, dass Pollen von gentechnisch verändertem Weizen auf seine Felder geweht wird und dort seine Pflanzen bestäubt. Eine solche Verunreinigung würde bedeuten, dass er seine Produkte nicht mehr im Bio-Handel verkaufen kann. Er kritisiert, dass immer ertragreichere Sorten angebaut werden, obwohl die Getreidepreise gesunken sind. Zudem ist er der Ansicht, dass die alten Kultursorten von vielen Nutzpflanzen robuster, gesünder und wohlschmeckender sind.

Sprecherin von GenTechno

Sie verteidigt den Freiland-Anbau von Roundup-Weizen, indem sie auf den geringeren Einsatz von Herbiziden verweist. Sie argumentiert, dass Roundup-Produkte die Umwelt weniger belasten und Landwirte, die GenTechno-Produkte nutzen, die besseren Umweltschützer sind. Sie verweist darauf, dass Pflanzen schon immer verändert wurden und neue Techniken oft Ängste erzeugen.

Bürgermeister

Er möchte den Anbau gerne ermöglichen, weil er darauf hofft, dass das Grundwasser nicht weiter belastet wird, wenn weniger Herbizide eingesetzt werden. Da durch starke Düngung bereits der Nitratgehalt des Trinkwassers in der Gemeinde kritisch ist, möchte er eine zusätzliche Belastung durch Herbizide vermeiden. Er ist der Ansicht, dass moderne Betriebe auch moderne Technik und modernes Saatgut einsetzen müssen, um die aktuellen Probleme zu lösen.

Vertreterin der Bürgerinitiative

Sie verweist auf negative Folgen, die beim Anbau mit gentechnisch veränderten Soja-Pflanzen aufgetreten sind: resistente Feldkräuter und verstärktes Aufkommen von anderen Parasiten. Beim geplanten Anbau von Gen-Weizen befürchtet sie ähnliche Folgen. Generell ist sie gegen Gentechnik, Gen-Food, Atomkraft und all diese Techniken, die nur den Konzernen und nicht den Menschen nützen. Es geht ihr um die Zukunft unserer Kinder. Sie befürchtet, dass Gene, die in die Umwelt gelangt sind, nicht mehr eingefangen werden können.

Hormone

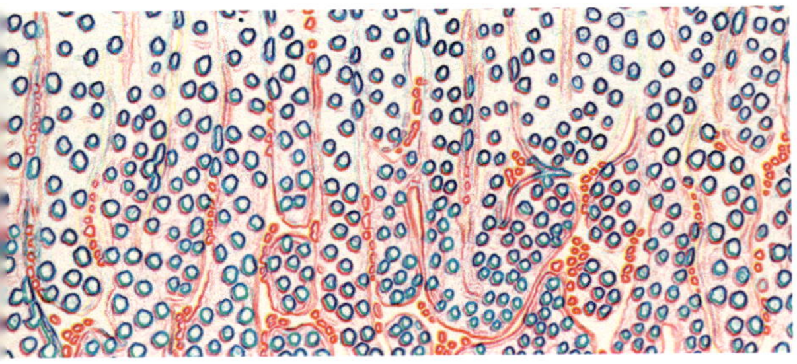

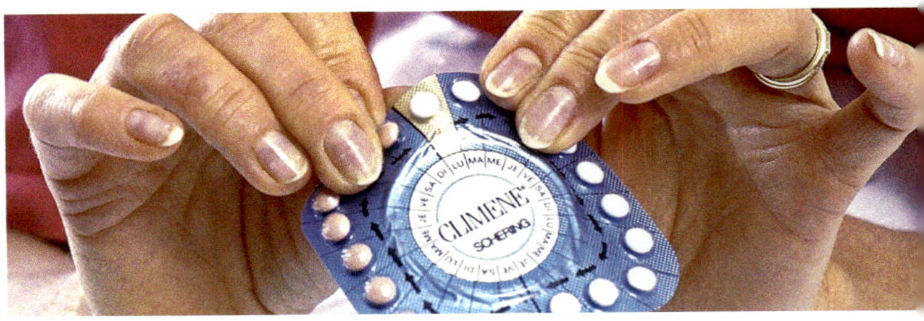

! Lernsituation

„Meine Hormone spielen verrückt." Was machen diese Hormone in meinem Körper?

Unser Körper bildet viele Hormone selbst, wie Geschlechtshormone, Wachstumshormone oder auch das den Blutzucker regulierende Insulin. Gleichzeitig nehmen wir Hormone aber auch gewollt (z. B. die Antibabypille) oder ungewollt (z. B. hormonbehandeltes Fleisch) auf.

Was machen Hormone im Körper? Wie stellt der Körper sicher, dass die Hormone immer in der richtigen Konzentration vorliegen? Und was passiert mit dem körpereigenen Hormonsystem, wenn man Hormone von außen zu sich führt, z. B. in Form der Antibabypille?

Auch Stress und der Blackout bei Prüfungen werden durch Hormone beeinflusst. Bin ich den Stresshormonen ausgesetzt oder kann ich Stresssituationen positiv beeinflussen? Damit lässt sich auch das Lernen optimieren und die Frage beantworten: Was spricht für oder gegen das Lernen in der Nacht vor der Prüfung?

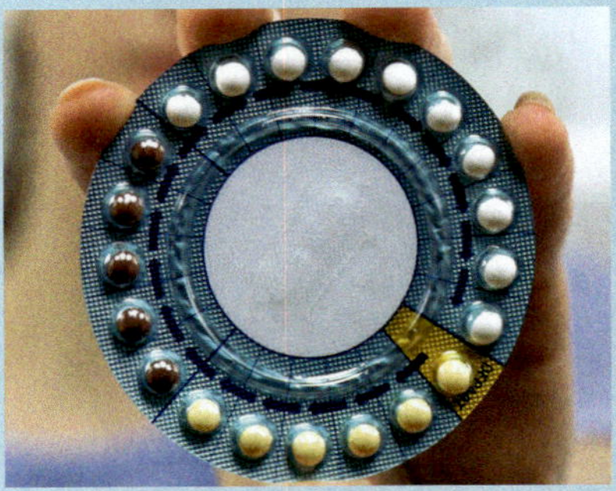

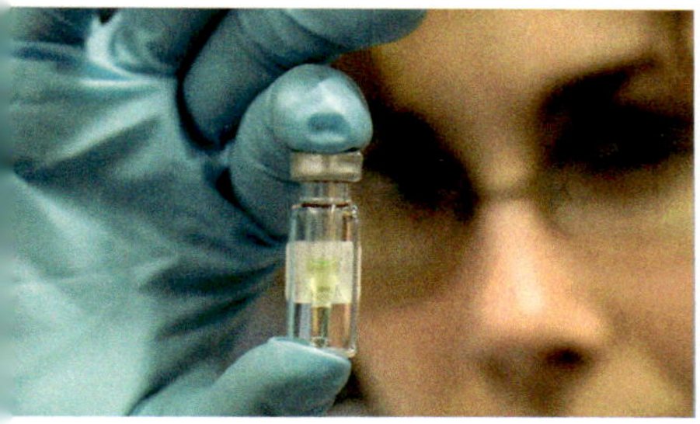

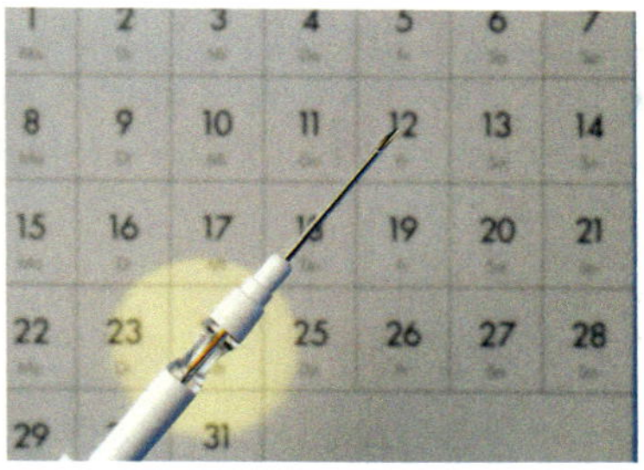

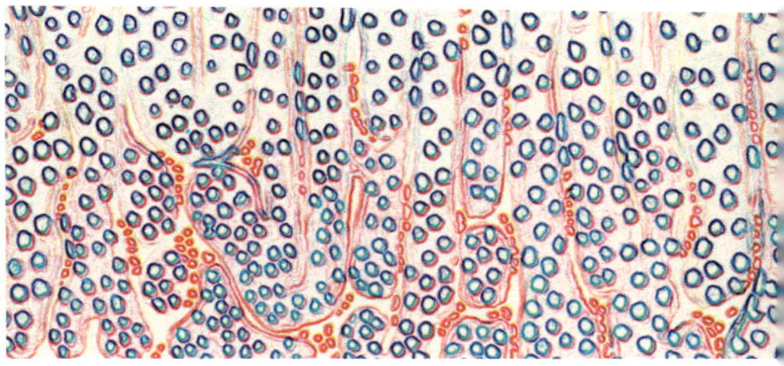

Leitfragen

Sind Hormone gefährlich? Möchte man die Gefahr einer Hormoneinnahme abschätzen, muss man wissen, wie die Hormonproduktion im Körper normalerweise reguliert wird und an welchen Stellen des Körpers das eingenommene Hormon auf welche Weise eine Wirkung zeigt.

Die am häufigsten freiwillig eingenommenen Hormone sind die in der Antibabypille enthaltenen Geschlechtshormone. Um für sich oder mit dem Partner verantwortungsvoll entscheiden zu können, ob man diese Art der Verhütung wählen möchte, ist es sinnvoll, sich über die Wirkung und Regulation dieser Hormone im Klaren zu sein. Wie wirkt also die Pille?

Stresshormone werden zwar selten eingenommen, aber sie haben in vielen Situationen einen großen Einfluss auf uns. Wie kann man mit Stress besser umgehen? Hier sind die Kenntnisse zur Regulation dieser Hormone ein erster wichtiger Schritt.

Die Hierarchie der Botenstoffe

Hormone
Sie sind chemische Signalstoffe, die in spezifischen Zellen (häufig Drüsen) gebildet und in geringen Stoffmengen über das Blut zu den Wirkzellen transportiert werden.

to release: freisetzen

Frisch geschlüpfte Kaulquappen haben einen Ruderschwanz und Kiemen, jedoch keine Beine und keine Lunge. Nach einigen Wochen erkennt man erste Anzeichen einer komplexen Gestaltumwandlung, der *Metamorphose* zum Frosch.

1912 verfütterte der Wissenschaftler JOHN F. GUDERNATSCH Schilddrüsengewebe an Kaulquappen, die Metamorphose lief beschleunigt ab. Operierte man dagegen den Kaulquappen ihre Schilddrüse heraus, wuchsen sie zwar zu Riesenkaulquappen heran, aber die Metamorphose blieb aus. Aufgrund dieser Experimente untersuchten Wissenschaftler das Organ genauer und isolierten eine Substanz, das *Thyroxin*, von dem bereits die Zugabe von $^{1}/_{100}$ mg pro Liter Wasser genügt, um die Metamorphose bei den jungen Kaulquappen auszulösen. Weitere Versuche zeigten, dass Thyroxin nicht in allen Altersstufen wirksam ist. Erst wenn die Tiere eine Größe von 40 mm überschritten haben, kann eine Metamorphose durch Thyroxin künstlich induziert werden. Diese Beobachtung deckt sich mit Messungen, dass frühestens ab diesem Entwicklungsstadium die Größe der Schilddrüse und gleichzeitig ihre Thyroxinbildung zunimmt. Aus diesen Befunden schlossen die Forscher, dass der Schilddrüse eine zweite Steuerungsebene vorgeschaltet ist (▶ Steuerung und Regelung S. 354).

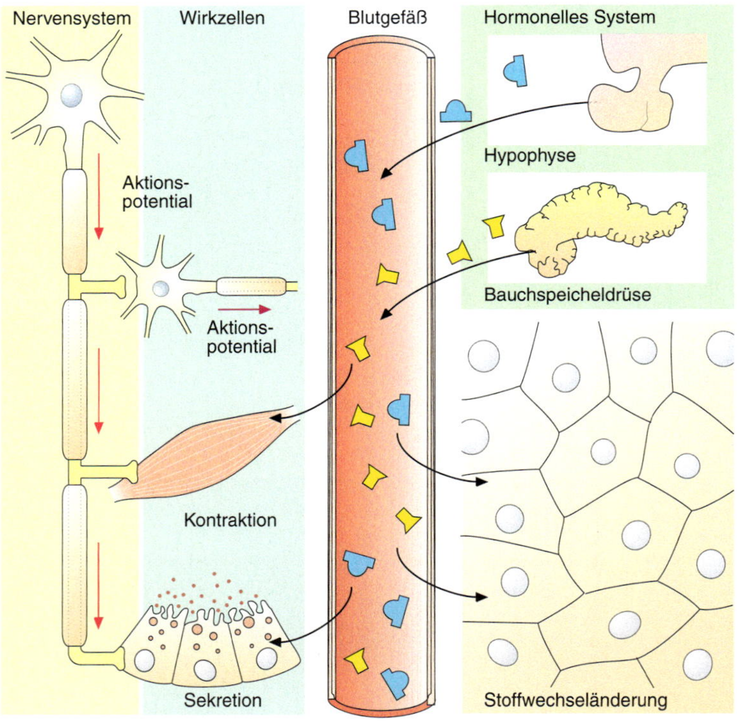

1 Neuronale und endokrine Signalübertragung

	Hypophyse	Schilddrüse	Hormonzusatz	Metamorphose
Versuch 1	vorhanden	vorhanden	keine	ja
Versuch 2	entfernt	vorhanden	keine	nein
Versuch 3	vorhanden	entfernt	keine	nein
Versuch 4	entfernt	entfernt	Thyroxin	ja
Versuch 5	entfernt	entfernt	TSH	nein
Versuch 6	entfernt	vorhanden	TSH	ja

2 Auslösung und Steuerung der Froschmetamorphose durch Hormone

Amerikanische Wissenschaftler machten die Entdeckung, dass Kaulquappen, denen man eine kleine Drüse auf der Unterseite des Zwischenhirns, die *Hypophyse*, entfernte, sich ebenfalls nicht verwandelten. Man konnte nachweisen, dass von der Hypophyse eine Substanz in das Blut abgegeben wird, die die Bildung des Thyroxins stimuliert. Sie wird *Thyroxin stimulierendes Hormon* (TSH) genannt. Trotz dieser Erfolge war die eigentliche Auslösung der Steuerungsprozesse ungeklärt. Erst durch weitere Experimente ließ sich zeigen, dass auch das Zwischenhirn an der Steuerung der Metamorphose beteiligt ist. Spezialisierte Nervenzellen bilden geringste Mengen eines Tripeptides und geben es ins Blut ab *(Neurosekretion)*. Es gelangt über das Hypophysen-Pfortadersystem in den Hypophysenvorderlappen und fördert dort die Freisetzung von TSH. Es wird *Thyrotropin-Releasing-Faktor* (TRF) genannt. Erst wenn der Hypothalamus eine bestimmte Größe erreicht hat, reagiert er empfindlich auf das Thyroxin, sodass dieses Hormon die Freisetzung von TRF stimuliert. In einem zunächst langsamen, später sich selbst verstärkenden Prozess kommt es am Ende der Metamorphose zu einem rapiden Anstieg der Thyroxinproduktion (Abb. 3).

Aus derartigen Experimenten kann man gemeinsame Prinzipien der hormonellen Regulation ableiten: Hormone werden in Zellen, Geweben oder Organen gebildet und in geringen Mengen über das Blut im Körper verteilt. Sie wirken auf spezifische Zielzellen. Bei TRF und TSH sind diese jeweils in einem Organ lokalisiert, die Zielzellen für das Thyroxin liegen beim Menschen im gesamten Körper verteilt. Damit besitzt der Organismus neben dem Nervensystem ein zweites Informations- und Koordinationssystem, dessen Informationsfluss zwar langsamer, dafür aber auch länger anhaltend ist (Abb. 4) (▶ Information und Kommunikation S. 358).

Auch bei Menschen wird Thyroxin in der seitlich an Luft- und Speiseröhre vor dem Schildknorpel des Kehlkopfes liegenden *Schilddrüse* gebildet. Es bewirkt eine Steigerung des Grundumsatzes, besonders in den Leber- und Muskelzellen. Thyroxin löst in den Mitochondrien dieser Zellen eine erhöhte Enzymaktivität aus, wodurch der Energieumsatz steigt. An den Nervenzellen aktiviert es die Na^+-K^+-Pumpen. Übersteigt der Thyroxinspiegel im Blut einen bestimmten Wert, kommt es zu einer Verminderung der Schilddrüsenausschüttung. Thyroxin hemmt beim Menschen im Sinne einer negativen Rückkopplung die TRF- und TSH-Bildung. Auch äußere Faktoren beeinflussen dieses Regulationssystem. So führt beispielsweise das Sinken der Umgebungstemperatur zu einer Erhöhung der Thyroxinproduktion und damit des Grundumsatzes.

Bei krankhafter Überfunktion der Schilddrüse kommt es zu einer übermäßigen Beschleunigung des Stoffwechsels, wodurch die Körpertemperatur steigt. Trotz Appetitsteigerung und erhöhter Nahrungsaufnahme magern die Betroffenen ab. Die Herztätigkeit ist beschleunigt, Nervosität sowie Schlaflosigkeit treten auf. Zur Therapie wird zeitlich begrenzt Thyroxin verabreicht, um durch negative Rückkopplung die Schilddrüsenfunktion zu senken. Da zur Synthese des Thyroxins Iodsalze notwendig sind, kommt es bei Iodmangel zu einer krankhaften Unterfunktion der Schilddrüse. Grundumsatz und Körpertemperatur liegen unter den Normalwerten, starke Müdigkeit tritt auf. Die Patienten leiden trotz geringer Nahrungsaufnahme an starkem Fettansatz.

Aufgabe

① Bei Winterschläfern wie der Fledermaus fand man im Herbst eine Rückbildung der Schilddrüse. Erst gegen Ende der Winterperiode erreichte sie wieder Normalgröße. Erläutern Sie die Zusammenhänge unter Berücksichtigung der biologischen Bedeutung des Winterschlafes.

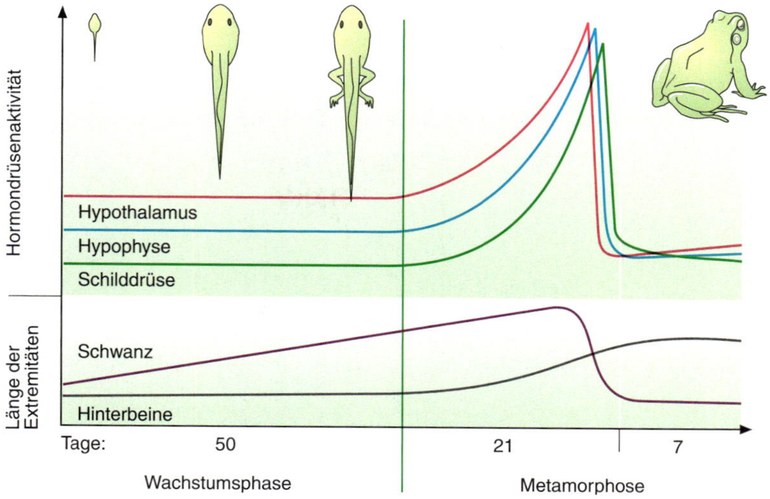

3 Hormonelle Vorgänge bei der Metamorphose des Frosches

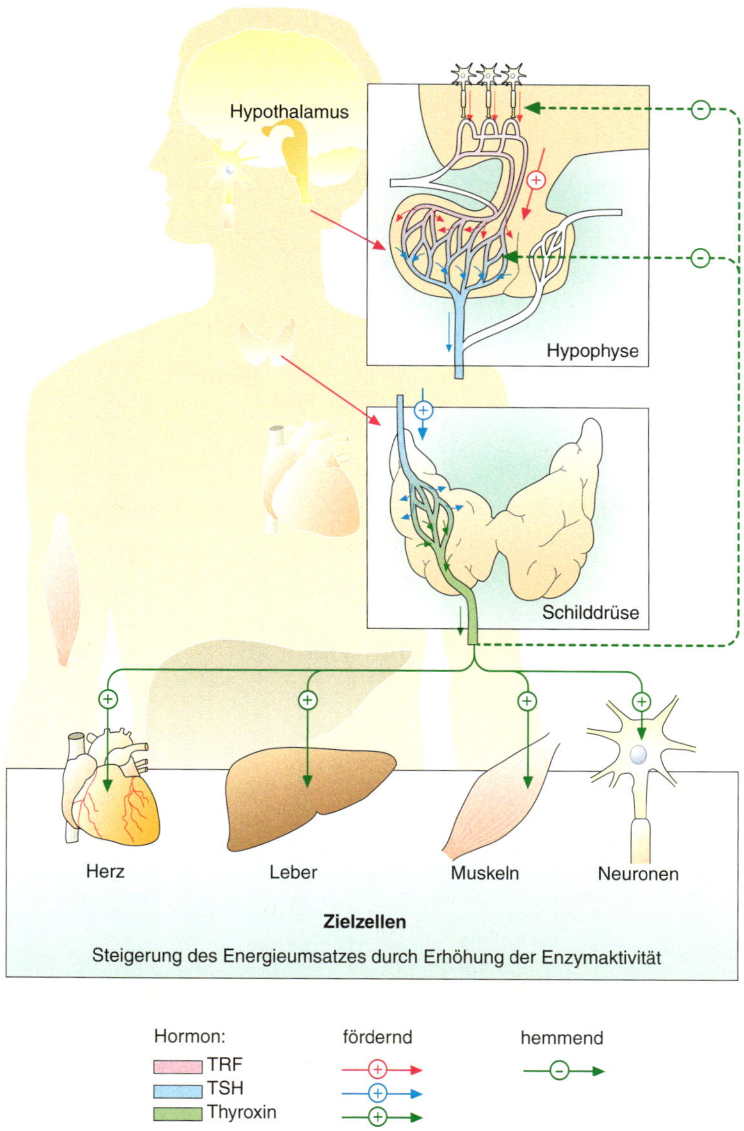

4 Regulation der Thyroxinkonzentration

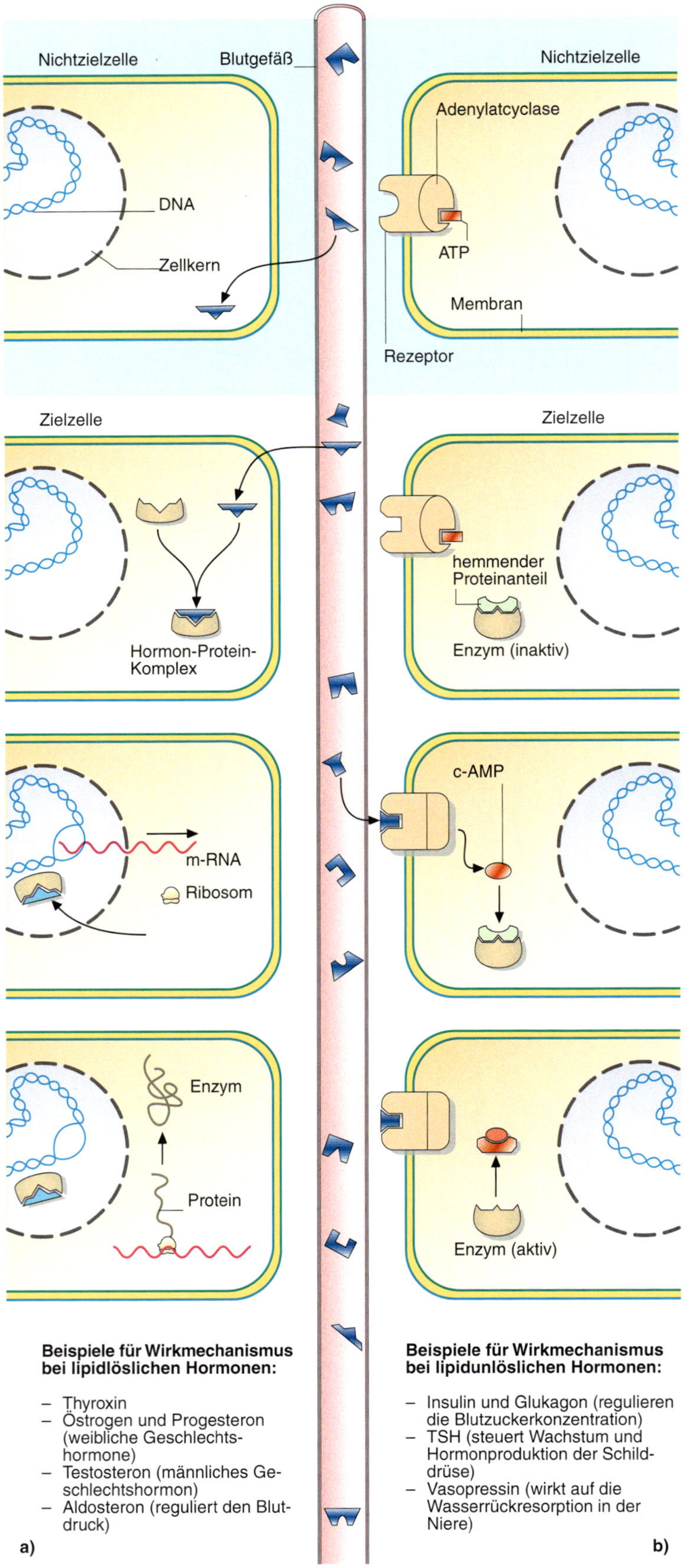

1 Mechanismen der Hormonwirkung

Hormonwirkung

Hormone unterscheiden sich sowohl in ihrer stofflichen Natur als auch in der Art, wie sie ihre Wirkung entfalten (▶ Struktur und Funktion S. 348).

Wirkungsmechanismen

Wenn sich aus Kaulquappen Frösche entwickeln, bedeutet dieses eine genetisch regulierte totale körperliche Umgestaltung *(Metamorphose)*, die durch das Hormon Thyroxin geregelt wird. In diesem Stadium enthalten die Schwanzzellen viele membranumhüllte Bläschen *(Lysosomen)*. Diese speichern proteinspaltende Enzyme *(Proteasen)*, deren Konzentration bis zu 30-mal höher ist als im restlichen Gewebe. Die Proteasen bauen Proteine des Kaulquappenschwanzes ab. Fügt man zu Zellsuspensionen verschiedener Gewebe der Kaulquappen radioaktiv markiertes Thyroxin hinzu, lässt sich die Radioaktivität kurz darauf im Zellkern der Schwanzzellen, bei den übrigen Körperzellen aber nur im Cytoplasma nachweisen. Das Thyroxin ist in den Schwanzzellen fast ausschließlich an ein spezifisches Protein gebunden. Es bildet einen Hormon-Proteinkomplex. Die Radioaktivität häuft sich in den Zellkernen der Schwanzzellen an.

Daraus kann man schließen, dass nur dieser Hormon-Proteinkomplex die Kernhülle passieren kann und im Zellkern spezifische Gene aktiviert. Die entsprechende m-RNA wird gebildet. An den Ribosomen im Cytoplasma werden die zugehörigen Enzyme synthetisiert, z. B. die Protein abbauenden Enzyme der Lysosomen (Abb. 1a), die Auflösung der Schwanzzellen wird eingeleitet. Dieser Wirkmechanismus ist typisch für lipidlösliche Nichtprotein-Hormone, die Biomembranen passieren können.

Für eine zweite Gruppe von Hormonen – in der Regel sind es lipidunlösliche Proteine – trifft ein anderer Wirkungsmechanismus zu. Diese Substanzen können die Zellmembran nicht passieren. Die einzelnen Hormonmoleküle bilden mit speziellen Rezeptormolekülen in der Zellmembran einen Hormon-Rezeptorkomplex. Damit ist die Wirkung des Hormonmoleküls beendet. Ein einziges Hormonmolekül, wie z. B. das Glukagonmolekül, kann innerhalb einer Zielzelle in Millisekunden eine deutliche Veränderung des Glucosestoffwechsels bewirken. Die Reaktion einer Zelle auf ein Hormon nennt man *Zellantwort* (Abb. 1b).

Online-Link
045306-0191

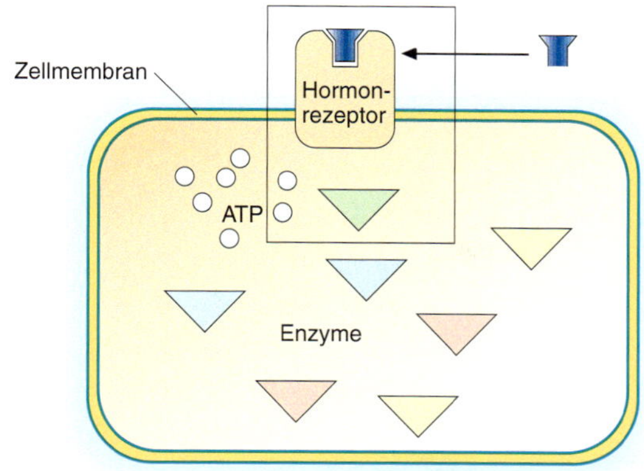

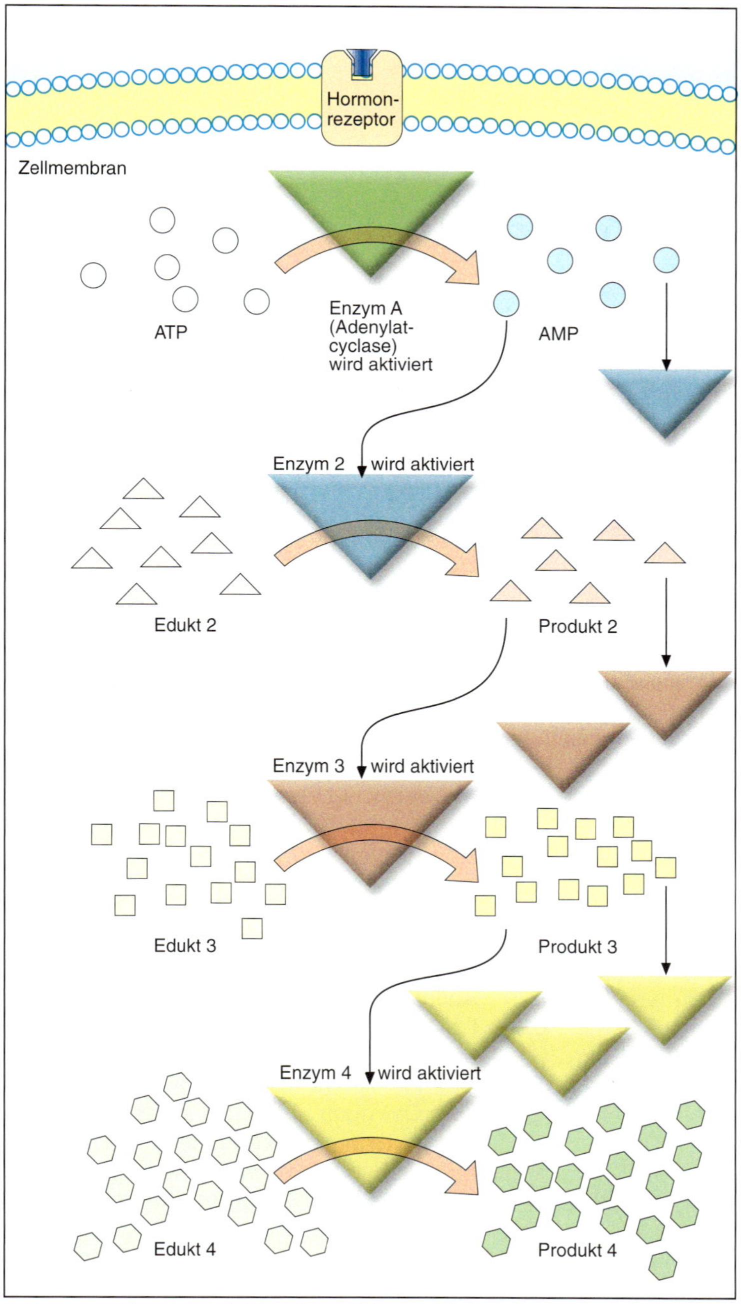

2 Hormonwirkung durch Signalverstärkung bei einer Enzymreaktion

Signalverstärkung

Die extrem hohe Wirksamkeit einzelner Hormone des zweiten Typs lässt sich mit einem Verstärkungsmechanismus erklären. Durch die Veränderung des Rezeptormoleküls werden innerhalb der Zielzelle Substanzen freigesetzt, die man als *sekundäre Botenstoffe* bezeichnet. Ein Rezeptormolekül kann die Bildung einiger Hundert Moleküle des sekundären Botenstoffes auslösen. Diese sind wiederum in der Lage, durch die Aktivierung von Enzymen viele Reaktionen auszulösen. Dieser Vorgang läuft nicht in einem Schritt ab, sondern in vier Teilschritten. Bei jedem Teilschritt aktiviert jedes aktivierte Enzymmolekül wiederum ca. 100 neue Enzymmoleküle. Eine solche Enzymkaskade führt zu einer 10^8fachen Verstärkung (Abb. 2). Die Interaktion eines einzigen Glukagonmoleküls mit dem Rezeptormolekül führt in der Zielzelle letztendlich zur Bildung von 100 000 000 Glucosemolekülen aus Glykogen. Diese kaskadenartigen Reaktionen bezeichnet man als *biochemische Signalverstärkung.*

Das Prinzip der Signalverstärkung über sekundäre Botenstoffe findet man nicht nur bei Hormonen, sondern auch bei Sinneszellen und Neuronen. In Synapsen lösen wenige Transmittermoleküle bereits ein Signal am weiterleitenden Neuron aus. Wenige Duftstoffmoleküle ermöglichen bereits die Wahrnehmung eines Geruches durch Auslösen einer Kaskade in den Riechsinneszellen.

Die Anzahl der verschiedenen Hormone in einem Organismus ist groß, im Gegensatz dazu sind nur wenige verschiedene sekundäre Botenstoffe in der Zelle beteiligt. Sekundäre Botenstoffe sind z. B. das c-AMP *(cyklisches Adenosinmonophosphat)* oder Calciumionen. Welche Reaktionen in den Zielzellen ausgelöst werden, hängt davon ab, welche spezifischen Enzyme in der jeweiligen Zielzelle aktiviert werden. So kann c-AMP in einer Muskelzelle die Umwandlung von Glykogen in Glucose auslösen, in Fettzellen den Abbau von Fetten oder in Nierenzellen die Resorption von Wasser. Hormone reagieren nicht direkt mit der Adenylatcyclase, sondern über ein vorgeschaltetes Rezeptormolekül. Man fand zwei Typen von Rezeptormolekülen in der Zellmembran. Je nach Zielzelle können die einen die Adenylatcyclase stimulieren, die anderen hemmen sie. Die Hormone können dadurch indirekt die Enzyme in der Zielzelle aktivieren oder deaktivieren. Dies führt zu unterschiedlichen Wirkungen an verschiedenen Zielzellen.

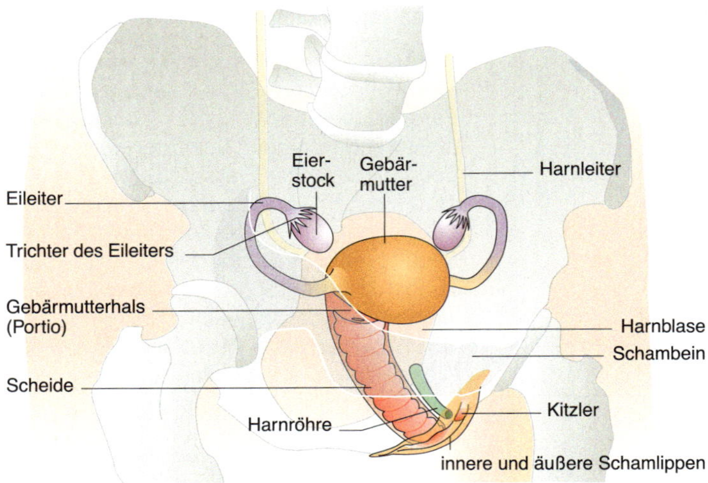

1 Geschlechtsorgane der Frau

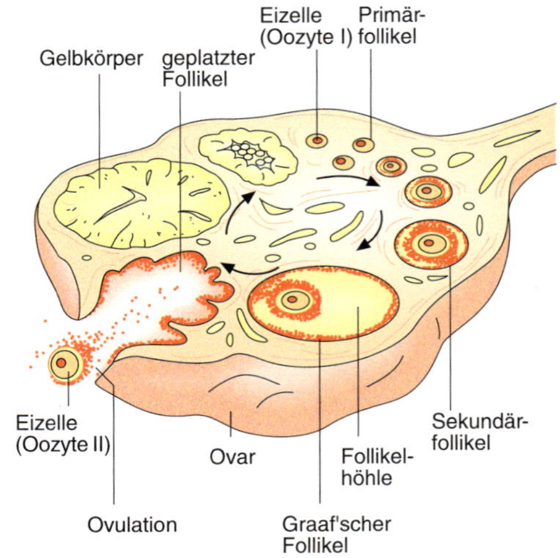

2 Follikelentwicklung im Ovar

Hormonelle Steuerung des weiblichen Zyklus

Der weibliche Zyklus ist komplex, da an verschiedenen Stellen des Körpers miteinander verzahnte Vorgänge ablaufen (▶ Steuerung und Regelung S. 354). Steuerzentrum ist die *Hypophyse,* hier werden Hormone gebildet, die die Reifung der Eizellen im Eierstock stimulieren. Die heranreifende Eizelle ist von einer Zellschicht umgeben, die weibliche Geschlechtshormone, *Östrogen* und *Progesteron*, produziert. Diese Geschlechtshormone führen u.a. zur Verdickung der Gebärmutterschleimhaut. Der Bestand der verdickten Schleimhaut ist (außer wenn Hormonpräparate eingenommen werden) davon abhängig, ob sich ein befruchtetes Ei einnistet. Nistet sich kein befruchtetes Ei in die Gebärmutterschleimhaut ein, wird diese fast vollständig abgestoßen, was als *Regelblutung* wahrgenommen wird.

Ovarial- und Menstruationszyklus

Man unterscheidet zwei Zyklen, den im Eierstock *(Ovarialzyklus)* und den an der Gebärmutterschleimhaut *(Menstruationszyklus).* Da die Abläufe an der Gebärmutterschleimhaut von den in den Ovarien gebildeten Hormonen abhängig sind, laufen die beiden Zyklen synchron. Man hat daher als ersten Tag für beide Zyklen den Beginn der Regelblutung festgelegt.

Nach der Regelblutung produziert die Hypophyse im zunehmenden Maße das *Follikel stimulierende Hormon (FSH).* FSH bewirkt die Reifung des Eibläschens *(Follikel)* im Eierstock; man spricht von der *Follikelphase* des Ovulationszyklus. Das Eibläschen besteht aus der Eizelle selbst und einer umgebenden Zellschicht aus Follikelzellen. Mit zunehmender Reifung nimmt der Follikel an Größe zu und bildet Flüssigkeitseinschlüsse. Vor dem Eisprung erreicht der Follikel seine volle Größe und wird nach seinem Entdecker dann *Graaf'scher Follikel* genannt (Abb. 2).

Die Follikelzellen produzieren das weibliche Geschlechtshormon Östrogen. Östrogen bewirkt in der Gebärmutter die Umwandlung und Verdickung der Schleimhaut, sodass diese eine befruchtete Eizelle aufnehmen kann. Diese Phase nennt man *Aufbauphase* des Menstruationszyklus.

In der Zyklusmitte produziert die Hypophyse ein weiteres Hormon, das *Luteinisierungshormon (LH).* Ein hoher LH-Spiegel führt zum Platzen des Graaf'schen Follikels und zur Freisetzung der Eizelle in den Trichter des Eileiters. Dies ist der Eisprung oder die *Ovulationsphase* des Ovarialzyklus.

Außerdem bewirkt LH die Umwandlung des Follikels in den Gelbkörper (lat. *corpus luteum)*, die Phase wird *Lutealphase* des Ovarialzyklus genannt. Der Gelbkörper produziert Östrogen und unter anderem das Geschlechtshormon Progesteron. Progesteron gewährleistet die Aufrechterhaltung und vermehrte Durchblutung der verdickten Gebärmutterschleimhaut sowie die Freisetzung eines zuckerreichen Sekrets, entsprechend nennt man diese Phase *Sekretionsphase* des Menstruationszyklus.

Kommt es zu keiner Befruchtung, sinken allmählich die Konzentrationen der Geschlechtshormone Östrogen und Progesteron wieder ab. Folge des Abfalls des Hormonspiegels ist das weitgehende Abstoßen der verdickten Gebärmutterschleimhaut, die sich als Regelblutung zeigt. Man nennt das *Menstruationsphase* des Menstruationszyklus(▶ Steuerung und Regelung S. 354).

Hormonelle Regulation

Die beiden Organe der Frau, die Geschlechtshormone bilden, die Hypophyse und der Eierstock, sind über Rückkopplungsmechanismen miteinander verzahnt. Dadurch wird sichergestellt, dass in der Regel nur dann eine befruchtungsfähige Eizelle zum Eisprung kommt, wenn gleichzeitig die Gebärmutterschleimhaut einnistfähig ist. Hohe FSH- und LH-Spiegel führen zu einer verstärkten Östrogen- bzw. Progesteronproduktion. Sehr hohe Östrogen- bzw. Progesteronspiegel koppeln negativ zur Hypophyse zurück und bewirken so eine verminderte FSH- und LH-Produktion (Abb. 2)

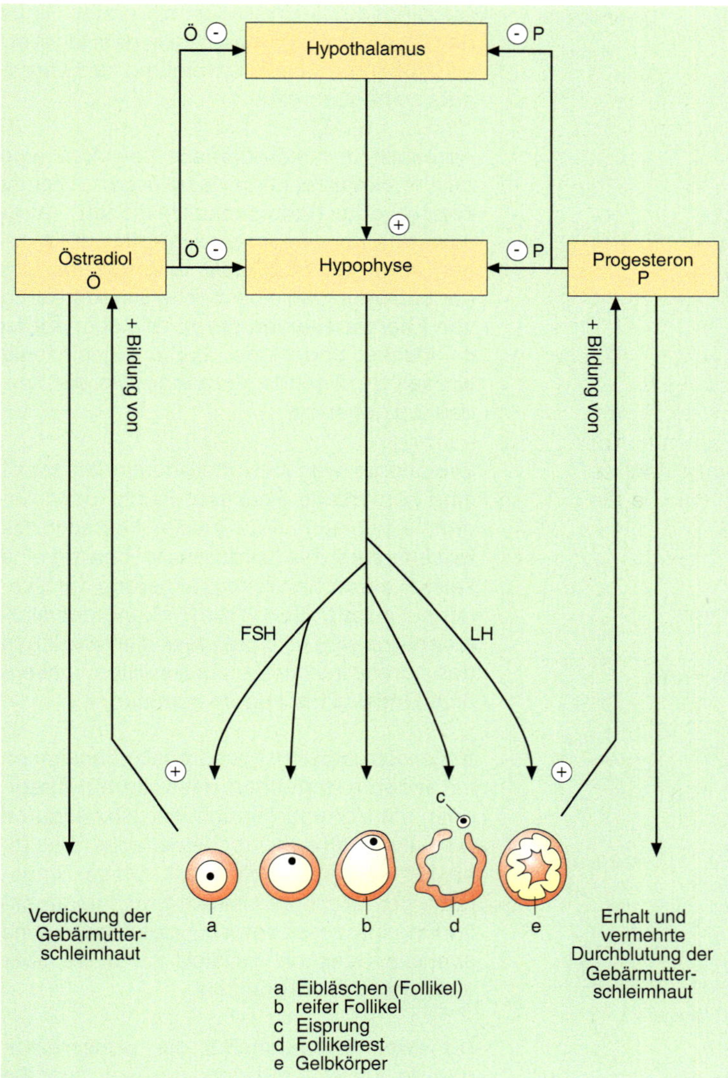

2 Regelkreis der hormonellen Steuerung der weiblichen Keimdrüsenfunktion

Nicht wirklich geklärt ist der Vorgang der *Ovulation*, bei der trotz hoher Östrogenspiegel der FSH- und der LH-Spiegel steil ansteigen. Man vermutet eine Umkehr des negativen Rückkopplungsmechanismus am Hypothalamus und an der Hypophyse zu einem positiven Rückkopplungsmechanismus. Dieser positive Rückkopplungsmechanismus soll zum einen dosisabhängig bedingt sein durch den hohen Östrogenspiegel, der zu diesem Zeitpunkt des Zyklus vorliegt, zum anderen durch weitere noch nicht vollständig erforschte Faktoren.

Antibabypille

Die *Antibabypille* hat als klassische Inhaltsstoffe Östrogen und Progesteron in Konzentrationen vergleichbar denen einer Schwangerschaft. Während der Schwangerschaft werden von der eingenisteten befruchteten Eizelle und später von der Plazenta Progesteron und insbesondere Östrogen in einer mehr als zehnfach höheren Konzentration als während eines normalen Zyklus gebildet. Diese hohe Konzentration bewirkt eine negative Rückkopplung zur Hypophyse bezüglich der FSH- und LH-Freisetzung. Eine wichtige Nebenwirkung der Antibabypille ist eine erhöhte Herzinfarktwahrscheinlichkeit, insbesondere bei gleichzeitigem Rauchen und erhöhtem Choleresterinspiegel.

Aufgaben

① Die Antibabypille ist eine sehr sichere Art der Verhütung. Dies ergibt sich dadurch, dass diese an zwei empfängnisrelevanten Stellen eingreift. Erschließen Sie sich diese Stellen aus dem Text.

② Die Geschlechtshormone der Frau wirken (wie alle Hormone) nicht nur am Eierstock sondern im ganzen Körper. Recherchieren Sie die typischen Nebenwirkungen der Antibabypille.

③ Die Regulation der Testosteronproduktion beim Mann geschieht ebenfalls über LH. Erklären Sie aufgrund dieser Information einen Mechanismus, warum mit Testosteron gedopte Frauen häufig keine Regelblutung mehr haben.

Stress

Stress ist eine erstaunliche Reaktion des Körpers. Auf ganz unterschiedliche bedrohliche Reize reagiert der Körper mit Stress. So unterschiedlich die Reize auch sein mögen, ob es sich um Verletzungen, Infektionen, Stoffwechselveränderungen wie zu niedriger Blutzucker, Sauerstoffmangel, Schallreize oder Reize mit emotionaler Beteiligung handelt, es findet sich immer die gleiche Stressreaktion. Allgemein bezeichnet man die Reize, die eine Stressreaktion auslösen, als *Stressoren*.

Die akute Stressreaktion auf einen Stressor besteht aus zwei Komponenten, einer vegetativen über den *Sympathicus* und einer über die Hypophysen-Nebennieren-Achse. Ein Stressor bewirkt zunächst eine Aktivierung des Sympathicus. Dieser führt im Nebennierenmark zur Freisetzung von zwei wenige Minuten wirksamen Hormonen, dem *Adrenalin* und dem *Noradrenalin* (Abb. 1).

Das Nebennierenmark ist entwicklungsgeschichtlich als modifizierte sympathische Nervenzelle aufzufassen. Die Freisetzung der Stresshormone Adrenalin und Noradrenalin erfolgt daher fast unmittelbar nach Darbietung des Stressors.

Die zweite Komponente, die Hypophysen-Nebennieren-Achse, führt ebenfalls zur Freisetzung von Hormonen, insbesondere dem *Cortisol* (Abb. 1). Die Aktivierung über die Hypophysen-Nebennieren-Achse benötigt allerdings ungleich länger; ein erster Gipfel der Cortisolkonzentration ist in der Regel etwa 20 Minuten nach Darbietung des Stressors zu beobachten.

Adrenalin und Noradrenalin bewirken eine rasche Notfallreaktion des Körpers. Ziel ist eine erhöhte Handlungsbereitschaft. Adrenalin bewirkt eine höhere Herzfrequenz, einen erhöhten Blutdruck, eine Erweiterung der Luftwege und eine rasche Bereitstellung von Energiereserven durch Glykogenabbau im Muskel und in der Leber. Gleichzeitig werden ermüdende Vorgänge wie die Verdauung gehemmt.

Evolutionär war in Notfallsituationen meist eine körperliche Reaktion, Flucht oder Angriff, erfolgreich. Das zweite Hormon des Nebenmarks, das Noradrenalin, bewirkt eine selektive Durchblutungssteigerung der Skelettmuskulatur. Durch die Wirkung des Noradrenalins wird erreicht, dass die Wirkungen des Adrenalins nur der zur Reaktion notwendigen Muskulatur zugute kommen.

Außerdem bewirkt Noradrenalin zusammen mit anderen Hormonen, dass ältere Hirnregionen mit Vorrang genutzt werden. Dadurch wird eine schnelle, schematische Reaktion auf den Reiz ermöglicht. Diese Umgehung der Großhirnrinde am Entscheidungsfindungsprozess bewirkt, dass zwar eine schnelle Reaktion möglich ist, diese aber nicht präzise reflektiert ist.

Die zweite Komponente der Stressreaktion, die Freisetzung von *Cortison* aus der Nebennierenrinde, dient vor allem der län-

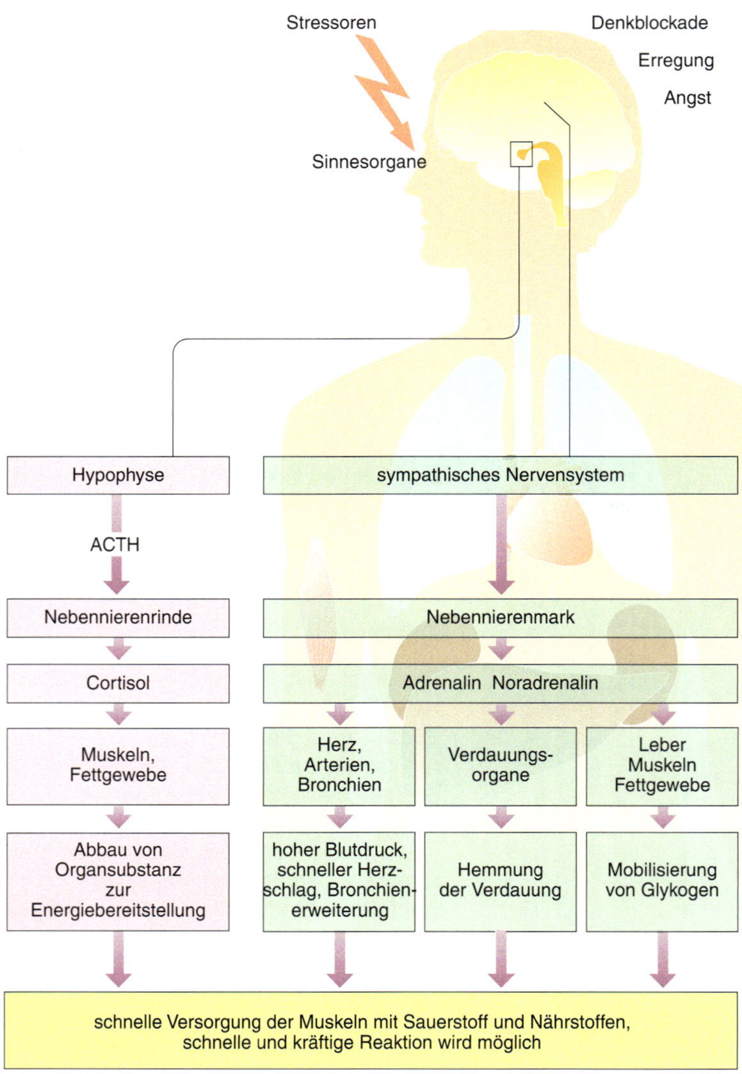

1 Reaktion des Nerven- und Hormonsystems auf Stress

gerfristigen Bereitstellung von verwertbarer Energie für die Stressreaktion (Abb. 1). Dafür wird Muskel- und Fettgewebe abgebaut. Gleichzeitig wird die Fett- und Glucoseaufnahme der Gewebe gehemmt. Die Folge ist ein hoher Fett- und Glucosespiegel im Blut.

Weitere Wirkungen des *Cortisols* sind die Hemmung des Immunsystems, eine verstärkte Sekretion von Salzsäure im Magen bei gleichzeitiger Hemmung der Sekretion des schützenden Magenschleims sowie eine erhöhte Erregbarkeit.

Sowohl die Wirkung als auch die Bewertung von gleichen Stressoren ist individuell verschieden. Interessante Ergebnisse dazu lieferten Versuche von DIETRICH VON HOLST an Spitzhörnchen. Werden zwei geschlechtsreife Männchen zusammengebracht, erhöht sich die Herzfrequenz, es kommt zu Drohgebärden wie Sträuben der Schwanzhaare und schließlich zum Kampf.

Trennt man die Tiere nach dem Kampf durch eine Holzwand, erholt sich die Herzfrequenz des Verlierers ebenso schnell wie die des Gewinners, ebenso legen sich die Schwanzhaare wieder an. Trennt man die beiden nur durch einen Maschendraht, erholt sich nur der Gewinner nach kurzer Zeit. Der Verlierer verbleibt im Dauerstress (Abb. 2).

Im Falle einer Herausforderung kann Stress als guter Stress (Eustress) wahrgenommen werden oder als Überforderung und Bedrohung (Distress). Fehlen Erholungsmöglichkeiten zwischen den Stressoren führt Dauerstress zu Krankheiten, ggf. bis zum Tod (Abb. 4). Daher sind Stressvermeidungs- und -bewältigungstechniken von großer Bedeutung. Durch vorausschauende Planung kann das Aufkommen von Stress häufig vermieden werden, bzw. durch Entspannungstechniken als weniger belastend empfunden werden.

Aufgaben

① Vor einer Klassenarbeit setzen Lehrer ihre Schüler dem Stressor „unbekannte exotische Inhalte" für die Klassenarbeit aus. Beschreiben Sie die Folgen so erzeugter Stressreaktionen auf deren Leistungsfähigkeit.

② Stellen Sie mithilfe des oben stehenden Textes Symptome und Krankheiten zusammen, die auftreten können, wenn ein Mensch unter chronischem Stress leidet.

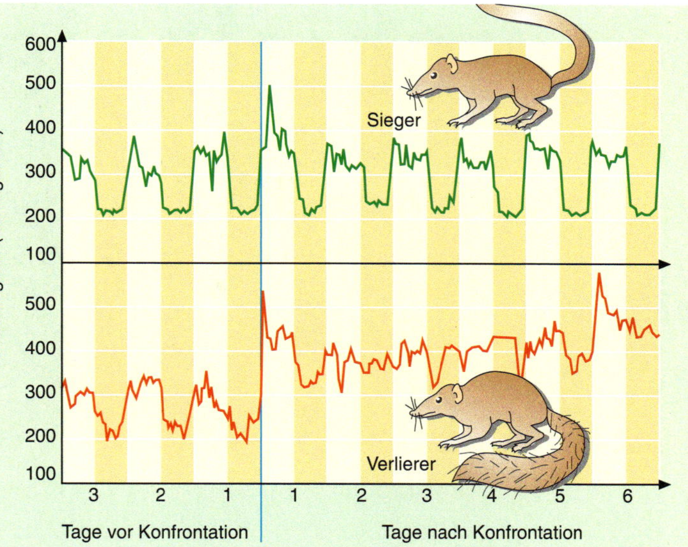

2

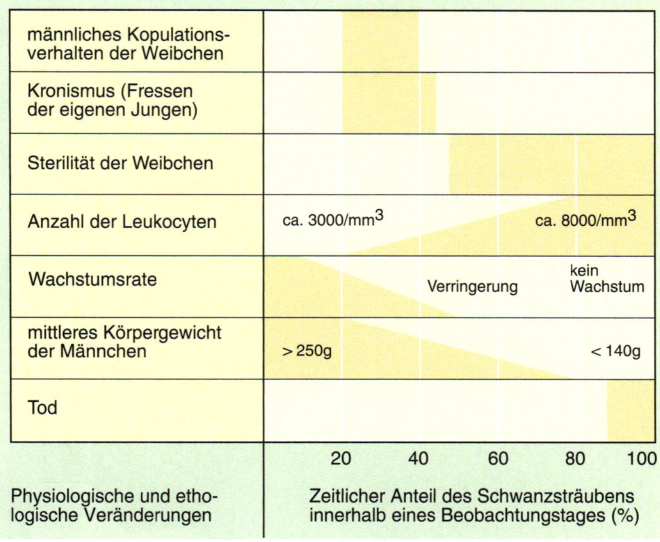

3

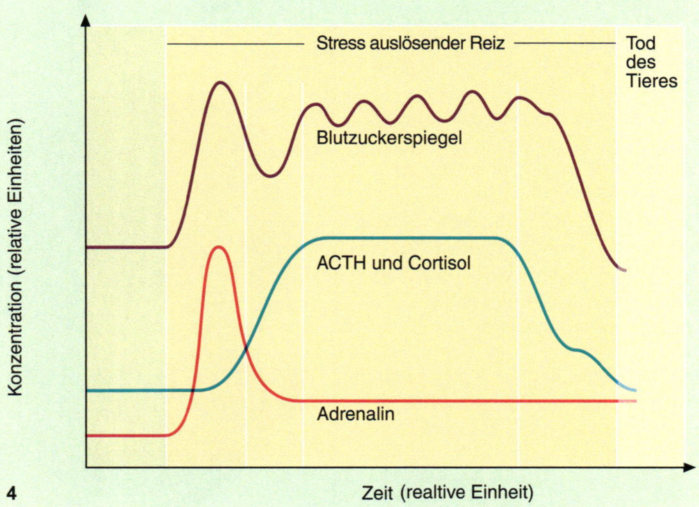

4

Neurobiologie

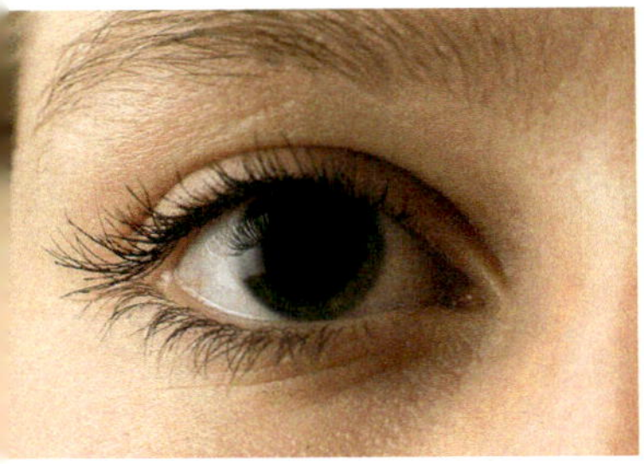

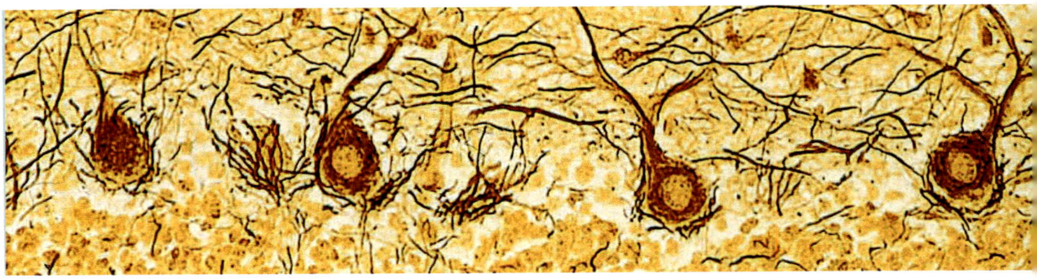

Lernsituation

Als gesunder Mensch registriert man die Arbeit des Nervensystems vielleicht, wenn für eine Klassenarbeit gelernt werden muss. Was passiert aber, wenn Teile des Nervensystems manipuliert werden, z. B. durch Drogen, einen Stromschlag oder eine Betäubung beim Arzt?

Dass die Einnahme von Drogen gefährlich ist, ist allgemein bekannt. Was bewirken diese aber konkret im Körper? Welche Wirkungen haben unterschiedliche Drogen wie Kokain, Tollkirsche oder Heroin? Wieso führt die Polizei einen Pupillenreaktionstest durch, um Hinweise auf Drogenkonsum zu erhalten?

„Ich stehe unter Strom!" Eigentlich wird dieser Ausdruck nur in Stresssituationen gebraucht. So lange wir leben, stehen wir aber immer unter Strom. Man kann diesen am Herz im Form des EKGs ableiten oder am Kopf die Hirnstromwellen mit dem EEG messen. Was macht der Strom in meinem Körper? Warum zuckt der ganze Körper, wenn von außen Strom z. B. durch einen Stromschlag zugeführt wird?

Wie mache ich mir das Verständnis über die Arbeitsweise des Gehirns für meine Klassenarbeitsvorbereitung zunutze?

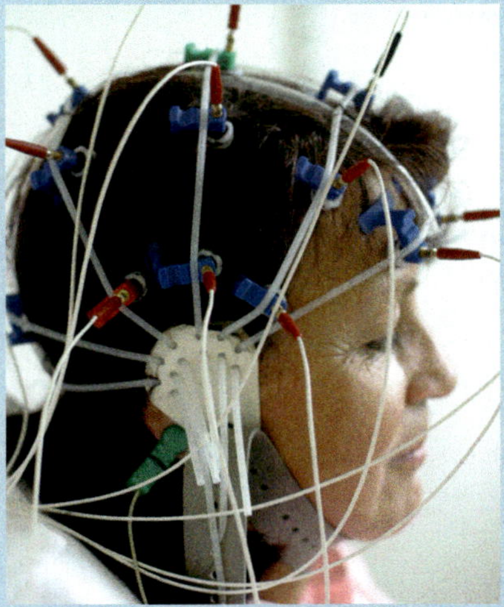

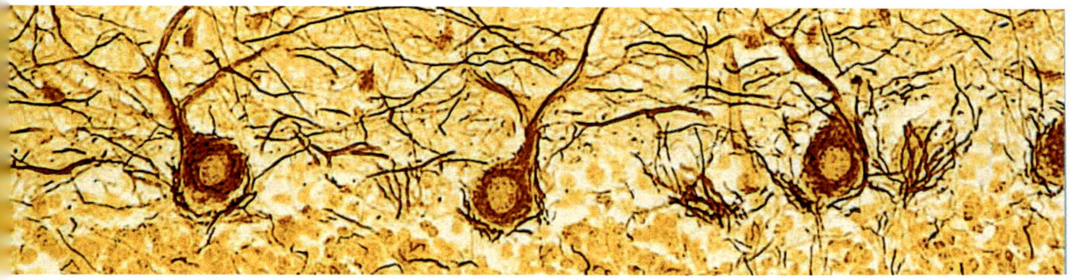
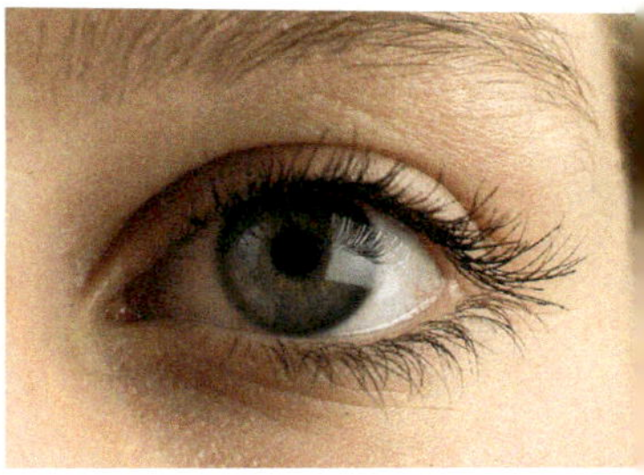

Leitfragen

Strom spielt in unserem Körper eine wichtige Rolle. So können z. B. unkontrollierte Ströme zu Krankheiten wie Herzrhythmusstörungen oder Epilepsie führen, mangelhafte Fortleitung zu Krankheiten wie Multiple Sklerose. Wie aber kommt der „Strom“ in meinen Körper?

Wir wirken Drogen und Gifte auf das Nervensystem? Warum ist das, was ich mit meinen eigenen Augen gesehen habe, letztlich nur ein subjektiver Eindruck?

Wie lerne ich am besten? Die Gesamtheit der verschalteten Nervenzellen ergibt ein unglaublich komplexes System, das *Nervensystem*. Teile davon hat man bereits entschlüsselt. Sie können diese Erkenntnis z. B. zum besseren Lernen nutzen.

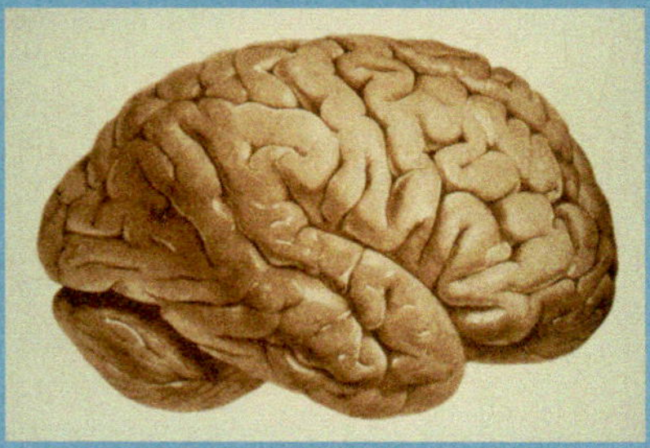

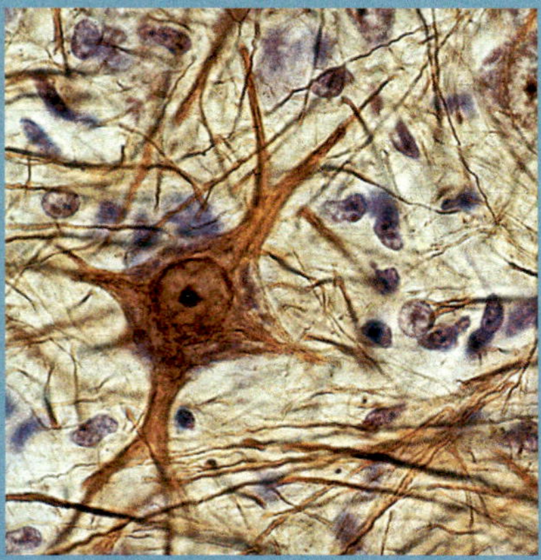

Das Neuron

Nerv
Bündel von Nervenfasern, umgeben von Bindegewebe

Nervenfaser
Axon mit umgebenden Hüllzellen

Neuron
meist verzweigte Zelle mit langen Fortsätzen, speziell für die Verarbeitung und Weiterleitung von Erregungen

Neuron im Kleinhirn

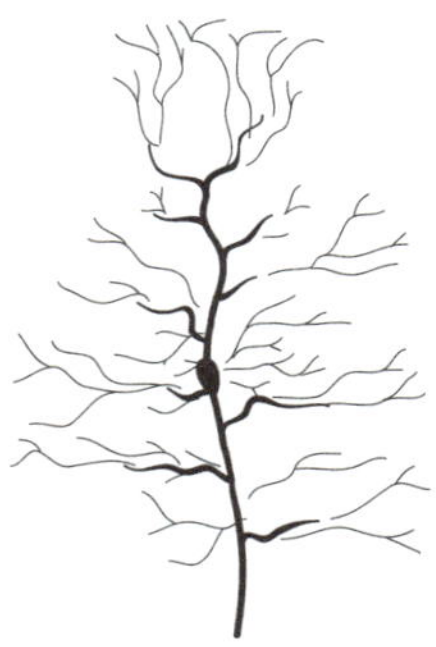

im Rückenmark

im autonomen Nervensystem

Die wichtigsten Bauelemente eines Nervensystems sind die Nervenzellen, die *Neurone*. Diese Zellen können elektrische Erregungen erzeugen, verarbeiten und weiterleiten. Die Spezialisierung der verschiedenen Neurone zeigt sich in ihrer Form, ihrer Verzweigung und dem Grad der Ausdehnung (▶ Struktur und Funktion S. 348). Ihre Länge reicht von wenigen Mikrometern bis zu über einem Meter. Dennoch kann die Vielfalt der Neurone auf einen Bauplan zurückgeführt werden (Abb. 1).

Das Neuron ist gegliedert in einen *Zellkörper* und Zellfortsätze. Der Zellkörper *(Soma)* enthält unter anderem den Zellkern. Bei den Zellfortsätzen werden *Dendrit* und *Axon* (auch *Neurit*) unterschieden. Dendriten bilden oft weit verzweigte Fortsätze („Bäumchen") von selten mehr als 2 mm Länge. Sie sind in der Nähe des Zellkörpers meistens dicker als das Axon, verjüngen sich aber mit jeder Gabelung. Das Axon ist oft wesentlich länger als die Dendriten. Ein Neuron besitzt meist nur ein einziges Axon mit einem kegelförmigen Ursprungsbereich, dem *Axonhügel*. Dendriten leiten Erregungen zum Zellkörper hin, Axone leiten Erregungen von ihm weg. Viele Axone verzweigen sich am Ende. An jedem Axonende befindet sich eine Verdickung. Diese *Endknöpfchen* stellen funktionelle Verbindungen *(Synapsen)* entweder zu Muskelfasern oder zu anderen Neuronen über deren Dendriten oder Zellkörper her.

Neurone sind von Hüllzellen umgeben, den *Gliazellen*. Es gibt schätzungsweise 10-mal so viele Gliazellen wie Neurone. Sie stützen und ernähren die Neurone und sorgen für die elektrische Isolation. Bei vielen Wirbeltieren sind die erregungsleitenden Axone der sensorischen und motorischen Nervenzellen durch Lagen von Zellmembranen spezialisierter Hüllzellen *(Myelin)* umwickelt. Sie bilden die so genannte *Markscheide*, indem sie bei der Entwicklung des Axons dieses mehrfach umschlingen (Abb. 2). Das Axon und die umgebenden Hüllzellen werden *Nervenfaser* genannt. Viele dieser Fasern bilden gebündelt und von Bindegewebe umgeben einen mehr oder weniger dicken *Nerv*. Dieser sieht im lichtmikroskopischen Bild wegen der lipidhaltigen Zellmembranen der Hüllzellen weiß aus. Nervenzellkörper sind meist grau gefärbt.

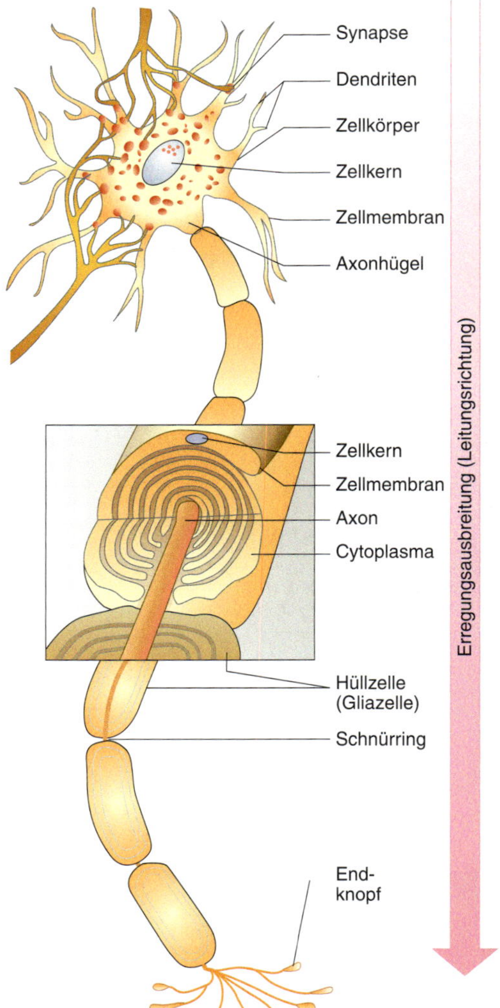

1 Schema des Neurons

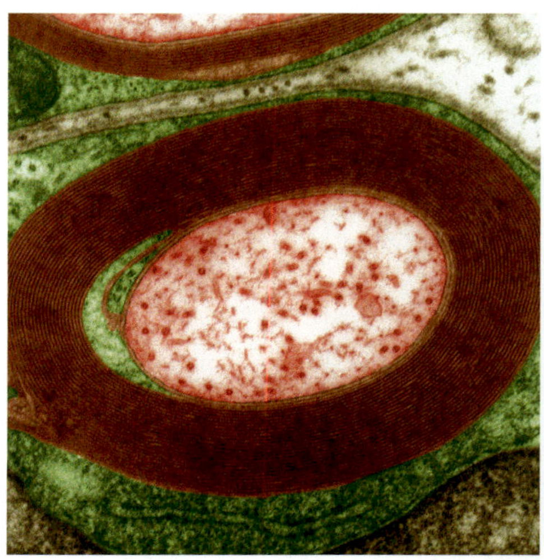

2 Axon mit Markscheide (Kolorierte EM-Aufnahme)

Praktikum

Nervenzelle

Präparation von Nervenzellen

Material:
- Rückenmarksstrang von einem Schlachttier (z. B. Schwein); frisch, oberflächlich leicht angefroren
- scharfe Rasierklinge oder Skalpell
- spitze Schere oder spitze Pinzette
- 6 Objektträger
- 2 Petrischalen
- Mikroskop und Zubehör
- Giemsa-Lösung, Aqua dest.

Durchführung:

a) Der Rückenmarksstrang wird quer geschnitten und seine runde Form wiederhergestellt. Umgeben von einer Bindegewebshülle, ist eine äußere weißliche und eine innere schmetterlingsförmige, zartrosa Fläche zu sehen, die der weißen bzw. der grauen Substanz entsprechen.

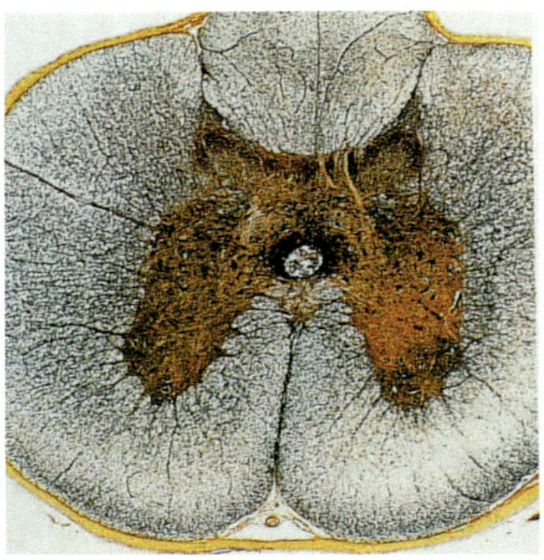

b) Aus dem Vorderhorn der grauen Substanz wird mithilfe der Schere oder der Pinzette etwas Material entnommen und auf einen Objektträger gebracht.

c) Versuch a) und b) werden wiederholt, bis 5 Proben auf Objektträgern vorliegen.

d) Mit einem weiteren Objektträger wird das Material gequetscht und verschiebend auseinander gezogen.

e) *Giemsa-Lösung* zum Färben dick auftropfen und 5 Minuten einwirken lassen (Petrischale).

f) Mit destilliertem Wasser wird anschließend überschüssige Giemsa-Lösung abgespült.

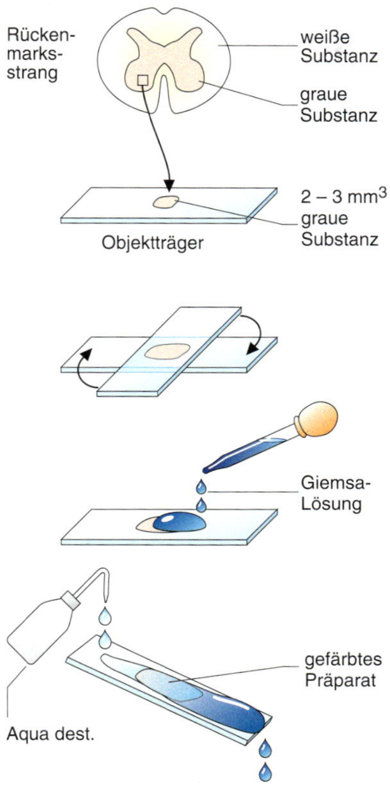

g) Untersuchen Sie die Präparate mikroskopisch: Zellkörper und Zellfortsätze sind violett gefärbt. Kerne mit dunkler kontrastiertem Kernkörperchen und das schollige Endoplasmatische Retikulum heben sich ab. Weiterhin sind Kerne von Hüllzellen zu sehen.

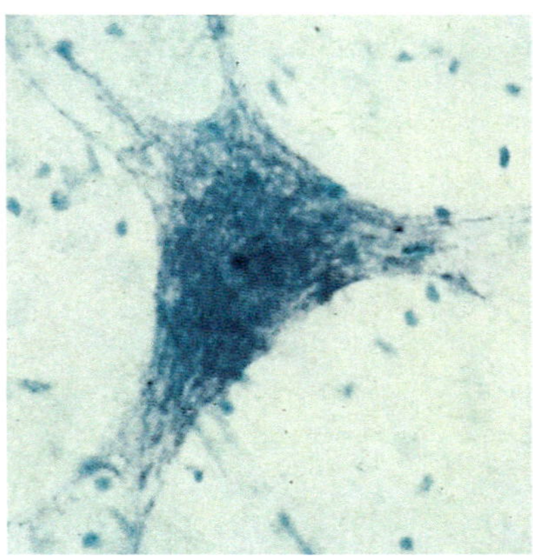

CAMILLO GOLGI entdeckte 1885, dass bei der Behandlung von Nervenzellen mit bestimmten Schwermetallsalzen nur einzelne Zellen eine Färbung annehmen. Dadurch werden auch im dichten Nervengewebe des Gehirns einzelne Zellen erkennbar. Der räumliche Verlauf der Dendriten und Axone wird durch diese Methode deutlich.

SANTIAGO RAMÓN Y CAJAL (1852 – 1934) untersuchte mithilfe der Golgi-Färbung die Nervensysteme des Menschen und vieler Wirbeltiere. Seine Zeichnungen gehören auch heute noch zu den Standardwerken der Neurobiologie.

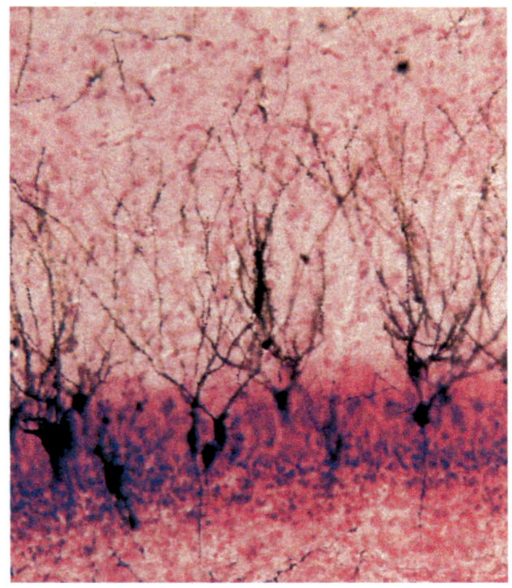

Großhirnrinde einer Katze (Mikrofoto; Golgi-Färbung)

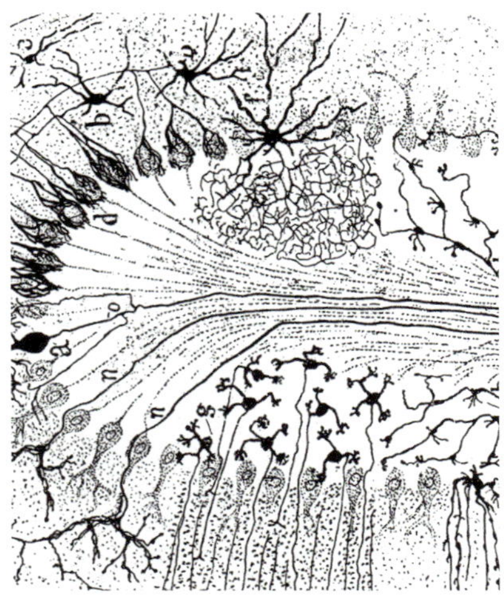

Großhirnrinde einer Ratte (Zeichnung von CAJAL 1894; Golgi-Färbung)

Aufgabe

① Vergleichen Sie die beiden Abbildungen in ihrer Aussagekraft. Weshalb erscheinen im Foto die Axone nicht in ihrer vollen Länge?

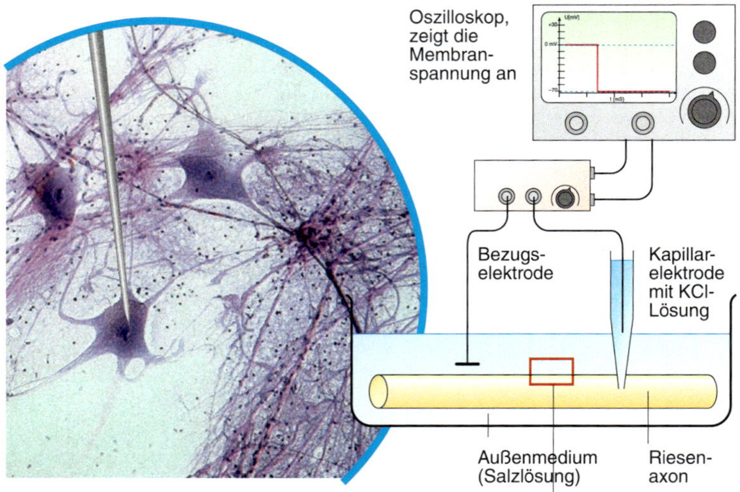

1 Messung des Ruhepotentials

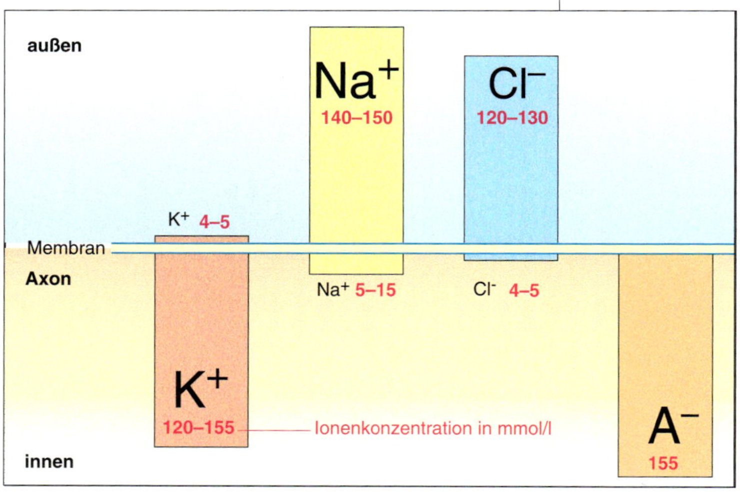

2 Axon mit Ionenverteilung (Ionenkonzentration in mmol/l)

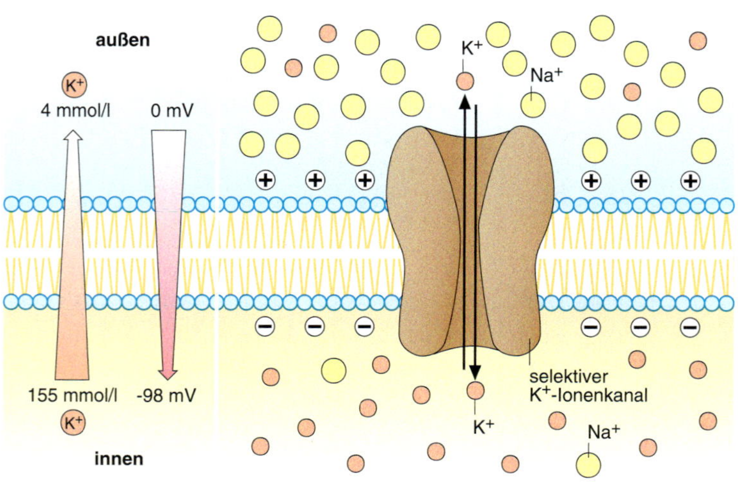

3 Kaliumionenverteilung und daraus resultierendes Membranpotential

Das Ruhepotential

Bereits im 18. Jahrhundert beobachtete der Forscher Luigi Galvani eine Kontraktion am Nerv-Muskel-Gewebe eines Froschbeins, während er dieses mit seinem Metallbesteck präparierte. Er führte diese Beobachtung auf „tierische Elektrizität“ zurück. Genaue Deutungen sind jedoch erst seit 1936 durch die Entwicklung von Messgeräten möglich, mit denen sich sehr geringe Spannungen und Ströme nachweisen lassen.

Membranpotential

Um die elektrischen Vorgänge am Neuron zu studieren, untersucht man nicht einen ganzen Nerv, sondern am besten einzelne Axone. Die Messung erfolgt mithilfe von Elektroden, die über einen Messverstärker mit einem Oszilloskop verbunden sind. Um die Messungen im dünnen Axon durchführen zu können, wurde eine extrem feine, harte Glaskapillar-Mikroelektrode entwickelt, die mit einer leitenden Salzlösung gefüllt ist.

Misst man an einem nicht erregten Axon, bei dem beide Elektroden außerhalb der Membran in der umgebenden Körperflüssigkeit liegen *(extrazelluläre Ableitung)*, tritt keine Spannung auf. Wird eine der beiden Mikroelektroden durch die Axonmembran eingestochen, so misst man zwischen den Elektroden eine Spannung, die auf dem Oszilloskop angezeigt wird (Abb. 1).

Eine Spannung ist eine elektrische Potentialdifferenz. Bei den Messungen am Axon liegt diese Spannung zwischen der Außenseite und der Innenseite der Axonmembran. Man nennt diese Spannung das *Membranpotential*. Das Potential der außen liegenden Bezugselektrode wird willkürlich als Null definiert. Für das Innere eines Axons ergibt sich dann ein Potential von z. B. -70 mV. Membranpotentiale treten nicht nur bei Neuronen, sondern bei allen pflanzlichen und tierischen Zellen (z. B. bei Muskelzellen) auf.

Eine Spannung bildet sich an der Zellmembran aus, weil positiv bzw. negativ geladene Ionen in unterschiedlichen Konzentrationen auf den Seiten der Membran vorliegen (Abb. 2) und sie nur kontrolliert passieren können. Das *Ruhepotential* basiert auf der Verteilung positiv geladener K^+- und Na^+-Ionen und negativ geladener Cl^--Ionen sowie organischer Ionen (A^-). Bei den organischen Anionen handelt es sich um Säurereste organischer Säuren oder um Proteine.

Entstehung des Ruhepotentials

Die Axonmembran besteht wie alle Membranen aus einer Doppelschicht von Lipiden. Sie trennt das Cytoplasma im Intrazellularraum von der Körperflüssigkeit *(Lymphe)* im Extrazellularraum. Die Membran ist selektiv permeabel. Wassermoleküle können passieren, gelöste Ionen nicht oder nur eingeschränkt.

Untersuchungen, bei denen radioaktiv markierte Ionen entweder extra- oder intrazellulär zugeführt wurden, zeigten jedoch, dass ein Teil dieser Ionen anschließend auf jeweils der anderen Seite der Axonmembran zu finden war. Die Permeabilität für die einzelnen Ionen ist verschieden (s. Randspalte). Für Na^+-Ionen beträgt sie nur 4% der Permeabilität für K^+-Ionen. Die organischen Anionen können die Membran überhaupt nicht durchqueren.

Diese selektive Permeabilität der Axonmembran lässt sich mit dem Vorkommen *selektiver Ionenkanäle* erklären. Es wurden verschiedene Kanalproteine nachgewiesen, die in der Lipidschicht der Zellmembran liegen und jeweils nur eine Ionenart, z. B. K^+-Ionen, hindurchlassen (Abb. 3).

In der Axonmembran sind im Ruhezustand hauptsächlich die K^+-Ionenkanäle geöffnet. Die Konzentration der K^+-Ionen ist auf der Innenseite der Axonmembran 40fach größer als auf der Außenseite. Die Wahrscheinlichkeit, dass ein K^+-Ion von innen nach außen den Kanal durchquert, ist daher 40-mal höher als umgekehrt. Jedes K^+-Ion, das sich über den Ionenkanal von innen nach außen bewegt, entfernt eine positive Ladung aus dem Axoninnenraum. Der Intrazellularraum wird relativ zum Extrazellularraum negativ geladen, da die Anzahl der positiv geladenen Ionen abnimmt. Die negativ geladenen Ionen bleiben zurück. Da sich unterschiedliche Ladungen anziehen, lagern sich an der Innenseite der Axonmembran negativ geladene Ionen an, an der Außenseite positiv geladene Ionen. Mit dieser Ladungstrennung entsteht ein elektrisches Feld an der Membran.

Durch den Überschuss positiver Ladungen auf der Außenseite werden nachfolgende K^+-Ionen immer stärker durch gleiche Ladungen abgestoßen. Es wirken also zwei Kräfte auf die K^+-Ionen ein (Abb. 3):

- das Konzentrationsgefälle *(Konzentrationsgradient)* zwischen innen und außen, das den Austritt von K^+-Ionen durch die Ionenkanäle begünstigt.

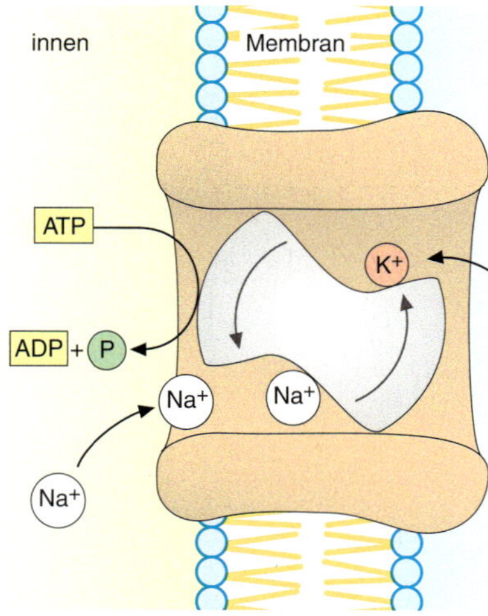

4 Na^+-K^+-Ionenpumpe

- das durch die Ladungstrennung bedingte elektrische Feld, das den entgegengesetzten Einstrom begünstigt.

Dies führt letztlich zu einem Zustand, bei dem beide Vorgänge im Gleichgewicht stehen. Die hierbei durch die K^+-Ionen entstandene Spannung, das Kaliumgleichgewichtspotential, bildet die Grundlage für das Membranpotential, wie es am nicht erregten Neuron, also im Ruhezustand, vorliegt. Man nennt diese Spannung *Ruhepotential*. Ihre Höhe wird durch die Ionenströme der Na^+- und Cl^--Ionen in geringem Maße beeinflusst.

Natrium-Kalium-Pumpe

Das Ruhepotential müsste im Gleichgewichtszustand lange Zeit erhalten bleiben. Wird die Bildung des energiereichen Stoffes ATP durch Zellgifte behindert, zeigt sich jedoch, dass sich das Potential langsam abbaut. Aufgrund der Ionengradienten und des Membranpotentials diffundieren ständig kleine Mengen Na^+-Ionen nach innen und infolgedessen K^+-Ionen nach außen. Diese *Ionenleckströme* durch die Axonmembran werden ausgeglichen durch einen aktiven, Energie benötigenden Transportmechanismus, die Natrium-Kalium-Pumpe (Abb. 4). Ohne sie würden sich die Ionenkonzentrationen langsam ausgleichen und damit würde das Ruhepotential gegen Null gehen. Die Pumpe ist ein Membranprotein, das Na^+-Ionen aus der Zelle und K^+-Ionen in die Zelle transportiert. Die dazu notwendige Energie liefert ATP. Die Ionenpumpe tauscht in einem Pumpzyklus drei Na^+-Ionen gegen zwei K^+-Ionen aus *(elektrogene Pumpe)*.

Ionendurchlässigkeit
(relative Werte)

K^+	1
Na^+	0,04
Cl^-	0,45
A^-	0

Ionendurchmesser mit Wasserhülle:

K^+	396 pm
Na^+	512 pm

1 pm = 10^{-12} m

Ruhepotential (mV)

Katze (Motoneuron)	-60 bis -80
Krabbe (Riesenaxon)	-71 bis -94
Tintenfisch (Faser ohne Markscheide)	-62

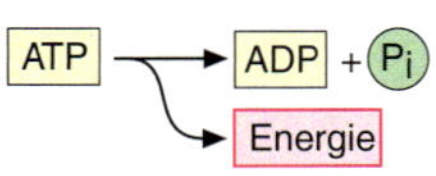

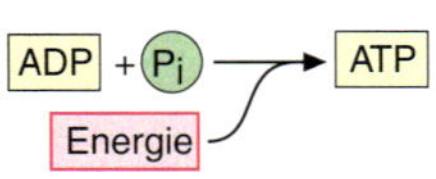

ATP
(Adenosintriphosphat)
ein energiereicher Stoff

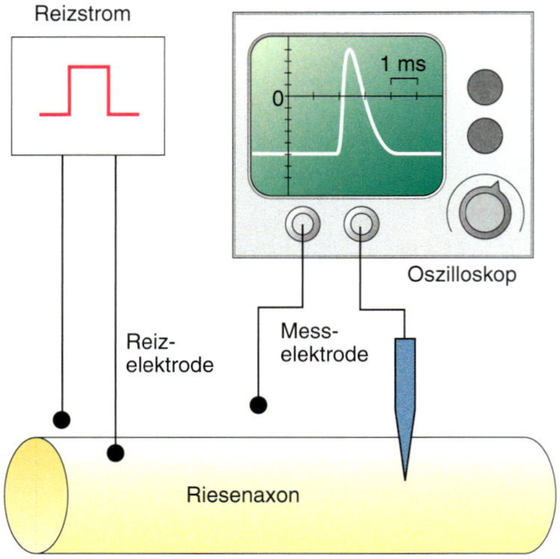

1 Messung des Aktionspotentials

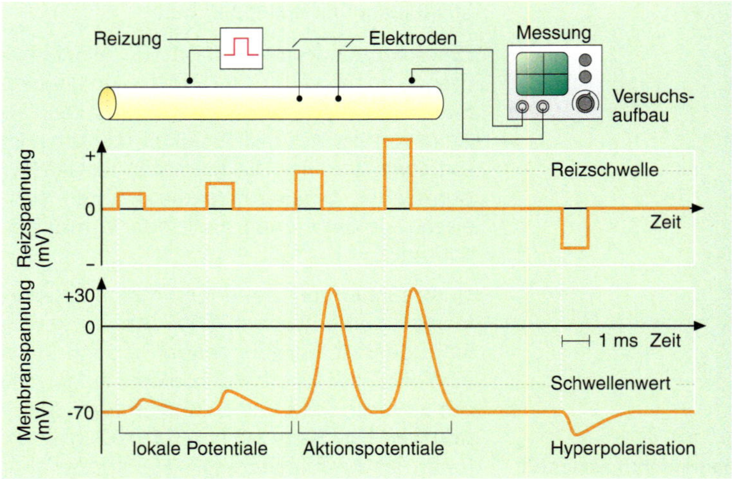

2 Reizstärke und Membranpotential

Das Aktionspotential

Reize rufen in Sinneszellen elektrische Erregungen hervor. Sensorische Nervenzellen leiten diese Erregungen zum Gehirn. Motorische Nervenzellen leiten Erregungen zu den Muskeln, wodurch deren Kontraktion ausgelöst wird. An der Axonmembran der beteiligten Nervenzellen misst man zu diesem Zeitpunkt kurzfristige Veränderungen des Membranpotentials.

Messung des Aktionspotentials

Wissenschaftlich untersucht wurden diese Zusammenhänge seit 1936 an den Axonen von *Loligo*, einem Tintenfisch. Diese Axone besitzen einen besonders großen Durchmesser (bis zu 1 mm) und sind daher für Messungen gut geeignet.

Im Experiment wird das Axon an einer bestimmten Stelle mit unterschiedlichen Spannungen elektrisch gereizt. An einer etwas entfernt liegenden Stelle wird mithilfe einer Glaskapillarelektrode und des Oszilloskops die Reaktion des Axons gemessen.

Wird durch die Reizelektroden kurzzeitig eine stärker negative Spannung als das Ruhepotential angelegt, sinkt sie auch kurzzeitig an der Messstelle *(Hyperpolarisation)*. Umgekehrt hat eine Reizspannung mit umgekehrter Polung eine kurzfristige Erhöhung des Axonpotentials zur Folge *(Depolarisation)*. Je höher die Reizspannung ist, desto höher ist auch die Depolarisation an der Messstelle. Überschreitet die Depolarisation einen bestimmten Schwellenwert der Spannung, ändert sich das Axonpotential schlagartig innerhalb einer Millisekunde bis zu einem Spitzenwert von ca. +30 mV. Das Axon bildet aktiv ein *Aktionspotential*, das sich über das Axon fortpflanzt. Dabei misst man nach dem Überschreiten der Spannungsschwelle eine schnelle, starke Erhöhung des Potentials, den *Aufstrich* oder die *Depolarisationsphase*. Im *Überschuss* kann das Axonpotential positive Werte annehmen. Nach kurzer Zeit sinkt das Potential in der *Repolarisationsphase* aber schnell wieder auf das Ruhepotential ab.

Aktionspotentiale zeigen immer den gleichen Verlauf. Sowohl die zeitliche Dauer der einzelnen Phasen als auch ihr elektrisches Potential sind immer gleich; sie geschehen so oder gar nicht. Sie folgen also streng dem *Alles-oder-Nichts-Gesetz.*

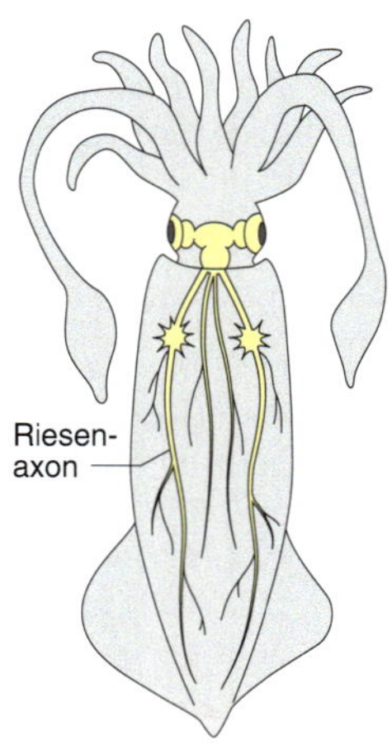

Hyperpolarisation
hyper, gr. = über;
Spannung ist negativer als das Ruhepotential

Depolarisation
de, lat. Vorsilbe = weg;
schnelle Änderung des Ruhepotentials in Richtung des positiven Spannungsbereiches

Repolarisation
re, lat. Vorsilbe = zurück;
Rückkehr zum Ruhepotential

Molekulare Vorgänge

Eine Änderung des Membranpotentials lässt sich durch eine Veränderung der Ionenkonzentrationen an der Innen- und Außenseite der Axonmembran erklären. ALAN HODGKIN und BERNARD KATZ führten 1949 Experimente an Tintenfischaxonen durch, bei denen sie die außerhalb des Axons vorhandenen Na^+-Ionen durch positiv geladene, aber wesentlich größere Cholinionen ersetzten, für die die Axonmembran nicht permeabel ist. In dieser Versuchsanordnung konnten keine Aktionspotentiale ausgelöst werden. Die Forscher vermuteten, dass das Aktionspotential durch das Öffnen von Na^+-Ionenka-

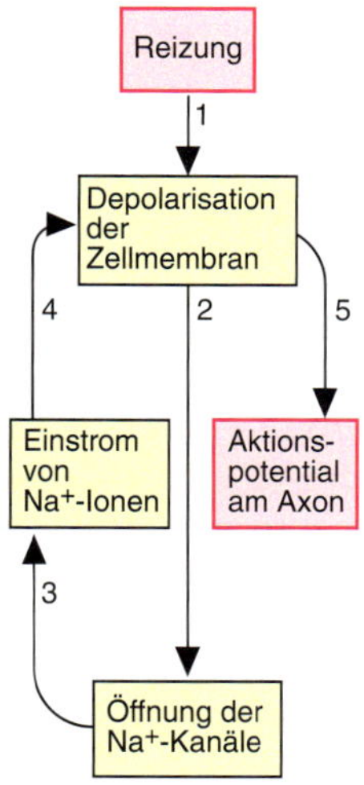

nälen und den schnellen Einstrom der Na+-Ionen in das Axon entsteht *(Ionentheorie der Erregung)*. Die Messung der vorhandenen Ionenkonzentration ergab, dass die Außenkonzentration der Na+-Ionen gegenüber der Innenkonzentration 10fach höher ist. Die Hypothese wurde durch direkte Messungen der Ionenströme an Ionenkanälen bestätigt: Während der Depolarisation sind die meisten Na+-Ionenkanäle geöffnet, jedoch nur wenige für K+.

Abbildung 3 veranschaulicht die Entstehung des Aktionspotentials. Durch einen elektrischen Reiz wird das Axon überschwellig depolarisiert. Dadurch wird die Wahrscheinlichkeit der Öffnung von benachbarten Na+-Ionenkanälen erhöht (Abb. 3b). Man nennt diese Kanäle *spannungsabhängige Kanäle*. Na+-Ionen strömen in großer Zahl in das Innere des Axons. Der Anteil der positiv geladenen Ionen wird dadurch außerhalb des Axons geringer, innerhalb dagegen größer. Diese Veränderung des Membranpotentials führt zur Öffnung weiterer spannungsabhängiger Na+-Ionenkanäle und zur weiteren Depolarisation bis zum Höhepunkt des Aktionspotentials (Abb. 3c). Die einzelnen Na+-Ionenkanäle schließen sich jedoch sehr schnell wieder und sind anschließend für eine kurze Zeit nicht mehr zu öffnen. Sie werden erst nach dem Eintreten des Ruhepotentials und einer anschließenden *Refraktärzeit* wieder aktiv.

Die Repolarisation der Axonmembran wird wesentlich durch den Ausstrom von K+-Ionen bedingt (Abb. 3d). Dies ließ sich durch Experimente mit Giftstoffen nachweisen, die die spannungsabhängigen K+-Ionenkanäle blockieren. Die Repolarisation ist bei solchen Experimenten sehr stark verlangsamt. Messungen an den spannungsabhängigen K+-Ionenkanälen ergaben, dass ihre Öffnungswahrscheinlichkeit nach der Depolarisation verzögert steigt. Durch das verstärkte Ausströmen der K+-Ionen aus dem Axon wird das Zellinnere wieder zunehmend negativ, bis das Ruhepotential erreicht ist. Erst beim Erreichen des Ruhepotentials schließen sich die K+-Ionenkanäle wieder.

Ein einzelnes Aktionspotential verändert die Ionenkonzentrationen an der Membran nur geringfügig, sodass sich das Ruhepotential leicht wieder einstellt. Laufen tausende von Aktionspotentialen über die Axonmembran, so gewinnt die Natrium-Kalium-Pumpe an Bedeutung, die verhindert, dass sich die Ionenverteilung so sehr verändert, dass kein Ruhepotential mehr auftritt.

Aufgabe

① Erläutern Sie, weshalb man bei der Depolarisation, die zur Bildung des Aktionspotentials führt, von einem sich selbst verstärkenden Vorgang spricht (s. Randspalte).

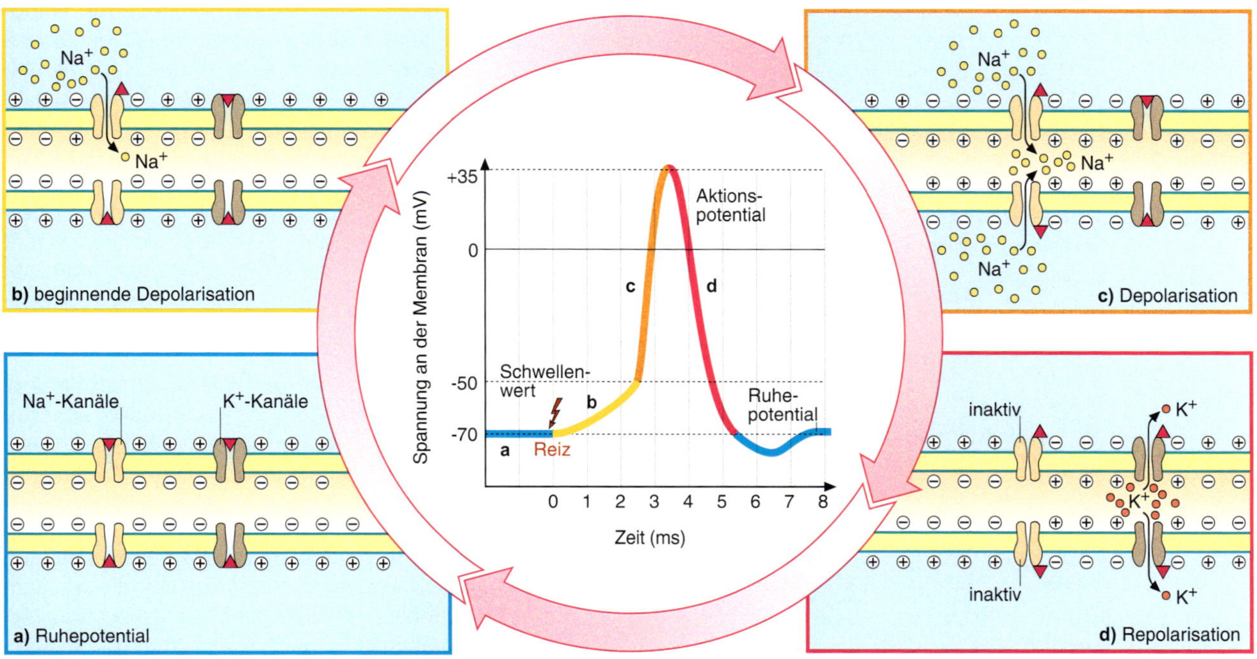

3 Molekulare Vorgänge beim Ablauf des Aktionspotentials

Online-Link
045306-0204

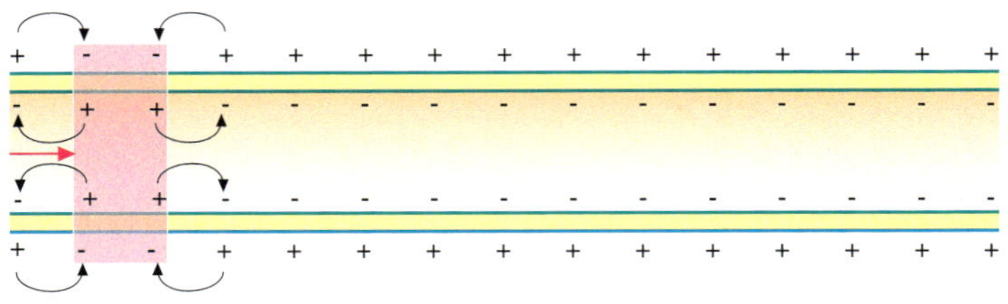

1 Kontinuierliche Erregungsleitung

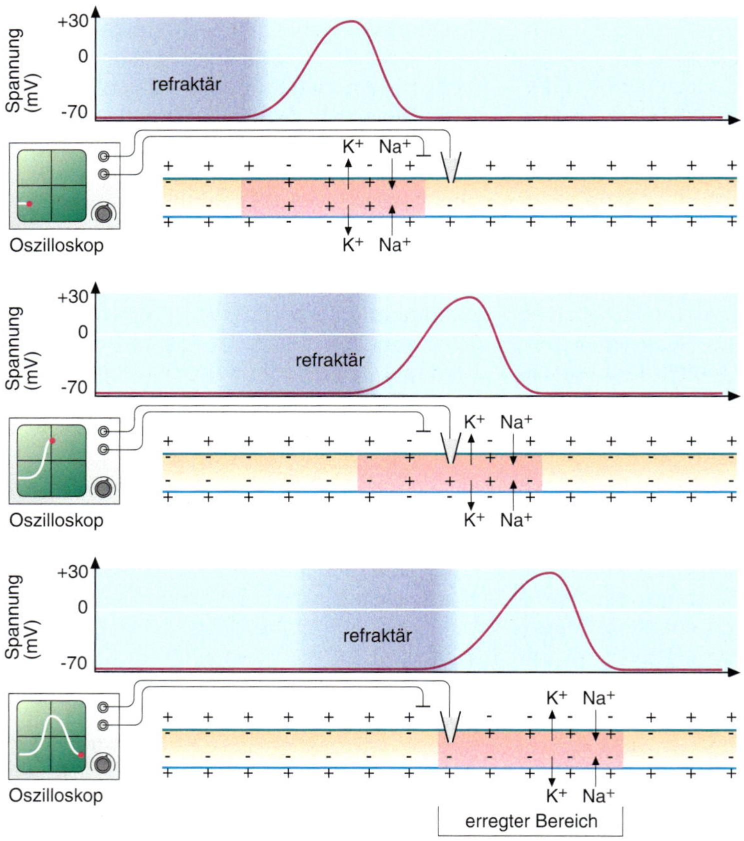

2 Momentbilder zur Ausbreitung des Aktionspotentials

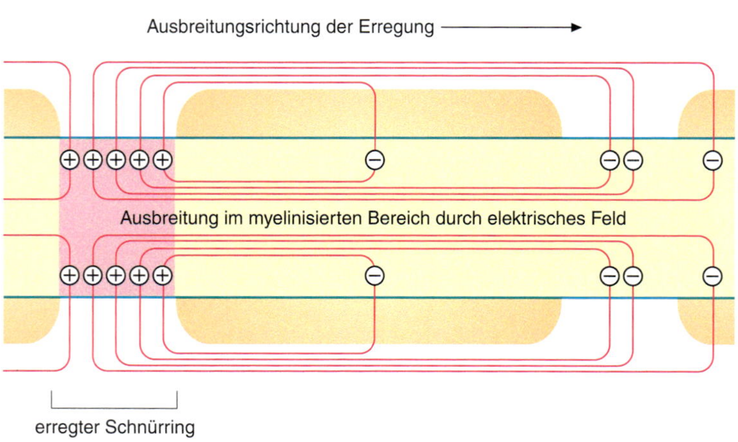

3 Saltatorische Erregungsleitung

Fortleitung des Aktionspotentials

Ein unterschwelliger elektrischer Reiz löst im Experiment am Axon an der gereizten Stelle eine lokale Depolarisation aus. An der Reizstelle liegt an der Innenmembran eine stärker positive Ladung vor als in der Umgebung. Es bildet sich ein elektrisches Feld in beide Richtungen entlang dem Axon aus (Abb. 1). Die Feldstärke und damit die Depolarisation der Membran nimmt mit zunehmender Entfernung ab. Eine gute elektrische Leitfähigkeit entlang der Axonmembran führt zu einer weiteren Ausbreitung des elektrischen Feldes, ebenso eine möglichst kleine Leitfähigkeit durch die Membran, da sich das elektrische Feld dann nicht durch Ionenströme durch die Membran abschwächen kann. Je nach den Bedingungen breitet sich das elektrische Feld zwischen 0,1 und 1 mm weit aus. Eine solche passive Ausbreitung der Spannungsänderung entlang dem Axon nennt man *elektrotonische Leitung.*

Kontinuierliche Erregungsleitung

Aktionspotentiale werden im Gegensatz zu den lokalen Potentialen entlang den Axonen weitergeleitet, ohne dabei schwächer zu werden. Wird die Spannungsschwelle am Axon überschritten, bildet sich ein elektrisches Feld aus, das stark genug ist, um auch an benachbarten Axonstellen die Spannungsschwelle zu überschreiten und die spannungsgesteuerten Natriumkanäle zu öffnen. Die daraus resultierende Depolarisation löst dort wieder ein Aktionspotential aus, das seinerseits an den Nachbarstellen zu einer überschwelligen Depolarisation führt. Durch fortwährende Wiederholung dieser Vorgänge wird das Aktionspotential immer weiter geleitet (Abb. 2). Da es an jeder Stelle der Membran nach dem Alles-oder-Nichts-Gesetz neu gebildet wird, schwächt es sich mit der Entfernung auch nicht ab. Man spricht von *kontinuierlicher Erregungsleitung.*

Das elektrische Feld kann sich grundsätzlich in beide Richtungen am Axon ausbreiten. Trotzdem läuft normalerweise das Aktionspotential nur in eine Richtung. Dort, wo gerade ein Aktionspotential gebildet wurde, befindet sich die Axonmembran noch in der *Refraktärzeit*, die Natriumkanäle sind inaktiv und nicht zu öffnen. Nur die vor dem Aktionspotential liegenden aktivierbaren Natriumkanäle können sich öffnen und ein Aktionspotential hervorrufen. Im Organismus läuft also ein Aktionspotential immer vom Axonhügel zu den Endknöpfchen. Axone sind „Einbahnstraßen“.

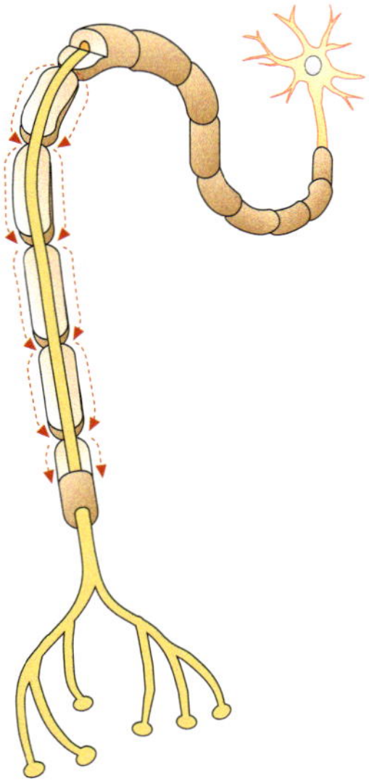

Saltatorische Erregungsleitung

Schnelle Reaktionen, z. B. bei der Jagd oder bei der Flucht, sichern das Überleben eines Tieres. In der Evolution haben sich zwei Mechanismen zur schnelleren Fortleitung der ktionspotentiale entwickelt. Die Vergrößerung des Axondurchmessers vermindert den elektrischen Widerstand entlang der Axonmembran und bewirkt so bei der Depolarisation der Nachbarstellen durch ein elektrisches Feld ein schnelleres Erreichen des Schwellenwertes. Dadurch wird dort schneller ein Aktionspotential aufgebaut, die Fortleitungsgeschwindigkeit ist gegenüber dünneren Axonen erhöht.

Saltatorische Erregungsleitung

Sehr hohe Fortleitungsgeschwindigkeiten findet man bei *myelinisierten Axonen.* Nur an den nicht myelinisierten Schnürringen bilden sich Aktionspotentiale aus, da sich nur hier spannungsgesteuerte Natrium-Ionenkanäle befinden. Die myelinisierten Bereiche werden von den Aktionspotentialen scheinbar fast ohne zeitliche Verzögerung übersprungen. Man spricht daher von einer *saltatorischen Erregungsleitung* (Abb. 3).

saltatorisch
lat. *saltus* = der Sprung

Die Membranen der Gliazellen sind in vielen Schichten um das Axon gewickelt. Die Lipide der Membranen *(Myelinschicht)* isolieren elektrisch sehr gut und sorgen daher für eine extrem geringe Leitfähigkeit quer durch die Membran. Dadurch breitet sich das elektrische Feld bei einer Depolarisation sehr schnell und nur wenig abgeschwächt längs aus und depolarisiert die Membran am nächsten Schnürring sehr rasch. Da dort auch sehr viele Natriumkanäle liegen (bis 12000 pro μm^2 statt „nur“ 500 im unmyelinisierten Neuron), erfolgt auch die Spannungsänderung bei der Entstehung des Aktionspotentials schnell. Da die Schnürringe etwa 2 mm Abstand haben und nur dort die zeitaufwändigere Verstärkung des Aktionspotentials auf den Ausgangswert erfolgt, kann man bei Axonen des Menschen Fortleitungsgeschwindigkeiten bis zu 180 m/s messen.

Die saltatorische Erregungsleitung ist nicht nur in zeitlicher Hinsicht der kontinuierlichen überlegen. Durch geringere Axondurchmesser wird Material eingespart. Nur dünne Axone ermöglichen die Entstehung komplexer Nervensysteme wie des Gehirns auf kleinem Raum. Auch der Energiebedarf ist geringer (▶ Struktur und Funktion S. 348).

Aufgaben

① Erklären Sie, warum für die saltatorische Erregungsleitung weniger Energie benötigt wird als für die kontinuierliche.

② Im Experiment wird ein präpariertes Axon in der Mitte überschwellig gereizt. Wie unterscheidet sich die Erregungsleitung in diesem Versuch von der Erregungsleitung unter natürlichen Verhältnissen?

③ In der unten stehenden Tabelle sind Beispiele für die mittlere Leitungsgeschwindigkeit unterschiedlicher Nervenfasertypen angegeben. Leiten Sie aus den Daten die beiden Faktoren ab, die die Geschwindigkeit der Erregungsleitung beeinflussen und begründen Sie.

④ Entzündliche Erkrankungen der Nerven können die Markscheiden schädigen. Eine typische Untersuchungsmethode ist die Messung der Leitungsgeschwindigkeit. Machen Sie eine begründete Voraussage, wie sich bei diesen Patienten die Leitungsgeschwindigkeit ändert.

Nervenfasertyp	Faserdurchmesser (µm)	mittlere Leitungsgeschwindigkeit (m/s)	Beispiele
nicht myelinisiert	1	1	langsame Schmerzfaser (Säuger)
	700	25	Riesenfaser (Tintenfisch)
myelinisiert	3	15	sensorische Fasern von Mechanorezeptoren des Muskels (Säuger)
	9	60	Berührungsempfindungen der Haut
	13	80	sensorische Faser von den Muskelspindeln (Säuger)
	15	90	motorische Faser zur Muskelinnervation

Vom Reiz zum Aktionspotential

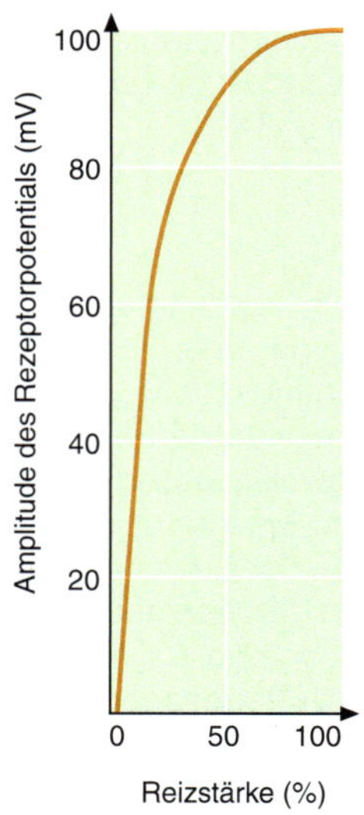

Reize aus der Umwelt und dem Körper müssen in die Sprache des Nervensystems übersetzt werden. Als *Rezeptorzellen* findet man bei Menschen und Tieren häufig spezialisierte Neurone, die *primären Sinneszellen.* Dazu gehören die *Muskelspindeln* in unseren Muskeln, die parallel zu den Muskelfasern liegen (Abb. 1). Diese reagieren auf die Kontraktion einzelner Muskelfasern, was der Regulation der Muskelkontraktion bei Bewegungen dient (▶ Steuerung und Regelung S. 354).

Wird die Muskelfaser gedehnt, so werden die Muskelspindeln ebenfalls gedehnt. Im sensorischen Neuron werden daraufhin Na^+-Ionenkanäle geöffnet. Na^+-Ionen können in das Axon diffundieren, die Membran wird depolarisiert. Diese Depolarisation wird *Rezeptorpotential* genannt. In dieser spezialisierten Region liegen jedoch keine spannungsabhängigen Na^+-Ionenkanäle, die zur Auslösung eines Aktionspotentials führen könnten.

Spannungsabhängige Ionenkanäle findet man nur im Bereich des Axons. Das Rezeptorpotential ist daher ein lokales Potential, es wird elektrotonisch weitergeleitet. Das elektrische Feld breitet sich über die Membran bis zum Axon aus. An den spannungsabhängigen Na^+-Ionenkanälen des Axons gilt dann das „Alles-oder-nichts-Gesetz". Nur wenn der Schwellenwert überschritten wird, wird dort ein Aktionspotential ausgelöst (Abb. 1), das weitergeleitet werden kann.

Bei einer hohen Reizstärke, einer starken Dehnung der Muskelfaser, ist die Amplitude des Rezeptorpotentials höher als bei einem schwachen Reiz, da durch mehr geöffnete Ionenkanäle mehr Na^+-Ionen diffundieren können. Die Amplitude des Rezeptorpotentials steigt im Anfangsbereich linear mit der Reizstärke (s. Randspalte). Amplitude und Dauer des Rezeptorpotentials bestimmen die Frequenz und den Zeitraum der ausgelösten Aktionspotentiale. Im einfachsten Fall führt ein stärkerer Reiz zu einer höheren Frequenz der Aktionspotentiale. Die Reizstärke wird also durch die Frequenz codiert (Abb. 1). Bei längerer Reizdauer sinkt die Amplitude des Rezeptorpotentials und damit auch die Aktionspotentialfrequenz (▶ Information und Kommunikation S. 358).

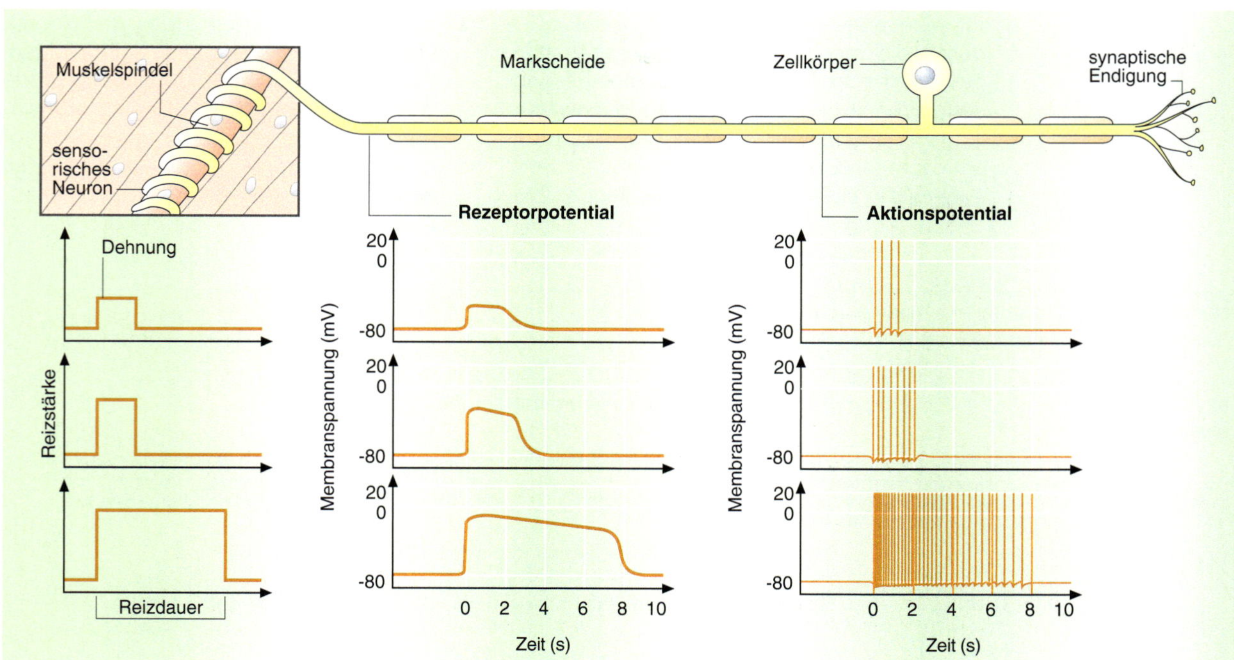

1 Codierung

Online-Link
045306-0207

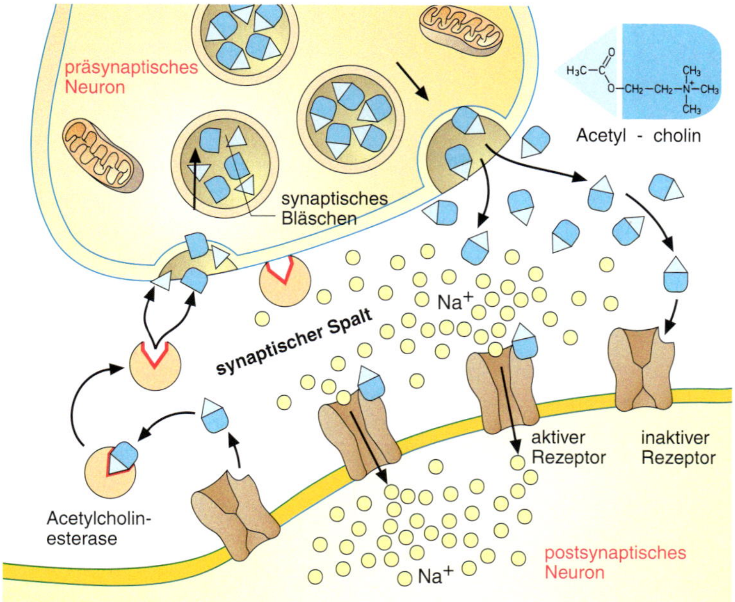

1 Funktionsschema einer Synapse

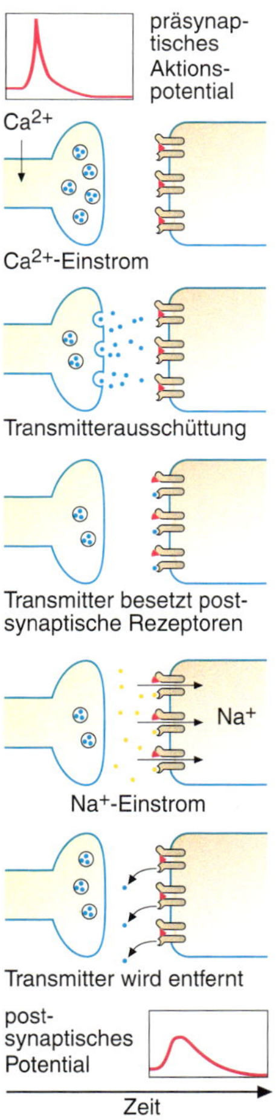

Synapsen

Die Verbindungsstelle eines Neurons mit einem anderen Neuron bzw. eines Neurons mit einer Drüsenzelle wird *Synapse* genannt. Bei einer Muskelzelle heißt sie *Motorische Endplatte*. An Synapsen können Erregungen chemisch übertragen werden. Eine Synapse besteht aus dem *Endknöpfchen*, einem verdickten Axonende, und einem nur elektronenmikroskopisch sichtbaren Spalt, dem *synaptischen Spalt,* sowie dem gegenüber liegenden Membranbereich der folgenden Zelle. Die Zelle und deren Teile vor dem synaptischen Spalt werden *präsynaptisch* genannt, die dahinter *postsynaptisch*.

In den Endknöpfchen befinden sich membranumhüllte Bläschen, die *synaptischen Bläschen*. Sie enthalten winzige Mengen eines Überträgerstoffes *(Transmitter),* z.B. das *Acetylcholin*. Erreicht ein Aktionspotential das Endknöpfchen einer Nervenzelle, öffnen sich dort spannungsabhängige Calciumionenkanäle, sodass Calciumionen mit dem Konzentrationsgefälle aus der Zellumgebung einströmen. Dadurch wandern synaptische Bläschen zur präsynaptischen Membran und verschmelzen mit ihr. Die Transmittermoleküle werden in den synaptischen Spalt freigesetzt und verteilen sich durch Diffusion. Das elektronisch ankommende Aktionspotential wird über den synaptischen Spalt, also chemisch (und nicht elektrisch) übertragen.

In der postsynaptischen Membran befinden sich Rezeptorproteine, zu denen die Transmittermoleküle wie ein Schlüssel ins Schloss passen (▶ Struktur und Funktion S. 348). Rezeptor und Transmitter gehen eine kurzfristige Bindung ein, die vorübergehend zu einer Formveränderung des Rezeptorproteins führt. Dadurch öffnet sich im Falle des Acetylcholins ein Natriumionenkanal, der mit dem Rezeptorprotein gekoppelt ist. Natriumionen strömen in die postsynaptische Zelle ein, wodurch diese depolarisiert wird. Je mehr Transmittermoleküle abgegeben werden, desto stärker ist die Depolarisation.

Die Depolarisation der postsynaptischen Membran wird *erregendes postsynaptisches Potential (EPSP)* genannt. Im Bereich des Zellkörpers sind keine spannungsabhängigen Ionenkanäle vorhanden, sondern nur am Axonhügel sowie am Axon. Nur wenn die Depolarisation am Axonhügel den Schwellenwert überschreitet, kann sie dort ein Aktionspotential auslösen.

Nach kurzer Zeit werden die Transmittermoleküle von einem Enzym gespalten und die unwirksamen Spaltprodukte in das Endknöpfchen zur erneuten Synthese aufgenommen. Würden die Transmitter nicht aus dem synaptischen Spalt entfernt, käme es zu einer Dauererregung der postsynaptischen Nervenzelle.

Aufgaben

① Erklären Sie den Unterschied zwischen den Natriumionenkanälen in der Axonmembran und am synaptischen Spalt.

② Welche Bedeutung hat die hohe Geschwindigkeit, mit der im synaptischen Spalt Transmittermoleküle gespalten werden (50 Moleküle/ms)?

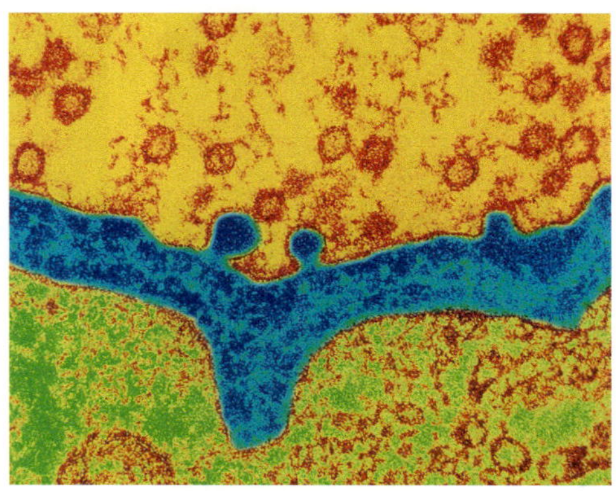

2 Kolorierte EM-Aufnahme einer Synapse

Synapsengifte

Für Pflanzen und Tiere ist es oft ein Vorteil, Gifte als Fraßschutz oder zum Beutefang herstellen zu können. Sehr gut untersucht sind inzwischen viele schnell wirkende Gifte, die auf die Motorische Endplatte, also die Erregungsübertragung zwischen Nerven- und Muskelzelle, einwirken (▶ Information und Kommunikation S. 358).

Veränderte Acetylcholin-Freisetzung

Das Bakterium *Clostridium botulinum* lebt anaerob, z. B. in schlecht konservierten Nahrungsmitteln wie Fisch-, Fleisch- oder Bohnenkonserven. Befallene Dosen erkennt man an der Wölbung des Deckels durch die bei der Gärung entstehenden Gase. *Botulinumtoxin* ist eines der stärksten bekannten Gifte. 0,01 mg in der Nahrung, 0,003 mg in der Blutbahn wirken tödlich. Symptome wie Kopfschmerzen oder Muskelschwäche setzen nach 4 bis 24 Stunden ein. Der Tod erfolgt durch Atemlähmung oder Herzstillstand. Kochen macht das Gift unwirksam.

Botulinumtoxin zersetzt ein Protein in der Membran der synaptischen Bläschen, das ihnen die Verschmelzung mit der präsynaptischen Membran bei der Ausschüttung des Transmitters Acetylcholin in den synaptischen Spalt ermöglicht. Dadurch wird die Ausschüttung gehemmt. Aktionspotentiale können nicht mehr vom Nerv auf die Muskeln übertragen werden. Botulinumtoxin wird auch medizinisch bei krankhaften Verkrampfungen oder in der kosmetischen Medizin als Mittel gegen Faltenbildung angewendet.

Das Gift der *Schwarzen Witwe*, einer Spinne der Gattung *Latrodectes*, führt zu Schüttelfrost, Leibschmerzen und Atemnot. Manchmal tritt der Tod durch Atemlähmung ein. Das Gift bewirkt die gleichzeitige Entleerung aller synaptischen Bläschen der Motorischen Endplatten in den synaptischen Spalt.

Blockade des Acetylcholinrezeptors

Coniin, das Gift des *Gefleckten Schierlings (Conium maculatum)*, verursacht bei vollem Bewusstsein eine schlaffe Lähmung und schließlich den Tod durch Versagen der Atemmuskulatur. PLATON beschrieb den Tod des SOKRATES, der den *Schierlingsbecher* nehmen musste. Der Wirkstoff bindet reversibel an Rezeptormoleküle für Acetylcholin, ohne die Natriumionenkanäle zu öffnen.

Suxamethonium, eine dem Acetylcholin ähnliche Substanz, bewirkt eine Verkrampfung durch Dauerdepolarisation. Sie öffnet die Natriumionenkanäle, wird aber wesentlich langsamer durch die Acetylcholinesterase abgebaut als Acetylcholin.

Hemmung der Acetylcholinesterase

Alkylphosphate sind organische Phosphorsäureester und Bestandteil von Insektiziden, Weichmachern in Kunststoffen und von chemischen Kampfstoffen *(Tabun, Sarin)*. Sie hemmen die Acetylcholinesterase irreversibel. Es kommt zu einer Verkrampfung der Skelettmuskulatur durch Dauerdepolarisation und zum Tod durch Atemlähmung.

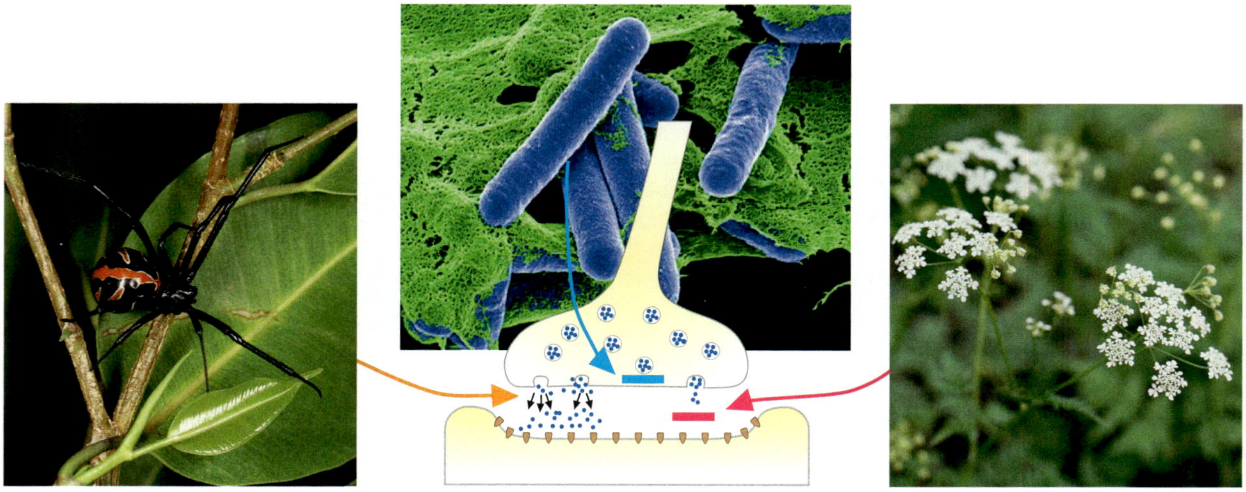

1 Schwarze Witwe, Clostridium botulinum und Schierling

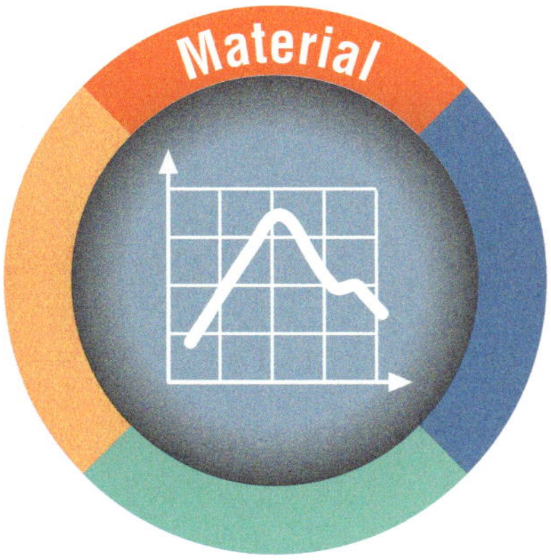

Synapsengifte als Arzneimittel

Myasthenia gravis

Myasthenia gravis bedeutet schwere Muskelschwäche. Die Patienten leiden unter Ermüdungserscheinungen der Skelettmuskulatur, die sich im Laufe des Tages und vor allem unter körperlicher Belastung verstärken, sich aber bei Ruhe wieder bessern.

Den Patienten sinken die Augenlider herab oder ihre Mimik ist gestört, manche haben Probleme beim Sprechen. Bei schweren Formen weiten sich die Symptome auf Schultern, Arme und Beine aus. Selten auftretende myasthenische Krisen können durch Versagen der Schluck- und Atemmuskulatur tödlich enden.

Betroffen sind etwa 5 bis 7 von 100 000 Menschen. Bei ihnen ist die Erregungsübertragung zwischen Nervenzellen und Muskelzellen gestört. Ursache ist eine so genannte *Autoimmunerkrankung*: Das Immunsystem bildet Antikörper gegen Acetylcholinrezeptoren, sodass diese blockiert werden. Auf Grundlage dieser Kenntnisse wurden neue Therapieverfahren entwickelt. Die Behandlungsmöglichkeiten sind günstig, viele Patienten sind annähernd symptomfrei und können einen Beruf ausüben.

Aufgaben

① Erläutern Sie die Zusammenhänge zwischen der Bildung von Antikörpern, die sich gegen den Acetylcholinrezeptor richten, und dem Auftreten der oben beschriebenen Symptome.
② Schlagen Sie auf dieser Grundlage mögliche medikamentöse Behandlungsmethoden vor.
③ Informieren Sie sich z. B. im Internet über gängige Therapieverfahren und erläutern Sie diese.

Wirkort von Curare

Curare ist ein Gemisch verschiedener Pflanzengifte, mit dem Indianer Südamerikas die Spitzen ihrer Jagdpfeile bestreichen. Gelangt das Gift in den Blutstrom des Beutetieres, kommt es zu einer Lähmung der Skelettmuskulatur. Eine Vergiftung beim Verzehr des Fleisches wird durch dessen Erhitzung vermieden. Das Gift zerfällt dabei.

Die Frage nach dem Wirkort von Curare klärt das im Folgenden beschriebene historische Experiment, das 1857 von Claude Bernard durchgeführt wurde.

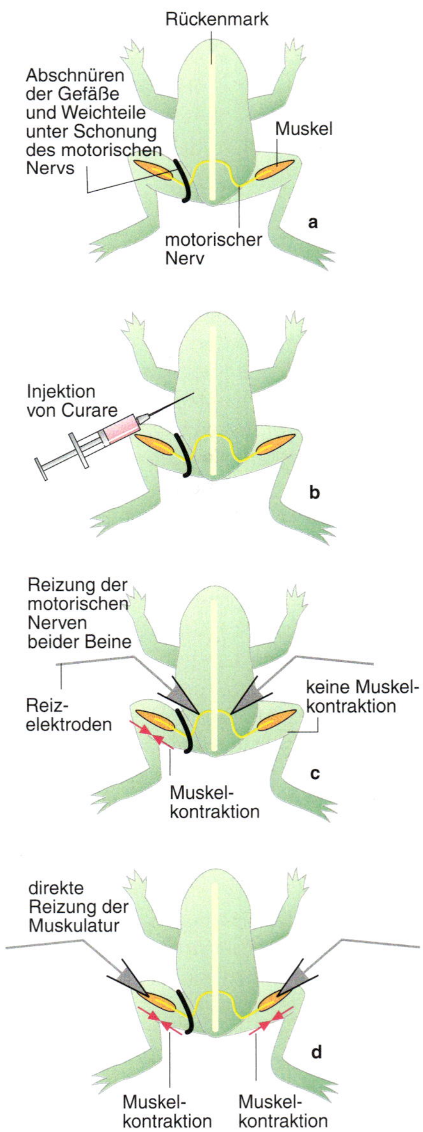

Aufgaben

④ Beschreiben Sie das Experiment und seine Ergebnisse.
⑤ Welche Aussage über Wirkort und Wirkungsweise von Curare können Sie machen? Begründen Sie.

„Synapsengifte“ in der Medizin

Der isolierte Wirkstoff *Tubocurarin* wird bei chirurgischen Eingriffen zur Muskelerschlaffung eingesetzt. Er ermöglicht es beispielsweise, die Atembewegungen des Patienten bei Operationen am offenen Brustkorb auszuschalten.

Nach Beendigung der Operation kann diese muskelerschlaffende Wirkung durch Injektion der Substanz *Neostigmin* wieder aufgehoben werden. Neostigmin ist ein Alkylphosphat, das reversibel an die Acetylcholinesterase bindet und dessen Wirkung nur für kurze Zeit unterbricht.

Aufgaben

⑥ Welche Eigenschaften eines synaptischen Hemmstoffs sind eine wesentliche Voraussetzung für einen therapeutischen Einsatz?
⑦ Was spricht gegen die Verwendung von Alkylphosphaten, um die Wirkung von Tubocurarin aufzuheben?
⑧ Was können Sie aufgrund der Wirkung von Neostigmin über den genauen Wirkort von Curare bzw. Tubocurarin aussagen? Begründen Sie.

Atropin ist das Gift der Tollkirsche *(Atropa belladonna)* und anderer Nachtschattengewächse. Es besetzt die Natriumionenkanäle in den Synapsen des Herzens und weiterer innerer Organe, aber auch in der Irismuskulatur des Auges, die die Iris zusammenzieht und damit die Pupille verkleinert.

Aufgaben

⑨ Wieso wird Atropin häufig vor Augenuntersuchungen auf das Auge getropft?
⑩ Geweitete Pupillen signalisieren anderen Menschen Aufmerksamkeit und machen eine Person „sympathischer“. Erklären Sie daraus die Bezeichnung „belladonna“ für das Gift der Tollkirsche.
⑪ Atropin wird aber auch als Gegenmittel bei einer Vergiftung mit einem Acetylcholinesterase-Hemmstoff gegeben. Erläutern Sie.

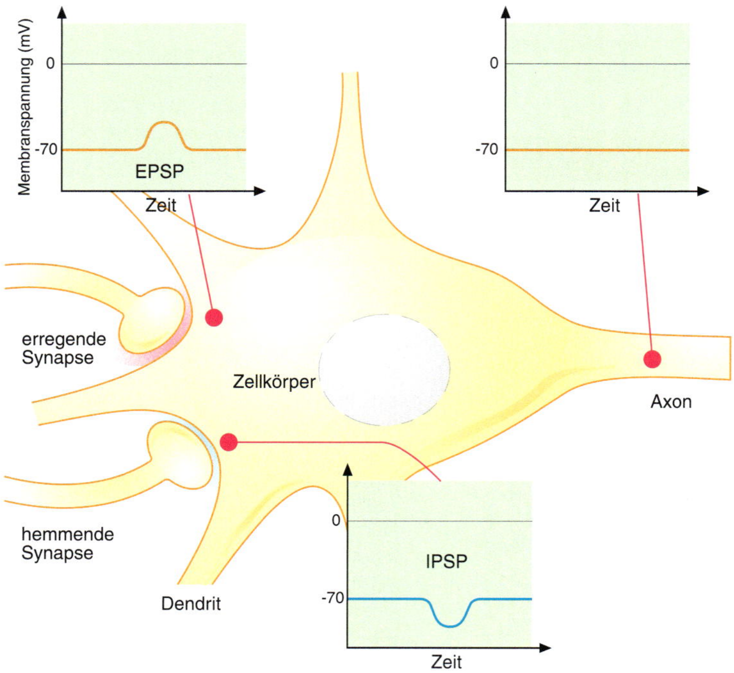

1 Erregende und hemmende Synapse

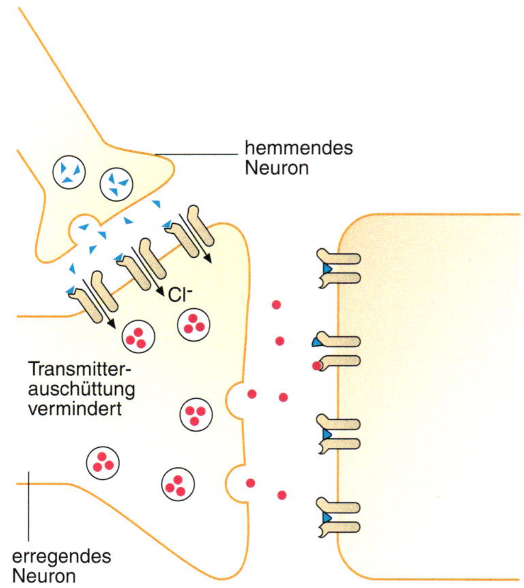

2 Präsynaptische Hemmung

Nervenschaltungen – Verrechnungsprozesse an Synapsen

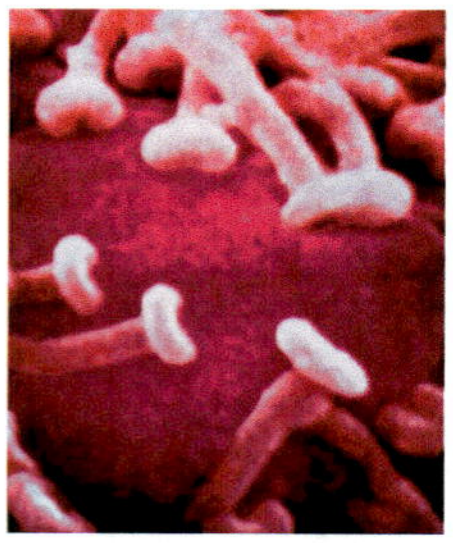

Endknöpfchen auf dem Zellkörper eines Neurons

EPSP
erregendes postsynaptisches Potential

IPSP
inhibitorisches postsynaptisches Potential

inhibitorisch
lat. *inhibere* = hindern, zurückhalten

Ein Neuron im Zentralnervensystem ist mit bis zu 10 000 Synapsen verbunden. Diese können entweder erregend oder hemmend auf das Neuron einwirken. Im Neuron werden diese Einflüsse verrechnet. Dadurch entsteht ein Regulationssystem (▶ Steuerung und Regelung S. 354).

Erregende und hemmende Synapsen

Erregende und hemmende Synapsen sind im Zentralnervensystem etwa gleich häufig. Die für die Innervation der Muskeln zuständigen neuromuskulären Synapsen sind immer erregend. Erregende Synapsen depolarisieren das postsynaptische Neuron lokal, man spricht von einem *erregenden postsynaptischen Potential (EPSP)*. Das EPSP erhöht die Wahrscheinlichkeit, dass ein Aktionspotential ausgelöst wird.

Hemmende Synapsen hyperpolarisieren lokal. Dadurch sinkt das Membranpotential unter den Ruhewert und entfernt sich vom Schwellenwert zur Auslösung eines Aktionspotentials. Man spricht daher von einem *inhibitorischen postsynaptischen Potential (IPSP)*. Die Hemmung beim IPSP kann präsynaptisch oder postsynaptisch erfolgen.

Bei der *präsynaptischen Hemmung* handelt es sich um einen indirekten Vorgang: Die Wirkung einer erregenden Synapse wird vermindert, was einer Hemmung gleichkommt. Die Transmitter der hemmenden Synapse bewirken einen Einstrom von Chloridionen und damit eine Hyperpolarisation im Endknöpfchen der erregenden Synapse (Abb. 2). Diese Hyperpolarisation wird mit ankommenden Aktionspotentialen des erregenden Neurons verrechnet und die Amplitude des Potentials vermindert, was zur Unterschreitung des Schwellenwertes führen kann.

Bei der *postsynaptischen Hemmung* werden auf der postsynaptischen Membran Chloridkanäle geöffnet. Dadurch strömen Chloridionen in Richtung des Konzentrationsgefälles in die Zelle ein und hyperpolarisieren die postsynaptische Membran. In diesem Zustand wird die Generierung eines Aktionspotentials erschwert, sprich die postsynaptische Membran muss entsprechend stärker depolarisiert werden, um den Schwellenwert zu überschreiten. In beiden Fällen der Hemmung ergibt sich aus dem Einstrom negativ geladener Ionen eine Hyperpolarisation, die letztlich zu einer Verminderung der Aktionspotentialfrequenz führt.

Online-Link
045306-0211

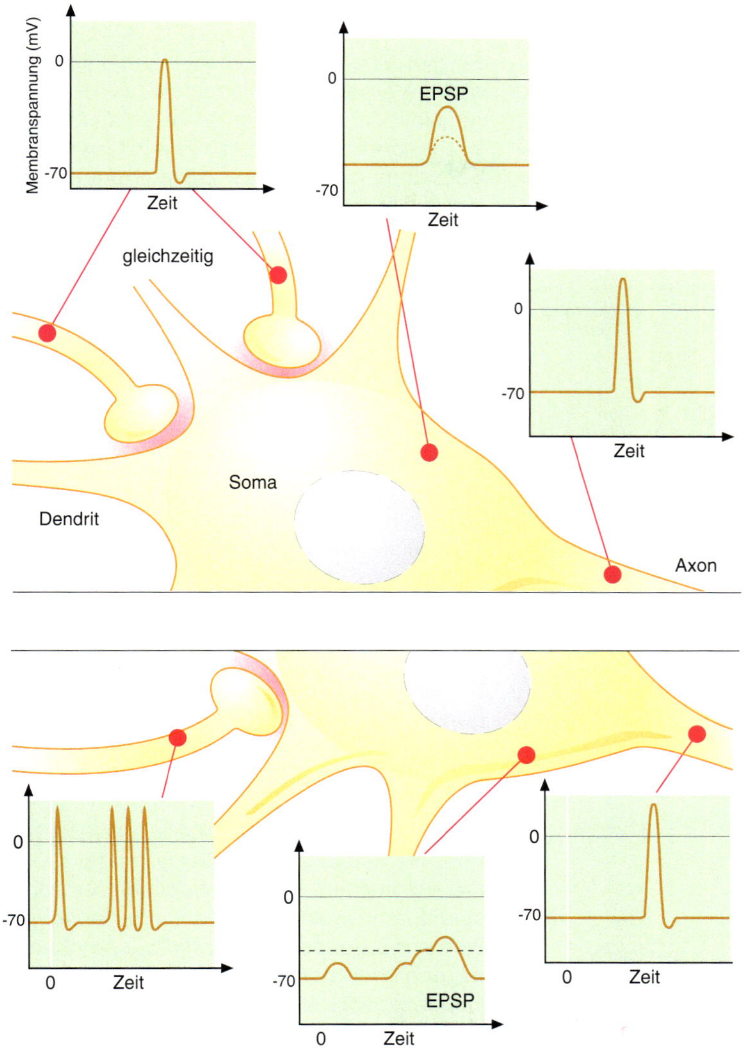

3 Räumliche (oben) und zeitliche (unten) Summation

Summationsvorgänge

Die Wirkungen der EPSP und IPSP werden summiert. Trifft gleichzeitig ein EPSP und ein IPSP ein, heben sich die Effekte am Axonhügel auf (Abb. 1). Hinsichtlich der EPSP kennt man zwei Arten der Summation, die räumliche und die zeitliche. Bei der *räumlichen Summation* wird ein postsynaptisches Neuron durch mehrere erregende Synapsen stimuliert und die resultierenden EPSP werden addiert (Abb. 3). Bei der *zeitlichen Summation* wird ein postsynaptisches Neuron innerhalb kurzer Zeit mehrfach durch erregende Synapsen stimuliert. Dabei trifft die nächste Stimulierung auf das postsynaptische Neuron, bevor das Membranpotential wieder auf das Ruhepotential zurückgekehrt ist. Hier werden zwei Stimulierungen addiert.

Codewechsel der Information

Je stärker die Stimulation der erregenden Synapsen oder je höher der Reiz (s. Seite 206), desto höher die Frequenz der resultierenden Aktionspotentiale. Man spricht daher von einem *Frequenzcode*, denn die Intensität und Dauer der Stimulierung wird anhand der der Aktionspotentiale pro Zeit verschlüsselt. Am Endknöpfchen führt eine hohe Frequenz von Aktionspotentialen zur Ausschüttung einer großen Transmittermenge und so postsynaptisch zu einem hohen EPSP (Amplitudencode, Abb. 4). Die Frequenz der Aktionspotentiale wird in ein entsprechend großes EPSP umcodiert. Am Axonhügel führt das hohe EPSP wieder zu einer hohen Frequenz an Aktionspotentialen *(Frequenzcode)* (▶ Information und Kommunikation S. 358).

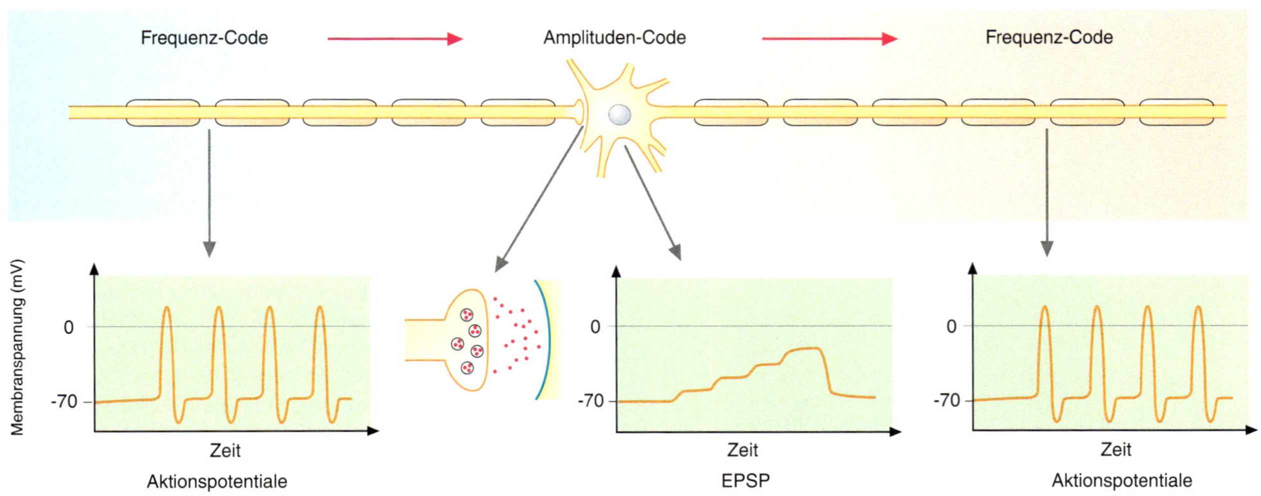

4 Informationscodierung

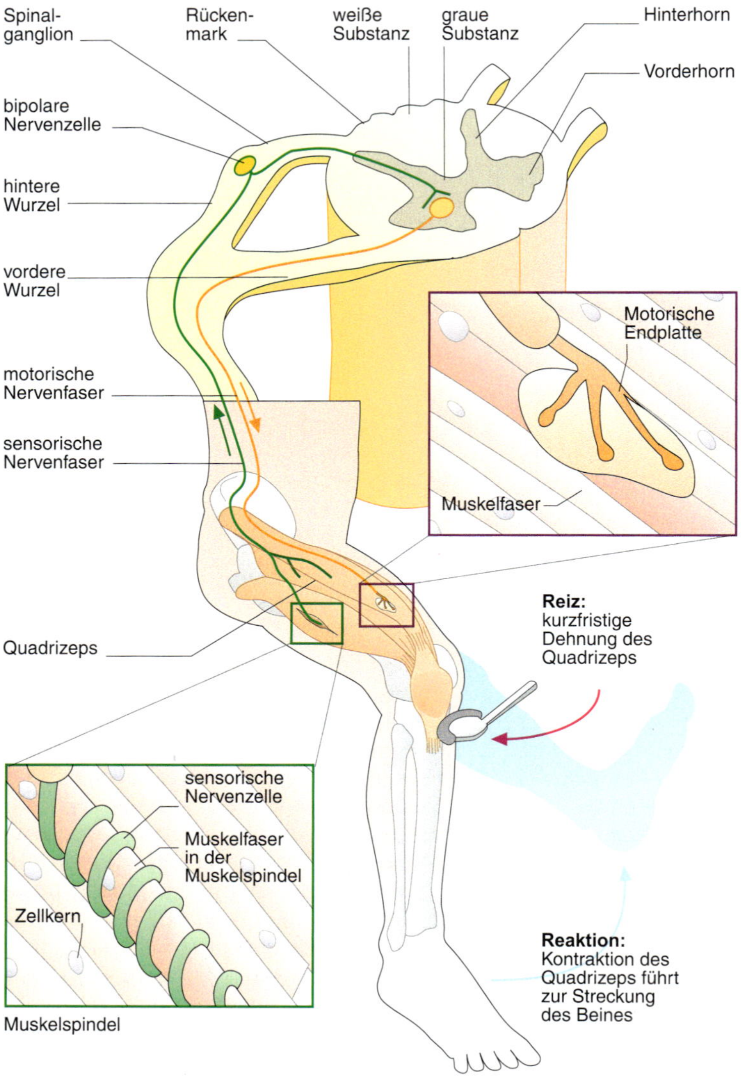

1 Reflexbogen beim Kniesehnenreflex

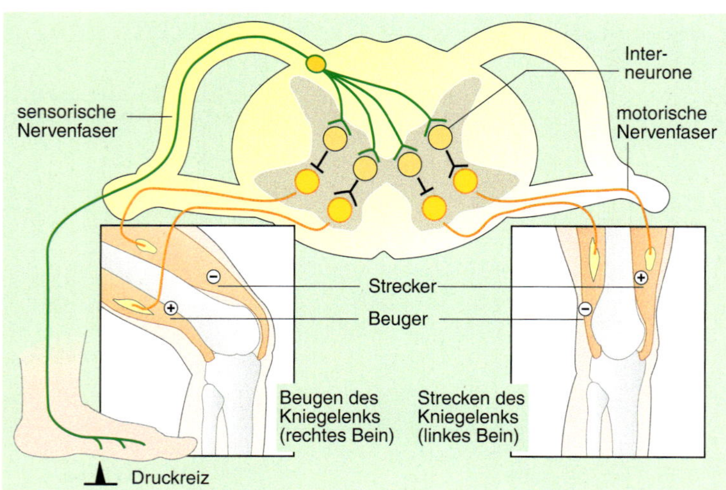

2 Gekreuzter Beuger-Strecker-Reflex

Reflexe

Es gibt eine Reihe einfacher genetisch bedinger Verhaltenselemente, die bei allen Tieren einer Art in gleicher Weise ablaufen. Dazu gehören z.B. Atmen, Husten und das Schließen des Auges beim Herannahen eines Gegenstandes. Diese Verhaltensweisen erfolgen auf einen Reiz hin, ohne dass eine bewusste Steuerung oder spezifische Bereitschaft notwendig ist. Sie heißen *Reflexe*. Ihre Grundlage ist eine einfache Nervenverschaltung, die eine kurze Reaktionszeit ermöglicht. Das ist besonders wichtig bei der Abwehr einer Gefahr, wie zum Beispiel beim Eindringen eines Fremdkörpers in die Luftröhre oder in das Auge.

Ein vorsichtiger Schlag auf ein entspanntes, abgewinkeltes Bein unmittelbar unter der Kniescheibe löst ein unwillkürliches Hochschnellen des Unterschenkels aus (*Kniesehnenreflex*, Abb. 1). In Skelettmuskeln des Menschen findet man Muskelspindeln. Diese Sinneszellen im Inneren des Muskels erzeugen bei Dehnung oder Stauchung des Muskels Rezeptorpotentiale. Über schnell leitende *sensorische Nerven* empfängt das *Rückenmark* die dadurch ausgelöste Erregung. Beim Kniesehnenreflex führt der Schlag über die Sehne zu einer Dehnung des Quadrizepsmuskels. Die sensorischen Neurone sind durch Synapsen direkt mit *motorischen Nerven* verbunden. Deren Aktionspotentiale werden über Motorische Endplatten auf den Quadrizepsmuskel übertragen und bewirken eine Kontraktion, die den Unterschenkel hochschnellen lässt. Da beim Kniesehnenreflex nur eine zentrale Synapse beteiligt ist, nennt man ihn *monosynaptisch*. Das Gehirn erhält nachträglich eine Information über die Reaktion.

Der Reflexbogen als Modell

Das Reflexen zugrunde liegende Prinzip lässt sich anschaulich als *Reflexbogen* darstellen (Abb. 3). Er beginnt mit einem Rezeptor, an dem ein Reiz eine Erregung auslöst. Diese wird über sensorische oder afferente Nervenbahnen, also zum Zentralnervensystem führende Neurone, zum Reflexzentrum geleitet. Dort erfolgt die Umschaltung auf motorische oder efferente Bahnen, die zum reagierenden Organ *(Effektor)* führen. Die Reaktionszeiten variieren, da die Elemente unterschiedlich komplex verschaltet sein können. Reflexzentren befinden sich beim Menschen im Rückenmark und im Gehirn, also im Zentralnervensystem. Von dort kann die Möglichkeit einer bewussten Beeinflussung gegeben sein. So kann man begrenzt das Husten unterdrücken, selbst wenn der entsprechende Reiz einwirkt.

Monosynaptische und polysynaptische Reflexe

Tritt man auf einen spitzen Gegenstand, so hebt man unwillkürlich den Fuß und streckt das andere Bein. Bei diesem gekreuzten *Beuger-Strecker-Reflex* (Abb. 2) sind Muskeln beider Beine beteiligt. Dazu ist eine Übertragung des sensorischen Signals auf mehrere Motoneurone notwendig; es handelt sich somit um einen *polysynaptischen Reflex.* Während bei monosynaptischen Reflexen eine weitgehend konstante Zeitspanne zwischen Reizung und Reaktion zu messen ist (Kniesehnenreflex ca. 30 ms), kann diese bei polysynaptischen Reflexen zwischen 60 und 200 ms variieren.

Man kann Reflexe auch danach einteilen, ob Reizaufnahme und Reaktion im selben Organ *(Eigenreflexe)* oder in verschiedenen Organen *(Fremdreflexe)* erfolgen. Während der Kniesehnenreflex ebenso wie beispielsweise der *Lidschlussreflex* zu den Eigenreflexen gehört, handelt es sich beim *Husten* um einen Fremdreflex, denn hier erfolgt die Reizaufnahme durch Sinneszellen in der Schleimhaut der Luftröhre, während als Reaktionen Kontraktionen von Zwerchfell und Zwischenrippenmuskulatur auftreten. Diese Muskelbewegungen führen zu einer plötzlichen Erhöhung des Druckes in der Lunge. Dadurch kann ein Fremdkörper aus der Luftröhre gepresst werden.

Reflex
Ein Reiz-Reaktions-Zusammenhang, bei dem ein bestimmter Reiz bei allen Individuen einer Art dieselbe stereotype, nervös ausgelöste unwillkürliche Reaktion hervorruft.

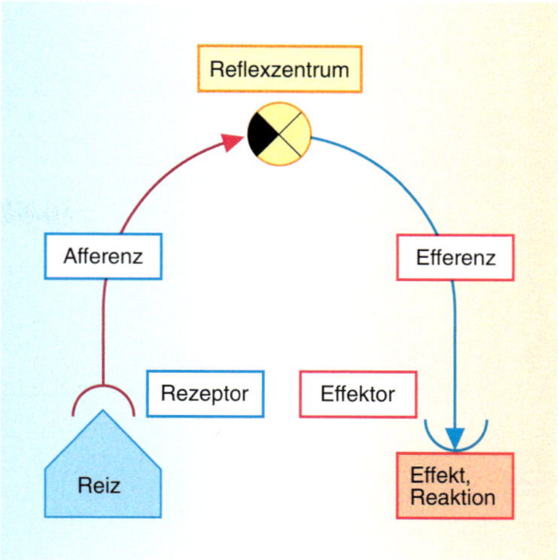

3 Reflexbogen

Aufgaben

① Lösen Sie den Kniesehnenreflex aus. Achten Sie auf die Reihenfolge von Reaktion und bewusster Wahrnehmung.

② Neugeborene zeigen einen Greifreflex, der sich durch Berühren der Handinnenflächen auslösen lässt. Klassifizieren Sie den Reflex und geben Sie seine biologische Bedeutung an.

③ Der Herzschlag wird beim Menschen durch ständige, periodische Signale eines Muskelknotens *(Sinusknoten)* ausgelöst. Vergleichen Sie diesen Vorgang mit dem Ablauf eines Reflexes.

④ Beschreiben Sie anhand Abbildung 4 die Fortleitung der Erregung beim Reflexbogen.

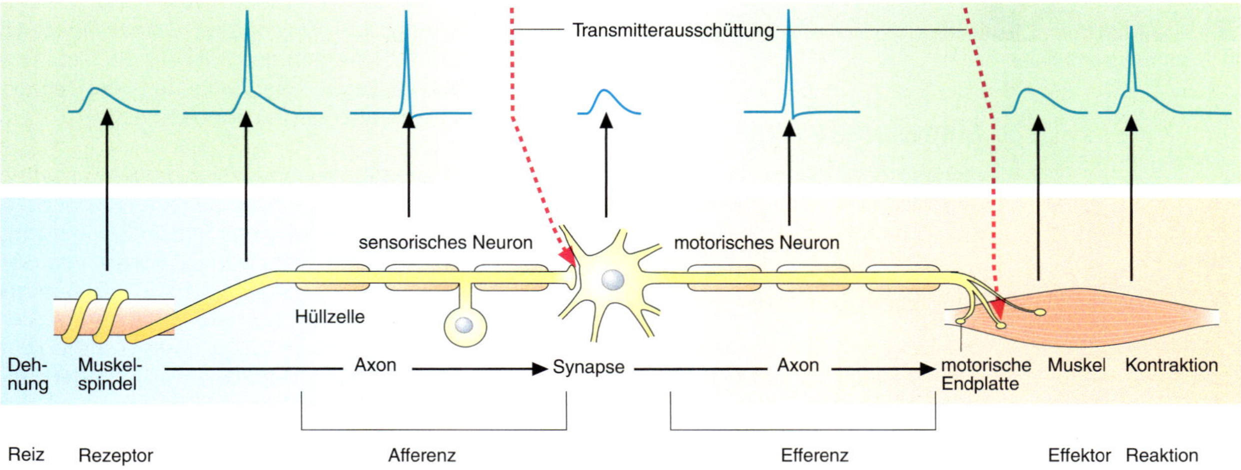

4 Vom Reiz zur Reaktion

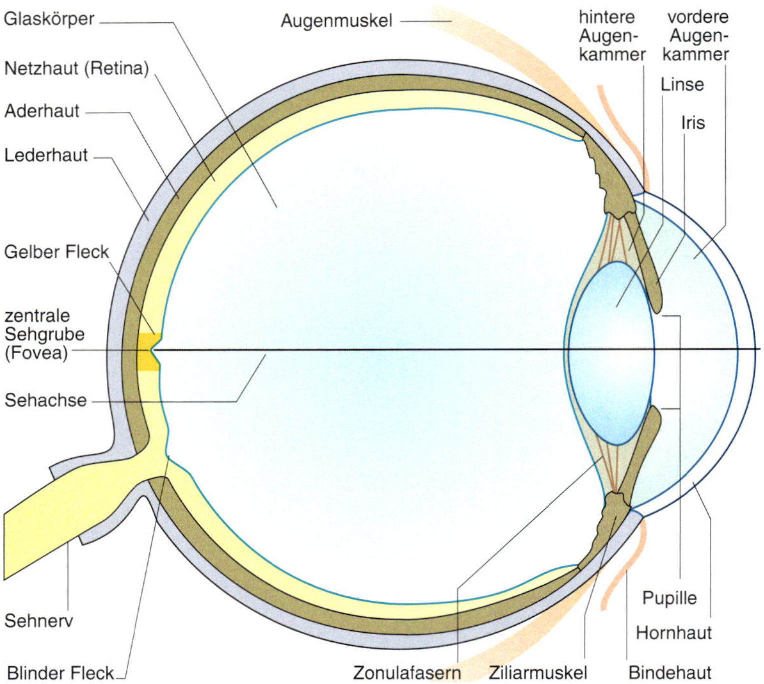

1 Horizontalschnitt durch das menschliche Auge

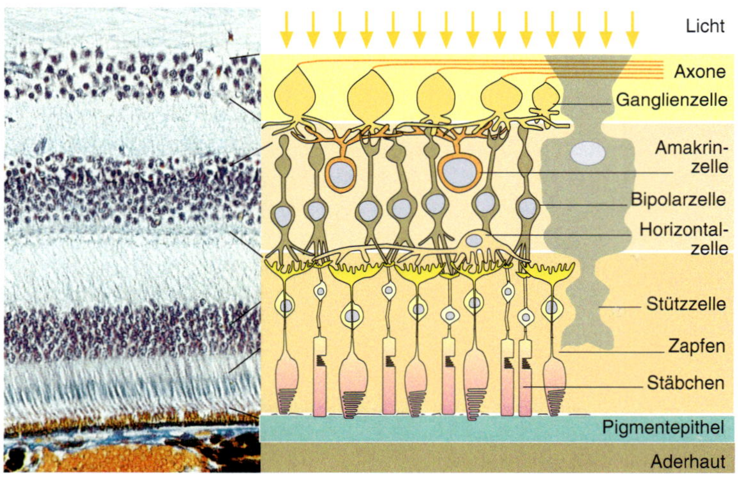

2 Netzhautquerschnitt

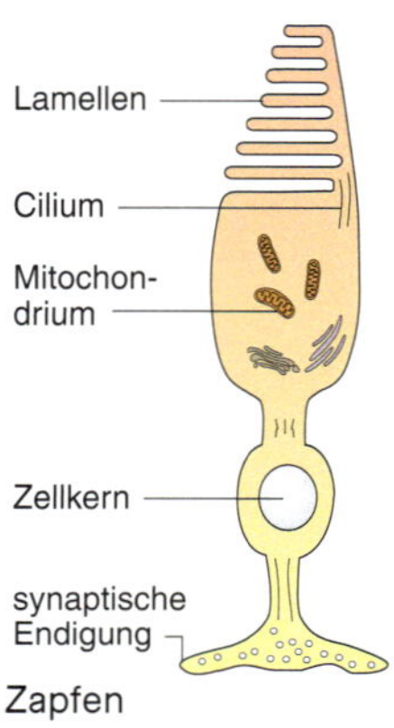

Sinnesorgan Auge

Sinnesorgane dienen dazu, den Sinneszellen den adäquaten Reiz möglichst optimal anzubieten (▶ Struktur und Funktion S. 348).

Optischer Apparat des Auges

Das Licht gelangt durch die Pupille ins Auge und wird beim Durchtritt durch Hornhaut und Linse gebrochen. Dadurch entsteht auf der Netzhaut ein scharfes Bild der Umgebung. Die Brechkraft der Hornhaut ist konstant, die der Linse kann verändert werden. Für die Naheinstellung, die *Nahakkommodation*, ist eine stärkere Brechkraft der Linse notwendig als für die Ferneinstellung, die *Fernakkommodation*. Die Nahakkommodation geschieht aktiv durch Zug des *Ziliarmuskels* an den *Zonulafasern*. Der Augeninnendruck spannt normalerweise die Lederhaut und die Zonulafasern an. Dies führt zu einer flachen, fernakkommodierten Linse. Der Zug des Ziliarmuskels wirkt dieser Spannung entgegen. Da die Linse selbst elastisch ist, wird sie dadurch dicker und die Brechkraft erhöht sich. Im Alter nimmt die Elastizität der Linse und damit ihre Brechkraft ab *(Altersweitsichtigkeit)*. Dies kann mit einer Sammellinse korrigiert werden. Die Menge des einfallenden Lichts wird mittels eines Regelkreises durch den *Pupillendurchmesser* reguliert. Bei Dunkelheit soll möglichst viel Licht einfallen, daher ist der Durchmesser groß, bei Helligkeit ist er klein, um Blendung zu vermeiden.

Bau der Netzhaut

Hinsichtlich der Lage der Sinneszellen der Netzhaut ist zu beachten, dass diese auf der dem Licht abgewandten Seite liegen (Abb. 2). Man findet zwei mikroskopisch unterscheidbare Rezeptortypen in der Netzhaut: die schlanken *Stäbchen* für das Hell-Dunkelsehen und die *Zapfen* für das Farbensehen. Die Sinneszellen haben synaptische Kontakte mit *Bipolarzellen* und diese mit den Ganglienzellen, deren Nervenfasern zum Sehnerv vereinigt werden. Quer dazu sind die *Horizontalzellen* und *Amakrinen* verschaltet. Dadurch kann die Erregung einer Sinneszelle mehr als eine Ganglienzelle beeinflussen.

Stäbchen und Zapfen sind unterschiedlich dicht auf der Netzhaut verteilt. Im Zentrum gibt es eine Stelle, die nur Zapfen in großer Anzahl enthält. Diese Stelle heißt zentrale Sehgrube *(Fovea)* bzw. *Gelber Fleck*. An dem Ort, an dem der Sehnerv die Netzhaut verlässt, liegen keine Stäbchen oder Zapfen, daher nennt man ihn *Blinden Fleck*.

In den Stäbchen findet sich der *Sehfarbstoff*, das aus Vitamin A aufgebaute *Rhodopsin*. Bei Lichteinfall wird das Rhodopsin aktiviert, was einen enzymatischen Abbau von sekundären Botenstoffen bedingt. Dies führt zum Schluss der Na^{+}-Kanäle im Auge. Der adäquate Reiz im Auge bedingt also nicht wie sonst eine Depolarisation, sondern eine Hyperpolarisation. Die Verarbeitung der Seheindrücke, d. h. die Wahrnehmung, geschieht erst im Gehirn. Daher ist diese nicht objektiv, sondern subjektiv gefärbt.

Lexikon

Sinne des Menschen

Mechanische Sinnesorgane

Die Haut verfügt über mehrere Typen von *Mechanorezeptoren*: Die *Merkel-Zellen (1)*, an denen die Verzweigungen markhaltiger Axone enden, sind Intensitätsdetektoren. Sie reagieren bereits, wenn die Haut an entsprechenden Stellen um 10 μm eingedrückt wird, und vermitteln Informationen über Eindrucktiefe und Dauer des Druckreizes. In der behaarten Haut treten sie in Gruppen als *Tastscheiben* auf. Die *Meissner-Körperchen (2)* geben Auskunft über die Geschwindigkeit, mit der der Reiz einwirkt. In der behaarten Haut dienen die *Haarfollikel-Rezeptoren (3)* als *Berührungsrezeptoren*, ihr Ende umwickelt die Haarbasis und reagiert auf Haarverbiegungen. Die *Pacini-Körperchen (4)* adaptieren sehr schnell und sind so zur Wahrnehmung von Vibrationen geeignet.

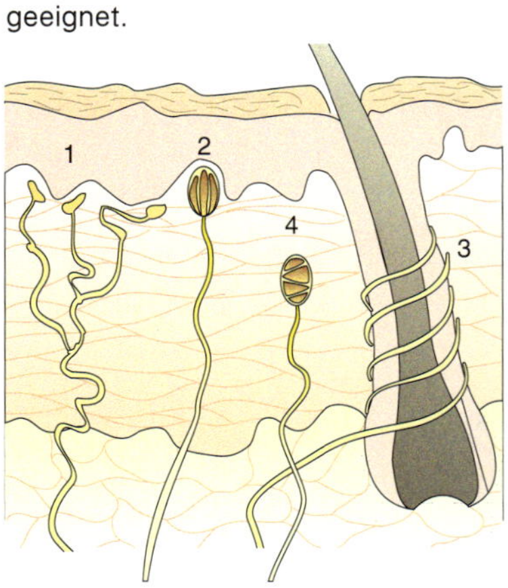

Sinnesorgane des Innenohrs

Die beiden Vorhofbläschen enthalten je ein *Lagesinnesorgan*. In eine Gallertkappe *(Cupula)* mit aufgelagerten Kalkkristallen *(Statolithen)* ragen die Cilien von sekundären Sinneszellen. Bewegt sich die Cupula bei Neigung des Kopfes durch die Schwerkraft zur Seite, werden die Cilien gebogen. Eine Ablenkung der Cilien führt durch Öffnung dehnungssensitiver Ionenkanäle zu einer Depolarisation. Die Sinneszelle schüttet vermehrt Transmitter aus und die Frequenz der abgeleiteten Aktionspotentiale nimmt zu. Umgekehrt führt eine Ablenkung in die andere Richtung zu einer verringerten Aktionspotentialfrequenz.

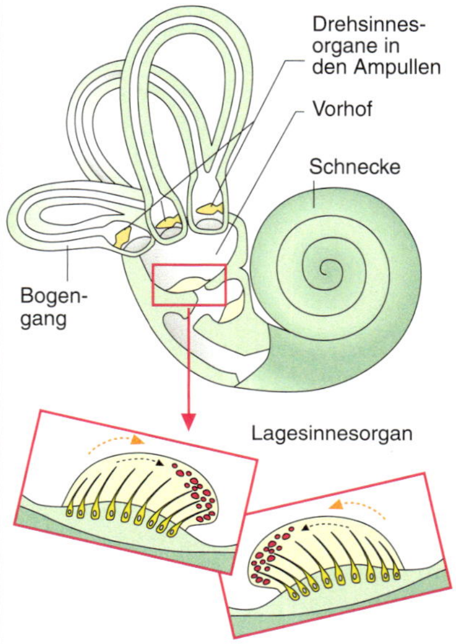

In Bau und Arbeitsweise vergleichbar ist das *Drehsinnesorgan*, das aus den drei Bogengängen des Labyrinths besteht. In jeder Ampulle befinden sich Sinneszellen, deren Cilien in eine Gallertkappe ragen.

Die Schnecke besteht aus drei parallel verlaufenden, flüssigkeitsgefüllten Kanälen. Zwischen Schnecken- und Paukengang liegt die *Basilarmembran*, die das *Cortische Organ* trägt. Schallwellen werden über Hilfsstrukturen des Außen- und Mittelohrs am Ovalen Fenster des Vorhofgangs auf die Flüssigkeit übertragen. Die Druckwellen wandern bis zur Schneckenspitze und im Paukengang bis zum Runden Fenster zurück. An einer für jede Schallfrequenz typischen Stelle erfolgt die größte Auslenkung der Basilarmembran (je tiefer der Ton, desto näher an der Schneckenspitze), was von den Hörsinneszellen registriert wird.

Die Haarsinneszellen im Innenohr sind ausgesprochen empfindlich. Auslenkungen von weniger als 1 Atomdurchmesser werden registriert.

Chemische Sinnesorgane

Die Zunge trägt auf ihrer Oberfläche die bereits mit bloßem Auge sichtbaren *Geschmackspapillen*. In deren Oberfläche liegen die *Geschmacksknospen*, die aus jeweils 50 bis 100 gebündelten sekundären Sinneszellen bestehen. Mikrovilli, fingerförmige Fortsätze der Sinneszellen, ragen in den flüssigkeitsgefüllten Geschmacksporus.

Ionen dringen durch die Membran der Mikrovilli in die Sinneszelle ein. Andere Stoffe binden an den Rezeptoren auf der Außenseite. In beiden Fällen wird die Sinneszelle depolarisiert und erregt nachgeschaltete Nervenzellen. Ist die Erregung überschwellig, senden sie Aktionspotentiale zum Gehirn.

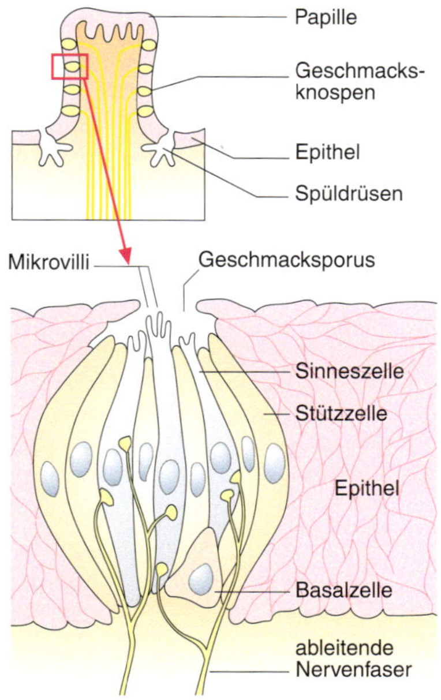

Ähnlich wirken *Geruchsstoffe*. Sie durchdringen die Schleimschicht der Nasenschleimhaut und lagern sich an Rezeptorzellen auf den Dendriten der *Riechsinneszellen* an. Jede Zelle trägt mehrere Duftrezeptormoleküle eines Typs und antwortet auf die Anlagerung eines passenden Stoffes mit einer charakteristischen Veränderung ihres Membranpotentials.

Beim Menschen gibt es mehrere tausend verschiedene Rezeptormoleküle. Der Bauplan für jedes einzelne ist in einem Gen festgelegt. 3 % unserer Gene codieren für diese Rezeptormoleküle. Riechsinneszellen sind primäre Rezeptoren, denn sie bilden selbst Aktionspotentiale und schicken sie über ihr Axon zum Gehirn.

Das Gehirn: Ort des Gedächtnisses

Epilepsie
Spontan auftretende Krampfanfälle als Folge anomaler Erregungsbildung im Gehirn

Hippocampus
Innerer Teil der Schläfenlappen des Gehirns.
Die Form erinnert an ein Seepferdchen, was die Namensgebung bestimmte.

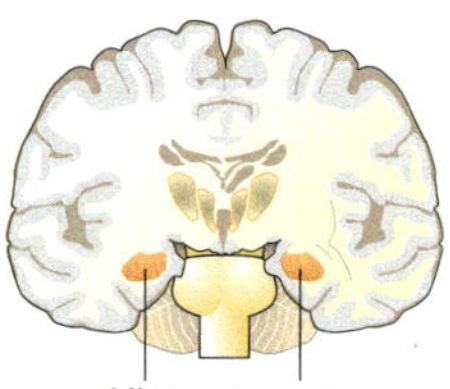

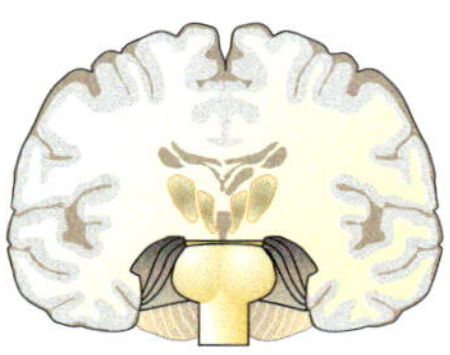

Die Frage, in welchen Teilen des Gehirns sich das Gedächtnis befindet, konnte teilweise anhand der Krankengeschichte des Patienten H. M. geklärt werden. Er litt als Kind an Epilepsie. Als sich der Krankheitsverlauf wesentlich verschlechterte, wurden bei ihm im Jahr 1953 im Alter von 27 Jahren die Teile des Gehirns entfernt, von denen die Krampfanfälle ausgelöst wurden (siehe Abbildung Randspalte). Die Operation verbesserte seinen Gesundheitszustand. Er war fast anfallsfrei und verhielt sich auf den ersten Blick völlig normal. Allerdings wurde rasch deutlich, dass der Eingriff sein bewusstes Gedächtnis zerstörte. Alles was nach der Operation geschah, konnte er nur für ganz kurze Zeit behalten, dagegen waren alle früheren Erinnerungen erhalten).

Bedeutung des Hippocampus

Bei H. M. wurde im Innern der beiden Schläfenlappen der Hippocampus und angrenzende Strukturen entfernt. Dieser Teil Gehirns ist also erforderlich, um Erfahrungen speichern zu können.

Beim Menschen wurde gezeigt, dass beim Vokabellernen ganz bestimmte Neurone aktiv werden und im Hippocampus beim Lernen und Erinnern bereits nach kurzer Zeit neue Inhalte repräsentiert sind. Dieser Teil des Gehirns wird immer wieder neu organisiert, je nachdem, welche Erfahrungen gemacht werden. Dazu passt auch der Befund, dass sich im Hippocampus Nervenzellen neu bilden können. Inzwischen ist geklärt, dass das Gedächtnis über weite Teile des Gehirns verteilt ist. Die Abbildung in der Randspalte unten zeigt, wo insbesondere bei Lern- und Erinnerungsvorgängen im Gehirn hohe Stoffwechselaktivitäten auftreten.

Molekulare Veränderungen

Derzeit geht man davon aus, dass Synapsen und ihre Veränderlichkeit die Grundlage für Lern- und Gedächtnisprozesse sind. Dies zeigt sich unter anderem in präsynaptischen und in postsynaptischen Veränderungen, welche die Stärke einer synaptischen Verbindung zwischen Neuronen beeinflussen. Die Zahl der freisetzbaren Vesikel einer Synapse entscheidet über die Stärke der synaptischen Verbindung. Gibt es wenige Vesikel und werden sie langsam nachgeliefert, ermüdet die Synapse rasch bei dauerhafter Aktivierung. Wenn sie jedoch schnell neue Vesikel bilden kann, liegt eine starke Kopplung zwischen den beteiligten Zellen vor. Nun hat sich gezeigt, dass es im Gehirn Synapsen gibt, die bei dauerhafter Aktivierung stärker auf das postsynaptische Neuron wirken. Wie Abb. 1 zeigt, entstehen an der postsynaptischen Zelle nach längerer Reizung viel intensivere EPSPs (s. Seite 210).

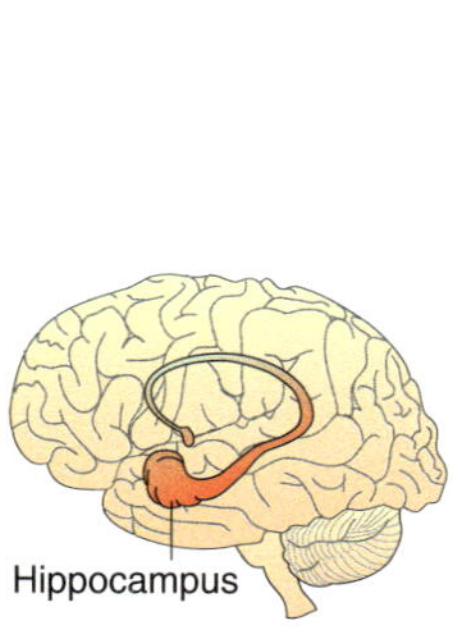

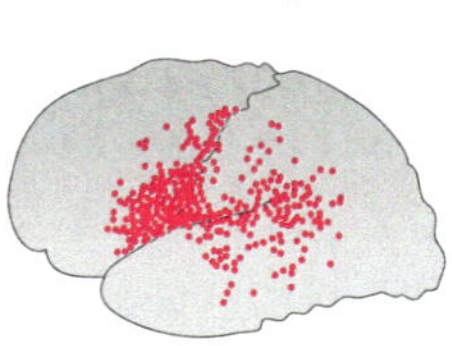

Stoffwechselaktivität beim Lernen und Erinnern

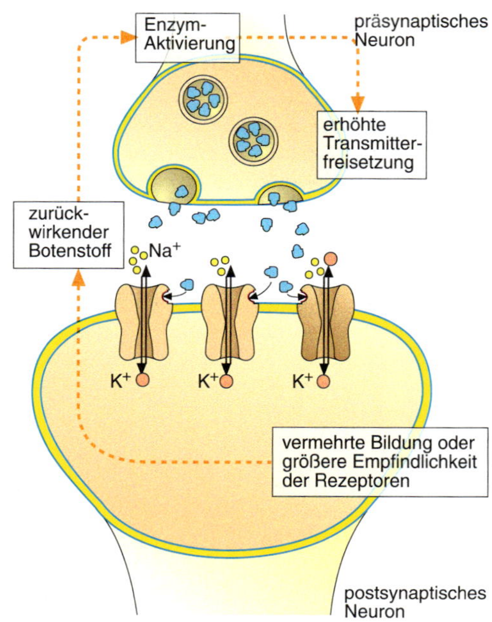

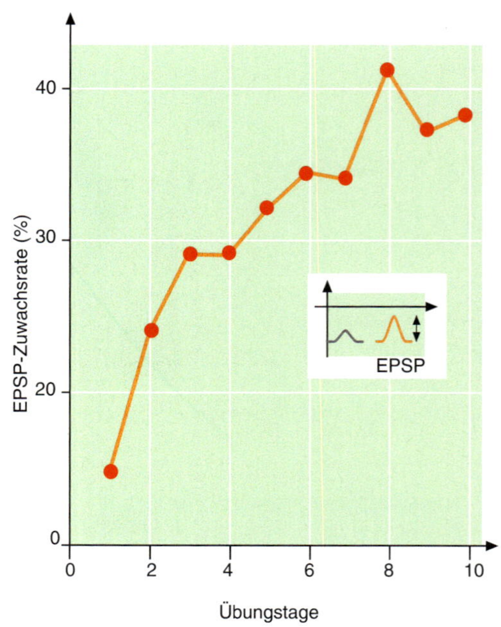

1 Dauerhafte Aktivierung synaptischer Verbindungen

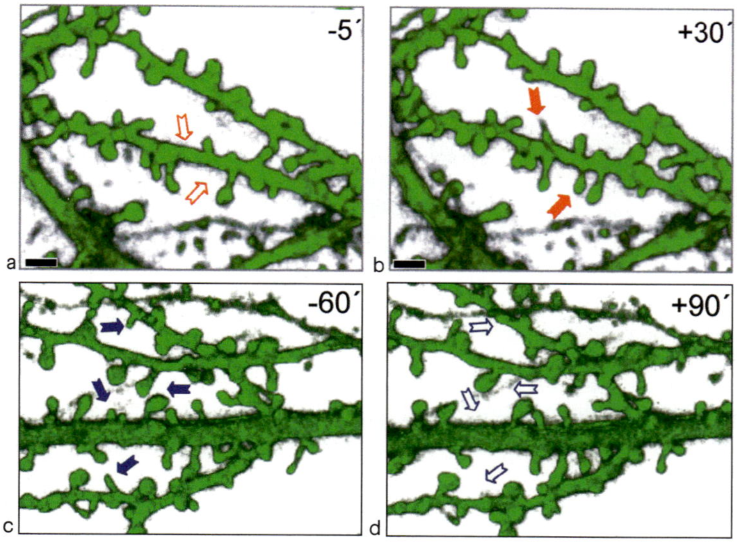

2 Bildung und Rückbildung von Synapsen

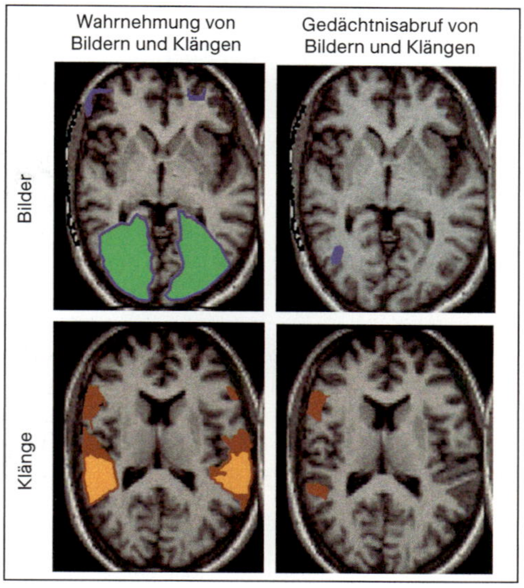

3 Gehirnaktivität beim Lernen und Erinnern

Dafür scheint auch ein Protein (Munc 13) in den Endknöpfchen verantwortlich zu sein. Es macht die Vesikel für die Verschmelzung mit der präsynaptischen Membran fusionsfähig. Außerdem nimmt die Anzahl der postsynaptischen Rezeptoren oder ihre Empfindlichkeit für die Transmittersubstanz zu. Diese beiden Prozesse steuern die Synapsenaktivität. Mit dieser *Langzeitpotenzierung* lässt sich die Funktionsweise des Arbeitsgedächtnisses erklären. Kurzzeitspeicherung ermöglicht die verstärkte Synapsenaktivität.

Mechanismus der Langzeitspeicherung

Der Übergang von der Kurzzeit- zu einer Langzeitspeicherung erfordert den Übergang von molekularen Prozessen zu strukturellen Veränderungen der Neurone. Beim Aufbau von Langzeitinhalten bilden sich neue synaptische Verbindungen aus. Experimentell konnte gezeigt werden, dass die Verstärkung von Synapsen bei intensiver Reizung mit kleinen zellulären Veränderungen einhergeht. Dabei entstehen an Dendriten kleine Verzweigungen, die *dendritischen Dornen* (Spines). Sie wachsen gezielt auf mögliche Kontaktpartner zu (Abb. 2a/b). Innerhalb der ersten acht Stunden können noch keine Signale übertragen werden. Erst in den darauf folgenden Stunden entscheidet sich, ob eine Verbindung bestehen bleibt oder sich zurückbildet. Die Kontakte werden dann zu voll funktionsfähigen Synapsen. Dies ist nach derzeitiger Auffassung die zelluläre Basis für das Langzeitgedächtnis. Sind Synapsen dagegen lange Zeit kaum aktiv, so bilden sie sich zurück (Abb. 2c/d).

Aufgaben

① Beschreiben Sie, welche synaptischen Veränderungen die Informationenspeicherung ermöglichen.

② Vergleichen Sie in Abbildung 3, welche Teile des Gehirns beim Wahrnehmen und Erinnern aktiv sind.

③ Erklären Sie, soweit möglich, die Bedeutung der unten aufgeführten Lerntipps.

Zettelkasten

Wie lernt man am besten?

Es gibt sehr gut abgesicherte Vorstellungen, wie das Gehirn am besten sicher und dauerhaft Informationen speichert.

- Weder unter Stress noch gelangweilt arbeiten.
- Interesse an der Sache verbessert die Lernleistung.
- Neues immer wieder mit Bekanntem verknüpfen.
- Lernstoff portionieren und auf verschiedene Tage verteilen.
- Gelerntes mehrfach wiederholen.
- Regelmäßig Lernpausen einlegen.
- Das Gehirn verarbeitet Erfahrungen im Schlaf und bei körperlicher Aktivität. Nach dem Lernen keine Tätigkeiten beginnen, welche die Aufmerksamkeit umlenken (z. B. Computerspielen, aufregende Filme anschauen u. Ä.), sondern Sport treiben oder ausruhen.

Impulse

Psychoaktive Stoffe

„Himmelhoch jauchzend, zu Tode betrübt". Im Alltag liegt unsere Stimmung meist irgendwo dazwischen. Wenn wir uns nicht gerade damit beschäftigen oder jemand uns fragt, ist uns gar nicht bewusst, in welcher Stimmung wir gerade sind.

Unsere *Stimmung* ist das Ergebnis der Verarbeitung von Sinneseindrücken, der Signale des Nervensystems und von Hormonen.

Psychoaktive Stoffe im Körper

Marathon laufen, Fallschirmspringen und *Freeclimbing* haben eines gemeinsam: Es können überwältigende Glücksgefühle auftreten, obwohl die Situationen für die meisten Menschen extrem anstrengend bzw. Angst auslösend sind.

Ursache dafür sind „körpereigene Drogen", also das Bewusstsein beeinflussende Stoffe. Diese *Endorphine* bewirken auch, dass Schmerzen und Erschöpfung weniger wahrgenommen werden. Sie lösen Glücksgefühle aus. Ihre Entdeckung verdanken wir der Erforschung der Wirkung von Opiaten.

Die Entdeckung der Opiatrezeptoren

Opiatrezeptormoleküle im Rückenmark, mit radioaktiven Opiatmolekülen sichtbar gemacht

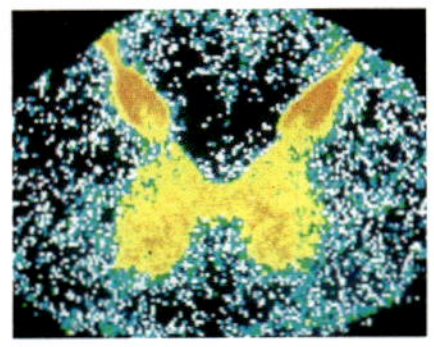

Die größte Rezeptordichte zeigt sich dort, wo die sensorischen Fasern vom Rückenmark an die graue Substanz herantreten (orange). Die sog. *Schmerzfasern* haben hier synaptische Kontakte zu Neuronen, deren Axone bis ins Gehirn reichen. Opiatrezeptormoleküle wurden hier auf Schmerzfaser-Synapsen gefunden. Die Opiate senken die Transmitterausschüttung an den synaptischen Endknöpfchen dieser Schmerzfasern. Die Schmerzschwelle wird erhöht.
Die Schmerz lindernde Wirkung von *Opium*, einem Extrakt aus dem Saft des Schlafmohns, ist seit langem bekannt. Wie ein daraus hergestelltes synthetisch verändertes Produkt, das Heroin, löst es außerdem euphorische Zustände aus. Es beeinflusst die Signalübertragung an bestimmten Synapsen des Gehirns.

Erklären Sie die Zusammenhänge.

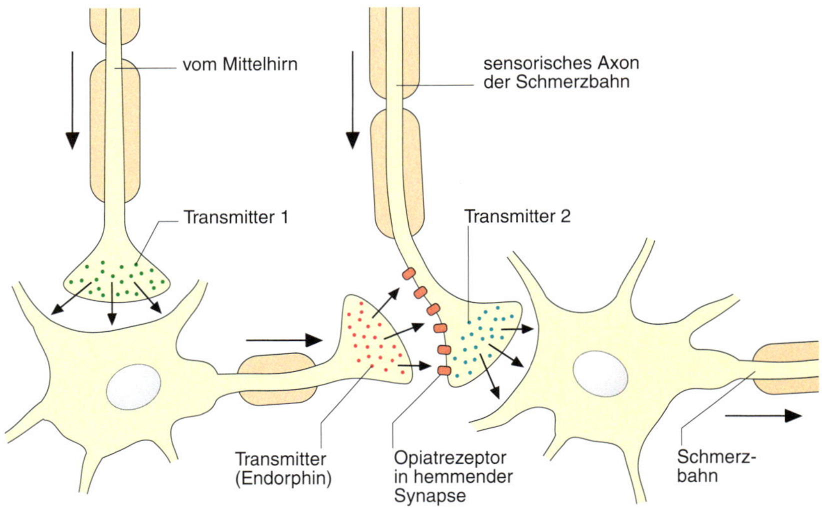

Drogen – ein Begriff mit zwei Bedeutungen

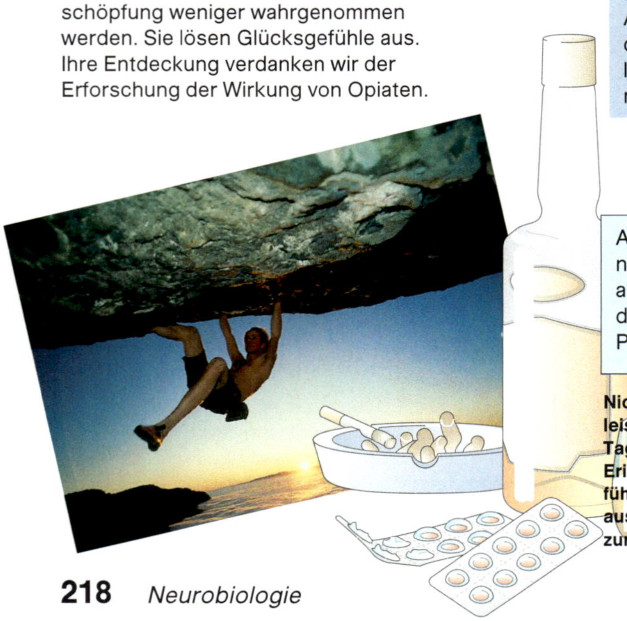

Psychopharmaka
Arzneimittel *(Pharmaka)*, die psychische Leiden lindern oder heilen können.

Alle Dinge sind Gift – nichts ist ohne Gift – allein die Dosis macht, dass ein Ding ein Gift ist.
PARACELSUS (1493 – 1541)

Nicht nur sportliche Höchstleistungen, sondern auch Tagträume oder angenehme Erinnerungen können Sichwohlfühlen und Glücksgefühle auslösen. Warum kann Sport zur Sucht werden?

Warum gibt es keine Drogen in der Drogerie? Ursprünglich bezeichnete man durch Trocknen haltbar gemachte Pflanzenteile, die als Arzneimittel Verwendung fanden, als Drogen. Sie wurden als Tee, angefeuchteter Brei zum Auftragen auf eine Wunde oder zum Einnehmen bei Krankheiten verwendet.

Heute versteht man unter Drogen meist *psychoaktive Stoffe*, die entweder legal – wenn auch manche mit Alterseinschränkungen – verkauft werden dürfen (z. B. Alkohol und Nikotin) oder verboten sind, wie z. B. Haschisch, Kokain, Heroin oder LSD. Körperliche Schäden und Abhängigkeit sind mögliche Folgen der Einnahme dieser Stoffe.

In den meisten Kulturen war die Einnahme von Drogen an religiöse Vorstellungen gebunden. Recherchieren Sie Beispiele und erklären Sie die Zusammenhänge.

Wohlgefühl aus zweiter Hand

Nicht umsonst führt das Original der braunen Erfrischungsgetränke Coca im Namen. Es enthielt ursprünglich Kokain als Aufputschmittel (Stimulans), heute nur noch Koffein aus dem Samen des Colabaumes. Hustensaft enthielt Kokain zur Dämpfung des Hustenreizes.

Kokain verhindert die Wiederaufnahme des Transmitters Dopamin in das synaptische Endknöpfchen. Die Dopaminkonzentration im synaptischen Spalt ist dadurch erhöht.

Veränderte Wahrnehmung, veränderte Gefühle. Wie lassen sich diese Wirkungen von Kokain erklären?

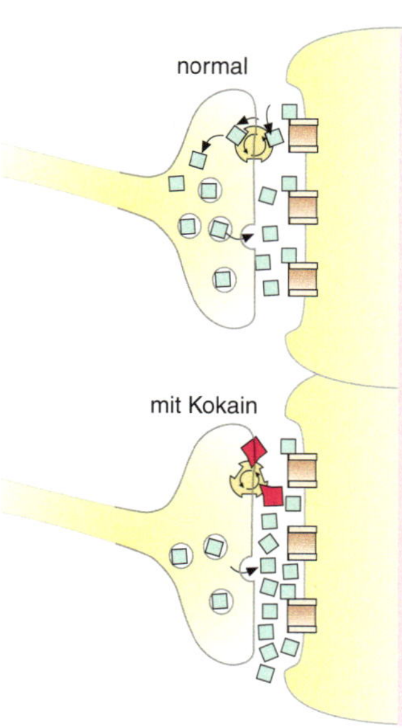

Gefahren der Kokain-Sucht

Kokain-Konsumenten können auf Dauer ohne die Verstärker-Droge kein normales Glücksempfinden mehr entwickeln.

Folge: schwere Depressionen, psychische Abhängigkeit

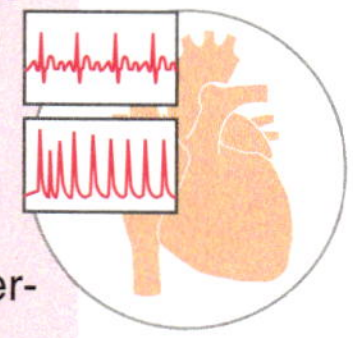

Die Beeinflussung des Verstärkersystems führt zu Überforderung des Gehirns.

Folge: Wahnvorstellungen

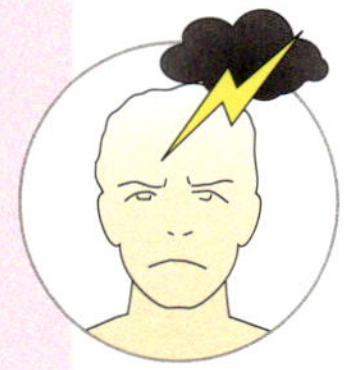

Mögliche Auswirkungen der Droge auf den Organismus:
Herzrhythmusstörungen, Herzinfarkt, Schlaganfall, epileptische Anfälle

„Tierisch gut drauf"

Das Vorkommen von Endorphinen gibt einen Hinweis auf die biologische Bedeutung des Sichwohlfühlens. Auf einen einfachen Nenner gebracht: Lust und die Vermeidung von Frustration sind die wesentlichen Triebfedern nicht nur menschlichen Verhaltens.

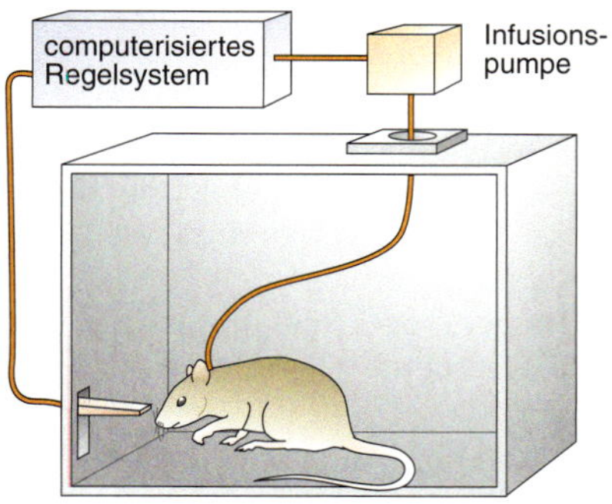

Ermöglicht man Mäusen, Ratten oder Affen den Zugang zu Kokain, so versorgen sie sich im Versuch kontinuierlich mit der Droge. Andere positiv besetzte Aktivitäten, wie Fressen, Trinken und Paarung, vernachlässigen sie.

Aus einer Befragung von Drogenabhängigen

Ich nehme Drogen ....

weil Rauschmittel die Stimmung heben können ______ 6,9%

weil sich dabei Glücksgefühle einstellen ______ 5,5%

weil man damit eigene Hemmungen überwindet ______ 4,9%

Was halten Sie von diesen Motiven? Welche Risiken nimmt man in Kauf? Sind sie das Risiko wert?

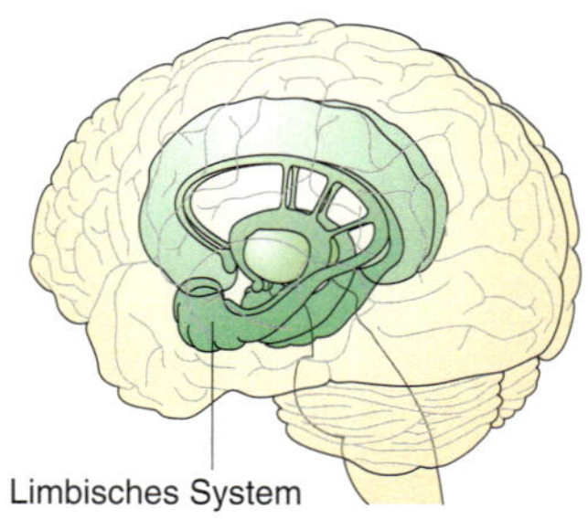

Ecstasy – ein Partyspaß?

Ein 1913 als Schlankheitsmittel entwickelter, aber in Deutschland nie zugelassener Stoff mit dem Kürzel *MDMA* ist unter der Bezeichnung *Ecstasy* zur Modedroge geworden. Illegal zu Pillen gepresst – mit unterschiedlicher Dosis und verschiedensten Beimengungen – wird er vielerorts relativ billig angeboten. Neben den Rauschzuständen ist auch hier das Ignorieren von Körpersignalen, wie Erschöpfung und Durst, durch die Konsumenten zu beobachten.

Gefahren durch den Konsum? Einstiegsdroge? Langzeitschäden? Wichtige Fragen, auf die man eine Antwort suchen sollte.

Sucht

Süchtiges Verhalten gehört als Teil unseres Gefühlslebens zu unserer Persönlichkeit, z. B. als Sehnsucht, Eifersucht, Spielsucht und Habsucht. Letztlich kann jedes menschliche Interesse süchtig machen, wie Fernseh- und Arbeitssucht oder Putz- und Sammelzwang zeigen. Bei jeder Drogensucht (Abhängigkeit von psychisch wirksamen Substanzen) treten folgende Phänomene auf:

- Toleranzentwicklung
- physische Abhängigkeit
- psychische Abhängigkeit

Was versteht man unter diesen Schlagworten?
Wie gerät man in die Sucht?
Wie kann man wieder herauskommen?
Wie sollte man sich verhalten, wenn Freunde süchtig werden oder sind?

Angst lösende Medikamente

Manche Menschen leiden unter Angst, ohne dass ein adäquater Grund vorliegt. Eine solche Erkrankung lässt sich psychotherapeutisch oder, in schweren Fällen, medikamentös behandeln. *Barbiturate* wirken beruhigend (sedierend) und werden auch als Schlafmittel eingesetzt. Wer müde ist, hat meist weniger Angst. Manche wirken Angst lösend und in höheren Dosen einschläfernd. Allerdings besteht auch hier Suchtgefahr. Die Wirkung beruht auf der Besetzung von Rezeptoren im Limbischen System und der Großhirnrinde anstelle von Transmittern.

Krankhafte Angst ist selten. Was macht uns Angst? Was kann man tun, ohne gleich zur Tablette zu greifen?

Das Nervensystem des Menschen

Das Nervensystem des Menschen ist das leistungsfähigste unter denen der Wirbeltiere. Die Anzahl der Neurone, die an seinem Aufbau beteiligt sind, wird auf 10^{11} geschätzt. Gehirn und Rückenmark zusammen bilden das *Zentralnervensystem* (ZNS).

Das *Rückenmark* erfüllt zwei Funktionen: Es ist zentrales Verbindungselement zwischen dem Gehirn und dem den Körper durchziehenden *peripheren Nervensystem* (Abb. 1) sowie selbstständige Umschaltstelle sensorischer auf motorische Neurone (s. *Reflexbogen*). Häufig sind *Interneurone* zwischengeschaltet. Diese beiden Funktionen lassen sich anatomisch unterschiedlichen Bereichen des Rückenmarks zuordnen. Die Leitungsbahnen liegen in der äußeren weißen Substanz, die Verschaltungen befinden sich in der inneren grauen Substanz. Zwischen je zwei Wirbeln entspringt rechts und links ein Rückenmarksnerv (Spinalnerv) mit einer vorderen und einer hinteren Wurzel. Durch die hinteren Wurzeln leiten sensorische Neurone Erregungen, die von den Sinneszellen kommen, dem Rückenmark zu (in die *Hinterhörner*). Die Zellkörper dieser Neurone befinden sich außerhalb des Rückenmarks in den *Spinalganglien*. Die vorderen Wurzeln (aus den *Vorderhörnern*) senden motorische Nervenfasern zu den Muskeln des Rumpfes. Die motorischen Neurone haben ihre Zellkörper in der grauen Substanz des Rückenmarks. Darüber hinaus besteht die graue Substanz aus einem Geflecht von Dendriten und meist marklosen kurzen Axonen. Kurz hinter dem Spinalganglion vereinigen sich beide Wurzeln zu einem gemischten Nerv. Der Mensch hat insgesamt 31 Paare von Rückenmarksnerven.

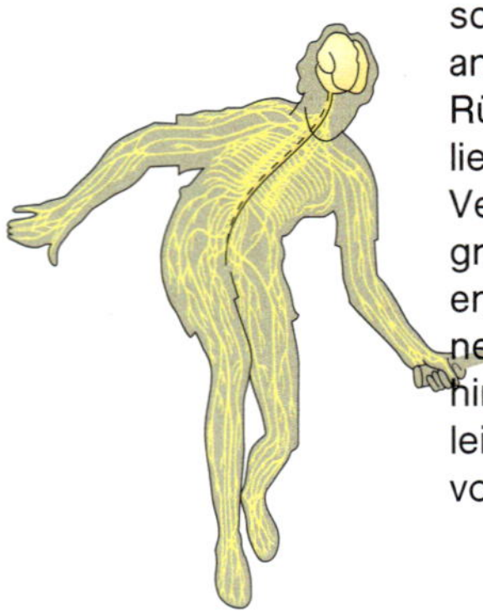

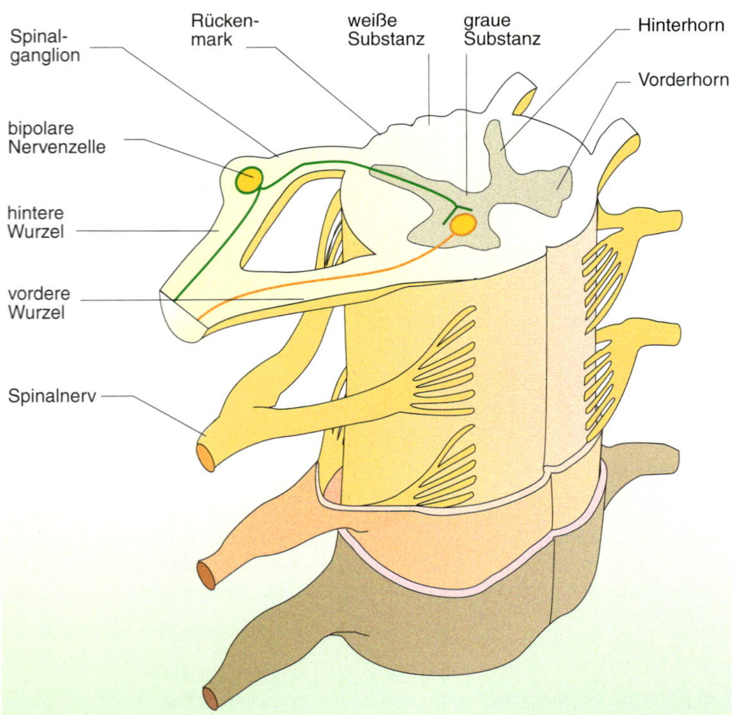

1 Rückenmark

Das autonome Nervensystem

Die Rückenmarksnerven innervieren auch die inneren Organe. Die Wirkungen dieses Teils des Nervensystems sind der willkürlichen Kontrolle weitgehend entzogen. Deshalb wird es auch als *autonom* oder *vegetativ* bezeichnet. Seine Aufgaben bestehen in der Kontrolle des inneren Milieus. Das autonome Nervensystem lässt sich in zwei funktionelle Untersysteme unterteilen, den *Parasympathicus* und den *Sympathicus*. Je nach Anforderungen werden unterschiedliche Organe aktiviert oder gehemmt. Dabei arbeitet das autonome Nervensystem eng mit dem somatischen Teil des Nervensystems zusammen, der Skelettmuskeln und Rückenmark verbindet (▶ Steuerung und Regelung S. 354).

Bei plötzlich herannahender Gefahr gelangt der Mensch beispielsweise rasch in einen Zustand höchster Leistungsfähigkeit. Alle Maßnahmen im Körper, die diesen Zustand fördern, werden durch den Sympathicus eingeleitet und koordiniert (Abb. 2). Die Durchblutung wird gefördert. So werden z. B. die Muskeln optimal mit Sauerstoff und Nährstoffen versorgt. Alle zur Bewältigung der Gefahr unnötigen Prozesse, wie z. B. die Verdauung, werden gedrosselt.

Der Parasympathicus wirkt sehr häufig als Gegenspieler des Sympathicus (▶ Struktur und Funktion S. 348). Beide innervieren oft dieselben Organe und regeln die lebenswichtigen Funktionen des Kreislaufs, der Verdauung, der Entleerung, des Stoffwechsels, der Sekretion, der Körpertemperatur und der Fortpflanzung. Die Vorgänge bei der Verdauung laufen vor allem bei körperlicher Ruhe ab. Sie werden durch Signale des Parasympathicus ausgelöst bzw. gefördert. Darüber hinaus beeinflussen der *Sympathicus* und der *Parasympathicus* in Zusammenarbeit mit dem Gehirn nachhaltig unsere emotionale Stimmung. Alarmiert durch eine bedrohliche Situation, veranlasst z. B. das *Limbische System* des Gehirns (siehe Seite 223) die Nebennieren, die Hormone *Adrenalin* und *Noradrenalin* in höherer Konzentration in den Blutstrom freizusetzen. Gefühle, wie Angst und Zorn, aber auch Glück werden von typischen Körperreaktionen begleitet, die vom autonomen Nervensystem angeregt werden. Dies wird beeinflusst von übergeordneten Gehirnteilen. *Noradrenalin* wird auch in den Endknöpfchen von Neuronen des Sympathicus als Transmitter produziert. Dort scheint es unabhängig von Gefühlsschwankungen zu wirken. Der Transmitter der parasympathischen Nervenzellen ist *Acetylcholin*.

Aufgabe

① In Stresssituationen wird durch den Sympathicus die Leistungsfähigkeit gefördert. Zivilisationskrankheiten, wie z. B. erhöhtes Infarktrisiko, Vergrößerung der Nebennieren, Störung des Sexualverhaltens u. a., werden auch auf Dauerstress zurückgeführt. Zeigen Sie die Zusammenhänge auf (Abb. 2).

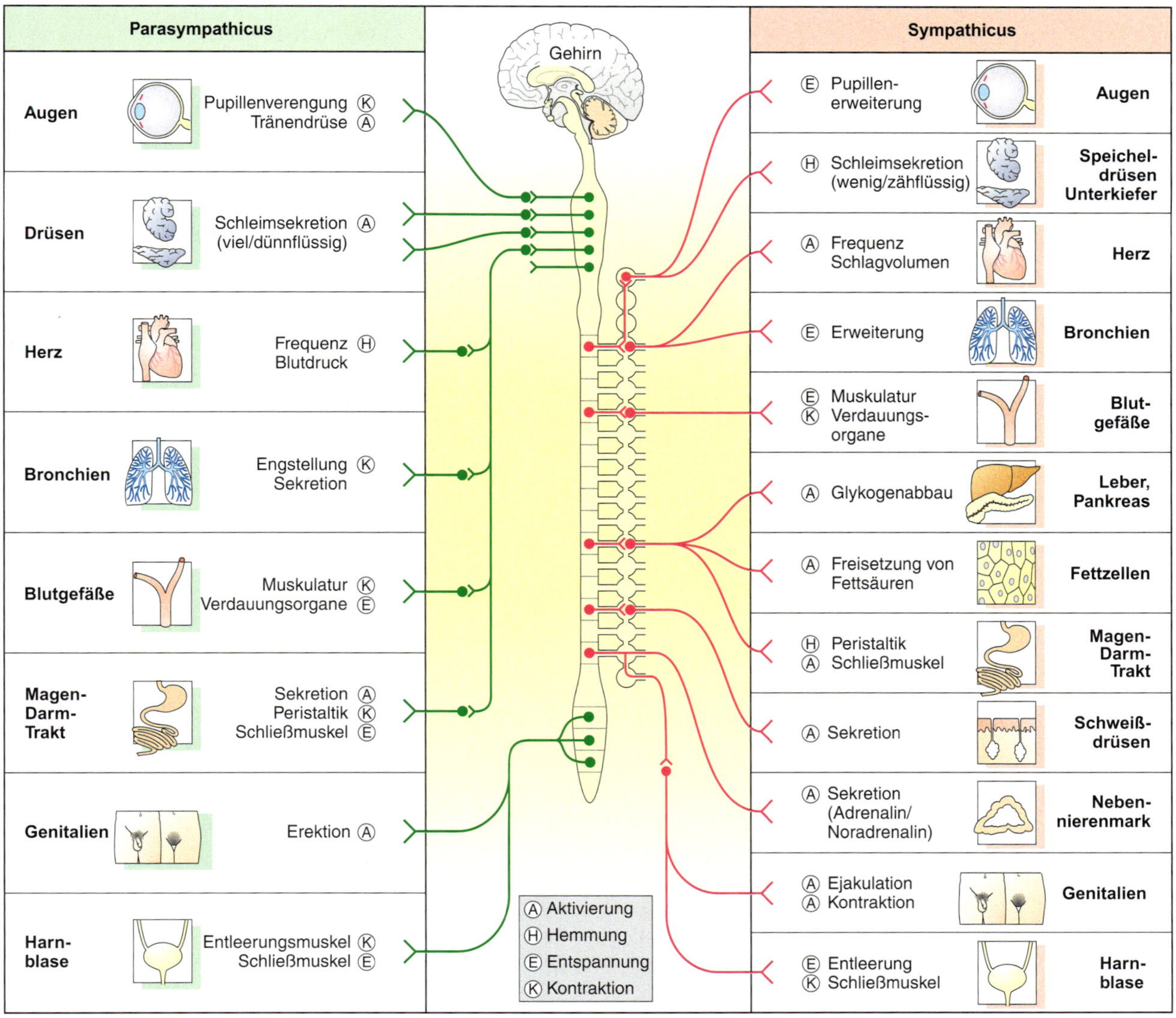

2 Vegetatives Nervensystem mit Sympathicus- und Parasympathicusaktivierung

Bau und Funktion des menschlichen Gehirns

1 Das Großhirn

z.B. motorische Steuerung der Körpermuskeln

Das *Großhirn* des Menschen nimmt ca. 80 % des Hirnvolumens ein. Es besteht aus der Hirnrinde *(Cortex)*, die beim Menschen eine enorme Oberflächenvergrößerung durch Furchung erfahren hat und aus Milliarden von Neuronen besteht. Darunter liegt die weiße Masse. Diese ist ein Neuronengeflecht, das die Kommunikation der einzelnen Hirnareale der Hirnrinde untereinander ermöglicht. Die Hirnrinde besteht aus zwei Hälften, den *Hemisphären*. Diese sind beim Menschen von der Funktion her nicht gleichwertig. Bei den meisten Menschen ist die rechte Hirnhälfte mehr für den nichtsprachlichen, ganzheitlich integrativen Informationsinhalt verantwortlich, die linke für den sprachgebundenen und für Detailanalysen.

Die *Hirnrinde* lässt sich funktionell in verschiedene Areale aufteilen. In ihnen werden von den Sinnesorganen einlaufende Informationen kombiniert und mit gespeicherten Informationen (Erfahrungen) verglichen. Im Stirnbereich liegen Bereiche für die Eigeninitiative, Handlungsplanung, Sozialverhalten und die Verarbeitung von Inhalten des Kurzzeitgedächtnisses. Hier liegen auch die Sprachregion und die Steuerung der Mundmuskulatur. Die Inhalte des episodischen Gedächtnisses und des Wissensgedächtnisses werden hier ebenfalls gespeichert. Im seitlichen Bereich werden Sprache und Töne wahrgenommen und verarbeitet. Dieser Bereich spielt eine entscheidende Rolle beim Speichern und Festigen von Informationen. Im hinteren Schädelbereich liegt die Verarbeitung der visuellen Reize.

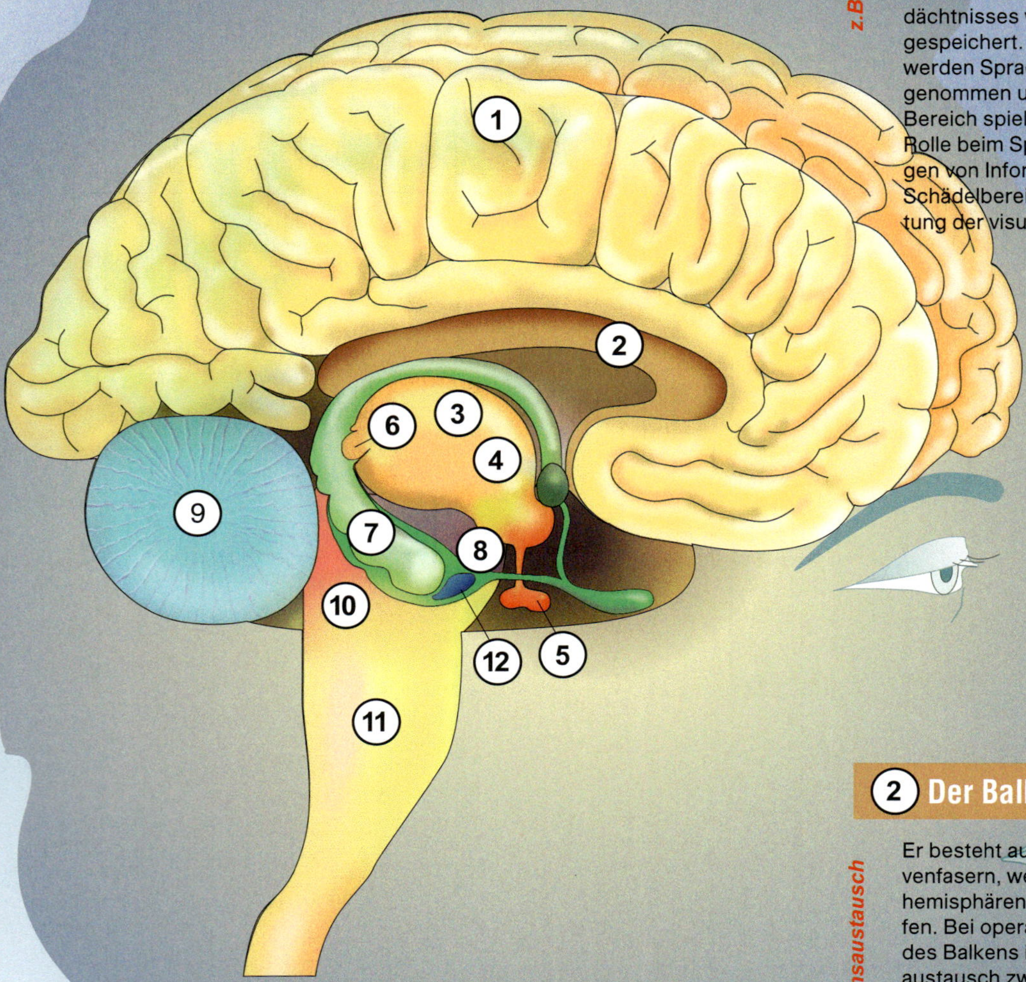

2 Der Balken

z.B. Informationsaustausch

Er besteht ausschließlich aus Nervenfasern, welche die beiden Hirnhemisphären miteinander verknüpfen. Bei operativer Durchtrennung des Balkens ist ein Informationsaustausch zwischen den Hirnhälften nicht mehr möglich. Wird solchen Patienten ein Gegenstand so in das linke Gesichtsfeld gebracht, dass die Informationen von der Netzhaut nur in die rechte Hirnhemisphäre gelangen, kann der Patient den Gegenstand nicht benennen, da das Sprachzentrum in der linken Hirnhälfte liegt.

3 – 6 Das Zwischenhirn

Es besteht aus dem *Thalamus* mit der *Epiphyse* (Zirbeldrüse) als Anhängsel und dem darunter liegenden *Hypothalamus* mit der *Hypophyse*.

Im oben gelegenen **Thalamus (3)** befindet sich eine wichtige Umschaltstelle für alle afferenten Bahnen der Sinnesorgane (außer dem Geruchssinn) zum Großhirn. Hier erfolgt eine Verschaltung der Erregungen, bevor sie dem Großhirn zugeleitet und damit bewusst werden. Man nennt den Thalamus daher auch das Tor zur Hirnrinde.

z.B. Verschaltung der Erregungen

4 Der Hypothalamus

Der darunter gelegene **Hypothalamus (4)** ist die Steuerzentrale für das autonome Nervensystem und das Hormonsystem. Seine zentrale Aufgabe ist die Regelung der Biorhythmik des Körpers. So gibt der Hypothalamus Freisetzungshormone *(Releasing-Hormone)* an die untergeordnete Hypophyse ab. Auch motivationale und emotionale Verhaltensweisen werden hier geregelt.

z.B. Hormonsystem

5 Die Hypophyse

Die kirschkerngroße **Hypophyse (5)** setzt unter der Kontrolle des Hypothalamus Hormone frei, die man als *stimulierende Hormone* bezeichnet. Sie ist mitverantwortlich für Körperfunktionen wie Wärmehaushalt oder Sexualität. Die Hormone steuern auch Eireifung, Schwangerschaft, Wachstum, Wasserhaushalt und Grundumsatz. Im Falle der Eireifung nennt man das spezifische Hypophysenhormon beispielsweise *Follikel stimulierendes Hormon* (FSH).

z.B. Steuerungshormone

6 Die Epiphyse

Die **Epiphyse (6)**, auch *Zirbeldrüse* genannt, ist bei einigen Wirbeltierklassen ein lichtempfindliches Organ, dessen Hormone am Farbwechsel der Haut beteiligt sind. Bei Säugern gibt sie das Hormon Melatonin ab. Melatonin steuert Funktionen, die mit dem Licht und dem jahreszeitlichen Wechsel zusammenhängen, z. B. auch den Schlafrhythmus.

z.B. Tag-Nachtrhythmus

11 Das Nachhirn

Das Nachhirn *(Verlängertes Mark)* ist ein sehr ursprünglicher Gehirnteil. Es ist die Zentrale für lebenswichtige Reflexe, wie Speichelfluss, Schlucken, Erbrechen, Husten und Niesen sowie Automatiezentrum für Atmung, Herzschlag und Blutdruck. Werden diese lebenswichtigen Funktionen zum Beispiel bei einem Genickbruch gestört, tritt unmittelbar der Tod ein. Das Nachhirn wird zusammen mit der Brücke und dem Mittelhirn auch als *Stammhirn* bezeichnet.

z.B. Herzschlag und Blutdruck

7 Der Hippocampus

Er liegt als Teil der Hirnrinde am inneren Rand des Schläfenlappens und hat eine große Funktionsvielfalt, wie Aufmerksamkeit, Neugkeit der Information, Kurzzeitgedächtnis, Sozialverhalten, Furchtverarbeitung oder Verarbeitung räumlicher Zusammenhänge. Er spielt jedoch auch eine Rolle in der Wahrnehmung unseres Gefühls für Körperlichkeit. Sein Name ist auf die seepferdchenartige Gestalt zurückzuführen.

z.B. Lernprozesse

9 Das Kleinhirn

Es steuert Motorik- und Gleichgewichtsfunktionen. Über das Kleinhirn laufen die Erregungen von und zu den motorischen Zentren der Großhirnrinde, die für Körperhaltung oder Gleichgewicht notwendig sind. Das Kleinhirn gibt seine Erregungen entweder direkt an die motorischen Zentren der Großhirnrinde oder über Bahnen der weißen Substanz des Rückenmarks weiter. Hier sind auch erlernte Handlungsabläufe und Koordinationen, wie Autofahren und Fahrradfahren gespeichert. Ein Funktionsausfall des Kleinhirns führt nicht zum Ausfall konkreter Bewegungsabläufe, sondern zum Verlust der Bewegungskoordination.

z.B. Informationen zum Raumgefühl

12 Das Limbische System

Es ist eine Sammelbezeichnung für Teile des Großhirns sowie für Teile des Zwischenhirns. Zum Limbischen System gehören z. B. der *Hippocampus* (**7**) und der *Mandelkern* (**12**). Es spielt die entscheidende Rolle bei der Übertragung von Informationen ins Langzeitgedächtnis. Es liefert die emotionale Bewertung der aufgenommenen Informationen und bewertet diese für die Übertragung ins Langzeitgedächtnis. Durch seine emotionale Bewertung spielt es eine entscheidende Rolle bei Lernvorgängen und beim Abrufen dieser Informationen aus der Hirnrinde.

z.B. Gedächtnis und Sprache

8 Das Mittelhirn

Es leitet Impulse aus Auge, Ohr und Oberflächenrezeptoren an andere Hirnzentren weiter. Es ist zuständig für eine schnelle Orientierung im optischen Bereich. Hier geht es um das Bewegungssehen, das „Wo"-Sehen. Was man sieht, wird erst in der Großhirnrinde verarbeitet. Auch die auditive Wahrnehmung und Schmerzwahrnehmung werden hier verschaltet.

z.B. Impulse aus dem Auge

10 Die Brücke

Die Brücke *(Pons)* verbindet die Kleinhirnhemisphären und leitet Erregungen von den Großhirnhälften zum Kleinhirn. Sie ist mitverantwortlich für Schlaf und Aufwachen sowie Motorikfunktionen. Während des Träumens ist sie aktiv.

z.B. Erregungsleitung

Lexikon

Methoden der Hirnforschung

Bereits in der griechischen Kultur des Altertums lagen anatomische Beschreibungen des menschlichen Gehirns vor. Geistige Kräfte, wie Verstand oder Gedächtnis, wurden in den flüssigkeitsgefüllten Hohlräumen des Gehirns, den *Ventrikeln*, vermutet. Erst seit dem 19. Jahrhundert gelang es Wissenschaftlern, einzelnen Gehirnregionen des Menschen bestimmte Funktionen zuzuordnen.

Erste Methoden bestanden darin, Ausfallserscheinungen nach Gehirnverletzungen exakt zu beobachten und die verletzten Stellen im Gehirn zu lokalisieren. Dazu wurden die Gehirne nach dem Tod der Patienten seziert und die anatomischen Veränderungen untersucht.

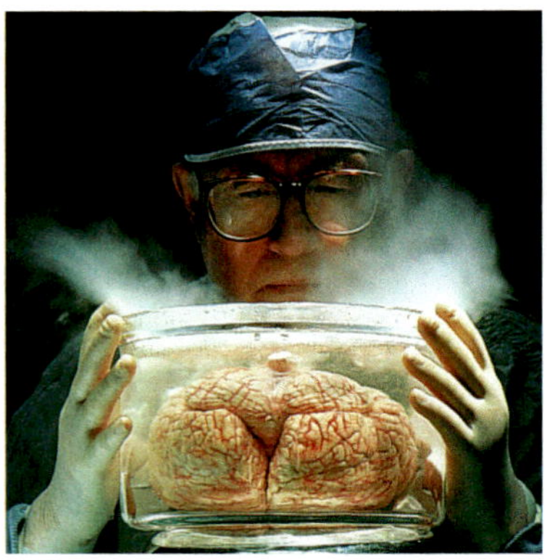

Der Wissenschaftler HARVEY CUSHING führte 1909 eine Methode ein, die es ermöglichte, am lebenden Gehirn von Menschen bestimmte Regionen der Großhirnrinde zu reizen. Die Großhirnrinde hat keine Schmerzrezeptoren, die Operation und die Reizung können daher bei vollem Bewusstsein der Patienten durchgeführt werden. Verschiedene Regionen der Großhirnrinde wurden mit schwachen elektrischen Strömen gereizt. Die Patienten verspürten daraufhin ein leichtes Kribbeln an bestimmten Stellen der Körperoberfläche oder konnten Angaben zu nicht vorhandenen, aber empfundenen Sinnesreizungen machen.

Moderne Methoden machen Untersuchungen am Gehirn möglich, ohne die Schädeldecke zu öffnen. Zwei Verfahren sind die *Elektroenzephalographie* (EEG) und die Messung der Hirndurchblutung *(„Cerebral-Blood-Flow")*. Mit ihnen ist es möglich, einzelnen Gehirnbereichen bestimmte Aktivitäten oder Funktionen zuzuordnen. Bilder vom Gehirn können durch die geschlossene Schädeldecke mithilfe der Tomographie hergestellt werden. Durch den Einsatz von Computern ist es möglich geworden, große Mengen an Messdaten zu speichern und auszuwerten.

Elektroenzephalographie

Das Wort stammt aus der altgriechischen Sprache: *enkephalos* = Gehirn, *graphein* = schreiben. Diese Methode beruht auf der Beobachtung, dass elektrische Potentiale nicht nur auf der Gehirnoberfläche, sondern auch auf der nicht geöffneten Schädeldecke gemessen werden können. Die Potentiale treten in charakteristischen Wellenformen auf (s. Abb.). Man legt zur Messung der Potentiale knopfförmige Elektroden auf die Kopfhaut. Räumlich getrennt von dieser Elektrode, z. B. am Ohrläppchen, wird eine zweite Elektrode angebracht, sodass man zwischen diesen beiden Elektroden Spannungsschwankungen messen kann. Die Potentialschwankungen sind sehr gering. Sie liegen im Mikrovoltbereich und müssen daher verstärkt werden. Die verstärkten Messwerte werden kontinuierlich aufgezeichnet und anschließend ausgewertet.

Experimente an Tieren zeigten, dass es sich bei diesen Potentialänderungen um *erregende postsynaptische Potentiale* (EPSP) handelt. An den auf der Kopfhaut aufgelegten Elektroden werden jedoch nicht einzelne Synapsenvorgänge gemessen, sondern die EPSPs von ca. 1 Million Neurone.

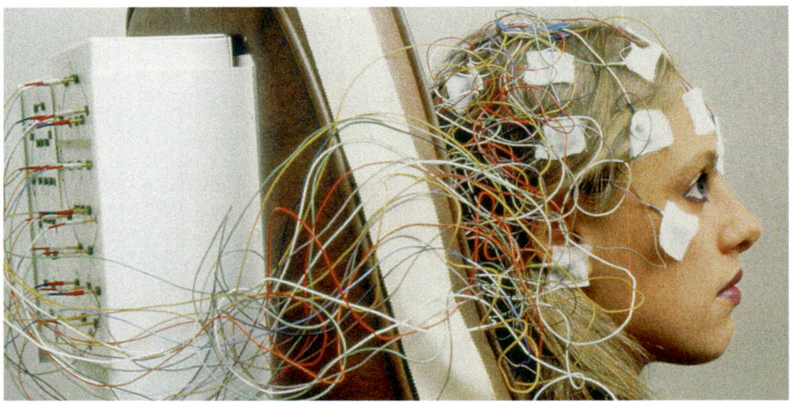

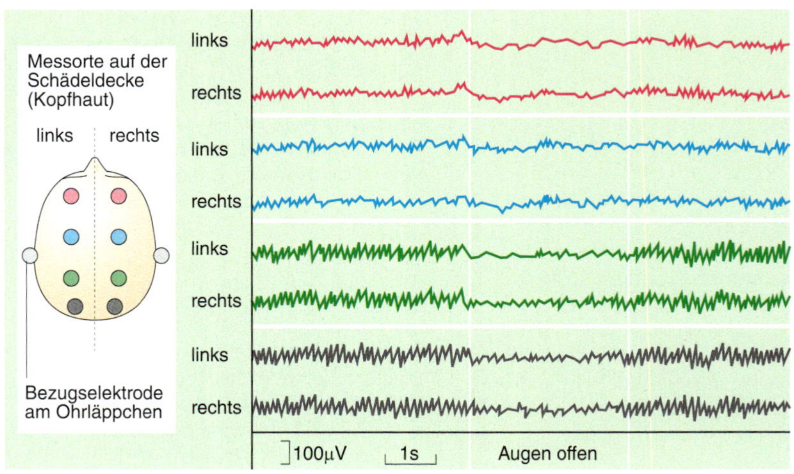

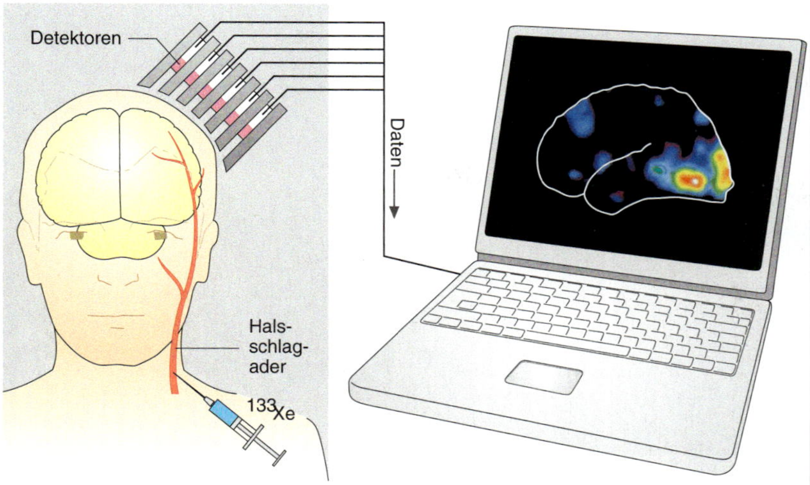

Wichtige Anwendungsgebiete sind die Diagnose von Anfallsleiden, wie z. B. *Epilepsie*, die sichere Bestimmung des *Hirntodes* oder die Ermittlung der Narkosetiefe. Anhand der Frequenz und der Amplitude lassen sich Aussagen zu der untersuchten Person machen. Bei einem epileptischen Anfall wird die Amplitude der Wellen größer und die Frequenz nimmt stark zu. Beim Hirntod erlischt jede elektrische Aktivität.

Eine wichtige Rolle spielt diese Messung bei der *Schlafforschung*, da durch die unterschiedlichen charakteristischen Wellen Aussagen über die Schlaftiefe während der verschiedenen Schlafphasen gemacht werden können. Manche Schlafstörungen lassen sich so bestimmten Typen zuordnen.

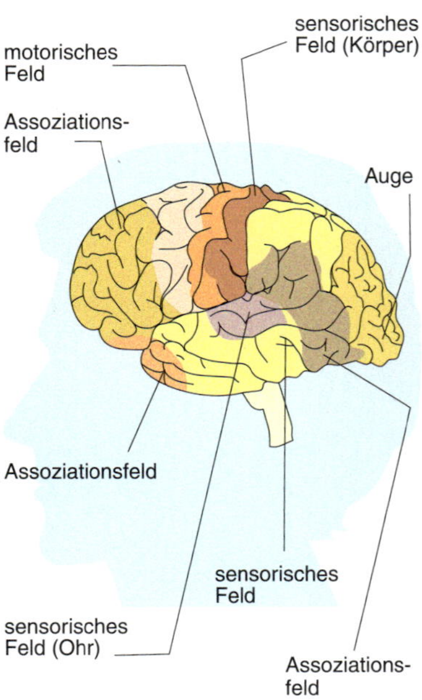

Messung der Hirndurchblutung

Der Energiestoffwechsel des Gehirns ist sehr intensiv, 20 % des eingeatmeten Sauerstoffs werden im Gehirn benötigt, obwohl die Masse des Gehirns nur 2 % der Körpermasse beträgt. Das riesige Neuronennetzwerk kann nur betriebsbereit sein, wenn es ununterbrochen mit Sauerstoff und Glucose über die Blutbahn versorgt wird.

Aktivitäten im Gehirn führen zu einer Steigerung des Energiestoffwechsels und damit der Sauerstoffaufnahme innerhalb von Sekunden. Diese Veränderung des Energiestoffwechsels in den neuronalen Zellen nutzt man durch Messungen mit kleineren, unbedenklichen Mengen eines radioaktiven Edelgases. Radioaktives Xenongas wird hierzu in die Halsschlagader injiziert oder eingeatmet (s. Abb. oben). Aufgrund der intensiven Durchblutung verteilt es sich sehr rasch im Gehirngewebe. Es wird schnell wieder vom Blut aus dem Gewebe herausgespült und dann ausgeatmet. Je nach der Durchblutungsstärke erfolgt die Ausspülung aus dem Gehirngewebe unterschiedlich schnell. Die unterschiedliche Radioaktivität wird mit seitlich um den Kopf angebrachten Detektoren gemessen und in einem Computer verrechnet. Die einzelnen Intensitäten der Radioaktivität werden mithilfe verschiedener Farben auf dem Monitor dargestellt und ausgewertet.

Bei der PET *(Positronen-Emissions-Tomographie)* wird anstelle des radioaktiven Edelgases Glucose verwendet, die im Positronenstrahler markiert wird. Die Positronen verbinden sich mit Elektronen und geben eine Strahlung ab, die gemessen wird.

MRT-Methode

Die *Kernspin-* oder *Magnetresonanztomographie (MRT)* nutzt die Eigenschaft der Wasserstoffatome, dass ihre Atomkerne *(Protonen)* magnetische Eigenschaften haben, ähnlich einer Kompassnadel *(Spin)*.

Durch Ausrichten aller Spins durch ein starkes äußeres Magnetfeld und das Zurückschwingen nach Abschalten des Feldes entstehen Radiowellen. Sie werden von Detektoren aufgefangen, im Computer ausgewertet und in Bildern sichtbar gemacht. Damit sind Strukturen bis zu einer Größe von einem Millimeter erkennbar.

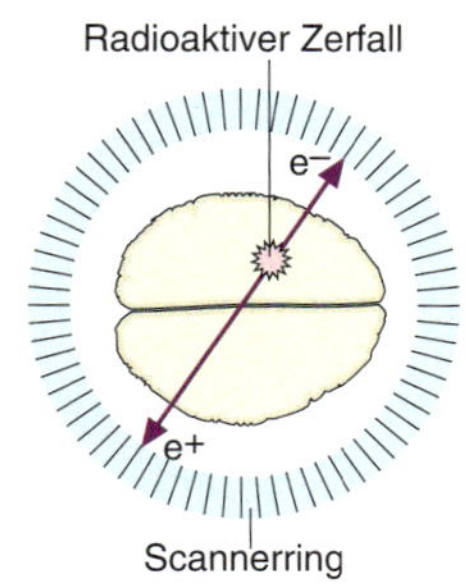

Die fMRT-Methode

Die *funktionelle Magnetresonanztomographie (fMRT)* arbeitet mit den magnetischen Eigenschaften des Hämoglobins. Oxigeniertes Hämoglobin hat andere magnetische Eigenschaften als sauerstofffreies Hämoglobin. Dieser Unterschied lässt sich mit dem fMRT-Verfahren darstellen und ermöglicht wie das PET-Verfahren die Untersuchung der Hirnaktivität über die Änderung der Durchblutungsstärke einzelner Areale bei bestimmten Tätigkeiten. Der Vorteil dieses überwiegend in der Forschung eingesetzten Verfahrens liegt im Verzicht auf ein radioaktives „Kontrastmittel" und in der guten räumlichen Auflösung.

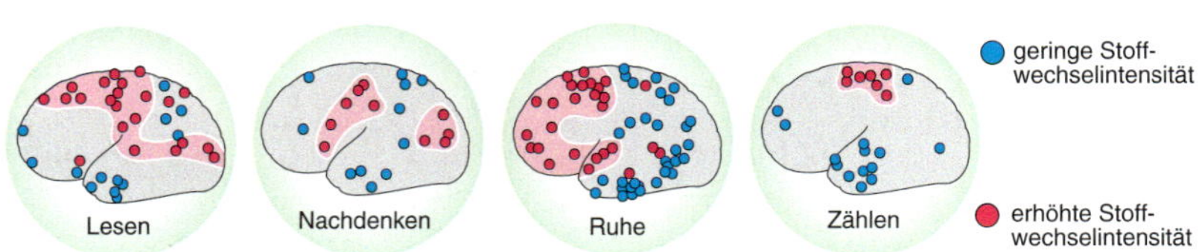

Verhaltensbiologie

Lernsituation

Tiere kann man dressieren, Menschen nicht — oder vielleicht doch? Sind Menschen wie Tiere?

„Ich kann nicht anders, meine Eltern haben mich so geprägt." „Das war keine Absicht, das war ein Reflex." Stimmen diese Aussagen? Ist es tatsächlich so, dass wir manchmal nicht anders können?

Die Werbeindustrie nutzt die Erkenntnisse der Verhaltensbiologie, um Unterwäsche oder Energie-Drinks zu vermarkten. Welche Mechanismen benutzt die Werbung und kann man diese auch zur Erziehung nutzen?

„Videospiele fördern die Aggression". Welche Antworten können die gut untersuchbaren Tiersysteme für das Zusammenleben mit meinen Mitmenschen geben?

Leitfragen

Einige Verhaltensweisen sind genetisch bedingt und nur in Grenzen beeinflussbar. Finden sich solche angeborenen Verhaltensweisen auch beim Menschen?

Verhalten, das nicht angeboren ist, muss erlernt werden. Kann das Wissen, wie wir uns neue Verhaltensweisen aneignen, vor Manipulationen schützen?

„Allein verhält der sich ganz anders." Wie verändern sich Verhaltensweisen, wenn sich Individuen in Gruppen befinden? Kann dies auch Hinweise für unser Verhalten geben?

Zur Geschichte der Verhaltensforschung

Drei große Epochen kennzeichnen die Geschichte der Verhaltensforschung: Die *frühen Vorfahren* der heutigen Menschen beobachteten das Verhalten der Tiere, orientierten ihre Jagdmethoden an überlieferten Kenntnissen und zähmten Tiere als Gefährten oder Helfer. In der folgenden *vorwissenschaftlichen Phase* mischten sich oft reine Beobachtungen und religionsbezogene Interpretationen. Auch in Fabeln taucht tierisches Verhalten auf. Naturbeobachter, die präzise das Verhalten einzelner Tiere beschrieben, hinterfragten aber erst im 18. und 19. Jahrhundert das beobachtete Verhalten. Daraus entwickelte sich die Epoche der *wissenschaftlichen Verhaltensanalysen* mit mehreren Hauptrichtungen.

Klassische Ethologie

Im europäischen Raum entstand aus der Tierpsychologie die *klassische Ethologie*, die im Wesentlichen durch OSKAR HEINROTH und KONRAD LORENZ begründet wurde. Letztlich basierend auf dem Evolutionskonzept von CHARLES DARWIN entwickelte sich daraus die *Theorie des Instinktverhaltens*. Ihre Anhänger vertraten die Ansicht, dass zahlreiche Verhaltensweisen angeboren sind und bei allen Vertretern einer Art formkonstant ablaufen. Diese Erbkoordinationen galten als Teil der Instinkthandlungen, die eine vergleichende Verhaltensforschung erlaubten. Tiere mit von der Norm abweichendem Verhalten wurden von LORENZ als nicht relevant betrachtet *(Typusdenken)*. Das Instinktverhalten wird nach diesem Denkansatz von handlungsbereiten Tieren ausgeführt und von bestimmten Schlüsselreizen ausgelöst. Voraussetzung zum Ausfiltern dieser Erregungsmuster soll ein *angeborener auslösender Mechanismus (AAM)* sein. Beispiele sind das Beutefangverhalten der Erdkröte oder die Eirollbewegung der Graugans.

Beutefangverhalten der Erdkröte

Eirollbewegung der Graugans

1 Konrad Lorenz und seine Gänse

1951 verfasste NIKOLAAS TINBERGEN das Lehrbuch *„Instinktlehre"*. Unter anderem wurde am Fortpflanzungsverhalten des Dreistacheligen Stichlings eine Hierarchie angeborener Auslösemechanismen und motorischer Zentren gefordert, die Verhaltensbeobachtungen und die Ergebnisse neurophysiologischer Untersuchungen zusammenbringen sollten. Einen anderen Ansatz wählte der österreichische Zoologe KARL VON FRISCH. Mithilfe von Dressurversuchen konnte er den Farbensinn der Bienen und ihre Fähigkeit, ultraviolettes Licht zu sehen, nachweisen. Außerdem zeigte die Entschlüsselung der Bienensprache, wie komplex ein erblich bedingtes soziales Kommunikationssystem sein kann. 1973 erhielt KONRAD LORENZ zusammen mit KARL VON FRISCH und NIKOLAAS TINBERGEN den Nobelpreis.

Behaviorismus

Die amerikanischen Biologien J. B. WATSON und E. L. THORNDIKE begründeten eine Strömung der Verhaltensforschung, die das Bewusstsein komplett aussparte, da es nur subjektiv zugänglich ist.

Im Gegensatz dazu ist Verhalten direkt beobachtbar und objektiv beschreibbar. Da beide forderten, dass nur mit diesen beobachtbaren und objektiv nachprüfbaren Verhaltensweisen gearbeitet werden sollte, nannte man diese Strömung *Behaviorismus*. Die Ergebnisse sowohl der klassischen als auch der operanten Konditionierung (s. Seite 232) stützten diese Strömung und verhalfen ihr zu großer Verbreitung. Im Behaviorismus wird Verhalten als Reaktion auf einen Reiz erklärt. Lebewesen werden als „blackbox" angesehen. Input und Output werden untersucht. Diese eingeengte Sicht kann komplexe kognitive Leistungen nicht erklären und wird daher durch andere Theorien ergänzt.

Instinktlehre – in die Kritik geraten

Konrad Lorenz und die Instinktlehre regen seit mehr als 50 Jahren die Verhaltensbiologen zu ausgedehntem Widerspruch und einer Fülle von Untersuchungen an.

Der Instinktbegriff

Der Begriff „Instinkt“ ist emotional besetzt und wird in vielfältiger und unpräziser Weise benutzt. Das „instinktiv richtige Reagieren“ des Autofahrers in einer Gefahrensituation entbehrt ebenso jeder Grundlage wie die Behauptung, dass Tiere aufgrund ihrer Instinkte „automatisch richtig“ reagieren. Schon früh wurde daher auch in der Ethologie nicht von dem *Instinkt*, sondern von dem *Instinktverhalten* gesprochen. Es beschrieb einen genetisch bedingten Verhaltensablauf, der aus einer Orientierungs- und einer Bewegungskomponente besteht. Die Orientierungskomponente *(Taxis)* ist im Beutefangverhalten das gezielte Annähern an die Beute und die Bewegungskomponente *(Erbkoordination, Endhandlung)* das Fixieren und Zuschnappen. Dem kann ein ungerichtetes Suchen *(Appetenzverhalten)* vorangestellt sein. Bei der Nahrungssuche wird damit die Wahrscheinlichkeit größer, auf Beute zu treffen.

Da nur wenige Verhaltensmuster diesem starren Schema folgen, wurde zunächst noch eine *Instinkt-Dressur-Verschränkung* z. B. für die obligaten Lernvorgänge angenommen (Beispiel: Eichhörnchen, das zunächst wahllos nagt und dann mit verfeinerter Technik schneller an das Nussinnere gelangt). Heute verzichtet man weitgehend auf den Begriff „Instinkt“, da angeboren und erlernt nicht notwendigerweise einen Widerspruch darstellen.

Die Handlungsbereitschaft

Der von Lorenz für die Motivation eingeführte Begriff der *aktionsspezifischen Energie* forderte insbesondere im Zusammenhang mit dem psychohydraulischen Modell die Kritiker heraus. Eine Erregung sollte durch innere oder äußere Faktoren solange anwachsen, bis schließlich die Schwelle des zugehörigen angeborenen Auslösemechanismus überschritten wird oder ein Schlüsselreiz einwirkt, der die Endhandlung auslöst. Die Qualität des auslösenden Reizes und die inneren Zustände sollten die Handlungsintensität bestimmen *(Gesetz der doppelten Quantifizierung)*.

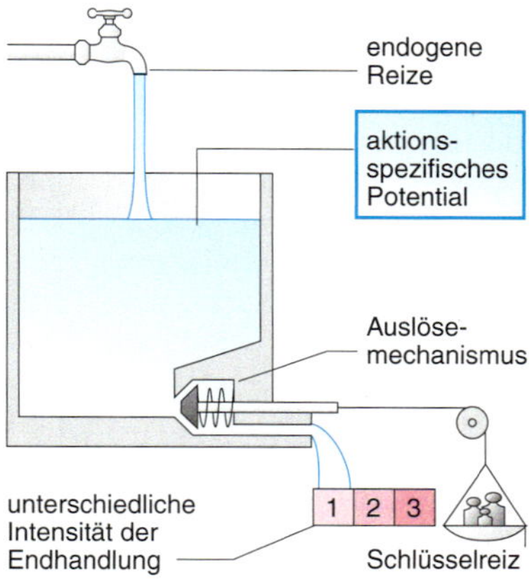

Zahlreiche verhaltensbiologische und neurophysiologische Versuche konnten ein entsprechendes Instinktzentrum im Gehirn jedoch nicht nachweisen. Die Wahrscheinlichkeit, dass ein bestimmtes Verhalten ausgeführt wird, ist u. a. von der Tages- oder Jahreszeit, der endogenen Rhythmik, der Hormonsituation, dem Versorgungs- und Gesundheitszustand, dem Alter des Tieres, ökologischen Bedingungen und vor allem von den bereits gemachten Erfahrungen abhängig.

Der Schlüsselreiz

Der Begriff leitet sich von dem Konzept ab, dass ein *angeborener auslösender Mechanismus (AAM)* die eingehenden Reize filtert und das Muster, das die genaue Passform hat, erkennt. Soziale Schlüsselreize, die einer unmissverständlichen Kommunikation dienen, wurden als Auslöser bezeichnet und bevorzugt mit Attrappenversuchen analysiert (z. B. der rote Bauch des Stichlings). Mit zunehmend genaueren Untersuchungsmethoden konnte einerseits gezeigt werden, dass nicht ein einzelner Reiz, sondern komplexe Reizmuster und Reizkonstellationen Handlungen auslösen. Andererseits sind die neuronalen Mechanismen der Informationsverarbeitung zwar noch nicht vollständig aufgeklärt, sicherlich aber flexibler als eine einfache Schlüssel-Schloss-Beziehung.

Die Leerlaufhandlung

Führt ein Tier eine Handlung lange nicht aus, soll durch Anstauen von Handlungsbereitschaft ein zunehmend schwächerer Reiz zu ihrer Auslösung notwendig werden, bis schließlich auch ohne Einwirken eines Reizes die sog. *Leerlaufhandlung* auftritt. An einem Star, den Lorenz im Haus aufzog, beobachtete er, dass „der Vogel gespannt nach der weißen Decke des Zimmers blickte, als ob dort Insekten flögen, dann abflog, in der Luft zuschnappte, auf seine Warte zurückkehrte, die Bewegung des Totschüttelns von Beute vollführte, schluckte und danach in Ruhe verfiel“. Die Übertragung dieser Vorstellung auf andere Verhaltensweisen, insbesondere auf die *Triebtheorie der Aggression,* hielt jedoch wissenschaftlichen Nachprüfungen nicht stand. Man kennt haltungsbedingte Bewegungsstereotypien z. B. bei Zootieren, die Bewegungen unter gleichbleibenden Bedingungen immer wieder ausführen, sodass sich ein starres und für den Beobachter sinnloses Bewegungsmuster einschleift.

Die Übersprungbewegung

In manchen Konfliktsituationen treten Verhaltensweisen auf, die einem Beobachter unpassend oder deplatziert erscheinen: Hähne aller Haushuhnrassen unterbrechen gelegentlich ihren Kampf und zeigen Pickbewegungen, obwohl keine Nahrung vorhanden ist. Austernfischer stecken beim Anblick ihres Spiegelbildes ihren Schnabel ins Gefieder und beginnen zu „schlafen“. Derartige scheinbar unsinnige Handlungen wurden als *Übersprungbewegungen* interpretiert, d. h. durch die gegenseitige Hemmung gleichstarker Antriebe für zwei Verhaltensweisen sollte eine dritte möglich werden. Neuere Modelle gehen davon aus, dass das gezeigte Verhalten für das Tier durchaus eine Bedeutung haben kann, wenn damit etwa sein Kampf- oder Reproduktionserfolg erhöht wird *(Fitnesssteigerung)*.

Methoden in der Verhaltensforschung

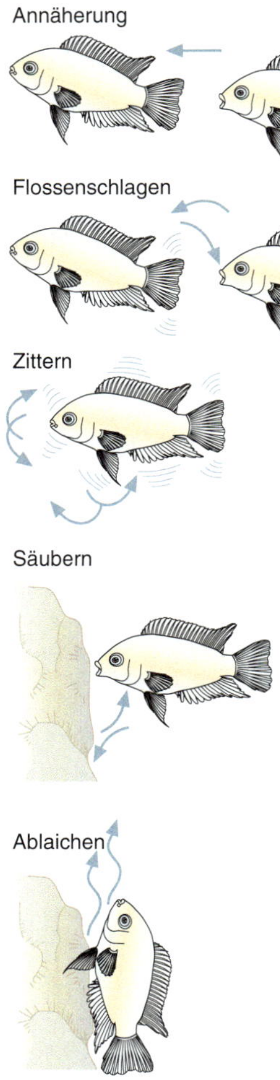

Verhaltensweisen eines Buntbarschs

Buntbarsche sind beliebte Aquarienfische und eignen sich zur Beobachtung zahlreicher Verhaltensweisen. Untersuchungen an einzelnen Individuen und die objektive Erfassung der wiedererkennbaren und typisierbaren Verhaltenseinheiten können den Ausgangspunkt methodischer Arbeit bilden. Werden alle beobachteten Verhaltensweisen in ihrer Reihenfolge und Häufigkeit protokolliert, erhält man Aussagen über bestimmte Teilbereiche wie z.B. zur Balz, Brutpflege, Ernährung oder zum Revierverhalten.

Derartige *Verhaltensbeschreibungen* müssen stets sachlich sein, sich einer genauen *Fachsprache* bedienen und Beobachtung von Deutung trennen. Sie dürfen keine Vermenschlichungen oder Wertungen enthalten. So wird man heute den Fuchs wohl kaum noch als „Schlaukopf" oder „Strauchdieb" bezeichnen, wie es ALFRED BREHM in seinem „Thierleben" 1864 tat.

Molekularbiologische Methoden wie die des genetischen Fingerabdrucks helfen, Verwandtschaftsbeziehungen in Sozialverbänden aufzudecken und damit Verhaltensweisen zu deuten. *Technische Hilfsmittel*, wie tragbare Kleinsender, Film oder Tonaufzeichnungen, erleichtern die Beobachtungen, erfordern aber meist einen großen apparativen und zeitlichen Aufwand. Gezielte Versuche im Labor oder unter den besonderen Bedingungen im Zoo können erste Aussagen liefern und das Untersuchungsfeld einschränken. Umgekehrt werden aber auch manche *Laborexperimente* erst im Zusammenhang mit *Freilandbeobachtungen* verständlich. So trat beim Versuch, Bartmeisen in Gefangenschaft zu züchten, die zunächst unverständliche Verhaltensweise auf, dass die Vögel ihre Jungen nach dem erfolgreichen Brutgeschäft regelmäßig aus dem Nest warfen. Da es stets reichlich Nahrung gab, lagen die Jungen satt und regungslos im Nest und zeigten nicht mehr das übliche Sperrverhalten. Genau dies ist im Freiland ein Zeichen dafür, dass Junge krank oder tot sind. Erst als man den Altvögeln weniger Futter anbot, gelang die Jungenaufzucht problemlos.

Mit *Attrappenversuchen* sollte ermittelt werden, welche Einzelreize für die Auslösung eines Verhaltens von Bedeutung sind. Die künstlichen Reizmuster wurden vorwiegend zur Untersuchung genetisch bedingter Verhaltensweisen eingesetzt. Problematisch ist, dass man in diesen Experimenten Lernvorgänge nicht ausschließen kann und die unnatürlichen Bedingungen irreführende Ergebnisse liefern können. In sogenannten *Kaspar-Hauser-Experimenten* wurden solche Tiere beobachtet, die das untersuchte Verhalten nicht von ihren Artgenossen lernen konnten, weil sie isoliert gehalten wurden. Unter solchen Bedingungen traten bei den Tieren häufig Verhaltensstörungen auf. Da Tiere nicht immer gleich reagieren, sind heute in allen Experimenten *statistische Verfahren* selbstverständlich, ehe ein Zusammenhang zwischen einem Reiz und einer Reaktion als gesichert gelten kann.

Neuere Untersuchungen bedienen sich meist gleichzeitig verschiedener Methoden, die – abhängig von einer kausalen oder funktionalen Fragestellung – stärker an physiologischen, ökologischen oder evolutionsbiologischen Mechanismen orientiert sind. Ein besonderes Problem stellt dabei das menschliche Verhalten dar. Humanethologen, die nach genetisch bedingten Verhaltensmustern suchen, müssen beispielsweise alle kulturellen und gesellschaftlichen Einflüsse ausschließen können. Soziobiologen oder Verhaltensökologen benötigen zur Untersuchung von Fitnesskonsequenzen menschlichen Verhaltens riesige Datenmengen. Ähnliches gilt für die Evolutionspsychologie, die versucht, heute zu beobachtende Verhaltensweisen mit Anpassungsprozessen aus der Vergangenheit zu erklären.

Zettelkasten

Wahlversuche

In der Versuchsanordnung kann überprüft werden, nach welchen Kriterien Buntbarsche den Fortpflanzungspartner auswählen. Die Weibchen laichten in 16 von 20 Versuchen in Nest B ab. Die Weibchen beobachteten die Balzdarstellungen beider Männchen und laichten.

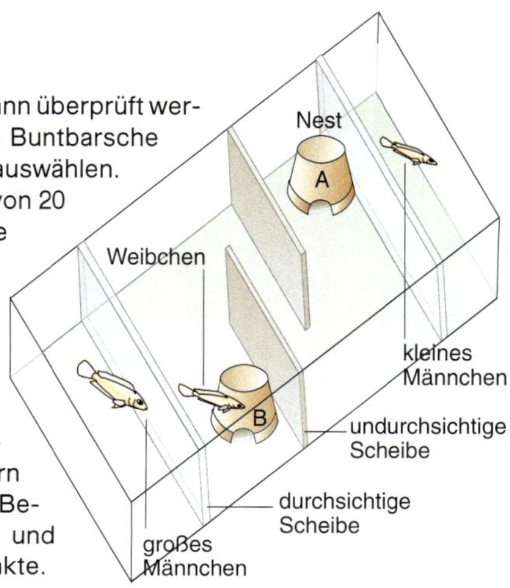

Aufgabe

① Analysieren Sie den Versuchsaufbau und erläutern Sie das Ergebnis unter Berücksichtigung kausaler und funktionaler Gesichtspunkte.

Prägung

Isoliert aufgezogene Gänseküken, die nur Kontakt zu Menschen haben, verhalten sich sehr auffällig, wenn sie mit Gänsen zusammengebracht werden. Obwohl die Alttiere auf sie zugehen, laufen die Küken vor ihnen weg und zeigen durch Pfeiflaute an, dass sie sich verlassen fühlen. Die Küken folgen aber jedem Menschen, der sich in ihrer Nähe aufhält. Hühner, Enten und einige weitere Vögel sowie wenige Fisch- und Säugetierarten verhalten sich ähnlich.

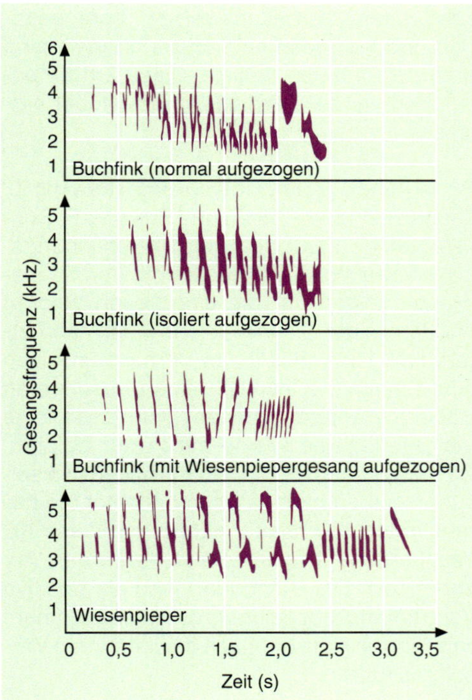

1 Gesangsprägung

Diese *Nachfolgereaktion* wurde bereits 1875 von Douglas Spalding als Prägung bezeichnet und insbesondere von Konrad Lorenz näher untersucht. Im Brutschrank aufgezogene Tiere kamen in eine Laufbahn, in der eine mit einem Lautsprecher bestückte Attrappe im Kreis bewegt wurde. Diese glich einer Gans oder Ente, konnte aber auch ein Fußball sein. Bereits am zweiten Lebenstag folgte jedes Küken der Attrappe, die es am ersten Tag gesehen hatte. Die Küken lernten das individuelle Muster jedoch nur in einer bestimmten Zeit nach der Geburt und bevorzugten ihr Prägungsobjekt im Wahlversuch (▶ Information und Kommunikation S. 358).

Die Kennzeichen der Nachfolgeprägung sind demnach: Der Lernvorgang findet sehr rasch und nur in einer *sensiblen Phase* statt, ist weitgehend *irreversibel* und sehr effektiv. Die Verhaltensweise ist genetisch programmiert und gehört zum *obligatorischen Lernen*. In der Natur ist die sichere Kenntnis der Mutter die Voraussetzung, um ihr auf einem Gewässer mit vielen anderen Artgenossen nachfolgen zu können. Dies ist für die Küken lebenswichtig, da die Nestflüchter von der Mutter zum Futter geführt und gegen Feinde verteidigt werden. Evolutionsbiologisch gilt die Prägung auch als Mittel zur Identifizierung verwandter Artgenossen. Jedes Individuum kann dadurch sein Verhalten gegenüber anderen entsprechend dem Verwandtschaftsgrad anpassen.

Untersuchungen an den beteiligten Gehirnstrukturen belegen, dass Prägung meist eine spezifische neuronale Grundlage hat. Bei Hühnerküken geht sie mit mikroskopisch und stoffwechselphysiologisch nachweisbaren Veränderungen von Synapsen in einer bestimmten Region einher.

Bei der geschilderten *Objektprägung* wird ein auslösendes Reizmuster gelernt, in der *Gesangsprägung* bei Vögeln jedoch nicht. Buchfinkenmännchen wurden isoliert und akustisch abgeschirmt aufgezogen. Spielt man ihnen Gesänge verschiedener Arten vor, bevor sie ihren eigenen Gesang voll entwickelt haben, so wird später ihr Gesang durch diese Erfahrung bestimmt.

Lässt man Zebrafinken (Nestlinge) durch Mövchen aufziehen, so balzt ein erwachsenes Finkenmännchen im Wahlversuch stets Weibchen der Pflegeeltern an. Die *sexuelle Prägung* erfolgt zu einer Zeit, in der die Finken noch nicht fortpflanzungsfähig sind. Dies macht deutlich, dass der Lernprozess und die darauf bezogene Handlung bei der Prägung zeitlich weit auseinanderliegen können.

Ähnliches gilt für weitere Prägungsarten wie die *Ortsprägung* (z. B. bei Lachsen), die *Biotopprägung* einiger Singvögel, die *Nahrungsprägung* oder die *Prägung bei Brutparasiten* (z. B. Kuckuck).

Aufgabe

① „Jemand hat mich geprägt!" Erklären Sie, ob diese Aussage biologisch stimmt.

Prägungskarussell

Mövchen
domestizierter Prachtfink

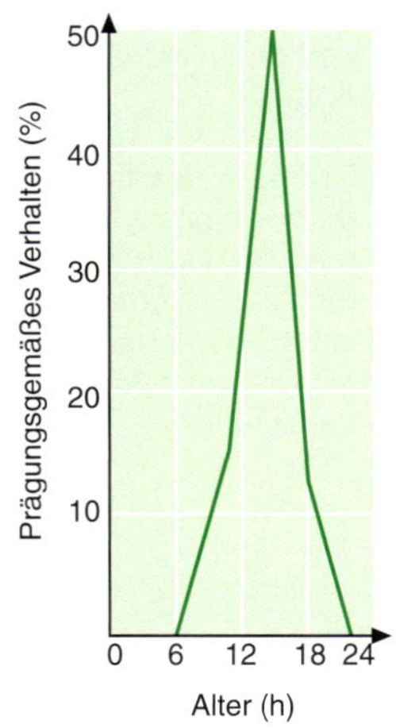

Sensible Phase

Sensible Phase
Zeit, in der ein Tier für bestimmte Erfahrungen besonders empfindlich ist bzw. bestimmte Erfahrungen machen muss

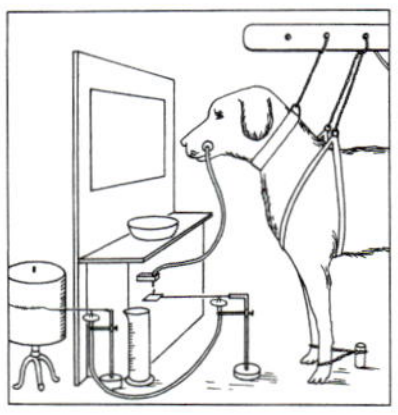

bedingter Reflex
Er wird durch einen Reiz ausgelöst, der erst durch Erfahrung mit der Reflexhandlung verknüpft wurde

bedingte Appetenz
Ein bedingter Reiz wird mit einer bestehenden Handlung verknüpft

bedingte Aversion
Durch schlechte Erfahrung (Bestrafung) wird ein neutraler oder vorher positiv wirkender Reiz mit Abwehr und Flucht verbunden

bedingte Aktion
durch Lernen gebildete Assoziation zwischen einem Verhaltenselement und einem aktivierten Antrieb

bedingte Hemmung
durch negative Erfahrung bei der Ausführung eines Verhaltens entstandene Hemmung eben diesen Verhaltens

Konditionierung – das Tier als Automat?

Klassische Konditionierung

Das Absondern von Speichel beim Anblick von Futter (der *unbedingte Reflex*) ist beim Hund eine genetisch festgelegte Reaktion. Nach einem definierten Reiz erfolgt sie in immer gleicher Weise. Tritt ein zuvor neutraler Reiz (Glockenton) hinreichend oft zusammen mit dem Futter auf, wird der Ton zum bedingten Reiz, der schließlich allein den Speichelfluss auslöst. Dieser *bedingte Reflex* kann wieder gelöscht werden, wenn man dem Hund mehrfach hintereinander den Glockenton bietet, ohne Futter zu zeigen. Man spricht von *Extinktion* (Auslöschung) im Unterschied zum passiven Vergessen.

Ausgehend von diesen Versuchen des russischen Physiologen Iwan Petrowitsch Pawlow (1849 – 1936) entwickelte sich um 1900 das Konzept der *klassischen Konditionierung*, wonach alle Verhaltensweisen das Ergebnis bedingter Reflexe sein sollten. In den Versuchen wurde die Speichelsekretion eines festgegurteten Hundes gemessen. Ein frei beweglicher Hund würde zur Glocke laufen, das angebotene Futter fressen und dabei Ton, Belohnung und seine Handlung assoziieren. Ähnlich lernen andere Tierarten bei der Futtersuche Blütenmerkmale und Düfte. Heute bezeichnet man daher den Lernprozess als *bedingte Appetenz*, da sich die Verhaltensänderung infolge positiver Erfahrung während einer ablaufenden Handlung entwickelt. Folgt auf eine zuvor neutrale Situation eine schlechte Erfahrung (z. B. Bestrafung), wird diese Situation anschließend gemieden.

Operante Konditionierung

Im Gegensatz zu den europäischen Verhaltensforschern wendeten sich die amerikanischen Behavioristen dem objektiv beobachtbaren Verhalten zu. Sie studierten ausschließlich das objektiv beobachtbare Verhalten auf einen Reiz. Der innere Zustand des Tieres und seine kognitiven Strukturen wurden, weil nicht genau beobachtbar, als „Black-Box" gekennzeichnet und aus den Untersuchungen ausgeklammert. Ihre so entwickelten Reiz-Reaktionsschemata (Abb. 2), wurden zu Beginn zur Erklärung auch von komplexen Verhaltensweisen herangezogen und Verhalten an sich als überwiegend erlernte Reaktion tituliert. Diese Extrempositionen wurde allerdings rasch wieder verlassen.

Bedeutende Behavioristen sind Edward L. Thorndike (1874 – 1949) und Burrhus F. Skinner (1904 – 1990). In ihren Untersuchungsboxen mussten Tiere bestimmte Verhaltensweisen zeigen, für die diese dann belohnt wurden. In der *Skinner-Box* z. B. lernten Ratten aus vielen möglichen Verhaltensweisen eine bestimmte, nämlich einen bestimmten Hebel herunterzudrücken. Nur diese eine Verhaltensweise wurde mit Futter belohnt. Da die Versuchstiere viele Verhaltensweisen ausprobieren mussten, um die belohnte herausfinden zu können, nennt man diese Art des Lernens *Versuchs-Irrtums-Lernen* (try and error). Die Belohnung wird als positive Verstärkung bezeichnet, da diese zu einem verstärkten Auftreten des gewünschten Verhaltens führt.

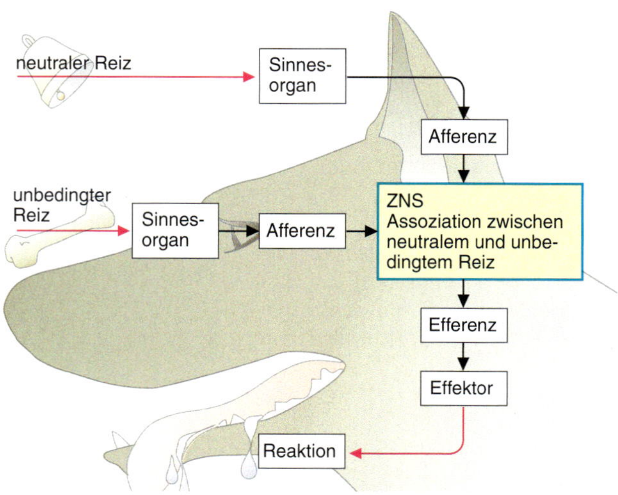

1 Funktionsdiagramm zur klassischen Konditionierung

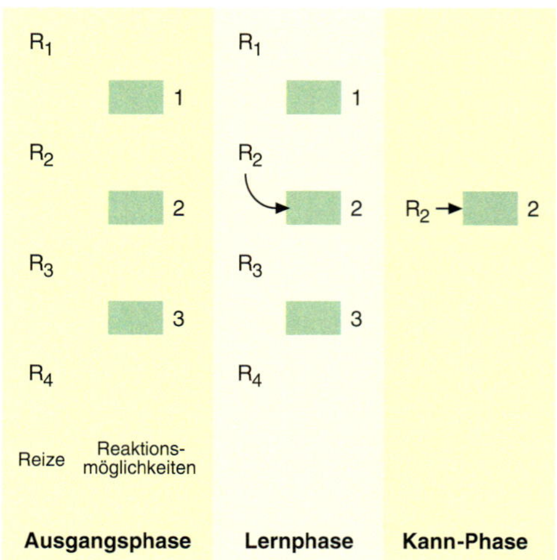

2 Operante Konditionierung

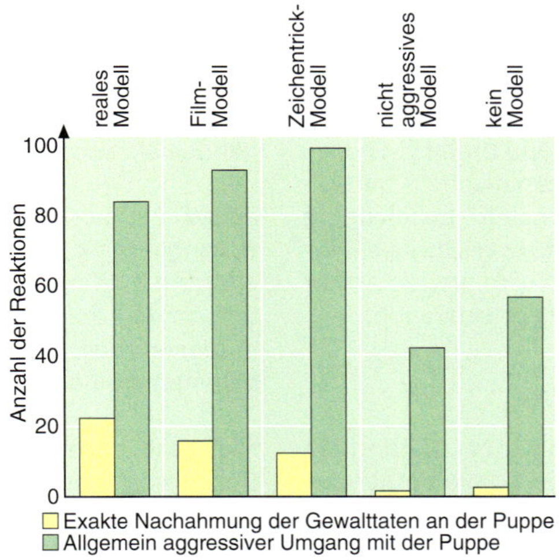

1 Auswirkungen von Gewaltdarstellungen

Konditionieren und Erziehung

Die *operante Konditionierung* fand weitreichende Beachtung in vielen Wissenschaften. Allerdings stellte sich die Materie schwieriger als gedacht heraus. Schon bei Versuchstieren konnte man beobachten, dass das gewünschte Verhalten schnell wieder nachließ, wenn dafür keine positive Verstärkung mehr angeboten wurde. Die operante Konditionierung wurde also nach einer gewissen Zeit ohne positive Verstärkung wieder gelöscht (*Extinktion)*. Diese kann allerdings umgangen werden, wenn variabel, d. h. für das konditionierte Individuum nicht durchschaubar, immer mal wieder belohnt wird. Bedauerliches Beispiel für die Effektivität dieser Art der Verstärkung ist die Spielautomatenspielsucht. Durch die immer mal wieder gewährte Belohnung in Form eines Gewinns werden die Spieler am Spielautomaten gehalten, bis sie schließlich ihr gesamtes Geld verloren haben.

Operantes Konditionieren kann auch auf mehrere andere Arten erfolgen. Um unerwünschtes Verhalten zu vermindern, können unangenehme Konsequenzen angeboten, sprich: es kann bestraft werden. Bestrafen hat eine schnelle, unmittelbare Wirkung, die allerdings häufig nur kurz anhält. In der Erziehungswissenschaft wird daher bevorzugt mit positiver Verstärkung gearbeitet. Weiterhin können, wenn nicht erwünschtes Verhalten gezeigt wird, angenehme Konsequenzen entfernt werden. Ein Beispiel für die Anwendung dieses Prinzips ist das Vorenthalten des Nachtischs, wenn die Mahlzeit nicht aufgegessen wurde.

Neben der *positiven Verstärkung* kennt man auch die *negative Verstärkung*. Die gewünschte Verhaltensweise wird dabei erreicht, indem ein unangenehmer Reiz vermieden wird. Wird Reden im Unterricht regelmäßig mit einer Strafe belegt, führt dies zur Verminderung des Redens, denn die Schüler möchten die Strafe vermeiden.

Lernen am Modell

Lernen ist nicht nur durch unmittelbares Erfahren, sondern auch durch Beobachtung von Erfahrungen anderer möglich. Dieses Abschauen von Techniken von einem Vorbild nennt man *Modelllernen*. Dieses ist weit verbreitet und findet sich auch in der Tierwelt. Vom Modell werden nicht nur Techniken übernommen. Auch positive oder negative Konsequenzen für eine Handlung können von dem Modell stellvertretend für andere erlitten werden. Sieht ein Schüler aus dem oben genannten Fall, dass sein Mitschüler für das Reden bestraft wird, erhöht dies die Wahrscheinlichkeit, dass der Schüler selbst nicht redet.

Besonders geprägt wurde die Theorie des Modelllernens durch den kanadischen Psychologen ALBERT BANDURA (*1925). In einer berühmt gewordenen Versuchsreihe bewies er, dass aggressives Verhalten eines Modells bei Zuschauern zu aggressivem Verhalten führen kann. Das Grundexperiment bestand darin, dass Kindergartenkindern ein Film vorgeführt wurde, in dem eine Frau eine Puppe mit einem kleinen Hammer schlug. Wurde im Anschluss an den Film den Kindern die Puppe zur Verfügung gestellt, schlugen diese ebenfalls darauf ein. Eine Kontrollgruppe, die den Film nicht gesehen hatte, spielte mit der Puppe. Der Versuch wurde in vielerlei Hinsicht variiert. Kinder konnten die Szene live beobachten, als Film und Zeichentrickfilm sehen (Abb. 1). Das Modell im Film wurde für seine Taten belohnt oder bestraft und die Kinder wurden für die Ausführung belohnt und bestraft (siehe S. 245).

Aufgaben

① Ein Kind räumt nur sehr selten seine Spielsachen weg. Erarbeiten Sie mithilfe jeder der im Text genannten operanten Konditionierungsarten einen Plan, wie erreicht werden kann, dass das Kind aufräumt.

② Beurteilen Sie anhand von Abbildung 1 mögliche Gefahren von Filmen und Comics in Bezug auf Kinder.

Lernen und Reifung

Blaumeise

Lernen
Lernen ist das Speichern der aus der Umwelt individuell erworbenen Informationen in abrufbarer Form im Gedächtnis

Viele genetisch bedingte Verhaltenselemente werden im Verlauf der Individualentwicklung vielfältig verändert und ergänzt. Dieses Zusammenwirken von genetischem und erfahrungsbedingtem Verhalten bezeichnete KONRAD LORENZ als *Instinkt-Dressur-Verschränkung*. Der Begriff wird wegen seiner Unschärfe heute kaum mehr verwendet.

Lernen

Vogelkundler in England beobachteten 1921 erstmals Blaumeisen, wie sie die Verschlüsse von Milchflaschen aufpickten und von der Rahmschicht nippten. Offensichtlich hatte eine Meise zufällig einen Verschluss geöffnet — auf eine Weise wie Blaumeisen auch bei der Beutesuche Rinde anheben. Da sie Nahrung fand, wiederholte sie dieses Aufpicken an den glänzenden Folien. Durch das Lernen wird eine sinnvolle Anpassung des individuellen Verhaltens an die speziellen Umweltgegebenheiten ermöglicht.

Lernvorgänge verlaufen in zwei Phasen: Ein Lebewesen nimmt in einer Reizsituation Informationen auf und speichert sie im Gedächtnis *(Lernphase)*. In ähnlichen Situationen wird die gespeicherte Information abgerufen und bewirkt — bedingt durch die Erfahrung — ein geändertes Verhalten *(Kannphase)*. Die Rahmschicht aus einer Milchflasche zu holen, ist für die einzelne Meise vorteilhaft, jedoch nicht lebensnotwendig. Es handelt sich um *fakultatives Lernen*.

Jedes Eichhörnchen muss die geeignete Sprengtechnik für Nüsse notwendigerweise erlernen (s. Kasten). Nur so kann es im Winter von dem zuvor versteckten Futter leben. In diesem Fall ist Lernen lebensnotwendig. Man nennt es *obligatorisches Lernen*.

Nicht alle Tiere einer Art lernen gleich gut. Bei Honigbienen konnte man feststellen, dass die Arbeiterinnen der Krainer Rasse optische Markierungen an Futterplätzen leichter lernen als die Bienen der italienischen Rasse. Hier liegen unterschiedliche *Lerndispositionen*, d.h. genetisch determinierte Lernfähigkeiten, zugrunde. Die Bienen der Krainer Rasse leben in einem Gebiet mit unbeständiger Witterung. Sie orientieren sich neben dem Sonnenstand daher häufig an Geländemerkmalen. Die Bienen der italienischen Rasse fliegen nur unter günstigen Witterungsbedingungen aus, sodass die Orientierung nach dem Sonnenstand in diesem Fall ausreicht. Im Unterschied zur individuellen Anpassung des Verhaltens durch Lernen ist die unterschiedliche Lerndisposition der Arten über viele Generationen in der Evolution entstanden (▶ Variabilität und Angepasstheit S. 360).

Zettelkasten

Abwandlung genetisch bedingter Reaktionen durch Lernen

Gibt man einem zwei Monate alten unerfahrenen Eichhörnchen *(Kaspar-Hauser-Tier)* zum ersten Mal eine Haselnuss, so benagt es diese sofort nach allen Richtungen. Erst später versucht es, die Nuss mit den Nagezähnen aufzuhebeln. Nussgroße Ton- und Holzkügelchen werden ebenfalls von allen Seiten benagt. Die Abbildung zeigt eine so benagte Nuss von der Basis (a) bzw. von der Spitze (b) her gesehen.

Für das Aufbrechen der ersten Nüsse benötigt ein Eichhörnchen viel Zeit. Die Nagespuren, die zu Beginn wahllos über die gesamte Nuss verteilt sind, werden erst allmählich, etwa nach der 12. Nuss (c), parallel zur Faserung der Nuss ausgerichtet, wodurch sich auch die Zeit bis zur Nahrungsaufnahme verkürzt. Erfahrene Eichhörnchen nagen sofort ein bis zwei Längsfurchen oder ein Loch an der Spitze oder der Basis der Nuss auf, ehe sie die Nuss mit ihren Nagezähnen aufhebeln oder aufbrechen. Je nach der Art der angewendeten Bewegungen lassen sich bei erfahrenen Eichhörnchen drei Techniken unterscheiden: Die Spreng-, die Lochnage- und die Lochsprengtechnik (d, e, f).

Jedes Eichhörnchen verfügt also über die genetisch bedingte Fähigkeit, nussgroße Gegenstände zu benagen und erlernt ergänzend seine eigene Öffnungstechnik.

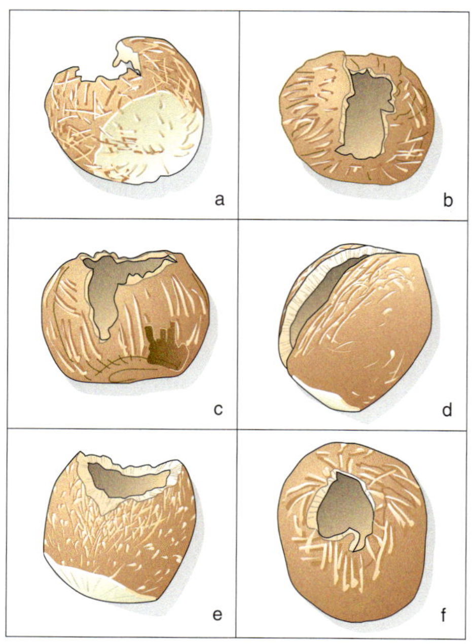

Vogelscheuche

Reifung
Entstehen einer Verhaltensweise auf genetischer Grundlage ohne die Notwendigkeit individueller Erfahrungen (Entwicklungsprozess)

Gewöhnung
im Gegensatz zur Habituation nicht nur auf unbedingte Reflexe bezogene, einfachste Form des Lernens

Sensitivierung
einfache Form des Lernens, bei der nach intensiver Reizung die Antwort auf nachfolgende, auch unterschwellige Reize verstärkt wird

Reifung

Die Vervollkommnung von Verhaltensweisen ist nicht immer nur auf Lernen zurückzuführen. Ein Beispiel liefert das Flugvermögen junger Tauben: Frisch geschlüpfte Tiere wurden in zwei Gruppen unterteilt. In der Versuchsgruppe waren die Flügel am Körper fixiert und konnten nicht bewegt werden, in der Kontrollgruppe entwickelten sich die Tauben normal. Waren die Kontrolltiere flügge, überprüfte man auch das Flugvermögen der Versuchstiere. Sie konnten ebenfalls fliegen. Eine solche Entwicklung von Verhaltensweisen bezeichnet man als *Reifung*. Ein Verhalten wird dabei als Resultat von Entwicklungsprozessen im Zentralnervensystem und im Bewegungsapparat zur vollen Funktionstüchtigkeit ausgebildet.

Gewöhnung

Bei Vögeln lässt sich beobachten, dass eine neu aufgestellte Vogelscheuche zunächst Fluchtverhalten auslöst. Bald jedoch nimmt die Reaktion auf den immer gleich bleibenden Reiz ab und bleibt schließlich völlig aus. Ein anderer Reiz, z. B. ein lauter Knall, vermag dann aber wieder das Fluchtverhalten mit der ursprünglichen Intensität auszulösen. Die beobachtete Abnahme der Reaktionsintensität lässt sich also nicht mit einer Ermüdung der zur Reaktion benötigten Muskeln erklären. Auch eine zu geringe Handlungsbereitschaft für Fluchtverhalten ist ausgeschlossen. Da die Vogelscheuche keine positiven oder negativen Folgen hat, lernt das Tier, sein Antwortverhalten im Verlauf häufiger Begegnungen anzupassen.

Eine derartige Abnahme der Reaktionsintensität auf einen immer wiederkehrenden Reiz hin nennt man *Gewöhnung*. Sie ist reizspezifisch. Durch Versuche lässt sich eine Adaptation der Sinnesorgane ausschließen. Durch die Gewöhnung, die einige Zeit nach der letzten Einwirkung eines Reizes wieder verschwindet, werden unnötige Reaktionen auf dauernd vorhandene Reize verhindert.

Sensitivierung

Als *Sensitivierung* bezeichnet man eine allgemeine Erhöhung der Reaktionsbereitschaft. Werden z. B. die Zuckerrezeptoren an den Beinen einer Fliege mit hochkonzentrierter Zuckerlösung als chemischem Signal gereizt, so erhöht sich für einige Minuten die Bereitschaft, den Rüssel auszustrecken. Als auslösende Reize reichen dann verdünnte Zucker- oder Salzlösungen. Generell erhöhen starke Reize, wie mechanische Stöße, Vibrationen, Lichtblitze oder chemische Signale die Bereitschaft, auch auf eine Vielzahl anderer Reize verstärkt und länger andauernd zu reagieren.

Spielverhalten

In Anlehnung an das Verhalten von Kindern wird als Spielen bei Tieren ein Verhalten bezeichnet, das keinen erkennbaren äußeren Zweck hat, aber viele Bewegungen beinhaltet, die zielgerichtet erscheinen. Junge Katzen schleichen sich in typischer Körperhaltung an Artgenossen an und packen sie mit Bewegungen, die dem Fangen und Töten der Beute ähneln. Sie fügen ihren Artgenossen dabei zwar keine schmerzhaften Verletzungen zu, das Spiel ist aber trotzdem mit Risiken und Kosten (erhöhtem Energieaufwand) verbunden. Zwei Erklärungshypothesen orientieren sich an ultimaten Begründungen: Entsprechend der Übungshypothese ist Spielen eine besondere Art von Lernen. Das junge Tier kann so Verhaltensweisen „für später" einüben und perfektionieren. Nach der Trainingshypothese spielen Tiere, wenn sie geschützt und versorgt sind, um Muskulatur und Herz-Kreislauf-System in Form zu halten.

Erkunden

Beim Erkunden werden an verschiedenen Objekten oder in unbekannten Lebensräumen Verhaltensmuster durchprobiert. Dabei lernen die Tiere ihre Umwelt kennen, ohne belohnt oder bestraft zu werden. Motivation und Belohnung liegen in der Durchführung des Verhaltens selbst. Dieses Neugierverhalten scheint nur dann aufzutreten, wenn die sozialen Beziehungen intakt und elementare Bedürfnisse erfüllt sind.

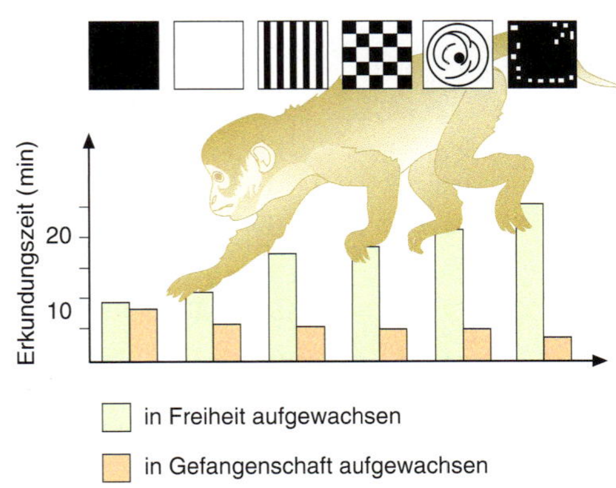

1 Erkundungszeit bei Rhesusaffen

Online-Link
045306-0236

1 Orang-Utan im Kastenexperiment

2 Waschender Rotgesichtsmakake

Komplexes Lernen

Früher nahm man an, dass komplexere Lernleistungen dem Menschen vorbehalten sind. Inzwischen kennt man aber eine Reihe von Beispielen für solche Leistungen bei Tieren.

Werkzeuggebrauch

Schimpanse stochert nach Termiten

Schimpansen wurden in der Natur dabei beobachtet, wie sie Termitenhügel mit den Fingern aufkratzen und dann einen festen Halm oder Stock, den sie in der Umgebung suchen und mit den Zähnen für den Gebrauch herrichten, so lange in das Loch halten, bis sich Termiten daran festgebissen haben. Sie ziehen dann das Werkzeug heraus und fressen die Termiten. Andere tauchen durchgekautes Laub wie einen Schwamm in wassergefüllte Astlöcher und trinken dann, indem sie die Flüssigkeit heraussaugen. Auffällig ist, dass die Tiere diese Techniken nur zeigen, wenn sich ihnen ein entsprechendes Problem stellt. Davon zu unterscheiden sind Fälle von Werkzeuggebrauch, bei denen eine genetisch bedingte Disposition besteht. So verwenden Spechtfinken Halme, um Insektenlarven unter der Baumrinde zu erreichen. Jungtiere nehmen solche Gegenstände selbst dann auf, wenn die Larven frei zugänglich sind.

Lernen durch Einsicht

WOLFGANG KÖHLER beschrieb 1917 ein Experiment mit Schimpansen, die sich in einem Raum befanden, an dessen Decke für sie unerreichbar eine Banane hing. Im Raum stand eine seitlich offene Holzkiste. Zuerst versuchten die Tiere, das Ziel im Sprung vom Boden aus zu erreichen. Ein Schimpanse gab das bald auf, ging unruhig umher, blieb plötzlich vor der Kiste stehen, ergriff sie, kantete sie hastig in gerader Linie auf das Ziel zu, stieg hinauf, als sie noch etwa $^1/_2$ m entfernt war, und riss im Sprung die Banane herunter. Der Vorgang dauerte nur wenige Sekunden. Das Tier hatte die neue Aufgabe bewältigt. Es schien dazu in Gedanken die Lösung des Problems durchgespielt zu haben, ehe es den Lösungsweg auf einmal ausführte. Dies wird als Lernen durch *Einsicht* oder als *neukombiniertes Verhalten* bezeichnet (Abb. 1). Wesentliches Kriterium ist dabei nicht die Komplexität des Problems, sondern dass die Lösung ohne entsprechende Vorerfahrungen und nicht durch Versuch und Irrtum gefunden wird. Als äußere Anzeichen gelten, dass Planungs- und Handlungsphase deutlich voneinander abgegrenzt und häufig durch eine Pause getrennt sind. Die Handlung erfolgt dann rasch und zielstrebig.

Nachahmung und Tradition

Rotgesichtsmakaken wurden auf einer japanischen Insel über längere Zeit beobachtet. 1953 sah man erstmals, wie ein Jungtier Bataten (Süßkartoffeln) in einem Fluss wusch und sie so von Sand befreite. Zuerst ahmten Gleichaltrige das Verhalten nach, später wuschen nahezu alle Tiere der Gruppe die Bataten vor dem Fressen. Auch Tiere der nachfolgenden Generationen zeigten dieses Verhalten (Abb. 2). Das *Lernen durch Nachahmung* führt zum Entstehen einer *Tradition*.

Weitere Lernformen

Handeln nach Plan

Um zu prüfen, ob Menschenaffen längere Handlungsketten mit Werkzeuggebrauch bewältigen können, wurde eine Abfolge von Kästen mit unterschiedlichen Schließmechanismen konstruiert, die jeweils den Öffner für den nachfolgenden Kasten enthielten. Welchen Öffner die Kästen enthielten und wo die Belohnung lag, konnte Julia, ein Orang-Weibchen, durch die Glasdeckel der Kisten erkennen. Die Handhabung der einzelnen Öffner wurde mit ihr trainiert. In einigen Fällen fand sie es durch Versuch und Irrtum selbst heraus. Bei den Versuchen wechselte die Stellung von Kästen, Öffnern und Belohnung. Julia musterte zunächst den Inhalt der Kisten eine Weile, ehe sie ohne Probieren die Kästen nacheinander öffnete und die Belohnung erreichte. Sie erkannte offenbar die kausalen Zusammenhänge zwischen Ursache und Wirkung. Dies ist ein Beispiel für *Handeln nach Plan*.

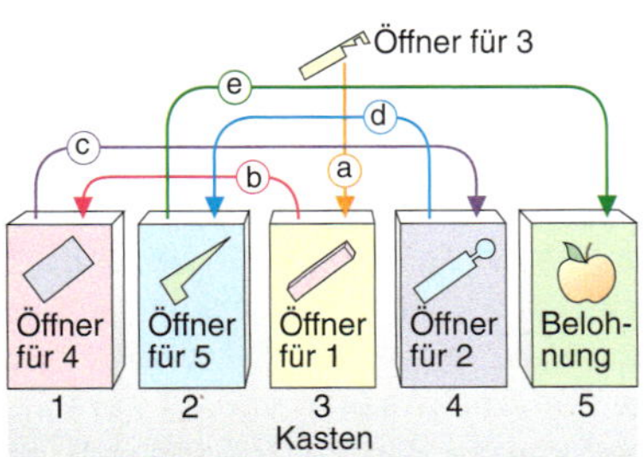

Abstraktion und Generalisieren

Um das Unterscheidungsvermögen von Ratten zu überprüfen, bot man ihnen in einem Experiment jeweils drei Klappen mit unterschiedlichen Streifenmustern an. Zwei Muster stimmten überein, das dritte wich ab. Hob die Ratte die Klappe mit dem abweichenden Muster an, wurde sie belohnt. Wiederholte man den Versuch mit anderen Mustern, aber entsprechender Wahlsituation, so entschied sich die Ratte überwiegend für das abweichende Muster, da dies verstärkt wurde.

Man deutet das Verhalten der Ratte so, dass sie nicht auf ein konkretes Reizmuster konditioniert ist, sondern auf das Merkmal „abweichend von den mehrfach vorhandenen Mustern" *(Abstraktion)*. Sie wendet dieses Prinzip beim Wahlverhalten in weiteren Versuchen ebenfalls an *(Generalisation)*. Das gemeinsame Merkmal „abweichendes Muster" wird in Form eines Bildes oder Schemas zu einem Begriff *(averbale Begriffsbildung)*.

Averbale und verbale Begriffe

OTTO KOEHLER bot einer Dohle mehrere Futterschüsselchen, die mit Deckeln verschlossen waren, und von denen jede eine unterschiedliche Anzahl von Punkten aufwies. Die Dohle lernte, den Deckel desjenigen Schälchens abzuheben, bei dem die Anzahl mit der Vorgabe der Anweisertafel übereinstimmte. Nur in diesem Schälchen wurde sie mit Futterkörnern belohnt. Die Dohle konnte bei bis zu 8 Punkten die Anzahl bildlich erfassen *(averbale Zahlbegriffe)*. Die verbale Begriffsbildung bleibt Menschen vorbehalten; sie können Begriffe in einem Denkvorgang bilden und in Worten (z. B. Zahlen) ausdrücken.

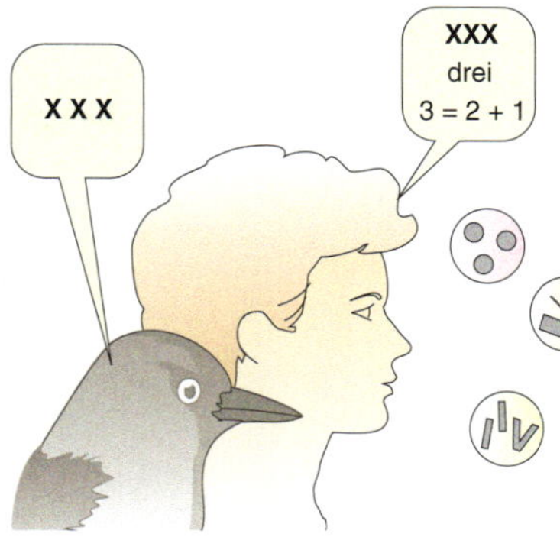

Abstrakte Wertbegriffe

Schimpansen und Rhesusaffen erhielten in Versuchen unterschiedlich gefärbte Spielmarken, wenn sie Aufgaben erfüllten. Diese konnten sie später eintauschen: Für blaue Marken erhielten sie Rosinen aus einem Futterautomaten, mit einem anderen Markentyp konnten sie die Gehegetür öffnen oder für einen dritten Markentyp mit dem Pfleger spielen. Die Tiere erfüllten Aufgaben und horteten Marken. Eine Schimpansin nutzte die Marke zum Türöffnen, beispielsweise um damit vor einem Kameramann zu flüchten. Dieses Beispiel zeigt, dass Primaten in der Lage sind, *abstrakte Wertbegriffe* zu bilden und situationsgerecht anzuwenden.

Selbsterkenntnis

Gibt man Schimpansen die Möglichkeit, sich in einem Spiegel zu sehen, so manipulieren sie an sich und entfernen Farbflecken, die man im Schlaf aufgetragen hatte. Die Schimpansen erkennen also das Spiegelbild als ihr Abbild. Das Verhalten zeigt, dass Menschenaffen über einen *averbalen Ich-Begriff* verfügen. Dies wirft die Frage auf, ob sie ein Bewusstsein im menschlichen Sinne haben.

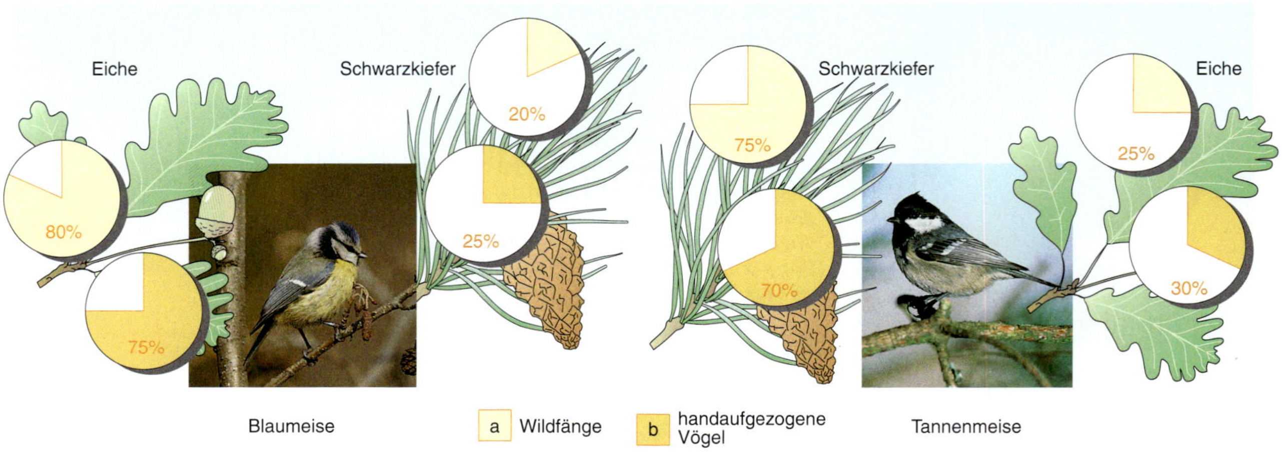

1 Aufenthaltswahrscheinlichkeiten auf verschiedenen Zweigen

Habitatwahl und Reviere

Schaut man in Vogel-Bestimmungsbücher, findet man zu den einzelnen Vogelarten nicht nur Abbildungen, sondern verschiedene weitere Angaben. Dazu gehören auch solche zum Verbreitungsgebiet und dem typischen Lebensraum. So erhält man z. B. die Information, dass Blaumeisen vorwiegend in Mischwäldern vorkommen, während man Tannenmeisen hauptsächlich in Nadelwäldern findet.

Einige Wissenschaftler stellten sich die Frage, wie die Tiere entscheiden, in welchem Lebensraum sie sich aufhalten sollen *(Habitatwahl)*. Mögliche Hypothesen wären:

- Tiere könnten durch verschiedene Lebensräume ziehen und in dem bleiben, in dem sie am effektivsten Nahrung finden.
- Sie könnten später denjenigen Lebensraum bevorzugen, in dem sie groß geworden sind.
- Sie könnten genetisch bedingt den richtigen Lebensraum an bestimmten Merkmalen erkennen und bevorzugen.

Zur Klärung dieser Zusammenhänge bot eine Forscherin in großen Flugkäfigen Blau- bzw. Tannenmeisen eine gleichmäßige Mischung aus belaubten und benadelten Zweigen an (Wahlversuch) und maß mit einer Stoppuhr, wie lange sich die Tiere auf den unterschiedlichen Zweigtypen aufhielten. Sie führte den Versuch sowohl mit eingefangenen Wildtieren als auch mit handaufgezogenen Tieren durch. Es zeigte sich, dass beide Testgruppen der Blaumeisen belaubte Zweige bevorzugten, diejenigen der Tannenmeise jedoch Zweige von Nadelbäumen. Untersuchungen mit anderen Arten zeigten, dass diese Vorliebe durch frühe Erfahrung mit dem bevorzugten Material noch verstärkt werden kann.

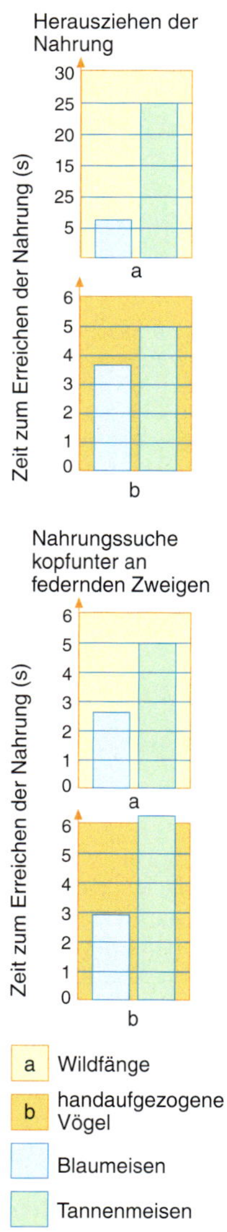

Blaumeisen sieht man bei der Nahrungssuche oft von Blättern herunterhängen, an Blätterbüscheln zerren und reißen oder auch durch Blätter hindurchpicken. Derartige Techniken beobachtet man bei Tannenmeisen, die ihre Nahrung auf Nadeln und der Baumrinde suchen, selten. Wissenschaftler boten im Experiment Wildfängen und handaufgezogenen Blaumeisen und Tannenmeisen Futter zwischen Blättern versteckt an und maßen jeweils die Zeit, bis die Tiere es erbeutet hatten. In allen Fällen brauchten die Tannenmeisen mehr Zeit, um Beute zwischen Blättern zu finden und zu fangen (s. Abb. Mittelspalte). Dies zeigt, dass die Blaumeisen dasjenige Habitat bevorzugen, an das sie besser angepasst sind als die Tannenmeisen, diesen also hier überlegen sind.

Ob Tiere jedoch den von ihnen bevorzugten Lebensraum wirklich besiedeln können, hängt von verschiedenen Faktoren ab, wie z. B. vom Vorhandensein von Raubtieren und den schon vorhandenen Artgenossen.

Im zeitigen Frühjahr sieht man häufig Amseln, die wie von imaginären Kräften geleitet, mit gesträubten Federn und gesenktem Schwanz nebeneinander hüpfen, bis sie plötzlich flügelschlagend voreinander hochfliegen und sich gegenseitig angreifen. Trägt man die Orte dieser Kämpfe auf einer Karte ein, stellt man fest, dass jedes Tier einen bestimmten Raum verteidigt. Ähnliche Beobachtungen machten Vogelkundler schon vor vielen Jahren. Sie nannten diesen verteidigten Raum *Revier*. Da Revierverhalten bei zahlreichen Vogelarten beobachtet wurde, hielt man es für ein allgemeines biologisches Phänomen. Bei Säugetieren nennt man den verteidigten Raum *Territorium.*

Einige Tierarten sind zu manchen Zeiten überhaupt nicht bereit, ein Gebiet zu verteidigen. Sie nutzen dann große Gebiete friedlich gemeinsam und vertreiben Artgenossen nur aus bestimmten kleinen Kernräumen. Diese enthalten aber nicht alle lebensnotwendigen Ressourcen. Es gibt also neben den Territorien sich *überlappende Aktionsräume*, in denen Artgenossen friedlich koexistieren. Die Verteidigung von Landflächen wird von den Tieren oft nur zu bestimmten Zeiten durchgeführt. Man schließt daraus, dass der Grund für Territorialität nicht allgemeine Ressourcensicherung ist.

Heute weiß man, dass die Grundlage der Weibchenterritorialität hauptsächlich Nahrungskonkurrenz ist. Weibchen brauchen für die Jungenaufzucht, d. h. ihren Lebensfortpflanzungserfolg *(Fitness)*, optimale Futterbedingungen. Männchen dagegen können ihre Fitness durch Zugang zu mehreren Weibchen erhöhen. Ist die Konkurrenz um diese größer als um Futter, zeigen die Männchen ein besonders ausgeprägtes Territorialverhalten. Weibchen haben daher je nach den ökologischen Bedingungen größere oder kleinere Territorien als Männchen oder sind gar nicht territorial. Männchen verteidigen je nach der Verteilung der Weibchen meist größere Flächen. Aus der räumlichen und zeitlichen Überlagerung dieser Reviere ergeben sich komplizierte Muster (s. Mittelspalte).

Ob ein Individuum sich zu einem bestimmten Zeitpunkt territorial verhält oder nicht, hängt von mehreren Faktoren ab. Die Verteidigung der Territorien folgt gleichsam einer Kosten-Nutzen-Berechnung. Abbildung 3 zeigt die Berechnung der optimalen Reviergröße.

Bei einigen Tierarten kommen sogenannte Floater vor, die sich im Revier von Artgenossen unauffällig verhalten und Auseinandersetzungen mit dem Revierbesitzer vermeiden. Meist sind dies Männchen, die dann das Territorium vom Vorgänger übernehmen, wenn dieser aus irgendeinem Grunde verschwindet. Bei Kohlmeisen entdeckte man sogar männliche und weibliche Floater, die sich zu Paaren zusammenfanden und versuchten, heimlich im Randgebiet eines fremden Reviers zu brüten, dies jedoch mit geringerem Bruterfolg.

Revierlose Tiere werden in der Regel in Gebiete mit noch schlechteren Ernährungsbedingungen und größerem Räuberdruck abgedrängt, wodurch sie häufiger Opfer von Räubern werden.

Paarreviere

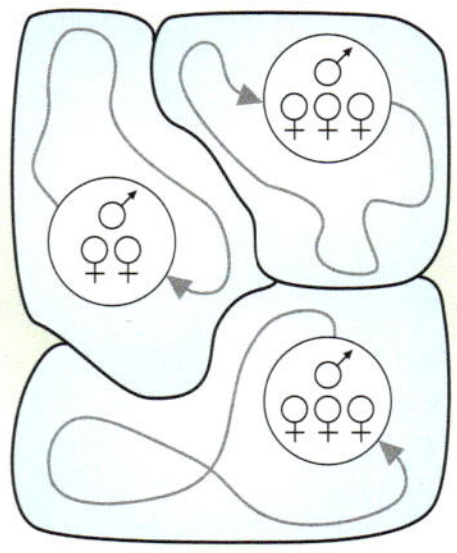

Haremterritorien

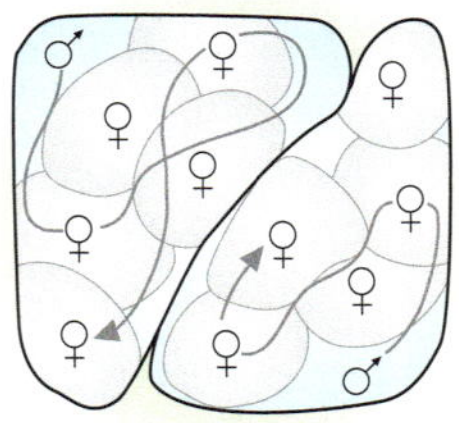

Unterterritorien

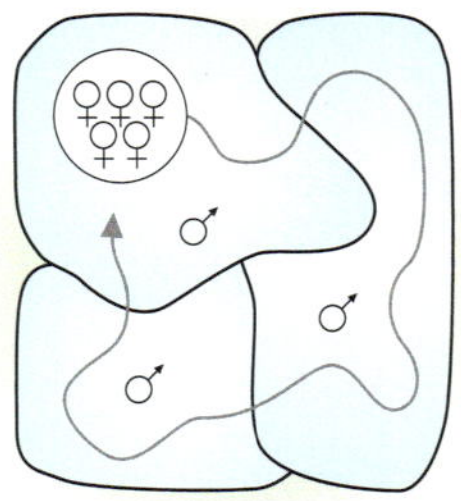

territoriale Felder der Männchen

2 Amselrevier

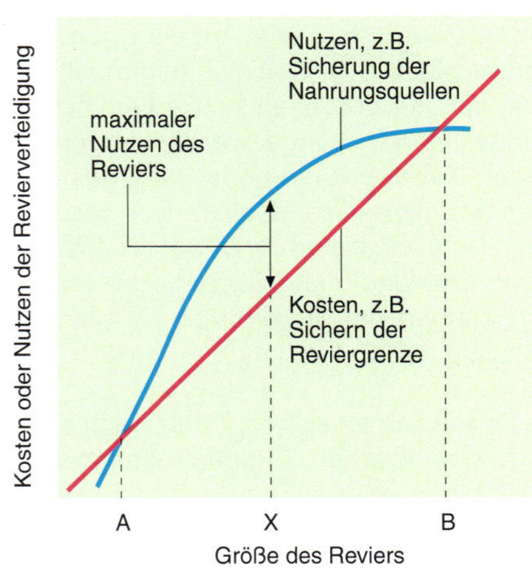

3 Bedingungen der Reviergröße

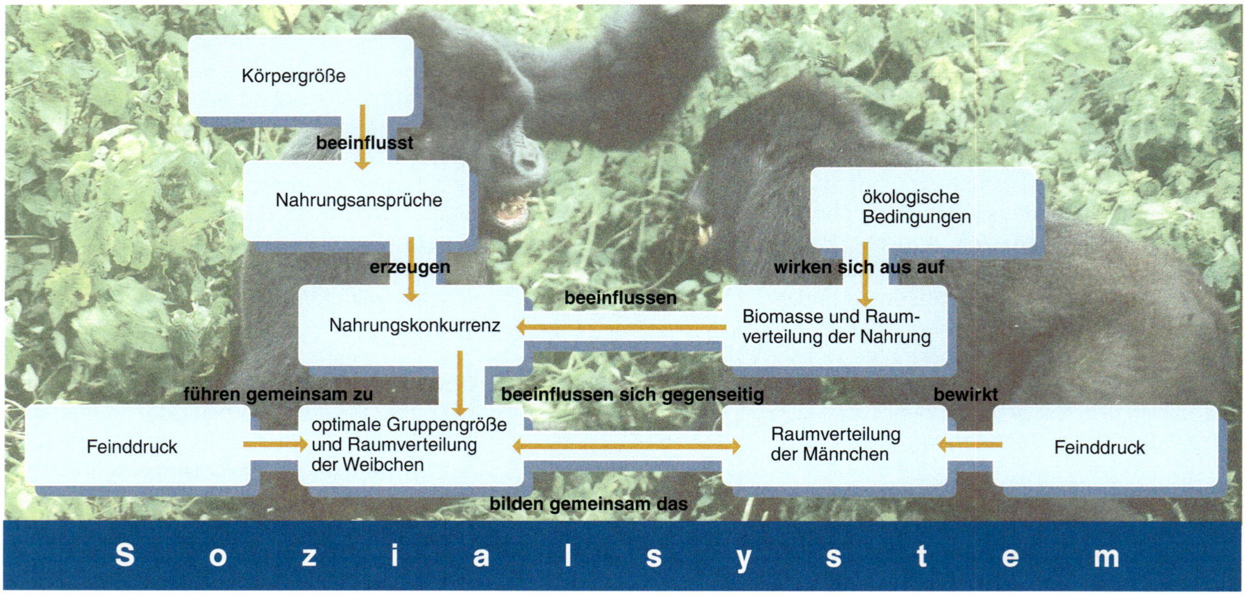

1 Ökofaktoren bedingen die Sozialsysteme

Sozialsysteme

Manche Tiere leben in Gruppen zusammen, andere kommen an einem Ort zusammen, ohne einander zu suchen. So trifft sich am Elefantenkot in der afrikanischen Savanne eine Fülle verschiedener Käfer, die um Kotkugeln als Nahrung kämpfen. An Wasserstellen finden sich Zebras, Gnus, Nashörner usw. ein. Solche Ansammlungen nennt der Verhaltensforscher *Aggregationen.* Sie sind dadurch gekennzeichnet, dass die Einzeltiere den Ort und nicht den Artgenossen suchen. Fischschwärme dagegen kommen dadurch zustande, dass Fische einer Art die Nähe von Artgenossen suchen. Da der Einzelfisch beliebig in den Schwarm hinein und wieder heraus kann und die Fische sich gegenseitig nicht kennen, spricht man von *offenen anonymen Verbänden.* Alle Angehörigen eines Bienenvolkes erkennen sich gegenseitig am Stockduft, sie erkennen sich jedoch nicht individuell. Eindringlinge werden abgewehrt. Diesen Sozialverband nennt man *geschlossene anonyme Gesellschaft.* Bei *geschlossenen individualisierten Gesellschaften*, die häufig bei Vögeln und Säugetieren vorkommen, kennen sich alle Gruppenmitglieder individuell.

Die Population einer Tierart setzt sich oft aus ganz verschiedenen Gruppen zusammen, wie z. B. einzelgängerische Männchen, Junggesellenverbände, Haremgruppen, Familienverbände usw. Die Kombination, in der Männchen und Weibchen in Gruppen zusammenleben, nennt man das Sozialsystem. Es gibt vier Kombinationsmöglichkeiten: *Monogamie, Polygynie, Polyandrie* und *Polygynandrie* (s. Mittelspalte). Dabei ist das Sozialsystem nicht artspezifisch festgelegt. So können Ringeltauben in der Fortpflanzungszeit monogam zusammenleben, im Winter aber in polygynandrischen Gruppen umherziehen. Bei manchen Affenarten können auch in verschiedenen Ökosystemen unterschiedliche Sozialsysteme vorteilhaft sein. Lange Zeit hat man dies nicht verstanden. Offensichtlich liegen dem Sozialsystem verschiedene Verteilungsmuster der Männchen und Weibchen zugrunde. Dies hat nach neueren Erkenntnissen folgende Ursachen: Für die optimale Gruppengröße der Weibchen ist die Konkurrenz um Nahrung und der Räuberdruck entscheidend, während für die Männchen die Konkurrenz um Weibchen wichtiger ist als die um Nahrung (▶ Variabilität und Angepasstheit S. 360).

Abhängig von der Körpergröße variieren die Nahrungsansprüche der Weibchen *(Jarman-Bell-Prinzip).* Aus dem Angebot und der Verteilung dieser Nahrung wiederum resultiert die Nahrungskonkurrenz der Weibchen und mit der Verrechnung des Räuberdrucks ihre Gruppengröße. Aus der Raumverteilung der Weibchen und der Männchen ergibt sich so das Sozialsystem, das sich bei Veränderungen der ökologischen Randbedingungen auch ändert.

Sozialsysteme

Monogamie
Paarbindung zwischen einem Männchen und einem Weibchen über eine Fortpflanzungssaison oder bis zum Tod eines Partners

Polygamie
Ein Individuum eines Geschlechts lebt mit mehr als einem Partner des anderen Geschlechts zusammen. Man unterscheidet 3 Formen:

Polygynie
Ein Männchen lebt mit mehreren Weibchen zusammen.

Polyandrie
Ein Weibchen lebt mit mehreren Männchen zusammen.

Polygynandrie
Mehrere Männchen und Weibchen bilden eine Gruppe.

1 Paarungsverhalten bei Grillen

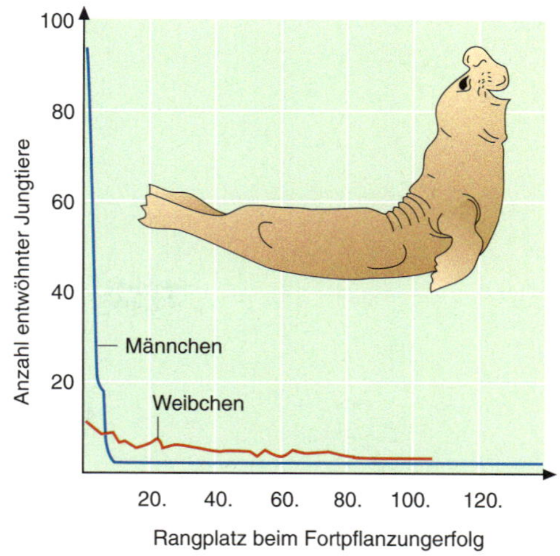

2 Fortpflanzungserfolg bei Seeelefanten

Satellitenmännchen
ein Männchen, das in der Nähe eines balzenden Männchens wartet und versucht, paarungsbereite Weibchen abzufangen, die von balzenden Männchen angelockt werden

Strategie
genetisch bedingte Verhaltensregel eines Individuums

Taktik
alternative Verhaltensmöglichkeit innerhalb einer Strategie

Verhaltenspolymorphismus
liegt vor, wenn auf einen bestimmten Reiz verschiedene Reaktionen gleicher Funktion folgen können

Fortpflanzungsstrategien

In einer sozialen Gruppe haben nicht alle Gruppenmitglieder den gleichen Fortpflanzungserfolg. Dieses wird durch die *Soziobiologie* untersucht, die unter anderem erforscht, welche Verhaltensweisen zum Fortpflanzungserfolg führen.

Bei Seeelefanten kommen nur die männlichen Exemplare zur Fortpflanzung, die sich eine hohe Stelle in der Rangordnung erkämpfen konnten. Männchen sind bereits mit 8 Jahren geschlechtsreif, aber erst mit 10 bis 11 Jahren in Rangordnungskämpfen wirklich erfolgreich. Mit 13 Jahren gewinnen sie kaum noch einen Kampf. Die maximale Lebenserwartung liegt bei 14 Jahren.

Eine Erfolg versprechende Taktik für jüngere Männchen ist, dem Rangordnungskampf in den ersten Jahren auszuweichen. Die Männchen von 10 bis 11 Jahren sind in diesem Alter besonders stark und bringen sich intensiv in Rangordnungskämpfe ein. Ältere Männchen setzen alles auf eine Karte, um noch einen Fortpflanzungserfolg zu erzielen. Sie schlagen den Konkurrenten mit Brust und Kopf und fügen sich mit den Eckzähnen tiefe Wunden zu *(Beschädigungskampf)*.

Auch Weibchen werden maximal 14 Jahre alt. Sie können mit drei Jahren ihr erstes Junges gebären. Danach können sie jedes Jahr ein weiteres Junges bekommen. Alle Weibchen, die die Geschlechtsreife erlangen, bekommen Junge, während viele Männchen sich nicht fortpflanzen können, da ranghohe Männchen sie daran hindern.

Auch bei anderen Tieren finden sich elaborierte Sexualstrategien. In der Balzzeit locken männliche Grillen weibliche durch Gesang an. Je lauter der Gesang ist, desto mehr Weibchen werden angelockt. Gleichzeitig werden durch den Gesang auch parasitische Fliegen angezogen. Diese legen ihre Larven vor allem auf singenden Grillenmännchen *(Rufern)* ab, die von den eindringenden Larven langsam von innen aufgefressen werden. Neben dem lauten Singen findet sich bei den Grillen eine weitere Sexualstrategie, nämlich Männchen, die sich in die Nähe eines Rufers begeben, selbst aber nicht singen. Diese Männchen nennt man *Satellitenmännchen*. Die Strategie dieser Satellitenmännchen besteht darin, zu versuchen paarungsbereite Weibchen auf dem Weg zum Rufer abzufangen. Gleichzeitig minimieren die Satellitenmännchen die Gefahr, von den Fliegen parasitiert zu werden, da diese vor allem Rufer bevorzugen.

Rufer haben in kurzer Zeit mehr Fortpflanzungserfolg, leben aber im Durchschnitt nicht so lange. Der geringere Fortpflanzungserfolg pro Zeit wird bei den Satellitenmännchen durch eine höhere Lebenserwartung ausgeglichen.

Vergleicht man beide Strategien, ist der Lebensfortpflanzungserfolg annähernd gleich. Das Verhältnis von Rufern zu Satellitenmännchen wird durch die Häufigkeit der Fliegen reguliert. Bei sehr vielen Fliegen haben Satellitenmännchen die bessere Strategie, bei wenigen die Rufer.

Zettelkasten

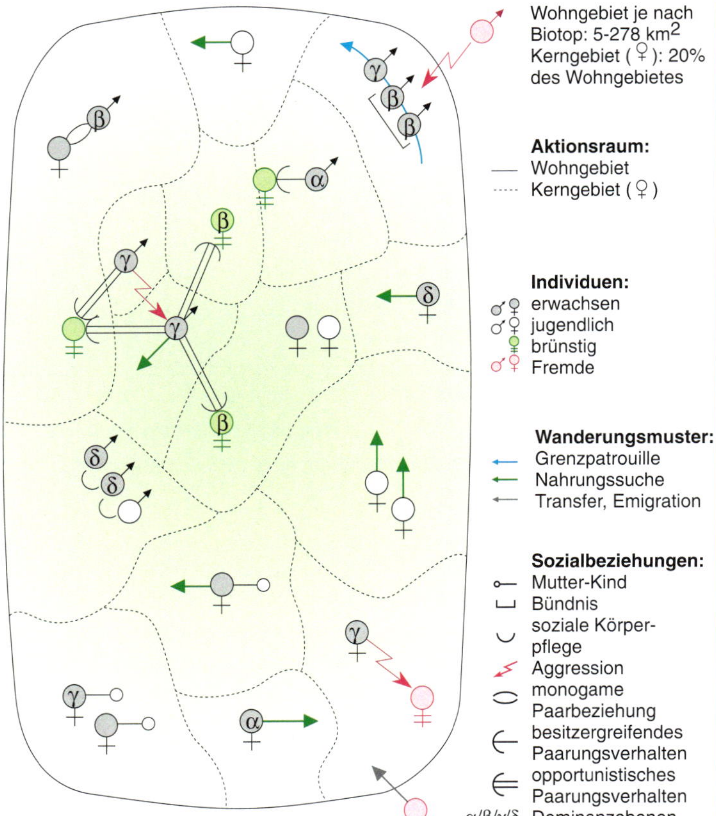

Sozialstruktur der Schimpansen

Die Gemeinschaft der Schimpansen

Schimpansen leben in Gruppen mit bis zu 50 Tieren zusammen und fressen bevorzugt Früchte. Je nach Lebensraum wechselt die Dichte der reifen Fruchtbäume stark. So zerfällt die Schimpansengemeinschaft je nach Nahrungsangebot und der Häufigkeit brünstiger Weibchen in Männertrupps, Mutter-Kinder-Trupps und gemischtgeschlechtliche Trupps. Versammlungen und Zerfall in Untergruppen kennzeichnet die *Sammlungs-Trennungs-Gesellschaft*. Ein Vorteil des Zusammenschlusses besteht in der Möglichkeit, kooperativ zu jagen, womit die Wahrscheinlichkeit zunimmt, Beutetiere, wie kleinere Affen, Buschschweine oder junge Antilopen zu fangen. Die Jagd wird weitgehend von den Männchen durchgeführt, die ihre Beute mit den Weibchen teilen.

Männchen verteidigen das Gruppenterritorium gemeinsam. Einzeln können sie ihr Ziel, Zugang zu möglichst vielen Weibchen zu haben, nicht schaffen. Die Männchengruppe sichert damit gemeinsam ihre wichtigste Ressource (paarungsbereite Weibchen), da Weibchen auf der Nahrungssuche ein großes Wohngebiet durchstreifen können. Fremde Weibchen werden in den Sozialverband aufgenommen, Männchen jedoch nicht. In der Gruppe geborene Weibchen verlassen die Gruppe vor der Geschlechtsreife, die Männchen bleiben in der Gruppe. Sie sind miteinander verwandt und kennen sich sehr gut. Männliche Schimpansen bilden Bündnisse.

Die Schimpansenweibchen kopulieren mit möglichst allen Männchen der Gruppe, was dazu führt, dass alle Männchen Vater sein könnten. Dies ist ein möglicher Grund dafür, dass sich keines aggressiv gegen ein Neugeborenes verhält. In Westafrika wechseln die Weibchen in ihrer fruchtbaren Phase häufig heimlich die Gruppe, sodass rund 50 % der Jungtiere von Männchen aus Nachbargruppen gezeugt wurden.

Aggression und Rangordnung

Ursprünglich galten Schimpansen als außergewöhnlich friedlich, durch die Forschung der letzten Jahrzehnte hat sich das genaue Gegenteil herausgestellt. Schimpansen sind außergewöhnlich aggressiv und können für Artgenossen eine tödliche Gefahr darstellen. Dabei lassen sich schon vom Ausmaß der Aggressivität zwei Formen unterscheiden: Kämpfe gegen Gruppenfremde und solche gegen Gruppenmitglieder. Kämpfe gegen Angehörige von Nachbargruppen finden fast ausschließlich unter Männchen statt, dauern länger als Innergruppenauseinandersetzungen und sind besonders brutal. 30 % der Schimpansenmännchen sterben in derartigen Zwischengruppenkonflikten. Bei Kämpfen gegen Nachbarmännchen verhalten Schimpansenmännchen sich eher wie bei ihren Jagden auf Beutetiere. Die Schimpansenforscherin Jane Goodall schreibt dazu: „Ich vermute, wenn man ihnen Feuerwaffen gegeben und erklärt hätte, wie sie funktionieren, dass sie sie verwendet hätten, um ihre Nachbarn zu erschießen."

Aber auch 30 % der Kämpfe innerhalb der Gruppe führen zu Verletzungen. Während Weibchen besonders häufig um Zugang zu Futter kämpfen oder um ihre Jungen zu verteidigen, kämpfen die Männchen besonders häufig um Zugang zu paarungsbereiten Weibchen und um ihre Rangordnungsstellung. Wenn ranghohe Weibchen ihren Jungtieren bei Kämpfen helfen, überträgt sich ihr Rang auf den Nachwuchs. Danach bekommen sie besonders erfolgreiche Söhne, die viele Enkel zeugen.

1 Imponiergehabe des Schimpansen

Da nach BATEMAN die Fitnessunterschiede für Männchen viel größer sein können als für Weibchen, steht bei Auseinandersetzungen unter Männchen viel mehr auf dem Spiel. Daher kämpfen diese viel intensiver als Weibchen.

Rangordnungen gibt es in vielen geschlossenen individualisierten Gesellschaften. Sie sind manchmal linear, wobei die ranghöheren jeweils über die rangniederen Tiere dominieren. Nach dem griechischen Alphabet wird das ranghöchste als α-*Tier* bezeichnet, dann folgt das β-Tier, danach das γ-Tier und am Ende der Rangordnung das Ω-Tier. Bei den anderen Rangordnungstypen treten Gruppen gleichrangiger Tiere oder auch Dreiecksbeziehungen mit teilweise umgekehrter Rangposition zwischen einzelnen Tieren auf.

Rangordnungen führen zu Vorrechten im Zugang zu Ressourcen und dadurch zu unterschiedlich guten Erfolgen in der Zeugung bzw. in der Aufzucht von Jungen, d. h. zu Fitness-Unterschieden. Je nachdem, wie groß Gewinne und Verluste bei Auseinandersetzungen sind, treten Rangordnungskämpfe auf oder auch nicht. Wenn sich ein Kampf lohnen soll, muss der Nutzen der Ressourcen (N_R) multipliziert mit der Wahrscheinlichkeit den Kampf zu gewinnen (P_G) größer sein, als die zu erwartenden Kosten des Kampfes (K_K), d. h. $N_R \cdot P_G > K_K$.

Während unter Männchen meist eine klar ausgeprägte Hierarchie besteht, fehlt diese bei Weibchen oft. Ranghohe Männchen haben Paarungsvorteile bei fortpflanzungsbereiten Weibchen, ranghohe Weibchen besseren Zugang zum Futter. Paarungsbereite Weibchen kopulieren mit vielen Männchen nacheinander, wobei die ranghöchsten Männchen zum Zeitpunkt des Eisprunges am häufigsten zum Zug kommen und so ihre Spermien mit größerer Wahrscheinlichkeit die Eizelle befruchten. Spermien verschiedener Männchen konkurrieren um die Eizelle, was evolutiv zur Ausbildung besonders großer Hoden führte. Schwächere Männchen sichern sich Nachwuchs, indem sie mit einem Weibchen die Gruppe verlassen, bevor dessen Paarungsbereitschaft sichtbar wird.

Innerhalb von Rangordnungen haben Verlierer Nachteile. Diese werden aber meist durch die Vorteile des Lebens in der Gruppe aufgewogen. Einerseits nutzen Rangniedere den Schutz, den die Gruppe vor Feinden bietet, andererseits gehen Verlierer weniger Kosten und Risiken zu Zeiten ein, in denen ein Kampferfolg unwahrscheinlich ist. Sie warten ab, sodass sie später vielleicht einmal die Führungsrolle übernehmen können oder sie wechseln die Gruppe.

Aufgabe

① Begründen Sie auf der Grundlage einer Risikoabwägung, warum die Männchen häufiger Rangordnungen ausbilden als die Weibchen.

Zettelkasten

Versöhnung

Bei Schimpansen hat der Affenforscher FRANS DE WAAL beobachtet, dass nach aggressiven Begegnungen in 40 % der Fälle die Gegner innerhalb von einer halben Stunde Kontakt zur Versöhnung aufnehmen.

Im einfachsten Falle wurde dem Gegner die ausgestreckte, nach oben offene Hand entgegengehalten. Gelingt es Männchen nach einem Kampf nicht, die Kommunikation wieder aufzunehmen, kann ein Weibchen zwischen beiden vermitteln. Es nähert sich einem Männchen, betreibt soziale Fellpflege *(grooming)* mit ihm und fordert gleichzeitig den Kontrahenten durch einen Augenkontakt auf, zu folgen. Wenn auch das zweite Männchen neben dem Weibchen sitzt, wird es von beiden am Fell gepflegt. Zieht sich das Weibchen zurück, pflegen sich die beiden bald gegenseitig.

Während das Versöhnungsverhalten bei Schimpansen meist von den unterlegenen Tieren ausgeht, übernehmen bei ehemaligen Gegnern unter Zwergschimpansen meist die ranghohen Tiere die Initiative. Diese Schimpansenart baut soziale Spannungen besonders häufig über Sexualkontakte ab. Diese Beispiele machen deutlich, dass im sozialen Verhalten unserer nahen Verwandten Versöhnung und Konfliktvermeidung angelegt sind.

1 Gewalt in der Schule

Verhalten und Computerspiele

„Amokläufer in Schule – der als Einzelgänger bekannte Schüler X erschießt 3 Mitschüler und verletzt weitere 8 schwer. Der Schüler X hat vor der Tat intensiv gewaltverherrlichende Computerspiele gespielt…" Kann es tatsächlich sein, dass Computerspiele einen jungen Menschen zum „Killer" machen?

Die Antwort darauf ist nicht einfach, da sich menschliches Verhalten aufgrund der kognitiven Fähigkeiten nicht vollständig durch Theorien abbilden lässt. Es dabei bewenden zu lassen, käme allerdings einer Bankrotterklärung gleich, denn nur weil wir menschliches Verhalten nicht vollständig erklären können, braucht dies kein Grund zu sein, gar keinen Erklärungsversuch zu unternehmen. Für einen solchen Erklärungsversuch werden wir alle bis jetzt von Ihnen gelernten Theorien anwenden und damit versuchen, Antworten zu finden.

Klassische Konditionierung

Die *klassische Konditionierung* läuft für den Konditionierten unbewusst ab. Daher spricht man auch von einem *bedingten Reflex*, d. h. für den Konditionierten erfolgt weder die Verknüpfung von unbedingtem Reiz und neutralem Reiz noch die spätere Auslösung der Reaktion durch den ursprünglich neutralen Reiz bewusst (s. Seite 232). In der Werbung wird daher das beworbene Produkt meist in einem angenehmen Ferienambiente mit gut aussehenden Menschen präsentiert. So soll eine Verknüpfung zwischen dem Produkt und dem angenehmen Gefühl von Ferien hergestellt werden. Der durch die Werbung angestrebte bedingte Reflex wäre dann, ein angenehmes Gefühl beim Kauf des beworbenen Produktes auszulösen bzw. in dessen Erwartung eine Kaufentscheidung herbeizuführen.

Können sich intelligente Menschen tatsächlich so manipulieren lassen? Betrachtet man typische Werbebotschaften, funktionieren diese nach diesem Muster. Gleichzeitig kann man beobachten, dass Menschen für ein bestimmtes Markenkleidungsstück, das sich teilweise nur durch das Markenlogo von einer qualitativ vergleichbaren Ware unterscheidet, bereit sind, ein Vielfaches auszugeben. Da die Firmen ihre Werbeetats sehr bewusst einsetzen, scheint es doch so zu sein, dass wir mindestens teilweise so manipulierbar sind. Bei einem gewaltverherrlichenden Computerspiel werden für das häufig brutale Töten von Menschen Gewinnpunkte vergeben.

Operante Konditionierung

Bei der *operanten Konditionierung* wird ein Reiz-Reaktions-Lernen angestrebt, d. h. durch die Gabe von Verstärkern soll eine Art der Reaktion fast automatisch auf den Reiz ablaufen. Diese Art von Lernen ist sehr wichtig, zum Beispiel beim Autofahren. Sieht man die Bremslichter des Voranfahrenden aufleuchten, soll wenig überlegt und möglichst sofort gebremst werden.

Bei Gewalt verherrlichenden Computerspielen muss der plötzlich auftauchende Gegner ebenfalls ohne lange Denkpausen getötet werden, da dieser sonst die Spielerfigur selbst töten würde. Analysen von Schulmassakern zeigten, dass die Opfer meist mit einem Schuss getötet worden sind („one shot, one kill", wie man in der Spielerszene sagt). Dieser Zusammenhang ist aber nicht wissenschaftlich nachgewiesen.

Modelllernen

Die Versuche von Bandura haben gezeigt, dass durch das Modelllernen neue und auch aggressive Verhaltensweisen gelernt werden können. Ein weiterer in dieser Hinsicht wichtiger Aspekt ist der enthemmende Effekt. Unter dem enthemmenden Effekt versteht man, dass Hemmschwellen, bestimmte Taten durchzuführen, durch Modelllernen fallen können. Wird das Fallenlassen dieser Hemmschwellen systematisch belohnt, ist das Auftreten eines enthemmenden Effekts sehr viel wahrscheinlicher.

Bandura hatte dazu eine Versuchsreihe entwickelt, bei der Jungen und Mädchen drei verschiedene Versionen des Films, der die Misshandlung einer Puppe zeigt (s. Seite 233), vorgestellt wurden. In einer Version wurde das Modell, das die Puppe misshandelt, für ihre Tat belohnt, in einer weiteren für ihre Tat bestraft und in einer dritten Version erfuhr sie keine Konsequenzen für ihre Tat. Anschließend wurde der Umgang der Jungen und Mädchen mit der Puppe untersucht (Abb. 2). In einem zweiten Schritt wurde ihnen für die Misshandlung der Puppe eine Belohnung angeboten und ihr Verhalten erneut untersucht.

Inwiefern das Verhalten des Modells übernommen wird, hängt entscheidend von seiner Attraktivität ab. Handelt es sich um Modelle, die soziale Macht besitzen, ein attraktives Äußeres haben sowie die Bedürfnisse des Lerners zu erfüllen versprechen, wird das Verhalten eher übernommen.

Aggression ein Trieb?

Eine Theorie zur *Aggression*, wie sie z. B. von Konrad Lorenz vertreten wurde, ist, diese als *Trieb* zu bezeichnen. Dabei wird davon ausgegangen, dass es im *Limbischen System* (s. Seite 223) ein sogenanntes *Aggressionszentrum* gibt und aggressives Verhalten die triebverzehrende Endhandlung ist, d. h. die Befriedigung des Triebs senkt den Antrieb, sich weiter aggressiv zu verhalten (*Instinkthandlung*). Wird in einer Gesellschaft offene Aggression unterdrückt, soll dies zu einer *Aggressionsdeprivation* führen. Im Zustand der Aggressionsdeprivation soll nach dem Prinzip der doppelten Quantifizierung schon ein geringer Reiz die aggressive Endhandlung auslösen.

Ist Aggression erlernt, wie es bei Modelllernen angenommen wird, führt das Ausleben von Gewalt eher zu einer Verstärkung. Neuere Überblicksstudien unterstützen eher die Theorie des Modelllernens.

Frustrations-Aggressionshypothese

Seit den 30er-Jahren des letzten Jahrhunderts hat die Theorie zunehmend an Gewicht gewonnen, dass negative, frustrierende Erlebnisse zu Aggression führen können. Werden Personen an ihrem Willen gehindert, provoziert oder physikalischen Stressoren wie Hitze oder Lärm ausgesetzt, zeigen diese häufiger aggressives Verhalten. Allerdings ist Aggression nicht die einzige Antwortmöglichkeit auf Frustration. Je nach Persönlichkeit können sich ganz unterschiedliche Abwehrmechanismen oder Regressionen (kindliche Verhaltensweisen) zeigen.

Computerspieler = Killer !?

Zum Glück sind die meisten Computerspieler ganz normale freundliche Menschen, die selbst, wenn sie mit Gewalt verherrlichenden Computerspielen umgehen, nicht zu Mördern werden.

Sind damit die vorangegangenen Überlegungen nicht relevant? Zum Glück für die meisten ja. Zwei Faktoren scheinen besonders wichtig zu sein, nämlich wie stark der Spieler als Person gefestigt ist und wie gut er in ein soziales Gefüge eingebettet ist.

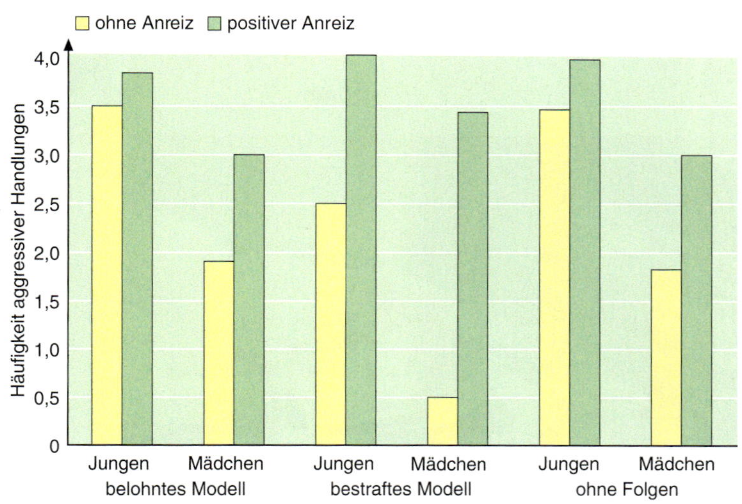

2 Aggressives Verhalten und Belohnung

Aufgaben

① Erstellen Sie ein klassisches Konditionierungsschema, das zeigt, wie bei Gewalt verherrlichenden Computerspielen eine Assoziation zwischen brutalem Töten und Glücksgefühlen beim Spieler entstehen kann.

② Erstellen Sie ein Informationsplakat, in dem Sie alle relevanten Einzelinformationen zusammenstellen. Geben Sie klar Auskunft, wer besonders gefährdet ist. Beenden Sie Ihr Plakat mit Ihrem persönlichen Fazit, ob Sie Gewalt verherrlichende Computerspiele als gefährlich einschätzen oder nicht.

③ Fassen Sie zusammen: Warum kann Ausleben von Gewalt zu mehr Gewalt führen?

Immunbiologie

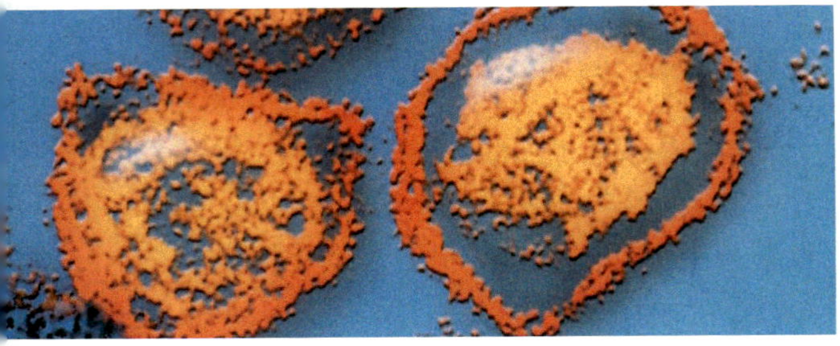

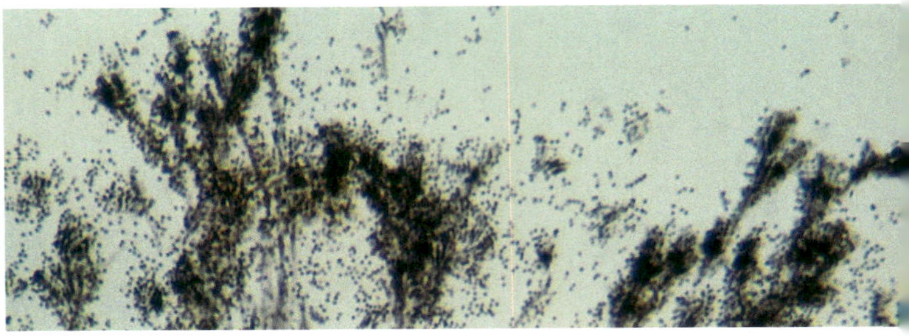

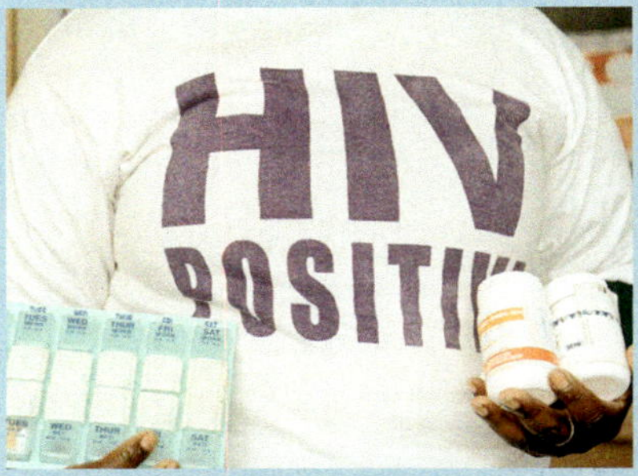

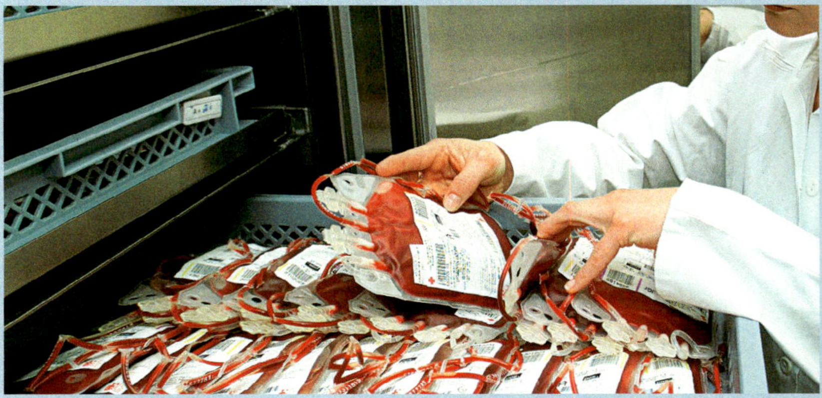

Lernsituation

Soll man sich heutzutage eigentlich noch impfen lassen? Kommt es nicht oft zu Impfunfällen? Außerdem gibt es doch Antibiotika ..., aber warum muss man von diesen immer gleich eine ganze Packung einnehmen, auch wenn es schon wieder bessergeht?

Ärzte und Krankenschwestern finden das ewige Händewaschen als sehr lästig und außerdem greift es die Haut an. Ist das wirklich heutzutage noch notwendig?

Es gibt viele gefährliche Krankheiten, aber warum ist AIDS gefährlicher als andere Krankheiten?

Viele Menschen leiden unter Allergien. Wie kommt es eigentlich dazu und kann man etwas dagegen tun?

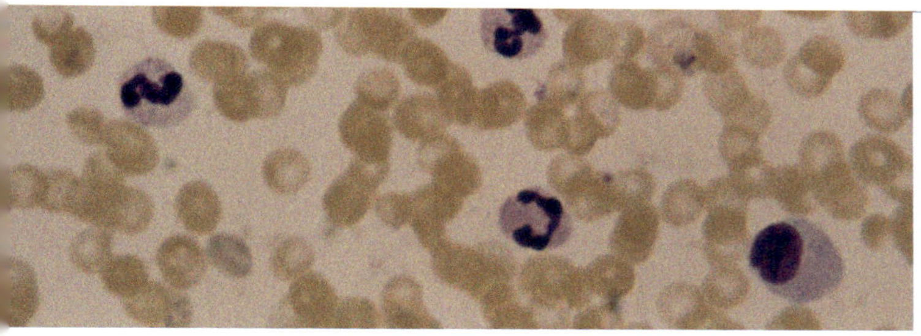

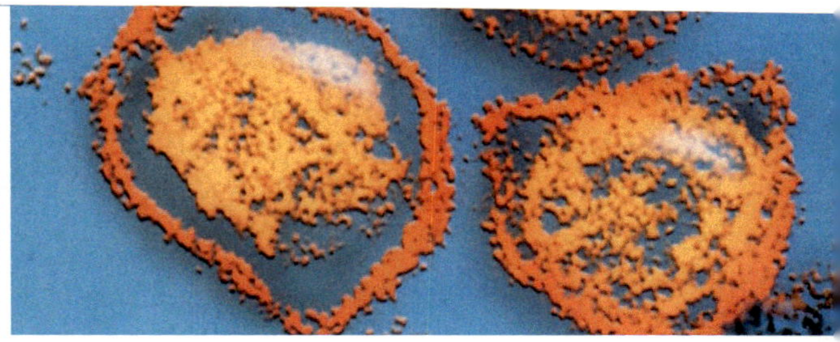

Leitfragen

Viele Mikroorganismen sind nicht gefährlich und sogar nützlich. Was macht einige Mikroorganismen gefährlich?
Röteln, Tetanus, Windpocken, ... Warum gibt es eigentlich keine „Universalimpfung“, die allen Erkrankungen vorbeugt?
Bei manchen Erregern scheint unser Immunsystem machtlos zu sein. Woran liegt das?

Einige Krankheiten wie Allergien oder Rheuma werden durch das eigene Abwehrsystem ausgelöst. Wie ist das möglich?

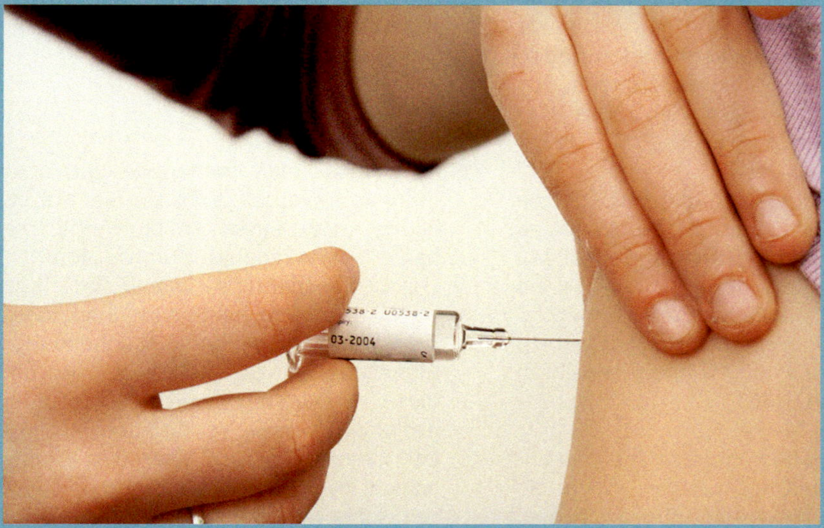

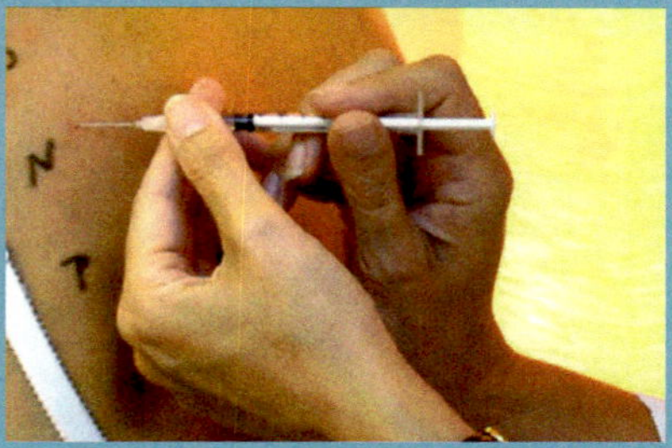

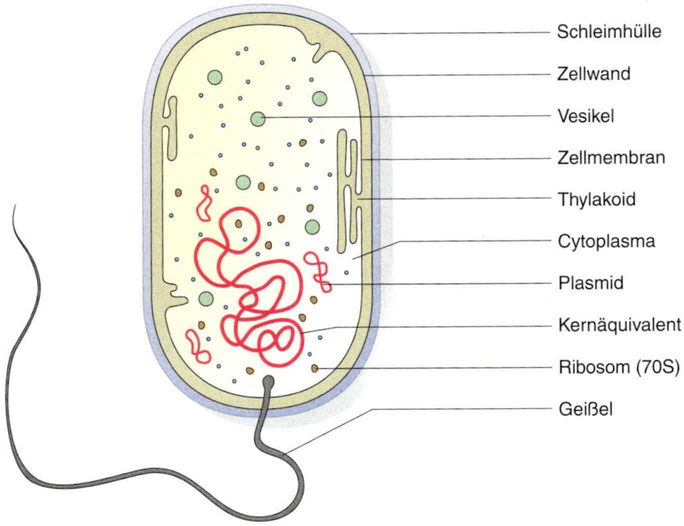

1 Aufbau Bakterienzelle (Procyte)

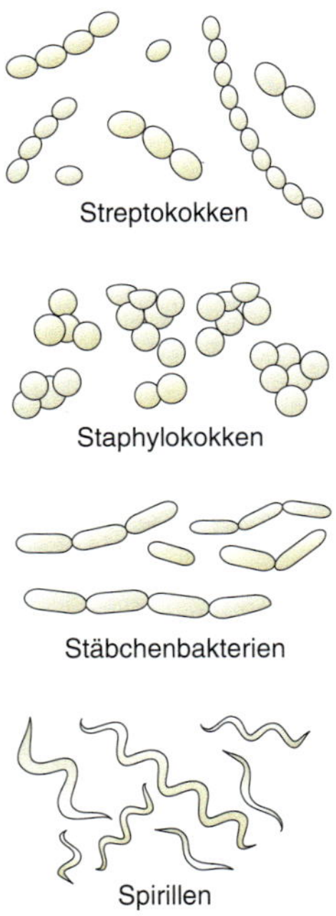

Bakterienformen

Bakterien

Bakterien sind für eine Unzahl an Infektionen wie Tetanus, Lungen- und Harnwegs- sowie viele Lebensmittelinfektionen verantwortlich. Bakterien zählen zu den *Prokaryoten* (s. Seite 26) und sind etwa 1 – 5 µm groß, d. h. in 1 ml Flüssigkeit können mehrere Milliarden Bakterien enthalten sein.

Aufbau und Vermehrung von Bakterien

Bakterien sind von einer Zellwand und einer Zellmembran umgeben. Im Cytoplasma liegt die Bakterien-DNA frei, d. h. ohne Kernhülle, vor (Abb. 1). Unabhängig vom Chromosom können Bakterien über ringförmige DNA-Abschnitte *(Plasmide)* verfügen. Plasmide enthalten Gene, die bei veränderten Bedingungen, z. B. Temperaturänderungen von Vorteil sein können. Sie werden in das Bakterienchromosom integriert.

Bakterien vermehren sich ungeschlechtlich durch Teilung, haben aber Möglichkeiten zu *genetischer Rekombination* (s. Seite 249). Bei optimalen Bedingungen kann sich ein Bakterium etwa alle 20 Minuten teilen, d. h., ein einziges Bakterium kann sich innerhalb von 12 Stunden auf 100 Millionen vermehren (▶ Reproduktion S. 350).

Einige Bakterienarten überstehen selbst ungünstigste Umweltbedingungen, indem sie *Dauerformen*, sogenannte *Sporen,* bilden, die bei günstigen Bedingungen wieder zu vermehrungsfähigen Bakterien werden, z. B. der Tetanus-Erreger *Clostridium tetani.* Der menschliche Organismus ist von krankmachenden *(pathogenen)* und nicht krankmachenden *(apathogenen)* Bakterien besiedelt. Ein Beispiel dafür ist die Besiedelung der Haut und Schleimhäute durch apathogene Bakterien, die sogenannte *Hautflora.* Dadurch entsteht ein leicht saurer Haut-pH-Wert und die Besiedelung mit pathogenen Bakterien wird erschwert.

Pathogene Bakterien

Bakterielle Infektionen führen zu vielen Infektionskrankheiten und spielen eine große Rolle bei *Lebensmittelvergiftungen.* Wichtige Erreger für Lebensmittelvergiftungen sind Salmonellen und die Giftstoffe *(Toxine)* bildenden Bakterien *Staphylokokkus aureus* sowie *Clostridium perfringens* und *botulinum.* Lebensmittelvergiftungen führen meist zu Brechdurchfällen, die besonders alte Menschen gefährden.

Beim Giftstoff von *Clostridium botulinum*, dem Botulinumtoxin, handelt es sich um ein Nervengift, welches Lähmungen verursacht und in jedem Lebensalter tödlich sein kann.

Bakterien können auch als *Lebensmittelverderber* zur Zersetzung von Lebensmitteln führen (wie Pilze, physikalische und chemische Einwirkung), was die Qualität des Lebensmittels erheblich herabsetzt. Wichtigste Maßnahmen gegen Lebensmittelvergiftung und -verderber sind entsprechende *Hygienemaßnahmen*, Einhaltung der Kühlkette und rechtzeitiger Verzehr.

Aufgaben

① Antibiotika töten pathogene und apathogene Bakterien. Erklären Sie, warum häufig nach einer Antibiotikatherapie bakteriell verursachter Durchfall auftritt.
② „Händewaschen ist der wichtigste Schutz vor Übertragung bakterieller Infektionskrankheiten.“ Erklären Sie anhand der Eigenschaften der Bakterien, warum diese Vorbeugung einer nachträglichen Antibiotikatherapie vorzuziehen ist.
③ Informieren Sie sich über den Unterschied zwischen hygienischer und chirurgischer Händedesinfektion.

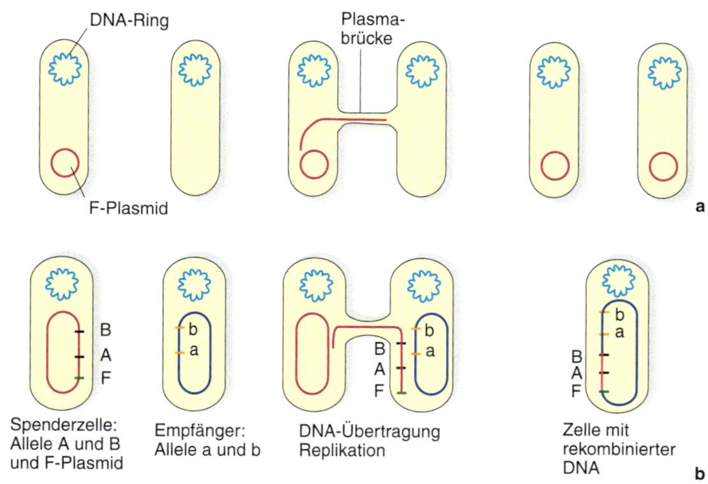

1 Konjugation bei Bakterien

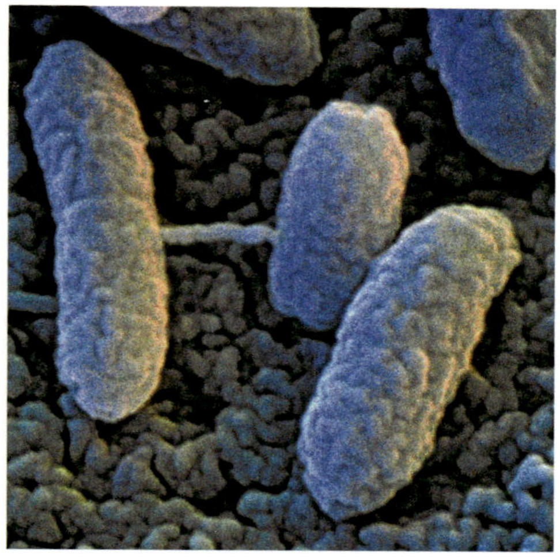
Konjugation bei Bakterien

Angepasstheit von Bakterien: Genetische Rekombination

Prokaryoten wie Bakterien vermehren sich ungeschlechtlich durch Teilung, d.h. die Rekombinationsmechanismen der Eukaryoten Meiose und Befruchtung stehen den Prokaryoten nicht zur Verfügung. Trotzdem kann man bei Bakterien das Auftreten neuer Eigenschaften beobachten. Dies ist hoch relevant bei der Ausbildung von *Resistenzen* gegen Antibiotika. Dies bedeutet, dass vorher wirksame Medikamente, bei dieser Bakterienart nicht mehr wirken (▶ Information und Kommunikation S. 358).

Konjugation

Prokaryoten besitzen einen besonderen Mechanismus zur genetischen Rekombination, die direkte DNA-Übertragung. Dafür verbinden sich zwei Bakterienzellen mittels einer Plasmabrücke. Die Bakterienzelle, die die Plasmabrücke ausbildet, die *Donorzelle*, vervielfältigt ihre DNA und überträgt diese zur Empfängerzelle. Teile der übertragenen DNA werden nun in das Plasmid und die chromosomale DNA der Empfängerzelle eingebaut. Wird die chromosomale DNA der Empfängerzelle dann transkribiert und translatiert, führt dies zur Bildung neuer Proteine, die die Eigenschaften der Bakterienzelle verändern. Diese Art der Übertragung von genetischer Information mittels einer Plasmabrücke wird *Konjugation* genannt.

Transformation

Bakterienzellen können freie DNA auch aus der Umgebung aufnehmen und diese in ihr eigenes Genom integrieren. Diese Art der Rekombination nennt man *Transformation*. Die Transformation wird in der Gentechnik zur Herstellung genetisch veränderter Organismen genutzt.

Transposition

Genabschnitte können innerhalb des Bakterienchromosoms verschoben werden. Weiterhin besteht bei den Bakterien die Möglichkeit, Genabschnitte vom Bakterienchromosom auf das Plasmid oder vom Plasmid auf das Bakterienchromosom zu verschieben. Die *Transposition* ist ein wichtiger Mechanismus, der eine schnelle Antibiotikaresistenz erklären kann.

Transduktion

Viren können auch Bakterien als Wirtszellen benutzen; man nennt diese speziellen Viren *Phagen*. Dabei übertragen und integrieren die Viren ihre DNA in das Bakterienchromosom. Diese Art der DNA-Übertragung wird als *Transduktion* bezeichnet.

Aufgaben

1. Erklären Sie die Mechanismen, die bei zu kurzem und übermäßigem Einsatz von Antibiotika zu Resistenzentstehung führen können.
2. Die Transduktion kann auch in der Gentechnik angewandt werden. Welche Nachteile hat diese im Vergleich zur Transformation?

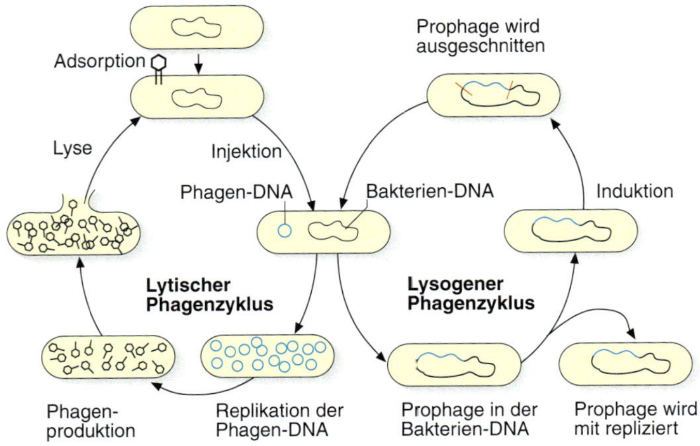

1 Lytischer und lysogener Vermehrungszyklus von Phagen

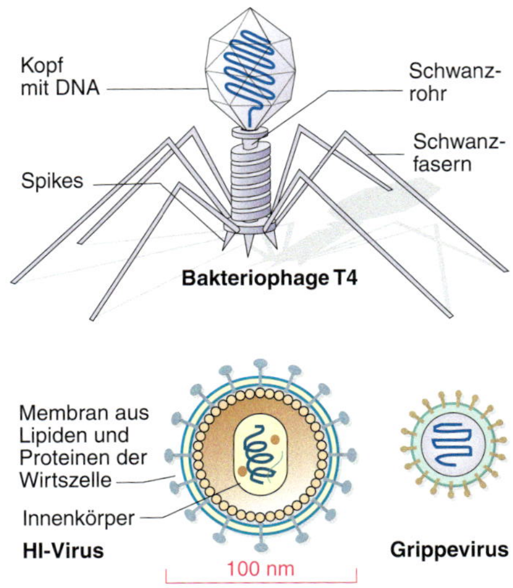

2 Bau verschiedener Viren

Viren

Lyse
Zerfall einer Zelle durch Auflösung der äußeren Zellmembran

Viren sind zwischen 25 nm und 300 nm groß. Damit sind sie 10- bis 100-mal kleiner als Bakterien. Auch Viren sind für eine Vielzahl von Erkrankungen wie Grippe, Poliomyelitis, Herpes und AIDS verantwortlich. Viren bestehen im Wesentlichen aus einer Proteinhülle und Erbsubstanz in Form von DNA oder RNA.

Viren haben keinen eigenen Stoffwechsel und werden daher nicht zu den Lebewesen gezählt. Sie können sich nur in lebenden Zellen vermehren, die man *Wirtszellen* nennt. Viren können sich in eukaryotischen und prokaryotischen Wirtszellen vermehren. Viren, die prokaryotische Zellen befallen, bezeichnet man als *Phagen* (▶ Reproduktion S. 350).

Der Befall einer Wirtszelle beginnt damit, dass Oberflächenproteine des Virus sich nach dem *Schlüssel-Schloss-Prinzip* mit Oberflächenproteinen der Wirtszelle verbinden. Nachdem das Virus seine Wirtszelle erkannt hat, wird die Erbsubstanz des Virus auf die Wirtszelle übertragen. Die Erbsubstanz der Viren integriert sich in die DNA der Wirtszelle. Die integrierte Viren-DNA enthält starke *Promotoren* (s. Seite 158), die die Wirtszelle geradezu umprogrammieren. Die infizierte Wirtszelle stellt ihren eigenen Stoffwechsel fast vollständig ein und produziert dann fast ausschließlich Virenproteine und repliziert Viren-Erbsubstanz.

Aus Virusproteinen und -erbsubstanz fügen sich spontan neue Viren in der Wirtszelle zusammen. Verlassen diese dann die Zelle, führt dies meist zur Lyse der Wirtszelle. Man spricht deshalb auch vom *lytischen Zyklus* (Abb. 1).

Ein anderer Mechanismus ist, die Virenerbsubstanz nur in die Wirts-DNA zu integrieren, ohne die Wirtszelle direkt umzuprogrammieren. Teilt sich die Wirtszelle anschließend, wird auch die Viren-DNA vermehrt. Die Viren können sich auf diese Weise vermehren, ohne zunächst ihren Wirt zu schädigen; man spricht vom *lysogenen Zyklus*. Auf ein Signal hin, man vermutet z. B. eine Schwäche des Immunsystems des Wirtsorganismus, gehen die Viren in den lytischen Vermehrungszyklus über. Diese Vermehrungszyklen sind sehr gut für Phagen untersucht, hinsichtlich Herpes- und AIDS-Viren sind sie ähnlich.

Bei Viren führen zwei Mechanismen zur *Rekombination*: Mutationen innerhalb des Virengenoms und Rekombinationen durch Austausch von Erbsubstanzabschnitten genetisch unterschiedlicher Virenarten. Die letzte Art der Rekombination kann nur bei gleichzeitiger Infektion der Wirtszelle durch zwei Viren einer Art, die sich in Teilen genetisch unterscheiden, geschehen.

Aufgabe

① Stellen Sie den Mechanismus zusammen, wie aus einem Vogelgrippevirus, der nur über direkten Kontakt zu Geflügel übertragen wird, und dem menschlichen Grippevirus ein hochgefährlicher neuer Grippevirus entstehen kann.

Tierische und andere Parasiten als Krankheitserreger

Neben *Bakterien* und *Viren* gibt es noch weitere häufige Erreger von Krankheiten, mit denen man in Kontakt kommen kann.

Tierische Parasiten

Besondere Bedeutung haben die einzelligen tierischen Parasiten. Diese bestehen aus einer einzigen voll funktionsfähigen Zelle mit Zellkern und werden *Urtierchen* oder *Protozoen* genannt. Durch Protozoen wird eine der häufigsten Infektionskrankheiten weltweit, die *Malaria*, ausgelöst. Weitere Beispiele sind die *Schlafkrankheit*, Durchfallerkrankungen wie die *Amöbenruhr* und die Schwangerschaftserkrankung *Toxoplasmose*.

Der Entwicklungszyklus von Protozoen ist häufig recht kompliziert und mit Wirtswechseln verbunden. Bekanntestes Beispiel dafür ist die Malaria. Die Malariaerreger, die *Plasmodien,* durchlaufen dabei einen Entwicklungszyklus im Endwirt, der Anopheles-Mücke, und einen im Zwischenwirt, dem Menschen. Beim Menschen werden zunächst die Leberzellen und dann die Erythrocyten befallen (Abb. 2). Die ungeschlechtliche Vermehrung in den Erythrocyten führt zu deren Untergang und die so freigesetzten Entzündungsstoffe führen zu einem Fieberschub. Sticht nun eine Anophelesmücke den an Malaria Erkrankten, nimmt sie die Plasmodien auf. Diese vermehren sich dann geschlechtlich in der Mücke. Zu den mehrzelligen Parasiten gehören die Würmer, wie der Bandwurm, und die Gliedertiere, wie Flöhe und Milben.

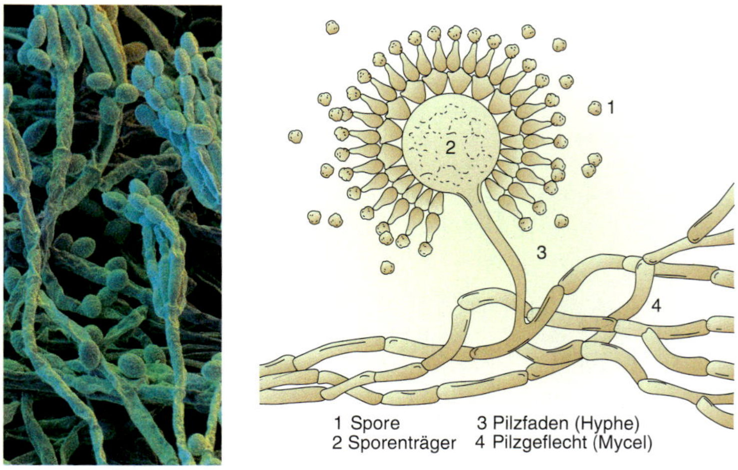

1 Schimmelpilz, Mycel, Sporen

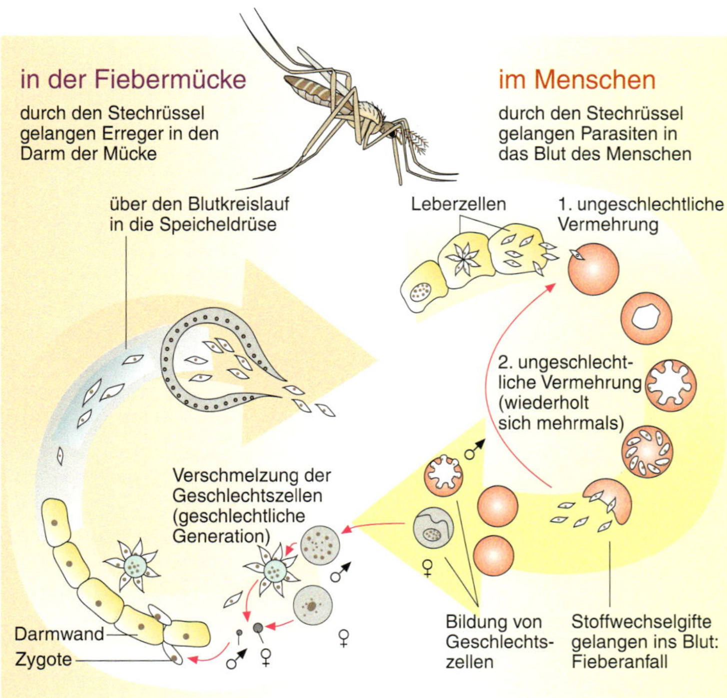

2 Wirtswechsel am Beispiel der Plasmodien

Pilze als Parasiten

Pilze gehören zu den *Eukaryoten* und bilden ein eigenes Reich neben den Tieren und Pflanzen. Pilze können keine Fotosynthese betreiben, d. h. sie leben heterotroph durch den Abbau von energiereichen Molekülen. Viele Pilze bilden dafür ein Geflecht aus sehr feinen Pilzfäden, das *Mycel*, das dem Wirt die Nährstoffe entzieht (Abb. 1). Wichtige Pilzerkrankungen betreffen vor allem die Haut und die Lunge, typische Hauterkrankungen sind die Windeldermatitis und der Fußpilz.

Erkrankungen der Lunge geschehen meist durch Einatmen von Fortpflanzungszellen der Pilze, den *Sporen.* Diese können zu Lungenentzündungen führen, vor allem bei Menschen mit beeinträchtigtem Immunsystem. Pilze können weiterhin Giftstoffe *(Toxine)* bilden. Das vom Schimmelpilz produzierte *Aflatoxin* ist bei einer Dosis von weit weniger als einem Gramm tödlich und kann auch in geringen Dosen zu schweren Leberschäden und Leberkrebs führen. Da Lebensmittel häufig unsichtbar bereits komplett vom Mycel durchzogen sind, ist das gesamte Lebensmittel zu entsorgen, nur Ausschneiden der befallenen Stelle reicht nicht.

Mechanismen des Immunsystems

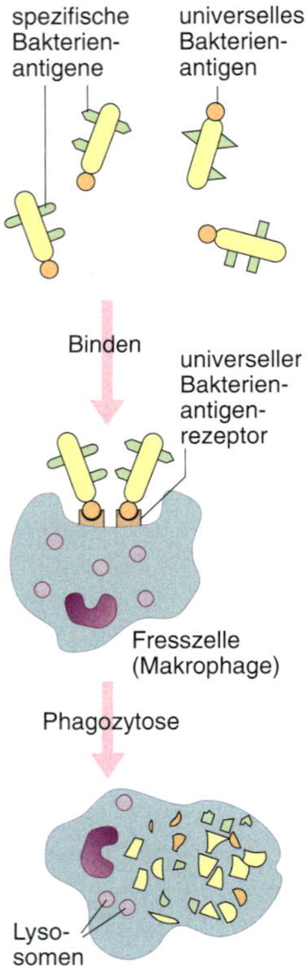

Das Immunsystem des Menschen wird gerne mit der Polizei verglichen und je genauer man das Immunsystem kennenlernt, desto mehr kann man feststellen, dass das System nicht nur der Polizei, sondern unserem Rechtsstaat gleicht. Drei Prinzipien sind dabei wichtig: Gesetzestreue dürfen nicht attackiert werden, die Maßnahmen müssen verhältnismäßig sein, schwerwiegende Eingriffe in die Rechte des Bürgers müssen durch eine andere Instanz genehmigt werden. Willkommen im Rechtsstaat „Körper"....

Erkennen von Selbst und Fremd

Das erste Prinzip lautete, dass Gesetzestreue nicht behelligt werden sollen, dafür haben die körpereigenen Zellen eine Art Personalausweis, den Gewebeverträglichkeitskomplex *(Major Histocompatibility Complex, MHC)*.

Dieser MHC ist bei jedem Menschen unterschiedlich, er ist individuell wie ein Personalausweis. Zellen mit unverändertem MHC können so als körpereigene Zellen erkannt werden, alle anderen fremden Zellen und Partikel wie Giftstoffe, Erreger, Krebszellen und Transplantate von anderen Menschen werden als fremd erkannt und angegriffen.

Das Abwehrprinzip der drei Barrieren

Das zweite Prinzip, das Gebot der Verhältnismäßigkeit, ist im Immunsystem durch ein abgestuftes Barrierenprinzip verwirklicht: die Haut, das unspezifische und das spezifische Abwehrsystem (s. Seite 254).

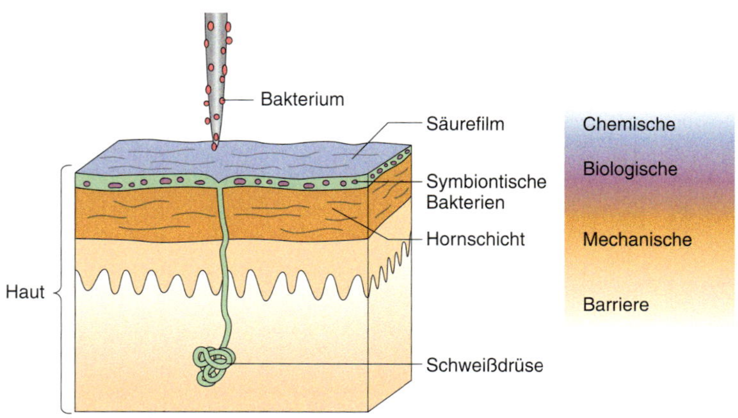

1 Barrieren gegen Mikroorganismen in der Haut

Intakte Haut

Es ist besser, Erreger erst gar nicht in den Körper gelangen zu lassen, statt sie nachher bekämpfen zu müssen. Entsprechend fungiert die erste Barriere: Die intakte Haut als Schutzwall. Die oberste Schicht der Haut ist für Mikroorganismen nahezu undurchdringlich. Die Sekrete der Schweiß- und Talgdrüsen können Erreger wegschwemmen, außerdem wird so der Säureschutzmantel gebildet, der viele Bakterien am Wachstum hemmt. Die Schleimhäute werden über verschiedene Mechanismen geschützt, in der Luftröhre werden durch die dort befindlichen Flimmerhaare Mikroorganismen wieder herausbefördert, im Magen herrscht durch den Magensaft ein sehr saures Milieu und die Schleimhaut der Scheide wird mithilfe der Besiedlung von Laktobakterien durch einen sauren pH-Wert geschützt.

Unspezifisches Immunsystem

Hat ein Erreger die Haut überwunden, stößt er auf die 2. Barriere, das *unspezifische Immunsystem*. Wie der Name bereits andeutet, wird auf dieser Stufe kein spezieller Erreger bekämpft, alles wird angegriffen, was „fremd" ist. Als fremd erkannte Stoffe, die eine Immunreaktion hervorrufen, werden *Antigene* genannt. Die vom unspezifischen Immunsystem erkannten Antigene sind sehr allgemein, also typische Strukturen, die bei vielen Bakterien und Viren vorkommen (siehe Abb. Randspalte).

Das unspezifische Immunsystem hat zwei Arme: Der humorale Arm besteht aus antiviralem und antibakteriellen Faktoren in den Körperflüssigkeiten. Der zweite ist an Zellen gebunden, es ist der zelluläre Arm der unspezifischen Abwehr. Humorale Faktoren sind in Körperflüssigkeit gelöst wie das Enzym Lysozym, welches die Zellwand von Bakterien angreift. Lysozym findet sich in der Tränenflüssigkeit und im Speichel. Ein weiterer humoraler Faktor ist Interferon, das die Virenvermehrung hemmt. Ein besonderer humoraler Faktor ist das Komplementsystem. Dieses kann über einen lange Kaskade auch durch die o. g. unspezifischen Antigene aktiviert werden und führt dann zur Lyse, d. h. zur Auflösung der Zellmembran oder Wand der entsprechenden Zellen. Der zelluläre Arm des unspezifischen Immunsystems besteht vor allem aus Zellen, die Fremdkörper auffressen. Man nennt

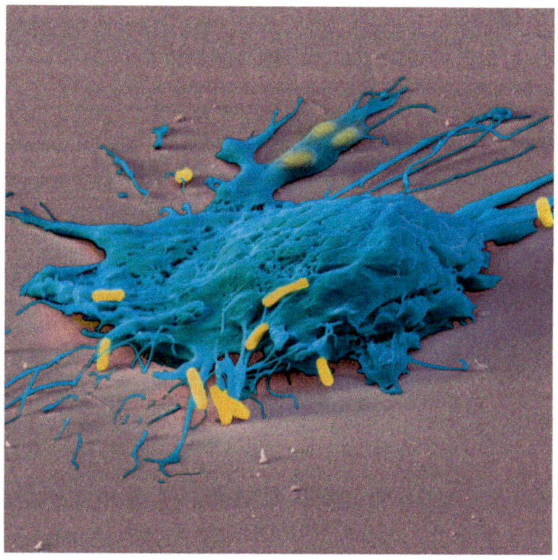

2 Ein Makrophage mit Bakterien (kolorierte REM-Aufnahme

diese Fresszellen oder *Phagocyten*. Besonders wichtig sind die großen Phagocyten, die *Makrophagen* (Abb. 2), die eine besondere Rolle in der Entzündungsreaktion spielen.

Entzündungsreaktion

Bei einer Verletzung der Haut gelangen häufig Erreger, z. B. Bakterien, in den Körper. Manchmal wird die Verletzung zunächst gar nicht bemerkt. Erst nach einigen Stunden zeigen sich die typischen *Entzündungszeichen*: Rötung, Schwellung, Schmerzen, Überwärmung und eine eingeschränkte Funktion. Diese Entzündungszeichen rühren von dem Abwehrkampf des unspezifischen Immunsystems mit dem Erreger her.

Ablauf der Entzündungsreaktion

An diesem Abwehrkampf sind unterschiedliche Leukocyten (s. Seite 237) des unspezifischen Abwehrsystems beteiligt. Eine entscheidende Rolle spielen zwei Typen von Fresszellen, die Makrophagen *(Riesenfresszellen)* und die Granulocyten. Diese Fresszellen besitzen an ihrer Oberfläche spezielle Rezeptorproteine, mit denen sie Bakterien als körperfremd erkennen können (s. Randspalte, Seite 252). Haben die Fresszellen den eingedrungenen Erreger als fremd erkannt, nehmen sie diesen durch Einstülpung ihrer Membran auf und verdauen ihn. Diesen Vorgang nennt man *Phagocytose*. Gleichzeitig geben die Makrophagen Botenstoffe, die sogenannten *Cytokine*, ab. Die Cytokine erweitern die Blutkapillaren und machen deren Kapillarwände durchlässiger. So gelangen verstärkt Fresszellen aus dem Blut ins Gewebe. Während Makrophagen mehrere Bakterien phagocytieren können, gehen Granulocyten dabei oft selbst zugrunde und bilden den Hauptbestandteil des Eiters. Dieser wird schließlich durch Makrophagen abgebaut.

Neben den Makrophagen geben auch *Mastzellen*, die sich an der Entzündungsstelle befinden, einen Botenstoff, das *Histamin*, frei. Histamin macht die Wände der Blutkapillaren zusätzlich durchlässiger. Durch die Kapillarwände tritt Blutplasma aus, womit weitere unspezifische Faktoren, z. B. die humoralen Komplementproteine, an den Infektionsherd gelangen und den Erreger selbst zerstören oder dabei unterstützend wirken. Weiterhin bewirkt der Blutplasmaaustritt, dass die Entzündungsstelle anschwillt, schmerzt, sich wärmer anfühlt und in der Funktion eingeschränkt ist.

Aufgaben

① Beschreiben Sie mit einem Flussdiagramm, wie die Symptome einer Entzündung entstehen.

② Begründen Sie, warum die Entzündungsreaktion zur unspezifischen Abwehr gezählt wird.

Phagocytose
Aufnahme von Feststoffen in eine Zelle durch Membraneinstülpung

Cytokine
Glykoproteine, die Wachstum und Differenzierung von Zellen beeinflussen

Leukocyten
weiße Blutzellen

Lymphocyten
Bestimmte Leukocyten, die u. a. in der Lymphe vorkommen

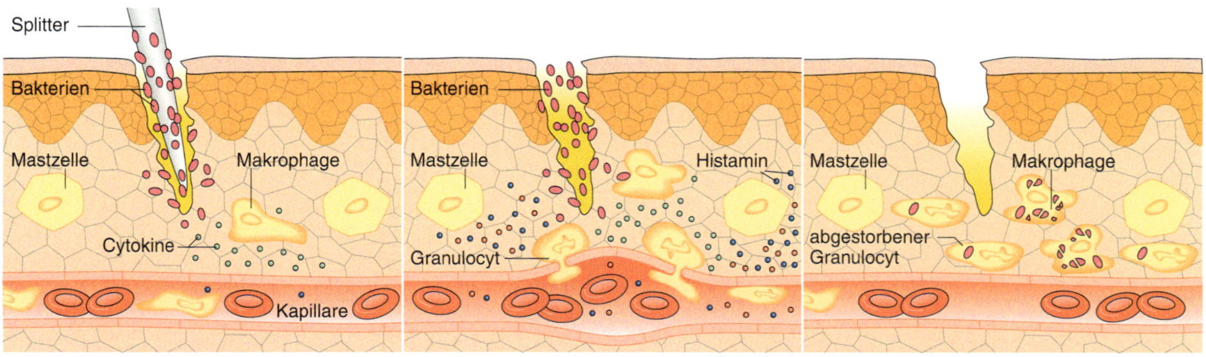

3 Ablauf einer Entzündungsreaktion

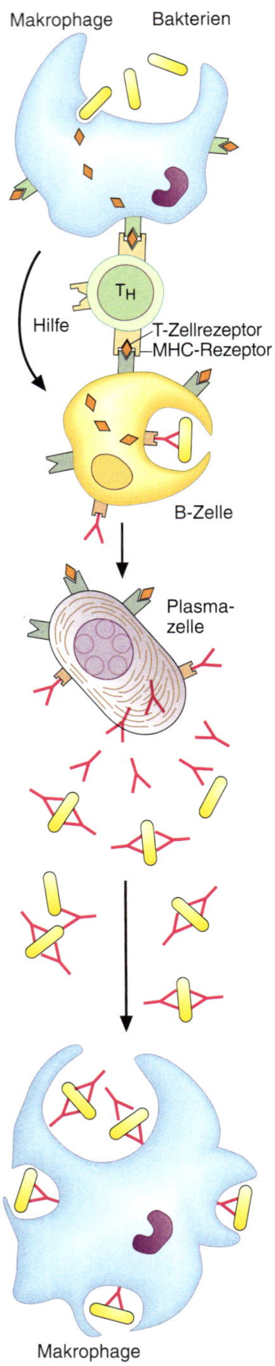

T-Zellhilfe bei der Antikörperproduktion

Spezifisches Abwehrsystem

Einige Erreger entkommen dem unspezifischen Abwehrsystem. Sie werden nicht erkannt, oder können durch die Makrophagen nicht abgebaut werden. Für diese Erreger kommt die „Antiterrorspezialeinheit" des Körpers, das *spezifische Immunsystem* zum Einsatz. Ein Angriff dieses spezifischen Immunsystems gegen eine Zelle endet immer tödlich. Richtet sich dieses gefährliche System gegen den eigenen Körper, sind *Allergien* (s. Seite 260) und sogenannte *Autoimmunkrankheiten* (s. Seite 261) die Folge. Um solche Folgen möglichst auszuschließen, gibt es im spezifischen Immunsystem ausgeklügelte Kontrollmechanismen (▶ Information und Kommunikation S. 358)

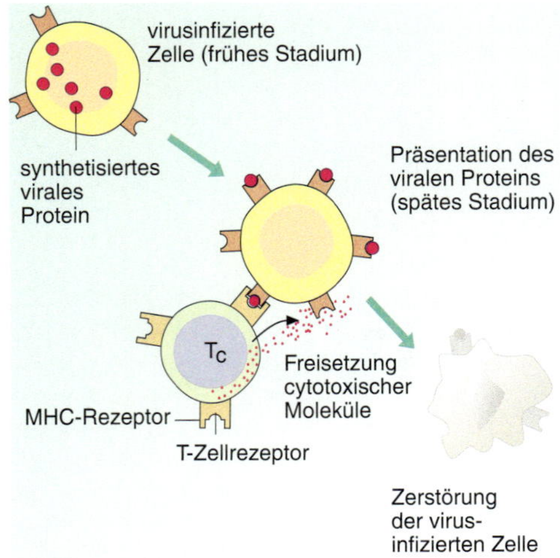

1 T-Killerzellen eliminieren virusbefallene Zellen

Arme des spezifischen Immunsystems

Das spezifische Immunsystem besteht wie das unspezifische aus einem *humoralen* und einem *zellulären Arm.* Der humorale Arm besteht aus den von B-Zellen produzierten Antikörpern, der zelluläre Arm aus T-Zellen.

Humorale Immunantwort

Kann ein Makrophage einen Erreger nicht durch Phagocytose unschädlich machen, transportiert der Makrophage Bruchstücke der Antigene dieses Erregers an seine Oberfläche und wird so zu einer sogenannten Antigen präsentierenden Zelle (s. Randspalte). An die präsentierten Antigene des Erregers dockt spezifisch eine besondere T-Zelle, die *T-Helferzelle*(T_H), an. An den spezifischen Rezeptor der T-Helferzelle muss sich nun wiederum eine B-Zelle spezifisch andocken. Erst nach dieser zweifachen Kontrolle setzt die T-Helferzelle stimulierende Botenstoffe *(Cytokine)* frei. Diese bewirken, dass sich die B-Zelle in eine Antikörper produzierende *Plasmazelle* umwandelt. Weiterhin bewirken die Cytokine eine rasche Zellteilung der spezifischen Plasmazelle. Durch die so entstandenen Klone dieser Plasmazelle können nun große Mengen spezifischer Antikörper gegen den Erreger hergestellt werden (▶ Information und Kommunikation S. 358).

Das Andocken von Antikörpern an Erreger und Giftstoffe schädigt diese in vielfacher Weise: Bindungsstellen werden blockiert, Partikel werden verklumpt (s. Randspalte Seite 255) und lösliche Antigene fallen durch die Verklumpung aus. Schließlich markieren antikörperbesetzte Antigene diese für den Angriff von Makrophagen und Komplement. Die Komplementfaktoren können sich dann an den konstanten Teil der Antikörper anheften und den Erreger lysieren. Makrophagen finden antikörpermarkierte Erreger leichter auf und werden zusätzlich durch die Markierung angeregt, stärker wirksame Giftstoffe zu produzieren.

Zelluläre Immunantwort

Die zelluläre Immunantwort erfolgt durch *T-Killerzellen* (T_C). Diese richten sich vor allem gegen intrazelluläre Veränderungen, die z. B. durch Virusinfektionen oder Krebs entstehen. Im Prinzip gibt es viele Übereinstimmungen mit der humoralen Abwehr. Ein wichtiger Unterschied ist jedoch, dass der spezifische Rezeptor der T-Killerzellen membranständig ist *(T-Zellrezeptor).* Zwei Bedingungen müssen erfüllt sein, dass die T_C-Zelle aktiv wird: Sie muss erkennen, dass es sich um eine Zelle mit körpereigenem MHC handelt, und mittels ihres spezifischen T-Zellrezeptors das Antigen. Nur wenn beide Strukturen erkannt wurden, wird die betroffene Zelle vernichtet (Abb. 2). Die Vermehrung der T-Zellen erfolgt vergleichbar mit B-Zellen durch Bildung von Klonen.

Das immunologische Gedächtnis

Werden B- oder T-Zellen nach Antigenkontakt durch T-Helferzellen stimuliert, bilden diese zusätzlich einen besondern Zelltyp, die *Gedächtniszellen.* Diese sind in der Lage, sich bei erneutem Kontakt mit dem gleichen Antigen an dieses zu „erinnern" und innerhalb kürzester Zeit die spezifische Immunreaktion auszulösen. Den Zustand, wenn Ge-

MHC
(**M**ajor **H**istocompatibility **C**omplex)
MHC-Proteinkomplexe signalisieren „körpereigen" oder präsentieren Antigene.

dächtniszellen vorliegen, nennt man *Immunität*. Diese kann entweder durch direkten Kontakt mit dem Erreger oder durch die entsprechende *Impfung* entstehen.

Impfung

Man unterscheidet zwei Formen von Impfungen: die aktive und die passive. Bei der aktiven Impfung wird als Impfstoff ein Antigen des Erregers bzw. der abgeschwächte oder abgetötete Erreger selbst gespritzt. Das Immunsystem behandelt den Impfstoff wie den echten Erreger, d. h. es werden Antikörper und Gedächtniszellen gebildet. Um einen ausreichenden Schutz vor dem Erreger, eine Immunität, zu erreichen, müssen die meisten Impfstoffe dreimal im Laufe von 3 Monaten verabreicht werden. Je nach Impfstoff kann so ein Schutz für bis zu 10 Jahre erreicht werden. Nach Ablauf dieses Impfschutzes muss erneut geimpft werden.

Bei der passiven Impfung werden keine eigenen Antikörper gebildet, sondern fremde, z.B. von einem Pferd gebildete, Antikörper gegen den spezifischen Erreger gespritzt. D.h. bei diesem Verfahren wurde das Pferd aktiv geimpft, die gebildeten Antikörper des Pferdes entnommen und dann als passive Impfung dem Menschen gespritzt. Der Schutz einer passiven Impfung hält nur bis zum Abbau der spezifischen Antikörper an, d. h. nur wenige Wochen.

Aufgaben

① Erklären Sie, warum eine Hepatitis-A-Impfung keinen Schutz gegen Hepatitis B gibt.

② Wie ist es möglich, dass ein Erwachsener, der als Kind gegen Kinderkrankheiten, z.B. Poliomyelitis geimpft worden ist, als Erwachsener daran erkrankt?

③ Überlegen Sie mithilfe des Textes, wann eine passive Impfung unbedingt angebracht ist.

④ Kinderärzte bezeichnen das Nicht-Impfen von gesunden Kindern als „unsozial". Wie lässt sich dies erklären?

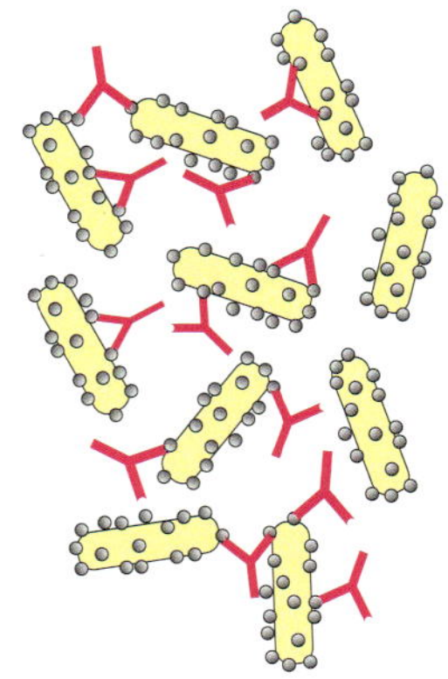

Verklumpung von Zellen durch Antikörper

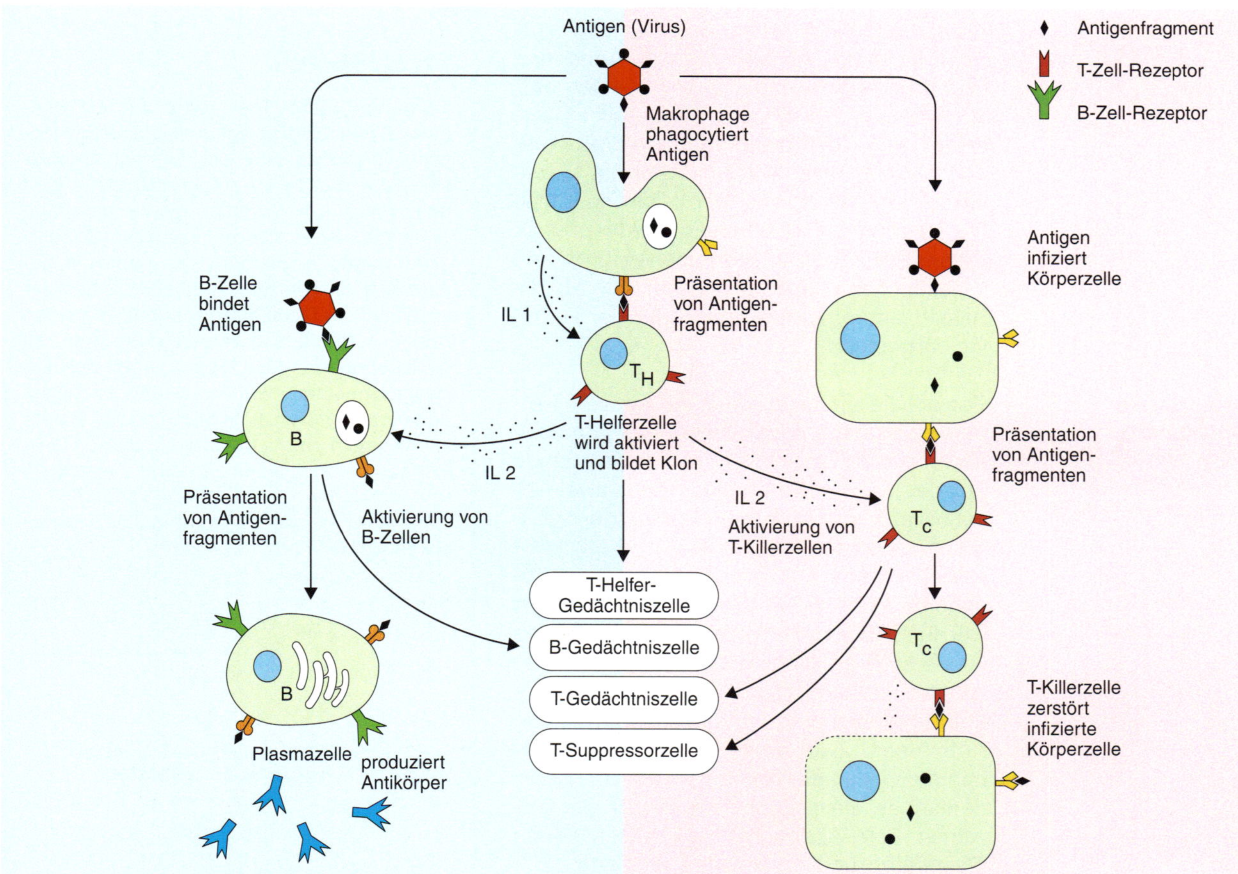

2 Überblick über humorale und zelluläre Immunreaktion

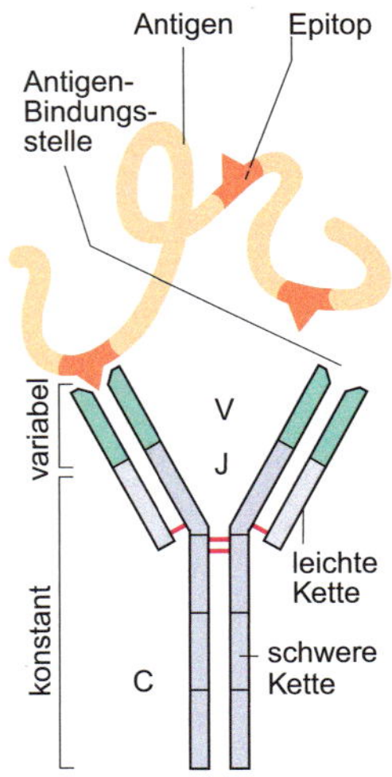

Antikörper bindet an Epitop

Grundaufbau von Antikörpern

Durch das *Schlüssel-Schloss-Prinzip* wird erreicht, dass nur spezifisch Zellen mit fremden Antigenen angegriffen werden können. Dieses Prinzip bietet eine hohe spezifische Sicherheit, bedeutet aber gleichzeitig, dass für jedes Antigen einer fremden Zelle mindestens eine spezifische Immunzelle vorliegen muss. Das heißt im Körper liegen Milliarden verschiedener spezifischer Immunzellen vor; eine Herausforderung die, wie hier beschrieben, elegant durch ein Baukastenprinzip gelöst wird (▶ Struktur und Funktion S. 348)

Baukastenprinzip für Rezeptoren

Der Grundaufbau von Antikörpern ist Y-förmig, sie bestehen aus jeweils zwei identischen schweren und leichten Ketten. Alle Antikörper haben einen identischen konstanten Teil und den jeweils spezifischen variablen, Antigen bindenden Teil (s. Randspalte). Bei T-Zellen sind diese Rezeptoren membranständig, aber im Prinzip ähnlich aufgebaut.

Die spezifische Abwehr beruht auf dem Vorratsprinzip, d. h. für Millionen von Antigenen liegen bereits B- und T-Zellen mit den entsprechenden spezifischen Rezeptoren vor. Woher kann der Körper aber im Voraus wissen, welche Erreger irgendwann im Leben einmal relevant sein können? Die Lösung ist wie so oft in der Natur ein Baukastenprinzip. Dieses Prinzip ist im Wesentlichen für B- und T-Zellen gleich und wird daher nur für die besser untersuchten Antikörper der B-Zellen dargestellt:

Monoklonale Antikörper
Von einem B-Lymphozyt (Zellklon) gezielt produzierter Antikörper

Sowohl die leichte als auch die schwere Kette werden nach dem oben genannten Baukastenprinzip erstellt. Der Antigen bindende Teil der leichten Kette besteht aus zwei Abschnitten V *(variable)* und J *(join)*; der konstante aus einem Teil C. Für V sind etwa 200 Genabschnitte bekannt, für J 4. Diese Abschnitte können wie Bausteine kombiniert werden (Abb. 1). Nach dem gleichen Prinzip ist die schwere Kette aufgebaut, die mit der leichten kombiniert wird. So ergeben sich über 7 Millionen unterschiedlich gebaute Antikörper. Zwei weitere Prinzipien erhöhen die Vielfalt der Antikörper um ein Milliardenfaches. Beim Zusammensetzen der einzelnen DNA-Abschnitte geschehen häufig *Deletionen* und *Insertionen* (s. Seite 127), weiterhin wird durch die Stimulation der B-Zellen nach Antigenkontakt die Mutationsrate um ein Millionenfaches verstärkt. Alle drei Mechanismen zusammen ergeben die unglaubliche Zahl von 10^{15} möglichen unterschiedlichen Antikörpern.

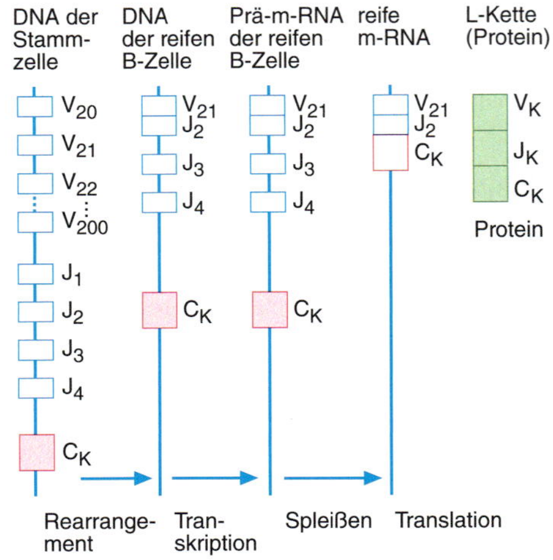

1 Prinzip der Antikörpervielfalt

Zettelkasten

Der ELISA-Test

Für einen ELISA-Test (engl. für *Enzyme-Linked Immunosorbent Assay)* werden zunächst Probengefäße mit dem zur Immunisierung verwendeten, aufgereinigten Antigen beschichtet. Dann werden die zu testenden *monoklonalen Antikörper* in jeweils ein Testgefäß gegeben. Befindet sich darin der gesuchte Antikörpertyp, binden die Antikörper an die auf der Gefäßoberfläche festsitzenden Antigene. Die Gefäße werden gewaschen, um nicht gebundene Antikörper zu entfernen. Ein zweiter Antikörper wird hinzugegeben, der an den monoklonalen Antikörper bindet. Dieser ist mit einem Enzym verkoppelt, das ein farbloses Substrat in einen Farbstoff umwandelt. Hybridomklone, die den gewünschten monoklonalen Antikörper (MAK) enthalten, werden am gebildeten Farbstoff erkannt.

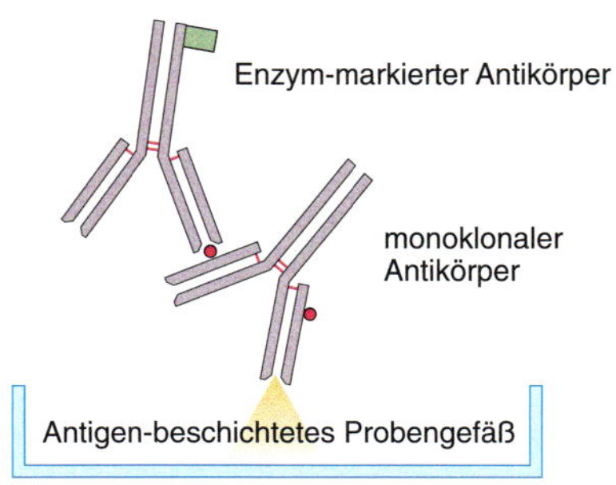

Lexikon

Das Immunsystem

Das Immunsystem umfasst mehrere Organe, die nur im Zusammenspiel eine adäquate Immunantwort erlauben.

Lymphsystem

Das Lymphsystem ist im Gegensatz zum Herz-Kreislaufsystem ein *offenes System*, d. h. es beginnt blind. Es dient zur Drainage von Lymphe, die aus aus den Kapillaren ausgetretenem Blutplasma und weißen Blutkörperchen besteht. Die Lymphe wird in immer größeren Lymphbahnen zu den *Lymphknoten* und den anderen *lymphatischen Organen* geführt.

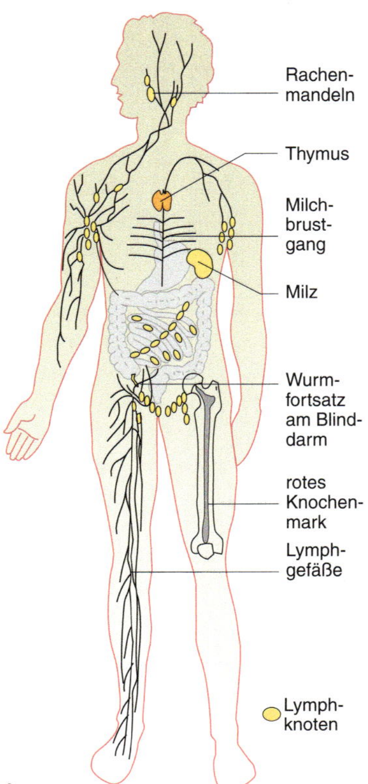

1

Dort werden Antigene aus dem Gewebe rasch den entsprechenden immunkompetenten Zellen zugeführt. Man bezeichnet die Lymphknoten daher auch als *Filterstation*, die bei entzündlichen Reaktionen in den Lymphknoten gut tastbar werden. Die Lymphbahnen enden schließlich in der oberen Hohlvene, sodass die Lymphe in den Blutkreislauf fließt.

Weißes Blutbild

Man unterscheidet ein *rotes* und ein *weißes Blutbild*. Der Name rührt daher, dass beim ungefärbten Blutausstrich die Zellen rot *(Erythrocyten*, s. Seite 92) und weißlich (weiße Blutkörperchen oder *Leukocyten)* erscheinen.

Die Leukocytenfraktion umfasst eine Vielzahl von Zellen, die alle aus einer Stammzelle im Knochenmark hervorgehen (Abb. 2). Aus der Stammzelle entwickeln sich *lymphoide* und *myeloische Vorläuferzellen* als sogenannte *Differenzierungslinien*.

Aus der myeloischen Vorläuferzelle entwickeln sich die Zellen des unspezifischen Abwehrsystems. Man unterscheidet dabei Zellen mit kleiner mikroskopisch sichtbarer Körnung, die *Granulocyten*. Diese lassen sich nach ihrem Färbeverhalten weiter einteilen in nicht anfärbbare *neutrophile Granulocyten*, blau anfärbbare *basophile* und rot anfärbbare *eosinophile Granulocyten*. Neutrophile Granulocyten sind wie Makrophagen zur Phagocytose befähigt, die eosinophilen und basophilen Granulocyten sind zusammen mit den *Mastzellen* an der Entstehung von allergischen Reaktionen beteiligt.

Die lymphoide Vorläuferzelle kann T- und B-Zellen bilden. Die T-Zellen haben ihren Namen erhalten, da sie in unreifer Form das Knochenmark verlassen und erst im *Thymus* ausreifen (s. Abb. 1). Der Thymus ist ein etwa 40 g schweres Organ, das sich bis zur Pubertät zurückbildet. Die B-Zellen erhalten ihren Namen von der sogenannten *Bursa*, einem typischen Organ von Vögeln, wo diese zuerst entdeckt wurden. Beim Menschen geschieht die Reifung im Knochenmark. Bei einer Infektion vermehren sich zunächst die Zellen des unspezifischen myeloischen Systems und schließlich die des spezifischen lymphoiden Systems. Man nutzt dies diagnostisch, indem man bei Infektionsverdacht einen Blutausstrich durchführt. Leukocytenvermehrung nennt man *Leukocytose*. Sie führt zum schnelleren Absinken der Blutzellen in einem Standzylinder. Diese *erhöhte Blutsenkungsgeschwindigkeit* wird als diagnostischer Hinweis bei Infektionsverdacht genutzt.

Leukämie

Leukämie (umgangssprachlich „Blutkrebs") ist der Sammelbegriff für Krebserkrankungen der weißen und roten und Vorläuferzellen des Blutes. Bei der Leukämie kommt es häufig zu einer massiven Erhöhung von meist unfertigen weißen Vorläuferzellen („Leukämiezellen") im Knochenmark und im Blut, was sich im Namen Leukämie (wörtlich übersetzt „weißes Blut") widerspiegelt. Diese Leukämiezellen verdrängen die gesunden Blutzellen im Knochenmark, sodass es typischerweise zu Infektneigung, Mangel an Blutplättchen (Blutungsneigung) bzw. roten Blutkörperchen (Anämie) kommt.

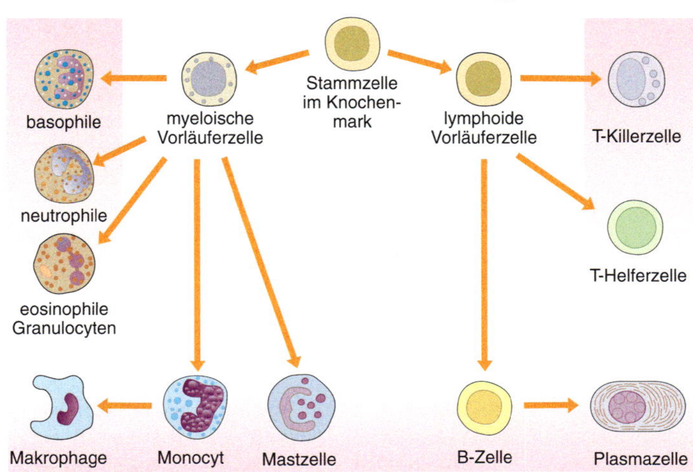

2

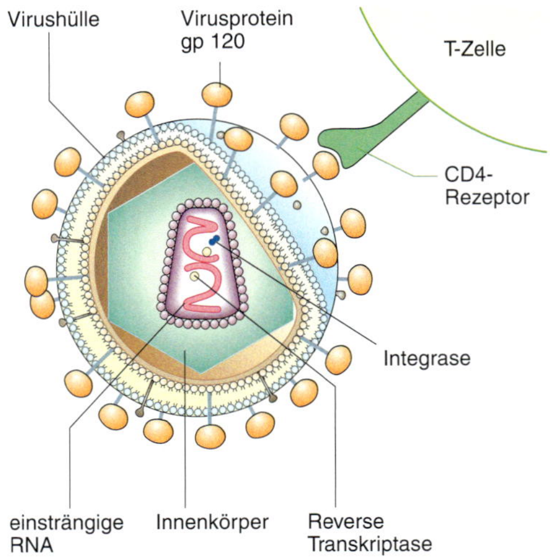

1 HI-Virus

material einsträngige RNA besitzen, zählen sie zu den Retroviren. Im Körper heften sich HI-Viren mit dem Virusprotein gp120 an CD4-Rezeptoren von Lymphocyten, wie z. B. T-Helferzellen, an. Daraufhin gibt das Virus den Innenkörper mit RNA und Enzymen in die Zelle ab. Im Cytoplasma schreibt das Enzym Reverse Transkriptase virale RNA in DNA um. Diese DNA wird zum Doppelstrang repliziert und mithilfe des Enzyms Integrase in das Genom der Zelle eingebaut. So werden die HI-Viren bei jeder Zellteilung vermehrt und bleiben teilweise jahrelang im Organismus versteckt. Schließlich produziert die Zelle Virenbestandteile, die sich zu neuen HI-Viren zusammensetzen und die Zelle verlassen. Die T-Helferzelle wird dabei zerstört.

AIDS
(Aquired Immuno – deficiency syndrome) erworbenes Immunschwächesyndrom

HIV
Human Immunodeficiency Virus

AIDS

1983 wurde der Erreger dieser Immunschwächekrankheit identifiziert, das *Human Immunodeficiency Virus* (HIV). Heute sind weltweit rund 33 Millionen Menschen HIV-infiziert und jährlich sterben über zwei Millionen Menschen an den Folgen von AIDS. In Deutschland leben rund 65 000 HIV-Infizierte und jedes Jahr gibt es etwa 3 000 Neuinfektionen.

Übertragungswege

Im Blut tritt das Virus in höchster Konzentration auf. Darum ist durch Blutkontakt das Infektionsrisiko am größten. Bei Drogenabhängigen besteht Infektionsgefahr durch gemeinsamen Gebrauch von Injektionsnadeln. Die häufigsten Neuinfektionen erfolgen beim Geschlechtsverkehr. Die Verwendung von Kondomen senkt das Risiko erheblich. Mit einem HIV-Test wird untersucht, ob eine HIV-Infektion vorliegt. Weil dabei Antikörper gegen HI-Viren nachgewiesen werden, ist der Test erst ein paar Wochen nach der Infektion aussagekräftig.

Vermehrung von HI-Viren

HI-Viren besitzen eine Hülle aus einer Lipiddoppelschicht, die das Glykoprotein gp120 enthält (s. Abb. 1). Im Innern liegt eine Protein-Kapsel, die RNA und drei verschiedene Enzyme enthält: Protease, Integrase und Reverse Transkriptase. Da HI-Viren als Erb-

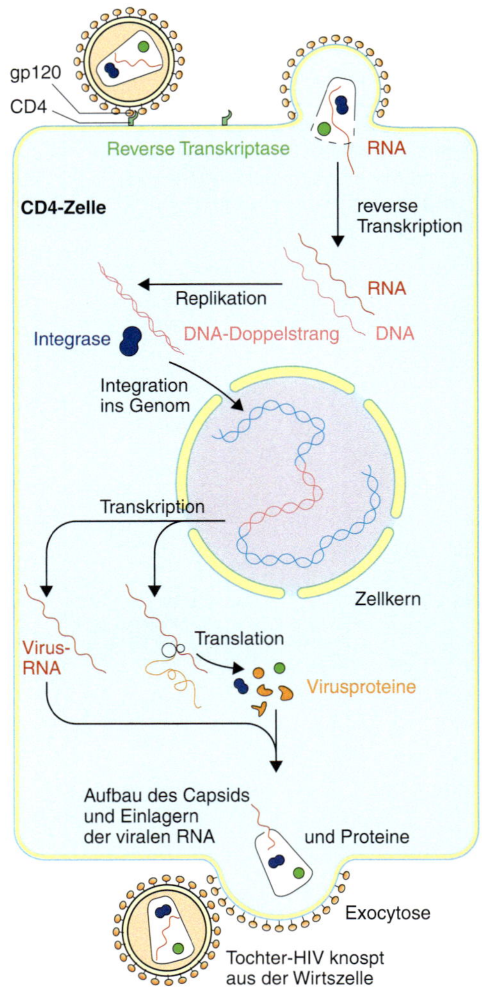

2 Vermehrung von HI-Viren

Folgen einer HIV-Infektion

Kurz nach der Infektion finden die HI-Viren ideale Bedingungen vor, denn im Körper befinden sich viele T-Helferzellen und keine Antikörper gegen HI-Viren. Jeden Tag können bis zu 10 Mrd. Viren entstehen. Die Zahl der T-Helferzellen nimmt dabei rapide ab (s. Abb. 3). Die Betroffenen zeigen oft vergrößerte Lymphknoten und Fieber. Diese unspezifischen Symptome klingen nach ein paar Wochen ab. Dann bildet das Immunsystem Antikörper gegen HI-Viren und die Viruslast sinkt auf weniger als ein Prozent. Solange noch genügend T-Helferzellen vorhanden sind, um eine Immunantwort auszulösen, bleibt die Viruskonzentration gering und die Infizierten fühlen sich gut.

Schließlich sind so viele T-Helferzellen befallen und zerstört, dass das Immunsystem stark geschwächt ist. Durch das Fehlen von T-Helferzellen ist die Bildung von Plasmazellen und Antikörpern stark eingeschränkt. Zudem ist keine Aktivierung von T-Killerzellen möglich. Die Patienten werden immer anfälliger für Infektionen. Darunter sind auch Krankheiten die bei gesunden Menschen nicht auftreten, weil ein intaktes Immunsystem die Erreger schnell beseitigen könnte. Erst wenn solche *opportunistischen Infektionen* (z. B. Pilzinfektionen in Mund, Lunge und Haut) auftreten, spricht man vom Krankheitsbild AIDS. Von der HIV-Infektion bis zum Ausbruch der Krankheit AIDS dauert es Jahre oder Jahrzehnte. Während dieser *Latenzzeit* können die Betroffenen jedoch andere Personen infizieren.

Forschung und Therapie

Die Herstellung eines Impfstoffes ist sehr schwierig, denn das HIV zeigt eine hohe Mutationsrate. Dies liegt am Enzym Reverse Transkriptase, welches bei der Umschreibung der Information der RNA in eine DNA viele Basenpaarungsfehler erzeugt. Dadurch entstehen immer wieder neue Viren mit neuen Antigenen. Diese Variabilität bewirkt, dass ein großer Anteil der Antikörper, die das Immunsystem bildet, wirkungslos ist. Bis sie produziert werden, sind bereits wieder neue Viren entstanden, die von den Antikörpern nicht gebunden werden können.

Trotz medizinischer Fortschritte in den letzten Jahren, lässt sich die Krankheit AIDS immer noch nicht heilen und verläuft in jedem Fall tödlich. Es gibt lediglich Möglichkeiten, den Vermehrungszyklus des Virus zu verlangsamen. Beispielsweise hemmt der Stoff Azidothymidin (AZT) das Virusenzym Reverse Transkriptase. Bei rechtzeitiger Anwendung kann AZT die Zeit zwischen Infektion und Ausbruch der Krankheit um 2 Jahre verlängern. Günstig ist eine Kombination aus mehreren Medikamenten. Doch auch eine Kombinationstherapie wirkt nur lebensverlängernd und ist oft mit starken Nebenwirkungen verbunden.

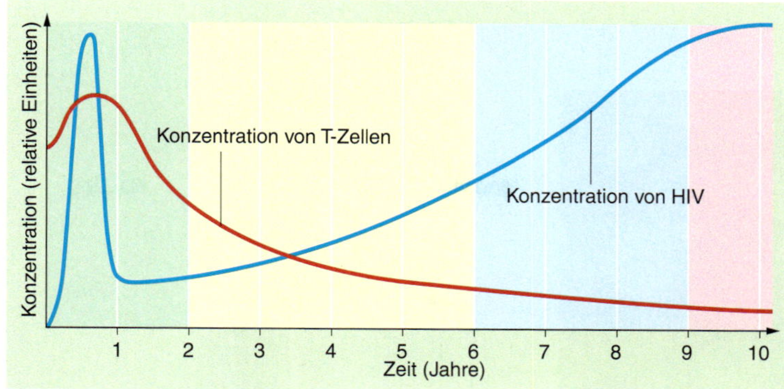

3 Verlauf einer HIV-Infektion

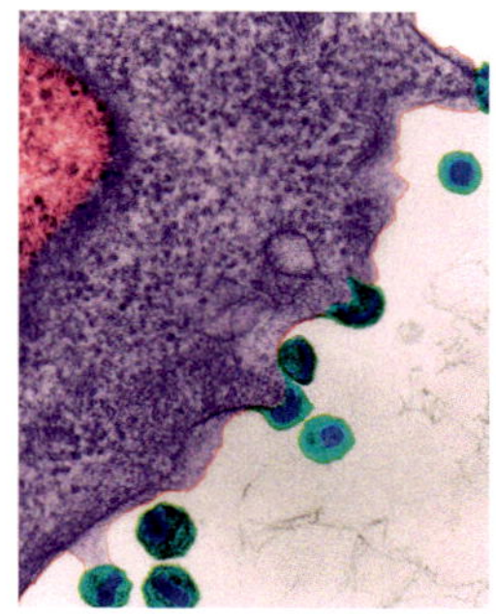

HI-Viren an Zelloberfläche

Jeder sollte die Übertragungswege von HIV kennen und sich schützen. Insbesondere ungeschützter Geschlechtsverkehr beinhaltet ein Risiko. Bei alltäglichen Kontakten mit Infizierten am Arbeitsplatz oder in Schulen besteht in der Regel keine Ansteckungsgefahr. Betroffene dürfen daher nicht ausgegrenzt werden. Sie können ohne Gefahr für andere am gesellschaftlichen Leben teilnehmen und benötigen Verständnis für ihre schwierige Situation.

Opportunistische Infektionen
Infektionskrankheiten, die nur bei geschwächtem Immunsystem auftreten

Aufgaben

① Notieren Sie Faktoren, die dazu führen, dass die HI-Viren nicht wirkungsvoll vom Immunsystem bekämpft werden können.

② Reverse Transkriptase schreibt RNA in DNA um. Erklären Sie, warum ein Hemmstoff gegen dieses Enzym die Virenvermehrung eindämmt und gleichzeitig menschliche Zellen schont.

③ Das Enzym Reverse Transkriptase arbeitet sehr ungenau. Erklären Sie, warum HI-Viren oft neue Varianten bilden.

④ Beschreiben Sie mithilfe der Abb. 3 den Unterschied zwischen einer HIV-Infektion und der Krankheit AIDS.

⑤ Geben Sie mögliche Gründe für die Zunahme der HIV-Infektionen in Deutschland an.

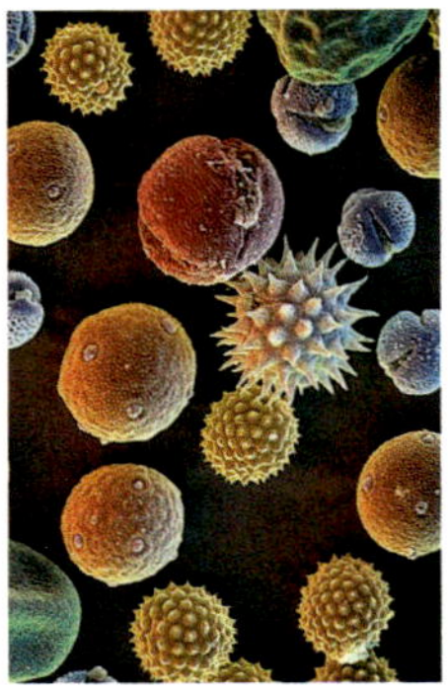

Pollen

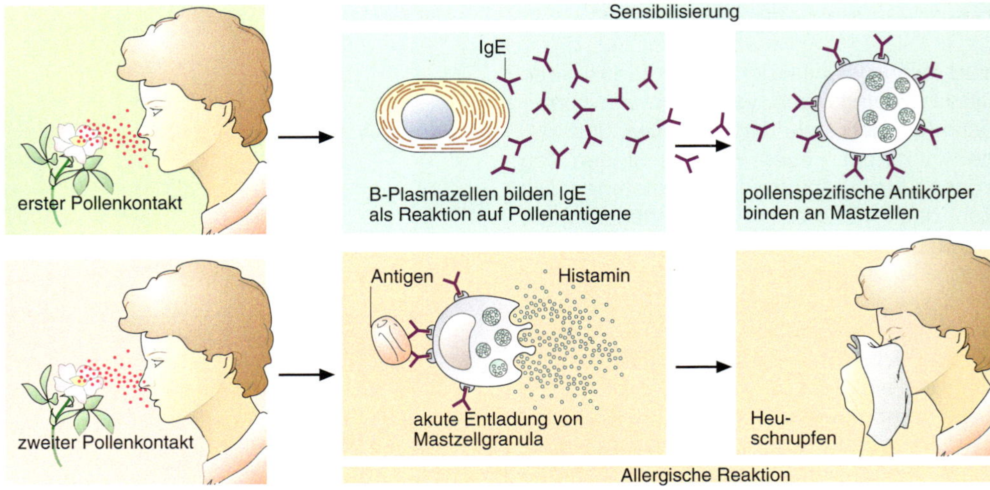

1 Abläufe bei der Allergie vom Soforttyp

Unerwünschte Immunreaktionen

Der Preis, den ein Organismus für die komplexe Immunabwehr zahlt, besteht im Risiko unerwünschter Über- oder Fehlreaktionen des Immunsystems. Während Antigen-Antikörper-Reaktionen in der Regel unbemerkt ablaufen und den Organismus schützen, können sie sich dann schädlich auswirken.

Allergien

Eine typische Überreaktion ist die *Allergie*. Sie äußert sich z. B. bei vielen Menschen als *Heuschnupfen*: Besonders im Frühjahr und Sommer, wenn die Luft von Pollen erfüllt ist, reagieren betroffene Personen mit Augenrötungen und Niesreiz. Allergie auslösende Antigene wie Pollen bezeichnet man als *Allergene*. Heuschnupfen und allergisches Bronchialasthma sind Allergien vom *Soforttyp*, d. h. nach einem ersten Kontakt der Schleimhäute mit dem Allergen *(Sensibilisierung)* löst das Allergen beim nächsten Mal sofort eine heftige Reaktion aus. Plasmazellen reagieren auf das Antigen, indem sie hauptsächlich Antikörper der Klasse IgE bilden. Die Y-förmigen Moleküle heften sich mit ihrem konstanten Ende an membranständige Rezeptormoleküle von Mastzellen. Diese IgE-beladenen Mastzellen werden aktiviert, sobald die Antikörper Allergen binden. Sie entladen dann *Histamin* und andere hochaktive Stoffe in den extrazellulären Raum. Das führt innerhalb weniger Minuten zu Gefäßerweiterungen, Ödemen und Nesselsucht (Abb. 1). Beim Heuschnupfen bleiben diese allergischen Reaktionen meist lokal begrenzt. Bei einem Insektenstich oder einer Medikamentenunverträglichkeit kann sich die Reaktion aber auf den ganzen Körper ausbreiten und zu einem lebensbedrohenden Blutdruckabfall und Bronchialkrämpfen führen *(allergischer Schock)*.

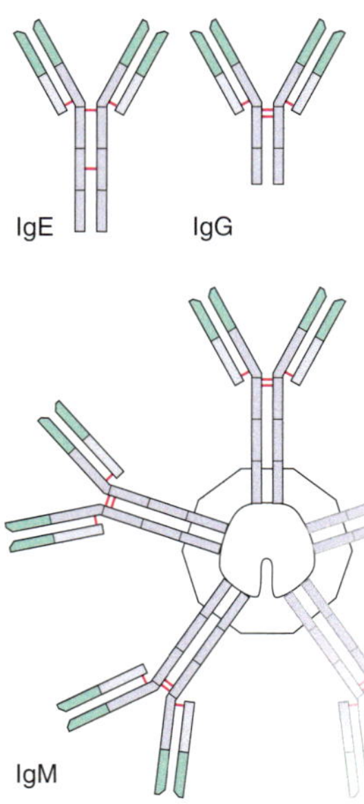

Antikörpertypen IgM, IgG und IgE

Zahlreiche Stoffe, wie Seifen, Kosmetika, Kunstfasern, Nickel oder Chrom können als *Kontaktallergene* wirken und auf der Haut Ekzeme hervorrufen. Kontaktallergien gehören zu den Allergien vom *Spättyp*, sie treten erst einen Tag oder mehrere Wochen nach dem Antigenkontakt auf und werden durch Zellen, vor allem T-Lymphocyten und Makrophagen, vermittelt.

Eine Behandlung allergischer Reaktionen ist wegen der verschiedenen Ursachen schwierig. Am besten ist es, den Allergenkontakt zu vermeiden. Wo dies nicht gelingt, hilft oftmals eine *Desensibilisierung*: Mit regelmäßigen, langsam steigenden Allergendosen löst man die zusätzliche Freisetzung von Antikörpern der Klasse IgG aus. Diese fangen die Allergene ab, bevor sie die Mastzellen aktivieren können. Bei akuten allergischen Reaktionen helfen kurzfristig Medikamente, die das Histamin binden.

Allergietest

Beim Verdacht auf eine Allergie wird der Arzt einen Allergietest durchführen. Beim häufig eingesetzten Prick-Test (s. Abb. 2) werden Stoffe, die als Allergene in Frage kommen, auf die Haut getropft und mit einer Nadel leicht in die Haut eingestochen. Als Vergleich dient jeweils ein Tropfen Histamin und physiologische Kochsalzlösung. Wenn sich nach einiger Zeit an behandelten Hautstellen Rötungen oder Quaddeln bilden, ist der Verdacht bestätigt und zugleich das Allergen identifiziert.

Im Vergleich zu Gewebstransplantationen (s. Seite 262) sind die Erfolgsaussichten bei einer *Bluttransfusion* ungleich größer, denn Blutzellen tragen weniger Transplantationsantigene als andere Zellen. Von den mehr als 100 verschiedenen *Blutgruppensystemen* sind vor allem das *AB0-System* und das *Rhesussystem* von Bedeutung. Ohne vorherigen Kontakt zu fremden Blutzellen besitzt jeder Mensch im Blutserum IgM-Antikörper gegen diejenigen Antigene des AB0-Systems auf den Roten Blutzellen, die ihm selbst fehlen. Man nimmt an, dass sie gegen Antigene von Darmbakterien gebildet wurden, die den Blutgruppenantigenen ähnlich sind. Blut der Blutgruppe A enthält also Antikörper gegen das Antigen B (Anti-B), Blut der Blutgruppe 0 enthält Anti-A und Anti-B. Erhält z.B. ein Empfänger mit der Blutgruppe A fälschlicherweise Blut der Gruppe B, verklumpen die Blutzellen und verstopfen die Kapillaren. Diese Verklumpung ist eine Immunreaktion des Empfängers auf die Antigene der fremden Blutzellen und lässt sich auch im Reagenzglas beobachten (Blutgruppentest s. Randspalte).

Die *Rhesuseigenschaft* von Blutzellen wird durch mehrere Antigene bestimmt (C, D, E), dabei ist Antigen D am wirksamsten. Daher nennt man Personen, deren Blutzellen das Antigen D aufweisen, vereinfachend *Rh-positiv*, solche ohne D *rh-negativ (d)*. Im Gegensatz zum AB0-System entstehen D-Antikörper bei einer rh-negativen Person erst nach einem Kontakt mit Rh-positivem Blut. Diese Sensibilisierung kann bei einer unverträglichen Bluttransfusion erfolgen, aber auch bei einer Geburt oder Fehlgeburt, wenn

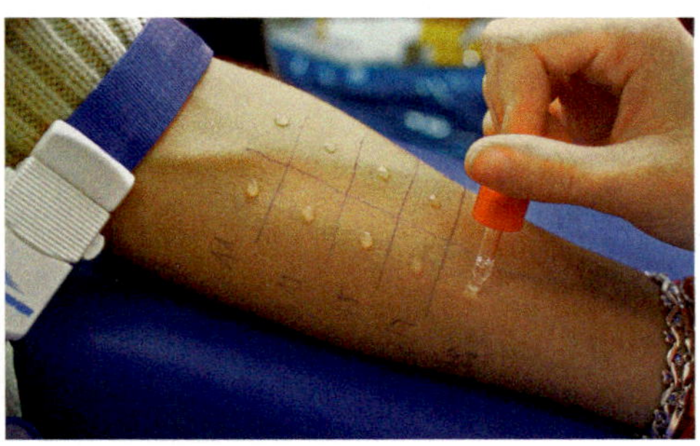

2 Pricktest

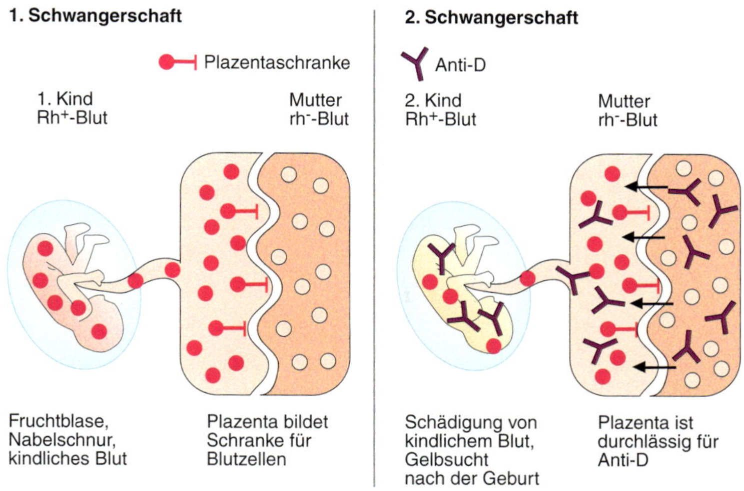

3 Rhesusunverträglichkeit

kindliches Rh-positives Blut in den mütterlichen Kreislauf gelangt. Eine rh-negative Mutter bildet dann IgG-Antikörper gegen die Rh-positiven Blutzellen des Kindes. Bei einem Zweitkontakt, also einer weiteren Schwangerschaft, können diese Antikörper über die Plazenta in den kindlichen Kreislauf gelangen, die Blutzellen zerstören und dem Ungeborenen schaden. Hier hilft dann nur ein sofortiger Blutaustausch beim Neugeborenen. Vermeiden lässt sich die Erkrankung des Kindes, wenn bei der Mutter gleich nach einer Entbindung eine Anti-D-Prophylaxe durchgeführt wird. Die injizierten Antikörper „maskieren“ die kindlichen D-Blutzellen und verhindern die Sensibilisierung.

Autoimmunkrankheiten

Normalerweise greift das Immunsystem nur körperfremde Zellen oder Stoffe an und verschont körpereigene. Ist diese Unterscheidung von „selbst“ und „nicht selbst“ gestört, können sich Antikörper jedoch auch gegen körpereigene Substanzen oder Gewebe richten und schwerwiegende *Autoimmunerkrankungen* hervorrufen. 90 % der Patienten mit *Diabetes mellitus* Typ I haben Antikörper im Blut, die gegen die eigenen Zellen der Langerhans'schen Inseln der Bauchspeicheldrüse gerichtet sind (s. Seite 116). Das stört letztlich die Insulinbildung. Auch der chronische entzündliche Gelenkrheumatismus ist eine Autoimmunerkrankung. Der Körper bildet Antikörper gegen körpereigene IgG-Moleküle, die entstehenden Immunkomplexe führen zu Gelenkentzündungen. Bei fast allen Betroffenen sind diese Autoantikörper *(Rheumafaktor)* nachweisbar.

	Antigene	Antikörper
A	A	Anti-B
B	B	Anti-A
AB	A B	keine
0	keine	Anti-B Anti-A

Blutgruppenmerkmale

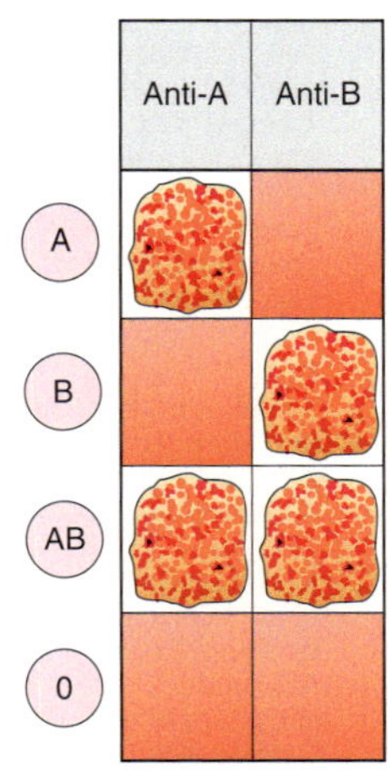

Blutgruppenbestimmung durch Agglutination

Transplantation

In Deutschland werden jedes Jahr einige Tausend Organtransplantationen durchgeführt. Gleichzeitig warten etwa doppelt so viele Patienten auf ein Spenderorgan. Für eine erfolgreiche Organtransplantation müssen mehrere medizinische und organisatorische Probleme gelöst werden.

Abstoßungsreaktion

Hauptgewebsverträglichkeitskomplex (MHC)
Gruppe von Genen, die für die MHC-Proteine codieren

allogen
von einem anderen Menschen

autolog
vom selben Menschen

Nach einer Organtransplantation kommt es ohne entsprechende Gegenmaßnahmen nach wenigen Wochen zu einer Abstoßungsreaktion (s. Abb. 2). Das fremde Gewebe wird vom Immunsystem des Empfängers angegriffen und stirbt ab. Auf der Suche nach den Ursachen für die Abstoßungsreaktion entdeckte man die MHC-Proteine in der Zellmembran. Die zugehörigen Gene wurden *Hauptgewebsverträglichkeitskomplex (Major-Histocompatibility-Complex, MHC)* genannt. Sie liegen beim Menschen auf dem 6. Chromosom. Die von ihnen codierten Proteine sind vielgestaltig. Von jedem Gen sind viele Allele bekannt. Diese Fülle genetischer Variationen bewirkt, dass jeder Mensch einen individuellen Satz von MHC-Proteinen besitzt, nur bei eineiigen Zwillingen sind sie identisch. MHC-Proteine des Spenders wirken im Empfänger als Antigene und lösen eine Immunreaktion aus. Bei Transplantationen sind MHC-Proteine für die Abstoßung von Transplantaten verantwortlich. Daher werden sie beim Menschen auch *Humane Leukocytenantigene (HLA)* genannt. An der Abstoßungsreaktion sind überwiegend T-Killerzellen und Makrophagen beteiligt.

Typisierung

Um die Abstoßungsreaktion möglichst gering zu halten, wird durch Gewebetypisierung versucht, ein Spendergewebe zu finden, dessen MHC-Proteine denen des Empfängers möglichst ähnlich sind. Bei diesem Verfahren wird geprüft, ob verschiedene Test-Antikörper auf die MHC-Proteine passen. Dabei gelten die Gewebe von Spender und Empfänger als identisch, wenn bei allen Test-Antikörpern die gleiche Reaktion auftritt. Doch auch in diesem Fall liegen selten exakt die gleichen MHC-Proteine vor. Das liegt daran, dass mit der Auswahl von Antikörpern ja nur einzelne Epitope der MHC-Proteine geprüft werden können. Sämtliche Merkmale lassen sich nicht testen.

Unterdrückung des Immunsystems

Bei fast allen Transplantationen zwischen zwei Menschen (*allogene* Transplantation) ist eine lebenslange Unterdrückung des Immunsystems notwendig. Nur bei der Verpflanzung von eigenem Gewebe (*autologe* Transplantation) und bei Transplantationen zwischen eineiigen Zwillingen ist keine Ab-

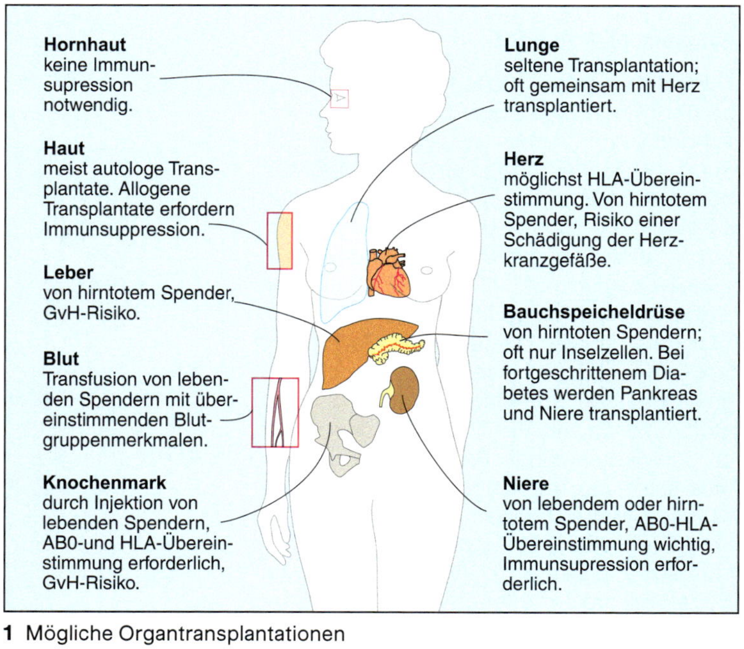

1 Mögliche Organtransplantationen

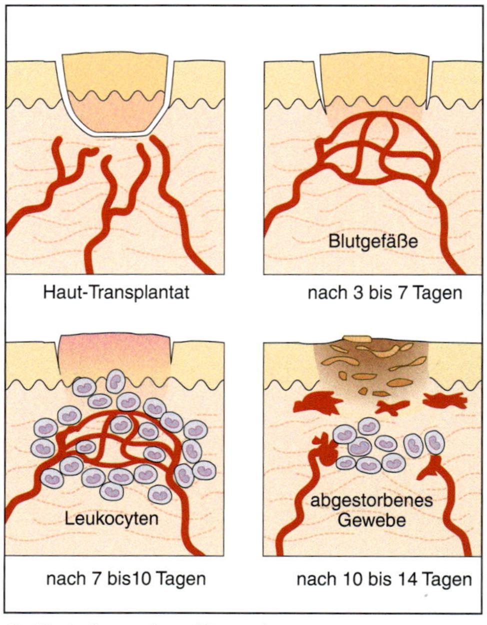

2 Abstoßung eines Transplantats

stoßungsreaktion zu erwarten. Bei der Transplantation von Knochenmark kann auch eine umgekehrte Abstoßungsreaktion auftreten, wenn das transplantierte Knochenmark selbst Immunzellen bildet. Bei einer solchen *Graft-versus-Host-Reaktion* (GvH-Reaktion) greifen T-Zellen des Spenders Gewebe des Empfängers an.

Nach einer Organverpflanzung werden *Immunsupressiva* verschrieben. Diese Medikamente senken die Aktivität des Immunsystems. So hemmt das Hormon Cortison Makrophagen und Lymphocyten. Das aus einem Pilz stammende, nebenwirkungsarme Cyclosporin A verhindert die Aktivierung der T-Zellen. Allerdings gelingt es keiner Therapie, ausschließlich die Antwort auf die fremden MHC-Proteine zu unterdrücken. Meist wird das gesamte Immunsystem geschwächt. Das hat eine erhöhte Anfälligkeit gegenüber Infektionen und längerfristig ein höheres Krebsrisiko zur Folge.

Gesetzliche Regelung der Organspende

Zunächst soll ein Organ derjenige bekommen, der es am dringendsten braucht. Diese Person hat aber oft schlechte Behandlungsaussichten. Die Zuweisung einer Organspende ist gesetzlich geregelt und wird länderübergreifend organisiert.

Vor einer Entnahme eines lebenswichtigen Organs ist die unzweifelhafte Feststellung des Todes notwendig. Nach einem Atemstillstand können heute Patienten künstlich beatmet werden. Teilweise setzt später sogar die selbstständige Atmung wieder ein. Ein Atemstillstand gilt daher nicht als Todeszeichen. Dasselbe gilt für einen Herzstillstand. Allerdings ist bei einem Ausfall des Gehirns dessen Funktionsfähigkeit schon nach wenigen Minuten unwiederbringlich verloren. Deshalb wird heute der Ausfall aller wichtigen Gehirnfunktionen, der *Hirntod*, als sicheres Todeszeichen gewertet.

Hinsichtlich des Einverständnisses zur Organentnahme gibt es zwei Möglichkeiten:

– Die Widerspruchslösung: Wenn der Verstorbene der Organentnahme zu Transplantationszwecken zu Lebzeiten nicht widersprochen hat, ist sie nach dem Tod zulässig.
– Die Zustimmungslösung: Die Organentnahme für eine Transplantation nach dem Tod ist zulässig, wenn der Verstorbene zu Lebzeiten seine Zustimmung dokumentiert hat. Bei der erweiterten Zustimmungslösung können die nächsten Angehörigen stellvertretend zustimmen, wenn keine Entscheidung dokumentiert ist. In Deutschland gilt die erweiterte Zustimmungsregelung.

Graft-versus-Host
Transplantat gegen Wirt

Hirntod
Ausfall aller wichtigen Gehirnfunktionen

Aufgaben

① Beschreiben Sie den Vorgang der Abstoßung eines Hauttransplantats nach Abbildung 2.

② Im Jahre 1907 gelang dem Wiener Arzt EDUARD ZIRM die erste erfolgreiche Transplantation einer Augenhornhaut. Erklären Sie, warum diese Transplantation ohne Verwendung von Immunsuppressiva gelingen konnte.

③ Schildern Sie die Auswirkungen auf die Organspende, wenn der Tod erst nach dem vollständigen Ausfall aller Organe festgestellt werden dürfte.

Transplantationen in Deutschland 2008 (Quelle: www.eurotransplant.nl)

	Transplantationen	Warteliste (31.12.08)
Niere	2190	7703
Herz	370	815
Leber	1007	1875
Lunge	495	535

Zettelkasten

Organspende – Pro und Contra

„Ich bin für die Organspende nach dem Tode und trage deshalb immer einen Organspendeausweis bei mir. Für mich ist das selbstverständlich, denn auf Grund meines Berufs weiß ich, wie sehr Tausende von Patienten auf eine Organverpflanzung hoffen. Außerdem schließen die für den Fall der Organentnahme vorgeschriebenen Untersuchungen durch unabhängige Ärzte (in der Regel Neurologen oder Neurochirurgen, die an der Organentnahme und -transplantation nicht beteiligt sind) jeden vernünftigen Zweifel an der Diagnose Hirntod aus."
Dr. KLAUS KETZLER, Deutsche Stiftung für Organtransplantation

„Ich bin weder bereit, mir ein fremdes Organ einpflanzen noch mir während meines Sterbens ein Organ entnehmen zu lassen. Denn ich bestreite das Dogma der Transplantationsmedizin, dass Hirntote tot sind. Sie sind Sterbende und jede Organentnahme ist ein Eingriff ins Sterben. Wer Leben bewahren will, muss daher auch das Recht der Menschen darauf, in ihrem eigenen Leib zu Ende sterben zu dürfen, schützen. Wer dieses Recht missachtet, verletzt deshalb die Grundlagen der Humanität."
Prof. KLAUS-PETER JÖRNS, evangelischer Theologe

Aufgabe

① Notieren Sie, mit welchen Argumenten die beiden Personen ihre Haltung zur Organspende begründen und nehmen Sie selbst Stellung zur Problematik der Organspende.

Ökologie

Lernsituation

Der Mensch ist Teil eines Ökosystems und wirkt gleichzeitig in großem Ausmaß auf Ökosysteme ein.

Unsere Verhaltensweisen haben Auswirkungen auf die Ökosysteme, z. B. durch den Einsatz von Insektiziden.

Können indirekte Verhaltensweisen, wie erhöhter Fleischkonsum, tatsächlich Auswirkungen auf Ökosysteme haben und sogar den weltweiten Hunger verstärken?

Schätzungen der UN zufolge wird sich im Zuge des Klimawandels die durchschnittliche Temperatur auf der Erde innerhalb der nächsten 50 Jahre um 1 bis 3 °C erhöhen.
Wo müssten wir umdenken?

Wie gefährlich ist es, eine fremde Tier- oder Pflanzenart einzuführen oder eine ausgerottete Art wie den Bären oder den Wolf wieder anzusiedeln?

Einerseits sterben weltweit pro Tag nach Schätzungen 10 bis 100 Arten pro Tag aus, andererseits scheinen Umweltschutzbestimmungen manchmal übertrieben zu sein. Wie viel Verzicht ist notwendig und wie kann eine begründete Gefahren-Nutzen-Analyse aussehen?

Leitfragen

Die prognostizierte Temperaturerhöhung um 1 bis 3 °C in 50 Jahren mag nicht allzu dramatisch erscheinen. Kann diese Erhöhung tatsächlich Ökosysteme entscheidend verändern?

Eine neue Art wird eingeführt oder eine ausgerottete wieder angesiedelt. Welche Modelle gibt es, um vorauszusagen, wie sich die Populationen entwickeln?

Eingriffe des Menschen wirken sich nicht nur auf eine einzelne Population aus, denn die Populationen bilden untereinander und mit der Umwelt ein Beziehungsgefüge, ein *Ökosystem*. Welche Folgen haben menschliche Eingriffe in die einzelnen Ökosysteme?

Der Einfluss der Temperatur auf Lebewesen

Biozönose
Lebensgemeinschaft aller Lebewesen in einem Biotop

Biotop
Lebensraum, Gesamtheit aller abiotischen Umweltfaktoren

Habitat
von einer einzelnen Art bevorzugter spezifischer Lebensraum

Eine zentrale Aufgabe der Ökologie ist es, die Wechselbeziehungen zwischen einem Lebewesen und seiner Umwelt zu verstehen. Auf diese Weise wird nachvollziehbar, weshalb zum Beispiel der Quellbereich eines Baches eine ganz andere *Biozönose* beherbergt als ein Tümpel. Maßgeblich sind sowohl abiotische als auch biotische Einflüsse. Physikalisch-chemische Faktoren wie Temperatur, pH-Wert, Wasser oder Salzgehalt wirken als *abiotische Einflüsse*, Organismen im gleichen Lebensraum *(Biotop)*, wie Beute oder Räuber, spielen als biotische Einflüsse eine ebenso wichtige Rolle.

1 Kaiserpinguine in der Antarktis

Bezüglich des Faktors Temperatur findet man zwei grundlegende Typen von *Angepasstheit*: *Homoiotherme* (gleichwarme) Organismen, wie Vögel und Säugetiere, halten als *Regulierer* ihre Körpertemperatur weitgehend unabhängig von den Außenbedingungen immer innerhalb enger Grenzen im physiologisch optimalen Bereich von ca. 36 bis 40 °C. Mit Isolationsstrukturen wie Federn, Fell oder Unterhautfett wird der Wärmeverlust verringert. Mithilfe von Regelmechanismen kontrollieren Homoiotherme die Körperkerntemperatur. Dazu dienen Veränderungen der Stoffwechselrate und Umverteilung der Blutzirkulation. Eine spezifische Anordnung der Blutgefäße ermöglicht es z. B. Pinguinen und anderen Bewohnern der Polarbereiche, die Wärmeabgabe gering zu halten und ohne zu erfrieren auf dem Eis zu stehen (▶ Struktur und Funktion S. 348).

Poikilotherme (wechselwarme) Lebewesen halten ihre Körpertemperatur nicht konstant. Wärmeisolationsstrukturen sind selten zu finden. Ihre Körpertemperatur entspricht weitgehend der Umgebungstemperatur. Diese *Konformer* zeigen physiologische Angepasstheiten wie hitzestabile Proteine oder Enzyme, die schon bei niedrigen Temperaturen ihr Optimum erreichen. Poikilotherme Tiere suchen nach Möglichkeit aktiv Bereiche mit lebensfreundlicheren Temperaturen auf, sei es in der Hitzewüste unter der Erde oder in kalten Regionen in der Sonne.

Lebewesen sind an ihren artspezifischen Lebensraum, das *Habitat,* angepasst, d. h. sie zeigen Merkmale, die ein Überleben unter den dort herrschenden Umweltbedingungen ermöglichen. Einen wichtigen Einfluss stellt die *Temperatur* dar. Auf der Erde gibt es Lebensräume mit höchst unterschiedlichen Temperaturen – und alle werden von Lebewesen besiedelt. So können Pinguine in der Antarktis −60 °C ertragen, während bestimmte Mikroorganismen heiße vulkanische Quellen bis zu 90 °C (Abb. 2), in der Tiefsee sogar bis 120 °C besiedeln. Extreme Temperaturen bringen Probleme mit sich, weil praktisch alle physiologischen Prozesse an enzymatische Reaktionen geknüpft sind. Vor allem die RGT-Regel (s. Seite 59) und die Hitzedenaturierung der Proteine setzen physiologische Grenzen.

2 Bakterien in heißen Quellen

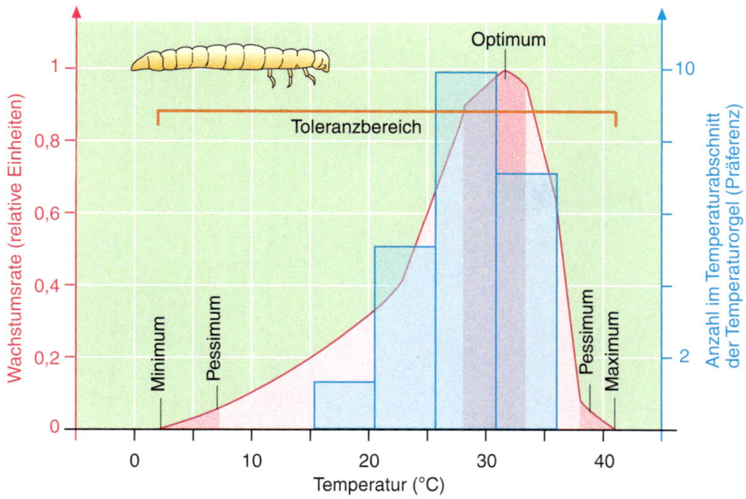

3 Toleranz und Präferenz beim Mehlwurm bezüglich der Temperatur

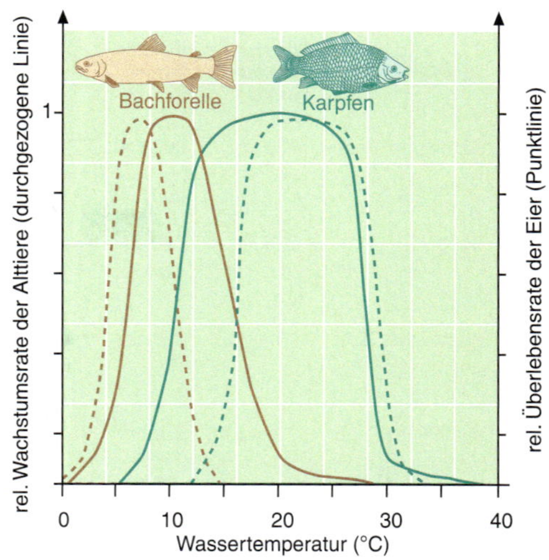

4 Ökologische Potenzen

Ökologische Potenz
Reaktionsbreite einer Art gegenüber einem Umweltfaktor (Eigenschaft des Lebewesens)

Toleranzbereich
Umweltbereich, in dem ein Lebewesen existieren kann

Stenopotenz
(gr. *sten* = schmal, lat. *potentia* = Vermögen) geringe Toleranz bezüglich eines Umweltfaktors

Eurypotenz
(gr. *eurus* = breit) hohe Toleranz bzgl. eines Umweltfaktors

Ökologische Potenz

Ökologische Potenzen erlauben eine quantitative Beschreibung der Ansprüche einer Art. Sie lassen sich für jeden *abiotischen Umwelteinfluss* beschreiben. Das zeigt das Beispiel der Temperaturabhängigkeit.

Bachforellen besiedeln den Oberlauf kalter Gebirgsbäche. Sie laichen im November und Dezember. *Karpfen* dagegen bevorzugen warme stehende oder nur träge fließende Gewässer. Laichzeit ist Mai bis Juni. Derartige artspezifische Ansprüche lassen sich auch experimentell überprüfen: In *Präferenzversuchen* bietet man Individuen einer Art in einer *Temperaturorgel* ein Temperaturgefälle, in dem die Individuen aktiv ihren bevorzugten Platz aufsuchen können (Abb. 3). Bei größeren Tieren wie Fischen ist das in der Praxis allerdings schwierig. Hier arbeitet man eher mit *Toleranzversuchen* (Abb. 4). Sie sind auch bei Pflanzen möglich: Die Lebewesen werden über längere Zeit einer bestimmten Temperatur ausgesetzt und ihre Lebensfähigkeit *(Vitalität)* wird bestimmt. Als Maß können Wachstumsraten oder Sterbe- bzw. Überlebensraten dienen. Die meisten Toleranzkurven sind Glockenkurven mit den Kardinalpunkten Minimum, Maximum und Optimum (Abb. 3). Die Spanne zwischen Minimum und Maximum wird *Toleranzbereich* genannt. Sie ist wichtig, da die Umweltbedingungen (zum Beispiel die Temperatur) in einem Gebiet stark schwanken können. In den Grenzbereichen am Minimum oder Maximum ist in der Regel keine Fortpflanzung mehr möglich *(Pessimumbereich)*. Unter solchen Bedingungen kann eine Population deshalb langfristig nicht überleben. Der *Präferenzbereich* ist zumeist kleiner als der Toleranzbereich. Toleranzkurven werden entweder für einzelne Individuen oder für eine Population bestimmt.

Aufgrund genetischer Unterschiede können die ökologischen Potenzen einzelner Individuen in einer Population variieren. Daher ist der Toleranzbereich einer ganzen Population größer als der eines einzelnen Individuums. Gerade diese Populationstoleranz ist für die Anpassungsfähigkeit einer Population unter wechselnden Umweltbedingungen von entscheidender Bedeutung.

Die ökologische Potenz der Bachforelle bezüglich der Temperatur (Überlebensrate der Eier und Wachstum der Alttiere) ist schmaler als die des Karpfens; man spricht von geringer Toleranz oder von *Stenopotenz*. Der Karpfen dagegen zeigt eine vergleichsweise hohe Toleranz; er ist bezüglich der Temperatur *eurypotent*.

Aufgaben

① Vergleichen Sie das Vorkommen und die Laichzeiten von Bachforelle und Karpfen anhand der Laborergebnisse (Abb. 4).

② Vergleichen Sie die Toleranzkurve des Mehlwurms (Abb. 3) mit der Temperaturabhängigkeit der Enzymaktivität (Abb. 58.2).

Unterart	Körpermasse in kg *	Körperlänge in cm*
Sibirischer Tiger	250 kg	300 cm
Bengal-Tiger	235 kg	290 cm
Südchines. Tiger	150 kg	250 cm
Indochines. Tiger	170 kg	270 cm
Sumatra-Tiger	120 kg	230 cm
Bali-Tiger (†)	95 kg	225 cm

* (ausgewachsenes männliches Tier)

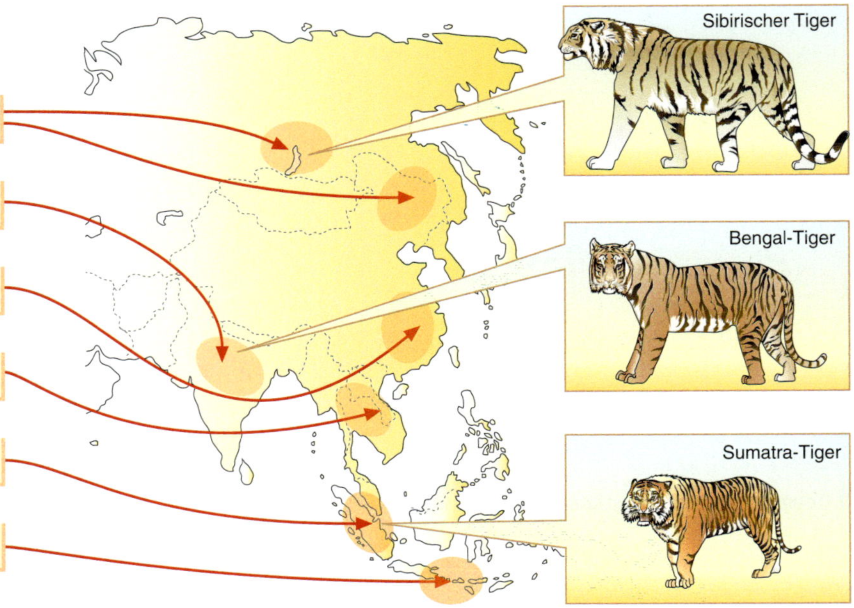

1 Verbreitung und Merkmale verschiedener geografischer Varianten (Unterarten) des Tigers

Eselhase

Feldhase

Schneehase

Fennek

Tiergeografische Regeln

„Jack rabbit" nennen die Amerikaner den *Eselhasen*, der wegen seiner selbst für Hasen großen Ohren auffällt. Eselhasen besiedeln die großen Ebenen und Wüsten im Südwesten der USA und in Mexiko. Der amerikanische Biologe J. A. ALLEN (1838 – 1921) konnte nachweisen, dass ihre langen, gut durchbluteten Ohren zur Wärmeregulation beitragen: Sobald die Umgebungstemperatur nur wenig geringer als die Körpertemperatur ist, stellen die Hasen ihre Ohren auf und können über erweiterte Blutgefäße in der Haut Wärme abgeben.

Umgekehrt haben nahe verwandte Arten in kalten Klimaten wie der Schneehase vergleichsweise kleine Ohren und kürzere Beine. Durch die geringe relative Oberfläche werden Wärmeverluste minimiert. Diese tiergeografische Beobachtung wurde zur Proportionsregel *(Allen-Regel)* erweitert: Abstehende Körperteile wie Ohren und Schwänze verwandter gleichwarmer Tiere sind bei den in kalten Gebieten lebenden Formen meist kleiner als in wärmeren Klimazonen (▶ Variabilität und Angepasstheit S. 360)

Allerdings muss man sich vor zu vereinfachenden Erklärungsmustern hüten, denn große Ohren haben bei dämmerungsaktiven Wüstenbewohnern wie dem *Fennek* (Wüstenfuchs) auch den Vorteil, dass Feinde bzw. Beutetiere gut geortet werden können. Tagsüber leben viele Wüstenbewohner wie der Fennek in unterirdischen Bauten, sodass die Wärmeregulation häufig wohl nur eine untergeordnete Rolle spielt.

Neben den Körperanhängen bestimmt auch die Körpergröße die relative Oberfläche. Kleine gleichwarme Tiere haben im Vergleich zu großen Vertretern mit gleichem Körperbau eine größere relative Oberfläche als diese und kühlen daher schneller aus. Sie sind in kalten Regionen benachteiligt. Diese Beobachtung findet eine Verallgemeinerung in der *Bergmann-Regel*: Bei gleichwarmen Tieren nimmt die Größe nahe verwandter Arten oder Unterarten von den warmen Zonen zu den Polen zu. Ein Beispiel dafür sind die Unterarten des Tigers, die von der nordasiatischen Kältesteppe bis in den tropischen Dschungel Südasiens völlig unterschiedliche Klimazonen und Lebensräume besiedeln.

Doch auch hier bestimmen neben dem *Wärmehaushalt* weitere Faktoren die Körpergröße. Kleine Tiere können sich in den dichten Urwäldern des Südens besser fortbewegen als große. In den relativ nahrungsarmen Gebieten Nordasiens mit langen schneereichen Wintern können große Tiere andererseits wegen ihrer größeren Fettreserven längere Zeit ohne Nahrung überdauern.

Weitere abiotische Faktoren

Licht

1. Licht als Energiequelle

Durch typische Strukturen sind Blätter häufig als *Schattenblätter* oder *Sonnenblätter* an unterschiedliche Beleuchtungsstärken angepasst (s. Seite 81). Auch Tiere können Licht als Energiequelle nutzen: Insbesondere dunkle Körperfärbung absorbiert Licht und wandelt es auf der Hautoberfläche in Wärme um.

2. Licht als Signalgeber

Die Belichtungsdauer kann für Tiere und Pflanzen ein Signal zur Synchronisation von Entwicklungs- und Aktivitätsprozessen mit Tages- bzw. Jahreszeiten sein.

Beispiel Samenkeimung: Bei sogenannten *Lichtkeimern* (z. B. Mohn, Weidenröschen) genügt häufig ein kurzer Lichtreiz von wenigen Minuten, um die *Keimung* auszulösen. Auf *Dunkelkeimer* wie den Kürbis wirkt Licht dagegen keimungshemmend. Auf diese Weise wird gewährleistet, dass die Samen nur unter solchen Lichtbedingungen auskeimen, an die sie angepasst sind.

Tiere sind häufig optisch orientiert und brauchen Licht zur visuellen Erfassung der Umwelt. In vielen Fällen bestimmen aber potenzielle Fressfeinde das Verhalten; so meiden dämmerungs- und nachtaktive Tiere das Tageslicht und vermindern auf diese Weise das Risiko, von Fressfeinden entdeckt zu werden. Die *Jahresperiodik* des Lichtes steuert vor allem das Fortpflanzungs- und Wanderverhalten. Ein bekanntes Beispiel ist der *Vogelzug*.

Salzgehalt

Der Salzgehalt der Meere wird hauptsächlich durch den Gehalt an Na^+- und Cl^--Ionen bestimmt. Die Salzkonzentration wirkt sich osmotisch auf lebende Zellen aus (s. Seite 48).

Homoiosmotische Organismen sind *Regulierer*, bei ihnen bleibt die Ionenkonzentration im Inneren nahezu gleich (Abb. 1; die Gefrierpunktserniedrigung (ΔT) dient als Maß für die Konzentration an gelösten Stoffen): Meeresbewohnende Knochenfische regulieren die Ionenkonzentration ihres Blutes auf einem im Vergleich zum Meerwasser konstant hypotonischen Wert. Daher wird ihrem Körper ständig Wasser entzogen. Überschüssige Ionen werden über die Kiemen aktiv abgegeben. Bei Knochenfischen des Süßwassers dagegen spielt die Niere eine wichtigere Rolle: Da ihre Kiemen Ionen aktiv aufnehmen, haben diese Tiere ein hypertonisches Innenmilieu. Deshalb strömt ständig Wasser ein. Die Niere gibt große Mengen von hypotonischem Harn ab und hält so die innere Ionenkonzentration konstant. Viele Küstenpflanzen, aber auch Meeresvögel, geben überschüssiges Salz über *Salzdrüsen* ab.

Geraten Seesterne in Flussmündungen, so schwellen sie an: Wie viele wirbellose Meeresbewohner haben auch sie keine ausgeprägte Regulationsmöglichkeit für Ionen. Die Ionenkonzentration im Körperinneren folgt der Konzentration des umgebenden Wassers. Diese *Konformer* sind *poikilosmotisch* und meist auf eine annähernd gleich bleibende Umgebungskonzentration angewiesen (Abb. 2).

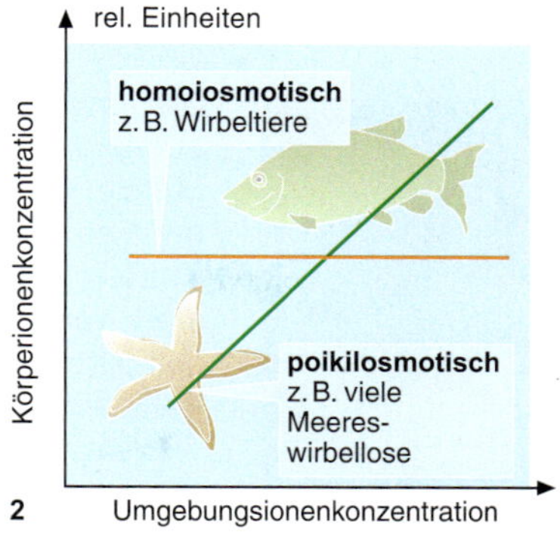

2

Mineralstoffgehalt und pH-Wert

Die für Pflanzen bedeutsamen *Mineralstoffe* sind teilweise an Bodenbestandteile gebunden. Sie stehen im Gleichgewicht zu den im Wasser gelösten Ionen, sodass deren Konzentration über längere Zeiträume annähernd konstant bleibt. Die Verfügbarkeit der Mineralstoffe ist stark pH-Wert-abhängig. Fehlt die Bindefähigkeit für viele wichtige Ionen, sind die Böden mineralstoffarm. Bei niedrigen pH-Werten können giftige Ionen wie Al^{3+} in die lösliche Form übergehen und empfindliche Pflanzen vergiften. Das ist eine der Ursachen für die Schädigung vieler Waldbäume durch Bodenversauerung.

Es gibt Pflanzen, die einen niedrigen pH-Wert bevorzugen (z. B. Torfmoos pH 3–4), andere findet man mehr auf basischen Böden (z. B. Huflattich bei pH 8). Oft kann man schon vom Vorkommen bestimmter stenopotenter Pflanzen auf die Beschaffenheit des Bodens schließen. Solche Pflanzen bezeichnet man als *Zeigerarten* oder *Indikatorpflanzen*.

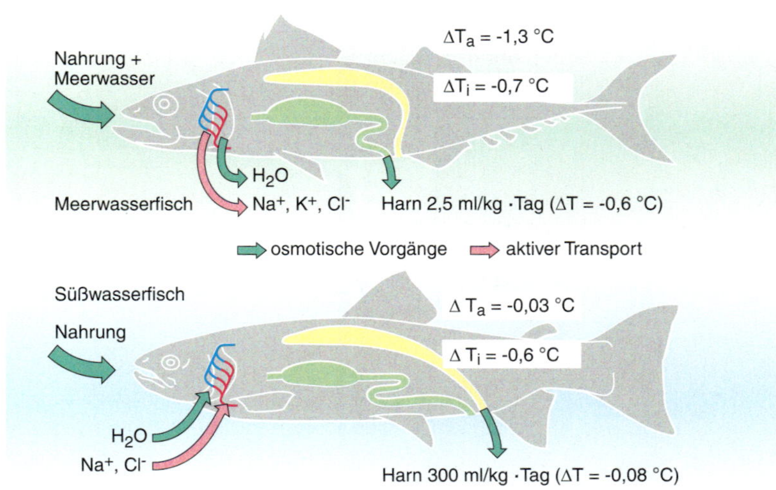

1 Osmoregulation bei Meer- und Süßwasserfischen

Das Konzept der ökologischen Nische

Kieselalgen

ökologische Nische
Gesamtheit der Ansprüche einer Art an ihre biotische und abiotische Umwelt

biotische Umweltfaktoren
alle Einflüsse, die von anderen Lebewesen auf eine Art einwirken (z. B. Nahrung, Konkurrenz, Fressfeind etc.)

Die ungefähr 1 cm große *Flussschwimmschnecke* war früher in den Fließgewässern Mitteleuropas weit verbreitet. Sie stellt eigentlich recht geringe Ansprüche an ihre Umwelt. Temperatur und pH-Wert können stark variieren, auch bezüglich des Salzgehaltes ist sie eurypotent, sodass sie sogar im Brackwasserbereich der großen Flüsse vorkam. Sie ernährt sich von Kieselalgen, die mit der rauen Zunge, der *Radula*, vom Untergrund abgeschabt werden. Viele Arten dieser Algengruppe mit ihrer harten Schale sind weit verbreitet, d. h. die Schnecken sollten eigentlich keinen Nahrungsmangel erleiden. So war lange unverständlich, weshalb sie dennoch aus immer mehr Gewässern verschwanden. Auch im Rhein wurden sie nach 1994 nicht mehr nachgewiesen.

Der Biologe Dietrich Neumann ging dieser Frage nach. Dazu setzte er Flussschwimmschnecken in ein nur mit Wasser gefülltes Aquarium, in dem er Kieselalgen als Nahrung anbot. Die Algen besiedelten das freie Wasser und die Glaswände. Die Schnecken magerten innerhalb kurzer Zeit ab, obwohl sich in ihren Mägen Kieselalgen befanden, die jedoch unzerbrochen waren und so nicht verdaut werden konnten. Erst als Neumann raue Steine in das Aquarium gab, zerbrachen die Kieselalgenschalen beim Abschaben. Im Freiland hat in den letzten Jahrzehnten durch menschliche Einflüsse der Bewuchs mit Grünalgen auf den Steinen in den Flüssen zugenommen. Auf diesem glatten Untergrund sind Kieselalgen für die Schnecken als Nahrung wertlos.

Die Gesamtheit der Ansprüche der Schnecke an ihre Umwelt bezeichnet man als ihre *ökologische Nische*. Dieser Begriff stellt nicht nur einen Raum dar; der spezifische Lebensraum ist das *Habitat*. Natürlich gehört das Habitat auch zur ökologischen Nische, zusätzlich umfasst diese aber auch die Ansprüche bezüglich Sauerstoffgehalt, Temperatur, pH-Wert usw.

Die ökologische Nische lässt sich verschieden aufgliedern. So benötigt die Schnecke für die Ernährung Kieselalgen und auch einen rauen Untergrund *(Nahrungsnische)*. Andere Teilbereiche der Nische können z. B. Ansprüche bezüglich spezieller Brutplätze in einem Revier *(Brutnische)* oder Versteckmöglichkeiten *(Schutznische)* sein. Eine andere Gliederung umfasst abiotische und biotische Umweltfaktoren.

Das Beispiel der Flussschwimmschnecke zeigt, dass die Umwelteinflüsse für ein Lebewesen unterschiedlich bedeutsam sind. So ist die *Strömungsgeschwindigkeit* für diese Art weniger bedeutend, da sie fest auf Steinen haften kann und wenig Strömungswiderstand bietet. Bezüglich dieses Faktors ist die Schnecke also eurypotent (s. Seite 267). Ein einziger Anspruch dagegen, im Beispiel die rauen Steine, kann für das Vorkommen einer Art entscheidend sein. Das *Wirkungsgesetz der Umweltfaktoren* beschreibt diesen Zusammenhang. Für das Überleben und die Häufigkeit einer Art ist der Umweltfaktor maßgeblich, der am weitesten vom Optimum entfernt ist und deshalb begrenzend wirkt. In

1 Flussschwimmschnecke

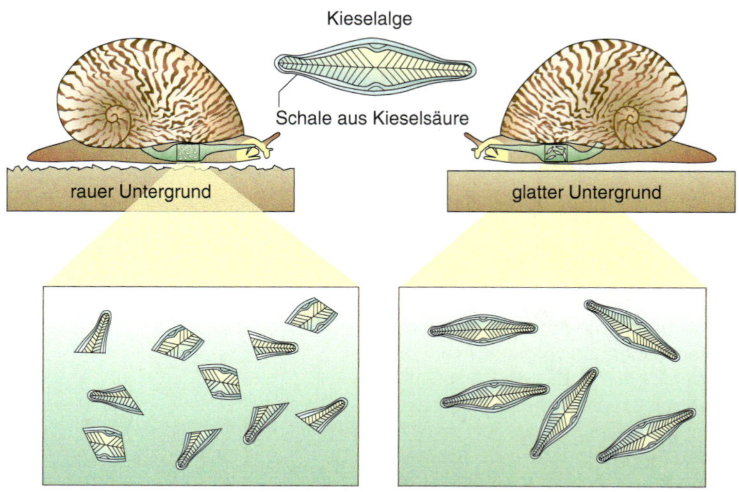

2 Kieselalgen als Nahrung der Flussschwimmschnecke

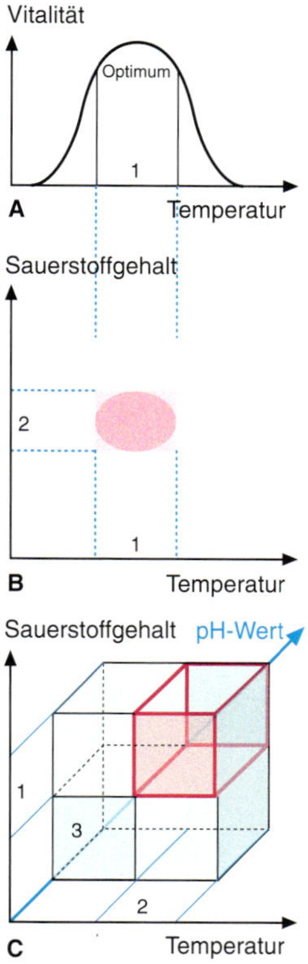

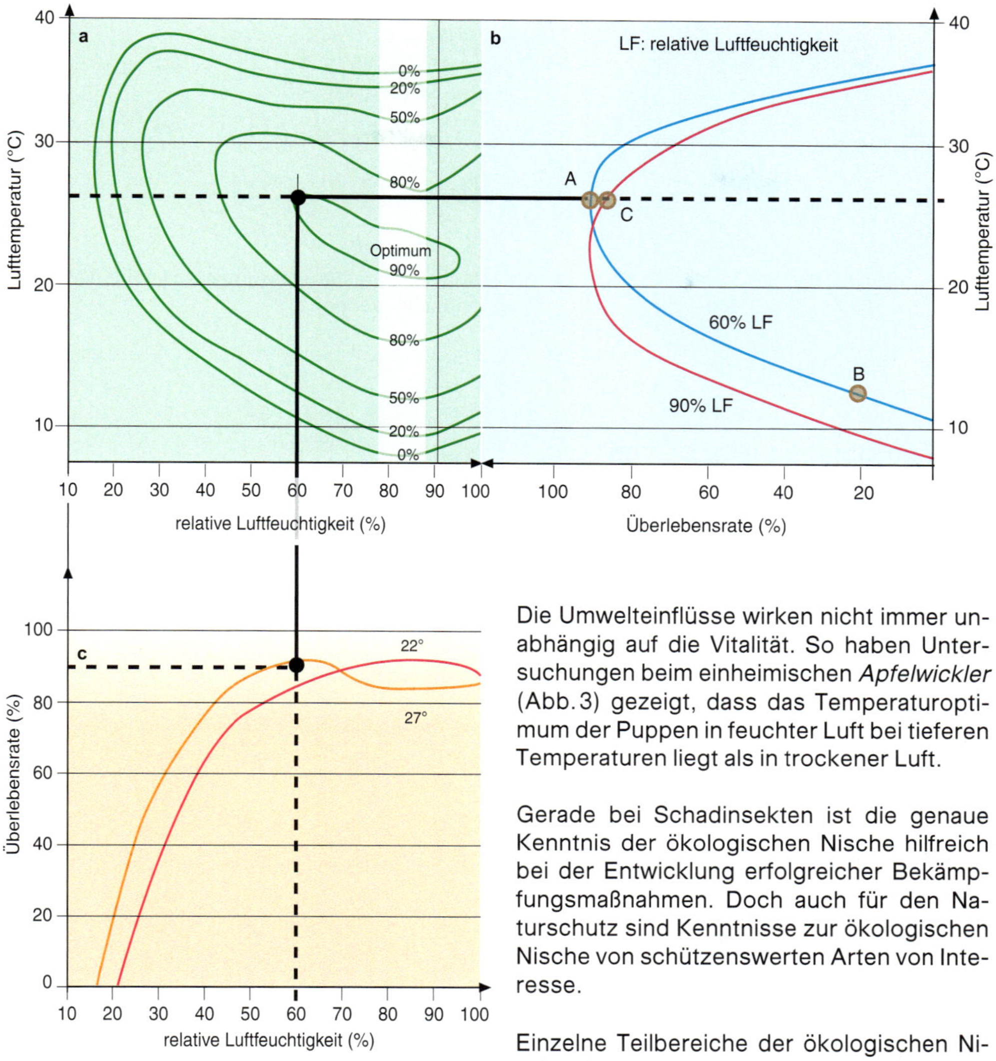

3 Kombination zweier Faktoren beim Apfelwickler

Die Umwelteinflüsse wirken nicht immer unabhängig auf die Vitalität. So haben Untersuchungen beim einheimischen *Apfelwickler* (Abb. 3) gezeigt, dass das Temperaturoptimum der Puppen in feuchter Luft bei tieferen Temperaturen liegt als in trockener Luft.

Gerade bei Schadinsekten ist die genaue Kenntnis der ökologischen Nische hilfreich bei der Entwicklung erfolgreicher Bekämpfungsmaßnahmen. Doch auch für den Naturschutz sind Kenntnisse zur ökologischen Nische von schützenswerten Arten von Interesse.

Einzelne Teilbereiche der ökologischen Nische, insbesondere die ökologische Nahrungsnische, können in unterschiedlichen Regionen der Erde sehr ähnlich sein. In diesen Fällen spricht man von einer ähnlichen *ökologischen Planstelle (Stellenäquivalenz)*. So gibt es z. B. auf allen Kontinenten kleine Säugetiere, die wie die einheimischen Maulwürfe weitgehend unterirdisch leben und dort auch ihre Nahrung finden. Angepasstheiten an sehr ähnliche Lebensräume zeigen sich in großer Ähnlichkeit nicht verwandter Arten, wie dem Sternmull (Nordamerika), dem Beutelmull (Australien) und dem Goldmull (Südafrika).

Maulwurf
(Überfamilie Spitzmausartige)

Goldmull
(Überfamilie Goldmullartige)

Beutelmull
(Unterklasse Beuteltiere)

der Landwirtschaft ist dies als *Liebig'sches Minimumgesetz* bekannt. Fehlt bei der Düngung nur ein einziger wichtiger Mineralstoff, dann können die Pflanzen nicht optimal gedeihen. Allein die Ergänzung dieses einen Stoffes erhöht maßgeblich den Ernteerfolg.

Manche Ansprüche lassen sich nur qualitativ beschreiben. Viele andere Elemente wie Temperatur-, pH-Wert- und Feuchtigkeitsansprüche sind aber auch quantitativ als ökologische Potenzen zu erfassen. Bis zu drei Potenzen lassen sich in einer Grafik darstellen (s. Randspalte). Die gemeinsame Schnittmenge beschreibt die Ansprüche einer Art bezüglich dieser drei Faktoren. Die Gesamtheit aller ökologischen Potenzen beschreibt die ökologische Nische quantitativ, sie ist grafisch aber nicht darstellbar.

Aufgaben

① Leiten Sie die Punkte A, B und C in Abbildung 3b aus der Abbildung 3a ab.

② Vergleichen Sie die unterschiedlichen Temperaturoptima des Apfelwicklers bei verschiedener Luftfeuchte mit den Lebensbedingungen der Puppe (Internet).

Online-Link
045306-0272

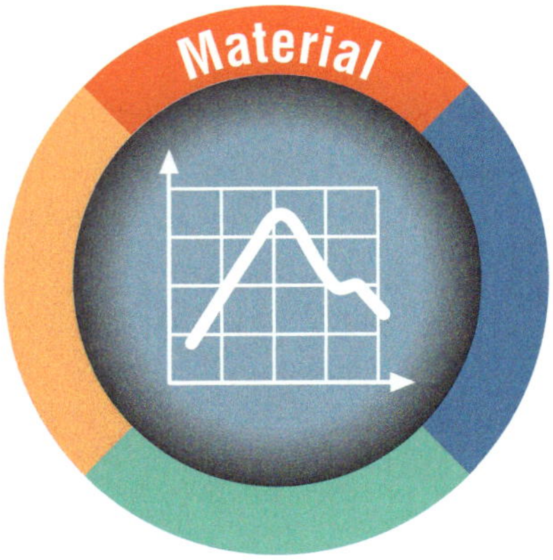

Die ökologische Nische von Strudelwürmern

Bei Strudelwürmern lässt sich ein Zusammenhang zwischen Umweltansprüchen und Verbreitung erkennen. Die hier betrachteten Arten sind bis 2 cm lang und bewohnen vor allem Fließgewässer, über deren steinigen Untergrund sie sich kriechend fortbewegen. Ihre Nahrung sind Aas und kleine Wirbellose. Die Tiere haben keinen Blutkreislauf. Die abgeplattete Form hält die Gasdiffusionswege im Körper kurz.

1 Dugesia gonocephala

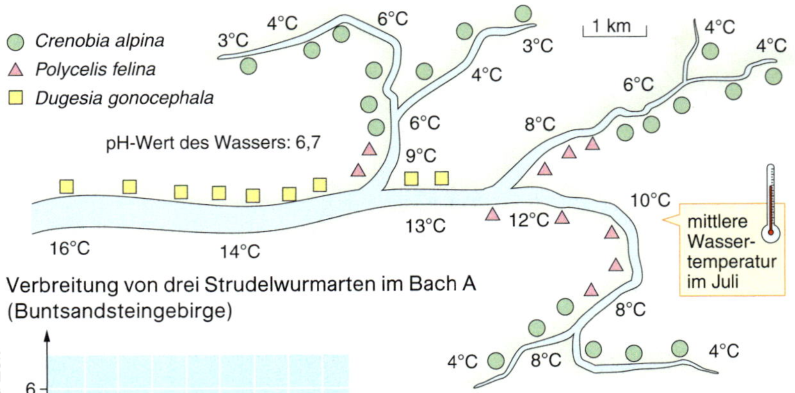

2 Verbreitung von drei Strudelwurmarten im Bach A (Buntsandsteingebirge)

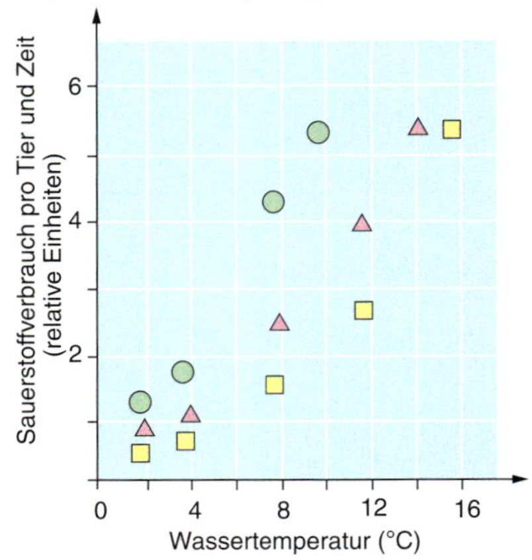

3 Sauerstoffverbrauch

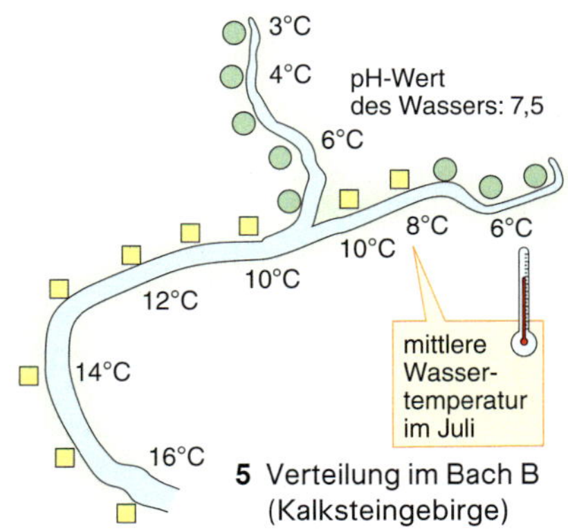

5 Verteilung im Bach B (Kalksteingebirge)

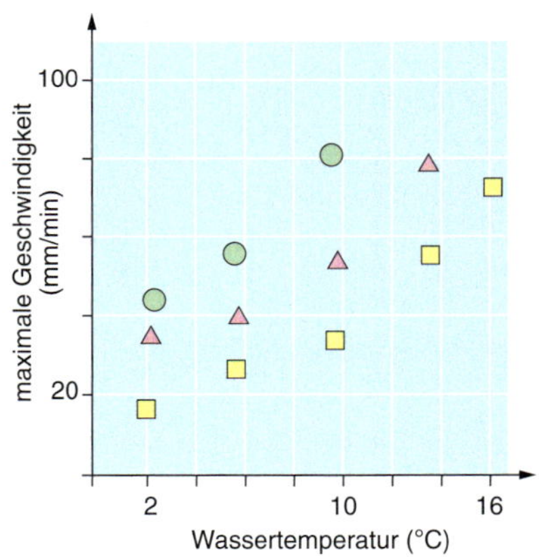

4 Maximale Kriechgeschwindigkeit

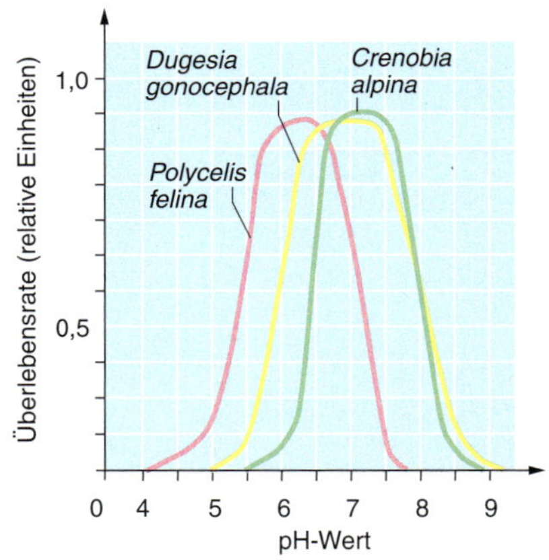

6 pH-Toleranz der drei Arten

Bachsystem A

Im Bachsystem A fanden Biologen drei Arten von Strudelwürmern. Die Kartierung (Abb. 2) ergab, dass die drei Arten unterschiedliche Abschnitte des Bachsystems besiedelten.

In Laborexperimenten wurde der Sauerstoffverbrauch der Tiere in Ruhe (Abb. 3) sowie die maximale Kriechgeschwindigkeit bestimmt (Abb. 4).

Aufgaben

① Stellen Sie fest, in welchen Temperaturgrenzen die drei Arten jeweils im Bachsystem A vorkommen.

② Stellen Sie den Zusammenhang zwischen Sauerstoffverbrauch (Abb. 3), Kriechgeschwindigkeit (Abb. 4) und Temperatur in einem Pfeildiagramm dar (Symbolik wie Seite 271).

③ Erläutern Sie die Konsequenzen bezüglich der *Temperaturtoleranz*, die Sie bei den drei Arten erwarten.

④ Stellen Sie eine begründete Hypothese zur Verbreitung der drei Arten im Bachsystem A auf.

Bachsystem B

Untersuchungen in einem strukturell ähnlichen Bachsystem B brachten eine Überraschung: Hier fehlt *Polycelis felina* und doch ist der gesamte Bachverlauf von Strudelwürmern besiedelt. Ein Vergleich mit dem Gewässer A zeigte einen Unterschied im pH-Wert (Abb. 5).

Aufgaben

⑤ Nennen Sie mögliche Gründe für das Fehlen von *Polycelis felina* in Bach B.

⑥ Vergleichen Sie die Verbreitung der Arten in den beiden Bachsystemen und nennen Sie eine mögliche Erklärung für die Unterschiede.

⑦ „Bei konkurrenzstarken Arten gleicht die Fundamentalnische weitgehend der Realnische." Überprüfen Sie, inwieweit diese Regel im vorliegenden Fall zutrifft.

Praktikum

Untersuchungen zur ökologischen Nische

Licht- und Temperaturansprüche von Wirbellosen lassen sich im Freiland und im Labor untersuchen. Da nur vergleichende Untersuchungen aussagekräftig sind, sollten mindestens zwei verwandte Arten untersucht werden. Besonders geeignet sind *Schnecken*. Sinnvoll ist ein Vergleich der Ansprüche von *Nacktschnecken* und *Gehäuseschnecken*.

Gartenbänderschnecke

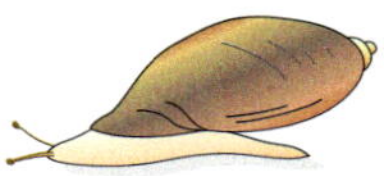
Bernsteinschnecke

Hainbänderschnecke

Schwarze und Rote Wegschnecke

Freilanduntersuchung

Untersuchungsobjekte
Wählen Sie zwei Arten aus, die im Untersuchungsgebiet häufig sind. (10 – 20 Inividuen pro Art werden benötigt).

Untersuchungsort
Zwei nahe gelegene offene Standorte, die sich bezüglich der Temperatur unterscheiden, etwa
- Hecke: Süd- und Nordseite mit Wildkrautbesatz oder
- Waldrand besonnt – unbesonnt.

Material
- Thermometer (möglichst digital)
- Luxmeter
- mindestens 30 kleine Sammelgefäße für Tiere (durchnummeriert, mit Schriftfeld)

Durchführung
a) Stellen Sie von beiden Untersuchungsgebieten eine maßstabsgetreue Skizze her. Zeichnen Sie Bäume und Büsche ein.
b) Suchen Sie in beiden Untersuchungsgebieten Individuen der gewählten Arten. Bestimmen Sie an jedem Standort
   - die Temperatur
   - die Beleuchtungsstärke.
c) Geben Sie die Tiere in das Sammelgefäß und beschriften Sie das Schriftfeld mit den Messdaten. Tragen Sie die Nummer des Sammelgefäßes in die Kartenskizze ein.

Aufgaben

① Erstellen Sie für jedes Untersuchungsgebiet und für jede Art folgendes Raster bzw. Diagramm:
   - senkrecht Beleuchtungsstärke, waagerecht Temperatur
   - Häufigkeitsverteilung der Arten in Abhängigkeit von der Beleuchtungsstärke.

② Vergleichen Sie die Umweltansprüche beider Arten.

Laboruntersuchung

Die *Temperaturorgel* wird mindestens eine Stunde vor Versuchsbeginn angesetzt (Kochsalz/Eis-Kältemischung, kochendes Wasser) und die Temperatur an mind. 4 Punkten bestimmt. Optimal ist ein linearer Gradient zwischen 5 °C und 45 °C. Die Temperaturorgel wird mit einer Glasscheibe abgedeckt.

Tiere beider Arten werden im Temperaturbereich von 20 bis 30 °C auf die Rinne gesetzt. Inaktive Tiere tauchen Sie ca. 30 s in lauwarmes Wasser.

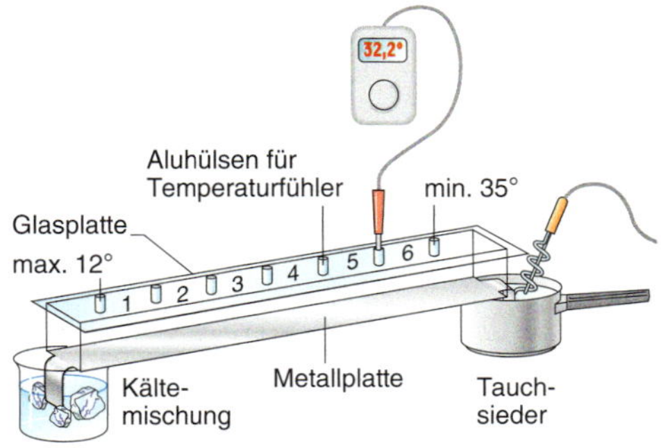

Aufgaben

③ Bestimmen Sie alle 15 Min. die Verteilung der Individuen. Verändert sich diese nicht mehr wesentlich, tragen Sie dieses Ergebnisse als Häufigkeitsverteilung grafisch auf.

④ Berechnen Sie die Temperaturmittelwerte für beide Arten.

⑤ Vergleichen Sie diese Ergebnisse mit Ihren Freilandergebnissen.

⑥ Untersuchen Sie, ob die Arten eher Licht oder Schatten bevorzugen.

Untersuchung mit Asseln

Wirbellose wie Asseln lassen sich vergleichend untersuchen. Man findet die Tiere unter Steinen oder in Komposthaufen. Sie lassen sich einige Zeit halten, wenn man in ein Gefäß etwas Erde und darüber feuchte alte Laubstreu gibt.

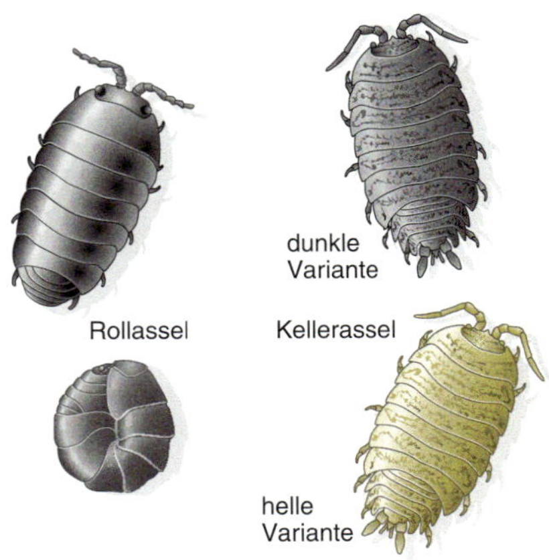

⑦ Wandeln Sie die oben beschriebenen Untersuchungen so ab, dass Sie die ökologischen Ansprüche und Präferenzen verschiedener Asselarten bezüglich Temperatur und Luftfeuchtigkeit untersuchen können.

Konkurrenz um Ressourcen

Mäusebussarde haben vielfältige Ansprüche an ihre Umwelt. Sie brauchen offenes Gelände mit einer hohen Mäusedichte und Ansitzwarten, von denen aus sie ihren kreisenden Jagdflug starten. Hohe Bäume benötigen sie als Horststandort. Aber auch Klimafaktoren sind für sie von Bedeutung: Im Frühjahr erhöht nasskaltes Wetter die Jungensterblichkeit, im Winter macht eine hohe Schneelage die Jagd auf Mäuse unmöglich. Solche einseitig auf den Bussard wirkenden Einflüsse wie Temperatur und Schneelage nennt man *Ökofaktoren*. Die Nahrung der Mäuse dagegen steht in wechselseitiger Beziehung zum Bussard. Indem er sie fängt, dezimiert er ihre Zahl. Der Bussard beeinflusst also diesen Faktor, er verbraucht ihn. Solche Elemente der ökologischen Nische nennt man *Ressourcen*. Manche Einflüsse können eine Doppelfunktion haben. So ist für Wasserorganismen Wasser als Medium, in dem sie leben, ein Ökofaktor, andererseits ist es, wenn es aufgenommen wird, eine Ressource, die sie verbrauchen.

Für Fleischfresser wie den Bussard ist eine hohe Beutezahl besonders wichtig. Sie ist eine begrenzende Ressource für die Population. Steht Nahrung dagegen in großer Menge zur Verfügung, können andere Ressourcen begrenzend wirken, etwa die Schutzräume zur Aufzucht der Jungen. Ein bekanntes Beispiel dafür sind die *Meeresvögel*, die an den Steilküsten brüten. Das Meer stellt in der Regel ausreichende Nahrungsressourcen zur Verfügung, zumal die Vögel mit relativ geringem Energieaufwand weit fliegen können. Dagegen ist die Zahl der möglichen Brutplätze an den Felsvorsprüngen sehr begrenzt (s. Randspalte).

Innerartliche Konkurrenz

Wenn Ressourcen knapp sind, stehen die sie nutzenden Organismen in Konkurrenz zueinander. Das gilt insbesondere für Artgenossen. Diese *innerartliche Konkurrenz* führt bei Tieren häufig zur *Revierbildung*. Dann verteidigen Artgenossen gegeneinander ein bestimmtes Areal, das ihnen den benötigten Anteil der begrenzenden Ressourcen sichert. Da Revierverteidigung hohe Energiekosten bereitet, weisen Reviere nur die Größe auf, die den Ressourcenbedarf gerade sichert. So ist die Reviergröße von Bussarden bei hoher Beutetierdichte deutlich kleiner als bei geringerer Beutedichte. Häufig werden sie auch nur eine begrenzte Zeit im Jahr verteidigt. Da die Nahrung für Meeresvögel keine begrenzende Ressource darstellt, wäre eine Revierbildung auf dem Meer – abgesehen vom Problem der Grenzfixierung – biologisch nicht sinnvoll. Diese Arten verteidigen aber mit großem Einsatz einen kleinen Felsabschnitt, der ihre knappe Ressource Brutplatz sichert.

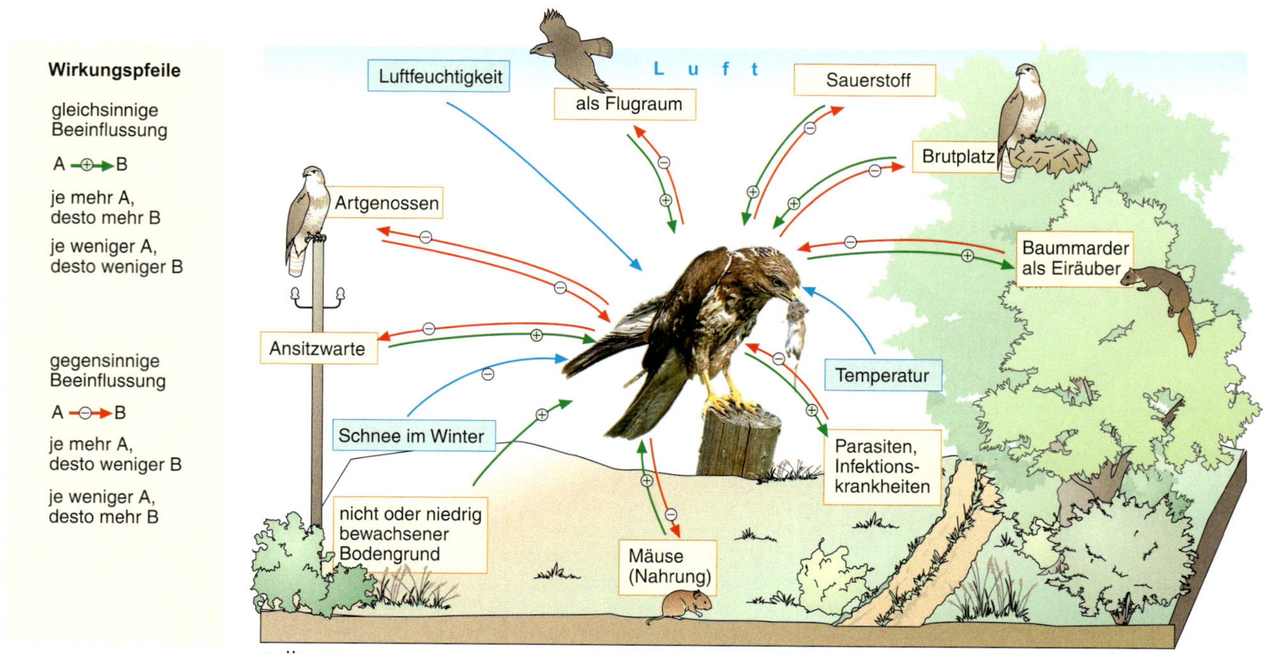

1 Ökofaktoren und Ressourcen des Mäusebussards

2 Drüsiges Springkraut

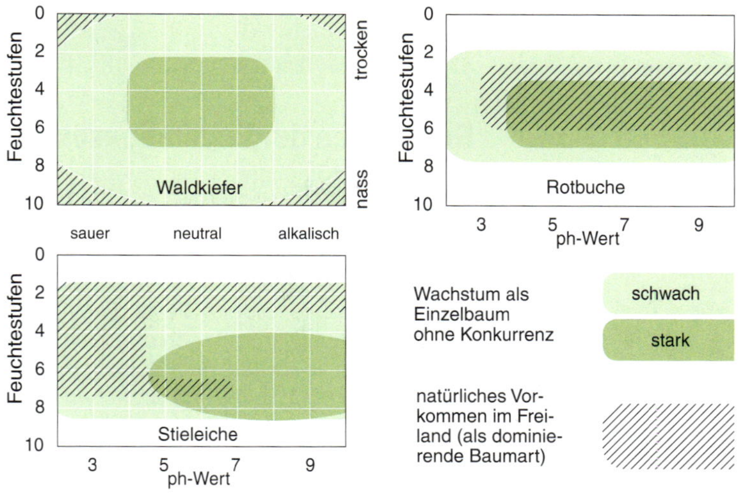

3 Waldbäume: Fundamental- und Realnische

Zwischenartliche Konkurrenz

Im 19. Jahrhundert war es eine attraktive Gartenpflanze, heute ist das *Drüsige Springkraut* vielerorts eine Plage: Vor allem an Gewässerufern hat sich dieses ca. 2 m hohe Gewächs aus dem Himalaya stark ausgebreitet und verdrängt dort einheimische Pflanzen. Das ist möglich, da das Drüsige Springkraut sehr konkurrenzstark ist. Es ist sehr schnellwüchsig und überwuchert andere Pflanzen. Neben der optimalen Nutzung der Ressourcen Licht und Wurzelraum ist es vor allem die starke Produktion von hochwertigem Nektar, die die *Konkurrenzstärke* dieser Pflanze ausmacht. Bienen und Hummeln lernen schnell, dass Springkrautblüten mehr Nektar bergen als die Blüten einheimischer Pflanzen. Die Bevorzugung bei der Bestäubung begünstigt eine schnelle Ausbreitung der Pflanzen. Für die Gewässerufer stellt das Springkraut eine besondere Gefährdung dar: Die Pflanzen sterben im Herbst vollständig ab, das fehlende Wurzelwerk fördert die Erosion im Winterhalbjahr.

Konkurrenzstarke Einwanderer wie das Springkraut belegen eine wichtige ökologische Regel, das *Konkurrenzausschlussprinzip*. Verschiedene Arten eines Lebensraums können auf Dauer nicht nebeneinander koexistieren, wenn sich ihre ökologischen Nischen bezüglich der knappen Ressourcen gleichen. Die positive Umkehrung der Regel *(Konkurrenzvermeidung)* zeigt das Beispiel der *Meeresvögel* (s. Randspalte Seite 274). Die verschiedenen Arten unterscheiden sich gerade bezüglich der begrenzenden Ressource *Brutnische*. Die *Gryllteiste* brütet am Fuß der Felsen nahe der Wasserkante, die *Trottellumme* legt ihre Eier auf Felsvorsprünge, die *Krähenscharbe* nutzt größere Felsplateaus. Die unterschiedliche Ressourcennutzung erlaubt also *Koexistenz*.

Fundamental- und Realnische

Auch bei *Waldbäumen* ist die Bedeutung der Konkurrenzstärke zu erkennen. Die *Rotbuche* zeigt die beste Nutzung der Ressource Licht und bildet sehr lichtdichte Kronen. Konkurrenten anderer Arten können dort nicht leben, wohl aber die eigenen jungen Artgenossen. Die tolerantere, aber konkurrenzschwache Waldkiefer dagegen existiert im Freiland nur in nichtoptimalen Bereichen bezüglich pH-Wert und Feuchte, die von anderen Baumarten nicht besiedelt werden können. Das Vorkommen im Freiland beschreibt die ökologische *Realnische*. Sie ist bei konkurrenzschwachen Arten deutlich eingeschränkter als die *Fundamentalnische*, die die Ansprüche einer Art unter Laborbedingungen ohne Einfluss von biotischen Faktoren wie Konkurrenz oder Räuber beschreibt. Sie wird von physiologischen Faktoren bestimmt, die Realnische dagegen auch von Wechselbeziehungen zu anderen Arten.

Aufgaben

① Untersuchen Sie mithilfe der Abbildung 1, inwieweit alle Faktoren mit wechselseitiger Beeinflussung als Ressourcen bezeichnet werden können.

② Vergleichen Sie die Fundamental- und die Realnische der Waldbäume (Abb. 3 und Randspalte) und erklären Sie die Unterschiede.

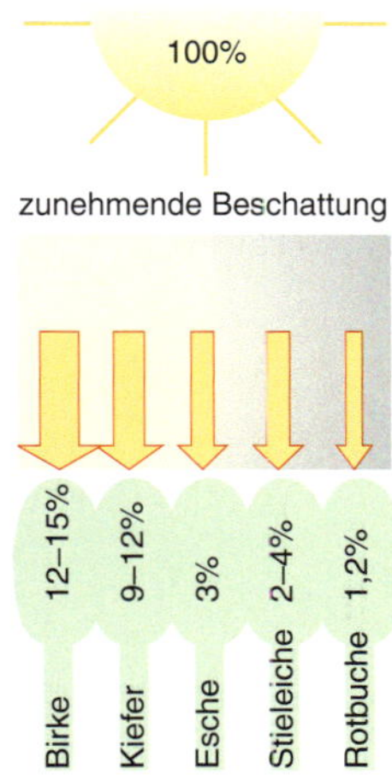

minimaler Lichtbedarf von Jungbäumchen

Lichteinfall am Boden (Juli) im dichten
Rotbuchenwald: **ca. 1,6%**
Eichenwald: **ca. 4,0%**

Konkurrenzausschlussprinzip
Verschiedene Arten eines Lebensraumes können nicht auf Dauer nebeneinander koexistieren, wenn sich ihre ökologischen Nischen bezüglich der knappen Ressourcen zu ähnlich sind.

Online-Link
045306-0276

Grundlagen der Populationsökologie

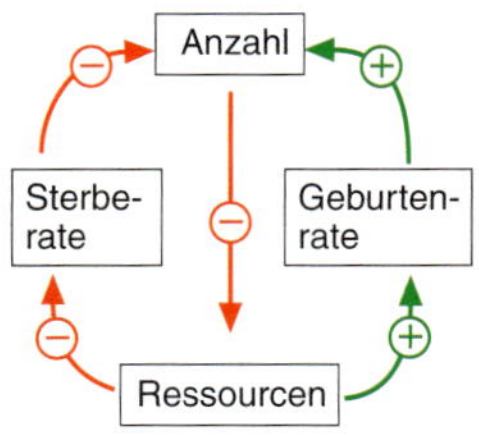

1 Populationsgrößen und Ressourcen

In einem Waldgebiet werden vier männliche und vier weibliche Wölfe ausgesetzt. Wie ändert sich im Laufe der Generationen diese Population? Dies ist eine typische Frage der *Populationsökologie*. Sie ist die Wissenschaft, die sich damit beschäftigt, wie sich Populationen in Größe und Zusammensetzung entwickeln und welche Ursachen dafür verantwortlich sind. Unter einer *Population* versteht man die Gesamtheit der Individuen einer Art, die einen definierten Lebensraum bewohnen (▶ Steuerung und Regelung S. 354).

Im oben genannten Fall der Wölfe sind populationsökologische Aussagen von großer Bedeutung, denn die Anwohner und Besucher des Waldes haben ein großes Interesse daran, zu wissen, ob daraus eine Population aus hunderten von Wölfen wird, die dann eine Bedrohung für Nutztiere und eventuell für den Menschen darstellen könnten. Auch die Wirkungen menschlicher Eingriffe werden in diesem Fachgebiet untersucht.

Einflüsse auf Populationsgrößen

Die Veränderung einer *Populationsgröße* hängt davon ab, wie viele Geburten sich in einem Zeitintervall abzüglich der Todesfälle ereignen. Häufig sind die absoluten Zahlen nicht sehr aussagekräftig. Man gibt daher häufig *Wachstumsraten* an. Diese errechnen sich aus der Division der absoluten Zahl der Zunahme oder Abnahme der Population pro Zeit durch die absolute Zahl der Gesamtpopulation. Würden von den eingangs beschriebenen Wolfspärchen nach einer Eingewöhnungsphase die Hälfte je drei Junge gebären, ergäbe sich eine Wachstumsrate von 75 %.

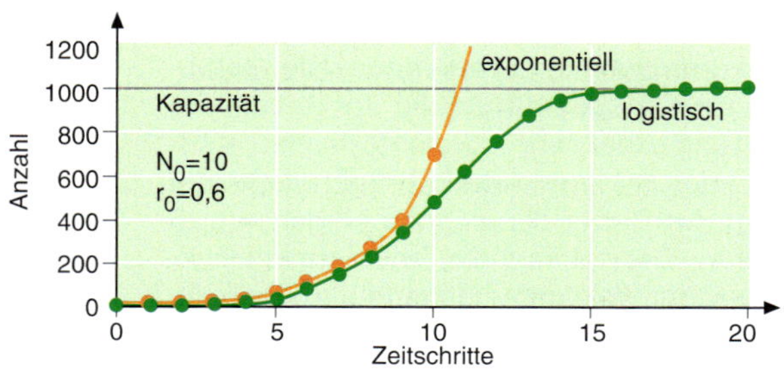

2 Exponentielles Wachstum

Solche Wachstumsraten sind bei zunächst kleinen Populationen nach einer Eingewöhnungsphase im neuen Lebensraum realistisch. Die Populationsgrößen nehmen dann häufig exponentiell zu (Abb. 2). Allerdings gewinnen mit zunehmender Größe der Population begrenzende Faktoren an Gewicht, wie z. B. Knappheit der Nahrung. Daher flacht die Wachstumskurve immer mehr ab, bis sich eine Wachstumsrate von Null ergibt. Bevölkerungspyramiden beim Menschen spiegeln diese Zusammenhänge ebenfalls wieder. Bei guter Versorgung wuchs die Bevölkerung stark (Abb. 3, 1910). Es gibt viele junge Menschen. Erreicht das Wachstum seine Grenze, findet sich eine nahezu einheitliche Altersverteilung (Abb. 3, 2050). Dies bedeutet, dass pro Zeiteinheit sich genauso viele Geburten wie Sterbefälle ereignen. Die Populationsgröße, bei der Geburten und Sterbefälle gleich groß sind, wird *Kapazität* genannt. Es ist das ökologische maximale Fassungsvermögen von Individuen dieser Art in dem jeweiligen Lebensraum.

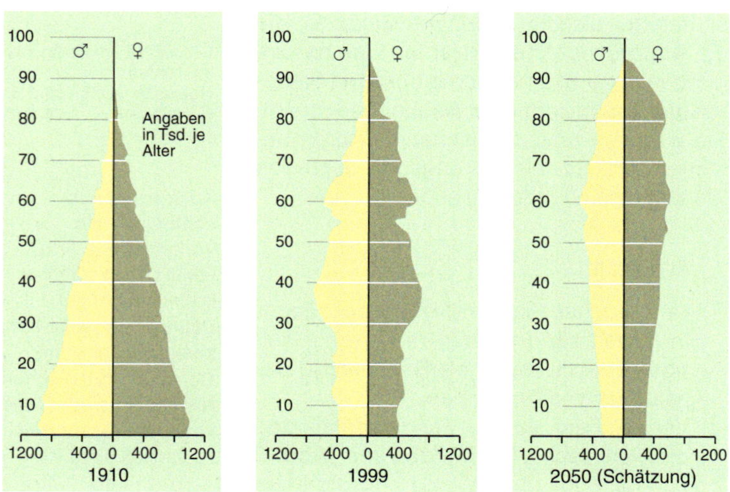

3 Bevölkerungspyramiden (Deutschland)

Die Kapazität eines Lebensraums ist keine statische Größe, sondern kann sich von Jahr zu Jahr oder auch innerhalb des Jahres ändern. Nach einem milden Winter finden sich im Lebensraum von Insekten fressenden Vögeln viele Insekten, entsprechend ist die

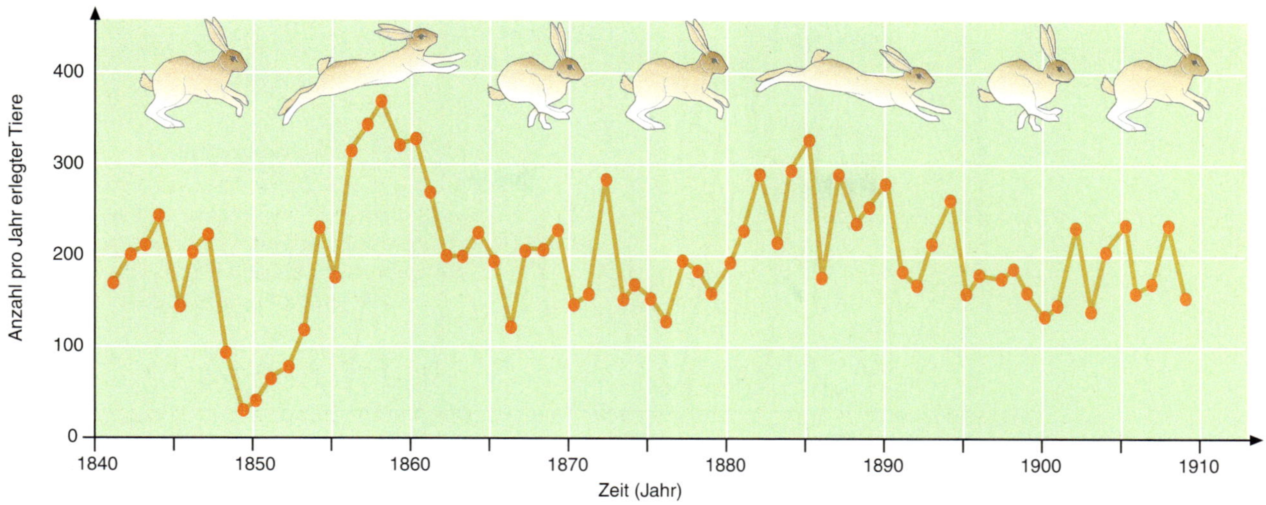

4 Hasenpopulationen in Liechtenstein, gemessen als Anzahl erlegter Wildtiere (jährliche Jagdstrecke)

Kapazität des Lebensraums für die Vögel größer, nach einem sehr kalten, langen Winter wäre es umgekehrt. Für die meisten Tiere ist die Kapazität im Sommer höher als im Winter, wenn die Nahrungsaufnahme durch Frost und Schnee beeinträchtigt ist. Sinkt die Kapazität des Lebensraums, bedingt dies eine höhere Sterberate und eine niedrigere Geburtenrate bei der Population, bis die Populationsgröße wieder der Kapazität entspricht.

Faktoren, die die Kapazität beeinflussen, werden in *dichteabhängige* und *dichteunabhängige* unterschieden. Dichteabhängige Faktoren verstärken sich mit zunehmender Populationsgröße. Typische Beispiele sind Knappheit von Ressourcen, wie Nahrung und Brutplätzen, sowie die Zunahme von Stress, Infektionskrankheiten und Abfallstoffen. Die dichteabhängigen regelmäßigen Schwankungen nennt man *Oszillationen*.

Viele Dichteeffekte zeigen sich erst mit einer zeitlichen Verzögerung. Wirkt z. B. aufgrund einer hohen Populationsgröße die wichtige Ressource Nahrung für eine Population limitierend, wirkt sich dies zwar unmittelbar in Form einer reduzierten Reproduktionsrate aus, die Geburtenrate reduziert sich aber erst zeitverzögert. Die *Reproduktionsrate* gibt an, wie viele Nachkommen statistisch von einem Individuum noch zu erwarten sind. Ist im umgekehrten Fall wieder genügend Nahrung vorhanden, steigt zunächst die Reproduktionsrate und dann wieder zeitverzögert die Geburtenrate. So oszillieren viele Populationen um die Kapazitätsgrenzen ihres Lebensraums (Abb. 4). Dichteunabhängige Faktoren werden nicht durch die Populationsgröße beeinflusst. Typische Beispiele sind das Klima, die Bodenbeschaffenheit und das Wetter, ebenso zählen dazu Katastrophen wie Stürme, Brände oder Vulkanausbrüche. Diese dichteunabhängigen Schwankungen der Populationsgröße werden *Fluktuationen* genannt.

Sowohl dichteabhängige als auch dichteunabhängige Faktoren spielen für die meisten Populationen eine große Rolle, sodass die Größe der meisten Populationen durch einen Mischung von dichteabhängigen und dichteunabhängigen Faktoren reguliert wird (▶ Steuerung und Regelung S. 354).

Aufgabe

① Erklären Sie unter Verwendung von Abbildung 5, wie sich die Größe der menschlichen Population wahrscheinlich in Zukunft verändern wird.

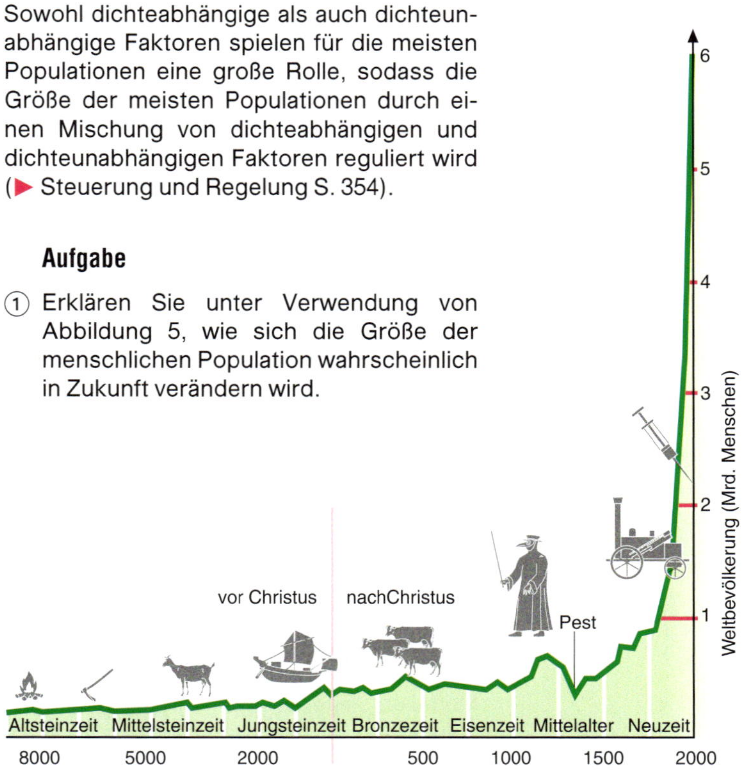

5 Wachstum der Erdbevölkerung

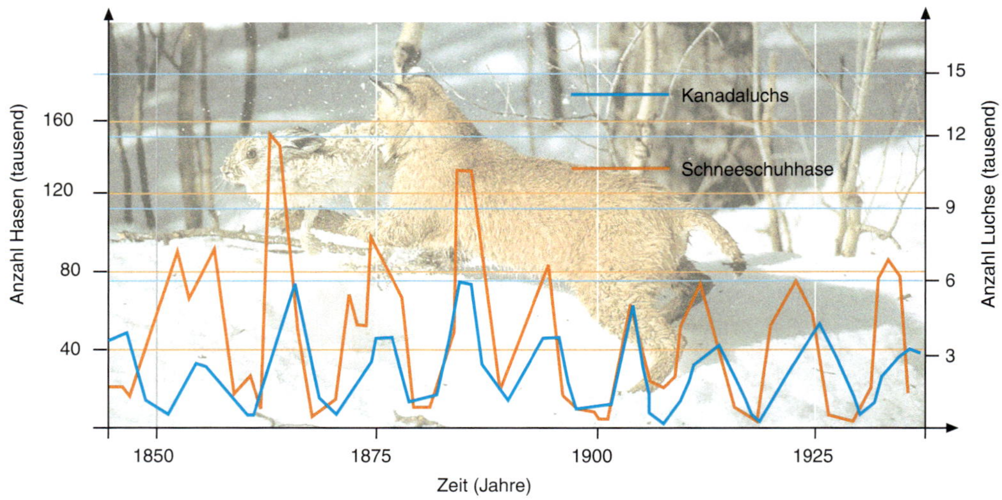

1 Populationen von Luchs und Schneeschuhhase in Kanada, gemessen als Fellzählungen

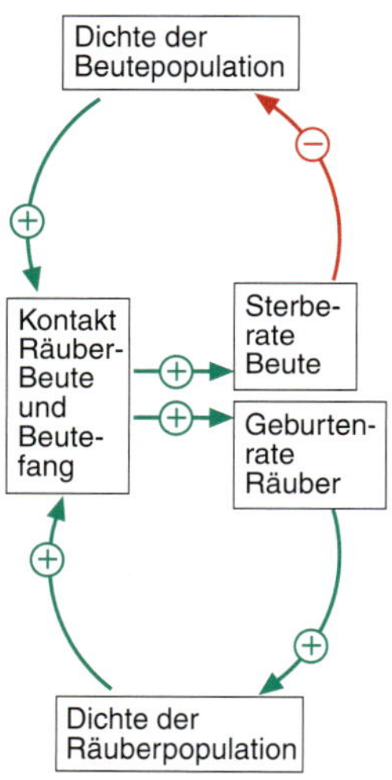

Modelle zur Räuber-Beute-Beziehung

Viele Populationen von Räubern und ihrer Beute wachsen und nehmen wieder ab und es ist vielfach naheliegend, eine einfache Wechselbeziehung anzunehmen. Die Fellzählungen von Luchsen und Schneeschuhhasen der kanadischen Hudsonbay-Company repräsentieren wahrscheinlich die Veränderungen der Populationen und könnten einen solchen Fall darstellen (Abb. 1). Der wechselseitige Einfluss ist aber als Ursache der Populationsänderungen selten klar nachzuweisen und gilt dann nur für den jeweiligen Einzelfall. Überprüfungen haben zudem gezeigt, dass meist mehrere Populationen beteiligt sind und die Beschränkung auf die Beziehung zweier Populationen stark vereinfachend ist.

Es gibt dennoch Versuche, die dahinter stehenden allgemeinen Gesetzmäßigkeiten zu erfassen und verstehbar zu machen, auch wenn man dazu die natürlichen Verhältnisse erst einmal vereinfachen muss. Ein wichtiger Weg ist die Erstellung eines mathematischen Modells, das mithilfe der vermuteten Beziehungen konstruiert wird. Im Verhalten dieses Modells hofft man dann Erklärungen für Beobachtungen in der Natur zu finden (▶ Steuerung und Regelung S. 354).

Zur Räuber-Beute-Beziehung wurden viele Modelle entwickelt. Für jede der beiden beteiligten Populationen werden dazu in allen Modellen eigene Wachstumsgleichungen aufgestellt, die wechselseitig den Einfluss der jeweils anderen Population mit berücksichtigen.

Das bekannteste stammt von den Mathematikern ALFRED LOTKA und VITO VOLTERRA aus den Jahren nach 1920. Sie suchten nach allgemeinen Erklärungen für Populationsschwankungen, die sie bei Fischen in der Adria oder bei Parasiten beobachtet hatten.

LOTKA und VOLTERRA gingen vom exponentiellen Wachstum aus. Sie variierten die Wachstumsrate (r), die sich aus der Differenz zwischen Geburtenrate (b) und Sterberate (d) ergibt. Für die Populationsgröße (Individuenzahl N_t) erhält man nach Ablauf eines Zeitschrittes aus der vorher vorliegenden Individuenzahl:

$$N_{t+1} = N_t + r \cdot N_t = N_t + (b - d) \cdot N_t$$

Für die Räuberpopulation gilt im Modell, dass die Geburtenrate nur von der Beutemenge abhängt. Je mehr Beute es gibt, desto höher ist die Geburtenrate der Räuber. Die Sterberate wird als konstant angesehen. Entsprechend gilt für die Beutepopulation, dass die Sterberate (nur) von der Räuberpopulation abhängt. Je mehr Räuber es gibt, desto höher ist die Sterberate der Beutepopulation. Die Geburtenrate wird als konstant angesehen.

Die Untersuchung des Modellverhaltens zeigt tatsächlich ständige Schwankungen beider Modellpopulationen um jeweils einen eigenen Mittelwert, wie sie auch beim System aus Luchs und Schneeschuhhasen zu beobachten sind. Soweit scheint das Modell von LOTKA und VOLTERRA als Erklärung der

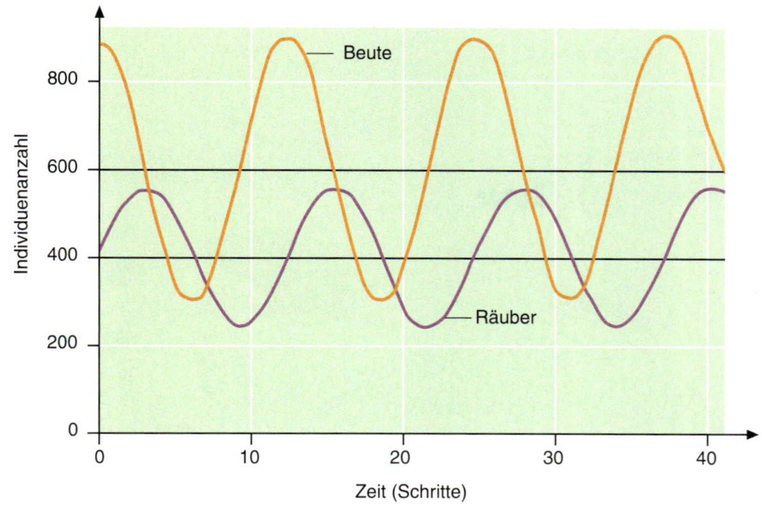

2 Populationsverläufe im Lotka-Volterra-Modell

Populationsverläufe geeignet zu sein. Aus dem Modellverhalten ergeben sich wesentliche Aussagen, die nach ihren Erstellern *Lotka-Volterra-Regeln* genannt werden:

- Die Mittelwerte beider Populationsgrößen schwanken periodisch. Die Maxima und Minima der Räuberpopulation folgen dabei denen der Beutepopulation *(Lotka-Volterra-Regel 1)*.
- Die beiden Populationsgrößen schwanken jeweils um einen Mittelwert, der bei unveränderten Bedingungen langfristig konstant bleibt *(Lotka-Volterra-Regel 2)*.
- Nach starker Dezimierung beider Populationen erholt sich zuerst die Beutepopulation. Die Erholung der Räuberpopulation folgt nach *(Lotka-Volterra-Regel 3)*.

Das Modell (Abb. 2) zeigt die zyklischen Eigenschaften, die man bei manchen natürlichen Räuber-Beute-Systemen beobachten kann. Dennoch ist es unzureichend. Es basiert beispielsweise auf exponentiellem Wachstum. Ohne Räuber würde die Beutepopulation unbegrenzt wachsen, da ihr eine obere Begrenzung fehlt. Außerdem ist die Sterblichkeit der Beute allein durch Räuber bedingt. Ohne sie besitzt die Beute daher keine Sterblichkeit. Darüber hinaus bedingt die Konstruktion dieses Modells, dass in ihm zwangsläufig zyklische Schwankungen auftreten, es gibt praktisch keine Modellsituation ohne sie. Dies legt die falsche Vorstellung nahe, Schwankungen wie bei Luchs und Schneeschuhhase seien eine notwendige oder charakteristische Eigenschaft von Räuber-Beute-Systemen. In der Realität sind solche Schwankungen aber nur in seltenen Fällen zu beobachten.

Daher wurden viele andere Modelle entworfen, die auf dem logistischen Wachstum aufbauen. Als Grundüberlegung dient u. a. die Erkenntnis, dass die mögliche Anzahl Räuber von der vorhandenen Beutemenge abhängt. Damit ist z. B. die Kapazität der Räuberpopulation von der Beutemenge abhängig und kann entsprechend in das Modell eingebaut werden. Bei der Beutepopulation lässt sich z. B. die vom Räuber gefressene Beutemenge einfach als zusätzlicher Verlust verstehen und in die logistische Gleichung der Beutepopulation einfügen. Derartige Modelle zeigen ebenfalls die Eigenschaften, die in den Lotka-Volterra-Regeln formuliert wurden. Darüber hinaus besitzen sie aber nicht mehr die geschilderten Nachteile.

Zettelkasten

Deskriptive und konzeptionelle Modelle

Deskriptive Modelle

Viele Erscheinungen in der Natur sind für uns schwer vorstellbar, vor allem, wenn sie außerhalb der alltäglichen Erfahrung liegen. Mithilfe von Modellen versucht man dann eine bessere Einsicht zu erreichen. Zellmodelle veranschaulichen z. B. in diesem Sinn den inneren Bau und die Beziehungen der Organellen. Bei Funktionsmodellen werden beteiligte Strukturen auf Wesentliches reduziert und ihre Funktionsweise einsichtig gemacht. Beispiele sind der Ablauf der Flügelbewegung beim Insektenflug oder die Funktion des Zwerchfells bei der Lungenatmung.

Der Weg führt in diesen Fällen von der Natur zum Modell und es wird jeweils eine Beschreibung bekannter Sachverhalte angestrebt. Deswegen nennt man diese Modelle *deskriptive Modelle*.

Konzeptionelle Modelle

Auf der anderen Seite findet man in der Biologie immer wieder Situationen, in denen man hinter einer Vielfalt von scheinbar unterschiedlichen Einzelfällen nach einem gemeinsamen Prinzip, nach einer Gesetzmäßigkeit sucht. Dann ist es hilfreich, Szenarien zu konstruieren und in einem oft mathematischen Modell zu erfassen. Natürlich sind diese abgeleitet von Ideen und Vermutungen, die aus biologischen Beobachtungen folgen, aber sie sollen keinen bekannten Sachverhalt beschreiben, sondern machen ungeklärte Fragestellungen einer Bearbeitung zugänglich. Die Analyse des Modellverhaltens gibt dann Hinweise auf mögliche Zusammenhänge in der Natur. Der Weg führt also vom Modell zurück zur Natur. Solche Modelle werden *konzeptionelle Modelle* genannt. Die meisten Populationsmodelle sind konzeptionell angelegt, auch das Modell von Lotka und Volterra.

1 Schlupfwespe

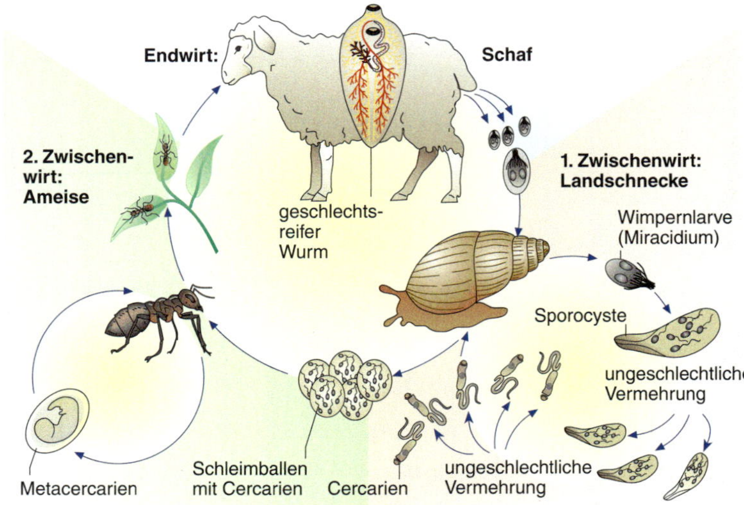

2 Entwicklung des Kleinen Leberegels

Parasitismus

Räuber töten ihre Beute, bevor sie sie verzehren. *Parasiten* dagegen ernähren sich von anderen Lebewesen *(Wirten)*, ohne sie vorher zu töten. Das schädigt den Wirt durch verminderte Lebensdauer, verringertes Wachstum oder eine geringere Fortpflanzungsrate, muss aber nicht unbedingt seinen Tod zur Folge haben.

Im Gegensatz zu den meisten Räubern sind Parasiten deutlich kleiner als ihre Wirte. Deshalb ist die Wachstumsrate r einer Parasitenpopulation deutlich größer als die seiner Wirtspopulation. Parasiten beeinflussen diese deshalb häufig stärker als Räuber ihre Beutepopulation.

Parasitismus tritt in zahlreichen ökologischen Varianten auf. So können Parasiten auf der Außenfläche ihres Wirts leben *(Ektoparasiten wie Floh, Zecke und Kopflaus)*. Typisch für diesen Parasitentyp sind spezielle Haftorgane und ein flacher Körperbau (s. Mittelspalte). Es gibt auch Übergänge zwischen Parasiten und Räubern *(Parasitoide)*. So besiedeln die Larven von Schlupfwespen als Spezialisten meist Schmetterlingsraupen (Abb. 1). Am Ende der Larvenentwicklung ist der Wirt tot, die Imago verlässt den Wirt.

Die geringe Größe der Parasiten erlaubt auch ein Leben im Inneren ihres Wirts *(Endoparasiten)*. Abwehrstrategien des befallenen Organismus erfordern gerade von Endoparasiten eine extreme Angepasstheit an ihren Wirt. Deshalb sind diese Parasitenformen zumeist hoch spezialisiert.

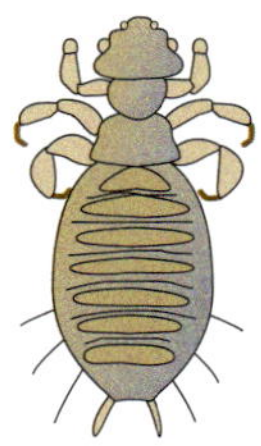

Haarling

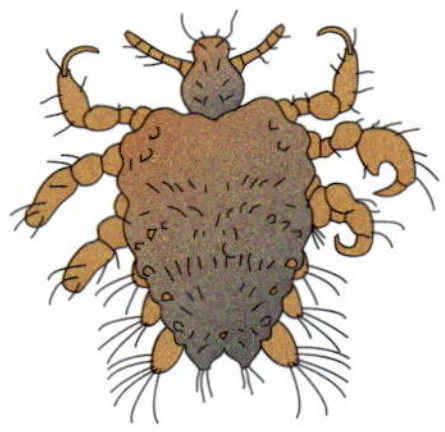

Filzlaus

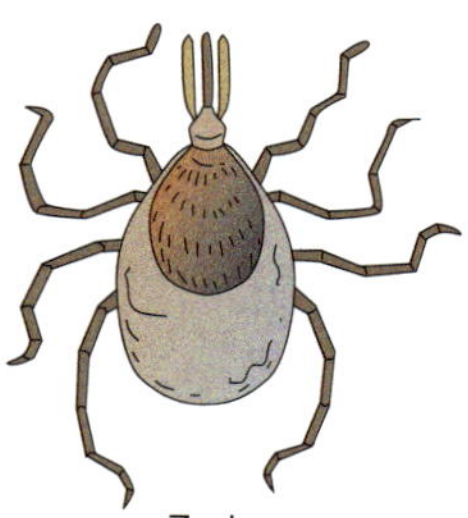

Zecke

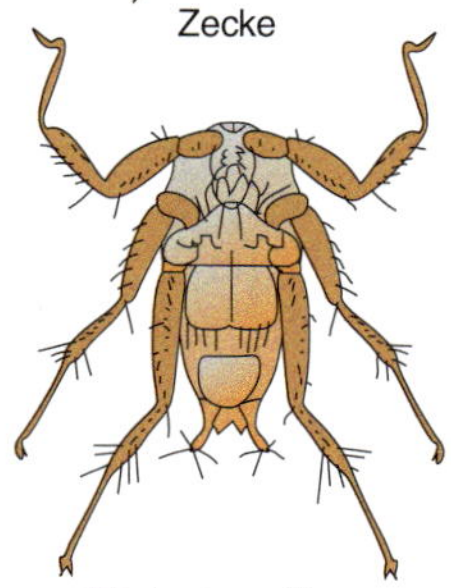

Fledermausfliege

Die Wahrscheinlichkeit für eine direkte Neubesiedlung eines Wirtes ist sehr klein. Das Beispiel des *Kleinen Leberegels* (Abb. 2) zeigt überlebenssichernde Angepasstheiten: Dieser Parasit ist ein Zwitter und lebt in der Leber von Schafen. Da diese wie viele Säugetiere den eigenen Kot meiden, wäre eine direkte Übertragung unwahrscheinlich. Bestimmte Schnecken dagegen ernähren sich von Säugerkot. Die Wahrscheinlichkeit, dass Parasiteneier in diesen *Zwischenwirt* gelangen, ist deshalb relativ hoch. Die von der Schnecke ausgestoßenen Schleimballen mit dem nächsten Parasitenstadium enthalten energiereiche Kohlenhydrate. Sie werden deshalb gern von Ameisen als Nahrung aufgenommen. Bemerkenswert ist nun das Verhalten betroffener Ameisen: Sie klettern an die Spitze von Grashalmen, beißen sich dort fest und verharren so tagelang.

Damit wird die Wahrscheinlichkeit gesteigert, dass wieder ein Schaf als *Endwirt* die Ameisen mit ihren Parasiten aufnimmt: Der Zyklus ist geschlossen. Der *Wirtswechsel* ist folglich eine Strategie des Parasiten zur Besiedlung neuer Endwirte. Mehrere *ungeschlechtliche Vermehrungszyklen* in den Zwischenwirten erhöhen die Wahrscheinlichkeit, dass zumin-dest einige Parasiten wieder in einen neuen Endwirt gelangen.

Aufgabe

① Überprüfen Sie anhand der genannten Beispiele, welche Basiskonzepte angesprochen werden.

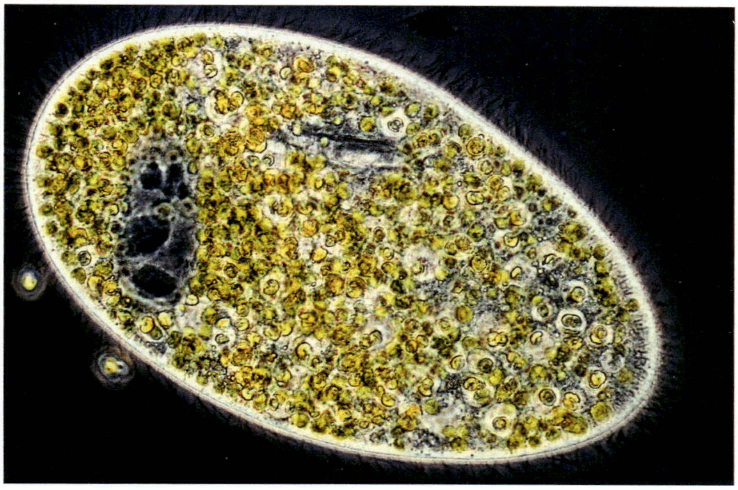

1 Paramecium bursaria mit Chlorella

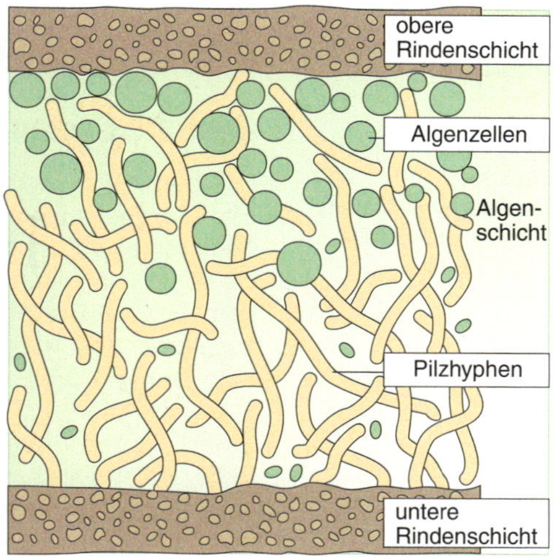

2 Flechte

Symbiose

In Vesikeln des Einzellers *Paramecium bursaria* leben zahlreiche Grünalgen der Gattung *Chlorella*. Die Algen vermehren sich innerhalb des Einzellers, der ihnen einen gewissen Schutz, etwas Mobilität, vor allem aber eine hohe Mineralstoff- und Kohlenstoffdioxidkonzentration bietet. Aber auch die Einzeller profitieren von den Algen: Ist organische Nahrung *(Detritus)* für sie knapp, beziehen sie Vitamine und Proteine aus den Algen. Eine solche zwischenartliche Beziehung mit gegenseitigem Nutzen wird *Symbiose* genannt (▶ Geschichte und Verwandtschaft S. 362).

	Wirkung von A auf B	Wirkung von B auf A
Parasitismus	⊕	⊖
Räuber/Beute	⊕	⊖
Symbiose	⊕	⊕
Parabiose	⊕	0

Paramecien strudeln kleine Nahrungspartikel über ihr Mundfeld ein. Dort werden sie in Nahrungsvakuolen übernommen und verdaut. Ähnlich kann auch heute noch *P. bursaria* Chlorella-Algen aufnehmen – nur werden sie nicht automatisch verdaut. Wenn allerdings die Nahrungsbedingungen für P. bursaria schlecht werden, verhält sich der Einzeller wie seine Verwandten auch: Er verdaut diese Algen und ernährt sich von ihnen. Offensichtlich hat also dieser Einzeller im Verlauf der Evolution die Fähigkeit erworben, die Abgabe von Verdauungsenzymen zu steuern. Das Beispiel zeigt, dass Symbiose keineswegs immer ein friedliches Miteinander darstellt, sondern oft eher als *Kampfgleichgewicht* betrachtet werden kann. So leben nur bestimmte Chlorella-Arten in P. bursaria, andere werden als Nahrung verdaut. Das deutet darauf hin, dass diese Algenart eine gewisse Resistenz gegen die Verdauung durch P. bursaria erworben hat.

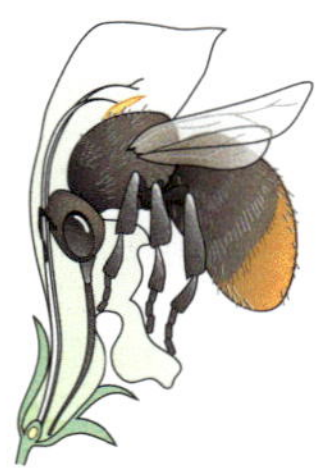

Hummelblüte

Kolibriblüte

Symbiosen sind der Natur sehr verbreitet. Ein zweites Beispiel sind *Flechten*. Hier ist die Beziehung zwischen Algen oder *Cyanobakterien* und dem sie umgebenden Pilz so eng, dass Flechten als eigenständige systematische Gruppe betrachtet werden. Flechten leben unter völlig anderen ökologischen Bedingungen als die einzelnen Symbiosepartner. So besiedeln Flechten häufig extrem nahrungsarme Untergründe wie Felsen oder Betonflächen, aber auch Extremlebensräume in Trockenheit und Kälte, in denen weder Pilze noch Algen allein existieren könnten: Das Pilzgerüst schützt die Algen vor Austrocknung und liefert den Pflanzen Kohlenstoffdioxid. Durch Säureabgabe kann es für die Alge wichtige Mineralstoffe aus dem steinigen Untergrund lösen. Andererseits ist der Pilz als heterotropher Organismus auf die organischen Fotosyntheseprodukte der Alge angewiesen. Das Zusammenleben zweier Arten erlaubt zwar die Besiedlung unwirtlicher Lebensräume, bringt es allerdings mit sich, dass gerade Symbionten häufig stenopotent bezüglich bestimmter Ökofaktoren sind, denn es müssen die Ansprüche beider Arten erfüllt sein. Viele Flechtenarten reagieren zum Beispiel sehr empfindlich auf *Luft-* und *Bodenverschmutzung* (SO_2, Pestizide) und können deshalb als *Indikatororganismen* eingesetzt werden.

Symbiontische Beziehungen können auch zwischen Arten existieren, die räumlich viel unabhängiger voneinander sind. Ein Beispiel sind Blütenpflanzen und sie bestäubende Insekten- oder Vogelarten.

Gestufte Systeme

Biozönose
Lebensgemeinschaft aller Organismen in einem Biotop

Biotop
Lebensraum, Gesamtheit aller abiotischen Umweltfaktoren

Ökosystem
Vernetzung von Biozönose und Biotop

Biomasse
gesamte lebende Masse aller Individuen

Produktion
in einer bestimmten Zeit neu gebildete Biomasse

In einem Ökosystem leben viele Pflanzen- und Tierarten zusammen. Sie stellen eine Lebensgemeinschaft dar, die *Biozönose,* und diese lebt in einer gemeinsamen Umwelt, dem *Biotop.* Biozönose und Biotop bilden zusammen ein Ökosystem (▶ Kompartimentierung S. 352).

Zwischen den Populationen eines Ökosystems gibt es viele Wechselwirkungen, die zusammen seine Gesetzmäßigkeiten bestimmen. Einige lassen sich aus der Beziehung zweier Populationen erhalten. Man kann sich das gesamte System aus einzelnen Zwei-Arten-Systemen zusammengesetzt vorstellen. Die Beziehungen zwischen den Arten sind jedoch sehr vielfältig und müssen eher als stark verflochtenes Netz aufgefasst werden. Die Analyse von Biozönosen erfordert deswegen eine Herangehensweise, die der Komplexität angemessen ist.

Trophiestufen

Viele Populationen nutzen ähnliche Ressourcen. Man fasst sie daher zu *Trophiestufen* zusammen. Die unterste Stufe bilden autotrophe Organismen wie die Pflanzen. Sie sind in der Lage, aus anorganischen Stoffen energiereiche organische Stoffe herzustellen *(Primärproduktion).* Dies ist die Trophiestufe der *Produzenten.* Die weiteren Trophiestufen bilden *Konsumenten.* Das sind heterotrophe Organismen, die eigene Biomasse aus der Nahrung, d.h. aus der Biomasse anderer Organismen, produzieren *(Sekundärproduktion).* Die zweite Stufe bilden Pflanzenfresser. Sie sind *Konsumenten 1. Ordnung.* Fleischfresser bilden als *Konsumenten 2. Ordnung* die dritte Stufe. Weitere Konsumentenstufen können folgen. Mit jeder höheren Stufe wird aber die Nahrung seltener und ihre Schwankungen wirken sich gravierender aus. Die meisten Ökosysteme haben daher nicht mehr als 4 Trophiestufen.

Trophiestufen besitzen die kennzeichnenden Größen *Individuenzahl* bzw. *-dichte, Biomasse* und *Produktion.* Die Individuenanzahl ist wegen der riesigen individuellen Unterschiede in Größe oder Masse jedoch wenig aussagekräftig, wie z.B. der Vergleich von Bäumen und Kräutern offensichtlich macht. Die Biomasse erfasst die gesamte Masse der Individuen. Die Produktion beschreibt, wieviel neue Biomasse in einer bestimmten Zeit gebildet wird. Die kennzeichnenden Größen können zu eigenen *ökologischen Pyramiden* wie z.B. zur Biomassenpyramide zusammengefasst werden (Abb. 1). Auch der Flächenbedarf der Individuen bildet eine Pyramide. Bei ihr sind die Größenverhältnisse allerdings umgekehrt, denn eine Maus hat z.B. ein kleineres Revier als eine Eule auf höherer Stufe. Der Flächenbedarf nimmt allgemein mit jeder höheren Trophiestufe deutlich zu.

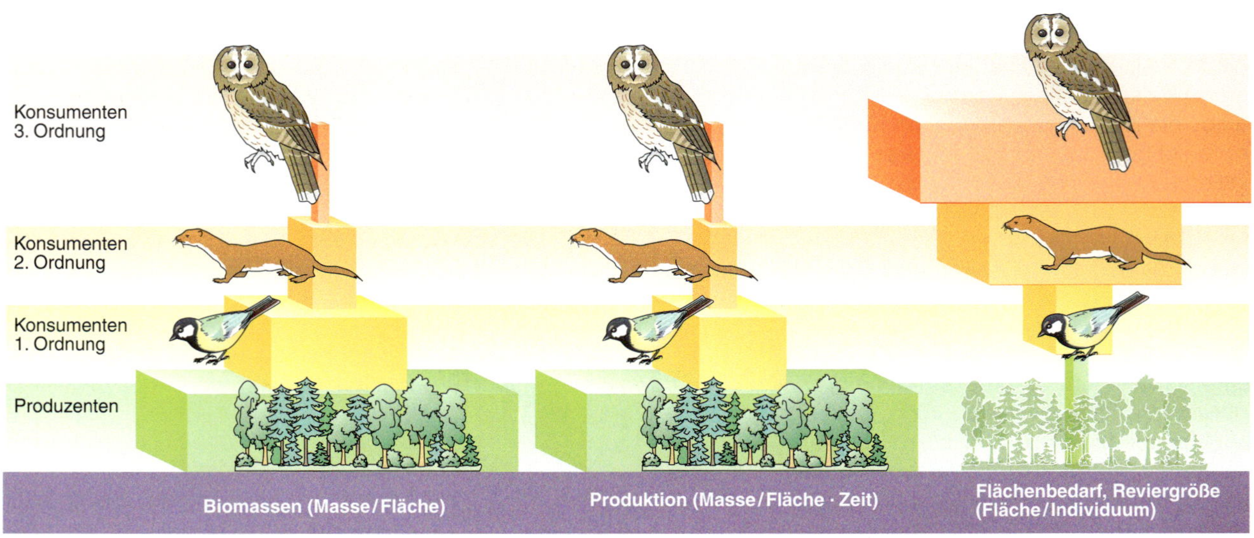

1 Ökologische Pyramiden terrestrischer Ökosysteme

Nettoprimärproduktion pro Jahr

Laubwald
1,45 kg/m^2·a

Nadelwald
1,58 kg/m^2·a

Grasland
1,42 kg/m^2·a

Acker
ca. 1,1 kg/m^2·a

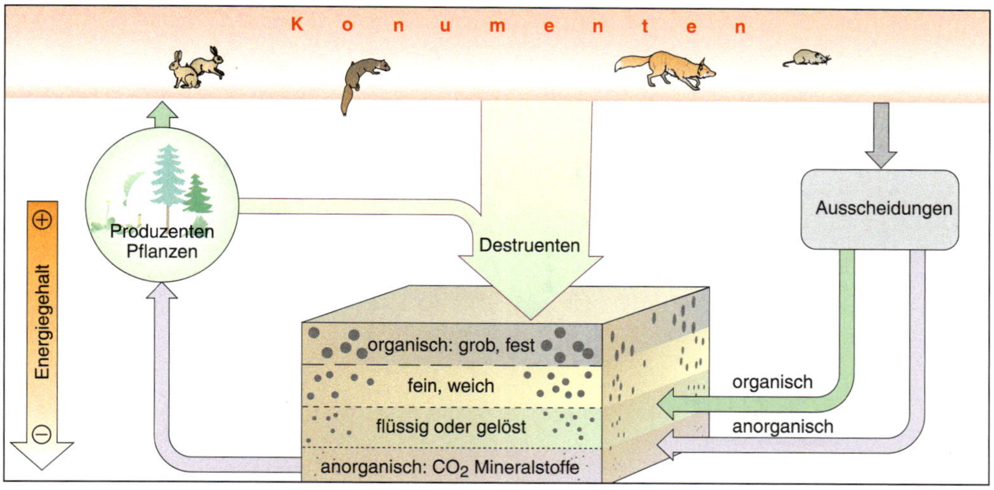

1 Vereinfachtes Modell eines Nährstoffkreislaufs

Primärproduktion

Pflanzen können sich mittels der Fotosynthese selbst mit energiereicher Biomasse versorgen. Man bezeichnet sie deshalb als *autotroph.* Die gesamte durch Pflanzen hergestellte Biomasse wird *Bruttoprimärproduktion* genannt. Einen großen Teil der Bruttoprimärproduktion verbraucht die Pflanze selbst für ihre Zellatmung. Der verbleibende Rest, die *Nettoprimärproduktion*, steht dann den Primärkonsumenten zur Verfügung. Da die Zahl der höheren Konsumenten durch die der Primärkonsumenten bestimmt wird, zehren letztlich also alle *heterotrophen* Organsimen von der durch die Nettoprimärproduktion bereitgestellten Biomasse (▶ Stoff- und Energieumwandlung S. 356).

Das Ausmaß der Primärproduktion bestimmt letztlich die verfügbare Ressourcenmenge in einem Ökosystem und damit auch, wie viele Konsumenten dort existieren können. Die Primärproduktion wird durch die Verfügbarkeit von Licht, Wasser und Mineralstoffen sowie durch geeignete Temperaturen bestimmt. Der am wenigsten verfügbare Faktor begrenzt die insgesamt erzielbare Produktion *(Liebig'sches Minimumgesetz,* (s. Seite 73). Entsprechend unterschiedlich ist die Höhe der Primärproduktion in verschiedenen Lebensräumen auf der Erde.

Blattzersetzung

Stoffabbau durch Destruenten

Totes organisches Material hat einen hohen Energiegehalt. Im Ökosystem wird dieses Material von den *Destruenten* als Nahrung genutzt. Dabei wird das feste organische Material zunächst von den *Abfallfressern* zunehmend in kleinere organische Partikel abgebaut. Regenwürmer und zum Beispiel Springschwänze sind Abfallfresser.

Tote Tiere werden häufig zunächst von *Aasfressern* als Nahrung genutzt. Die Ausscheidungen der Aasfresser werden dann von anderen Klein- und Kleinstorganismen in noch kleinere Partikel organischen Materials abgebaut. Schließlich werden die kleinsten Partikel organischen Materials von den *Mineralisierern,* vor allem Bakterien und Pilzen, in anorganische Substanz überführt.

Der Energiegehalt des toten organischen Materials nimmt bei jeder weiteren Verwertung durch Abfallfresser und schließlich durch Mineralisierer ab. Die gesamte verwertbare Energie wird genutzt, bis die organische Substanz in anorganische umgewandelt ist. Diese anorganischen Substanzen stehen dann wiederum den Pflanzen als Nahrungsquelle zur Verfügung.

Außerdem nehmen die Destruenten häufig eine wichtige Zwischenstellung zwischen Primärkonsumenten und Konsumenten höherer Ordnung ein. So können Regenwürmer, die als Abfallfresser pflanzliches Material zersetzen, Vögeln als Nahrung dienen.

Aufgabe

① Erklären Sie, inwieweit der zunehmende Fleischkonsum den Hunger in der Welt begünstigt.

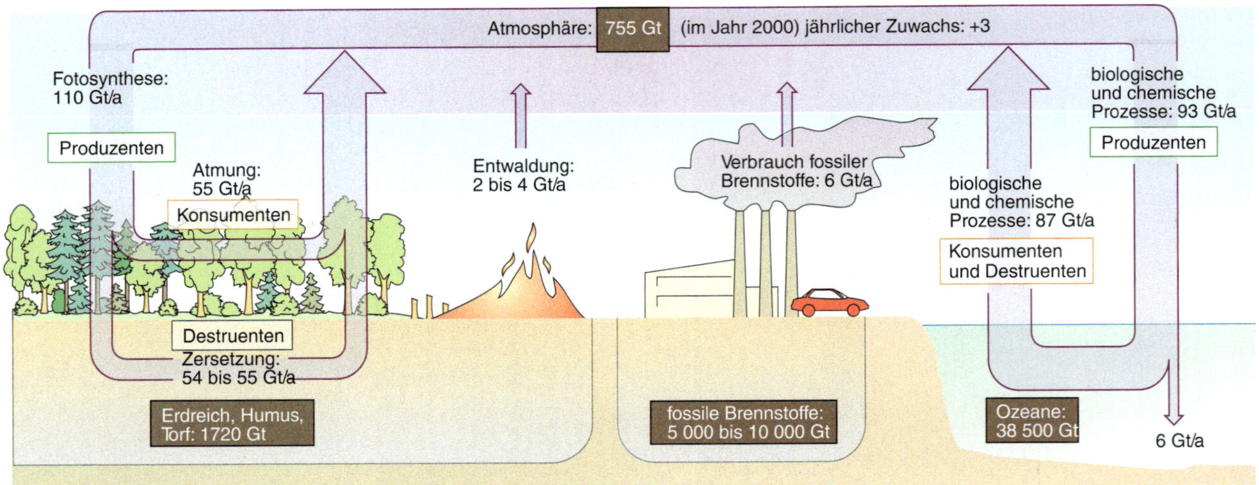

1 Globaler Kreislauf des Kohlenstoffs (Angaben in Gigatonnen pro Jahr)

Stoffkreislauf und Energiefluss

Durch Primärproduzenten werden anorganische Stoffe in Biomasse gebunden, durch Konsumenten und Destruenten werden sie wieder freigesetzt. Damit durchlaufen chemische Elemente wie Kohlenstoff und Stickstoff einen Kreislauf (▶ Stoff- und Energieumwandlung 356).

Kreislauf des Kohlenstoffs

Das wichtigste chemische Element in der Biomasse ist *Kohlenstoff*. Alle Biomasse besteht aus Kohlenstoffverbindungen, die von Produzenten aus Kohlenstoffdioxid (CO_2) hergestellt werden. Sie erfüllen bei allen Organismen die Doppelfunktion als Gerüststoff und Energieträger. Durch Fraß und Abbau werden sie an Konsumenten bzw. Destruenten weitergereicht, die daraus eigene Biomasse aufbauen oder sie für den Energiebedarf verbrauchen und dabei das anorganische CO_2 zurückbilden. Dies geschieht so lange, bis sämtlicher Kohlenstoff, der ursprünglich in Biomasse fixiert wurde, wieder als CO_2 frei geworden ist. Damit schließt sich der Kohlenstoffkreislauf.

Pflanzen fixieren durch Fotosynthese einen Teil des in der Atmosphäre vorhandenen Kohlenstoffs. Einen weiteren Anteil binden chemische Prozesse, die CO_2 zu Carbonat (v.a. Calciumcarbonat, „Kalk") umsetzen. Früher oder später gelangt sämtlicher Kohlenstoff als CO_2 wieder in die Atmosphäre, sodass statistisch das gesamte CO_2 alle drei bis vier Jahre einmal im Austausch mit der Biosphäre umgesetzt wird.

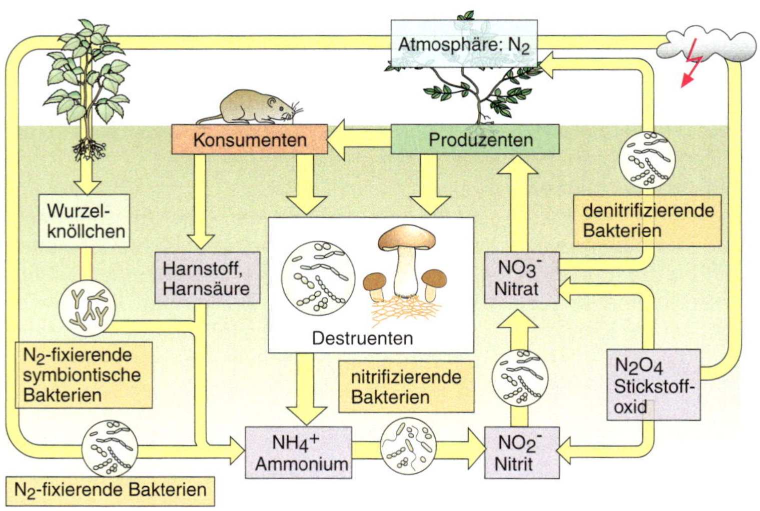

2 Kreislauf des Stickstoffs

Kreislauf des Stickstoffs

Stickstoff ist ein wesentliches Bauelement biologischer Moleküle, z.B. von Aminosäuren und Nucleotiden. Pflanzen bauen in Biomoleküle Stickstoffatome ein, die sie mit Nitrat (NO_3^-) oder Ammonium (NH_4^+) aus dem Boden aufgenommen haben. Jährlich werden dadurch ca. 175 Millionen Tonnen Stickstoff gebunden. Einige Bakterien können auch den chemisch stabilen atmosphärischen Stickstoff (N_2) nutzen. Manche dieser Bakterien leben symbiontisch in den Wurzelknöllchen einiger Pflanzen. Konsumenten und Destruenten verwerten die Stickstoffverbindungen für den Eigenbedarf. Überschüssiger Stickstoff wird entweder in Form von Ammoniak oder als Harnstoff bzw. Harnsäure abgegeben. Letztere werden in Boden oder Wasser ebenfalls zu Ammonium umgesetzt. Nitrifizierende Bakterien wandeln dieses über Nitrit (NO_2^-) in Nitrat um, das damit den Pflanzen wieder verfügbar wird. Außerdem bilden denitrifizierende Bakterien aus Nitraten wieder N_2 zurück und schließen auf diese Weise den Kreislauf auch mit der Atmosphäre.

tosynthetisch verwendet. Eine Hälfte wird für die Zellatmung verbraucht, die andere dauerhaft in pflanzlicher Biomasse fixiert.

Alle Organismen nutzen einen Teil der aufgenommenen Energie für ihren Betriebsstoffwechsel, wobei die Energie schließlich als Wärme frei wird. Letztendlich wird damit sämtliche Sonnenenergie zu Wärme. Der Energiefluss durch die Biomasse der Organismen stellt also nur eine Verzögerung dar, die Leben auf der Erde ermöglicht.

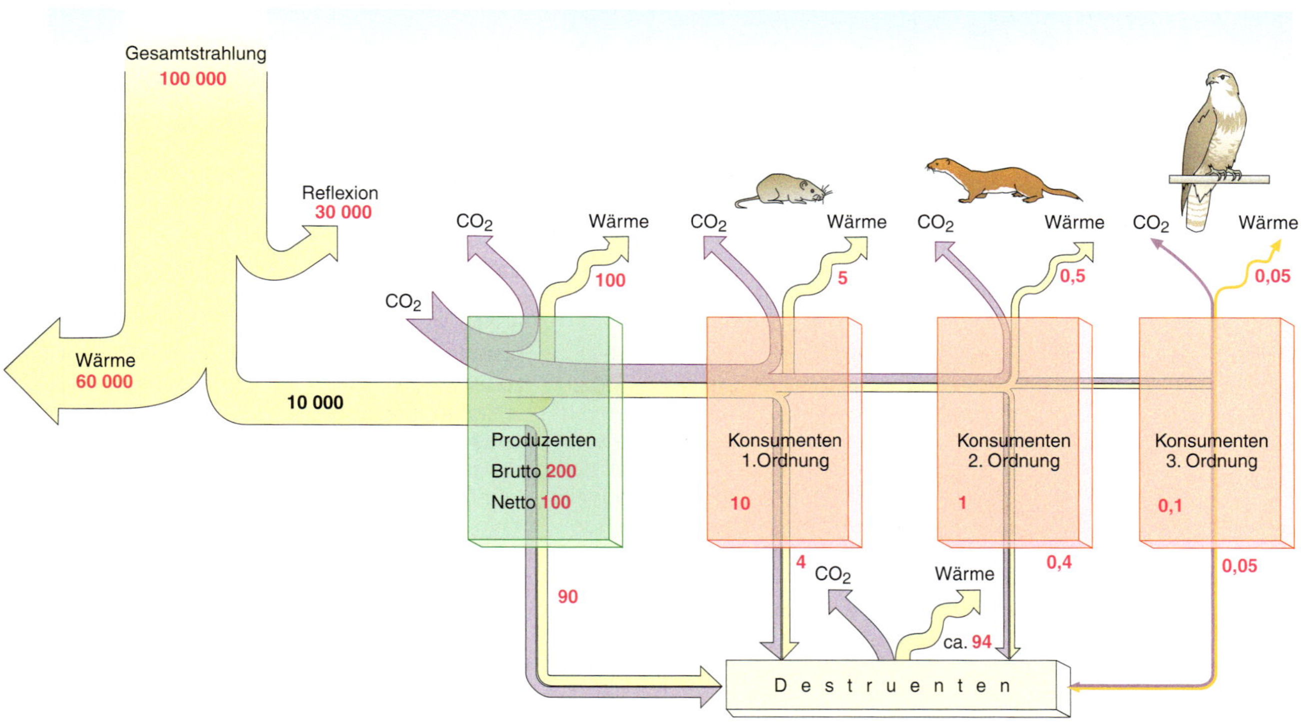

3 Täglicher Energiefluss im Wald (kJ/m² · Tag)

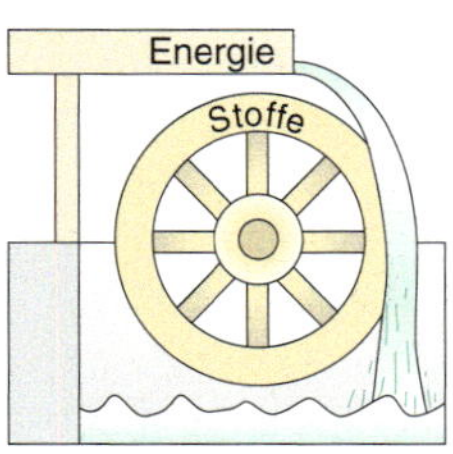

Energiefluss

Die Kreisläufe von Kohlenstoff, Stickstoff und anderen Elementen werden durch die Strahlungsenergie der Sonne angetrieben. Die Energie wird als chemische Energie von den Produzenten in organischen Verbindungen gespeichert. Diese gelangen als Nahrung zu den Konsumenten und Destruenten. Es besteht damit eine enge Kopplung zwischen der Übertragung von Energie und Biomasse. Von der täglich auf die Erdatmosphäre auftreffenden Sonnenenergie dringen lediglich 10 000 kJ/m^2 auf die Erdoberfläche durch. Davon werden nur etwa 2 % fo-

Aufgaben

① Stellen Sie anhand der Abbildung 1 Bildungsprozesse (Quellen) und fixierende Prozesse (Senken) für Kohlenstoffdioxid gegenüber.

② Berechnen Sie von der Strahlungsenergie, die täglich auf die Atmosphäre trifft, den bis zur Erdoberfläche gelangenden Anteil (in %).

③ Eine Wassermühle soll als Modellvorstellung für die enge Verbindung zwischen Stoffkreislauf und Energiefluss dienen. Erläutern Sie die Vorzüge und Grenzen der Modellvorstellung.

1 Nadel- und Laubwälder prägen die mitteleuropäische Landschaft

Ökosystem Wald

Über 90 % Mitteleuropas waren früher mit Wald bedeckt. Auch wenn diese Fläche seither erheblich geschrumpft ist, so hat der Wald heute immer noch wichtige Funktionen für uns: Holz ist ein nachwachsender Rohstoff. *Erholungssuchende* lieben die angenehme Kühle im Sommer, im Winter dagegen ist die Kälte im Vergleich zur offenen Landschaft abgemildert (Abb. 2). Das gilt im Jahres- wie im Tagesverlauf. Auch andere abiotische Faktoren wie Windgeschwindigkeit und Luftfeuchtigkeit schwanken weniger (Abb. 2). Die Pufferwirkung schafft für Tier- und Pflanzenarten günstige Lebensbedingungen, denn extreme Klimaeinflüsse sind für die meisten Arten schädlich.

Bäume kennzeichnen den Wald als stabiles Ökosystem. Die große Konkurrenzstärke und Langlebigkeit von Bäumen macht auch verständlich, weshalb dieser Lebensraum in allen Regionen der Erde mit genügend Feuchtigkeit und nicht allzu extremen Temperaturen dominiert (▶ Variabilität und Angepasstheit S. 360).

Die meisten Wälder Mitteleuropas sind *Kulturwälder (Forste)*: Je nach Wirtschaftlichkeit und Bodenbeschaffenheit wurden bevorzugt bestimmte Baumarten angepflanzt, die im naturnahen Wald des entsprechenden Standortes nicht unbedingt dominieren würden. Ein naturnaher Wald in Mitteleuropa wäre ein von Laubbäumen geprägter *sommergrüner, winterkahler Wald*. Ohne Eingriff des Menschen wären *Nadelwälder* bei uns nur im Hochgebirge anzutreffen. In Nordost- und Nordeuropa dominieren dagegen natürlicher weise auch im Flachland die kälteresistenteren und an Dunkelperioden angepassten Nadelwälder. Der höheren Produktivität der Laubbäume im Sommer steht die Fähigkeit der Nadelbäume gegenüber, ganzjährig Fotosynthese betreiben zu können.

Naturnahe Laubwälder zeigen eine räumliche und zeitliche Gliederung: Ein *Stockwerkbau* mit Kraut-, Strauch- und Baumschicht gliedert den Wald vertikal (Abb. 1). Die unteren

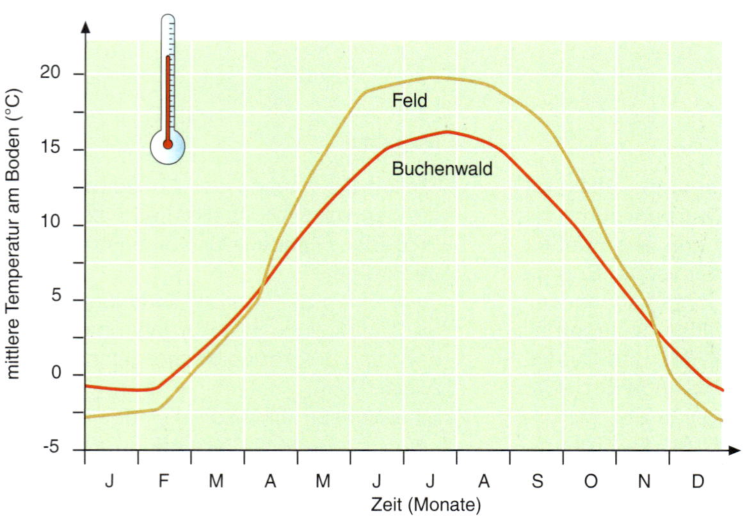

2 Temperaturen im Jahresverlauf

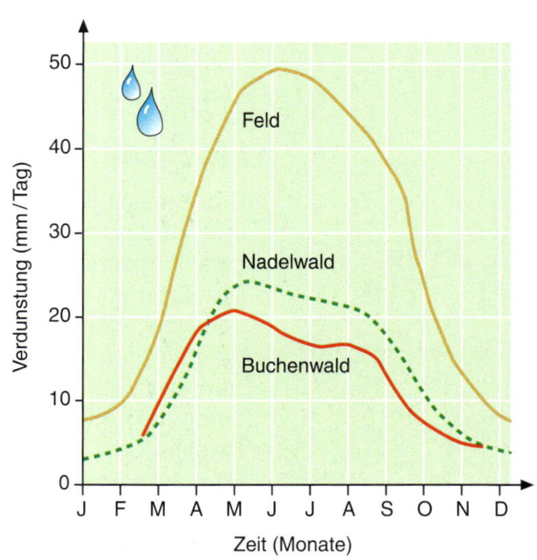

3 Verdunstung im Jahresverlauf

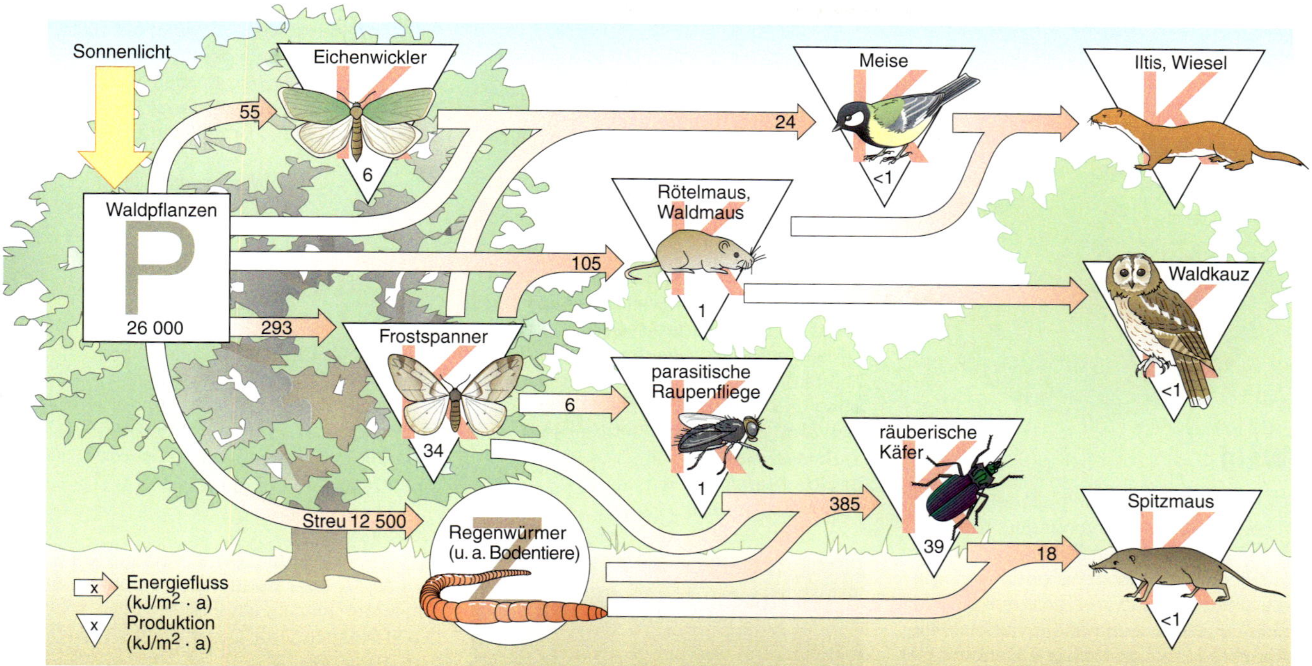

4 Energiefluss im vereinfachten Nahrungsnetz eines Eichenwaldes (P = Produzenten, K = Konsumenten, Z = Zersetzer)

Schichten, vor allem die *Krautschicht*, enthalten Pflanzen, die entweder nur im Frühjahr fotosynthetisch aktiv sind und blühen *(Frühblüher)* oder an sehr geringe Lichtverhältnisse angepasst sind. Später im Jahr ergrünt die Strauch-, noch später die Baumschicht. Diese *jahreszeitliche Gliederung* vermindert die Konkurrenz um die knappe Ressource Licht. Ein früher Austrieb der Blätter erhöht allerdings das Schadensrisiko bei Spätfrösten.

Windbruch, Feuer und lokaler Massenbefall mit Insekten verursachen eine mosaikartige Verteilung von Baumgruppen unterschiedlichen Alters und damit für eine horizontale räumliche Gliederung. Die *Altersstruktur* wiederum als weitere zeitliche Gliederungskomponente bestimmt die dominierenden Begleitpflanzen und die Fauna. Eine wichtige Rolle spielt das *Totholz*. Zersetzende Pilze schaffen die Voraussetzungen für zahlreiche wirbellose Tierarten auf diesem Substrat. Die *Misch-Mosaikstruktur* führt besonders in naturnahen Laubwäldern zu einer auffällig großen *Artenfülle*: In einem Buchenwald kommen allein etwa 7000 Tierarten vor. Entsprechend hoch ist die *Diversität*. Letztendlich tragen damit auch *Naturkatastrophen* zur Artenvielfalt der Wälder bei. Manche Arten wie der nordamerikanische *Mammutbaum Sequoia* sind an Waldbrände sogar besonders angepasst: Unter Feuereinwirkung trocknen die Zapfen, erst dann werden die Samen freigesetzt. Durch die Vernichtung der konkurrierenden Pflanzenarten haben Sequoia-Jungbäume dann besonders gute Überlebenschancen.

Aufgabe

① Der Massenbefall durch Laub fressende Schadinsekten stellt nur sehr selten eine wirkliche Bedrohung der Wälder dar. Begründen Sie diese Aussage.

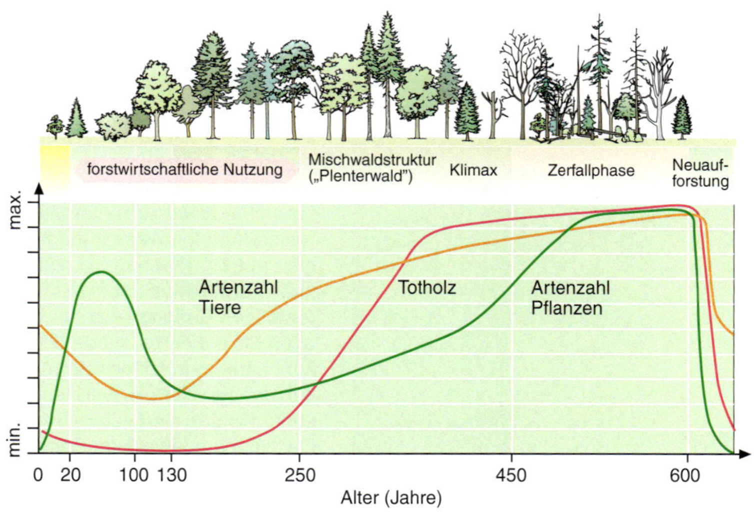

5 Artenvielfalt und Altersstruktur des Waldes

Wald

Der Wald als Ökosystem eignet sich für vielfältige Untersuchungen. Die Messung abiotischer Faktoren und die Gewinnung von Bodenproben sind, wie die Untersuchung von Kleintieren oder eine Vegetationsaufnahme, nur einzelne Aspekte für eine detaillierte Kenntnis der komplexen Zusammenhänge.

Flächenauswahl

Sinnvoll ist ein Vergleich von Untersuchungsflächen, die sich in einem wichtigen Faktor unterscheiden, zum Beispiel:

a) Laubwald – Nadelwald
b) naturnaher Wald – Forst mit weitgehender Baum-Monokultur
c) trockener und feuchter Standort im Wald
d) junger Wald – Wald mit altem Baumbestand

Die Untersuchungsflächen sollten einen Minimalabstand von 50 m haben (siehe Abbildung unten), da nur dann sichergestellt ist, dass die in sich möglichst homogenen Untersuchungsgebiete deutliche Unterschiede in einem Merkmal zeigen.

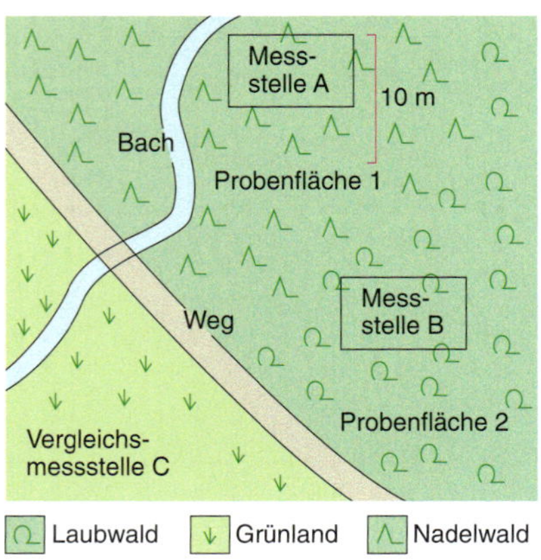

Als zusätzliche Untersuchung bietet sich die Erfassung abiotischer Faktoren wie Beleuchtungsstärke (gleiche Tageszeiten), pH-Wert, Humusgehalt und Feuchtegrad des *Bodens* an.

Abiotische Faktoren

Zur Entnahme der Bodenproben heben Sie den Boden zwei Spaten tief aus und füllen die verschiedenen Schichten jeweils in eine verschließbare Plastiktüte. Protokollieren Sie Schichtdicke, -färbung und -geruch. Der Waldboden lässt sich grob in Schichten unterteilen:

a) *Streuschicht*
b) *Oberboden* mit Humus
c) *Unterboden* ohne Humus.

Messen Sie bei der Entnahme an verschiedenen Messstellen die *Lichtverhältnisse* mit einem Luxmeter in Busch-, Kraut- und Bodennähe (Vergleichswert außerhalb des Waldes).

Zur Bodenanalyse wird jeweils ein Teil der Bodenprobe gleicher Menge mit der Hand auf Körnigkeit und Formbarkeit untersucht, danach in einen Messzylinder geschüttet, mit Wasser aufgefüllt und geschüttelt. Tauchen Sie einen Streifen Indikatorpapier in das Wasser mit den jeweiligen Bodenproben und vergleichen Sie die Farbe mit der Farbskala. Mit zunehmendem Mineralstoffgehalt verschiebt sich der pH-Wert vom schwach sauren in den alkalischen Bereich.
Der Rest der jeweiligen Bodenproben wird zur Bestimmung der *Frischmasse (FM)* gewogen. Der Wassergehalt wird ermittelt, indem die ausgewogenen Proben für mindestens 4 Stunden bei 100 °C getrocknet und nach dem Abkühlen noch einmal gewogen werden (*Trockenmasse, TM*). Der Wassergehalt in % wird über die folgende Formel ermittelt:

$$\frac{FM - TM}{FM} \cdot 100 = \text{Wassergehalt (\%)}$$

Mikroorganismen im Boden

Material:
Plastikbeutel, kleine Schaufel, Hohlschliff-Objektträger, Deckgläser, Nährmedium (Saccharose-Agar oder Zuckerlösung), Plastilin (oder Knetmasse), Wärmeschrank, Mikroskop und Stereolupe.

Durchführung:
Geben Sie in jedem Untersuchungsgebiet ca. $^1/_2$ Liter Boden aus den obersten Schichten mithilfe einer Schaufel in einen Plastikbeutel. Durchmischen Sie jede Bodenprobe.

Stellen Sie für jede Bodenprobe einen doppelten Ansatz nach der folgenden Vorschrift her:

– Legen Sie um die Vertiefung des Objektträgers einen sehr dünnen geschlossenen Ring von Plastilin.
– Geben Sie einen Tropfen Nährmedium in die Vertiefung; dazu kommt ein kleiner Krümel Bodenprobe aus den obersten Schichten.
– Legen Sie ein Deckgläschen auf und drücken Sie es vorsichtig mit einem zweiten Objektträger so auf das Plastilin, dass ein abgeschlossener Raum entsteht.
– Bebrüten Sie jeweils eine Probe jedes Bodens bei Zimmertemperatur und bei 30 °C.

Beachten Sie: In der Probe können sich gesundheitsschädliche Keime vermehren. Lassen Sie deshalb die Mikro-Feuchtekammer unbedingt geschlossen! Auch bei der späteren Entsorgung muss man vorsichtig vorgehen.

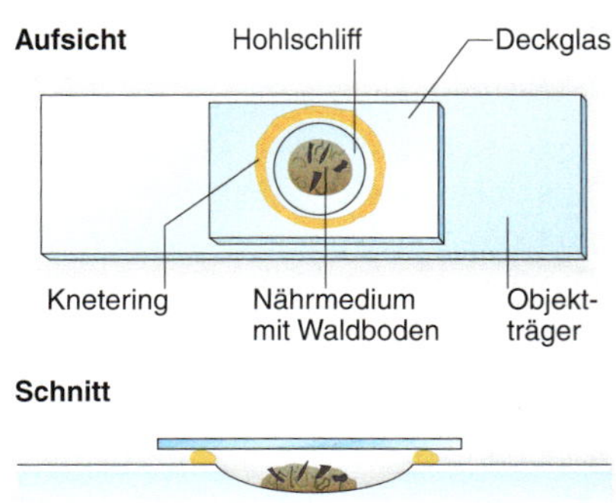

Aufgabe

① Mikroskopieren Sie die Probe in Tagesabständen (Mikroskop, Stereolupe) und protokollieren Sie die Veränderungen. Vergleichen Sie die Beobachtungen in den verschiedenen Bodenproben.

Pflanzenerfassung

Innerhalb des ausgewählten Beobachtungsraumes muss zur Erfassung der wichtigsten Pflanzenarten eine quadratische Probefläche von mindestens 10 x 10 Metern ausgemessen und mit einer Schnur gekennzeichnet werden. Innerhalb dieser Fläche werden alle vorherrschenden Bäume, Sträucher, Kräuter, Farne, Moose und Pilze bestimmt und der Schichtung des Waldes zugeordnet. Messen und protokollieren Sie hierzu auch die Wuchshöhe. Kräuter und Sträucher werden dann mit dem Meterstab vermessen, bei Bäumen schätzen Sie die Höhe. Um die Schichtung des Waldes besser auswerten zu können, schätzen Sie vor Ort den jeweiligen prozentualen Anteil der Bedeckung. Beziehen Sie auch den Bereich der Baumkronen mit ein.

Aufgaben

② Ordnen Sie das Vorkommen der gefundenen Pflanzen im Wald den gemessenen abiotischen Faktoren zu und vergleichen Sie Ihre Befunde mit der Abbildung unten rechts. Erläutern Sie die Vorteile der Zeigerarten gegenüber den physikalischen Messungen (s. Seite 288).

③ Stellen Sie mithilfe der gesammelten, abgestorbenen Substrate des Waldbodens die fortschreitende Zersetzung auf einem Plakat dar. Ordnen Sie den jeweiligen Zersetzungsstufen die gefundenen Kleintiere zu und notieren Sie diese auf dem Plakat. Erläutern Sie die Bedeutung dieser Kleinlebewesen bei der Mineralisierung. Gehen Sie hierbei auch auf die Präferenzen der gefundenen Bodenbewohner ein.

Tiererfassung

Der Tierbestand an der Messstelle kann mit unterschiedlichen Methoden erfasst werden. Beide Methoden können auch so abgewandelt werden, dass die Tiere überleben.

a) Erfassung mit dem Berlese-Apparat

– Entnehmen Sie an jedem Standort je ca. 0,5 Liter Oberflächenboden und geben Sie ihn jeweils in einen Plastikbeutel.

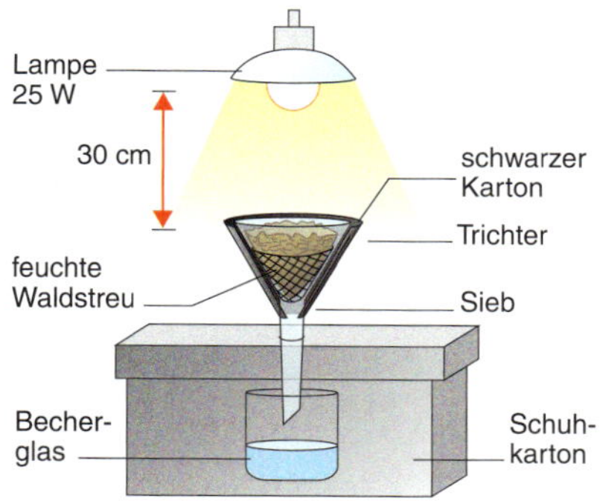

– Geben Sie die Proben in kleineren Portionen in einen Berlese-Apparat (Abb. oben) und bestrahlen Sie sie dort jeweils ca. 30 min.

– Bestimmen Sie wie oben Arten und Individuenzahlen.

b) Erfassung mit Barberfallen

– Vergraben Sie pro Untersuchungsfläche an zwei diagonal gegenüberliegenden Eckpunkten zwei Jogurtbecher so im Boden, dass sich die Öffnung etwas unter dem Bodenniveau befindet.

– Vollständigere Fangergebnisse erhalten Sie, wenn Sie den Becher ca. 2 cm hoch mit Wasser, mit Spülmittel oder Brennspiritus füllen.

– Bei Regen sollte man die Falle mit einem kleinen Plastikdach abdecken, ohne den Zugang zu blockieren.

– Markieren Sie den Standort Ihrer Fallen exakt in der Geländekarte.

– Kontrollieren Sie an den drei folgenden Tagen alle Fallen und bestimmen Sie die Arten- und Individuenzahl.

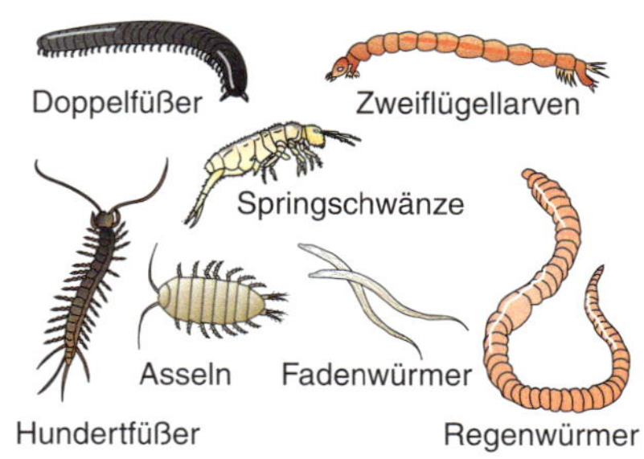

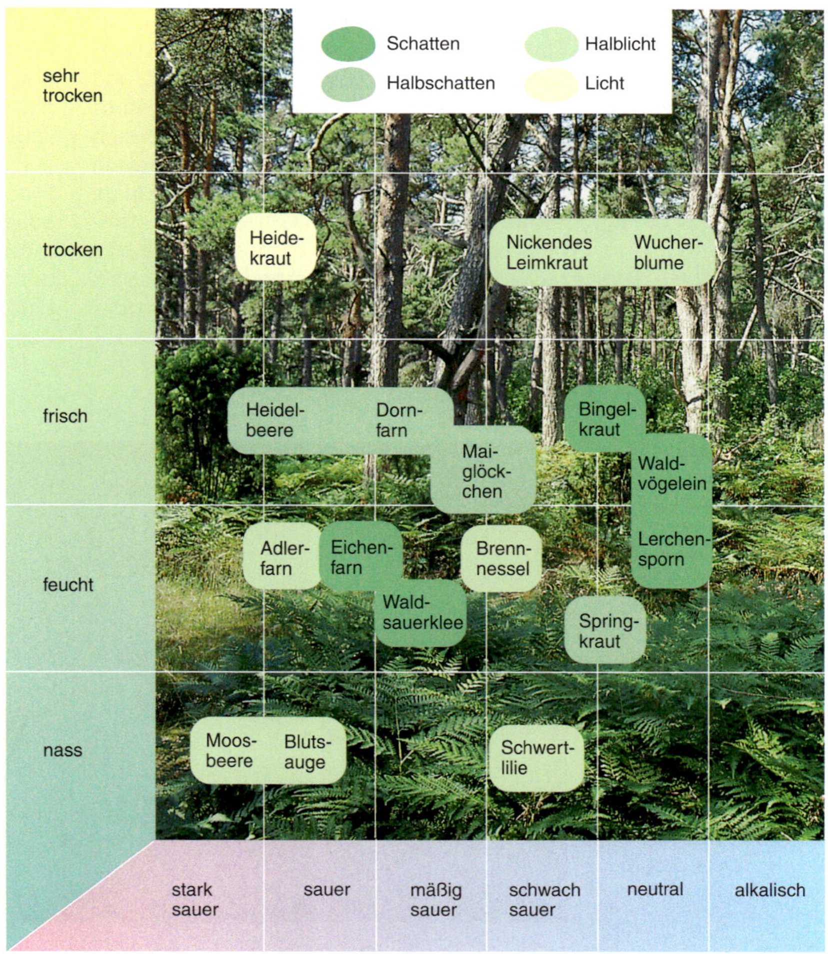

Gefährdung des Waldes

Die Waldzerstörung durch den Menschen ist seit der Antike geschichtlich belegt. Im Mittelmeerraum führte der Raubbau zur Verkarstung und Verwüstung ganzer Landstriche. Baumschäden durch die Einwirkung von schwefeldioxidhaltigem Rauch kennt man seit über 100 Jahren an industriellen Standorten.

In den 70er-Jahren des 20. Jahrhunderts fielen erstmals an Tannen höherer Mittelge-birge gelb verfärbte Nadeln und kahle Zwei-ge auf. Später registrierte man Schäden an Fichten und Kiefern im Tal. Seit 1980 sind Buchen und andere Laubbäume geschädigt. *Waldsterben* heißt das Schlagwort, die Symptome sind immer ähnlich: Zunächst verfärben sich die Blätter, dann verkahlen die älteren Zweige, danach lichtet sich die Krone, bis der Baum schließlich abstirbt (s. Seite 291).

Die neuartigen Waldschäden beobachtet man seit 1982. Eine Einteilung der Schäden erfolgt stufenweise durch den Vergleich der Blatt- oder Nadelverluste gegenüber einem gesunden Baum (s. Seite 291). Abgase von Kraftfahrzeugen und Industrie belasten die Luft mit Kohlenstoffmonooxid, Stickoxiden und Rußpartikeln *(Emission)*. Diese Schadstoffgemische wirken als Gas oder schlagen sich als feste Schadstoffteilchen auf den Boden und die Pflanzen nieder *(Immission)*. Einige Stoffe aus den Abgasen können durch chemische Reaktionen in andere Schadstoffe umgewandelt werden und beispielsweise als Salpeter- oder Schwefelsäure im Regen oder im Schnee wieder auf die Erdoberfläche zurückkehren. Sie wirken direkt auf die Nadeln oder indirekt über die Wurzeln. Das erhöhte Mineralstoffangebot durch die Stickstoffdeposition verändert das Wachstum oder das Ozon wirkt auf die Spaltöffnungen der Blätter und Nadeln. Die Schäden treten auch in Landschaften ohne Industrie auf. Höher gebaute Industrieschornsteine entlasten zwar die direkte Umgebung der Industrieanlagen, jedoch werden Rußpartikel, Schwefeldioxid und Stickstoffoxide durch die Luft über weitere Strecken transportiert *(Transmission)*.

Messungen im Wald ergaben, dass im Waldboden gebundene Aluminiumionen in hohen Konzentrationen freigesetzt werden. Vermutet wurde, dass dadurch die Aufnahme der Magnesiumionen aus dem Boden in die Pflanze gehemmt wird. Magnesium ist ein wichtiger Bestandteil im Molekül des Chlorophylls, ein Mangel führt zu einer verminderten Fotosynthese. Messungen in Untersuchungskammern bestätigen eine spezifische Hemmung der Magnesiumaufnahme, während andere Ionen, wie Kaliumionen, nicht beeinflusst werden. Solche Mangelerscheinungen führen zu einer Schwächung der Bäume, die zu den natürlichen Stressfaktoren, wie Trockenheit, Frost oder Schädlingen hinzukommt.

Die wichtigste Schutzmaßnahme, um die Versauerung von Böden zumindest zeitweise zu stoppen bzw. zu verlangsamen ist die Bodenschutz- bzw. Waldkalkung. Hierzu werden Wälder großflächig mit Calcium-Magnesiumcarbonat behandelt. Meistens sind

Thermofotographie eines Baumes
Die in der Nacht gemachte Thermoaufnahme zeigt, dass Teile des Stammes und der Äste verschieden warm sind. Dies liegt an unterschiedlichen Wassermengen, die durch die Leitbündel transportiert werden. Sind die Leitbündel gesund, wird viel Wasser transportiert, das Gewebe ist wärmer als vergleichbare Gewebe mit geringerem Wassertransport.

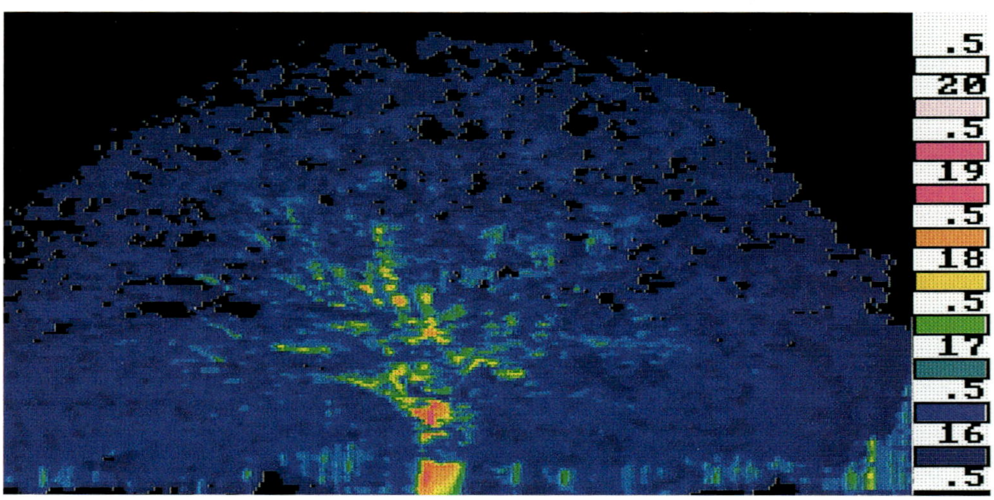

1 Thermofotographie eines Baumes

Buchenlaub ungeschädigt

Buchenlaub geschädigt

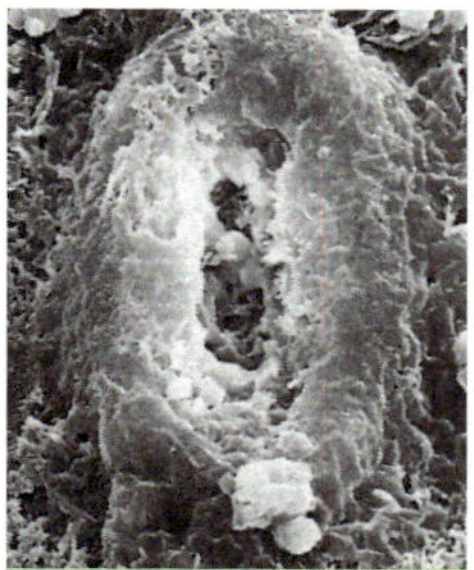
Kutikula ungeschädigt

Kutikula geschädigt

gesunde Wurzeln

kranke Wurzeln

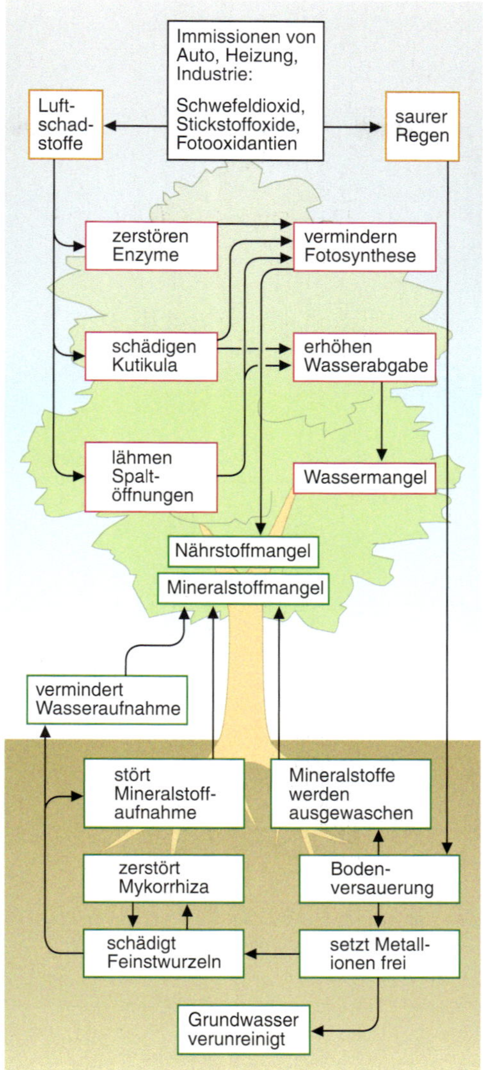

Tanne Schadstufe 0

Schadstufe 2

Schadstufe 3

es Hubschrauber, die immer wieder das Calcium-Magnesiumcarbonat aus der Luft über dem Wald abwerfen. Dadurch werden die im Boden deponierten Säuren neutralisiert, der Magnesiumanteil für die Nadeln und Blätter erhöht und dem Wald entzogene basische Mineralstoffe wieder zurückgegeben.

In begrenztem Umfang werden einige nicht heimische Baumarten zur Wiederaufforstung geschädigter Wälder eingesetzt. Eine typische Baumart ist die aus Nordamerika stammende *Douglasie*. Sie ist robuster und dadurch nicht so anfällig gegenüber schädlichen Umwelteinflüssen. Diese und andere nicht heimische Baumarten sollen jedoch nur verwendet werden, wenn sie keine nachteiligen Auswirkungen auf die gesamte Lebensgemeinschaft im Wald haben und in Bestände heimischer Baumarten integriert werden können.

Will man die Stabilität der Waldökosysteme langfristig erhöhen, sollte man sowohl naturnahe Mischwälder als auch artenreiche Waldränder schaffen. Nur in den ursprünglich evolutiv gewachsenen Lebensräumen sind Arten dauerhaft geschützt. Dadurch wird auch die genetische Vielfalt für ein stabiles Ökosystem erhalten.

Aufgabe

① Erklären Sie die Wirkung des ausgebrachten Calcium-Magnesiumcarbonats auf die Bäume.

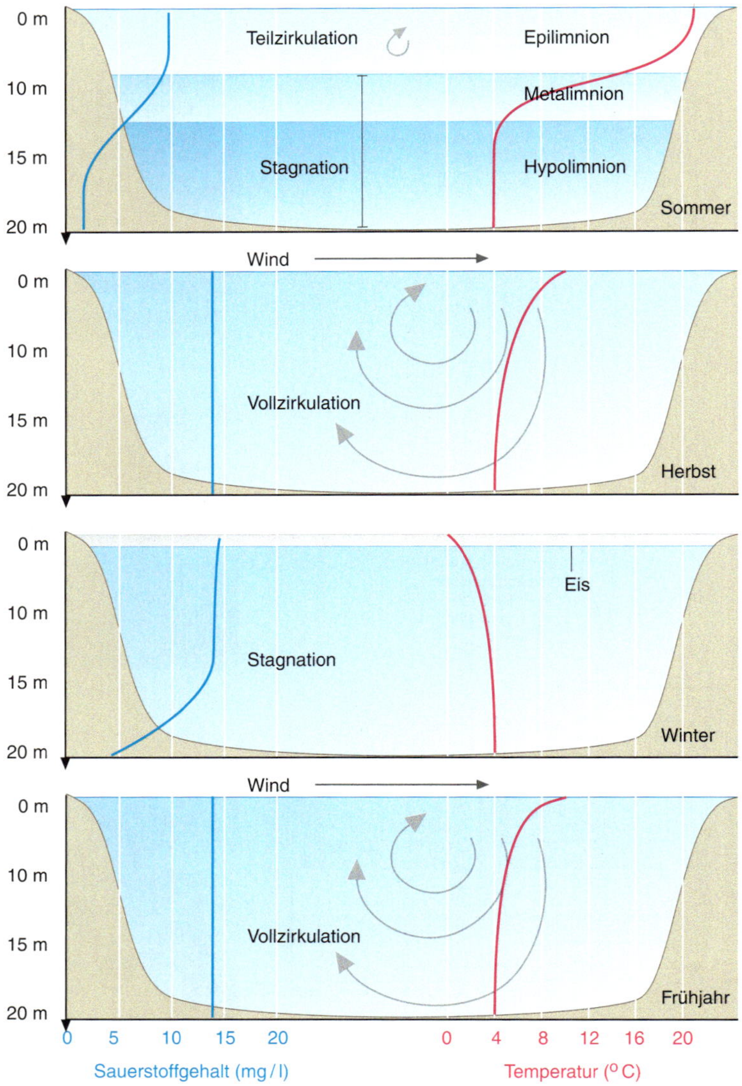

1 Stagnation und Zirkulation im Jahresverlauf

Ökosystem See

Die physikalischen und chemischen Eigenschaften von Wasser bestimmen wesentlich die Lebensmöglichkeiten von Organismen im See. Neben dem stark temperaturabhängigen Sauerstoffgehalt ist die Dichte des Wassers entscheidend (siehe Kasten). Diese verursacht im Jahresverlauf Temperaturschichtungen und deren Auflösung. In Mitteleuropa besitzt das Wasser im Frühjahr und im Herbst eine nahezu einheitliche Temperatur, es kann durch Winde zu einer vollständigen Zirkulation gebracht werden *(Frühjahrszirkulation* und *Herbstzirkulation*, Abb. 1). Die Zirkulation durchmischt den gesamten Wasserkörper, sodass in allen Tiefen gleiche Sauerstoff- und Mineralstoffkonzentrationen vorliegen. Im Sommer bildet sich an der Oberfläche eine warme Wasserschicht mit geringerer Dichte *(Epilimnion)* und damit eine Schichtung im See. Das Epilimnion lässt zwar feste Partikel in das kalte und dichtere Tiefenwasser *(Hypolim nion)* absinken, aber die Durchmischung der beiden Wasserkörper unterbleibt *(Sommerstagnation)* und damit auch der Ausgleich der Stoffkonzentrationen; das Tiefenwasser besitzt damit quasi einen Deckel. Auch im Winter kann es durch Eisbildung eine Stagnationsphase geben *(Winterstagnation)* (▶ Stoff- und Energieumwandlung S. 356).

Bei südlicher gelegenen Seen unterbleibt die Winterstagnation jedoch und der See zirkuliert von Herbst bis Frühjahr. Kalte wie z. B. hoch gelegene alpine Seen dagegen bleiben auch im Sommer kalt und zirkulieren den ganzen Sommer lang.

Zettelkasten

Physikalische und chemische Eigenschaften des Wassers

Reines Wasser besitzt (anders als die meisten Stoffe) seine höchste Dichte nicht am Schmelzpunkt (0 °C) sondern bei +4 °C. Diese *Dichteanomalie* genannte Eigenschaft lässt Seen in der Tiefe nicht kälter als +4 °C werden, während noch kälteres Wasser an der Oberfläche schwimmt.

Eis besitzt ebenfalls eine geringere Dichte als flüssiges Wasser, es schwimmt daher auf und sinkt nicht (wie feste Zustände bei anderen Stoffen) auf den Boden.

Wasser kann viele Gase physikalisch lösen, so auch Sauerstoff und Kohlenstoffdioxid. Wasser reagiert mit einem Teil des Kohlenstoffdioxids zu Kohlensäure bzw. Hydrogencarbonat. Es kann deswegen erhebliche Mengen davon enthalten.

Die Löslichkeit von Gasen in Wasser nimmt generell mit steigender Temperatur ab.

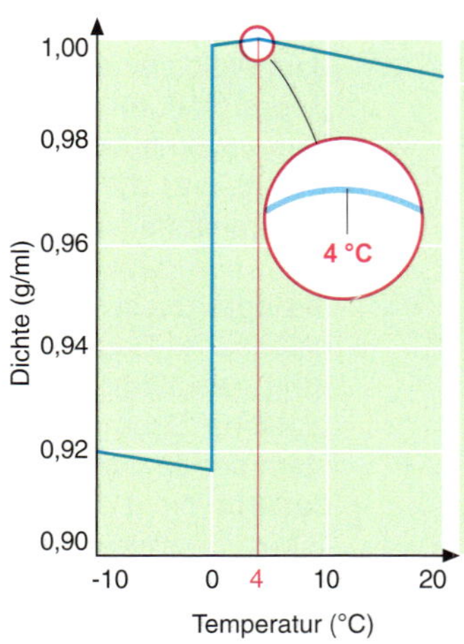

°C	mg O_2/l
0	14,2
5	12,4
10	10,9
15	9,8
20	8,8
25	8,1
30	7,5
35	7,0
40	6,6

Sauerstoffsättigung

Einfallendes Sonnenlicht wird von Wasser absorbiert, mit zunehmender Tiefe wird die Lichtintensität daher geringer. Bis zu einer bestimmten Tiefe ist darum die Produktion durch Fotosynthese der Pflanzen größer als die Zellatmung, darunter ist keine Nettoproduktion mehr möglich *(Kompensationstiefe*, Abb. 2). Die Kompensationstiefe trennt damit einen oberen hellen Bereich *(Nährschicht, trophogene Zone)* und einen unteren Bereich *(Zehrschicht, tropholytische Zone)*, in dem ausschließlich verbrauchende Prozesse ablaufen können. Die Lage der Kompensationstiefe hängt von der aktuellen Lichteinstrahlung ab sowie von der Menge vorhandener Pflanzen *(Eigenbeschattung)*. Nährschicht und Zehrschicht sind lichtabhängig, Oberwasser und Tiefenwasser dagegen temperaturabhängig.

Das Nahrungsnetz in einem See besteht aus den trophischen Stufen der pflanzlichen Algen *(Phytoplankton)*, darüber kommen filtrierende Kleinkrebse *(Zooplankton)* und als dritte Stufe Plankton fressende Fische (s. Mittelspalte). Wenn die Produktivität eines Sees hoch genug ist, können weitere Trophiestufen aus räuberischen Fischen existieren. Am Bodengrund *(Benthal)* leben Schnecken, Muscheln und Würmer. Daneben leben viele Insekten als Larve oder als Imago im Wasser.

Im Jahresverlauf eines Sees beginnt das intensivere Leben im Frühjahr. Mit zunehmender Lichtintensität und Wärme wachsen die Populationen des Phytoplanktons. Als Folge nehmen auch die Populationen des Zooplanktons zu und zehren als effektive Räuber bis zum späten Frühjahr das Phytoplankton weitgehend auf. Das kann zu einem *Klarwasserstadium* führen. Der weitere Verlauf ist von der verbliebenen Mineralstoffkonzentration im Epilimnion abhängig.

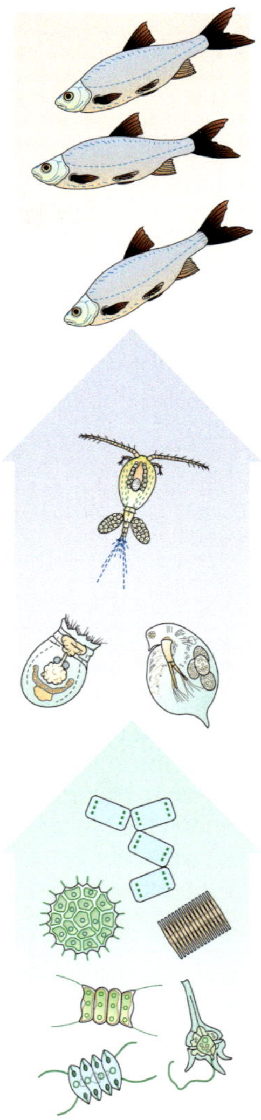

typische Nahrungskette

Detritus und Leichen werden durch bakterielle Destruenten unter Sauerstoffverbrauch remineralisiert. Dies geschieht zum großen Teil bereits im Oberwasser. Dennoch sinkt ein merklicher Anteil als totes organisches Material ins Tiefenwasser ab und nimmt die in ihm gebundenen *Mineralstoffe* mit. Das Oberwasser verarmt daher an Mineralstoffen. Sind dort aber hohe Konzentrationen verblieben, kann eine neue sommerliche Algenblüte folgen (Abb. 3). In anderen Fällen ist dies erst im Herbst wieder möglich, wenn die Mineralstoffkonzentration durch die Zirkulation erneut ansteigt.

Das ins Tiefenwasser und zum Bodengrund abgesunkene tote organische Material wird ebenfalls remineralisiert. Als Folge steigt die Mineralstoffkonzentration dort an. In den oberen Wasserschichten kann der bei diesem Vorgang verbrauchte Sauerstoff durch Diffusion aus der Luft und durch die Fotosynthese stets ergänzt werden. Im Tiefenwasser und am Bodengrund ist dies jedoch wegen der sommerlichen Schichtung nicht möglich. Sauerstoff wird hier ausschließlich verbraucht und sein Gehalt sinkt deswegen. Bei hohem Verbrauch durch große Detritusmengen kann er gänzlich aufgebraucht werden (s. Seite 294). Erst mit der nächsten Zirkulation gelangen neuer Sauerstoff in die Tiefe und die Mineralstoffe aus der Tiefe in die oberen Wasserschichten des Sees.

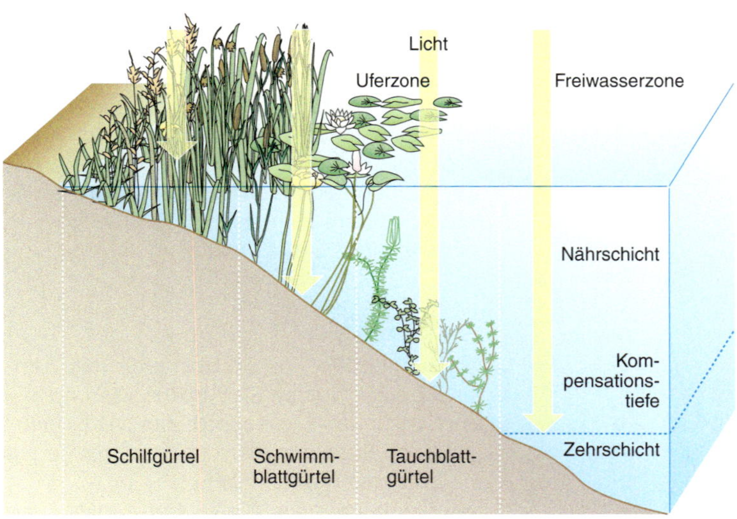

2 Lichtbedingte Schichtung im See

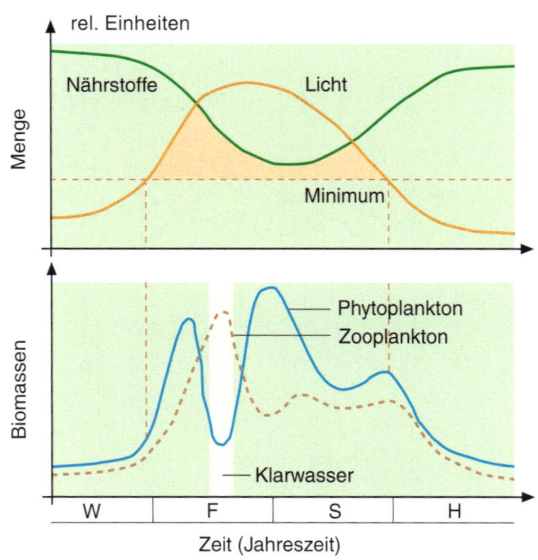

2 Mineralstoffreicher See im Jahresverlauf

1 Eutropher See

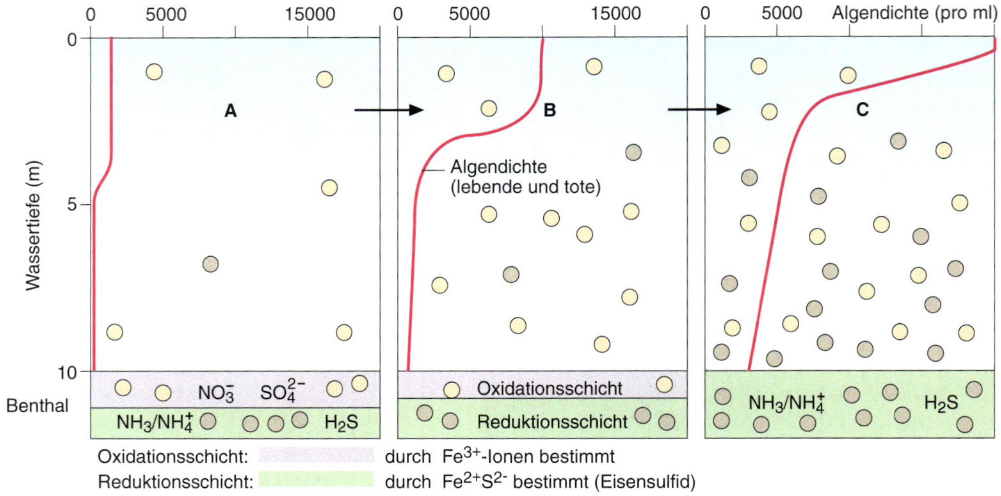

2 Vorgänge beim „Umkippen"

Eutrophierung

Eutrophierung
Anreicherung eines Gewässers mit Mineralstoffen

Die meisten tieferen Gewässer wären ohne menschlichen Einfluss *oligotroph* (mineralstoffarm): Der Gehalt an freiem *Phosphat* und *Nitrat* ist sehr niedrig, denn die meisten dieser Ionen sind in der Biomasse der Lebewesen gebunden (▶ Stoff- und Energieumwandlung S. 356).

Durch menschliche Einflüsse können große Mengen an Stickstoffverbindungen und Phosphaten in die Gewässer gelangen. Quellen sind vor allem Gülle und *Dünger*, die über das Oberflächenwasser in die Gewässer gelangen können. Die Folge der Mineralstoffzufuhr ist eine *Eutrophierung* der Gewässer. Die Verfügbarkeit der vormals begrenzenden Faktoren Nitrat und vor allem Phosphat steigert die Produktivität und damit die Biomasse des Sees erheblich. Auffällig ist das starke Algenwachstum während des Sommers *(„Algenblüte")*.

Deutliche Auswirkungen hat die Eutrophierung auf den *Sauerstoffhaushalt* des Gewässers. Der Abbau der Biomasse durch Mikroorganismen zehrt große Sauerstoffmengen. Bei Sauerstoffmangel können bestimmte Mikroorganismen durch die *Reduktion* von Nitrat organisches Material oxidativ abbauen und dabei ATP bilden *(Nitratatmung)*. Durch chemische Reaktionen entstehen giftige Stoffe wie Ammoniak (NH_3) und *Schwefelwasserstoff* (H_2S) (Abb. 3). Sie sind vor allem für Wirbeltiere hoch giftig. Das führt zum Tode bei empfindlichen Organismen. Dadurch fällt noch mehr abbaubare Biomasse an, die Sauerstoffzehrung nimmt weiter zu. Bei übermäßiger Zufuhr von Mineralstoffen oder von organischem Material können sich diese Prozesse aufschaukeln und innerhalb weniger Stunden zum Tode aller höheren Lebewesen führen. Man spricht dann vom *„Umkippen"* eines Gewässers.

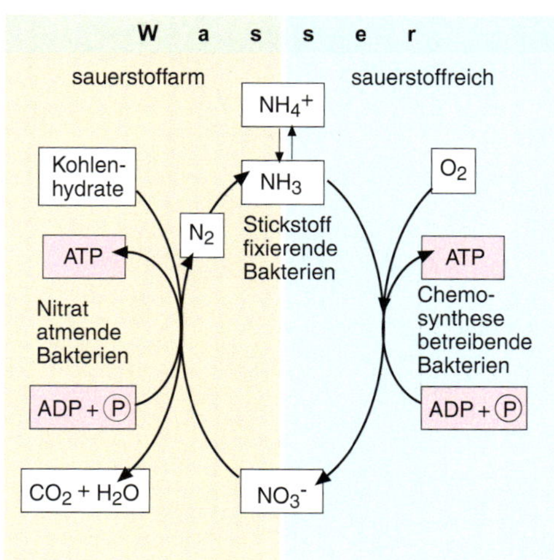

3 Stickstoffreaktionen durch Mikroorganismen

Aufgaben

① Suchen Sie eine Erklärung für das „Umkippen". Nutzen Sie Abbildung 2 und 3.

② Begründen Sie, weshalb das „Umkippen" eines Sees vor allem im Sommer gegen Ende der Nacht erfolgt.

③ Wie kann man „Umkippen" kurz- und langfristig verhindern?

Freilandökologie am stehenden Gewässer

Wählen Sie möglichst ein Gewässer, das über einen Steg oder ein Boot auch Zugangsmöglichkeiten zu tieferen Wasserzonen erlaubt.

Linien-Vegetationsaufnahme

Fertigen Sie mithilfe einer Landkarte eine *Skizze des Gewässers* an, in die Sie wichtige Merkmale (Bäume etc.) zur Orientierung eintragen.

Erstellen Sie ein Höhen- und Tiefenprofil entlang einer geeigneten Linie. Beginnen Sie einige Meter vom Ufer entfernt im Trockenen.

Kartieren Sie entlang dieser Linie die *Vegetation*. Lässt sich eine höhenabhängige Zonierung erkennen?

Physikalische, chemische Werte

Bestimmen Sie entlang dieser Linie die Sichttiefe im Gewässer.

Holen Sie mit der Probenflasche aus unterschiedlichen Tiefen Wasserproben und untersuchen Sie es bezüglich der folgenden Parameter:
- Temperatur
- Sauerstoffgehalt
- pH-Wert
- Ammonium-, Nitrit- und Nitratgehalt
- Phosphatgehalt

BSB_2-Untersuchung

Der BSB_2-Wert steht für den biochemischen Sauerstoffbedarf der Organismen im Dunkeln. Bezugsgröße ist der Sauerstoffverbrauch in zwei Tagen.

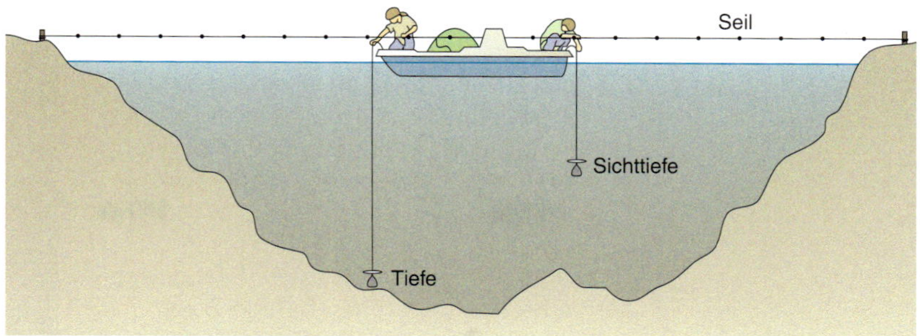

Ermittlung der Gewässerbreite und -tiefe

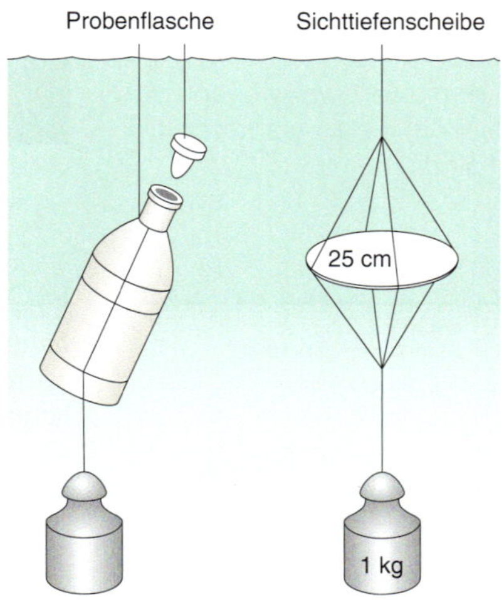

Füllen Sie eine Wasserflasche voll mit Probenwasser. Bestimmen Sie den aktuellen Sauerstoffgehalt und verschließen Sie die Flasche luftblasenfrei. Bringen Sie die Flaschen mit Ihren Proben an einen dunklen Ort bei Zimmertemperatur.

Kochen Sie eine weitere Probe ca. 10 Minuten, kühlen Sie sie auf Zimmertemperatur ab und reichern Sie sie dann mithilfe einer Aquarienpumpe mit Sauerstoff an. Bestimmen Sie nun den Sauerstoffgehalt der Probe. Behandeln Sie sie dann wie die übrigen Proben.

Öffnen Sie nach zwei Tagen die Flaschen und bestimmen Sie sofort den Sauerstoffgehalt.

Wie hat sich der Sauerstoffgehalt der Proben verändert?

Wie hat sich der Sauerstoffgehalt der aufgekochten Wasserprobe im Vergleich dazu verändert?

Stellen Sie eine Hypothese zur Klärung der Differenzunterschiede der verschiedenen Proben auf.

Planen Sie ein Experiment im Labor, mit dem Sie Ihre Hypothese überprüfen können.

Untersuchungen im Tagesverlauf

Bestimmen Sie an besonders vegetationsreichen und -armen Standorten (Wassertiefe ca. 20 cm) im Tagesverlauf alle drei bis vier Stunden den pH-Wert und den Sauerstoffgehalt. Tragen Sie die Werte grafisch auf und vergleichen Sie. Wie lassen sich die Veränderungen im Tagesverlauf und die Unterschiede zwischen den verschiedenen Standorten erklären?

Aufwuchsorganismen

Um an die am Untergrund aufsitzenden Kleinorganismen zu gelangen, hängen Sie in unterschiedlichen Wassertiefen jeweils zwei gegeneinander liegende Objektträger für mindestens zwei Wochen ins Gewässer (s. Skizze). Wenn möglich, vergleichen Sie verschiedene Gewässerabschnitte mit unterschiedlichen Lichtverhältnissen. Günstig ist es, wenn sie am Beginn zwei oder mehr Ansätze pro Untersuchungsstelle in das Gewässer bringen und diese im Zweiwochenrhythmus weiter untersuchen.

Mikroskopieren Sie dann die Organismen, die sich auf den Objektträgern angesiedelt haben. Vergleichen Sie die Besiedlung in Abhängigkeit von der Wassertiefe und evtl. der Beleuchtungsstärke am Untersuchungsort.

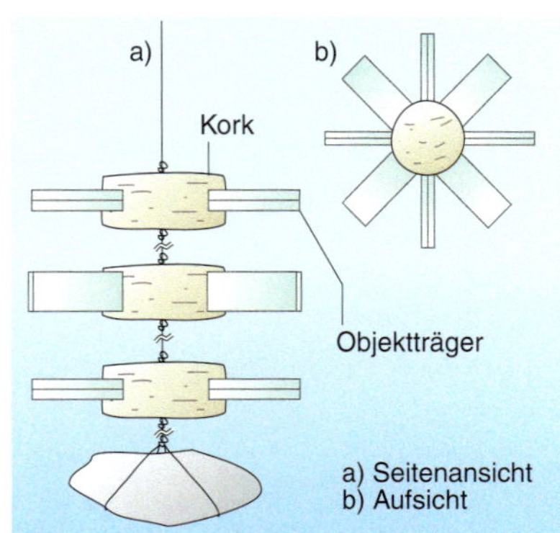

Fließgewässer

Fließgewässer sind durch strömungsbedingte Verwirbelungen des Wassers gekennzeichnet. Diese verhindern eine Schichtung des Wassers, sodass der Sauerstoffaustausch groß ist.

Besonders der Oberlauf von Fließgewässern führt häufig durch gebirgige Zonen mit starkem Gefälle. Die *Fließgeschwindigkeit* nimmt deshalb in der Regel von der Quelle bis zur Mündung ab. Als Folge finden sich im Unterlauf viele Organismen wie Wasserflöhe und Algen, die auch in Seen leben können. Der Oberlauf dagegen wird vorwiegend von Organismen besiedelt, die an stärkere Strömung angepasst sind.

3 Naturbelassenes Fließgewässer

Güteklasse	Grad der organischen Belastung (Saprobienindex)	Chemische Parameter: BSB_5 (mg/l)	NH_4^+ (mg/l)	O_2-Minima (mg/l)	wichtige Indikatororganismen
I	unbelastet bis sehr gering belastet (1,0-1,5)	1	höchstens Spuren	> 8	Steinfläglerlarven, Flussperlmuschel 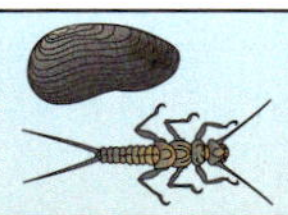
I - II	gering belastet (1,5-1,8)	1-2	um 0,1	> 8	Köcherfliegenlarven, Steinflüglerlarven, Bachflohkrebse, Flussnapfschnecken, Eintagsfliegenlarven 
II	mäßig belastet (1,8-2,3)	2-6	< 0,3	> 6	
II - III	kritisch belastet (2,3-2,7)	5-10	< 1	> 4	Egel, Schnecken, Wasserasseln, Taumelkäfer 
III	stark verschmutzt (2,7-3,2)	7-13	0,5 bis mehrere mg/l	> 2	
III - IV	sehr stark verschmutzt (3,2-3,5)	10-20	mehrere mg/l	< 2	Zuckmückenlarven, Schlammröhrenwürmer, Schmutzpantoffeltierchen 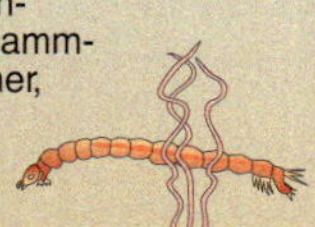
IV	übermäßig verschmutzt (3,5-4)	> 20	mehrere mg/l	< 2	

1 Saprobiensystem

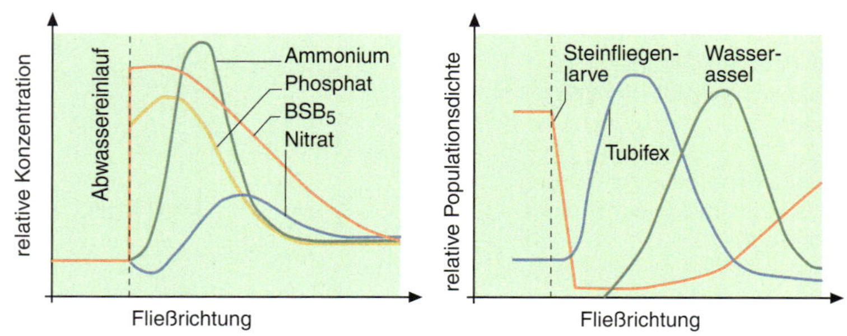

2 Selbstreinigungsvorgänge in einem Fließgewässer

Eine wesentliche Rolle für die Artenvielfalt eines Fließgewässers spielt die Gewässerstruktur: Begradigte Abschnitte mit einheitlichen Strömungsverhältnissen sind artenarm, während mäandrierende Abschnitte mit dem typischen Wechsel von Prall- und Gleithang auf engstem Raum völlig unterschiedliche Strömungsverhältnisse und starke Unterschiede im Sediment des Untergrunds aufweisen können. Diese Strukturvielfalt fördert die Artenvielfalt natürlicher Fließgewässer (▶ Variabilität und Angepasstheit S. 360).

Selbstreinigung und Saprobiensystem

Die größte Gefährdung von Fließgewässern geht auf zugeführte organische Substanzen zurück, etwa *Gülle* aus der Landwirtschaft. Der mikrobielle Abbau dieser Substanzen führt zu einer starken Sauerstoffzehrung. Unter ungünstigen Bedingungen kann das wie in einem stehenden Gewässer zum „Umkippen" führen (s. Seite 294). Unter starkem Sauerstoffverbrauch werden diese Stoffe wieder mithilfe anderer Mikroorganismen zu ungiftigeren Salzen wie Nitrat und Sulfat oxidiert. Diese *Selbstreinigung* der Fließgewässer kann durch eine Optimierung der Sauerstoffzufuhr, etwa mithilfe von Wehren, verbessert werden. Problematisch für die Selbstreinigungsfähigkeit eines Fließgewässers sind dagegen Faktoren wie *Wärmebelastung* (Kraftwerke) und *Schwermetallbelastung* (industrielle Abwässer).

Da das Wasser sich während des Selbstreinigungsprozesses fortbewegt, spiegelt die *räumliche Zonierung* eines Fließgewässers

Eutrophierung
Mineralstoffanreicherung

sapros
(gr.) = faul, verdorben

bios
(gr.) = Leben

Saprobien
Fäulnis- und Schmutzwasserorganismen

den zeitlichen Verlauf der Abbauprozesse wider (s. Abb. 2). Auch anorganische Salze wie Phosphat und Nitrat aus Landwirtschaft (Dünger), Industrie und Haushalt tragen wesentlich zur Verschmutzung bei *(Eutrophierung*, s. Seite 294). Verschmutzte Gewässer sind aufgrund der guten Nahrungsbasis zwar individuenreich, andererseits aber artenarm, da nur wenige Organismenarten einen geringen Sauerstoff- bzw. einen hohen Ammoniumgehalt tolerieren können.

Kontrollen der Gewässerbelastung sind von sehr großer Bedeutung. Ein wichtiges Maß stellt dabei der *BSB_5-Wert* dar: Er bezeichnet den Sauerstoffverbrauch einer künstlich bis zur Sauerstoffsättigung angereicherten Wasserprobe durch mikrobielle Atmungsprozesse innerhalb von 5 Tagen bei 20 °C in Dunkelheit (vgl. BSB_2-Wert, Seite 295). Zur biologischen Wasserbeurteilung dient seit über 100 Jahren ein *Saprobiensystem*. Es charakterisiert den *Verschmutzungsgrad* mithilfe ausgewählter Indikatororganismen. Der Verschmutzungsgrad der Gewässer bestimmt die *Gewässergüteklasse* eines Fließgewässerabschnitts (Abb. 1).

Aufgaben

① Stellen Sie die Parameter BSB_5, Ammonium / Ammoniak- und Sauerstoffgehalt (Abb. 2) in eine kausale Beziehung.

② Welche Folgen erwarten Sie bei einer starken Erwärmung eines Fließgewässers, etwa durch Einleitung des Kühlwassers von Kraftwerken?

③ Vergleichen Sie die natürliche Selbstreinigung und die Abwasserklärung (s. Zettelkasten).

Zettelkasten

Schema der Abwasserklärung in einer Kläranlage

Die Klärung häuslicher Abwässer aus der Kanalisation erfolgt in mehreren Stufen: In der *mechanischen Reinigungsstufe* werden gröbere Stoffe aus dem Abwasser entfernt. Feine Schwebstoffe werden dem *Faulturm* zugeleitet. Die darauf folgenden *biologischen Reinigungsstufen* mineralisieren organische Stoffe aus dem Abwasser und vermindern den Gehalt an Stickstoffverbindungen und Phosphat. In einem *Denitrifikationsbecken* herrscht Sauerstoffarmut. Dadurch können spezifische Bakterien über *Nitratatmung* (s. Abb. 294.3) Nitrat zu N_2 reduzieren. Die übrigen Stickstoffverbindungen werden im Belebungsverfahren mit künstlicher Belüftung durch Chemosynthesebakterien zu Nitrat aufoxidiert und über ein Rückführungsverfahren in das Denitrifikationsbecken geleitet, sodass letztendlich der größte Teil der Stickstoffverbindungen als N_2-Gas entweichen kann. Phosphat wird im Denitrifikationsbecken in eine lösliche Form überführt. So kann es von Bakterien aufgenommen und gebunden werden. Diese Mikroorganismen und Einzeller, die sich ebenfalls von der organischen Substanz ernähren, flocken aus und setzen sich im Nachklärbecken ab. Ein Teil der Flocken wird zur erneuten Impfung mit Mikroorganismen in das *Belüftungsbecken* zurückgeleitet. Der Hauptteil gelangt in den Faulturm. Hier wird der Schlamm von anaeroben Bakterien abgebaut; dabei entsteht *Methangas*. Der ausgefaulte Schlamm wird als Dünger verwendet oder bei zu hohem Schadstoffgehalt auf Deponien gelagert. Die früher verwendete *chemische Reinigungsstufe*, in der die Phosphate als Eisen- oder Aluminiumsalz ausgefällt wurden, ist nach dem hier beschriebenen Reinigungsverfahren überflüssig. Das geklärte Abwasser gelangt in den *Vorfluter*.

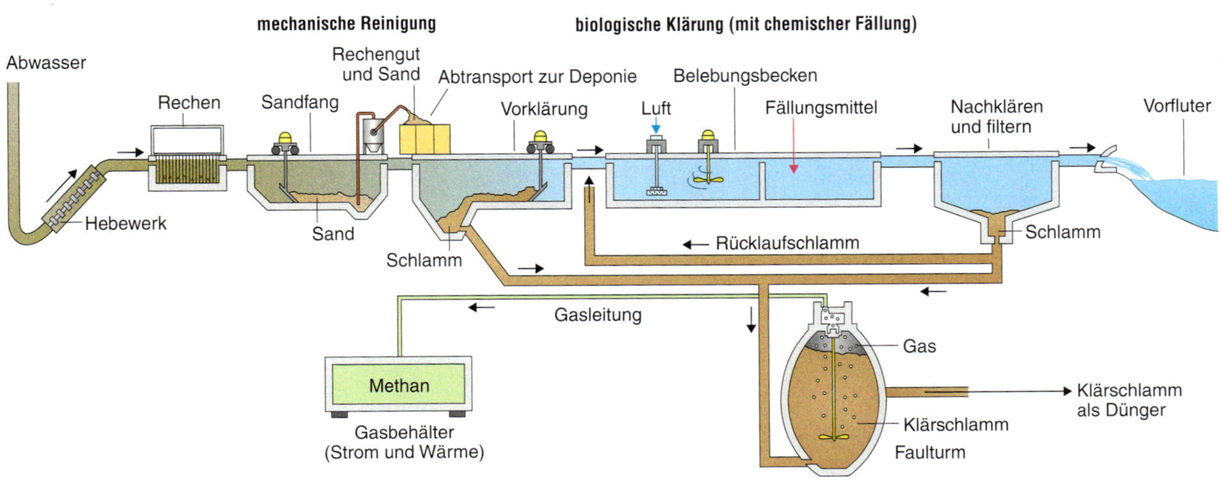

1 Das Wattenmeer bei Ebbe

Naturschutz im Weltnaturerbe Wattenmeer

Das *Wattenmeer* der Nordsee mit seinen Salzwiesen, Dünen, Sandbänken, Halligen, Stränden und Prielen erstreckt sich von Den Helder bis Esbjerg. Es ist mit fast 9300 km^2 weltweit der größte zusammenhängende Lebensraum dieses Typs und seit 2009 von der Unesco als Weltnaturerbe anerkannt. Rhythmischer Wechsel von Ebbe und Flut, Hoch- und Niedrigwasser, Wind und Wellen, Sturm und Stille prägen diese einzigartige Landschaft.

Leben unter besonderen Bedingungen

Bei einem Spatenstich in den Wattboden fällt sofort eine farbige Schichtung auf (Abbildung 3): Die gelbbraune Farbe der oberflächlichen *Oxidationsschicht* ist auf Eisenhydroxid $Fe(OH)_3$ zurückzuführen, die der sauerstofffreien, blauschwarzen *Reduktionsschicht* auf Eisensulfid (FeS). In der Reduktionsschicht leben anaerobe Schwefelbakterien, die chemosynthetisch H_2S bilden. Muscheln können nur vorübergehend anaerob leben, lange Ein- und Ausstromschläuche verbinden sie mit dem Oberflächenwasser. Durch Röhrensysteme von Ringelwürmern und einigen Krebsen kann sauerstoffhaltiges Wasser lokal in tiefere Schichten eindringen.

Auf einem Quadratzentimeter Wattboden wachsen bis zu einer Million mikroskopisch kleiner Kieselalgen, welche die wichtigsten *Primärproduzenten* im Wattenmeer sind. Von ihnen leben Filtrierer (z. B. Herzmuscheln, bis zu 2000 Individuen/m^2) und Weidegänger (z. B. Wattschnecken bis zu 100 000 Individuen/m^2). Dieser Nahrungsreichtum zieht viele Wirbeltiere an. Zahlreiche Fischarten leben dauerhaft als Standfische (Steinpicker, Seeskorpion) oder in der Jugendphase (Scholle, Hering) oder nur zu bestimmten Jahreszeiten (Aal, Meeräsche) im Wattenmeer. Während des Vogelzugs rasten hier 3,4 Millionen Wat- und Wasservögel pro Tag.

Auf speziellen Brutplätzen des Wattenmeeres, wie Sand oder Muschelschill, brüten auch über 20 verschiedene Küstenvogelarten. Der große Brachvogel, Austernfischer oder z. B. der Sandregenpfeifer gehen entsprechend ihres Nahrungsspektrums in Sand-, Schlick- oder Schlickwatt auf Nahrungssuche (Abb. 4). Seehunde nutzen die Sandbänke als Rastplatz für den Haarwechsel, zur Geburt und zum Säugen der Jungtiere.

2 Sandklaffmuschel

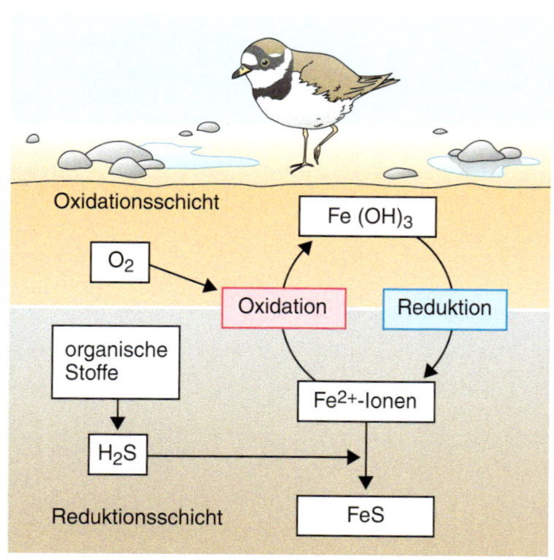

3 Chemie und Stoffwechsel des Wattbodens

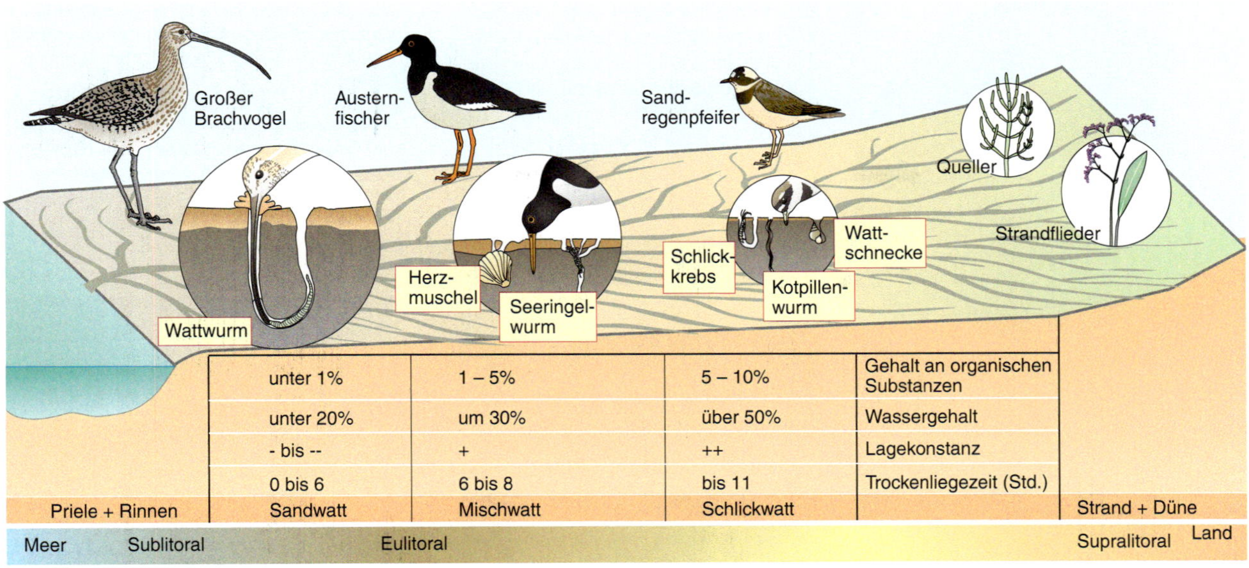

Sandwatt	Mischwatt	Schlickwatt	
unter 1%	1 – 5%	5 – 10%	Gehalt an organischen Substanzen
unter 20%	um 30%	über 50%	Wassergehalt
- bis --	+	++	Lagekonstanz
0 bis 6	6 bis 8	bis 11	Trockenliegezeit (Std.)

4 Lebewesen im Watt

Schutz des Ökosystems

Während in früheren Jahrhunderten die Tiere und Pflanzen eines Lebensraumes meist direkt durch Jagd oder Ernte dezimiert wurden, ist heute die Zerstörung des Lebensraumes selbst Grund für deren Gefährdung. Das Ökosystem Wattenmeer ist starken Einflüssen durch Schifffahrt, Fischfang, Tourismus und landwirtschaftliche Nutzung ausgesetzt. Naturschutzgesetze begrenzen diese Einflüsse, indem sie Regeln für die Nutzung aufstellen und Zonen ausweisen, in denen keinerlei Nutzung zulässig ist. Das Wattenmeer erfüllt die Voraussetzungen des Bundesnaturschutzgesetzes für einen *Nationalpark.*

Der niedersächsische Teil wird als Nationalpark *Niedersächsisches Wattenmeer* verwaltet. In ihm sind drei Schutzzonen ausgewiesen worden. In der *Ruhezone* hat der Schutz von Tieren und Pflanzen absoluten Vorrang, sie darf nur auf Wegen betreten werden. Die landwirtschaftliche Nutzung ist stark limitiert. Dieser Bereich macht über 60 % der gesamten Fläche des Nationalparks aus. Hier liegen besonders empfindliche Bereiche wie Brut- und Mauserplätze. Die Zwischenzone dient dem Schutz des typischen Landschaftsbilds. Sie darf außerhalb der Brutsaison frei betreten werden und macht knapp 40 % der Fläche des Nationalparks aus. Die Erholungszone macht weniger als 1 % aus, sie dient der rücksichtsvollen Freizeitgestaltung von Touristen.

① Beschreiben Sie die Einnischung der Tiere im Wattenmeer unter Berücksichtigung der Schnabellänge der Vögel und der Eingrabtiefe der Beutetiere.

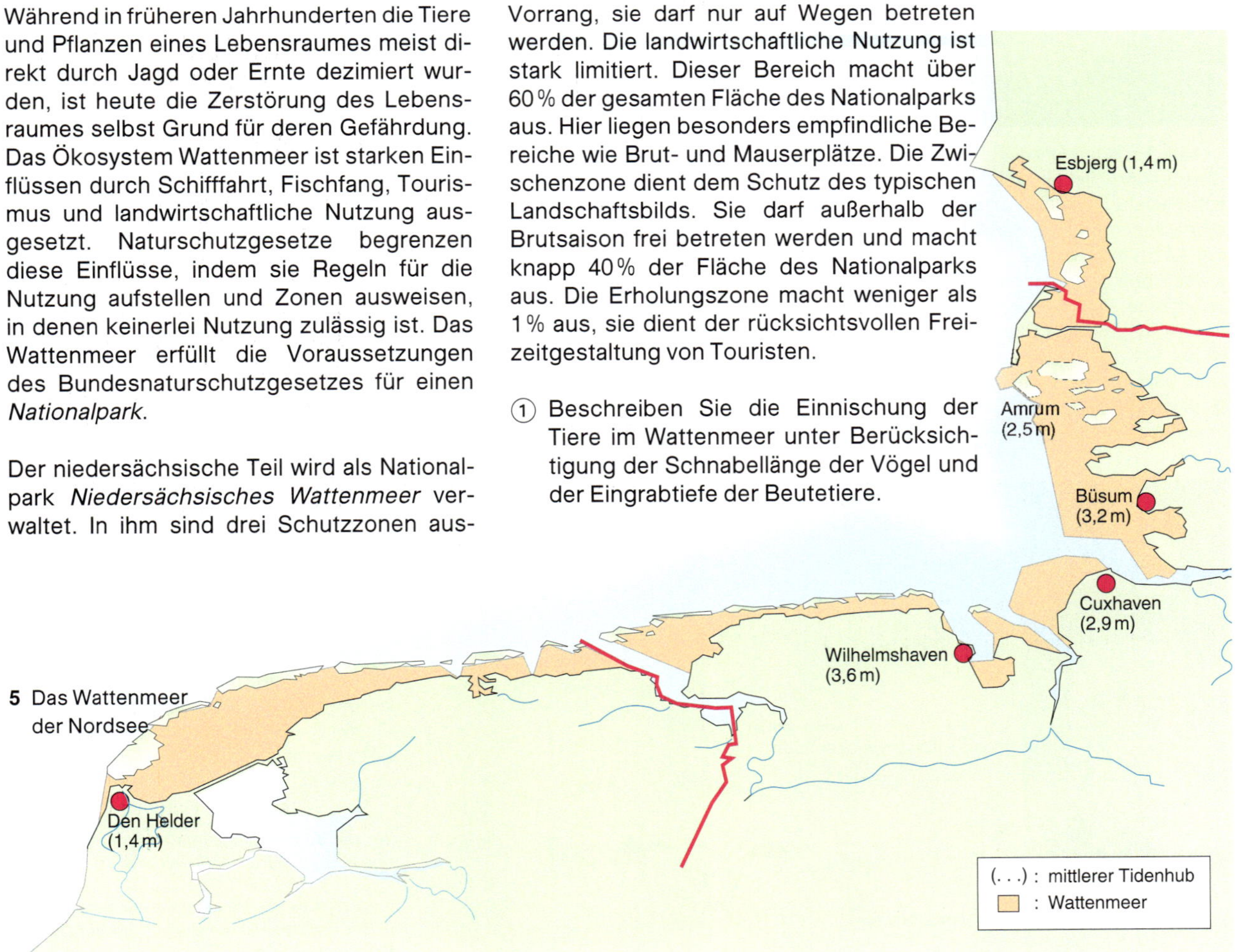

5 Das Wattenmeer der Nordsee

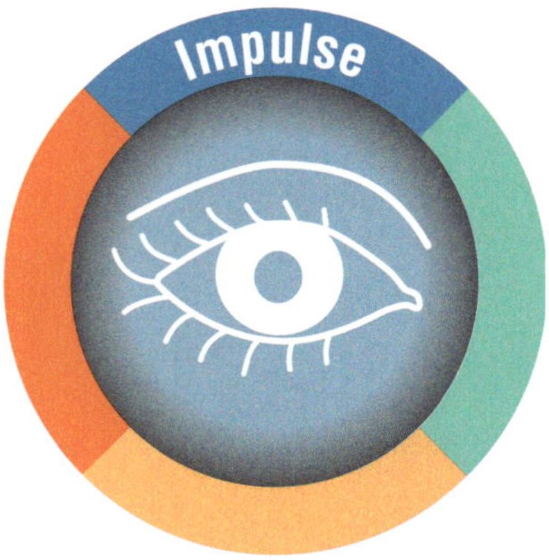

Schutzschild der Erde

Unsere Erde hat einen Schutzschild, die *Atmosphäre*. Sie umgibt die Erde wie eine Hülle und ist 100 km mächtig. In der erdnächsten Schicht der Atmosphäre, der 10 km messenden Troposhäre, sind die Wolken. Sie prägt das Klima der Erdoberfläche. Eine wesentliche Bedeutung der Atmosphäre für Pflanzen und Tiere ist der Schutz vor der kosmischen Strahlung. Hier hat das Ozon eine besondere Bedeutung, da es die UV-Strahlung absorbiert. Außerdem wird die von der Erdoberfläche abgestrahlte Wärmestrahlung teilweise zurückgehalten. Durch Freisetzung verschiedener Gase wie Kohlenstoffdioxid verändert sich die Zusammensetzung der Atmosphäre. Dabei spielen auch Gase, die in technischen Vorgängen entstehen, eine Rolle.

Ozon in der Stratosphäre

„Between eleven and three, slip under a tree".

Die Ozonschicht in der Stratosphäre wirkt wie ein Filter und schirmt die Erdoberfläche vom kurzwelligen Spektralbereich der Sonnenstrahlung, z. B. dem UV-Licht, ab. Eine verstärkte UV-Strahlung auf der Erde kann zur Schädigung von DNA und Proteinen bei allen Lebewesen führen.

Die stärkste Verringerung der Ozonkonzentration findet man über der Antarktis. Dieses „Ozonloch" erstreckt sich bis Australien. Die Hautkrebshäufigkeit bei den Einwohnern Australiens und Neuseelands ist parallel dazu gestiegen.

Fassen Sie die chemischen Verbindungen, die beim Ozonabbau eine Rolle spielen, zusammen. Informieren Sie sich, wo diese in der Technik oder Natur gebildet werden und welche Rolle sie beim Abbau des Ozons spielen.

Sind wir in Europa auch gefährdet? Gibt es über der Arktis auch ein Ozonloch?

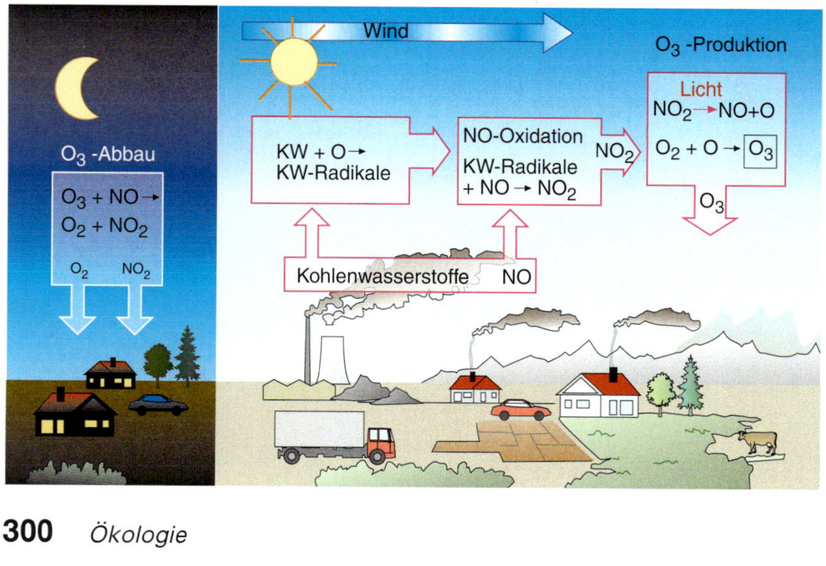

Sammeln Sie zu diesen Fragen Informationen und schreiben Sie einen Zeitungsartikel, in dem Sie anhand der Daten Stellung nehmen.

Neue Ozondaten können z. B. aus dem Global Ozone Monitoring Experiment (GOME) über die Universität in Bremen abgerufen werden:
www.iup.physik.uni-bremen.de

Ozon in Bodennähe

Ein herrlicher Sommertag, trotzdem ist über der Stadt kein blauer Himmel zu sehen. Eine Dunstglocke aus Stickoxiden und Ozon liegt über der Stadt, Smog.

Den Ausstoß von Schadstoffen in die Atmosphäre bezeichnet man als *Emission*. Der Anteil der Emissionen, der auf Lebewesen oder Bauwerke einwirkt, wird als *Immission* bezeichnet.

Die höchstzulässige Schadstoffkonzentration MIK *(Maximale Immissionskonzentration)* beträgt in bodennahen Schichten für Ozon 120 µg pro m^3 Luft.

Unterhalb dieses Grenzwertes soll es selbst bei langfristiger Einwirkung auch bei empfindlichen Menschen keine Gesundheitsbeeinträchtigung geben. Smogalarm wird bei 240 µg pro m^3 Luft ausgelöst.

Welche konkreten gesundheitlichen Schäden können durch Ozon verursacht werden?

Inwieweit haben technische Veränderungen in der Autotechnik zu einer Verringerung der Smoggefahr geführt?

Online-Link
045306-0301

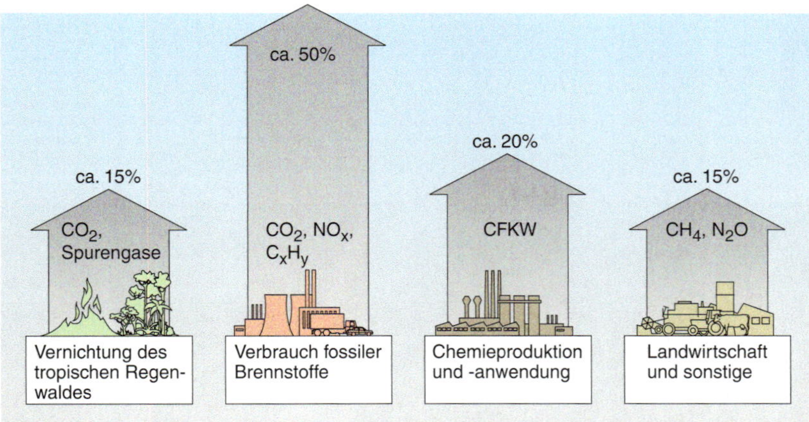

Der Treibhauseffekt

Jeder kennt den Hitzestau im geschlossenen Auto, wenn die Sonne durch die Scheiben ins Wageninnere scheint. Dieser Effekt zeigt sich auch in Treibhäusern, daher der Name *Treibhauseffekt*. Es wird mehr Energie eingestrahlt als abgegeben. Erst wenn die eingestrahlte Energie gleich der abgegebenen ist, bleibt die Temperatur konstant.

Globale Methanemission in Mio. Tonnen pro Jahr	
Sümpfe	121 – 205
Reisfelder	70 – 170
Viehhaltung	80 – 100
Termiten	25 – 150
Industrie	5 – 25

Die Erdatmosphäre entspricht den Glasscheiben. Die Absorption erfolgt hauptsächlich über den Wasserdampf, Kohlenstoffdioxid sowie Methan. Der natürliche *Treibhauseffekt* hält die mittlere Atmosphärentemperatur der Erde auf derzeit + 15 °C. Ohne Treibhauseffekt läge die Temperatur bei – 18 °C.

Anthropogene Einflüsse verändern die Zusammensetzung der Erdatmosphäre. Die Konzentration von Kohlenstoffdioxid hat in den letzten 200 Jahren um ca. 25 % zugenommen. Durch die Erwärmung der Erde tauen die Permafrostböden, die gefrorenen Sumpfböden in Sibirien, und darin enthaltenes Methangas entweicht.

Die Auswirkungen auf das Erdklima sind nicht genau voraussagbar. Anhand von Modellrechnungen und Simulationen versucht man Vorhersagen zu treffen: Stärkere Stürme, Anstieg der Meeresspiegel, Verlagerungen der Wüstengebiete und Verschiebungen der Klimazonen werden prognostiziert.

Der Treibhauseffekt wird von den Wissenschaftlern unterschiedlich eingeschätzt. Sammeln Sie zu den verschiedenen Aspekten Informationen und stellen Sie diese gewichtet einander gegenüber.

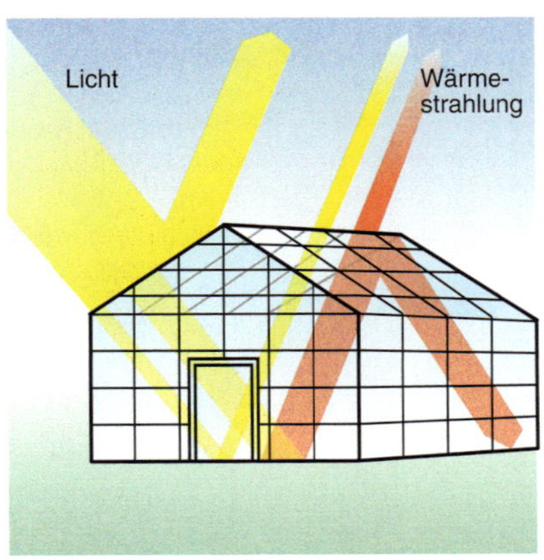

Nachwachsende Rohstoffe

Biodiesel ist eine direkte Verwendungsmöglichkeit eines von Pflanzen produzierten Rohstoffes, des Rapsöls, für die Verbrennung in Dieselmotoren. Dazu wird es in Glycerin und Fettsäuren getrennt. Die Fettsäuren werden mit Methanol zu Methylester umgewandelt. Das Produkt hat ähnliche Eigenschaften wie herkömmlicher Diesel aus Erdöl und lässt sich in Dieselmotoren verbrennen.

Im Biodiesel ist etwa dreimal so viel Energie enthalten, wie für dessen Produktion aufgewendet werden muss. Um den CO_2-Ausstoß in Deutschland um 1,4 % zu senken, müsste auf 10 000 km² Fläche Raps angebaut werden.

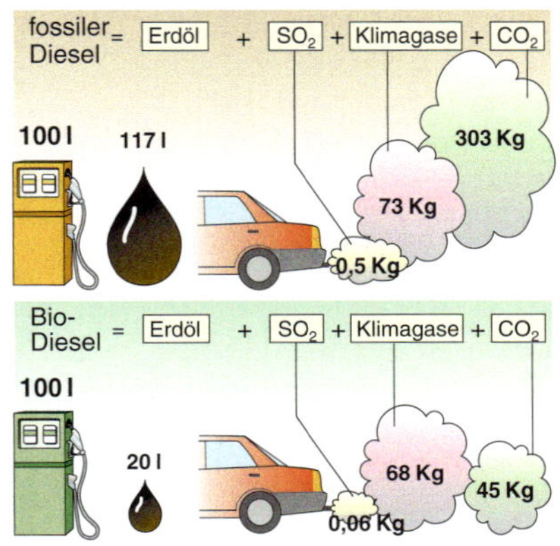

Das in der Raffinerie anfallende Glycerin ist ein begehrter Rohstoff für die chemische Industrie, z. B. zur Herstellung von Kosmetika.

Beim Herauspressen des Öls bleibt der sog. Rapskuchen zurück. Er enthält neben Zellulose ca. 9 % Restfett und 34 % Protein. Er stellt ein hochwertiges Futtermittel für die Tiermästung dar.

Suchen Sie nach zusätzlichen Informationen und schreiben Sie ein Gutachten für oder gegen den Einsatz von Biodiesel.

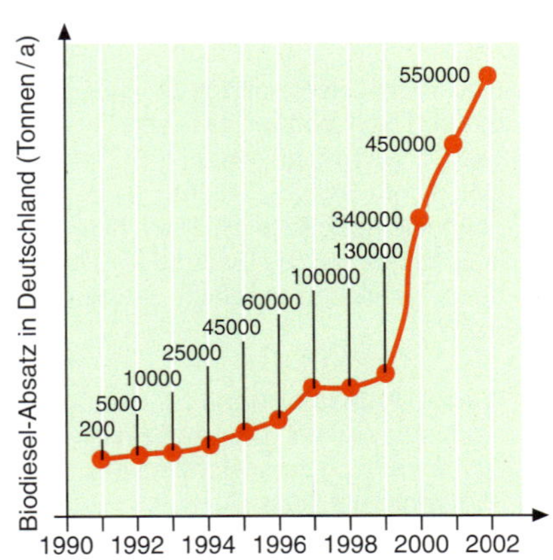

Evolution

Lernsituation

Evolutionsforschung blickt häufig Millionen Jahre zurück in die Vergangenheit. Welche Antworten kann dieses Forschungsgebiet auf die Gegenwart oder sogar die Zukunft geben?

Im Rahmen der Globalisierung ist der berühmte Ausdruck DARWINS „survival of the fittest" wieder in aller Munde, genauso wie der sogenannte „Sozialdarwinismus". Sogar viele Wirtschaftswissenschaftler erklären neuerdings komplexe dynamische Wirtschaftsprozesse mit evolutionären Theorien.

Gleichzeitig kann man in einigen Staaten beobachten, wie religiöse Schöpfungstheorien, z. B. „Intelligent Design", Aufnahme in nationale Lehrpläne erhalten. Was ist also dran an der Evolution? Gibt es tatsächlich stichhaltige Beweise dafür?

Welche Antworten kann die Evolutionstheorie von DARWIN für die Gegenwart, auch hinsichtlich des Klimawandels geben?

?

Leitfragen:

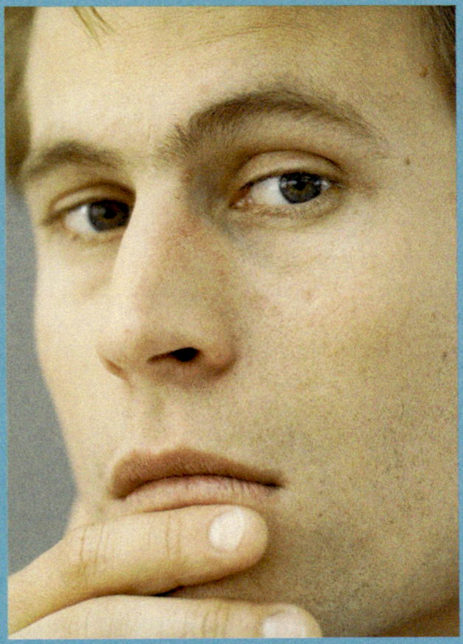

Was ist eine Theorie?

Die Zelltheorie

1. Beobachtung

Zelluläre Strukturen

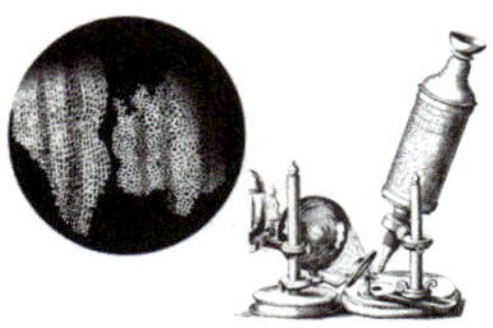

↓

2. Fragestellung

Bestehen alle Lebewesen aus Zellen?

↓

3. Hypothese

Alle Lebewesen bestehen aus Zellen.

↓

4. Vorhersagen

Alle Lebewesen, die wir kennen und untersuchen werden, bestehen aus Zellen.

↓

5. Theoriebildung

Alle Lebewesen sind aus Zellen aufgebaut.

↓

6. Weitere Beobachtungen

Die Zelltheorie gehört zu den am besten abgesicherten Theorien in der Biologie.

Bei der Beschreibung der Evolution stößt man auf Schwierigkeiten, da es sich bei ihrem Ablauf um nicht wiederholbare, lange zurückliegende Ereignisse handelt. Wie können Wissenschaftler dann Erkenntnisse über ihren Verlauf gewinnen?
Die Quellen naturwissenschaftlicher Erkenntnis sind Naturbeobachtungen und Experimente. Diese führen zu *Hypothesen*, aus denen bestimmte Schlussfolgerungen abgeleitet und Vorhersagen getroffen werden können, die sich überprüfen lassen. An der *Abstammungstheorie* soll das exemplarisch verdeutlicht werden.

1. Beobachtung
Heutzutage lässt sich eine riesige Zahl von Tier- und Pflanzenarten beschreiben. Man kann auch durch fossile Funde feststellen, dass in vergangenen Zeiten eine große Zahl von heute ausgestorbenen Organismen gelebt hat.

2. Fragestellung
Bereits im 18. und 19. Jahrhundert haben sich Naturforscher die Frage gestellt, welche Zusammenhänge zwischen den heute lebenden Arten und den ausgestorbenen bestehen könnten.

3. Hypothese
Alle Tier- und Pflanzenarten lassen sich auf gemeinsame Vorfahren zurückführen, d. h. sie sind miteinander verwandt.

4. Vorhersagen
Eine der Vorhersagen aus dieser Hypothese ist, dass Merkmale der Lebewesen erblich sind. Sollte dies nicht der Fall sein, dann wäre die Hypothese falsifiziert. Doch sind die Mechanismen der Genetik soweit geklärt, dass diese Vorhersage bestätigt wurde.

5. Theoriebildung
Für die *Theoriebildung* ist kennzeichnend, dass sie auf mehreren Hypothesen beruht, die durch Beobachtungen oder Experimente überprüfbar sein müssen. Ergibt sich daraus, dass die Hypothese falsch ist, wird sie verworfen und abgewandelt, oder eine neue tritt an ihre Stelle.

Mit der Zeit entstehen mehrere gut fundierte Hypothesen, aus denen sich Vorhersagen ergeben, die sich bestätigen lassen. Können mit diesen Hypothesen viele unterschiedliche Beobachtungen erklärt werden, bilden sie in ihrer Gesamtheit eine Theorie (Abb. 1).

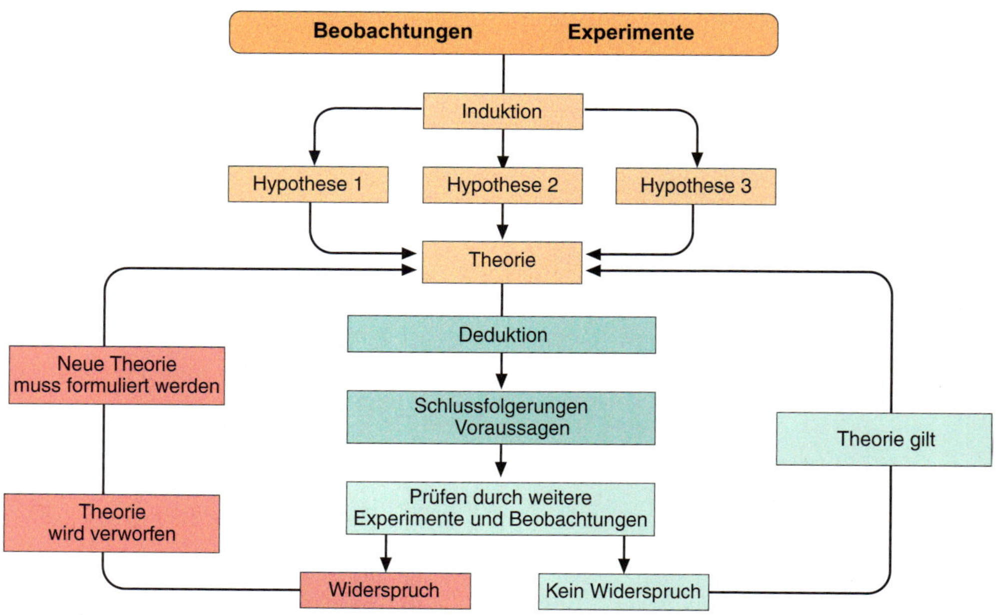

1 Theoriebildung

Alltagssprache

In der Alltagssprache verwenden wir häufig Formulierungen wie „... mal theoretisch gesprochen ...“, „Das ist doch nur bloße Theorie ...“. Auch wenn wir Menschen als Theoretiker bezeichnen, meinen wir damit, dass sie Ansichten vertreten, die in der Wirklichkeit keine Bedeutung haben, ja im schlimmsten Fall sogar unsinnig erscheinen.

Im Gegensatz dazu sind naturwissenschaftliche Theorien keine unbewiesenen willkürlichen Gedankenspiele. Sie bestehen aus Hypothesen, die sich prüfen lassen. Im Gegensatz dazu sind Vermutungen, die sich prinzipiell nicht überprüfen lassen, kein Gegenstand der *empirischen* naturwissenschaftlichen Forschung.

2 Schwarzer Schwan

Induktion

Betrachtet man die Hypothesenbildung am Beispiel der *Zelltheorie* (s. Randspalte S. 304), so ist zu sehen, dass aus Einzelbeobachtungen von Zellen in verschiedenen Lebewesen behauptet wird, dass alle Lebewesen aus Zellen bestünden. Aus dieser Hypothese folgt die Vorhersage, dass jedes Lebewesen, das wir untersuchen werden, aus Zellen besteht. Es wird von Einzelfällen auf das Allgemeine geschlossen. Diese Methode wird als *Induktion* bezeichnet.

Solche Verallgemeinerungen von Einzelfällen kommen im Alltag, wenn es um den gesunden Menschenverstand geht, häufig vor. Denken wir uns als Beispiel eine Gruppe Touristen, die Schwäne auf einem See beobachtet. Sie sehen, dass die Vögel weiß sind. Sie kommen zu dem Schluss, d.h. zu der Hypothese: Alle Schwäne sind weiß. Sie schließen *induktiv* aus dem beobachteten Einzelfall auf eine Eigenschaft aller Schwäne, obwohl sie das nicht wirklich wissen können, da sie niemals alle Schwäne kennenlernen werden. Aussagen, die auf induktivem Wege entstanden sind, enthalten eine Spekulation. Daher ist die induktive Vorgehensweise für sich allein genommen nicht zuverlässig.

Deduktion

Allgemeine Aussagen, wie etwa „Alle Schwäne sind weiß“ oder „Alle Lebewesen bestehen aus Zellen“, lassen sich prüfen. In Neuseeland gibt es tatsächlich schwarze Schwäne (s. Abb. 2). Ein Einzelfall reicht aus, um zu zeigen, dass die allgemeine Behauptung „Alle Schwäne sind weiß“ falsch ist.

In Bezug auf die Zelltheorie hat bisher jedes untersuchte Lebewesen die allgemeine Aussage „Alle Lebewesen bestehen aus Zellen“ bestätigt. Die logische Vorgehensweise vom Allgemeinen, d.h. von der Hypothese, auf das Besondere, den Einzelfall, zu schließen, heißt *Deduktion*. Ist einer der Schlüsse falsch, dann ist auch die allgemeine Aussage, die Hypothese, falsch. Je mehr Befunde die Hypothesen einer Theorie bestätigen, desto abgesicherter ist sie. Es gehört zu ihrem Wesen, dass sie solange als wahr gilt, solange sie nicht widerlegt ist. Das bedeutet, dass naturwissenschaftliche *Theorien* im mathematischen Sinn nicht beweisbar sind.

Die *Evolutionstheorie* hält seit etwa 150 Jahren ständigen Überprüfungen stand. Sie ist durch zahlreiche Befunde belegt und durch viele neue Erkenntnisse erweitert in der *Synthetischen Theorie der Evolution* aufgegangen. Auf den folgenden Seiten werden dazu zahlreiche Belege beschrieben.

Empirie
gr. *empireia*: Erfahrung, Erfahrungswissen

Erhebung von Daten, gezielten Beobachtungen und wissenschaftlichen Experimenten

Induktion
Schlussfolgerung vom Speziellen auf das Allgemeine

Deduktion
Schlussfolgerung vom Allgemeinen auf das Besondere (Spezielle)

Aufgaben

① Machen Sie am Beispiel der Formulierung der Abstammungshypothese die induktive Vorgehensweise deutlich.

② Nehmen Sie Stellung zur Aussage eines Fernsehjournalisten: „Wo der Beweis fehlt, da beginnt die Theorie“.

③ Im Mittelalter gab es einen Streit unter philosophischen Gelehrten, wie viele Engel auf den Kopf einer Stecknadel passen. Erklären Sie, warum dieses Problem mit naturwissenschaftlichen Methoden nicht geklärt werden kann.

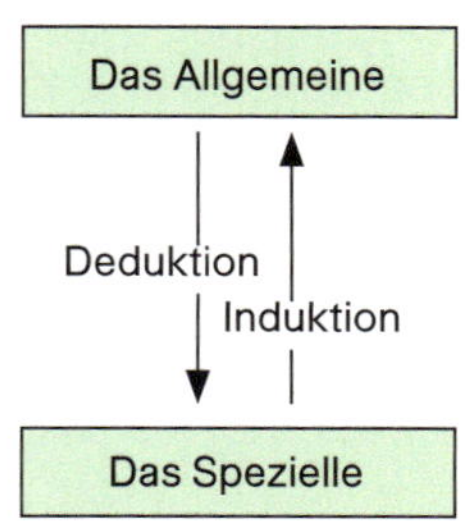

1 Charles Darwin (1809 – 1882)

Evolution durch natürliche Selektion

Charles Darwin (1809 – 1882) gilt vielen als Vater der Evolutionstheorie. Ein besseres Bild wäre vielleicht, ihn als Geburtshelfer der Evolutionstheorie zu bezeichnen, denn seine große Leistung war es, bereits bestehende Vorstellungen zur Evolution und seine eigenen Untersuchungen zu einem schlüssigen Theoriegebäude zusammenzubauen. Daher ist es etwas einseitig, nur von der Darwin'schen Evolutionstheorie zu sprechen.

Das bahnbrechende Werk Darwins ist „On the Origin of Species by Means of Natural Selection or the Preservation of Favoured Races in the Struggle for Life“, das 1859 herauskam. Das Erscheinen dieser Schrift vor anderthalb Jahrhunderten kam einer Revolution gleich, da sie eine stimmige Theorie für die Entstehung der Arten anbot, die auf einer rein naturwissenschaftlichen Basis stand, d. h. ohne Gott als Schöpfer auskam, was bis heute zu heftigen Auseinandersetzungen mit Verfechtern der *Schöpfungstheorie* (u. a. *Kreationisten)* führt.

Ausgangspunkt für Darwins Evolutionstheorie waren seine eigenen Beobachtungen. Bei seinen Reisen konnte Darwin feststellen, dass mehrere Exemplare einer Art nie vollkommen identisch untereinander sind *(Variabilität)*. Dies widersprach der zu seiner Zeit vielfach vertretenen These der Unveränderlichkeit *(Konstanz)* der Arten.

Gleichzeitig untersuchte Darwin Fossilien und konnte mit Verwandtschaften von Arten Hinweise auf gemeinsame Ahnen finden. Daraus synthetisierte er eine Abstammungslehre. Er postulierte, dass sich Arten von gemeinsamen Vorfahren im Laufe eines historischen Entwicklungsprozesses entwickelt haben *(Deszendenztheorie)*. Da er sich hierbei auch auf Arbeiten anderer Kollegen u. a. auch Lamarck stützte, wird Darwin an der Deszendenztheorie nur eine Miturheberschaft zugestanden.

Selektionstheorie

Darwins besondere Leistung war seine Theorie zur Artentstehung durch Auslese *(Selektionstheorie)*, die er mit der von A. R. Wallace (1823 – 1913) 1858 veröffentlichte. Ausgangspunkt ist die Variabilität der Individuen einer Art. Aufgrund dieser Variabilität sind einige Individuen besser an bestimmte Umweltbedingungen angepasst als andere Individuen der Art. Die besser Angepassten haben eine höhere Wahrscheinlichkeit, mehr Nachkommen zu zeugen; man spricht von einer höheren *reproduktiven Fitness*, d. h. Tiere mit der hohen reproduktiven Fitness können in der nächsten Generation einen größeren Beitrag zum Genbestand leisten. Der Mechanismus der natürlichen Auslese *(natural selection)* ist damit kein Verdrängungswettbewerb, sondern eine stärkere Weitergabe des Genbestands der besser Angepassten durch mehr Nachkommen (▶ Variabilität und Angepasstheit S. 360).

Am Beispiel der Giraffen erläutert Darwin: „So werden (...), als die Giraffe entstanden war, diejenigen Individuen, die die am höchsten wachsenden Zweige abweiden und in Zeiten der Dürre auch nur einen oder zwei Zoll höher reichen konnten als die anderen, häufig erhalten geblieben sein.“ Dieses Beispiel zeigt, wie Angepasstheit im „Kampf ums Dasein“ *(struggle for life)* entscheidende Anteile hat. Durch die Verbindung der teilweise bekannten Deszendenztheorie mit seiner Selektionstheorie konnte Darwin so ein Theoriegebäude erstellen, das zusammenhängend einen wissenschaftlichen Mechanismus zur Entstehung der Arten anbot.

Aufgabe

① Erklären Sie auch mithilfe der Abbildung in der Mittelspalte, warum der *Sozialdarwinismus* (Recht des Stärkeren) nicht der Theorie nach Darwin entspricht.

② Stellen Sie die grundlegenden Aussagen von Darwins Selektionstheorie in einem Flussdiagramm dar. Unterscheiden Sie dabei Beobachtungen von Folgerungen.

1 Jean Baptiste de Lamarck (1744 – 1829)

Lamarcks Vorstellungen

Jean Baptiste de Lamarck hatte schon ein halbes Jahrhundert vor Darwin eine Evolutionstheorie aufgestellt, die aber zu seiner Zeit wenig beachtet wurde. Seine „Philosophie Zoologique" veröffentlichte er im Jahre 1809. Es handelt sich dabei um die erste konsequente Darstellung eines Theoriegebäudes zur Evolution.

Als „Professor für wirbellose Tiere" hatte Lamarck Muschel- und Schneckengehäuse untersucht. Er war beeindruckt von deren Unterschiedlichkeit wie auch deren abgestufter Ähnlichkeit mit allerlei Übergängen, die eine klare Abgrenzung zwischen nahe stehenden Arten schwierig machen. Lamarck war überzeugt von der Veränderlichkeit der Arten. Er war auch der Erste, der einen Stammbaum aufgestellt hat.

Lamarck nahm an, dass alle Lebewesen auf natürliche Weise auf dieser Erde hervorgebracht wurden. Durch Urzeugung seien an günstigen Orten und unter günstigen Umständen einige wenige pflanzliche und tierische Urwesen entstanden. Im Verlauf genügend langer Zeiträume sollte nach Lamarck die ganze Vielfalt der heutigen Lebewesen entstanden sein.

Den dabei wirkenden Mechanismus erläuterte Lamarck an den Tieren. Beträchtliche und anhaltende Veränderungen in den Umweltverhältnissen von Tieren bewirkten eine Veränderung der Bedürfnisse. Dies machte neue Tätigkeiten notwendig, um die neuen Bedürfnisse zu befriedigen und führte zu neuen Gewohnheiten. Damit werde entweder der häufigere und stärkere Gebrauch eines Organs notwendig, das sich entsprechend entwickele und vergrößere. Oder es werde der Gebrauch neuer Organe notwendig, die durch Anstrengung des inneren Gefühls entstünden. Anders verhalte es sich bei Nichtgebrauch eines Organs – dieses werde unmerklich schwächer und verschwinde schließlich ganz.

Um die Wirkungen der Gewohnheiten zu belegen, führte Lamarck die Giraffe an, die „in Gegenden lebt, wo der beinahe trockene und kräuterlose Boden sie zwingt, das Laub der Bäume abzufressen und sich beständig anzustrengen, dasselbe zu erreichen. Infolge dieser seit langer Zeit angenommenen Gewohnheit sind bei den Individuen ihrer Rasse die Vorderbeine länger als die Hinterbeine geworden, und ihr Hals hat sich (...) verlängert."

Bei den Pflanzen gibt es keine Tätigkeiten und damit auch keine Gewohnheiten. Dennoch führten Veränderungen der Umweltverhältnisse zu Veränderungen in der Entwicklung der Teile. Lamarck erwartete, dass Pflanzen bei veränderten Umweltverhältnissen Abänderungen erwerben würden.

Alle durch vorherrschenden Gebrauch oder konstanten Nichtgebrauch erworbenen Abänderungen sollten dann an die Nachkommen vererbt werden. Lamarck behauptete damit die Vererbung erworbener Eigenschaften.

Zettelkasten

Finales Denken

„Die Grabbeine des Maulwurfs haben sich entwickelt, damit er besser graben kann." Solche oder ähnliche Aussagen erscheinen zunächst plausibel. Allerdings wird hier ein zukünftiges Ereignis (besser graben) als Ursache für ein bereits vorhandenes Objekt (Grabbeine) benannt. Dies ist wissenschaftlich nicht haltbar, denn Ursachen müssen den Wirkungen vorangehen.

Aufgaben

① Erläutern Sie die Abbildung in der Mittelspalte im Sinne der Lamarck'schen Evolutionstheorie.

② Vergleichen Sie tabellarische die Theorien von Lamarck und Darwin am Beispiel der Entstehung des Giraffenhalses. Stellen Sie dabei Unterschiede und Übereinstimmungen gegenüber.

Impulse

Evolution: Tatsachen, Theorien und Geschichte

Die Evolutionstheorie, wie wir sie heute kennen, verdankt ihr Entstehen der wissenschaftlichen Arbeit vieler Naturforscher: Das Verständnis der Mannigfaltigkeit und der Entstehung neuer Arten wandelte sich im Verlauf der Zeit, wurde erweitert und immer wieder verfeinert.

Evolution der Evolutionstheorie

Neben LAMARCK und DARWIN waren und sind an der Entwicklung der Evolutionstheorie noch viele Forscher beteiligt. Solche, die aus heutiger Sicht einen wichtigen Beitrag geleistet haben, werden auf einer Zeitleiste mit ihren wesentlichen Beiträgen eingeordnet.

Astronomen betrachten es als eine Tatsache, dass die Erde um die Sonne kreist. Biologen betrachten in ähnlicher Weise die natürliche Entstehung und Veränderung der Arten als Tatsache.

Nennen Sie mögliche Methoden, wie sich ein langsam ablaufender Vorgang beobachten lässt und schätzen Sie deren Verlässlichkeit kritisch ein.

Alles nur Theorie?

Unter Evolution kann man sowohl die historische Tatsache der Artentstehung und des Artenwandels verstehen als auch einen ursächlichen Mechanismus. Im letzeren Falle handelt es sich um eine Theorie. Manche Menschen sagen dann abwertend, dass es sich ja „nur um eine Theorie" handele. „Theorie" wird dann umgangssprachlich im Sinne von etwas schnell Ausgedachtem, einer bloßen Idee oder einer Vorstellung gebraucht.

In den Naturwissenschaften spricht man zunächst von einer wissenschaftlichen *Hypothese*, wenn begründet ein Zusammenhang zwischen Tatsachen hergestellt wird. Bestätigt sich diese Hypothese wiederholt und in verschiedenen Zusammenhängen, dann sprechen immer mehr Wissenschaftler von einer *Theorie*. Theorien haben erklärenden Charakter.

Nennen Sie Theorien aus der Biologie. Überprüfen Sie, ob die Evolutionstheorie den Anforderungen an eine Theorie entspricht.

GEORGES CUVIER (1769 – 1832) erforschte die geologischen Schichten im Pariser Becken. Er stellte fest, dass verschiedene geologische Schichten unterschiedliche Fossilien aufwiesen, die er als Reste von Lebewesen erkannte. Als Erklärung diente ihm seine *Katastrophentheorie*: Naturkatastrophen vernichteten in größeren Zeitabständen die Tiere und Pflanzen in einem bestimmten Gebiet. Aus benachbarten Gebieten wanderten die Lebewesen in das zerstörte Gebiet wieder ein. CUVIER war ein Anhänger der Artkonstanz.

JEAN BAPTISTE DE LAMARCK (1744 – 1829)

CHARLES DARWIN (1809 – 1882)

ALFRED RUSSEL WALLACE (1823 – 1913) erforschte die geografische Verbreitung von Lebewesen. Im Juni 1858 erhielt DARWIN ein Manuskript von WALLACE: „On the tendency of varieties to depart indefinitely from the original type." Darin beschrieb er bereits das Prinzip der natürlichen Selektion.

DARWIN erkannte die Bedeutung dieser Arbeiten und am 1. Juli 1858 veröffentlichte er den Artikel von WALLACE und einen eigenen Aufsatz von 1844. WALLACE kann also als Mitbegründer der *Selektionstheorie* gelten.

1800 1850

Evolution und Gesellschaft

Der Philosoph HERBERT SPENCER (1820 – 1903) wandte evolutionäre Vorstellungen auf die Gesellschaft an. Er lehnte jede Form gesellschaftlicher Sozialfürsorge ab und hielt den Kampf ums Dasein und die natürliche Auslese für die grundlegenden gesellschaftlichen Kräfte. DARWIN übernahm die Begriffe „struggle for life" und „survival of the fittest" von SPENCER.

In der Biologie erwiesen sich diese Begriffe als Erkenntnis fördernd – wohl auch, weil DARWIN immer wieder deren metaphorischen Charakter betonte. Gerade wegen ihrer Nützlichkeit in der Biologie erlangten diese Begriffe für gesellschaftliche und wirtschaftliche Entscheidungen Bedeutung. Mit dem „Kampf ums Dasein" und dem „Überleben des Stärkeren" wurden Kriege, soziale Ungerechtigkeiten und Rassismus gerechtfertigt. Ein solcher Schluss vom Sein in der Natur auf das Sollen in der Gesellschaft wird als *naturalistischer Fehlschluss* bezeichnet.

Welche Bedeutung haben die angeführten Begriffe in der Biologie?
Nennen Sie Beispiele für den naturalistischen Fehlschluss.

Silber und Silbermöwen

Reines Silber ist überall auf der Welt dasselbe Material. Wir erkennen Silber an seinen (unveränderlichen) Eigenschaften. Auf den ersten Blick scheint dies auch für Silbermöwen zuzutreffen.

Erörtern Sie, ob z. B. bei Silbermöwen eine Aufzählung der Eigenschaften genügt, um diese als eine biologische Art zu kennzeichnen. Erläutern Sie den Unterschied, der zwischen der Zuordnung zu einer Klasse physikalischer oder chemischer Objekte besteht.

Übersetzen Sie die Aussage von DOBZHANSKY in einen treffenden deutschen Satz. Erläutern Sie den Satz an verschiedenen Beispielen.

Begründen Sie, ob die weitere Evolution vorhersagbar ist.

Ist die Evolutionstheorie unveränderlich oder entwickelt sie sich auch weiterhin?

Entwerfen Sie fiktive Streitgespräche zwischen den verschiedenen Wissenschaftlern, die Beiträge zur Evolutionstheorie geleistet haben.

Diskutieren Sie, ob solche Streitgespräche im wissenschaftshistorischen Sinne den Leistungen der Wissenschaftler gerecht werden.

Entwerfen Sie ein Fabelwesen, das auf einem anderen Planeten entstanden sein könnte aber keinem Lebewesen auf der Erde ähnlich ist und begründen Sie Ihren Entwurf aufgrund der angenommenen Umweltbedingungen.

ERNST HAECKEL (1834 – 1919) gilt als der entschiedenste Vertreter der *Evolutionstheorie* in Deutschland. Er formulierte 1866 die *„Biogenetische Grundregel"*. Bereits vor DARWIN unternahm er den für die damalige Zeit wagemutigen Versuch, die Evolutionstheorie auch auf den Menschen zu übertragen. DARWIN selbst veröffentlichte sein zweites Hauptwerk „Die Abstammung des Menschen und die genetische Zuchtwahl" dann erst im Jahre 1871.

THEODOSIUS DOBZHANSKY (1900 – 1975) hat als Zoologe und Genetiker in Leningrad, Pasadena und New York gearbeitet und an der Taufliege Drosophila experimentelle Genetik betrieben. Er leistete Beiträge zur Populationsgenetik und war zusammen mit ERNST MAYR und anderen einer der Architekten der Synthetischen Evolutionstheorie. Ihm gelang die Vereinigung der Mendelgenetik mit der Darwin'schen Selektionstheorie. Bekannt wurde er vor allem mit dem Satz: „Nothing makes sense in biology, except in the light of evolution.".

ERNST MAYR (1904 – 2005) arbeitete als Ornithologe am Zoologischen Museum in Berlin, am American Museum in New York und an der Harvard-Universität. Er hat 26 neue Vogelarten beschrieben.

MAYR zeigte, wie neue Arten durch geografische Trennung von Populationen entstehen können. Zusammen mit seinem Kollegen THEODOSIUS DOBZHANSKY hat ERNST MAYR das Konzept der genetischen Art entwickelt. Dieser genetische Artbegriff ist ein wichtiger Beitrag zur Synthetischen Evolutionstheorie, an deren Aufstellung und Darstellung er maßgeblich beteiligt war.

1950 2000

Synthetische Evolutionstheorie

Die heutige Evolutionstheorie ist eine synthetische Theorie, weil sie Ideen aus vielen Disziplinen vereinigt (Abb. 1). Um Ihnen einen Überblick und eine erste Groborientierung ermöglich zu können, ist auf dieser Seite die Synthetische Theorie in einer Zusammenschau dargestellt. Alle Inhalte werden im Folgenden ausführlich beschrieben, wobei auch bei der Erarbeitung der Details ein Rückgriff auf diese Seite sinnvoll sein kann, um den Überblick zu behalten. Im Zentrum steht dabei der Genpool einer Population und dessen Veränderungen (▶ Geschichte und Verwandtschaft S. 362).

Denken in Populationen

Gegenstand der Evolution ist die Population, also die Gesamtheit der an einem Ort lebenden Individuen einer Art. Evolution ist nur durch Denken in Populationen zu verstehen. Jede Population enthält Individuen mit unterschiedlicher Ausprägung erblicher Merkmale.

Variation

Oft erscheinen uns die Individuen einer Art weitgehend ähnlich oder nahezu gleich. Aber bei näherer Betrachtung gibt es keine zwei Individuen, die sich völlig gleichen. Selbst bei eineiigen Zwillingen oder Klonen lassen sich Unterschiede finden. Diese Unterschiedlichkeit zwischen Angehörigen einer Population oder einer Art wird *Variation* genannt. Arten bestehen also aus Biopopulationen, die sich aus einzigartigen Individuen zusammensetzen.

Selbst hinter scheinbar gleichen Phänotypen verbirgt sich auf genetischer Ebene oft eine beträchtliche Vielfalt. Vorstellbar wird die genetische Vielfalt als Genpool einer Population, der die Allele sämtlicher Genorte aller Individuen umfasst.

Ursachen der Variation

Die genetische Variation einer Population beruht auf Mutationen und Rekombination. Dabei verändern Mutationen die Gene und erzeugen neue Allele. Rekombination dagegen greift auf die im Genpool vorhandene Vielfalt der Allele zurück. Wenn zwei Individuen einer sich sexuell fortpflanzenden Population Nachkommen zeugen, so tragen diese Nachkommen *(Phänotypen)* neue Kombinationen von Allelen *(Genotypen)*.

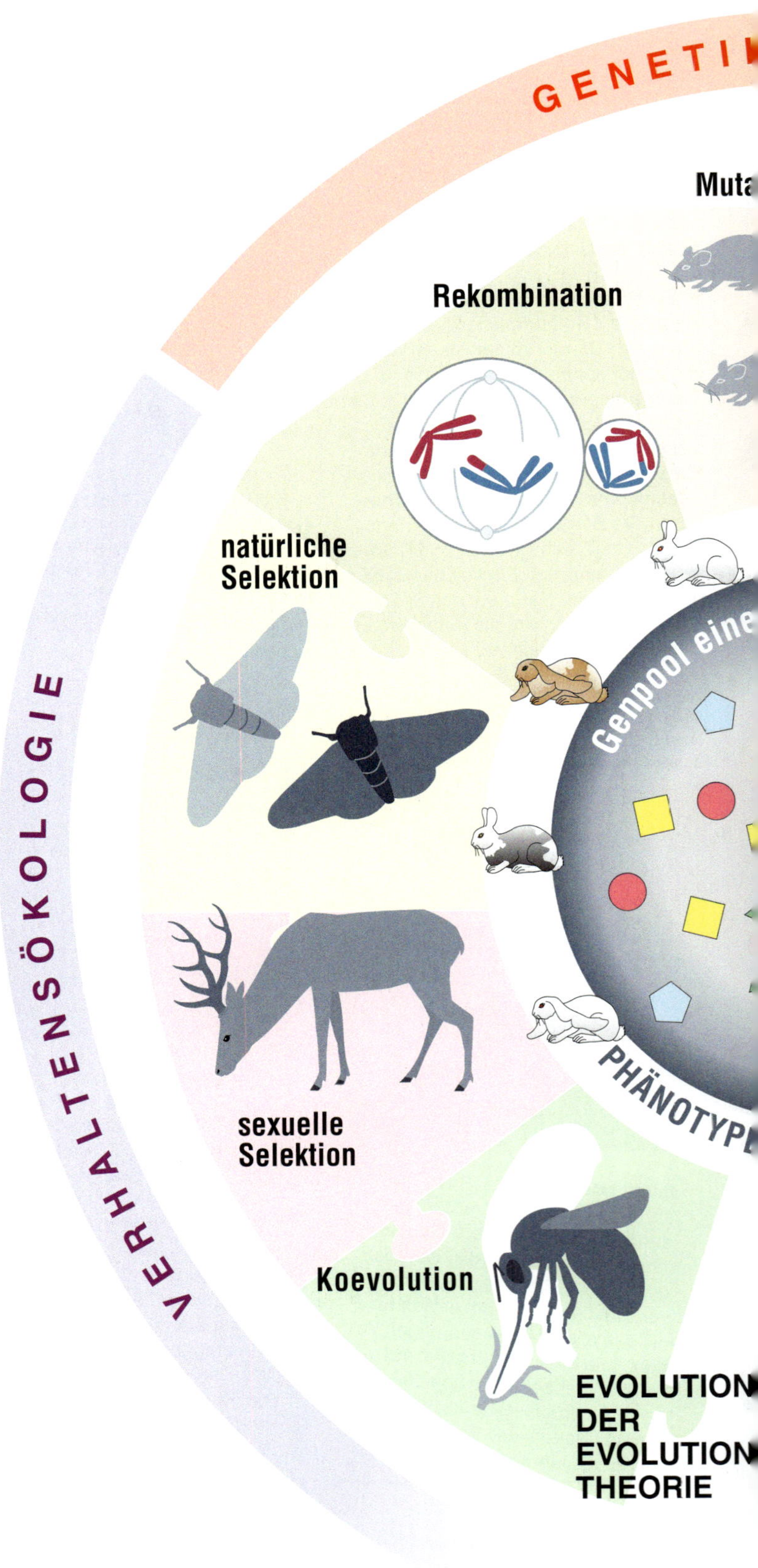

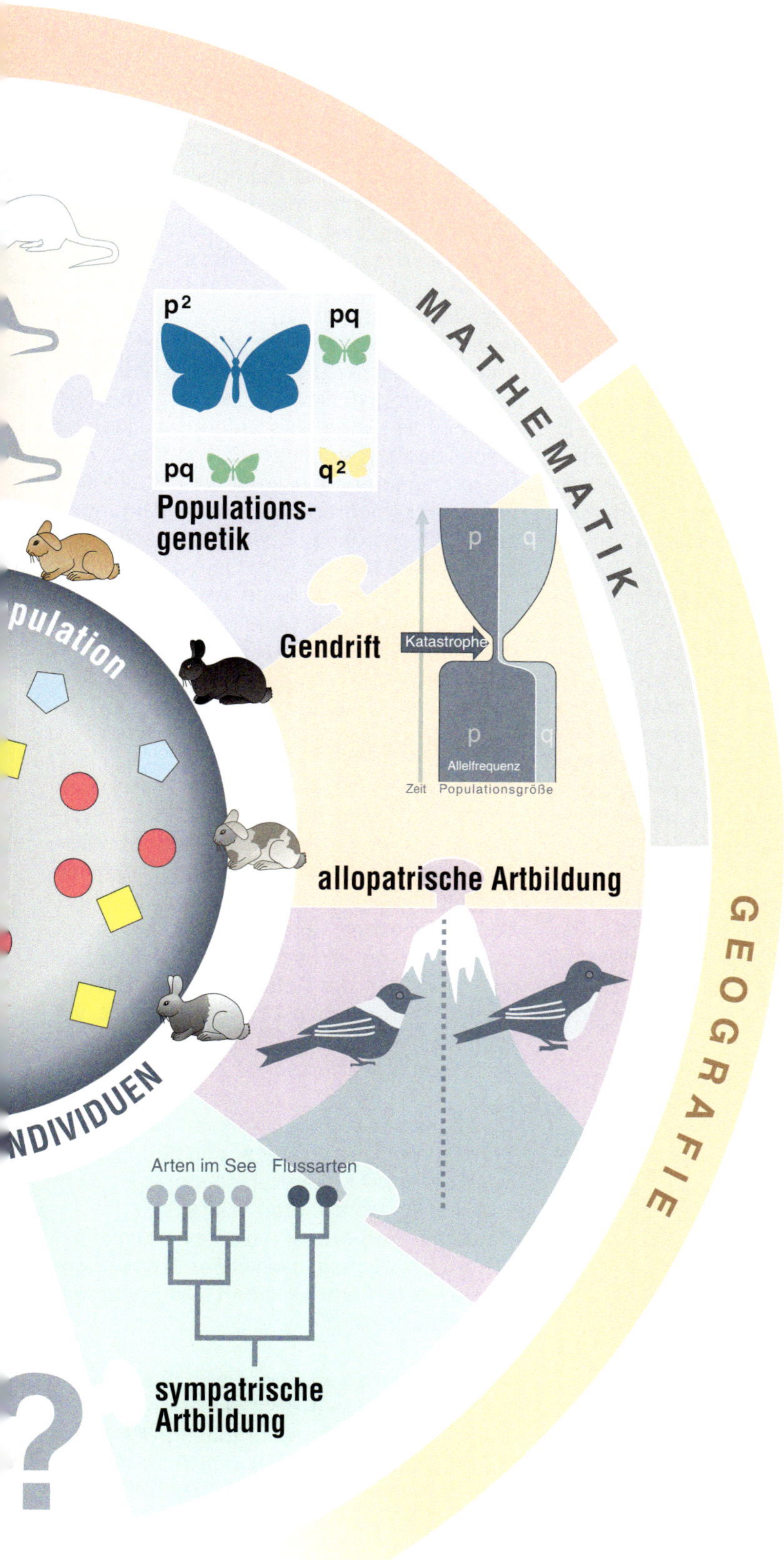

Natürliche Selektion

Populationen sind so fruchtbar, dass sie bei erfolgreichem Überleben aller Individuen exponentiell wüchsen. Dem steht die Beobachtung entgegen, dass die Populationsgröße meist über längere Zeit gleich bleibt. Ressourcen stehen nicht unbegrenzt zur Verfügung, sondern sind knapp. Daraus lässt sich schließen, dass die Individuen einer Population um die knappen Güter konkurrieren.

Die Individuen einer Art zeigen nun aber Variation und ein Teil der Variationen ist erblich bedingt. Das Überleben ist deshalb nicht allein zufällig, vielmehr hängen das Überleben und die Fähigkeit, sich fortzupflanzen, von vorteilhaften Merkmalen ab. Vorteilhaft sind jene Merkmale, die zu den jeweiligen Umweltbedingungen besser passen als die anderen. Es überleben bevorzugt die Geeigneteren *(survival of the fittest)*. Dieser Prozess der Selektion führt zu Organismen, deren Merkmale zu bestimmten Umweltverhältnissen passen *(Angepasstheit)*.

Isolation

Wenn es in einer Art zur geografischen oder ethologischen Isolierung kommt, findet kein genetischer Austausch mehr statt. Die Genpools der getrennten Populationen können sich nach einiger Zeit unterscheiden. Auf diese Weise können sich Arten aufspalten. Wenn Populationen sehr klein sind, können zufallsbedingte Änderungen des Genpools auftreten *(Gendrift)*.

Evolution

Die unterschiedlichen Überlebens- und Fortpflanzungschancen von verschiedenen Artgenossen können zu einer Änderung in der Häufigkeit von Allelen im Genpool führen. In einem solchen Fall liegt Evolution vor: Populationen und Arten verändern sich.

Gradualismus

Über längere Zeiträume können durch das Anhäufen vieler kleiner Veränderungen allmählich *(graduell)* große Unterschiede entstehen.

Gemeinsame Abstammung

Alle heutigen Lebewesen stammen von gemeinsamen Vorfahren ab. Neue Arten entstehen durch Verzweigungs- und Umwandlungsprozesse.

Europäische Kohlmeise

Japanische Kohlmeise

Genpool
Gesamtheit aller Allele in einer Population

Population
Gruppe von Individuen einer Art in einem bestimmten Gebiet

morphologische Art
Gruppe von Lebewesen, die in wesentlichen Merkmalen untereinander und mit ihren Nachkommen übereinstimmen

genetische Art
Gruppe von Individuen, die eine Fortpflanzungsgemeinschaft bilden und von anderen Gruppen genetisch isoliert sind.

Artenvielfalt und Variabilität

Artig sein, aus der Art schlagen, nicht nur in der Evolutionsbiologie beschäftigt man sich mit Arten. Was aber ist eine Art und müssen alle Artmitglieder gleich (artig) sein? (▶ Variabilität und Angepasstheit S. 360).

Was ist eine Art?

Die Begrifflichkeiten, wie sie allgemein gebraucht werden, haben es tatsächlich eine biologische Entsprechung, nämlich den *morphologischen Artbegriff*. Demnach ist eine Art eine Gruppe von Lebewesen, die in allen wesentlichen Merkmalen übereinstimmen. Diese Definition ist für den alltäglichen Gebrauch von Nutzen, z. B. wenn Organismen im Gelände bestimmt werden sollen.

Hat aber eine Art eine geografisch weite Verbreitung, können die einzelnen Exemplare sehr unterschiedlich sein. So unterscheidet sich die europäische Kohlmeise von der japanischen (s. Randspalte). Man prägte daher den Begriff *Unterart* oder *Subspezies* bzw. den im Hinblick auf die deutsche Geschichte nicht unproblematischen Begriff „Rasse" (der allerdings in der Tierzucht noch häufig benutzt wird; z. B. für Hunderassen).

Die Vielfalt in der Ausprägung der Merkmale in den Unterarten macht die Bestimmung mit dem morphologischen Artbegriff zum Problem. Handelt es sich bei einem zu bestimmenden Organismus mit unterschiedlichen Merkmalen noch um eine Unterart oder bereits um eine andere Art? Daher wurde ein weiterer Artbegriff geprägt, der der genetischen Art: Alle Individuen aus Populationen, die sich unter natürlichen Bedingungen potenziell untereinander fortpflanzen können, gehören einer Art an.

Genetisch gesehen, ist die Vielfalt der Unterarten ein großes Potential für die Art. Je unterschiedlicher die Unterarten sind, desto anpassungsfähiger ist die Art. Die Gesamtheit der Gene aller Unterarten einer Art macht den sogenannten *Genpool* aus. Aus diesem schöpft sozusagen die Art, um sich an unterschiedliche Umweltbedingungen anpassen zu können oder neue Nischen erschließen zu können. Der Genpool einer Art ist von dem der anderen Art getrennt, da entsprechend dem genetischen Artbegriff nur Mitglieder einer Art untereinander fortpflanzungsfähig sind.

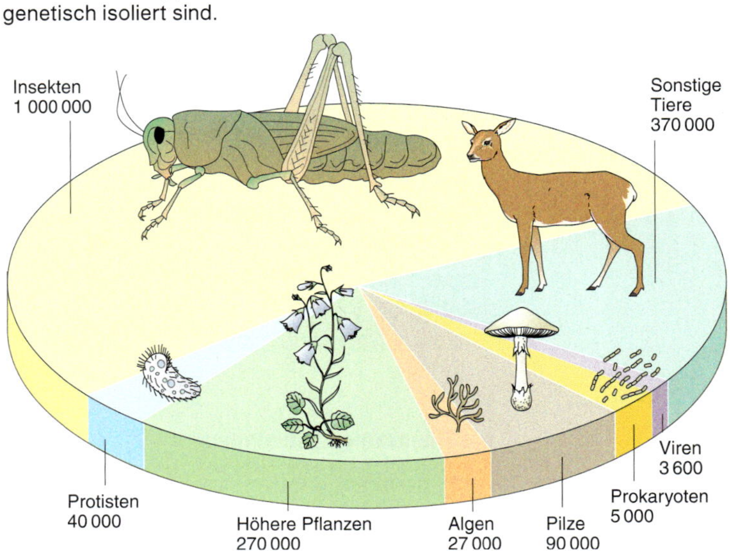

1 Anzahlen bekannter Arten

Wie viele Arten gibt es?

Bisher kennt man etwa 300 000 Pflanzen- und 1,5 Millionen Tierarten (Abb. 1). Die genauen Artenanzahlen sind unbekannt. Während man die Tierarten in gemäßigten Breiten recht gut kennt, kann man davon ausgehen, dass die meisten Tierarten mit kleiner Individuengröße, die an unzugänglichen Orten leben, wie z. B. in der Tiefsee und in den Baumriesen im tropischen Urwald, nach wie vor unbekannt sind. Trotzdem ist es möglich, die Anzahl der Tierarten seriös zu schätzen.

Die folgenden Erkenntnisse dienen als Schätzgrundlage: Erstens: Von den 1,5 Millionen bekannten Tierarten stammen $^{2}/_{3}$, d. h. 1 Million aus gemäßigten Breiten.
Zweitens: Von großen, leichter erfassbaren Tierarten weiß man, dass in den Tropen doppelt so viele Tierarten leben, wie in den gemäßigten Breiten.

Man geht davon aus, dass sich das Verhältnis der doppelten Anzahl der Arten auch auf Tierarten mit kleiner Individuengröße übertragen lässt, damit ergäben sich für die Tropen 2 Millionen Arten plus eine Million aus den gemäßigten Breiten, also zusammen 3 Millionen Tierarten, andere, alternative Schätzungen liegen in einem Bereich von 3 Millionen bis 100 Millionen Tierarten.

Kartoffelknollen

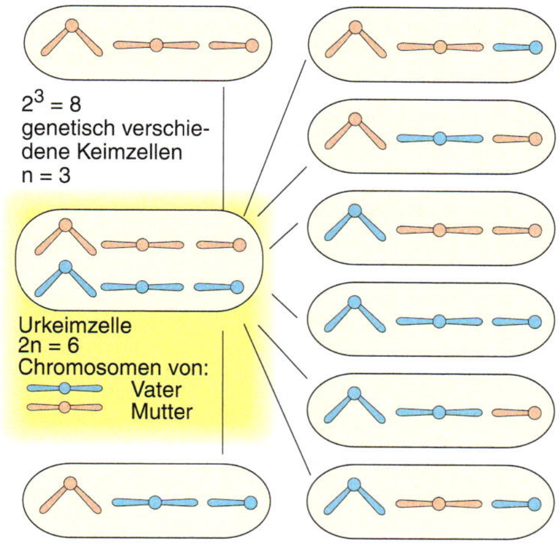

1 Genetische Vielfalt bei der Keimzellenbildung

Die Ursachen der Variabilität

Eine Erklärung, wie so viele Arten entstehen konnten und warum es selbst innerhalb einer Art eine so große Variationsbreite hinsichtlich der Merkmalsausprägungen gibt, gab es lange Zeit nicht. Drei Mechanismen — Rekombination, Mutation und Modifikation — stellen heute die Erklärungsgrundlage für die Entstehung der Variabilität dar (▶ Variabilität und Angepasstheit S. 360).

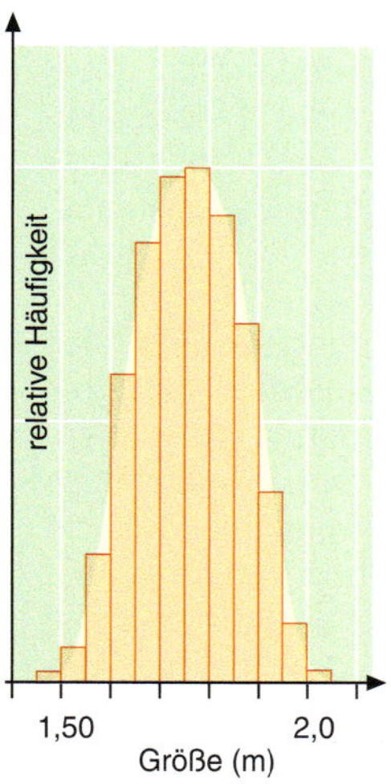

Körpergrößenhäufigkeit beim Menschen

Rekombinationen

Diploide Organismen kombinieren ihre existierenden Allele während der Keimzellenbildung neu. Allein dieser Vorgang der Rekombination ergibt beim Menschen mehr als 8 Millionen unterschiedliche Keimzellen. Diese Anzahl errechnet sich aus dem diploiden Chromosomensatz (2) und als Exponentialfaktor die Anzahl der Chromosomen, beim Menschen 23, also 2^{23}.

Für die Bildung der befruchteten Eizelle, der *Zygote*, werden die Rekombinationsmöglichkeiten der weiblichen und männlichen Keimzellen multipliziert. Die Anzahl der möglichen unterschiedlichen Zygoten beträgt damit 2^{46}, das sind über 70 Billionen Möglichkeiten. Zusätzlich zu dem oben beschriebenen Prinzip entstehen noch weitere Variationsmöglichkeiten durch das *Crossingover* (s. Seite 131). Beim Crossingover werden einzelne Genabschnitte homologer Chromosomen ausgetauscht. Diese durch das Crossingover neu zusammengestellten Chromosomen werden dann wiederum nach dem Zufallsprinzip auf die vier Keimzellen verteilt. Damit liegt die Anzahl der möglichen Keimzellen noch weit höher. Diese Überlegungen zeigen, dass allein durch den Vorgang der Rekombination eine enorme Variabilität erreicht wird, die jeden Menschen zu einem einzigartigen Individuum macht.

Mutationen erweitern den Genpool

Der *Genpool* beinhaltet alle Allele einer Art. Neue Allele entstehen durch Mutationen. Hinsichtlich der Mutationen ist zu beachten, dass diese sowohl in den Körperzellen und sehr viel seltener auch in den Keimzellen auftreten. Da die Mutationen in den Körperzellen mit dem Tod des Individuums verloren gehen, erweitern nur Mutationen in den Keimzellen den Genpool und können an die Folgegenerationen weitergegeben werden. Die Wahrscheinlichkeit einer Mutation an einem Genort pro Generationszyklus (Mutationsrate) liegt bei 10^{-6}. Da ein Mensch etwa 30 000 Genorte hat, ist etwa jede 33. Keimzelle betroffen. Dabei ist zu beachten, dass sich nicht jede Mutation auswirkt, da es sich z. B. um stumme Mutationen (siehe Seite 160) oder rezessive Mutationen handeln kann.

Bei Arten mit sehr kurzen Generationszeiten, wie z. B. Bakterien, können Mutationen allerdings die genetische Variabilitätsbreite in relativ kurzer Zeit erheblich verändern. Diese Mutationen können z. B. bei pathogenen Bakterien dazu führen, dass sie Resistenzen gegen Antibiotika entwickeln und diese dann nur noch eingeschränkt wirksam sind.

Modifikationen

Selbst wenn das genetische Material komplett identisch ist, führen unterschiedliche Umweltbedingungen zu einer Variabilität. Ein Beispiel dafür sind Kartoffeln. Die Pflanzen einer Sorte werden vegetativ aus Knollen gezogen, d. h. genetisch gesehen haben alle Kartoffeln dieser Sorte als Klone ein identisches Erbmaterial. Trotzdem ist jede einzelne Kartoffel hinsichtlich Größe und Form etwas unterschiedlich. Diese auf Umweltbedingungen beruhende Variabilität nennt man *modifikatorische Variabilität.*

In natürlichen Populationen höherer Organismen, z. B. beim Menschen, kommen Klone abgesehen von eineiigen Zwillingen selten vor. Daher kann man genetische und modifikatorische Ursachen der Variabilität nur selten trennen, d. h. bei einzelnen Individuum findet man Kombinationen von beiden.

Allopatrische Artbildung

Grünspecht

Grauspecht

Die einander ähnlichen Arten *Grünspecht* und *Grauspecht* kommen in vielen Gebieten Europas gemeinsam vor. Grünspechte halten sich fast ausschließlich am Boden auf und fressen überwiegend Ameisen, während Grauspechte vor allem Insekten und deren Larven unter der Baumrinde suchen. Morphologisch haben die beiden Ähnlichkeiten, allerdings kommt es nur sehr selten zur Paarung von Grün- und Grauspechten, sodass man gemäß des genetischen Artbegriffs von zwei getrennten Arten spricht (▶ Geschichte und Verwandtschaft S. 362). Wie kann man diese Befunde mit der Evolutionstheorie erklären?

Die Entwicklung der Spechtarten

Vor der Eiszeit lebte in den Wäldern Europas eine Urspechtart. In der Eiszeit zerstörte der Eispanzer die Wälder Mitteleuropas, sodass die Spechte auf die verbliebenen Waldbestände in Südwest- und Südosteuropa ausweichen mussten. Der Eispanzer stellte eine fast unüberwindliche Barriere dar, sodass es fast keinen Austausch zwischen den getrennten Populationen Südwest- und Südosteuropas gab. Man spricht von *geografischer Isolation*.

Eiszeit in Europa

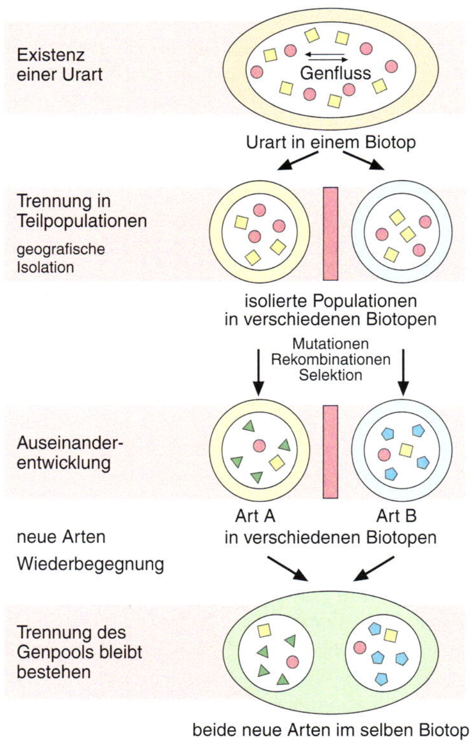

1 Schema der allopatrischen Artbildung

Mit dem Rückzug der Gletscher am Ende der Eiszeit breiteten sich die Wälder wieder in Mitteleuropa aus und mit ihnen die Spechtpopulationen aus Südwest und Südosteuropa. Während der Trennung und der Anpassung an die unterschiedlichen Lebensräume hatten sich die beiden Spechtpopulationen allerdings so stark verändert, dass es zwischen den beiden Spechtpopulationen fast nicht mehr zur Fortpflanzung kam, d.h. es waren zwei Arten entstanden, die des Grünspechts und die des Grauspechts (Abb. 1).

Allopatrische Artbildung

Das Beispiel der Grün- und Grauspechte beschreibt den wichtigsten Mechanismus der Artbildung im Tierreich. Die *geografische Isolation* ist hierbei ein wesentlicher Schritt im Ablauf, weshalb diese Weise der Artbildung *allopatrische Artbildung* genannt wird. Die räumliche Trennung unterbindet dabei den genetischen Kontakt der Teilpopulationen über einen längeren Zeitraum, sodass sich die Genpools der Teilpopulationen auseinanderentwickeln können.

Fehlt die räumliche Trennung, können sich Individuen der Teilpopulationen weiterhin paaren und so ihre Genpools austauschen; man spricht vom *Genfluss*. Der Genfluss zwischen den beiden Teilpopulationen führt zu einer großen genetischen Variabilität der Art und einer großen Vielfalt innerhalb der Art, die so groß sein kann, dass man von Unterarten spricht.

Sind die Genpools zweier Unterarten aber getrennt und es kommt zur allopatrischen Artbildung, führt dies zu unterschiedlichen Arten und so letztlich zur Artenvielfalt. Die Ähnlichkeit der Arten ist dabei ein indirekter Hinweis darauf, wann sich die Arten getrennt haben. Je näher die Trennung zurückliegt, desto ähnlicher sind die Arten und um so näher sind diese miteinander verwandt.

Aufgaben

① Warum kann es für eine Art von Vorteil sein, wenn es innerhalb der Art eine große Vielfalt gibt?

② In der Wirtschaft gilt: Unterschiedlichkeit der Mitarbeiter ist kein Hindernis, sondern eine Chance. Stützen Sie diese Hypothese dadurch, dass Sie erörtern, welche Vorteile Variabilität für eine Art und in Analogie für ein Unternehmen hat.

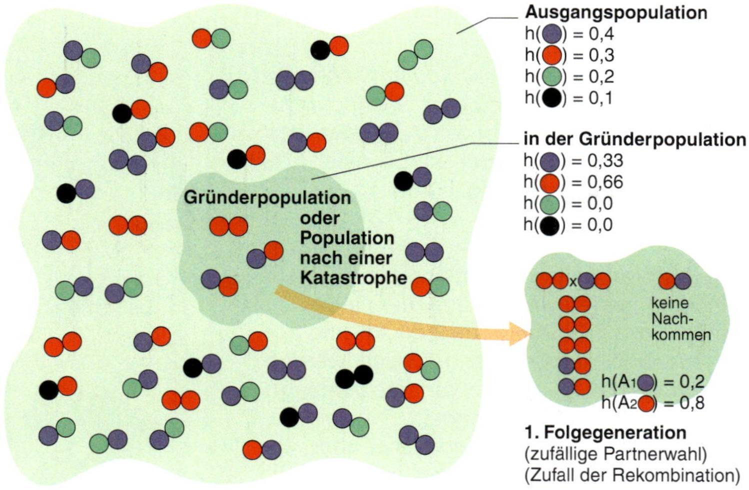

1 Analogie zum Flaschenhalseffekt

2 Seitenfleckenleguane

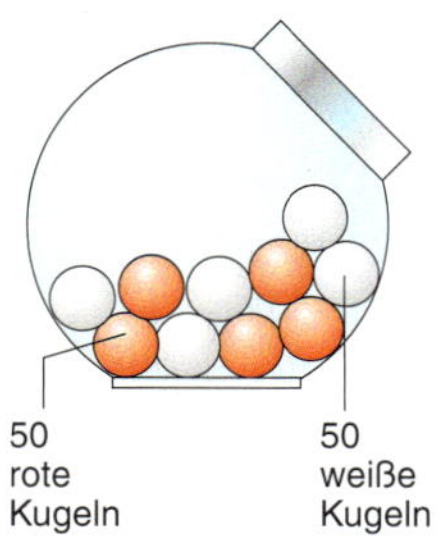

Durchführung:
Nach jeder Ziehung wird die Kugel wieder zurückgelegt und die Urne geschüttelt.

Versuch A:
1000 Ziehungen
Versuch B:
10 Ziehungen

mögliche Ergebnisse:

Vers.	A	B
A	502	498
B	7	3

Der Zufall begünstigt die Artbildung

Die *allopatrische Artbildung* erfolgt bei kleinen Populationsgrößen schneller als bei großen. Dies lässt sich modellhaft mit einem Urnenexperiment veranschaulichen (s. Randspalte). Zieht man 1000-mal eine Kugel aus der Urne, würde man ein Ergebnis von etwa 500-mal rot und 500-mal weiß erwarten, ein Ergebnis von 700 roten Kugeln und 300 weißen Kugeln würde sehr unwahrscheinlich erscheinen. Zieht man dagegen nur 10-mal, ist ein Ergebnis von 7 : 3 durchaus denkbar. Allgemein gilt, je kleiner die Anzahl der Ziehungen, desto stärker kann sich der Zufall auf das Versuchsergebnis auswirken. Entsprechend kann es bei der geografischen Trennung von sehr kleinen Populationen zufällig zur Isolation eher seltener Ausprägungen des Genpools kommen (Abb. 1).

Gendrift

Verändert sich der Genpool allein durch Zufall analog zu dem oben beschriebenen Experiment, also ohne Einfluss von Mutationen, spricht man von *Gendrift*. Diese spielt eine große Rolle bei der allopatrischen Artbildung. Ein eindrucksvolles Beispiel dafür sind die *Seitenfleckenleguane*, die überwiegend im Westen Nordamerikas vorkommen (Abb. 2). Auf einigen Inseln im Golf von Kalifornien leben kleine Populationen, die im Gegensatz zu den bräunlichen Individuen auf dem Festland dunkelgrün gefärbt sind. Die grüne Färbung scheint keine Vorteile zu haben, im Gegenteil die Leguane werden so einfacher von Fressfeinden erkannt. Man vermutet, dass es auf dem Festland schon immer grüne Seitenfleckenleguane gegeben hat, dass diese aber eine vergleichsweise geringe reproduktive Fitness besaßen. Einzelne Exemplare dieser nicht repräsentativen Teilpopulation von grünen Leguanen wurden nun auf die Inseln im Golf von Kalifornien verschlagen und vermehrten sich, da sie dort keine Fressfeinde vorfanden. Vergleicht man heute die Genpools der Festland- und Inselleguane, findet man deutliche Unterschiede. Diese besondere Form der Gendrift nennt man *Gründereffekt* (Abb. 1).

Kleine Populationen kommen nicht nur auf Inseln, in Bergtälern und in Oasen vor, sie entstehen auch nach drastischen Reduktionen der Populationsgröße nach Katastrophen, Seuchen, Waldbränden oder der Zunahme der Feinde. Wird durch solche Ereignisse die Populationsgröße innerhalb kurzer Zeit drastisch vermindert, kann sich die Zusammensetzung des Genpools durch Zufall verändern. Manche Allele nehmen so in ihrer Häufigkeit zu, andere ab, dritte gehen ganz verloren. Diese Form der Gendrift nennt man *Flaschenhalseffekt* (Abb. 1). Die Verringerung der Populationsgröße führt meist zu einer Abnahme der Variabilität, da einzelne Allele nicht mehr vertreten sind. Weiterhin wird diese genetische Verarmung durch Inzucht und Zufall weiter verstärkt.

Aufgabe

(1) Erklären Sie den Einfluss der Gendrift bei der Besiedelung einer weit vom Festland entfernten Insel durch eine Vogelart.

Isolationsmechanismen

Grünspecht und Grauspecht sind verschiedene Arten, denn sie paaren sich nicht miteinander. Ihre Genpools sind voneinander isoliert. Artdefinition und Isolation stehen in engem Zusammenhang.

Jeder Mechanismus, der die Geburt fruchtbarer Nachkommen über die Artgrenzen hinweg verhindert und die Genpooltrennung aufrecht erhält, stellt einen *Isolationsmechanismus* dar. Es gibt verschiedene Isolationsmechanismen, die an jedem Schritt der Nachkommenzeugung wirksam sein können (Abb. 1). Man unterscheidet prinzipiell die Isolation, die vor einer potenziellen Befruchtung einer Eizelle bzw. Zygotenbildung wirksam wird *(präzygote Isolation)* sowie die Isolation, die erst danach wirkt *(postzygote Isolation)*.

1 Isolationsmechanismen

Zu den präzygoten Isolationsmechanismen gehört z. B. die *geografische Isolation*. Sie verhindert die Begegnung potenzieller Partner. Eine *ökologische Isolation* liegt bei spezieller Einnischung vor, die tageszeitlich bzw. jahreszeitlich gegeben sein kann oder räumlich, wenn besondere Ansprüche nicht überall gegeben sind. Verhaltenselemente, v. a. zur Balz, enthalten besondere Signale, wie Lautäußerungen und Färbungen, auf die nur Artgenossen reagieren *(ethologische Isolation)*. Bei Insekten gibt es oft artspezifische Begattungsorgane. Die Übertragung des Spermas auf ein artfremdes Weibchen ist dann nicht möglich *(mechanische Isolation)*. Kommt es zu einer Paarung, so kann die Zygotenbildung wegen Unverträglichkeit der Gameten unterbleiben *(gametische Isolation)*. Bei Pflanzen gibt es z. B. chemische Unverträglichkeiten, die das Austreten des Pollenschlauches auf der Narbe einer artfremden Blüte verhindern.

Bei Pflanzen, die von Insekten bestäubt werden, gibt es weitere Isolationsformen. Viele Insekten zeigen Blütentreue, sie fliegen zu einer Zeit nur Blüten derselben Art und sogar derselben Farbe an. Pflanzen werden dann innerhalb derselben Variante bestäubt. Speziell geformte Blütenblätter bewirken, dass die Bestäubung nur von einer oder wenigen Tierarten vorgenommen werden kann. Beispielsweise besitzen Akelei-Arten verschiedene, mit Nektar gefüllte Blütensporne (Abb. Randspalte). Nur Falter mit passender Rüssellänge gelangen an den Nektar und bestäuben die Blüten. Unter Laborbedingungen kann man zum Teil fertile Nachkommen ziehen, die Bestäuber halten jedoch durch ihren gezielten Blütenbesuch die Isolation der Akelei-Arten aufrecht.

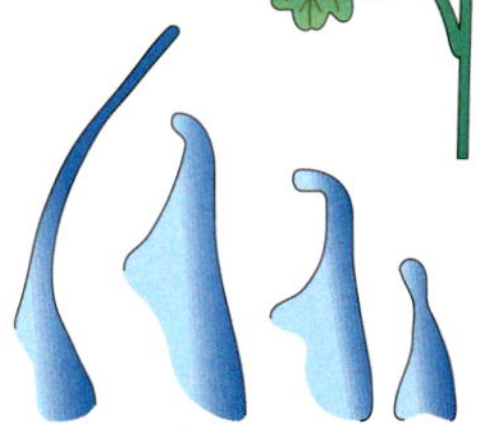

Akeleiformen

Postzygote Isolationsmechanismen wirken nach erfolgter Zygotenbildung. Je verschiedener die Genome der Elternindividuen sind, desto wirksamer ist diese Form genetischer Isolation. So kann sich z. B. der Embryo nicht entwickeln und stirbt ab. In anderen Fällen werden zwar gesunde Nachkommen geboren, diese sind aber vielfach steril oder benachteiligt. Das bekannteste Beispiel sind Maultier und Maulesel (Abb. 2), die aus Kreuzungen von Pferd und Esel hervorgehen, aber steril sind (▶ Reproduktion S. 350).

2 Maultier (Pferdestute und Eselhengst)

Maulesel (Eselstute und Pferdehengst)

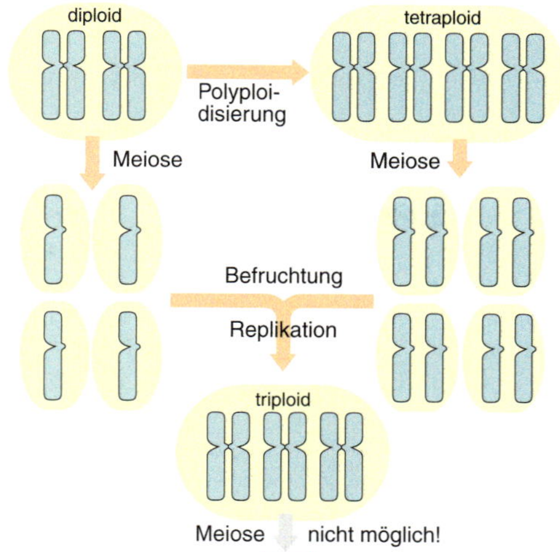

1 Artbildung durch Polyploidisierung

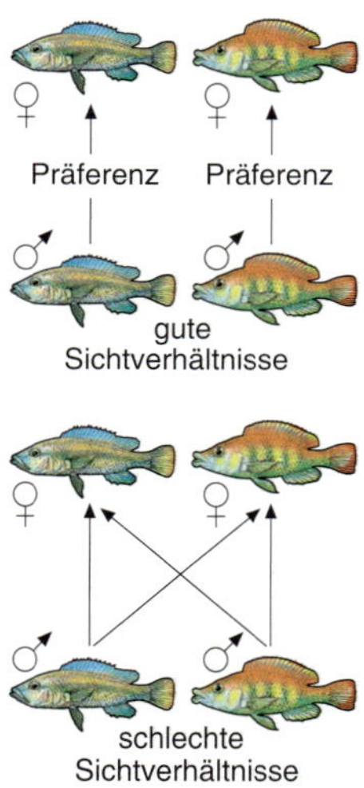

Schema zum Zusammenbrechen von Artgrenzen bei veränderten Umweltbedingungen

Sympatrische Artbildung

Neben der bereits besprochenen allopatrischen Artbildung (s. Seite 314), bei der eine räumliche Isolation notwendig ist, kennt man eine Möglichkeit der Artbildung im selben Lebensraum, die *sympatrische Artbildung.*

Die sympatrische Artbildung ist vor allem bei Pflanzen von Bedeutung. Der entscheidende Mechanismus bei Pflanzen sind Zellteilungsfehler, die dazu führen, dass ein Organismus einen zusätzlichen Chromosomensatz hat, eine Mutationsform, die man *Polyploidie* nennt. Polyploidie ist bei Pflanzen sehr häufig und ist bei etwa 50 % der Pflanzen zu finden. Bei den Tieren sind nur wenige polyploid. Polyploide Gewebe sind aber zum Beispiel auch beim Menschen in der Leber anzutreffen.

Ist es zu einer Polyploidisierung eines Lebewesens gekommen, und diese ist lebensfähig, kann es häufig nicht mehr mit seinen ursprünglichen Artgenossen fortpflanzungsfähige Nachkommen zeugen. Der Grund dafür ist, dass bei den Nachkommen mit ungeradem Chromosomensatz keine Meiose möglich ist (Abb. 1).

Durch die Polyploidisierung kann es also innerhalb von nur einer Generation zu einer Fortpflanzungsbarriere zwischen dem polyploiden Mutanten und der Elterngeneration kommen. Der zusätzliche Chromosomensatz kann von der eigenen Art stammen, dann spricht man von *Autopolyploidie* oder von fremden Arten, der *Allopolyploidie*. Allopolyploide Lebewesen sind meist nicht fortpflanzungsfähig (s. Seite 316, Maulesel), weil für die Meiose keine homologen Chromosomen vorliegen. Bei diesen Allopolyploiden ist eine Fortpflanzung nur durch Ableger möglich. Kommt es allerdings in der Meiose zu einer Nondisjunction (s. Seite 126) und so zu einer Verdopplung des hybriden Chromosomensatzes, wird eine Keimzellenbildung und damit eine Fortpflanzung möglich. Obwohl dieser Mechanismus recht kompliziert ist, ist dieser für die Entstehung von über 25 % aller Pflanzenarten verantwortlich und bei Nutzpflanzen, wie z. B. dem Weizen, ist dies fast die Regel.

Neben der sympatrischen Artbildung durch Polyploidisierung wird insbesondere bei Tieren noch der Mechanismus der präzygotischen Isolation diskutiert. Man geht dabei davon aus, dass es bei der Partnerwahl einiger Weibchen zu veränderten Präferenzen kommt. Entsprechend kommen für diese Weibchen nur noch die Männchen infrage, die am ehesten der geänderten Präferenz nahe kommen. So kann sich zunächst eine Teilpopulation und ggf. auch eine neue Art bilden. Da die genetische Divergenz von sympatrisch gebildeten Arten oft gering ist, können bei veränderten Umweltbedingungen die Artgrenzen auch wieder zusammenbrechen (s. Randspalte).

Ein Paradebeispiel für die sympatrische Artbildung sind die vielen Buntbarscharten in den ostafrikanischen Seen. Diese Artenschwärme, die sich häufig nur durch die unterschiedliche Färbung unterscheiden, sind innerhalb nur weniger Jahrtausende entstanden. Diese hohe Artbildungsgeschwindigkeit kann nur durch die sympatrische Artbildung erklärt werden, genauso wie das zurzeit beobachtbare Zusammenbrechen vieler Artgrenzen. Da die Trübung z. B. im Viktoriasee immer stärker wird, können die artspezifischen Farbmerkmale immer schlechter erkannt werden, sodass es zunehmend wieder zu Vermischungen der genetisch nach wie vor verwandten Barscharten kommt.

Aufgabe

① Stellen Sie grafisch den Mechanismus dar, der dazu führt, dass Allopolyploide fruchtbar werden. Hybridisieren Sie dafür eine Art mit einem Chromosomensatz von 2 Chromosomen und eine mit einem Chromosomensatz von 3 Chromosomen. Führen Sie eine Nondisjunction durch und schließlich eine Selbstbefruchtung.

Adaptive Radiation

Kleiner Baumfink

Vampirfink

Spechtfink

Kleiner Grundfink

Manche Inseln beherbergen einzigartige, nur dort vorkommende Arten, sogenannte *endemische Arten*. So gibt es z. B. auf Hawaii Fruchtfliegen, die so groß sind wie Stubenfliegen. Es gibt auf den Galapagos-Inseln eine Finkenart, die auf die Rücken von Tölpeln einhacken bis Blut fließt und dieses trinken (daher werden sie auch oft als Vampirfinken bezeichnet). Auf Hawaii gibt es allein 22 Kleidervogelarten, die nur dort vorkommen.

Diese endemische Artenvielfalt gab DARWIN entscheidende Hinweise für seine Evolutionstheorie. Als DARWIN 1835 auf die Galapagos-Inseln kam, beobachtete er die ungewöhnliche Vielzahl von finkenähnlichen Kleinvögeln, die sich trotz einiger Unterschiede in Bezug auf Körper- und Flügelform sowie Gefieder sehr ähnelten. Er stellte die Theorie auf, dass ein gemeinsamer Finkenvorfahr auf einer der Galapagos-Inseln gelandet war und sich die Stammart in neue Finkenarten aufgespalten hatte; er nannte diesen Vorgang *Radiation*. Warum fand diese Aufspaltung aber nur auf einer Insel und nicht anderswo statt?

Der Radiationsvorgang

Die Galapagos-Inseln weisen Besonderheiten auf. Sie liegen etwa 1000 Kilometer vor der Westküste Ecuadors und damit relativ weit entfernt vom Festland. Sie sind vulkanischen Ursprungs und waren nach ihrem Entstehen zunächst wüst und leer. Die Besiedlung der Inseln mit Fauna und Flora geschah nach und nach vom Festland aus.

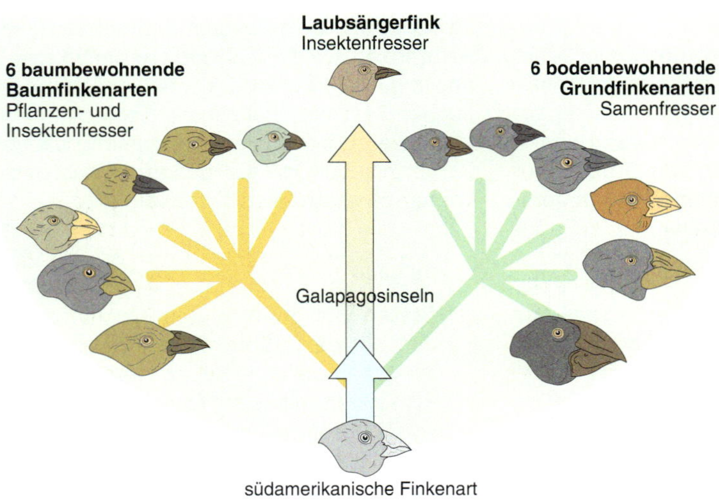

1 Adaptive Radiation der Finken auf Galapagos

Da die Entfernung allerdings sehr groß ist, konnte die Besiedelung nur durch Zufallsereignisse wie durch Stürme oder Drift verschlagene Arten erfolgen. Durch diese auf Zufallsereignissen beruhende Besiedelung ergibt sich eine sogenannte *lückenhafte Fauna* und *Flora*, denn viele Arten des Festlands sind auf den Inseln nicht vertreten.

Dies bedeutet umgekehrt, dass viele Nischen unbesetzt sind. Wird nun eine Art durch Zufall auf diese Insel verschlagen, findet diese Art hier Nischen, die sonst auf dem Festland von Konkurrenten besetzt wären. Eine Nische war, z. B. im Holz bohrende Larven als Nahrung zu nutzen, die auf dem Festland gewöhnlich von den Spechten genutzt wird. Spechte haben einen spitzen Schnabel und eine lange Zunge und können so perfekt die Larven jagen. Finken haben einen vergleichsweise stumpfen Schnabel und eine kurze Zunge. Da es aber auf den Galapagos-Inseln keine Spechte gibt, konnte eine Spechtart, die *Spechtfinken*, diese Nische trotzdem besetzen. Die Spechtfinken, die endemisch nur auf den Galapagos-Inseln vorkommen, nutzen Werkzeuge, u. a. Kaktusdornen, um an die Larven heranzukommen. Die Aufspaltung einer Stammart in zahlreiche neue Arten unter Anpassung an verschiedene ökologische Bedingungen bezeichnet man als *adaptive Radiation*.

Eine weitere Besonderheit der Galapagos-Inseln, nämlich, dass sich die einzelnen relativ weit entfernten Inseln hinsichtlich der geografischen Gegebenheiten stark unterscheiden, trug zur allopatrischen Artbildung bei. Moderne Untersuchungsmethoden, wie die Analyse der mitochondrialen DNA der einzelnen Finkenarten, haben DARWINS Theorie der adaptiven Radiation bestätigt, die nach heutigen Erkenntnissen mit dem Landen einer kleinen Gruppe von Finken vor mehr als einer Million Jahren begann.

Ein weiteres eindrucksvolles Beispiel für adaptive Radiation ist die Radiation der Beuteltiere in Australien, die viele Nischen einnehmen, die sonst auf der Welt durch Säugetiere besetzt sind. Eine Erklärung dafür ist, dass Australien in Urzeiten mit Südamerika über eine Landbrücke verbunden war, die vor der Verbreitung der Säugetiere zerbrach. In der übrigen Welt verdrängten die Säugetiere die Beuteltiere aus den meisten Nischen, in Australien blieben die Beuteltiere durch die geografische Lage konkurrenzlos.

Birkenspanner bei der Paarung

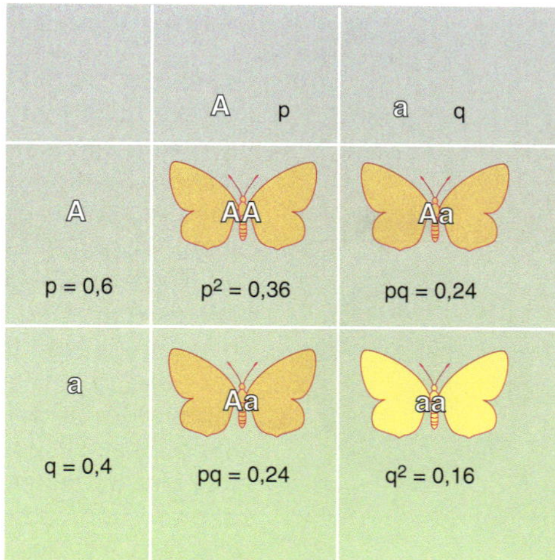

1 Genotypen-Häufigkeiten

Populationsgenetik

Evolution
Jede Veränderung der Allelhäufigkeiten im Genpool

Wie entwickeln sich Populationen normalerweise? Dies ist eine typische Frage der Populationsgenetik.

Ideale Populationen

Kennt man die Population genau, lässt sich einfacher damit arbeiten. Daher erstellte man das Konstrukt der idealen Population:
- Alle Partnerkombinationen sind gleich wahrscheinlich, d.h. es findet keine Selektion statt (s. Seite 304).
- Es kommen keine Mutationen vor.
- Vollständige genetische Mischung in der Population *(Panmixie)*.
- Keine Zufallseffekte; die Population muss so groß sein, dass die Häufigkeiten den Wahrscheinlichkeiten entsprechen.
- Keine Zu- oder Abwanderung.

Häufigkeiten der Genotypen

Reale Populationen erfüllen diese Bedingungen nicht. Mithilfe der idealen Population konnten zwei Genetiker, Godfrey H. Hardy und Wilhelm Weinberg, aber ein Grundlagenmodell entwickeln, mit dem mithilfe der Allelhäufigkeiten in einem Genpool die Frequenz der Genotypen und umgekehrt berechnet werden kann. Man kann von der Allelhäufigkeit z.B. einer Krankheit mit bekanntem Erbgang die Häufigkeit der Genotypen, in diesem Fall wichtig vor allem die der Überträger, berechnen (s. Aufgabe 1). Außerdem kann man, wie im folgenden Beispiel gezeigt, bei bekannter Frequenz der Genotypen die Allelhäufigkeiten berechnen.

In einer Population von 100 nachtaktiven Schmetterlingen, den Birkenspannern, (s. Randspalte), die bezüglich des Merkmals Färbung diploid sind, liegen entsprechend 200 Allele für das Merkmal Färbung vor. Es sollen 120 dominante Allele A für dunkel und 80 rezessive Allele a für hell vorliegen. Wie viele Birkenspanner werden den Phänotyp hell und wie viele den Phänotyp dunkel haben?

Die Häufigkeit des Allels A im Genpool wird **p** genannt und beträgt in diesem Fall 120 : 200 = 0,6 oder 60 %. Die Häufigkeit des Allels a, **q** genannt, beträgt 80 :200 = 0,4 oder 40 %. Da dies alle im Beispiel vorkommenden Allele sind, ergibt sich $\mathbf{p+q=1}$ (bzw. 100 %).

Die Häufigkeiten der Genotypen ergeben sich dann aus den Wahrscheinlichkeiten der möglichen Kombinationen, wie man sie aus dem Kreuzungsquadrat (Abb. 1) ablesen kann:
- Die Häufigkeit von AA beträgt p^2, im Beispiel 0,36 oder 36 %.
- Der heterozygot dunkle Typ kann (je nachdem, welches Allel er von der mütterlichen bzw. väterlichen Seite geerbt hat, als Aa und aA auftreten. Entsprechend kann man aus dem Kreuzungsquadrat die Häufigkeit 2 pq ablesen, im Beispiel 0,48 oder 48 %.
- Die Häufigkeit von aa beträgt q^2, im Beispiel 0,16 oder 16 %.

Im vorliegenden Beispiel wären 16 % der Falter hell und 84 % (36 % + 48 %) dunkel. Da dies alle im Beispiel vorkommenden Genotypen sind, ergibt sich die Summe von 100 %, d.h. $\mathbf{p^2+2pq+q^2=1}$. Diese Gleichung wurde von Hardy und Weinberg beschrieben und wurde nach ihnen benannt.

Aufgaben

① Die sogenannte *Hardy-Weinberg-Regel* beschreibt, dass Kreuzungen die Allelhäufigkeiten einer idealen Population nicht ändern. Überprüfen Sie dies, indem Sie zwei Folgegenerationen für das Birkenspannerbeispiel erstellen und untersuchen.

② Die Milchzuckerunverträglichkeit *(Lactose-Intoleranz)* wird rezessiv vererbt, in Norddeutschland sind davon etwa 9 % aller Menschen betroffen. Berechnen Sie mithilfe der Hardy-Weinberg-Regel die Häufigkeit der gesunden Überträger.

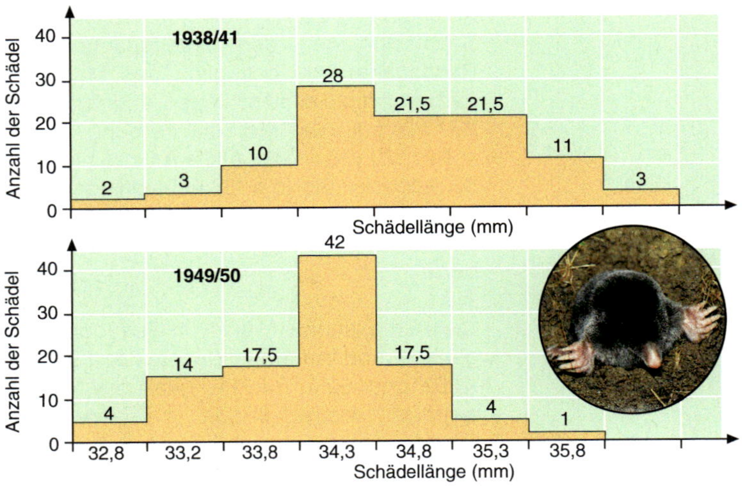

1 Variabilität der Maulwürfe

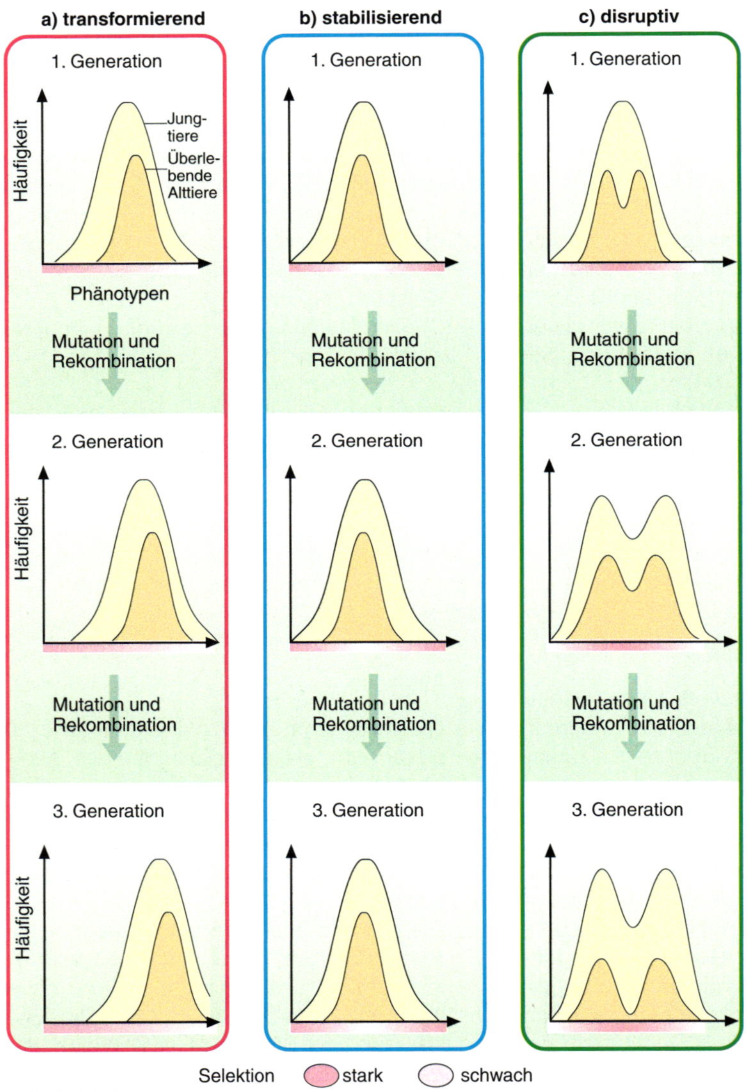

2 Selektionstypen

Selektionstypen

Birkenspanner sind entweder hell oder dunkel gefärbt. Ihre Körperfarbe ist ein Merkmal mit zwei alternativen Ausprägungen. Die meisten Merkmale haben ein kontinuierliches Ausprägungsmuster. Dies deutet auf einen polygenen Erbgang hin. Das Beispiel der Körpergröße der Maulwürfe zeigt, wie sich die Änderung von Umweltbedingungen auf derartige Merkmale auswirkt (Abb. 1).

Während die Winter 1938 – 1941 in Deutschland normal kalt waren, war der von 1946/47 einer der härtesten und längsten seit Jahrzehnten. Der Boden war über 100 Tage tief gefroren. Die Maulwürfe waren nur schwer in der Lage, zu ihren Hauptnahrungsquellen, den Regenwürmern und Insektenlarven, vorzudringen. Da größere Tiere absolut gesehen mehr Nahrung brauchen als kleinere, verhungerten hauptsächlich die großen Maulwürfe. Dementsprechend setzten sich die Populationen der Jahre 1949/50 vermehrt aus kleineren Individuen zusammen. Aufgrund der Nahrungsknappheit war ein Selektionsdruck zugunsten der „Verminderung der Körpergröße" entstanden. Eine solche Verschiebung der Häufigkeitskurve bezüglich eines Merkmals ist Folge einer *gerichteten Selektion* (Abb. 2a).

Allzu kleine Maulwürfe hatten jedoch ebenfalls einen Selektionsnachteil. Aufgrund ihrer größeren relativen Oberfläche verloren sie pro Flächeneinheit mehr Wärme an die Umgebung als größere Individuen. Es bestand also ein Selektionsdruck, der dem durch die Nahrungsknappheit erzeugten entgegenwirkte und verhinderte, dass die Körpergröße der Maulwürfe eine untere Grenze unterschritt. Sind die einander entgegenwirkenden Selektionsdrücke in ihrer Wirkung gleich stark, verschiebt sich die Häufigkeitskurve nicht. Die Selektion wirkt gegen die extremen Varianten und begünstigt alle dazwischenliegenden. Man spricht von *stabilisierender Selektion* (Abb. 2b).

In einer Population afrikanischer Finken treten Individuen mit zwei unterschiedlichen Schnabelgrößen auf. Die kleinschnäbligen Formen fressen bevorzugt weiche Samen, die großschnäbligen harte. Finken mit mittelgroßem Schnabel gibt es kaum, ihr Schnabel ist bei beiden Nahrungstypen weniger effizient. Bei diesem Selektionstyp werden die extremen Varianten gegenüber den mittleren begünstigt. Man spricht von *aufspaltender (disruptiver) Selektion* (Abb. 2c).

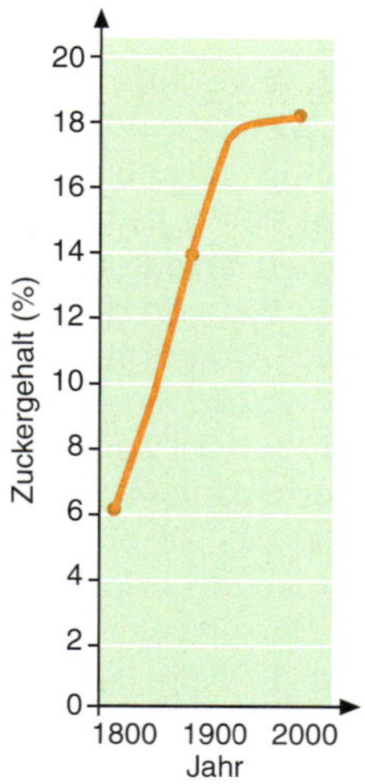

Zuckergehalt der Zuckerrübe

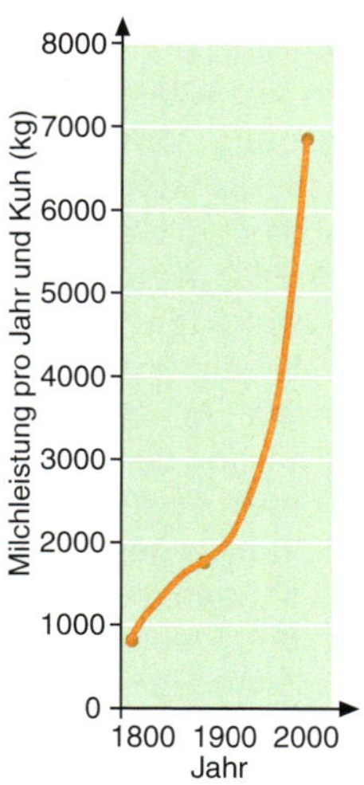

Milchleistung bei Kühen

1 Hunderassen und ihre Ursprungsart

Selektionsfaktoren

Umwelteinflüsse aus der unbelebten Natur oder anderen Lebewesen können selektionsrelevant werden und werden dann als *Selektionsfaktoren* wirken. Alle Selektionsfaktoren, die auf einen Organismus einwirken, bezeichnet man als *Selektionsdruck*. Dabei treten manche Selektionsfaktoren in Wechselwirkungen mit anderen und bleiben zudem in ihrer Intensität selten konstant, sodass sich ein komplexes System ergibt. (▶ Variabilität und Angepasstheit S. 360). Welches sind die Faktoren, die eine Selektion bedingen?

Abiotische Selektionsfaktoren

Abiotische Selektionsfaktoren sind Umwelteinflüsse, die aus der unbelebten Natur auf eine Population einwirken. Sie sind physikalischen Ursprungs, wie Temperatur, Feuchtigkeit, Licht und Wind, oder chemischen Ursprungs, wie Salzgehalt im Wasser, Nährstoff-, oder auch Giftstoffgehalt, und bestimmen ganz wesentlich die Lebensbedingungen einer Population.

2 Kampfläufermännchen

Biotische Selektionsfaktoren

Andere Lebewesen wirken ebenfalls auf eine Population ein. Bedingen diese Faktoren eine Selektion, nennt man sie *biotische Selektionsfaktoren*. Diese können z. B. Räuber oder Parasiten sein, Nahrungskonkurrenz oder Konkurrenz um Paarungspartner.

Da auf eine Population gleichzeitig viele abiotische und biotische Selektionsfaktoren in Form des Selektionsdrucks einwirken, finden sich bei vielen Organismen Teilanpassungen an unterschiedliche Selektionsfaktoren. Ein besonders eindrucksvolles Beispiel dafür ist der biotische Selektionsfaktor bezüglich der Sexualität *(sexuelle Selektion)*. Häufig finden sich bei Männchen im Vergleich zu den Weibchen sehr auffällige Erscheinungsbilder *(Sexual-* oder *Geschlechtsdimorphismus)* (s. Abb. 2). Die Unterschiede betreffen häufig die Größe, die Farbigkeit und den Körperschmuck, also die *sekundären Geschlechtsmerkmale*. Dimorphe Männchen haben durch ihre imposanten sekundären Geschlechtsmerkmale bei den Weibchen einen höheren Fortpflanzungserfolg. Gleichzeitig können extrem ausgeprägte Merkmale aber auch die Gefahr vergrößern, durch Räuber erkannt und getötet zu werden, was so zu extreme Formen begrenzt.

Künstliche Selektion

Eine besondere Form der Selektion stellt die Tier- und Pflanzenzucht des Menschen dar. In der Tierzucht war der erste Schritt die Zähmung wildlebender Tiere und die Übernahme in den Hausstand *(Domestikation)*. Diese Trennung der domestizierten Tiere von ihren Artgenossen hat viele Anteile von Mechanismen der allopatrischen Artbildung. Durch Züchtungsselektion, d.h. Auswahl nur der Organismen, die den Anforderungen des Menschen entsprachen, entstanden Rassen, die vom Aussehen der Ursprungsart zum Teil erheblich abweichen; eindrucksvolles Beispiel dafür sind die verschiedenen Hunderassen (Abb. 1).

Genauso eindrucksvoll sind die Ertragssteigerungen, die bei Nutztieren und -pflanzen in den letzten 200 Jahren durch Zuchterfolge und anschließende Inzucht realisiert werden konnten (s. Randspalte).

Aufgabe

① Erklären Sie, warum viele Zuchtrassen einer Art unter natürlichen Bedingungen nicht lebensfähig wären.

Manche Blätter tragen Flecken aus umgewandelten Nektardrüsen, die Heliconius-Eiern täuschend ähnlich sehen.

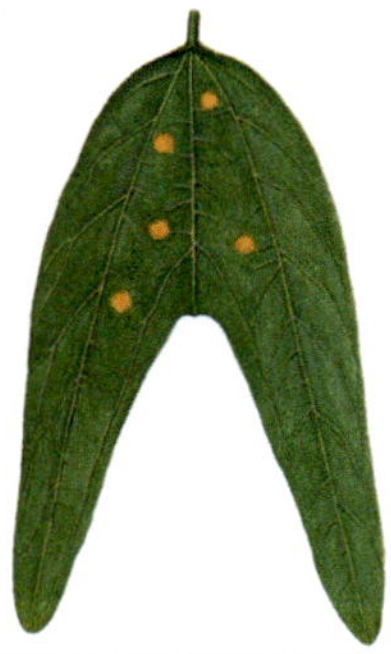

Eier auf Passionsblumenblatt

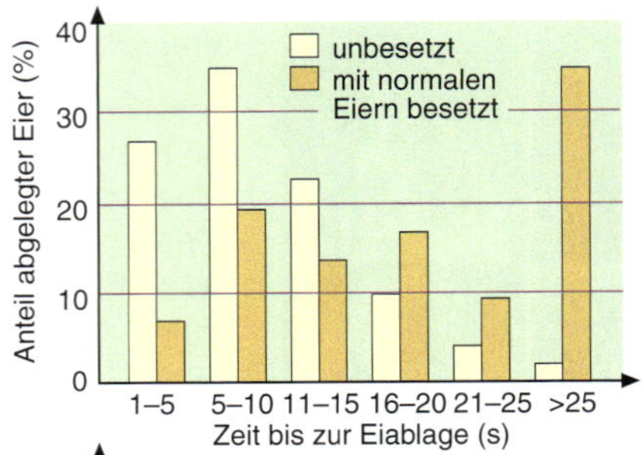

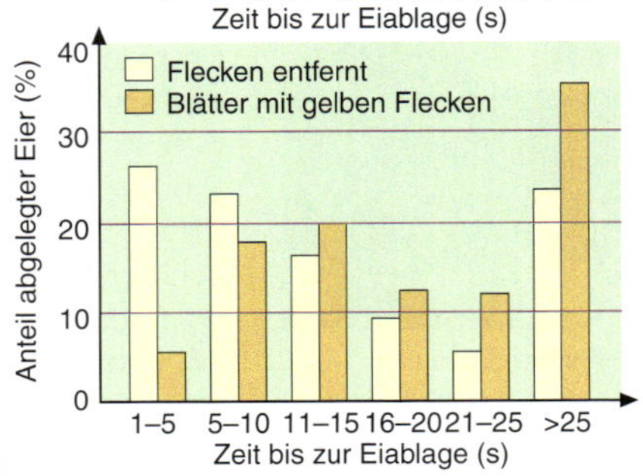

In Experimenten wurde beobachtet, wie lange es dauert, bis Weibchen auf bestimmten Blättern Eier ablegen, bei einer Art ohne Flecken.

Heliconius-Raupe

Heliconius-Falter

Die Blätter mancher Passionsblumenarten sehen in der Nähe vorkommenden anderen Arten sehr ähnlich. Ein Zufall?

1 Passionsblumen sind die Nahrung für Heliconius-Raupen

Koevolution

Der Schwertschnabel führt seinen Namen zu Recht. Der spitze Schnabel dieser Kolibriart ist fast so lang wie sein Körper (siehe Randspalte). So können diese Vögel an den tief im Inneren der Röhrenblüten gebildeten Nektar verschiedener Nachtschattengewächse und Passionsblumen gelangen. Dabei streifen sie Pollen ab und nehmen ihn zur nächsten Blüte mit. Röhrenblüten und Kolibrischnabel sind in hohem Maße aufeinander abgestimmt. Ganz offensichtlich hat sich diese wechselseitige Angepasstheit im Laufe der Evolution gebildet. Am Beispiel von Heliconius-Schmetterlingen und Passionsblumen lässt sich dieser Prozess besonders gut nachvollziehen (Abb. 1).

Schwertschnabel

Anpassung und Gegenanpassung

Über 500 Passionsblumen-Arten gibt es in den tropischen und subtropischen Wäldern Südamerikas. Viele von ihnen produzieren giftige Substanzen. So sind sie vor den zahlreichen Pflanzen fressenden Insekten geschützt. Schmetterlinge der Gattung Heliconius (Abb. 1) haben diesen Abwehrmechanismus überwunden. Die weiblichen Falter legen ihre Eier auf die Blätter der Passionsblumen. Die Raupen, die kurz darauf schlüpfen, besitzen ein Enzym, das das Gift abbaut. Sie können sich deshalb konkurrenzlos von den Blättern ernähren. Da eine einzelne Raupe ganze Teile einer Pflanze kahl fressen kann, fügt Heliconius den Passionsblumen großen Schaden zu.

Im Laufe der Evolution haben sich mehrere Abwehrstrategien entwickelt. Passionspflanzen bilden Blätter unterschiedlichster Form: spitze, zarte in Bodennähe und breite, festere im Kronenbereich, den Nicht-Wirtspflanzen der jeweiligen Umgebung täuschend ähnlich (Abb. 1). So ist es für die Falterweibchen, die sich auf Eiplatzsuche befinden, häufig schwer, die richtigen Blätter zu entdecken. Viele Passionsblumenarten bilden Nektarien, die den Eiern von Heliconius zum Verwechseln ähnlich sehen (s. Abb. 1). Durch diese Nachahmung werden die Falterweibchen getäuscht und davon abgehalten, auf bereits „besetzten" Blättern eigene Eier abzulegen. Darüber hinaus sondern die Nektarien ein süßes Sekret ab, das Ameisen und Wespen anlockt. Diese fressen Heliconius-Eier.

Die Abfolge von Anpassung und Gegenanpassung zwischen Passionsblumen und Heliconius-Faltern erscheint wie ein evolutiver Wettlauf, bei dem mal die eine Seite, mal die andere Seite im Vorteil war. Durch genetisch bedingte Veränderungen der einen Art wurde ein Selektionsdruck auf die andere Art ausgeübt. Deren Gegenanpassung förderte die Abwandlung der ersten Art. Eine solche wechselseitige Beeinflussung in der Evolution zweier Arten bezeichnet man als *Koevolution*.

Das Anlocken der Ameisen und Wespen durch die Nektarien zeigt, dass sich Koevolution nur selten auf zwei Arten innerhalb einer Lebensgemeinschaft beschränkt. Aufgrund der zahlreichen Wechselwirkungen zwischen den Organismen in einer Biozönose ist Evolution stets Koevolution der miteinander in Beziehung stehenden Populationen (▶ Geschichte und Verwandtschaft S. 362).

Tarnung und Warnung

Zu fressen, ohne selbst gefressen zu werden, ist eine Voraussetzung für den eigenen Fortpflanzungserfolg. Merkmale, die vor Fressfeinden schützen, verschaffen demnach einen Selektionsvorteil. In der Natur lassen sich viele Tarn- und Warnmechanismen entdecken.

Tarnung durch Schutzfärbung

Zahlreiche Tierarten haben eine Körperfärbung, durch die sie gut getarnt sind. So haben die Schneehasen im Winter ein weißes Fell, während das Fell von Wüstentieren, wie Wüstenmaus oder Kojote, ganzjährig gelbbraun gefärbt ist.

Der **Gemeine Tintenfisch** hat in seiner Haut Pigmentzellen, die verschiedene Farbstoffe enthalten. Durch Ausdehnen und Zusammenziehen dieser Zellen passt er seine Körperfärbung der jeweiligen Umgebung an.

Es gibt auch Tarnmechanismen, die wir Menschen als solche nicht erkennen. Das Streifenmuster der **Zebras** fällt uns bereits von weitem auf. Vor dem Komplexauge der Tsetse-Fliegen verschwimmt es jedoch. Diese tropische Fliegengattung überträgt neben dem Erreger der Schlafkrankheit (s. u.) auch den Erreger der Nagana-Seuche, eine Krankheit, die bei afrikanischen Wildtieren meist tödlich ist. Der Tarneffekt ist so wirksam, dass Erreger der Nagana-Seuche im Blut der Zebras wesentlich seltener vorkommen als in dem anderer Wildtiere.

Molekulare Tarnmechanismen

Tarnung findet man bereits bei Einzellern, z. B. in der Gattung **Trypanosoma**. Diese Parasiten werden von der *Tsetse-Fliege* übertragen. Beim Menschen verursachen sie die Schlafkrankheit. Ihre Erreger entwickeln sich im Blut des Menschen. Sein Immunsystem bildet spezifisch wirkende Antikörper, die mit den körperfremden Oberflächenproteinen *(Antigenen)* der Krankheitserreger reagieren. Gegenüber Trypanosomen versagt die Abwehr aber, denn diese werfen nach kurzer Zeit ihre Oberflächenantigene ab und bilden neue. Noch bevor die Erreger mit den ursprünglichen Antigenen vernichtet worden sind, existieren neue Varianten mit einem neuen Antigenmuster, das von den Antikörpern nicht erkannt wird. Durch diese molekulare Tarnung sind die Trypanosomen dem Immunsystem des Menschen immer einen Schritt voraus.

Mimese

Ein indischer Blattschmetterling der Gattung **Callima** gleicht einem dürren Blatt, wenn er die Flügel über dem Hinterleib zusammenschlägt. Der Flügelumriss entspricht der Blattform. Schmale Ausläufer sehen aus wie ein Blattstiel. Die Flügelunterseiten tragen Zeichnungen, die Blattrippen und faulende Blattstellen vortäuschen. Eine Tarnung, bei der eine Tierart nicht nur in der Farbe, sondern auch in der Form einem Objekt seiner Umgebung, das für seine Fressfeinde ohne Bedeutung ist, ähnelt, bezeichnet man als *Mimese*.

Warntrachten

Wehrhafte, ungenießbare oder giftige Tiere sind häufig auffällig gefärbt. Damit signalisieren sie der Umgebung ihre Gefährlichkeit. Bei Gefahr kann der **Feuersalamander** aus Drüsen auf seinem Rücken ein Nervengift spritzen. Fressfeinde, die bereits schlechte Erfahrungen gemacht haben, erkennen vermutlich andere Vertreter an der Warntracht und meiden sie. Für auffällige wehrhafte Arten ist dies ein Selektionsvorteil.

Mimikry

Der **Hornissenschwärmer** ist ein harmloser Schmetterling, der auf den ersten Blick mit einer Hornisse verwechselt werden kann. Er zeigt die gleiche schwarzgelbe Färbung. Die Gemeinsamkeit geht so weit, dass der Schwärmer wie sein Vorbild durch-

sichtige Flügel ohne Schuppen besitzt und diese neben dem Hinterleib, statt über ihm, zusammenfaltet.
Die Nachahmung von Warnsignalen, die von wehrhaften Arten ausgehen und vor Fressfeinden schützen, bezeichnet man als *Scheinwarntracht (Mimikry)*. Allerdings hängt der Schutz der Nachahmer davon ab, dass das wehrhafte Vorbild in der Überzahl ist.

Divergenz und Konvergenz

Die gegenwärtige Wirkung der Evolutionsfaktoren lässt sich an vielen Beispielen zeigen, und die Bildung neuer Arten kann man mit ihrer Hilfe gut verstehen. Es gibt also Wege und Prinzipien, die die Entstehung der heutigen Organismenvielfalt erklärbar machen., mit den Mechanismen der Evolution. Es bleibt die Frage zu beantworten, wie die Entwicklung historisch tatsächlich abgelaufen ist, ob sich also die Verwandtschaft von Organismen und damit ihre gemeinsame Abstammung einsichtig machen lässt. Dies erfordert weitere Methoden, die der historischen Sicht gerecht werden (▶ Geschichte und Verwandtschaft S. 362).

Vergleicht man zwei Organismen, so stellt man mehr oder weniger große Ähnlichkeiten fest. Das heißt, dass es z. B. Merkmale gibt, die bei beiden Organismen übereinstimmen, und andere, in denen sie sich unterscheiden. Diese Ähnlichkeit lässt sich auf zwei gegensätzliche Weisen interpretieren (Abb. 1).

Die beiden Arten können einerseits einen gemeinsamen Ursprung haben und verwandt sein, wie dies im Beispiel der Spechte der Fall ist (s. Seite 314). Dann sind die Übereinstimmungen älter und beruhen auf ähnlicher genetischer Information, die von der gemeinsamen Abstammung herrührt, während die Unterschiede im Laufe der Evolution neu entstanden sind

Ältere Merkmale nennt man auch *ursprünglich*, die neueren *abgeleitet*. Die Entwicklung läuft meist auseinander zu größeren Unterschieden hin bzw. zu geringerer Ähnlichkeit. Eine solche Entwicklung ist *divergent* und Merkmale, deren Ähnlichkeit auf Herkunftsgleichheit beruht, nennt man *homolog* bzw. bezeichnet sie als *Homologien*.

Andererseits kann eine bestimmte Form in einer speziellen Umwelt oder für eine Funktion besonders gut geeignet sein. Dies gilt z. B. für die Stromlinienform, die in Luft und Wasser vorteilhaft ist. Im Verlauf der Entwicklung haben sich dann jeweils die Individuen besser behauptet, die dieser Form ähnlicher waren. Die Unterschiede sind bei dieser Interpretation alt und auf die verschiedenen Ausgangsformen zurückzuführen, während die Übereinstimmungen neu sind. Die Entwicklung läuft aufeinander zu *(konvergent)* in Richtung besserer Übereinstimmung mit der gut geeigneten Form und damit zu größerer Ähnlichkeit (Abb. 1). Die Übereinstimmungen bezeichnet man in solchen Fällen als *analog* bzw. als *Analogien*. Analoge Ähnlichkeiten sind nicht auf einen gemeinsamen Ursprung zurückzuführen.

Für die Entscheidung, wie Ähnlichkeiten zu beurteilen sind, braucht man damit eine geeignete Methode, mit der man Verwandtschaft belegen und zwischen Homologie und Analogie unterscheiden kann.

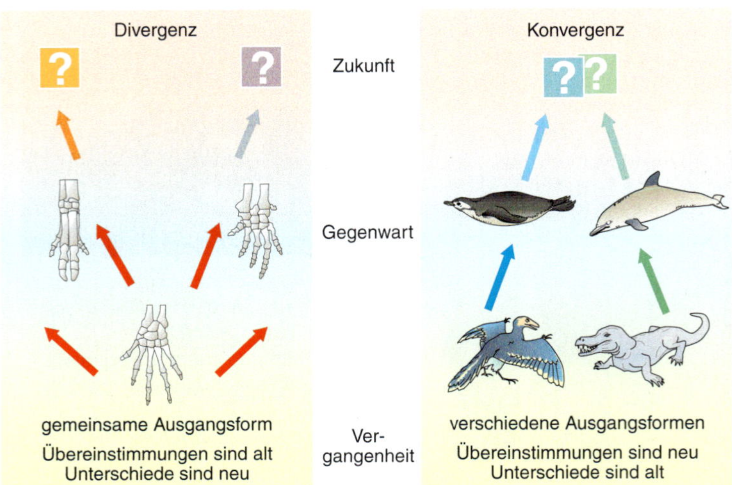

1 Divergente und konvergente Entwicklung

Homologiekriterien

Bei homologen Strukturen wird vorausgesetzt, dass ihre Ähnlichkeit durch einen gemeinsamen Ursprung bedingt ist, dass also die entsprechenden Organismen verwandt sind. Zur Entscheidung, ob Verwandtschaft bzw. Homologie vorliegt, werden drei *Homologiekriterien* herangezogen:

Findet man einzelne Strukturen stets in gleicher Lage im komplexen Gefüge aller anderen Strukturen, so geht man von deren gemeinsamer Abstammung aus. Dies ist das *Kriterium der Lage*. Mithilfe dieses Kriteriums lassen sich die Knochen der Vorderextremitäten von Wirbeltieren als homolog kennzeichnen. Dies gilt auch dann, wenn ihre Funktionen sehr unterschiedlich sind, wie z. B. bei Vorderbeinen und Flügeln.

In machen Fällen ist die Lage von Strukturen schwer zu beurteilen, wenn im Evolutionsverlauf starke Veränderungen entstanden sind oder Teile fehlen. Manchmal lassen Zwischenformen einen stetigen Übergang erkennen. Die Zwischenformen können sich bei anderen Organismen finden, bei Fossilien, bei Embryonalstadien. Dies ist das *Kriterium der Stetigkeit*. Damit lassen sich u.a. die Verwandtschaftsverhältnisse von Wirbeltieren erklären (siehe Zettelkasten).

In anderen Fällen findet man bei scheinbar wenig ähnlichen Strukturen einzigartige Merkmale. Das kann z.B. eine besondere chemische Zusammensetzung sein. Dies ist das *Kriterium der spezifischen Qualität*. Die Hautschuppen eines Hais und Zähne zeigen in diesem Sinn einen gleichartigen Bau aus spezifischen Substanzen (siehe Seite. 326).

Analogien

Vergleicht man beispielsweise die Schwanzflossen von Walen *(Fluke* genannt) und Fischen, so fällt die ähnliche Form auf. Wale und Fische stammen jedoch nicht direkt von einem gemeinsamen Vorfahren mit derartiger Flosse ab, denn durch Anwendung der Homologiekriterien lässt sich keine Verwandtschaft bzw. Herkunftsgleichheit nachweisen. Die ähnliche Form ist jedoch aus physikalischen Gründen im Wasser als Antriebsorgan besonders gut geeignet und entsprechend gebaute Tiere besaßen Selektionsvorteile gegenüber anderen. Die beiden Flossenformen sind unabhängig voneinander durch konvergente Entwicklung entstanden. Solche Ähnlichkeiten, die nicht als Zeichen von Verwandtschaft gedeutet werden dürfen, werden *Analogien* genannt.

Homologie
Ähnlichkeit infolge gemeinsamer Abstammung

Analogie
Ähnlichkeit infolge gleicher Funktion ohne gemeinsame Abstammung

Zettelkasten

Biogenetische Grundregel

Bereits KARL ERNST VON BAER beobachtete, dass sich die Embryonen der Wirbeltiere in den anfänglichen Entwicklungsstadien sehr ähneln. Einige ihrer Strukturen erinnerten an Merkmale, die man bei stammesgeschichtlichen Vorfahren vermutete. ERNST HAECKEL formulierte daraus im Jahre 1866 die *biogenetische Grundregel*:

„Die Keimesentwicklung *(Ontogenese)* ist eine kurze, unvollständige und schnelle Rekapitulation der Stammesentwicklung *(Phylogenese)*."

Diese Regel trifft nur auf bestimmte Organanlagen zu, wie z.B. die Anlage von Kiemenspalten und -bögen, nicht jedoch auf den ganzen Organismus.

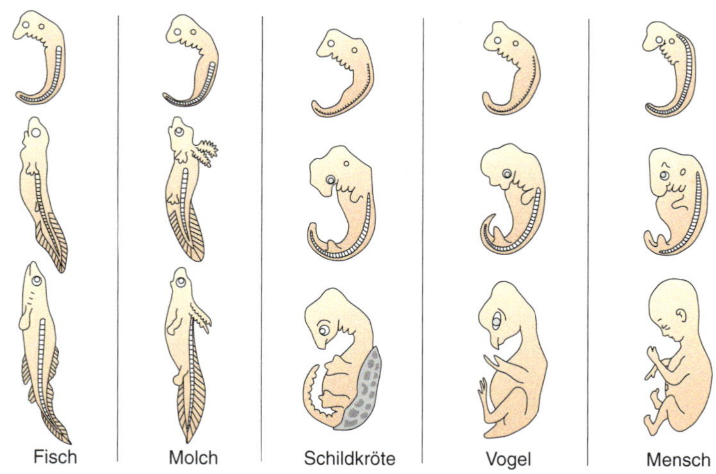

erwachsene Seepocken

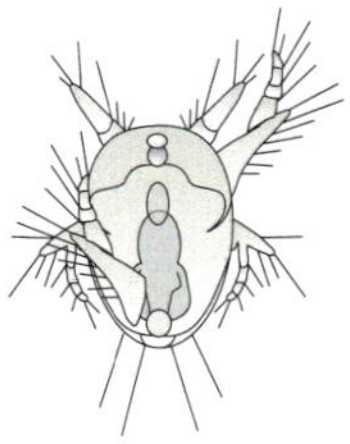

Naupliuslarve

Der Vergleich von Entwicklungsstadien ermöglicht auch die Aufklärung schwer erkennbarer Verwandtschaftsverhältnisse. Beispiels weise machen Seepocken einen Teil ihrer Entwicklung als frei schwimmende Naupliuslarve durch. Darin gleichen sie anderen Krebsarten, Seepocken sind also Krebse.

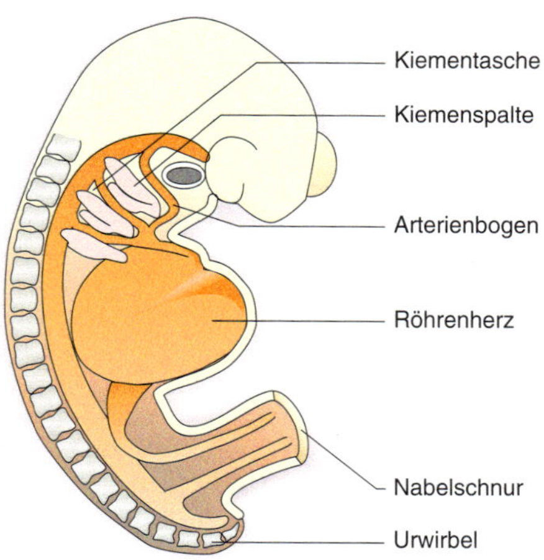

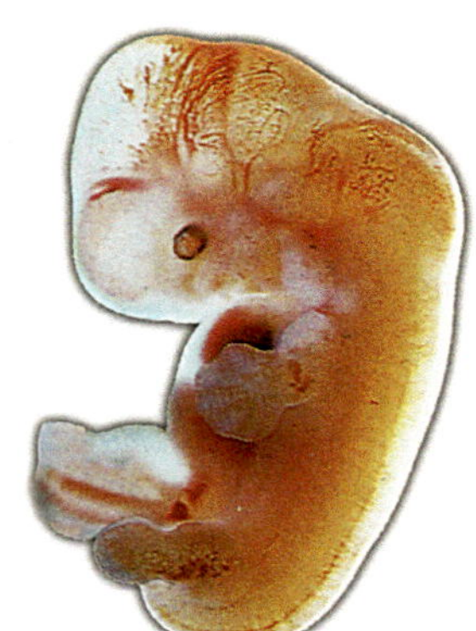

Lexikon

Homologien, Analogien

Vergleicht man Formen und Strukturen von ähnlichen Organismen, kann man viele offensichtliche Homologien finden. Daneben gibt es aber auch Homologien, die schwerer zu identifizieren sind.

Ähnlichkeiten zwischen Formen und Strukturen werden als *Analogien* angesehen, wenn der Versuch scheitert, sie mithilfe der Homologiekriterien als *Homologie* zu identifizieren.

Zähne und Hautschuppen

Zähne bestehen aus einer Zahnhöhle, die von Dentin umgeben ist, und einer Spitze aus hartem Schmelz. Diesen Aufbau weisen alle Wirbeltierzähne auf. Beim Hai zeigt der Bau der Hautschuppen *(Placoidschuppen)* eine Reihe von Übereinstimmungen mit dem Bau der Zähne. Hautschuppen

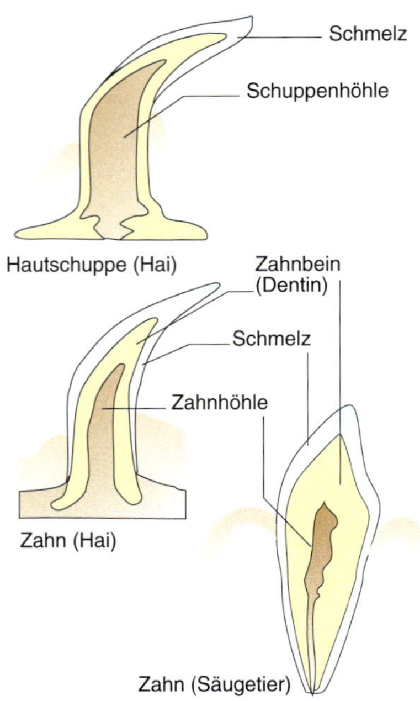

und Zähne des Hais sind demnach zueinander homolog. Letztlich gilt dies auch für die Hautschuppen des Hais und die menschlichen Zähne.

Kiefergelenk und Gehörknochen

An einem Schädel kann man einzelne Knochenbauteile aufgrund ihrer Lage zueinander als homolog identifizieren. Vergleiche zwischen den Schädeln von Reptilien und Säugern zeigen,

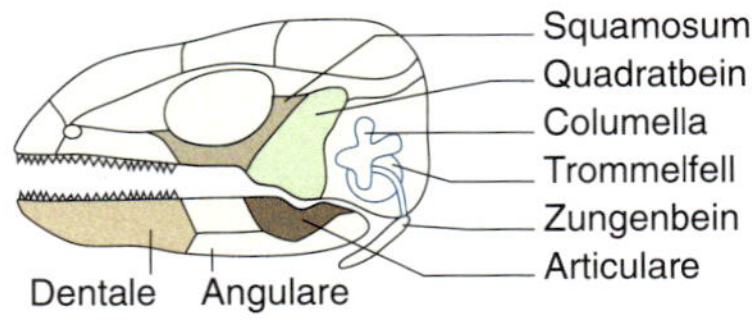

heutiges Reptil

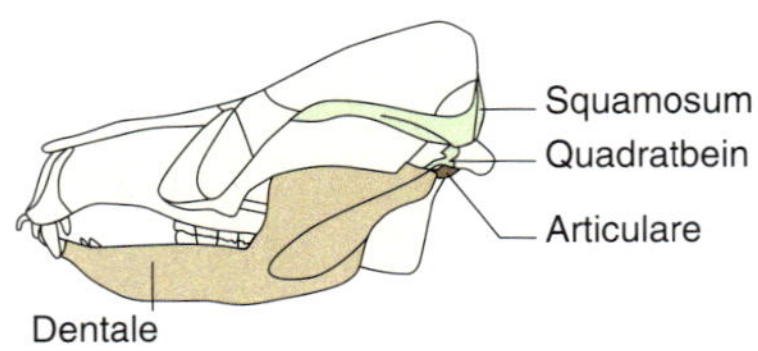

fossiles säugerartiges Reptil

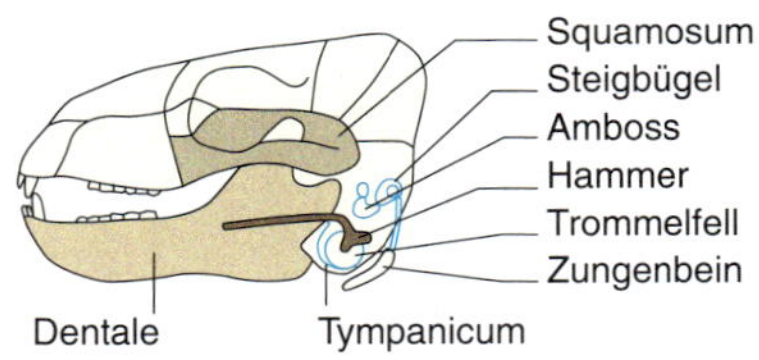

heutiger Säuger

dass ihre Kiefergelenke aus verschieden Knochen gebildet werden. Bei Reptilien befindet sich die Gelenkfläche zwischen Quadratum und Artikulare (primäres Kiefergelenk), bei Säugern zwischen Dentale und Squamosum.

Von Fossilien weiß man, dass im Laufe der Entwicklung landlebender Tiere zu den Säugern in zunehmendem Maße das Dentale die Gelenkfunktion übernommen hat und damit ein neues Gelenk entstanden ist *(sekundäres Kiefergelenk)*. Die Knochen des primären Kiefergelenks sind dabei immer kleiner geworden und befinden sich weiter im Schädel. Sie stellen bei Säugern die Gehörknochen Hammer, Amboss und Steigbügel dar. Kieferknochen der Reptilien und Gehörknochen der Säugetiere lassen sich also mithilfe des Kriteriums der Stetigkeit als homolog interpretieren.

Verhaltenshomologien

Einige Verhaltensweisen sind angeboren, sie besitzen zum Teil eine genetische Grundlage. Solche Verhaltensweisen stellen erbliche Merkmale dar, die ebenso wie andere der Evolution unterliegen. Vergleicht man das Verhalten verschiedener Entenarten, so stellt man erstaunliche Übereinstimmungen fest, selbst bei Arten, die sich in ihrem Vorkommen und in ihrer Lebensweise stark unterscheiden: Branderpel, Knäckerpel, Mandarinerpel und Stockerpel putzen bei der Einleitung der Balz scheinbar ihr Gefieder (s. Abb.). Stockerpel und Knäkerpel, nicht aber Branderpel und Mandarinerpel, zeigen bei der Balz ein als „Hochkurzwerden" bekanntes Verhalten. Diese und zahlreiche weitere Beispiele zeigen, dass im Bereich des tierischen Verhaltens viele Ähnlichkeiten vorkommen. Wie morphologische Merkmale lassen sich auch Körperhaltungen und Bewegungsabläufe als homolog nachweisen. Durch Auswertung zahlreicher ethologischer Merkmale konnten Verwandtschaftsbeziehungen zwischen verschiedenen Arten erforscht werden. Bei den besonders gut untersuchten Entenvögeln war es sogar möglich, auf der Basis abgestufter Ähnlichkeit im Verhalten einen Stammbaum der Arten zu erstellen.

Branderpel

Knäckerpel

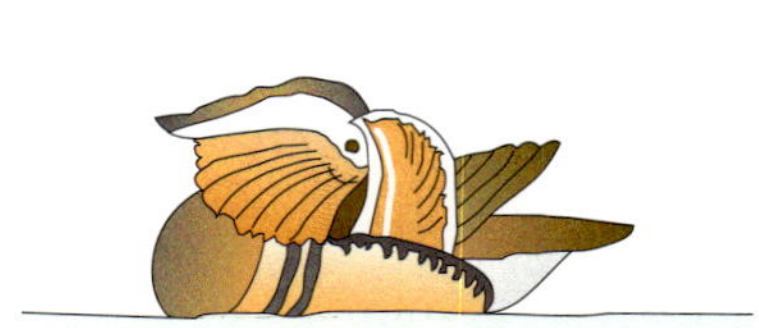

Mandarinerpel

Stockerpel

Flügelformen

Einige Saurier der Kreidezeit hatten vordere Gliedmaßen, die einen Flügel darstellten, ähnlich wie bei heutigen Fledermäusen. Die Flügelhaut eines Flugsauriers wurde jedoch von nur einem Finger aufgespannt, während dazu bei Fledermäusen vier Finger dienen. Die einzelnen Knochen der Flügelkonstruktion liegen deswegen anders zueinander und sind nicht homolog. Die Flügel sind daher bei Flugsauriern und Fledermäusen unabhängig entstanden und haben aufgrund der physikalischen Bedingungen des Fliegens konvergent Ähnlichkeiten entwickelt. Sie sind also analog.

Pflanzliche Ranken

Kletternde Pflanzen besitzen zum Teil Ranken, mit denen sie sich festhalten. Vergleicht man die Ranken verschiedener Pflanzen, so kann man unterschiedliche Grundorgane nachweisen, aus denen die Ranken abgeleitet sind. Beim Kürbis findet man z. B. an derselben Pflanze Übergangsformen, die die Ranken als Abwandlungen von Blättern erkennen lassen *(Blattranken)*. Bei der Passionsblume dagegen entspringt die Ranke aus einer Knospe in einer Blattachsel, wie es für Seitensprosse typisch ist *(Sprossranke)*. Blattranken und Sprossranken sind demnach analoge Bildungen, deren Ähnlichkeit durch die gleiche Funktion bedingt ist.

Blattranke – Kürbis

Sprossranke – Passionsblume

Rudimentäre Organe

Pferde haben eine stark ausgebildete Mittelzehe. Dem dritten Mittelfußknochen liegen links und rechts dünne, schwache Knochen an *(Griffelbeine)*, die für die Fortbewegung offensichtlich keine Bedeutung mehr haben. Sie sind den zweiten und vierten Mittelfußknochen anderer Wirbeltiere homolog.

Derartige Organe bezeichnet man allgemein als *Rudimente* oder *rudimentäre Organe*. Rudimente haben manchmal keine erkennbare Funktion. Dazu gehören beispielsweise die Reste eines Schultergürtels bei unserer einheimischen Blindschleiche oder die Flügelreste bei flugunfähigen Vögeln. Rudimente haben häufig einen neuen Funktionsschwerpunkt, der vom ursprünglichen Hauptschwerpunkt verschieden ist. Viele Organe erfüllen mehrere Aufgaben, wie z. B. die Bauchspeicheldrüse, die der Verdauung dient, aber auch den Blutzucker reguliert. Die Bildung von Rudimenten erklärt man als Funktionsverlust oder Funktionsänderung von Organen, die in Verbindung mit Änderungen der Lebensweise entstanden. Der Wurmfortsatz des Menschen hat heute für die Verdauung keinerlei Bedeutung mehr, sondern dient stattdessen als lymphatisches Organ.

Atavismen

In seltenen Ausnahmefällen werden Pferde geboren, die eine zweite oder sogar eine dritte Zehe mit einem Huf aufweisen. Diese mehrzehigen Pferde weisen also ein Merkmal auf, das auf eine mehrstrahlige Wirbeltierextremität hinweist. Derartige urtümliche Merkmale, die bei heute lebenden Lebewesen nur ausnahmsweise auftreten, für deren Vorfahren aber typisch waren, nennt man *Atavismen* (lat. *atavus* = Großvater). Atavismen findet man bei zahlreichen Lebewesen: Rosen und Tulpen weisen gelegentlich grüne, blattförmig ausgebildete Staubblätter auf. Bei der Taufliege gibt es eine atavistische Form mit vier Flügeln.

Auch beim Menschen sind Atavismen immer wieder zu beobachten: z. B. starke Körperbehaarung, Ausbildung einer Schwanzwirbelsäule oder überzählige Brustwarzen.

1 Atavistische Gesichtsbehaarung

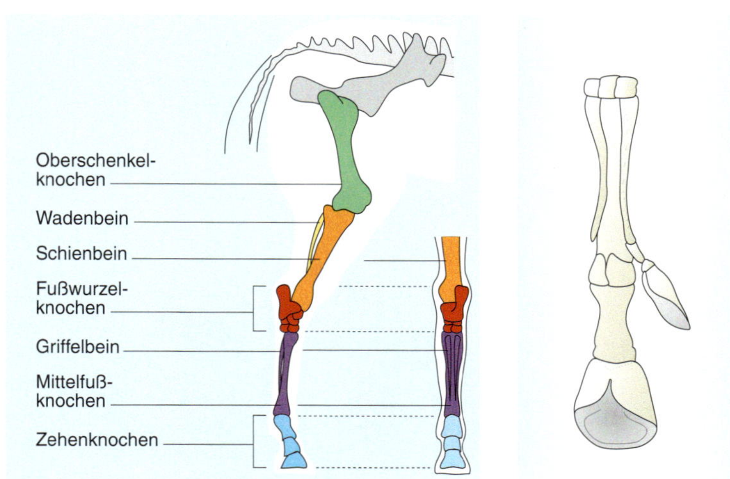

2 Avatismus mehrzehiger Pferdefuß

Mensch CACGCCUUUGGCACA
1 Met Lys Trp Val 5 Thr Phe Ile Ser Leu 10 Leu Phe Leu Phe Ser 15 Ser Ala Tyr Ser Arg 20 Gly Val Phe Arg Arg 25 Asp
AUG AAG UGG GUA ACC UUU AUU UCC CUU CUU UUU CUC UUU AGC UCG GCU UAU UCC AGG GGU GUG UUU CGU CGA GAU

Schaf CAAACCUUUGGCACA
AUG AAG UGG GUG ACU UUU AUU UCC CUU CUC CUU CUC UUC AGC UCU GCU UAU UCC AGG GGU GUG UUU CGU CGA GAU
Met Lys Trp Val Thr Phe Ile Ser Leu Leu Leu Leu Phe Ser Ser Ala Tyr Ser Arg Gly Val Phe Arg Arg Asp

30 35 40 45
Ala His Lys Ser Glu Val Ala His Arg Phe Lys Asp Leu Gly Glu Glu Asn Phe Lys Ala Leu Val L
GCA CAC AAG AGU GAG GUU GCU CAU CGG UUU AAA GAU UUG GGA GAA GAA AAU UUC AAA GCC UUG GUG U
ACA CAC AAG AGU GAG AUU GCU CAU CGG UUU AAU GAU UUG GGA GAA GAA AAU UUU CAA GGC CUG GUG C
Thr His Lys Ser Glu Ile Ala His Arg Phe Asn Asp Leu Gly Glu Glu Asn Phe Gln Gly Leu Val L

Molekulare Verwandtschaft

Zum Nachweis der Verwandtschaft dienten ursprünglich makroskopisch und mikroskopisch erfassbare Merkmale. Heute werden auch biochemische und genetische Merkmale herangezogen. Sie sind oft genauer und damit aussagekräftiger.

Protein-Vergleiche

Ein Beispiel ist die Untersuchung der Ähnlichkeit von Serumproteinen mithilfe der Antikörper-Reaktion (Abb. 1). Dazu injiziert man einem Testtier (z. B. einem Kaninchen) menschliches Serum. Es bildet daraufhin Antikörper gegen die menschlichen Serumproteine. Diese Antikörper reagieren nun mit Serumproteinen verschiedener Wirbeltiere mit einer unterschiedlich heftigen Ausfällung. Dieses Verfahren nennt man *Präzipitintest.* Das Ausmaß der Ausfällung mit menschlichem Serum, gegen das die Antikörper gebildet werden, setzt man auf 100 %. Das unterschiedliche Ausmaß der Ausfällungen verdeutlicht hier die Passung der Oberflächen von Serumproteinen und Antikörpern.

Der Grad der Ausfällung ist ein Maß für die Übereinstimmung der getesteten Serumproteine mit menschlichen Serumproteinen. Man interpretiert dies als Hinweis auf eine entsprechende Ähnlichkeit der dahinter stehenden Gene und damit als verwandtschaftliche Nähe der getesteten Organismen, also auf deren gemeinsamen Ursprung. Diese Proteine sind damit Homologien auf biochemischer Ebene.

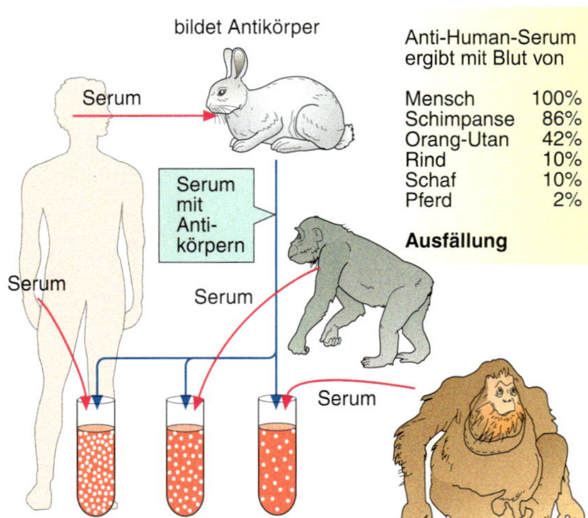

Anti-Human-Serum ergibt mit Blut von

Mensch	100%
Schimpanse	86%
Orang-Utan	42%
Rind	10%
Schaf	10%
Pferd	2%

Ausfällung

1 Präzipitintest

Allerdings besitzen Proteine keine zufällige Struktur, sondern erfüllen im Körper eine bestimmte Funktion, die durch eine bestimmte Form ermöglicht wird. Die Aminosäuresequenzen sind dafür optimiert und könnten durch eine konvergente Entwicklung ähnlich geworden sein. Die Proteine wären dann lediglich als Analogien anzusehen und nicht als Nachweis für die Verwandtschaft der Organismen geeignet (▶ Geschichte und Verwandtschaft S. 362).

DNA-Vergleiche

Erst der Vergleich der hinter den Proteinen stehenden Gene führt hier weiter. Viele Aminosäuren können von mehr als einem Triplett codiert sein (s. Seite 146). Nur das Protein (und damit die Aminosäuresequenz) stellt das phänotypische Merkmal dar, das mit seinem Träger der Selektion unterliegt. Welche Basensequenz bzw. Triplettsequenz dafür codiert, sollte dabei unwichtig sein. Für eine bestimmte Aminosäuresequenz gibt es daher eine Vielzahl möglicher Triplettsequenzen. Gene, die bei verschiedenen Organismen für das gleiche Protein codieren, sind jedoch sehr ähnlich, was auf einen gemeinsamen Ursprung hinweist.

Die Daten der Serumalbumine von Mensch und Schaf (s. Randspalte) sollen das verdeutlichen: Sie bestehen aus etwas mehr als 600 Aminosäuren. Gleiche Aminosäuren an gleicher Stelle werden vielfach auch durch dasselbe Triplett codiert. Die Auszählung für die ersten 100 Aminosäuren ergibt 84 gleiche Aminosäuren. Von diesen werden 64 von übereinstimmenden Tripletts codiert, d. h. 76 %. Für eine zufällige oder auch konvergent entstandene Übereinstimmung sind wegen der möglichen Mehrfachcodierung jedoch nur annähernd 33 % zu erwarten, d. h. etwa 30. Die Gene belegen daher die Verwandtschaft und erweisen sich nach dem Kriterium der spezifischen Qualität als Homologien auf genetischer Ebene.

50 55 60 65 70
Ile Ala Phe Ala Gln Tyr Leu Gln Gln Cys Pro Phe Glu Asp His Val Lys Leu Val Asn Glu Val
AUU GCC UUU GCU CAG UAU CUU CAG CAG UGU CCA UUU GAA GAU CAU GUA AAA UUA GUG AAU GAA GUA
AUU GCC UUU UCU CAG UAU CUC CAG CAG UGU CCA UUU GAC GAA CAU GUA AAA UUA GUG AAG GAG CUA
Ile Ala Phe Ser Gln Tyr Leu Gln Gln Cys Pro Phe Asp Glu His Val Lys Leu Val Lys Glu Leu

Thr Glu Phe Ala Lys 75 Thr Cys Val Ala Asp 80 Glu Ser Ala Glu Asn 85 Cys Asp Lys Ser Leu 90 His Thr Leu Phe Gly 95 Asp Lys Leu Cys Thr 100
ACU GAA UUU GCA AAA ACA UGU GUA GCU GAU GAG UCA GCU GAA AAU UGU GAC AAA UCA CUU CAU ACU CUU UUU GGA GAC AAA UUA UGC ACA
ACU GAG UUU GCA AAA ACA UGU GUU GCU GAU GAG UCA CAU GCC GGU UGU GAU AAG UCA CUU CAC ACU CUC UUU GGA GAU GAA UUG UGU AAA
Thr Glu Phe Ala Lys Thr Cys Val Ala Asp Glu Ser His Ala Gly Cys Asp Lys Ser Leu His Thr Leu Phe Gly Asp Glu Leu Cys Lys

Vergleiche auf der Ebene der DNA werden heute weniger mit Genen durchgeführt, da sie bzw. die zugehörigen Proteine der Selektion unterliegen. Besser eignen sich DNA-Bereiche, die nicht für Proteine oder RNA codieren und darum selektionsneutral sind. Bei ihnen können sich Mutationen ansammeln und zu größeren Unterschieden führen. Das Ausmaß der Unterschiedlichkeit zweier Organismen ist gleichzeitig ein Hinweis darauf, wie weit der Zeitpunkt ihrer Arttrennung zurückliegt.

Auch beschränkt man die Vergleiche nicht mehr auf DNA aus dem Zellkern. Besonders interessant ist die DNA aus Mitochondrien, denn sie wird fast ausschließlich mütterlich vererbt und durchläuft auch keine Meiose oder Rekombination. Der Weg ihrer Vererbung ist daher leichter rekonstruierbar, und Verwandtschaftsbeziehungen können leichter aufgedeckt werden.

Eine weitere Methode stellt die *DNA-Hybridisierung* dar. Dabei werden entsprechende DNA-Abschnitte zweier Organismen zusammen erwärmt, sodass sich die Doppelstränge auftrennen. Beim Abkühlen lagern sich dann komplementäre DNA-Stränge verschiedener Organismen zusammen, allerdings weniger gut. Das Ausmaß der Hybridisierung sagt dann etwas über die Ähnlichkeit der DNA aus.

Aufgabe

① Vergleichen Sie den Stammbaum aus dem Cytochrom-c-Vergleich (Abb. 1) mit der Systematik des Tierreiches.

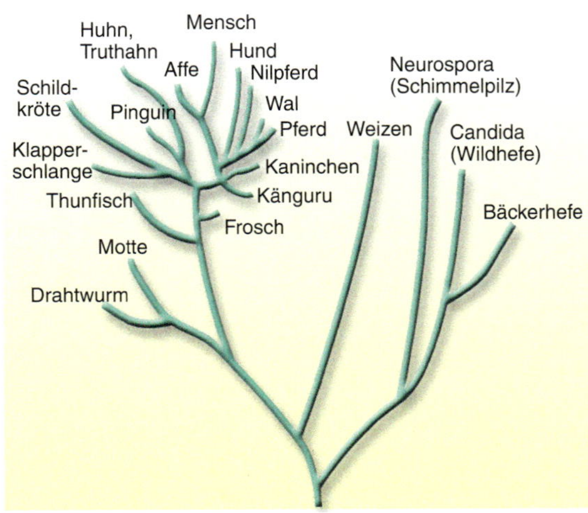

1 Stammbaum (Cytochrom-c-Vergleich)

Zettelkasten

Dendrogramme als Abbild der Ähnlichkeit

Der Vergleich mehrerer Basen- oder Aminosäuresequenzen führt zu einer großen Datenmenge, in der Ähnlichkeiten nur schwer zu entdecken sind. Dendrogramme sind eine verbreitete Darstellungsform, die das Maß der Ähnlichkeit bildlich wiedergeben kann. Grundlage ist eine Clusteranalyse von gegebenen Daten, wie im folgenden Beispiel gezeigt wird.

Der Vergleich eines kurzen DNA-Stücks der vier Organismen α, β, γ und δ könnte folgende Tabelle der Basenunterschiede ergeben haben:

	α	β	γ	δ
α	–	2	3	1
β	2	–	5	2
γ	3	5	–	3
δ	1	2	3	–

Im nächsten Schritt werden die Unterschiede für jede Sequenz zu einem Distanzwert D aufsummiert:
D (α) = 6, D (β) = 9, D (γ) = 11, D (δ) = 6

Die Sequenzen werden nun nach ihrem Distanzwert sortiert und wie folgt weiter behandelt:

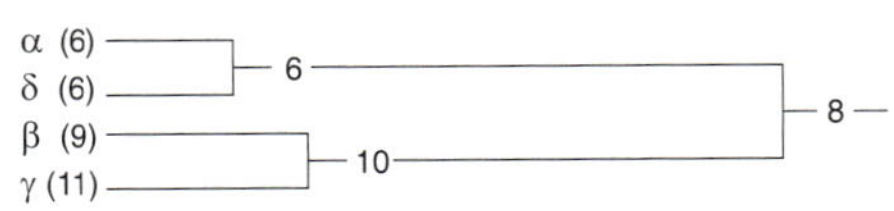

Die Sequenzen α und δ haben denselben Distanzwert (6). Sie werden als sehr ähnlich angesehen und zu einem gemeinsamen Cluster mit dem Wert 6 zusammen gezogen. Zwischen den Sequenzen β und γ besteht nun die geringste Differenz. Sie werden zu einem Cluster mit dem Mittelwert 10 zusammengefasst. Die nun verbliebenen Cluster ($\alpha\delta$) und ($\beta\gamma$) fasst man abschließend zum Gesamtcluster mit dem Wert 8 zusammen. Die baumartige Darstellung der einzelnen Schritte ergibt das *Dendrogramm*.

Methoden der Paläontologie

Wie lebten Dinosaurier, gibt es verwandtschaftliche Beziehungen zu noch lebenden Tieren, warum und wann genau starben sie aus? Diese und weitere Fragen stellt sich die *Paläontologie*. Dabei ist oft kriminalistischer Spürsinn gefordert, denn der Umgang mit den „Hauptbeweismitteln", den *Fossilien*, ist schwierig (▶ Geschichte und Verwandtschaft S. 362).

Fossilien

Geologische Ablagerungen von Überresten früherer Organismen werden Fossilien genannt. Obwohl wahrscheinlich jeder schon einmal ein Fossil gesehen hat, weiß man, dass die Umwandlung eines gestorbenen Lebewesens in ein Fossil sehr selten ist, denn in der Regel werden Fossilien rasch durch Destruenten abgebaut. Wird das tote Lebewesen aber schnell in Sand oder Schlamm, bzw. unter Sauerstoffabschluss oder unter extrem trockenen Bedingungen eingebettet, wird der Abbau verhindert und ein Fossil kann entstehen.

Altersbestimmung

Tiefliegende Sedimentschichten sind älter als darauf gelagerte. Dieser Grundsatz wurde genutzt, um eine *relative Datierung* des Alters von Fossilien durchzuführen. Eine weitere Methode ist, zu untersuchen, ob man mit dem gefundenen Fossil noch weitere Fossilien identifizieren kann. Lebewesen, die während einer kurzen Zeitspanne mit großen Populationsgrößen weit verbreitet waren, sogenannte *Leitfossilien,* sind dazu besonders geeignet. Findet sich mit dem zu bestimmenden Fossil ein Leitfossil, kann damit die Zeitspanne angegeben werden, in der das zu bestimmende Fossil gelebt haben muss.

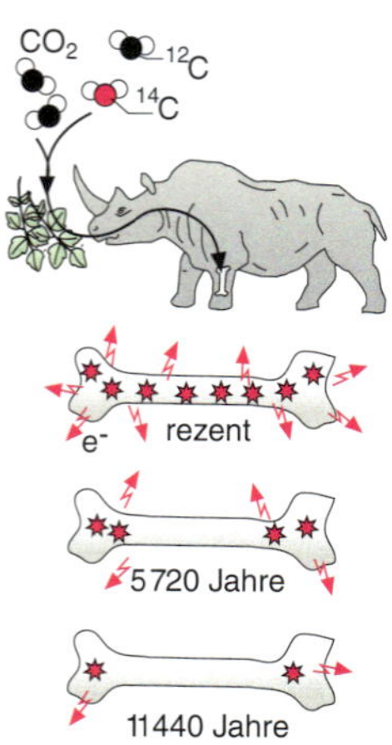

Datierung mithilfe der Radiokarbonmethode

Während die relative Datierung bestenfalls eine Zeitspanne angeben kann, bieten *absolute Datierungsmethoden* eine genauere Altersbestimmung. Man bedient sich dabei der Isotopenbestimmung. Liegt von einem Element ein *Isotop* vor, ist per Definition die Anzahl der Protonen im Atomkern gleich, die Anzahl der Neutronen kann aber variieren. Viele Isotope sind instabil und zerfallen in Kerne anderer Elemente. Die Zerfallsgeschwindigkeit, in der die Hälfte des vorhandenen Isotops zerfällt *(Halbwertzeit),* ist für viele Isotope bekannt. Dieses macht man sich zur absoluten Datierung eines Fossils zunutze. Man bestimmt im Fossil das Verhältnis des Isotops zu seinen Zerfallsprodukten. Mithilfe der Halbwertzeit kann man nun errechnen, wie alt das Fossil sein muss.

Zwei Isotopenbestimmungen sind weit verbreitet. Zum einen die *Kalium-Argon-Methode*, zum anderen die *Radiokarbonmethode*. Bei der Kalium-Argon-Methode wird der Zerfall von ^{40}Kalium in ^{40}Argon gemessen. Die Halbwertzeit von ^{40}Kalium beträgt etwa 1,3 Milliarden Jahre. ^{40}Kalium kommt vor allem in vulkanischem Gestein vor und eignet sich daher zur Bestimmung von Sedimenten, die an vulkanischen Ablagerungen liegen.

Bei der Radiokarbonmethode wird der Zerfall von ^{14}Kohlenstoff bestimmt. Die Halbwertzeit von ^{14}Kohlenstoff beträgt 5600 Jahre. Solange ein Lebewesen lebt, nimmt es den radioaktiven ^{14}Kohlenstoff und den nicht radioaktiven ^{12}Kohlenstoff in einem bestimmten Verhältnis auf. Stirbt das Lebewesen, wird kein neuer ^{14}Kohlenstoff mehr aufgenommen. Über die Menge des ^{14}Kohlenstoffs und die bekannte Halbwertzeit kann so das Alter bestimmt werden. ^{14}Kohlenstoff ermöglicht eine sehr genaue Altersbestimmung, ist aber aufgrund der relativ kurzen Halbwertzeit nur für Proben geeignet, die weniger als 50 000 Jahre alt sind (s. Randspalte).

Lebende Fossilien

Einige heute lebende Lebensformen haben sich über Millionen von Jahren nur geringfügig weiterentwickelt. Sie gleichen Fossilien, weshalb man diese als *lebende Fossilien* bezeichnet. Ein Beispiel dafür ist der *Quastenflosser*. Die Lebensweise lebender Fossilien gibt Hinweise darauf, wie längst ausgestorbene Arten gelebt haben könnten. Der *Ginkgo-Baum*, der noch heute vor allem in Japan zu finden ist, ist ebenfalls ein bekanntes Beispiel für ein lebendes Fossil.

1 Quastenflosser-Fossil

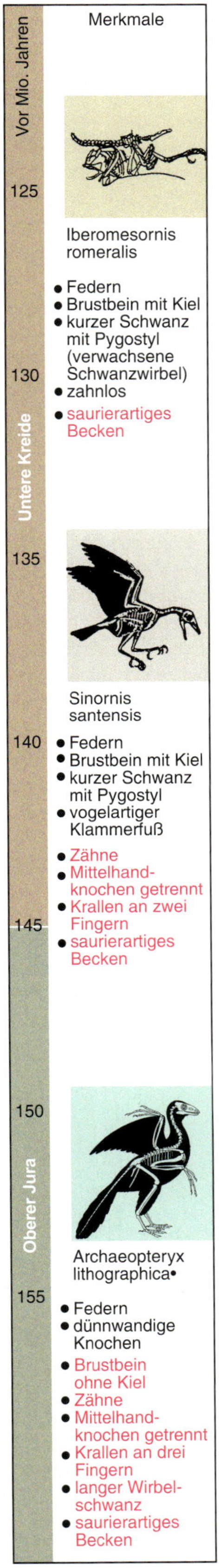

Entwicklung der Vögel

1 Archaeopteryx lithographica (Berliner Exemplar)

2 Spitzhörnchen

Brückentiere

Vögel und Reptilien sind zwei Wirbeltierklassen, die aufgrund ihrer charakteristischen Merkmale leicht erkennbar und gegeneinander abgrenzbar sind. Reptilien sind wechselwarm und besitzen eine Haut aus übereinander liegenden Schuppen. Sie haben gleichartig gestaltete Zähne. Die Herzkammern sind, außer bei Krokodilen, nicht vollständig getrennt. Sie laufen auf vier Beinen. Die Vögel haben einen neuen Lebensraum erobert. Mit diesem Entwicklungsschritt gingen zahlreiche Fluganpassungen einher. So verfügen sie über ein effektives Kreislaufsystem, ihre Herzkammern sind vollständig getrennt; Federn schützen sie vor Wärmeverlust. Sie sind gleichwarm und besitzen einen Hornschnabel, kein Gebiss. Ihre Knochen sind hohl und leicht. Ihre typische Fortbewegungsweise ist der Flug bzw. das zweibeinige Gehen.

Anatomische, morphologische und embryonale Befunde ließen eine relativ enge Verwandtschaft zwischen Vögeln und Reptilien vermuten. Derartige Hinweise reichen jedoch nicht als Beleg für eine stammesgeschichtliche Verwandtschaft. Sie kann erst als gesichert gelten, wenn genau bestimmbare und datierbare Fossilien heute getrennte Gruppen miteinander verbinden. Derartige Fossilien nennt man *Brückentiere*.

Das weltweit bekannteste Beispiel eines Brückentieres ist der Urvogel *Archaeopteryx lithographica* (Abb. 1). Alle sieben bisher entdeckten Funde zeigen neben mehreren Reptilienmerkmalen detailgetreu die Abdrücke von Flugfedern. Trotzdem war Archaeopteryx vermutlich ein schlechter Flieger, eher ein Gleiter, der sich in einer Kombination aus Gleitflug und Luftsprüngen fortbewegte. Vor etwa 135 Mio. Jahren lebte *Sinornis santensis*, ein sperlingsgroßer Vogel, dessen Flugleistungen man als recht gut einstuft. Die Fossilien des *Iberomesornis romeralis* sind noch jünger, modernen Vögeln ähnelt er schon sehr stark (s. Randspalte).

Neben ausgestorbenen Brückentieren gibt es auch heute noch lebende (rezente) *Brückentiere*. Die Familie der *Spitzhörnchen* (Abb. 2) ist hierfür ein Beispiel: Ihre Zehen und Finger weisen Krallen auf, ihr Daumen ist nicht opponierbar, in ihrem Gebiss tragen sie 38 Zähne. Diese Merkmale legen eine enge Beziehung zu den Insektenfressern nahe. Einige andere Merkmale, zum Beispiel ein Knochenring um die Augen, lassen auf eine Verwandtschaft mit Halbaffen schließen. Spitzhörnchen zeigen modellartig einen Übergang zwischen der noch sehr urtümlichen Ordnung der *Insektenfresser* und den bereits zur Ordnung der *Primaten* gehörenden Halbaffen. Da auch der Mensch zu den Primaten gehört, geben uns die Spitzhörnchen Hinweise darauf, wie die frühesten Vorfahren der Primaten und damit des Menschen ausgesehen haben könnten.

Aufgaben

① Stellen Sie die Entwicklung der drei Pferdemerkmale Körpergröße, Fuß und Zähne einander tabellarisch gegenüber.

② Fassen Sie die evolutiven Trends zusammen, die beim Vergleich von Sinornis und Archaeopteryx erkennbar sind (s. Randspalte).

Mensch und Schimpanse – ein Vergleich

Mit den Erkenntnissen aus der modernen Evolutionstheorie wandelte sich das Bild vom Menschen grundlegend. Vergleichende Untersuchungen zeigten, dass Schimpansen näher mit dem Menschen verwandt sind als mit dem Gorilla. DNA-Sequenzierungen ergaben, dass sich die Gene des Menschen nur um ca. 1,5 % von denen des Schimpansen unterscheiden. Allerdings sind die Gene des Menschen besonders im Gehirn wesentlich aktiver als beim Schimpansen.

Die nahe Verwandtschaft zeigt sich bereits beim Vergleich der *Karyogramme*: Die Chromosomen von Mensch und Schimpanse gleichen sich in Form, Größe und Bandenmuster. Im Unterschied zum Schimpansen ($2n = 48$) besitzt der Mensch nur $2n = 46$ Chromosomen. Die verringerte Chromosomenanzahl ist auf eine Fusion von Chromosom 2 und 3 zurückzuführen. In der Reihung entspricht Chromosom 21 des Menschen daher Chromosom 22 des Schimpansen. Aus der nahen genetischen Verwandtschaft von Schimpanse und Mensch kann man schließen, dass beide gemeinsame Vorfahren haben. Der Vergleich kann verstehen helfen, wie die Entwicklung vom gemeinsamen Vorfahren aus abgelaufen sein könnte (▶ Geschichte und Verwandtschaft S. 362).

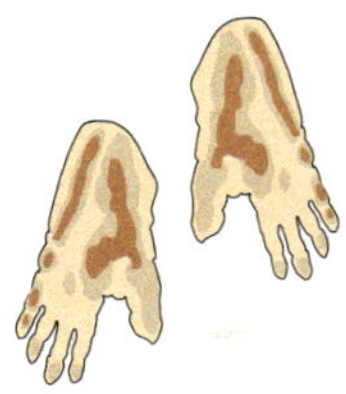

Fortbewegung und Skelettbau

Das Skelett des Menschen mit seinen im Vergleich zu den Armen längeren Beinen ist an den aufrechten, zweibeinigen Gang angepasst. Der Fuß ist gewölbeförmig, was stabilisierend bei Druckbelastung wirkt. Die Kniegelenke sind so gebaut, dass sie hohe Belastungen durch den ständigen aufrechten Gang abfedern. Das Becken des Menschen ist schüsselförmig, kurz und breit. Es trägt den größten Teil der Last des Rumpfes mit den inneren Organen. Die Wirbelsäule ist doppelt-S-förmig gekrümmt und kann Druck- und Scherbelastungen relativ gut aufnehmen. Der Brustkorb ist breit, hat dafür eine geringe Tiefe. Dadurch liegt sein Schwerpunkt auf der Körperachse. Das Hinterhauptsloch liegt in der Mitte der Schädelunterseite, sodass sich der Schädel bei aufrechter Körperhaltung in einer günstigen Schwerpunktlage befindet.

Schimpansen leben als Waldbewohner im tropischen Afrika. Beim Klettern stellen sie nicht nur den Daumen den anderen Fingern, sondern auch die große Zehe den anderen Zehen gegenüber. So können sie mit Händen und Füßen Äste umgreifen (*Greifhand* und *Greiffuß)*. Dadurch sind Schimpansen an das Leben auf Bäumen, in denen sie Nahrung (Früchte, Blätter) suchen und Schutz finden, angepasst. Am Boden gehen sie meist auf allen Vieren, wobei sie die längeren Arme mit den Fingerknöcheln abstützen *(Knöchelgang)*. Dabei wird der Kopf an der schräg gerichteten Wirbelsäule von der kräftigen Nackenmuskulatur gehalten. Die Wirbelsäule geht geradlinig in das längliche Becken über. Der Brustkorb ist tief und die Schulterblätter sind weit nach hinten verla-

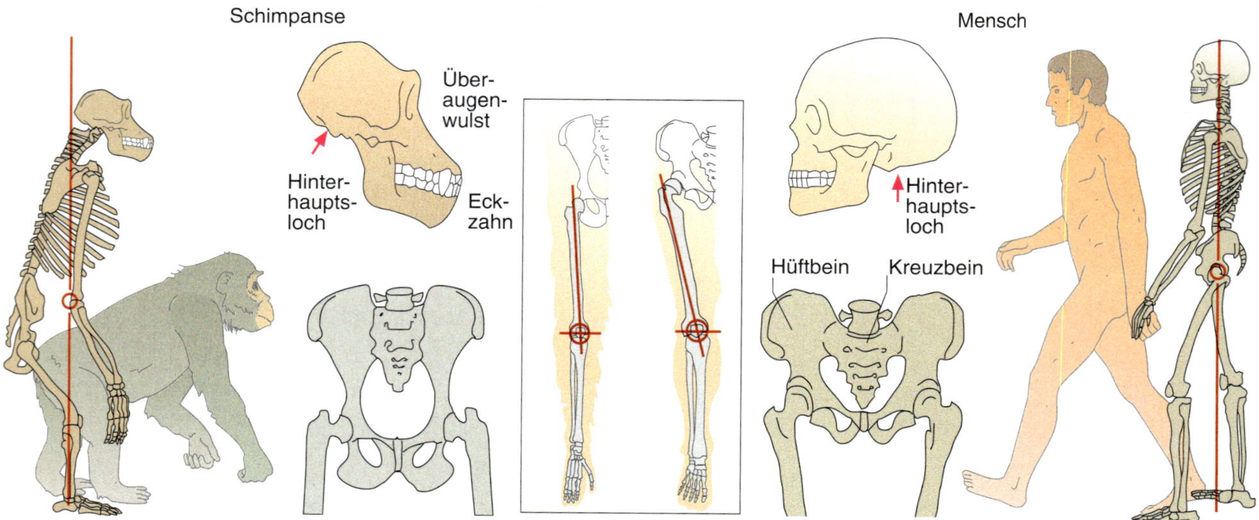

1 Vergleich von Skelettmerkmalen

gert. Dadurch können die Arme im Schultergelenk in alle Richtungen bewegt werden. Relativ selten erheben Schimpansen sich zum aufrechten, zweibeinigen Gehen *(Bipedie)*, wenn sie beispielsweise Früchte mit den Händen an einen anderen Ort bringen. Beim Laufen auf zwei Beinen bleibt der Körper gebeugt. Knie- und Hüftgelenk sind dabei abgeknickt. Nur so bleiben die Füße unterhalb des Körperschwerpunktes.

Gebrauch der Hand

Beim Menschen sind Arme und Hände universell einsetzbare Greifwerkzeuge, die einen vielseitigen Werkzeuggebrauch ermöglichen. Der Unterarm ist um seine Längsachse drehbar. Der Daumen kann jedem Finger der Hand gegenübergestellt werden. Auf diese Weise ist ein *Präzisionsgriff* möglich. Das Hautleistenmuster mit den darunter liegenden Sinneszellen ermöglicht eine sehr feine Dosierung der Kraft, mit der zum Beispiel ein Gegenstand oder Werkzeug gehalten wird. Kleinere Gegenstände werden von Schimpansen, wie von Menschen, zwischen Daumen und Zeige- und Mittelfinger gefasst. Im Unterschied zum Menschen halten Schimpansen den Gegenstand dabei nur seitlich am Daumen, nicht mit der Daumenkuppe. Die Hände eignen sich auch zum einfachen *Werkzeuggebrauch*. So angeln wild lebende Schimpansen mittels eines passenden Halmes Termiten aus deren Bau und bereichern so ihren Speisezettel.

Schädel und Gebiss

Schimpansenschädel besitzen eine deutlich ausgebildete Schnauze. Der Gehirnschädel hat ein Volumen von ca. 350 cm³. Die Stirn ist fliehend, die Augen sind durch Überaugenwülste vor Verletzungen geschützt. Beim heutigen Menschen dagegen ist keine ausgeprägte Schnauze erkennbar. Der Gesichtsschädel liegt weitgehend unter dem großen Gehirnschädel, dessen Volumen etwa 1450 cm³ groß ist. Die Stirn ragt fast senkrecht nach oben. Die Augen liegen geschützt in tiefen Augenhöhlen, Überaugenwülste fehlen. An der Unterseite des Gehirnschädels befindet sich ein fast kreisrundes Hinterhauptsloch, durch welches das Rückenmark in den Schädel eintritt. Bei Schimpansen liegt es sehr weit hinten, beim Menschen in der Mitte der Schädels.

Die Kiefer von Schimpansen sind in der Aufsicht U-förmig, die des Menschen parabelförmig. Den stark entwickelten Eckzähnen

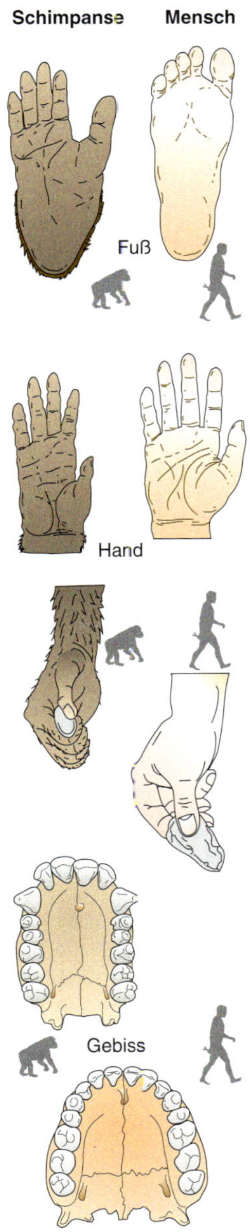

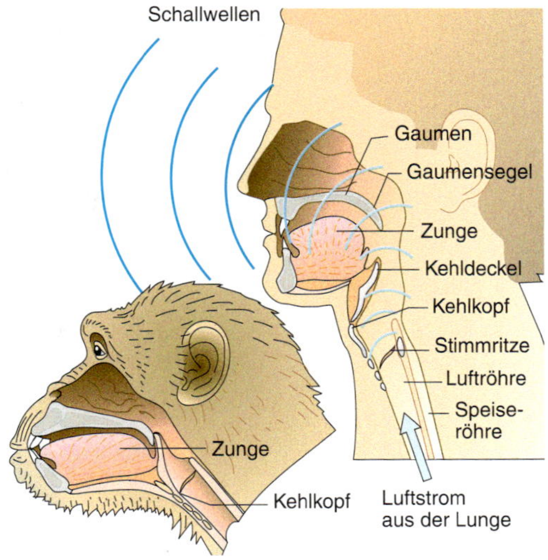

1 Lage des Kehlkopfes im Vergleich

der Schimpansen steht jeweils eine Lücke gegenüber. Beim Menschen sind die Eckzähne nicht größer als die übrigen Zähne, die gegenüberliegenden Zahnlücken fehlen.

Intelligenz, Sozialverhalten und Sprache

Der Mensch besitzt im Verhältnis zu seiner Körpermasse das größte Gehirn unter den Primaten. Es stellt die Voraussetzung dar für die typisch menschlichen Fähigkeiten, zum Beispiel die ausgeprägte Lernfähigkeit, das komplexe Sozialverhalten und die Kommunikation durch Sprache und die sich daraus ergebende enorme Flexibilität und Anpassungsfähigkeit. Auch Schimpansen zeigen herausragende Fähigkeiten: Sie kommunizieren intensiv über Mimik, Gestik und Laute. Sie besitzen zwar ein einfaches Sprachverstehen, für eine artikulierte Sprache fehlen ihnen durch die hohe Lage des Kehlkopfes jedoch die anatomischen Voraussetzungen. Schimpansenkinder haben eine lange Lernphase und erlernen z. B. den Gebrauch von teilweise selbst angefertigten Werkzeugen und die Rangordnungsbeziehungen innerhalb der Gruppe.

Aufgabe

① Vergleichen Sie Mensch und Schimpanse hinsichtlich Lebensraum, Fortbewegung, Nahrung sowie Verhalten und stellen Sie eine Beziehung zur Anatomie her. Inwieweit lassen solche Vergleiche auch Rückschlüsse auf das Verhalten ausgestorbener Vorfahren zu?

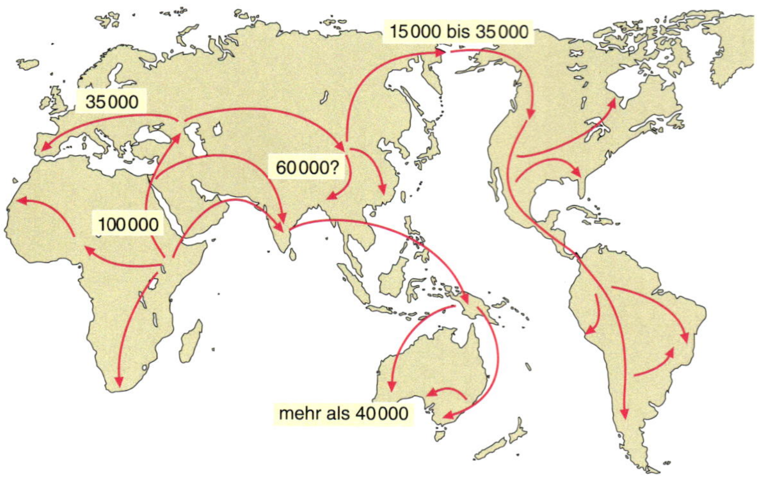

1 Ausbreitung des Homo sapiens nach dem „Out of Africa"-Modell

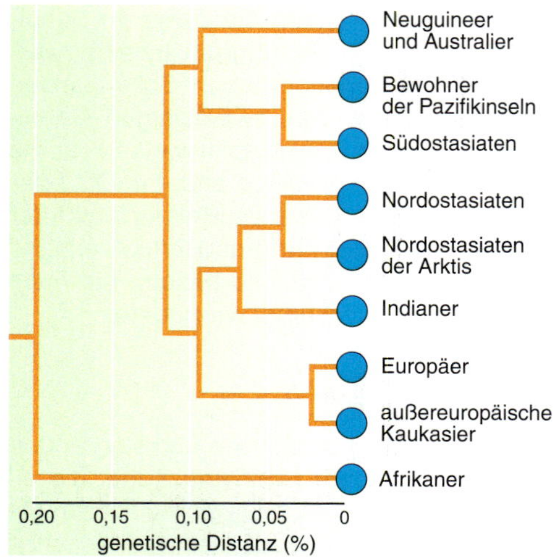

2 Unterschiede in der mt-DNA (vereinfacht)

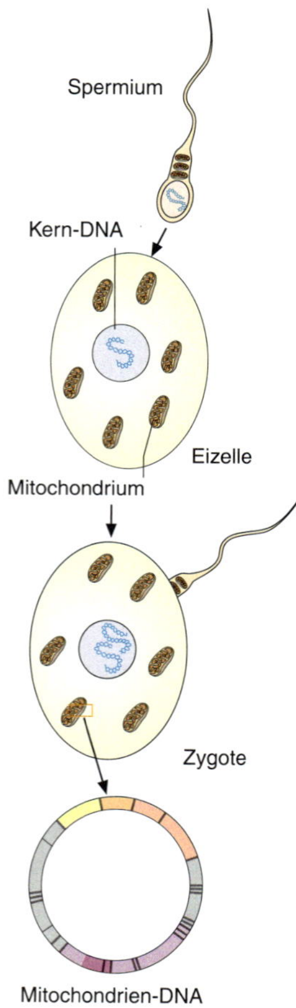

Die Vererbung der mitochondrialen DNA erfolgt über die Mutter. Mutationen der mt-DNA unterliegen nicht der Selektion. Mutationen bleiben so erhalten und häufen sich mit der Zeit immer mehr an.

Herkunft des Homo sapiens

Viele Forscher vertreten auf der Basis der räumlichen und zeitlichen Verteilung von Fossilfunden das *Out of Africa-Modell*. Danach entstand der moderne Homo sapiens vor weniger als 200 000 Jahren in Afrika, von wo er sich etwa 100 000 Jahre später über die ganze Erde ausbreitete und dabei die dort bereits ansässigen Hominiden verdrängte (▶ Geschichte und Verwandtschaft S. 362).

Out of Africa-Modell

Das *Out of Africa-Modell* wird durch molekulargenetische Befunde gestützt: Man verglich die DNA der Mitochondrien (mt-DNA) von 147 Menschen in Europa, Afrika, Asien, Australien und Neuguinea. Weil Mitochondrien von der Mutter vererbt werden, entfällt die genetische Rekombination weitgehend; mt-DNA-Unterschiede lassen sich somit auf Mutationen zurückführen. Man nimmt an, dass die genetische Distanz, ausgedrückt in Basenpaarunterschieden, proportional zur Zeit seit der Trennung der Populationen ist. Die Eichung dieser *molekularen Uhr* erfolgte anhand von gut datierbaren menschlichen Fossilien. Danach entspricht einem Zeitraum von 100 000 Jahren eine mittlere Veränderung der mt-DNA von 0,2 bis 0,4 %. Mithilfe der Ergebnisse konnte man einen Stammbaum erstellen und danach die Ausbreitungswege rekonstruieren. Die genetische Distanz zwischen Afrikanern und allen übrigen Menschen ist am größten, beträgt aber auch nur 0,2 % (100 000 Jahre). Kritiker wenden ein, dass die Schlussfolgerungen aus der Untersuchung der mt-DNA auf zum Teil ungesicherten Annahmen beruhen. Zum Beispiel führen sie an, dass die Mutationsrate nicht über den gesamten Zeitraum gleich groß gewesen sein muss.

Das multiregionale Modell

Neben dem Out of Africa-Modell gibt es u. a. das *multiregionale Modell* der Menschwerdung. Es geht davon aus, dass in mehreren Gebieten Afrikas, Europas und Asiens unabhängig voneinander aus *Homo erectus* bzw. *Homo ergaster* der moderne Homo sapiens entstanden sei. Intensiver Genfluss zwischen den Populationen soll dann dafür gesorgt haben, dass Homo sapiens heute nur noch eine Art bildet. Das multiregionale Modell ist jedoch sehr umstritten.

Aufgaben

① Begründen Sie, warum sich mt-DNA gut für Stammbaumanalysen eignet.

② Vergleichen Sie den Stammbaum auf Seite 335 mit den in Abb. 1 dargestellten Ausbreitungswegen.

③ Stellen Sie die wichtigsten Aspekte des Out of Africa-Modells und der Hypothese von der multiregionalen Entwicklung gegenüber.

④ Begründen Sie, nach welcher der Theorien die gemeinsame Wurzel aller Menschen weiter zurückliegt.

⑤ Beschreiben Sie anhand des Stammbaums von Seite 335 die Entwicklungslinien, die von Australopithecus zu Homo sapiens führen.

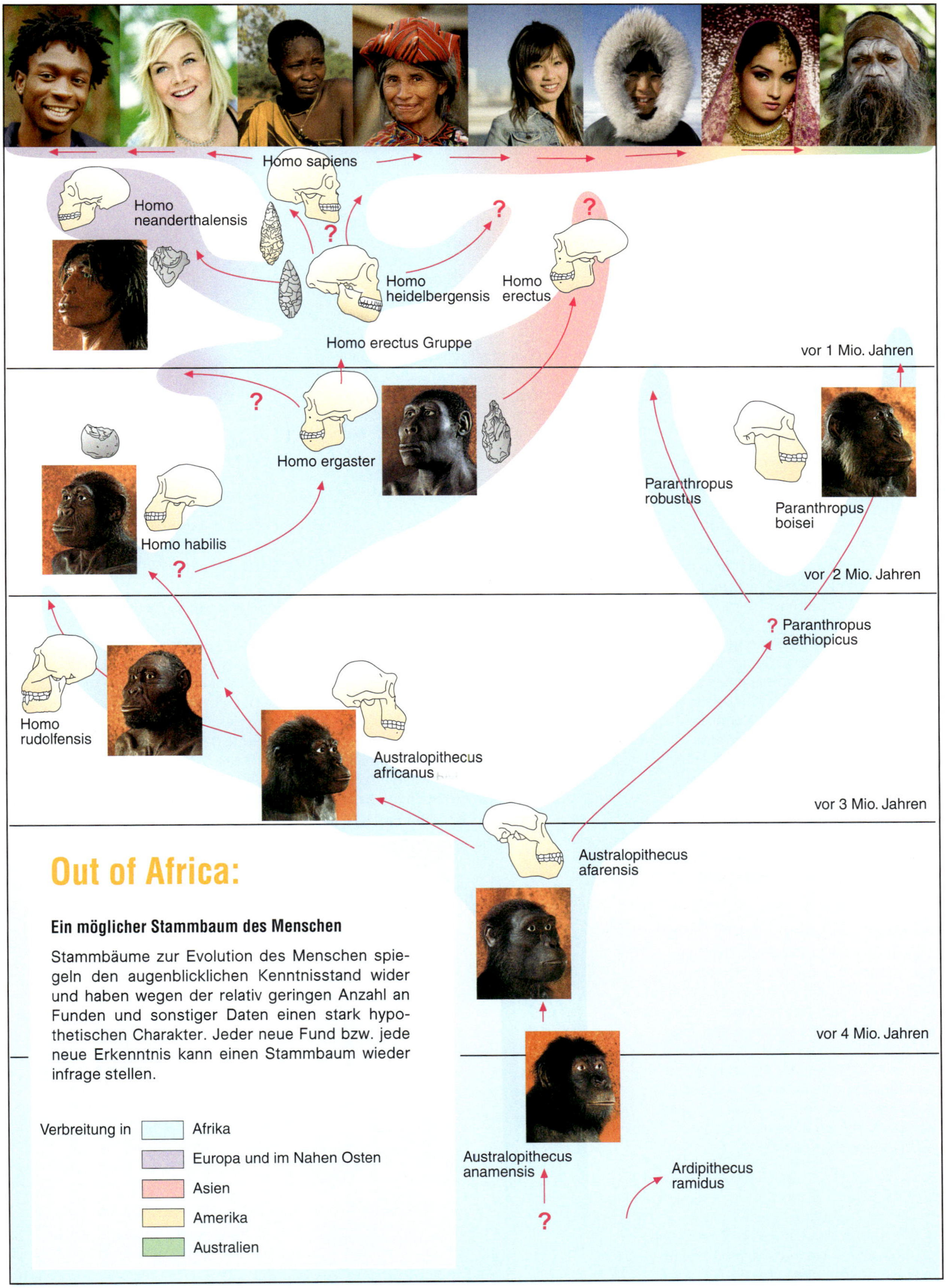

Out of Africa:

Ein möglicher Stammbaum des Menschen

Stammbäume zur Evolution des Menschen spiegeln den augenblicklichen Kenntnisstand wider und haben wegen der relativ geringen Anzahl an Funden und sonstiger Daten einen stark hypothetischen Charakter. Jeder neue Fund bzw. jede neue Erkenntnis kann einen Stammbaum wieder infrage stellen.

Material

Vielfalt der Menschen

Neandertaler: Art oder Unterart?

Der Neandertaler ist der erste fossile Mensch, von dem Skelettteile gefunden wurden. Sie wurden bereits 1856 im Neandertal bei Düsseldorf entdeckt.

Der Neandertaler und der heutige Mensch zeigen charakteristische Unterschiede in ihrem Körperbau. Den heutigen Menschen bezeichnet man in der Evolutionsbiologie auch als „anatomisch modernen Menschen".

Neandertaler hatten einen gedrungenen Körperbau und waren durchschnittlich 1,60 m groß. Ihre Extremitäten waren relativ kurz. Die großen Muskelansatzstellen an ihren kräftigen Knochen weisen auf eine stark entwickelte Muskulatur hin. Ihr durchschnittliches Gehirnvolumen (1 200 bis 1 700 cm^3) war mindestens ebenso groß wie das des heutigen Menschen. Die zu ihrer Zeit lebenden Vertreter des anatomisch modernen Menschen dagegen maßen etwa 1,75 m und besaßen ein deutlich grazileres Skelett.

Die Neandertaler lebten vor ca. 200 000 bis 30 000 Jahren. Diese Zeit war gekennzeichnet durch das Auftreten von Eiszeiten. In ihrem Verbreitungsgebiet in Europa und dem Nahen Osten lebten sie in kleinen Gruppen und machten Jagd, v. a. auf Rentiere, aber auch auf Wollnashörner und Mammuts. Als Werkzeuge benutzten die Neandertaler u. a. Faustkeile und Schaber aus Feuerstein. Neandertaler fertigten offensichtlich aber auch Schmuckgegenstände an.

In Höhlen des Karmel-Gebirges (Israel) fand man eindeutige fossile Belege dafür, dass in diesem Gebiet bereits vor 100 000 Jahren Neandertaler und anatomisch moderne Menschen nebeneinander lebten. Sie benutzten offenbar die gleichen Werkzeuge. Man fand bei den Grabungen das Zungenbein eines Neandertalers, das von dem des heutigen Menschen praktisch nicht zu unterscheiden ist. Das Zungenbein ist ein Bestandteil des stimmbildenden Apparates. Neandertaler begruben ihre Toten. Das zeigt die Lage und Körperhaltung einiger der gefundenen Skelette. Ein Neandertalergrab im heutigen Irak enthielt zudem Blütenpollen, ein Indiz für mögliche Grabbeigaben. Vermutlich vor etwa 45 000 Jahren verschwand der Neandertaler im Nahen Osten.

1997 gelang es, aus dem Oberarmknochen des Fundes im Neandertal kurze Fragmente mitochondrialer DNA (379 BP) zu isolieren, durch die Polymerase-Kettenreaktion zu vervielfältigen und mit dem entsprechenden Abschnitt der mitochondrialen DNA heutiger Menschen verschiedener Erdteile und der von Schimpansen zu vergleichen (Abb. 2). Die Untersuchung eines zweiten Fundes aus dem Kaukasus erbrachte ein entsprechendes Ergebnis.

Aufgaben

① Stellen Sie die wesentlichen Merkmale im Schädel- und Skelettbau von Neandertaler und modernem Menschen gegenüber (Abb. 1).

② Stellen Sie begründet einen Zusammenhang zwischen dem Körperbau des Neandertalers, seiner Verbreitung und dem damaligen Klima her.

③ Stellen Sie die Befunde aus Molekularbiologie und Paläontologie zusammen, die für die Vermischung bzw. ein Aussterben des Neandertalers sprechen.
Begründen Sie, warum viele Wissenschaftler heute eher von der Art Homo neanderthalensis als von der Unterart Homo sapiens neanderthalensis sprechen.

④ Erläutern Sie, weshalb die Befunde der vergleichenden DNA-Untersuchung das „Out of Africa"-Modell stützen (Abb. 2).
Welches Ergebnis wäre nach der Hypothese der multiregionalen Entstehung des heutigen Menschen zu erwarten?

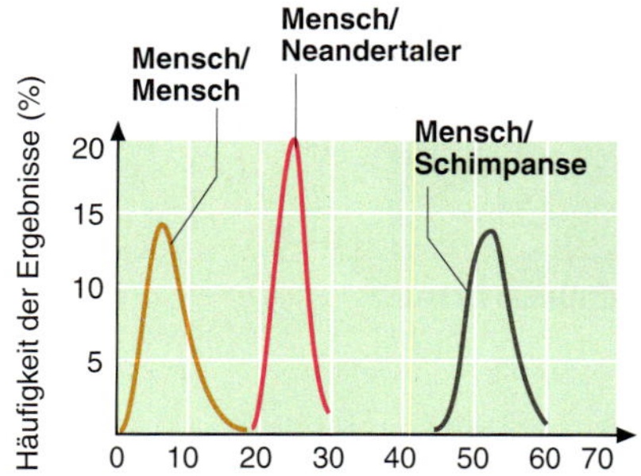

A	B	C
Neandertaler	1	0
Europäer	510	28,2
Afrikaner	478	27,1
Asiaten	498	27,7
Indianer	167	27,4
Australier, Ozeanier	20	28,3

A: Population
B: Anzahl der getesteten Personen
C: durchschnittliche Abweichungen von der Neandertalersequenz (BP)

2 Ergebnisse des mt-DNA-Vergleichs

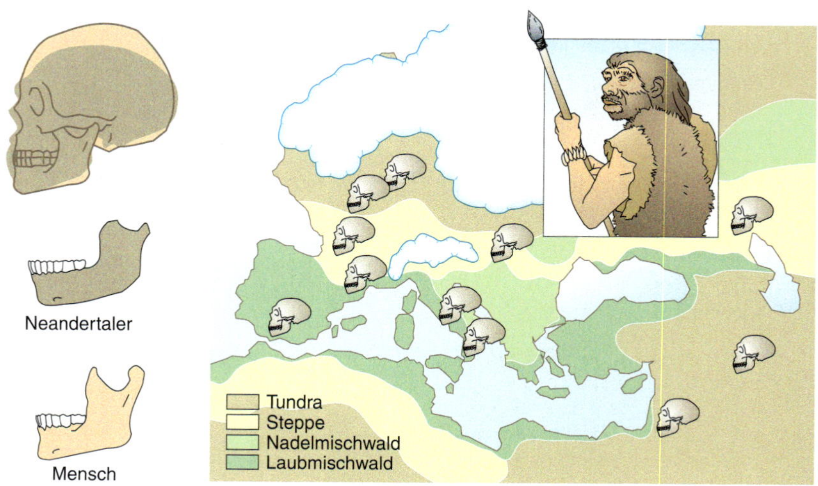

1 Verbreitung des Neandertalers nach Fossilfunden

Verwandtschaft heutiger Menschen

Bereits ARISTOTELES (384 bis 322 vor Christus) klassifizierte die Menschen nach ihrer Herkunft. Bis zum Ende des 20. Jahrhunderts wurden die Menschen aufgrund äußerer Unterschiede, z. B. der Hautfarbe und des Körperbaus, in unterschiedlich viele Rassen eingeteilt und bewertet.

Man grenzte zum Beispiel Europide, Mongolide, Indianide, Negride und Australide voneinander ab und bezeichnete diese als Großrassen. Man versuchte auch Unterschiede in der Intelligenz und der Leistungsfähigkeit zwischen einzelnen Menschen- bzw. Bevölkerungsgruppen zu definieren.

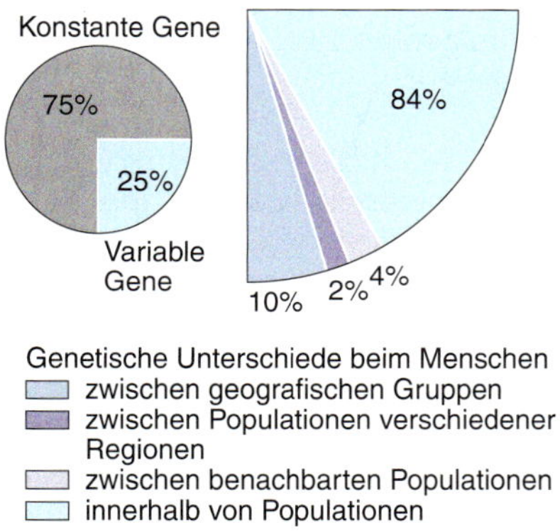

3 Konstante und variable Gene

In einem Biologielexikon des Jahres 1994 kann man lesen: „Wie andere Arten ist auch der heutige Homo sapiens (Mensch) in jeweils relativ einheitliche Rassen mit charakteristischen Genkombinationen gegliedert“.

Die moderne Genetik und Datenerfassung führten zu anderen Fragestellungen und Erkenntnissen. Es war der Amerikaner CAVALLI-SFORZA, der mit seinem Forscherteam 42 Populationen aus 5 Kontinenten auf 120 Gene hin untersuchte und miteinander verglich.

Die untersuchten Gene waren zum größten Teil nicht für äußerlich sichtbare Merkmale verantwortlich, sondern determinierten z. B. die Fähigkeit zur Blutgerinnung und zur Absorption bestimmter Vitamine. Dazu wurden Daten benutzt, die aus etwa 50 Jahren und von mehreren Tausend heute lebenden Personen stammten. So entstand schließlich im letzten Jahrzehnt des 20. Jahrhunderts der bis dahin vollständigste Stammbaum der Menschheit.

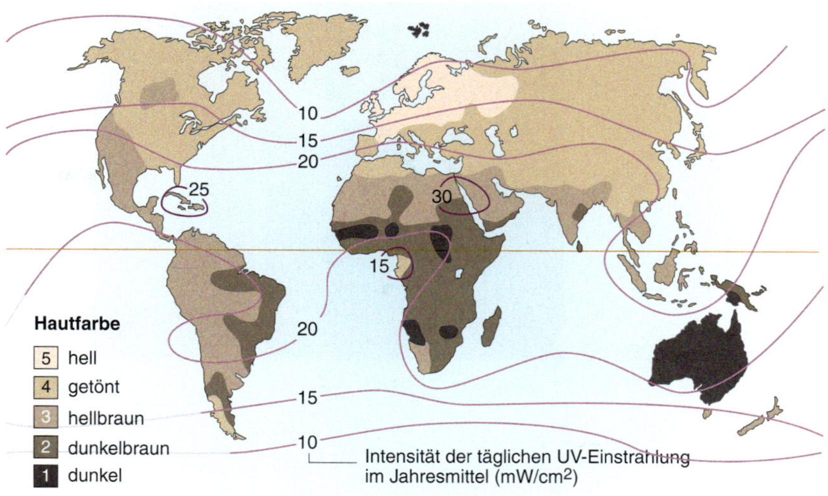

4 Geografische Verbreitung der Hautfarbe und UV-Einstrahlung

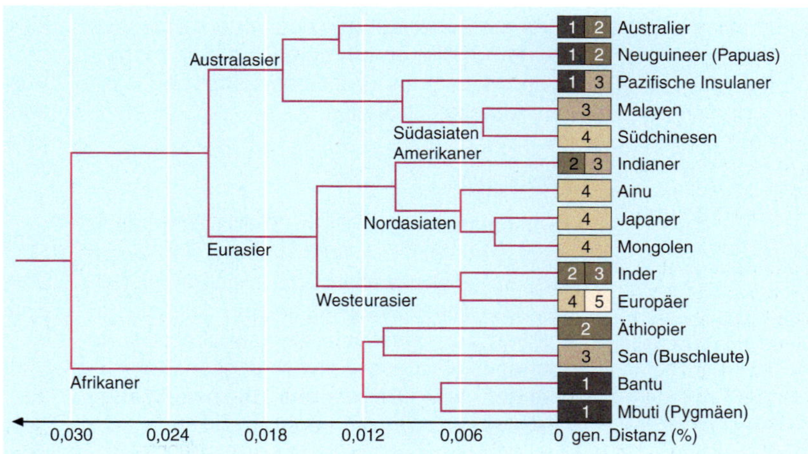

5 Dendrogramm nach CAVALLI-SFORZA

Es zeigte sich, dass etwa 75 % der Gene bei allen Menschen übereinstimmen, d. h. sie sind nicht variabel. Ein Viertel der Gene ist also variabel. Nur ein ganz kleiner Anteil der variablen Gene hängt allerdings mit der Herkunft aus verschiedenen geografischen Regionen zusammen. Diese Unterschiede beziehen sich fast ausschließlich auf Gene der Hautfarbe sowie der Haar- und Gesichtsform.

Aufgaben

⑤ Analysieren Sie die Verteilung der Hautfarben auf der Erde und erläutern Sie die Evolutionsmechanismen, die zu dieser Verteilung geführt haben.

⑥ Abbildung 5 zeigt ein Dendrogramm nach CAVALLI-SFORZA. Die Verzweigungen zeigen die genetische Nähe aufgrund der Häufigkeitsverteilung von 120 Allelen. Die Kästchen geben die Hautfarbe der in der Abbildung genannten Menschen an.
Erläutern Sie mithilfe des Dedrogramms die verwandtschaftlichen Beziehungen zwischen den heutigen Menschen. Vergleichen Sie die Ergebnisse mit dem mt-DNA-Stammbaum (s. Seite 334).

⑦ Stellen Sie die Ergebnisse aus Aufgabe 1 und 2 der Einteilung der Menschheit in Großrassen gegenüber und nehmen Sie eine vorläufige Bewertung vor.

⑧ Rasse ist „ein soziales Konstrukt – mehr Ausdruck sozialer Zuordnungen als ein Spiegelbild biologischer Unterschiede“
Nehmen Sie Stellung zu diesem Zitat von CRAIG VENTER.

⑨ Fassen Sie begründet zusammen, weshalb die Einteilung der Menschen in „Rassen“ nicht haltbar ist.

1 Mensch und Feuer

Kulturelle Evolution

Für die Entwicklung der menschlichen Kultur waren die Herstellung von Werkzeugen und die Beherrschung des Feuers entscheidende Stationen auf dem Weg zum modernen Menschen (▶ Geschichte und Verwandtschaft S. 362).

Werkzeuge

Schimpansen benutzen Steine, um damit Nüsse zu knacken, oder sie brechen Zweige ab, um in Termitenbauten zu stochern (s. Seite. 332). Diese Beispiele zeigen, dass die Fähigkeit zur primitiven Werkzeugherstellung schon auf frühen Entwicklungsstufen vorhanden war. Bearbeitete Steinwerkzeuge des Menschen treten erstmals vor etwa 2,5 bis 1,5 Millionen Jahren auf.

Homo habilis stellte Werkzeuge her, die zum Aufschneiden von Haut und zum Zerschneiden von Fleisch und Pflanzenteilen geeignet waren. Die Herstellung solcher Geräte erfordert sehr gutes räumliches Vorstellungsvermögen und motorische Koordination. Wissenschaftler haben die Werkzeuge unserer Vorfahren nachgebaut, um die Probleme bei der Herstellung und die Eigenschaften der Produkte besser zu verstehen. Es gelang Klingen herzustellen, die rasiermesserscharf waren. Diese Vorgehensweise wird als *experimentelle Archäologie* bezeichnet.

Bei der Herstellung eines Faustkeils müssen bestimmte Schlagwinkel beachtet werden und je besser die Werkzeugtechnik wurde, desto mehr Arbeitsgänge waren erforderlich. Abbildung 2 zeigt einen ursprünglichen *Faustkeil*, wie er von Homo erectus hergestellt wurde. Für dieses Werkzeug waren 25 Schläge in einem Arbeitsgang erforderlich. Für das „verbesserte Modell" benötigte H. erectus bereits zwei Arbeitsgänge mit 20 + 45 Schlägen.

Aus der Tabelle ist die zunehmende Komplexität bei der Werkzeugherstellung durch verschiedene Menschen der Gattung Homo zu erkennen.

Hersteller	Werkzeug	Zahl der Abschläge	Zahl der Arbeitsgänge	
Homo erectus	Faustkeil	25	1	
Homo erectus	Faustkeil	20+45	2	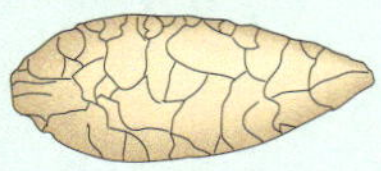
Neandertaler	Messer	35+25+1+50	4	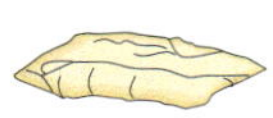
Homo sapiens	Messer	3+15+10 +12+30+10 +1+50+130	9	

2 Werkzeugherstellung

Feuer

Eine der ältesten Spuren zum Gebrauch des *Feuers* stammen aus *Swartkrans* in Südafrika, etwa 30 km von Johannesburg entfernt. Sie sind über eine Million Jahre alt und wurden zusammen mit *H. ergaster* (s. Seite 335) gefunden. Daraus lässt sich schließen, dass er vermutlich einer der ersten Menschen war, die das Feuer kontrolliert nutzen konnten. Aufgrund weiterer Funde weiß man, dass sich auch Homo erectus das Feuer nutzbar gemacht hat. Die nächstjüngeren Belege befinden sich in der Grotte von L'Escale in Südfrankreich. Die Feuerstellen dort sind etwa 650 000 Jahre alt. Die ältesten Feuerstellen in Deutschland stammen von einem Lagerplatz in Bilzingsleben, einem Ort in Thüringen. Ihr Alter wurde auf etwa 400 000 Jahre datiert.

Das Feuer beherrschen zu können, war für die Menschen eine bedeutende Leistung. Es gab in der Nacht Schutz vor wilden Tieren. Die Nahrung konnte zubereitet werden. Gegrillt ist Fleisch besser zu beißen und leichter verdaulich als in rohem Zustand. Ferner konnten mithilfe des Feuers kältere Lebensräume erschlossen werden. Ohne das Feuer wäre ein Überleben der Menschen während der Eiszeit in Europa nicht möglich gewesen.

3 Wildpferdfigur aus dem Lonetal

4 Mammut

5 Löwenmensch

Höhlen auf der Schwäbischen Alb

In den *Karsthöhlen* der Schwäbischen Alb, zwischen Tübingen und Ulm, wurden die ältesten Kunstgegenstände der Welt gefunden. Die Karsthöhlen wurden von den Steinzeitmenschen als Zufluchts- und Wohnstätten genutzt. Während die Menschen in den meisten *Höhlen* nur Werkzeuge und Waffen hinterließen, wurden in vier kleinen Höhlen der Alb – *Geißenklösterle, Vogelherd, Hohlenstein* und *Hohler Fels* – auch plastische Figuren gefunden. In der Vogelherdhöhle im Lonetal wurden Tierfiguren aus Elfenbein ausgegraben: Darstellungen von Mammut, Löwe, Nashorn und dem berühmten Wildpferdchen. Die bestechend schönen Tierfiguren waren klein, unter 10 cm. Sie besaßen eine Durchbohrung und wurden vermutlich als Anhänger verwendet. Die erste bekannte figürliche Darstellung eines Menschen wurde vor 35 000 Jahren in ein Stückchen Elfenbein geritzt. Fast alle Kleinplastiken tragen Kreuzzeichen und Punkte, deren Bedeutung unbekannt ist.

Der *„Löwenmensch“* (Abb. 5), eine meisterhaft geschnitzte Statuette, stellt eine aufrecht stehende Person dar, deren Körper den Kopf eines Höhlenlöwen trägt. Die Plastik ist das größte und spektakulärste Objekt des kleinen Ensembles altsteinzeitlicher Elfenbeinfiguren. Sie wurde vom Tübinger Urgeschichtler N. CONARD in viele Teile zerbrochen gefunden. Unter seiner Leitung wurden fast 200 Bruchstücke wieder zu einer vollständigen Figur zusammengesetzt. Sie ist knapp 30 cm hoch. Ihr Alter wurde durch Untersuchung von Begleitfunden mit der Radiocarbonmethode auf 32 000 Jahre angesetzt.

Die damaligen Bewohner der Alb schufen nicht nur Kunstgegenstände, sie musizierten auch. Im Geißenklösterle wurde das älteste Musikinstrument der Welt gefunden, eine 30 000 Jahre alte Flöte aus Schwanenknochen. An gleicher Stelle wurden auch Farbspuren entdeckt, die auf ein Alter von 33 000 bis 36 000 Jahren datiert werden. Es handelt sich dabei vermutlich um Reste von Höhlenmalereien.

Höhle von Lascaux

Die Funde auf der Schwäbischen Alb sind etwa 20 000 Jahre älter als die ebenfalls weltweit berühmten Höhlenmalereien in der Höhle von Lascaux bei Montignac in Südfrankreich (Abb. 6). Auf einer Länge von 250 m sind dort etwa 1 800 Figuren abgebildet. Es handelt sich dabei hauptsächlich um Auerochsen, Pferde und Hirsche. Als weiteres Motiv kommen häufig die Umrisse einer menschlichen Hand vor. Die Malereien sind über eine längere Periode vor 17 000 bis 15 000 Jahren angefertigt worden.

6 Höhlenmalerei von Lascaux

Die Menschen, die diese Kunstwerke geschaffen haben, unterscheiden sich in biologischer Hinsicht kaum vom heutigen Menschen. Die wesentlichen Veränderungen bis zur Gegenwart bestanden in der kulturellen Fortentwicklung. Die Entstehung der Schrift ermöglichte die Geschichtsschreibung und damit die Übertragung der weiteren kulturellen und sozialen Entwicklung des Menschen.

Aufgaben

① Ordnen Sie die Steinzeitmenschen, die Kunstwerke geschaffen haben, einer der Ihnen bekannten Menschenarten zu und begründen Sie die Zuordnung.

② Formulieren Sie plausible Hypothesen, zu welchem Zweck unsere Vorfahren Kunstwerke geschaffen haben.

Chemische Evolution: organische Makromoleküle entstehen

Absolute Temperaturskala (Kelvin-Skala)
0 K = −273,15 °C
100 °C = 373,15 K

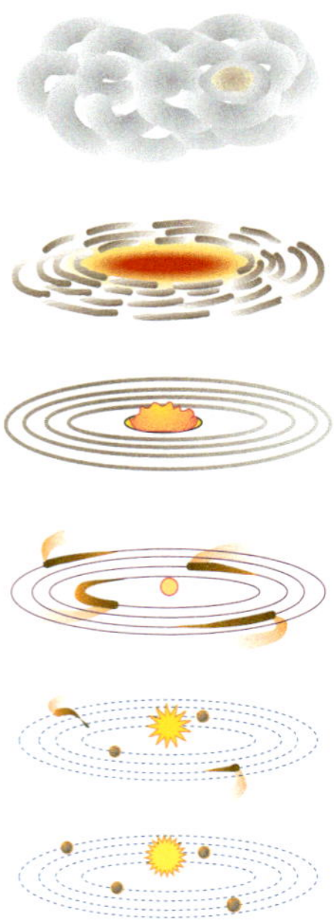

Am Anfang war ein Knall. Das besagt die *Urknalltheorie*, wonach sich vor 10 bis 20 Mrd. Jahren Raum und Materie gleichzeitig ausdehnten und mit einem Urknall die Entstehung des Universums einleiteten. Nach dieser Theorie existierte Materie nur in Form von Elementarteilchen. Mit der Ausdehnung des Universums sank die Temperatur von 10^{11} auf 3000 K und es bildeten sich als erste Atome Helium und Wasserstoff. Zusammenballungen von Partikeln ließen die Planeten entstehen (▶ Geschichte und Verwandtschaft S. 362).

Vor etwa 4 bis 5 Mrd. Jahren war unsere Erde ein glutflüssiger Planet ohne Atmosphäre, der langsam abkühlte. Dabei bildete sich eine feste, Wärme isolierende Kruste. Aus dem flüssigen Erdinneren emporsteigende Gase ließen eine sauerstofffreie *Uratmosphäre* entstehen, die Umwelt war beherrscht von Blitzen, Radioaktivität, Vulkanismus, Meteoriteneinschlägen und starker UV-Strahlung. Vor etwa 4 Mrd. Jahren unterschritt die Atmosphäre die 100 °C-Grenze, Wasserdampf kondensierte und es bildeten sich *Urmeere*. In diesen Urmeeren entwickelte sich nach heutiger Auffassung vor etwa 4 bis 3,5 Mrd. Jahren das Leben aus unbelebter Materie. Die frühe Phase dieser *chemischen Evolution* kann man modellhaft rekonstruieren. Eine vermutlich reduzierende Uratmosphäre war der Ausgangspunkt für *Modellversuche* von HAROLD UREY und STANLEY MILLER (1953):

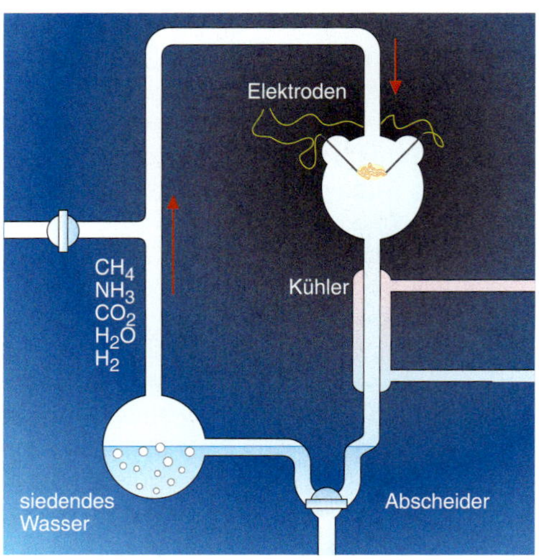

1 Urey-Miller-Versuch

Sie simulierten die Umweltbedingungen auf der frühen Erde in einem dicht verschlossenen Versuchsgefäß mit einem Gemisch aus Methan, Kohlenstoffdioxid, Stickstoff, Ammoniak, Wasserdampf und Wasserstoff (Abb. 1). Elektrische Entladungen simulierten Blitze, Erhitzen und Abkühlen die Temperaturschwankungen. Nach einigen Tagen ließen sich Aminosäuren und andere organische Moleküle nachweisen. Durch gezielte Variation der Versuchsbedingungen gelang auch die Synthese der in Nucleinsäuren vorkommenden Basen, von ATP und Kohlenhydraten. Grundbausteine des Lebens können also unter abiotischen Bedingungen entstehen — vermutlich auch in den Urmeeren.

Organische Moleküle werden in sauerstofffreier Umgebung nicht oxidiert, sie sammelten sich allmählich in einer *„Ursuppe"* an. Man vermutet, dass sich auf Ton, Gestein oder Lava organische Filme bildeten. Der enge Kontakt, das Verdampfen von Wasser und der katalysierende Untergrund begünstigen die Bildung von polymeren Makromolekülen. Im Versuch ließen sich auf diese Weise Polypeptide *(Proteinoide)* herstellen. Organisieren sich diese abiotisch entstandenen organischen Makromoleküle nun zu größeren Verbänden, können Vorläufer von lebenden Zellen, sogenannte *Protobionten*, entstehen. Laborexperimente zeigen, dass Proteinoide sich in kaltem Wasser von selbst zu winzigen Hohlkugeln zusammenlagern, diese Tröpfchen werden als *Mikrosphären* bezeichnet. Membranumschlossene Tröpfchen bezeichnet man als *Liposomen*, solche mit Polypeptiden, Nucleinsäuren und Polysacchariden als *Koazervate*. Koazervate können Substrate aus der Umgebung absorbieren und in veränderter Form wieder abgeben, sie weisen also bereits einen einfachen Stoffwechsel auf. In der Ursuppe entstand vermutlich ein Gemisch aus verschiedenen Protobionten, von denen einige schnell zerfielen, andere sich vergrößerten, indem sie weitere Stoffe absorbierten. Sie bildeten Ableger oder Tochterbläschen — sie wuchsen und vermehrten sich. Ihre chemische Identität konnten sie allerdings nur wahren, wenn sie Moleküle enthielten, die diese Informationen speichern und weitergeben konnten. Erst diese Fortpflanzungsfähigkeit machte aus den Protobionten Lebewesen und leitete die biologische Evolution ein.

Stromatolithen

Frühe biologische Evolution: erste lebende Zellen

Schon die Protobionten in der Ursuppe besaßen biologische Eigenschaften. Sie wuchsen und vermehrten sich umso mehr, je besser sie sich für die Ur-Umwelt eigneten. Allerdings konnten die Protobionten-Ableger die günstigen Eigenschaften ihrer Erzeuger nur übernehmen, wenn eine Erbsubstanz diese Information speichern, verdoppeln und weitergeben konnte. Diese Aufgabe wird bei allen uns heute bekannten Lebewesen von Nucleinsäuren übernommen: DNA wird in RNA transkribiert und in Proteine translatiert, die letztlich wieder die DNA-Synthese *(Replikation)* katalysieren. Diese komplexe DNA-RNA-Proteinwelt muss sich aus einfacheren Vorläufern entwickelt haben.

Teppichsteine
gr. *stroma* = Lager
gr. *lithos* = Gestein

Molekularbiologen vermuten, dass bei der Entstehung des Lebens RNA als erster Informationsträger auftrat, sie sprechen von einer „Welt der RNA". Für RNA als Ur-Erbinformationsträger sprechen verschiedene Befunde: Kurze Polymere aus Ribonucleotiden lassen sich unter Urweltbedingungen im Labor abiotisch herstellen. Die Ribonucleotidsequenz enthält die genetische Information und bestimmt den „Genotyp" der RNA. RNA stabilisiert sich selbst in einer dreidimensionalen Anordnung, wie man sie von der kleeblattförmigen t-RNA kennt. Damit ist eine charakteristische Gestalt, ein „Phänotyp", durch die Basensequenz vorgegeben. Außerdem gibt es RNA mit katalytischen Fähigkeiten, diese Moleküle wirken wie Enzyme. Solche *Ribozyme* entdeckte man 1982, sie entfernen zum Beispiel katalytisch die Introns aus der m-RNA oder synthetisieren RNA. RNA wirkt also autokatalytisch, sie kann sich selbst produzieren – dies nennt man einen *Hyperzyklus*. Kopierfehler bei der Autokatalyse bringen verschiedene RNA-Varianten hervor, die in einer RNA-Welt um Bausteine konkurrieren. Im Reagenzglas lässt sich eine Selektion von RNA-Molekülen tatsächlich beobachten. RNA kann später als einfache Matrize für Aminosäuren gedient haben und die Zusammenarbeit von Proteinen und Nucleinsäuren wurde schließlich in membranumhüllten Bläschen verbessert. So könnte es gewesen sein – letztlich bleibt die Entstehung des Lebens aber im Bereich wissenschaftlicher Spekulation.

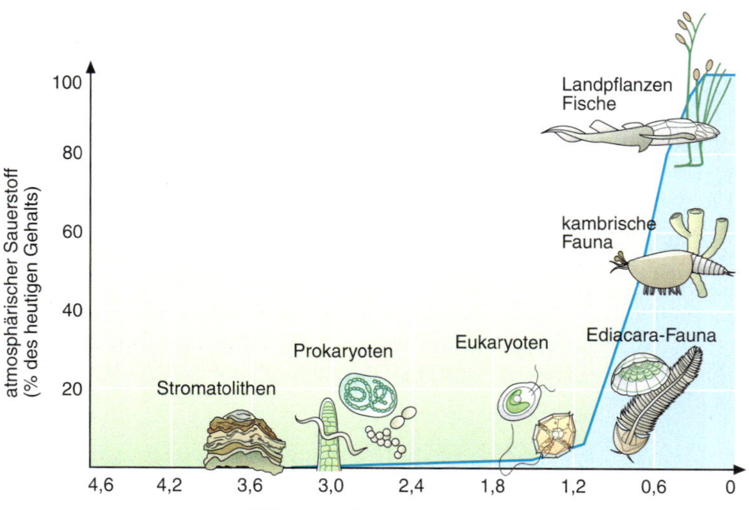

1 Zunahme des atmosphärischen Sauerstoffs

In der Ursuppe ernährten sich die ersten Urzellen anaerob von dort vorhandenen organischen Molekülen, vielleicht auch von weniger erfolgreichen Urzellen, es waren also *heterotrophe Protocyten*. Zwangsläufig verknappten die organischen Rohstoffe und begünstigten Zellen, die ihren Energiebedarf aus anorganischen Stoffen oder mit dem Licht der Sonne decken konnten.

Die „Erfindung" der Fotosynthese brachte die entscheidende Wende in der Geschichte des frühen Lebens. *Autotrophe Zellen*, die den noch heute existierenden Cyanobakterien ähnelten, sind die ältesten nachgewiesenen *fossilen Zellen*. Sie stammen aus 3,5 Mrd. alten Sedimentgesteinen, den sogenannten Teppichsteinen *(Stromatolithen)*. Diese bestehen aus teppichartigen Kolonien von Cyanobakterien und anderen Bakterien, zwischen denen sich Sedimente verfingen. Durch die Fotosynthese der Cyanobakterien entstand Sauerstoff als Abfallprodukt. Das war für viele anaerobe Urzellen eine Umweltkatastrophe, denn der oxidativen Wirkung hielten ihre organischen Bestandteile nicht stand. Allmählich entstand aus der anaeroben Uratmosphäre die Luft in ihrer heutigen Zusammensetzung (Abb. 1). Es entwickelten sich andere heterotrophe Prokaryoten, die den Sauerstoff für aerobe Stoffwechselwege mit hoher Energieausbeute nutzten.

Aufgaben

① Beschreiben Sie den Urey-Miller-Versuch (Abb. 340.1) und seinen Modellcharakter für die Entstehung organischer Verbindungen in der Uratmosphäre.

② Anaerobe Bakterien findet man heute beispielsweise im Faulschlamm. Begründen Sie das Vorkommen.

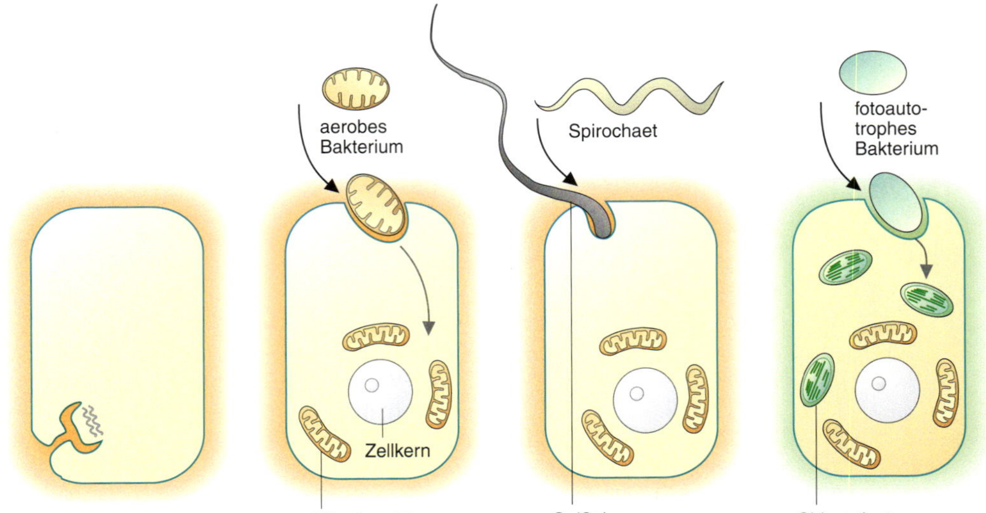

1 Endosymbiontentheorie

Endosymbiontentheorie: Eukaryoten entstehen

Endosymbiose
gr. *endo* = innen
gr. *symbiosis* = Zusammenleben

Form der Symbiose, bei der der Symbiont innerhalb des Wirtsorganismus lebt

Das Leben auf dem Planeten Erde war allein von Prokaryoten beherrscht, bis vor rund 2 Mrd. Jahren die ersten Eukaryoten auftraten. Wie der neue Zelltyp der Eucyte mit Zellkern, Plastiden und Mitochondrien aus dem ursprünglichen Zelltyp Protocyte entstand, ist weder fossil noch durch Übergangsformen belegt (▶ Geschichte und Verwandtschaft S. 362).

Daher ist man auf Hypothesen angewiesen, die sich auf cytologische Besonderheiten der Plastiden und Mitochondrien gründen:
- Plastiden und Mitochondrien haben zwei Biomembranen, dabei ähnelt die innere Membran der Protocyten-Membran, die äußere ist eine typische Eucyten-Membran.
- Sie verfügen über eigene Ribosomen, die sich deutlich von denen des Zellplasmas unterscheiden, aber mit denen von Prokaryoten übereinstimmen.
- Sie können sich selbstständig durch Teilung vermehren, denn sie besitzen eine eigene DNA, die wie die der Prokaryoten histonfrei, ringförmig geschlossen und haploid ist.
- Ihre Proteinbiosynthese wird durch dieselben Antibiotika gehemmt wie bei Prokaryoten.
- In Chloroplasten findet man das gleiche Chlorophyll wie in Cyanobakterien.

Es liegt nahe, dass die Gemeinsamkeiten zwischen den Eukaryoten-Organellen und den Prokaryoten auf eine phylogenetische Verwandtschaft zurückzuführen sind.

Die *Endosymbiontentheorie* besagt: Vorläufer der Eukaryoten umschlossen Prokaryoten wie bei der Phagocytose mit einem Membranbläschen und nahmen sie in ihre Zelle auf. Aufgenommene Bakterien wurden nicht verdaut, sondern blieben intakt und entwickelten sich zu Mitochondrien, aufgenommene Cyanobakterien zu Plastiden. Die Eukaryoten profitieren von den Stoffwechselprodukten ihrer Endosymbionten, diese von der konkurrenzarmen, ressourcenreichen neuen Umwelt. Tatsächlich kennt man heute noch lebende Einzeller mit endosymbiontischen Cyanobakterien. Unklar bleibt die Entstehung des diploiden Zellkerns. Man vermutet, dass die ersten Eukaryoten doppelkernig waren und das genetische Material mit ER-Membranen umgaben. Noch heute gibt es einfache doppelkernige Einzeller (s. Randspalte).

Die Eucyte ist also eigentlich ein Mosaik von Zellen mit unterschiedlicher taxonomischer Herkunft. Neue Arten entstehen also nicht nur durch die Aufspaltung von Arten, sondern auch durch deren Kombination – die Zweige eines Stammbaumes können unter bestimmten Bedingungen zusammenwachsen. Symbiosen können ein Motor der Evolution sein, denn sie vergrößern wie Mutation und Rekombination die Vielfalt.

Aufgabe

① Nennen Sie weitere Beispiele für die Entstehung neuer taxonomischer Gruppen durch die Kombination von Arten.

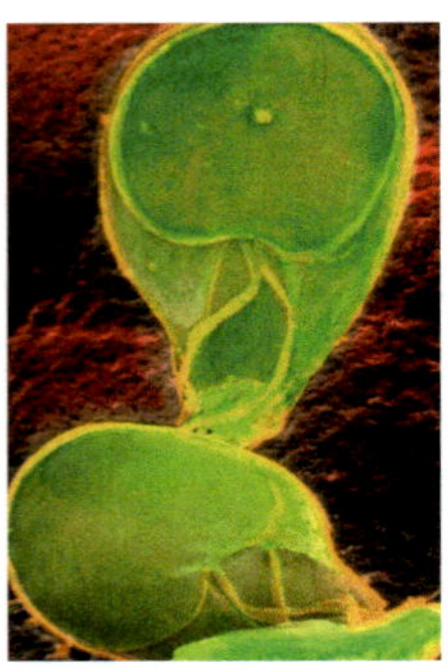

Diplomonaden

Mehrzeller entstanden mehrmals in der Evolution

Die Evolution der Lebewesen liest sich wie eine Liste von Erfindungen eines Patentamtes. Nach der Entwicklung der Fotosynthese durch die Prokaryoten und der Bildung der Eucyte als zusammengesetzter Superzelle wird sie durch weitere *Kompartimentierung* komplexer und leistungsfähiger: Das Zellvolumen einer Eucyte ist etwa 40-mal so groß wie das einer Protocyte, die Zelloberfläche ist dagegen relativ klein. Der Stoffaustausch über die Zellmembran reicht nicht mehr aus, um das Cytoplasma zu versorgen. Innerhalb der Zelle werden die Transportwege für Diffusion zu lang. Eucyten vergrößern die innere Oberfläche auf das Fünfzigfache, indem sie aus Membranen Einstülpungen, Falten und Röhren bilden, die als neue Verteiler dienen. Außerdem wird der große Zellkörper durch ein Cytoskelett aus Proteinfilamenten gestützt (▶ Kompartimentierung S. 352).

Die eukaryotischen Einzeller *(Protisten)* ernährten sich sehr unterschiedlich. Manche konnten die Ernährungsweise offenbar auch je nach Umweltbedingungen wechseln. In nährstoffreicher Umgebung gaben einige Zellen Enzyme ab und nahmen dann die gelösten Stoffe wieder auf, sie waren die Vorfahren der heutigen *Pilze*. Dies war aber nicht die einzige Form heterotropher Ernährung. Die Aufnahme fester Nahrungsbestandteile und Beweglichkeit führte zur Evolution der *Tiere*. Verschiedene autotrophe Formen entstanden möglicherweise allein schon durch die Aufnahme von verschiedenen autotrophen Zellen als Endosymbionten. Das könnte die vielfältigen Plastidentypen der heutigen Rotalgen, Braunalgen und Grünalgen erklären. Aus Grünalgen entwickelten sich letztlich die *Pflanzen*.

In allen Fällen sind der Größe von Einzellern Grenzen gesetzt, denn eine bestimmte Kern-Plasma-Relation (s. Seite 30) darf nicht unterschritten werden, damit der Zellkern den Zellstoffwechsel steuern kann. Die Entwicklung der *Mehrzelligkeit* erfolgte offenbar mehrmals konvergent bei Tieren, Pilzen, Algen und Pflanzen. Mehrzelligkeit entstand erst gegen Ende des Präkambriums, vor etwa 700 Mio. Jahren. Um diese Zeit gingen die Stromatolithen stark zurück und wurden von Mehrzellern am Meeresboden verdrängt *(Ediacara-Fauna*, Abb. 1).

Es gibt prinzipiell zwei Möglichkeiten für die Entstehung von Mehrzellern: Einzelne Zellen einer Art können gezielt zusammenkommen und nachträglich mit einer Matrix verkleben, es entstehen *Aggregationskolonien.* Schon Cyanobakterien, also prokaryotische Lebewesen, bilden so lange Fadenkolonien. Unter den Eukaryoten erreichen die Schleimpilze so Mehrzelligkeit. Die andere Möglichkeit besteht darin, dass Tochterzellen nach der Zellteilung zusammenbleiben und sogenannte *Zellteilungskolonien* bilden, wie sie von der kugelförmigen Grünalge Volvox bekannt sind (s. Seite 27). Diese zweite Variante erlaubt, dass eine Zellverbindung zwischen den Tochterzellen erhalten bleiben kann und sich übergeordnete Steuersysteme entwickeln können. Die Zellen übernehmen unterschiedliche Aufgaben, es ist also eine *Differenzierung* innerhalb des Mehrzellers möglich.

Eine für die Evolution besonders bedeutsame Entwicklung war die Entstehung der *sexuellen Fortpflanzung,* also die Differenzierung von Keimzellen und Körperzellen. Die Rekombination des genetischen Materials durch Meiose und Befruchtung ermöglichte in den folgenden Erdzeitaltern eine enorme Artenvielfalt (s. Seite 120).

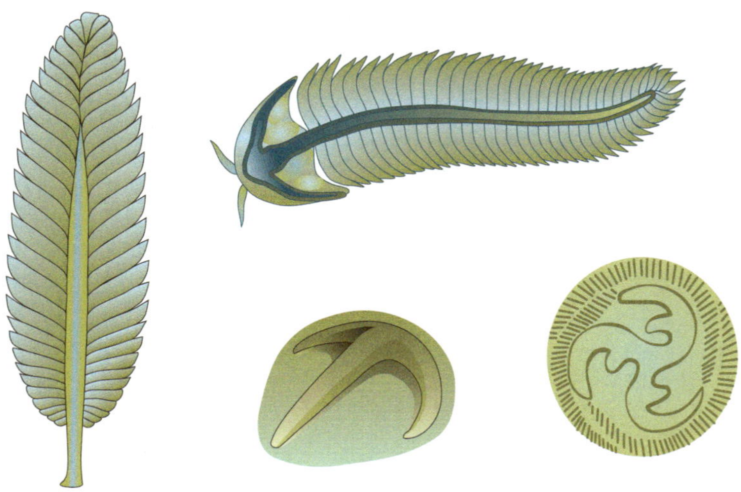

1 Ediacara-Fauna

Aufgaben

① Die Grünalge Volvox gilt als besonders einfacher Mehrzeller (s. Seite 27). Beschreiben Sie Bau und Organisation dieser kugelförmigen Alge.

② Gibt es nach phylogenetischen Gesichtspunkten eine systematische Gruppe der „Mehrzeller“? Begründen Sie.

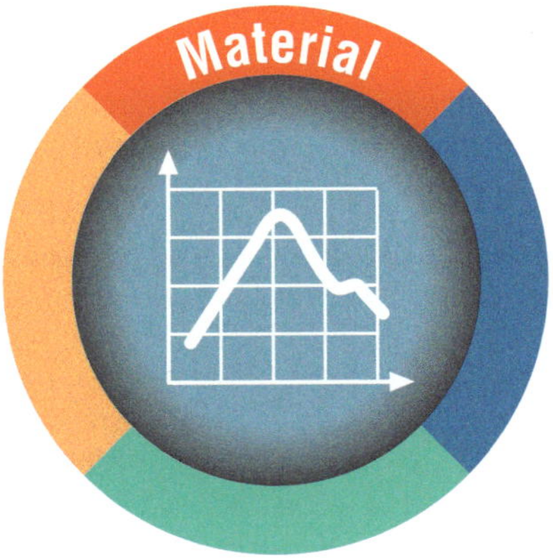

Evolution oder Kreation

Biblische Aussagen zur Schöpfung

Texte zur Schöpfung bilden den Rahmen für das zentrale Anliegen, nämlich das Schicksal Israels und das Wirken Jesu. Die Bibel beginnt mit zwei Darstellungen zur Schöpfung und schließt mit der visionären Schilderung vom Ende der Welt. In diesem Zusammenhang finden sich wiederum zahlreiche Hinweise auf die Schöpfermacht Gottes, um seine Autorität zu untermauern.

„Im Anfang schuf Gott Himmel und Erde, die Erde aber war wüst und wirr, Finsternis lag über der Urflut und Gottes Geist schwebte über dem Wasser.“ (Genesis 1, 1,2) „Dann sprach Gott: Das Land lasse junges Grün wachsen, alle Arten von Pflanzen, die Samen tragen und von Bäumen, die auf der Erde Früchte bringen mit ihren Samen darin... Gott sah, dass es gut war.“ (Genesis 1, 11,12)... „Dann sprach Gott: Das Land bringe alle Arten von lebendigen Wesen hervor. „(Genesis 1, 24)... „Dann sprach Gott: Lasst uns Menschen machen als unser Abbild, uns ähnlich. Sie sollen herrschen...“ (Genesis 1, 26)

Im Anfang war das Wort, und das Wort war bei Gott,... Alles ist durch das Wort geworden und ohne das Wort wurde nichts , was geworden ist. In ihm war das Leben, und das Leben war das Licht der Menschen... (Evangelium nach Johannes 1, 1 – 3)

„Durch den Glauben erkennen wir, dass die Welt durch Gottes Wort gemacht ist.“ (Hebräerbrief 11,3)
„Und dann sah ich einen neuen Himmel und eine neue Erde; denn der erste Himmel und die erste Erde sind vergangen, auch das Meer ist nicht mehr. (Offenbarung des Johannes, 21, 1)

Theologische Aussagen

Die naturwissenschaftliche und die religiöse Betrachtung stellen zwei unterschiedliche Zugänge zur Wirklichkeit dar. Die Naturwissenschaftler beschreiben aufgrund von Beobachtungen und logischen Schlüssen eine Theorie über die Entstehung der Arten. Die moderne Theologie geht historisch-kritisch an die biblischen Texte heran. Sie möchte die religiöse Bedeutung der biblischen Aussagen vor dem Hintergrund ihrer Entstehungsgeschichte jeweils zeitgemäß formulieren. Sehr stark vereinfacht sagt die christliche Theologie: Der Glauben an einen Schöpfergott schließt die Hoffnung mit ein, dass das Leben des Menschen als Stellvertreter Gottes einen Sinn hat.

„Zunächst einmal müssen wir eine früher herrschende Auffassung korrigieren, nach der die Bibel nur eine, ein für allemal feststehende Vorstellung von dem Vorgang der Schöpfung kenne und die Bejahung dieser einen Vorstellung identisch mit dem Glauben an den Schöpfer sei ...” – „Gott als Schöpfer anzuerkennen und nach den Anfängen wissenschaftlich zu fragen, das schließt sich ...nicht aus. Das Nebeneinander der verschiedenen Schöpfungsberichte innerhalb der Bibel macht deutlich: Die Frage, wie Gott die Welt geschaffen hat, ist keine Glaubensfrage.” *Evangelischer Erwachsenenkatechismus*

„Ein rechtschaffen in der Schöpfung verstandener Glaube und eine rechtschaffen aufgefasste Evolutionslehre behindern sich nicht. Die Evolution setzt ja die Schöpfung voraus; die Schöpfung zeigt sich im Lichte der Evolution wie ein Ereignis, das sich über die Zeit erstreckt – wie eine creatio continua, in der dem Gläubigen Gott als Schöpfer des Himmels und der Erde sichtbar wird.” *Johannes Paul II.*

„Naturwissenschaftler analysieren Wirkweisen, Religionen suchen nach Sinn und Zweck des Lebens.... . Sie überliefert Antworten früherer Generationen. Deren Schöpfungsgeschichten sagen die Welt sei aus der Liebe Gottes hervorgegangen. Alles was geschieht habe einen Sinn. Die Fragen von Glauben und Naturwissenschaft sind so unterschiedlich, dass sich ihre Antworten nicht wirklich widersprechen können. (Burkhard Weitz in Chrismon)

„Die überragende Stellung des Menschen über der ganzen Kreatur beruht also gerade nicht auf seiner höheren Geburt, sondern einzig und allein auf dem einzigartigen Verhältnis, in das Gott zu ihm tritt.“ (K. Heim, Theologe)

Kreationistische Aussagen

Der aus den USA kommende Kreationismus (lat. creatio = Schöpfung) hält an den wortwörtlichen Aussagen der Bibel fest. Daher fordert er, dass vor ca. 6000 Jahren in einem Zeitraum von 6 Tagen Himmel und Erde geschaffen wurden.

„Ich glaube, dass die Bibel das inspirierte Wort Gottes ist und dass wir sie wörtlich zu verstehen haben.“
(Till Biskup)

„Der gravierendste Unterschied ist wohl der, dass sich die Basissätze der Evolution nicht beweisen lassen, wohingegen sich die Basissätze, die der Bibel entnommen sind, praktisch erleben lassen. .... Das erste, was beim Lesen des biblischen Schöpfungsberichte auffällt, ist die absolute Sicherheit über die Richtigkeit der dort erwähnten Vorgänge. Wenn man einen Text zur Evolution liest, findet man bei jedem neuen Gedankengang Begriffe wie „vermutlich", „möglicherweise", usw." (B. SCHEURER, Christus Gemeinde München)

„Im direkten Gegensatz zu all den Versuchen, den Ursprung der Erde durch natürliche Prozesse zu erklären, sagt die Bibel, dass Gott alle Dinge auf übernatürliche Weise schuf. ... Das bedeutet, dass sie vom menschlichen Verstand nur durch spezielle Offenbarung begriffen werden kann. Nur Gott kann uns sagen, wie die Welt entstand, denn kein Mensch war dabei, als sie geschaffen wurde." (J. C. WHITCOMB)

Antipositionen zum Kreationismus

„Der Kreationismus argumentiert in der Regel naturwissenschaftlich, solange die Karten (scheinbar) günstig liegen und zieht sich auf seinen Biblizismus zurück, wenn es eng wird. Der Kreationismus will Wissenschaft sein und doch nicht sein." (HANSJÖRG HEMMINGER, Zentralstelle für Weltanschauungsfragen in Stuttgart)

„Unerträglich ist die Arroganz der Dummheit, denn sie wurzelt in der selbstgefälligen Zufriedenheit, die sich einstellt, wenn man sich gegenüber den ... Tatsachen verschließt. Ein klassisches Beispiel für die Arroganz von Ignoranten ist der Kampf der christlichen Fundamentalisten gegen die Evolutionslehre." (WILLIAM V. MEYER, NASA)

„Die Wissenschaft hat Beweise ohne Sicherheit. Der Kreationismus hat Sicherheit ohne Beweise". (AHLEY MONTAGU)

Aussagen des Intelligent Designs

„Intelligent Design Theorien" akzeptieren die Evolution als eine Tatsache, sehen aber dahinter die ordnende Absicht eines Schöpfers. Der Beginn des Lebens und die Bildung großer systematischer Gruppen wird durch göttliches Eingreifen erklärt. Nach der „Grundtyp-Forschung" wurden in der „Schöpfungswoche" nicht alle Lebewesen erschaffen, sondern nur Grundtypen, aus denen sich die anderen Lebensformen entwickelten.

„Experimente und Freilandbeobachtungen haben gezeigt, dass innerhalb von Grundtypen sehr wohl neue Arten durch natürliche Prozesse entstehen können. Artbildungsvorgänge sind jedoch meistens mit Spezialisierung verbunden (zum Beispiel durch Anpassung an spezielle Umweltbedingungen) und haben nichts mit Makroevolution zu tun. Das heißt: Solche Vorgänge bewegen sich innerhalb des Grundtyprahmens, so dass man sagen kann: Die Entstehung neuer Grundtypen wurde bisher nicht nachgewiesen." „Biochemische Vorgänge, die Basisfunktionen von Lebewesen aufrecht erhalten, sind zum Teil so komplex verknüpft, dass die Abwesenheit nur eines Elements zum Totalzusammenbruch führt. Solche Strukturen können nicht schrittweise entstanden sein und die Anzahl der bekannten Systeme und ihre Komplexität schließen jeden Zufall aus." (REINHARD JUNKER)

„Die Intelligent-Design-Theorien sind dagegen eine „mildere" Form des Kreationismus und verlagern den Schöpfungsakt weiter in die Vergangenheit zurück. Es wird anerkannt, dass die Schöpfungsarten („Grundtypen") nicht synchron erschaffen wurden, wie der Kreationismus behauptet, sondern – im Einklang mit den paläotonlogischen Formenreihen – sukzessive entstanden sind. Insgesamt wird versucht die Erkenntnisstrategie der Wissenschaft gegen einen ... „god of gaps" einzutauschen." (MARTIN NEUKAM)

Naturwissenschaftler

„In der ersten Ausgabe meiner „Entstehung der Arten" ließ ich es bei der Andeutung bewenden, dass durch dieses Werk Licht verbreitet würde auch über den Ursprung des Menschen und seine Geschichte. Darin lag eingeschlossen, dass der Mensch hinsichtlich seines Erscheinens auf der Erde den selben allgemeinen Schlussfolgerungen unterworfen sei wie jedes andere Lebewesen." (CHARLES DARWIN)

„Bei der biologischen Evolution geschieht nichts, was es nötig machen würde, übernatürliche Kräfte oder noch nicht entdeckte physikalische Gesetze zu Hilfe zu rufen." (ERNST MAYR, Evolutionsbiologe)

„Der Mensch steht allein im Universum, als einzigartiges Produkt eines langen, unbewussten, unpersönlichen materiellen Vorgangs, mit einzigartigen Fähigkeiten des Verstandes und Möglichkeiten der Entwicklung. Diese verdankt er niemanden außer sich selbst. Er ist daher nur sich selbst verantwortlich.
Er ist nicht das Geschöpf unbeherrschbarer und unbestimmter Mächte, sondern sein eigener Herr. Er kann und muss sein eigenes Schicksal entscheiden und lenken. (G. SIMPSON, Paläontologe)

„ ... wir sagen, wenn Gott das Leben geschaffen hat, dann hat er es nach den Regeln der Naturgesetze getan. Er wird keine Naturgesetze hervorbringen, um sie dann wieder zu umgehen. Also muss sich die Entstehung des Lebens irgendwie erklären lassen. Wir stellen also nicht die Frage, ob Gott es war oder ob es Gott gibt, sondern wir schauen uns an, wie die Lebensprozesse ablaufen." (MANFRED EIGEN, Nobelpreisträger)

„Ich finde Gott in meinen Forschungen, aber nur, weil er mich schon zuvor gefunden hat. Er schenkte mir, dass ich an ihn glaube, und dieser Glaube bestimmt mein ganzes Leben und besonders meine Forschung. Ich habe nie versucht, ihn durch Forschen zu finden." (PATER G. V. COYNE, Direktor der Sternwarte des Vatikan)

Aufgaben

① Fassen Sie die Positionen der Theologen, der Kreationisten, des Intelligent-Design und der Naturwissenschaftler zur Frage „Schöpfung oder Evolution?" zusammen.
② Erklären Sie die verschiedenen zitierten Positionen in Zusammenhang mit den Grundannahmen, auf die sie sich stützen.
③ Ordnen Sie die Zitate auf dieser Seite den Aussagen von MONTAGU zu und begründen Sie ihre Zuordnung.
④ Interpretieren Sie die Karikatur von Darwin.
⑤ Erklären Sie, was NEUKAM mit „God of gaps" meint.
⑥ Vergleichen Sie die naturwissenschaftliche Methode der Theoriebildung (s. Seite 304) mit der Vorgehensweise, mit der die Kreationisten ihre Aussagen gewinnen.

Erdurzeit (Präkambrium)	Erdaltertum (Paläozoikum)				
3500 Millionen Jahre	543	490	443	417	354

Präkambrium

Im **Präkambrium** vor 3,5 Milliarden Jahren bilden Cyanobakterien *Stromatolithen*. 1,5 Milliarden Jahre später treten erste eukaryotische *Einzeller* auf; es handelt sich um Planktonalgen mit komplizierten Zellwänden. Fremd und skurril erscheinen uns die ersten *Vielzeller (Ediacara-Fauna)*. Manche sind offensichtlich Vorläufer der Tiere, andere scheinen weder Tier noch Pflanze zu sein, sondern erloschenen Gruppen anzugehören. Weder Maul noch After sind zu finden. Sie leben im Wasser schwebend oder als Matten auf dem Sediment, genährt durch symbiontische Mikroben oder durch im Wasser gelöste Nährstoffe.

Kambrium

Im **Kambrium** ist das Leben im Meer reich entwickelt, das Festland dagegen weitgehend unbesiedelt. Fossil überliefert sind *Wirbellose*, z. B. Trilobiten, Stachelhäuter, Weichtiere und Chordatiere, die vielleicht als Schutz vor räuberischen Arten Schalen und Skelette ausgebildet haben. Von ihnen wird viel Karbonat gebildet und abgelagert. Das Kambrium ist eine Phase besonders starker Artaufspaltung, viele der neuen Arten sterben noch im Kambrium wieder aus. Auf der Südhalbkugel liegt der Großkontinent *Gondwana*, im Norden kleinere Kontinente.

Ordovicium

Im **Ordovicium** sind alle noch heute bekannten Stämme der Meerestiere vorhanden. Besonders die *Weichtiere* (Schnecken, Muscheln und Tintenfische) entfalten sich arten- und individuenreich. Unter den Tintenfischen hat sich bis heute *Nautilus* als lebendes Fossil gehalten. Es bilden sich erste Korallenriffe an der Küste. Kalk bildende *Grünalgen* dringen bis in das Brackwasser vor. Das Ordovicium endet mit einem ersten Massenaussterben.

Silur

Im **Silur** besiedeln erste Pflanzen das Festland. Es sind einfach gebaute Nacktfarne *(Psilophyten)* mit einem Verdunstungsschutz gegen Austrocknung, Leitgeweben zum Wassertransport und Festigungsgeweben für eine aufrechte Gestalt. *Tausendfüßer* und *Skorpione* folgen den Pflanzen an Land. In den Meeren entfalten sich die Wirbeltiere in Form verschiedener Fischklassen.

Devon

Im **Devon** treten *Insekten* auf und die *Wirbeltiere* erobern Landlebensräume (mit Bärlappen und Farnen). Die Dachschädler *(Ichthyostega)* gelten als *Brückentier* zwischen Fischen und Amphibien. Sie bewegen sich auf vier Beinen, besitzen einen Verdunstungsschutz aus Knochenplatten und atmen mit Kiemen und Lungen.

Karbon

Im **Karbon** entstehen Sumpfwälder aus baumhohen *Farnen, Schachtelhalmen* und *Bärlappen*, deren Reste wir heute als *Steinkohle* kennen. *Rieseninsekten* erobern den Luftraum. Kollisionen der Großkontinente führen zur Gebirgsbildung, Gondwana vereist.

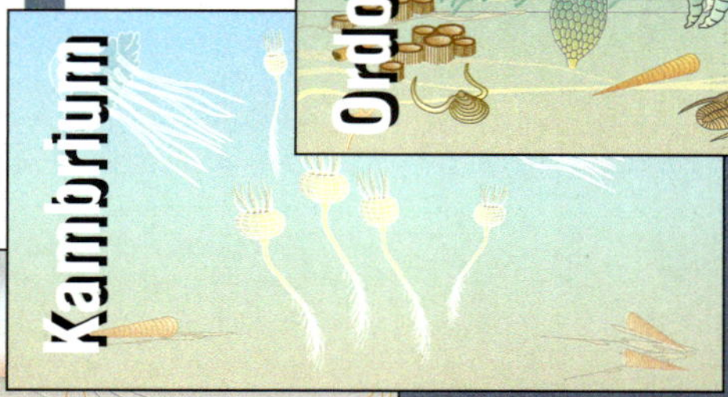

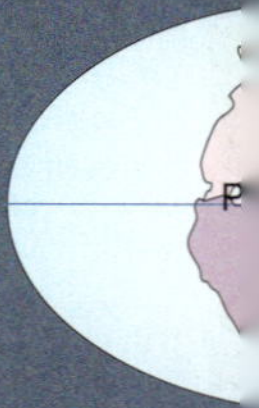

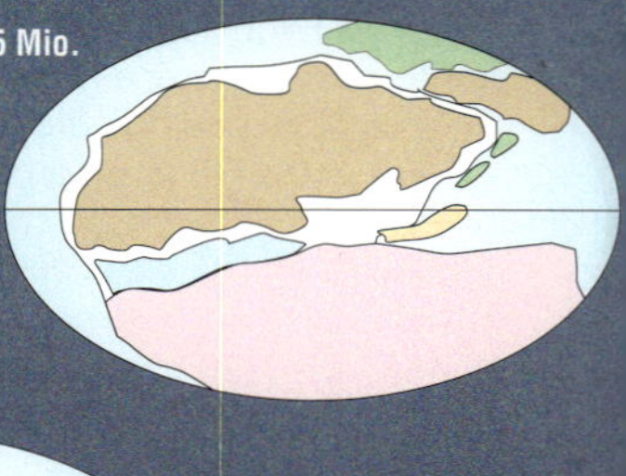
vor 335 Mio. Jahren

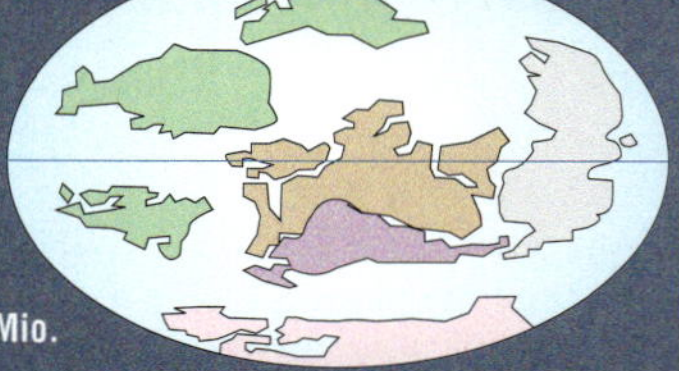
vor 550 Mio. Jahren

	Erdmittelalter (Mesozoikum)			Erdneuzeit (Neozoikum)	
290	248	206	144	65	1,6

Perm

Im **Perm** entfalten sich *Reptilien*; sie sind landlebenden Amphibien durch innere Besamung und beschalte Eier überlegen. *Samenpflanzen* verdrängen *Sporenpflanzen*, es gibt Käfer und Schmetterlinge. Der Superkontinent *Pangaea* entsteht. Das Perm endet mit einem Massenaussterben.

Trias

Im **Trias** beherrschen Reptilien Meer, Land und Lüfte, darunter sind sehr große Arten wie die *Dinosaurier*. Aus einer alten Reptiliengruppe entwickeln sich die ersten *Säugetiere*. Bei den Landpflanzen dominieren *Farne, Ginkgos* und *Nadelbäume*. Auch das Trias endet mit einem Massenaussterben.

Jura

Im **Jura** erscheinen die Vorfahren der Vögel *(Archaeopteryx)*, weiterhin sind *Reptilien* die vorherrschende Tiergruppe. Neben den Nadelbäumen gibt es erste *Laubbäume*. Im Meer entfalten sich Gehäuse-Tintenfische *(Ammoniten* und *Belemniten)*, außerdem leben dort *Knochenfische* und *Meeresreptilien*. Die Ozeane dehnen sich aus und überfluten große Teile des heutigen Eurasiens.

Kreide

In der **Kreide** leben viele kalkhaltige, riffbildende Meerestiere, die fossil als Schreibkreide erhalten bleiben. Vermutlich löst der Einschlag eines Meteoriten eine weltweite Umweltkatastrophe aus: Staub verdunkelt den Himmel und lässt die Erdtemperatur sinken. Ammoniten, Belemniten, Dinosaurier und viele Reptiliengruppen sterben aus. Das Tethys-Meer teilt *Pangaea* in den Südkontinent *Gondwana* und den Nordkontinent *Laurasia*.

Tertiär

Im **Tertiär** entwickeln sich bei warmem bis tropischem Klima vielfältige *Säugetier-* und *Vogelarten*. Die *Radiation der Säugetiere* führt relativ schnell zur Bildung neuer Ordnungen, wie Nagetiere, Primaten, Fledermäuse, Wale oder Robben. Pflanzliche Ablagerungen vertorfen und bilden *Braunkohle*. Blütenpflanzen entfalten sich in einer Koevolution mit den Insekten. Die Lage der Kontinente nähert sich der heutigen Verteilung, Meeresströmungen ändern sich und der Meeresspiegel schwankt stark. Es entstehen die heutigen Flusssysteme und Gebirge.

Quartär

Im **Quartär** breitet sich die Gattung *Homo* auf allen Kontinenten aus. Das Klima im Quartär ist geprägt durch den Wechsel von *Eis-* und *Warmzeiten*. Im Eiszeitalter verdrängen Inlandvereisungen besonders auf der Nordhalbkugel die subtropische Lebenswelt. An Kälte angepasste Tiere wie das *Mammut* tauchen auf. In der Nacheiszeit kehren die durch die Kälte vertriebenen Arten teilweise in die eisfreien Gebiete zurück. Es entwickeln sich allmählich die heutigen Vegetationsverhältnisse. Durch wachsende Bevölkerungszahlen und technische Entwicklung greift der Mensch nachhaltig in die Biosphäre ein.

Perm
vor 290 Mio. Jahren

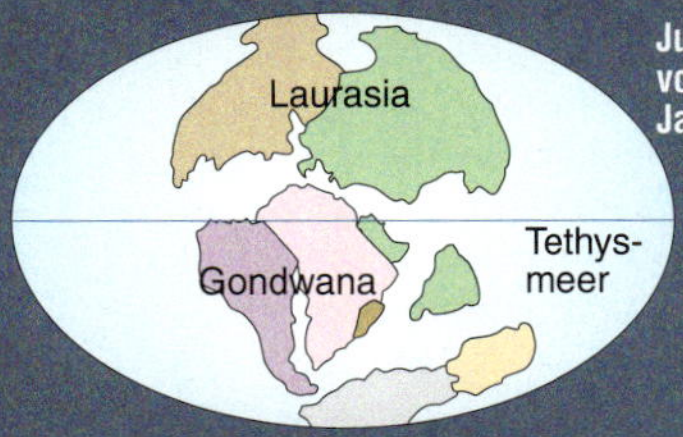

Jura
vor 205 Mio. Jahren

Heute
seit 1,6 Mio. Jahren

Basis Konzepte

Struktur und Funktion

Lebewesen zeichnen sich unter anderem dadurch aus, dass die meisten Strukturen und Lebensprozesse eine funktionale Bedeutung haben. Sieht man eine Vogelfeder oder eine Blüte, ist die Frage nach der biologischen Funktion sinnvoll. Betrachtet man Salzkristalle oder Gesteinsformationen, ist dies nicht der Fall. Den Zusammenhang von Struktur und Funktion gibt es in der Natur nur bei den Lebewesen. Er lässt sich durch den Evolutionsprozess, dem die Organismen unterliegen, erklären und anhand verschiedener Prinzipien erkennen.

Bausteinprinzip

Makromoleküle sind meist aus identischen oder ähnlichen Grundeinheiten zusammengesetzt: Einfachzucker, Aminosäuren und Nucleotide legen die zum Teil hochspezifische Struktur der Polysaccharide, Proteine und Nucleinsäuren fest. Kleinste Veränderungen können dazu führen, dass bestimmte Funktionen nicht mehr möglich sind. Umgekehrt können aber auch Kombinationen von ähnlichen Grundbausteinen nach geringfügigen Abwandlungen völlig andersartige Funktionen wahrnehmen. Beispiele sind das Porphyrinsystem im Häm, Cytochrom und Chlorophyll oder ATP als Energieträger bzw. in der AMP-Form als Bestandteil der DNA oder RNA.

Schlüssel-Schloss-Prinzip

Jeder Organismus verfügt über eine Vielzahl von Molekülen, die eine spezifische Struktur besitzen. Sie treten mit räumlich passenden Molekülen in *Wechselwirkung*. Dieses *Schlüssel-Schloss-Prinzip* gilt beispielsweise für die Passung zwischen Enzym und Substrat sowie für die Bindung von Transmittern an ihre Rezeptormoleküle. Die Passgenauigkeit der betreffenden Molekülpartner lässt sich auf Aufbau, Form und die Verteilung der elektrischen Ladungen zurückführen. Sie bedingen die Spezifität der Wechselwirkungen.

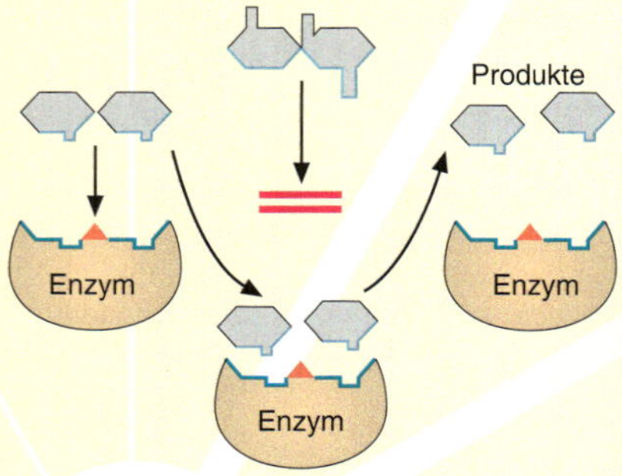

Schlüssel-Schloss-Prinzip

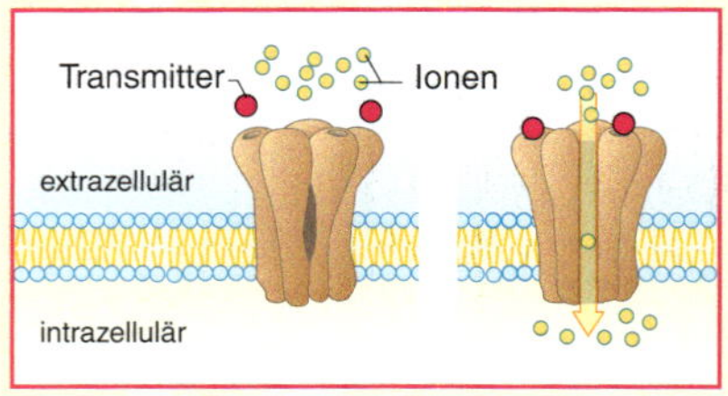

Bausteinprinzip

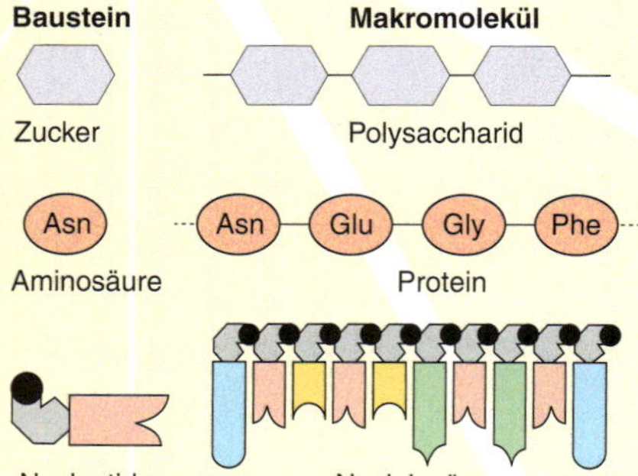

Porphyrinring

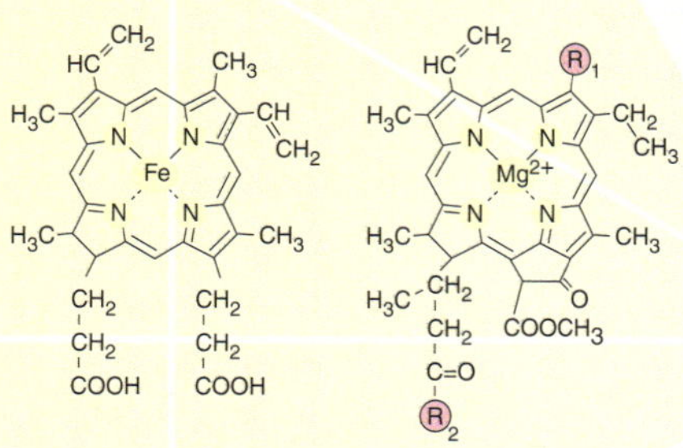

Abwandlungsprinzip

Alle Organismen bestehen aus Zellen. Sie sind die kleinsten lebens- und vermehrungsfähigen Einheiten und zeigen ähnliche Grundbaupläne. Unterschiedliche Differenzierung führt zu vielfältigen Variationen. So verdeutlicht der Bau der Nervenzelle anschaulich ihre Funktion. Strukturen können aber auch so abgewandelt sein, dass sie trotz eines ursprünglich unterschiedlichen Aufbaus gleichartige Aufgaben wahrnehmen *(analoge Organe)*.

Abwandlungsprinzip

● Zusammenhänge denken ● Zusammenhänge erkennen ● Zusammenhänge erarbeiten

Prinzip des Gegenspielers

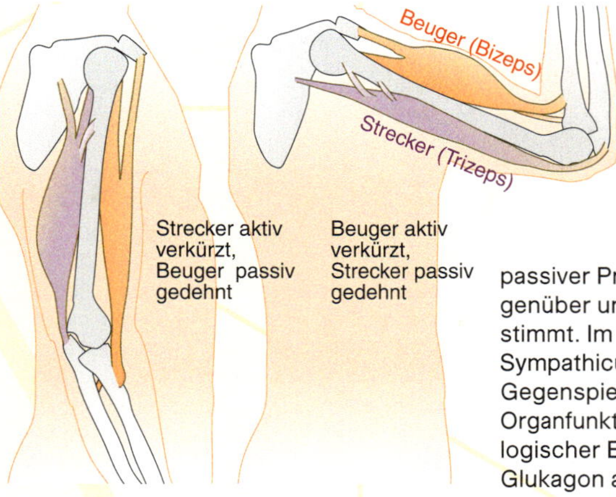

Prinzip des Gegenspielers

Beuge- und Streckmuskeln oder Muskel und dehnbare Sehne sind Antagonisten, durch deren Wechselwirkung Bewegungen möglich werden. Vergrößerung und Verkleinerung der Pupille durch die Irismuskulatur folgt ebenso dem antagonistischen Bewegungsprinzip. Kontraktion als aktiver Prozess und Dehnung als passiver Prozess stehen einander gegenüber und sind aufeinander abgestimmt. Im Nervensystem findet man Sympathicus und Parasympathicus als Gegenspieler bei der Steuerung von Organfunktionen, auf stoffwechselphysiologischer Ebene wirken z. B. Insulin und Glukagon antagonistisch.

Gegenstromprinzip

Gegenstromprinzip

Dieses Prinzip dient der Rückführung oder Konzentrierung von Stoffen oder Wärme. Es arbeitet auf der Basis der Diffusion bzw. Wärmeleitung und wird durch einen möglichst steilen Gradienten zwischen den Transportmedien aufrechterhalten. Ein Beispiel: Aus peripheren Bezirken zurückfließendes, kaltes Blut umfließt in venösen Gefäßnetzen die zu diesen Bezirken führenden Arterien. Das arterielle Blut wird abgekühlt, das venöse angewärmt. So erreicht die Gans auf dem Eis in den Füßen fast den Gefrierpunkt und verliert dabei nur wenig Wärmeenergie.

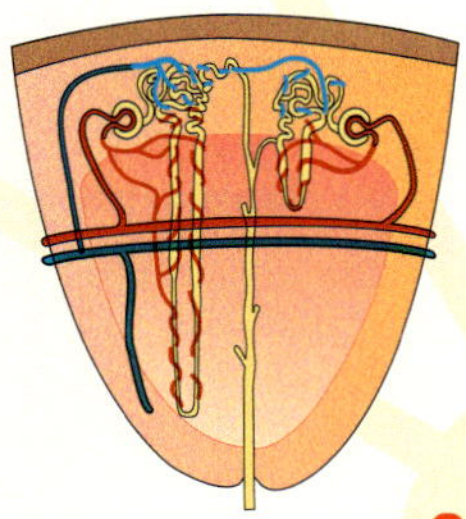

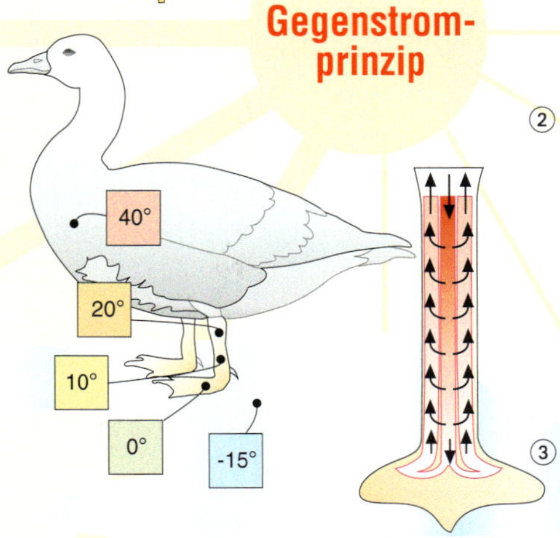

Oberflächenvergrößerung

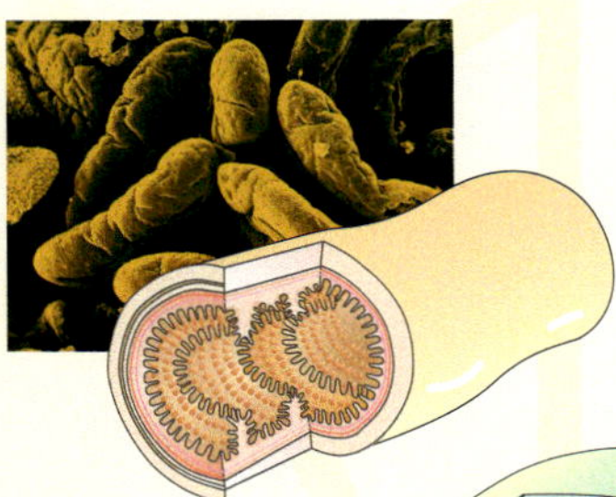

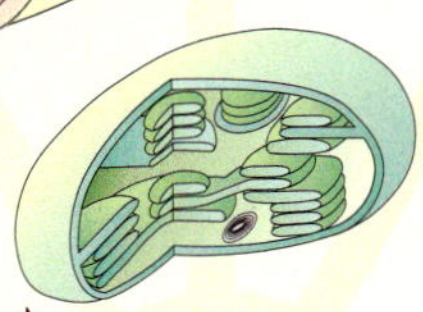

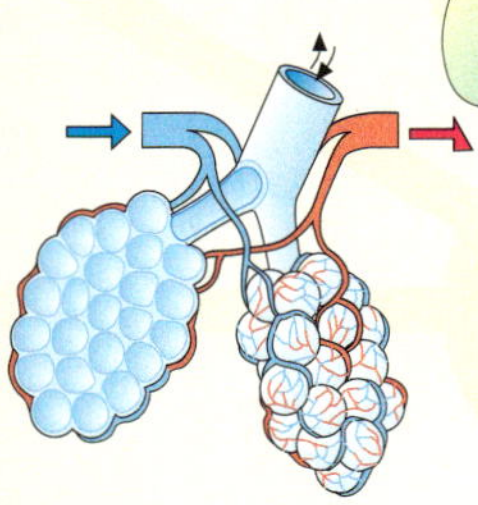

Prinzip der Oberflächenvergrößerung

Die innere Membran von Mitochondrien und Chloroplasten enthält Enzyme in einer festen räumlichen Anordnung. Diese Membran ist bei beiden Organellen stark gefaltet. Dadurch wird die Membranfläche beträchtlich vergrößert und die Stoffwechselleistung gesteigert. Dies gilt auch für Organe: Die zahlreichen Bläschen der Lunge und die große Anzahl von Faltungen, Einstülpungen und Zotten im Darm erhöhen die Austauschfläche pro Volumeneinheit.

Aufgaben

① Zur Abwehr von Krankheitserregern produziert das Immunsystem der Wirbeltiere spezifische *Antikörper*, die zu molekularen Strukturen des Erregers, den sog. *Antigenen*, passen. Sie treten in einer unüberschaubaren Vielfalt auf.
Wie wird die Passgenauigkeit erreicht und welche Folgen hat die Wechselwirkung?

② Die organischen Basen Adenin und Thymin sowie Cytosin und Guanin liegen in der DNA gepaart vor. Über Wasserstoffbrücken stehen sie miteinander in Wechselwirkung.
Analysieren Sie die Unterschiede in Bezug auf Struktur und Funktion im Vergleich zu einem Enzym-Substrat-Komplex oder zu den molekularen Wechselwirkungen zwischen Transmitter und Rezeptor.

③ Gegeneinander gerichtete Effekte gibt es auch bei Stoffwechsel-, Wachstums- und Entwicklungsprozessen. Erläutern Sie Antagonismus im Gegensatz zu Synergismus (harmonisches Zusammenwirken) jeweils an einem Beispiel.

④ Bei Hunden, Schafen und anderen Säugetieren findet man ein sogenanntes Wundernetz, das durch Aufspaltung der Kopfarterien in hunderte parallel verlaufender Gefäße entsteht. Es durchzieht eine blasenartig aufgetriebene Vene, die Blut aus der Nasen- und Mundschleimhaut führt.
Warum kann der Hund einen Hasen zu Tode hetzen?

Basis Konzepte

Reproduktion

Unter Reproduktion versteht man im Verlagswesen das Abbilden und Vervielfältigen von Büchern oder Bildern durch Drucktechniken, in der Kunst die Nachbildung eines Originals, in der politischen Ökonomie die Erneuerung im Produktionsprozess, im Unterricht die Wiedergabe von Gelerntem. In allen Fällen wird etwas „wieder hervorgebracht“ oder „wieder erzeugt“ und für die Reproduktion ist stets eine äußere Instanz nötig.

Im biologischen Bereich wird der Begriff „Reproduktion“ als Synonym für Fortpflanzung benutzt. Lebewesen haben im Gegensatz zur unbelebten Natur die Fähigkeit zur Selbstvervielfältigung: Leben erzeugt Leben. Durch die individuell begrenzte Lebenszeit resultiert daraus eine Abfolge von Generationen, die die Möglichkeit zur Veränderung und damit auch zur Evolution schafft. Dazu tragen verschiedene Mechanismen bei, in die der Mensch mehr und mehr durch Gentechnik und Reproduktionsmedizin eingreifen kann.

Rekombination und Vielfalt

Rekombination und Vielfalt

Im Verlauf der Meiose werden die elterlichen Erbanlagen durch die zufallsgemäße Verteilung der homologen Chromosomen neu kombiniert. Innerhalb der Chromosomen können die Gene infolge des Stückaustausches umgruppiert werden. Bakterien erreichen Ähnliches durch die sogenannten parasexuellen Vorgänge der Transformation, Transduktion und Konjugation. In allen Fällen resultiert daraus eine größere Vielfalt an Genotypen, die durch Selektion zu einer besseren Angepasstheit der Organismen an ihre Umwelt führt.

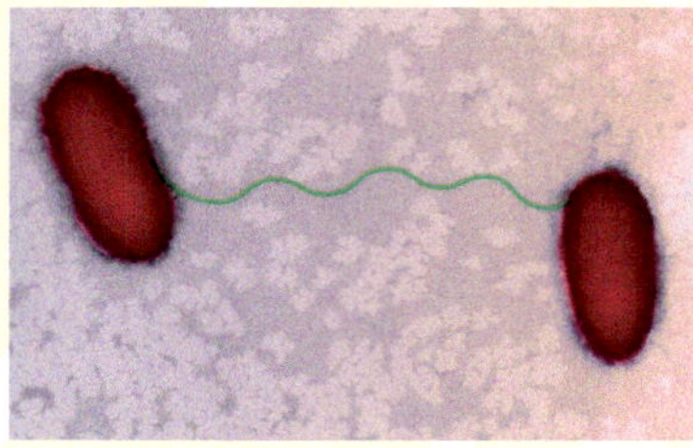

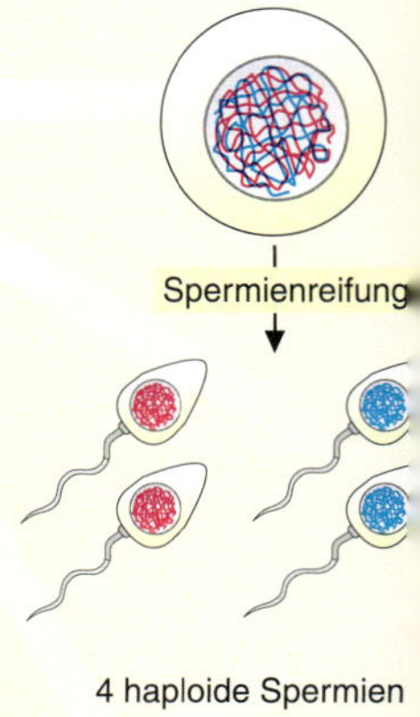

Replikation und Mutation

Replikation und Mutation

Die „identische Replikation“ der DNA ist nicht immer ein perfektes Kopieren: Geringfügige Fehler der Polymerase, die die Nucleotide komplementär zum Originalstrang anlagert, führen zu Punktmutationen, andere Fehler etwa zu Rasterverschiebungen, Abbrüchen oder Nonsens-Sequenzen. Trotz der weitgehenden Beibehaltung der genetischen Information können auf diese Weise Varianten erzeugt werden, die „Spielmaterial“ für die Evolution darstellen.

Aus dem Reproduktionslabor

ungeschlechtliche Fortpflanzung

Ungeschlechtliche Fortpflanzung

Einzeller teilen sich, Pflanzen bilden Ausläufer, Brutknospen oder Tochterzwiebeln. Eine derartige *asexuelle Fortpflanzung* ist bei höheren Tieren äußerst selten, jedoch können genetisch identische Organismen künstlich durch *Klonen* auch bei Säugetieren hergestellt werden. Ungeschlechtliche Fortpflanzung – in der keine Neukombination der Erbanlagen möglich ist – darf nicht verwechselt werden mit eingeschlechtlicher Fortpflanzung *(Parthenogenese)*, die z. B den Blattläusen eine Massenvermehrung ermöglicht.

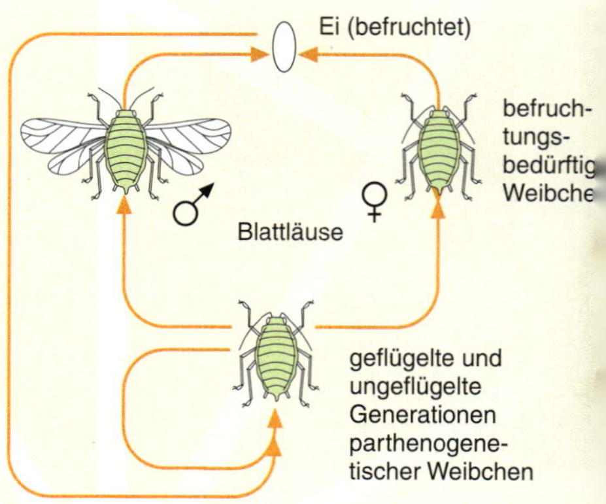

Sexualität

Sexualität

Bei der sexuellen Fortpflanzung wird eine große, stationäre, weibliche Keimzelle von einer kleinen, beweglichen männlichen Keimzelle befruchtet. Die Anzahl der lebensfähigen Fortpflanzungseinheiten (Spermien bzw. fertile Pollen, Eizellen bzw. keimfähige Samenanlagen) bestimmt die *reproduktive Effizienz* der Organismen. Die Selektion legt dagegen den *reproduktiven Erfolg* fest, also die Anzahl der überlebenden Nachkommen. Dadurch verändert sich die Häufigkeit der Allele verschiedener Gene *(reproduktive Fitness)*. Auch helfende Geschwister haben eine reproduktive Fitness.

Fortpflanzungsstrategien

Fortpflanzungsstrategien

Eltern investieren in ihren Nachwuchs. Das verursacht Kosten. Bestimmte Verhaltensstrategien gewährleisten einen möglichst effektiven Einsatz der begrenzten Kapazitäten. Dies kann sich z. B. darin äußern, dass sich eine Organismenart im Verlauf ihres Lebens selten fortpflanzt, dabei aber z. B. durch Brutpflege viel investiert. Eine andere Organismenart kann mit weniger Aufwand häufiger viele Nachkommen haben. Durch die Selektion wird jeweils der bestmögliche Kompromiss begünstigt. Ausschlaggebend sind fast immer ökologische Faktoren.

Agaven kommen in trocken-heißen Lebensräumen vor und vermehren sich ungeschlechtlich. Blüten- bzw. Fruchtbildung erfolgt nur in außergewöhnlich niederschlagsreichen Jahren. Dies ermöglicht den Jungpflanzen eine erfolgreiche Keimung. Das Überangebot an Samen wird nicht komplett vertilgt.

Geschlechtsbestimmung

Geschlechtsbestimmung

Normalerweise wird das Geschlecht bei der Befruchtung der Eizelle irreversibel festgelegt *(genotypische Geschlechtsbestimmung)*. In seltenen Fällen können Außenfaktoren wie die Temperatur ausschlaggebend sein. Für den Igelwurm ist es der Kontakt des Larvenstadiums mit einem Weibchen, der die Entwicklung zum Männchen festlegt. Bei der Korallengrundel sind es ökologische Faktoren: Im Great Barrier Reef vor der australischen Küste findet dieser Fisch nur schwer geeignete Korallenstöcke, die das paarweise Brüten erlauben. Jungfische bleiben daher geschlechtsneutral. Frei werdende Brutplätze besetzen Fische sofort und der Partner nimmt dann jeweils das andere Geschlecht an.

Aufgaben

① Die sogenannte *Big-Bang-Strategie* wird z. B. von einigen Bambusgewächsen verfolgt: Die Organismen durchlaufen über mehrere Jahre nur vegetative Wachstumsphasen, investieren dann ihre gesamte Energie in eine einzige sexuelle Reproduktionsphase und sterben danach ab. Nennen Sie die Vor- und Nachteile.

② Beim Pazifischen Lachs zehren die Männchen und Weibchen während der Wanderung zum Paarungsort von ihrem Körpervorrat und gehen nach dem Ablaichen zugrunde. Beschreiben Sie Kosten und Nutzen dieser Strategie.

③ Beurteilen Sie Revierverteidigung, Brutpflege oder Brutfürsorge oder den Bau spezifischer Nester zur Aufzucht der Nachkommen im Hinblick auf die reproduktive Fitness.

④ Reproduktion im Sinne von „Erzeugen von Nachkommen“ bedeutet nicht automatisch Vermehrung. Begründen Sie dies.

⑤ Die verschiedenen Formen der ungeschlechtlichen (vegetativen) Fortpflanzung gewährleisten, dass ein Individuum Kopien aller seiner Gene weitergibt. Stellen Sie die Vor- und Nachteile im Vergleich mit der geschlechtlichen Fortpflanzung dar.

⑥ Fitness im Sinne Darwins wird nicht an der Anzahl der Nachkommen gemessen, sondern daran, wie viele von ihnen überleben und selbst wieder Nachkommen haben. Daraus ergeben sich unterschiedliche Fortpflanzungsstrategien. Erläutern Sie die Zusammenhänge.

⑦ Buschblauhäher haben sog. „Helfer am Nest“, die sich selbst nicht fortpflanzen. Unter welchen Bedingungen kann dieses auf den ersten Blick uneigennützige (altruistische) Verhalten einen reproduktiven Fitnessgewinn darstellen?

Basis Konzepte

Kompartimentierung

Lebende Systeme bestehen aus abgegrenzten Reaktionsräumen. Diese *Kompartimente* (frz. *compartiment* = Abteil, Fach) sind innerhalb einer Zelle von Membranen umschlossen. Durch die Abgrenzung wird es möglich, dass auf- und abbauende Stoffwechselprozesse in derselben Zelle zur gleichen Zeit stattfinden können, Substanzen und Energie gespeichert werden und auch die Erbsubstanz unbeschadet bleibt.

Membranen sind aber nicht nur Grenzen: Für einige Substanzen stellen sie unüberwindliche Barrieren dar, andere lassen sie passiv durchtreten oder transportieren sie aktiv in eine bestimmte Richtung. Nervenzellen ermöglichen z. B. durch Aufrechterhaltung eines Konzentrationgradienten den Transport von Informationen.

Das Prinzip der Unterteilung eines Systems in Teilräume ist jedoch nicht auf Zellen beschränkt. Jedes Lebewesen ist gegen seine Umgebung durch Strukturen abgegrenzt, die den Stoffaustausch beeinflussen und Energieverluste minimieren. Ebenso gibt es in der unbelebten Umwelt „Kompartimente": Mauern umgrenzen Wohnräume oder Straßen umgeben Wohngebiete.

Baukastenprinzip

Jede Zelle wird von einer Membran umschlossen, die den Ein- und Austritt von Stoffen kontrolliert. Bei Einzellern übernimmt eine einzige Zelle alle Lebensfunktionen, bei Vielzellern teilen die Zellen die Arbeit untereinander auf. Ähnlich spezialisierte Zellen sind wie die Teile eines Baukastens zu Zellverbänden *(Geweben)* und diese wiederum zu Organen zusammengeschlossen.

Auch der Körper vieler Tiere ist bausteinartig in Kompartimente untergliedert. Die Segmente des Regenwurms sind in Bau und Funktion mehr oder weniger ähnlich. Bei Gliederfüßern wie Insekten oder Spinnen sind die Segmente spezialisiert und zu Gruppen mit unterschiedlichen Funktionen vereinigt.

Baukastenprinzip

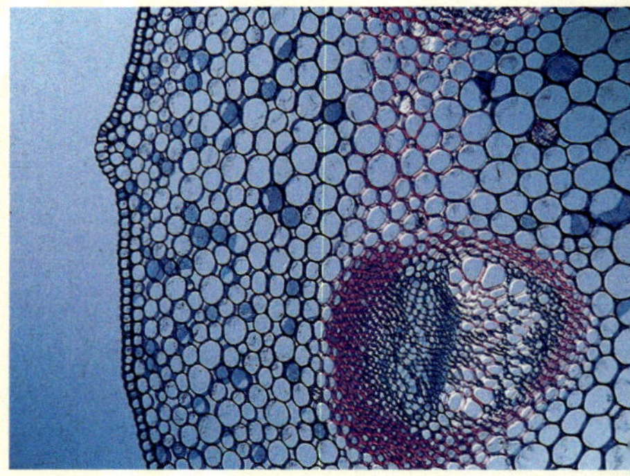

Schutz

Abgrenzungen durch Membranen, Sekretionsprodukte oder spezifische Abschlussgewebe halten schädigende Einflüsse von den Organellen, Zellen oder Individuen fern. Beispiele sind unsere Haut, die Zellwand der Pflanzenzellen oder die Schleimkapseln von Bakterien.

Schutz

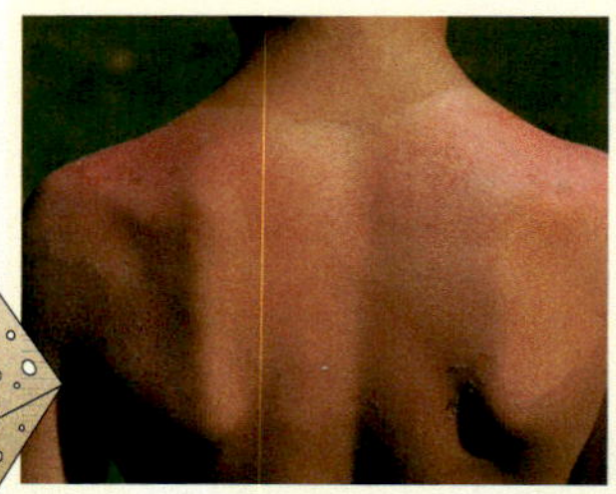

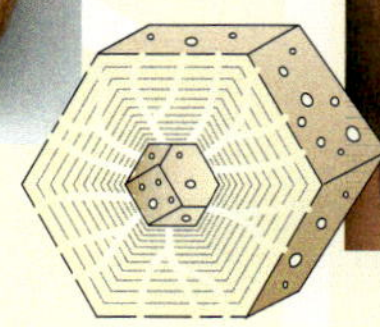

Spezialisierung

Jede Eukaryotenzelle ist durch Membranen in mehrere ineinander geschachtelte Reaktionsräume unterteilt. Jedes Kompartiment besitzt charakteristische Enzyme und nimmt besondere Aufgaben wahr. So sind z. B. Mitochondrien für die Energiegewinnung durch die Zellatmung zuständig und Chloroplasten für die Fotosynthese.

Die spezialisierten Kompartimente stehen aber untereinander in Kontakt: ER, Golgi-Apparat und die Plasmamembran sind z. B. durch Abschnürungs- und Fusionsprozesse verbunden. Man spricht von *Membranfluss*. Endo- und Exocytose zeigen beispielhaft, wie damit Substanzen transportiert werden.

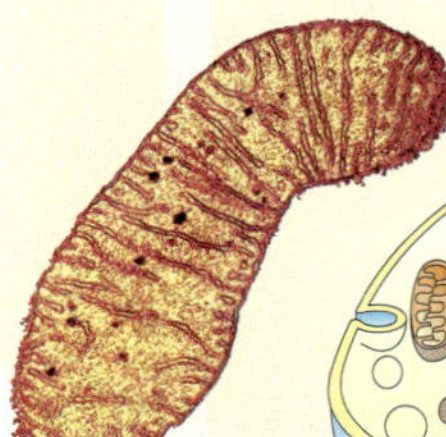

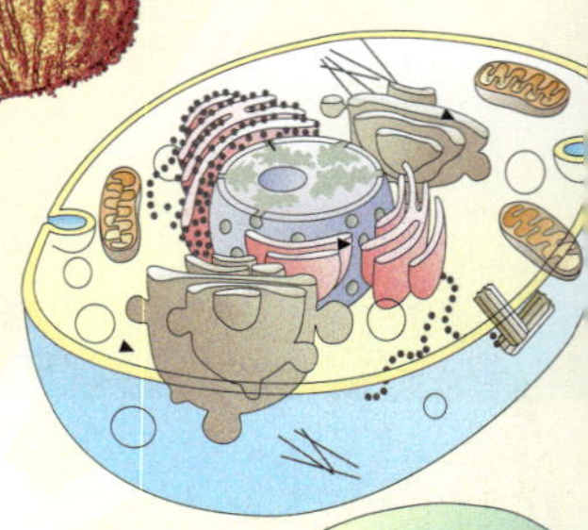

Spezialisierung

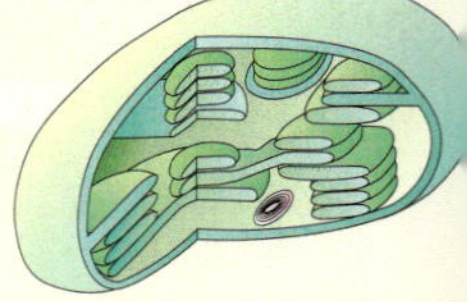

● Zusammenhänge denken ● Zusammenhänge erkennen ● Zusammenhänge erarbeiten

Ökosysteme

Ökosysteme

Die Biosphäre umfasst den gesamten von Lebewesen besiedelten Bereich der Erde. Eingebettet darin sind Ökosysteme, die durch Stoffkreisläufe und Energieflüsse verbunden sind. Die vielfältigen Strukturen in den Ökosystemen sind die Grundlage der Biodiversität: Die unterschiedliche Verteilung von Ressourcen oder Ausprägung von abiotischen Faktoren (z. B. Temperatur) erlauben Spezialisierungen auf unterschiedliche Bereiche des Lebensraums. Daraus resultiert eine Abgrenzung, welche die Konkurrenz vermindert und die Vielfalt erhöht.

In den verschiedenen Flussregionen entstehen z. B. durch die unterschiedlichen Eigenschaften des Gewässers die Lebensbedingungen für charakteristische Fischarten.

Energiespeicherung

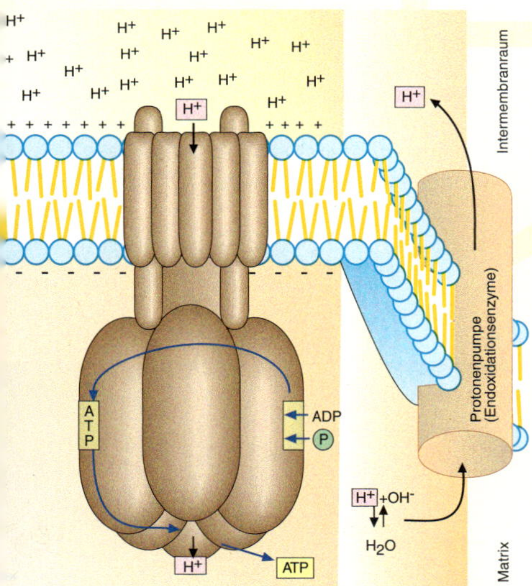

Energiespeicherung

Molekulare Pumpen wie die Natrium-Kalium-Pumpe in der Membran der Nervenzellen helfen, Potentiale aufrecht zu erhalten. Sie gewährleisten dadurch nicht nur das Ruhepotential, sondern spielen z. B. auch bei der Wiederherstellung von Ionengradienten an der Membran der Nervenzellen oder bei der Energiespeicherung in Form von Protonenpumpen eine Rolle. Dabei werden in der Atmungskette Elektronen- und Protonen-Transportsysteme an spezifische Membranen gekoppelt.

Kristalle in der Vakuole

Stoffanreicherung

Stoffanreicherung

Ein auffälliges Beispiel für eine Stoffanreicherung sind die Vakuolen der Pflanzenzellen: Zahlreiche Substanzen werden dem cytoplasmatischen Stoffwechsel entzogen und entweder als Vorrat zur weiteren Verwendung oder als Abfall gespeichert. Sie können aber auch, wie verschiedene Giftstoffe zeigen, zur Abwehr von Fressfeinden dienen. Die Stoffanreicherung kann durch spezifische Moleküle in der Membran oder ähnlich dem Ionenfallenprinzip erfolgen.

Aufgaben

① Welche Vorteile bietet die Kompartimentierung?

② „Die Identität eines Zellkompartiments beruht im Wesentlichen auf spezifischen Proteinbestandteilen seiner Membran." Begründen Sie diese Aussage.

③ Welchen Beitrag leistet die Endosymbiontentheorie, um die Entstehung der Zellkompartimentierung zu erklären?

④ Mitochondrien und Plastiden sind Organellen mit einer Doppelmembran. Welche Reaktionsräume werden jeweils gegeneinander abgegrenzt und welche Prozesse laufen dort ab?

⑤ Von E. SCHNEPF wurde 1965 die Regel formuliert, dass eine biologische Membran immer eine plasmatische Phase von einer nicht plasmatischen Phase trennt. Überprüfen Sie dies anhand der Kompartimente der Eucyten.

⑥ Vom Biotop zur Biosphäre lässt sich ebenso wie von der Zelle bis zum Organismus eine „Einschachtelung von Kompartimenten" verschiedener Organisationsstufen sehen. Erläutern Sie dies und nennen Sie Beispiele.

⑦ *Lysosomen* enthalten Verdauungsenzyme in einem stark sauren Milieu, das durch Energie verbrauchende Protonenpumpen aufrechterhalten wird. Welche Bedeutung hat dabei die Kompartimentierung?

Zusammenhänge denken ● Zusammenhänge erkennen ● Zusammenhänge erarbeiten ●

Basis Konzepte

Steuerung und Regelung

Organismen und Lebensgemeinschaften halten viele Zustandsgrößen in engen Grenzen, auch wenn innere oder äußere Faktoren sich kurzfristig erheblich ändern. Durch Regelung wird erreicht, dass diese Zustandsgrößen in einem funktionsgerechten Rahmen bleiben. In Anlehnung an die technische Kybernetik wird der dabei angestrebte Wert als *Sollwert* bezeichnet. Für bestimmte Vorgänge ist es möglich, diesen Sollwert gegebenen Veränderungen anzupassen. Während durch die Regelung ein Zustand aufrechterhalten wird, kann durch Steuerung die Intensität oder Richtung von Vorgängen geändert werden.

Typisch für die Regelung ist die negative Rückkopplung. Regelkreismodelle in Form von Blockdiagrammen verdeutlichen dies durch verschiedene Komponenten. Sie werden für physiologische Prozesse verwendet und sind meist komplex. Pfeildiagramme sind einfacher und werden häufig in der Populationsökologie eingesetzt.

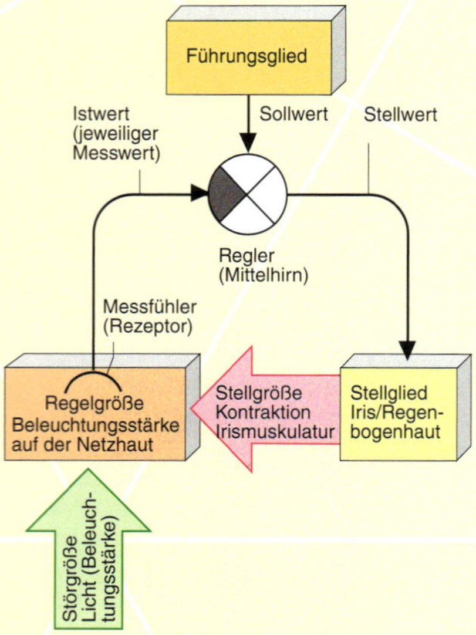

Pupillenreaktion

Der Pupillenreflex ist ein Beispiel einer Proportionalregelung: Bei verstärktem Lichteinfall verkleinert sich die Pupille, bei vermindertem Lichteinfall vergrößert sie sich jeweils entsprechend der augenblicklichen Regelabweichung.

Im Unterschied zur einfachsten Form des Regelkreises enthält dieses System bereits ein Führungsglied. Es ermöglicht eine Verstellung des Sollwerts. Vereinfachend lässt sich dies mit einer Wasserstandsregelung vergleichen.

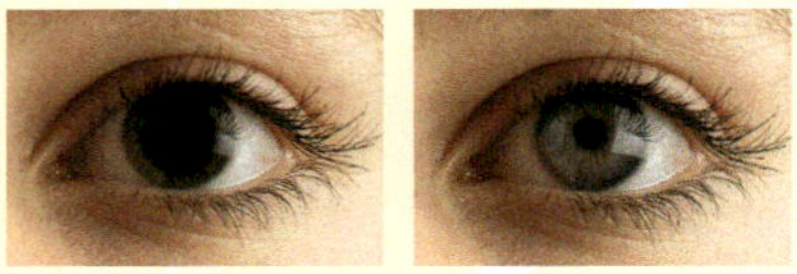

Pupillenreaktion

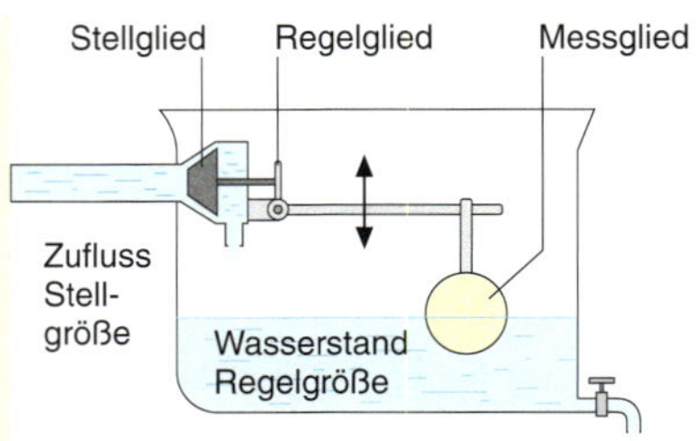

Automatische Wasserstandsregelung

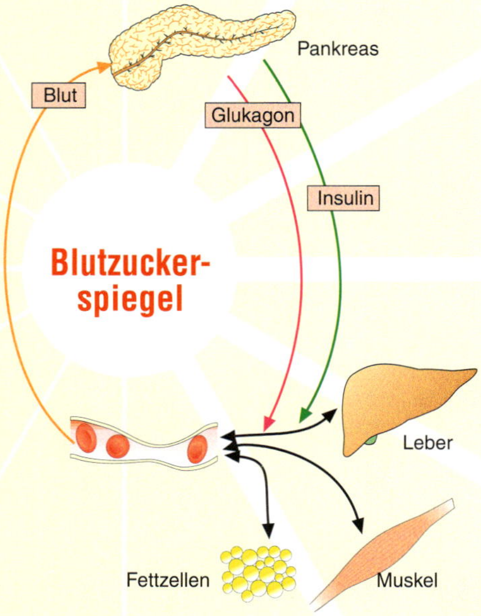

Blutzuckerspiegel

Zur Regelung des Blutzuckerspiegels greifen mehrere Regelkreise ineinander (vernetzte Systeme). Der Zuckergehalt des Blutes wird ständig gemessen und in einem Bereich von 60 – 120 mg Glucose pro 100 ml Blut gehalten. Daran sind zwei Hormone der Bauchspeicheldrüse (Insulin, Glukagon) beteiligt. Deren Aktivität wird wiederum von weiteren Organen, Nervensignalen und Hormonen beeinflusst. Faktoren wie Stress, Nahrungsaufnahme, Muskeltätigkeit oder Ruhe wirken als Störgrößen.

Körpertemperatur

Vögel und Säugetiere sind in der Lage, ihre Körpertemperatur in engen Grenzen konstant zu halten. An dieser Regelung sind zwei ganz verschiedene Stellglieder beteiligt: die Muskulatur zur aktiven Erwärmung und Schwitzen bzw. Hecheln zur aktiven Abkühlung.

Bei wechselwarmen Tieren übernehmen Verhaltensänderungen teilweise die Stellgliedfunktion: Reptilien im Hochgebirge oder in der Steppe regulieren ihre Körperwärme durch Sonnenbäder am Tag bzw. das Aufsuchen geschützter Höhlen in der Nacht.

Körpertemperatur

● Zusammenhänge denken ● Zusammenhänge erkennen ● Zusammenhänge erarbeiten

Technische Beispiele

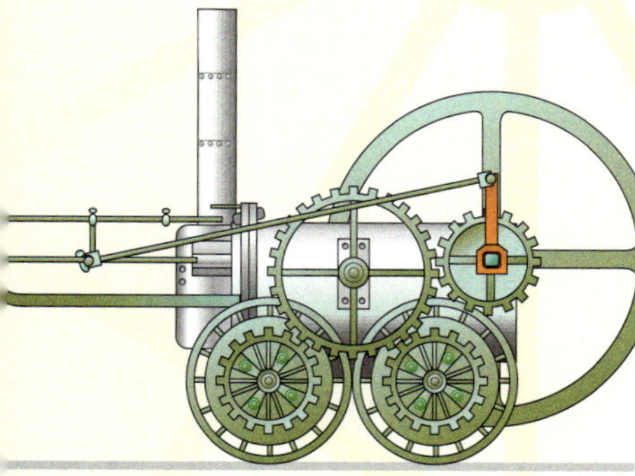

Technische Beispiele

Regelkreismodelle orientieren sich an der Technik: Heizkörper- bzw. Kühlschrankthermostate oder Regler am Bügeleisen halten voreingestellte Temperaturen konstant. In Industrie und Technik spielen aber auch andere Regelungsprinzipien seit dem Bau der ersten Dampfmaschine eine Rolle: Der 1788 von James Watt (1736 – 1819) entwickelte Fliehkraftregler ermöglichte eine gleichmäßige Leistung der durch heißen Wasserdampf angetriebenen Maschinen. Kühlwasserregelsysteme in Kraftfahrzeugen sind z. B. mit Rohrsystemen gekoppelt, die eine möglichst große Austauschfläche besitzen.

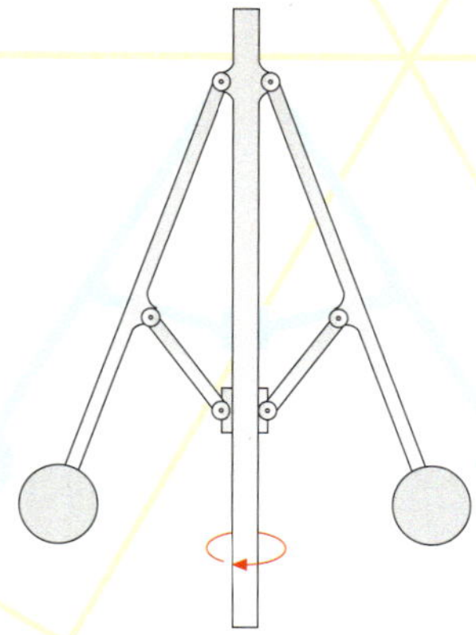

Populationsgrößen

Populationsgröße

Die Populationsgrößen verschiedener Arten einer Lebensgemeinschaft stehen miteinander in Wechselbeziehungen. Durch Rückkopplungen werden nur vorübergehend stabile Verhältnisse erreicht, die sich aber schnell entsprechend neuer Umweltbedingungen ändern können. Einen festgelegten Sollwert gibt es nicht.

Eine Zunahme der Individuenzahl verstärkt z. B. die innerartliche Konkurrenz um Ressourcen, führt zu einem Überangebot für Räuber oder Parasiten und zu einer erhöhten Gefahr der Ausbreitung von Infektionskrankheiten.

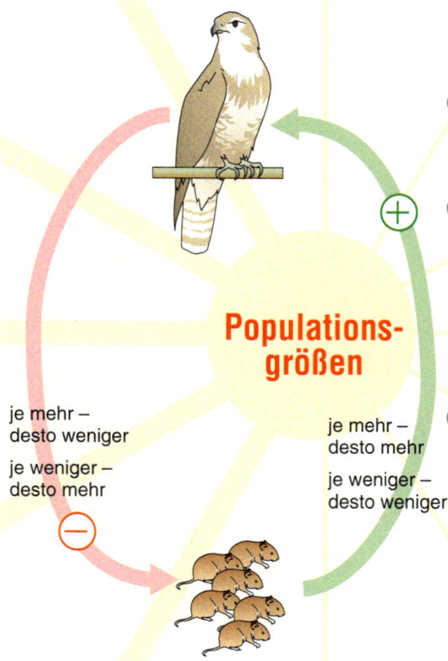

Gen- und Enzymaktivität

Gen- und Enzymaktivität

Endproduktrepression und Substratinduktion sind Beispiele für eine negative Genregulation, da sie durch Rückkopplung der Repressorproteine gesteuert werden. Positive Genregulation wird durch die Anlagerung von Aktivatorproteinen an eine Kontrollregion vermittelt. Bei beiden Vorgängen spielen allosterische Proteine eine Rolle. Diese können ihre räumliche Struktur durch Anlagerung von Effektoren ändern *(Konformationsänderung)*.

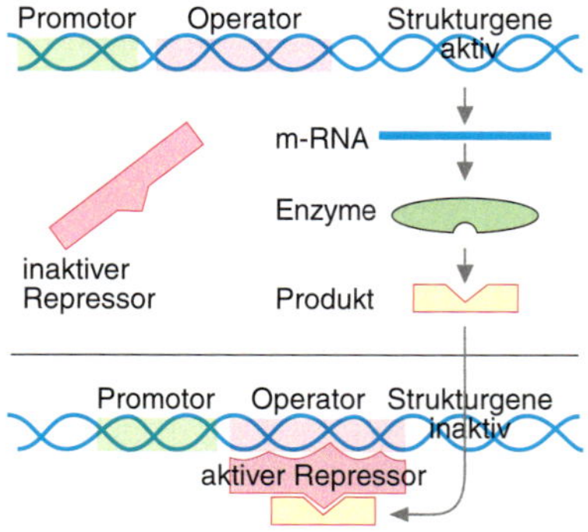

Aufgaben

① Verdeutlichen Sie die Unterschiede zwischen Steuerung und Regelung an einem Elektro-Spielzeugboot mit und ohne Fernbedienung.

② Die Regelung des Blutdrucks ist im Gegensatz zur Pupillenreaktion ein Beispiel für eine sogenannte „zeitliche Integralregelung“: Der Regelprozess erreicht trotz anhaltender Störgröße einen Sollwert und hält ihn ein. Erläutern Sie dies für Blutverluste infolge einer Verletzung.

③ Das Prinzip der negativen Rückkopplung beruht darauf, Abweichungen von einem Sollwert durch Gegenwirkungen zu verringern oder vollständig zu kompensieren. Andere Modelle sind mechanische Gleichgewichte, Überlaufsysteme, chemische Pufferung oder „feed-forward-Systeme“. Informieren Sie sich darüber und erläutern Sie die Unterschiede.

④ Erläutern Sie die dargestellten technischen Regelsysteme und vergleichen Sie ihren Aufbau und ihre Funktion mit ausgewählten biologischen Systemen.

⑤ Positive Rückkopplung verstärkt sich selbstständig. Suchen Sie nach je einem Beispiel in Biologie und Technik. Erläutern Sie jeweils die Zusammenhänge.

⑥ Muskeln erhalten den Befehl, sich zu verkürzen, sowohl über α-Motoneurone als auch über γ-Fasern, die zu den Muskelspindeln führen. Bereiten Sie ein Kurzreferat zur gegenseitigen Beeinflussung von Muskelspindel und Muskel bei Kontraktion und Dehnung vor.

Basis Konzepte

Stoff- und Energieumwandlung

Lebewesen können nur existieren, indem sie ihrer Umwelt ständig Stoffe und Energie entnehmen, diese umwandeln und in anderer Form wieder abgeben. Es sind offene Systeme in einem Fließgleichgewicht. Dabei sind die meisten natürlichen Prozesse darauf abgestimmt, keinen „Abfall" zu erzeugen und – angetrieben durch die Energie der Sonne – „rückstandsfrei" zu arbeiten. Viele Produktionsverfahren der Menschen bauen mit Energieaufwand Rohstofflager ab und setzen sie – wiederum unter großem Energieaufwand – in Konsumgüter um, die dann zumindest teilweise auf Müllhalden landen.

Nachhaltigkeit

Das „Prinzip der Nachhaltigkeit" bezog sich im 19. Jahrhundert nur auf die Forstwirtschaft. Es bedeutete, dass nur soviel Holz geerntet werden sollte, wie in dem jeweiligen Anbaugebiet nachwächst. Der Begriff steht heute für die Nutzung eines Ökosystems, ohne dessen Ressourcen zu erschöpfen. Da der Mensch dieses Prinzip häufig in bedrohlicher Weise verletzt, wurde erstmals 1992 auf der Umweltkonferenz in Rio de Janeiro eine „nachhaltige Entwicklung" *(sustainable development)* eingefordert. Entsprechend der später formulierten Agenda 21 werden damit Produktionsmethoden bezeichnet, die neben sozialen und ökonomischen Aspekten auch an einem schonenden Umgang mit den Ressourcen der Erde orientiert sind, wozu auch die Vielfalt der Arten gehört.

Nachhaltigkeit

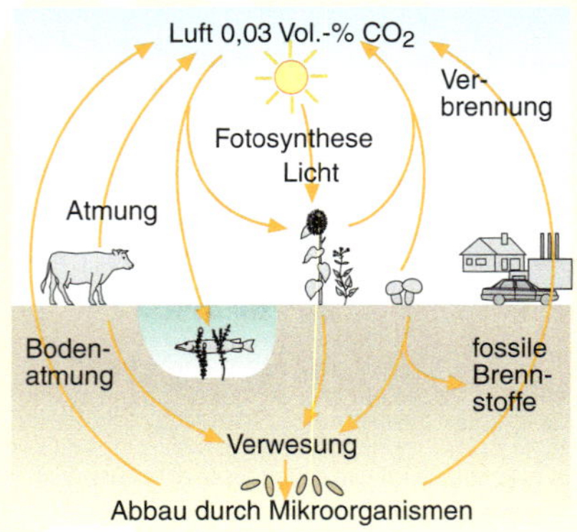

Fließgleichgewichte

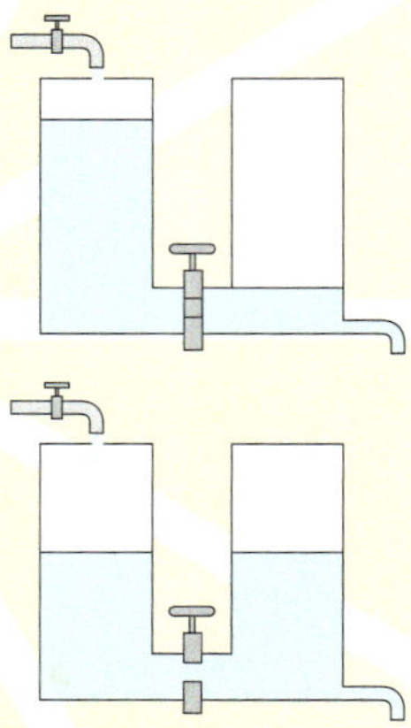

Fließgleichgewichte

Organismen zeigen Fließgleichgewichte in Bau- und Energiestoffwechsel. Auch ein ausgewachsener Mensch benötigt eine fortwährende Nährstoffzufuhr. Durch die Energieaufnahme stellen sich dann Fließgleichgewichte ein, denen Energie zur Verrichtung von Arbeit entnommen werden kann und die steuerbar sind. Seine Masse bleibt konstant. Fließgleichgewichte gibt es auf molekularer, zellulärer und organismischer Ebene und auf der Ebene von Ökosystemen.

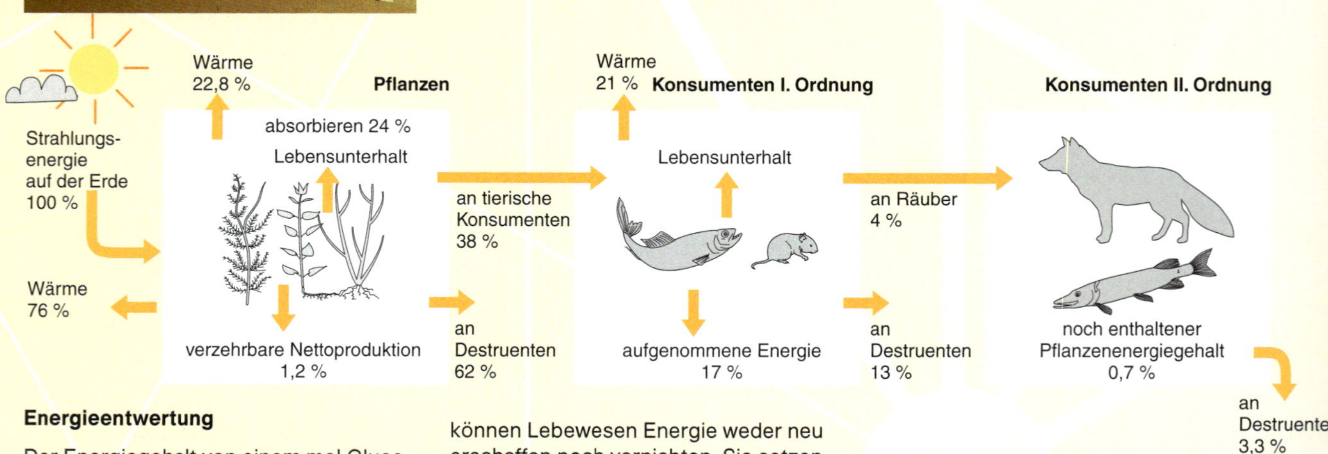

Energieentwertung

Der Energiegehalt von einem mol Glucose kann in der Zelle maximal zu 40 % genutzt werden. Ein Benzinmotor arbeitet mit einem Wirkungsgrad von 20 %. Nach den Hauptsätzen der Thermodynamik können Lebewesen Energie weder neu erschaffen noch vernichten. Sie setzen eine Energieform nur in eine andere um. Da stets Wärme an die Umgebung abgegeben wird, ist der Wirkungsgrad deutlich kleiner als 100 %.

Energieentwertung

● Zusammenhänge denken ● Zusammenhänge erkennen ● Zusammenhänge erarbeiten

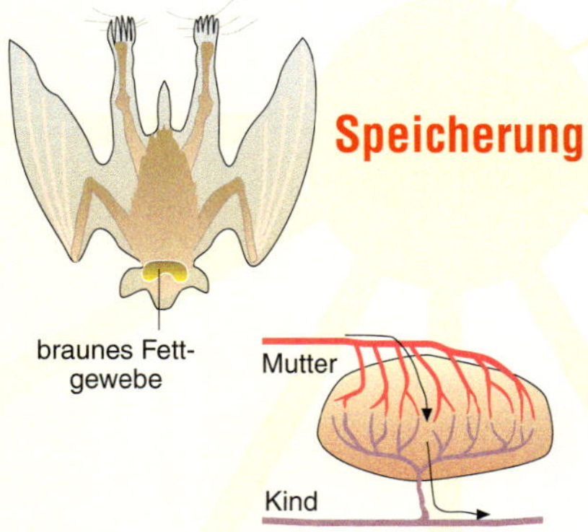

Speicherung

Wird mehr Energie bereitgestellt als verbraucht wird, kann der Organismus energiereiche Verbindungen als Vorrat für schlechte Zeiten anhäufen. ATP als die „universelle Energiewährung" im Zellstoffwechsel gewährleistet dabei die Übertragung zwischen Energie bereitstellenden und Energie benötigenden Reaktionen. Fette stellen häufig die Speicherform dar. Sie ermöglichen beispielsweise verschiedene Strategien zum Überleben kalter Jahreszeiten: Winterschläfer besitzen braunes Fettgewebe. Pflanzenkeimlinge nutzen Vorratsstoffe im Samen, Frühblüher die Vorräte in Wurzelstock und Zwiebel. Die Embryonalstadien von Tieren, die sich noch nicht selbstständig ernähren können, sind auf Reservestoffe der Eier oder die unmittelbare Versorgung über den Mutterkuchen angewiesen.

Assimilation und Dissimilation

Ohne die Fotosynthese gäbe es auf der Erde kein Leben in der uns bekannten Form. Der Aufbau energiereicher organischer Verbindungen aus energiearmen anorganischen Molekülen mithilfe des Sonnenlichts ist aber nur eine Form der Assimilation. Hierunter versteht man allgemein die Überführung körperfremder Ausgangsstoffe in körpereigene Substanzen. Alle Lebewesen beziehen die für die Lebensprozesse notwendige Energie aus der Dissimilation, die durch den schrittweisen Abbau der organischen Verbindungen mithilfe von Enzymen gekennzeichnet ist. „Baustoffwechsel" und „Betriebsstoffwechsel" sind durch gemeinsame Zwischenprodukte vernetzt.

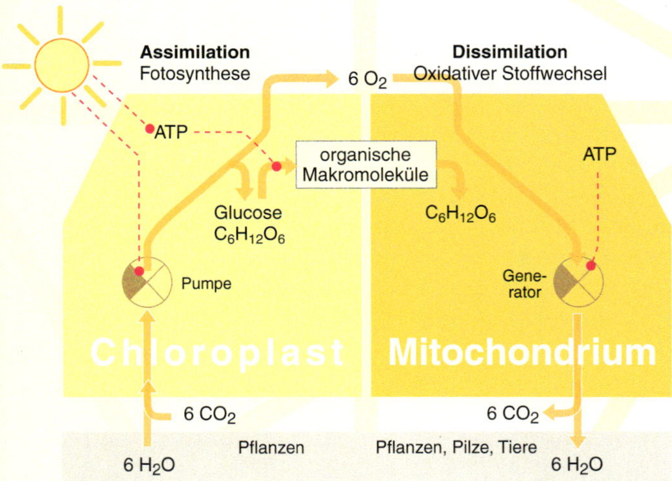

Assimilation und Dissimilation

Aufgaben

① Die Reaktionsgeschwindigkeit-Temperatur-Regel (RGT-Regel) besagt, dass durch eine Temperaturerhöhung um 10 °C die Reaktionsgeschwindigkeit um das 2- bis 4fache steigt. Belegen Sie die Gültigkeit dieser Regel an Beispielen aus der Biologie.

② Die Zellatmung hat für die Energiegewinnung aerober Organismen eine zentrale Bedeutung. Welche Stoffwechselwege münden in die Glykolyse, den Tricarbonsäurezyklus und die Atmungskette? Vergleichen Sie diese Vernetzungen mit einem geeigneten technischen Beispiel.

③ Auf den ersten Blick erscheint es energetisch günstiger, ein Konformer zu sein. Auch in die ungeschlechtliche Fortpflanzung scheinen Organismen weniger Energie investieren zu müssen. Trotzdem sind zahlreiche Tierarten Regulierer bzw. pflanzen sich erst nach aufwändiger Partnersuche fort. Beurteilen Sie dies.

④ Je höher die Körpertemperatur eines Tieres ist, desto schneller kann es sich bewegen. Analysieren Sie die begrenzenden Faktoren.

⑤ Manche Samen und Dauerstadien von Tieren können sehr lange Zeiträume überdauern. Wie gelingt das?

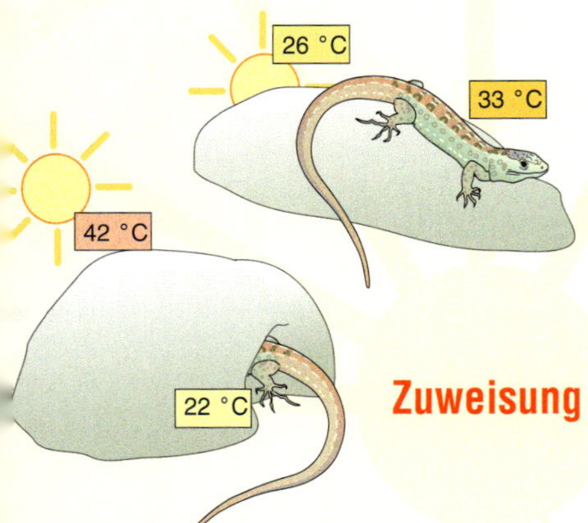

Prinzip der Zuweisung

Jedem Organismus steht nur eine beschränkte Energiemenge zur Verfügung, die er in verschiedene Prozesse oder Verhaltensweisen investieren kann. *Konformer* wie Heuschrecken, Krabben oder Amphibien können mehr Energie in Wachstum und Reproduktion investieren als *Regulierer*, die hohe Energieanteile zur Aufrechterhaltung der individuellen Anpassungsprozesse nutzen. Offensichtlich lohnt sich aber diese Investition und ermöglicht die Besiedlung klimatisch ungünstiger Bereiche.

Zusammenhänge denken • Zusammenhänge erkennen • Zusammenhänge erarbeiten •

Basis Konzepte

Information und Kommunikation

Lebewesen nehmen Informationen auf, speichern und verarbeiten sie und kommunizieren miteinander. Voraussetzungen sind eine gemeinsame Sprache und geeignete Aufnahme-, Speicher- und Abgabemechanismen.

Das Wort „Information“ wird im Alltag unterschiedlich benutzt: Objekte wie z. B. eine CD *enthalten* Informationen und Organismen *erhalten* Informationen. In der Biologie kann man *Information* definieren als eine Mitteilung, die aus einer räumlichen oder zeitlichen Folge von Signalen besteht, die beim Empfänger eine bestimmte Reaktion hervorruft. *Kommunikation* ist eine wechselseitige, aufeinander abgestimmte Informationsübertragung. Sie kann sowohl zwischen Organismen als auch innerhalb eines Organismus und in der Zelle stattfinden.

Sender und Empfänger

In einer Kommunikationskette geht vom Sender das verschlüsselte Signal aus, das beim Empfänger nicht nur ankommen, sondern auch entschlüsselt werden muss, d. h. Signale und Verarbeitungsmechanismen müssen aufeinander abgestimmt sein. Ein Beispiel dafür sind *Pheromone*. Diese Signalstoffe dienen der Kommunikation zwischen Individuen einer Art. *Bombykol* – der Sexuallockstoff des Seidenspinners – wird von den Weibchen produziert. Die entsprechenden chemischen Rezeptoren in den großen Antennen der männlichen Schmetterlinge reagieren noch auf äußerst geringe Konzentrationen der Substanz.

Sender und Empfänger

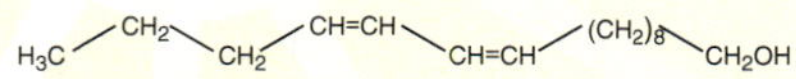

Strukturformel von Bombykol

Pheromonrezeptoren am Sinneshaar

Codierung – Decodierung

Codierung / Decodierung

Ein Code ist eine eindeutige Vorschrift zur Umwandlung von Information aus einer Sprache in eine andere. Morsealphabet, die Verschlüsselung von Texten in Bits und Bytes oder das Telefon illustrieren dies. Mit dem genetischen Code z. B. wird die Information aus der „Sprache der Nucleinsäuren“ in die „Sprache der Aminosäuren“ übersetzt.

Mit einer Codierung kann eine Informationsübertragung auch sicherer gemacht werden. Nervenzellen senden frequenzcodiert und rechnen amplitudenmoduliert.

Redundanz

Der aus der Informationstheorie stammende Begriff der *Redundanz* (von lat. *redundantia* = Überfülle) beschreibt die informative Überbestimmtheit einer Nachricht. In der Nachrichtentechnik bietet eine hohe Redundanz wirksamen Schutz vor Übertragungsstörungen.

In der Genetik und Evolution ist Redundanz das mehrfache Vorliegen gleichartiger Signalstrukturen. So wird Sicherheit und Stabilität erzeugt. Entsprechend dem Ökonomie-Prinzip wird dies mit einer minimalen Anzahl beteiligter Faktoren erreicht. Nur fünf Elemente bauen die DNA auf, vier Basen codieren die gesamte Artenfülle und etwa zwanzig Aminosäuren bauen alle Proteine auf.

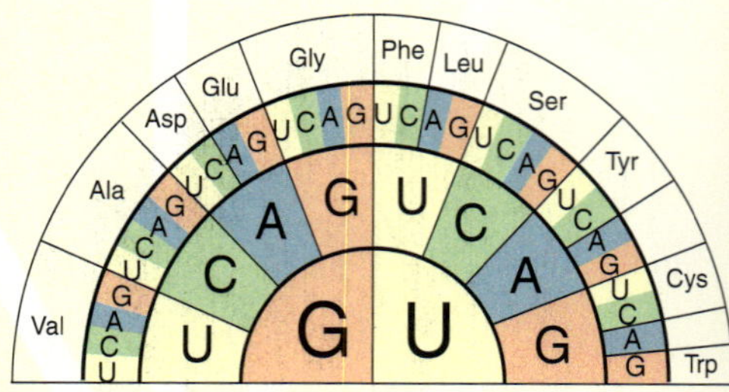

Redundanz

● Zusammenhänge denken ● Zusammenhänge erkennen ● Zusammenhänge erarbeiten

Zellulärer Informationsfluss

Zellulärer Informationsfluss

Innerhalb jeder Zelle erfolgt eine ständige Informationsübertragung von Organell zu Organell durch verschiedene chemische Substanzen. Aber auch benachbarte Zellen eines Gewebes können miteinander kommunizieren. Spezielle Zell-Zell-Kontakte ermöglichen den Austausch kleinerer Moleküle. Bei der Immunabwehr kommunizieren verschiedene Zellen entweder über Signalstoffe oder durch direkte Zellkontakte.

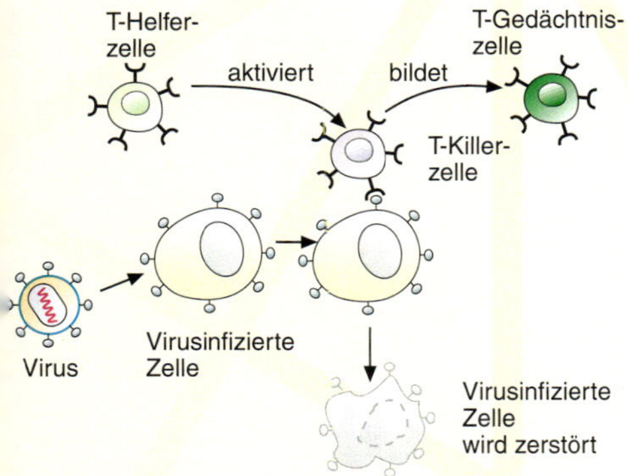

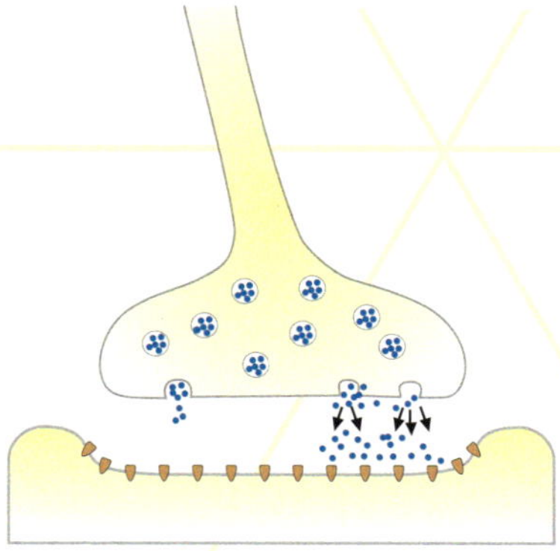

Nerven- und Hormonsystem

Nerven- und Hormonsystem

Das Nervensystem dient der schnellen und gezielten Kommunikation. Außer elektrischen Signalen werden an den Synapsen chemische Signale benutzt. Im Zusammenspiel afferenter und efferenter Bahnen gewährleisten Rückkopplungsmechanismen den Informationsfluss. Neben den schnell wirksamen Informationen des Nervensystems werden über die Blutbahn Hormone zur längerfristigen Kommunikation eingesetzt. Sie setzen an passenden Rezeptoren der Zielorgane an.

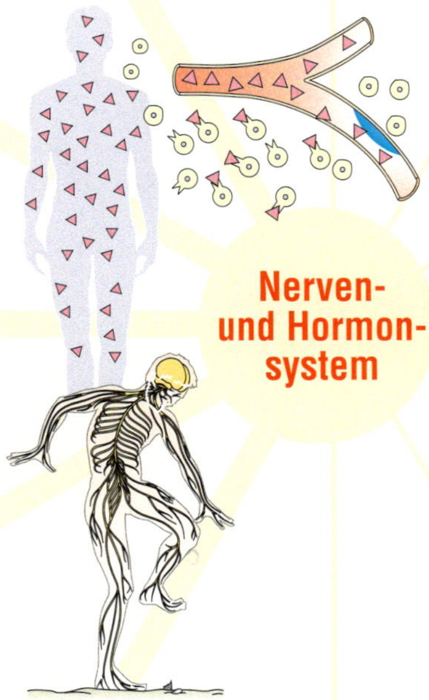

Verständigung

Verständigung

Der Begriff „Sprache" bezieht sich im engeren Sinn nur auf die verbale Kommunikation zwischen Menschen. Im weiteren Sinn versteht man darunter auch die Symbolsprache (Zeichensprache) oder die Sprache der Tiere (z. B. Bienentanz oder Ausdrucksverhalten). In Sozialverbänden sind optische und akustische Signale zur Verständigung wichtig für den Zusammenhalt oder für gemeinsame Aktivitäten. Auch Pflanzen kommunizieren untereinander oder mit Tieren, wenn z. B. Alarmsubstanzen bei Schädlingsbefall abgegeben werden.

Aufgaben

① Stellen Sie für je ein Beispiel aus der Verhaltensbiologie, Neurophysiologie, Stoffwechselbiologie und Genetik dar, wie Sender und Empfänger aufeinander abgestimmt sind.
② Im Rundfunk haben Kurz- und Mittelwellensender erheblich schlechtere Sendequalität als UKW-Stationen. Finden Sie eine Begründung.
③ Stellen Sie die verschiedenen Codierungsmechanismen bei der Informationsübermittlung in Nervensystemen dar.
④ Pflanzen speichern die Information über Belichtungsverhältnisse in Phytochrom-Molekülen. Stellen Sie die Arbeitsweise dieses Moleküls dar und erläutern Sie, wie dadurch Information verarbeitet wird.
⑤ Bücher, Filme, eine CD oder DVD sind Beispiele für technische Speichermedien. Vergleichen Sie diese Datenträger mit den biologischen Informationsträgern hinsichtlich der Art der Information, ihrer Speicherung und Weitergabe.
⑥ Begründen Sie die Aussage, dass Nucleinsäuren sowohl der Informationsspeicherung als auch der Informationsübertragung dienen.
⑦ Nennen Sie Gemeinsamkeiten und Unterschiede zwischen Nerven- und Hormonsystem. Vergleichen Sie diese Form der Informationsübertragung mit der zellulären Kommunikation bzw. der Kommunikation zwischen Individuen.
⑧ Warum kann man die Lautäußerungen „sprechender" Papageien nicht als Sprache bezeichnen?
⑨ Diskutieren Sie die Bedeutung der Signalfarben in den Balztrachten vieler Tiere. Vergleichen Sie dies mit der Funktion von Warnfarben.

Zusammenhänge denken ● Zusammenhänge erkennen ● Zusammenhänge erarbeiten ●

Variabilität und Angepasstheit

Betrachtet man die Gliedmaßen der Wirbeltiere und ihren Körperbau, so ergeben sich meist eindeutige Hinweise auf Lebensraum und Lebensweise. Eine derartige Beziehung zwischen Bau, Funktion und Umwelt gilt für alle Lebewesen. Als *Angepasstheit* wird sie dann bezeichnet, wenn eine Struktur und die damit verbundene Funktion das Überleben der Organismen fördert. Ein Beispiel ist der Hase, der sich eng an den Boden drückt und durch seine Fellfarbe gut getarnt ist. Dieser im Verlauf der Evolution erreichte Zustand wird häufig von dem Prozess der *Anpassung* unterschieden. Damit ist nicht eine schrittweise genetische Veränderung über mehrere Generationen gemeint, sondern die individuelle Anpassung, wie sie z. B. das Chamäleon demonstriert bzw. wie sie durch Modifikationen hervorgerufen wird.

Angepasstheit wird durch *Variabilität* ermöglicht und durch Selektion bewirkt. Variabilität bedeutet, dass sich Individuen, Zellen, Programme, Funktionen, Strukturen oder Strategien unterscheiden. Einige dieser Varianten erfüllen die Anforderungen der Lebensbedingungen besser als andere. Ist dies genetisch fixiert, unterliegen sie der Selektion und bleiben bevorzugt erhalten oder sterben aus. Dadurch entsteht – im Verlauf vieler Schritte bzw. Generationen – die *Angepasstheit* bezüglich der augenblicklichen Umwelt.

Plastizität

Der Fähigkeit von Lebewesen zur individuellen Anpassung liegen Genotypen zugrunde, die abhängig von der Umwelt unterschiedliche Phänotypen entstehen lassen (im Gegensatz zum genetisch fixierten Polymorphismus). Dadurch entstehen sichtbare *Modifikationen.* Auch das Nervensystem passt sich anatomisch an gemachte Erfahrungen an *(Neuroplastizität).* Unter ökologischen Gesichtspunkten ist die Plastizität die Fähigkeit der Organismen, in bestimmten Bereichen eines oder mehrerer Umweltfaktoren über längere Zeit zu existieren *(Reaktionskurve).*

Plastizität

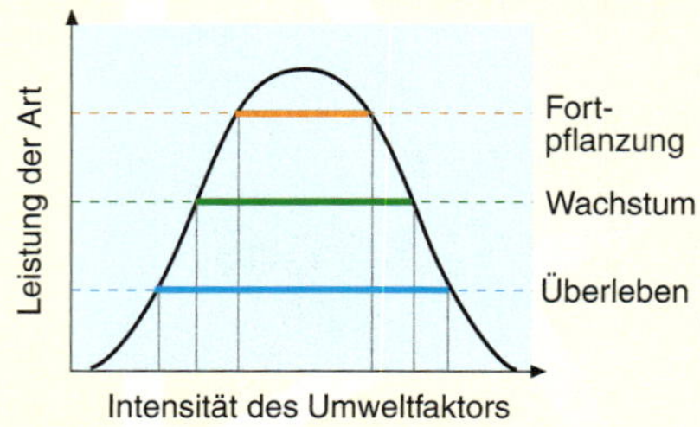

Gestalt und Umwelt

Gestalt und Umwelt

Durch eine ähnliche Lebensweise können unabhängig von der Verwandtschaft der Arten weitgehende Übereinstimmungen in der Form und Gestalt des Körpers oder einzelner Organe entstehen. Ein bekanntes Beispiel für diese *Konvergenz* ist die strömungsgünstige Körperform verschiedener Wirbeltierarten. Umgekehrt können sich aber auch – wie die Darwinfinken zeigen – Gründerpopulationen in zahlreiche neue Arten auffächern, wenn die Umwelt dies zulässt *(adaptive Radiation).* Frösche oder Insekten verändern sich im Verlauf der Individualentwicklung *(Metamorphose).*

Polymorphismus

Polymorphismus bedeutet, dass die Individuen in einer Population genetisch bedingt ein unterschiedliches Erscheinungsbild zeigen, aber keine Unterarten oder Rassen darstellen. Zwischen den verschiedenen Phänotypen muss es keine kontinuierlichen Übergänge geben wie z. B. der Saisondimorphismus des Landkärtchens zeigt. Einige Pflanzen des Weißklees setzen z. B. Blausäure als Reaktion auf Pflanzenfresser frei, schützen sich aber dort nicht, wo wenig Schnecken vorkommen. Blausäure freisetzende Pflanzen sind empfindlicher gegenüber Frost und Infektionen.

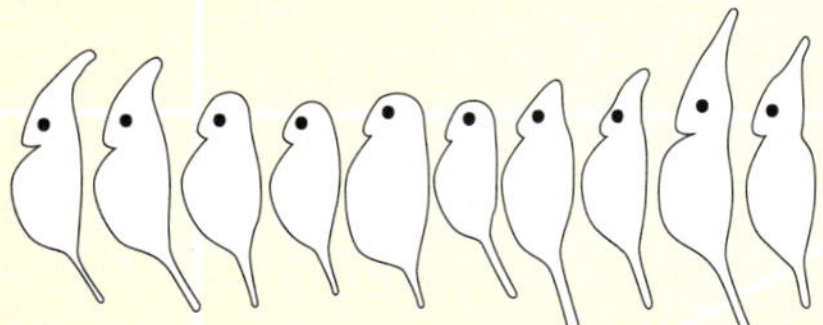

Polymorphismus

● Zusammenhänge denken ● Zusammenhänge erkennen ● Zusammenhänge erarbeiten

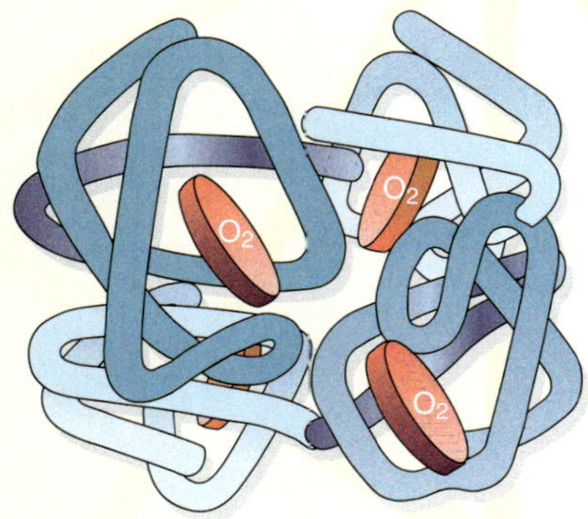

Biochemische Anpassung

Biochemische Anpassung

Organismen können die meisten Stoffwechselprozesse veränderten Umweltbedingungen anpassen und dann auf dieser Basis durch Regulation wieder konstant halten. Menschen, die in großer Höhe leben, sind z. B. an ein vermindertes Sauerstoffangebot durch *erhöhte Hämoglobinkonzentrationen* angepasst. Insekten und Amphibien produzieren bei extrem niedrigen Temperaturen *Gefrierschutzproteine*, die Eisbildung in der Körperflüssigkeit verhindern. Im Gehirn der Regenbogenforelle variiert die Acetylcholinesterase in Abhängigkeit von der Temperatur. Auch die verstärkte Ausbildung von Muskeln bei häufigem Gebrauch kann auf biochemische Prozesse zurückgeführt werden.

Klonselektion im Immunsystem

Klonselektion im Immunsystem

Das Immunsystem stellt unermesslich viele B-Zellen her, von denen jede einen anderen Antikörper bilden kann. Nur die Zelle, die ein Antigen erkannt hat, vermehrt sich und stellt als Plasmazelle den passenden Antikörper in großen Mengen her. Dadurch findet eine selektive Produktion von jenen Antikörpern statt, die der Bekämpfung der Eindringlinge dienen.

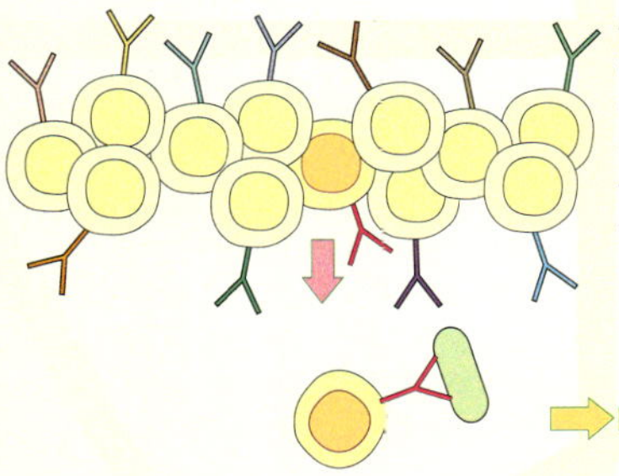

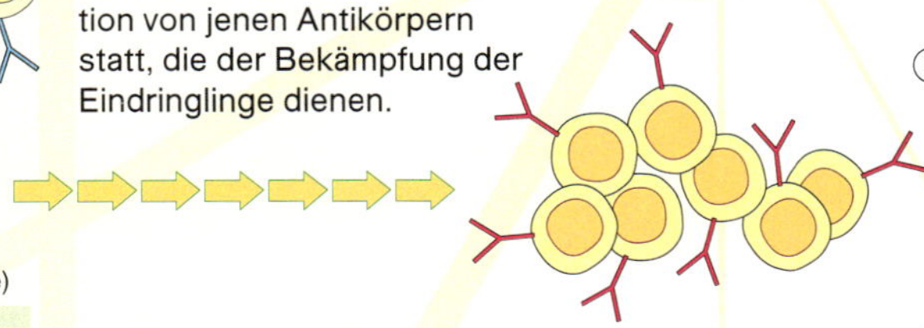

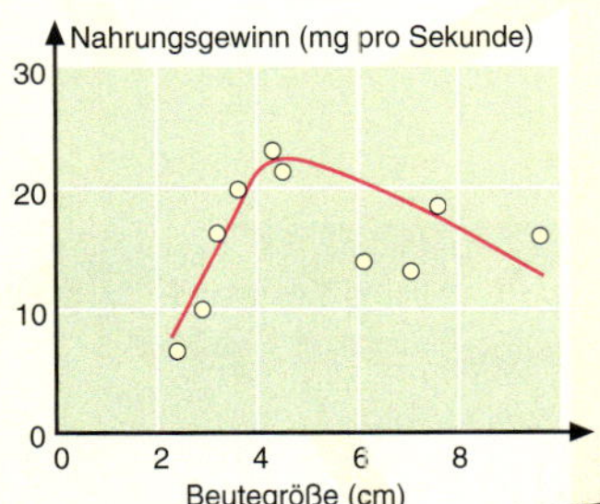

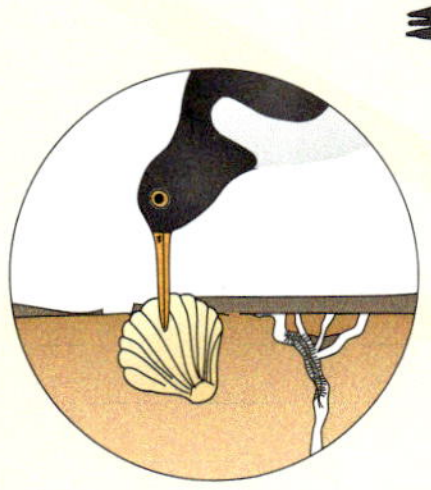

Optimierung

Optimierung

Ziel einer Optimierung kann es sein, mit einem Minimum an Aufwand äußerst komplexe Leistungen zu erreichen und unter dem Aspekt der Wirtschaftlichkeit die Ressourcen zu schonen. Biologen untersuchen ähnlich wie Wirtschaftswissenschaftler Gewinn und Verlust, in der Biologie aber bezogen auf Kosten und Nutzen der in der Evolution entstandenen Angepasstheiten. Als Kosten gelten die Energiemengen, die investiert werden; der Nutzen bezieht sich z. B. auf das Verhalten im Sinne von Fitnessmaximierung *(Adaptationswert)*.

Aufgaben

① Man sagt, die Selektion arbeitet nach dem Schrotschussprinzip. Erläutern Sie dies.

② Suchen Sie nach je einem Beispiel für genetisch fixierten Polymorphismus, balancierten Polymorphismus sowie Plastizität und vergleichen Sie die Beispiele.

③ Nach Hirnverletzungen können Betroffene unter entsprechender Therapie bestimmte Tätigkeiten wieder erlernen oder vollständig gesund werden. Worauf beruht das und wie lässt es sich erklären?

④ Biochemische Anpassungen können auf Veränderung der Genexpression oder der Enzymaktivität beruhen. Erläutern Sie dies.

⑤ Durch die Evolution lässt sich einerseits die hohe Diversität der Lebensformen erklären, andererseits aber auch die Tatsche, dass alle Organismen gemeinsame Kennzeichen des Lebendigen aufweisen. Begründen Sie dies.

⑥ Prüfen Sie die Eignung des Begriffs „Überleben des Stärkeren" zur Beschreibung der Selektion.

⑦ Viele Krankheitserreger lassen sich durch Antibiotika nicht mehr bekämpfen. Beschreiben Sie den Prozess der Resistenzbildung und ermitteln Sie den Bezug zu Variabilität und Angepasstheit.

⑧ In der medizinischen oder industriellen Forschung wird ein Ausgangsstoff in kleinen Schritten gezielt oder zufällig verändert und dann auf Wirksamkeit geprüft. Vergleichen Sie dies mit der biologischen Evolution.

⑨ Vergleichen Sie die Umfärbung der Scholle, eines Hermelins im Winter und die Tarnfarbe eines Feldhasen unter dem Aspekt von Anpassung und Angepasstheit.

Zusammenhänge denken ● Zusammenhänge erkennen ● Zusammenhänge erarbeiten ●

Basis Konzepte

Geschichte und Verwandtschaft

"Nothing in biology makes sense except in the light of evolution." Dieser Satz von THEODOSIUS DOBZHANSKY (1900 – 1975) verdeutlicht, dass alle Beobachtungen in der Biologie letztlich durch die Evolutionsprozesse erklärt werden können. Alle heute existierenden Arten einschließlich des Menschen haben einen gemeinsamen Ursprung. Über die Zeit betrachtet ist nur die Dauer der gemeinsamen Entwicklung unterschiedlich. Das Maß für diese gemeinsame Geschichte ist der Verwandtschaftsgrad.

Die heute zu beobachtende Vielfalt der Lebewesen lässt sich aus der Geschichte und Verwandtschaft erklären, die wiederum in enger Verbindung zu den Konzepten von „Variabilität und Angepasstheit" und „Reproduktion" stehen.

Kennzeichen des Lebendigen

Kennzeichen des Lebendigen

Stoffwechsel, zelluläre Organisation, Wachstum, Fortpflanzung, Reizbarkeit, Regulationsfähigkeit, Bewegung und Angepasstheit sind Kennzeichen des Lebendigen. Diese wenigen Kriterien charakterisieren – wenn alle zusammen zutreffen – ein Lebewesen. Sie sind seit der Entstehung der Organismen stabil. Daraus hat sich eine hohe Diversität der Lebensformen auf allen Organisationsebenen entwickelt.

Zufallsprinzip

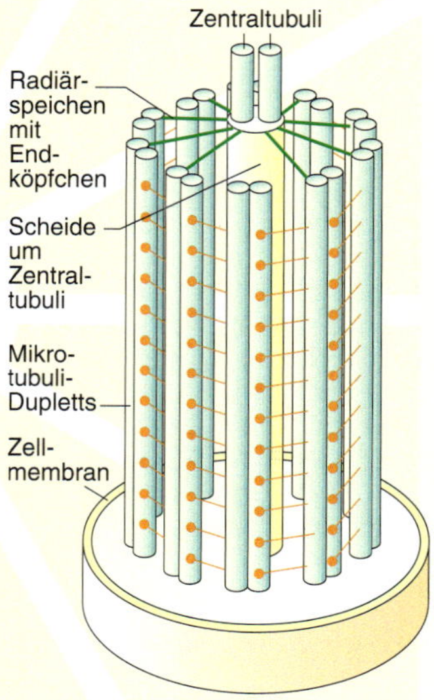

Zufallsprinzip

Mutationen sind ebenso zufällig wie die Tatsache, dass sich ausgerechnet fünf Finger oder sieben Halswirbel entwickelt haben. Trotzdem unterschieden sich diese „Zufälle": Für einige – die objektiv zufälligen Entwicklungen – lassen sich keine Ursachen und für andere – subjektiv zufällige – keine Erklärungen in Form von Angepasstheiten finden. Die Zahl der Mikrotubuli bei Geißeln und Wimpern in einer 9 x 2 + 2-Anordnung an sich scheint zufällig, das Vorhandensein bei allen Eukaryoten wird aber durch Abstammung von einer gemeinsamen Urform erklärt.

Systematik

Systematik

Verwandtschaften können z. B. in Form eines Stammbaums aufgezeigt werden. Bei jeder neuen Erkenntnis müssen diese Stammbäume angepasst werden. So rücken zurzeit Archaebakterien aus heißen Quellen oder schwarzen Rauchern – das sind Minivulkane am Grund der Tiefsee – zunehmend ins Zentrum der Forschung. Diese Extremophilen bevorzugen hohe Temperaturen oder Schwefelkonzentrationen, Erdöl oder Salzseen. Der innere Aufbau der Archaebakterien stellt sie zwar in die Nähe der bisher bekannten Bakterien, ihre Biochemie weist aber so viele Besonderheiten auf, dass Systematiker ihnen eine Sonderstellung geben.

● Zusammenhänge denken ● Zusammenhänge erkennen ● Zusammenhänge erarbeiten ●

Einmaligkeit

Einmaligkeit

Ein naturwissenschaftliches Experiment führt im Allgemeinen unter gleichen Voraussetzungen bei einer Wiederholung zum gleichen Ergebnis. Der Ablauf der Evolution des Lebens auf der Erde ist hingegen ein historisch einmaliger Prozess, der sich selbst bei gleichartigen Anfangsbedingungen nicht identisch wiederholen könnte. Da er nicht reproduzierbar ist und sich gängigen experimentellen Methoden verschließt, sind nur indirekte Schlüsse, etwa aus *Fossilien*, möglich. Obwohl Arten und Individuen als solche einmalig sind, zeichnen sie sich durch gemeinsame Bau- und Funktionsprinzipien bei allen Lebewesen aus.

Funktionale Fragen

Die Angepasstheiten der Lebewesen an ihre Umwelt sehen so auffällig nach gezielter Gestaltung aus, dass sie bis zur Formulierung des Prinzips der natürlichen Selektion als Beweis für die Existenz Gottes galten. Während in anderen Naturwissenschaften die Fragen „Was?“, „Wie?“ und „Warum?“ bearbeitet werden, auf die es nur beschreibende und kausal begründende Antworten gibt, stellt die Biologie auch die funktionale Frage nach der biologischen Bedeutung: „Wozu?“. Ohne Antwort auf diese Frage sind die Eigenschaften der Lebewesen nicht zu verstehen. In allen anderen Naturwissenschaften ist diese Frage sinnlos.

Funktionale Fragen

Aufgaben

① „Der genetische Code ist universell und redundant.“ Erläutern Sie diese Behauptung und den Bezug zum vorliegenden Thema.

② Gilt das Zufallsprinzip auch für die Koevolution? Diskutieren Sie mögliche Zusammenhänge.

③ Suchen Sie nach je einem Beispiel für „Zweckmäßigkeit“ aus den Bereichen Biologie, Medizin und Technik. Welche Kriterien liegen der Auswahl zugrunde?

④ Lebewesen besitzen im Unterschied zu nicht lebenden Systemen ihr eigenes, über Millionen Jahre optimiertes, genetisches Programm. Betrachten Sie mögliche Auswirkungen der Gentechnik unter evolutionären Gesichtspunkten.

⑤ Analysieren Sie die besonderen Einflüsse, denen Inselpopulationen ausgesetzt sind, unter genetischen und evolutionsbiologischen Aspekten.

⑥ Das Aktualitätsprinzip wurde von C. LYELL (1797 – 1875) formuliert. Er versuchte, in der Vergangenheit abgelaufene Prozesse nur durch solche Kausalfaktoren zu erklären, die auch heute wirksam und daher analysierbar sind. Welche Evolutionsfaktoren könnten demgemäß zur biologischen Vielfalt geführt haben?

Wechselseitige Beziehungen

Blüten und ihre Bestäuber zeigen, dass der Bau einer Blüte genau an die Tierart angepasst sein kann, welche die Pollen transportiert. Derartige wechselseitige Beziehungen zwischen verschiedenen Arten führen zu Spezialisierungen auf beiden Seiten. Diese *Koevolution* gilt für Symbiosen, Räuber-Beute-Systeme oder Parasit-Wirt-Beziehungen. Dringen Arten in fremde Ökosysteme vor, fehlt der wechselseitige Anpassungsprozess. Aussterben oder Massenvermehrung der Eindringlinge kann die Folge sein. Werden einzelne Gruppen, wie z. B. Inselpopulationen, vom Prozess abgeschnitten, können neue Arten entstehen.

Wechselseitige Beziehungen

abiotisch
durch die unbelebte Natur bedingt (siehe *Umweltfaktor)*

adaptive Radiation
Aufspaltung einer Ursprungs- (Stamm-) Art in zahlreiche abgeleitete Arten durch evolutive Anpassung an verschiedene ökologische Bedingungen in meist unbesetzten Lebensräumen in einem geologisch kurzen Zeitraum

Adenosintriphosphat
siehe *ATP*

aerob
werden Stoffwechselprozesse genannt, die nur in Gegenwart von Sauerstoff ablaufen bzw. die Lebensweise in sauerstoffhaltiger Umgebung (vgl. *anaerob)*

afferent
bei Nerven: von Sinneszellen zum Zentralnervensystem hinleitend

Agglutination
Zusammenballung von Blutzellen oder Bakterien unter dem Einfluss von Brückenmolekülen (z. B. Antikörpern)

AIDS (Acquired Immune Deficiency Syndrom)
durch das menschliche Immunschwäche-Virus *(HIV)* ausgelöste Immunschwäche-Krankheit, die bis zum Jahr 2008 weltweit 25 Millionen Todesopfer forderte; eine Infektion erfolgt vor dem Ausbruch der Krankheit beim Infizierenden über den direkten Kontakt von Körperflüssigkeiten

Aktion, bedingte
durch Lernen gebildete Assoziation zwischen einem Verhaltenselement und einem aktivierten Antrieb

Aktionspotential
während der Erregung des Axons gemessener zeitlicher Verlauf des Membranpotentials; pflanzt sich über das Axon durch Veränderung der Ionenkanäle fort

Aktivierungsenergie
der Mehrbetrag an Energie, der zusätzlich zum durchschnittlichen Energiegehalt der kleinsten Teilchen eines Stoffes notwendig ist, um eine chemische Reaktion zwischen ihnen auszulösen; kann durch Katalysatoren herabgesetzt werden

Allel
eine von mehreren möglichen Ausführungen eines Gens, von dem diploide Körperzellen zwei enthalten, haploide Keimzellen eines

Allen-Regel
Abstehende Körperteile gleichwarmer Tiere sind bei Formen, die in kalten Gebieten leben, häufig kleiner entwickelt als bei nahe verwandten Formen in wärmeren Klimazonen

Allergie
Überreaktion des Immunsystems auf bestimmte Substanzen, die als *Allergene* bezeichnet werden

Alles-oder-Nichts-Gesetz
Gesetzmäßigkeit für bestimmte Vorgänge, die entweder nur vollständig und in voller Intensität oder gar nicht ablaufen, z. B. beim *Aktionspotential* von Nervenzellen

allopatrische Artbildung
allos (gr.) „anders“, *patria* (lat.) „Heimat“ = „in verschiedenen Gebieten“; Entstehung von Arten aus geografisch isolierten Populationen einer Ursprungsart

Aminosäure
organische Säure, die neben der Carboxylgruppe eine Aminogruppe enthält; in freier Form und als Baustein von Peptiden und Proteinen in der Zelle allgemein verbreitet

anaerob
werden Stoffwechselprozesse genannt, die ohne Beteiligung von Sauerstoff ablaufen bzw. die Lebensweise von Organismen in sauerstofffreier Umgebung (vgl. *aerob)*

Analogie
Ähnlichkeit in Gestalt oder anderen Merkmalen, die aufgrund übereinstimmender Selektionsbedingungen unabhängig entstanden sind und die nicht auf gemeinsamer Herkunft beruht (vgl. *Homologie)*

Angepasstheit
Eigenschaft eines Lebewesens, die sein Überleben in einer bestimmten Umwelt fördert und im Verlauf der Evolution entstanden ist

Anpassung
Prozess, in dessen Verlauf Individuen Eigenschaften aufweisen, die für das Überleben förderlich sind

Antibiotikum
von Mikroorganismen hergestellter Stoff, der das Wachstum anderer Mikroorganismen hemmt, z. B. Penicillin, Chloramphenicol

Anticodon
Basentriplett eines t-RNA-Moleküls, das komplementär zu einem m-RNA-Codon ist

Antigen
Substanz, die eine Antikörperproduktion durch das Immunsystem auslöst

Antikörper
Moleküle in den Körperflüssigkeiten der Wirbeltiere, die spezifisch andere Moleküle *(Antigene)* binden können

Art
Man unterscheidet zwei verschiedene Sichtweisen, die beide je nach Zusammenhang sinnvoll sind:
morphologische Art: eine Gruppe von Lebewesen, die in wesentlichen Merkmalen übereinstimmen
genetische Art: alle Individuen, die unter natürlichen Bedingungen derselben Fortpflanzungsgemeinschaft angehören und von anderen getrennt sind

Artbildung
Prozess der Entstehung neuer Arten aus einer Ursprungsart; man unterscheidet *allopatrische Artbildung* bei räumlicher Trennung von Populationen und *sympatrische Artbildung* bei gemeinsamen Vorkommen

Assimilation
bei Stoffwechselvorgängen: Aufbau organischer Substanzen aus anorganischen Ausgangsstoffen; auch Umbau aufgenommener Nährstoffe in körpereigene Stoffe

Atmung
äußere Atmung: Sauerstoff- und Kohlenstoffdioxidaustausch mit der Umgebung; *innere Atmung bzw. Zellatmung:* aerobe Stoffwechselvorgänge zur Energiefreisetzung in Zellen

Atmungskette
Kette von Redoxreaktionen in Mitochondrien, bei der Elektronen von wasserstoffhaltigen Verbindungen auf Sauerstoff übertragen werden; aufgrund des entstehenden H^+-Gradienten wird ATP gebildet (siehe *Endoxidation)*

ATP (Adenosintriphosphat)
wichtigster Energiespeicher und -überträger des Stoffwechsels, entsteht aus ADP und Phosphat unter Energieaufnahme; setzt beim Zerfall 30,5 kJ/mol frei und treibt dadurch endergonische Reaktionen an oder macht durch Übertragung von Phosphat andere Stoffe energiereicher und damit reaktionsfähiger

Autoimmunerkrankung
Erkrankung, die durch Immunreaktionen des Körpers gegen körpereigene Zellen ausgelöst wird; zu den Autoimmunerkrankungen gehört *Diabetes I*

Autosom
Chromosom, das im Gegensatz zum *Gonosom* keine geschlechtsbestimmenden Gene trägt; in Körperzellen sind bei diploiden Zellen von jedem Autosom zwei homologe Ausgaben vorhanden

Autotrophie
Ernährungsweise, bei der nur anorganische Stoffe benötigt werden *(Fotosynthese, Chemosynthese;* vgl. *Heterotrophie)*

Aversion, bedingte
erlerntes Verhaltenselement; durch schlechte Erfahrung (Bestrafung) wird ein ursprünglich neutraler oder positiv wirkender Reiz mit Abwehr oder Flucht verbunden

Axon
bis zu 100 cm langer Ausläufer einer Nervenzelle, über den die Erregungen vom Zellkörper zu den Synapsen geleitet werden

Bakteriophage (Phage)
Virus, das Bakterien befällt; es nutzt den Syntheseapparat der Bakterienzelle zur eigenen Vermehrung

Bakterium
Angehöriger einer systematischen Gruppe von einzelligen, zellkernlosen (prokaryotischen) Kleinstlebewesen

Baustoffwechsel
Aufbau zell- oder körpereigener Stoffe aus aufgenommenen oder vorher hergestellten Nährstoffen (vgl. *Betriebsstoffwechsel)*

Behaviorismus
Forschungsrichtung der Lernpsychologie (ursprünglich aus Amerika), die Verhalten auf einfache Reiz-Reaktions-Schemata zurückführt

Bergmann-Regel
Bei nahe verwandten, gleichwarmen Tierarten nimmt die Größe von warmen Zonen in Richtung kalter häufig zu.

Betriebsstoffwechsel
Abbau organischer Substanzen in Zellen zur Energiebereitstellung (vgl. *Baustoffwechsel)*

Biogenetische Grundregel
Während der Keimesentwicklung eines Individuums zeigen einige Stadien Merkmale von Organismengruppen, die man als frühere Stufen der Stammesentwicklung ansieht. Die Keimesentwicklung scheint also die Stammesgeschichte sehr kurz zu wiederholen.

Biomasse
die gesamte Masse (bzw. Trockenmasse) aller Lebewesen in einem Lebensraum; wird oft nur auf bestimmte Teilbereiche (Populationen, Trophiestufen etc.) bezogen

Biomembran
Doppelmembran mit einer immer gleichen Grundstruktur, die jede Zelle umgibt bzw. in kleinere Räume aufteilt

Bionik
wissenschaftliche Disziplin, die sich mit der technischen Umsetzung und Anwendung von Strukturen nach dem Vorbild biologischer Systeme beschäftigt

Biosphäre
der vom Leben erfüllte Raum der Erde

Biotechnologie
Einsatz und Nutzung von biologischen Prozessen oder Lebewesen in technischen Verfahren bzw. industriellen Produktionen

biotisch
durch Lebewesen bedingt oder beeinflusst (siehe *Umweltfaktor)*

Biotop
Lebensraum einer Lebensgemeinschaft

Biozönose
Lebensgemeinschaft aller Organismen in einem Lebensraum

Brown'sche Molekularbewegung
durch Kollisionen und Schwingungen in Geschwindigkeit und Richtung ständig wechselnde Bewegungen kleinster Teilchen

Bruttoprimärproduktion
die gesamte durch *Fotosynthese* oder *Chemosynthese* gebildete Biomasse in einer bestimmten Zeit (siehe *Nettoprimärproduktion)*

Calvinzyklus
zyklische Reaktionsfolge, die der lichtabhängigen Reaktion der *Fotosynthese* nachgeschaltet ist, bei der CO_2 fixiert und durch Reduktion Glucose gebildet wird

Carrier
integrales Protein in der Biomembran, das einen Transport spezifischer Substanzen durch die Biomembran ermöglicht; Transportproteine, Translokatoren

Chloroplast
fotosynthetisch aktives, Chlorophyll enthaltendes Zellorganell fotoautotropher Lebewesen, in dem aus aufgenommenem CO_2 Glucose hergestellt wird (siehe *Plastid)*

Chromatographie
Verfahren zur Auftrennung von Stoffgemischen, das die unterschiedliche Beweglichkeit von Stoffen in einem Strom aus Trägersubstanz (Flüssigkeit oder Gas) ausnutzt

Chromosom
Hauptträger der Erbinformation in einer Zelle; Chromosomen enthalten Gene (DNA) in spezifischer Anordnung und können identisch verdoppelt werden *(Replikation)*.
Bei Eukaryoten werden sie vor allem bei der Zellteilung lichtmikroskopisch sichtbar. Im erweiterten Sinne wird auch die ringförmige DNA der Prokaryoten als (Bakterien-) Chromosom bezeichnet.

Chromosomenmutation
Veränderung der Erbinformation, die durch Bruch und Fusion zum Umbau eines Chromosoms führt; dabei können Teile eines Chromosoms verloren gehen *(Deletion)*, an eine andere Stelle verlagert werden *(Translokation)*, verdoppelt werden *(Duplikation)* oder um 180° gedreht wieder eingebaut werden *(Inversion)*

Citronensäurezyklus
wichtigste, zyklisch verlaufende Reaktionsfolge zum oxidativen Endabbau von Kohlenstoffverbindungen (siehe *Tricarbonsäurezyklus)*

Code, genetischer
verschlüsselte Anweisung für die Proteinsynthese, nach der die genetische Information der DNA (Basensequenz) in die Aminosäuresequenz der Proteine übersetzt wird

Codon
aus 3 *Nucleotiden* bestehender m-RNA-Abschnitt (Basentriplett), der für eine Aminosäure codiert

Coenzym
Hilfsmolekül bei Enzymen, das Elektronen, Protonen oder Substratbestandteile bei enzymatischen Reaktionen vorübergehend übernimmt (auch *Cosubstrat* genannt)

Crossingover
wechselseitiger Austausch von Chromosomenstücken zwischen homologen Chromosomen während der Meiose; ein Crossingover führt zur *Rekombination* der Erbinformation, d. h. Gene, die zuvor auf dem gleichen Chromosom lagen, können auf verschiedene Chromosomen verteilt werden oder ehemals getrennte Gene können auf das gleiche Chromosom gelangen

Cytoplasma
von der Zellmembran umgebener Zellinhalt mit Ausnahme des Zellkerns; in der Grundsubstanz des Cytoplasmas liegen die Organellen

Cytoskelett
Netzwerk feiner Proteinstrukturen, die der Zelle Stabilität und Festigkeit verleihen und Transportaufgaben erfüllen

Darwinismus
Konzepte, die sich auf die Selektionstheorie von CHARLES DARWIN berufen, ausgehend von gemeinsamer Abstammung, Artbildung in Populationen, allmählichem Ablauf *(Gradualismus)* und natürlicher *Selektion*, die auf verschiedene Phänotypen in einer Population wirkt

Denaturierung
durch Hitze, organische Lösungsmittel, pH-Wert-Änderungen oder Salze verursachte Konformationsänderung von *Nucleinsäuren* oder *Proteinen*; Denaturierung ist in der Regel mit Funktions- oder Aktivitätsverlust verbunden

Destruent
Organismus, der sich von totem organischem Material ernährt und es zu anorganischer Substanz abbaut

Detritus
organische Reststoffe, die beim Zerfall von Organismen entstehen und sich z. B. als flockige Masse auf dem Grund von Gewässern ablagern

Dictyosom
Zellorganell, bestehend aus einem Stapel flacher Membranvesikel; exportiert Proteinsekrete; die Gesamtheit der Dictyosomen einer Zelle bildet den *Golgi-Apparat*

Diffusion
Konzentrationsausgleich durch Vermischung verschiedener Teilchen aufgrund der Brown'schen Molekularbewegung

diploide Zelle
Zelle mit zwei homologen Chromosomensätzen (2n), von denen einer von der Mutter und einer vom Vater stammt

Dissimilation
Gesamtheit aller abbauenden, der Energiefreisetzung dienenden Stoffwechselwege

Divergenz
beschreibt das Auseinanderlaufen verschiedener evolutiver Entwicklungslinien zu größeren Unterschieden hin (vgl. *Konvergenz)*

DNA = DNS (Desoxyribonucleinsäure)
schraubig gewundene, zweisträngige Kette von *Nucleotiden* (besteht aus dem Zucker Desoxyribose, Phosphat und einer der 4 Basen Adenin, Thymin, Guanin und Cytosin); die Reihenfolge der Nucleotid-Typen in einem Nucleinsäurestrang verschlüsselt die genetische Information einer Zelle

Domestikation
der Prozess der Haustierwerdung und der Entwicklung von Kulturpflanzen aus Wildformen als Folge menschlicher Zuchtwahl

dominantes Allel
Allel, das bei heterozygoten Lebewesen zur Ausprägung eines Merkmals führt (siehe *Erbgang)*

Dunkelreaktion
lichtunabhängige biochemische Reaktionsfolge der Fotosynthese (siehe *Calvinzyklus*)

Elektronenmikroskopie
Vergrößerungsverfahren, die in Elektronenmikroskopen Elektronenstrahlen statt Licht benutzen, wodurch feine Strukturen, Viren und Moleküle sichtbar gemacht werden können

Elektrophorese
Methoden, mit denen Moleküle *(Proteine, Nucleinsäuren)* in einem Gleichspannungsfeld nach ihrer Masse und Ladung aufgetrennt werden

Endoplasmatisches Retikulum (ER)
Organell in Eukaryotenzellen, das aus einem Membransystem besteht; es wirkt bei Synthese, Umwandlung und Transport von Stoffen mit

Endosymbionten-Hypothese
gut belegte Hypothese über den Ursprung der Eukaryotenzelle *(Eucyte)*; demnach ist die Eucyte aus einer symbiontischen Gemeinschaft von Zellen hervorgegangen; *Mitochondrien* entstanden aus bakterienartigen Zellen, *Plastide* aus cyanobakterienartigen Zellen

Endoxidation
Übertragung von Elektronen im aeroben Stoffwechsel von wasserstoffhaltigen Verbindungen auf Sauerstoff unter Bildung von Wasser in den Mitochondrien zur Gewinnung von ATP (siehe *Atmungskette)*

Energie, freie
genauer: *freie Reaktionsenthalpie* (Symbol ΔG); Energieangabe, die *Enthalpie* und *Entropie* in Beziehung setzt; gibt an, ob eine Reaktion freiwillig ablaufen kann ($\Delta G < 0$) oder nicht ($\Delta G > 0$)

Enzym
Protein, das als Biokatalysator wirkt und dadurch die chemische Umsetzung bei Stoffwechselprozessen beschleunigt

Erbgang
statistisch-gesetzmäßiges Auftreten von Merkmalen in den Nachkommengenerationen; beim *rezessiv-dominanten Erbgang* bestimmt das Allel von nur einem Elternteil die Ausprägung des Phänotyps in der mischerbigen Filialgeneration, beim *kodominanten Erbgang* dagegen zwei Allele. Beim *intermediären Erbgang* findet man eine abgeschwächte Ausprägung des Merkmals in der mischerbigen Filialgeneration.

Ethologie
Verhaltensforschung, Teilgebiet der Biologie; Lehre vom tierischen und menschlichen Verhalten

Eucyte
Zelltyp; Grundbaustein aller *Eukaryoten*; unterscheidet sich u. a. durch den Besitz von Zellkern *(Nucleus)*, *Mitochondrien* und die reiche Kompartimentierung von der *Procyte*

Eukaryoten (auch Eukaryonten)
ein- und vielzellige Lebewesen, deren Zelltyp die Eucyte ist; dazu gehören Protisten, Pflanzen, Pilze und Tiere

eurypotent
Fähigkeit eines Lebewesens, starke Schwankungen eines bestimmten Umwelteinflusses zu tolerieren

Eutrophierung
Anreicherung eines Gewässers mit Mineralstoffen („Überdüngung")

Evolution
alle Prozesse, die zur Entstehung des Lebens in seiner heutigen Vielfalt geführt haben

Exkretion
Ausscheidung von Substanzen durch Exkretionsorgane, wie Haut, Lunge, Niere, Dickdarm oder Schweißdrüsen

Exon
codierender Abschnitt gestückelter eukaryotischer Gene (siehe *Intron)*

Fitness, reproduktive
Maß für den reproduktiven Lebensfortpflanzungserfolg eines Individuums, d. h. die Fähigkeit, seine Gene in der Folgegeneration zu verbreiten

Flaschenhalseffekt
Form von *Gendrift*, die sich aus einer drastischen Verkleinerung einer Population, z. B. durch eine Naturkatastrophe, ergibt

Fortpflanzung
Kennzeichen des Lebens, wobei durch die Weitergabe genetischer Information artgleiche, eigenständige Individuen entstehen. Zur geschlechtlichen *(sexuellen)* Fortpflanzung gehört die Befruchtung von Keimzellen. Bei der ungeschlechtlichen *(asexuellen)* Fortpflanzung entstehen neue Lebewesen aus einem Teil des Elternorganismus. Fortpflanzung ist meistens mit einer *Vermehrung* verbunden.

Fortpflanzungsstrategie
betrachtet den Anteil der verfügbaren Biomasse und Energie, der von Individuen einer Art für die Fortpflanzung eingesetzt wird; der Anteil ist genetisch bestimmt

Fossil
versteinerter Rest oder Spur eines Lebewesens in Gesteinen bzw. Sedimenten früherer Perioden der Erdgeschichte; sie erlauben die Rekonstruktion von Entwicklungslinien

Fotosynthese
wichtigste Form der *autotrophen Assimilation*, bei der mithilfe des Chlorophylls unter Einwirkung des Sonnenlichtes aus CO_2 und Wasser Glucose und Sauerstoff entstehen

Furchung
erste Phase in der Entwicklung eines Mehrzellers, bei der aus der Zygote durch aufeinander folgende Zellteilungen eine mehrzellige Kugel *(Blastula)* entsteht; bei dotterarmen befruchteten Eizellen wird das gesamte Plasma aufgeteilt *(totale Furchung)*, bei dotterreichen nur ein Teil *(partielle Furchung)*

Gamet (Geschlechtszelle, Keimzelle)
haploide Ei- oder Spermienzelle, die sich im Gegensatz zur *Spore* erst nach einer Befruchtung zu einem mehrzelligen Organismus weiterentwickelt; in diploiden Organismen entstehen Gameten in spezialisierten Organen *(Gonaden)* durch eine besondere Zellteilung *(Meiose)*, in haploiden Organismen durch *Mitose*

Gärung
anaerobe Form der Energiefreisetzung; je nach Gärungstyp entstehen Endprodukte wie Ethanol und CO_2 oder Milchsäure; die Energieausbeute ist wesentlich geringer als beim oxidativen Abbau der Kohlenhydrate

Gedächtniszellen
spezielle Weiße Blutzellen, die nach erstmaligem Kontakt mit einem *Antigen* entstehen und über Jahre im Körper verbleiben können; sie sorgen bei weiteren Antigenkontakten für die schnelle Produktion spezifischer Antikörper

Gegenspielerprinzip
Prinzip, nach dem ein Zustand in einem Organismus durch mindestens zwei gegeneinander wirkende Steuermechanismen kontrolliert und geregelt wird

Gegenstromprinzip
optimierte Form des Wärme- oder Stoffaustausches zwischen unterschiedlichen Flüssigkeiten oder Gasen, die sich durch eine dünne Barriere getrennt in entgegengesetzter Richtung bewegen

Gen
Funktionseinheit der Erbinformation, die auf einem *Chromosom* liegt und aus *DNA* besteht; ein Gen ist nach heutiger Auffassung der DNA-Abschnitt, der für ein RNA-Molekül codiert

Gendrift
durch Zufallsereignisse bedingte, sprunghafte Veränderung von Gen- bzw. Allelhäufigkeiten, die besonders in kleinen Populationen von Bedeutung sind *(Gründereffekt, Flaschenhalseffekt)*

Generalisation
erlernte Verknüpfungen, durch die ursprüngliche Informationen oder Erfahrungen auch auf andere, ähnliche Situationen und Reizkombinationen übertragen werden

Generalist
Lebewesen, das unter sehr unterschiedlichen Lebensbedingungen existieren kann; ein Nahrungsgeneralist etwa zeigt ein breites Nahrungsspektrum (vgl. *Spezialist)*

genetisch bedingtes Verhalten
Verhaltensweisen, die nicht erlernt werden müssen; sie gehen nur auf genetisch weitergegebene, stammesgeschichtlich entstandene Informationen zurück

genetischer Fingerabdruck
Verfahren zur Analyse von DNA aus Haaren, Blutflecken und anderem Material zur Identifizierung von Personen, fachsprachlich auch *DNA-Typisierung* oder *DNA-Profiling* genannt

Genexpression
Vorgang der Merkmalsausbildung, in dem eine Zelle die Information eines Gens nutzt; alle Gene werden dabei zunächst transkribiert (m-RNA-Bildung); codieren sie für Proteine, findet auch Translation statt

Genkartierung
Bestimmung der Position verschiedener Gene auf einem DNA-Molekül im Genom eines Lebewesens

Genkopplung
Vorhandensein von Gruppen von Genen, die gemeinsam vererbt werden, weil sie auf demselben Chromosom liegen; durch Crossingover können solche Kopplungsgruppen durchbrochen werden

Genom
Gesamtheit des genetischen Materials (codierende und nicht codierende DNA-Abschnitte) eines Organismus im einfachen Chromosomensatz

Genommutation
Mutation, die zu einer Veränderung der Chromosomenanzahl in einer Zelle führt; es können entweder einzelne Chromosomen hinzukommen oder verloren gehen, oder der ganze Chromosomensatz kann vervielfacht oder halbiert werden

Genotyp
Beschreibung der Gesamtheit der Gene eines Organismus

Genpool
Gesamtheit aller Gene in einer *Population*, also einer Fortpflanzungsgemeinschaft, zu einem bestimmten Zeitpunkt

Genregulation
Regulation der Proteinsynthese in einer Zelle durch Genaktivierung bzw. -hemmung

Gentechnik
Verfahren zur gezielten Veränderung des Genoms einer Zelle durch Übertragung oder Entfernung definierter DNA-Abschnitte zu Forschungs-, Heilungs- oder Produktionszwecken

Gentherapie
medizinische Behandlung von Patienten durch gentechnische Veränderung von Zellen: Bei der *somatischen Gentherapie* werden Gene von Körperzellen des Patienten ersetzt, ergänzt oder entfernt. Eine *Keimbahntherapie* beim Menschen, also die gentechnische Veränderung von Keimzellen, ist in Deutschland aus ethischen Gründen verboten.

Gentransfer
Methoden, mit denen man DNA (Gene) beliebigen Ursprungs in Zellen einbringen kann (siehe *Plasmid)*

Geschlechtsdimorphismus
Verschiedenheit der Geschlechter einer Art hinsichtlich Größe, Gestalt, Farbigkeit, Physiologie oder Verhalten, also der sekundären Geschlechtsmerkmale (= *Sexualdimorphismus)*

Gewebe
durch spezifische Leistungen gekennzeichneter Verband gleichartig differenzierter Zellen

Glykolyse
erster Teil des Glucoseabbaus bis zur Brenztraubensäure

Golgi-Apparat
Gesamtheit der *Dictyosomen* in einer Zelle; modifiziert und speichert Produkte des ER

Gonaden (Keimdrüsen)
Organe der Tiere, in denen Keimzellen gebildet werden; weibliche Keimdrüsen nennt man Eierstöcke (Ovarien), männliche Keimdrüsen Hoden

Gonosom (Geschlechtschromosom)
Chromosom, das im Gegensatz zum *Autosom* geschlechtsbestimmende Gene trägt; Gonosomen legen be-reits in der diploiden Zygote das Geschlecht fest und werden meist als X- oder Y-Chromosom bezeichnet

Gründereffekt
Form von *Gendrift*, die auf die Besiedlung eines neuen Lebensraumes durch eine kleine Anzahl von Individuen (Gründerpopulation) zurückzuführen ist, die sich von einer großen Ausgangspopulation abgespalten hat

Grundumsatz
minimaler Energieumsatz eines homoiothermen Tieres in Ruhe; setzt sich zusammen aus dem Erhaltungsumsatz für die Lebensvorgänge in Zellen und der Energie für die Tätigkeitsbereitschaft des Organismus

Habitat
von einer einzelnen Art bevorzugter Lebensraum

haploide Zelle
Zelle mit einem einfachen Chromosomensatz (n), z. B. Keimzelle

Hardy-Weinberg-Gesetz
mathematisches Modell zur Berechnung der Häufigkeiten von *Allelen* und *Genotypen* in einer *Population* (siehe *Populationsgenetik)*

hemizygot
trotz Diploidie mit nur einem Allel für ein bestimmtes Merkmal ausgestattet; dies gilt z. B. für viele Allele auf den Geschlechtschromosomen

Hemmung, allosterische
durch die Veränderung der räumlichen Struktur des Enzymmoleküls bedingte Hemmung der Enzymfunktion

Hemmung, bedingte
durch negative Erfahrungen hervorgerufene Hemmung eines Verhaltens (siehe *Lernen)*

Hemmung, kompetitive
Hemmung der Enzymfunktion durch mit dem Substrat konkurrierende, ähnlich strukturierte Substanzen an der Substratbindungsstelle

Hemmung, neuronale
Hemmung von Übertragungsvorgängen im Gehirn durch inhibitorische präsynaptische oder postsynaptische Potentiale

Heterotrophie
Ernährungsweise, bei der organische Nahrungsstoffe als Energie- und Kohlenstoffquellen aufgenommen und in körpereigene Verbindungen umgewandelt bzw. abgebaut werden

heterozygot (mischerbig)
mit zwei verschiedenen *Allelen* für ein bestimmtes Merkmal ausgestattet (vgl. *homozygot)*

HIV (Human Immunodeficiency Virus)
RNA-Virus, das durch die Infektion von Immunzellen die Immunschwächekrankheit *AIDS* beim Menschen auslöst

homoiotherm (gleichwarm)
Temperaturkonstanz von Organismen, die ihre Körpertemperatur stoffwechselphysiologisch unabhängig von den Außenbedingungen innerhalb enger Grenzen regeln; homoiotherm sind Säugetiere und Vögel

Homologie
Ähnlichkeit in Gestalt oder anderen Merkmalen, die sich auf Verwandtschaft bzw. gleiche Herkunft und damit ähnliche genetische Ausstattung gründet (vgl. *Analogie)*

homozygot (reinerbig)
mit zwei identischen Allelen für ein bestimmtes Merkmal ausgestattet (vgl. *heterozygot)*

Hormon
in Drüsen gebildeter Signalstoff, der physiologische Veränderungen hervorruft

Hybridisierung
molekularbiologisches Verfahren; komplementäre Einzelstränge von *Nucleinsäuren* unterschiedlicher Herkunft lagern sich nach gemeinsamer Erhitzung bei anschließender Abkühlung bei hinreichender Ähnlichkeit zusammen (siehe *Gensonde)*

hydrophil
Wasser liebend, in Wasser löslich; polare Substanzen, die Wassermoleküle anziehen und locker binden; Gegensatz zu *hydrophob, lipophil*

hydrophob
Wasser abweisend, wasserunlöslich; unpolare Substanzen, die Wassermoleküle nicht binden und daher von ihnen ausgegrenzt werden (siehe *lipophil*, Gegensatz zu *hydrophil)*

hypertonisch
Die Konzentration der gelösten Teilchen in der Lösung ist höher als in einer Vergleichslösung (siehe *Osmose).*

hypotonisch
Die Konzentration der gelösten Teilchen in der Lösung ist geringer als in einer Vergleichslösung (siehe *Osmose).*

Immunität
Reaktionsfähigkeit eines Organismus gegenüber Antigenen von Infektionserregern; man unterscheidet *spezifische* und *unspezifische Immunität*

Indikatororganismus (Zeigerart)
Lebewesen, das besonders empfindlich *(stenopotent)* auf bestimmte Ökofaktoren reagiert und deshalb als Nachweisorganismus für eben diese Umweltbedingungen verwendet werden kann; Indikatororganismen spielen vor allem bei der Beurteilung bzw. Erfassung von Verschmutzungen von Wasser, Luft und Boden eine wichtige Rolle

Infektionskrankheit
durch Erreger (meist Viren, Bakterien oder Einzeller) verursachte übertragbare Krankheit

Inkubationszeit
Zeitspanne zwischen der Ansteckung und dem Ausbruch einer Infektionskrankheit

Instinkthandlung
von Konrad Lorenz eingeführter und heute umstrittener Begriff für ein „angeborenes", durch bestimmte *Schlüsselreize* über einen entsprechenden Auslösemechanismus ausgelöstes weitgehend formkonstantes Verhalten, das nur bei Vorliegen einer spezifischen Handlungsbereitschaft abläuft

intermediär
dazwischen befindlich (siehe *Erbgang);* phänotypische Zwischenform bei heterozygoten Lebewesen

Intron
nicht codierender Abschnitt gestückelter eukaryotischer Gene; der entsprechende m-RNA-Abschnitt wird beim *Spleißen* entfernt (siehe *Exon)*

Karyogramm
aufreihende Darstellung der gefärbten Metaphase-Chromosomen eines Organismus; ermöglicht eine Unterscheidung nach Größe, Gestalt und Muster

Keimbahn
Zellenfolge bei Tieren, die von der befruchteten Eizelle bis zu den Keimzellen führt

Klonen
Vervielfältigung genetisch identischer Zellen; nicht zu verwechseln mit „klonieren", der Vervielfältigung einzelner Gene (siehe *PCR)*

kodominant
gemeinsam vorherrschend; Eigenschaft zweier Allele, sich im diploiden Organismus beide phänotypisch voll auszuwirken bzw., wenn sie einzeln auftreten, ein weiteres rezessives zu dominieren (siehe *Erbgang)*

Koevolution
gegenseitige Beeinflussung der Evolution zweier oder mehrerer Arten, die miteinander in Wechselbeziehungen stehen und durch Anpassung bzw. Gegenanpassung ihre Existenz und Fortpflanzung zunehmend sichern

Kohlenhydrat
stickstofffreier, weit verbreiteter biologischer Bau-, Gerüst- und Reservestoff der allgemeinen chemischen Zusammensetzung $C_n(H_2O)_n$; Beispiele: Zucker, Stärke, Zellulose

Kompartimentierung
Unterteilung des Zellinhaltes in durch Membranen abgegrenzte Reaktionsräume

Konditionierung
einfacher Lernprozess durch Ausbildung einer bedingten Reaktion (Reflex oder Aktion) als Antwort auf einen spezifischen Reiz

Konjugation
Zusammenlagerung von Protozoen oder Bakterien mit nachfolgendem Austausch von Erbgut

Konkurrenz
gegenseitige Einschränkung von Lebewesen durch die Nutzung gleicher begrenzter Ressourcen, z. B. Nahrung, Brutplätze etc.

Konsument
Organismus, der bereits vorliegende Biomasse anderer lebender Organismen als Ressource nutzt (vgl. *Produzent)*

Konvergenz
beschreibt eine im Verlauf der Evolution zunehmende Ähnlichkeit von Individuen oder Organen bei verschiedenen Entwicklungslinien; Ursache ist meist ein ähnlicher Selektionsdruck (vgl. *Divergenz)*

Kopplungsbruch
Trennung von ehemals gekoppelten, also auf demselben Chromosom liegenden, Genen; ein Kopplungsbruch kann durch *Crossingover* während der *Meiose* oder durch eine *Chromosomenmutation* erfolgen

Kreationismus
Schöpfungslehre; religiöse Strömung, die die Evolution als Ursache der Artenvielfalt ablehnt und stattdessen von Schöpfung ausgeht

Krebs
Sammelbezeichnung für bösartige Geschwülste in Körpergeweben; im Gegensatz zu den gutartigen Tumoren können sich Krebsgeschwüre im Körper ausbreiten *(Metastasen)*

Krebszyklus
nach Sir Hans Krebs benannter Teil des oxidativen Nährstoffabbaus (siehe *Tricarbonsäurezyklus)*

Kutikula
von Epidermiszellen der Pflanze nach außen abgesonderte, meist wenig durchlässige Schutzschicht aus wachsartigen Substanzen

Lamarckismus
überholte Lehre von der allmählichen Veränderung der Lebewesen durch Gebrauch oder Nichtgebrauch von Organen sowie der Vererbung der dabei erworbenen Eigenschaften

Lernen
Verhaltens- oder Wissensveränderung infolge individueller Erfahrung auf der Grundlage veränderter neuronaler Strukturen

lichtabhängige Reaktion
erste Schrittfolge der *Fotosynthese*, in der unter Nutzung der Lichtenergie *ATP* und *NADPH* + H^+ gebildet werden sowie Sauerstoff freigesetzt wird; Reaktionsorte sind die Thylakoidmembranen der *Chloroplasten*

lichtunabhängige Reaktion
Teil der *Fotosynthese*, in dem CO_2 fixiert und mithilfe der Produkte der *lichtabhängigen Reaktion* zu Glucose reduziert wird (= Dunkelreaktion, siehe *Calvinzyklus)*

Liebig'sches Minimumgesetz
Das Gedeihen von Pflanzen wird maßgeblich von dem Mineralstoff bestimmt bzw. eingeschränkt, der im Vergleich zum Bedarf in der geringsten Konzentration vorliegt.

Ligase
genetischer „Kleber"; Enzym, das DNA-Fragmente miteinander verknüpfen kann (Basiswerkzeug der Gentechnik, siehe *Restriktionsenzym)*

Lipid
unpolare chemische Verbindung, die sich schlecht in Wasser löst; Fette und fettähnliche Substanzen

lipophil
Fett liebend; unpolare Substanzen, die sich mit anderen unpolaren (z. B. *Lipiden)* mischen (siehe *hydrophob*, Gegensatz *hydrophil)*

Makrophage
differenzierte Zelle des Immunsystems, die auf die *Phagocytose* spezialisiert ist, also den Abbau meist körperfremder Zellen und Stoffe

Meiose
zweischrittige Kern- und Zellteilung im Rahmen der geschlechtlichen Fortpflanzung; die Meiose führt zur Bildung von Keimzellen mit einem einfachen Chromosomensatz aus Urkeimzellen mit einem doppelten Chromosomensatz. Dabei wird die genetische Information neu kombiniert.

Membranpotential
elektrische Spannung über die Zellmembran, hervorgerufen durch eine unterschiedliche Verteilung von Ionen; wechselt am Axon zwischen *Ruhepotential* und *Aktionspotential*

Mendel'sche Regeln
drei von GREGOR MENDEL aufgestellte Vererbungsregeln (Uniformitätsregel, Spaltungsregel und Neukombinationsregel)

Metastase
Tochtergeschwulst eines bösartigen Tumors; sie entsteht, wenn Krebszellen sich über die Blutbahn ausbreiten und an anderer Stelle des Körpers vermehren (siehe *Krebs)*

Mimese
täuschende Nachahmung eines belebten oder unbelebten Objektes der Umgebung, das für die eigenen Fressfeinde ohne Bedeutung ist, durch ein Lebewesen, dessen Überlebenswahrscheinlichkeit dadurch steigt

Mimikry (Scheinwarntracht)
täuschende Nachahmung von Warnsignalen, die von wehrhaften oder giftigen Arten (Vorbild) ausgehen und so die Nachahmer vor Fressfeinden schützen, wenn hinreichend Vorbilder im Lebensraum vorkommen

Mineralstoffe (auch Mineralsalze)
anorganische Verbindungen, die vom pflanzlichen und tierischen Organismus für den Aufbau von Körpersubstanz und für einen geregelten Stoffwechsel aufgenommen werden müssen

Mitochondrium
in der Eucyte vielfach vorhandenes Organell mit einer Doppelmembran, in dem die *Zellatmung* abläuft

Mitose
Kernteilung, bei der die zwei Chromatiden eines Chromosoms auf die beiden neu entstehenden Tochterzellen verteilt werden; die Chromosomenzahl bleibt erhalten. Der Kernteilung folgt in der Regel die Zellteilung

Modifikation
umweltbedingte Veränderung im Erscheinungsbild *(Phänotyp)* eines Organismus, die nicht vererbt wird

Mutagene
Substanzen, die in einem DNA-Molekül Veränderungen der Erbinformation *(Mutationen)* auslösen können

Mutation
spontan oder durch *Mutagene* verursachte qualitative oder quantitative Veränderung des genetischen Materials; in Abhängigkeit vom Ausmaß unterscheidet man *Gen-*, *Chromosomen-* und *Genommutationen*

Nahrungskette
Abfolge von Organismen, die sich jeweils voneinander ernähren und damit Biomasse und Energie an das folgende Glied weitergeben; sie beginnt vielfach mit Pflanzen als *Produzenten* und führt weiter zu *Konsumenten* und *Destruenten*

Natrium-Kalium-Pumpe
ATP verbrauchender Transportmechanismus in der Zellmembran, der auch gegen einen hohen Konzentrationsgradienten Na^+- gegen K^+-Ionen austauschen kann; wichtig für das *Ruhepotential*, vor allem an Muskel- und Nervenzellen

Nerv
ein Bündel von Nervenfasern (Axone mit Hüllzellen), von Bindegewebe umgeben; er dient der Leitung elektrischer Erregungen (siehe *Aktionspotential)*

Nettoprimärproduktion
die durch Fotosynthese oder Chemosynthese gebildete Biomasse in einer bestimmten Zeit nach Abzug des von den Pflanzen selbst verbrauchten Anteils (vgl. *Bruttoprimärproduktion)*

Neuron (Nervenzelle)
spezialisierter Zelltyp, der elektrische Erregungen bildet bzw. leitet

Nische, ökologische
Gesamtheit der Ansprüche, die eine Art an ihre Umwelt stellt; die Ansprüche werden durch den Einfluss von Umweltfaktoren und durch die Nutzung von lebensnotwendigen Ressourcen bestimmt. Die ökologische Nische kann auch als Gesamtheit der ökologischen Potenzen beschrieben werden.

Nucleinsäure
aus *Nucleotiden* aufgebautes Makromolekül, das als DNA oder RNA Erb-information speichert bzw. überträgt

Nucleotid
aus Zucker, Phosphat und einer stickstoffhaltigen Base zusammengesetzter Baustein der *Nucleinsäuren* bzw. der Coenzyme ADP, NAD^+ und $NADP^+$

Nucleus (Zellkern)
enthält den größten Teil der Erbinformation; Steuerzentrum der Zelle; kommt nur in der *Eucyte* vor

Oberflächenvergrößerung
bei Lebewesen zu beobachtendes und von ihnen genutztes Strukturprinzip; eine möglichst große Oberfläche bei gegebenem Volumen verbessert die Funktion als Austausch- und Reaktionsfläche; auch die Minimierung von Oberflächen kommt vor

Ökofaktor
Faktor, der das Wachstum von Populationen beeinflusst; man unterscheidet *dichteabhängige Faktoren*, deren Wirkung davon abhängt, wie viele Individuen bereits vorhanden sind (z. B. bei der Konkurrenz um Ressourcen) und *dichteunabhängige Faktoren*, die generell wirken (z. B. Wetter, Katastrophen)

Ökosystem
dynamisches Beziehungsgefüge aus *Biozönose* (Lebensgemeinschaft) und *Biotop* (Lebensraum), das durch Stoffkreisläufe und Energiefluss gebildet wird

oligotroph
arm an Mineralstoffen (besonders Phosphat), was bei Stillgewässern meist mit hohem Sauerstoffgehalt einhergeht; im Gegensatz zu eutroph: hoher Gehalt an Mineralstoffen (siehe *Eutrophierung*)

Onkogene
Gene, die an der Auslösung von *Krebs* beteiligt sind; sie entstehen in Zellen aus Genen, die das Zellwachstum kontrollieren *(Proto-Onkogene)* und kommen in Viren vor

Ontogenese
Individualentwicklung; Entwicklung eines Lebewesens von der befruchteten Eizelle bis zum erwachsenen Lebewesen

Operon
Funktionseinheit von Genen des Bakteriengenoms, die eine bedarfsgerechte Synthese der darin codierten Enzyme bewirkt

Organell
abgrenzbare Bau- und Funktionseinheit im Cytoplasma der Zelle

Osmose
Diffusion zwischen zwei durch eine *semipermeable Membran* getrennten Lösungen, bei denen nur die Lösungsmittelteilchen, nicht aber die Teilchen des gelösten Stoffes die Membran passieren können

Oxidation
Elektronenabgabe einer Substanz; in biologischen Systemen meist einhergehend mit der Abgabe von Wasserstoff oder der Aufnahme von Sauerstoff (vgl. *Reduktion*)

Ozon
kurzlebiges und reaktionsfreudiges Sauerstoffmolekül aus drei Sauerstoffatomen

Paläontologie
Wissenschaft aus Teilen von Geologie und Biologie; beschäftigt sich mit Resten und Spuren von Lebewesen (siehe *Fossil*) in Gesteinen früherer Perioden der Erdgeschichte

Panmixie
gleiche Paarungswahrscheinlichkeit für jedes Individuum einer Population mit jedem anderen des anderen Geschlechts; damit vollständige genetische Durchmischung der Population bzw. des *Genpools*

Parasitismus
Beziehung zwischen Lebewesen unterschiedlicher Arten, bei der das eine (der *Parasit*) auf Kosten des anderen (des Wirtes) lebt, indem er sich von diesem ernährt; im Gegensatz zum Räuber tötet der Parasit seinen Wirt, meist nicht vorher oder dabei

PCR (Polymerasekettenreaktion)
engl. *polymerase chain reaction*; Verfahren zur gezielten Vervielfältigung bestimmter DNA-Abschnitte (Basismethode der Molekularbiologie)

Peptidbindung
chemischer Bindungstyp zwischen zwei Aminosäuren in Peptiden und Proteinen, der die Primärstruktur erzeugt

Phage
Virus, das Mikroorganismen befällt, z. B. Bakteriophage

Phagocytose
Anlagerung, Einverleibung und Verdauung körperfremder Materialien, insbesondere durch Zellen des Immunsystems; alle Weißen Blutzellen phagocytieren (siehe *Makrophage*)

Phänotyp
Gesamtheit der Merkmale eines Organismus (vgl. *Genotyp*)

Phosphorylierung
Übertragung einer Phosphatgruppe auf ein Molekül; oft zur Aktivierung des Stoffes oder Steuerung der Enzymaktivität

Phylogenese
Evolutionsgeschichte einer Art oder einer Verwandtschaftsgruppe

PID (Präimplantationsdiagnostik)
Verfahren, bei dem einzelne Zellen eines mehrzelligen Embryos entnommen und auf genetische Schäden untersucht werden, bevor der Embryo in den Mutterleib übertragen und ausgetragen wird; PID ist in Deutschland aus ethischen Gründen verboten, da es die Selektion von Embryonen nach nichtmedizinischen Kriterien ermöglicht

Plankton
im Wasser lebende, meist kleine Organismen, die sich nur in geringem Maße aktiv fortbewegen können und vorwiegend von Strömungen verdriftet werden; man unterscheidet pflanzliches *(Phytoplankton)* und tierisches Plankton *(Zooplankton)*

Planstelle, ökologische
Struktur eines Ökosystems, die für bestimmte Arten Lebensmöglichkeiten

bietet; Arten mit gleichen *ökologischen Nischen* nutzen in verschiedenen Regionen gleiche ökologische Planstellen

Plasmid
ringförmiges DNA-Molekül, das unabhängig vom übrigen Genom einer Zelle ist; Plasmide kommen hauptsächlich in Bakterien vor, Bakterien können sie an andere weitergeben; sie werden zum Gentransfer genutzt (siehe *Vektor)*

Plasmolyse
Abgabe von Wasser aus der Zellvakuole aufgrund osmotischer Vorgänge, bis sich der Protoplast von der Zellwand löst; Umkehrung: Deplasmolyse

Plastid
in Pflanzenzellen und verschiedenen Algen vorkommendes, von zwei Membranen umgebenes, formenreiches Zellorganell mit eigener *DNA* und 70-S-Ribosomen; wichtigster Typ sind die *Chloroplasten*; außerdem kommen Chromoplasten und Leukoplasten vor

poikilotherm (wechselwarm)
Organismen, deren Körpertemperatur weitgehend von der Umgebungstemperatur abhängt; Regulierung kann über den Aufenthaltsort erfolgen

Polymorphismus
genetisch bedingte Variabilität innerhalb einer Art, z. B. Gestalt- oder Farbvariationen

polyploid
Organismus mit mehr als zwei kompletten homologen Chromosomensätzen in den Zellen

Population
Gruppe von Individuen einer Art in einem bestimmten Gebiet, die eine Fortpflanzungsgemeinschaft bilden

Populationsgenetik
befasst sich mit den Häufigkeiten von Genen und Phänotypen in einer Population; auch die Gesetzmäßigkeiten möglicher Veränderungen der Häufigkeiten gehören dazu (siehe *Hardy-Weinberg-Gesetz)*

Potenz, ökologische
Reaktionsbreite einer Art gegenüber einem Umweltfaktor; sie wird quantitativ als Vitalität (Überlebensfähigkeit, etwa Biomassenzuwachs, Überlebensrate etc.) in Abhängigkeit von diesem Umweltfaktor beschrieben

Prädisposition
Merkmal, das unter veränderten Umweltbedingungen eine zusätzliche oder andere Funktion hat als vorher und dadurch einen Selektionsvorteil darstellt

Präferenz
Bevorzugung eines bestimmten Bereiches eines Umweltgradienten durch einen Organismus bzw. eine Art

Prägung
Lernvorgang, dessen Ablauf auf eine sensible Entwicklungsphase (meist in der frühen Jugend) beschränkt ist und der zu einem sehr stabilen Lernergebnis führt

Präzipitation
Zusammenballung von Molekülen unter dem Einfluss von Brückenmolekülen (z. B. Antikörper)

Primärproduktion
von *Produzenten* am Anfang einer *Nahrungskette* bzw. an der Basis von *Nahrungspyramiden* hergestellte organische Biomasse; bezieht sich auf einen bestimmten Zeitraum; man unterscheidet die gesamte durch Fotosynthese und Chemosynthese hergestellte Biomasse *(Bruttoprimärproduktion)* von jener Biomasse, die nach Abzug des Eigenverbrauchs übrig bleibt *(Nettoprimärproduktion)*

Primer
engl. Starter; kurze, einsträngige Nucleotidkette, die basenkomplementär zu einer Matrize (z. B. DNA) ist; dient als Ausgangspunkt für die Synthese des entsprechenden Komplementärstranges durch Polymerasen (siehe *PCR, Replikation)*

Produzent
Organismus, der benötigte organische Biomasse durch *Fotosynthese* oder *Chemosynthese* selbst erzeugen kann; größte Gruppe sind die autotrophen Pflanzen (vgl. *Konsument)*

Prokaryot (auch Prokaryont)
einzelliges, aus einer *Protocyte* (auch *Procyte)* bestehendes Lebewesen; zu den Prokaryoten gehören Eubakterien, und Archaebakterien (vgl. *Eukaryot)*

Promotor
DNA-Abschnitt am Anfang eines Gens, der als Startsequenz für die DNA-Polymerase dient, die m-RNA herstellt (siehe *Transkription)*

prosthetische Gruppe
Nichteiweißanteil eines Proteids (= *Protein* + prosthetische Gruppe), der wichtig für dessen Funktion ist, z. B. als metallhaltiger Molekülanteil eines Enzymkomplexes

Protocyte (Procyte)
Zelltyp der Prokaryoten, der keinen Zellkern besitzt (vgl. *Eucyte)*

Protein (Eiweiß)
hochmolekulare Kette aus verschiedenen Aminosäuren mit einer dreidimensionalen Struktur, die eine große Bedeutung in der Zelle als Gerüstsubstanz, Enzym bzw. kontraktiles Filament hat

Proteinbiosynthese
Herstellung von *Proteinen* nach den Informationen der *DNA* mit den beiden Teilschritten *Transkription* und *Translation*

Protisten
eukaryotische Einzeller bzw. einfache Mehrzeller, die nicht zu den Pilzen, Pflanzen und Tieren gehören; Reich der Lebewesen neben Prokaryoten, Tieren, Pflanzen und Pilzen; Beispiele: Kieselalgen, Grünalgen, Amöben

Protonengradient
Unterschied in der Protonenkonzentration zwischen zwei durch eine Membran abgegrenzten Räumen in Zellen oder Organellen, z. B. in *Mitochondrien* oder *Chloroplasten*; z. B. wichtig bei der ATP-Synthese

Punktmutation
Austausch oder Verlust einer einzelnen Base in einem DNA-Molekül (siehe *Mutation)*

Rasterelektronenmikroskopie (REM)
Variante der Elektronenmikroskopie, bei der das Präparat mit einem Elektronenstrahl abgetastet wird; für die Darstellung von Oberflächen besonders geeignet

Realnische
Ansprüche einer Art an ihre Umwelt unter Freilandbedingungen (vgl. *Nische, ökologische)*

Reduktion
Elektronenaufnahme durch eine Substanz; in biologischen Systemen meist verbunden mit der Anlagerung von Wasserstoff bzw. Abgabe von Sauerstoff (vgl. *Oxidation)*

Reflex
weitgehend erblich bestimmte, mehr oder weniger zwangsläufige Reaktion eines tierischen Organismus auf einen bestimmten Reiz

Reflex, bedingter
erlernter, konditionierter *Reflex*, der nicht mehr nur auf den angeborenen unbedingten Reiz, sondern auf einen bestimmten, erlernten Reiz hin erfolgt

Reflexbogen
Kette von Prozessen und Stationen *(Rezeptoren*, *afferenten* und *efferenten* Nervenbahnen, *Synapsen*, Reflexzentrum und *Effektoren)*, die für den Ablauf eines *Reflexes* verantwortlich sind

Refraktärzeit
Zeit, in der an einer erregbaren Membran (z. B. eines Axons) nach einer Erregung aufgrund der Inaktivität bestimmter Ionenkanäle trotz einer Depolarisierung keine neue Erregung ausgebildet werden kann

Regelkreis
kybernetisches Modell zur Darstellung einer *Regelung* in Form von Blockschaltbildern oder Pfeildiagrammen

Regelung
Aufrechterhalten eines bestimmten Zustandes gegenüber verändernd wirkenden Einflüssen; der Ausgleich von Störungen und die Einstellung eines Gleichgewichts erfolgen meist durch negative Rückkopplung

Reiz
Umwelteinfluss, der auf einen Organismus einwirkt und an spezifischen Zellen (Rezeptoren) Erregungen auslösen kann; Reizaufnahme und -verarbeitung sind ein Kennzeichen des Lebens

Rekombination
Um- und Neukombination des genetischen Materials, z. B. im Rahmen der *Meiose*; die *Rekombination* führt zur genetischen Variabilität einer Art und ist ein wichtiger Evolutionsfaktor

Replikation
identische Verdopplung der DNA, die vor jeder Zellteilung *(Mitose* und *Meiose)* stattfindet; der DNA-Doppelstrang wird getrennt und die elterlichen Einzelstränge dienen jeweils als Vorlage für einen Tochterstrang

Resistenz
erblich bedingte Widerstandsfähigkeit gegenüber Krankheiten, Klima, Giften, Medikamenten u. a.; *Resistenz* ist abzugrenzen von der erworbenen Widerstandsfähigkeit (siehe *Immunität)*

Resorption
Stoffaufnahme durch lebende Zellen, im Allgemeinen aktiver Transportprozess ins Zellinnere bzw. ins Blut

Ressource
Bestandteile der Umwelt, die ein Organismus braucht bzw. verbraucht und die dadurch anderen Organismen nicht mehr zur Verfügung stehen (Nahrung, Wasser, Raumbedarf); ist die Ressource knapp, führt das zu *Konkurrenz*

Restriktionsenzym
Enzym, das doppelsträngige DNA an einer spezifischen Basensequenz schneiden kann; Basiswerkzeug der Gentechnik (siehe *Ligase)*

Reverse Transkriptase
Enzym, das nach der Vorlage eines RNA-Moleküls DNA aufbaut

Rezeptor
Sinnesphysiologie: Zone, an der durch spezifische Reize Erregungen ausgelöst werden; Molekularbiologie: meist membrangebundenes Molekül, das spezifische Moleküle bindet und damit Prozesse im Zellinneren auslöst

rezessiv
Eigenschaft eines Allels, bei heterozygoten Lebewesen nicht ausgeprägt zu werden (siehe *Erbgang)*

RGT-Regel
Zusammenhang zwischen Reaktionsgeschwindigkeit einer chemischen Reaktion und der Umgebungstemperatur; im Allgemeinen steigt die Reaktionsgeschwindigkeit bei einer Temperaturerhöhung um 10 °C auf das Doppelte bis Dreifache.

Rhesusfaktor
Merkmal von Blutzellen, das vor allem auf das Antigen D zurückzuführen ist; im Gegensatz zum AB0-System entstehen D-Antikörper bei einer rh-negativen Person erst nach einem Kontakt mit Rh-positivem Blut

Ribosom
aus RNA und Proteinen aufgebautes Organell, an dem die Proteinsynthese (Translation) stattfindet

RNA (Ribonucleinsäure)
im Vergleich zur *DNA* kurze Kette von *Nucleotiden*, bestehend aus dem Zucker Ribose, einem Phosphatrest und einer der vier Basen Adenin, Uracil, Guanin und Cytosin; man unterscheidet messenger-RNA, transfer-RNA und ribosomale RNA; m-RNA dient der Transkription, t-RNA der Translation und r-RNA ist Bestandteil der Ribosomen; außerdem Erbsubstanz der *Retroviren*

Ruhepotential
elektrische Spannungsdifferenz zwischen Innen- und Außenseite einer erregbaren Membran im nicht erregten Zustand, z. B. an Nerven- oder Muskelzellen

Saprobiensystem
Indikatorsystem für Gewässerverschmutzung auf der Basis des Vorkommens von Indikatororganismen (siehe *Indikatororganismus)*

Schlüsselreiz
Reiz oder Reizkombination, die eine erbkoordinierte Handlung auslöst (siehe *Instinkthandlung)*

Schlüssel-Schloss-Prinzip
räumliches Passen zweier Moleküle zueinander, z. B. Enzym und Substrat

Sekundärproduktion
von *Konsumenten* mithilfe aufgenommener Nahrung produzierte Biomasse

Selektion (Auslese)
natürliche Selektion (natürliche Auslese): beruht auf dem unterschiedlichen Fortpflanzungserfolg verschiedener *Phänotypen*, der auf die Wechselbeziehungen zwischen den Organismen und ihrer Umwelt zurückzuführen ist
künstliche Selektion (künstliche Zuchtwahl): Auswahl von Haustieren und Kulturpflanzen entsprechend der menschlichen Zuchtziele
sexuelle Selektion (geschlecht-

liche Zuchtwahl): Auswahl durch den Geschlechtspartner; beruht auf der Variabilität der sekundären Geschlechtsmerkmale, verstärkt den Geschlechtsdimorphismus

Selektionsfaktoren
Faktoren, die den unterschiedlichen Fortpflanzungserfolg verschiedener *Phänotypen* bewirken; man unterscheidet *abiotische Selektionsfaktoren* (z. B. Kälte, Dunkelheit) und *biotische Selektionsfaktoren* (z. B. Räuber, Parasiten)

Selektionstheorie
Theorie über die Ursachen der Evolution, begründet von CHARLES DARWIN und ALFRED RUSSEL WALLACE

Selektionstypen
aufspaltende Selektion: Individuen am Rande des phänotypischen Spektrums werden gegenüber denen in der Mitte begünstigt. Folge: Im ursprünglichen Maximum der Häufigkeitskurve entsteht ein Minimum.
gerichtete Selektion: Individuen eines Teils des phänotypischen Spektrums werden begünstigt. Folge: Häufigkeitsverteilung verschiebt sich in die entsprechende Richtung
stabilisierende Selektion: Individuen in der Mitte des phänotypischen Spektrums werden gegenüber denen am Rande begünstigt. Folge: Häufigkeitsverteilung bleibt konstant.

semipermeabel
Membraneigenschaft: durchlässig für das Lösungsmittel und undurchlässig für gelöste Stoffe; führt bei Membrankontakt unterschiedlich konzentrierter Lösungen zu *Osmose*

Sexualdimorphismus
Verschiedenheit der Geschlechter (siehe *Geschlechtsdimorphismus)*

Sinneszelle
Zelle, an der spezifische Reize neuronale Erregungen auslösen

Sozialsystem
beschreibt, in welcher Konstellation Männchen und Weibchen zusammenleben

Spezialist
Lebewesen mit enger *ökologischer Potenz*; an diese wenig schwankenden Umweltbedingungen ist es besonders gut angepasst (siehe auch *Generalist)*

Spleißen
Entfernen von Abschnitten aus der Prä-m-RNA, die dann als reife m-RNA den Zellkern einer Eukaryotenzelle verlässt; die entfernten Abschnitte entsprechen den *Introns*

Spore
Fortpflanzungszelle, aus der sich ohne eine Befruchtung ein mehrzelliger Organismus entwickeln kann. Sporen entstehen in spezialisiertem Gewebe durch Mitose *(Mitosporen)* oder Meiose *(Meiosporen)*. Sie können diploid oder haploid sein. Bei Bakterien werden Überdauerungsstadien Sporen (Endosporen) genannt.

Stammzelle
nicht ausdifferenzierte, teilungsfähige Zelle im Gewebe von Mehrzellern, die Wachstum und Erneuerung von Geweben ermöglicht; Objekt der Stammzellforschung, die u. a. mit ihrer Hilfe Heilverfahren entwickelt

stenopotent
Kennzeichen eines Lebewesens, das nur in einem engen Bereich eines Umweltfaktors überlebt (vgl. *eurypotent)*; wenig tolerant gegenüber einem Umwelteinfluss

Steuerung
im Unterschied zur *Regelung* die Beeinflussung der Richtung oder Intensität von Größen oder Vorgängen

Stoffkreislauf
Zirkulation von Stoffen bzw. chemischen Elementen, wie Kohlenstoff oder Stickstoff, in einem Ökosystem; ein Kreislauf besteht aus Speichern (z. B. Biomasse, Atmosphäre, Ozeane, Gesteine) und Flüssen (z. B. Assimilation, Zersetzung, Fossilisierung). *Produzenten* binden in ihrer Biomasse Elemente aus den Speichern Atmosphäre und Boden. *Konsumenten* bzw. *Destruenten* setzen sie meist in die gleichen Speicher wieder frei.

Strategie
genetisch bedingte Entscheidungsregel für den Einsatz verschiedener Verhaltensalternativen mit gleicher Funktion in unterschiedlichen Situationen

Stress
Summe der Reaktionen eines Organismus auf erhöhte Anforderungen aus der Umwelt

Sukkulenz
Fähigkeit von Pflanzen, Wasser in spezifischen Geweben zu speichern, z. B. im Spross und / oder in Blättern

Sukzession
natürliche Abfolge von Ökosystemen, z. B. bei der Wiederbewaldung einer Brachfläche oder der Verlandung eines Gewässers

Symbiose
Abhängigkeit zwischen zwei Arten mit gegenseitigem Nutzen

sympatrische Artbildung
syn (gr.) „zusammen", patria (lat.) „Heimat" = „zusammen vorkommend"; vergleicht das Vorkommen verschiedener Arten oder Populationen bzw. den Weg der *Artbildung* (vgl. *allopatrische Artbildung)*

Synapse
Kontaktstelle zur Erregungsübertragung zwischen Nervenzelle und Nerven-, Muskel- oder Drüsenzelle

Syndrom
Gruppe von Merkmalen und Anzeichen; im medizinischen Sprachgebrauch eine Gruppe von Merkmalen einer Krankheit

Taxis
Orientierungsbewegungen frei beweglicher Organismen, die von der Richtung des Reizes bestimmt werden; ist die Bewegung zur Reizquelle hin gerichtet, spricht man von positiver Taxis, bei entgegengesetzter Richtung von negativer Taxis

Totipotenz
Fähigkeit bestimmter Zellen, durch Teilung und Differenzierung einen vollständigen Organismus hervorzubringen

Transduktion
in der Genetik: Einschleusen von Fremd-DNA in eine Bakterienzelle mithilfe von *Phagen*;
in der Sinnesphysiologie: Auslösen von elektrischen Erregungen durch *Reize* in *Sinneszellen*

Transformation
Übertragung von DNA in eine beliebige lebende Zelle

transgene Lebewesen
Lebewesen, denen mit gentechnischen Methoden artfremde Gene

übertragen wurden; auch über Art- und Gattungsgrenzen hinweg

Transkription
Synthese von m-RNA-Molekülen am codogenen DNA-Strang; Teil der *Proteinbiosynthese*

Translation
Polypeptid-Synthese anhand einer m-RNA an *Ribosomen*; Teil der *Proteinbiosynthese*

Transmitter
Überträgersubstanz, die an einer *Synapse* die Übertragung der Erregung von der prä- auf die postsynaptische Seite bewirkt

Tricarbonsäurezyklus
der auch als *Citronensäurezyklus* bezeichnete, in Mitochondrien ablaufende Abbauprozess der Brenztraubensäure im Anschluss an die *Glykolyse*; Teilprozess der *Zellatmung*

Triplett
aus drei *Nucleotiden* bestehende Informationseinheit der DNA bzw. RNA (siehe *Codon)*

Trisomie
Genommuation, die zum dreifachen (anstelle zweifachen) Vorkommen eines Chromosoms in Körperzellen führt

Trophiestufe
Ausmaß des Mineralstoffangebots in Gewässern und Böden: oligo-, meso-, poly- oder eutroph (siehe *Eutrophierung)*

Tumor (Geschwulst)
undifferenzierte Zellmasse, die sich durch die unkontrollierte Vermehrung einer Zelle im Gewebe bilden kann; gutartige Tumoren wachsen nur langsam, bösartige Tumoren *(Krebs)* können sich im Körper ausbreiten

Turgor
osmotisch bedingter Innendruck von Zellen mit stabiler Zellwand

Umweltfaktor
Einfluss, der von außen auf ein Lebewesen wirkt; zu unterscheiden sind *abiotische Faktoren* der unbelebten Umwelt (physikalisch, chemisch) und *biotische Faktoren*, die von anderen Lebewesen ausgehen (etwa Beute, Räuber, Konkurrenten)

Vakuole
mit Flüssigkeit gefüllter, von einer einfachen Membran umgebener Raum in der Zelle; kann bei Pflanzenzellen den größten Raum einnehmen

Variabilität
die Erscheinung, dass die Individuen einer Population ungleich sind; dies kann genetisch bedingt *(genetische Variabilität, Polymorphismus)* oder durch Umweltunterschiede hervorgerufen sein *(modifikatorische Variabilität)*

vegetativ
ungeschlechtlich; Vermehrungsform ohne sexuelle Fortpflanzung und entsprechende Rekombination

Vektor
„Genfähre"; DNA-Molekül, in das man eine Fremd-DNA einbauen kann (siehe *Restriktionsenzym, Ligase)* und das in einer Wirtszelle vervielfältigt werden kann (siehe *Plasmid)*

Verhaltenspolymorphismus
liegt vor, wenn Tiere mehrere unterschiedliche Verhaltensweisen mit derselben Funktion ausführen können (z. B. Taktiken)

Vermehrung
Kennzeichen des Lebens, bei dem die Anzahl der Individuen vergrößert wird; Vermehrung ist stets mit *Fortpflanzung* verbunden

Virus
nichtzelluläre genetische Einheit aus Nucleinsäuren und Proteinen, die sich nur mithilfe einer Wirtszelle vermehren kann

Wachstum
irreversible Volumenzunahme eines Organismus mit Zunahme körpereigener Substanz; bei Vielzellern durch Zellwachstum und Zellteilung

Zellatmung
Energiefreisetzung in der Zelle durch Oxidation von energiereichen chemischen Verbindungen (Nährstoffe) unter Sauerstoffaufnahme und Kohlenstoffdioxidabgabe

Zelle
kleinste, mit allen Merkmalen des Lebens ausgestattete Bau- und Funktionseinheit aller Lebewesen; Zellen entstehen aus Zellen. Die Zelle kommt als *Protocyte* (auch *Procyte)* und *Eucyte* vor. Aus Eucyten bestehende Lebewesen können ein-, mehr- oder vielzellig sein.

Zellzyklus
regelmäßige Abfolge von Zellteilung sowie Protein- und DNA-Synthese in einer Zelle; der Zellzyklus wird in Phasen untergliedert und sein Ablauf durch verschiedene Steuer- und Regelmechanismen kontrolliert

Zooplankton
tierische Kleinstlebewesen eines Gewässers, die im Wasser schweben und überwiegend passiv durch die Strömung fortbewegt werden (siehe *Plankton)*

Zygote
befruchtete Eizelle; Produkt der Verschmelzung von Eizelle und Spermium, das dadurch je 50 % des Genoms der Eltern enthält

Bildnachweis

U1.1 FOCUS (CC Studio/SPL), Hamburg; U1.2 Avenue Images GmbH (Ojo Images), Hamburg; 8.1 ddp images GmbH (ddp/Hübner), Hamburg; 8.2 Getty Images Deutschland GmbH (Digital Vision), München; 8.3 Corbis (Bettmann), Düsseldorf; 9.1 Ingram Publishing, Tattenhall Chester; 9.2 ddp images GmbH (ddp/Hübner), Hamburg; 9.3 shutterstock (Radu Razvan), New York, NY; 9.4 Lieder, Johannes, Ludwigsburg; 9.5 Kage Mikrofotografie, Lauterstein; 10.3 Reinhard-Tierfoto, Heiligkreuzsteinach; 10.5 Klett-Archiv (Ekkehard Schmale), Stuttgart; 10.6 Klett-Archiv (Aribert Jung), Stuttgart; 11.1; 11.2 Klett-Archiv (Horst Schneeweiß), Stuttgart; 11.3; 11.5 Lieder, Johannes, Ludwigsburg; 11.4 Okapia (D. M. Phillips/PR Science Sc), Frankfurt; 11.6 Okapia (Biophoto Ass./Science Source), Frankfurt; 15.3 Carl Zeiss Jena GmbH, Jena; 15.4 Klett-Archiv (Aribert Jung), Stuttgart; 15.5 Okapia (Roland Birke), Frankfurt; 16.2 Okapia (Biophoto Ass./Science Source), Frankfurt; 16.4 FOCUS (Sinclair Stammers/SPL), Hamburg; 16.5 Kleinig, Prof. Dr. Hans, Freiburg; 17.1 Okapia (Castano/Overseas), Frankfurt; 17.3 Okapia (NAS/Dr. D. W. Fawcett), Frankfurt; 18.1; 18.3 Wolburg, Prof. Dr. Hartwig, Tübingen; 18.4 Kage Mikrofotografie, Lauterstein; 19.2 Corbis (Chris Mattison/Frank Lane Picture Agency), Düsseldorf; 19.3 Picture-Alliance (ZB), Frankfurt; 19.5 Picture-Alliance (dpa/PA), Frankfurt; 20.1; 20.3 Wolburg, Prof. Dr. Hartwig, Tübingen; 20.2 FOCUS (SPL), Hamburg; 21.1 Prof. Dr. Werner Wehrmeyer, Kirchhain; 20.2 FOCUS (SPL), Hamburg; 21.3 Wolburg, Prof. Dr. Hartwig, Tübingen; 25.1 aus: Wolfgang Hennig: Genetik, 3. Aufl. 2002, ISBN: 978-3-540-42958-6, S. 67, Springer Verlag, Heidelberg. Mit freundlicher Genehmigung von Springer Science and Business Media; 25.2; 25.4 Klett-Archiv (Horst Schneeweiß), Stuttgart; 26.2 Okapia (Biophoto Ass., Science Source), Frankfurt; 26.3 Keil, Prof. Dr. Manfred, Neckargemünd; 27.1; 27.4; 27.6; 27.9 Wygasch, Dr. Joachim, Paderborn; 28.1 Okapia (Norbert Lange), Frankfurt; 28.4 Okapia (Ca. Biological/Phototake), Frankfurt; 29.2; 29.3; 29.4; 29.5; 29.6 Lieder, Johannes, Ludwigsburg; 30.2 FOCUS (Microfield/SPL), Hamburg; 34.2 Imago (Jochen Tack), Berlin; 36.1; 36.2; 36.4 Klett-Archiv (Aribert Jung), Stuttgart; 36.3 Ullstein Bild GmbH (Shezad Noorani/Still Pictures), Berlin; 36.5 Argus (Raupach), Hamburg; 37.1 Klett-Archiv (Aribert Jung), Stuttgart; 37.2 Corbis (Reuters), Düsseldorf; 37.3 Corbis (HEKIMIAN JULIEN/CORBIS SYGMA), Düsseldorf; 37.4 Christ, Jürgen, Köln; 37.5 vario images GmbH & Co.KG (Mika Semann), Bonn; 37.6 Picture-Alliance (dpa), Frankfurt; 38.2 FOCUS (Fawcett/SPL), Hamburg; 45.2 Klett-Archiv (Claudia Dreher (Stuttgart)), Stuttgart; 46.1; 46.2 Klett-Archiv, Stuttgart; 47.1; 47.2 Klett-Archiv (Nature + Science AG/Mangler), Stuttgart; 49.2 Okapia (NAS/David M. Phillips), Frankfurt; 49.3 Okapia (D. M. Phillpis/PR Science Sc), Frankfurt; 49.4 Okapia (D. M. Phillips/PR Science Sc), Frankfurt; 49.6 Günther Wichert, Dinslaken; 49.7 Naturfotografie Frank Hecker, Panten-Hammer; 49.8 Okapia (Herbert Schwind), Frankfurt; 50.2 Max-Planck-Instiut für biophysikalische Chemie (Dr. Helmut Grubmüller), Göttingen; 52.1 Alamy Images (Mediscan), Abingdon, Oxon; 52.2 Das Fotoarchiv (Stubbs/Black Star), Essen; 52.3 Keystone (Manfred Reitz), Hamburg; 53 Still Pictures (SEAN SPRAGUE), Berlin; 54.1 Klett-Archiv (Aribert Jung), Stuttgart; 54.2 Lichtenscheidt, Eric A., Bonn; 54.3 Ullstein Bild GmbH (Welters), Berlin; 54.4 Ullstein Bild GmbH (Sylent-Press), Berlin; 55.1 Okapia (Norbert Lange), Frankfurt; 55.2 Klett-Archiv, Stuttgart; 55.3 Klett-Archiv (Aribert Jung), Stuttgart; 55.4 Corbis (Christian Charisius/Reuters), Düsseldorf; 55.5 Fotolia LLC (Klaus Eppele), New York; 65.1 Ullstein Bild GmbH (Sylent-Press), Berlin; 65.2 Fotolia LLC (Yuri Arcurs), New York; 66.3 Copyright Swiss Institute of Bioinformatics, Switzerland; 66.4 Project Photos (Reinhard Eisele), Augsburg; 67.1 Okapia (Jeffrey Telner), Frankfurt; 67.2 FOCUS (CNRI, Science Photo Library), Hamburg; 68.2 Ullstein Bild GmbH (Wodicka), Berlin; 68.3 Okapia (Hans Reinhard), Frankfurt; 68.4 Das Fotoarchiv (Thomas Mayer), Essen; 68.5 FOCUS (Fraser/SPL), Hamburg; 69.1 Mauritius Images (Rosenfeld), Mittenwald; 69.2 Mauritius Images (Mitterer), Mittenwald; 69.3; 69.5 Wirth, Prof. Jürgen, Dreieich; 69.4 Mauritius Images (AGE), Mittenwald; 70.1 Okapia (Colin Milkins), Frankfurt; 70.2 Keystone (Volkmar Schulz), Hamburg; 70.3 Ulrich Niehoff Fotoproduktionen und Bildarchiv, Bienenbüttel; 71.1 Okapia (Colin Milkins), Frankfurt; 71.2 Okapia (Hans Reinhard), Frankfurt; 71.3 plainpicture GmbH & Co. KG (Schneider, R.), Hamburg; 72.2 Okapia (Peter Weimann), Frankfurt; 73.2; 73.3 Archiv K+S KALI GmbH, Kassel; 74.1 Okapia (W. Prinz), Frankfurt; 74.2 Okapia (C. Brown/PR Science Source), Frankfurt; 76.2 Wikimedia Foundation Inc. (public domain), St. Petersburg FL; 78.2 Dieter Schmidtke, Schorndorf; 78.3 MPI-Fotoservice, Stuttgart; 81.2 TOPICMedia (Alfred Albinger), Ottobrunn; 86.1 Süß, Andreas, Berlin; 86.2 MINKUSIMAGES, Volker Minkus (Volker Minkus), Isernhagen; 86.3 Fotolia LLC (contrastwerkstatt), New York; 87.1 Corel Corporation Deutschland, Unterschleissheim; 87.2 Süß, Andreas, Berlin; 87.3 shutterstock (max blain), New York, NY; 87.4 shutterstock (Rob Wilson), New York, NY; 88.3 Okapia (Biophoto Ass./Science Source), Frankfurt; 93.2 Kage Mikrofotografie, Lauterstein; 94.2; 94.3 Prof. Dr. Wolrad Vogell, Erkrath (aus "Unterricht Biologie", April 1978, Heft 20); 100.3; 100.4 Kage Mikrofotografie, Lauterstein; 103.1 Helga Lade Fotoagentur (NDS), Frankfurt; 104.1 iStockphoto (Stephen Walls), Calgary, Alberta; 104.2 Fotolia LLC, New York; 104.3 Corel Corporation Deutschland, Unterschleissheim; 104.4 Getty Images RF (Jupiter RF), München; 104.5 shutterstock (Peter Weber), New York, NY; 105.1 f1 online digitale Bildagentur (bilderlounge), Frankfurt; 105.2; 105.3 Corel Corporation Deutschland, Unterschleissheim; 105.4; 105.6 Okapia (Jeffrey Telner), Frankfurt; 105.5 Okapia (Sovereign/ISM), Frankfurt; 109.1 Okapia (Jürgen Lichtenberger), Frankfurt; 112.3 Süddeutsche Zeitung Photo (Scherl), München; 112.4 Eckel, Jochen, Photojournalist, Berlin; 112.5 Picture-Alliance (Signal Iduna/dpa/gms), Frankfurt; 113.1 Picture-Alliance (akg-images/Erich Lessing), Frankfurt; 113.2 Picture-Alliance (dpa/epa afp Jean-Pierre Muller), Frankfurt; 116.2 Mauritius Images (Hubatka), Mittenwald; 116.4 Bilderberg (Milan Horacek), Hamburg; 117.5 VISUM Foto GmbH (Laureen Greenfield), Hamburg; 118.1 Mauritius Images (age fotostock), Mittenwald; 118.2 FOCUS (SPL, L. Willat, East Anglian Regional Genetics Service), Hamburg; 118.3 YOUR PHOTO TODAY (HAGA), Taufkirchen; 118.4 plainpicture GmbH & Co. KG (S. Kuttig), Hamburg; 119.1 FWU GmbH, Grünwald; 119.2 altrofoto.de, Regensburg; 119.3 Getty Images RF (Photodisc), München; 119.4 Giel, Oliver, Haßfurt; 119.5 FOCUS (Burgess/SPL), Hamburg; 120.3 Scanpix (Lennart Nilsson), Stockholm; 122.1 Albert Bonniers Förlag AB (Lennart Nilsson), Stockholm; 123.1 Albert Bonniers Förlag AB (Lennart Nilsson), Stockholm; 123.1 Okapia (Derek Bromhall/OSF), Frankfurt; 124.2 FOCUS (SPL), Hamburg; 126.2 FOCUS (Lauren Shear/SPL), Hamburg; 126.3 FOCUS (Science Photo Library/L. Willatt), Hamburg; 128.4 Deutsches Museum, München; 128.5 Klett-Archiv (Dr. Horst Schneeweiß), Stuttgart; 131.2 Ruhr-Universität Bochum, Medizinische Fakultät (Prof. Dr. Klaus Hägele), Bochum; 135.2 Helga Lade Fotoagentur (NDS), Frankfurt; 136.1; 136.3 Scanpix (Lennart Nilsson), Stockholm; 136.2 FOCUS (Science Pictures/SPL), Hamburg; 138.1 creativ collection Verlag GmbH, Freiburg; 138.2; 138.3 FOCUS (SPL/David Parker), Hamburg; 138.4 Das Fotoarchiv (Markus Matzel), Essen; 138.5 FOCUS (Simon Fraser/SPL), Hamburg; 139.1 creativ collection Verlag GmbH, Freiburg; 139.2 FOCUS (SPL/David Parker), Hamburg; 139.3 Das Fotoarchiv (Markus Matzel), Essen; 139.4 Klett-Archiv (Hartmut Fahrenhorst), Stuttgart; 139.5 Corel Corporation Deutschland, Unterschleissheim; 143.2 FOCUS (Dr. Gopal Murti/SPL), Hamburg; 145.2 Okapia (Norbert Lange), Frankfurt; 145.3 FOCUS (Professors P. Motta & T. Naguro/SPL), Hamburg; 152.1 FOCUS (SPL), Hamburg; 158.1 WILDLIFE Bildagentur GmbH (D. Harms), Hamburg; 158.2 Bartels, Prof. Dr. Dorothea, Bonn; 158.3; 158.5 MPI- Züchtungsforschung (Marc Jakoby), Köln; 158.4 MPI-Züchtungsforschung (Maret Kalda/Martin Sagasser), Köln; 161.3 Kage Mikrofotografie, Lauterstein; 161.4 Okapia (P. Harrington), Frankfurt; 164.3; 164.4 K. V. Hinrichsen (Hrsg.): Humanembryologie. Springer Verlag Berlin Heidelberg 1990, Kapitel 29.6 (Autor: Bodo Christ) Zelltod und Extremitätenentwicklung, S. 849 - mit freundlicher Genehmigung von Springer Science and Business Media; 166.2 Ullstein Bild GmbH (CARO/Blume), Berlin; 167.1 Okapia (Rolf Fischer), Frankfurt; 170.2 MEV Verlag GmbH, Augsburg; 171.2 FOCUS (Dept. of Clinical Cytogenetics), Hamburg; 172.2 Keystone (Jochen Zick), Hamburg; 176.2 Klett-Archiv (Alexander Maier, Dußlingen), Stuttgart; 178.2 YOUR PHOTO TODAY (B.S.I.P.), Taufkirchen/München; 181.1 Interfoto (Science Museum/SSPL), München; 181.3 FOCUS (Olaf Ballnus), Hamburg; 182.2 Okapia (NAS/H. Morgan), Frankfurt; 184.2 Wolfgang Horsch Cartoonist, Niedernhall; 186.1 medicalpicture, Köln; 186.2; 186.3 YOUR PHOTO TODAY (BIS), Taufkirchen; 186.4 Image Source Ltd, Soho, London, W1F 9NZ; 186.5 MEV Verlag GmbH, Augsburg; 187.1 vario images GmbH & Co.KG (Chromorange), Bonn; 187.2 medicalpicture, Köln; 187.3 VISUM Foto GmbH (Sven Doering), Hamburg; 187.4 Getty Images (Stone/Camille Tokerud), München; 196.1 Okapia (Biophoto Ass./Science Sou.), Frankfurt; 196.2 Okapia (Ulla Spiegel), Frankfurt; 196.3 Argum (Falk Heller), München; 196.4 vario images GmbH & Co.KG (Chromorange), Bonn; 196.5 Wandmacher, Ingo, Bad Schwartau; 197.1 Okapia (Biophoto Ass./Science Sou.), Frankfurt; 197.2 Okapia (Ulla Spiegel), Frankfurt; 197.3 Okapia (NAS/Scott Camazine), Frankfurt; 197.4 JupiterImages photos.com (RF/photos.com), Tucson, AZ; 197.5 Okapia (Biophoto Ass./Science Source), Frankfurt; 198.4 FOCUS (Steve Gschmeissner/SPL), Hamburg; 199.3; 199.5 Lieder, Johannes, Ludwigsburg; 199.4 Ullstein Bild GmbH (Granger Collection), Berlin; 199.6 Keil, Prof. Dr. Manfred, Neckargemünd; 200.1 Okapia (Norbert Lange), Frankfurt; 207.3 Okapia (Fawcett, Friend/Science Source), Frankfurt; 208.1 FOCUS (Dr. Gary Gaugler/SPL), Hamburg; 208.2 Okapia (John Mitchell/OSF), Frankfurt; 208.3 Okapia (Ernst Schacke, Naturbild), Frankfurt; 210.3 Kage Mikrofotografie, Lauterstein; 214.2 Lieder, Johannes, Ludwigsburg; 217.1; 217.2; 217.5; 217.6 Max-Planck-Institut für Neurobiologie (Bonhoeffer & Nägerl), Martinsried bei München; 218.2 National Institute on Drug Abuse (Michael J. Kuhar), Baltimore, USA; 218.5 Mauritius Images (Zak), Mittenwald; 224.2 Picture Press (Volker Hinz/STERN), Hamburg; 224.3 FOCUS (Alexander Tsiaras, Science Photo Library), Hamburg; 225.2 Steger, Volker (M. Raichle), München ; 226.1 Okapia (NAS, Tim Davis), Frankfurt; 226.2 Ullstein Bild GmbH (rgb fotografie, Imagebroker.net), Berlin; 226.3 Okapia (Hans Reinhard), Frankfurt; 226.4 Keystone (Knackfuss, Mai-Inken), Hamburg; 227.1 Okapia (NAS/Sidney Bahrt), Frankfurt; 227.2 Getty Images (The Image Bank/Duane Rieder), München; 227.3 Corbis (Kennan Ward), Düsseldorf; 227.4 shutterstock (Anna Dzondzua), New York, NY; 228.4 Picture-Alliance (dpa), Frankfurt; 232.1 aus "Apfelbach/Döhl, Verhaltensforschung", 3. Auflage 1980 (nach Hempelmann 1926, verändert), Gustav Fischer Verlag, S. 105; 234.1 ARDEA London Limited (Brian Bevan), London; 236.1 Lethmate, Prof. Dr. Jürgen, Ibbenbüren; 236.2 Photoshot (NHPA/ORION PRESS), Berlin; 236.3 WILDLIFE Bildagentur GmbH (P. Ryan), Hamburg; 237.5; 237.7 Lethmate, Prof. Dr. Jürgen, Ibbenbüren; 238.2; 238.3 Tierbildarchiv Angermayer (Rudolf Schmidt), Holzkirchen; 240.1 Okapia (Konrad Wothe), Frankfurt; 241.3 Manfred Pforr Naturbild-Archiv, Langenpreising; 242.3 Okapia (NAS, Tom McHugh), Frankfurt; 243.2 Arco Images GmbH (P. Wegner), Lünen; 243.3 Tierbildarchiv Angermayer (Günter Ziesler), Holzkirchen; 244 Mauritius Images (Alamy/Kuttig), Mittenwald; 246.1; 246.2 Klett-Archiv (Aribert Jung), Stuttgart; 246.3 Corbis (Gideon Mendel), Düsseldorf; 246.4 www.bilderbox.com (Erwin Wodicka), Thening; 247.1 Okapia (Science Source), Frankfurt; 247.2 Okapia (Science Source), Frankfurt; 247.3 FOCUS (Samuel Ashfield/SPL), Hamburg; 247.4 Timm, Michael, München; 249.2 Ullstein Bild GmbH (Peter Arnold Inc./David Scharf), Berlin; 251.1 Okapia (D. Scharf/Peter Arnold, Inc.), Frankfurt; 253.1 FOCUS (EOS/Meckes), Hamburg; 258.3 Klett-Archiv, Stuttgart; 259.2 Corbis (Dennis Kunkel Microscopy, Inc./Visuals Unlimited), Düsseldorf; 260.2 Okapia (D. Scharf, P. Arnold), Frankfurt; 261.4 Das Fotoarchiv (Klaus Rose), Essen; 264.1 Fotosearch Stock Photography (Digital Vision), Waukesha, WI; 264.2; 264.3; 264.4 Corel Corporation Deutschland, Unterschleissheim; 264.5 all images direct (Sonja Krebs), Deisenhofen; 265.1; 265.2; 265.4 Fotosearch Stock Photography (Digital Vision), Waukesha, WI; 265.3 Klett-Archiv (Bernhard Knauer), Stuttgart; 266.2 Tierbildarchiv Angermayer (Hans Reinhard), Holzkirchen; 266.3 Okapia (Barbara Rios/NAS), Frankfurt; 270.1 FOCUS (Steve Gschmeissner/SPL), Hamburg; 270.2 König, Dr. Rudolf, Preetz; 271.1 Bellmann, Dr. Heiko, Lonsee; 272.3 Heitkamp, Prof. Dr. Ulrich, Gleichen-Diemarden; 273.5 Fotolia LLC (Sebastian Hehn), New York; 275.2 Reinhard-Tierfoto, Heiligkreuzsteinach; 278.2 Okapia (Stouffer), Frankfurt; 280.3 Naturfotografie Frank Hecker (F. Sauer), Panten-Hammer; 281.1 Naturfotografie Frank Hecker (F. Sauer), Panten-Hammer; 283.2; 283.3; 283.4 Dieter Schmidtke, Schorndorf; 286.1 Corbis (Francesc Muntada), Düsseldorf; 288.2 Rehfuess, Prof. Dr. Karl Eugen, Pöcking; 289.3 Uwe Lochstampfer FloraFoto, Langenhagen; 290.1 Okapia (Kjell-Arne Larsson), Frankfurt; 290.2 Thermografie W. Schlosser, Altenkirchen-Fluterschen; 291.1 Fotolia LLC (Bernhard Lux), New York; 291.2 TOPICMedia, Ottobrunn; 291.3; 291.4 ZELMI, TU Berlin (Prof. Hafner) Berlin; 291.5, 291.6 Kottke, Prof. Dr. Ingrid, Tübingen; 291.7; 291.8; 291.9 Büro für Forstökologie/Hooge, Horst, Gleichen-Benniehausen; 294.2 Klett-Archiv (Bärbel Knabe), Stuttgart; 296.1 Bildarchiv Sammer, Neuenkirchen; 298.1 VISUM Foto GmbH (Aufwind-Luftbilder), Hamburg; 298.2 blickwinkel (Hecker/Sauer), Witten; 300.2 TOPICMedia (Siegfried Kerscher), Ottobrunn; 300.4 Astrofoto (NASA), Sörth; 302.1 Bayerische Staatsammlung für Paläontologie, München; 302.2 Okapia (Nigel Cattlin/Holt Studios), Frankfurt; 302.3 all images direct (Sabine Lubenow), Deisenhofen; 302.4 Rogner, Frank, Bochum; 303.1 Corbis RF (Corbis Yellow), Düsseldorf; 303.2 Okapia (J. Schauer/Fricke), Frankfurt; 303.3 Getty Images (stone/Tim Davis), München; 303.4 Avenue Images GmbH (StockDisc), Hamburg; 304.2; 304.3 Deutsches Museum, München; 305 TOPICMedia, Ottobrunn; 306.1 AKG, Berlin; 307.1 Deutsches Museum, München; 308.2; 308.4 Deutsches Museum, München; 308.3 PIXTAL, New York NY; 308.5 AKG, Berlin; 309.1 Dr. Bruno P. Kremer, Wachtberg; 309.2 Corbis (Rick Friedman), Düsseldorf; 309.3 FOCUS (SPL), Hamburg; 309.4 Deutsches Museum, München; 312.2 Tierbildarchiv Angermayer (Rudolf Schmidt), Holzkirchen; 312.3 Klett-Archiv, Stuttgart; 313.1 Klett-Archiv, Stuttgart; 314.1; 314.2 Tierbildarchiv Angermayer (Rudolf Schmidt), Holzkirchen; 315.1; 315.3 TOPICMedia (Lane), Ottobrunn; 315.4; 315.5 Photoshot (NHPA), Berlin; 316.3 Okapia (Jef Meul/SAVE), Frankfurt; 316.4 Reinhard-Tierfoto, Heiligkreuzsteinach; 316.5 blickwinkel (H. Schmidbauer), Witten; 318.1 Pott, Dr. Eckart, Stuttgart; 318.2 blickwinkel (F. Pölking), Witten; 318.3; 318.4 Okapia (Alan Root), Frankfurt; 319.1 Kattmann, Prof. Dr. Ulrich, Bad Zwischenahn; 320.2 Limbrunner, Alfred, Dachau; 321.1 Paul Rodach, Sachsenheim; 321.2 Okapia (J. L. Klein & M. L. Hubert), Frankfurt; 321.3 Jupiterimages GmbH (F. Prenzel), Ottobrunn/München; 321.5 Okapia (Vedie, Cogis), Frankfurt; 321.6 Getty Images (Riser/Tim Davis), München; 321.7 Okapia (Hermeline/Cogis), Frankfurt; 321.8 Tierbildarchiv Angermayer, Holzkirchen; 321.9 Okapia (Bernd Brinkmann), Frankfurt; 321.10 Corel Corporation Deutschland, Unterschleissheim; 321.12 Okapia (U. Walz), Frankfurt; 322.2 Okapia (Darlyne A. Murawski/P. Arnold, Inc.), Frankfurt; 322.3 WILDLIFE Bildagentur GmbH (P. Oxford), Hamburg; 323.2 Reinhard-Tierfoto, Heiligkreuzsteinach; 323.3 TOPICMedia (Volkmar Brockhaus), Ottobrunn; 323.4 Mauritius Images (Reinhard), Mittenwald; 323.5 Mauritius Images (Minden Pictures), Mittenwald; 325.5 Scanpix (Lennart Nilsson), Stockholm; 327.1 Okapia (Joe McDonald), Frankfurt; 327.3 Picture-Alliance (dpa/Barbara Walton), Frankfurt; 330.1 Okapia (Breck P. Kent), Frankfurt; 330.2 Naturfotografie Frank Hecker (F. Sauer), Panten-Hammer; 330.3 Naturfotografie Frank Hecker (Frieder Sauer), Panten-Hammer; 330.4 Okapia (Frieder Sauer), Frankfurt; 330.6 Bayerische Staatsammlung für Paläontologie, München; 331.2 Senckenberg Forschungsinstitut und Naturmuseum Frankfurt (Abguss. Das Original befindet sich im Museum für Naturkunde Berlin); 331.3 Okapia (NAS/T. McHugh), Frankfurt; 335.1 Corbis RF, Düsseldorf; 335.2 iStockphoto (knape), Calgary, Alberta; 335.3 blickwinkel (McPHOTO), Witten; 335.4 Mauritius Images (Urs Flüeler), Mittenwald; 335.5 Getty Images (Taxi Japan/Hisayoshi Osawa), München; 335.6 Getty Images (RR/Image Bank/Sue Flood), München; 335.7 iStockphoto (Kateryna Govorushchenko), Calgary, Alberta; 335.8 Getty Images (The Image Bank/Tim Graham), München; 335.9, 10, 11, 12, 13, 14, 15, 16 Bilderberg (Ernsting), Hamburg ; 338.1 laif (Berthold Steinhilber), Köln; 339.1 Floss, Dr. Harald (Hilde Jensen, Institut für Ur- und Frühgeschichte), Tübingen; 339.2 Klett-Archiv, Stuttgart; 339.3 Corbis (Bettmann), Düsseldorf; 339.4 Foto: Thomas Stephan, copyright Ulmer Museum; 341.1 Okapia (F. Gohler), Frankfurt; 342.2 FOCUS (SPL/Prof. P.M.Motta & F.M.Magliocca), Hamburg; 344.2 AKG, Berlin; 348.2 Reinhard-Tierfoto, Heiligkreuzsteinach; 348.3 FOCUS (Andrew Syred, SPL), Hamburg; 348.4 Okapia (Dr. Frieder Sauer), Frankfurt; 350.2 Corbis (Dennis Kunkel Microscopy, Inc./Visuals Unlimited), Düsseldorf; 349.3 Okapia (Manfred P. Kage), Frankfurt; 350.3 Okapia (Ulrich Zillmann), Frankfurt; 351.1 Corbis (Roger Tidman), Düsseldorf; 351.2 TOPICMedia (Volkmar Brockhaus), Ottobrunn; 351.3 TOPICMedia (Fleetham), Ottobrunn; 352.2 Okapia (Norbert Lange), Frankfurt; 352.3 Wirth, Prof. Jürgen, Dreieich; 352.4 TOPICMedia (Janicek), Ottobrunn; 352.6 Corbis (Lester Lefkowitz), Düsseldorf; 352.7 Okapia (NAS/Bill Longcore), Frankfurt; 353.1 Reinhard-Tierfoto, Heiligkreuzsteinach; 353.3 FOCUS (Nuridsany & Perennou/SPL), Hamburg; 354.2; 354.3 Okapia (Ulla Spiegel), Frankfurt; 354.4 Tilman Wischuf Tier- und Naturfotografie, Stabbestad; 356.2 Okapia (NAS/Thomas D. W. Friedmann), Frankfurt; 357 Okapia (Hussenet/BIOS), Frankfurt; 358.2; 358.5 Tierbildarchiv Angermayer (Hans Pfletschinger), Holzkirchen; 358.3 FOCUS (Science Photo Library/SPL), Hamburg; 359 Corbis (Barton), Düsseldorf; 360.2 TOPICMedia (J. & Ch. Sohns), Ottobrunn; 360.3 Okapia (Konrad Wothe), Frankfurt; 360.5 TOPICMedia (Gerhard Kalden), Ottobrunn; 360.6 Photoshot (NHPA/Stephen Dalton), Berlin; 361 Corbis (Michael Kevin Daly), Düsseldorf; 362.2 PantherMedia GmbH, München; 363 Okapia (Fritz Hanneforth), Frankfurt

Sollte es einmal nicht gelungen sein, den korrekten Rechteinhaber ausfindigzumachen, sowerden berechtigte Ansprüche selbstverständlich im Rahmen der üblichen Regelungen abgegolten. Die Positionsangabe der Bilder erfolgt je Seite von oben nach unten, von links nach rechts.